绿色智能新一代流程钢厂

新唐钢设计文集

主　编　王新东

北　京
冶 金 工 业 出 版 社
2021

内 容 提 要

本文集凝练了河钢唐钢新区从设计到建设过程中实施的新工艺和流程创新技术，收录了所有工序和专业的设计理念、工艺特点、新工艺新技术的应用，并据此建成了绿色化、智能化、品牌化的新一代流程钢厂，对推动中国钢铁工业向绿色化、智能化转型升级起到重要的借鉴和参考作用。

图书在版编目(CIP)数据

绿色智能新一代流程钢厂：新唐钢设计文集/王新东主编.—北京：冶金工业出版社，2021.12

ISBN 978-7-5024-8998-4

Ⅰ.①绿…　Ⅱ.①王…　Ⅲ.①冶金工业—工业设计—文集　Ⅳ.①TF-53

中国版本图书馆CIP数据核字(2021)第262709号

绿色智能新一代流程钢厂　新唐钢设计文集

出版发行　冶金工业出版社　　**电　话**　(010)64027926

地　址　北京市东城区嵩祝院北巷39号　　**邮　编**　100009

网　址　www.mip1953.com　　**电子信箱**　service@mip1953.com

责任编辑　戈　兰　美术编辑　彭子赫　版式设计　孙跃红

责任校对　王永欣　责任印制　李玉山

三河市双峰印刷装订有限公司印刷

2021年12月第1版，2021年12月第1次印刷

880mm×1230mm　1/16；45.5印张；1436千字；714页

定价278.00元

投稿电话　(010)64027932　投稿信箱　tougao@cnmip.com.cn

营销中心电话　(010)64044283

冶金工业出版社天猫旗舰店　yjgycbs.tmall.com

(本书如有印装质量问题，本社营销中心负责退换)

本书编委会

主　编　王新东

副主编　张　弛　刘远生　董文进　刘建新

编　委　单立东　张明海　马晓春　李宝忠　李毅挺　薛军安

崔海龙　曹　原　刘建朋　胡秋昌　赵志坤　李公田

董洪旺　张　达　张　春　赵　彬　赵永乐　尹士海

李云鹏　刘　象　张　倩

序

钢铁，民族工业的脊梁，全球工业化发展进程中重要的支柱产业之一。进入21世纪20年代以来，绿色化、智能化已成为全球钢铁工业创新发展、持续发展的两大主题，而对于中国钢铁工业而言，产品质量的品牌化同样是一个大命题。

在全新的历史进程中，钢铁工业的功能不仅仅停留在生产钢铁产品，其三大拓展功能，即高效率、低成本、智能化的洁净钢制造功能，能源高效转换和及时回收利用功能以及大宗社会废弃物的处理、消纳和再资源化功能，已经逐步显现。这必将引起一系列的技术创新和制造流程的变革，乃至钢厂模式的调整。河钢唐钢新区的全面建设正是抓住了这一重要发展契机，为钢铁行业的绿色低碳发展、智能升级注入了新的科技创新活力。河钢集团从此拥有了世界级现代化沿海钢铁基地，实现了由城市走向沿海、从内陆走向深蓝的历史性转变，必将成为代表中国钢铁工业乃至世界钢铁工业先进水平的技术高地、创新高地、产品高地、智能制造高地和绿色发展高地。

面向未来，河钢唐钢新区应将科技创新置于战略发展的核心地位，在积极应对气候变化、发力低碳绿色发展、推进钢铁智能制造方面，打造钢铁企业“绿色化、智能化、品牌化”的发展典型，积极探索钢铁行业碳达峰、碳中和实现路径，为实现“双碳”目标贡献智慧和力量。

本文集由河钢集团首席技术官兼副总经理王新东担任主编，河钢唐钢总经理张弛、唐钢国际董事长刘远生、唐钢国际总经理董文进、唐钢国际总工程师刘建新担任副主编。王新东教授级高级工程师从事钢铁低碳绿色制造的技术研发、工程设计与工程管理工作38年，积累了丰富的工程设计和工程管理经验，作为工程的常务副总指挥和技术总负责，运用“融合协同”的绿色工程管理方法，主持了工程的总体设计和项目管理；张弛教授级高级工程师长期从事设备管理、发展规划、工程管理和工程组织，作为唐钢新区的执行董事和首任总经理，从项目谋划立项到建成投产，全身心全过程在一线组织工程建设；刘远生教授级高级工程师、董文进教授级高级工程师、刘建新教授级高级工程师长期从事工程设计和设计管理及现场施工服务工作，具有丰富的工程设计管理经验，负责该工程的设计总包、设计管理工作。本文集收录了唐钢新区所有工序和所有专业的设计理念、工艺特点、新工艺新技术的应用，并据此建成了绿色化、智能化、品牌化的新一代流程钢厂，是河钢人不断求索、奋进、创新的真实写照，是钢铁流程优化、智能化、绿色可持续发展的理论与实践的完美结合，也是我国冶金工程技术不断赶超国际领先水平的时代缩影。我深信，在中国钢铁工业可持续发展和高质量发展的新时代，此文集对推动中国钢铁工业向绿色化、智能化转型升级一定会起到十分重要的借鉴和参考作用。

在这里，我向广大读者郑重推荐此文集，期待它为我国钢铁工业的绿色化、智能化、品牌化建设贡献一份力量，进一步促进国际钢铁工业的深刻变革。

中国工程院院士 毛新平

2021 年 11 月

前　言

加快推进钢铁工业绿色可持续发展，是国家生态文明建设的必然要求，也是新时代钢铁工业转型升级和高质量发展的重点任务。

河钢集团认真贯彻落实习近平总书记“坚决去、主动调、加快转”的重要指示精神和河北省委省政府转型升级的战略部署，以“代表民族工业，担当国家角色”为企业使命，深化供给侧结构性改革，加快产品升级和结构调整，大力推动钢铁行业区位优化和转型升级，整合河钢唐钢等企业退城产能和装备资源，建设了河钢唐钢新区，积极推进企业绿色发展、高质量发展。2020年9月，河钢唐钢新区正式投产运营，标志着河钢集团从此拥有了世界级现代化沿海钢铁基地，实现了由城市走向沿海的历史性转变。

唐钢国际工程公司作为河钢集团的“技术智囊”，在河钢唐钢新区的规划和设计过程中，以“绿色化、智能化、品牌化”为目标，按照冶金流程工程学理论，充分运用“界面技术”，在设计上追求物质流衰减值最小化、能量流损失最小化、过程排放量最小化、过程时间最小化及过程空间路径最小化，在原料、焦化、烧结、球团、高炉、转炉、轧钢、环保、智能等全工序全流程中，整合近年来冶金行业技术创新成果，采用230多项前沿新工艺和130多项钢铁绿色制造技术，为将河钢唐钢新区打造成为新时代“绿色化、智能化、品牌化”的中国绿色智能钢铁企业的典范和世界一流的新一代流程钢铁制造基地，提供了卓有成效的技术支持。

河钢唐钢新区作为世界级现代化沿海钢铁梦工厂，设计炼铁产能732万吨、炼钢产能747万吨、轧钢一次材710万吨，配备了封闭式机械化智能无人料场、4座7m焦炉、2台360m^2烧结机、2台760m^2带式球团焙烧机、3座2922m^3高炉、2座200t转炉、3座100t转炉、1条2050mm热轧生产线、1条2030mm冷轧生产线、2条高速线材生产线、2条棒材生产线、1条中型材生产线。产品定位于高端及高品质的热轧卷、酸洗冷轧深加工、优特钢长材等3大系列的产品，具备汽车板、管线钢、耐候钢、轴承钢、弹簧钢等15类高端特色产品。整体工程达到了环保绿色化、工艺前沿化、产线智能化、流程高效化、产品高端化，处于国际领先水平。

本文集汇集了河钢唐钢新区在建设过程中实施的工艺和流程创新技术，包括综述、原料、焦化、烧结、炼铁、炼钢、轧钢、公辅、总图、其他等10个章节，既有各专业领域新工艺新技术的特色解读，又有工序全链条流程贯通的技术体系。本文集的出版将为国内外同业者交流冶金行业最新科技成果，探求冶金科技发展方向提供参考和借鉴，进而提升钢铁行业的整体设计技术水平，促进我国钢铁工业可持续发展。

本文集由河钢集团首席技术官兼副总经理王新东担任主编，并负责全书统稿；河钢唐钢总经理张弛、唐钢国际董事长刘远生、唐钢国际总经理董文进、唐钢国际总工程师刘建新担任副主编。感谢冶金工业出版社对本文集的出版给予的大力支持，感谢毛新平院士的支持并在百忙之中为本文集作序；此文集的撰写、编辑、出版过程得到了河钢集团、河钢唐钢公司、《河北冶金》杂志社及有关工程技术人员的悉心指导与大力支持，在此表示衷心的感谢！

它山之石，可以攻玉，期待河钢唐钢新区绿色钢铁制造流程的创新与实践，能为我国钢铁行业的绿色转型发展贡献一份力量。

本书配有彩图资源，读者可通过书中二维码获取。

由于作者水平有限，书中不足之处，恳请广大读者批评指正。

编　者

2021年11月

目　　录

第 1 章　综　　述

以"绿色化、智能化、品牌化"为目标规划设计河钢唐钢新区 …… 王新东 3
绿色制造技术在河钢唐钢新区的应用实践 …… 王新东，张　弛，孙宇佳，等 14
数字化智能工厂的设计与实施 …… 王新东，李　铁，张　弛，等 30
品牌化工厂的设计与建设 …… 王新东，杨晓江，张　倩 36
项目设计管理过程控制要点 …… 刘远生，董文进，曹　原，等 44
总图规划及物流设计 …… 胡秋昌，张　弛，刘远生，等 48
建筑环境精细化设计 …… 孔雪静，马晓春，刘远生，等 54

第 2 章　原　　料

全智能无人化料场设计特点 …… 王新东，田　鹏，张彦林，等 65
铁精矿管道输送技术在河钢唐钢新区的设计与应用 …… 尹士海，李　鑫，刘晨雷 76
矿粉输送智能制造设计与应用 …… 韩佳庚 80
港口-综合料场一体化设计 …… 田　鹏，李宝忠，董洪旺，等 84
铁精粉圆形料场的设计特点 …… 刘　洋 88
原料场 C 型料库钢结构设计 …… 吴佳雨，刘占俭 92
带式输送机液压张紧装置在河钢唐钢新区的应用 …… 刘新星，崔海龙，班宝旺，等 96
7500t/h 运量卸料车在河钢唐钢新区原料场的应用 …… 班宝旺，李宝忠，董洪旺，等 101
高度受限条件下带式输送机拉紧装置在项目中的设计应用 …… 邓　蕊，刘碧莹，董洪旺，等 105
石灰窑系统工艺设计 …… 崔霄霖，杜全洪，赵春光 109
石灰窑项目绿色高效节能 KR 脱硫灰制备技术 …… 赵春光，杜全洪，董洪旺，等 114
无人化料场关键技术研究应用 …… 刘　岩，董文进 118
数字化工业电视系统在原料场的应用 …… 来　昂，刘　象 122
混匀料场堆料机自动控制及扫描系统的开发 …… 韩立民 127
圆型料仓堆料激光扫描控制系统的设计 …… 韩立民 132
原料场自动化控制系统设计与应用 …… 王　朔 137

第 3 章　焦　　化

河钢唐钢新区焦化设计综述 …… 王　军　张宝会 145
7m 复热式顶装焦炉绿色环保新技术 …… 马云鹏，郑双权 152
干熄焦排焦系统的优化 …… 李文亮 157
可控流-微动力一体化除尘技术在焦化的应用 …… 王跃欣 160
上升管荒煤气余热回收利用技术在 7m 复热式顶装焦炉的应用 …… 皇甫玮超 164
回声状态网络在唐钢佳华焦化厂配煤炼焦中的应用 …… 聂宇航 168

第4章 烧 结

$2\times360m^2$ 烧结机设计特点 …… 王新东，刘 洋，胡启晨 175
新工艺新技术在河钢唐钢新区 $360m^2$ 烧结系统的应用及设计 …… 刘 洋，李宝忠，方 堃，等 183
烧结终点温度模型的分析 …… 刘雪飞 188
烧结环冷自动卸灰系统设计与应用 …… 程焕生 192
烧结成品仓卸料车自动控制系统的应用研究 …… 张琳悦 196
烧结烟气脱硫脱硝技术应用 …… 方 堃，董文进，宋丽英，等 202
$2\times760m^2$ 带式焙烧机设计特点 …… 王新东，胡小东，胡启晨 209
带式焙烧机球团原料处理的试验研究 …… 胡小东，李炜玺 218
熔剂性球团在带式焙烧机的应用研究 …… 胡小东 225
球团矿带式焙烧机热风系统过程控制设计 …… 韩佳庚 229

第5章 炼 铁

绿色长寿化高炉设计特点 …… 王新东，柏 凌，胡启晨 235
绿色高炉炼铁技术发展方向 …… 李宝忠，董洪旺 244
高比例球团矿炉料结构在河钢唐钢新区 $2922m^3$高炉的应用 …… 任荣霞，张洪海 249
绿色节能长寿热风炉设计 …… 赵良伟，李宝忠 254
$2922m^3$高炉料罐均压放散煤气净化回收系统的设计 …… 田 玮，张洪海 258
重力除尘器气力卸灰系统的设计与实践 …… 刘思远，何向春 262
高炉专家系统设计与应用 …… 武 晨 266
高炉智能喷吹系统设计 …… 武 晨 271
铁水包跟踪与管理系统的设计 …… 郭丽娟 275
铁区动态调度系统的应用 …… 郭丽娟 279
铁水罐号识别系统的设计与应用 …… 郭丽娟 285

第6章 炼 钢

一炼钢厂 200t 转炉双联冶炼工艺设计 …… 黄彩云，张明海，安连志，等 291
一炼钢精炼工艺设计 …… 张元杰，张 全，安连志，等 299
一炼钢厂 1900mm 双流板坯连铸机设计 …… 方云楚，张 全，张 达，等 307
一炼钢车间天车二级控制系统设计 …… 刘 岩 315
二炼钢厂 100t 转炉车间工艺设计 …… 吉祥利，张明海，张 达，等 319
二炼钢厂精炼工艺设计 …… 张 壮，黄彩云，张 达 327
二炼钢厂连铸工艺设计 …… 黄彩云，张 达，安连志 334
二炼钢 LF 精炼炉本体自动化控制系统设计 …… 杨建军 343
二炼钢 1 号、2 号连铸机旋流沉淀池设计 …… 徐玉龙 350
二炼钢厂房屋面雨水排水系统设计 …… 李 佳，李 鑫，尹士海，等 355
钢包智能管理系统的创新应用 …… 张 达 359
高效智能转炉冶炼技术的研发与应用 …… 吉祥利，张 达 363
废钢库无人天车系统设计与应用 …… 杜汉强 367
炼钢车间转炉汽化冷却系统设计 …… 李世广 372

第7章　轧　钢

2050mm热轧生产线工艺设计 …… 赵金凯，李毅挺，张　达，等　377
定宽压力机在热轧生产线的研发与应用 …… 赵金凯，崔海龙，张　达，等　383
蓄热式燃烧技术在河钢唐钢新区板坯步进梁式加热炉的应用 …… 刘凤芹，孟庆薪，于绍清　387
棒材生产线工艺设计 …… 孟庆薪，刘彦君，张　达，等　393
普钢棒材生产线高速化工艺设计 …… 孟庆薪，刘彦君，赵金凯　401
高速线材生产线工艺设计 …… 赵金凯，王晓波，孟庆薪，等　407
高线车间直接轧制技术的应用 …… 刘彦君，崔耀辉，赵金凯，等　413
中型生产线工艺设计 …… 王晓波，李毅挺，赵金凯，等　418
冷轧系统工艺设计 …… 赵金凯，于晓辉，于绍清，等　425
冷轧车间冷连轧机方案的选择 …… 于绍清，张乃强，孟庆薪，等　431
浅槽紊流酸洗技术在河钢唐钢新区冷轧车间的应用 …… 赵金凯，张　达，于绍清，等　435
改良森吉米尔法和美钢联法热镀锌工艺在河钢唐钢新区
　冷轧车间的应用 …… 于晓辉，孟庆薪，于绍清　439

第8章　公　辅

环境除尘系统设计 …… 周继瑞，董文进，赵　彬　445
铁前系统绿色化低硫硝超低排放技术的应用及创新 …… 董洪旺，单立东　449
全密封自降尘环保导料槽在河钢唐钢新区的应用 …… 苏　彤，赵　彬，班宝旺　453
供暖无补偿直埋技术在河钢唐钢新区的应用 …… 周继瑞，宋丽英，赵　彬　457
高炉冲渣水余热利用设计特点 …… 苏　彤，赵　彬　462
水处理中心工程设计 …… 尹士海，李　鑫，徐玉龙　467
消防给水系统设计 …… 尹士海，李　鑫，张子轩　473
全厂供配电系统总体设计 …… 刘永乐　477
供配电系统中性点接地方式的研究与应用 …… 赵　恒　483
变电站智能综合环境监测系统 …… 王　帅　490
超大型空分装置及多空分装置的设计 …… 赵　屾　494
全厂能源利用系统设计 …… 冯玉明，马晓春，庞得奇，等　498
余热发电系统设计 …… 肖　雷　503
煤气回收与储存系统设计 …… 张　春　506
压缩空气系统节能设计分析 …… 王东宇　509

第9章　总　图

绿色物流的优化设计 …… 马　悦，单立东，胡秋昌　515
铁水运输组织与铁路站场设计 …… 韩　毓　518
高炉铁水运输方式探析 …… 胡秋昌，刘远生　522
河钢唐钢新区道路设计 …… 马　悦，胡秋昌　527
河钢唐钢新区铁水运输线地基处理 …… 韩　毓　532
铁水包“一罐到底”技术设计应用 …… 张路莎，薛军安，黄彩云，等　536
三维激光扫描技术在河钢唐钢新区建设与设备维护中的应用 …… 季　军，杨　晨，田　鑫　541
三维逆向建模方法的研究 …… 季　军，杨　晨　548

第10章　其　他

智能制造关键技术在河钢唐钢新区的应用 ………… 刘　岩，杜汉强，于　涛　557
河钢唐钢新区信息化系统设计 ………… 刘　岩，张　弛　563
BIM技术在河钢唐钢新区的应用 ………… 聂宇航，李　晗　568
钢卷信息识别系统设计与应用 ………… 郭丽娟　574
基于点云数据的河钢唐钢新区炼钢厂废钢间三维建模方法 ………… 杜汉强　578
3dsMax建模及轻量化在河钢唐钢新区三维工厂的应用 ………… 李孟达　583
物流管理流程设计及应用 ………… 李　庚　588
物流管控平台功能设计 ………… 李文峰　595
基于RFID技术的河钢唐钢新区车辆定位系统设计 ………… 李　庚　599
基于北斗定位和GIS技术的物流车辆定位监控系统 ………… 李公田　604
三维数字化工厂的设计与实践 ………… 刘　岩，张　弛　609
火灾报警系统在河钢唐钢新区的应用 ………… 来　昂，孙　涛　613
河钢唐钢新区仪表选型原则及特点 ………… 刘雪飞　618
建（构）筑物结构设计特点 ………… 李朝阳，赵志坤，张永鹏　622
钢结构防腐涂装设计 ………… 张永鹏，刘占俭，李朝阳　627
BIM技术在装配式钢结构设计及施工中的应用 ………… 李海潮，刘　琦，刘建新，等　632
重型堆载作用下的地基处理方法 ………… 李纪元，张永鹏，吴佳雨　636
氧压机基础动力有限元分析 ………… 赵志强，赵志坤　641
风动送样技术的开发与应用 ………… 李小林　647
检化验全自动系统设计 ………… 花竞争　652
实验室信息化系统与认可体系的一体化管理 ………… 赵炳建，张永顺，董春雨，等　657
基于价值工程的石灰窑项目成本控制 ………… 吴　鹏，齐玉磊　664
工厂数据库平台在河钢唐钢新区的设计与应用 ………… 赵瑞国，万志利　671
电子质保书平台在河钢唐钢新区的设计与应用 ………… 王凌瑀，王　超　676
产销报表平台在河钢唐钢新区的设计及应用 ………… 王凌瑀，祝晓峰　681
设备全生命周期管理在河钢唐钢新区的规划设计 ………… 葛峰山，薛军安　686
铁前制造执行系统在河钢唐钢新区的设计与应用 ………… 贾永朋　691
浅析河钢唐钢新区数字化转型建设之路 ………… 安邦庆　695
工程建设管理平台在河钢唐钢新区建设中的应用 ………… 范春颖，曹　原　699
成本管理平台精细化管理设计与应用 ………… 李　傲，李　晗　704
合同管理平台的应用 ………… 曹　鑫，李　晗　708
产销一体化系统架构设计 ………… 魏　涛　711

第1章 综 述

以“绿色化、智能化、品牌化”为目标规划设计河钢唐钢新区

王新东

（河钢集团有限公司，河北石家庄 050023）

摘　要　河钢唐钢新区是河钢集团深入贯彻落实习近平总书记关于“坚决去、主动调、加快转”重要指示精神和河北省钢铁产业结构调整的具体实践，也是河钢坚决贯彻落实新发展理念，全力推动高质量发展的行动体现。项目以“绿色化、智能化、品牌化”为建设目标，以物质流、能源流、信息流的连续化、简约化、紧凑化为方向，运用最新的钢厂动态精准设计、集成理论和流程界面技术，采用230余项前沿新工艺、130多项钢铁绿色制造技术，涵盖整个原料、焦化、烧结、球团、高炉、转炉、轧钢工艺流程，将河钢唐钢新区打造成为环保绿色化、工艺前沿化、产线智能化、流程高效化、产品高端化的世界级现代化沿海钢铁梦工厂。

关键词　绿色化；智能化；品牌化；钢铁；梦工厂

Planning and Design of HBIS Group Tangsteel New District with Goal of “Green, Intelligent and Brand”

Wang Xindong

（HBIS Group Co., Ltd., Shijiazhuang 050023, Hebei）

Abstract　The HBIS Group Tangsteel New District is the concrete practice implemented by HBIS Group under the important directive spirit of “resolutely eliminate excess production capacity, actively adjust the structure and accelerate the conversion of kinetic energy” made by General Secretary Xi Jinping and in response to the structural adjustment of iron and steel industry in Hebei Province. With the construction goal of “green, intelligent and brand”, the project is intended to take the continuity, simplification and compactness of material flow, energy flow and information flow as the direction and apply the latest dynamic precise design, integration theory and process interface technology of steel plant, as well as more than 230 cutting-edge new technologies and more than 130 green steel manufacturing technologies, covering the whole process flow of raw materials, coking, sintering, pelletizing, blast furnace, converter and steel rolling in an effort to build the HBIS Group Tangsteel New District into a world-class modern coastal dreamworks with environmental protection, cutting-edge technology, intelligent production line, efficient process, high-end products and reasonable investment.

Key words　green; intelligent; brand; steel; dream works

0　引言

2020年9月7日，河钢唐钢新区正式投产运营，标志着河钢集团拥有了世界级现代化沿海钢铁基地，实现了由城市钢厂走向沿海布局的历史性转变。河钢唐钢新区是河钢集团深入贯彻落实习近平总书记关于“坚决去、主动调、加快转”重要指示精神和河北省钢铁产业结构调整的具体实践，是坚持新发展理念推动河钢转型升级高质量发展的重点示范项目。项目按照物质流、能量流、信息流的网络化设

基金项目：国家重点研发计划专项基金资助项目（2017YFC0210600）

作者简介：王新东（1962— ），男，教授级高级工程师，河钢集团有限公司首席技术执行官，主要从事冶金工程及管理工作，E-mail：wangxindong@hbisco.com

计理论，充分运用炼铁—炼钢、炼钢—连铸、连铸—轧钢“界面技术”，在设计上追求物质流衰减值最小化、能量流损失最小化、过程排放量最小化、过程时间最小化及过程空间路径最小化[1~6]。项目设计炼铁产能732万吨、炼钢产能747万吨、轧钢一次材710万吨，冷轧产品275万吨，吨钢占地面积0.53m^2，吨钢综合能耗532.6kgce，吨钢SO_2排放量小于0.6kg，吨钢烟/粉尘排放量小于0.5kg，企业自发电比例80%以上，二次能源回收利用率100%，固废资源化利用率100%，整体处于国际领先水平。

河钢唐钢新区项目，集成冶金行业近年技术研发成果，在原料、焦化、烧结、球团、高炉、转炉、轧钢、环保、智能等全工序全流程中，采用230余项前沿新工艺及130多项钢铁绿色制造技术，建设大型化、现代化、智能化装备[7~18]。项目定位于高端及高品质的热轧卷、酸洗冷轧深加工、优特钢长材等3大系列的产品，具备汽车板、管线钢、耐候钢、轴承钢、弹簧钢等15类高端特色产品。河钢唐钢新区将致力打造成为环保绿色化、工艺前沿化、产线智能化、流程高效化、产品高端化的世界级现代化沿海钢铁梦工厂。

1 建设背景

1.1 党中央对河北省提出产业转型升级的要求

党的十八届五中全会提出“创新、协调、绿色、开放、共享”新发展理念后，习近平总书记多次强调要坚定不移贯彻新发展理念，推动我国发展不断朝着更高质量、更有效率、更加公平、更可持续的方向前进。习近平总书记对河北产业转型升级高度重视，要求河北“坚决去、主动调、加快转”“在改革创新、开放合作中加快实现新旧动能转换”。河钢集团地处京津冀特殊地理位置，也是大型国有企业，要主动践行“坚决去、主动调、加快转”的重要要求，牢固树立和贯彻新发展理念，坚定不移化解过剩产能，积极培育新的发展动能，全力推动河北钢铁行业创新发展、绿色发展、高质量发展。

1.2 河北省部署钢铁行业“去产能、调结构、促转型”

2014年6月30日，国家发改委发布了《河北省钢铁产业结构调整方案及有关事项的批复》，批复提出“积极支持河北省钢铁产业结构调整”“在唐山市开展钢铁产业转型升级试点”。2016年6月8日，河北省召开新闻发布会，就通过实施环保、能耗、水耗、质量、技术、安全等六类严于国家的地方标准，倒逼钢铁过剩产能退出、促进钢铁行业提质增效。由此河北省围绕钢铁产业结构调整和化解过剩产能，初步形成了比较系统完善的“6+N”标准和配套政策，为钢铁行业去产能实现提质增效提供了有力支撑。提出城市钢厂整体退出置换，实现区域内减量发展，产业布局有选择地向沿海临港和有资源优势地区适度转移产能，沿海临港和资源优势地区钢铁产能比重提高到70%。与此同时，河北省钢铁产业整合重组、优化布局、转型升级、国际产能合作等工作也全面展开。河钢坚定不移地与党中央保持高度一致，坚定不移地贯彻落实省委省政府在去产能和区位调整上的重大决策。

1.3 河钢集团谋划结构调整与高质量发展的顶层设计

河钢产业布局分散且环保压力大。河钢旗下钢铁企业包括河钢唐钢、河钢邯钢、河钢宣钢、河钢承钢、河钢舞钢、河钢石钢和河钢衡板，子公司分散布局且核心企业多为城市钢厂。河北省2015年1月1日起在全国率先开始执行新的钢铁行业大气污染物特别排放限值国家标准，并开始研究制定推进钢铁行业超低排放的标准，唐山市和邯郸市还提出了CO削减要求，环保执法、督查力度等方面不断加码，河钢集团整体面临的环保形势非常严峻，绿色发展成了河钢集团实现转型升级的必由之路。

产品升级与结构调整任务迫切。河钢集团品种钢提升工作取得了卓有成效的工作，2020年上半年品种钢比例达到74%，但在产品升级和结构调整方面，仍有较大提升空间，如板材产品中冷轧及深加工产品比例不足20%，产业链延伸不足，嵌入下游用户，为汽车、家电等高端制造行业提供零部件设计、制造等前端服务有待提升。汽车家电等品种在行业领域总量位居前列，但高端轿车、高铁和航空航天等尖端特钢应用领域市场占比不高，盈利能力偏低，迫切需要加快产品升级和结构调整，提高深加工产品和高端产品比例、提升新型特种材料研发生产能力。

城市钢厂面临发展规划和城市共容的双重挑战。河钢集团规模较大子公司都在城区或紧邻城区，属于城市钢厂。河钢唐钢、河钢邯钢、河钢石钢产城融合压力巨大，表现在以下几个方面：一是企业发展与城市发展出现矛盾，包括规划冲突、空间重叠、定位转变等；二是居民对区域大气质量以及环境质量愈发关注，钢厂仅超低排放远远不够；三是钢厂效益与厂址土地商业价值差距拉大，面临城市发展规划问题。

河钢产业优化布局的发展需要。河钢根据河北省钢铁产业结构调整的要求和自身战略发展的需要，积极研究布局沿海钢厂和城市钢厂的搬迁，整合河钢唐钢等企业退城产能和装备资源，建设河钢唐钢新区沿海精品钢铁基地，积极推进企业产业由陆地向沿海布局。同时也是河钢宣钢面临迎接 2022 年冬奥会、改善环京津地区环境质量的任务要求。

2 总体规划设计

创新、协调、绿色、开放、共享的发展理念在钢铁行业反响强烈，特别是河钢集团在“十三五”规划中率先提出了“绿色矿山、绿色采购、绿色物流、绿色制造、绿色产品、绿色产业”的“六位一体”钢铁绿色发展理念，且河钢已经成为中国绿色钢铁企业的典范。“中国制造 2025”“互联网+”等全新理念、重大决策为钢铁行业智能发展迎来新的历史机遇期。制造业数字化网络化智能化是新一轮工业革命的核心技术，是钢铁工业转型的制高点、突破口和主攻方向[19~24]。

河钢唐钢新区项目以“绿色化、智能化、品牌化”为建设目标，以物质流、能源流、信息流的最优网络结构为方向，运用冶金流程集成理论与方法，采用最新的钢厂动态精准设计和流程界面技术，打造环保绿色化、工艺前沿化、产线智能化、流程高效化、产品高端化的世界级现代化沿海钢铁梦工厂[25~30]。

2.1 建设规模

项目建成投产后，将形成年产铁水 732 万吨、钢水 747 万吨、轧钢一次材 710 万吨。其中热轧板带 410 万吨，优特钢长材 300 万吨，冷轧产品 275 万吨。项目预留发展空间，适时筹划产线结构调整和产业链延伸项目。

2.2 产品定位

项目定位于高端及高品质的热轧卷、酸洗冷轧深加工、优特钢长材等 3 大系列的产品，高起点发展汽车、工程机械、交通、制造等行业用钢，着力扩大高品质、高技术含量产品的比例。具备汽车板、管线钢、耐候钢、轴承钢、弹簧钢等 15 类高端特色产品，形成河钢的品牌效应。

2.3 建设内容

项目为冶金长流程。主要建设内容为封闭式机械化智能无人料场，港口皮带通廊输送，铁精粉长距离管道输送，4 座 7m 焦炉，2 台 $360m^2$烧结机，2 台 $760m^2$带式球团焙烧机，3 座 $2922m^3$高炉，2 座 200t 转炉，1 座 200t 脱磷炉，3 座 100t 转炉，配套 2 台 6 机 6 流高拉速方坯连铸机、1 台 7 机 7 流高拉速方坯连铸机、1 台 6 机 6 流矩形坯连铸机以及 2 台 1900mm 双流板坯连铸机，后部配套 1 条 2050mm 热轧生产线及 2030mm 冷轧生产线，2 条高速线材生产线，2 条棒材生产线，1 条中型材生产线，4 座 600t/d 和 1 座 500t/d 的双膛竖窑生产线，同步配套建设制氧站、钢渣处理、矿渣微粉、废钢加工、含铁粉尘处理、检化验设备及相应动力、公辅设施。

2.4 工艺现代化

河钢唐钢新区项目采用 230 余项新工艺、新技术，主要涵盖原料场、焦化、烧结、球团、炼铁、炼钢、连铸、热轧、冷轧、长型材和全厂公辅等所有生产工序。采用大型化和现代化装备，在原燃料输送上采用矿山管道直接输送、港口皮带直接输送等清洁运输方式；在原料储存上全部采用密封式料场和贮仓。在原料制备上采用带式焙烧机造球，铁矿粉烧结造块。烟气治理上使用活性焦和 SCR 等脱硫脱硝装置。炼铁高炉配备均压煤气回收、高效热风炉等装置，采用基于高比例球团冶炼优化的高炉炉体结构。通过全流程源头减排控制，在实现污染物超低限排放的基础上能够把污染物排放总量控制得更低。企业产生的固体废弃物，如各种除尘灰、脱硫脱硝产物、高炉水渣、炼钢钢渣等，均达到全部资源化综合利用。工业废水全部循环利用，把城市中水作为补充水源，实现与城市功能无缝衔接。

2.5 装备大型化

河钢唐钢新区项目集成了大型装备和先进工艺。原料场贮料场全部为智能环保型料场，贮矿料场采用封闭式C型料场；贮煤料场采用封闭式直径120m圆形料场；2台360m^{2}烧结机同步配套脱硫脱硝及烧结烟气循环；2台760m^{2}国内最大的球团带式焙烧机为高炉大比例球团矿冶炼创造条件；3座2922m^{3}高炉按照适合资源禀赋和经济效益的需求量身定做；2座200t大型转炉及配套的精炼、连铸设施为低成本高效化专业化生产洁净钢创造条件；100t转炉配套高速连铸，长型材轧线采用直轧或热装热送技术；2050mm热轧生产线以及2030mm冷轧生产线装备技术达到国际先进水平。

2.6 流程绿色化

项目以打造成中国绿色钢铁企业的典范为定位，着重从三个方面进行了设计规划：

（1）严格执行国家和河北省节能环保法律、法规和标准。各工序能耗达到国内外先进指标，大气污染物低于特别排放限值，从源头上控制污染物生成量，减少有组织排放总量，使用先进环保装备控制无组织排放强度，工业废水全循环利用，工业固废减量化、资源化利用，危废100%安全处置。

（2）钢铁全生命周期绿色产品。产品定位于高强钢等绿色产品，减少下游用户的钢材使用量，延长钢材使用寿命，提高社会资源的利用效率。

（3）构建绿色制造流程，应用当今最先进的生产工艺技术及节能环保技术，实现钢铁生产全过程的节能减排，以最低的消耗和最小的排放完成钢铁产品生产过程。

2.7 制造智能化

河钢唐钢是我国钢铁行业第一个全流程智能化试点单位，河钢唐钢新区项目在总结经验的基础上，进行了标准化、自动化、信息化的三化融合，使生产业务单元具备自感知、自决策、自执行、自适应功能，形成纵向贯通、横向集成、协同联动的智能制造体系，实现以规模化定制的运营模式向市场提供最契合客户需求的产品与服务。该智能制造体系具有如下主要技术特征：

（1）定制性。通过订单归并、销产转换、标准+α定制设计、生产工艺自适应调整等实现面向订单的规模化定制生产。

（2）自适应。基于知识库和大数据构造覆盖PDCA全过程的优化迭代回路，实现生产单元对生产要求的自适应。

（3）精益性。一体化的五级系统形成横向到边、纵向到底的规范化管理与作业体系，实现质量、成本的精益管控。

（4）知识库。基于企业核心冶金知识库，快速实现产品变形设计，并全面支撑生产/质量一贯到底。

（5）大数据。通过大数据平台实现状态数据和行为数据闭环数据链，深度挖掘数据价值，支撑业务生产的优化迭代。

2.8 总图布置

总图布置在考虑项目的总体布局与城市总体规划相协调的同时，充分利用厂区外部条件，发挥临海靠港的优势，力求整体布局合理、紧凑，节省用地，工艺流程短捷顺畅，物流顺畅，并兼顾将来的发展。同时在总图布置时重视节能和环境保护，在满足物质流、能源流等最顺畅的前提下实现物料在钢铁厂内的加工全过程中，减少折返、迂回，避免重复搬运，使其耗用时间最少、动力消耗最小，产生的无组织排放最少。

项目用地十分紧张，在总图布置中运用新一代联合钢铁企业总体设计理念，实现总图布局的紧凑、生产流程的顺畅、功能分区的明确，设计需要同时满足原辅料、产品的运输，各工序的生产组织，以及工序界面间的衔接功能要求，通过各工序的不断优化，在满足工艺流程合理、物流顺畅的同时，总图用地指标达到了 0.53t/m^2，该指标处于同级别钢铁企业的领先水平。

项目总图设计中融入了先进的企业管理运行理念，做到人流与货流分开，特种物流与普通物流分开，有污染的生产区与清洁生产区分开，为企业管理和运行打下良好的基础。项目整体布局的鸟瞰图如图 1 所示。

图 1　河钢唐钢新区项目鸟瞰图

Fig. 1　Aerial view of HBIS Tangsteel New District project

2.9　项目管理

河钢唐钢新区项目采用了多种建设模式（EMC \ EPC \ BOO \ BOT \ BOOT），应用传统的行政命令式管理难以有计划、有预测性、信息传达及时的管控，因此确定工程项目管理的模式为基于共享状态模型的一体化综合管理，即：基于统一项目状态模型实现信息共享、业务协同，消除信息传递不通畅、项目状态口径不一致的问题，打通项目管理业务的堵点，实现项目业务管理各环节的一体化综合管理，从而有效的全面覆盖合同、进度、物资、人员、财务、绩效的管控与防范项目风险。基于共享状态模型的一体化综合管理模式的原理如图 2 所示。

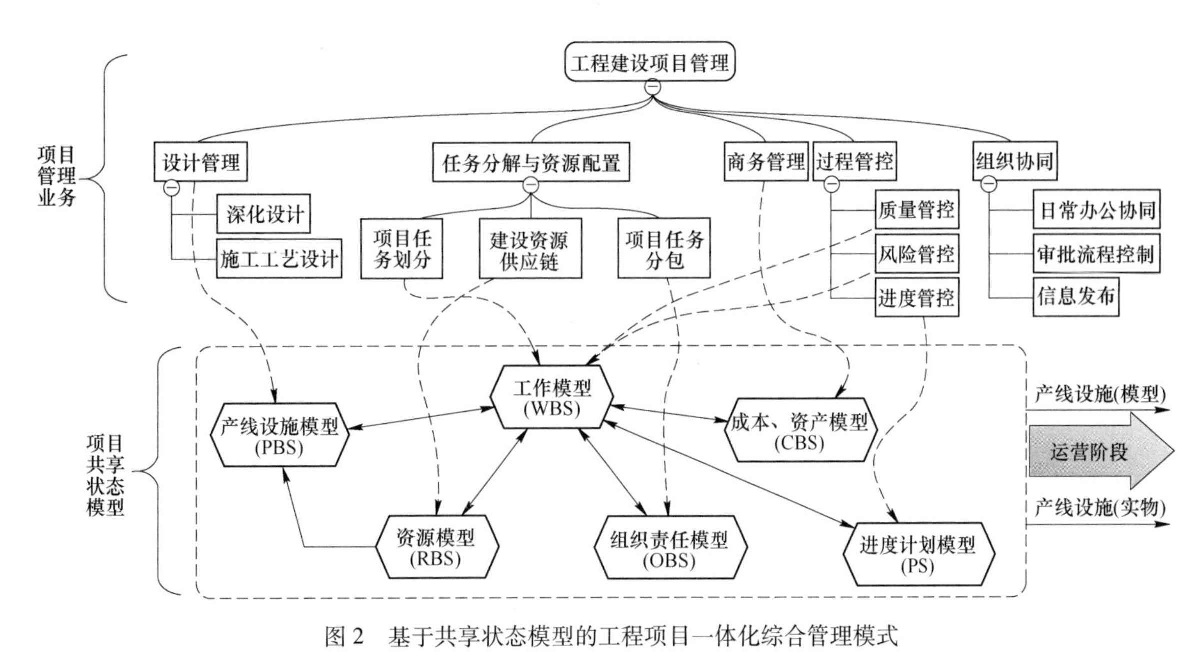

图 2　基于共享状态模型的工程项目一体化综合管理模式

Fig. 2　Integrated management mode of engineering projects based on shared status model

3 项目设计特点与先进性

3.1 综合料场

综合料场根据物料的特点采用不同的输送和密封储存形式。在原燃料绿色化输送方面，自有矿山的铁精粉采用管道长距离直接输送到厂内料库，输送距离70km，输送能力为750万吨/年，是国内输送量最大的铁精粉输送管道；港口矿粉直接皮带通廊输送，焦煤系统采用管廊输送；在原燃料环保储存方面，含铁原料采用了环保封闭的C型料库进行储存，喷吹煤、无烟煤及焦化所需的焦煤均采用圆形封闭料场进行贮存，石灰石粉、白云石粉均采用筒仓形式进行储存，混匀料采用封闭式的混匀料场。原料场管理系统具有自动检测、远程监视、生产工艺流程自动选择、料堆可视化管理、物料跟踪、混匀矿自动堆积、大机无人化控制、卸料车自动定位卸料等功能，实现了全球首座数字化、智能化、无人化的智能料场。料场总图布局紧凑，物流顺畅，通过一系列新工艺和新技术的应用，赋予了原料场经济、环保、智能、高效等诸多优势，保证了原料长期、安全、稳定的连续供应。实现了全球首座“无人化”料场，达到国际领先水平。

3.2 焦化

设计规模为年产干全焦240万吨，建设4×60孔炭化室高7m的复热式超大容积顶装焦炉。工程一次设计，依次实施。熄焦采用全干熄，配套建设干熄焦装置，所产蒸汽用于发电；焦炉装煤、出焦以及机侧除尘均采用干式除尘地面站。焦炉同步配套建设烟道气脱硫脱硝装置，处理后的烟道废气可达到超低排放限值要求。此外，同步配套建设煤调湿装置，焦炉上升管配套建设荒煤气余热回收利用装置，采用新型负压脱苯技术，物料可控流体转运技术；煤气净化同步建设低品质硫磺及脱硫废液制酸装置。通过对焦化工序有组织排放和无组织排放的源头减排和末端治理，全面实现了焦化生产全流程的超低排放。

3.3 烧结

项目设计的2×360m^{2}烧结机在集成以往成熟技术以外，采用了多项新工艺和新技术，主要包括优化配料技术、混合料自动加水技术、强化偏析布料技术、高效密封技术、厚料层烧结技术、烟气循环技术、梯级余热利用技术、布袋除尘技术、水密封环冷机技术、环保筛技术、活性焦烟气治理技术和循环流化床+SCR脱硝处理技术、高效耐磨气力输送技术等。系列新工艺新技术的应用，使烧结工序整体燃耗降低6%以上，特别是烧结烟气循环技术的投用，使烧结机烟气减排量达30%以上，烧结机产量提高4%以上，既做到了源头减排，又做到了减少投资和运行费用，还提高了产量。

3.4 球团

球团工序采用完全自主设计的2条国内最大的2×760m^{2}带式焙烧机生产线。集成原料准备系统、配混系统、造球系统、焙烧系统、工艺风机系统、成品系统、烟气综合治理等工艺设施。采用国际先进、国内领先的带式焙烧工艺，整个干燥、预热、焙烧、冷却过程全部在一台设备上进行，设备简单可靠，稳定运行周期长，操作便捷事故率低，系统节能环保热效率高，单机处理能力大，原料适应性强，能够广泛应用赤铁矿、磁铁矿和褐铁矿精粉，能够生产酸性、镁质溶剂性等多种优质球团，造块工序能耗降低到20kgce/t以内。两条先进球团生产线的建成，使唐钢新区高炉入炉炉料结构可以达到60%以上球团矿的比例，达到国内领先水平，真正做到源头减排。

3.5 高炉

3座2922m^{3}高炉，从炉料结构设计上，遵循低碳炼铁、源头减排、降低污染物排放总量的设计理念。在国内首次应用60%以上高比例球团炉型设计，并采用了联合矿焦槽技术、绿色节能长寿热风炉技术、高风温技术、高炉炉顶均压煤气回收技术、高炉本体综合长寿技术、出铁厂平坦化技术、新型环保卸料车技术，高效的导料槽密封技术、干式布袋除尘技术、炉顶煤气余压发电技术、环保底滤炉渣处理技术、“一罐到底”铁水运输技术等，以显著降低工序能耗与污染物排放。由于炉料结构变化的特点，高炉从炉型设计、冷却结构、冷却系统配置、耐材布置等方面进行了全面优化。

3.6 炼钢

炼钢连铸工序设有两个车间，一炼钢车间配备2×200t转炉，1×200t脱磷炉，配套2台1900mm双流板坯连铸机。二炼钢车间配备3×100t转炉，配套2台6机6流、1台7机7流高拉速方坯连铸机，以及1台6机6流方矩形坯连铸机。

炼钢系统采用无人兑铁、加废钢，无人上料、投料，副枪+烟气分析+声纳化渣一键自动炼钢技术，以及无人出钢、出渣、智能溅渣、炉后机器人测温取样的全套智能炼钢技术。其中，下渣检测+滑板挡渣+自动出钢技术、非均布转炉高效底吹控制技术等，不仅实现了转炉生产的自动化、高效化，而且能够大幅提高转炉终点的命中率，改善冶金效果，为钢水质量的改善、高附加值品种的开发创造条件；附枪+烟气分析+声纳化渣自动炼钢技术，将达涅利康利斯的副枪、声纳化渣技术和普瑞特的烟气分析技术进行有机结合，形成河钢特有的世界顶级控制技术。节能环保方面，采用铁水罐、钢水罐全程加盖技术；钢渣一次处理技术采用辊压式热闷，提高转炉钢渣处理效果；转炉烟气采用干法净化回收系统，车间内设有全覆盖的散点除尘系统，改善车间环境，确保达到超低排放的指标，实现绿色炼钢。

连铸系统采用了全程无氧化保护浇注技术、结晶器电磁搅拌技术、连续矫直技术、方坯高拉速技术等先进技术。

3.7 热轧

热轧产线以“一流装备生产一流产品，创造一流效益”为设计理念，多项行业前沿新工艺新技术得以应用。2050mm热连轧生产的最高强度钢板达到1200MPa，采用热装热送工艺。生产线配置有新型节能蓄热式加热炉，大压下、高精度的定宽机，带有优化剪切技术的切头飞剪（可减少切损约0.2%左右）、粗精轧机组，设置加强型层流（ILC）+普通层流（LC）组合的新型冷却技术设施，高强度的卷取机组，全线采用基础自动化及过程控制两级自动控制系统，并留有与L3计算机进行数据交换的接口，配备有测温、测压、测厚、测宽、板形及平直度、表面质量检测等完备的测量仪表系统。该配置达到了国际同级别热轧产线的领先水平。

利用先进的控轧控冷技术，2050mm热轧产线可实现热轧带钢宽度、厚度以及板型的精准控制，超快速+层流冷却工艺，可实现带钢内部晶粒强化，提高带钢机械性能、降低炼钢合金添加。

3.8 冷轧

2030mm冷轧产线由推拉式酸洗机组、酸轧联合机组、连续退火机组、连续热镀锌机组、电镀锌机组、重卷拉矫机组、重卷检查机组、半自动包装机组等主要单元构成。产能规模275万吨。涵盖全品种高端冷基产品和热基产品。其中冷基产品系列产品面向高档次汽车宽幅面板，热基产品系列产品面向军工、汽车、结构等高强用钢。

冷轧处理线采用独立调整氢含量15%的快速冷却控制技术和快冷后感应加热技术，甚至能够实现带钢920℃的奥氏体化温度，具有缓冷待温功能，可实现DP、CP、Q&P、MS等多种先进高强钢的生产，提高产品强度，大量节省合金成本，最高强度可达1500MPa，产品覆盖汽车全部结构件和安全件，工艺技术及产品能力均处于国际领先水平。

3.9 长型材

长型材系统共建设2条高速线材生产线，2条棒材生产线（1条普通棒材生产线，1条高速棒材生产线），1条中型材生产线。

高速线材生产线主要生产热轧带肋钢筋、合金焊丝、特种焊丝、胎圈钢丝、制绳钢丝、预应力钢丝等，轧线采用了热装热送技术、在线控温和轧后控冷技术、减定径技术、在线测径技术等。

棒材生产线主要生产带肋钢筋、圆钢等高强产品，轧线采用了直轧技术。轧机全部采用短应力线机型，采用了无头焊接轧制技术、无孔型轧制技术、控轧控冷技术、负偏差测量技术、高速圆盘剪及高速上钢技术等创新技术。

中型材生产线主要生产矿用 U 型钢、矿用工字钢、轻轨、等边角钢、不等边角钢，具有开发 H 型钢、铁道用鱼尾板、履带型钢等产品的能力。轧线采用了热装热送技术、双机架开坯技术、7 架万能串列轧机技术，万能法轧制钢轨技术、步进冷床预弯技术、长尺冷却和长尺矫直技术、自动码垛技术等。

3.10　公辅动力系统

根据各类能源介质的特性、各用户的使用特点及供需平衡要求，配置了 $1\times30\times10^4m^3$ 高炉煤气柜、$2\times15\times10^4m^3$ 转炉煤气柜、$1\times15m^3+1\times10m^3$ 焦炉煤气柜、$2\times60000m^3/h+2\times40000m^3/h$ 深度冷却法制氧系统，2×80MW 高温超高压发电机组、1×100MW+1×135MW 亚临界发电机组，两座集中空压站及水处理中心、供配电、检化验、能源管控等辅助设施。

公辅系统采用“压力梯级供应”“智能供气调节”“气量自补偿”等先进技术，确保各类能源介质的稳定可靠供应。在发电、制氧及压缩空气制备方面，采用先进高效的新技术，大幅度降低能耗指标，降低运行成本；在余热利用方面，充分利用钢铁冶金的副产品，减少对大气的污染，改善周边环境；使用大容量的煤气储存调峰设施，保证煤气系统管网稳定运行。水处理中心预处理采用高密度沉淀池+V 型滤池工艺，深度处理采用双膜法制备一级除盐水，浓盐水采用高效除硬度澄清池+曝气生物滤池+臭氧催化氧化+多介质过滤器+超滤+弱酸树脂钠床+两级反渗透复合工艺。同时部分生产新水采用新型高效的双室浮动床/混床工艺制备一级二级除盐水，减量后的浓盐水用于钢渣、水渣处理，本项目的投产运行，为冶金企业节水和废水排放创造了一条新途径。

项目公辅设施的布置力求做到格局紧凑，流程顺畅，运距短捷，功能分区明晰。鉴于项目用地条件、外部运输、预留发展等因素的影响，项目尽量集中布置，尽可能减少占地面积，节约运行成本，远期发展用地集中预留。

3.11　资源再利用

项目全面贯彻循环经济理念，除含铁资源全部循环利用外，所有固体废弃物，如高炉水渣、炼钢钢渣、除尘灰、氧化铁皮、废耐火材料、污泥、铁红等均实现了综合利用。

固体废弃物大部分采用地区经济协作的方式进行有效处理，高炉水渣经水淬后送水渣细磨生产线，制作矿渣微粉供水泥原料；铁水预处理、转炉、精炼炉产生的钢渣，送钢渣处理车间进行分级处理，用于烧结配料、水泥原料、炼钢造渣剂等；废旧耐火材料，部分再利用，部分返回耐火材料厂作为骨料或用作铺路；氧化铁皮和部分除尘灰返回烧结配料，部分含钾、钠、锌元素的除尘灰采用回转窑技术进行处理，提炼金属元素，把除尘灰处理成相当于 50%铁品位的尾矿送回烧结配料；铁红用作磁性材料。

3.12　绿色制造

引入绿色工厂设计理念，通过采用国内外成熟可靠的绿色制造节能减排新工艺新技术和节能型新设备，构建高效节能、低碳环保的绿色工厂，实现能耗最低和效益最大。

在焦化、烧结、球团等工序，污染物治理上采用活性焦脱硫脱硝和流化床+SCR 脱硫脱硝等技术，达到或超过国家超低排放要求；所有皮带机采用双层环保密封导料槽技术，防止粉尘外溢，提高除尘效果，岗位粉尘浓度不超过 $8mg/m^3$；所有环境除尘系统采用高效布袋除尘器和塑烧板除尘器，控制过滤风速，颗粒物排放浓度不超过 $10mg/m^3$。

各个生产单元的设备选型以节水、节电为原则，充分回收各工序的余热、余压、余能，通过焦炉干熄焦、上升管余热回收、烧结环冷余热回收、烧结烟气循环、高炉 TRT、转炉余热蒸汽以及各工序富余低压蒸汽、富余煤气的综合利用；实施发电项目，使企业自发电比例达到 80%以上。

3.12.1　烧结工序

烧结采用加强混合制粒工艺，以降低料层阻力，改善气体合理分布，提高热交换效率；采用生石灰和蒸汽预热混合料、厚料层烧结等强化烧结措施增产降耗；改善台车密封装置，减少系统漏风率；选用节能型变压器和变频调速设备，提高自然功率因数，提高效率；环冷机采用上下水密封方式，漏风率低于15%；采用烧结机和环冷机余热综合利用技术。

3.12.2 球团工序

球团设计以优化工艺流程、减少物料转运、提高成品率、降低能源消耗为出发点，采用高压辊磨机和强力混合机，配备大型带式焙烧机生产碱性和酸性球团，提高成品球质量。气体循环系统与国内外先进流程结合进行了设计更新，回收气体余热，节约燃料，降低能耗。

3.12.3 焦化工序

焦化以焦炉煤气为原料经过预处理脱硫脱萘后进入PSA提氢装置将氢气分离出来，作为乙醇和焦油加氢生产原料使用；剩余气体（即“解吸气”）既可以作为清洁燃料使用，也可以作为LNG等产品的原料气使用，实现了资源化综合利用。采用薄壁炉墙技术，可以提高传热速率，缩短结焦时间，进一步降低焦炉废气中NO_x的产生，减少对大气的污染。上升管余热回收，不仅实现了高温初冷水资源化利用，降低了循环水凉水塔负荷，而且替代了用于制冷的大量蒸汽资源，降低了工序能耗。

3.12.4 高炉工序

高炉系统为降低一次能源消耗，回收3~5mm小粒度烧结矿；使用高顶压，降低炉内煤气流速，提高炉内煤气利用率和减少炉尘吹出量。采用均压煤气回收工艺，减少高炉煤气、粉尘排放；采用富氧、大喷煤量替代冶金焦炭，降低工序能耗。采用干式布袋除尘器进行煤气净化，既可以减少煤气热量损失，又可以提高煤气余压发电量。采用环保底滤渣处理工艺，节约冲渣水消耗，同时对冲渣水余热进行回收利用。

3.12.5 转炉工序

转炉采用顶底复吹工艺，以及氧枪在线快速更换技术，实现不中断连续生产，提高车间作业率。全汽化冷却烟道和蓄热器系统，回收转炉烟气余热；干法一次烟气净化回收系统，降低烟尘排放量，提高煤气回收量，达到降低环境污染和节能降耗的目的。设置全面的散点除尘系统，收集的除尘灰返回烧结再利用，提高了资源的利用率。采用钢包全程加盖技术，以及在高炉与转炉之间设置铁水包加盖，减少温度损失，降低能源消耗。铁水供应系统，采用“一包到底”的铁水供应方式。

3.12.6 轧钢系统

热轧系统采用热装热送技术，热装率达到70%以上，加热炉燃耗可降低10%~12%。配备热轧润滑技术，降低电耗同时，辊耗降低50%。配备热卷箱，动力消耗下降9kgce/t，电耗降低2.6kWh/t；采用酸再生工艺，处理后的再生酸可重复利用。冷轧酸洗系统、连续退火、连续热镀锌、电镀锌均配置蒸汽冷凝水回收系统，循环用于清洗段的漂洗水，节约水耗。退火炉使用全纤维炉衬绝热材料，通过节能燃烧技术及余热回收利用，降低煤气消耗。棒材采用直轧技术，铸坯不经加热炉直接送入轧机，完全省去了加热炉的燃耗，可大幅度节省能源，降低CO_2排放。

3.13 智能制造

河钢唐钢新区依托“中国制造2025”指导方向和钢铁智能化架构体系[31]，构建五级智能制造一体化系统，应用大数据和云平台技术，将三维可视化虚拟工厂和实体工厂完美结合，打造国内钢铁企业智能制造标杆。图3所示为河钢唐钢新区智能制造一体化系统功能架构。

（1）统筹管控，智能决策。唐钢新区构建起了全流程一体化的智慧生产管控系统，集成生产、设备、质量、销售、市场、物流、能源、环保、安全等与生产经营相关的全方位信息数据，覆盖整个产业链条，采用多业务无边界系统和大数据决策技术，实现全流程生产运营的大数据汇聚、智能分析和智能决策。

（2）精益生产、集中管控。以产销一体化系统为主线，以综合设备状态分析、生产资料分析、质量模型分析等数据基础，优化资源调配和生产计划排程，提高生产过程可控性，构建高效、节能、环保、无人化、智能化工厂。

（3）状态感知、精准执行。通过物联网技术及先进传感器件的应用，对设备及生产外部环境状态进行精准感知，分析变化趋势，实现预测性生产和维护。

（4）人工智能、智慧工厂。以需求为主导，各工序建立完备的智能装备，研发二级系统、专家系统和大数据平台，将大数据、人工智能库等多学科技术应用于产线。

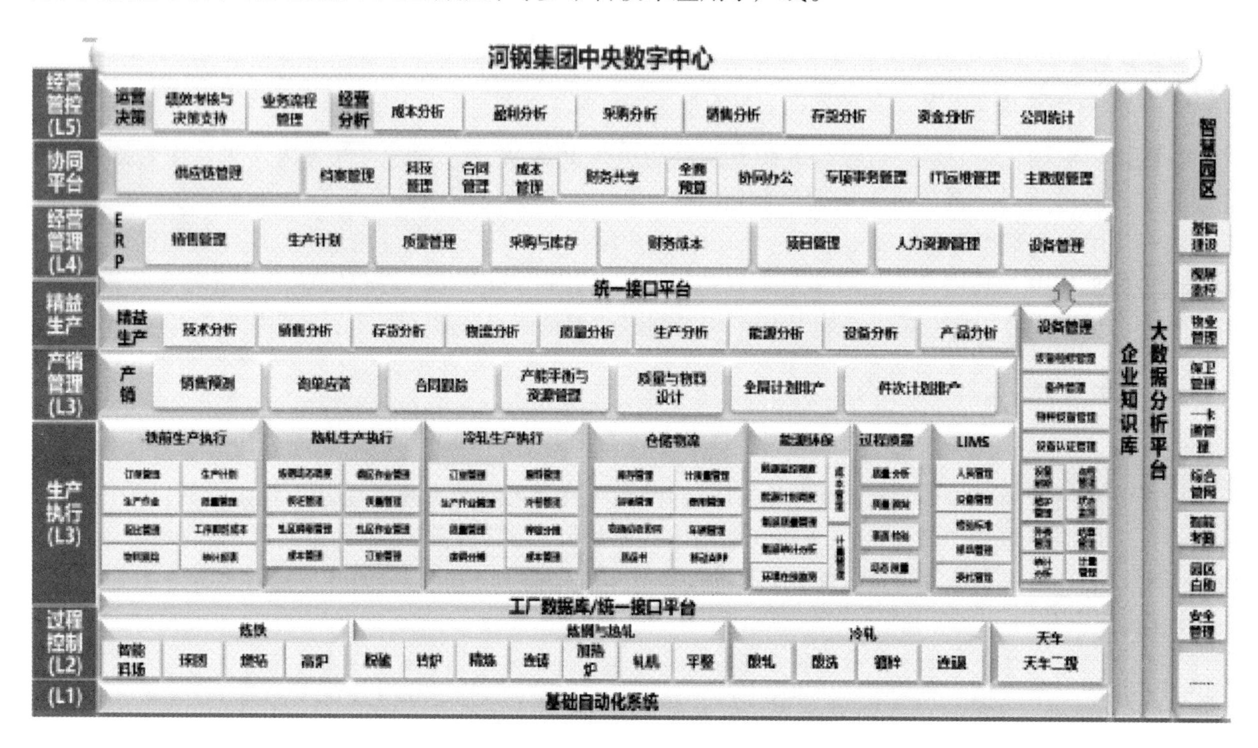

图3　智能制造一体化系统应用功能架构

Fig. 3　Functional architecture of the intelligent manufacturing integrated system

3.14　特殊地基处理

河钢唐钢新区项目场地属滨海浅滩，土体压缩性较高、承载力较低且有腐蚀性。项目采用了多种地基处理方法优化组合的思路，选择成熟高效的桩基技术。

对高炉区域和炼钢车间等主体设施荷载大沉降要求严格的工序，采用高承载力的灌注桩桩型，应用灌注桩后注浆和支盘灌注桩两种新技术，使灌注桩在满足承载力要求下大幅节省了投资。

对冷轧、热轧、棒线材工程设施荷载相对较小的工序，则采用了对环境无污染的高强预应力管桩和机械连接竹节桩技术，竹节桩相比传统管桩焊接接头，施工速度快、防腐蚀效果好，同时凹凸相间的桩身也比同直径的管桩承载力提高15%以上。

对料场等大面积堆载区域，采用夯实地基、刚性CFG桩复合地基，小荷载的建筑物则直接采用天然地基。

通过多样化地基处理方法配合使用，使得项目投资费用比预算节省约15%，施工简便又安全可靠。

4　结论

（1）河钢唐钢新区是河钢集团深入贯彻落实习近平总书记关于“坚决去、主动调、加快转”重要指示精神和河北省钢铁产业结构调整的具体实践，也是河钢坚决贯彻落实新发展理念，全力推动高质量发展的行动体现。河钢唐钢新区项目定位高端精品板材和特色建材产品，项目的投产运营将大幅提升河钢高端产品结构和品牌效应。

（2）河钢唐钢新区项目以“绿色化、智能化、品牌化”为建设目标，以物质流、能源流、信息流的最优网络结构为方向，运用最新的钢厂动态精准设计、冶金流程学理论和界面技术，采用230余项前沿新工艺、130多项钢铁绿色制造技术，将唐钢新区打造成为环保绿色化、工艺前沿化、产线智能化、流程高效化、产品高端化的世界级现代化沿海钢铁梦工厂。

（3）河钢唐钢新区项目应用了新一代钢铁联合企业的设计理念，实现物质流动态、有序、连续、稳定的运行，能量流高效耦合于物质流，全数字化信息流贯穿于产业链始末为智能化钢厂创造了重要的基础条件。

（4）河钢唐钢新区项目在焦化、烧结、球团等工序，污染物治理上采用活性焦脱硫脱硝和流化床+SCR脱硫脱硝等技术，所有皮带机采用双层环保密封导料槽技术，完全可以达到或超过超低排放的环保要求。

（5）河钢唐钢新区项目采用了一系列先进高效的节能环保技术，项目吨钢综合能耗为532.6kgce，企业自发电比例达到80%以上，吨钢SO_2排放量小于0.6kg，吨钢烟/粉尘排放量小于0.5kg，二次能源回收利用率100%，达到行业先进水平。

参 考 文 献

［1］殷瑞钰．冶金流程集成理论和方法［M］．北京：冶金工业出版社，2013.

［2］王国栋．钢铁全流程和一体化工艺技术创新方向的探讨［J］．钢铁研究学报，2018（1）：1.

［3］王新东，常金宝，李杰．小方坯连铸-轧钢“界面”技术的发展与应用［J］．钢铁，2020，55（9）：125.

［4］殷瑞钰，张福明，张寿荣，等．钢铁冶金工程知识研究与展望［J］．工程研究，2019（5）：438.

［5］姜周华．特殊钢特种冶金技术和生产流程的发展趋势［C］．第十二届中国钢铁年会论文集，2019.

［6］李文．技术创新、制度创新协同演化视角下中国钢铁产业升级实证研究［D］．沈阳：辽宁大学，2019.

［7］王新东，田京雷，宋程远．大型钢铁企业绿色制造创新实践与展望［J］．钢铁，2018，53（2）：1.

［8］于勇，王新东．钢铁工业绿色工艺技术［M］．北京：冶金工业出版社，2017.

［9］王新东，李建新，刘宏强，等．河钢创新技术的研发与实践［J］．河北冶金，2020（2）：1.

［10］王新东，常金宝，李杰，等．冶金流程工程学在小方坯直接轧制中的应用［J］．钢铁，2021，56（1）：113.

［11］王晓磊，师学峰，胡长庆，等．高硅镁质熔剂性球团焙烧试验研究［J］．矿产综合利用，2020（4）：87.

［12］李建新，王新东，李双江．河钢炼钢技术进步与展望［J］．炼钢，2019（4）：1.

［13］王新东，闫永军．智能制造助力钢铁行业技术进步［J］．冶金自动化，2019（1）：1.

［14］刘景钧．践行两化融合 打造数字化、智能化钢铁企业——河钢唐钢两化融合做法成效及经验［J］．冶金管理，2015（12）：30.

［15］王新东，侯长江，田京雷．钢铁行业烟气多污染物协同控制技术应用实践［J］．过程工程学报，2020（9）：997.

［16］侯长江，田京雷，王倩．臭氧氧化脱硝技术在烧结烟气中的应用［J］．河北冶金，2019（3）：67.

［17］纪光辉．烧结烟气超低排放技术应用及展望［J］．烧结球团，2018（2）：59.

［18］白斌，王强，侯蕾，等．耐海洋环境腐蚀用中厚板的研发［J］．河北冶金，2019（9）：15.

［19］孙彦广．钢铁工业数字化、网络化、智能化制造技术发展路线图［J］．冶金管理，2015（9）：4.

［20］李新创．智能制造助力钢铁工业转型升级［J］．中国冶金，2017，27（2）：1.

［21］刘景钧，封一丁．智能制造在钢铁工业的实践与展望［J］．河北冶金，2018（4）：74.

［22］王国栋．我国钢铁工业主要技术发展方向［J］．世界金属导报，2017-12-12.

［23］姚林，王军生．钢铁流程工业智能制造的目标与实现［J］．中国冶金，2020，30（7）：1.

［24］袁晴棠，殷瑞钰，曹湘洪，等．面向2035的流程制造业智能化目标、特征和路径战略研究［J］．中国工程科学，2020（3）：148.

［25］谢曼，干勇，王慧．面向2035的新材料强国战略研究［J］．中国工程科学，2020（5）：1.

［26］殷瑞钰．“流”、流程网络与耗散结构——关于流程制造型制造流程物理系统的认识［J］．中国科学：技术科学，2018（2）：136.

［27］殷瑞钰．关于智能化钢厂的讨论——从物理系统一侧出发讨论钢厂智能化［J］．钢铁，2017，52（6）：1.

［28］李毅仁，李铁可．基于大数据的钢铁智能制造体系架构［J］．冶金自动化，2020（9）：1.

［29］曹华军，李洪丞，曾丹．绿色制造研究现状及未来发展策略［J］．中国机械工程，2020（2）：135.

［30］李鸿儒，封一丁，杨英华．钢铁生产智能制造顶层设计的探讨［C］．第十一届中国钢铁年会论文集，2017.

［31］周济．智能制造——“中国制造2025”的主攻方向［J］．中国机械工程，2015（17）：2273.

绿色制造技术在河钢唐钢新区的应用实践

王新东，张 弛，孙宇佳，田京雷

（河钢集团有限公司，河北石家庄 050023）

摘 要 河钢唐钢新区按照“创新、协调、绿色、开放、共享”的发展理念，从规划、设计、建设到生产过程都深入贯彻河钢集团在“十三五”规划中率先提出的“绿色矿山、绿色采购、绿色物流、绿色制造、绿色产品、绿色产业”的“六位一体”钢铁绿色发展理念。采用高效节能、低碳环保的绿色工厂设计理念进行建造，并在生产制造过程中，尤其在能效提升、全流程超低排放、副产品资源化、水资源化高效利用等方面实施一系列的节能减排、环保技术，将河钢唐钢新区打造成中国绿色钢铁企业的典范。

关键词 节能；低碳；环保；绿色；钢铁

Application Practice of Green Manufacturing Technology in HBIS Group Tangsteel New District

Wang Xindong，Zhang Chi，Sun Yujia，Tian Jinglei

（HBIS Group Co.，Ltd.，Shijiazhuang 050023，Hebei）

Abstract In response to the development concept of “innovation，coordination，green，openness and sharing”，HBIS Group Tangsteel New District thoroughly implements the “six in one” iron and steel green development concept of “green mine，green procurement，green logistics，green manufacturing，green product and green industry” first put forward by HBIS in the 13th Five-Year Plan during the process of planning，design，construction and production. The HBIS Group Tangsteel New District is built with the design concept of green factory with high efficiency，energy conservation，low carbon and environmental protection，and implements a series of energy-saving，emission reduction and environmental protection technologies in the production and manufacturing process，especially in the aspects of energy efficiency improvement，ultra-low emission in the whole process，resource utilization of by-products and water resources，so as to build the HBIS Group Tangsteel New District into a model of green iron and steel.

Key words energy saving；low carbon；environment protection；green；steel

0 引言

2020年9月，河钢唐钢新区一号高炉正式投产，体现了河钢集团坚决贯彻落实习近平总书记“坚决去、主动调、加快转”的重要指示精神，标志着河钢唐钢退出城市中心区、向海图强实现历史性跨越；标志着河北钢铁产业区位调整取得关键性突破；标志着河钢集团从此拥有了真正的临海临港钢铁基地，在加快转型升级、与城市共融发展上取得了历史性跨越。

作为河钢集团贯彻落实国家供给侧结构性改革和河北省委省政府钢铁产业区位结构调整布局的首个项目，河钢唐钢新区投产后已成为中国北方最重要的高端金属材料制造基地之一。为实现高效、清洁、低碳、循环绿色发展，项目建立冶金制造流程中物质流、能量流和信息流各自的流程网络，以“界面”技术为核心，应用到烧结-炼铁-炼钢-轧钢等冶金流程中各个工序衔接界面，降低了整个宏观流程的能量耗散，打造环保绿色化、工艺前沿化、产线智能化、流程高效化、产品高端化的世界级现代化沿海钢铁梦工厂[1~5]。

基金项目：基于源头减排的低碳炼铁技术集成与示范（19274002D）

作者简介：王新东（1962—），男，教授级高级工程师，E-mail：wangxindong@ hbisco. com

通讯作者：田京雷（1984—），男，硕士，高级工程师，E-mail：tianjinglei@ hbisco. com

河钢唐钢新区在规划、设计、建设之初就以"满足最严格的环保标准，引领行业绿色发展"为宗旨，确立了清洁生产达到世界一流水平的理念，集结了多项国内外先进环保技术，践行绿色低碳发展理念，坚持科技创新，统筹关键性低碳技术和低碳产品研发，传承"世界最清洁钢厂"的基因，从设计、施工到生产经营，将绿色铺展成高质量发展最靓丽的"底色"[6~11]。

河钢唐钢新区执行"所有排放指标比目前行业最严的超低排放标准再降10%"的史上最严环保标准，首次实现能源、环保、动力远程集控，通过全区域覆盖，实现全流程的超低排放；集成冶金行业最新技术研发成果，在原料、焦化、烧结、球团、高炉、转炉、轧钢、动力、物流等全工序全流程中，采用230余项前沿新工艺及130多项钢铁绿色制造技术进行工艺及装备配置[12~28]，达到全流程的碳减排。河钢唐钢新区优化用能结构、强化节能及能效提升、打造循环经济产业链、推进数字化智能化碳管控，为促进中国乃至世界钢铁行业全面实现绿色低碳可持续发展贡献力量。

1 绿色制造设计理念

为贯彻落实党中央"创新、协调、绿色、开放、共享"的发展理念，河钢集团在"十三五"规划中率先提出了"绿色矿山、绿色采购、绿色物流、绿色制造、绿色产品、绿色产业"的"六位一体"钢铁绿色发展理念，如图1所示，并将这一发展理念深入贯彻到河钢唐钢新区的规划、设计、建设以及生产经营之中。作为河钢集团打造中国绿色钢铁企业的典范项目，河钢唐钢新区采用高效节能、低碳环保的绿色工厂设计理念进行建造，在生产制造过程中既考虑能源介质的减少程度、末端污染物排放程度、二次资源综合利用的水平等显性的绿色指标，还考虑流程结构、产品结构、能源结构、原料结构等有更大影响的隐性绿色指标，与其他行业和社会实现生态链接，从而实现钢铁企业良好的经济、环境和社会效益的制造模式。

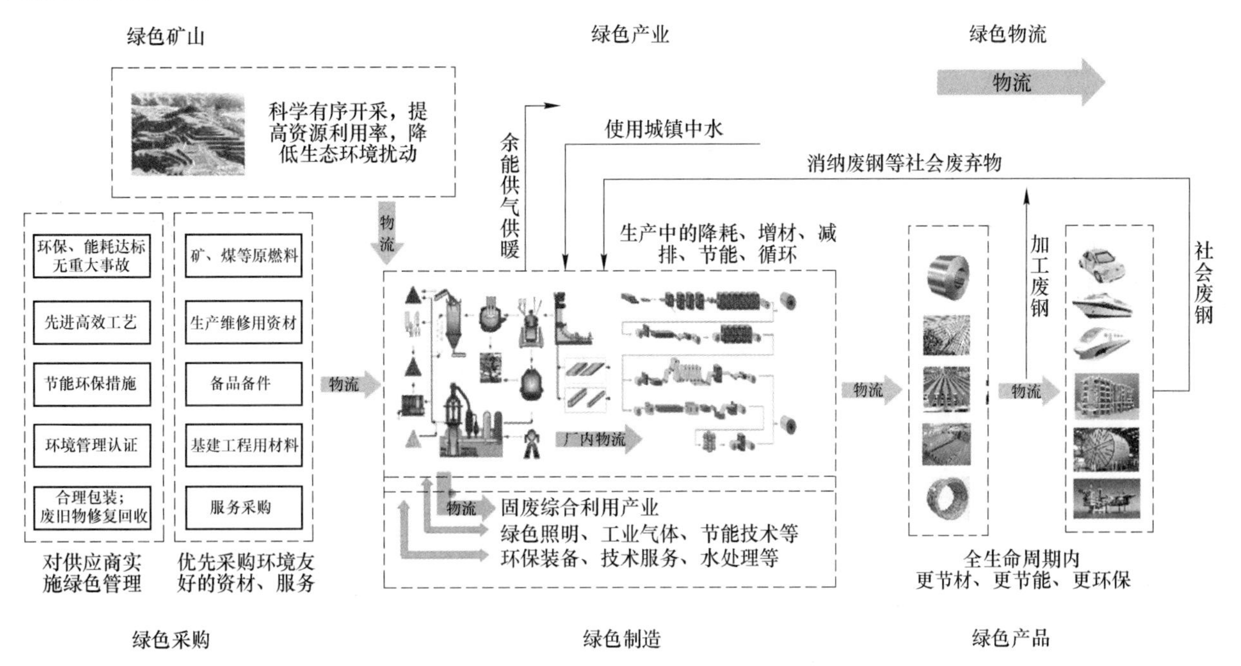

图1 "六位一体"钢铁绿色发展理念

Fig. 1 "Six-in-one" green development concept of iron and steel

绿色制造主要从以下三个方面考虑：

（1）能源环境指标达到国际领先。工序能耗最优，大气污染物超低排放，废水实现零排放、全循环利用，工业副产品实现减量化和资源化，固废危废实现无害化。

（2）钢铁全生命周期绿色产品。考虑钢铁产品的设计、制造、运输、使用、报废处理、循环利用等整个生命周期对环境的影响最小、资源利用率最高、能源消耗最小，产品定位于高强钢等绿色产品。

（3）构建绿色制造流程。考虑能源介质的减少程度、末端污染物排放程度、二次资源综合利用的水平，实现全过程节能减排，以最低消耗、最低排放的高标准标注行业绿色发展的新高度。

围绕“建设最具竞争力钢铁企业”的目标，建设效益佳、效率高、消耗低、排放少、环境美的绿色钢铁示范企业，引领我国钢铁行业绿色低碳转型，唐钢新区实现吨钢综合能耗 532.6kgce，吨钢 SO_2 排放量小于 0.6kg，吨钢烟/粉尘排放量小于 0.5kg，企业自发电比例 80%以上，二次能源回收利用率 100%，固废资源化利用率 100%，整体处于国际领先水平。

2　能效提升技术应用实践

2.1　能效提升理念

2.1.1　建立标准化、精细化能源体系

通过建立标准化能源管理体系，实现全员、全流程、全业务四级能源指标管理，实时指导生产，以精细化能源管理系统为依托，实现“即时、动态、精细管控”。

2.1.2　建立四级指标体系，实现能源指标动态考核

通过建立系统指标、工序指标、工序介质单耗和重点能源设备设施单耗四级指标体系，设定不合格、合格、优秀绩效评价层次，为分析、评价、考核各用能单位提供过程依据。设立指标库，实现实际运行指标的自动采集和储存，建立能源指标动态考核机制。

2.1.3　实施和推广一系列全流程节能技术

重点推广了高温高压干熄焦发电、上升管余热回收、高炉炉顶均压煤气回收、钢包在线全程加盖、新型带式焙烧机节能技术、余热余能高效利用、富余煤气发电等关键技术，均取得良好的节能和碳减排效果。

2.2　焦化工序能效提升技术应用实践

在唐山佳华煤化工有限公司建设有 4×60 孔 7m 复热式顶装焦炉，配套 3 座干熄炉，采用全干熄工艺，充分考虑节能减排、绿色环保、人工智能，应用了一系列先进、可靠的新技术和新工艺，降低了优质炼焦煤资源消耗和污染物排放，提高了能源综合利用率。

2.2.1　高温高压干熄焦高效发电技术

熄焦工序采用全干熄工艺，配置 3 台 170t/h 的干熄炉，不设湿熄焦备用。该工艺通过设置合理的预存室与冷却室高径比，降低焦炭床层阻力，减少了焦炭炉内活跃区域停留时间，显著降低焦炭烧损和风机运行阻力；通过建立可燃气体体积分数、空气导入量与烧损率以及烧损率与生产热力负荷的关系模型，优化过程控制参数，实现干熄炉烧损率降低到 1.1%以下。配置了包括 3 套 110t/h 高温高压自然循环干熄焦锅炉和 2 套 30MW 发电机组，实现了吨焦发电量 125kW · h 以上。此技术集成高温高压锅炉代替传统的低压锅炉，采用自然循环方式，建立良好的汽水循环运行机制，有效解决了较低负荷条件下锅炉安全运行的难题，显著提高了蒸汽品质和干熄焦余热利用效率。

2.2.2　上升管余热回收技术

除盐水经除氧给水泵加压送至海绵铁除氧器，再经汽包给水泵加压送入 2 个汽包，经下降循环管进入对应强制循环水泵，加压送至焦炉区域。由汽包送来的除盐水经下降循环管进入上升管汽化冷却装置的水夹套下部入口，由 650~850℃焦炉上升管荒煤气带出的热量通过上升管换热器装置内壁传热给换热器，换热器吸收热量与来自干熄焦的除氧水换热产生的汽水混合物通过汽水连接管道引至汽包，汽包内的水由强制循环泵压入上升管换热器吸收高温荒煤气（约 750℃）的显热，产生的气液混合物再返回汽包，汽包内产生的饱和蒸汽通过汽水分离器分离后并入焦化厂蒸汽管网，此蒸汽可应用于煤调湿、供暖、工厂其他能源利用。汽包内的水与给水混合后继续沿下降循环管进入上升管汽化冷却装置的水夹套继续被加热，进行周而复始的强制循环，如图 2 所示。应用此技术，降低工序能耗大于 8~10kgce/t，按

照焦炉年产 240 万吨焦炭可产饱和蒸汽 21～25 万吨，折合标煤 2.02 万吨；此外，还可减排 CO_2 25 万吨、减排 SO_2 1500t、减排 NO_2 740t。

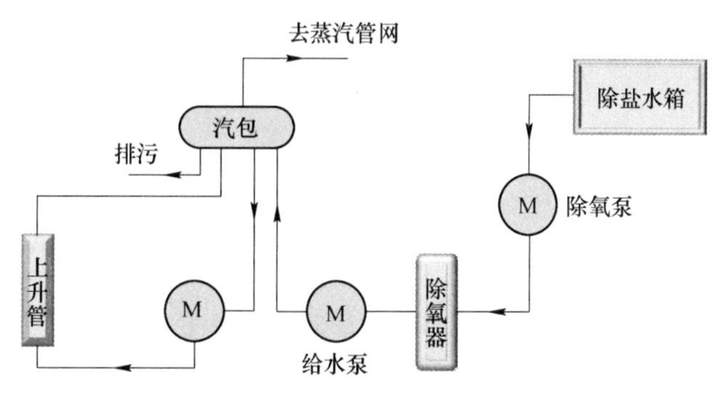

图 2　上升管余热回收工艺流程

Fig. 2　Process flow chart of waste heat recovery of riser

2.2.3　煤调湿技术

利用焦炉烟道废气的热能，对炼焦煤在流化床干燥器内进行直接换热，降低煤水分，可显著降低炼焦耗热量。采用煤调湿后，炼焦煤每降低 1%的水分，炼焦能耗就降低 62MJ/t 干煤。在保证焦炭质量的情况下，焦炉的生产能力可提高 10%。同时由于煤料中水分的减少可降低剩余氨水的产生量约 1/3，相应减少了蒸氨的热能消耗和废水的处理负荷。采用煤调湿工艺后还可改善焦炭质量，在不提高焦炉产能的情况下，焦炭的反应后强度 CSR 提高 1%～3%。

2.2.4　新型负压脱苯工艺

煤气净化装置的粗苯蒸馏单元采用新型负压脱苯工艺。在塔顶处设真空泵，以保证部分重要系统的负压要求。负压脱苯过程仅利用脱苯塔釜的高温热贫油作为热源，不使用直接蒸汽。设置过热蒸汽加热器代替常规的管式炉加热富油、电加热循环洗油再生系统，充分对热量进行回收利用，能耗下降 20%以上。采用能耗低、效率高的负压脱苯塔及再生塔，贫富油换热采用两级换热，并适当增加换热面积，尽量提高换热后富油温度。洗油再生采用电加热，能耗低、费用低、运行稳定、设备投资小。

2.3　烧结工序能效提升技术应用实践

烧结车间配备 2 台 360m^2烧结机，除集成了以往成熟的烧结技术外，还采用了多项新工艺和新技术，使烧结工序整体燃耗降低 6%以上。

2.3.1　烧结混料节能技术

烧结采用加强混合制粒工艺，以降低料层阻力，改善气体合理分布，提高热交换效率；采用生石灰和蒸汽预热混合料、厚料层烧结等强化烧结措施增产降耗；选用节能型变压器和变频调速设备，提高自然功率因数，提高效率。同时，采用优化配料技术、混合料自动加水技术、强化偏析布料技术，保证了下料均匀，防止了灰料下料喷溅，使供水系统更加稳定，提高了混合料的透气性，从而改善烧结效果。

2.3.2　烧结余热发电技术

烧结余热发电采用中低温烟气余热高效回收及能量梯级利用技术，该技术使用双压无补燃自然循环锅炉，适应环冷机烟气的工况变化，能够快速启停。烧结环冷余热锅炉采用双通道烟气进气系统，充分利用烟气各能级的热能，降低排烟温度，提高烟气余热的利用效率。采用的双压双通道设计，可以最大限度地降低排烟温度，提高锅炉的热效率。锅炉本体的换热效率可达到 95%以上。锅炉采用全自然循环蒸发系统，循环风机入口设置补冷风口，根据冷却风量和冷却温度，调节补冷风调节阀的开度。2 台烧结机分别配套 2 台 64t/h 余热锅炉和 1 套 25MW 补气凝汽式汽轮机发电机组，实现了吨矿发电量 24kWh 以上。

2.3.3　环冷机密封治理技术

环冷机上、下部都采用高效节能的水密封形式，漏风率≤5%，冷却风实现高效利用，并大幅减少粉尘排放。采用大风箱结构的供风系统，不仅可减少风阻，同时也使风速更合理、风压更均匀、烧结矿冷却效果更好，因此可大幅降低冷却风机装机容量，节能效果明显，冷却风机耗电量仅为传统烧结环冷机的35%~40%，发电量可以提高5~10kWh/t。

2.3.4　余热综合利用集成技术

主要应用在两个方面：一是取环冷机三段热风作为点火炉助燃空气使用，二是取环冷机三段热风作为烟气循环的补风，提高混合烟气含氧量和风温，降低了烧结固体燃料消耗，改善了表层烧结矿质量。

2.4　球团工序能效提升技术应用实践

建设2座760m^{2}带式焙烧机，年产氧化铁矿球团960万吨，是国内首台（套）最大规模带式焙烧机氧化球团生产线；在原料预处理、精矿粉干燥、焙烧机本体、热工制度上集成了先进的设计理念和生产装备，充分发挥低碳排放的优势，建设成为一条环保、节能、高效、低运行成本的球团生产线。

2.4.1　低能耗带式焙烧球团生产工艺

球团生产线主要能源介质为气体燃料，包括高炉煤气、焦炉煤气或混合煤气，还需要电、水、压缩空气等。工艺流程简洁高效，热风废气系统充分循环利用，产品质量高，废气粉尘少，环境清洁。酸性球团生产工序能耗为19kgce/t，碱性球团工序能耗为22kgce/t，均符合河北省球团工序单位产品能源消耗限额规定。与烧结矿工序能耗48kgce/t相比，酸性球团可以降低工序能耗29kgce/t，降低了59%；碱性球团可以降低工序能耗26kgce/t，降低了54%。此技术具有工序能耗低的特点，项目实施后，按设计年产能960万吨计算，此工艺比烧结工艺降低能耗27万吨，减少二氧化碳排放70万吨。

2.4.2　新型带式焙烧机节能技术

采用新型焙烧机炉罩侧墙拖架结构，取消冷却水梁，可节省冷却水，减少热量损失。采用落棒密封技术，在焙烧机侧部采用双棒形式进行密封，通过密封腔隔断热量和粉尘外漏，具有密封效果稳定、可靠性高等优点。采用尾部移动架，尾部移动装置安装于焙烧机尾部骨架内，采用水平移动架型式，用于吸收台车在升温过程中的热胀伸长量，实现对头尾链轮中心距的自动调整，减少台车间的非正常拉缝，减少散料和漏风。采用边料循环辊压技术，增加颗粒表面活性，改善造球及焙烧性能。

2.5　高炉工序能效提升技术应用实践

配置3座2922m^{3}炼铁高炉，生铁产能732万吨。采用高比例球团、高炉炉顶煤气余压发电、高炉冲渣水余热利用、高效热风炉等技术，充分利用余热余能余压，提高热效率，以达到绿色节能、低碳排放的目的。

2.5.1　高比例球团冶炼的高炉炉型设计

在高炉炉型设计上，在国内首次以60%以上高比例球团冶炼为主要优化设计方向，开创3000m^{3}级高炉高比例球团冶炼的先河，真正实现高炉炼铁绿色低碳、长寿冶炼的目标。

高炉炉料结构使用60%以上高比例球团的炉料结构，相比于高比例烧结矿冶炼的炉料结构而言，在矿石软化、膨胀、还原、融化过程都会出现较大的差异，对炉体上下部结构都会产生很大的影响，势必影响炉体寿命。因此，综合考虑高比例球团的冶炼特点，在炉型设计中采用了两段式炉身结构，增加炉腰高度，并适当减小炉缸直径，以便活跃中心，以达到适应高比例球团冶炼过程中球团冶金性能变化规律的目的。

2.5.2 原燃料高效转载技术

两座高炉矿焦槽系统采用"联合矿焦槽"整体布置工艺，并应用了槽上卸料车自动精准定位、全自动取样等先进技术和设备，减少了物料中转和运输路径。此技术既能降低物料碰撞破碎和对胶带机的冲击强度，又能减小转载处的扬尘，有效降低分料率和生产成本，该技术被中国金属学会鉴定为国际先进水平。

2.5.3 高炉炉顶煤气余压发电技术

采用炉顶煤气余压发电（TRT）节能工艺，全力回收二次能源。高炉炉顶余压发电装置是利用高炉炉顶煤气中的压力能及热能经过透平膨胀做功来驱动发电机发电，再通过发电机将机械能变成电能的装置。唐钢新区高炉炉顶压力 0.28MPa，设备能力 0.3MPa。单套 TRT 装置的高低压发配电和自动控制系统共用一套 PLC 控制系统，实现过程监视和过程控制。三座高炉配置了 3 套 22MW 干式轴流、两段流动式透平机加发电机，实现了吨铁发电量 50kW · h 以上。

2.5.4 高炉冲渣水余热利用技术

三座高炉渣处理方式为环保底滤法，冲渣水余热全部利用，高炉冲渣水换热核心部件为换热器，采用了宽流道板式换热器机组，该换热器板型采用独特的波纹结构设计，介质可以无限制地流过板片的换热表面而不发生堵塞现象，具有高传热性能，有效解决了高炉冲渣水堵塞、腐蚀的问题。每台换热器取热能力 3MW，每座高炉冲渣水余热可回收热量为 25MW，供全厂区采暖、洗浴，既满足了高炉冲渣所需冲渣水温度，又可以制取低温热水。高炉冲渣水不经过冷却塔冷却降温，减少水漂现象，既符合国家节能减排的要求，又符合绿色环保的要求。

2.5.5 高炉热风炉绿色节能技术

热风炉按照绿色、节能设计，采用新型陶瓷燃烧器，提高燃烧器使用寿命，缩小拱顶温度和送风温差，降低 NO_x 的排放。热风炉采用复式拱顶结构，有效缓解热风出口应力集中问题，实现热风出口和锥形拱顶结构稳定长寿。热风炉格子砖采用高辐射覆层技术，能够提高格子砖传热效率，实现节能减排，提高风温。热风炉采用板式换热器，有效回收热风炉废烟气的热量，减少煤气消耗量，体现热风炉系统设计节能减排的绿色理念。热风温度每提高 100℃，可降低焦比 20kg/t；产量增加约 4%；同时还可以加大喷煤量。

2.6 转炉工序能效提升技术应用实践

炼钢工序设有两个车间，一炼钢车间配备 2×200t 转炉，二炼钢车间配备 3×100t 转炉。在节能环保方面，采用烟气余热发电、钢包全程加盖等技术，减少温度损失，有效利用余热余能，降低能源消耗，实现绿色炼钢。

2.6.1 转炉烟气余热回收发电技术

采用全汽化冷却烟道和蓄热器系统，回收转炉烟气余热。转炉烟气余热回收发电技术实现吨钢余热回收蒸汽量 120kg，两个炼钢厂配套建设 1 套 22MW 饱和蒸汽汽轮发电机组，实现吨钢发电量 17kWh 以上。

2.6.2 钢包在线加盖技术

炼钢生产全程中实现钢包自动加盖，有效减少了钢包周转过程的热损失，同时保证了钢包中钢水的温度趋于稳定，有助于炼钢生产提高质量并且降低生产成本。钢包加盖后的钢水全程温度损失减少 19℃左右，降低吨钢成本 10 元左右。

钢包自动加盖降低了对包内耐火材料的机械损伤，因此提高了钢包的使用寿命；实现钢包全程加盖后，转炉出钢口寿命提高了5炉以上，钢包寿命延长至95炉；采用钢包全程自动加盖可以节省钢包热修的空间，减少人力劳动，降低人力成本；钢包全程加盖后，转炉出钢温度升高，降低吹氧升温的吹氧量，降低了氧气能源的使用，同时也减少了钢包保温烘烤的需求，降低炼钢厂烟气排放和电能以及煤气消耗。

2.7 煤气发电技术应用实践

生产过程产生的高炉煤气、转炉煤气和焦炉煤气，除系统和工艺自用外，将所有剩余煤气用作发电，分别建设了2套265t/h燃气高温超高压锅炉，配置2×80MW凝汽式汽轮发电机组，1套330t/h超高温亚临界锅炉电机组和100MW凝汽式汽轮发电机组及1套440t/h超高温亚临界锅炉和1套135MW凝汽式汽轮发电机组。

2.8 能效提升效果

通过建立标准化、精细化能源体系，建立四级指标体系，实现了能源指标的动态考核管理，实施和推广焦化、烧结、球团、高炉、转炉、轧钢等各工序多项能源梯级循环利用关键技术，唐钢新区实现吨钢综合能耗532.6kgce，自发电比例达到80%以上，取得了良好的节能减排效果。

3 超低排放技术应用实践

3.1 超低排放理念

3.1.1 “全流程”减污降碳

唐钢新区引入了绿色工厂设计理念，通过采用国内外成熟可靠的绿色制造节能减排新工艺新技术和节能型设备，在焦化、烧结、球团、炼铁、炼钢、轧钢等所有工序全流程实现超低排放，构建高效节能、低碳环保的绿色工厂，实现能耗最低和效益最大。

3.1.2 环保“嵌入式”生产

建立能源环保管控中心，将环境除尘、脱硫脱硝等系统操作放入管控中心实现操作远程集中控制。建设重点污染源、高架源配置在线监测设施和视频摄像，将数据实时传递到公司环保管控中心，24小时全过程监控实时状况，实现大气固定排放源集中、可视化管理，助力绿色工厂建设。

3.1.3 “高效化、智能化”管控

智慧环保管理系统本着顶层设计、立足现实需要，着眼长远发展，依托实时监控、协同管理、趋势分析等技术手段，紧密结合当前环保管理方面的实际需求，充分运用物联网、云平台、大数据分析等先进技术和互联网+的理念，实现河钢唐钢新区环保管理的全流程、全区域覆盖。

3.2 无组织排放技术应用实践

原料区、焦化区、烧结区、球团区、高炉区、一钢轧区、长材区等各工序均配套环境除尘设施，实现烟尘污染物排放浓度≤10mg/m^3（标态），岗位粉尘浓度8mg/m^3（标态）。

3.2.1 原料区环境除尘系统

原料区共设计16套集中除尘系统，均采用布袋除尘器，滤料采用覆膜涤纶针刺毡。移动除尘器随着卸矿车行走，除尘灰落入仓中，与传统通风槽的除尘方式相比，在保证岗位粉尘浓度的同时，减小了集中除尘系统的风量，降低了投资和运行成本。除尘器捕集粉尘经卸灰阀、刮板输送机进入储灰仓，定期用吸排罐车拉走。

封闭式原燃料储运技术。厂区内的储料系统主要包含封闭式C型料库和封闭式圆形料场。封闭式料库具有防风、防雨的功能，降低了气候对原料的影响，减小了外界环境对物料的影响，水分稳定，有效

的抵住了恶劣天气对生产的干扰。厂区建设有全工序封闭式皮带机通廊48km，管廊总长271km，物料采用封闭式无泄漏管廊运输，在转运位置设置迷宫环保密封倒料槽，从根本上杜绝了无组织排放对环境的影响。

所有进口原燃料直接从港口通过封闭运输管廊皮带运送至封闭料库等，减少料场区域扬尘90%~95%；粉尘的浓度从120mg/m^{3}降至8mg/m^{3}以下；减少洒水量80%以上；每年减少料损为装卸量的0.5%~2%，根本解决了燃料、原料在存储、运输时的粉尘扬尘问题。在重点道路、无组织排放点设置大气质量自动监测系统和无组织排放监视系统，实时监测监视空气质量和无组织排放情况。

3.2.2 焦化工序的环境除尘技术

（1）焦炉装煤、出焦除尘技术：焦炉的装煤除尘、出焦除尘、机侧除尘均采用干式地面站除尘。煤塔下料口周围设有集尘管，将煤车接煤过程中逸散的煤尘收集至煤塔除尘地面站进行净化处理后排入大气；同时，对焦炉生产过程中产生的阵发性烟尘和连续性烟尘也采取了有效的治理措施。JNX3-70-1型7m焦炉是超大容积顶装焦炉，焦炉大型化使同等规模下需要的焦炉孔数大幅减少，连续性排放污染物与阵发性排放污染物大幅降低。同时，焦炉机械配备了较完善的除尘设施，保证了对环境的污染显著降低。

（2）焦化物料转运的可控流体转运技术：物料可控流转技术，是运用流体动力学将物料流与转运槽的冲击能量始终控制在最低水平，实现对物料流的方向、速度、冲击力的全程连续控制，即分别采用“物料低冲击角度”减小物料脱离送料皮带后与溜槽的冲击和“较低的相对速度及入射角度”减小物料接触受料皮带的冲击。焦炭平缓地进入转运溜槽中，而不是激烈的冲击，使得物料破碎情况得以改善，并且物料始终被溜槽内壁包裹，这使得所有的细料被主物料流带走，从而降低产生的粉尘量。该技术在提高运率的同时，降低了物料破碎，减少了粉尘排放，延长了皮带寿命。解决了堵料、撒料、漏料的问题，降低了除尘与驱动电力的消耗。

（3）焦化物料转运的微动力除尘技术：针对物料转运时产生的粉尘，在给料皮带机头和受料皮带机尾安装一台微动力除尘器，粉尘从物料中散发出来，随皮带运动气流漂浮，经除尘器滤芯吸附过滤，当过滤滤芯外部吸附粉尘达一定值时，脉冲反吹式除去粉尘，吹掉粉尘会直接落入皮带物料上，如此反复循环从而达到除尘的目的。

3.2.3 烧结区环境除尘系统

烧结区共设计14套集中除尘系统，其中包括机头电除尘系统、机尾布袋除尘系统、燃料布袋除尘系统、配料布袋除尘系统、整粒布袋除尘系统、成品矿槽布袋除尘系统及混合室除尘系统。机头电除尘器选用双室四电场高效电除尘器，每台烧结机对应2台，并配合采用烟气循环技术，每台烧结机对应2台循环风机+2台高温多管除尘器及附属设施。机尾、整粒、配料、成品、环境等系统均采用高效除尘器，废气排放含尘浓度≤10mg/m^3；机头电除尘器废气排放含尘浓度≤40mg/m^3，经后续脱硫脱硝系统后达到超低排放标准。

烧结成品仓卸料车设置移动滤筒除尘器2套，替代了传统的通风槽除尘方式，降低了集中除尘系统的风量和运行功率。筛分除尘系统设置2台除尘器，随时可以通过阀门切换实现振动筛与除尘器一对一的功能。

混合、制粒除尘器收集的粉尘就近上工艺皮带回收；机尾、配料、成品筛分、成品料仓及矿石受料槽除尘器收集的粉尘采用气力输灰系统输送至烧结配料室灰仓中；燃料破碎、煤粉缓冲仓除尘器收集的粉尘采用气力输灰系统输送至烧结焦灰仓中；转运站除尘灰采用气力吸排车运输。

3.2.4 球团区环境除尘系统

球团区共设计14套集中除尘系统，其中机尾除尘系统2套，每套服务范围为对应焙烧机机尾罩、焙烧机卸料点、散料胶带机受料点、散料胶带机卸料点、筛前成品胶带机卸料点、成品筛、筛上料卸料点、筛下料卸料点、筛后铺底料胶带机卸料点、铺底料扬料胶带机受料点、铺底料转运胶带机受料点、铺底料仓除尘点、成品转运站卸料点，采用电袋复合除尘器。其他除尘系统采用覆膜涤纶针刺毡布袋除尘器。

干燥环境除尘系统除尘灰通过刮板机返回工艺皮带机，其他除尘系统采用密相气力管道输送技术，将除尘灰集中输送到配料室的灰仓中。该技术设备轻便，操作简单，可以有效避免灰尘在转运中的二次扬尘。

3.2.5　高炉区环境除尘系统

高炉区共设计9套集中除尘系统，其中矿焦槽除尘系统3套，滤料采用覆膜涤纶针刺毡。高炉出铁场除尘系统共3套，每套除尘系统配备2台除尘器，滤料采用覆膜涤纶针刺毡。配煤槽除尘设计风量80000m^3/h，由于临近原料区，配煤槽除尘管道接入原料区域原料除尘系统。喷煤系统转运站、配煤仓分别设一套除尘系统，除尘器、风机位于转运站下方地面，除尘器、风机电机防爆，滤料采用防静电覆膜涤纶针刺毡，其他除尘系统滤料采用覆膜涤纶针刺毡。

除尘器架空布置，出铁场、矿槽、铸铁机除尘器收集的粉尘经埋刮板输送机送至储灰仓，再经气力吸排车运走。

3.2.6　一钢轧区环境除尘系统

一钢轧区共设计9套集中除尘系统，采用覆膜涤纶针刺毡布袋除尘器。1号、2号、3号转炉各配备一套二次除尘系统；1号和2号转炉共用一套三次除尘系统；3号转炉配套一套三次除尘系统。除尘系统收集的粉尘由卸灰阀、刮板输送机直接把粉尘输送到高位储灰仓中。为避免卸灰及运输过程中粉尘飞扬和撒漏等二次污染，储灰仓中的粉尘采用吸排罐车运输。

铁水预处理、转炉、精炼炉、转炉屋顶罩除尘等系统由于间断冶炼、操作阶段不同、烟尘量较大差异，则主风机配备变频电机，随烟气产生情况调节转速，达到适应冶炼工艺、节约能源、降低冶炼电耗和除尘系统主风机能耗的效果。

3.2.7　长材区环境除尘系统

长材区环境除尘系统包括炼钢环境除尘系统、连铸环境除尘系统、棒材环境除尘系统、线材环境除尘系统、型钢环境除尘系统、SH2转运站除尘系统及YLR1转运站除尘系统。其中棒材除尘系统、3号线除尘系统、一高线除尘系统、二高线除尘系统及中棒除尘系统采用塑烧板除尘器，其他除尘系统除尘器滤料采用覆膜涤纶针刺毡。1号、2号、3号转炉各配套一套转炉二次除尘系统，共用一套转炉三次除尘系统。

轧机轧制工序，在轧机机组上设置排烟罩，含尘气体经排烟风管进入波浪式塑烧板除尘器净化后，通过除尘风机，再由烟囱排至大气，以减少粉尘、油雾及水蒸气等有害物质，改善操作条件，降低有害物对环境的污染，满足排放粉尘浓度$\leqslant 10mg/m^3$环保要求。

布袋除尘系统收集的粉尘由卸灰阀、刮板输送机直接把粉尘输送到储灰仓中。为避免卸灰及运输过程中粉尘飞扬和撒漏等二次污染，储灰仓中的粉尘用吸排罐车运出。

3.3　有组织排放技术应用实践

3.3.1　焦炉源头减排技术

（1）低氮节能燃烧技术：蓄热室分格、箅子板可调技术。蓄热室分为煤气蓄热室和空气蓄热室，沿焦炉机焦侧方向分成18格，并在小烟道顶部设置可调箅子板，对各分格蓄热室的煤气和空气量进行调节。使加热混合煤气和空气在蓄热室长向分配更加合理，燃烧室长向的气流分布更加均匀，有利于焦炉长向加热的均匀性。

（2）单侧烟道技术：废气开闭器及烟道布置在焦侧，焦炉煤气和高炉煤气主管分别设在地下室的机侧和焦侧。单侧烟道技术既有利于改善焦炉地下室的操作环境、炉底横拉条弹簧的调节和炉体的气流分配，又有利于焦炉长向加热的均匀性。

（3）废气循环与分段加热相结合的组合燃烧技术：将下降火道的部分废气吸入上升火道的可燃气体中，起到拉长火焰作用，有利于焦炉高向加热的均匀性，同时降低燃烧点的温度，减少氮氧化物的产生。立火道空气分三段供入，在立火道底部设有煤气出口和空气出口，在立火道隔墙1/3处设置第二段空气出口，隔墙2/3处设置第三段空气出口；第三段出口断面可通过调节砖进行调节，保证煤气燃烧充分，减低废气中氮氧化物含量和生成量，同时利于高向加热均匀和焦饼成熟均匀。斜道口调节砖和箅子板组合调节技术，减少调节工作量，调节焦炉长向加热均匀性更便捷，效率更高、均匀性更好；实现改变立火道高向和长向温度分布，降低炼焦耗热量的技术效果。

（4）薄炉墙技术：薄炉墙导热性好，热效率高，提高了炭化室结焦速度。既提高了炉头火道的结构强度，又降低了焦炉加热的能耗及立火道温度，从源头上减少了氮氧化物的产生。

3.3.2 焦炉烟气脱硫脱硝技术

焦炉同步配套脱硫脱硝装置，采用SDS干法脱硫+中低温SCR脱硝工艺对焦炉烟气和装煤除尘烟气进行处理，工艺简单、成熟，运行成本低，NO_x去除率高，SO_2抵抗力强，脱硫脱硝产物不会产生二次污染；对灰分及热冲击力抵抗能力强。

焦炉烟气采用SDS干法脱硫+中低温SCR脱硝的治理工艺，排放指标为SO_2含量≤15mg/m^3(标态)，NO_x含量≤100mg/m^3(标态)，烟粉尘浓度≤10mg/m^3(标态)，满足国家污染物超低排放限值。

3.3.3 球团工艺低氮燃烧及脱硫脱硝技术

采用结构先进的燃烧器，实现自动点火及火焰监控，温度控制精准；并通过CFD仿真模拟实现燃气和高温烟气大面积宏观混合及火焰峰值温度可调，使温度场分布更加均匀，降低NO_x排放。

球团烟气采用循环流化床半干法脱硫+SCR脱硝的治理工艺（见图3），排放指标为SO_2浓度≤20mg/m^3(标态)；NO_x浓度≤30mg/m^3(标态)；烟粉尘浓度≤5mg/m^3(标态)。氨逃逸浓度≤2.5mg/m^3(标态)，每年实现减排二氧化硫16500t、氮氧化物5400t、颗粒物3000t。

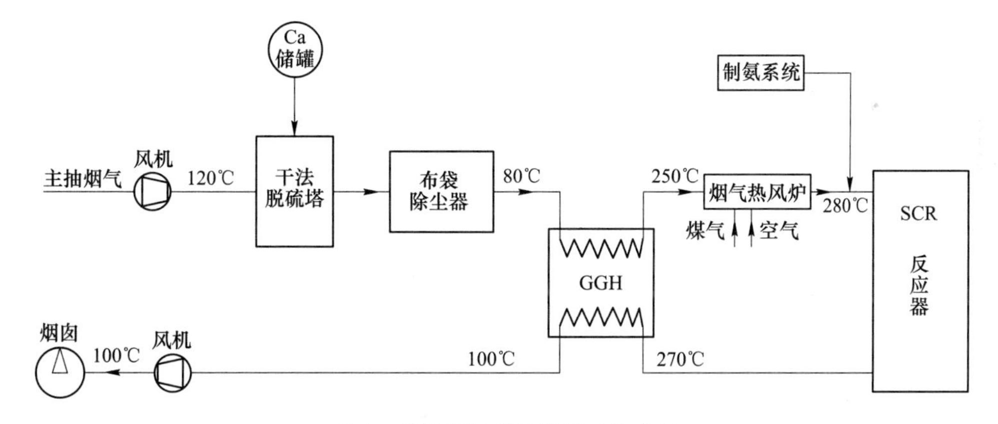

图3 球团烟气脱硫脱硝工艺流程

Fig. 3 Process flow chart of pellet flue gas desulfurization and denitrification

3.3.4 镁质熔剂性球团制备技术

在两座国内最大的760m^{2}带式焙烧机生产镁质熔剂性球团，并在三座高炉上开展球团比例大于60%的高比例球团冶炼。按唐钢新区年产球团960万吨计算，每年可实现源头减排二氧化碳70万吨。

3.3.5 烧结烟气循环利用技术

烧结烟气选择性循环净化与余热利用是根据烧结风箱烟气排放特征（温度、含氧量、烟气量、污染物浓度等）的差异，在不影响烧结矿质量的前提下，选择特定风箱段的烟气循环回烧结台车表面，用于热风烧结。

如图4所示，循环烟气由烧结机风箱引出，经除尘系统、循环主抽风机、烟气混合器后通过密封罩，引入烧结料层，重新参与烧结过程。循环烟气与烧结料层间复杂的热质传递与化学反应过程，包括高温循环烟气与烧结料层的热交换、CO 的二次燃烧放热、二噁英的高温分解以及 NO_x 的催化还原，使污染物排放总量降低的同时，烟气显热全部供给烧结混合料，进行热风烧结，降低烧结固体燃料消耗，改善表层烧结矿质量，提高烧结矿料层温度均匀性和破碎强度等理化指标，实现节能、减排、提产多功能耦合。

唐钢新区两台 $360m^2$ 的烧结机全部应用烧结烟气选择性循环利用技术，实现烟气循环 30%以上，烧结工序燃耗降低 11%，SO_2、NO_x、CO 分别减排 20%、24%、20%，同时烧结机提产 4%以上。

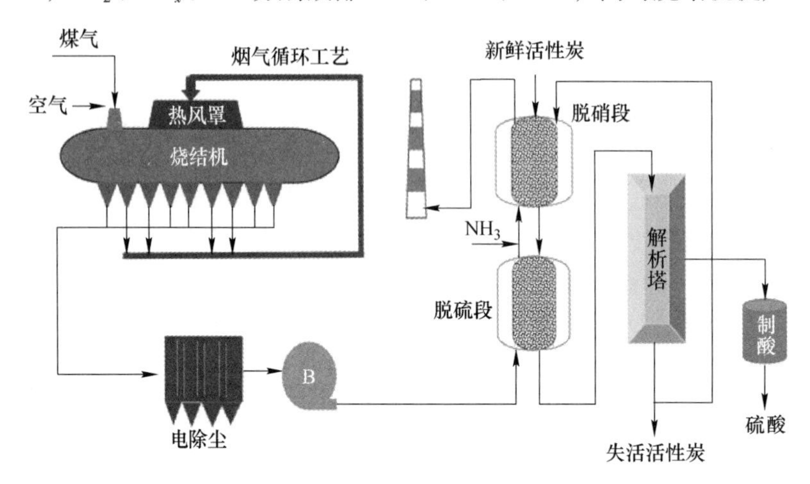

图 4 烧结烟气循环工艺流程

Fig. 4 Process flow chart of sintering flue gas circulation

3.3.6 烧结烟气脱硫脱硝技术

针对河钢唐钢新区 2 台 $360m^2$烧结机，设计并建设了两套先进可靠、有效实用且运行安全稳定的脱硫脱硝烟气处理设施。

1 号烧结机烟气脱硫脱硝工艺采用“活性焦烟气处理”方式，采用“换热降温冷却器+活性焦法脱硫，多项污染物脱除及高效脱硝技术”工艺技术方案，烧结烟气在进入吸附塔入口烟道处设置烟气换热降温系统，控制进入吸附塔的烟气温度在 130℃左右，再经增压后送至吸附系统。由吸附塔的进气室进入并与自上向下、依靠重力缓慢移动的活性焦接触，在与活性焦接触过程中，烟气中的烟尘、SO_2、NO_x 等污染物被活性焦吸附，同时在吸附塔相应位置喷入 NH_3，实现同时脱硫、脱硝。

2 号烧结机烟气脱硫脱硝采用“循环流化床脱硫+中温 SCR 脱硝”方式，共设 2 套脱硫脱硝系统，两者并联运行。烧结机头烟气经过电除尘器后，首先利用循环流化床工艺进行烟气脱硫，并通过后置配套的布袋除尘器进行除尘。除尘后的烟温无法满足中温 SCR 脱硝的温度要求，需利用脱硝后的烟气进行换热，将脱硫后的烟气温度提升至 250℃左右，再通过加热炉加热至 280℃以上，通过 SCR 脱硝装置进行脱硝，脱硝后烟气经过换热降温后，通过引风机送入烟囱，并达标排放。

污染物排放指标达到唐山地区超低排放标准的要求，烟粉尘、二氧化硫、氮氧化物排放浓度均控制在 $5mg/m^3$、$20mg/m^3$、$30mg/m^3$以下，烧结机烟气污染物远远超出了国家规定的超低排放标准，达到行业领先水平。

3.3.7 高炉炉顶均压煤气回收技术

高炉炉顶均压煤气采用自动全回收方式，料罐内残余煤气经过引射器抽出，进入均压煤气回收罐，再经过罐内上部布袋过滤器除尘后进入净煤气管网。当回收罐的压力达到设定值后，关闭回收系统阀门，然后将料罐中的少量低压煤气通过传统的放散系统放散。该方式所需的操作时间较短，料罐内剩余的少量煤气压力已接近常压，再经过旋风除尘器和消声器进行放散，极大地减少了有毒气体，同时消除炉顶噪声，延长消声器寿命。最终处理煤气粉尘含量$<5mg/m^3$，理论回收效率可达到 99%，不对净煤气质量产生影响，有效地解决放散工艺过程中的噪声、粉尘、废气等环境污染问题，实现清洁回收。

高炉煤气脱硫净化回收后，用于锅炉发电，烧结球团、加热炉、热风炉等热源，减少高炉煤气放散，既节约能源又降低环境污染。

3.4 清洁运输技术应用实践

3.4.1 清洁运输理念

（1）依托区位优势与外界形成高效物流连接。河钢唐钢新区借助距京唐港四号港池及矿石码头仅为2km的地理优势，可使得大宗矿石和原煤方便地通过皮带机运至料场，除了少量辅料采用道路运输外，大宗物料及成品采用皮带机和铁路运输。

（2）优化物流路径，降低能耗。优化整体运输线路和某次运输任务的线路，使得汽车在厂内倒运距离不超过1.3km，铁水运输距离1.5～2.0km。

（3）物流设施提升和完善。采用先进运输设备，提升物流设施装备水平，降低能耗，减少排放。厂内物料运输中皮带机运输、铁路运输、道路运输、辊道及运输链运输分别占运输总量的66.8%、12%、3.4%、17.8%；厂外运输中皮带机运输、铁路运输、道路运输、矿浆管道运输分别占运输总量的44.1%、23.8%、15.0%、17.1%。

3.4.2 清洁运输技术应用实践

在清洁运输理念下，节省了大量的物流运输成本，有效减少了运输设备产生的污染物排放，还可以降低物料在运输过程中的损失和对环境造成的二次污染。

3.4.2.1 *矿浆管道输送铁精矿*

结合国内外矿粉管道输送的成功经验，司家营矿区至唐钢新区铁精矿采用国际先进的矿浆管道输送技术，设计能力750万吨/年，管道长约70km。司家营、研山两个矿区铁精矿浆通过矿浆汇集系统汇集到司家营区域；经过精矿浓缩与输送系统，浓缩为62%～68%的矿浆通过加压管道输送到唐钢新区；在矿浆终端过滤系统下，经圆盘真空过滤机脱水至含水率8.5%～9.5%用作球团原料。矿浆管道输送代替汽车或铁路运输，具有重要的环境、经济效益。

3.4.2.2 *皮带机和铁路运输的优化路径*

厂内物料倒运在长距离的煤和焦炭运输上大胆采用管状皮带机，具有占地面积小、结构简单、功耗较低、检修方便等特点，特别是在运输过程中因为采用全封闭式结构可完全抑制粉尘排放。皮带机运输占厂内物料运输量的66.8%，厂外运输量的44.1%。

厂区建设有全工序封闭式皮带机通廊48km，管道总长271km，物料采用封闭式无泄漏管廊运输，在转运位置设置迷宫环保密封倒料槽；所有进口原燃料直接从港口通过封闭运输管廊皮带运送至封闭料库。

铁路运输占厂内物料运输量的12%，占厂外物料运输量的23.8%。在优化铁路运输系统时以提高运输效率、降低铁水温降、减少运输扬尘为主要目的，采用了“一包到底”、微机联锁技术、铁包加盖、无线调车等先进技术手段。未来东港铁路向东延伸，向北接入项目预留铁路站场，向南接入京唐港六号港池，大宗成品可通过铁路发往全国各地也可送至港口行销全球。

3.4.2.3 *气力输灰系统便捷运输*

气力输送的特点是输送量大，输送距离长，输送速度较高；能在一处装料，然后在多处卸料。该技术设备轻便，操作简单，可以有效避免灰尘在转运中的二次扬尘，减少二次污染，利于回收含铁废料。

高炉的矿槽除尘器采用埋刮板输送机收集粉尘到灰仓，再经气力输灰设施，从灰仓输送至烧结配料仓集中处理；喷制煤粉的磨煤过程中产生的煤粉由气力输送进入袋式收粉器，将煤粉分离后进入煤粉仓；布袋除尘器的卸灰采用气力输送方式。石灰窑烧结用生石灰和轻烧白云石采用气力运输。

烧结区环境除尘系统中的烧结机尾、配料、成品筛分、成品料仓及矿石受料槽除尘器收集的粉尘，采用气力输灰系统输送至烧结配料室灰仓中；燃料破碎、煤粉缓冲仓除尘器收集的粉尘采用气力输灰系统输送至烧结焦灰仓中；No.5转运站除尘灰采用气力吸排车运输。球团区环境除尘系统除干燥环境除尘系统除尘灰外的除尘系统，均采用密相气力管道输送技术，将除尘灰集中输送到配料室的灰仓中。

3.4.2.4 “柴改氢”重卡物流投运

河钢集团积极推动京津冀重卡“柴改氢”氢能物流示范，2021年7月5日，河钢集团氢能重卡投运全国首发式在河钢唐钢新区举行；首批30辆49t氢能重卡已经在河钢唐钢新区正式投入运营，开创氢能“重卡时代”。“柴改氢”后实现清洁运输，将大大降低柴油重卡汽车的污染，减轻京津冀地区的环境压力，并且发展氢能产业是助力实现“双碳”目标的重要路径之一。河钢集团计划于“十四五”末氢能重卡投运3000辆以上进行氢能物流的推广。

3.5　超低排放效果

（1）焦化、烧结、球团、炼铁、炼钢、轧钢等所有工序全流程实现超低排放，实现烟尘污染物排放浓度≤10mg/m^3(标态)，岗位粉尘浓度≤8mg/m^3(标态)。

（2）主要污染物烟粉尘、SO_2、NO_x 排放浓度，焦炉烟气（标态）控制在10mg/m^3、15mg/m^3、100mg/m^{3}以下；球团烟气（标态）控制在5mg/m^3、20mg/m^3、30mg/m^{3}以下；烧结烟气控制在5mg/m^3、20mg/m^3、30mg/m^{3}以下，远远低于国家超低排放标准，达到行业领先水平。

（3）采用清洁运输，最大限度降低物料在运输过程中的损失和对环境造成的二次污染，并率先启动“柴改氢”物流示范，发挥国企带头作用。

4　副产品资源化利用应用实践

4.1　循环经济理念

河钢唐钢新区全面贯彻循环经济理念，对钢铁生产过程中产生的副产品进行加工，能返回生产利用的均返生产利用。除含铁资源全部循环利用外，所有固体废弃物，如高炉水渣、炼钢钢渣、除尘灰、氧化铁皮、废耐火材料、污泥、铁红等均实现了综合利用。对需要出厂的危险废弃物进行集中统一储存、分类堆放，交有资质认证的单位处置。

4.2　副产品资源化技术应用实践

4.2.1　高炉渣制备超细粉技术

建设有2条114万吨高炉水渣产超细粉生产线，高炉渣经高压水冲、粒化形成高炉水渣，送水渣细磨生产线进行深加工，生产比表面积为450m^2/kg的水渣超细粉，做水泥原料，向国内及国际市场销售，已成畅销产品。

4.2.2　钢渣超细粉及资源化技术

钢渣一次处理工艺采用热闷法，年处理能力约140万吨。将钢渣热闷后的物料通过磁选机、筛分、自磨等工序，根据含铁量以及粒度分级成不同品位的渣面以及不同粒径的非磁性颗粒渣，含铁部分返回炼钢工序，其他部分用于烧结配料、炼钢造渣剂、水泥原料及路基料等产品。

4.2.3　脱硫脱硝灰资源化技术

针对脱硫脱硝工艺过程中产生的脱硫脱硝的混合灰，进行资源化技术研究，一是作水泥混合料，在添加不超过2%的前提下，水泥强度可以满足《通用硅酸盐水泥》（GB 175—2007），且水泥胶砂（28d）重金属离子浸出均满足《水泥窑协同处置固体废物技术规范》（GB 30760—2014），NO_2^-浸出含量限值满足Ⅱ类地表水标准，且水泥胶砂对NO_2^-具有很好的固化作用；二是作为矿山充填胶凝材料，添加量为20%时可以满足矿山充填体的强度要求，且水泥胶砂（28d）重金属离子浸出均满足《水泥窑协同处置固体废物技术规范》（GB 30760—2014），NO_2^-浸出含量限值满足Ⅳ类地下水标准。

4.2.4　废SCR脱硝催化剂回收利用技术

废旧SCR催化剂经钠化浸出、过滤洗涤得到富钛料和含钒钨浸出液；通过分离净化等步骤分离钒、钨、钛等产品，其中得到的初级钛白粉产品，可作为产品出售，也可进一步加工为氟钛酸钠（钾），作为生产钛合金的原料。目前该技术正在进行实验室基础研发及公斤级试验研究。

4.2.5 粉尘资源化技术

厂区除尘灰统一规划设计，其中原料场的混匀配料槽设置4个除尘灰仓，2个用于接收原料场区域气力输送的除尘灰，另外2个用于接收罐车输送来的高炉重力灰。炼钢的转炉污泥采用泥浆泵输送至混合机参与烧结作业。

烧结除尘灰分类处置。燃料破碎及煤缓冲仓、脱硫脱硝系统除尘器收集的粉尘，经气力输灰或吸排罐车至配料前焦灰仓，与破碎后燃料混合参与配料；混合、制粒除尘器收集的粉尘就近经工艺皮带回收；机尾、配料、成品筛分、成品料仓及矿石受料槽除尘器收集的粉尘，采用气力输灰系统输送至烧结配料室灰仓中；机头除尘一、二电场除尘灰气力输送至烧结配料室灰仓中，三、四电场除尘灰运至公司固废协同处理中心加工处理。

氧化铁皮和部分除尘灰返回烧结配料，部分含钾、钠、锌元素的除尘灰采用回转窑技术进行处理，提炼金属元素，把除尘灰处理成相当于50%铁品位的尾矿送回烧结配料。

4.2.6 其他废旧材料资源化技术

炼钢、连铸、热轧、棒线材产生的废耐火材料，以及炼铁产生的废沟底等工业垃圾进行回收处置。其中耐火材料回收其中可用旧耐火砖后，其余送耐火材料厂作为骨料使用或用于填坑、铺路；炼铁废沟底可用于填坑铺路。

铁红用作磁性材料。各生产机组产生的废润滑油、液压油以及水处理系统收集的废油送油脂厂处置。烧结机配套建设全烟气活性焦吸附净化装置，产物98%硫酸外卖化工企业。

4.3 副产物资源化利用效果

以循环经济理念为指导，开发固废资源综合利用系统，对全公司全过程污染物的产生、收集、净化、排放，对全厂固废、危废从源头、运输、利用到处置进行系统管控，提升管理效率，含铁资源全部循环利用。高炉水渣、炼钢钢渣、除尘灰、脱硫灰、氧化铁皮、废耐火材料、污泥、铁红等全部实现综合利用，利用率达100%，居行业先进水平。

5 水资源高效利用技术应用实践

5.1 废水零排放理念

唐钢新区水处理中心在零排放理念的指导下，能源管控中心集中采集原料、炼铁、炼钢、轧钢、公辅等各工序水系统水量、水质、水温等实时数据，根据水质实现科学循环水错峰补排水和各类水资源梯级利用，实现废水零排放和高效利用。

5.2 废水处理技术应用

5.2.1 废水处理工艺

唐钢新区设1座水处理中心，对生产生活过程中产生的废水进行深度处理后回收循环再利用；高炉冲渣水作为冬季生活、生产热源，对其余热进行利用。主要有高炉循环水系统、一期炼钢轧钢循环水系统、二期特钢循环水系统。循环水系统在运行中产生的排污水经过污水管网输送到全厂水处理中心，经过废水预处理系统、深度处理系统、浓盐水处理系统，处理后排污回水95%以上的废水制备成一级除盐水回用到循环水系统，剩余浓盐水用作冲渣水。全厂水处理中心另设离子交换系统，为全厂提供一级除盐水和二级除盐水，用于软水系统和锅炉补水，满足生产要求。

中水回用系统采用废水预处理工艺，通过高密池、V型滤池去除来水中的硬度和悬浮物，经过预处理后的废水进入深度处理系统，如图5所示；深度处理系统工艺流程如图6所示，主要采用双膜工艺，预处理出水经过多介质过滤器进一步去除废水中的悬浮物，之后进入双膜系统 UF+RO 工艺，在反渗透系统处理单元，能够实现回收率在 75%以上。反渗透产水满足一级除盐水标准，作为一级除盐水补存到循环水系统中，有效的控制了循环水水质，并保证了循环水浓水倍数。

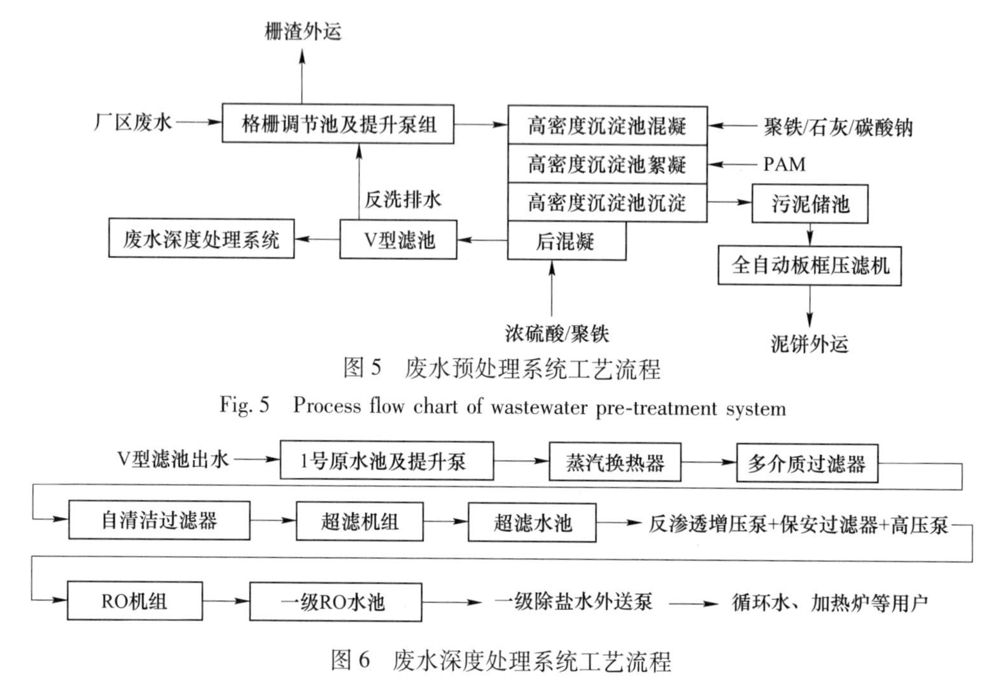

图 5　废水预处理系统工艺流程

Fig. 5　Process flow chart of wastewater pre-treatment system

图 6　废水深度处理系统工艺流程

Fig. 6　Process flow chart of advanced wastewater treatment system

5.2.2　废水零排放技术

全厂设计取水量 5400m^3/h，其中 3500m^3/h 作为生产新水直接使用，1900m^3/h 用于一级二级除盐水制备。各生产工序排水回收至水处理中心调节池，预处理采用格栅调节池及提升泵站+高密池+V 型滤池工艺；深度处理采用多介质过滤器+超滤+反渗透工艺；深度处理反渗透浓水和离子交换再生废水为高盐废水，水量较大，直接排放会对水体产生严重的污染。针对上述情况，项目选用了最新的浓盐水处理工艺，采用曝气生物滤池+高级臭氧氧化耦合工艺去除高盐水中的有机物，通过弱酸性离子交换去除高盐水中硬度组分，浓缩单元采用 DOW 最新的抗污染产品对预处理后的浓盐水两级浓缩，得到的产品水作为合格的生产消防水回用到系统。通过浓缩减量处理后，极大程度的降低了废水量，最终得到的少量高浓废水用于钢渣、水渣处理，实现全厂废水零排放。

5.2.3　焦化污水的深度处理技术

焦化废水主要由蒸氨废水、低浓度焦化废水、循环排污水组成。废水处理能力为 360t/h，废水回收率≥90%。主要工艺设施包括预处理（气浮）、生化处理系统、深度处理系统、污泥处理系统。其中，生化废水处理采用改良 SBR 工艺。采用精细智能生物混氧反应床，此工艺由间歇式同步硝化反硝化池和反硝化协同生物倍增池两种工艺前后串联组成。为满足回水率（95%）要求，深度处理系统采用三级反渗透进行减量化，产生的淡水进入回用水池，浓盐水进入超浓水池，由企业内部烧结混料处理。

5.3　水资源高效利用效果

通过循环水错峰补排水和各类水资源梯级利用，实现吨钢耗新水量小于 2.0m^3/t、水重复利用率 98.5%以上。

6　结语

（1）河钢唐钢新区作为河钢集团贯彻落实国家供给侧结构性改革和河北省委省政府钢铁产业区位

结构调整布局的首个项目，围绕“建设最具竞争力钢铁企业”的目标，采用高效节能、低碳环保的绿色工厂设计理念进行建造，其建设工程也是河钢集团率先提出的“绿色矿山、绿色采购、绿色物流、绿色制造、绿色产品、绿色产业”的“六位一体”钢铁绿色发展理念的落实落地，是河钢集团打造中国绿色钢铁企业的典范项目。

（2）遵循了循环经济的发展理念，按照绿色、环保、高效要求，通过采用先进的清洁生产工艺，以及大型化、连续化的生产设备等，从源头上减少污染物的产生。同时采用资源在厂区内部和社会中的再利用、再循环措施，形成了兼顾发展经济、节约资源和环境保护的循环经济发展模式，实现了节约资源、提高能效和保护环境的目的。

（3）实施和推广了一系列全流程节能环保技术，建设了效益佳、效率高、消耗低、排放少、环境美的绿色钢铁示范企业，引领我国钢铁行业绿色低碳转型。河钢唐钢新区实现吨钢综合能耗 532. 6kgce，吨钢 SO_2 排放量小于 0. 6kg，吨钢烟/粉尘排放量小于 0. 5kg，企业自发电比例 80%以上，二次能源回收利用率 100%，固废资源化利用率 100%，整体处于国际领先水平。

参 考 文 献

[1] 殷瑞钰．“流”、流程网络与耗散结构——关于流程制造型制造流程物理系统的认识［J］. 中国科学：技术科学，2018（2）：136.

[2] 殷瑞钰．关于智能化钢厂的讨论——从物理系统一侧出发讨论钢厂智能化［J］. 钢铁，2017，52（6）：1.

[3] 李毅仁，李铁可．基于大数据的钢铁智能制造体系架构［J］. 冶金自动化，2020（9）：1.

[4] 曹华军，李洪丞，曾丹．绿色制造研究现状及未来发展策略［J］. 中国机械工程，2020（2）：135.

[5] 李鸿儒，封一丁，杨英华．钢铁生产智能制造顶层设计的探讨［C］//第十一届中国钢铁年会论文集. 北京：冶金工业出版社，2017.

[6] 王新东．以“绿色化、智能化、品牌化”为目标规划设计河钢唐钢新区［J］. 钢铁，2021，56（2）：12.

[7] 王新东，田京雷，宋程远．大型钢铁企业绿色制造创新实践与展望［J］. 钢铁，2018，53（2）：1.

[8] 于勇，王新东．钢铁工业绿色工艺技术［M］. 北京：冶金工业出版社，2017.

[9] 王新东，李建新，刘宏强，等．河钢创新技术的研发与实践［J］. 河北冶金，2020（2）：1.

[10] 王新东．以高质量发展理念实施河钢产业升级产能转移项目［J］. 河北冶金，2019，277（1）：5.

[11] 李建新，王新东，李双江．河钢炼钢技术进步与展望［J］. 炼钢，2019（4）：1.

[12] 王新东，侯长江，田京雷．钢铁行业烟气多污染物协同控制技术应用实践［J］. 过程工程学报，2020（9）：997.

[13] 侯长江，田京雷，王倩．臭氧氧化脱硝技术在烧结烟气中的应用［J］. 河北冶金，2019（3）：67.

[14] 苏彤，赵彬，班宝旺．全密封自降尘环保导料槽在河钢乐亭的应用［J］. 河北冶金，2020（S1）：84.

[15] 王跃欣．焦炉废烟气资源化技术应用实践［C］. 河北省金属学会、山东金属学会、河南省金属学会、山西省金属学会、河北省焦化行业协会、山东省焦化行业协会．2017 焦化行业节能环保及新工艺新技术交流会论文集，2017.

[16] 王跃欣．可控流转运与微动力除尘一体化技术在焦化厂应用［C］. 山西省金属学会、河北省金属学会．2018 第三届焦化行业节能环保及新工艺新技术交流会暨“晋、冀、鲁、皖、赣、苏、豫”七省金属学会第十九届焦化学术年会论文集，2018.

[17] 王新东，刘洋，胡启晨．河钢唐钢新区绿色节能高效型 $360m^2$ 烧结机的设计［J］. 河北冶金，2021（6）：30.

[18] 李宝忠，董洪旺．绿色高炉炼铁技术发展方向［J］. 河北冶金，2020（S1）：1.

[19] 王新东，李建新，胡启晨．基于高炉炉料结构优化的源头减排技术及应用［J］. 钢铁，2019，54（12）：110.

[20] 王新东，田鹏，张彦林，等．全智能无人化料场在河钢唐钢新区的工程实践［J］. 河北冶金，2021（5）：36.

[21] 田鹏，李宝忠，董洪旺，等．河钢乐亭综合智能料场的设计特点［J］. 河北冶金，2020（S1）：44.

[22] 韩毓．大型钢铁企业铁水运输组织与铁路站场设计［J］. 河北冶金，2020（S1）：28.

[23] 王新东，胡启晨，柏凌．唐钢新区 $2922m^3$ 高炉设计特点［J］. 炼铁，40（3）：5.

[24] 陈晓伟，陈伟，田朝，等．钢铁企业煤气平衡问题探究与改进［J］. 冶金动力，2021（3）：32.

[25] 马悦，胡秋昌．河钢乐亭绿色物流的优化设计［J］. 河北冶金，2020（S1）：31.

[26] 王晓磊，师学峰，胡长庆，等．高硅镁质熔剂性球团焙烧试验研究［J］. 矿产综合利用，2020（4）：87.

[27] 王新东，张宝会，梁英华，等．绿色智能焦化技术在唐钢美锦公司的应用［J］. 化工进展，2018，37（1）：402.

[28] 王新东．河钢集团科技创新实践与展望［J］. 河北冶金，2018（8）：1.

数字化智能工厂的设计与实施

王新东[1]，李 铁[2]，张 弛[1]，李传民[2]，薛军安[1]，李晓刚[1]，薛颖建[2]，王永涛[2]

（1. 河钢集团有限公司，河北石家庄 050023；
2. 中冶京诚工程技术有限公司，北京 100176）

摘 要 河钢唐钢新区是河北省钢铁企业转型升级、结构调整的示范工程，是河钢集团全力推动高质量发展的行动体现。项目以“绿色化、智能化、品牌化”为建设目标，通过对全流程进行解析与集成，科学匹配工序单元，采用最先进的流程界面技术，实现钢厂“动态—有序”“协同—连续”的精准设计；实施三维数字化设计，通过能量流与物质流高效耦合，将数字化信息流贯穿于钢铁生产全流程，实现信息化系统与物理系统融合设计，全力打造流程型数字化绿色智能工厂。

关键词 钢厂设计；数字化；界面技术；智能工厂

Design and Build of the Digital Intelligent Factory of HBIS Group Tangsteel New District

Wang Xindong[1], Li Tie[2], Zhang Chi[1], Li Chuanmin[2], Xue Jun'an[1], Li Xiaogang[1], Xue Yingjian[2], Wang Yongtao[2]

(1. HBIS Group Co., Ltd., Shijiazhuang 050023, Hebei;
2. Capital Engineering and Research Incorporation Ltd., Beijing 100176)

Abstract HBIS Group Tangsteel New District is the demonstration project of transformation, upgrading and structural adjustment of iron and steel enterprises in Hebei province, which is the embodiment of HBIS Group's efforts to promote high quality development. With the construction goal of "green, intelligent and brand", the project realize the steel plant's precise design of "dynamic-order" and "coordination-continuity" by means of analyzing and integrating the whole process, matching of process units scientifically and adopting the most advanced process interface technology. In addition, the project implements 3D digital design, applies digital information flow to the whole iron and steel production process by efficient coupling of energy flow and flow, in order to realize the integration designing of information system and physical system and build a process based digital intelligent factor.

Key words steel plant design; digital; interface technology; intelligent factory

0 引言

随着“供给侧结构性改革”深入推进，优化产业布局的力度加大，为钢铁企业实施转移和重组升级带来了重要发展契机。河钢唐钢新区项目作为河北省钢铁产业沿海布局和产业升级的主要项目，在规划之初，按照绿色工厂、智慧工厂的架构进行设计，从规划、论证、开发到测试逐步成型，从工序功能解析优化、界面衔接优化、全流程协同优化入手，以实现“高产、低耗、高效、绿色、智能”为设计目标，全面发挥绿色化、智能化、品牌化的未来工厂优势[1~5]。

项目采用冶金长流程，设计年产铁水 732 万吨，钢水 747 万吨，轧钢一次材 710 万吨，其中热板 410 万吨、长材 300 万吨、冷轧产品 275 万吨。主要配置了无人化智能原料场、2×360m^{2}烧结机、2×760m^{2}带式球团焙烧机、3×2922m^{3}高炉、2×200t 转炉、3×100t 转炉、1 条 2050mm 热轧生产线、2 条高速线材生产线、2 条棒材生产线、1 条中型材生产线及 2030mm 冷轧生产线。

作者简介：王新东（1962—），男，教授级高级工程师，河钢集团有限公司首席技术执行官，主要从事冶金工程及管理工作，E-mail：wangxindong@hbisco.com

1　数字化智能工厂的架构设计

河钢唐钢新区智能工厂建设以冶金流程学为理论基础，以实现整体制造生产流程及单元工序和装置的功能-结构-效率优化为目标；通过优化空间与平面布置、时间和时序安排与控制、排放（或循环）控制等途径，促进冶金生产过程中物质流、能量流、信息流效率的提高[6,7]。

建立钢铁企业智能制造典范，采用对包含所有工艺、制造过程、供应链进行集中监控和管理的先进制造方式；形成设备级、单元级、车间级、工厂级、企业级等协同体系，实现设计、生产、质量、能源、物流、销售、服务等功能块的智能制造管控模式[8]。

以物联网、互联网、云计算、大数据等新技术与先进钢铁流程的深度融合应用为基本路径，提升制造过程、全供应链管控、分析决策过程的智能化水平，构建集智能装备、智能工厂、智能互联于一体的智能制造体系。

通过实现产销一体化智能协调以及跨专业业务有效协同，提高管理效率和作业执行效率；实现全工艺过程的模型化及智能装备在产线的广泛应用，大幅提高操作过程的自动化。图 1 为河钢唐钢新区智能制造一体化系统功能架构。

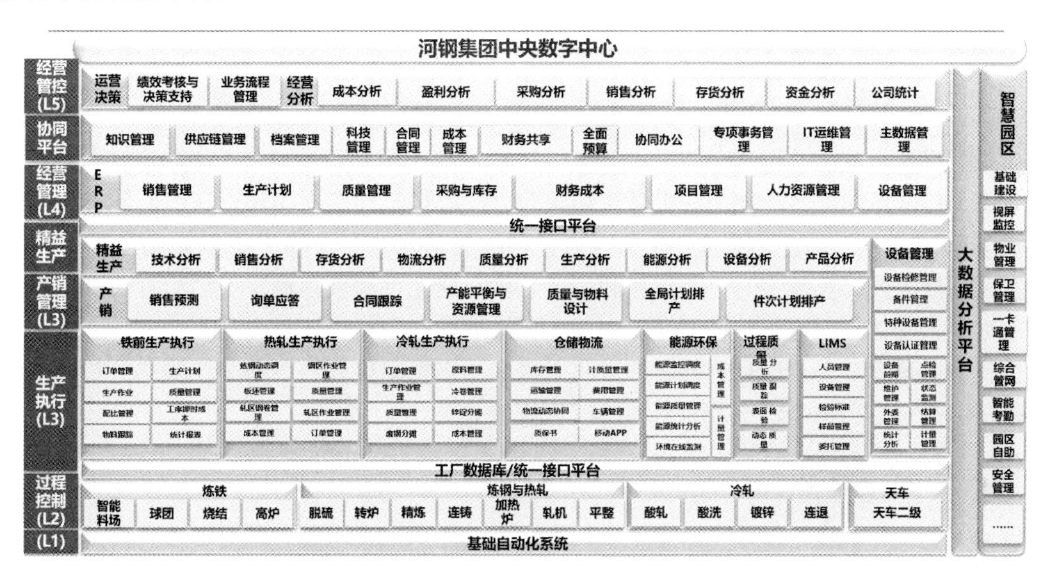

图 1　智能制造一体化系统功能架构

Fig. 1　Functional architecture of the integrated intelligent manufacturing system

2　实施方案与工厂建设

2.1　智能工厂的实施方案

河钢唐钢新区依托“中国制造 2025”指导方向，基于钢铁流程是物质流在能量流驱动下按照设定程序沿着特定流程网络动态有序运行的本质特征，将信息化系统与物理系统融合起来设计，构建一种强化流程协同、多目标优化和各层级互联互通的五级智能制造一体化系统，打造国内钢铁企业智能制造的标杆[9~14]。

2.1.1　统筹管控、智能决策

建立综合管控中心，由管控中心对组织内外的各种信息进行统一的加工处理，所有综合控制指令全部由管控中心统一下达。智能的生产监控和动态调度指挥，呈现出整个工厂的关键数据和图表，对生产、设备、质量、销售、物流、能源、环保等生产经营信息做到全局管控、实时响应，形成智能分析决策。通过综合管控中心的建立，高效协同各单元之间的生产组织、物料平衡、能源平衡和物流等不平衡问题，使得单元间信息高度畅通，指令明确统一，显著提高整个企业的决策速度和运行效率。

同时，综合管控中心改进工作习惯，用数据分析和数据决策，用数据进行思考和管理，形成的数字经营氛围，促进了河钢唐钢新区软实力的提升，助推了“数字化唐钢”的实现。

2.1.2　精益生产、工序协同

以综合设备、生产工艺、质量、物料、能源和物流等时间和空间数据为基础，以连续紧凑-动态协同运行为目标，优化资源调配、调度指挥和计划排程，提高生产过程精确可控性；工序协同要处理好工序关系集合的相关关系，如：间歇工序与连续工序，低温工序与高温工序，串联工序流程与并联工序流程，上游工序与下游工序，以及推力工序、缓冲工序和拉力工序等之间关系。形成企业内部各个制造单元之间的工序协作计划，产生实时可视化看板，对各工序运行质量、设备状态、作业时间等因素引起的节奏变化进行计划安排，处理日常协同管理。

通过在整个生产现场实施工序电子化看板，采用拉动方式组织生产，及时发现和解决生产过程中出现的工序间异常问题，减少了工序间等待，最大限度地保证了间歇运行工序（装置）服从连续性运行工序（装置）的原则，使间歇运行的各类工序融合到连续运行的节奏和行程中去，使间歇运行、准连续性运行和连续性运行的各类工序集成为一个准连续运行的系统，使区间流程集成并融合到整体生产流程中，进一步提高了整体生产流程准连续和连续程度，实现全流程生产节拍的高效稳定运行。

2.1.3　全局控制、精准执行

在现场执行层建立铁前、钢后、能源、设备、物流等若干相互刚性联系和互联互通的信息化系统，实现智能钢铁工厂业务功能落地和完整工序功能集合，同时按工序、界面和全流程协同运行等不同层级进行全范围信息数据采集。基于物料、订单等的各种控制信息与生产指令下发至各个子系统和人机界面，用于实时精准控制；反馈实时过程信息和生产进展，建立可用于物料、产品、订单、工序等各个维度的追溯数据链，支撑面向班组的精细管理和面向厂部的综合精益管理。

实现生产进度可视、安全库存预警、异常状态提醒、多维度报表、数据统计趋势分析、质量追溯等功能，在执行层达到全局控制、精准执行和持续评价的效果。

2.1.4　工艺模型、人工智能

河钢唐钢新区在工艺模型应用过程中，采用引进先进模型、自主开发和深度优化等方式，结合大数据、人工智能等，全面提高模型的控制精度。在铁前区域，应用智能料场管控系统和高炉专家系统等模型；在炼钢区域主要实施转炉一键炼钢、自动出钢和自动溅渣等智能化模型；在连铸区域实现动态二冷控制、动态轻压下控制、自动浇铸、智能板坯分级判定等模型；在热轧区域应用加热炉智能、智能轧钢模型、智能表面判定和性能预报等模型。通过各种智能模型的应用，实现了工艺的高精度控制和工序制造效率的大幅提升。

广泛推广机器人和无人装备等智能装备，如高炉无人抓渣天车、连铸浇铸平台无人化、成品无人天车等，实现高危及恶劣环境和可能对质量稳定性产生影响的操作无人化和智能化。

2.2　智能工厂建设

设计是工程信息的源头，对三维数字化设计来讲更是如此，三维数字化设计阶段产生的模型与信息是数字化、智能化工厂的数据基础[15]。项目中工艺、管道、电气、建筑、混凝土、钢结构等十余个专业，以“工厂对象”为核心，将工程设计、采购、制造、安装等阶段产生的数据，进行结构化处理，建立以“工厂对象”为核心的网状关系数据库，将工程建造全过程融合，构建工厂“数据地图”，形成搭建数字化工厂所需的企业静态资产数据。河钢唐钢新区数字化工厂，其管理范围覆盖原料、炼铁、炼钢、轧钢等生产工序，是钢铁行业内首个全流程数字化的应用典范，如图 2 所示。

数字化工厂从“工厂级、车间级、设备级”三个层面打造。数字孪生工厂重点展现管理数字化和业务数字化，以三维工厂地图为基础，全面展现企业产线位置、工艺设备、能源管线等静态信息，全面集成公司的生产、设备、能源等动态业务数据，为河钢唐钢新区提供基于数字化的全方位服务；数字孪生车间主要面向工艺产线孪生，例如数字化的高炉以三维高炉模型为基础，动态集成高炉生产的实时过程数据，保证虚拟孪生高炉的运行数据、设备动作和现场实物完全一致，用创新的展示方式进行工艺过程监控；数字孪生设备以设备数字编码体系为核心，记录了设备从设计、制造、安装、运行、下线的全生命周期过程，每一个实体设备都对应一个虚拟的数字双胞胎设备，数字化设备模型和产线位置、设计图纸、运维手册、维修点检记录、运转参数、历史故障信息实现全面的整合，进行设备故障的超前分析预测，实现预测性维护，保证设备运行稳定。

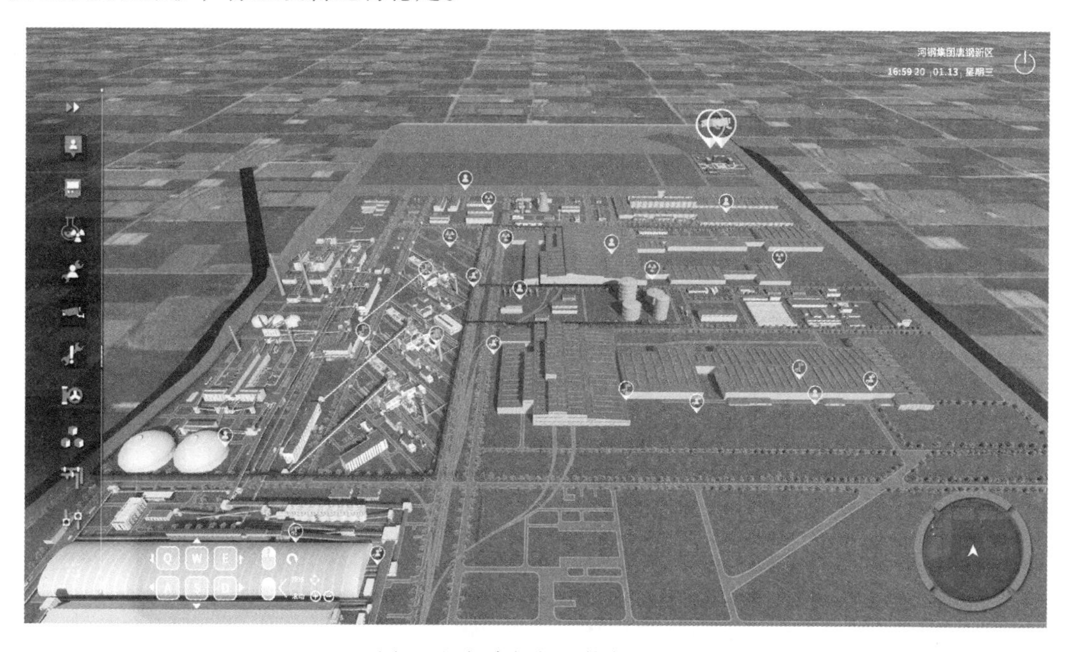

图 2　河钢唐钢新区数字化工厂

Fig. 2　Digital factory in HBIS Tangsteel New District

图 2 所示为河钢唐钢新区数字化工厂，图中左侧功能条为导航菜单，从上至下依次是：人员定位、仪表分布、危险源分布、巡检点、监控分布、故障点分布、物流管理、能源管线。底部菜单为地图快速导航和操作提示。

3 “界面技术”在河钢唐钢新区的应用效果

河钢唐钢新区从规划设计开始，就充分考虑新一代钢铁流程的整体优化设计和生产流程高效化管理，从高效能、低成本、稳定生产高品质钢材的钢铁产品制造功能出发，充分考虑钢铁制造流程具有的系统复杂性、生产连续性、管理协调性和发展整体性等特点，考虑如何在有限时间和空间内将复杂的钢铁生产工艺过程有机地融为一体，如何实现生产过程动态有序、连续紧凑和高效稳定等问题[15,16]。

在设计理念和工程设计方法等方面，项目从流程工程的层次去识别和解决问题。按照物质流、能量流、信息流的网络化设计理论，充分运用炼铁—炼钢、炼钢—连铸、连铸—轧钢“界面技术”，在设计上追求物质流衰减值最小化，能量流损失最小化，过程排放量最小化，过程时间最小化及过程空间路径最小化。本文重点描述板带生产流程单元，及其冶金流程工程理论的设计理念和智能制造流程的实际应用效果[17~19]。

3.1 炼铁—炼钢界面

炼铁—炼钢界面从工程设计上进行了集成创新。基于高炉-铁水预处理之间的时-空关系充分研究，高炉和炼钢厂空间布置紧凑，铁路运输线路短、物流顺畅，铁水包实现快速周转；采用高精度高炉炉下铁水称量系统，确保铁水出准率；采用“一包到底”技术和全程铁包加盖技术，有效降低了重包和空包的温降，进而降低了铁水温度损失[20,21]。

河钢唐钢新区的前 2 座高炉于 2020 年 9 月和 11 月先后投产，该界面相关技术取得了良好的调试进展和使用效果。铁水包从高炉运输到炼钢厂 KR 脱硫站，运行距离 1.5~2km，运输时间 18~25min；炉下铁水称量出准精度±1t，铁水包一包兑入转炉；平均铁水包周转率3.7次/天，目标4次/天以上；铁水到达KR脱硫站的铁水温度，全程加盖时在1400℃以上；KR脱硫站在高铁水温度和高活度状态下，脱硫周期在35min左右，脱硫效率稳定高效，运行优势越来越明显。

3.2　炼钢—连铸界面

炼钢—连铸界面，将动态-有序、协同-连续作为炼钢厂设计和生产运行的指导思想。在平面布置上，脱磷转炉与脱碳转炉采用双跨布置，避免相互干扰；2个RH和2个LF分别对称布置于转炉和连铸的两侧，实现炼钢厂物流全局性的结构优化；钢水包全部全程加盖，有效降低空包和重包温降，减少钢水温度损失；钢区天车自动调度、跟踪和称量，实时动态监控钢水包的时空关系；构建智能化的炼钢生产指挥信息化系统，基于甘特图和动态运行规则，集成了炼钢计划动态调度管理、钢区天车自动跟踪调度系统、钢包动态管理系统、炼钢二级上下游协同温度、成分补偿模型等，建立起一套基于时空关系包含钢水温度、成分和生产节奏时间等的上下游协同优化的自感知、自决策、自执行、自适应的数字信息系统，有效实现工序“界面”运行过程及其参数的协同优化。

河钢唐钢新区的一炼钢厂在2020年9月投产以来，通过不断的调试、应用与完善，目前进展良好。脱磷炉正在总结半钢冶炼终点控制技术；脱碳转炉高效化生产，碳-温度的双命中率在90%以上，冶炼周期稳定在35min左右，低碳、超低碳钢的碳氧积在0.0017左右；全部钢包全程加盖，钢水温降20℃左右；低碳、超低碳钢不使用LF升温工艺和RH铝氧升温工艺；推行连铸低过热度浇铸，过热度目标20~25℃，恒拉速率98%。

3.3　连铸—轧钢界面

在空间布置方面，充分考虑了连铸机高拉速、连轧机的轧程规范对复杂品种断面板坯上下线物流需求，对输送辊道、垛板台、卸板台、横移车、天车、板坯库面积和工序距离等进行物流优化设计；在工序衔接方面，将见料编排计划转变成工序作业预计划来进行钢轧一体化计划编制，实现对上下游工序生产计划的紧密衔接；在铸坯输送和储存管理方面，采用板坯库智能调度、加热炉装钢智能送坯、轧机节奏自动控制等智能化手段，从而实现板坯的精确定位和物流精确平衡；另外，在工艺控制、物质能源协同优化、劳动效率提升等多个方面，实现管控智能化、预测预警前瞻应变、业务协同等智能化应用，为实现交期按周交货提供有力保障；同时，在高效率轧制和高比例品种钢的前提下，热装温度>500℃，热装率达到70%以上。

4　结论

河钢唐钢新区数字化智能工厂的建成是河钢集团深入贯彻落实习近平总书记关于“坚决去、主动调、加快转”重要指示精神和河北省钢铁产业结构调整的具体实践；是河钢集团牢固树立创新、协调、绿色、开放的发展理念，全面贯彻落实《中国制造2025》，将发展智能制造作为长期坚持的战略任务，实施智能制造的创新工程；也是河钢坚决贯彻落实新发展理念，全力推动高质量发展的行动体现。河钢唐钢新区项目的投产运营大幅提升了河钢核心竞争力和国际国内品牌效应。

河钢唐钢新区的数字化智能工厂建设过程，探索出了组织流程型钢厂的全流程数字化智能工厂建设实施方案，在智能化建设过程中积累了宝贵的设计、实施和应用经验。在工业互联网数据集成、混合模型与数据分析、多专业协同、多目标交互优化、智能机器人技术、无人化库区、全流程质量监控、工厂数据库、5G智能点检等关键领域取得重要突破。全面实现了河钢唐钢新区“绿色化、智能化、品牌化”新一代流程钢厂的建设目标。

河钢唐钢新区的设计和数字化绿色智能工厂实践使我们获得了新一代钢铁联合企业制造流程的工序匹配、界面技术、数字化设计、数字化信息物理融合等宝贵经验；基于钢铁流程信息物理融合为指导思想，进行工序优化、界面衔接和全流程协同，建立了各工序运行规范、各工序协同联动管控规范，实现了全流程动态有序、窄窗口稳定运行，变经验生产为标准化、数字化、智能化生产，智能工厂的运行大幅提高了生产运行效率，提高了产品质量稳定性。同时在生产节奏、工艺控制、物质能源协同优化、劳动效率提升等多个领域，实现管控智能化、预测预警、业务协同，取得了丰富经验，在钢铁行业贡献了一座智能示范工厂。

参考文献

[1] 王新东．以“绿色化、智能化、品牌化”为目标规划设计河钢唐钢新区［J］．钢铁，2021，56（2）：12~14.

[2] 殷瑞钰，张福明，张寿荣，等．钢铁冶金工程知识研究与展望［J］．工程研究，2019（5）：438~440.

[3] 张福明，李林，刘清梅．中国钢铁产业发展与展望［J］．冶金设备，2021（1）：1~6，29.

[4] 于勇，王新东．钢铁工业绿色工艺技术［M］．北京：冶金工业出版社，2017.

[5] 王新东，李建新，刘宏强，等．河钢创新技术的研发与实践［J］．河北冶金，2020（2）：1~6.

[6] 殷瑞钰．工程科学与冶金学［J］．工程研究——跨学科视野中的工程，2020，12（5）：435~437.

[7] 张福明，颉建新．冶金流程工程学的典型应用［J/OL］．钢铁．https：//doi.org/10.13228/j.boyuan.issn0449-749x.20210084.

[8] 陈明．智能化系统在钢铁企业原料场中的应用研究［J］．工程技术研究，2019，4（1）：6~8.

[9] 王新东，闫永军．智能制造助力钢铁行业技术进步［J］．冶金自动化，2019（1）：1~3.

[10] 刘景钧．践行两化融合 打造数字化、智能化钢铁企业——河钢唐钢两化融合做法成效及经验［J］．冶金管理，2015（12）：30~32.

[11] 李新创．智能制造助力钢铁工业转型升级［J］．中国冶金，2017，27（2）：1.

[12] 王新东．科技创新助力河钢打造最具竞争力钢铁企业——河钢“十三五”科技创新回顾［J］．河北冶金，2021（3）：1~5.

[13] 秦歌．基于智能制造的机电一体化技术发展探究［J］．河北冶金，2020（8）：39~41.

[14] 姚林，王军生．钢铁流程工业智能制造的目标与实现［J］．中国冶金，2020，30（7）：1~4.

[15] 张鹤，曹建宁，王永涛，等．数字化工厂与数字化交付的技术探讨［J］．中国建设信息化，2020（16）：76~77.

[16] 中冶京诚新一代钢铁工业智能制造整体解决方案［N］．中国金属导报，2018-11-13（B04）.

[17] 周继程，上官方钦，丁毅，等．钢铁制造流程“界面”技术与界面能量损失分析［J］．钢铁，2020，55（12）：99~103.

[18] 王新东，常金宝，李杰．小方坯连铸-轧钢“界面”技术的发展与应用［J］．钢铁，2020，55（9）：125~128.

[19] 杨建平，张江山，刘青．炼钢-连铸区段3种典型工序界面技术研究进展［J］．工程科学学报，2020，42（12）：33~35.

[20] 雷浩洪，吕凯辉．炼铁-炼钢界面布局紧凑模式［J］．中国冶金，2021，31（4）：64~65.

[21] 魏强．“一包到底”工艺在中小钢铁企业的应用［J］．山西冶金，2016，39（4）：30~31.

[22] 王国栋，储满生．低碳减排的绿色钢铁冶金技术［J］．科技导报，2020，38（14）：68~70.

[23] 王新东，田京雷，宋程远．大型钢铁企业绿色制造创新实践与展望［J］．钢铁，2018，53（2）：1~3.

[24] 曹华军，李洪丞，曾丹，等．绿色制造研究现状及未来发展策略［J］．中国机械工程，2020（2）：135.

[25] 殷瑞钰．新世纪以来中国炼钢-连铸的进步及命题［J］．中国冶金，2014，24（8）：1~4.

[26] 王新东，田鹏，张彦林，等．全智能无人化料场在河钢唐钢新区的工程实践［J］．河北冶金，2021（5）：36~38.

[27] 张福明，张卫华，青格勒，等．大型带式焙烧机球团技术装备设计与应用［J］．烧结球团，2021，46（1）：66~67.

[28] 徐海强，王胜，郭士萌，等．钢包钢水保温技术效果对比［J］．河北冶金，2020（3）：61~65.

品牌化工厂的设计与建设

王新东[1]，杨晓江[2]，张 倩[1]

（1. 河钢集团有限公司，河北石家庄 050023；2. 河钢集团唐钢公司，河北唐山 063100）

摘 要 河钢坚决贯彻落实创新发展理念，依照打造“品牌化”工厂的高端定位，运用最新的钢厂动态精准设计、集成理论和流程界面技术，采用230余项前沿新工艺、130多项钢铁绿色制造技术和现代化大型化的装备，全面建设了河钢唐钢新区项目。本文从河钢唐钢新区品牌化的建设理念与高端产品定位、先进装备与特色工艺技术等方面论述了项目建设的智能化、绿色化及高效化。同时，也从一贯制质量管控、科技创新、产销研协同及国际化合作方面，全面介绍了河钢唐钢新区以“品牌化”建设为目标，打造钢铁工业技术高地、创新高地、产品高地典范的愿景及举措。

关键词 品牌化；产品定位；装备与工艺技术；管理和研发体系；国际合作

0 引言

河钢唐钢新区作为河钢集团贯彻落实国家供给侧结构性改革和河北省委省政府钢铁产业区位结构调整和转型升级布局的首个项目，按照“品牌化”行业未来工厂的建设定位，在铁钢轧全流程应用230多项世界钢铁行业前沿且稳定的工艺技术和130多项钢铁绿色制造技术，集合并形成具有现代化工装和制造能力的高品质钢铁生产流程。河钢唐钢新区力图打造中国北方最重要的高端金属材料制造基地之一，形成中国乃至世界钢铁工业先进水平的技术高地、创新高地、产品高地[1~5]。

1 品牌化建设理念与高端产品定位

1.1 品牌化建设理念

品牌是最重要的无形资产，是企业综合竞争软实力的体现。河钢唐钢新区项目牢牢把握供给侧结构性改革等重大战略机遇，以市场为导向，坚持围绕“以客户结构调整推动产品升级”这一中心，依托装备工艺与制造流程的智能化、高效化与绿色化，全面推进产品质量的提升，塑造市场和客户信赖的产品品牌。以推动高端产品品牌化建设为支点，实现河钢唐钢新区的全面高质量发展。

品牌化建设离不开企业管理的创新，强调全过程（涉及理念、决策、规划、设计、运行、销售、服务等一系列过程）一贯制质量管理，推进科技创新研发体系建设，全面落实研产销协同，助推河钢集团品牌化建设，将河钢唐钢新区打造成为环保绿色化、工艺前沿化、产线智能化、流程高效化、产品高端化的世界级现代化沿海钢铁梦工厂[6~11]。

1.2 高端产品定位

河钢唐钢新区定位于高端及高品质的热轧卷、酸洗冷轧深加工、优特钢长材等3大系列的产品，高起点发展汽车、工程机械、交通、制造等行业用钢，着力扩大高品质、高技术含量产品的比例。具备汽车板、管线钢、耐候钢、轴承钢、弹簧钢等15类高端特色产品，形成河钢的品牌效应。

（1）热轧产品：热轧产品定位于高级别能源储运用钢、高强耐候耐蚀钢、高强汽车结构钢、高强工程机械结构用钢、船舶及海洋工程用钢等。以超快冷与强力卷取机的配合，使管线钢生产能力可以达到25.4mm厚度规格，X100强度级别，同时实现全系列、多用途管线钢生产，且达到同类产线的最高水平；耐候钢集装箱板具备生产屈服强度700MPa级别产品的能力，配以保温罩加热卷箱的设计，可以制造厚度更薄、性能更好的行业领先产品；汽车大梁钢牌号可覆盖450L~1000L，车轮钢牌号可覆盖

作者简介：王新东（1962—），男，教授级高级工程师，河钢集团有限公司首席技术执行官，主要从事冶金工程及管理工作，E-mail：wangxindong@hbisco.com

380CL~800CL、冷成形高屈服钢/先进高强钢可覆盖细晶或多相强化系列牌号产品、酸洗汽车钢质量瞄准顶级汽车主机厂标准；非调质类工程机械用钢可以实现 Q690 级，达到行业先进水平。

（2）冷轧产品：依托在装备、技术、自动化、智能化等方面的优势，冷轧产品聚焦高端家电及汽车白车身用钢，重点生产高档次汽车宽幅面板、超高强钢、高品质镀层板（镀锌、镀铝硅、锌铝镁）等高附加值产品。宽幅汽车面板可达 1880mm，主要产品包括用于汽车外覆盖件、深冲压件的，适应各类国际标准（国标、欧标、日标、美标等）及汽车厂标准（宝马、奔驰、大众、丰田、本田、日产、福特、路虎等）的 IF 钢、烘烤硬化钢、含磷高强钢等产品。同时，河钢唐钢新区将持续满足客户对于高强钢及超高强钢（以多相强化钢为代表）的需求，实现批量稳定供货。

（3）精品长材：精品长材定位细晶粒热轧钢筋、焊丝、焊线、特种焊丝、预应力钢丝、钢绞线、帘线钢、胎圈钢丝、冷镦钢、合金结构钢、轴承钢、弹簧钢、热轧矿用 U 型钢、热轧矿用工字钢、热轧轻轨、热轧角钢等产品。

（4）其他特色产品：在高端热浸镀锌、锌铁合金、锌铝镁等产品的软钢系列上，具备完全适应客户要求的二涂工艺、双面 FD 表面级别的汽车面板生产能力。在高强钢系列上，实现冷轧退火产品强度最高达 1500MPa，热成形产品淬火强度最高达 2000MPa。热基镀锌产品系列上，聚焦高端汽车的底盘以及大型卡车货车上广泛应用，最大厚度可达 6.0mm，抗拉强度可达 900MPa。

2 先进装备及特色工艺技术

河钢唐钢新区集成冶金行业近年技术研发成果，在原料、焦化、烧结、球团、高炉、转炉、轧钢、环保、公辅等全工序全流程中，采用 230 余项前沿新工艺及 130 多项钢铁绿色制造技术，建设大型化、现代化、智能化装备[12~23]。工程包括智能化料场、4×7m 焦炉、2×360m^{2}烧结机、2×760m^{2}带式球团焙烧机、3 座 2922m^{3}高炉、2 座 200t 转炉、3 座 100t 转炉、1 条 2050mm 热轧带钢生产线、2 条精品棒材生产线、2 条高速线材生产线、1 条型钢生产线，冷轧配备了 2030mm 宽幅酸连轧、连退、涂镀、厚规格酸洗等产线。

2020 年 9 月 17 日，炼铁 1 号高炉及一炼钢厂和热轧 2050mm 产线正式全流程投产。2021 年 3 月 5 日长材实现从炼钢到轧钢全流程投产。2021 年 4 月 9 日，3 号高炉投产，标志着河钢唐钢新区工程的产线全部投产。

2.1 炼铁

炼铁工序创新集成了 40 余项国内外先进技术，采用高比例球团冶炼技术（球团比例达到 60%以上）、智能化原料场储运技术、顶进顶出高炉煤气布袋干法除尘技术、大型带式焙烧机绿色化、智能化球团装备集成技术、烧结烟气循环技术等先进技术，全面符合“长寿、高效、低耗、清洁、智能”的设计理念。

（1）原料区域建设有一座智能化料场，提升了原料的吞吐贮存能力。整个料场在智能排程的基础上，实现大机智能控制、智能配料、智能堆取，流程及路径最优，实现了全球首座数字化、智能化、无人化的智能料场，赋予了原料场经济、环保、智能、高效等诸多优势，达到了国际领先水平。河钢唐钢新区智能化料场如图 1 所示。

（2）2×360m^{2}烧结机坚持以节能环保、高效清洁生产为设计理念，采用了多项新工艺和新技术，主要包括优化配料技术、高效密封技术、厚料层烧结技术、烟气循环技术、梯级余热利用技术、水密封环冷机技术、环保筛技术、活性焦烟气治理技术和循环流化床+SCR 脱硝处理技术等，特别是烧结烟气循环技术的投用，使烧结机烟气减排量达 30%以上，烧结机产量提高 3%以上，烧结工序整体燃耗降低 6%以上，既做到了源头减排，又做到了减少投资和运行费用，还提高了产量。

（3）球团区域建设有 2 条 760m^{2}带式球团焙烧机生产线，采用智能化控制技术，年设计产能为 960 万吨，可实现酸性球团、碱性球团等不同品种球团生产需求，满足高炉 60%以上入炉球团比例。该产线完全是国内自主设计、自主制造、自主建设的最大的带式球团焙烧机，该工艺对于钢铁行业从源头减排是最好的示范。

(a)

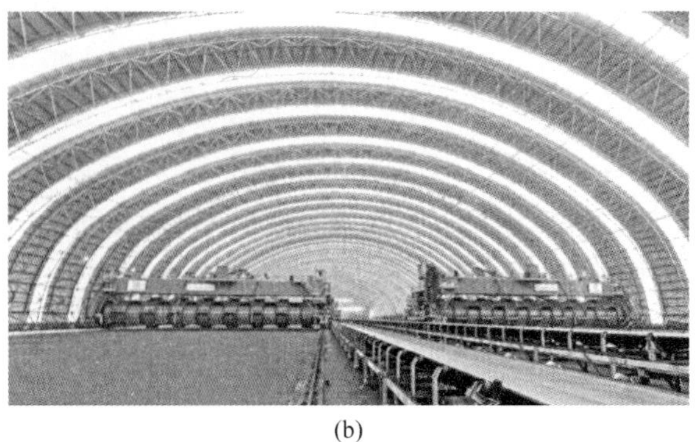
(b)

图1　智能化料场

Fig. 1　Intelligent material yard

（a）料场外景；（b）料场内景

（4）炼铁建设了3座2922m^3高炉（见图2），采用了最先进的工艺技术及装备，如高比例球团冶炼技术、炉体综合长寿技术、高风温热风炉技术、干式布袋除尘技术、炉顶煤气余压发电技术、高炉全方位检测技术、密封料仓及环保型导料槽技术、炉顶均压煤气全回收技术等。特别是高比例球团冶炼技术，高炉炉料结构可实现60%以上球团入炉，使综合燃料比在500kg/t以下，焦比降低4%，同时大幅减少污染物排放，符合国家节能减排和环保政策的要求，也是河钢落实绿色低碳发展理念的重要方向。

图2　2922m^3高比例球团冶炼高炉装备

Fig. 2　2922m^3 blast furnace equipment for high-proportion pellet smelting

2.2　炼钢

炼钢、连铸工序设有两个车间，一炼钢车间配备2×200t转炉，1×200t脱磷炉，配套2台1900mm双流板坯连铸机。二炼钢车间配备3×100t转炉，配套2台6机6流、1台7机7流高拉速方坯连铸机，以及1台6机6流方矩形坯连铸机。

（1）实现炼钢铁水供应“一包到底”工艺，配备高效模型化KR脱硫工装，实现全量铁水预脱硫和一键脱硫。深脱硫模式下可实现脱硫剂消耗≤8kg/t，终点硫含量≤0.002%。

（2）配备副枪、烟气双模型的一键式自动炼钢工艺和顶底复吹工艺。实现不倒炉出钢，缩短冶炼周期15%，实现IF钢碳氧积全炉役稳定控制在0.0018以下。

（3）采用2套机械泵式RH真空精炼工艺，布局采用三车五位，可稳定实现5min以内真空度达到0.67mbar，以及真空10min以内脱碳0.002%以下。

（4）应用连铸无人浇钢平台，配备2台双流1900mm直弧型连铸机，配置结晶器在线液压调宽、结晶器液位检测、动态轻压下、智能扇形段技术等先进技术，并在一台连铸机上预留电磁搅拌功能。同时，在回转台受包位和中间罐区域配置智能机器人，具备自动拆装介质快速接头、钢包长水口自动拆装、中间包测温取样等功能。

2.3 热轧

2050mm热轧生产线，由德国SMS公司设备总承、日本TMEIC公司配套自动化控制系统，代表了热轧产线的最高技术水平。

布置4座步进式加热炉（其中1座预留），每座加热炉生产能力：330t/h。采用双蓄热式步进炉加热，铸坯尺寸230mm×1900mm×11000mm。适合厚板坯常规轧制。加热能力高，生产灵活，温度均匀。

热轧区域采用了定宽机、立辊等宽度控制设备，全线配置了4台测宽仪、1台厚度仪、1台多功能仪，更好地实现了厚度、宽度的自动闭环控制，还采用了新型除磷系统，1套表面检测系统，保证了产品拥有高表面质量。

粗轧一采用二辊可逆式，轧制力：最大35000kN，轧辊尺寸：1350/1200mm×2050mm；粗轧二采用四辊可逆式，轧制力：最大55000kN，开口度：最大330mm。

E2立辊轧机用于侧边轧制，板坯经侧边轧制后，可以防止轧件边缘产生鼓形和裂边，并能调节带材的宽度规格，获得宽度均匀、边缘整齐的带材，因而可降低金属消耗系数。轧制力：最大5000kN，减宽量：最大50mm，轧辊开口度：800~2050mm。

精轧机机组由7架四辊精轧机组成，串列式布置。精轧机配备工作辊窜辊和工作辊弯辊，用于带钢板形和平直度控制。F1~F4：850/750mm×2350mm；F5~F7：690/600mm×2350mm；轧制力F1~F4：最大52000kN，F5~F7：最大40000kN。

采用新型超快冷及加密层流冷却技术，以不同的冷却路径实现最佳的带钢产品性能和冷却效果。带钢层流冷却前四组集管为超快冷，层冷上集管边部遮蔽功能。加强冷却+层冷，其中冷却宽度2050mm；冷却段长度108.7m；冷却段分20组粗调段（含加强段）+2组精调段。

2.4 冷轧

冷轧系统设置推拉式酸洗机组、酸轧联合机组、连续退火机组、电镀锌机组、连续热镀锌机组、重卷拉矫机组、重卷检查机组、半自动包装机组等主要生产机组。特别是与POSCO合资建设的世界一流连续热镀锌线是中国单体规模最大的高端汽车面板生产基地。产线大量应用国内外先进的生产技术，致力于为全球客户提供以低碳、高强、轻量化为主要特点的绿色用钢材料解决方案。

（1）推拉式酸洗机组。采用盐酸浅槽紊流酸洗技术，提高酸洗质量，减少酸耗。采用在线四辊平整机，保证平整后带钢板形及机械性能优良。采用先进的双塔式自动切边剪，剪切精度高，提高了成材率，并为提高较软的IF钢切边质量，设置去毛刺装置。

（2）酸洗轧机联合机组。采用盐酸浅槽紊流酸洗工艺及高张力拉伸破鳞机。缩短酸洗时间，提高酸洗效率，降低酸耗。轧机采用五机架六辊串列式轧机，满足IF钢大压下量的要求，适于生产高质量的汽车板。卷取机采用Carrousel卷取机，生产效率高，设备布置紧凑，是目前世界上最先进的带钢卷取设备。

（3）热基热镀锌机组。退火炉采用卧式炉，无氧化明火直接加热。采用循环喷射式冷却技术，能满足双相钢等高强钢的冷却速度要求；炉鼻子浸入锌液部分采用耐锌液腐蚀的陶瓷喷涂材料，以提高设备寿命。锌锅采用熔沟式感应加热陶瓷锌锅，锌锅带有锌液温度控制和锌锅液面探测系统，可根据液位信号向锌锅自动喂入锌锭。

（4）连续退火机组。清洗段的碱洗、电解清洗、热水漂洗采用立式槽，刷洗采用卧式槽。减少设备长度。采用立式燃煤气辐射管加热连续退火炉。在带钢入口处设预热段，利用加热段烟气余热加热带钢，可降低能耗；为了满足特殊HSS钢种需求，快冷段采用保护气强力喷吹的超快冷技术。选用单机架六辊平整机，湿平整工艺。配有工作辊和中间辊弯辊、中间辊轴向窜动，保证平整后带钢板型及力学性能优良。

（5）冷基热镀锌机组。热镀锌机组采用美钢联法，这种工艺具有在线退火功能，同时具有效率高、产品质量好、生产成本低、设备操作维护比较简便等特点。该工艺采用全辐射管加热，同时配备电解清洗；适用于高档汽车板产品生产。退火炉均采用立式炉，能获得更好的板形，减少炉子维修工作量，提高机组生产技术经济指标。

2.5　长材

长材系统设有 2 条高速线材生产线、2 条棒材生产线（1 条普通棒材生产线、1 条高速棒材生产线）、1 条中型生产线。

（1）高拉速-直轧工艺。棒材和高线 4 条产线均采用先进的高拉速-直轧工艺，应用高温出坯、高效辊道传输与保温控制、免加热直轧和炼钢与轧钢高效协同界面控制等技术。连铸工序 165mm^{2}断面 6 机 6 流连铸机达到 4.0m/min 以上稳定拉速，轧制工序充分利用连铸冶金热能，取消加热工序，大量节约能源消耗，降低坯料烧损，减少废气排放，达到高效率、低能耗轧制目的，工艺技术均处于国内领先水平。

（2）高速棒材技术生产高精度小规格螺纹钢筋。高棒产线的粗轧机组、中轧机组及预精轧机组应用二辊高刚度短应力线轧机，精轧 A/B 机组均应用单线高速顶交轧机，代表规格直径 12mm 钢筋成品出口速度达到 42m/s。与传统多线切分工艺相比，产品尺寸精度高，成材率、负差率等关键技经指标稳定。

（3）螺纹钢负偏差测量技术。轧线设置测径仪连续测量螺纹钢尺寸，对提高产品尺寸精度，控制螺纹钢负偏差率具有重要意义，同时可监测在线产品的质量情况，提高产线水平，辅助人员监控尺寸精度。将为企业降本创效带来巨大贡献。

（4）BD+万能轧制技术。中型生产线采用 BD1+BD2+7 架万能精轧的轧机配置（另预留 2 架精轧机），可实现多种生产模式灵活切换，同时保留轧线脱头轧制的可能性，为部分特殊产品生产创造有利条件。

（5）长尺精整技术。中型生产线采用长尺冷却、长尺矫直工艺，减少了矫直盲区，确保钢材表面质量及内部质量，提高平直度及成材率，降本增效，增强企业竞争力。

3　严格质量管理和创新研发体系

3.1　一贯制质量管理体系保证

河钢唐钢新区依托“中国制造 2025”指导方向，基于钢铁流程是物质流在能量流驱动下按照设定程序沿着特定流程网络动态有序运行的本质特征，将信息化系统与物理系统融合起来设计，构建一种强化流程协同、多目标优化和各层级互联互通的五级智能制造一体化系统，打造国内钢铁企业智能制造的标杆（见图 3）。

河钢唐钢新区坚持产品质量过程受控管理，全员践行“严谨、受控和无缺陷出厂”的质量方针，以“岗位作业标准化”为主线，不断深化工艺控制，抓过程、理结果；持续推进产线现场的标准化作业和体系各项要求的落地，以更高的质量意识带动质量标准再提升，针对质量问题，以体系的视角和方法分析解决问题；持续提升信息化系统功能的开发，以及快速有序推进产线工艺质量防错能力。建立全流程过程质量预报预警，对异常情况进行实时报警，对于重要的过程关键参数利用多维度过程能力分析，发现过程控制的“短板”并对其加以科学的改进，保证用户要求能持续满足。

3.2　科技创新研发体系建设

河钢唐钢新区科技创新以坚持绿色发展与高质量技术研发为宗旨，依托河钢集团全球研发平台，形成了以河钢唐钢国家级企业技术中心、河北省重点实验室（工程技术中心）、河北省高品质结构钢制造业创新中心、院士工作站、博士后工作站等为代表的科技创新平台，推动河钢唐钢新区引领产品高地、技术高地及创新高地。

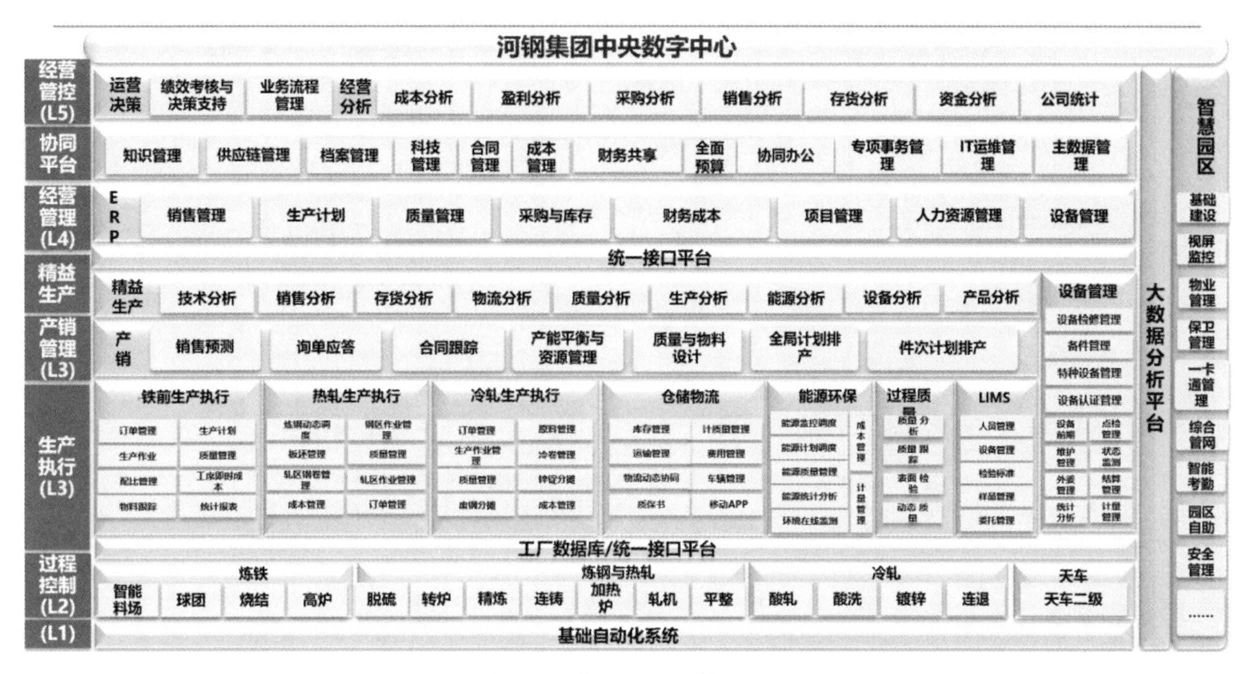

图3 河钢唐钢新区智能制造一体化系统功能架构

Fig. 3 The functional architecture of the integrated intelligent manufacturing system of HBIS Tangsteel New District

河钢唐钢技术研发系统充分吸收各类高端人才及优势资源，建立了科技创新管理团队、科技创新研发团队和科技创新支撑团队的科技创新结构体系。河钢唐钢科技创新以科技项目制为抓手，从科技项目立项、实施、评价的全过程进行系统性优化，对过程中衍生的科技成果合理规划，同时强化技术委员会的决策指导，实现对公司科技创新与管理工作的指导、重大技术与管理问题的评估决策、中长期科技创新战略规划的编制，持续完善系统化科技创新组织架构和管理体制，保障科技创新工作的有效开展。

河钢唐钢技术研发系统支撑新区在投产数月的时间里，快速实现以高端汽车板、家电板、高品质工程结构钢为代表的国家急需高端钢材系列化保障能力，同时注重客户端低碳应用技术的研究，为下游行业在结构轻量化、节能减排、安全服役等方面提供了强力支撑，以绿色材料助力低碳、循环、可持续的生产生活方式，践行碳减排国际承诺，引领国际低碳潮流。

河钢唐钢技术研发系统持续强化节能减排绿色钢铁材料研发及配套制造工艺开发，以低碳当量2GPa超高强钢为代表的一大批国际顶尖材料将在下游行业广泛应用，同时技术中心成立以用户应用技术研究中心、轻量化技术中心构建的绿色应用技术团队，对绿色钢材的结构减重设计，材料选型匹配，材料服役结构减排等方面提供全方位的解决方案。在制造流程上，大量采用节能环保的球团矿高炉冶炼、大废钢比转炉冶炼、低温轧制技术、余热能源回收连续热处理技术、锌铝镁及铝硅环保镀层及无铬钝化后处理技术，打造国家钢铁工业低碳节能的工业制造典范。

3.3 研产销协同的客户服务体系

伴随产品和客户的日益高端化，客户诉求也呈现出差异性、动态性和时效性等特点，河钢唐钢客户服务体系建设依托河钢股份建立并完善的一套研产销协同的客户服务体系（见图4）。该体系以市场为中心，以满足客户需求为出发点，以技术为支撑，以效益为目标，通过建立和完善“研产销”工作长效运行机制，实现了产品结构的动态优化、产品效益提升、产品质量稳定和订单交付率提高，有效支撑股份公司经营目标的实现，在实际运行中能够及时地对市场的变化和客户的需求进行快速响应。

同时，为了确保全流程研产销服务体系建设和高效运行，在河钢唐钢公司架构设计上进行了优化和创新，成立了研产销推进小组（事业部内）和领导小组，细化了各部门（技术、质量和生产等）的分工，且高效协同运行。基于销售单元传递的客户需求，在完成可行性分析后（制造、成本和效益等），开展产品和工艺技术设计以及生产试制等，并为后续的产品应用提供全方位的技术支撑。

通过营销单元搭建与客户的技术交流平台，识别客户潜在需求，开展直面用户的前瞻性产品研发，

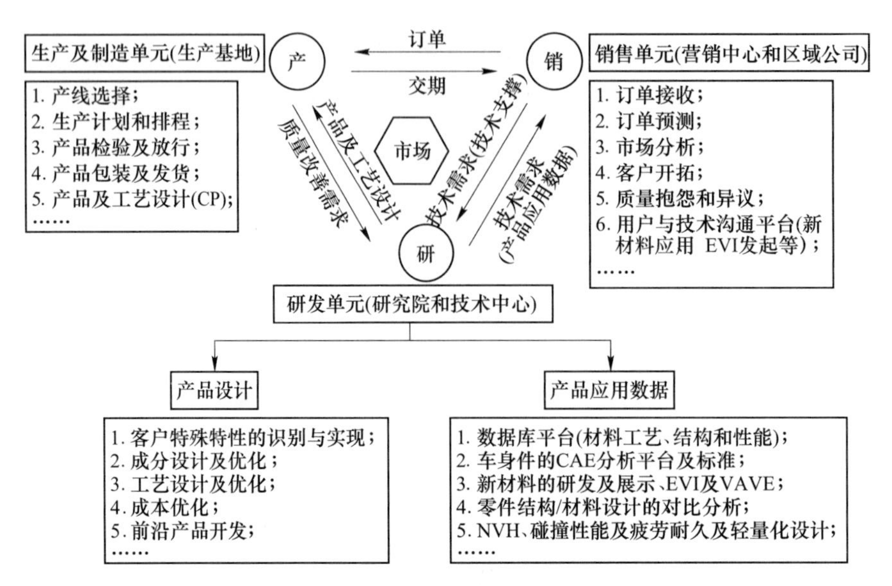

图4　河钢唐钢研产销服务体系流程及内涵

Fig. 4　Process and connotation of the research, production and marketing service system of HBIS Tangsteel

为客户量身定制，推动产品迭代升级和客户效益优化。

河钢唐钢研产销服务体系构建的交流平台、研发平台、应用和设计平台以及生产制造平台等平台可以对客户需求有效识别、快速反馈和高效实现，大大地提高了客户的满意度，增强了客户的黏度。

4　与浦项合资建设汽车板项目

2021年6月25日，河钢集团与韩国POSCO举行“河钢POSCO汽车板合资项目”签约仪式，正式落地实施年产135万吨的高端汽车面板项目。双方将抓住中国汽车消费结构升级的市场机遇，瞄准高端市场，以河钢唐钢新区冷轧项目为基础，新设立一家主要生产经营高强汽车板和高级别汽车面板的有限责任公司。通过项目的务实合作，深化双方全面合作伙伴关系，增强业务竞争力和战略协同效应。下一步，根据双方签署的MOU框架，发挥各自在技术、资源等方面的优势，以合资公司为载体，加强业务协同，共同进入高档汽车板市场。

河钢浦项强强联手共同开发高端汽车板，该合资项目是落实河北省钢铁产业转型升级结构调整和国有企业改革三年行动方案，引进战略投资者实施混合所有制改革的重大项目，是POSCO在中国单笔投资额最大的生产制造项目，也是近年来河北省和中国钢铁行业单体投资最大的外商合资项目。

项目新建2条世界一流的连续热镀锌线，设计产能90万吨/年；同时将广东浦项已有的45万吨/年的连续热镀锌线纳入合资范围。将拥有3条代表世界先进水平的连续热镀锌生产线，年设计产能达到135万吨，成为中国单体规模最大的高端汽车面板供应商之一。合资公司的产品以高档次汽车面板为主、兼顾高等级高强钢和家电板，定位于为高端品牌汽车、新能源汽车提供以低碳、高强、轻量化为主要特点的绿色用钢材料解决方案。目标客户主要为丰田、本田、通用、福特、宝马等国际一线汽车厂，以及长城、吉利、长安、比亚迪等国内主流汽车厂。

5　结论

（1）河钢唐钢新区是河钢集团深入贯彻落实习近平总书记关于“坚决去、主动调、加快转”重要指示精神和河北省钢铁产业结构调整的具体实践，也是河钢坚决贯彻落实创新发展理念，全力推动高质量发展的行动体现。

（2）河钢唐钢新区以市场为导向，坚持“以客户结构调整推动产品升级”为中心，定位高品质的热轧卷、酸洗冷轧深加工、优特钢长材等3大系列高端产品，以推动高端产品品牌化建设为支点，实现河钢唐钢新区的全面高质量发展。

（3）依托先进的装备工艺与制造流程，河钢唐钢新区采用了多项新工艺和新技术，全面推进产线的智能化、高效化与绿色化，为“品牌化”工厂的建设保驾护航。

（4）河钢唐钢新区在一贯制质量管控、科技创新、产销研协同客户服务及国际化合作等方面实现了创新，以全过程的优质管理引领先进技术，助推河钢集团品牌化建设。

参考文献

[1] 王新东．以“绿色化、智能化、品牌化”为目标规划设计河钢唐钢新区［J］．钢铁，2021，56（2）：12.

[2] 殷瑞钰，张福明，张寿荣，等．钢铁冶金工程知识研究与展望［J］．工程研究，2019（5）：4380.

[3] 张福明，李林，刘清梅．中国钢铁产业发展与展望［J］．冶金设备，2021（1）：1.

[4] 于勇，王新东．钢铁工业绿色工艺技术［M］．北京：冶金工业出版社，2017.

[5] 王新东，李建新，刘宏强，等．河钢创新技术的研发与实践［J］．河北冶金，2020（2）：1.

[6] 谢曼，干勇，王慧．面向2035的新材料强国战略研究［J］．中国工程科学，2020（5）：1.

[7] 殷瑞钰．“流”、流程网络与耗散结构——关于流程制造型制造流程物理系统的认识［J］．中国科学：技术科学，2018（2）：136.

[8] 殷瑞钰．关于智能化钢厂的讨论——从物理系统一侧出发讨论钢厂智能化［J］．钢铁，2017，52（6）：1.

[9] 李毅仁，李铁可．基于大数据的钢铁智能制造体系架构［J］．冶金自动化，2020（9）：1.

[10] 曹华军，李洪丞，曾丹．绿色制造研究现状及未来发展策略［J］．中国机械工程，2020（2）：135.

[11] 李鸿儒，封一丁，杨英华．钢铁生产智能制造顶层设计的探讨［C］．第十一届中国钢铁年会论文集，2017.

[12] 王新东，田京雷，宋程远．大型钢铁企业绿色制造创新实践与展望［J］．钢铁，2018，53（2）：1.

[13] 于勇，王新东．钢铁工业绿色工艺技术［M］．北京：冶金工业出版社，2017.

[14] 王新东，李建新，刘宏强，等．河钢创新技术的研发与实践［J］．河北冶金，2020（2）：1.

[15] 王新东，常金宝，李杰，等．冶金流程工程学在小方坯直接轧制中的应用［J］．钢铁，2021，56（1）：113.

[16] 王晓磊，师学峰，胡长庆，等．高硅镁质熔剂性球团焙烧试验研究［J］．矿产综合利用，2020（4）：87.

[17] 李建新，王新东，李双江．河钢炼钢技术进步与展望［J］．炼钢，2019（4）：1.

[18] 王新东，闫永军．智能制造助力钢铁行业技术进步［J］．冶金自动化，2019（1）：1.

[19] 刘景钧．践行两化融合　打造数字化、智能化钢铁企业——河钢唐钢两化融合做法成效及经验［J］．冶金管理，2015（12）：30.

[20] 王新东，侯长江，田京雷．钢铁行业烟气多污染物协同控制技术应用实践［J］．过程工程学报，2020（9）：997.

[21] 侯长江，田京雷，王倩．臭氧氧化脱硝技术在烧结烟气中的应用［J］．河北冶金，2019（3）：67.

[22] 纪光辉．烧结烟气超低排放技术应用及展望［J］．烧结球团，2018（2）：59.

[23] 白斌，王强，侯蕾，等．耐海洋环境腐蚀用中厚板的研发［J］．河北冶金，2019（9）：15.

项目设计管理过程控制要点

刘远生，董文进，曹 原，刘建新，刘建朋

（唐钢国际工程技术股份有限公司，河北唐山 063000）

摘 要 结合河钢唐钢新区建设的实际案例，介绍了工程设计管理咨询服务的特点及重要性。总结了项目前期有关方案确定、设计概算编制、技术交流、进度、质量协调管理、设计变更管控、现场服务等过程管理要点，同时提出了具有针对性的改进措施。

关键词 设计管理；咨询服务；工程建设

Key Points of Project Design Management Process Control

Liu Yuansheng，Dong Wenjin，Cao Yuan，Liu Jianxin，Liu Jianpeng

（Tangsteel International Engineering Technology Corp.，Tangshan 063000，Hebei）

Abstract This paper introduces the characteristics and importance of engineering design management consulting services by referring to actual cases of HBIS Tangsteel New District construction. In addition，the key points of the process management such as the relevant program determination of the project in the early stage，the preparation of the design budget，technical communication，progress，quality coordination management，design change control，and on-site service were summarized in the paper，while proposing targeted improvement measures.

Key words design management；consulting service；engineering construction

0 引言

工程设计是项目建设的起点和灵魂，是项目成功的基础和保证。设计管理作为项目管理的重要内容之一，贯穿于项目建设的全过程，服务于项目整体需求。从可行性研究、决策、规划报审、初步设计、施工图设计到设计交底、现场实施、组织验收等过程中均体现了工程设计咨询在整个项目管理过程的核心作用。有资料显示，项目成本控制在设计阶段占到75%[1]，足见设计管理工作在项目建设管理中的重要性。

对于项目建设总协调、总控制方，设计管理工作的高效、合理与否将直接影响项目建设的技术水平、投资控制和建设效率。冶金工程项目，具有投资大、知识密集、工艺系统多、总平面布置复杂等特点，尤其是新建全工艺流程、综合性钢铁项目，对业主的设计管理能力提出了更高的要求。唐钢国际工程技术股份有限公司（以下简称“唐钢国际”）是河钢唐钢新区的“技术智囊”单位，履行设计管理服务职能，在项目启动、实施过程中起承上启下、沟通纽带和智囊团的作用。

本文主要针对河钢唐钢新区建设的方案确定、设计概算编制、各方设计单位协调管理、现场服务管理等方面进行阐述，为广大工程设计咨询从业者提供参考。

1 设计管理的实践要点

河钢唐钢新区是遵循国家宏观发展战略、顺应行业微观产业政策的时代产物[2]，涵盖料场、烧结、球团、高炉、炼钢、轧钢及公辅系统、厂前区、生活区等配套设施的全过程冶金流程项目，采用了世界

作者简介：刘远生（1968—），男，教授级高级工程师，2011年毕业于北京科技大学工商管理硕士，现任唐钢国际工程技术股份有限公司董事长，E-mail：liuyuansheng@ tsic. com

上先进的工艺技术、大型化可靠设备、节能减排新方案。为给业主做好智囊和“部门”职能，唐钢国际成立了以董事长、总经理为负责人的工程组织机构，积极配合业主指挥部及下属工程管理部、各项目部的各项工作，充分利用唐钢国际在河钢唐钢基建项目中积累的丰富设计管理经验，为项目从前期方案确定直至工程结束的各环节顺利实施提供了科学、合理、高效的咨询服务。

1.1 整体方案设计

项目整体方案直接决定了该项目未来发展的方向。因此，切实并具有前瞻性的项目市场定位及发展理念，是项目建设成功的关键，否则将对企业和国家造成不可挽回的经济损失。

唐钢国际充分考虑河钢集团抢抓历史机遇，拟建成“绿色化”“智能化”“品牌化”的新一代钢铁企业的理念，在设计管理过程中，坚持技术与经济相结合，并与中冶集团等具有大型综合资质的设计院进行联合考察、踏勘，以及深入地交流、讨论，最终形成了完善的项目建议书、可研报告等审批备案文件，保证了前期筹建工作的顺利开展。该项目的整体方案设计中积极引进并采用了230余项行业先进工艺及节能环保新技术，人均产能1500t/a，物流优势明显，制造成本低，产品附加值高，经济效益好，达到行业先进水平，在区位发展中具有持续先进优势。

1.2 设计概算编制

设计概算贯穿于项目建设的全过程，特别是前期策划、初步设计对项目设计概算的影响最为重大，是控制建设项目投资的重要依据。在设计概算编制阶段，设计管理负责人充分利用了多年进行冶金设计及设计管理的经验，对初步设计编制过程中的方案优化、工艺布置细节、先进技术、设备、材料的运用等方面提出合理建议，并聘请专家进行评审，集中行业内最优的资源，力求建成最先进、适用的综合性钢铁企业。如综合原料厂的输入、存储和输出方案细节，在经过了十多次的反复比较论证后，最终形成了合理、优化的工艺流程，在满足功能需求的同时也控制了投资金额；受到圆煤仓设计思路的启发，在球团铁精粉的存储方案选择时，创造性地提出了大跨度铁精粉圆仓的设计方案，最终实现了占地面积小、存储量大、环保节能、投资合理的核心目标。

1.3 设计过程管控

设计过程管控是技术咨询服务的核心。在具体设计过程管控阶段，所有的专业设计必须服从设计管理的安排，以确保设计进度、质量、投资先进可行。唐钢国际设计管理项目部与河钢乐钢指挥部、工程管理部、设备采购管理部、总体院，共同编制了《工厂统一设计管理规定》《各功能站室设计装修规定》及其他技术要求、工作流程等管理性文件，用于指导设计单位统一设计标准、规范设计流程。同时，设计管理项目部严把过程控制环节，采取了全方位的管理方法。例如，参加业主指挥部早例会时积极谏言；参加各项目部工程例会时及时传达会议精神；每周提炼工作重点进行周总结；设计过程中协调各设计单位的设计进度、审核图纸质量、控制设计变更等。

1.3.1 设计进度控制

设计进度控制主要是控制出图进度。为了更好地控制各设计单位出图进度，唐钢国际设计管理项目部一方面同业主指挥部共同确定设计原则，进行界面接口的协调管理，及时协调接口问题；另一方面通过合同约定，对设计进度的可交付成果与付款相关联，要求设计管理单位进行书面确认，从而加强了设计管理单位的控制力度。

在实施进度控制过程中，以办公方式的多元化应用，快速推进设计进度按正常计划执行，如向各设计单位下达通知文件；开视频联络会确认设计细节；派专业技术人员到设计单位进行进度监督；督促设计人到现场进行设计等各种措施。

1.3.2 设计质量控制

施工图设计是在初步设计的基础上进行的设计深化和完善，因此，设计质量控制的重点是在初步设计阶段。各设计单位除了要满足国家的设计规范及标准，同时也要满足《工厂统一设计管理规定》及其他后续设计管理规定补充文件的要求。在项目实施过程中，各区域由不同的设计单位负责，所以总体院的总图更新管理、协调工作至关重要，一旦接口、界面出现问题，不但影响设计质量造成返工，甚至导致设计进度推迟，影响工程总投资的控制。因此在初步设计阶段，设计质量的关键控制点在于明确设计标准和接口范围，并及时更新总图。作为设计管理单位一方面要与业主主管部门保持沟通，设计标准尽量减少改动，如改动应及时下发到各设计单位进行更新；另一方面要与总体院进行定期总结分析，及时解决出现的问题，无法确定的问题要按程序汇报业主指挥部进行确认。在组织过程中，唐钢国际积极组织协调总体院、河钢乐钢工程部、各项目部，明确界面范围、统一技术标准，严把设计质量。

1.3.3　设计交底和变更管理

在项目实施过程中，业主、监理、施工单位、设计单位都有可能提出设计变更，但各类设计变更都需要设计单位给予确认，可见设计交底的重要性。设计交底对提高工作效率，弥补设计失误、掌握实施要点、控制投资等方面至关重要。设计交底工作应防止组织形式化，设计人员坐等施工单位提问，施工人员坐等设计人讲重点的现象发生。因此，进行设计交底时要求参加方齐全，包括业主技术负责人、监理工程师、施工单位项目技术负责人等，对危大工程控制点、施工难点、新工艺、新材料等内容进行重点分析交底，同时加强追踪记录。

设计变更的发生往往影响到项目进度、质量和投资控制，唐钢国际设计管理项目部配合河钢乐钢指挥部规定了专门的设计变更流程，加强考核管理，对项目的顺利实施具有重大意义，体现了设计管理在项目执行过程中协调、控制的重要性。

1.4　设计文件归档

为了方便工程组织，要求各设计单位的蓝图发放都要通过设计管理单位留存梳理后下发到施工单位，这样做一方面可控制协调设计进度，如缺图可以进行统一追踪；另一方面可对图纸质量进行把关，按设计标准和质量进行控制。同时，在整个设计过程中的高阶段文本、设计规定、专项要求等均进行电子化存档，并设置专人进行管理归档，保证了设计过程的可追溯性。

2　设计管理的改进重点

过程控制是设计管理改进的重点方向，为此需要不断地进行总结归纳，形成指导性文件，同时辅以先进的管理工具，从而提高工作效率，更好地为业主服务。

（1）掌握最新的宏观政策、市场供需要求，准确分析社会经济风险、保持技术方案的先进性等，确保项目建议书、可研报告的适应性和准确性。

（2）重视设计接口管理工作。设计接口管理是一项非常重要而且复杂的工作任务[3]，管理的重点存在各区域与总体布置的界面、介质接口；区域内各专业之间、各单位工程之间、国内与国外设备协议通信接口、与现有设施的接口之间等内容的确认、协调与管理。设计管理单位需要加强过程管控，定期梳理、记录留痕，保证工程顺利推进。

（3）加强设计质量的保证措施。设计管理单位应加强施工图抽查，对审核过程中发现的问题进行逐项落实，对遇到的新问题、新要求要及时补充、修订统一设计管理规定，制定设计交底计划，并要求设计人定期现场服务，解决现场问题。

（4）管理工具、办公工具的合理应用。如设计管理模式，在条件具备的情况下，强调由设计管理项目部统一领导，集合优势资源进行强矩阵管理，实现管理集中化、指令一条线，以提高工作效率。在特殊环境下，如2020年初受到新型冠状肺炎疫情的影响，设计人无法当面沟通，可进行文档在线编辑、电话会议、视频会议等多种远程办公形式，最大限度降低外部环境因素影响。

3　结论

设计管理是工程项目管理中的重要组成部分，可有效降低业主对高阶段设计标准、规范、技术方案的合理性方面等劣势所造成的影响，有效避免施工过程中经常发生的设计矛盾、遗漏、错误给业主造成不必要的损失。设计管理过程中制定切实可行的进度计划，严格把控设计质量，可为保证工程总体进度、控制投资提供坚实基础。同时，设计管理单位应从业主切身角度出发，更新管理模式，真正成为协作、管理、同步的职能“部室”，发挥智囊作用，以保证业主委托项目顺利、高效地开展，体现设计管理咨询服务的核心价值。

参考文献

[1] 马铁山，那焱．我国海外 EPC 项目设计管理的问题和对策［J］. 建筑技术，2013，44（3）：258~260.
[2] 王新东．以高质量发展理念实施河钢产业升级产能转移项目［J］. 河北冶金，2019（1）：1~9.
[3] 王爱国，张鹤鸣．建设项目业主方设计管理工作的深化探索与创新实践［J］. 项目管理技术，2009，7（5）：3~38.

总图规划及物流设计

胡秋昌[1]，张 弛[2]，刘远生[1]，马 悦[1]，韩 毓[1]

（1. 唐钢国际工程技术股份有限公司，河北唐山 063000；
2. 河钢集团唐钢公司，河北唐山 063000）

摘 要 钢铁企业总平面布置与钢铁生产流程的动态-有序、协同-连续运行有着密切的关系。工厂总图布置的设计技术实际上是一种规划全厂物料流、能源流、人流和信息流的技术，是一种组织人和物在工序繁杂的各类装置间均衡、有序和高效流动的技术。河钢唐钢新区项目的总体规划在物质-能量-时间-空间-信息相互协调下，物质流在能源流的驱动下，在信息流的组织调控下，运用最先进的智能技术，以最小的能耗、物耗，最短的路径和最简便、快捷的方式流动运行。详细介绍了河钢唐钢新区项目总图规划和物流设计的技术方案及其先进特性。

关键词 钢铁企业；总图规划；物料流；能源流；信息流

Abstract The general layout of the steel enterprise is closely related to the dynamic-orderly, collaborative-continuous operation of the steel production process. The design technology of the factory layout is applied to plan the material flow, energy flow, people flow and information flow of the whole plant, and is a way to organize people and things to flow in a balanced, orderly, and efficient manner among various devices with complex procedures. Under the coordination of material-energy-time-space-information in the overall planning of the HBIS Tangsteel New District project, the material flow is driven by the energy flow, and the information flow is organized and controlled, using the most advanced intelligent technology to minimize energy and material consumption and the shortest path and the easiest and fastest way to operate. In addition, the technical schemes and advanced characteristics of the general plan and logistics design of HBIS Tangsteel New District project were introduced in detail in the paper.

Key words steel enterprises; general planning; material flow; energy flow; information flow

0 引言

根据河北省钢铁产业结构调整方案以及河钢集团“十三五”规划，河钢集团通过唐钢退城搬迁的方式，在唐山市乐亭经济开发区内打造唐钢新区钢铁基地项目。该项目采用具有国际先进水平的成熟生产工艺和技术装备，实现工艺现代化、设备大型化、物流运输智能化、资源能源循环化、生产绿色化，建设国际一流钢铁基地。

1 总图规划

1.1 项目选址

1.1.1 选址方案

在全球化生产及销售的背景下，钢铁厂向沿海布局，节省了大量的物流运输成本，这对生产成本已经降到极低水平的钢铁工业而言是至关重要的。同时运距缩短除了可以有效减少运输设备产生的污染物排放外，还可以降低物料在运输过程中对环境造成二次污染的可能。国际上很多钢铁强国认识到了这点。统计显示，欧盟地区沿海钢铁产能 1.62 亿吨，占总产能 60%；而韩国、日本钢铁企业 100%建设在港口。目前，我国已有 12 家钢铁企业布局在沿海、沿江地区，产能合计约 3 亿吨。

项目选址于河北乐亭经济开发区的西部，北靠工业园区的黄海路，南临滨海公路，西临疏港路，东侧为长河。项目周边工业企业密集，西侧从北向南依次为唐山中厚板厂区、佳华焦化、中润焦化；东侧

作者简介：胡秋昌（1973—），男，高级工程师，现在唐钢国际工程技术股份有限公司从事总图运输设计工作，E-mail：huqiuchang@tsic.com

为凯源镍铁合金；厂址南侧为唐山港4号港池矿石码头及规划的6号港池。

项目用地如图1所示。

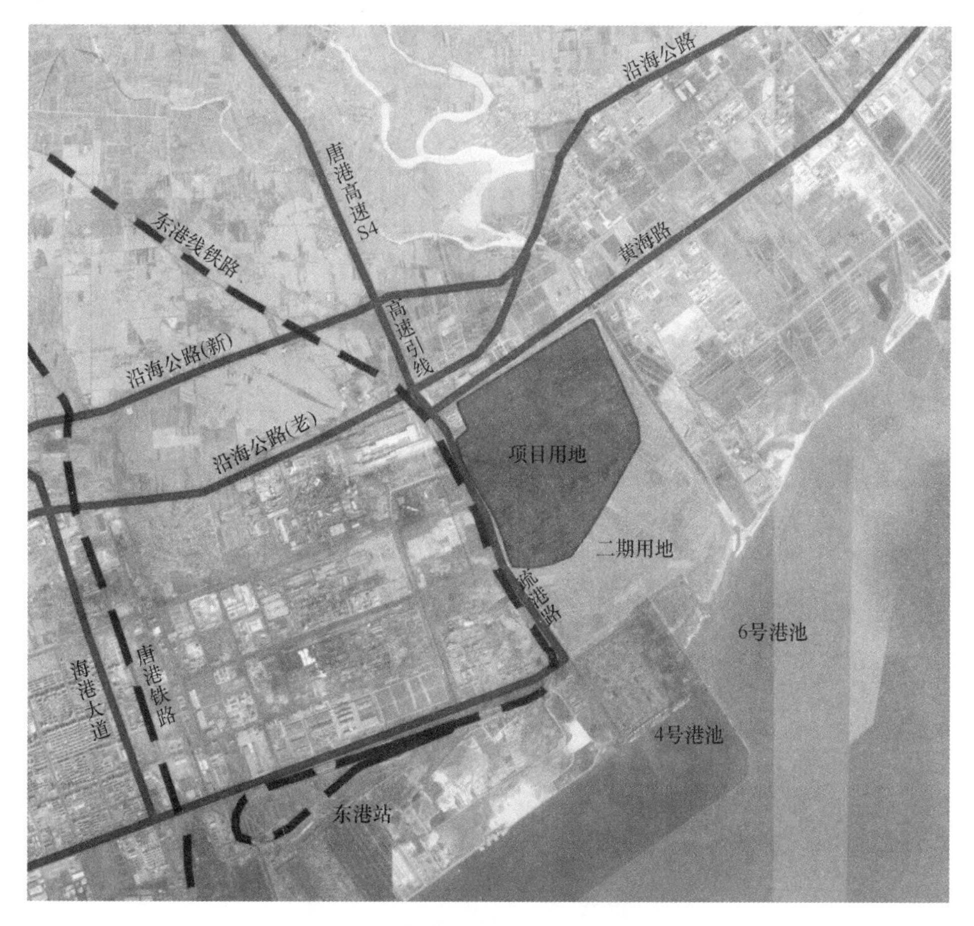

图1 河钢唐钢新区项目地理位置

Fig. 1 Geographical location of HBIS Tangsteel New District project

1.1.2 选址优势

河钢唐钢新区项目选址具有以下优势：

（1）物流优势：紧邻港口、国家铁路网、高速公路，进出厂区的大宗物料的运输方便快捷，成本低。该项目地处河北乐亭经济开发区南侧，距京唐港四号港池及矿石码头仅为2km，大宗矿石、原煤可方便通过皮带机运输至料场。同时项目临近唐港铁路运输动脉—东港铁路，距离东港站仅6km。项目所需的焦炭及部分原煤可通过厂外配套的接卸设施由皮带机运输至料场。未来东港铁路向东延伸，向北接入项目预留铁路站场，向南接入京唐港六号港池，大宗成品可通过铁路发往全国各地也可送至港口行销全球。这就对企业降低物流成本，提高企业竞争力，减少环境污染，打赢蓝天保卫战提供了有力的先决条件。

（2）区位优势：乐亭经济开发区有浩淼水厂提供工业用水、乐亭550kV变电站提供电力。成熟的经济开发区为企业提供完备的外部条件。

1.2 平面布置

1.2.1 布置方案

钢铁企业总平面布置与钢铁生产流程的动态-有序、协同-连续运行有着密切的关系。工厂总图布置的设计技术实际上是一种规划全厂物料流、能源流、人流和信息流的技术，是一种组织人和物在工序繁杂的各类装置间均衡、有序和高效流动的技术[1]。河钢唐钢新区项目的总体规划做到物质-能量-时间-

空间-信息相互协调，使物质流在能源流的驱动下，在信息流的组织调控下，运用最先进的智能技术，以最小的能耗、物耗，最短的路径和最简便、快捷的方式流动运行。

本项目总平面布置力求做到格局紧凑，生产流程顺畅，运距短捷，功能分区明晰。鉴于项目用地条件、外部运输、预留发展等因素的影响，考虑项目尽量集中布置，尽可能减少占地面积，节约运行成本，在此基础上尽量使远期发展用地集中预留，且各生产系统能够更好的衔接，总体物流顺畅。

基于以上要求，并考虑项目实际用地情况，将本项目集中布置在用地红线北侧，南侧为企业预留发展用地。总图布置中将原料场布置在厂区西南侧靠中间位置，在其北侧布置球团车间、烧结车间。在烧结车间东侧由南向北依次布置 3 座高炉炼铁车间。一炼钢系统布置在高炉区东侧，并与热轧车间形成联合厂房，二炼钢车间布置在一炼钢车间南侧，并与长材生产车间形成联合厂房。轧钢车间均按生产流程由西向东布置，成品运输均可与将来厂区的铁路站连接，同时满足铁路运输和道路运输的要求。在本项目用地南侧集中预留远期发展，并能使各生产系统靠近布置，便于远期的生产互通和管理，这样布置有效减少了铁前系统的皮带运输距离，且总图占地较小，布置紧凑。平面布置如图 2 所示。

图 2　河钢唐钢新区平面布置

Fig. 2　Layout of HBIS Tangsteel New District

1.2.2　平面布置优势

河钢唐钢新区项目遵照《冶金流程集成理论与方法》，在总体规划设计方面，与国内的相同规模的先进企业相比，具有以下优势：

（1）工艺顺畅、布局紧凑。在设计过程中，受海洋用地政策的影响，修改了原来的规划方案，紧凑式精准布置。项目用地面积约为 534hm^2，吨钢占地系数为 0.53，远小于同等规模企业用地。

（2）远近结合、预留发展。各生产设施合理规划、集中预留。二期料场依托一期料场，二期烧结布置于一期烧结北侧，二期高炉布置于一期高炉北侧，尽量使远期发展用地集中预留，使得厂区功能分区明确。

（3）物流短捷、设施提升。提升物流设施装备水平，采用先进运输设备，降低能耗，减少排放。

该项目厂内物料主要采用皮带机+铁路运输，零星物料采用汽车运输方式。

（4）能源介质、集中布置。主要的动力能源系统布置在厂区中部，与各个主体工艺设计的距离短捷，介质管线顺畅。外网综合布置，整齐美观。

（5）循环经济、固废利用。钢铁制造流程高效、绿色、可循环已成为行业技术发展趋势[2]。通过对生产工序中产生的各类固体废物的种类及数量进行综合分析，结合市场现状，选择成熟的固废综合利用工艺。在厂区内，新建了水渣超细粉生产线及钢渣微粉生产线、除尘灰造球车间、固废处理中心、危废间等，将固体废弃物分门别类进行妥善处理后或返回生产工序或外售创收，实现环境治理和资源综合利用相结合，打造零排放的钢铁厂。

（6）绿色化仓储。河钢唐钢新区在原料储运方面，采用自动化程度高的大型机械化封闭料场，依据生产流程及外部运输条件进行合理布局、科学分区，减少原料运输里程及倒运次数，实现原料集中管理，分类堆存，提高了空间利用效率。同时建立完善的库存管控系统，搭建物流管控平台。

（7）人工智能、数字工厂。紧密结合新一代智能制造标准，打造三维数字化工厂。三维数字化工厂实现了钢铁企业生产信息、物流信息、能源信息、设备运维信息等多种信息流的多流合一，提高管控能力，实现少人化管理，为企业的综合运营提供有力支撑。

（8）综合管廊美观大方。河钢唐钢新区项目作为近年来少有的大型综合钢铁建设项目，厂区体量规模巨大，介质管线众多。设计时以利于生产、便于维修为原则，同时考虑厂容美观大方、整齐划一，将繁杂的管线整合梳理。这样不仅能保证施工投产的顺利推进，还可以减少后期运营维护的成本。

2　物流规划

物流是一项系统的工程，涉及到原料、烧结、球团、炼钢、炼铁、轧钢等整个全部的生产流程，与之进行配套优化。对全厂的物流系统进行总体规划，从物流系统的角度出发，全面优化物流系统，以适应生产规模，同时，通过对物流规划，从源头上减少不必要的物流倒运，提高物流效率，降低物流成本；减少厂区车辆，提升厂区环境。

河钢唐钢新区物流立足新基地物流需求，兼顾长远可持续发展，依据物流与资源、物流与环境、物流与社会、物流与未来和谐发展理念进行系统规划和优化。

2.1　运输量及运输方式

2.1.1　厂外运输

全厂厂外运输总量为4377×10^4t/a，其中皮带机运输总量为1931×10^4t/a，占全厂厂外运输总量的44.1%；铁路运输总量为1041×10^4t/a，占全厂厂外运输总量的23.8%；道路运输总量为655×10^4t/a，占全厂厂外运输总量的15.0%；矿浆输送精矿粉750×10^4t/a，占全厂厂外运输总量的17.1%。道路运输比例最小。

2.1.2　厂内运输

全厂厂内运输总量为6077×10^4t/a，其中皮带机运输总量为4058×10^4t/a，占全厂厂内运输总量的66.8%；铁路运输总量为732×10^4t/a，占全厂厂内运输总量的12.0%；道路运输总量为204×10^4t/a，占全厂厂内运输总量的3.4%；辊道及运输链运输总量为1083×10^4t/a，占全厂厂内运输总量的17.8%。

2.2　物流组织

按照厂区物流作业的有序性原则，设计厂内运输物流作业方式，仓储物流满足合理库存设计，装卸搬运满足高效作业设计。

（1）焦化：原料采用圆仓存储、皮带运输的连续作业方式；

（2）烧结：高炉返矿通过皮带直供烧结料仓，原料存储于料场，然后由皮带运输的连续作业方式；

（3）球团：原料存储于封闭料场，由皮带运输供料的连续作业方式；

（4）炼铁：原料通过皮带运输至高炉矿槽，由矿槽采用主皮带上料至高炉使用；

（5）炼钢：铁水通过火车运至炼钢车间，石灰及部分冷料通过皮带运输至高位料仓，铁合金通过地下料仓受料经皮带运至高位料仓，连铸坯通过辊道运输至轧钢车间；

（6）热轧：轧制成品通过运输链运送至冷轧车间。

2.3　道路路网及出入口设置

全厂采用 15m 的主干道进行连接，各分厂内部道路采用 12m、9m 的次干道，支道宽度为 7m。通过路网规划，在厂内形成环厂道路，且通过次干道与支道将厂内各分厂互联互通。厂区道路总面积约 $72\times10^4m^2$，路网面积满足生产运输和消防等需要。

河钢唐钢新区项目共设置 6 个门岗，实行门禁管理及人货分流，各门岗的功能如下：

1 号门岗为耐材、备件、球团、外卖除尘灰空/重车、钢渣重车成品、外协保驾车辆出入门岗。

2 号门岗定位为公司的主大门。直通厂内景观大道，人员通行门岗，实施门禁管理，实现进厂车辆集中管理。

3 号门岗为废钢空/重车进出，所有成品空车进厂。

4 号门岗为成品进出，主要包含：冷轧成品、2050mm 热轧商品卷、长材。

5 号门岗为块矿、铁合金、熔剂、石灰石、炼钢散状料重车进厂门岗。

6 号门岗为块矿、铁合金、熔剂、石灰石、炼钢散状料空车出厂门岗。

2.4　物流规划优势

（1）厂内物料倒运主要采用皮带机+铁路运输模式，零星物料采用汽车运输。在长距离的煤和焦炭运输上，大胆采用管状皮带机。管状皮带机较常规皮带机具有占地面积小、结构简单、功耗较低、检修方便等特点，特别是在运输过程中因为采用全封闭式结构可完全抑制粉尘排放。

（2）针对厂区周边短距离运输的成品客户，采用汽车运输方式，发挥其在短距离运输时的成本优势。大力发展新能源汽车的运营。厂区内建设充电桩 3 处，满足 150 辆电动汽车的运营；氢能重卡在河钢唐钢新区的批量投入运营，表明了河钢在氢能战略方面的前瞻性，将河钢的能源革命推到了高端、走向了前沿，也为“数字唐钢，绿色唐钢”建设再添佳绩。

（3）采用成熟可靠的铁路运输方式将铁水罐车从高炉出铁场运至转炉炼钢车间，铁路运输具有安全可靠、及时高效、运行成本低等优点。炼铁-炼钢区间的铁水调度是协调炼铁厂和炼钢厂生产组织的核心内容，合理高效进行铁水调度是钢铁生产得以顺利进行的有力保证[3]。河钢唐钢新区 3 座高炉同时为一炼钢和二炼钢供应铁水。其中，一炼钢采用 200t 铁水罐，二炼钢采用 100t 铁水罐，这需要物流公司根据两个炼钢车间对铁水的需求量合理调度组织大小罐，使每个铁水罐全天周转次数达到 3 次/天以上，达到国内先进水平。

（4）采用“一罐到底”“铁包加盖”技术及铁路运输的生产组织模式，该方式相对于其他铁水供应方式具有显著的优越性，在经济、能耗、产能、环境及社会效益方面效益显著。采用“一罐到底”工艺技术，具有很大的经济效益和社会效益：1）减少主厂房占地面积，节约一次性建设投资；2）缩短工艺流程，加快生产节奏，减少铁水温降，每年可节约成本约 2000 万元；3）减少二次倒罐，兑入转炉的铁水温度平均可提高 50℃，增大废钢加入量，全年钢水产量增加 15.8 万吨；4）有效减少炼钢车间的扬尘环节，改善操作人员岗位环境，有利于清洁生产及环境保护。

（5）将厂区的整体规划与物流有效结合，优化运输线路。汽车在厂内倒运不超过 1.3km；铁水运输距离 1.5～2.0km。

3　结语

钢铁企业总图布置合理与否，直接影响到企业的生产效率和效益。工厂总图布置不仅仅是某一个车间、某一个工序的优化布置问题，更重要的是全厂生产工艺流程的优化，做到物质—能量—时间—空间—信息相互协调，使物质流在能源流的驱动下，在信息流的组织调控下，以最小的能耗、物耗，最短的路径和最简便、快捷的方式流动运行。

河钢唐钢新区的总体规划就是在这种思想指导下开展的，投产后带来了可观的经济效益和社会效益。

河钢集团以更高站位、更宽视野和世界级标准，将河钢唐钢新区项目打造成一个世界领先的现代化沿海钢铁基地，成为河钢集团乃至中国钢铁行业在高质量发展时期的一个“绿色化、智能化、品牌化”的标志性项目[4]。

参考文献

[1] 殷瑞钰．冶金流程集成理论与方法［M］. 北京：冶金工业出版社，2013.
[2] 王新东．以高质量发展理念实施河钢产业升级产能转移项目［J］. 河北冶金，2019（1）：1~9.
[3] 黄辉．炼铁-炼钢区间铁水优化调度方法及应用［D］. 沈阳：东北大学，2013.
[4] 王新东．创新驱动发展　科技引领未来［J］. 河北冶金，2015（6）：1~4.

建筑环境精细化设计

孔雪静[1]，马晓春[2]，刘远生[1]，李云鹏[1]

（1. 唐钢国际工程技术股份有限公司，河北唐山 063000；
2. 河钢集团唐钢公司，河北唐山 063000）

摘　要　从工业建筑“去工业化”、厂区景观绿化、厂区亮化、厂区管网综合等方面，详细介绍了河钢唐钢新区项目建筑环境精细化设计特色。其中，工业建筑“去工业化”设计主要包含3方面，即全厂构筑物外观美化设计、室内设计及导视系统设计，强调了建筑与环境、人文相协调、相适应，提升了工作环境的品质；厂区景观绿化分区域设计，各区域呈现不同景观效果，项目采用合理的排盐碱措施，解决了植被成活问题；厂区亮化主要分为两大部分：重点区域景观亮化设计和生产区域功能亮化设计，设计在满足光线使用要求的前提下，兼顾设备美观和节能环保；厂区管网综合从综合管廊设计、管道标识设计、母管制设计及防腐设计方面进行了全面介绍。力求为大型钢铁企业厂区建筑环境精细化、美观化设计提供一定的参考，为今后类似的设计工作提供一种新的思路。

关键词　大型钢铁企业；建筑环境；精细化设计

Preliminary Analysis on the Fine Design of the Building Environment

Kong Xuejing[1], Ma Xiaochun[2], Liu Yuansheng[1], Li Yunpeng[1]

(1. Tangsteel International Engineering Technology Corp., Tangshan 063000, Hebei;
2. HBIS Group Tangsteel Company, Tangshan 063000, Hebei)

Abstract　This article introduces the refined design features of the architectural environment of HBIS Tangsteel New District project from the aspects of “de-industrialization” of industrial buildings, plant landscape greening, plant lighting, and plant pipe network integration, etc. The “de-industrialization” design of industrial buildings mainly includes three aspects, namely, the exterior beautification design, interior design and guidance system design of the whole plant structure, which emphasizes the coordination and adaptation of architecture with environment and humanities, and improves the quality of the work environment. The plant landscape greening is designed in different regions, and each area presents different landscape effects. This project adopts reasonable salt-alkali discharge measures to solve the problem of vegetation survival. The plant lighting is mainly divided into two parts: the landscape lighting design for key areas and the function lighting design for production areas. On the premise of meeting the requirements of light application, both equipment aesthetics, energy saving and environmental protection are taken into consideration. The plant area pipeline network is comprehensively introduced from the aspects of integrated pipe gallery design, pipeline identification design, pipe-main scheme design and anti-corrosion design. This article aims to provide a certain reference for the refined and aesthetic design of the architectural environment of large-scale iron and steel enterprises, and give a new idea for similar design work in the future.

Key words　large-scale iron and steel enterprises; building environment; refined design

0　引言

河钢唐钢新区项目位于河北省唐山市乐亭县临港产业聚集区内，地处当今中国经济发展最快的地区

作者简介：孔雪静（1987—），女，工程师，2014年毕业于河北工程大学建筑技术科学专业，现在唐钢国际工程技术股份有限公司从事建筑设计工作，E-mail：kongxuejing@tsic.com

之一——环渤海经济圈的中心区域，是国家重点开放开发地区。本文以河钢唐钢新区工程建设内容为研究对象，从建筑设计精细化、美观化入手分析，意在引起设计师与业主对钢铁企业精细化、美观化设计的重视，同时也为大型钢铁企业建筑环境设计提供借鉴。

1 项目概述

钢铁企业生产厂区整体建筑环境设计不仅仅是厂区生产工艺的安排，更要综合考虑区域内的水、气、光、声、热环境系统、绿化景观系统、能源系统、建筑材料系统与废弃物处理、管理系统以及厂区文化、历史文脉等方面，兼顾社会、经济与环境效益。厂区环境设计对整个城市生态环境质量有着重要影响，对城市的健康可持续发展具有重要意义。本次设计不仅要赋予工业建筑实用的属性，而且还应当赋予它美的属性。在满足经济实用原则的基础上，使工业建筑符合形式美的法则，同时使建筑既体现所处时代的审美特征，又表达出企业本身的文化语言[1]，如图1所示。

图1 河钢唐钢新区项目鸟瞰图

Fig. 1 Aerial view of HBIS Tangsteel New District project

2 河钢唐钢新区项目的精细化设计内容

2.1 工业建筑“去工业化”

“去工业化”是指将现代建筑的一些设计处理引入到工业建筑设计当中，在尊重工业建筑原有功能及工艺流程的前提下，创新旧有工业建筑形式，使现代工业建筑更具有艺术性、舒适性和安全性。同时工业建筑“去工业化”设计也是对大规模工业建筑设计的再认识、再思考[2]。进一步强调了建筑与环境、人文相协调、相适应，体现了建筑的本质特性。

工业建筑设计过程中，往往以实现生产功能作为首要目标，其次是重视建筑的经济性，最大限度地节约投资，而建筑的美观和舒适性常常被忽略。近年来，随着经济的发展，工业建筑的美观在工厂设计中被越来越多的业主所重视，毗邻城市的大规模工业园区，其建筑形式需要与城市景观相融合；在工厂中工作的人群对工作环境的舒适性和安全性提出了更高的要求，因此“去工业化”设计得到了前所未有的发展机遇[3]。

2.1.1 建筑外形美化

在河钢唐钢新区的工业建筑外观设计中，将厂区内部工业建筑分类为：工业厂房、办公类建筑、服务类建筑、大型仓储建筑、构筑物及外露设备等。在确定厂区主体配色方案的过程中，曾经尝试按照工艺流程将不同的生产区域涂刷不同颜色，之后通过反复比对，确定全厂各区域统一在一个配色原则之下，借以体现企业“团结一心，拼搏进取”的企业文化。浅色的大面积运用体现了企业执行行业最严格环保标准，打造世界最清洁钢厂的信心和决心。

各类型建筑均规定了基本的设计主题。工业厂房要求统一采用红顶白墙，在建筑物檐口下方绕建筑一周涂刷红色色带，在色带间断处用中英文标示建筑名称。办公类建筑和服务类建筑以混凝土结构居多，外立面设计多采用竖向凸起线条进行装饰，墙体颜色以白色为主，局部用少量红色和灰色进行点缀。大型仓储结构因其体量巨大，通体采用白色彩钢板和透明采光带结合，外观更显简洁大气。钢通廊等构筑物规定了统一的外观样式，所有通廊窗口上下方均涂刷红色色带进行点缀；厂区的外露设备一律采用浅灰色，整齐划一。项目部分实景如图2所示。

图2　河钢唐钢新区项目部分实景图

Fig. 2　Real picture of HBIS Tangsteel New District project

在工程组织过程中，先指定厂区内的数十个有代表性的单体作为样板，由唐钢国际进行外观设计，形成指导性文件下发各参建单位，由各参建单位依据样板设计本工段内的建筑外观，完成后上报唐钢国际和甲方工程部进行严格审核，外观方案没有通过审核备案的建筑不得进行建设。

2.1.2　建筑内部装饰

建筑内部装饰设计分为功能站室装饰设计、设备间装饰设计和工业厂房装饰设计。

功能站室是指穿插在工业厂房内部的各种办公室、控制室、操作室等办公房间，功能站室的内部装修本着“为一线员工创造与管理部门同样工作环境”的原则，在装修风格上，沿用了厂前区办公楼所采用的工业风，简化了装饰做法，但选用了更加坚实耐用的装修材料，以适应生产一线的实际需求。方案实际落地后，营造出节俭质朴的室内环境，如图3所示，同时投资得到有效控制。

设备间内部除满足放置设备的基本要求外，对室内建筑设计也做出了统一规定。并在工程建设前期，由河钢唐钢新区设备管理部门下发至各参建单位严格参照执行。

工业厂房装饰设计分为两个阶段，首先是对建筑内部的钢结构涂刷颜色及墙体粉刷颜色进行统一，其次是对重点参观位置及参观线路周边进行细致的装饰设计，包括高炉出铁场平台和炼钢参观走道等位置，均在施工前进行了严格的效果图审核。

图 3　原料主控楼室内实景图

Fig. 3　Real inside view of the main control building for raw materials

2.1.3　导视系统

河钢唐钢新区导视系统由室内导视系统和室外导视系统组成。室内导视系统是内部公共空间与各功能性空间的一种有效连接，室外导视系统融入景观绿化之中，对室外环境起到了有效的提升和补充作用。每个标识牌从配色到材质，从字体大小到摆放位置都做了详尽的规定，导视系统样式简洁美观，有很强的设计感。

导视系统包含办公区和生产区中的 4 大类设计：一是向导类设计，在连接或是转折位置通过表示方向的箭头引导正确的指向，比如停车场指引、办公区域指引等；二是空间类设计，通过平面图反应所在位置关系，使人们身处环境之中能对空间有整体性认识，比如楼层索引图，平面索引图等；三是识别类设计，通过文字、图形等信息描述和区别功能空间，比如建筑物名称、门牌、公共卫生、停车场等；四是管理类设计，提示或警示规章制度、安全、流程、宣传等信息，比如警示牌、制度要求等[4]。厂区 VI 标识实景图具体如图 4 所示。

图 4　厂区 VI 标识实景图

Fig. 4　Real picture of VI logo of the factory

2.2　厂区景观绿化

2.2.1　景观绿化设计

设计将当代企业价值观与新时代新要求相融合，通过创新景观设计，将其建设成为资源、能源高效利用、环境友好型的“绿色花园式工厂”，以“革旧鼎新·生生不息”为设计理念，实现可持续发展的设计目标[5]，为实现“为人类文明制造绿色钢铁”、创建“世界最清洁工厂”的社会承诺保驾护航。

厂前区是河钢唐钢新区的门户，是浓缩展现企业文化价值观的重要场所。设计通过融合建筑风格，运用简洁的元素，塑造现代办公环境。种植设计方面，分为生境、画境、意境3个层面；生境层面主要实现适地适树的主要目标，运用排盐措施及种植耐盐碱乡土植物，降低维护成本；画境层面意在打造花园式厂区，实现三季有花四季有景，如在画中游的景观体验；意境层面运用托物以言志，巧借植物文化手法，寓情于景情景交融。充分利用园林造园技法，堆山理水复层种植，解决覆土限制，营造绿量丰富、充满生机的花园式办公区。

生产区道路空间绿化设计：以轴线景观大道作为重点打造对象，以树形优美的行道树为绿色基底，外侧种植开花小乔木，其下种植观赏地被。整体设计既注重对高视线的遮挡，同时也追求平视线的开敞。打造特色参观游览路线，创造多层次点线面相结合的展示空间，作为参观路线景观风貌的延伸，提升整体景观的广度，展现了企业现代价值观，提升中国钢铁的绿色品牌形象，如图5所示。

图5　厂区内绿化实景图

Fig. 5　Real picture of factory greening

生产区绿地空间绿化设计：将生产区绿地进行分类，作为永久绿地区，以微地形增加覆土厚度，满足种植乔木，形成高低错落的复层种植的条件，在生产区中营造一片安静独立的休闲空间。设置漫步道穿行于其中，或在绿植中惬意行走，或在草坪上享受阳光。整体植物空间通透舒适，打造出生产区内独立的绿色环境。

2.2.2　厂区排盐碱设计

河钢唐钢新区项目地处重度盐碱区域，需要解决地下水位高，覆土薄，自然环境条件苛刻，绿化植被成活难的现状。设计采用暗管排盐工程技术，冲洗降低种植土壤中盐分，控制其盐度，进而达到种植标准。由于整体覆土厚度较浅（1m左右），采用适合于浅土层排盐的暗管排盐工程技术：原理上主要是破坏土壤毛细作用，使下层土壤不再对地下含盐水具有上吸的作用。同时根据“盐随水来，盐随水去，涝盐相随，干旱积盐”的盐碱地区土壤盐分的运动规律，利用浇灌和降水，冲洗降低种植土壤中盐分，控制其盐度。排盐碱示意图如图6所示。

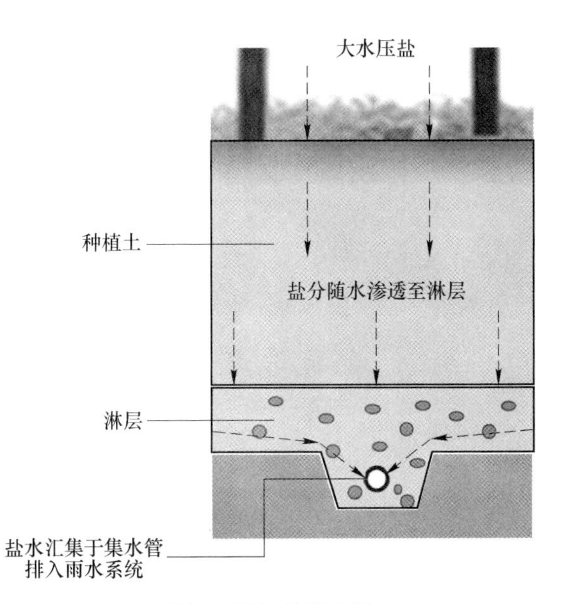

图 6 排盐碱示意图

Fig. 6 Schematic diagram of discharging salt and alkali

2.3 厂区亮化

厂区亮化主要分为两大部分：重点区域景观亮化设计和生产区域功能亮化设计。

2.3.1 重点区域亮化设计

厂前区是整个工厂的行政区域，属于重点区域，为配合整洁严谨的办公环境，选取现代简约造型的庭院灯和草坪灯，并在厂前区广场铺装布置了条形地埋灯，配合入口水景安置了 LED 线型灯，在满足照明功能的条件下，利用光影效果烘托了景观气氛，利用地面 LED 线型灯与地面点光源方阵排列组合，形成很强的视觉冲击力，同时重点强调了主广场的轴线形式，体现了场地内部建筑排布的秩序性。建筑立面照明，结合建筑垂直线条形式，通过灯光与喷泉有效的结合，形成良好的光影效果，如图 7 所示。

图 7 厂前区夜景亮化

Fig. 7 Night scene lighting in the front of the factory

2.3.2 生产区域功能亮化设计

生产区域通过路灯照明设计方面，根据不同道路及场地的特点采用单灯头与双灯头两种形式相结合，既保证了功能性和美观性，又兼顾节能要求，与厂区的整体夜景环境相协调。

厂房内部结合自然采光进行照明设计，在满足室内生产和检修要求的前提下，厂房顶部采用深度广照型工厂灯，各层平台及内部厂房柱采用壁挂式工厂灯。工厂灯全部采用高效率LED灯，节能、环保、寿命长，满足现代化绿色工厂的照明要求。

2.4 厂区管网综合

河钢唐钢新区项目作为近百年来少有的大型综合钢铁建设项目，厂区体量规模巨大，介质管线众多。设计时必须以利于生产、便于维修为原则，同时考虑厂容美观大方、整齐划一，将繁杂的管线整合梳理。这样不仅能保证施工投产顺利推进，还可以减少后期运营维护成本。

2.4.1 综合管廊设计

各种介质管道共架形成全厂综合管廊，其中包括高炉煤气、焦炉煤气、转炉煤气、混合煤气、蒸汽、压缩空气、氧气、氮气和电缆桥架等。管道支架间距按管道自身承重最大距离进行设计，节约地面空间，减少与道路干涉。支架间采用桁架进行连接，形成整体保证结构稳定。管道排布充分利用管廊横截面空间，粗管线在上，细管线在下，在桁架顶部或底部亦可悬挂管径较细的管线，如图8所示。

图8 综合管廊

Fig. 8 Real picture of comprehensive pipe gallery

2.4.2 管道标识设计

在厂区中由于管道内介质不同，为了便于识别管内流体的种类和状态，为厂区日常管理、维修、安全生产等提供便利，统一设计了管道标识。设计时考虑采用色环来区分各个介质管道，各种管道统一涂色，在规定位置涂刷警示标志并注明危险类别。

2.4.3 母管制设计

在厂区介质管道设计中，按照母管制考虑设计。主管道上一般可不设置阀门，通向各个区域的分支上设置阀门和计量设备。采用母管制优点是管线压力稳定，管线简洁，维护量减少，管线数量可做到最少。

2.4.4 防腐设计

厂区位于沿海地带，属于海风环境，对管道及管道支架均有较严重的腐蚀作用，必须针对防腐问题进行专项设计。煤气管道采用耐候钢，保证管道自身安全使用寿命。以漆膜厚度为标准保证钢结构耐腐蚀性达到国家标准。

3 结语

时代飞速发展，全新的钢铁企业发展理念的提出，也将带来更大的挑战。工业建筑往往都是给人以冰冷、呆板、单调的印象，缺乏艺术性和时代气息，通过精细化设计、美观化设计不仅能够符合工艺流程、功能需求和经济实用原则，同时又能使建筑本身体现时代的审美特征，表达出企业本身的文化语言，从自身质朴功能中体现出一种符合新时代钢铁企业特性的设计之美，突出强调了人与自然和谐共生的态度。通过对河钢唐钢新区项目实例的分析，浅析了大型钢铁企业建筑环境精细化设计环节，希望能引起设计师与业主在钢铁企业精细化设计上的重视，同时也对大型钢铁企业精细化设计提供一定的项目实践作为以后设计参考依据。

参 考 文 献

[1] 尹毓俊. 后快速发展时代建筑师的转变 [J]. 城市建筑，2012：22~24.
[2] 卢倩，李泳征，李其郅. 超高层综合体表皮精细化设计——开封国际金融中心立面改造 [J]. 建筑技艺，2018 (1)：90~95.
[3] 童雪音. 工业建筑的“去工业化”设计方式分析与研究 [J]. 化工管理，2018 (5)：179.
[4] 王瑾. 导向标识设计 [M]. 郑州：河南美术出版社，2008.
[5] 王雪. 工业厂区景观环境设计与研究 [D]. 长春：吉林建筑大学，2014.

第2章　原　料

全智能无人化料场设计特点

王新东[1]，田　鹏[2]，张彦林[2]，胡启晨[1]

（1. 河钢集团有限责任公司，河北石家庄 050023；

2. 唐钢国际工程技术股份有限公司，河北唐山 063000）

摘　要　河钢集团积极响应党中央十八届五中全会提出的创新、协调、绿色、开放、共享的“十三五”发展规划五大发展理念，在钢铁行业率先提出了“绿色矿山、绿色采购、绿色物流、绿色制造、绿色产品、绿色产业”的“六位一体”钢铁绿色发展理念。在河钢唐钢新区项目中，自主设计和建设全智能无人化原料场，采用国内最大规模带式矿石输送机，码头与料场一体化设计，全封闭环保型的C型贮料场和混匀料场，圆形煤焦储料仓，自动化除抑尘等大型装备。原料场采用无人化、全自动智能化控制，能够实现原料数据库自动管理、混匀配料自动计算、混匀料自动堆取、大堆3D可视化、自动输送物料等智能化功能。总图布置紧凑，物流顺畅，工艺先进，能够实现经济、环保、高效、全智能化运行。

关键词　料场；智能；无人化；环保

Design Features of Fully in Telligent Unmanned Stockyard

Wang Xindong[1], Tian Peng[2], Zhang Yanlin[2], Hu Qichen[1]

(1. HBIS Group Co., Ltd., Shijiazhuang 050023, Hebei;

2. Tangsteel International Engineering Technology Co., Ltd., Tangshan 063000, Hebei)

Abstract　HBIS Group actively responded to the five development concepts of the “13th Five-Year” development plan of innovation, coordination, greenness, openness, and sharing proposed by the Fifth Plenary Session of the 18th Central Committee of the Communist Party of China. , Green logistics, green manufacturing, green products, green industry “six in one” steel green development concept. Independent design and construction of a fully intelligent raw material yard, using the largest domestic belt conveyor, integrated design of dock and yard, fully enclosed and environmentally friendly C-type storage yard and mixing yard, circular coal coke storage Warehouse, automatic dust removal and other large-scale equipment. The raw material yard control adopts unmanned, fully automatic intelligent control, which can realize intelligent functions such as automatic management of raw material database, automatic calculation of mixing ingredients, automatic mixing area, large pile 3D visualization, and automatic material conveying. The layout of the general plan is compact, the logistics is smooth, and the process flow and program selection are reasonable, which can realize clean, environmentally friendly, efficient and fully intelligent operation.

Key words　stockyard; intelligent; unmanned; environmentally friendly

0　引言

作为钢铁工业的首道工序，原料准备系统为烧结、焦化、球团、炼铁等用户提供原燃料接卸、贮存、处理和输送的主体，通过对散装物料的集中处理和管理，向各生产用户提供性能稳定的原料，保证企业连续正常稳定生产。由于我国钢铁料场工艺技术比国外起步较晚，早期的原料场均为露天模式，原

基金项目：基于源头减排的低碳炼铁技术集成与示范基金（19274002D）

作者简介：王新东（1962—），男，教授级高级工程师，河钢集团有限公司首席技术执行官，主要从事冶金工程及管理工作，E-mail：wangxindong@ hbisco. com

通讯作者：胡启晨（1977—），男，高级工程师，E-mail：huqichen@ hbisco. com

料的卸、堆、取作业仍保留部分人工作业方式。随着环境保护要求的日益严格及互联网的高速发展，大型钢铁企业开始普遍对原料堆场和输送系统胶带机通廊进行封闭改造，建设绿色化、智能化的现代新型料场是行业趋势和企业长远发展的需要[1~3]。

为适应环保要求及企业发展需要，河钢集团坚持创新发展理念，在唐山市乐亭县临港工业园区建设了重点示范项目河钢唐钢新区[4]。全智能无人化料场作为新区生产的最上游工序，所有的物料不在露天堆放，实现了入仓或在封闭料场贮存。在设计上结合厂区总体布置和能源介质条件，力求工艺布局合理，贮运功能完善。采用场地利用最大化、原燃料输送距离短，物流顺畅的设计理念，充分考虑环境影响，全过程采用皮带运输，充分降低各种污染物的排放，实现清洁化生产。同时，采用大型高效的原燃料贮运设备，网络输送系统，集中管理，设备数量少，设备利用率高。本文介绍了河钢唐钢新区全智能无人化料场的设计特点，重点阐述了集中远程控制技术、物料全程跟踪技术、智能混匀配料技术在智能无人化系统的应用现状。一系列前沿工艺和先进技术的运用，使其规模化、高效化、经济化、绿色化、数字化、智能化等综合优势在国际上首屈一指[5]。

1　平面布置

原料场按配套年产 732 万吨铁、260 万吨焦炭建设规模设计，年吞吐能力超过两千万吨。主要原料来自海运码头，部分煤炭由铁路或公路运输进厂，原料主要用户包括焦化、烧结、球团、炼铁、石灰窑等。含铁原料品种主要有：铁精矿、铁矿粉、返矿、杂矿等。燃料有：焦化煤、返焦、烧结用无烟煤和喷吹原煤。熔剂有：石灰石、白云石。原料场工作制度为连续工作制，年工作天数为 365 天。原料场主要由原料受卸设施、贮料场设施、混匀设施、矿石筛分设施、熔剂筛分破碎设施、供返料设施等构成。原料场平面布置如图 1 所示。

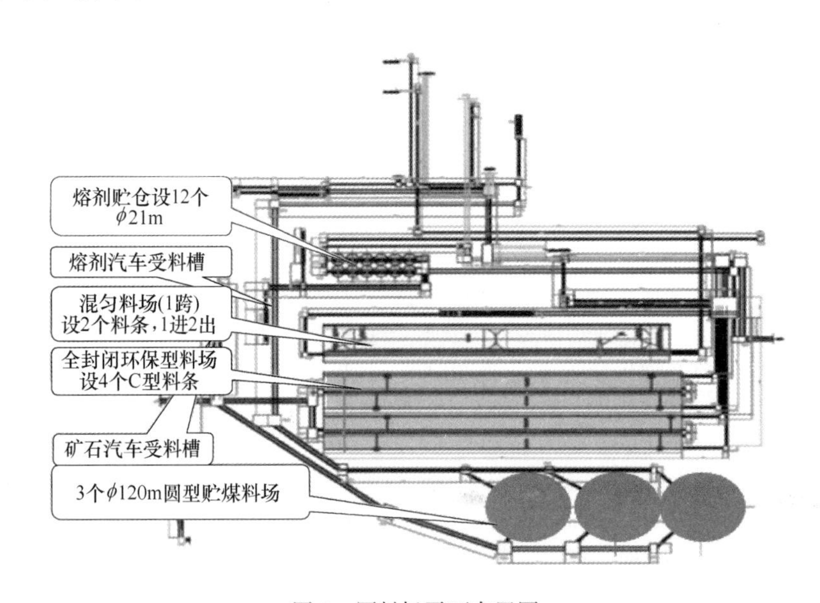

图 1　原料场平面布置图

Fig. 1　Layout of the raw material yard

2　主要工序设计

2.1　原料受卸设施

原燃料进厂有海运、铁路和公路运输三种方式，以海运为主，大幅降低公路运输比例，海运、铁路和公路的运输比例为 84%、8%、8%。每种方式的受料量都有一定富余，适应原燃料进厂量的波动，满足市场变化需要。

2.1.1　水路进厂原料输送设施

进口含铁原料和部分焦煤由海外用船舶运来，在唐山港 4 号港卸料，采用不落地直送方式，通过带式输送机转运到贮料场贮存。卸船直取输送流程：船→卸船机→带式输送机→堆取料机尾车→堆取料机悬臂带式输送机→BDQ 带式输送机→伸缩头→钢厂带式输送机；港口取料输送流程：堆场→堆取料机→BDQ带式输送机→伸缩头→钢厂带式输送机。

采用国内最大规模带式输送机设备，双系统输送，输矿主要参数：$B=1800$mm，$Q=7500$t/h，$v=3.15$m/s；输煤系统参数为$B=1800$mm，$Q=3600$t/h，$v=3.15$m/s。两个系统可以相互备用，避免因输送系统故障影响卸船。可分别把进厂料送到贮矿场和贮煤场。为保证输送系统的连续性，码头受入系统的输送能力与码头卸船能力一致，可同时接卸 2 个船。

熔剂采用 2 万吨左右的船运输到码头，卸到码头后用汽车运输到原料场的熔剂汽车受料槽受卸。

2.1.2 铁路受卸设施

由国内供应的焦煤、无烟煤、高炉喷吹煤，由火车运入焦化区内，卸车后由皮带机运输到原料场进行贮存。输送系统主要参数：$B=1400$mm，$Q=1500$t/h，$v=2.5$m/s。

2.1.3 汽车受料设施

（1）煤汽车受料设施。汽车进厂的喷吹煤等，采用 6 个自卸汽车受料槽，接卸汽运进厂的煤，进入圆形料场贮存。受料槽总长度 42m，地上建筑密闭收尘，地下建筑设换气扇、集水井排水。受料槽分 2 组使用，可同时接卸 2 个料种的运输车辆。输送系统主要参数：$B=1400$mm，$Q=1500$t/h，$v=2.5$m/s。

（2）矿石汽车受料设施。厂内含铁废弃物和唐山附近矿点的原料，给原料进厂提供多种卸车方式。采用 6 个自卸汽车受料槽，接卸汽运进厂的矿石。受料槽总长度 42m，地上建筑密闭收尘，地下建筑设换气扇、集水井排水。受料槽分 2 组使用，可同时接卸 2 个料种的运输车辆。输送系统主要参数：$B=1400$mm，$Q=2400$t/h，$v=2.0$m/s。

（3）熔剂汽车受料设施。汽车进厂的石灰石、白云石等，采用 6 个自卸汽车受料槽，接卸石灰石、白云石等进入熔剂原矿仓贮存。受料槽总长度 42m，地上建筑密闭收尘，地下建筑设换气扇、集水井排水。受料槽分 3 组使用，可同时接卸 3 个料种的运输车辆。输送系统主要参数：$B=1000$mm，$Q=1000$t/h，$v=2$m/s。

（4）铁精粉管道输送系统。司家营矿的铁精粉经 70km 越野管道输送至河钢唐钢新区厂区内的脱水系统，脱水后再经带式输送机送至原料场的圆形料库内进行贮存。

2.2 贮料场设施

2.2.1 贮矿料场设施

贮矿料场为全封闭环保型的 C 型料场（如图 2 所示），采用卸料车卸料，半门式刮板取料机取料。设计 4 个 C 型料条，每个料条内设计 2 台半门式刮板取料机，共 8 台。C 型料场长 590m，每个料条宽 36m，物料堆高 16m。料条大约 50m 为一个隔断，堆积一个品种。

包括铁矿粉、铁精粉、块矿、高炉用石灰石、白云石、转炉渣等原料的贮运。含铁原料贮存量约 20d，副原料贮存量约 20~60 天。

贮矿料场取料能力根据原燃料使用量的需要确定，取料能力和输送系统能力为 2100t/h，带式输送机带宽 1400mm，带速 2m/s。

2.2.2 贮煤料场设施

焦煤、喷吹煤、无烟煤等燃料采用 2 个圆型料场贮存，每个圆型料场直径 120m，料场内可贮存三种煤，大约 13 万吨。圆型料场内选用一台圆型堆取料机，堆料能力为 3600t/h，取料能力和输送系统能力为 1500t/h，带式输送机带宽 1400mm，带速 2.5m/s。圆型贮料场如图 3 所示。

2.2.3 熔剂贮存设施

熔剂包括石灰窑生产所需要的石灰石、白灰石，混匀矿堆积所需的石灰石、白云石，烧结调剂用石

图2　C型贮料场内部图

Fig. 2　Internal diagram of C-type storage yard

图3　圆型贮料场图

Fig. 3　Diagram of the circular storage yard

灰石粉，球团用石灰石粉。设计7个贮仓贮存进厂的石灰石、白云石。贮存量约7天，最大储存能力87000t。贮仓直径为21m，仓容积6000m^3/个。仓下设带式给料机给料，输送系统能力为1000t/h，带式输送机带宽1000mm，带速2.0m/s。

2.2.4　造球精粉贮存设施

球团区所需铁精粉主要来自司家营矿山和海运进厂两部分。从司家营进厂的铁精粉经管道输送至厂区进行脱水后再经皮带机系统送至圆形料场，而海运进厂的铁精粉直接输送至圆形料场进行贮存。球团区域所需铁精粉采用圆形料场贮存，采用2个ϕ100m的圆形料场，每个圆形料场内可分为二个格，贮存两种铁精粉，大约可贮存18万吨铁精粉，两个圆形料场共可贮存36万吨。每个圆形料场内选用一台圆形堆取料机，堆料能力为7500t/h，取料能力和输送系统能力为2100t/h。为保证卸料顺利，圆形堆取料机下采用带式给料机给料。

2.3　混匀料场设施

混匀料场提供烧结所需的全部含铁原料和部分熔剂先进行定量配料，采用平铺直取模式。混匀设施由配料槽输入系统、混匀配料槽、混匀料场输入系统、混匀料场、混匀料场输出系统等组成。

2.3.1　混匀配料槽

按配矿方案，需要混匀的各种原料依次输送到各配料槽内，然后由混匀配料槽下的定量给料装置，按一定的配比向混匀料场输入系统的带式输送机给料，由输入系统送到混匀料场进行堆积作业。

根据参与混匀的原料品种，混匀配料槽的数量确定为 19 个，13 个配料槽容积 400m^3，其余 6 个容积为 200m^3。其中 3 个槽为除尘灰槽，接收来自高炉和原料场用罐车运输来的除尘灰，设有仓顶除尘器。其余 16 个仓可依据物料配比确定物料品种。混匀配料槽槽体为钢结构，下部为等截面收缩率的双曲线斗嘴，混匀配料槽全长 180.5m，宽 10m，上部带房盖，四周有墙。混匀配料槽下配置 19 套定量给料装置，控制各槽的排料量，保证按设定的配比向混匀料场定量给料。

2.3.2 定量给料装置

混匀配料槽下定量给料装置的能力，按混匀作业量计算，确定 10 个槽给料能力 100~400t/h，6 个槽给料能力 20~150t/h，圆盘给料机直径均为 3200mm，变频调速、闭路控制；其余 3 个槽为除尘灰仓，给料能力 20~100t/h，采用拖拉称配料，变频调速、闭路控制。每次同时工作的数量不少于 15 个。

2.3.3 混匀料场[6]

建设两个混匀料条，采用一堆一取制，一个堆料、另一个取料，交替接续使用。采用定臂回转式混匀堆料机堆料，滚筒式混匀取料机取料。每个混匀料堆长 550m，宽 38m，堆高 14.32m。本设计采用人字形料堆，由混匀堆料机进行往复平铺作业，每次作业平铺一层，每层料的配料品种为 6~12 种，共平铺 330 层，每个料堆贮存量约为 20 万 t，采用变起点、固定终点的堆料方式，正常情况一个料堆可供烧结使用 10 天。输送系统能力为 2100t/h，带式输送机带宽 1400mm，带速 2m/s。在输送系统中配有自动计量装置。全封闭混匀料场如图 4 所示。

图 4　全封闭混匀料场
Fig. 4　Fully enclosed blending yard

2.3.4 混匀堆料机、取料机能力确定

由于两个料条共用一台堆料机，根据经验，堆料能力应有一定的富裕，一般应提前 2 天完成堆积作业，堆料间隔时间用于堆料机的定期检修。混匀料场输入系统能力为 2300~2500t/h。混匀料场输出系统能力为 2100t/h。

2.3.5 混匀料场输入、输出系统

混匀料场输入系统由定量给料装置、带式输送机、混匀堆料机等组成，该系统设人工取样，检验配料成分和物料含水量。其系统能力为 2300~2500t/h，带式输送机带宽 1400mm，带速 2m/s。

混匀料场输出系统由混匀取料机、带式输送机、自动取样、自动计量装置等组成，其系统能力为 2100t/h，带式输送机带宽 1400mm，带速 2m/s。

经过混匀后的含铁原料，其品位波动≤±0.3%，SiO_2波动≤±0.15%。

2.4 矿石筛分设施

为向高炉供应洁净原料，在高炉供料系统中设置矿石在线筛分设施。减少入炉矿的含粉量，改善高炉的透气性。筛分设施由分料器、振动筛、带式输送机、粉料缓冲仓等组成。设计两个筛分系列，每个系列两套振动筛。采用三通分料器分配物料，振动筛正常情况两台同时使用，故障条件下可以使用任意一台。经过筛分，筛上物直接送到高炉矿槽，筛下物进入粉料缓冲仓贮存，粉料输送到混匀配料槽参加混匀配料。其系统能力为2100t/h，带式输送机带宽1400mm，带速2.5m/s。

2.5 熔剂筛分破碎设施

2.5.1 熔剂筛分

石灰窑需要石灰石、白云石粒度为40~80mm，为保证入窑熔剂粒度，对熔剂进行预筛分。40~80mm合格粒度的石灰石送往石灰窑进行焙烧，筛下物送往破碎机进行破碎。

2.5.2 熔剂破碎

参加混匀配料的熔剂粒度为<3mm的占90%以上，需要对进厂的熔剂进行破碎。破碎系统设计为闭路循环系统。设置3个破碎系列，1个系列破碎石灰石，1个系列破碎白云石，一个系列备用。每个系统由破碎机、振动筛串联组成。

2.6 供返料设施

供、返料设施负责向烧结车间输送混匀矿、煤，向焦化车间输送焦煤，向炼铁车间高炉矿槽、焦槽输送成品烧结矿、成品球团矿、杂矿、焦炭等，负责高炉碎矿、碎焦向烧结输送。

2.6.1 向烧结车间供料

通过原料输出系统，可向烧结车间供给混匀矿、燃料、熔剂。在输送系统中配有自动计量装置。

（1）混匀矿输送。混匀矿来自混匀料场，通过滚筒取料机取出通过带式输送机运往烧结配料室。其系统能力为2100t/h，带式输送机带宽1400mm，带速2m/s。

（2）煤的输送。贮存在圆形料场中的煤，用圆形堆取料机取出通过带式输送机运往烧结燃料破碎室。其系统能力为1500t/h，带式输送机带宽1400mm，带速2.5m/s。

（3）熔剂的输送。贮存在熔剂贮仓中的合格熔剂通过带式输送机运往烧结配料室。其系统能力为2100t/h，带式输送机带宽1400mm，带速2m/s。

2.6.2 向球团车间供料

通过原料输出系统，可向球团车间供给铁精粉、熔剂。

（1）铁精粉输送。贮存在封闭料库的铁精粉用半门式取料机取出，通过带式输送机运往球团配料室。其系统能力为2100t/h，带式输送机带宽1400mm，带速2m/s。

（2）熔剂的输送。贮存在熔剂贮仓中的0~3mm熔剂通过带式输送机运往球团车间的熔剂制备室。其系统能力为1000t/h，带式输送机带宽1000mm，带速2m/s。

2.6.3 向炼铁车间供料

通过原料输出系统，可向炼铁车间供给铁矿石、喷吹煤等。在各个输送系统中均配有自动计量装置。

（1）铁矿石的输送。贮矿场设有输送系统向高炉矿槽输送块矿，通过在线筛分设施筛除块矿中的粉末。高炉杂料输送可利用原料输送系统和块矿输送系统送到高炉矿槽。块矿输送系统能力为2100t/h，带式输送机带宽1400mm，带速2m/s。

（2）喷吹煤的输送。贮存在圆形料场中的喷吹煤，用圆形堆取料机取出通过带式输送机运往高炉喷吹配煤槽。其系统能力为1500t/h，带式输送机带宽1400mm，带速2.5m/s。

2.6.4 向石灰窑供料

石灰窑生产所需石灰石和白云石来自熔剂原矿贮仓，经过筛分后，合格的石灰石和白云石，通过带式输送机送往石灰窑。系统能力为1000t/h，带式输送机带宽1000mm，带速2m/s。

2.6.5 向焦化区双向供料

煤的输送系统采用管状带式输送机输送，喷吹煤、烧结煤和焦化用煤输送采用上、下管带分别运输，可以实现双向同时输送。上管运输佳华焦化园区接卸的火运、汽运高炉喷吹煤、烧结用煤，由佳华焦化区的煤焦储运站运输到新区原料场转运站，继而输送到圆形料场进行贮存。下管运输新区圆形料场贮存的焦化用煤到佳华焦化生产车间。

2.7 除尘环保设施

根据料场布置情况，原料场采取了水力除尘、密闭除尘和机械除尘等17套集中除尘系统；含尘气体经捕集后进入脉冲袋式除尘器净化，净化后的气体经高排气筒外排，排放浓度$\leqslant 10mg/m^3$（标态）。原料场内所有的物料都入棚或入仓，封闭贮存，不在露天堆放。原料场内各种原、燃料堆设有喷水抑尘设施。皮带输送机设置在全封闭的皮带通廊内，皮带输送机尾部的倒料槽采用双层密封，以防风吹和物料移动散发粉尘。从矿山、港口、煤焦料场运送到钢厂原料场物料全部使用皮带、管道、管带等多种环保输送形式[7,8]。

汽车受卸槽、各个皮带转运站、所有落料点均设置布袋除尘系统，使用低压脉冲、大灰斗低阻型布袋除尘器，同时采用防静电覆膜超细聚酯针刺毡滤料布袋，达到除尘灰的统一收集，再通过吸排罐车把含碳环境粉尘运送到喷煤车间混吹入高炉，把含铁粉尘运送到烧结车间混匀配矿使用。在汽车受煤、火车螺旋卸煤、翻车机地面等部位大范围设置自动干雾抑尘装置。

每套除尘系统均由布袋除尘器、除尘风机及电机、减振台座、消声器、除尘器自动控制系统以及吸尘罩、风管和电动风阀等组成，布袋除尘设置于地面带式输送机上部的除尘平台上，除尘系统收集的大颗粒粉尘返回到各流程的下部皮带料流中。每套除尘、抑尘系统均与相应的装卸工艺系统联锁，由中控室根据带式输送机运行情况和物料检测器控制系统启停。

3 智能无人化系统设计特点

3.1 集中远程控制技术

原料区域设置一集中控制室，中控室包括：PLC室、主控室、计算机室，放置过程控制系统的操作台、人机界面等设备，进行主要的日常生产操作。控制室内设数字电视设施。综合料场信息化系统整合原料场的所有资源，对物料的存储、运输、混匀、配料等不同作业进行合理化的安排和跟踪，达到联动目的。实现各流程之间的顺畅衔接，建立原燃料到达、存储、发出等信息的及时反馈渠道，实现对料场存放物料的平衡管理，优化原燃料输送路径，保证后续生产组织正常进行。生成各种业务层面和管理层面的需求报表，并图形化显示分析的结果；建立数据统计分析的数学模型，达到通过信息系统实现及时反映专业管理运行的目标。厂区内实现无线网络覆盖提供无线接入功能，可通过手持终端系统，为厂区工作人员核查物料及车辆信息提供网络支持[9]。

3.2 物料全程跟踪技术

进口含铁原料和部分煤由国外用船运来，在京唐港矿石码头卸载，用带式输送机转运到贮料场。国内供应的焦煤、无烟煤、高炉喷吹煤等燃料，由火车运入煤焦受卸料场。在倒运过程中实现物料信息全程跟踪，并将信息发布到网络中，使相关部门及人员都能即时获取原料信息。部分铁矿石、煤粉、熔剂等由厂外汽车运输至厂区，在整个厂外运输过程中采用GPRS定位系统对所有的汽车位置及运输状况进行全程跟踪。到厂后采用RFID射频技术对车辆进行控制，同时配合计质量系统及门禁系统完成对车辆的车牌识别，物料的称重、化验及自动入库、回空出库等工作。

3.3　智能混匀配料技术

根据混匀矿化学成分的配比要求，首先通过AI算法进行基于成本最优化的配料计算，混匀配料系统就计算结果进行精准配料作业。之后根据作业实绩和混匀料堆的物料检验情况，结合混匀无人大机控制模型对配方进行重点优化调整，最终实现混匀料堆成分更均匀、堆取料更精准的智能混匀配料作业。

3.4　智能排程技术

通过MES网络智能接收原料采购、生产计划等信息并进行优化分解后，形成料场作业指令，对进出场物料进行路径优化的倒运控制，以及储地优化的无人堆取料作业控制。可实现存储空间、能耗、设备利用率最优，并可实时向新区各级网络反馈料场设备运行状态及存料信息。智能排程系统流程如图5所示。

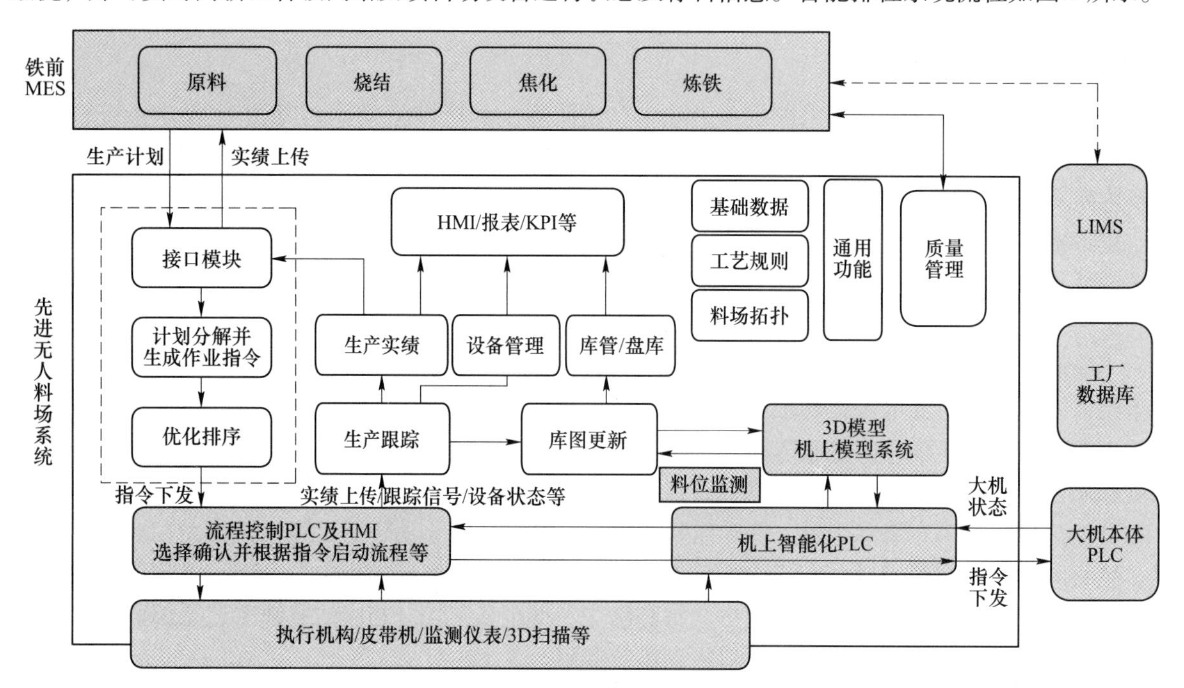

图5　智能排程系统流程

Fig. 5　Flow chart of the intelligent scheduling system

3.5　堆取料机无人化技术

料场堆取料机通过位置定位系统提供机器本身的X、Y坐标，中控系统依靠位置坐标及后台数据库信息对堆取料机进行控制。由3D激光扫描仪与堆料机走行定位系统结合，实时测量料堆形貌数据，并在中控服务器中对料堆进行数字化建模。

通过3D激光扫描堆场，结合X、Y轴位置，在大机行走过程中，获取整个堆场的三围数据，通过图像界面可以还原出料场3D图像，计算任意区域的物料体积。并且依据料堆的3D图像信息，修正堆取料机的控制，完成最优化的堆取料工作，提高大机工作效率[10]。

堆取料机无人化技术将多种形式的堆取料机无缝集成在作业计划流程中，通过大型设备精准定位技术和模型优化计算，实时控制堆取料机的走行、俯仰、旋转等动作，在远程集控中心通过监控终端跟踪现场作业情况，实现堆取料机无人化全智能作业。堆取料机控制系统流程如图6所示。

3.6　皮带智能保护技术

通过为皮带机安装寻址编码系统，构成完整的智能诊断保护体系，对长皮带出现的各种故障进行智能检测、诊断并远程解决，既可减少点检人员的配置，又可快速消除生产隐患，为整个智能化系统运行提供快速、精准的运输保障[11]。

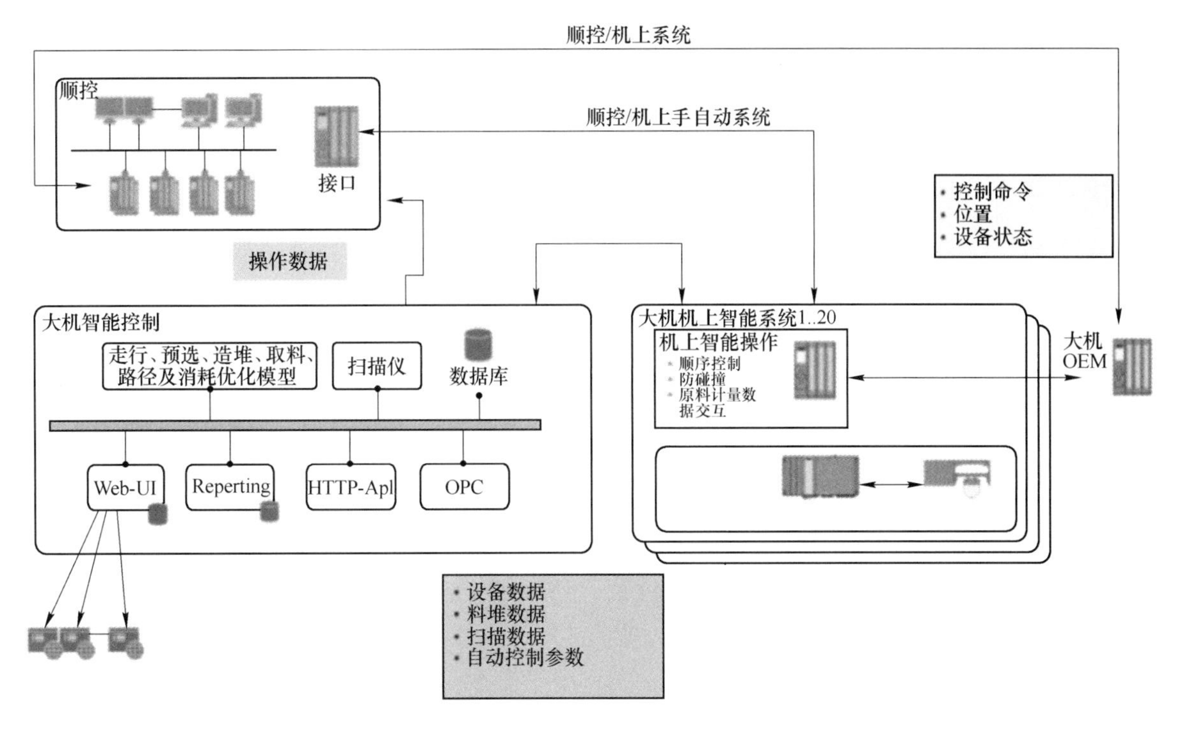

图 6　堆取料机控制系统流程图

Fig. 6　Flow chart of stacker-reclaimer control system

3.7　局域网与 5G 网络融合技术

组建局域网，建立工厂数据模块，根据上一级对信息的要求，采集设备运行状态信息，能源电力等信息，用于各种统计分析需求。采用物流管控模块，接收火车、汽车来料、受料信息采集与管控。建立与计质量、物流管理、门禁管理等相融合的原料厂生产计划排程（包括基于智能控制的混匀料配比与排产模块）。通过建设 5G 基站，使局域网与 5G 网络无缝对接，可通过手持终端查询及管理模块，提供无线接入功能，为厂区工作人员核查物料及车辆信息提供低延时网络支持。

3.8　实时数据库存储技术

建立工厂实时数据库系统，基于数据采集系统，实现数据的集中采集与上传，将电力、介质消耗、设备运行状况等信息进行收集并最终提供给上级系统，实现能源数据的各项统计、分析，设备运行状况的预判与维护、检修指导。选用支持的 OPC（OLE for Process Control）、Modbus、IE104 等标准通讯协议。保证接口数据采集的实时性、准确性及稳定性。

3.9　全自动采制样技术

河钢唐钢新区综合料场共装备了 2 套全自动取制样系统，每套取制样包含一次取样机、二次取样机、机器人自动在线分析系统以及弃样返回系统。能够及时准确获取物料信息，及时跟踪物料理化性能变化，为智能化混匀配矿提供基础数据支撑。

4　新工艺新技术应用

4.1　最大规模环保贮料场应用技术

世界首座应用于钢铁企业最大规模全封闭环保贮料场，贮料能力达到 660 万吨。采用全封闭 C 型环保料场结构，采用卸料车卸料，半门式刮板取料机取料。料场内设置自动喷雾抑尘装置，封闭料场相比设置防风抑尘网进行封挡的露天料场而言，每年可以减少因扬尘和雨水冲刷所造成 0.5%~2%的矿石损耗量。料场内卸取料装置全部采用自动控制方式，减少人员现场操作的同时杜绝燃油机车倒运方式，更大程度减少倒运过程燃油造成的二次污染[12,13]。

4.2 长距离全封闭储运技术

河钢唐钢新区使用的全部粉状、块状原燃料均采用全封闭方式存储和运输，采用多种形式的全封闭料场，所有皮带通廊全封闭，大量应用C型料场、圆形料库、筒仓等形式。管道总长271km的全封闭无泄漏皮带机运输通廊应用，实现了码头与新区原料场无缝衔接，原料场与烧结、球团、高炉、石灰窑等工序无缝衔接，紧凑的工艺布局构建起高效节能的优势，极大节约了物流运输成本，减少污染物排放[14]。

4.3 最大规模带式输送机应用技术

世界首台应用于钢铁企业的最大规模带式输送机，单台运量为7500t/h。为避免运输过程中物料撒落造成的经济损失和环境污染，降低场地、天气等外部环境对物料运输带来的不利影响，钢厂的输送系统与港区堆场的装卸输送系统相连，将唐山港矿石码头物料经带式输送机输送至钢厂带式输送机上，同时可实现2条船的接卸直送功能。皮带输送机全部封闭，无缝衔接全封闭汽车受矿料槽，采用高架通廊形式，同时建设两条皮带输送系统，均可同时或独立运行。

4.4 矿山精粉管道输送技术

建设远距离铁精粉输送管道，直接连接亚洲第二大磁铁矿山-司家营铁矿，直线距离超过70km。直接将铁矿精粉从矿山选矿场输送到河钢唐钢新区原料场内，再进行脱水处理，脱水后铁精粉直接进行混匀配矿和带式焙烧机造球，杜绝汽车运输和铲车倒运过程粉尘飘洒、燃烧尾气带来的二次污染问题，同时大幅降低了运输成本。

4.5 煤焦管带输送技术

衔接河钢唐钢新区和佳华焦化厂区，综合原料场设单向圆管带式输送机，主要输送物料为焦炭，管径为450mm，运输能力800t/h，将焦化车间的产品输送至高炉车间。同时，设双向圆管带式输送机，上管输送物料为焦煤，下管输送物料为高炉喷吹煤，管径为500mm，上管输送能力为1800t/h，下管输送能力为1000t/h。圆管带式输送机总输送距离超过16km，全程封闭输送，绿色环保，减少占地面积，减少转运及扬尘点，解决了长距离难输送的问题，实现节能降耗、清洁生产。

4.6 全封闭导料槽和水雾抑尘技术

全封闭导料槽由单层导料槽、带阻尼减压器、静电吸尘挡帘三部分组成，可以实现槽下矿粉皮带机落料点达到环保要求的同时降低该皮带所需的除尘风量。能够避免出现撒料，粉尘大等缺陷，同时导料槽尾部设有后封堵装置，使尾部堵板密封严密，阻止粉尘从尾部溢出，减少跑料漏粉。在临时移动卸料车卸料及部分设施落料点无法使用除尘罩，相对扬尘量较小处，采用了水雾抑尘技术，防止粉尘飘溢。

5 结论

河钢唐钢新区全智能无人化原料场，总图布置紧凑，物流顺畅，工艺流程及方案选择合理。采用多种形式全封闭环保料场，应用大规模、长距离、多形式环保运输方式，能够大幅降低环境污染和物流成本。大量应用3D可视化、物料全程跟踪、自动混匀堆取等智能化装备，可实现智能化无人自动运行。充分贯彻以绿色循环经济理念为指导，无论从技术装备现代化、大型化、高效化，还是从高质量、高性能的产品定位上，都将确保新建原料场的装备在世界钢铁企业处于领先水平，实现了原料生产的清洁高效。

参 考 文 献

[1] 蔡雁．烧结综合料场作业管理与优化系统设计及应用研究［D］．长沙：中南大学，2013.

[2] 陈明. 智能化系统在钢铁企业原料场中的应用研究 [J]. 工程技术研究，2019，4（1）：6.
[3] 张子才，肖苏，吴刚，等. 料场无人化系统的研究和应用 [J]. 宝钢技术，2008（2）：31.
[4] 王新东. 以“绿色化、智能化、品牌化”为目标规划设计河钢唐钢新区 [J]. 钢铁，2021，56（2）：12.
[5] 王新东. 以高质量发展理念实施河钢产业升级产能转移项目 [J]. 河北冶金，2019（1）：1.
[6] 刘晓月，刘伟平. 首钢京唐原料场无人化供料系统设计及应用 [J]. 冶金自动化，2020，44（5）：15.
[7] 康兴东，邱实，郭鹏，等. 智能环保原料场设计 [J]. 工程建设，2019，51（5）：68.
[8] 魏玉林，宋宜富，杨广福，等. 大型原料场智能化系统应用实践 [C]. 第十一届中国钢铁年会论文集——S01. 炼铁与原料. 北京：中国金属学会，2017.
[9] 吴旺平，李刚. 宝钢智能化原料场的改造实践 [C]. 第八届中国金属学会青年学术年会论文集. 北京：中国金属学会，2016.
[10] 赵庆，斌温丹. 堆取料机无人化作业系统关键技术的研究 [J]. 港口装卸，2015，（4）：26.
[11] 曹继东. 带式输送机故障及智能保护装置的应用分析 [J]. 机械管理开发，2020，35（12）：71.
[12] 唐煦，孟俐，何金玲，等. 浅谈钢铁企业原料场改进措施 [N]. 世界金属导报，2020-09-01.
[13] 陈禹肖，春江. 镔钢智能化全封闭综合料场改造设计 [J]. 现代冶金，2020，48（2）：21.
[14] 张毅，马洛文. 智慧型环保料场在宝钢原料场的运用 [C]. 2017 年第三届全国炼铁设备及设计研讨会论文集. 北京：中国金属学会，2017.

铁精矿管道输送技术在河钢唐钢新区的设计与应用

尹士海，李　鑫，刘晨雷

（唐钢国际工程技术股份有限公司，河北唐山 063000）

摘　要　通过分析研山矿和司家营矿矿浆的密度、粒度范围和沉降速度特点，确定了采用长距离管道水力输送技术，将铁精矿由司家营矿运送到河钢唐钢新区的技术方案。介绍了方案中矿浆汇集系统、精矿浓缩与输送、矿浆终端过滤系统的工艺流程和设备参数，并对系统存在的风险进行了控制设计。与传统的汽运或铁路运输相比，用管道输送矿浆，运行稳定、安全，同时具有可观的环境效益和经济效益。

关键词　铁精粉；矿浆；汇集；浓缩；管道输送；脱水

Design and Application of Iron Concentrate Pipeline Transportation Technology in Tangsteel New District

Yin Shihai，Li Xin，Liu Chenlei

（Tangsteel International Engineering Technology Corp.，Tangshan 063000，Hebei）

Abstract　By analyzing the characteristics of the proportion，particle size range and settlement speed of the slurry of Yanshan Mine and Sijiaying Mine，the technical plan of using long-distance pipeline hydraulic transportation technology to transport iron concentrate from Sijiaying Mine to Tangsteel New Area was determined. This paper introduces the technical process and equipment parameters of the slurry collection system，concentrate concentration and transportation，and slurry terminal filtration system in the scheme. Besides，the risk of the system was controlled and designed. Compared with traditional automobile or railway transportation，pipeline transportation of ore slurry is stable and safe，while having considerable environmental and economic benefits at the same time.

Key words　iron concentrate；ore slurry；gathering；concentration；pipeline transportation；dehydration

0　引言

铁精粉在矿山与钢铁厂间运输方式有船运、汽运、火车运输等。固态物料频繁倒运，会污染环境、消耗能源、损耗物料，运输方式受外界影响大，且矿区与钢厂均需建设大型原料储运系统，占地和投资巨大。

河钢集团把绿色、智能、引领作为技术发展主攻方向[1]。为消除汽车、火车运输带来的不利影响，结合国内外矿粉管道输送的成功经验，司家营矿区至河钢唐钢新区铁精矿采用国际先进的矿浆管道输送技术，设计能力750万吨/a，管道长约70km。司家营和研山2个矿区的铁精矿浆汇集到司家营区域，浓缩为62%~68%的矿浆后通过加压管道输送到河钢唐钢新区，经圆盘真空过滤机脱水至含水率8.5%~9.5%后，用作球团原料。

1　矿浆各项指标

对研山和司家营矿浆取样，分析密度、粒度范围和沉降速度，结果如表1~3所示。可以看出，与成功运营矿浆管道输送工程技术参数相符，具备管道输送的可行性。

作者简介：尹士海（1982—），男，高级工程师，注册公用设备（给排水）工程师，2006年毕业于河北建筑工程学院给水排水工程专业，现在唐钢国际工程技术股份有限公司从事给排水和水处理理论研究、设备研发、工程设计，E-mail：yinshihai@tsic.com.cn

表 1 矿浆干固体密度

Tab. 1 Dry solid density of the slurry

序号	指标	数值	备注
1	干固体密度	4.95～5.25g/cm^3	Le Chatelier 烧瓶试验

表 2 粒度筛分分析（泰勒筛筛分法）

Tab. 2 Granularity sieving analysis (Taylor sieve sieving method)

序号	筛孔目数	筛孔尺寸/μm	累积通过量/%	序号	筛孔目数	筛孔尺寸/μm	累积通过量/%
1	60	250	≥99.5	5	270	53	≥70
2	100	150	≥98.5	6	325	45	≥60
3	150	106	≥95	7	400	38	≥55
4	200	75	≥90				

表 3 矿浆沉降试验数据

Tab. 3 Test data of slurry settlement

序号	pH 值	C_w 初始值/%	C_w 最大值/%	最大沉降速度/cm · h^{-1}
1	10～11	64.98	81.68	20.69

2 工艺设计

2.1 矿浆汇集系统

2.1.1 工艺流程

司家营和研山选矿厂的精矿分别经过隔粗流程，控制粒度 45μm（-325 目）≥70%，精矿浆进入各自浓缩机，底流精矿采用管道输送到司家营精矿汇集池，输送浓度 50%～60%。

工艺流程：研山/司家营选矿厂精矿→筛分→浓缩机→底流泵→管道输送司家营矿浆汇集池（分矿箱）。

2.1.2 主要设施与设备

（1）研山矿浆汇集系统（480 万吨/a）

D5FG1224 型细筛：6 台，150μm(100 目)

输送泵：2 台，开 1 备 1，Q=450m^3/h，H=60m，输送浓度 50%～60%

输送管道长度约 4.6km，管径 DN300

声呐流量计和核密度仪联合计量：误差 1%～3%

（2）司家营矿浆汇集系统（270 万吨/年）

D5FG1224 型细筛：3 台，150μm（100 目）

输送泵：2 台，开 1 备 1，Q=350m^3/h，H=30m，输送浓度 50%～60%

输送管道长度约 800m，管径 DN250

声呐流量计和核密度仪联合计量：误差 1%～3%

2.2 精矿浓缩与输送

2.2.1 工艺流程

矿浆汇集至司家营分矿箱，经浓缩机浓缩至 62%～68%，由底流泵提升至矿浆分配箱后分配给 2 个搅拌槽，搅拌槽内投加熟石灰、硫酸氢钠，调质后经进料泵输送至高压输送泵，输送至 70km 外的河钢唐钢新区阀门站。具体流程如下：

司家营矿浆汇集池（分矿箱）→ϕ53m 精矿浓缩机→底流泵→矿浆分配箱→矿浆搅拌槽→进料泵→管道特性测试环管→高压输送泵→70km 长距离输送管道→河钢唐钢新区阀门站。

2.2.2　主要设施与设备

（1）汇集池（分矿箱）1 座，用于汇集研山、司家营矿浆；

（2）ϕ53m 高效浓缩池 1 座，将矿浆浓度控制在 62%～68%，矿浆密度 4.86；

（3）浓缩池底流离心泵：2 台，开 1 备 1，$Q=720m^3/h$，$H=40m$；

（4）分矿槽 1 座，将矿浆均匀分配至 2 个搅拌槽；

（5）ϕ16m×16m 搅拌槽 2 座，每台内设搅拌器 1 个；

（6）高压隔膜泵的进料离心泵：2 台，开 1 备 1，$Q=720m^3/h$，$H=40m$；

（7）高压泵隔膜泵：3 台，开 2 备 1，$Q=360m^3/h$，$H=1200m$；

（8）硫酸氢钠、氢氧化钙存储及配置投加系统各 1 套；

（9）输送管道长约 70km，管径 *DN*400，壁厚 8～12mm，埋地铺设，设管道阴极保护系统（强制电流以及牺牲阳极）1 套，管道泄漏检测系统 1 套。

2.3　矿浆终端过滤系统

2.3.1　工艺流程

铁精矿浆经管道输送至河钢唐钢新区球团区域阀门站，正常情况下，给入唐钢新区终端过滤车间二流分矿箱，从二流分矿箱分别给入五流分矿箱，从五流分矿箱分别给入真空盘式过滤机进行过滤，含水量小于 9.5%的精矿经皮带输送至精粉缓冲仓或 2 个精粉料场内，最终给入球团配料仓。

过滤机滤液自流进入泵池，由渣浆泵送往 ϕ45m 滤液浓缩机。滤液经浓缩后溢流水自流进 1200m^3溢流水池，一部分经重力式自动过滤器过滤后给过滤系统使用，另一部分水经加药降低硬度、调整 pH 值、降低浊度后，由供水泵送给全厂生产新水系统。浓缩机底流由底流渣浆泵送回过滤车间二流分矿箱，确保滤液及过滤系统事故跑冒滴漏的铁精矿全部回收。

长距离管道输送的浆头浆尾（即浓度较低的矿浆）经阀门站给入 ϕ45m 滤液浓缩机，经浓缩后再给入过滤系统进行精矿脱水作业。

为保证长距离越野管道长期稳定运行，防止脱水车间系统故障导致过滤车间全面停产，在唐钢新区终端脱水区域设计 1 台 ϕ16m×16m 搅拌槽和 1 座 4500m^3事故池，脱水系统发生事故时，可将越野管道中的矿浆直接给入搅拌槽，搅拌槽满后再给入事故池。搅拌槽设有底流泵，在脱水系统检修时，搅拌槽底流泵打循环，在脱水系统正常工作后，搅拌槽内矿浆由底流泵送给二流分矿箱，直至搅拌槽排空为止。事故池中铁精粉给入滤液浓缩机，最终全部清空。

2.3.2　主要设施与设备

（1）阀门站 1 座，按不同生产状态将矿浆调配至过滤机分矿箱、ϕ45m 浓缩池、1 台 16m 搅拌槽、事故池；

（2）ϕ16m×16m 搅拌槽 1 座，内设搅拌器 1 个，配套渣浆泵 2 台，开 1 备 1；

（3）真空过滤机，120m^2，开 10 备 2，配套独立的鼓风机、真空泵；

（4）ϕ45m 浓缩池 1 座，内设浓缩机 1 台，配套底流泵 2 台，开 1 备 1；

（5）4500m^3 故池 1 座；

（6）皮带输送系统 1 套，设皮带秤 2 套，用于矿山和钢厂结算。

3　系统风险控制设计

3.1　矿浆在长输管道内防沉淀、淤堵措施设计

（1）严格管控管道内矿浆浓度和流量。通过 PLC 将输送泵（变频控制）、管道运行参数严格控制在

设计范围：矿浆浓度62%~68%和流速1.6~2m/s，将输送量控制在每年750万~850万吨。在输送量低于700万吨/年时，采用水/浆批量输送方式，批量送水在管道输送水和矿浆之间进行简单的切换，通过在泵站切换给料实现。

批量水以管道允许的最小流速引入管道，从而尽量减少水的消耗。当矿浆被完全冲出管道时，管道将带水停车。当搅拌槽中储存了足够的矿浆后，重新切换为泵送矿浆。当选矿厂产量低时采用批量输送的方式是恰当的。由于带浆停车存在堵管风险，所以频繁地让管道带浆停车是不正确的。

（2）管道短期停车时长控制：根据其他企业运行经验，管道短期停车期间，管道内充满矿浆或水时，停车时间不得超过8h。

（3）长期停车时，对矿浆进行置换，管道必须充满水。

3.2 防爆管措施设计

（1）控制设计输送参数：输送浓度在62%~68%，设计点为65%，输送流速在1.6m/s；PLC系统设有压力报警、停车联锁，泵站出口设安全阀泄压等措施。

（2）投加药剂控制管道腐蚀：输送矿浆时投加石灰乳提高pH值，输送水时投加亚硫酸钠溶液除去水中溶解氧，降低输送过程中钢管的腐蚀速率。

（3）终端阀门站安装防爆膜片，防止阀门误关闭，造成管道压力过高而爆管。

（4）管材选择：钢管采用3PE外防腐层，设强制电流阴极保护和牺牲阳极阴极保护，以防止管道电化学腐蚀。

（5）严格控制管道施工的焊接工艺，内焊缝的余高不能超过1.6mm。

（6）在线路上设计了标志桩，在河流穿越、道路穿越等位置均设计了拐角桩等，在管道上方也可以敷设警示带。

4 技术优势

（1）成本优势。经测算，管道输送的吨矿运输综合成本约为公路运输的50%、铁路运输的40%。与汽运、铁路运输相比，每年可以节约运费1.1亿~1.7亿元；同时没有传统运输的物料倒运损失，运营成本低。

（2）运行稳定。管道埋地铺设，对外无污染，不受气候、路况、环保、减排等政策影响，可长年连续运行。

5 结语

司家营-唐钢新区之间采用的水力输送铁精粉矿浆技术，具有连续作业、输送能力大，不受气候、道路情况影响，无环境污染、过程中无物料损失，运营成本低等特点，逐步受到普遍的认同，是国家、企业积极推进的节能减排和环保技术，是河钢唐钢新区践行绿色发展主要成就之一。

参考文献

[1] 王新东．河钢创新技术的研发与实践［J］．河北冶金，2020（2）：1~12.
[2] 杨海龙，韩文亮．镜铁精矿长距离管道水力输送的探索［J］．矿业工程，2020，18（2）；66~69.
[3] 韩文亮，费祥俊．固液两相流管道输送稳定性评判标准的研究［J］．矿冶工程，2019，（6）：23~26.
[4] 邹伟生，李浩天．复杂地形铁精矿浆体管道输送技术研究［J］．矿冶工程，2019（6）：15~17.
[5] 唐邵义．白云鄂博西矿矿浆输送管道的应用［J］．现代矿业，2018，34（2）：145，148.
[6] 陈光国，夏建新．我国矿浆管道输送水平与挑战［J］．矿冶工程，2015，35（2）：29~32，37.
[7] 李培凤．尖山铁矿长距离管道局部变形分析与处理［J］．金属材料与冶金工程，2014，42（2）：55~57.
[8] 薛天柱．尖山铁矿第二条浆体输送管道调试研究［J］．矿冶工程，2008（4）：10~12.
[9] 徐艳兵．高压长距离铁精矿浆输送管道安全平移的方法［J］．矿山机械，2009，37（23）：119.
[10] 梁充光．中国第一条长距离高浓度铁矿浆管道工程建设与实践［J］．中国矿业，1999（2）：21.

矿粉输送智能制造设计与应用

韩佳庚

（唐钢国际工程技术股份有限公司，河北唐山 063000）

摘　要　针对钢铁企业生产原辅料储备过程中，汽车或火车倒运的方式不可避免地存在物料损失和环境污染问题，河钢唐钢新区设计开发了矿粉长距离管道智能输送控制系统。详细介绍了系统组成和各模块功能特点。经生产实际验证，系统运行安全、稳定，既保证了铁矿原材的连续供应，减少了物料在运输过程中的损失，提高了含铁原料输送过程的环保水平，还提高了生产效率，节约了生产成本。

关键词　精铁矿；管道输送；智能控制；PLC；泄漏检测

Design and Application of Intelligent Control for Ore Powder Transportation

Han Jiageng

（Tanggang International Engineering Technology Co.，Ltd.，Tangshan 063000，Hebei）

Abstract　In the storage of raw and auxiliary materials in the production of steel enterprises，car or train reverse transportation inevitably exists problems of material loss and environmental pollution. In response to these problems，HBIS Tangsteel New District has designed and developed a long-distance pipeline intelligent transportation control system for ore powder. The composition of the system and the functional characteristics of each module were introduced in the paper. After actual production verification，the system can operate safely and stably，which not only ensures the continuous supply of iron ore raw materials，reduces the loss of materials in the transportation process，improves the environmental protection level of the iron-containing raw material conveying process，but also increases production efficiency and saves production costs.

Key words　concentrate iron ore；pipeline transportation；intelligent control；PLC；leak detection

0　引言

与其他运输方式（如铁路、公路）相比，利用水利管道输送固体材料，具有运输距离短、基建投资少，对地形适应及可利用高差势能，不占或少占土地，不污染环境及不受外界条件干扰，可以实现连续作业，技术可靠，运输费用较低等诸多优点[1]。智能控制能够实现智能信息处理、智能信息反馈和智能控制决策，体现了控制理论的高级发展阶段，被广泛应用于工业过程控制系统、机器人系统、现代生产制造系统、交通控制系统等。将智能控制引入管道输送过程，对连续生产、精简机构、提高劳动生产率意义重大[2]。

1　矿粉输送项目概况

河钢唐钢新区的矿粉由河钢矿业公司研山铁矿（产能约 480 万吨/年）及司家营铁矿（产能约 270 万吨/年）供应。为响应河北省对钢铁企业提出的高标准环保要求，同时考虑降低铁精矿输送成本，实现减排节能、绿色运输，消除传统运输方式受环保政策限制的不利影响，将长距离矿粉管道输送技术应用于矿粉供应项目成了必然选择。项目设计输送量 750 万吨/年，全程管道线路长度约 70km，设计使用

作者简介：韩佳庚（1988—），男，工程师，2012 年毕业于天津理工大学自动化专业，现在唐钢国际工程技术股份有限公司从事冶金行业控制系统设计工作，E-mail：hanjiageng@ tsic. com

年限30年。将研山矿和司家营矿两处矿山铁精矿汇集至司家营精矿泵站后集中进行管道运输。运输线路途经滦州市、滦南县、乐亭县，到达河钢唐钢新区，经真空脱水机脱水，满足要求后进入料仓。

1.1 精矿浓缩泵站和长距离管道输送系统

在司家营矿区精矿料场建设精矿浓缩泵站系统。精矿浓缩泵站系统包括：1台ϕ53m精矿浓缩机、2台ϕ16m搅拌槽和精矿泵站。浓缩泵站内可控制操作整个管道系统沿线各级加压泵站及阀门等设备。精矿管道线路从滦州市司家营矿区开始，经过滦南县到乐亭县河钢唐钢项目厂区内部。为保证压缩泵站与各级分站之间的控制信号，沿管道线路设置冗余光纤网络设备。此外，对管道设置阴极保护系统，防止管道腐蚀氧化。

1.2 终端过滤系统

由管道输送来的矿粉在终端需要进行矿浆过滤。矿浆经过滤浓缩机压成饼状固体后经由胶带机及相关转运站进入精粉仓内。过滤机滤液自流进入泵池，由渣浆泵送往ϕ45m滤液浓缩机。滤液经浓缩后溢流水自流进溢流水池，再由泵分别给入2个水处理系统，其中一部分经重力式自动过滤器过滤后给过滤系统使用。另一部分水经加药降低硬度、调整pH值、进一步降低浊度后，再由供水泵送至过滤车间生产使用。浓缩机底流由底流渣浆泵再送回过滤车间二流分矿箱，后回过滤系统形成闭路工艺，确保滤液及过滤系统事故跑冒滴漏的铁精矿全部回收，提高矿粉利用率。

2 矿粉输送智能控制系统设计

在司家营泵站以及河钢唐钢新区终端过滤车间各设1套控制系统，以实现控制系统的两地操作。SCADA（检测控制及数据采集）系统向PLC输入数据，为操作人员提供各类信息。

自司家营整条管道精矿泵站至河钢唐钢新区过滤终端，属于长距离输送，对输送系统的流量损失要求较高（控制在3%~5%）。如果发生泄漏事故，根据泄漏的大小和位置，要求在2~10min内检测到。为保证管道传输的稳定性，同时避免因矿料堆积而导致的管道阻塞，必须做好管道的流量监测和泄露检测。为实现该目标，同时便于后期区分事故区段[4]，将整个传输管道进行分段。在区段沿管道2点安装流量、压力和密度测量仪表，检测管道实时数据。在各区段增设远程站，远程站负责接收区段仪表数据，并将数据传输至控制室SCADA（检测控制及数据采集）系统。

2.1 管道检测原理

司家营管道系统由1个泄漏检测系统进行监视。该系统向监控和数据采集系统（SCADA）提供操作数据。具体包括沿管道2个地点（泵站，终端）的流量、压力和密度测量结果。

泄漏检测的原理是根据管道内在线的流量状态和管道阀门的位置，对管道沿线的流量、压力和密度进行比较。其中管道压力损失可分为局部压力损失和沿程压力损失，计算公式：沿程压力损失$\Delta p_{\lambda}=\lambda\frac{l}{d}\frac{\rho v^2}{2}$，其中$\lambda$为沿程阻力损失系数，$\lambda=\frac{75}{Re}$；局部压力损失$\Delta p_{\zeta}=\zeta\frac{\rho v^2}{2}$。如果这些参数背离标准值，则系统判定管道泄露。泄漏检测系统基于质量平衡监视（MB：Mass Balance）和区段特性参数监视（SCP：Segment Characteristic Parameter）两种方式。可靠性较高的SCP被定义为$v^2/(\mathrm{d}P/\mathrm{d}L)$。在监视区段中，$v$表示当地的流速，$(\mathrm{d}P/\mathrm{d}L)$表示水压梯度（压力损失）坡降。单独MB方式的管道处于瞬变状态时将会产生错误报警。

对于一个特定的区域，$v^2/(\mathrm{d}P/\mathrm{d}L)$值在恒定的流量浆体流过时应该是恒定的。如果没有泄漏，对于监视区段及相邻区，SCP趋势图的移动方向是相同的。当SCP值在不同方向改变，或水力坡度线在泄漏点附近上下波动（远离稳定状态的直线），则表示泄漏。由于这种监视趋势的方式优于瞬时值，其读数波动错误报警率较低。

MB方式使用流量变化率监视。当泵速或浆体批量位置变化（如：在冲洗操作期间）时，在泵站出口、河钢唐钢新区过滤车间搅拌槽出口测量到的流量改变是一致的。然而，变化率是在一定范围内的。

当变化率高于公差时，泄漏信号发送给 SCADA。该方式是根据趋势判别，不受流量计读数漂移影响。

通过计算预期的（设计情况下）沿管道的压力梯度和实际的（测量情况下）沿管道的压力梯度来进行比较，从而完成检测[5]。软件设计的功能包括：（1）管道运行状态的图形显示；（2）整个管道的过压和堵塞监视；（3）泄漏及泄漏位置检测；（4）自动批量跟踪，到达时间预测和屏幕图形显示；（5）给操作员专家级的建议。

泄漏检测模块安装于与 SCADA 系统相连接的专用的计算机中。软件读取来自现场仪表的测量值，按照上述讨论的每种方法，结合管道流的状态（稳定的或瞬时的）和管道阀门的位置（开或关）进行分析。根据来自管道顾问的水力坡度系数和泄漏位置检测系数进行修正，并向操作人员显示结果。

在线的数据监视为管道操作人员提供了快速获得有关工艺流程状况的信息。这些信息的获得使得操作更安全并能更好地进行管道维护。如果有泄漏的指示，需派检查小组进一步确认。

2.2　控制系统设计

在司家营矿选厂及河钢唐钢新区过滤终端各设 1 个 PLC 站，站内设计选用西门子 S-1500 系列 PLC（可编程逻辑控制器），作为专门为在各类复杂恶劣的工业环境下使用的数字运算操作电子系统。经多年的实践验证，性能稳定、品质可靠。其功能包括：（1）监视所有输入信息，如管道流量、压力、矿浆悬浮指数等；（2）根据输入指令完成主泵启停、皮带运转等设备操作控制；（3）依据程序反馈各类报警信息，检测皮带机转速并发布皮带停转、空转报警信息，检测主泵电机轴承温度，发布主泵过载或设备损坏报警信息；（4）在 HMI（人机交互界面）上显示、存储批量过程数据及报警。

因长距离管道 PLC 主站和分站之间相隔距离较远，因此每套 PLC 控制系统在设计时需考虑网络故障情况下的独立运行，即使系统中各 PLC 之间没有通信，也能完成泵站设备的基本控制[6]。

在各区域控制室设置人机界面（HMI），用于操作人员掌控整个输送过程及各类设备信息。HMI 具备显示所有设备和仪表状态，存储用于显示历史趋势的数据，存储和显示报警，接收并传送操作指令，切换本地、远程操作模式，供多级别密码进行保护等功能。PLC 程序内部的安全联锁指令的优先级高于人机接口（HMI）发送的命令，避免因人员误操作而引发安全事故[7]。

2.3　仪表系统设计

研山、司家营两家选矿厂精矿汇集系统计量采用管道上安装声呐流量计和声呐密度仪用于输送矿粉的贸易计量，精度达到 1%。浓缩后的精矿粉在向精粉仓运输过程中，采用新型计量衡器阵列式电子皮带秤计量铁精矿输送量，计量精度 0.2%。此外对料仓料位、除尘风机轴温、电机轴温、定子温度检测及报警和压缩空气流量等项目进行检测确保系统稳定运行。所有仪表采用 IP56 技术等级，防止设备受到室内/室外腐蚀、尘土、雨水、溅水、水管喷水及外部结冰的损害。所有仪表都采用一根工业等级的数据母线与现场 PLC 连接。如果不能实现网络连接，模拟信号将采用 4~20mA。模拟量仪表采用双线环路供电。所有的仪器除非另有要求，均采用 24V 直流电。

2.4　通信系统设计

控制系统之间的一级通讯系统采用单模光缆。光纤系统采用具有宽带接口能力的、带宽为 155.52Mb/s 并可降低到 64kb/s 窄频应用水平的同步数字体系统结构（SDH）系统[8]。

光纤系统采用冗余设计，按照一个“折叠环”（collapsed ring）配置，其在同一根光缆中使用两对光纤。如果光纤连接器的一根光纤故障，系统自动切换到另一对光纤以维持通信。虽然不是真正的环形，该系统在不花费第二条光缆的情况下提供了较高的可靠性。一级通信系统载送的通信类型有：（1）控制系统数据通信；（2）司家营泵站和唐钢新区终端过滤车间之间的电话和 TCP/IP（以太网）服务；（3）各子系统间的宽带连接；（4）预留视频数据接口[9]。

3　结语

长距离铁精粉管道输送项目作为河钢唐钢新区原料输送的一大亮点工程，既保证了铁矿原材的连续供应，同时减少了物料在运输过程中的损失，提高了矿粉输送的环保水平。以管道检漏为核心的智能控制系统在项目中的应用，进一步提高了企业生产效率，节约生产成本，在整个生产过程中发挥了重大作用。

参 考 文 献

[1] 陈国岩．铁选厂精矿管道输送工艺研究及设计［J］．矿业工程，2015（6）：63.
[2] 余斌，张绍才，李政．高浓度尾砂充填料浆管道输送性能试验［J］．河北冶金，2003（3）：7~10.
[3] 李公田．钢包跟踪与管理系统开发［J］．河北冶金，2020（S1）：103~106.
[4] 宋爽．工业自动控制系统中 PLC 与变频器配合使用的探讨［J］．河北冶金，2007（3）：15~18.
[5] 钟彪．长距离矿浆管道试压施工工艺研究［J］．中国设备工程，2019（8）：128~129.
[6] 巩玉良．长输天然气管道泄漏检测技术探讨［J］．当代化工研究，2020，(23)：75~76.
[7] 赵华．炼焦煤最佳粉碎粒度的研究［J］．河北冶金，2016（3）：7~11，59.
[8] 乔振华．工业以太网实时监测系统的开发与应用［J］．河北冶金，2013（7）：48~51.
[9] 龙驭球，刘光栋，唐锦春．中国土木建筑百科辞典（工程力学卷）［M］．北京：中国建筑工业出版社，2001.

港口-综合料场一体化设计

田　鹏[1]，李宝忠[2]，董洪旺[1]，张彦林[1]

（1. 唐钢国际工程技术股份有限公司，河北唐山 063000；
2. 河钢集团唐钢公司，河北唐山 063000）

摘　要　河钢唐钢新区选址位于唐山港矿石码头附近，利用与港口距离近的优势，采用了“前港后厂”的物流运输模式，将物料直接由码头经胶带机运输至厂区内。主要介绍了码头的卸船系统和河钢唐钢新区公司综合料场的接卸系统，实现了唐山港与唐钢新区作业区之间的无间隙的物流服务，减少运输环节、降低运输成本、减低对环境的污染。

关键词　港口；综合料场；一体化

Port and Integrated Material Yard Integrated Design

Tian Peng[1], Li Baozhong[2], Dong Hongwang[1], Zhang Yanlin[1]

（1. Tangsteel International Engineering Technology Corp., Tangshan 063000, Hebei;
2. HBIS Group Tangsteel Company, Tangshan 063000, Hebei）

Abstract　HBIS Tangsteel New District is located near the Tangshan Port Ore Terminal. Taking advantage of its proximity to the port, HBIS Tangsteel New District adopts the “front port and rear plant” logistics and transportation model to transport materials directly from the terminal to the plant via a belt conveyor. This paper mainly introduces the ship unloading system of the wharf and the receiving and unloading system of the integrated material yard of HIBS Tangsteel New District. It is achieved the seamless logistics service between Tangshan Port and the operation area of Tangsteel New District, decreasing transportation links, reducing transportation costs and mitigating environmental pollution.

Key words　port; integrated material yard; integration

0　引言

河钢唐钢新区位于唐山港矿石码头北侧，厂区距港口距离约 2km。唐钢新区所需原燃料以进口物料为主，因此利用与港口相邻相近的有利条件，采用“前港后厂”物流输送系统，将海运的原燃料经胶带机运至唐钢新区厂区内的综合料场进行储存，减少贮存环节、降低运输成本、减少物料损失及环境污染。为保证港口物料卸船系统与唐钢新区综合料场的物料接卸系统的连续性，两个系统的运输能力保持一致，同时料场内料库的储存量充分考虑码头来船的物料量，避免因输送系统故障影响卸船。

1　港口物流模式

目前铁矿石国际贸易集中于海运贸易，通过铁路运输和其他方式的运输所占比重不足 10%，海运贸易超过全部铁矿贸易总量的 90%，已经成为国际铁矿石贸易的主要方式[1]。目前码头铁矿石物流主要有以下几种模式：

（1）海陆运输。船将铁矿石从海外的港口运送到国内港口后，再通过汽车将卸到码头的铁矿石运送钢铁厂，这种方式适用于钢铁厂与港口的距离在汽车运输的经济里程内。此方式快速、灵活，其不足之处是汽车运输的成本较高，并且安全度不如火车。

（2）海铁联运。船将铁矿石从国外的港口运至国内的港口后，经过延伸至码头后方的铁路运输专

作者简介：田鹏（1985—），女，高级工程师，硕士研究生，2012 年毕业与华北理工大学冶金工程专业，现在唐钢国际工程技术股份有限公司主要从事烧结、原料设计工作，E-mail：407060562@ qq. com

用线利用火车将卸到码头的铁矿石运送至钢铁厂。这种运输方式，必须满足两个条件，一是卸货码头有铁路专用线，二是钢铁厂也具有到达厂区的铁路专用线。这种运输模式运输环节少、损耗小、运输成本低的优势，但目前很多钢铁厂不具有专用铁路线，因此目前使用的范围较小。

（3）海陆铁混运。船将铁矿石从国外的港口运至国内的港口后，部分通过汽车运送至钢铁厂，部分通过船运送至拥有铁路专用线的码头后再利用火车运至钢铁厂。

（4）“前港后厂”物料运输。船将铁矿石从国外的港口运至国内的港口后，通过取料机将卸至码头的铁矿石取出，再用胶带机将铁矿石送至钢铁厂，这种模式具有运输环节少，运输成本低、保护环境及降低劳动强度的优点[2]。

2 唐山港矿石码头-唐钢新区料场一体化设计

唐钢新区有限公司位于唐山港矿石码头北侧，利用目前唐山港矿石码头的卸船设施，并对码头输出系统进行改造，使物料直接运输至唐钢新区综合料场进行贮存，减少了在码头料场贮存的环节，降低运输成本、减少了物料损失及对环境的污染，实现了“前港后厂”的物流运输。

2.1 唐山港矿石码头卸船系统

唐山港矿石码头目前有两个泊位，可接卸 18 万吨级船舶。采用门式卸船机卸船，每个泊位配备三台卸船机，每台能力 2500t/h，每台卸船机配置 1 台移动漏斗，漏斗下配置振动给料机，将卸船物料均匀输送给码头胶带机。码头胶带机额定能力 7500t/h，带宽 1800mm，物料直接由门机卸料至移动漏斗，由胶带机直接输送至钢厂内的胶带机，原燃料的直接送往唐钢新区原料场贮存。

2.2 唐钢新区综合料场接卸系统

唐钢新区生产所需的原燃料以海运方式为主，海运的原燃料源头在唐山港码头，经胶带机运输系统进入相应的封闭料库内。为保证输送系统的连续性，输送系统能力与码头卸船能力保持一致，考虑可同时接卸 2 个船的物料。料场内采用双系统输送，输矿系统参数：$B=1800$mm，$Q=7500$t/h，输煤系统参数为 $B=1800$mm，$Q=3600$t/h。两个系统可以相互备用，避免因输送系统故障影响卸船，可分别把进厂料送到贮矿场和贮煤场。

因传统露天原料储存技术在用地面积大、物料运输线路长、原料损耗大、环保不达标、运行成本高等方面的劣势，为企业发展来一定的困难，封闭式料库具有防风、防雨的功能，降低了气候对原料的影响，减小了外界环境对物料的影响，水分稳定，有效的抵住了恶劣天气对生产的干扰[3]。同时，保护了堆、取料机设备，减少了暴雨和刮风等引起的损耗。环保封闭储存技术已成为行业的所需和发展趋势。

因此，根据企业需求的原燃料特点和发展趋势，对不同原料采用了不同的封闭储存形式。唐钢新区厂区内的储料系统主要包含封闭式 C 型料库和封闭式圆形料场。料场内原燃料进场方式及运输量，如表 1 所示。

表 1 燃料进厂方式及运量

Tab. 1 Approach of fuel entering the plant and its transportation volume

进厂方式	原料名称	年运输量/万吨
海运	含铁原料（含中厚板用量）	2500
海运	焦煤	200
合计		2700

（1）封闭式 C 型料库。唐钢新区烧结所需的含铁原原料和高炉所需的块矿，采用了环保封闭的 C 型料库进行储存。C 型料库设 4 个料条。物料通过胶带机从顶部输入，经移动卸料车卸料，采用半门式刮板取料机进行取料作业，根据物料品种和生产需要，可将料堆沿横向和纵向进行分格堆存，对物料进行分类堆存和管理如图 1 所示。

（2）封闭式圆形料场。河钢唐钢新区烧结、炼铁所需的喷吹煤、无烟煤及焦化所需的焦煤均采用

图1　C型料场贮存形式

Fig. 1　Storage form of C-type material yard

圆形料场进行贮存。共设3个直径100m的圆形料场，其中2个圆形料场用来储存焦煤，另外1个储存喷吹煤和无烟煤。物料由顶部通过胶带机输入，利用圆形堆取料机进行堆料作业，由刮板取料机取料经下部胶带机输出。料库内部使用的堆取料机为堆取一体化设备，堆取作业以同一回转主轴为回转中心，并可围绕回转主轴进行360°回转作业，对堆、取作业区域和设备干涉进行控制后，堆、取作业可以同时进行作业如图2所示。

图2　圆形料场贮存形式

Fig. 2　Storage form of circular material yard

3　港口—综合料场一体化设计特点

（1）降低低港口内部装卸设备的利用率：唐钢新区厂区内设封闭料库进行铁矿石和煤炭的储存，减少港口取料过程中具有小流量取料、运行频繁和不定时输送，带来港区内装卸设备利用率高，能力发挥小和能耗较高的一系列问题，实现了唐山港与唐钢新区作业区之间的无间隙的物流服务。

（2）采用了“前港后厂”物流输送系统：从靠泊码头的大船上接卸的进口铁矿石和煤炭等原料，通过胶带机转运系统输送至码头后方的钢铁企业的专用料场，减少运输环节、降低运输成本、减低对环境的污染。

（3）料场采用了环保封闭料场：因传统露天原料储存技术在用地面积大、物料运输线路长、原料损耗大、环保不达标、运行成本高等方面的劣势，为企业发展来一定的困难，封闭式料库具有防风、防雨的功能，降低了气候对原料的影响，减小了外界环境对物料的影响，水分稳定，有效的抵住了恶劣天气对生产的干扰。同时，保护了堆、取料机设备，减少了暴雨和刮风等引起的损耗。环保封闭储存技术已成为行业的所需和发展趋势。

（4）采用了先进的装备技术：胶带机运输系统全面采用了7500t/h运输能力，同时C型料库内采用了能力为7500t/h移动卸矿车，运输能力均达到国内同行业的顶端水平；长距离的胶带机采用了液压马达驱动。

（5）实现了钢铁厂内部所需的原燃料通过码头和堆场的胶带机自动化输送，应用有线网络、无线网络构成的硬件系统，以及按照生产管理需求和特征开发的计算机应用软件系统、工业控制和监控系统等，共同组成了信息化的生产管理和控制系统，有效促进了唐山港与唐钢新区铁矿石、煤炭等原料的装卸生产的安全、高效运作，实现了港口与钢铁企业信息化与管理控制一体化的融合[4]。

4 结语

河钢唐钢新区利用距唐山港矿石码头较近的优势，实现了“前港后厂”物流输送，提高矿石运输效率，减少贮存及运输环节、降低物料运输成本，实现了钢铁企业与港口物料输送的无间隙的物流服务，同时实现了港口与钢铁企业信息化与管理控制一体化的融合。

参 考 文 献

[1] 刘浩．钢铁企业物流产业化发展研究［J］．物流工程与管理，2015（4）：17~19.
[2] 高金龙．应用“套裁”模式，增效港口物流——河钢集团港口优化路径的探讨与实践［J］．河北企业，2017（9）：111~112.
[3] 李洪春，李洪涛，宋新．大型封闭式原料场的应用与探索［J］．烧结球团，2016，41（5）：48~52.
[4] 王成伟．钢铁企业物流管理问题初探［J］．管理与科技，2010，12（7）：100~101.

铁精粉圆形料场的设计特点

刘 洋

（唐钢国际工程技术股份有限公司，河北唐山 063000）

摘 要 河钢唐钢新区原料场是全国规模最大的综合性原料场，其中球团精粉料场作为整个原料系统的一部分，采用了新型的封闭式圆形料场型式。本文介绍了球团精粉料场的工艺设计理念及设备选型，通过采用液压马达、全自动控制、压力回流循环给水系统，从输入系统到贮料系统再到输出系统，整体工艺系统设计及设备选型在行业内处于领先水平。

关键词 铁精粉；圆形料场；封闭式；全自动控制；液压马达

Design Chara Cteristics of Iron Fine Powder Circular Material Yard

Liu Yang

（Tangsteel International Engineering Technology Corp.，Tangshan 063000，Hebei）

Abstract The HBIS Tangsteel New District has the largest comprehensive raw material yard in China. As part of the overall raw material system，the pellet concentrate yard adopts a new type of closed circular yard. This paper introduces the process design concept and equipment selection of the pellet concentrate yard. From the input system to the storage system to the output system，the overall process system design and equipment selection are at the leading level in the industry through applying hydraulic motors，fully automatic control and pressure reflux circulating water supply system.

Key words iron concentrate；circular yard；closed type；fully automatic control；hydraulic motors

0 引言

河钢唐钢新区是一个集原料、焦化、石灰、烧结、球团、炼铁、炼钢、轧钢一体的现代化全流程钢铁企业。其中原料场是全国规模最大的综合性原料场，球团精粉料场作为原料场的一部分，承担了海运球团精粉的贮运功能，包括输入、贮存、输出系统。圆形料场广泛应用于电厂，在钢铁企业中多用于贮煤。河钢唐钢新区球团精粉料场采用了圆形料场，并应用了当前最前沿的新技术新工艺。

1 国内外现状

随着经济的飞速发展，市场对钢材的需求量越来越大。铁精粉作为钢铁冶炼企业重要的基本生产原料，其消耗量也随着钢材市场需求逐步增长。铁精粉属于大密度的散状物料，目前其存储方式大多采用露天条形料场。铁精粉粒度细小，在采掘、运输、储存、转运等过程中，不可避免地存在着较大的损耗和浪费，又因铁精粉不能与一般土壤良好融合，易对环境造成极大污染，这些问题亟待解决。

圆形料场系统作为一种大型散料储运系统，自 20 世纪 70 年代由西欧国家根据市场需求开发，一经问世，就因其技术先进、自动化水平高、建设占地少、储量大、环保性能突出、损耗低等特点，得到了广泛的应用。根据经济的发展，采用圆形料场储运系统对铁精粉进行运输、存储会成为一个主流趋势。但是铁精粉具有密度大、料堆坚实、物料流动性不好、粒度细小、料堆静安息角较大等特点，采用传统的圆形料场堆取料机有刮板取料、运行工艺、使用维护等方面的技术难题，在设计圆形料场堆取料机时

作者简介：刘洋（1987—），男，高级工程师，2012 年毕业于东北大学钢铁冶金专业，现在唐钢国际工程技术股份有限公司炼铁事业部主要从事冶金工程设计工作，E-mail：liuyang@ tsic. com

必须有相应的解决方法。

由于圆形料场的特殊性，这种贮料型式适合大宗物料、单一品种的物料贮存，比如煤和铁精粉[1]。对于煤这种物料，圆形料场的贮运设备相对成熟，一般是圆形堆取料机和活化给煤机配套使用，在国内外应用较为广泛[2]。但是圆形料场用于铁精粉的贮运相对较少，宝钢在新疆八一钢厂应用过烧结矿粉的给料，给料设备采用电振给料机，但使用效果不好。因此，用于铁精粉的圆形料场存在铁精粉给料不均匀、给料不顺的问题，十分有必要进行改进。

2 生产规模及作业制度

河钢唐钢新区项目球团精粉料场主要负责接卸码头来的铁精粉、储存以及向球团车间输送的任务。按球团车间使用50%的国外铁精粉，用量约500万吨。

球团车间主要配置为：带式焙烧机2台，年产成品球团矿960×10^4t/a，需铁精粉总量约1000×10^4t/a。

3 工艺车间组成

球团精粉料场由铁精粉输入系统、球团精粉圆形料场、输出系统组成。

3.1 铁精粉输入系统

进口铁精粉由海上用船舶运来，在唐山港矿石码头卸料，同原料场港口输送皮带系统共用，在进入原料场系统后用带式输送机转运到铁精粉圆形料场贮存。采用双系统输送，皮带机主要参数：$B=1800$mm，$Q=7500$t/h，$v=3.15$m/s，两个系统可以相互备用。精粉输入系统溜槽加装电热板、振打装置[3]。

3.2 球团精粉料场设施

船运进厂的铁精粉采用圆形料场贮存，设计建设两个直径100m的圆形料场，每个圆形料场内可分为两个格，贮存两种铁精粉，大约可贮存18万吨铁精粉，两个圆形料场共可贮存36万吨。每个圆形料场内选用1台圆形堆取料机，堆料能力为7500t/h，取料能力和输送系统能力为2100t/h。为保证卸料顺利，圆形堆取料机下采用带式给料机给料。

在圆形料场内设置临时下料口，当圆形堆取料机故障时，通过临时下料口可以上料，以保证球团生产。临时下料口下采用带式给料机给料。每个圆形料场内精粉下料口设置物料疏松设施（振打装置或疏松器）。表1为圆形堆取料机的主要参数。

表1 圆形堆取料机的主要参数

Tab.1 Main parameters of the circular stacker-reclaimer

项目		数值
堆料机	堆料方式	定点回转式堆料
	堆料能力/t·h^{-1}	7500
	台数	2
	堆料高度/m	22.3
	回转半径/m	28.2
取料机	取料方式	侧式刮板取料
	取料能力/t·h^{-1}	2100
	俯仰角度/(°)	-2.6~38.5
	行走速度/m·min^{-1}	12.5
	链速/m·s^{-1}	0.7
	控制方式	机上自动、手动
	供电方式	中心滑环
	供电电压/kV	10

3.3　输出系统

贮存在球团圆形料场中的铁精粉用圆形堆取料机取出，通过皮带机运往球团预配料槽。两个输出系统到一个转运站，通过一个输出系统运往球团预配料槽[4]。

皮带机主要参数：$B=1400\text{mm}$，$Q=2100\text{t/h}$，$v=2.00\text{m/s}$。

4　主要节能及安全运转检测设施

4.1　节能措施

（1）工艺节能措施：在系统设计中进行优化，以选择最佳的系统方案，降低损失，节约能源。圆形料场进出皮带机共用一个转运站，减少转运次数，缩短运输距离，降低能耗[5]。

（2）电气节能措施：提高功率因数：高压侧低压侧合理进行无功补偿，将电网的功率因数保持在0.95以上，最大限度地降低电网损耗。

采用节电用电设备：选择S11型或SCB11型节能型变压器、除尘风机采用变频控制装置、照明采用LED光源。

所有电机均采用节能电机，≥90kW的低压电机和≥1000kW的高压电机启动时采用软启动装置，节能的同时也避免了电机启动时对电网产生冲击。

（3）节水措施：生产冷却水系统采用压力回流循环给水系统，减少了水量渗漏及水质污染，降低了用水损耗，同时也降低了补充源水及水处理的能源消耗。

4.2　安全设施

（1）为实现计算机自动控制联动运行，在各工艺环节和设备上分别装有下列检测设备和安全措施。

（2）所有带式输送机都安装机旁拉绳事故开关，胶带跑偏检测装置，胶带打滑检测装置。

（3）所有带式输送机装有漏斗堵塞检测装置。

（4）精粉输出带式输送机上装有输送物料中金属夹杂检测及去除装置，胶带纵向撕裂检测装置。

（5）移动带式输送机等移动设备起动前设声光报警装置。

（6）为防止堆、取料机碰撞，在设备上设有防碰撞、位置监控和料堆高度检测装置等。

（7）在系统集中切换的圆形料场、转运站需要监测的位置设有工业电视摄像。

5　新工艺、新设备及新技术

（1）具备物流管理中心功能，全公司各用户的大宗原燃料都由原料场统一受卸、贮存、管理、供应，减少设备，节省占地。

（2）贮料场采用封闭式圆形料场，为环保型料场。

（3）长距离皮带机采用液压马达传动，启动平稳、运转噪声小、运行费用低。

（4）按照ERP管理要求，合理布置物料、能源的输送路线和监控点，设置必要的就地或远程监控设备，实施资源管理、减量化生产。

（5）精粉料场控制采用计算机全自动作业控制，具有自动检测，电视监视，库存量管理，原料数据库自动管理，流程设备自动控制，自动诊断、自动广播和自动报告等功能。

（6）采用唐钢国际专利技术（专利号ZL2020230916925）中一种能够均匀稳定给料的铁精粉圆形料场。

6　结语

河钢唐钢新区球团精粉料场是国内少见的采用圆形料场形式贮运的新型环保料场之一，圆形料场整体全封闭结构，进出皮带机共用一个转运站，堆取料机和皮带机、带式给料机连锁，具有节能、环保、自动化程度高等技术特点。对于铁精粉的贮运，河钢唐钢新区已然走在了世界前列，在行业内树立了标杆形象。

参考文献

[1] 中国冶金建设协会．钢铁企业原料准备设计手册［M］．北京：冶金工业出版社，1997.

[2] 中国冶金建设协会．烧结设计手册［M］．北京：冶金工业出版社，2005.

[3] 中华人民共和国住房和城乡建设部，中华人民共和国国家质量监督检验检疫总局．钢铁企业原料场工艺设计规范［M］．北京：中国计划出版社，2010.

[4] 中华人民共和国住房和城乡建设部，中华人民共和国国家质量监督检验检疫总局．烧结厂设计规范［M］．北京：中国计划出版社，2015.

[5] 蒋金蓉．铁精粉环境中圆形料场堆取料机的设计与应用［J］．起重运输机械，2014（9）：16~19.

原料场C型料库钢结构设计

吴佳雨，刘占俭

（唐钢国际工程技术股份有限公司工业建筑部，河北唐山 063000）

摘　要　本文对河钢唐钢新区原料场C型料库钢结构设计进行了分析，C型料库纵向结构形式为框架-支撑结构，沿C型料库纵向分成五个独立的结构单元，每个结构单元均设置了纵横向闭合完善的支撑体系，保证结构的整体稳定性。

关键词　C型料库；钢框架；支撑

Steel Structure Design of C-shaped Silo of Raw Material Yard

Wu Jiayu，Liu Zhanjian

（Department of Industrial Construction，Tangshan Iron and Steel International Engineering Technology Co.，Ltd.，Tangshan 063000，Hebei）

Abstract　In this paper，the steel structure design of C-type silo in raw material yard of HBIS Tangsteel New District was analyzed. The longitudinal structure of C-type silo is frame-support，which is divided into five independent structural units. Each structural unit are equipped with a completely vertical and horizontal closed support system to ensure the overall stability of the structure.

Key words　C-type silo；steel frame；support

0　引言

河钢唐钢新区采用环保封闭的C型料库来进行储存烧结所需的含铁原料和高炉所需的块矿，C型料库堆料、取料作业主要通过卸料车和刮板取料机配合完成，物料经串联在皮带机上的移动卸料车向C型料库卸料[3]。相对于传统的堆料场，C型料库具有环保性好、占地小、单位贮量面积大、物料损失小且易于物料分类堆存的特点[1]。

1　工程概况

C型料库上部为2层钢框架结构，顶标高为44.233m。料库跨度38m，连续4跨，中心对称。总长度570m，基本柱距9m。一层钢平台标高26.000m，设置8台卸料车。C型料库内部设置顶标高为12.900m的纵向钢筋混凝土挡料墙两道，两列钢柱坐落于墙顶。横向钢筋混凝土挡料墙32道，标高为9.000m。料库基础采用桩基础，26.000m平台采用钢铺板，屋面采用0.8m厚单层压型钢板封闭，外墙标高1.200m以下采用砖砌体，标高1.200m以上采用0.6m厚单层压型钢板。屋面檩条和墙梁采用高频焊接H型钢。外墙基础采用钢钢筋混凝土基础梁。

2　钢结构设计

2.1　设计荷载

卸料车的竖向荷载：自重和料重约为188t，纵向水平荷载约为50t，横向水平荷载约为32t，这些荷

作者简介：吴佳雨（1987—），男，工程师，2011年毕业于天津城市建设学院土木工程专业，现在唐钢国际工程技术股份有限公司主要从事建筑结构设计工作，E-mail：wujiayu@tsic.com

载分别作用在 3 组 24 个轮子上，车长 28. 275m，每组轮子的数量及承受的竖向荷载和水平荷载都不同，卸料车速度为 4～20m/min。

卸料车荷载为移动荷载，采用影响线方法计算：

（1）卸料车的竖向荷载对 26. 000m 支承梁的最不利组合。C 型料库共运行 8 台卸料车，每跨串行 2 台，每榀每跨横框架承受 1 台车竖向荷载，4 台车分别计算，取最不利组合。

（2）卸料车的横向水平荷载对主框架的最不利组合。与工艺专业共同研究，确定每榀 4 跨同时作用 2 台车横向水平荷载。

（3）卸料车的纵向水平荷载。纵向荷载由纵向支撑承受，每跨按 2 台同时作用。

2. 2 横向框架设计

横向框架剖面图如图 1 所示。标高 26. 0m 平台为主要工艺层，二层结构主要完成防雨、封闭功能。

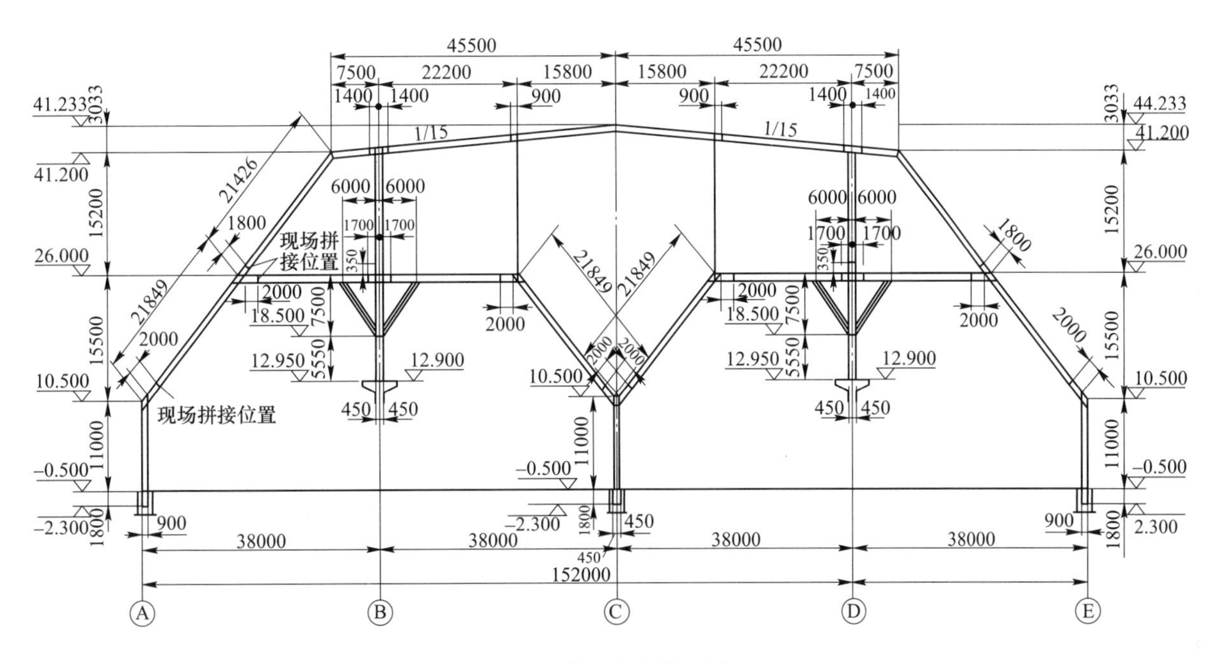

图 1 横向框架剖面图

Fig. 1 Transverse frame section

层高：平台 26. 0m 标高由工艺设备控制，平台下设溜槽，并留置半门式取料机运行空间；平台上运行 8 台卸料车，其运行亦需要较大空间。二层层高和屋面陡坡坡度由此控制，屋面跨中部位坡度由排水控制。

首层跨度：跨度由料库工艺布置确定，共 4 跨 38. 0m。边柱上部随屋面陡坡内收，柱脚刚接于基础；两侧中柱柱脚直接坐落于挡墙顶，标高 12. 9m，柱脚铰接，上部设斜杆减小梁跨；中心中柱柱脚刚接于基础，柱上部 Y 字形一分为二，改善平台梁跨度，去除无效平台。

二层共 5 跨，中间 2 钢柱为两端铰接柱，能改善柱脚处钢梁受力；其他 4 钢柱均为刚接。

经反复计算，横向框架达到了较为优化的程度，横向刚度、竖向挠度、构件强度、稳定应力均较好地满足了设计限值要求，各构件可靠性指标较为接近。构件选型及应力比、位移、挠度见图 2～图 4。

横向框架计算参数，场地地震基本烈度为 7 度，设计基本地震加速度值 0. 15g，建筑场地类别为Ⅲ类，设计地震分组为第一组，特征周期为 0. 65s。框架抗震等级三级。

为了减小 26. 000m 钢框架梁跨度和增加主框架刚度，在铰接钢柱适当高度处，与框架梁之间设置铰接钢支撑。二层主框架承受的荷载较小，特别是中间两跨的屋面坡度较小，在保证整体刚度的前提下，将中间两跨的框架梁于钢柱的链接设计成半刚接，既节省钢材，又减小了高空刚接构件安装的难度。经过结构计算，均满足规范要求。

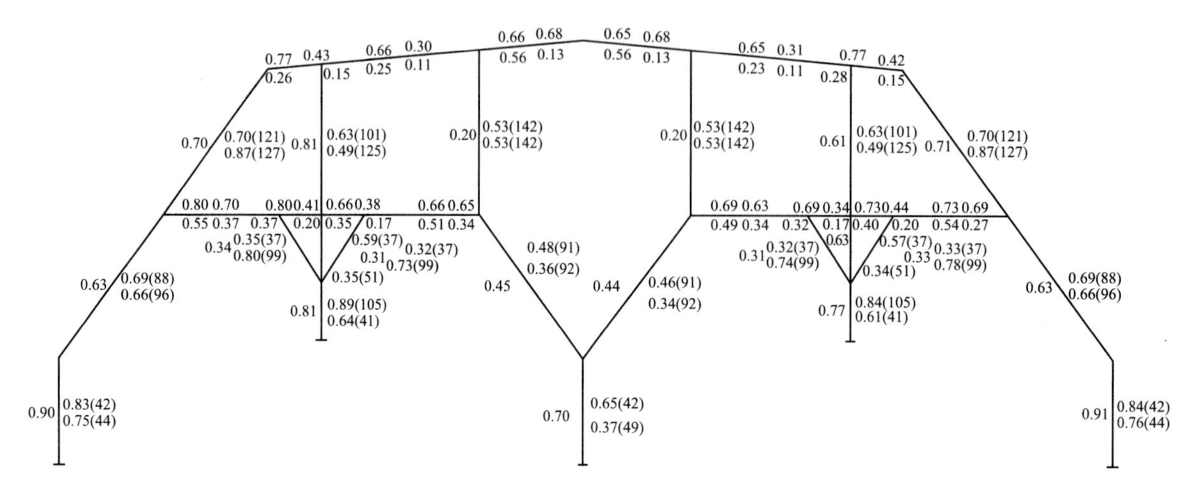

图 2　应力比图

Fig. 2　Stress ratio diagram

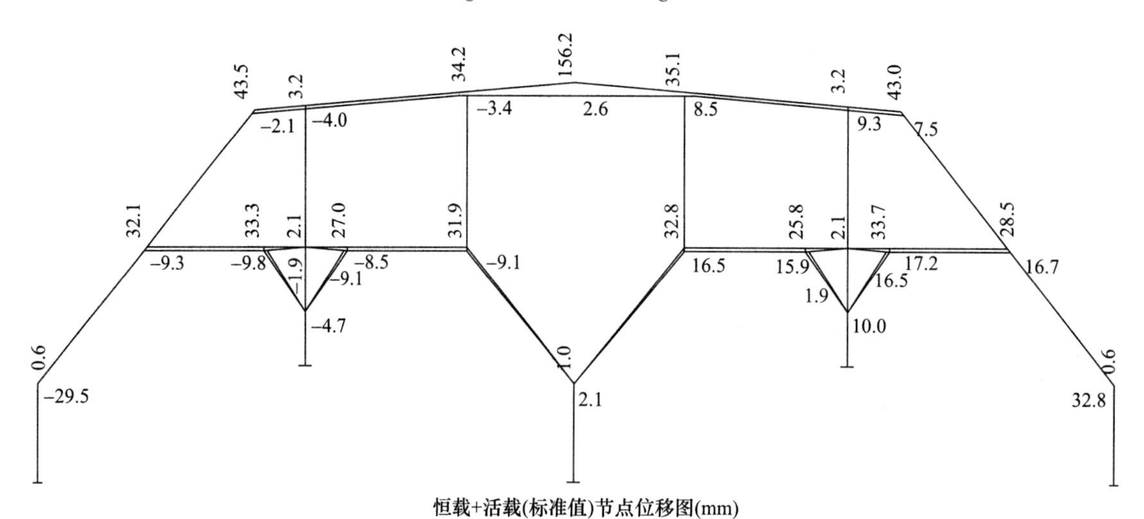

图 3　节点位移图

Fig. 3　Node displacement diagram

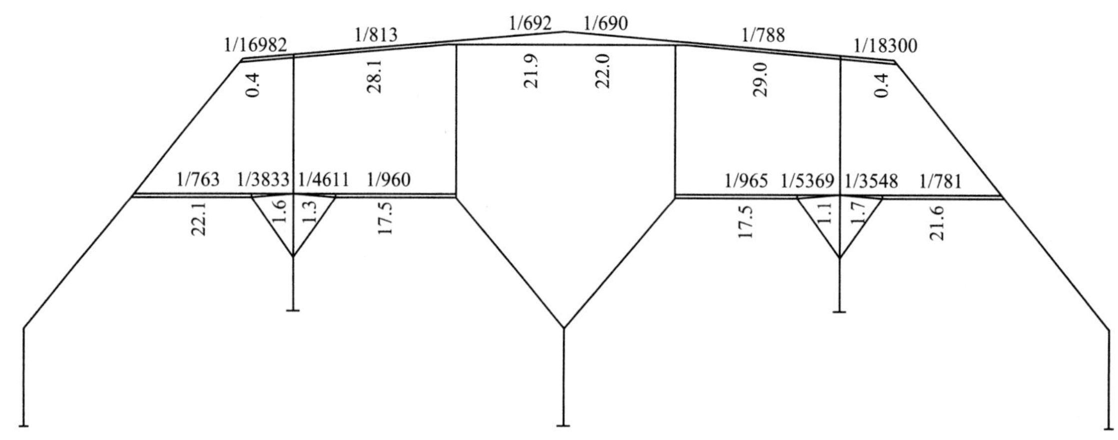

图 4　钢梁相对挠度图

Fig. 4　Relative deflection diagram of steel beam

3 设计特点

3.1 完善的支撑体系

C 型料库纵向单元长度 114m，5 列柱子分别设柱间支撑（26.0m 标高以下），支撑布置在两个端部柱距和中心柱距。对应柱间支撑设屋面横向水平支撑（26.0m 标高以上）。梁柱节点及转折点位置设多道纵向水平支撑。26.0m 平台在梁上翼缘对称设置通长纵向水平支撑二道，柱上端设置横向隅撑，整体结构形成完善的、闭合的中心支撑体系，承受恒、活荷载，同时也能做到多榀相邻框架共同工作，抵御卸料车横向荷载。

两端独立单元外侧山墙设山墙柱，山墙柱以基础、26.0m 平台、屋面为支撑点，形成 2 跨连续受弯构件，竖向以基础为支撑点。风荷载通过端部柱距的横向水平支撑体系传递给柱间支撑，再传给基础。

纵向系杆对应横向水平支撑和柱间支撑所有节点设置，系杆按压杆设计。

支撑斜杆按拉杆设计，所有支撑节点均为铰接。

3.2 框架节点设计

框架节点的设计是钢结构设计中重要的内容之一，在钢柱与钢梁连接处按《建筑抗震设计规范》要求，梁与柱的连接采用柱贯通型。柱在梁翼缘对应位置设横向加劲肋（隔板），厚度不小于梁翼缘厚度，强度与梁翼缘相同。在梁翼缘上下各 500mm 的范围内，柱翼缘与柱腹板间或箱型柱壁板间的连接焊缝采用全熔透坡口焊缝。

主框架设计时在保证结构安全的前提下，为钢结构制作和安装尽可能的提供方便，在主框架受力较小处设置了多个拼接节点，构件长度减小，方便了运输。拼接节点选在节点区域之外，避开应力较大处。拼接节点采用栓焊等强连接，利用 STS 和探索者软件对高强螺栓进行合理布置和验算。

4 结语

C 型料库是原料场重要组成单元，本文结合工艺专业需求，对料库上部钢结构设计原理进行了简要介绍，该结构体系稳定，模型清楚，应力、变形等指标控制合理[2]目前，河钢唐钢新区 C 型料库已投入使用，运行状况良好。

参 考 文 献

[1] 刘占稳，刘健业，王亚伟 . C 型料场料堆体积计算 [J]. 物料储运，2013 (1)：40~45.
[2] 王玉环，陈尚伦，余思均 . 浅谈 C 型封闭料场在工程应用中的改进 [J]. 钢铁技术，2015 (2)：35~37.
[3] 班宝旺，董洪旺，刘碧莹，等 . 7500t/h 运量卸料车在 C 型料库的设计实践 [J]. 河北冶金，2020 (S1)：58~60.

带式输送机液压张紧装置在河钢唐钢新区的应用

刘新星[1]，崔海龙[2]，班宝旺[1]，刘碧莹[1]，邓 蕊[1]

（1. 唐钢国际工程技术股份有限公司，河北唐山 063000；
2. 河钢集团唐钢公司，河北唐山 063000）

摘 要 液压张紧装置作为一种新型的张紧形式，以其优良的工作性能，在带式输送设备的应用范围愈来愈广。本文对比了不同带式输送机的张紧装置，基于液压张紧装置的特点，简要叙述了其在河钢唐钢新区的应用情况，并对液压张紧装置大张力、可动态反馈、自动化程度高的特点及工作原理进行了详细阐述，为带式输送机中液压张紧的设计选型提供一定的应用参考。

关键词 液压张紧装置；带式输送机；自动控制系统；张力；动态反馈

Application of Belt Conveyor Hydraulic Tension Device in the HBIS Group Tangsteel New District

Liu Xinxing[1], Cui Hailong[2], Ban Baowang[1], Liu Biying[1], Deng Rui[1]

(1. Tangsteel International Engineering Technology Corp., Tangshan 063000, Hebei;
2. HBIS Group Tangsteel Company, Tangshan 063000, Hebei)

Abstract As a new type of tensioning device, hydraulic tensioning device is increasingly used in belt conveying equipment due to its excellent working performance. This paper compares the tensioning devices of different belt conveyors, and briefly describes their application in HBIS Tangsteel New District based on the characteristics of hydraulic tensioning devices. In addition, the characteristics and working principle of the hydraulic tensioning device with large tension, dynamic feedback and high degree of automation are elaborated, which provide a certain application reference for the design and selection of hydraulic tensioning in belt conveyors.

Key words hydraulic tensioning device; belt conveyor; automatic control system; tension; dynamic feedback

0 引言

带式输送机因其具有速度高、运送能力大、物料种类多、运行平稳、噪音较小等诸多优点，广泛应用于冶金、煤炭、电力、化工、粮食等多个行业。在冶金行业里，包含有铁矿石、铁精粉、烧结矿、球团矿、煤、焦炭、白云石、石灰石等多种不同类型的物料，其堆积角、粒度组成、堆积密度、温度、水分等多种物料特性均不相同，为满足其输送要求，绝大部分散装物料采用带式输送机进行运送[1]。液压张紧装置作为一种新型的张紧装置，在带式输送机中有着广阔的应用前景。

1 液压张紧装置的选用

1.1 张紧装置的作用及分类

张紧装置是带式输送机组成的必不可少的一部分。首先，张紧装置可以避免输送带与传动滚筒间出现摩擦力不足而引起的打滑现象；其次，保证胶带具有足够的张力，防止胶带悬垂度过大；另外，张紧装置可以补偿胶带在运行过程中由于塑性伸长及弹性伸长所产生的长度变化[2]。

作者简介：刘新星（1990—），男，硕士，工程师，2015年毕业于中国矿业大学（北京）机械电子工程专业，现在唐山钢铁国际工程技术有限公司从事炼铁机械设计工作，E-mail：liuxinxing1572@163.com

带式输送机常见的张紧装置形式包括垂直张紧装置、车式重锤张紧装置和螺旋张紧装置，另外也有电动绞车拉紧、液压自动张紧装置等其他张紧形式。

1.2 不同张紧形式的应用范围

螺旋张紧装置结构简单、布置紧凑，安装方便，适用于机长较短、功率较小的带式输送机；垂直拉紧动作灵敏、维护方便，可根据张力的变化自动补偿胶带的伸长，具有成本低、实用性高、安全可靠等优点，是使用范围最广的一种张紧形式；车式重锤张紧装置适用于距离较长、功率较大，但输送机高度不足以使用垂直拉紧的工况，同样具备根据张力自动补偿胶带伸长的特点，多布置于尾部滚筒，特殊情况下也可布置于带式输送机中部；电动绞车张紧装置及液压张紧装置常用于普通张紧形式无法满足使用要求的工况，如张紧行程过长或张紧力过大。表1为不同张紧形式的优缺点。

表1 不同张紧形式的优缺点

Tab. 1 Advantages and disadvantages of different tensioning forms

张紧形式	优点	缺点
螺旋张紧	结构简单、布置紧凑、安装方便	适用范围较小，响应不及时
垂直拉紧	动作灵敏、维护方便、自动补偿胶带、安全可靠等	布置高度有要求
车式重锤张紧	适用范围广，布置形式灵活、自动补偿胶带	布置空间较大，结构复杂
电动绞车张紧装置	张紧行程长、张紧力大等	费用较高，维护不便
液压张紧装置	自动化程度高、启动特性好等	费用较高，控制较为复杂

1.3 液压张紧形式的特点

作为带式输送机中较为新型的一种张紧形式，液压张紧装置具备如下特点：

（1）启动时胶带可被及时张紧，改善带式输送机的启动特性，能够动态适应带式输送机启动张力（约为正常运行时张力的1.3~1.5倍）与正常运行张力的变化，保证胶带在启动时不打滑及胶带正常运行时拉紧力不至于过大，从而做到动态调节。

（2）能够适应皮带机的较大张力，加到可根据具体工况，及时对胶带张力作出判断，根据结果随时调整张紧力的大小，使胶带在理想状态下运行，节约能耗，延长胶带的使用寿命。

（3）液压张紧装置响应速度快，可根据液压缸的迅速收缩，及时吸收胶带的伸长，大大缓和了输送带的冲击，避免发生断带现象，且及时反馈现场事故情况。

（4）结构紧凑、布置灵活，运输、安装方便，可与集中控制系统进行连接，实时动态监控液压张紧装置状态，实现可视化运行，自动化程度较高。

在河钢唐钢新区设计过程中，由于一些带式输送机工况较为特殊，如需要的拉紧力过大、布置空间不足等特点，最终选用液压张紧形式。

2 液压张紧装置的设计与应用

2.1 液压系统

液压张紧装置主要由液压泵站、张紧油缸、蓄能器、电气控制箱、极限位置报警及其他附件等部分组成。液压缸固定在土建基础之上，活塞杆通过钢丝绳和滑轮，与张紧小车相连。

液压泵站通过高压胶管，将高压液压油传递至蓄能器及液压缸活塞两侧，根据液压缸两侧的压差，使液压缸产生一定的拉力，通过钢丝绳及滑轮传递至张紧小车，最终形成对胶带的张紧。液压张紧装置自动控制系统根据传感器测得胶带的张力，通过PLC实时调整液压系统的压力，从而使实现张紧装置张紧力的实时调整[3]。

液压张紧装置液压系统图见图1。为满足带式输送机胶带最大张紧力的要求，首先应确定系统压力，再根据最大拉力及行程，计算并选择合适的液压缸。

因正常工作状态下，胶带伸缩动作并不频繁，故系统流量较小，选用的液压泵流量及电机功率较

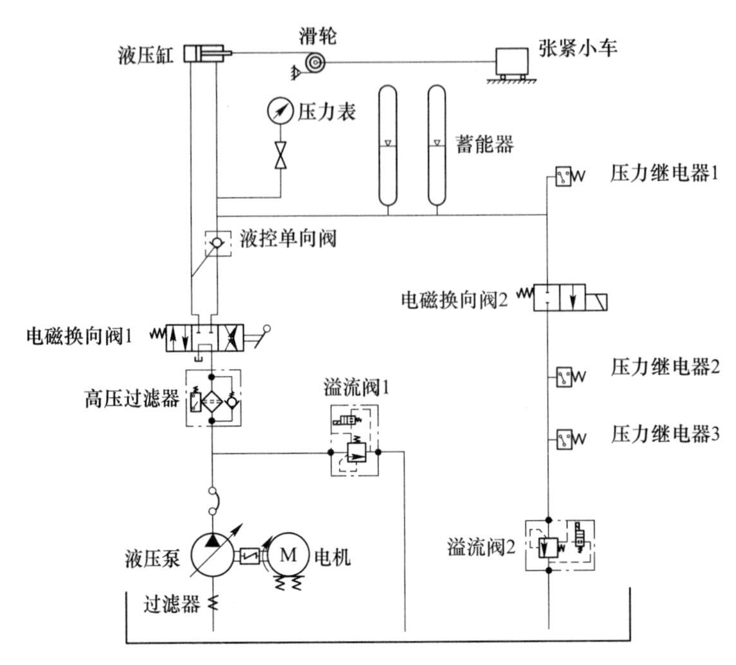

图 1　液压张紧装置液压系统

Fig. 1　Hydraulic system of hydraulic tensioning device

低，降低了设备运行过程中能耗。为满足特殊工况下快速动作的需求，选用蓄能器作为流量补充手段，同时也可稳定系统压力。

配合液控单向阀及压力继电器，蓄能器也可以作为动力源使用，系统压力低于设定低压时，电机启动，液压泵向蓄能器充液，系统压力达到设定高压时，电机停止，蓄能器继续作为动力源驱动液压缸动作。电磁换向阀 2 可保证系统泄压或断电事故状态下，保持液压系统的压力。

液压泵站采用集中油路阀块结构，并且设有全封闭式的护罩，本身结构紧凑，并具有防雨、防尘等功能，可以在较恶劣的环境下持续工作。

由于河钢唐钢新区位于渤海沿海地区，考虑盐雾环境影响，设计液压张紧装置时，液压站、电控箱等选用不锈钢材质，液压缸进行防腐处理、活塞杆进行镀铬。张紧小车与土建基础之间设置了两道保护绳，以保证液压张经装置失效时，胶带失去张力发生事故。

2.2　控制系统

液压张紧装置选用可编程控制器（PLC）作为控制核心，配合压力继电器、拉力传感器等信号输入元件，通过对液压系统中电磁阀件的控制，实现对液压张紧装置的自动控制。通过胶带张紧力的反馈，PLC 通过调整液压系统，控制液压缸的动作，维持胶带在物料传输过程的稳定运行。

图 2 为液压张紧装置电气控制箱供电接线图。虚线框内信号为远程控制信号，需接至中控室，其余为控制箱电源及液压张紧设备接线。为保证信号传递过程中的准确性，模拟量信号进控制系统设置了配电器或隔离器，数字量信号设置了中间继电器。机旁电气控制箱采用双开门结构，密封良好，并具有防尘、防水功能。可编程控制器设计时包含额外 20%的备用端子，以满足后期功能修改需求[4]。

2.3　安装与调试

为满足多种工况下的张紧需求，液压张紧装置分为多种不同工作模式，包括调试模式、机旁操作模式和远程控制模式。

调试模式适用于液压张紧设备的安装调试时期，在此工作阶段需频繁测试不同设备的各种性能，如液压泵启动、停止，液压缸的往复动作是否平稳，各种传感器的校准及灵敏性测试等，尤其是测试液压系统在极限压力下能否保持正常运转，无异常泄漏、发热、噪声及振动情况发生。

机旁操作模式适用于带式输送机正常工作状态，在此模式下，带式输送机可以进行启动、运行、停

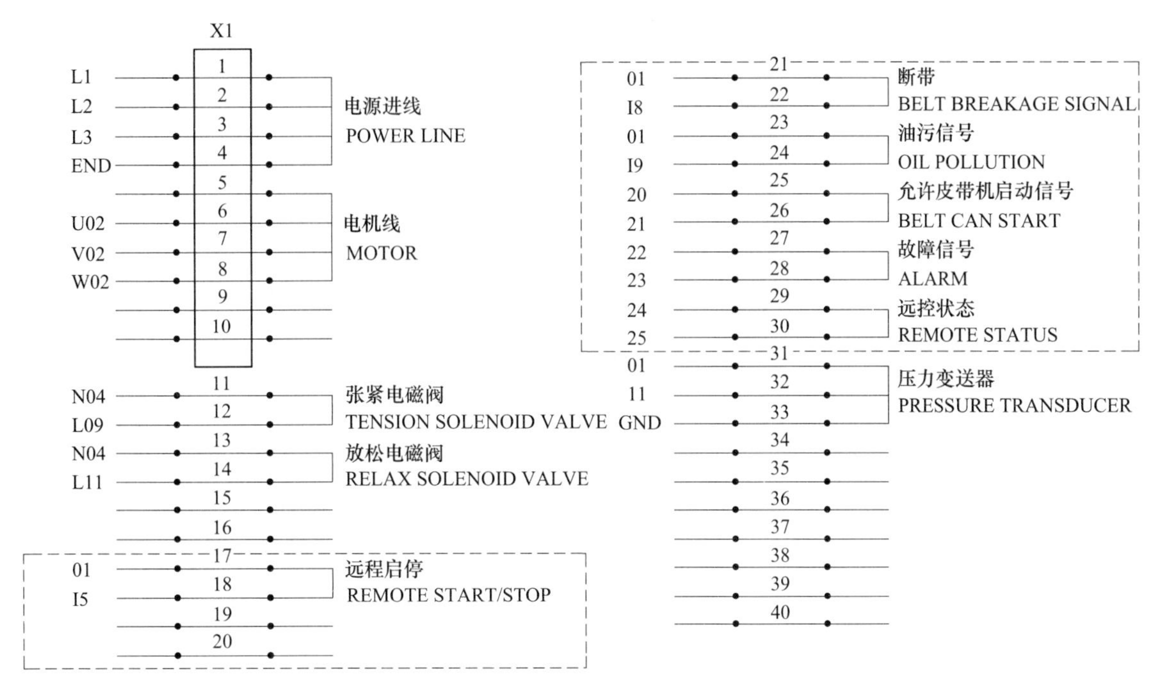

图 2　液压张紧供电接线图

Fig. 2　The wiring diagram of hydraulic tensioning power supply

止等操作。胶带张紧力为单点恒张力控制，液压系统可根据拉力传感器反馈的数据，及时调整液压缸的动作，使胶带的张紧力无论是在带式输送机启动状态、停止状态，或是运行状态时，都能保持在一个恒定的数值，极大地降低胶带的伸缩频率，延长胶带的使用寿命。

远程控制模式适用于操作人员在中控室远程控制张紧装置的运行，液压张紧装置可根据中控带式输送机启停的信号，自动改变自身的运行状态。为避免指令冲突，在此工作模式下，现场控制柜除急停按钮、模式切换按钮等少量按钮功能继续保持外，其余按钮进入失效状态[5]。图 3 为运行中的液压张紧装置。

图 3　运行中的液压张紧装置

Fig. 3　Hydraulic tensioning device in operation

3　结语

经过数年的发展更新，液压张紧装置克服了原有的许多缺点，已成为带式输送机胶带张紧较为理想的配套设备。河钢唐钢新区部分带式输送机液压张紧装置的实际应用，进一步说明它可以在很大程度上替代传统的垂直张紧装置、车式重锤张紧装置和螺旋张紧装置等多种张紧装置类型。

相信随着技术的发展，液压张紧装置凭借着张紧张力范围大、可动态调节运行过程中的张紧力、自动化程度高等优点，在带式输送机的应用比例将继续稳步增加，使带式输送机布置更加灵活，运行更加可靠，适用范围更加广泛[6]。

参 考 文 献

[1] 张喜军 . DTⅡ(A) 型带式输送机设计手册 [M]. 北京：冶金工业出版社，2013.

[2] 邓蕊，刘碧莹 . 高度受限下带式输送机拉紧装置的优化设计 [J]. 河北冶金，2020 (S1)：52~54.

[3] 高殿荣，王益群 . 液压工程师技术手册 [M]. 北京：化学工业出版社，2015.

[4] 马松，肖强 . 液压张紧电气控制系统设计 [J]. 河南科技，2020 (11)：31~33.

[5] 刘畅，孙健，赵立 . 带式输送机液压张紧装置的使用和维护 [J]. 煤矿机械，2020 (2)：149~151.

[6] 苏静 . 带式输送机液压张紧装置设计探索 [J]. 内燃机与配件，2017 (21)：98~102.

7500t/h 运量卸料车在河钢唐钢新区原料场的应用

班宝旺[1]，李宝忠[2]，董洪旺[1]，刘碧莹[1]，武铁民[1]

（1. 唐钢国际工程技术股份有限公司，河北唐山 063000；

2. 河钢集团唐钢公司，河北唐山 063000）

摘　要　河钢唐钢新区项目采用环保封闭的 C 型料库来储存烧结所需的含铁原料和高炉所需的块矿，其堆料作业由运量 7500t/h 的卸料车完成。本文详细阐述了该卸料车的工作原理、结构设计和特点及控制系统，为今后在国内钢铁厂中设计应用大运量、高带速皮带机用卸料车提供了参考。

关键词　C 型料库；7500t/h 运量卸料车；环保

Application Research of 7500t/h Discharge Car in HBIS Group Tangsteel New District

Ban Baowang[1], Li Baozhong[2], Dong Hongwang[1], Liu Biying[1], Wu Tiemin[1]

(1. Tangsteel International Engineering Technology Corp., Tangshan 063000, Hebei;

2. HBIS Group Tangsteel Company, Tangshan 063000, Hebei)

Abstract　HBIS Tangsteel New District has adopted an environmentally-friendly closed c-type silo to store the iron-containing raw materials required for sintering and the lump ore needed for the blast furnace, whose stacking operation is completed by a dump truck with a capacity of 7, 500t/h. In this paper, the working principle, structural design, characteristics and control system of the unloading truck were described in detail. It provides a reference for the design and application of the unloading trucks for large-capacity, high-speed belt conveyors in domestic steel plants in the future.

Key words　C-type silo; freight volume unloading truck of 7500t/h; environmental protection

0　引言

C 型料库相对于传统的堆场具有环保性好、占地小、单位贮量面积大、物料损失小且易于物料分类堆存的特点。现已在钢铁、煤电等行业的原料贮运系统中广泛应用[1]。唐钢新区项目采用了环保封闭的 C 型料库来进行储存烧结所需的含铁原料和高炉所需的块矿。C 型料库设 4 个料条，其堆料、取料作业主要通过卸料车和刮板取料机配合完成，物料经串联在皮带机上的移动卸料车向 C 型料库卸料，然后由刮板取料机进行取料（图 1）。因此为 C 型料库进行堆料的卸料车是其关键设备。该卸料车具有技术先进、运行可靠、性能稳定等优点，可根据工艺流程要求自动行驶到所需的位置进行卸料。

1　运量 7500t/h 卸料车工作原理

每个料条由一条带卸料车的皮带机进行堆料作业，每条皮带机均为带宽 1800mm、运量 7500t/h 的皮带机，主要输送的物料为含铁原料和高炉所需的块矿。卸料车跨骑在皮带机上，根据物料的堆积角选择卸料车提升角度为 14°，皮带机上的物料经过卸料车倾斜段提升到一定高度后通过卸料车自带的单侧溜槽向每个料条堆料；还可以通过自带的行走驱动装置和铺设在平台上的轨道进行前、后移动，实现定点、多点、连续卸料。

作者简介：班宝旺（1985—），男，高级工程师，硕士研究生，2012 年毕业于河北工业大学机械工程专业，现在唐钢国际工程技术股份有限公司主要从事冶金机械设计工作，E-mail：banbaowang@ tsic. com

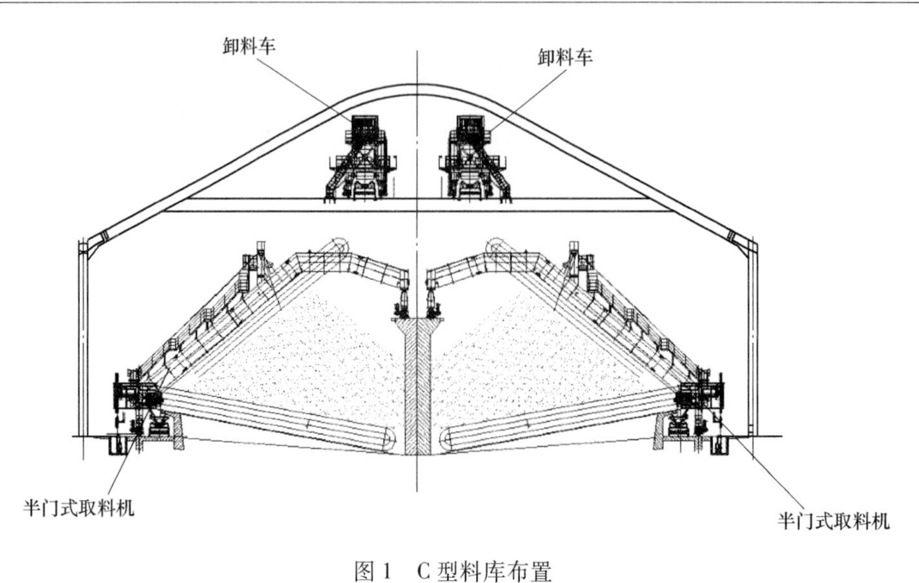

图 1　C 型料库布置
Fig. 1　Layout of C-type silo

2　运量 7500t/h 卸料车结构特点

卸料车主要由车架、卸料漏斗、改向滚筒、卸料溜槽、托辊组、改向压轮、车轮组、行走机构、夹轨器、电缆卷筒及电控系统（含电控箱、PLC 等）等组成，如图 2 所示。

（1）车架：由于 C 型料库中卸料车的运量为 7500t/h（主要输送水分高、粘性大的含铁原料）。因此作为卸料车的核心部件，车架结构的设计显得尤为重要。卸料车的主体车架和横梁结构采用 H 型钢设计，车架梁之间的连接方式采用的是螺栓铆接加焊接、以确保车架不变形。车架的门架为箱形结构，托辊组支架采用桁架结构，以满足在皮带机最大张力下的机架强度。

（2）改向滚筒：C 型料库卸料车共设计了 3 个改向滚筒（机头卸料漏斗处设置了 1 个直径 1250mm 的改向滚筒，靠近机尾处设置了 2 个直径 1000mm 改向滚筒）用于改变输送带的运行方向、压紧输送带使其增大与滚筒的包角，增大摩擦力，防止打滑[2]。

（3）卸料漏斗：由于工艺布置要求，卸料溜槽为单侧溜槽，采用 5 段式溜槽（从头部护罩以下依次为 1~5 段），第 3 段和尾段溜槽设有检修门，便于安装、检修。卸料溜槽与垂直面夹角 30°；为了防止堵料影响滚筒，溜槽顶部设有直段，直段下部再做斜段，溜槽出料口尺寸为 2500mm×800mm，同时在第 4 段溜槽上设置振打电机，以便卸料顺畅。

（4）行走机构：卸料车为落地式卸料车（即卸料车行走轨道铺设在平台上），为了限制最大轮压，降低基础集中荷载，卸料车共设计了 22 个行走车轮；为了保证每个行走车轮都与轨道接触，防止出现啃轨现象，采用了平衡轮组形式将 22 个行走车轮进行组合。配置了 16 台功率为 3kW 的变频电机同时驱动，以确保设备在启动、运行和停车时的平稳性和动力。卸料车高度直接影响整个 C 型料库厂房高度，直接影响土建投资；通过将卸料车上部机架改为梯形结构及将卸料车行走驱动检修位置布置在斜溜槽外侧等优化措施，使卸料车高度降低了约 2m，使 C 型料库厂房高度降低，节省了土建投资。落地式卸料车车体重心降低，运行安全性和可靠性大大提高；不需使用铺满料库的重型卸料车中间架，皮带机重量相对减少。

3　卸料车控制系统

C 型料库卸料车采用了一系列控制系统来实现无人值守及精准卸料，改变了以往卸料车卸料时由现场操作人员凭观察和经验确定卸料车的卸料位置，最大限度利用贮料空间，提高贮料区空间利用率[1]。

3.1　卸料车供电及通信系统

C 型料库卸料车供电采用电缆卷筒供电，电缆采用了动力、控制、光缆的三合一进口圆电缆，整体电缆采用高强度、高柔性设计；并且要求电缆卷筒与卸料车行走驱动装置联锁。卸料车上设有电气室。

图 2 落地式卸料车

Fig. 2 Floor-mounted unloading truck

1—车架；2—卸料漏斗；3—改向滚筒；4—卸料溜槽；5—托辊组；6—改向压轮；7—车轮组；8—行走机构；9—夹轨器；10—电缆卷筒

卸料车 PLC 预留通信接口，PLC 内任意变量可调用并可引入到原料场主控 PLC。通信方式采用光纤主通信，无线通信备用的方式（图 3）。

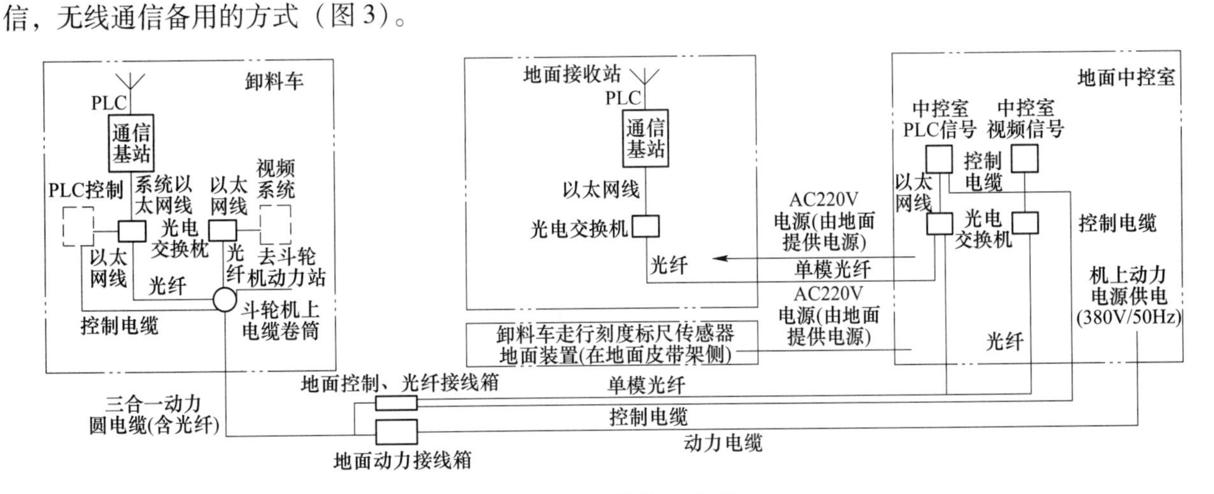

图 3 机地通信接口示意图

Fig. 3 Schematic diagram of machine-to-ground communication interface

3.2　主要控制系统

3.2.1　卸料车走行控制系统

卸料车走行机构采用变频调速驱动装置（由16台功率3kW变频电机驱动），通过总线实现连续无级调速控制。车上配套的控制系统具有中控远程操作功能，同时可将行走系统状态（行走模式、行走状态、行走方向、行走变频器状态、停止限位、极限限位、行走制动机构状态等）、车上安全系统状态（急停开关、安全限位、防撞开关状态等）、车上各类参数（操作方式参数、机构设定参数、电流、功率、车上蜂鸣器报警信号等）反馈至料场主控制系统。

3.2.2　刻度标尺精确定位系统

采用刻度标尺精确定位系统来检测卸料车的实时位置，标定料仓的位置，刻度标尺定位精度要求达到5mm。采用刻度标尺精确定位系统可以确保小车行走平稳，位置准确可靠[3]。避免了凭人眼定位和接近开关定位存在定位误差的缺陷[4]。

3.2.3　堆料方式和信号交接

卸料车通过接收中控室发送的信号实现对C型料库各个隔断的卸料，当返回的料位信号达到预定值，卸料车可自动向前或向后步进一定距离往下一隔断卸料。还可采用连续往复堆料模式堆出较为规整的料堆形状来增大C型料库贮量；减少刮板取料机平料时间，提高刮板取料机出料效率。

4　结语

河钢唐钢新区项目C型料库负责堆料卸料车由于其运量大、带速高、智能化程度高等特点，使得该卸料车在机械结构设计和自动化控制上比普通卸料车复杂很多。采用智能化控制系统能在精准卸料的同时实现了C型料库的无人化管理，大大提高了卸料车的使用效率，降低了运营成本。

7500t/h运量的智能化卸料车在唐钢新区项目中的应用，开创了大运量、高带速皮带机用卸料车在国内钢厂应用先例，为今后在国内钢铁厂中设计应用大运量、高带速皮带机用卸料车提供了参考。

参 考 文 献

[1] 刘建业．长形封闭料场堆料卸料车特点及无线控制技术应用［J］．钢铁技术，2011（2）：1~3.
[2] 高士强，李洋，刘庆华，等．露天煤矿用重型卸料车的设计研究［J］．露天采矿技术，2013（12）：55~58.
[3] 魏培超．刻度标尺自动定位技术在高炉小车精准对位系统中的应用［J］．电气传动自动化，2016（6）：45~47.
[4] 唐珩，王继俊．仓顶布料车移动-定点除尘机组的研制与应用［J］．河北冶金，1992（1）：48~51.

高度受限条件下带式输送机拉紧装置在项目中的设计应用

邓　蕊，刘碧莹，董洪旺，班宝旺

（唐山钢铁国际工程技术有限公司，河北唐山 063000）

摘　要　带式输送机的设计需要选择和布置拉紧装置，如何根据工艺布置，合理选择带式输送机的拉紧装置，是河钢唐钢新区带式输送机设计中一个较为重要的问题。本文重点结合带式输送机拉紧装置的作用、分类以及技术特点，对河钢唐钢新区原料场带式输送机的拉紧装置进行了选择，重点探讨了带式输送机拉紧装置在高度受限制的条件下，中部塔式新型拉紧装置的合理布置与选择。

关键词　高度受限；带式输送机；拉紧装置；中部塔式

Application of Tension Device of Belt Conveyor under the Condition of Height limi Tation

Deng Rui，Liu Biying，Dong Hongwang，Ban Baowang

（Tangsteel International Engineering Technology Corp.，Tangshan 063000，Hebei）

Abstract　The design of the belt conveyor requires the selection and arrangement of the tensioning device. How to reasonably select the tensioning device for the belt conveyor according to the process layout is a more important issue in the design of the belt conveyor in HBIS Tangsteel New District. This paper combines the role，classification and technical characteristics of the belt conveyor tensioning device，selecting the tensioning device of the belt conveyor in the raw material yard of HBIS Tangsteel New District. In addition，it is focused on the reasonable arrangement and selection of the new tensioning device of central tower type under the condition that the height of the belt conveyor tensioning device is restricted.

Key words　limited high；belt conveyor；tensioning device；central tower

0　引言

带式输送机是现代钢铁企业散状物料输送的主要设备，在带式输送机的设计中，需要根据现场的实际情况合理地选择和布置拉紧装置。河钢唐钢新区部分带式输送机水平长度较长（约 700m），但提升高度仅为 5~6m，若采用垂直拉紧，拉紧装置安装空间不够。如何合理地布置这些带式输送机的拉紧装置，对散状物料的顺利运输有着重要意义。为此，对如何选择和布置带式输送机的拉紧装置进行了深入研究。

1　带式输送机拉紧装置

1.1　作用与分类

带式输送机拉紧装置的主要作用有两个：一是限制输送带在各支承托辊和滚筒间的垂度，保证输送机的正常工作；二是确保输送带具有足够的张力，使滚筒与输送带在运行过程中不打滑[1]。

带式输送机的拉紧装置具有不同的分类方法：按拉紧原理，可分为垂直拉紧、液压拉紧、螺旋拉紧等；按布置形式，可分为尾部拉紧、中部拉紧等；按张力调整方式，可分为固定拉紧和自动拉紧[2]。

作者简介：邓蕊，女，高级工程师，2007 年毕业于大连理工大学机械电子工程专业，现在唐山钢铁国际工程技术有限公司主要从事炼铁机械设计工作，E-mail：dengrui@ tsic. com

1.2　技术特点

1.2.1　尾部拉紧装置

项目中带式输送机常用的尾部拉紧装置主要有螺旋拉紧和车式拉紧。尾部拉紧装置最突出的优点是滚筒数量少、结构简单、布置紧凑。此外，尾部拉紧装置还有以下优点：

（1）一般机长不超过 80m 的带式输送机采用尾部螺旋拉紧装置。尾部螺旋拉紧装置结构简单、安装方便，一般用在机长较短、功率较小的带式输送机上[3]。

（2）尾部车式拉紧装置适用于距离较长（头尾水平距离小于 150m）[4]的带式输送机。该装置的动作灵活，且比尾部液压拉紧装置占地面积小，投资少。其张紧力恒定，其大小可通过增减重锤块的数量实现，调节方便。

1.2.2　中部垂直拉紧装置

垂直拉紧装置应尽量靠近输送带张力最小处（头轮），当带式输送机启动时，垂直拉紧装置动作灵敏，效果好。中部重锤垂直拉紧装置运行中，可根据张力的变化依靠重力自动补偿输送带的伸长。该装置在唐钢新区项目中应用较多，对于水平输送距离较长的带式输送机来说，垂直拉紧装置是各成本最低、最安全、最实用的一种方式。

1.2.3　其他拉紧装置

液压自动拉紧装置均属于可变张力拉紧装置，其拉紧原理基本相同，不同之处在于拉紧动力是液压缸。这种拉紧装置的优点是在带式输送机启动时，通过控制液压缸的压力和流量将拉紧力调整到正常运行张力的 1.3~1.5 倍[5]，确保不打滑；在带式输送机正常运行时，在保证输送带所需拉紧力的前提下，减小拉紧力可有效降低带强[6]，节约成本。但这种拉紧装置结构复杂，且张力传递有一定的滞后性。

2　高度受限条件下带式输送机拉紧装置的设计

2.1　拉紧方案的确定

对于水平长度较长、提升高度较小的带式输送机，若采用中部垂直拉紧装置，拉紧行程达不到要求，必须在地面基础以下挖 4~5m 的坑，这样不仅增加了土建专业的工程量，而且拉紧装置不易检修、维护，坑内也容易积水。

经研究，本设计中拉紧装置采用具有“拉紧小车+改向滑轮+拉紧塔架”的新型方案，如图 1、图 2 所示。此种拉紧装置采用重锤箱作为配重，重锤箱布置在拉紧塔架的内部，靠重力自动补偿输送带的伸长，其中拉紧小车、配重和改向滑轮组之间由钢丝绳连接，目的是保证输送带的恒定张紧力。由于通廊高度较低，拉紧小车若在传统的尾部车式拉紧装置支架上行走，会与土建通廊梁底相干涉。为此，将此拉紧机构设计为直接在地面上铺设拉紧装置轨道，以有效降低拉紧小车顶部的高度，满足拉紧小车的运行要求。拉紧小车上设有限位开关，当拉紧小车运行到轨道极限位置时，与中控联锁进行报警、停机，对输送带进行处理。此拉紧装置是中部垂直拉紧装置的一种转型，解决了在高度受限条件下采用常规的垂直拉紧安装空间不足的问题，巧妙地利用改向滑轮组将拉紧装置塔架布置到皮带机的两侧，充分利用现有空间，使整体工艺布置更加紧凑、合理。

2.2　中部塔式拉紧装置的优势

带式输送机重锤拉紧装置具有构造简单、维护保养简便、总体造价低等优点，在带式输送机设计中应用非常广泛。常规的带式输送机重锤拉紧装置采用重锤箱作为配重，重锤箱布置在滚筒下方，因此对布置高度要求高，需要满足重锤箱的上下行程要求。而中部塔式拉紧装置作为一种新型的拉紧方式刚好能满足上述工艺布置要求，其具有以下优势：

（1）带式输送机启动时，拉紧装置动作灵敏，效果好。

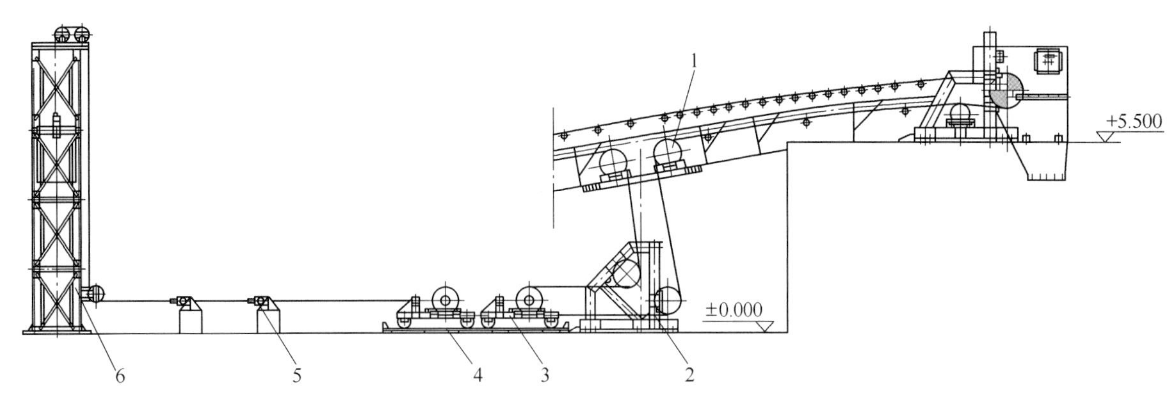

图 1 中部塔式拉紧装置主视图

Fig. 1 The front view of the central tower tensioning device

1—改向滚筒；2—改向滚筒支架；3—拉紧小车；4—轨道；5—改向滑轮组；6—拉紧塔架

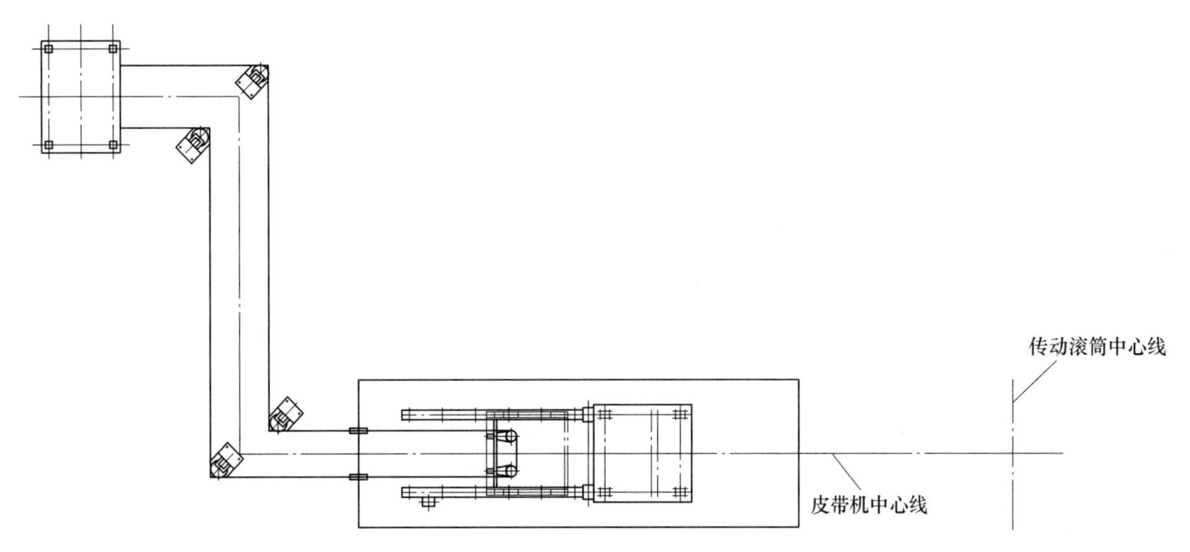

图 2 中部塔式拉紧装置俯视图

Fig. 2 The top view of central tower tensioning device

（2）反应速度快。

（3）结构简单，设备成本较低，与液压拉紧装置相比投资减少 50%以上。

（4）可靠性高。

（5）布置灵活，可以利用多组水平改向滑轮将拉紧装置塔架布置到需要的位置。

（6）本拉紧装置根据输送带张力的变化，依靠重锤重量上下移动，从而实现对张紧力及输送带长度的补偿，保证输送带和传动滚筒间有足够摩擦力，使其不打滑[7]，达到限制输送带在各托辊间垂度的目的，确保带式输送机的正常运行。本拉紧装置能满足在采用垂直拉紧装置，平台高度受限制条件下带式输送机拉紧行程的要求。

（7）本拉紧装置与液压拉紧装置相比，设备故障点少，易于维护与检修，而且控制系统与液压拉紧装置相比更加简化（液压拉紧装置泵站电机与皮带机主电机有联锁控制关系，拉紧装置与中控之间也有工作状态反馈）。

3 结语

拉紧装置是带式输送机中必不可少的结构，设计带式输送机及其拉紧装置时，需要结合现场实际情况，综合考虑环境条件、投资成本检修维护、空间位置等因素，通过多方面分析比较确定最优方案。

此中部塔式拉紧装置结构简单、布置灵活、使用可靠、维护保养方便，可以自动补偿输送带的伸长；能满足在采用垂直拉紧装置，平台高度受限制条件下带式输送机拉紧行程的要求，在衡昂唐钢新区项目中应用效果良好。这种新型的拉紧方式，可优化皮带机的工艺布置，节约投资及维护成本，具有广泛的推广应用价值。

参 考 文 献

[1] 宋伟刚. 通用带式输送机设计 [M]. 北京：工业出版社，2006.
[2] 金丰民. 带式输送机实用技术 [M]. 北京：冶金工业出版社，2007.
[3] 张钺. 新型带式输送机设计手册 [M]. 北京：冶金工业出版社，2001.
[4] 张喜军. DTⅡ(A) 带式输送机设计手册 [M]. 北京：冶金工业出版社，2013.
[5] 黄学群. 运输机械选型设计手册 [M]. 北京：化学工业出版社，2011.
[6] 翟书城. 原料场皮带寿命周期管理模式的探索与创新 [J]. 河北冶金，2019 (3)：79~82.
[7] 陈军. 减少焦炭运输皮带机打滑的措施 [J]. 河北冶金，2013 (12)：60~61.

石灰窑系统工艺设计

崔霄霖[1]，杜全洪[2]，赵春光[1]

（1. 唐钢国际工程技术股份有限公司，河北唐山 063000；
2. 唐山钢源冶金炉料有限公司，河北唐山 063000）

摘　要　对河钢唐钢新区石灰窑系统工艺流程及设计特点进行了介绍。通过引进目前最先进的窑型之一，具有煅烧均匀、热耗低、石灰活性度好等特点的麦尔兹窑，并采用原料分级入窑技术，对原料进行多次筛分、分级入窑，提高了原料利用率，节约了成本，保证了成品粒级多样性，满足了河钢唐钢新区对冶金石灰的需求。

关键词　原料；麦尔兹窑；热耗；分级入窑

Process Design of Lime Kiln System

Cui Xiaolin[1], Du Quanhong[2], Zhao Chunguang[1]

(1. Tangsteel International Engineering Technology Corp., Tangshan 063000, Hebei;
2. Tangshan Gangyuan Metallurgical Charge Co., Ltd., Tangshan 063000, Hebei)

Abstract　This paper describes the process flow and design characteristics of the lime kiln system in the HBIS Tangsteel New District. Through introducing the Maerz kiln with uniform calcination, low heat consumption and good lime activity, which is one of the most advanced kiln types at present, and adopting the technology of raw material grading into the kiln, the raw materials are screened and classified into the kiln several times. It can improve the utilization rate of raw materials, save cost, ensure the diversity of the finished product granularity and meet the demand for metallurgical lime in HBIS Tangsteel New District.

Key words　raw material grading into the kiln; Maerz kiln; heat consumption; grading into the kiln

0　引言

为满足河钢唐钢新区炼钢及烧结对石灰的需求，利用便利的港口及公路运输条件，建设 4×600t/d 双膛石灰竖窑生产线及 1×500t/d 双膛轻烧白云石竖窑生产线，生产线采用无污染或污染少的新工艺、新技术，充分提高资源、能源的利用率。

1　工艺概述

石灰窑系统生产线工艺系统主要包括石灰石、白云石的储存、受卸、转运、给料、称量、破碎、筛分，入窑煅烧、成品的运输、破碎、筛分、输送、贮存等[1]。

1.1　原料系统

1.1.1　原料储运

原料采用外购合格的石灰石、白云石，外购的石灰石、白云石可储存在料棚内，也可直接卸入石灰石、白云石受料槽，新建料棚有效储量达到 8 万吨，能够满足 15 天生产线原料需求量，同时缩减了原料的运输成本。料棚内设置半地下结构式受料槽，共 10 个，为双排式结构，单个受料槽分设两个卸料口，增加了受料槽的有效容积。

作者简介：崔霄霖（1989— ），男，工程师，2016 年毕业于燕山大学机械工程专业，现在唐钢国际工程技术股份有限公司炼铁事业部主要从事冶金工程设计工作，E-mail：cuixiaolin@tsic.com

1.1.2　原料分级入窑

麦尔兹窑属于双膛气烧竖窑，为保证石灰石在窑内煅烧均匀，要求入窑原料粒度为 40~80mm，粒径比不超过 2，同时要保证料层横截面孔隙率均匀。孔隙率低直接影响窑的产量、质量，因为在气体体积一定的情况下，窑内孔隙率越小，气体通过时需要的流速越快，压力越大，窑内石灰石分解速度越慢，从而影响窑内石灰的煅烧[2]。

河钢唐钢新区石灰石粒度为 0~80mm，经两次振动筛筛分成为筛上料、筛中料、筛下料，筛下料作为废料处理，筛上料、筛中料分别入窑煅烧。振动筛筛孔分别为 40mm 和 25mm，筛上料的粒径比是 1∶2，筛中料的粒径比是 1∶1.6。由于空隙小气流的阻力大，同时小粒径石灰石的筛分效率也低于大粒径的石灰石，所以将小粒径石灰石的粒径比降低到 1∶1.6。其不同粒径石灰石分别上料示意如图 1 所示。

石灰石选择分层入窑而不是混合入窑，若将 25~40mm 的石灰石与 40~80mm 的石灰石混合入窑，即石灰石经单层振动筛筛分，筛孔定位 25mm，其窑的孔隙率远远小于分层入窑的孔隙率，导致窑压高，不利于窑的煅烧，容易产生过烧和生烧。石灰石经双层振动筛，筛上料、筛中料分层入窑，每层料有不同的孔隙率，虽然石灰石粒径不同，孔隙率不同，但各层的气力阻力相同或接近。小粒径石灰石层粒径比小，孔隙率大，其气力阻力小于等于大粒径石灰石料层的气流阻力，因此窑的整体气流阻力小，容易煅烧出高品质的石灰。石灰石分层入窑煅烧示意如图 2 所示。

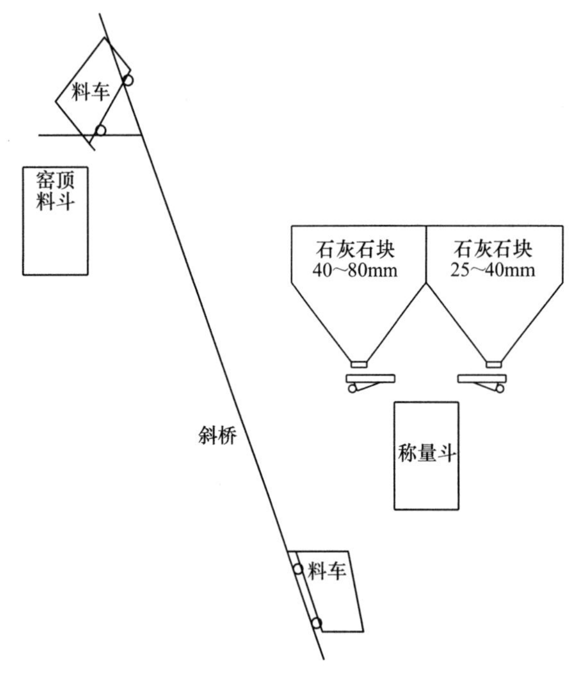

图 1　不同粒径石灰石上料示意图
Fig. 1　Schematic diagram of loading different particle sizes of limestone

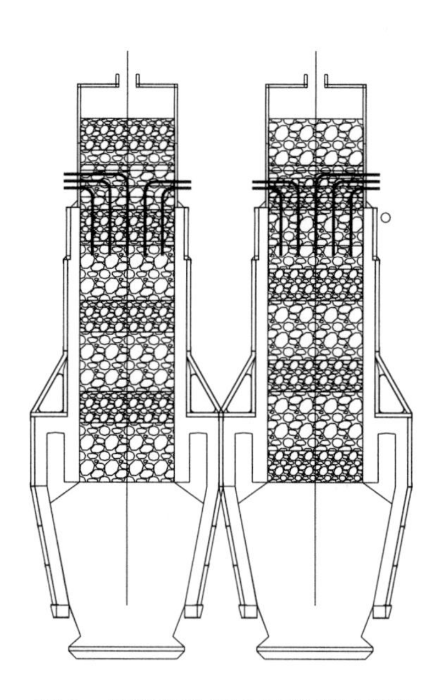

图 2　石灰石分层入窑煅烧示意图
Fig. 2　Schematic diagram of limestone layered into the kiln for calcination

将进厂的原料石灰石全部入窑，使石灰石得到了充分的利用。另外，石灰石经过两次筛分，将 40~80mm 的石灰石和以前作为废料的 25~40mm 的石灰石以分层加料的方式分别入窑，达到了多级筛分、分别入窑、分层加料的效果，同时解决了小粒度石灰石入窑的透气性问题，使小粒径的石灰石入窑后不增加窑的气流阻力，窑的煅烧不受影响[3]。

1.2　麦尔兹双膛竖窑焙烧系统

1.2.1　主要结构

麦尔兹双膛竖窑是正压操作的窑炉，要求窑体密封严密。所有窑顶部入料口、窑下的石灰卸料口等都由闸板密封，保证窑的严密性。

麦尔兹双膛竖窑采用耐温、耐磨、隔热性能良好的耐火材料砌筑而成，两个窑膛设有连接通道，用于废气的流通。窑的上部设有加料及换向装置，燃料喷枪安装于预热带，用于将燃料均匀供入窑内；窑的下部设有出料装置，用于将煅烧好的石灰从窑内卸出。

1.2.2 基本工作原理

麦尔兹双膛竖窑基于石灰石的煅烧机理，采用并流蓄热式煅烧原理以适用于石灰石的煅烧机理。在第一个煅烧周期，助燃空气从窑膛1的顶部进入，并在压差的作用下向下流动。在预热带，助燃空气一边向下流动，一边被热的石灰石预热升温。在到达煅烧带时，与此处均匀布置的喷枪输送进来的燃料混合后立即燃烧。这种并流运行方式能够使燃烧火焰与石灰石直接接触，并且在很高的热交换效率下煅烧。

生成的石灰石进入冷却带，与从窑底供入的冷却空气进行热交换，使其温度降到120℃以下。完成热交换后，冷却空气与燃烧废气混合，进入窑膛2。

在窑膛2内，废气由下向上上升，穿过煅烧带后，到达预热带。在预热带，废气与石灰石接触进行热交换，把余热释放给石灰石后下降到约130~160℃，从窑顶排出。石灰石吸收了废气余热后，温度升高，把热量积蓄起来，等待下一周期预热从窑顶供入的助燃空气。工作原理如图3所示。

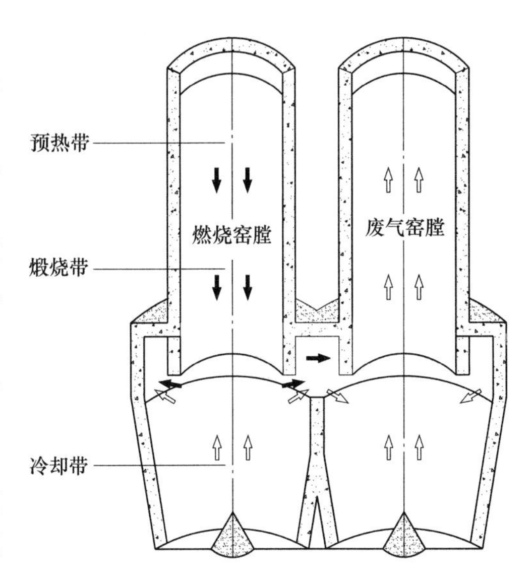

图3 并流蓄热式双膛竖窑工作原理

Fig. 3 Working principle of parallel-flow regenerative double-chamber shaft kiln

1.2.3 麦尔兹双膛竖窑主要特点

（1）石灰煅烧均匀、活性度好。在供给合格石灰石和燃料的前提下，活性石灰的活性度达到350mL以上，残余CO_2气体含量低，一般不超过2%，且不产生过烧石灰[4]。

（2）热效率高。石灰石的分解耗热量占总耗热量的百分比在各类窑形中为最高，一般可达80%以上。

（3）排出烟气温度低，一般为80~180℃，易于净化除尘处理，有利于解决环境污染问题。

（4）燃料的选择性多，可用混合煤气、单一煤气（转炉煤气、天然气等燃料）。

1.3 成品储运、筛分、破碎系统

河钢唐钢新区炼钢及烧结对石灰的需求种类很多，包括转炉用石灰、精炼用石灰、KR脱硫用石灰、烧结用石灰、炼钢用轻烧白云石、烧结用轻烧白云石共有七个产品，其粒度要求如表1所示。

表1 产品粒度要求

Tab. 1 Product granularity requirements

物料种类	粒度要求/mm
转炉用石灰	~50
精炼用石灰	10~40
KR脱硫用石灰	≤3
烧结用石灰	0~3
炼钢用轻烧白云石	10~60
烧结用轻烧白云石	0~3

为保证炼钢及烧结对石灰、轻烧白云石的不同需求，成品仓的工艺设计需满足多个品种的粒度需求及储存时间，布局要合理、紧凑。其主要流程为煅烧后的成品经破碎后全部进入缓冲仓储存，缓冲仓储存的物料运输至成品筛分、破碎室内。成品分为两路，一路进行筛分，筛上料供转炉用灰，通过皮带送往炼钢车间；筛下料与另一路成品进行合并，通过再次筛分、破碎、循环再破碎等工艺流程，分别生产出精炼石灰、KR 脱硫石灰、烧结石灰等产品，满足炼钢及烧结用灰。工艺流程如图 4 所示。其中 1mm 的 KR 脱硫用灰的破碎选用具有风选功能的闭路循环破碎技术，实现产品粒度破碎和风选，大于 1.2mm 的循环破碎，小于 0.2mm 的进入烧结灰仓，0.2~1.2mm 作为 KR 脱硫石灰与萤石粉混合生产 KR 脱硫灰。

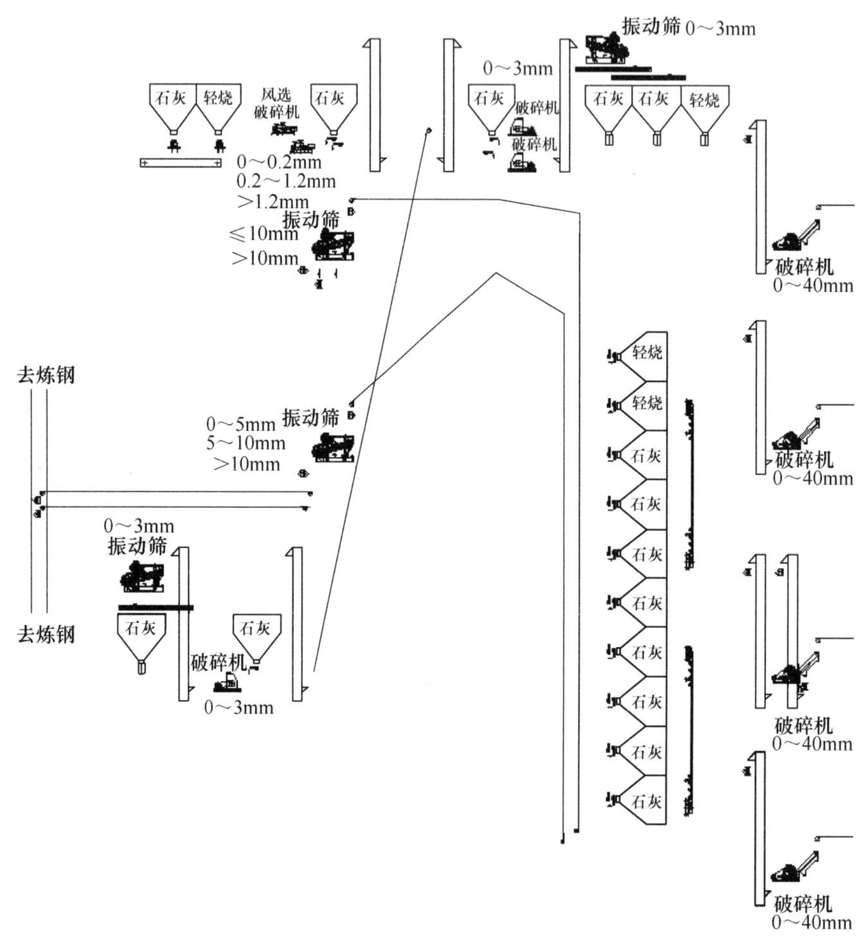

图 4　原料筛分、破碎流程

Fig. 4　Raw material screening and crushing process

2　采用的先进工艺技术

（1）双系统设计。原料的受卸、筛分、破碎、转运等工艺环节均设计为双系统，同时原料的筛分、破碎、储运与成品筛分、破碎、储运共用一座厂房，使场地得到了合理运用，同时也达到了物料集中运输的效果，节省了投资。

（2）原料的充分利用。通过分层加料的形式使进厂的原料全部入窑，石灰石得到了充分利用，降低了企业生产成本，提高了原料利用率。

（3）成品的储存及成品品种的多样性。本设计中成品缓冲仓作为独立的单体，能够满足成品石灰及轻烧白云石对应产量的储存能力，还能满足生产初期外购成品储存目的，同时成品通过不断地筛分、破碎等工艺流程生产出的不同粒度的石灰、轻烧白云石能够满足炼钢、烧结的用灰需求。

（4）麦尔兹双膛竖窑技术。窑体为全密封窑型，石灰窑顶、底都设有密封闸板；石灰窑上小车料口及斜桥采用全封闭设计，能够有效较少粉尘外溢。窑体的燃烧膛并流煅烧非燃烧膛蓄热换热，煅烧产生的高温烟气被非燃烧膛吸收，使得排出的烟气温度低，达到节能的目的[5]。

3 结语

河钢唐钢新区冶金石灰生产线选用麦尔兹双膛竖窑技术，其窑型结构简单、热耗低、产品活性度高并且产品质量稳定，能够满足炼钢对石灰的质量要求。通过让原料分层入窑煅烧，节约了原料成本，提高了经济效益。将产出石灰进行不断筛分、破碎形成不同粒级的产品，能够满足整个河钢唐钢新区对冶金石灰不同粒级产品的需求，也为河钢唐钢新区建成现代化钢铁企业提供了有力保障。

参考文献

[1] 白城，王晨，罗浩．浅谈双膛石灰竖窑工程建设过程中的若干问题［J］．耐火与石灰，2016（2）：26~28.
[2] 何迎军，郭建成．影响冶金石灰品质因素分析与控制措施［J］．耐火与石灰，2016（4）：21~23.
[3] 乔斌，张凯博．使用小粒级石灰石煅烧石灰技术综述［C］．冶金石灰技术交流会议，2017.
[4] 白礼懋．水泥厂工艺设计实用手册［M］．北京：中国工业建筑出版社，1997.
[5] 韩泰伦．最新石灰生产工艺技术管理及防污染措施操作实务全书［M］．长春：吉林电子出版社，2004.

石灰窑项目绿色高效节能 KR 脱硫灰制备技术

赵春光[1]，杜全洪[2]，董洪旺[1]，崔霄霖[1]

（1. 唐钢国际工程技术股份有限公司，河北唐山 063000；
2. 唐山钢源冶金炉料有限公司，河北唐山 063000）

摘 要 炼钢 KR 脱硫灰对产品粒度要求是 0.5～1.2mm 的重量占比≥80%，单独的破碎机、粉磨机都不能满足产品的粒度要求。通过比较不同破碎设备、粉碎粉磨设备的优缺点，决定选用破碎机的破碎功能、立磨机的风载出料功能、球磨机粉磨工艺的选粉功能组合的多台设备联合生产方式生产 KR 脱硫灰。实践证明，设备选型合理，运行可靠，工艺先进，节能、环保，产品完全满足炼钢对 KR 脱硫灰的粒度质量要求，体现了河钢唐钢绿色发展的方向。

关键词 石灰窑；KR；脱硫灰；破碎机；立磨机；球磨机

Green Efficient and Energy-saving KR Desulfurization Ash Preparation Technology for Lime Kiln Project

Zhao Chunguang[1], Du Quanhong[2], Dong Hongwang[1], Cui Xiaolin[1]

(1. Tangsteel International Engineering Technology Corp., Tangshan 063000, Hebei;
2. Tangshan Gangyuan Metallurgical Charge Co., Ltd., Tangshan 063000, Hebei)

Abstract Steelmaking KR desulphurization ash requires a product particle size of 0.5 to 1.2mm with a weight ratio of ≥80%, whereas individual crushers and pulverizes cannot meet the product particle size requirements. By comparing the advantages and disadvantages of different crushing equipment and pulverizing and grinding equipment, it was decided to use the crushing function of the crusher, the wind-loaded discharge function of the vertical mill, and the powder selection function of the ball mill grinding process to produce KR desulfurization ash in a combined production method of multiple machines. Practice has proved that the reasonable equipment selection, reliable operation, advanced technology, energy saving and environmental protection, as well as the product that fully meets the particle size quality requirements of KR desulphurization ash for steelmaking have reflected the direction of green development of HBIS Tangsteel New District.

Key words lime kiln; KR; desulphurization ash; crushers; vertical mills; ball mills

0 引言

为适应京津冀协同发展战略以及河钢集团产业升级的需要，同时配合炼钢工艺生产高品质钢种，河钢唐钢新区石灰窑项目专门生产 KR 脱硫用灰。其 KR 脱硫剂指标如表 1 所示。粒度要求：≤3mm；0.5～1.2mm 的重量应大于总重量的 80%；小于 0.5mm 和大于 1.2mm 的重量应各小于总重量的 10%。

表 1 KR 脱硫剂指标

Tab. 1 KR desulfurizer index （%）

类别	CaO	CaF_2	SiO_2	S	H_2O
一级	≥81	≥9	≤2.5	≤0.04	≤1
二级	≥77	≥9	≤2.5	≤0.04	≤1

作者简介：赵春光（1965—），男，高级工程师，1988 年毕业于唐山工程技术学院化工系，现在唐钢国际工程技术有限公司炼铁事业部从事冶金工程设计工作，E-mail：zhaochunguang@tsic.com

1 概述

河钢唐钢新区石灰窑项目采用MAERZ双膛石灰竖窑，其以其能耗低、产品质量好、单窑产量高而被广泛应用。在石灰石满足石灰生产质量的前提下，双膛石灰竖窑可以完全生产出符合要求的石灰石。双膛石灰竖窑出窑灰（石灰）粒度分布数据统计结果见表2。

表2 石灰粒度分布

Tab. 2 Lime particle size distribution

生石灰粒度/mm	>50	18~50	4~18	3~4	2~3	1~2	0~1
质量分数/%	11.07	48.23	25.15	2.20	3.19	1.99	8.06

KR脱硫灰要求粒度0.5~1.2mm的占比为80%，石灰窑生产出来的0~2mm的粒度占比为10%，钢铁企业的KR脱硫灰的用量约为石灰总消耗量的5%，按道理这5%的用量在0~2mm占比10%的产量中筛选即可满足炼钢KR脱硫灰的需求。石灰的生产是由矿山开采的石灰石经过破碎、筛选后，选择40~80mm的石灰石进窑煅烧而来。石灰石进窑前虽经过了几道筛选，但表面仍存在未筛掉的泥土，这部分泥土在煅烧过程中进入了粉灰中，因此用0~2mm的粉灰筛分所得的KR脱硫灰很难保证质量要求，需要对块灰进行破粉碎。

石灰的破粉碎设备种类很多，破碎作业常按给料和排料粒度的大小分为粗碎、中碎和细碎[1,2]。常用的破碎设备有颚式破碎机、反击式破碎机、冲击式破碎机、复合式破碎机、单段锤式破碎机、立式破碎机、旋回破碎机、圆锥式破碎机、辊式破碎机、双辊式破碎机等几种，用于细碎的破碎机主要有反击式破碎机、冲击式破碎机、复合式破碎机、单段锤式破碎机和立式破碎机。破碎工艺分开路破粉碎和闭路破粉碎。粉碎粉磨设备按结构形式分为立磨和球磨。

2 设备选型

2.1 破碎设备

2.1.1 锤式破碎机

（1）优点：破碎比大（一般为10~25，高者达50），生产能力高，产品均匀，过粉碎现象少，单位产品能耗低，结构简单，设备质量轻，操作维护容易。

（2）缺点：锤头和蓖条筛磨损快，检修和找平衡时间长，当破碎硬物质物料，磨损更快；破碎粘湿物料时，易堵塞蓖条筛缝，容易造成停机（物料的含水量不应超过10%）[3,4]。

2.1.2 反击破碎机

（1）优点：适用性强可以破碎硬、中、软这三种物料；破碎性能强（一般为10~25，高者达50），机器内部有三层破碎腔，可完成粗破、中破、细破一体成型的作业；破碎料易破碎，大多呈立体型，颗粒均匀，针片状、粉末少，这种立体型骨料是建筑行业首选的优质骨料。

（2）缺点：板锤和反击板磨损快（锤式破碎机系列的通病）；破碎机锤头反击板上容易沾粘性物料，而发生堵塞现象[3,4]。

2.1.3 复合式破碎机

（1）优点：立式结构、占地面积小；内部结构紧凑、零部件固定牢固，在破碎过程中不会出现异常的响声，可以很平稳地运行；破碎效率高、节能降耗；成品粒度均匀、粒形好；可控制出料粒度，所得的成品粒度可以随意调节，没有筛条设置，即使处理含泥沙大的煤矸石也不会出现堵塞的问题；适应能力强，有非破碎物进入到破碎腔内部时，设备可以自动将其排出，不会对设备造成损坏。

（2）缺点：破碎机的构造复杂，制造较困难，价格较高；破碎机的质量大，机身高，安装和维护较复杂，检修也较麻烦；处理含泥较多及黏性较大的矿石时，排矿口容易阻塞[3,4]。

以上三种破碎机代表了 3 种类型的破碎机，其他用于细粉碎的破碎机的工作原理与上述破碎机的某一种类似，不再一一叙述。以上三种破碎机虽能生产 0.5~1.2mm 的石灰，但产品满足粒度要求的占比小，开路破碎合格产品一般不会超过 50%；闭路破碎虽能生产合格的石灰，但需要配备筛分设备，不合格产品的返料量大，破碎系统效率低；筛分粒度 0.5~1.2mm 的石灰产品时，筛体筛分效率低。

2.2　粉碎粉磨设备

2.2.1　立式磨粉机

立式磨粉机是通过学习引进国外先进技术，研发并改良的一款集烘干、粉磨、分级、输送为一体的高效节能的矿物粉磨设备，用于将块状、颗粒状及粉状原料磨成所要求的粉状物料[3,4]。

2.2.2　球磨机

球磨机是物料破碎之后，进行粉碎的关键设备。这种类型磨矿机是在其筒体内装入一定数量的钢球作为研磨介质，对各种矿石和其他可磨性物料进行干式或湿式粉磨。立磨机工艺需要配有选粉设备，分为开路粉磨和闭路粉磨工艺。

立磨机、球磨机以及与立磨机粉磨原理相同的雷蒙磨、摆动磨等其产品易出现超粉磨，也不适于石灰粉磨[3,4]。

经过对大量的设备种类筛选，最后选定风选破碎机作为破碎 KR 脱硫灰的设备。风选破碎机的破碎原理与锤式破碎机相同，其排料原理与锤式破碎机不同。锤式破碎机排料结构有两种，一种是底部带有篦条的破碎机，一种是不带篦条的破碎机，都是底部排料。风选破碎机底部不能排料，其排料原理与立磨机类似，物料在风的作用下排出破碎机，用选粉机选出合格的物料。风选破碎机破碎工艺是破碎机、选粉机与风机的结合，其利用了锤式破碎机的破碎功能、立磨机物料排料形式、球磨机粉磨工艺的物料选粉功能，是破碎机、风机、选粉机有机结合组成新的破碎工艺。

3　生产工艺确定

粒度 0.5~1.2mm 石灰产品不是某一单种设备能单独完成的，需要多钟设备组合完成，河钢唐钢新区石灰窑 KR 脱硫灰的破碎设备选用含锤式破碎机、离心风机、旋风式选粉机，其破碎工艺是取石灰块灰破碎，用离心风机产生的高压风将小粒度的石灰提起送入选粉机，在离心力的作用下颗粒料被甩到选粉机壁并沿壁下料，风（含粉尘）经选粉机中心管、回风管道一路返回到破碎机另一路去往收尘器，不能被风提起的物料在破碎机内继续破碎，选出的颗粒料储存至成品仓。通过调节离心风机的流量，可获得不同粒度的产品[1,2]。

工艺流程如图 1 所示。石灰块灰仓中的石灰经振动给料机给破碎机供料，破碎后的粉料由风机提供的风压将粉料提起经管道进入旋风选粉机，选出的合格料进入 KR 石灰料仓，KR 石灰经粉料散装机装入罐车运往炼钢区。进入选粉机的风出选粉机中心管后分成两路，一路经管道返回破碎机，另一路经管道进入布袋除尘器，阀门控制两路风的流量。布袋除尘器收集的粉尘经粉料散装机装入罐车运往烧结区。进入布袋除尘器的风除尘后经烟囱排出，破碎系统的补充新风经管道进入破碎机。

整个生产过程在一个密闭的循环空间内完成，中间过程没有粉尘外溢，只有少量经过除尘器除尘后外排，体现了生产过程的绿色环保。该生产工艺与闭路破碎破碎机生产工艺相比，所用设备少，生产效率高；与球磨机、立磨机生产工艺相比，合格品率高；与闭路破碎破碎机生产工艺、立磨机生产相比，工艺节能，尤其比球磨机生产工艺更加节能。

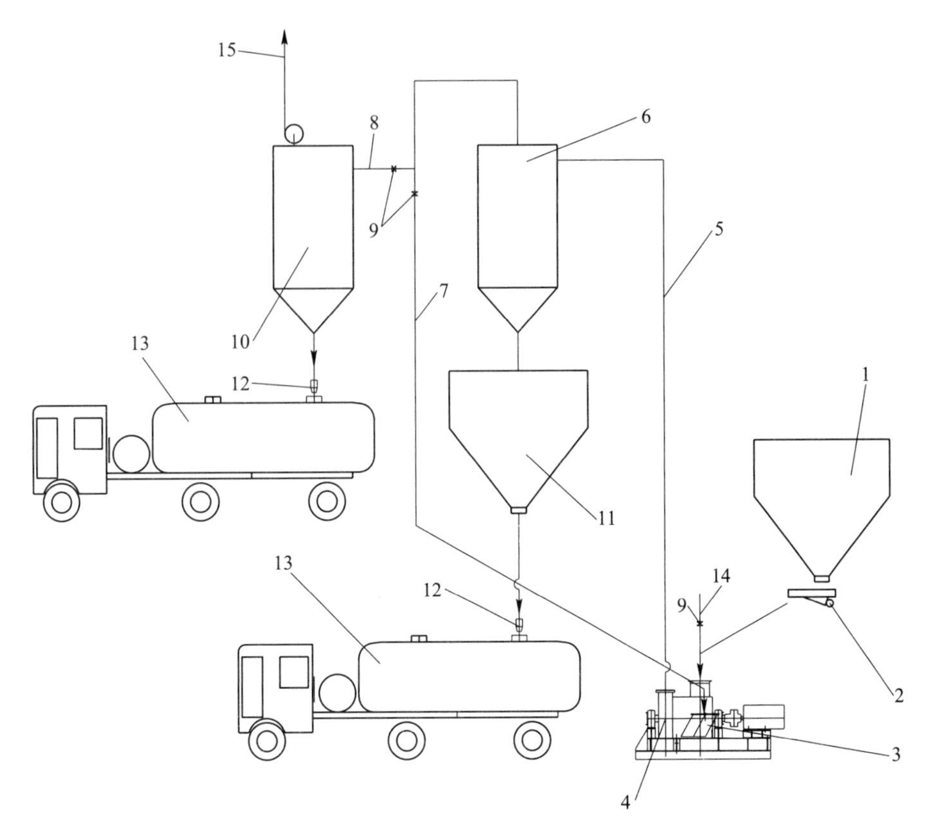

图1 工艺流程

Fig. 1 Process flow

1—石灰储仓；2—振动给料机；3—破碎机主机；4—破碎机风机；5—破碎机出风管道；6—选粉机；
7—破碎机回风管道；8—除尘器进风管道；9—管道阀门；10—除尘器；11—KR脱硫灰石灰储仓；
12—汽车散装机；13—水泥罐车；14—破碎机补风管道；15—除尘器排风管道

4 结语

河钢唐钢新区石灰窑KR脱硫灰破粉碎设备，选用的是由多台设备组合的风选破碎设备，一年多的运行证明，设备选型合理，运行可靠，工艺先进，节能、环保，产品完全满足炼钢对KR脱硫灰的粒度质量要求，体现了河钢唐钢绿色发展的方向。

参考文献

[1] 白礼懋．水泥厂工艺设计实用手册［M］．北京：中国建筑工业出版社，1997.

[2] 韩泰伦．最新石灰生产工艺技术管理及防污染措施操作全书［M］．北京：中国知识出版社，2006.

[3] 陈绍龙．水泥生产破碎与粉磨工艺技术及设备［M］．北京：化学工业出版社，2007.

[4] 刘志超．物料粉碎设备设计理论及应用［M］．徐州：中国矿业大学出版社，2006.

无人化料场关键技术研究应用

刘 岩，董文进

（唐钢国际工程技术股份有限公司，河北唐山 063000）

摘 要 针对河钢唐钢新区项目原料场工艺设计特点，设计了一套包括卸料、贮料、配料和供料的无人化控制系统。通过大型堆取料机无人化控制、供料流程自动优选、智能配料系统等功能，实现了原料场全部流程的无人化操作。同时通过激光扫描技术，实现了料堆模型的精确构建和贮料量分析。该系统有效解决了原料场设备操作工人工作环境差的问题，通过对设备工作状态的判断，提高了供料效率和设备运维水平。

关键词 原料场；无人化；自动化；智能化；精细化；激光扫描

Research on Key Technologies of Unmanned Stockyard

Liu Yan，Dong Wenjin

（Tangsteel International Engineering Technology Crop.，Tangshan 063000，Hebei）

Abstract Based the process design characteristics of the raw material field of the HBIS Tangsteel New District，an unmanned control system including unloading，storage，batching and feeding has been designed. Through the functions such as the unmanned control of large stacker reclaimer，automatic selection of feeding process and intelligent batching system，the unmanned operation of the entire process in the raw material yard has been realized. At the same time，the accurate construction of the stock pile and the analysis of the storage capacity were realized by applying laser scanning technology. It is illustrated that the system effectively solves the problems of the poor working environment of equipment operators in the raw material yard，and improves the feeding efficiency and equipment maintenance level by judging the working status of the equipment.

Key words raw material yard；unmanned；automation；intelligence；refinement；laser scanning

0 引言

原料系统是钢铁企业生产的首道工序[1]。原料场接受来自船运、汽运、火运等方式的大宗散装原料，在各型料库内进行物料的分类贮存。同时根据下游工艺需求，对各种散装料进行混匀、配料，达到成分要求，并实现对各区域的物料供给。

原料场生产已告别最初的露天堆放、人工指挥、粗犷管理的模式。一方面料库及输送系统的封闭化改造极大减少了料库粉尘外泄，提高了原料场的环保水平。另一方面，随着自动化技术的发展，国内大型钢铁企业原料场已经形成了以 PLC 为控制系统核心的自动化料场，实现了原料倒运和输送作业的自动化。但是随着精细化及智能化生产理念的不断革新，钢铁企业原料场技术基础不断丰富，通过大机无人作业、料堆 3D 扫描、流程智能优选和智能混匀配料技术实现钢铁企业原料场无人化已经成为可能。

1 原料场概况

河钢唐钢新区原料场按国内超大型料场规模建设，设受卸系统、贮料系统和供返料系统[2]。其中矿石贮存系统为全封闭环保型的 C 型料场方式，采用卸料车卸料，半门式刮板取料机取料[3]。混匀封闭料场内部设悬臂式堆料机 1 台，滚筒式取料机 2 台。圆形煤仓 3 座，每座内设堆取料机 1 台。整个料场区域包括各式倒运皮带两百余条。

作者简介：刘岩（1989—），男，硕士，工程师，2015 年毕业于中国矿业大学（北京）自动化专业，现在唐钢国际工程技术股份有限公司从事冶金行业控制系统设计工作，E-mail：liuyan@ tsic. com

原料场依照全面无人化生产模式设计，实现作业无人化、贮存数据化，为原料场精细化生产提供数据支撑。

2 系统架构

无人化料场以西门子新型410H系列PLC为控制核心，原料区域设若干控制系统分站，分站引入就近区域皮带机、卸料机等设备控制信号。为保证系统通讯可靠，在料场区域建立环形冗余的光纤通信网络。系统采用C/S架构，数据服务器冗余配置，操作员站采用分段物理网络连接方式或者冗余网线方式保证操作员站的实时监控。C型料库内8台半门式刮板取料机，混匀料场内设置1台悬臂式堆料机和2台滚筒式取料机，3个圆形料场分别设置3台圆形堆取料机。这些大机控制系统同样采用西门子PLC，通过有线与无线结合的方式，实现与核心PLC的通信。系统硬件网络结构图如图1所示。

料场主控室内设无人化料场服务器，包括大机控制、料堆扫描、供料流程优化、智能配料等模块。服务器采用Windows Server 2012操作系统，利用Oracle 12c作为数据库管理系统。

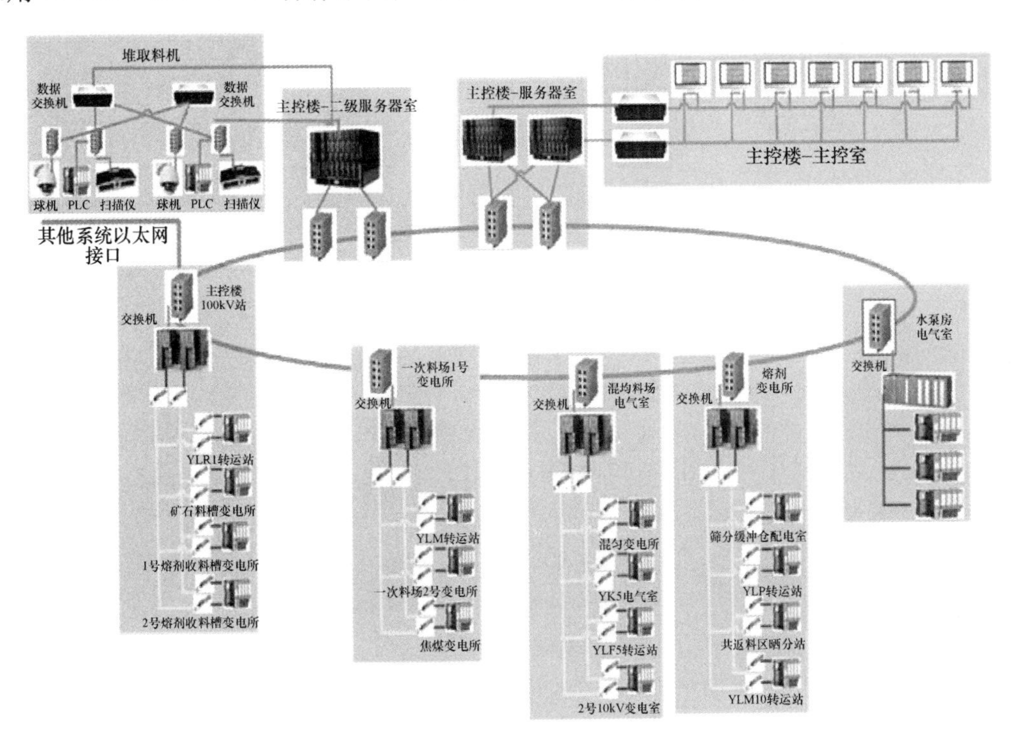

图1 系统硬件网络结构

Fig. 1 Hardware network structure of the system

3 功能设计

3.1 堆取料机无人化作业

在钢铁企业料场贮存、运输的核心设备就是大型堆取料机，实现堆取料机的无人化作业，可极大优化生产流程和生产节奏，改善操作人员的工作环境，是解决原料场的无人化作业的关键问题。目前堆取料机的无人化操作要经历两个阶段，首先实现堆取料机的远程手动操作。取消现场堆取料机的操作室，将所有操作信号在HMI画面上进行集中显示，操作人员通过现场监控画面对大机作业进行操作，可实现现场无人操作[4]。这种生产方式主要是解决的是现场设备与操作终端的控制网络的打通的问题。

料场堆取料机无人化作业通过远程自动方式，实现堆取料的无人作业[5]。堆取料机的位置检测是技术基础，混匀料场的悬臂式堆料机为例，在大机走行机构加装绝对值传感器，实现大机在走向方向的定位。此外，对大机各个环节的俯仰机构同样需要加装传感，判断悬臂回转和抬起的角度。2台雷达波料高传感器用于堆料时实时检测料堆高度[6]。臂架左右两侧分别配置1组微波栅传感器，用于臂架与料堆的硬件防碰撞。臂架左右各设超声波传感器2台，用于臂架防碰撞及微波栅的保护。通过各种检测手段实现了堆取料机在料库内的精确定位，为安全运行提供了基础。作业过程中堆取料机接受上级信息化系统的供料、卸料计划，根据料场实时料堆模型和堆取料机姿态确定落料点与取料点，完成堆取料作业。

3.2 料堆三维成像

三维扫描技术的发展将料场无人化水平提高到了一个新的档次。一方面通过三维扫描技术，实时形成三维料堆模型，结合堆取料机的检测功能，指导堆取料机的卸料与取料作业的准确运行[7]。另一方面，实时的料面检测又能提供准确有效的盘库信息，为原料生产统计提供准确及时的信息来源。

三维扫描技术依据原理的不同可以分为激光、超声波、全息摄像等手段。激光扫描仪对外部光照、粉尘的适应强，相较于其他手段在检测精度和相应速度方面同样具有优势。常见的三维激光扫描仪通过发射面激光线，对物体表面进行照射，记录各点坐标，同时采集扫描仪旋转信息，便可以扫描仪为球心确定料面坐标位置。将三维扫描仪安装在堆取料机的料臂上，结合料臂坐标与大机走行坐标确定料堆在料库内的形状轮廓。最后这些坐标点云处理后形成料面的实际轮廓，实现料堆自动统计。三维料堆数据处理流程图如图2所示。

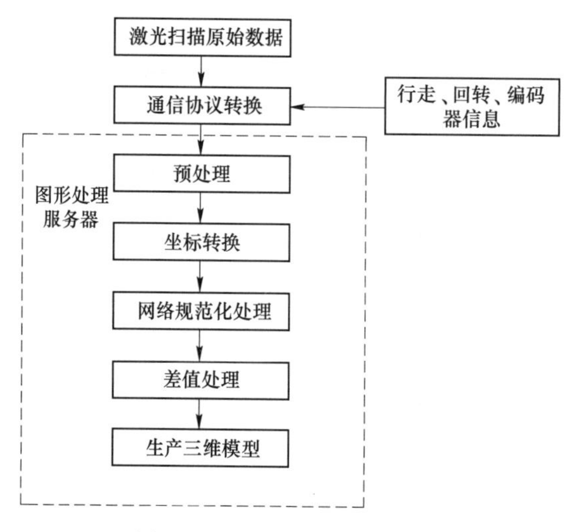

图2 三维料场数据处理流程

Fig. 2 Treatment flow of 3D material yard data

3.3 自动上料

物料起、终点确定后，在路径优化基础上，合理调配110条皮带进行流程优化筛选，优化选择皮带流程，实现生产作业指令与优化后的皮带流程的自动衔接，使输送流程能够按照智能作业指令自动运行，操作人员进行监控，并对出现的生产及设备事故进行即刻处理。为保证长流程皮带的运输安全，通过为皮带机安装寻址编码系统，构成完整的智能诊断保护体系，对长皮带出现的各种故障进行智能检测、诊断并远程解决，既可减少点检人员的配置，又可快速消除生产隐患。

根据预定义的工艺过程数据字典，实现端到端的全流程物料跟踪与监控。原料进场前操作人员根据来料计划和汽运、铁运跟踪信息预知物料进场信息，系统自动提示需要启动相应流程和物流存储的最终地点，操作人员根据进场物料信息并确认流程启动，自动完成物料的入库操作。

皮带物料出库作业系统分人工和自动2个触发模式启动流程。人工模式为人工启动送料过程。自动模式为根据用户的料仓料位信息，及料场存料状态，在用户料仓低料位时自动启动送料流程。设置预存物料剩余度告警功能，当库存物料小于预设定的重量值时，发出要求进料预警信息。

3.4 智能配料

按配料方案，需要混匀的各种原料及除尘灰依次输送到各个配料槽内，然后由混匀配料槽下的定量给料装置，按一定的配比向混匀料场输入系统的带式输送机给料，由输入系统送到混匀料场进行堆积作业[8]。配料方案读取自MES或其他上位系统传送过来的固定方案，同时保留手动输入料种和配比形成配料方案的功能。

智能配料系统与检化验系统实现信息交互，实时跟踪进入各个配矿槽的各种原料的成分信息及数量。接收智能混匀配料系统的计算成本优化后的各个混匀料种的湿料配方比，参考配料仓可选择的料的种类、参考配料仓料种剩余量，将这个配方比经过人为确认后下传到一级配料皮带秤系统中，形成各个被选择料种的小时流量参数，启动一级配料流程进行混匀料配料作业。最终向混匀堆料机下达堆料作业指令，混匀堆料机根据堆料场地、堆料作业数量、堆料方式等参数实现自动堆料作业。

4 结语

作为大型沿海钢铁企业，河钢唐钢新区覆盖铁钢轧全流程产线，料场库存量大，散装料来源多，供料距离长。为唐钢新区原料场设计先进控制系统，实现整个原料场的无人化操作与精细化管理，是建设现代钢铁企业，打造行业标杆的迫切需求。首先，全自动原料场通过网络和感知系统实现了原料场内大型设备的有序配合和自动运行，减轻了现场工人的劳动强度，改善了工人的工作环境，同时也减轻了人力资源成本。其次，设备运行状态的判断和取料送料节奏的把控，不再通过人工判断，而是有智能化系统进行决策，避免了人为经验判断对设备情况把握不准确，同时也提高了整个料场原料场的运行效率。最后，通过对关键设备加装一系列先进检测设备提高了设备运维水平，为料场平稳运行提供保障。

参考文献

[1] 凌振华. 钢铁企业能源管理信息系统的研究 [D]. 长沙：中南大学，2005.

[2] 彭光艳. 煤化工输煤系统的设计 [J]. 大氮肥，2017，40 (5)：304~307.

[3] 李洪春，李洪涛，宋新义. 大型封闭式原料场的应用与探索 [J]. 烧结球团，2016，41 (5)：48~52.

[4] 彭仲佳. 热轧带钢精轧厚度设定系统的研究与应用 [D]. 沈阳：东北大学，2011.

[5] Robin Yang. 通过热电偶和调制电路实现宽量程温度检测 [J]. 电子产品世界，2017，24 (12)：31~33.

[6] 江浩斌，叶浩，马世典，等. 基于多传感器数据融合的自动泊车系统高精度辨识车位的方法 [J]. 重庆理工大学学报（自然科学），2019，33 (4)：1~10.

[7] 韩立民. 混匀料场堆料机自动控制及扫描系统的开发 [J]. 河北冶金，2020 (S1)：107~110.

[8] 翟书城. 原料场皮带寿命周期管理模式的探索与创新 [J]. 河北冶金，2019 (3)：79~82.

数字化工业电视系统在原料场的应用

来 昂，刘 象

（唐钢国际工程技术股份有限公司，河北唐山 063000）

摘 要 随着科技的发展和技术的迭代，工业电视系统在向着网络化、高清化、智能化发展的同时，功能不断完善，成本逐渐降低，已经广泛应用在工业生产上。结合河钢唐钢新区原料场的特点和监控需要，提出了工业电视系统的解决方案。介绍了数字化工业电视系统的组成以及图像采集、信号传输、图像存储、图像显示等功能，为其他钢铁企业的原料场工业电视系统设计规划提供了参考。

关键词 工业电视系统；组成；LED 大屏

Application of Digital Industrial Television System in Raw Material Yard

Lai Ang，Liu Xiang

（Tangsteel International Engineering Technology Co.，Ltd.，Tangshan 063000，Hebei）

Abstract With the development of science and technology，the industrial TV system is developing towards networking，high-definition，and intelligence，while continuously improving functions and gradually reducing costs. Thus，it has been widely applied in industrial production. In this paper，by referring to the characteristics and monitoring needs of the raw material yard in HBIS Tangsteel New District，a solution for the industrial TV system was proposed. The composition of the digital industrial TV system and the functions such as image acquisition，signal transmission，image storage，and image display were introduced in the paper，which provides a reference for the design and planning of the industrial TV system for the raw material yards of other iron and steel enterprises.

Key words industrial TV system；composition；LED large screen

0 引言

伴随着智能视频分析技术、人脸识别技术、周界入侵报警和行为分析等技术的出现，工业电视监控系统经历了模拟视频监控、数字视频监控、网络视频监控，正逐步向数字化、网络化、智能化和图像高清化的数字工业电视监控方向发展。数字工业电视监控系统是一种全新的监控平台，表现为视频信号数字化、系统网络化、分析管理智能化，其在钢铁行业的应用也越来越广泛[1]。

河钢唐钢新区原料场包含原料受卸、贮料场、混匀、矿石筛分、熔剂接卸贮存、供返料、环保除尘以及相应的公辅配套设施。具有规模大、工艺复杂、技术先进、封闭、环保、智能化程度高的特点。工业电视系统的运用有利于跨区域、大范围的信息传输及调用，提高系统的管理效率，有利于各种现有信息资源的共享，为料场实现智能化提供有力支撑。

1 原料场工业视频监控系统的需求特点

1.1 设备工作环境复杂

原料场内监控点大多设置在转运站、皮带通廊、矿焦槽、配料槽、受料槽上，其传输线路上容易受

作者简介：来昂（1986—），男，工程师，毕业于南京信息工程大学，现在唐钢国际工程技术股份有限公司主要从事电信设计，E-mail：naduoo@foxmail. com

到动力电缆所产生的电磁波干扰影响，而前端设备则受粉尘、雨水等因素影响较为严重，对设备的防护等级和施工的质量要求高。

1.2 分布离散

原料场内的主要原料来自海运码头，也有部分煤炭由铁路或汽车运输进厂，原料主要用户包括焦化、烧结、球团、炼铁、石灰窑等。设置了数十个转运站，各种矿焦槽、配料槽、受料槽、熔剂贮仓、筛分室、C 型料库、混匀料场，及供配电系统的各变电所配电室等，室外监控点位占比较高，视频传输线路较长。

1.3 视频录像存储功能

原料场的工业电视监控系统一般沿生产线布置，监控点位各关键设备、各运料运输情况及生产事故易发部位，所以工业电视监控系统在实时监控辅助生产的同时，还应具备视频图像存储功能。

1.4 系统可靠性要求高

原料场工作制度为连续工作制，年工作 365 天。所以工业视频监控系统需要提供 7×24h，365 天不间断地视频监控服务。这对系统的可靠性提出了很高要求。

2 原料场工业视频监控系统的作用

2.1 降低生产管理成本

生产现场采用视频监控设备后，能够精简施工现场的人力资源，减少相关成本费用，使得原料场生产现场更加文明和安全。有助于维持良好的生产秩序和提高生产效率。

2.2 提高智能化水平

通过设置数字化智能化的摄像机，能够实时捕捉原料场关键工艺流程图像（如下料、堵料等），实时提示工艺操作人员。

2.3 增强监督管理效果

在原料场生产现场设置摄像机，通过这些设备搜集相关视频传送到主控室及相关部门，管理人员不用直接去现场就可以通过监控实时管控生产现场。即提高了监控效率，还可以实时发现在生产过程中的各种问题。

2.4 提高企业内部管理效率

作为企业的管理层，大部分时间都花在业务和常规工作处理上，去现场了解生产情况的时间被挤占。视频监控可以帮助管理层实时监控生产现场，提高管理效率。

2.5 调查更简洁，责任更明确

生产过程的情况被录像存储，对于各类事件，甚至是特殊的突发事件，也能够更快地调查事件发生原因，更好明确责任。既有利于减少事件发生概率，又在很大程度上提高了人员的责任心和工作积极性。

3 工业视频监控系统组成

在河钢唐钢新区原料场，数字化工业电视系统由前端图像采集设备、信号传输设备、图像存储设备、图像显示设备组成[2]。

根据原料厂各区域的布置，各建筑内及其周边区域的监控信号联至建筑物内的接入交换机，通过光链路直接传至原料主控楼的核心交换机，视频图像统一存储，相关人员可在主控室电视墙或通过网络对视频图像进行浏览，如图1所示。

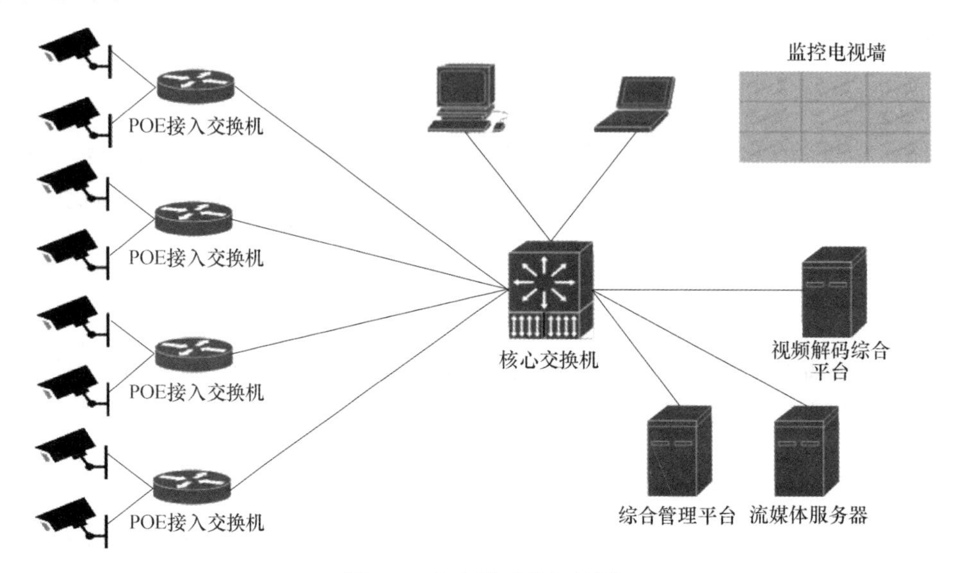

图1　工业电视系统拓扑图
Fig. 1　Topology diagram of industrial TV system

3.1　图像的采集

原料场监控点共338个，设置在各转运站，各矿焦槽、配料槽、受料槽、熔剂贮仓、筛分室、C型料库、混匀料场，及供配电系统的各变电所配电室等地。

智能摄像机是一种高度集成化的产品，可以看作1台普通摄像机和1台微型服务器的结合体，是完全数字化的产品，如图2所示。

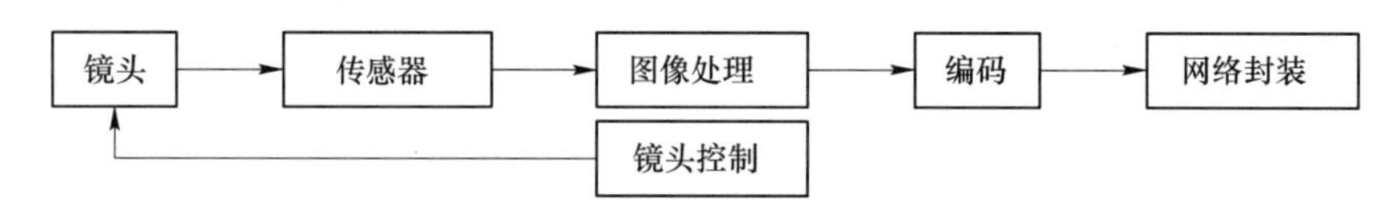

图2　数字摄像机的组成
Fig. 2　The composition of the digital camera

综合考虑监控效果和投资，在河钢唐钢新区原料场各监控点设置200万星光级AI智能高清网络摄像机，保证监控图像达到1080P。摄像机拥有Smart事件模式，能够进行移动侦测、遮挡报警；具有图像增强功能（背光补偿、强光抑制、透雾、电子防抖、3D降噪等）。摄像机配室外防护罩，现场设备箱采用防雨防尘型。

3.2　电源形式的选择

网络监控摄像头有独立式供电、集中供电、SPOE供电和POE供电4种方式。

独立式供电：1根网线为摄像头传输数据，再敷设220V电线到摄像头附近，插上12V电源适配器为摄像头供电，如图3所示。独立供电是最早、最传统的供电方式。

图3　独立式供电
Fig. 3　Independent power supply

集中供电：布设 1 根 4+2 综合线，4 芯双绞线传输网络数据，两芯电源线接到大功率 12V 电源上，如图 4 所示。

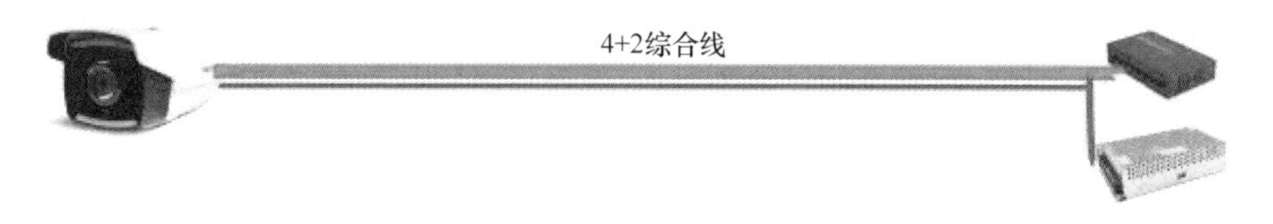

图 4　集中供电

Fig. 4　Centralized power supply

SPOE 供电：SPOE 交换机利用百兆网络空闲的 4578 线对为摄像机供电，这种简化版 POE 网络供电方式，电压有 15V、24V、48V 3 种规格，需要配套相应输入电压的 SPOE 分线器使用，如图 5 所示。

图 5　SPOE 供电

Fig. 5　SPOE power supply

POE 供电：标准 POE，有 1236、4578 两种供电线序前端摄像机或内置 POE 模块，或配 1 个 POE 分线器，如图 6 所示。

图 6　POE 供电

Fig. 6　POE power supply

从安全性来说，独立供电需要布设 220V 强电，可能出现漏电伤人、短路失火、电磁干扰等情况，安全性最差；集中供电与 SPOE 供电都是采用弱电传输，安全性较好，但是也存在接头线序有误，端口插错导致设备烧坏的可能；标准 POE 采用智能协议供电，插入非受电设备或者线序有误，交换机都不会供电。

按照规范要求，强弱电平行间距应大于 50cm，采用独立供电的方式时，两条线需独立穿管、挖沟，施工量翻倍；其他 3 种方式，都只需要拉 1 根弱电网线，施工难度与工作量较低。

综合考虑，河钢唐钢原料厂网络监控摄像头采用 POE 供电方式。

3.3　信号传输

由于工业电视系统的数据流量较大，为了不影响行政办公网络或其他网络中的数据传输，工业电视系统采用单独的硬件及链路，使之独立成网。

视频图像经摄像机采集后被直接数字化，并通过标准的网络 IP 协议进行传输，从而能够充分保证图像的清晰度。同时，数字信号的传输介质主要以光纤为主，即不被沿途动力电缆的电磁波干扰，也不受传输距离的影响。

在采用 200 万星光级 AI 智能高清网络摄像机采集视频图像时，单台摄像机码流一般按 4Mbps 计算，峰值 6~8M。根据规范要求，网络带宽利用率不宜大于 70%，因此接入层采用工业级 4 口 POE 百兆交换机或 8 口 POE 百兆交换机，并配置千兆上联端口[3]。

各区域的接入层交换机采用光纤连接到原料主控楼的高带宽万兆核心层交换机，核心交换机之间采用虚拟路由冗余协议实现负载均衡和热备[4]。其中任意 1 台核心交换机和线路出现问题，都不会影响网络的畅通，为网络运行提供了更高的安全及可靠性。

3.4 图像存储

网络摄像机每秒可产生约4Mb的30FPS的视频流，一个码率为4M的摄像头一天的存储量为48G左右。原料厂338个摄像图像按照存储3周计算，共需要333TB左右的存储空间。

综合考虑存储性能、数据安全和存储成本，采用RAID5磁盘阵列模式。市面上的8TB硬盘的实际容量一般为7.27TB，每5块硬盘作为一个RAID组，因此配置60盘位IPSAN磁盘阵列设备，并满配60块8TB监控专用硬盘。

3.5 图像显示

通过综合对比DLP、LCD、LED 3种小间距产品的性能、建设和维护成本，主控室大屏设计选用技术先进、性能优秀、后期维护成本低廉、性价比高的LED小间距拼接大屏。

数字化的LED大屏显控系统，基于网络技术，采用分布式传输视频信号和网络化控制的方式，具体包括网络、LED屏体、图像处理单元、供电单元、网络视频传输子系统等部分[5]，如图7所示。

控制终端、供电单元、图像处理单元、网络视频传输子系统都接入网络，网络是各部分交互信息的基础环境。控制终端通过网络控制供电单元，从而控制LED屏的开启与关闭；通过网络控制图像处理单元，从而控制LED屏显示画面的样式，如多屏显示、全屏显示、开窗显示等；网络视频传输子系统通过网络向图像处理单元传输各类视频信号，同时也通过网络和控制终端通信，接受控制终端的控制，实现视频的调度切换。

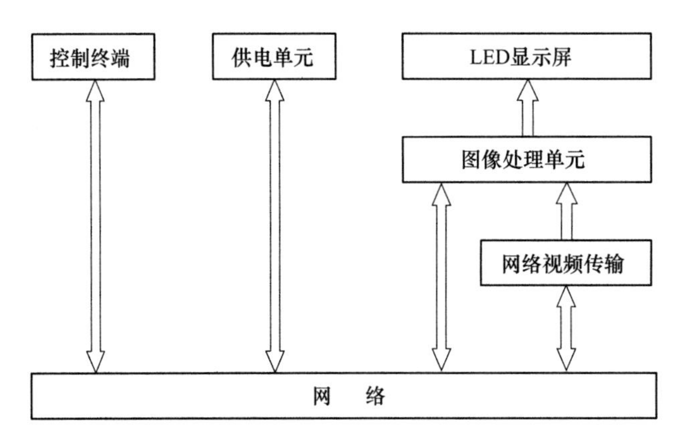

图7 LED大屏系统

Fig. 7 LED large screen system

4 结语

数字化工业电视监控系统作为河钢唐钢新区原料场重要的信息管理系统，充分结合工艺流程管理，对提高原料场管理的智能化水平、运营维护管理水平及运营管理人员工作效率等起到重要作用。工业电视系统从采集、传输、存储、管理和显示等环节均采用全数字化，满足了系统的网络化和智能化要求，并具有易扩展性、易管理性和易操作性，同时由于数字化工业电视监视系统的开放协议，可与原料场DCS、安防系统等实现通信，为今后原料场内各管理系统之间的信息平台统一化管理提供坚实保障。

参 考 文 献

[1] 阮萍. 工业视频监控系统在宝钢电厂的应用[J]. 信息通信，2018（2）：170~171.

[2] 罗世伟. 视频监控系统原理及维护[M]. 北京：电子工业出版社，2007.

[3] 中华人民共和国住房和城乡建设部，国家市场监督管理总局. 工业电视系统工程设计标准：GB/T 50115—2019[S]. 北京：中国计划出版社，2019.

[4] 杨震宇. 企业安防监控系统实现双核心热备[J]. 计算机光盘软件与应用，2013（16）：110~112.

[5] 徐新宇. 浅议LED拼接屏的性能和特点[J]. 科技视界，2014（20）：87，96.

混匀料场堆料机自动控制及扫描系统的开发

韩立民

（唐钢国际工程技术股份有限公司，河北唐山 063000）

摘　要　网络技术与自动化技术的发展为钢铁企业原料场提升设备运行效率、创新管理手段提供了新的技术保障，打造全自动化料场是钢铁企业践行智能制造的基础工作之一。针对河钢唐钢新区混匀料场设计特点，设计了1套基于三维激光扫描仪和PLC的混匀堆料机自动控制系统。介绍了激光扫描仪的原理和堆料机控制系统的软、硬件结构，通过对生产任务进行分解，完成堆料机远程自动控制，并由三维扫描仪完成对混匀料场料堆模型的重构和盘点，在减少了人工干预的同时，提升了企业流程管理规范水平，降低了劳动成本，为企业精细化生产提供了技术支撑。

关键词　原料场；混匀堆料机；激光扫描仪；PLC；料堆模型

Development of Automatic Control and Scanning System for Stacker in Mixing Yard

Han Limin

(Tangsteel International Engineering Technology Corp., Tangshan 063000, Hebei)

Abstract　The development of network and automation technologies has provided a new technical guarantee for raw material yards of steel enterprises to improve equipment operation efficiency and innovate management methods. Building a fully automated stockyard is one of the basic tasks for steel companies to implement intelligent manufacturing. In this paper, a set of automatic control system for mixing stocker based on 3D laser scanner and PLC were designed in terms of the design characteristics of the mixing stock yard in HBIS Tangshan Steel New District. In addition, it is described the principle of the laser scanner and the software and hardware structure of the stacker control system. Through the decomposition of production tasks, the remote automatic control of the stacker has been completed, and the reconstruction and inventory of the stock pile model of the mixing stock yard have been constructed by the three-dimensional scanner. While reducing manual intervention, it helps enterprises to improve the standard level of process management, reduce labor costs and provide technical support for the refined production.

Key words　raw material yard; mixing stocker; laser scanner; PLC; stock pile model

0　引言

原料厂作为钢铁企业铁前工艺的原料贮存、配料、倒运和加工的场地[1]。原料场的物料检测和计量的准确性直接关系着整个钢铁企业的运行成本。早期钢铁厂原料储运大多采用露天存放的方式，随着环保压力的不断增加，钢铁企业的贮存场地均要求进行封闭化处理，因此也对大型堆取料机的作业范围提出了新的要求。另一方面，随着自动化和网络技术的不断发展，原料系统的控制要求也不断提高，最大限度减少人工对生产的干预已经成为了钢铁企业原料场建设的共识。无人化料场建设内容包括物料运输流程的自动化优化和大型堆取料机的全自动化运行。

1　项目背景

随着制造业转型升级的不断深化，河钢集团立足未来，打造现代化钢铁企业[2]。河钢唐钢新区作为

作者简介：韩立民（1968—），女，高级工程师，1990年毕业于北京科技大学工业自动化专业，现在唐钢国际工程技术股份有限公司从事冶金行业控制系统设计工作，E-mail：hanlimin@tsic.com

集团供给侧结构性改革和创新发展的重要实践，更是提出了建设无人化、智能化原料场的新要求。其中混匀料场是将烧结工艺所需要全部含铁原料和部分熔剂进行定比例配料，由转运皮带机在混匀料场内采用平铺直取的方法，制成混匀料[3]。河钢唐钢新区原料系统混匀料年加工量约为867万吨，存贮在采用带直段柱面网壳结构的封闭厂房。混匀料场设计料堆长度为550m，每个料条宽度为38m，堆料高度为14.32m。设计1台定臂回转式混匀堆料机，最大堆料能力为2500t/h，设置两台滚筒式取料机，最大取料能力为2300t/h。

混匀料场堆取料机的控制模式经历了本地手动、本地自动、远程手动和远程自动四个发展阶段[4]，其中本地手动为司机在堆取料机驾驶室完成所有操作；本地自动为司机在驾驶室内只进行简单操作，堆取料机的取料动作为自动运行；远程手动为操作员在主控室内，通过操作终端和视频画面完成对堆取料机的操作；远程自动为堆取料机接收上级生产信息自动完成堆取料作业[5]。河钢唐钢新区致力于打造全自动化料场，实现混匀堆取料机的运程自动化工作。

2　系统功能需求

为实现混匀堆料机全自动工作，结合混匀料场堆料工作特点，系统需满足以下要求：

（1）作业任务的接收和拆解。河钢唐钢新区设计铁前MES系统，根据烧结厂需求，MES系统将混匀料需求下传到原料厂二级系统，系统拆解订单信息，将订单量分解到每个相关设备的具体工作，协调配合完成供料、堆料作业。

（2）自动堆料。系统拆解订单后，将堆料机的工作内容下达到堆料机机上控制系统，控制系统根据目前料堆堆型和自身当前位置，完成料机走行、堆料、回转等功能。

（3）料堆扫描。在堆料机堆料和走形过程中，实时扫描料堆形状，并显示在中控室画面上[4]。在堆取料机扫描过程中，实现对混匀料场库存盘点。

（4）远程介入。在原料集中控制室内设置远程急停按钮，并具备远程手动操作功能。在现场堆取料机作业过程发生报警后，提示远程操作人员介入，急停所有设备，人工介入直到报警消失，经人工确定后重启自动运行。

3　自动堆料作业

混匀料场堆料机的工作方式采用走形定点一次堆料、往复平铺的模式。系统根据河钢唐钢新区铁前MES系统获取到的来料量测算堆料计划，计算料堆的长度，每次堆料作业提前设定堆料终点，根据造堆计划，确定堆料起点位置。堆料过程中，将堆料机大臂设定为固定角度，从起点开始在固定高度进行堆料，当料堆达到设定高度后，大车向前走行一段距离，继续按照固定高度卸料，直到料堆终点位置时，抬起堆料机大臂，反向继续卸料，并按照同样的方法向起点移动，往复行走完成堆料作业。

堆料机走行过程中通过编码电缆对自身位置进行定位，并在HMI终端上进行位置信息显示。在堆料机卸料点附近安装超声波测距仪。相较于其他测距手段，超声波对环境污秽、扬尘等干扰因素并不敏感。卸料过程中大臂相对料堆或地面的距离应考虑每层料高和环境因素，距离较近影响堆料效率，距离较远会造成扬尘。测距仪探测料堆高度到达预定高度后发出信号，提示大车向前走行[6]。

为保证堆料机自动走行过程中的安全性，系统设置堆料机电流检测，卸料量过载时，堆料机电机和传送皮带电机发出报警，提醒中控室人员介入操作。为防止卸料过程中大臂与料堆、走形过程中大车与固定建筑之间碰撞，在堆料机大臂两侧和堆料机大机座上安装微波测距仪，实时监测与障碍物之间的距离，到达安全距离后发出报警。

4　料堆激光扫描

常见的激光料堆扫描方法有二维激光配合旋转云台和三维激光扫描仪两种方式[7]。二维扫描仪在每次发射一束面激光，结合云台旋转角度，形成料堆整个表面的扫描信息，而三维扫描仪通过激光光束直接建立料堆表面的点云模型[8]。综合扫描精度与成本因素，本方案采用二维激光扫描仪配合旋转云台的方案，设备安装位置如图1所示。

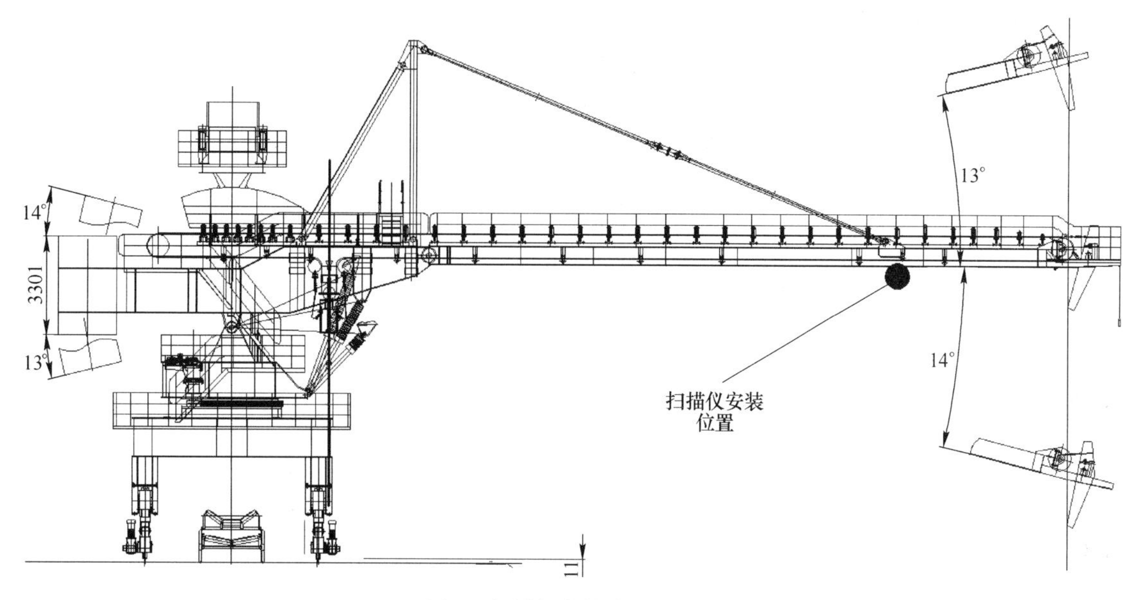

图 1 扫描仪安装位置示意图

Fig. 1 Schematic diagram of scanner installation location

4.1 激光扫描原理

激光扫描仪通过计算发射光束和接收光束的时间差计算出反射点和激光光源的距离。二维激光扫描仪的扇形扫描面是通过扫描仪内部旋转镜片实现。料堆表面形状通过含有距离和角度信息的激光点云描述出来。对料堆表面扫描后形成的点云信息量巨大，在扫描过程中因环境、光照等因素的干扰，点云中存在着一些噪点。形成料堆三维模型之前应对点云模型进行处理，采用方形或三角形网格滤波方法剔除噪点后，建立点云之间的拓扑关系，形成平滑曲面完成模型重构。

4.2 三维模型创建

重建料堆扫描模型的第一步是要获得扫描后料堆表面点的坐标集合。首先在扫描仪所在水平面上，以扫描仪为坐标零点，料条长边为 X 轴，料条宽度为 Y 轴，水平地面为 Z 轴零点，设扫描仪高度为 H，扫描发射摄像方向与大车走行轴之间的角度为 θ，与垂直方向轴角度为 β，则在此坐标下，得到被测点坐标 (X_b，Y_b，Z_b) 。

$$X_b = L \times \sin\beta \times \cos\theta \tag{1}$$

$$Y_b = L \times \sin\beta \times \sin\theta \tag{2}$$

$$Z_b = H - L \times \cos\beta \tag{3}$$

其中 L 可从激光扫描仪获取，H 可以通过测距仪获得，θ 同样可以从激光扫描仪中获得，β 为可以通过旋转云台获得。要实时查看料堆全景坐标需要获得整个料堆的坐标位置，那么需要将坐标原点平移到混匀料场起点位置，获取堆料机在料堆中位置坐标 X_a，平移整个坐标系得到各点坐标系。

$$X_0 = X_b + X_a = L \times \sin\beta \times \cos\theta + X_a \tag{4}$$

$$Y_0 = Y_b = L \times \sin\beta \times \sin\theta \tag{5}$$

$$Z_0 = Z_b = H - L \times \cos\beta \tag{6}$$

4.3 点云数据处理

经坐标转换获得的原始点云模型并不能描述点云间的相互关系，处理点云模型第一步是创建点云数据的最小包围空间，根据步长将最小包围空间划分为若干个子单元格。通过划分与坐标转换确定计算点与邻近点之间的关系，以此来描述点云邻近点信息关系。

激光测距仪扫描得到点云会存在不符合规律的噪点，这些噪点可能来自堆取料运行过程中引起的测距仪振动，或料堆表面纹理或粗糙导致反射回来的信号削弱。要获得准确的点云模型，完成模型重构就要将这些噪点剔除。常见的滤波方法有邻域滤波法和中值滤波法，邻域滤波是通过判断计算点与周边相邻点的距离，如果点间距离大于设定值，则判定该点为澡点；中值滤波法选取计算点所在行相邻部分的数据点，排序后用中间值代表该点原始数据。中值滤波法计算数据量较少，但几乎会改变所有点的位置，对模型重构造成影响。滤除噪点后的模型表面相对平滑，但是数据量依然庞大。系统需要在保持模型精度和几何特征的情况下尽量减少点云量，因此需要将点云划分为若干单元格，通过中值滤波的思路对计算点排序后，取中间点代表该区域，三维模型重构和体积、重量测算。

5　系统设计

5.1　硬件架构设计

系统服务器架设在料场主控楼，通过对点云数据的处理完成料堆体积测算和成像。系统服务器与铁前 MES 系统通信，负责生产订单的拆解和生产实绩的反馈。混匀料场堆料机控制由 PLC 完成，其中本机 PLC 负责堆料机走形、旋转等基本动作，主控 PLC 负责接收上级生产管理系统拆解后的生产订单，完成整个混匀料场所有设备协调工作。其中机上 PLC 安装在堆料机本地控制箱，并在司机室设操作面板和操作终端。主控 PLC 安装在主控楼电气室，通过光纤和 Profinet 网络协议与机上 PLC 通信。机上 PLC 与现场电气设备和编码器等采用模拟量信号或 Profibus 网络通信。系统硬件结构图如图2 所示。

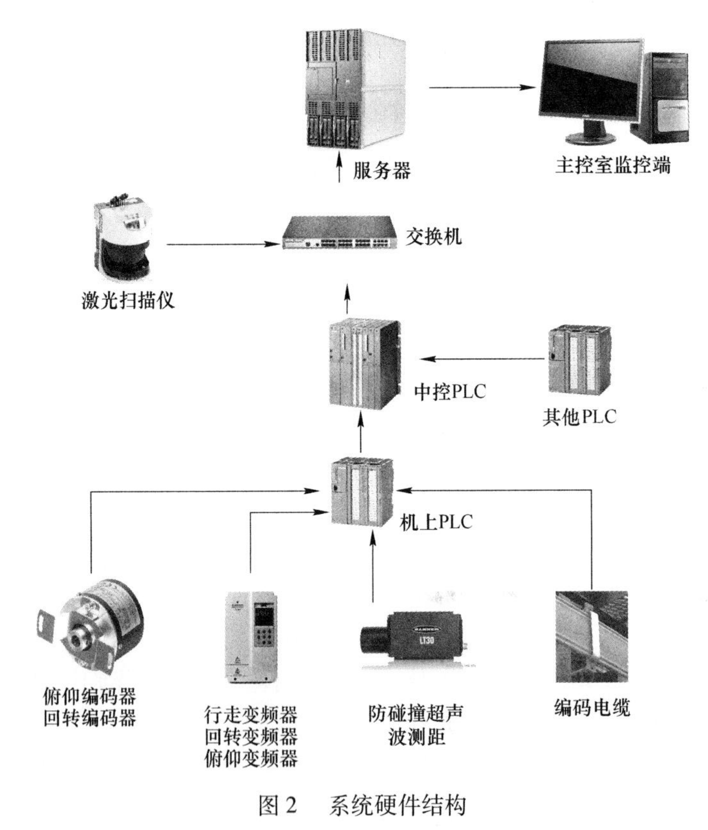

图 2　系统硬件结构

Fig. 2　Hardware structure of the system

5.2　软件结构设计

系统软件模块包括激光扫描仪模块、服务器模块、PLC 程序模块和数据库管理模块。其中激光扫描仪模块包括扫描仪和云台控制模块、三维数据采集模块、混匀料场三维计算模块、混匀料场三维数据接口模块；服务模块包括与铁前 MES 订单拆解和 PLC 系统之间的通讯；PLC 程序模块包括系统堆料机设备动作控制和操作端应用编程开发、数据管理模块包括生产数据记录、点云数据存储等。系统软件架构如图 3 所示。

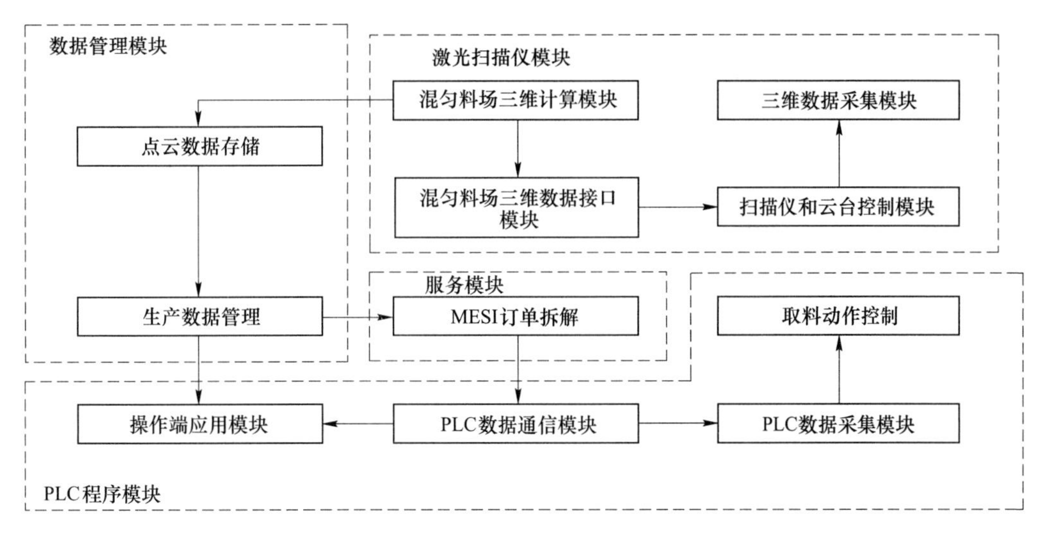

图3 系统软件结构

Fig. 3 Software structure of the system

6 结论

随着自动化与信息化网络技术的发展，钢铁企业原料场建设思路也有了新的转变。本系统针对河钢唐钢新区原料场混匀料场设计特点，设计了一套基于激光扫描技术堆料机全自动化运行解决方案。通过对扫描仪工作原理的分析，选取合适的滤波和模型重构方案。结合混匀料场基础自动化配置完成堆料机基本动作和安全运行防护，实现堆料机堆料过程中的全自动化运行、料堆三维模型展示和料堆库存盘点。为钢铁企业智能化料场建设提供技术基础。

参考文献

[1] 燕开文．钢铁企业原料场设计的环保要素［J］．山西冶金，2010，33（2）：34~35，55.

[2] 王新东．以高质量发展理念实施河钢产业升级产能转移项目［J］．河北冶金，2019（1）：1~9.

[3] 齐超群．圆筒混料机刮料装置的设计与应用［J］．河北冶金，2016（3）：30~31，43.

[4] 刘鹏飞．铝带冷轧机机列控制程序设计［D］．郑州：郑州大学，2017.

[5] 矫品仁．斗轮堆取料机自动化作业系统的研究［D］．大连：大连理工大学，2018.

[6] 李峰．基于激光三维成像的圆形煤仓堆取料机无人值守［C］．中国电机工程学会：2013年中国电机工程学会年会论文集，2013.

[7] 韩立民，刘岩．基于高精度定位技术的炼钢车间天车安全监控系统［J］．中国新技术新产品，2019（9）：9~10.

[8] 谭云月．基于点云数据的钢卷装卸自动定位系统的设计与实现［D］．重庆：重庆大学，2017.

圆型料仓堆料激光扫描控制系统的设计

韩立民

（唐钢国际工程技术股份有限公司，河北唐山 063000）

摘　要　钢铁企业原料系统库存盘点是钢铁企业生产物料管理的基础工作。针对人工测量计算模式所具有的时效性和准确性难以满足自动化原料厂建设要求的问题，根据河钢唐钢新区圆型料仓的工艺设计特点，设计了基于激光扫描仪的料仓堆料体三维扫描控制系统。通过激光扫描和体积重建，完成料堆体积和重量的测算，提高测量精度的同时，减少了人工的干预程度，可为精细化生产提供数据支撑。

关键词　激光扫描；料堆识别；库存盘点；堆取料机；体积重建

Design of Laser Scanning Control System for Stacking of Circular Silo

Han Limin

（Tangsteel International Engineering Technology Corp.，Tangshan 063000，Hebei）

Abstract　The inventory counting of raw material system is the basic work of production material management of steel enterprises. Aiming at the problem that the timeliness and accuracy of the manual measurement calculation model are difficult to meet the construction requirements of the automated raw material plant，a laser scanner-based three-dimensional scanning control system for the silo stack was designed according to the process design characteristics of the round silo in HBIS Tangsteel New District. Through laser scanning and volume reconstruction，the volume and weight of the pile have been measured to improve the measurement accuracy and reduce the degree of manual intervention，which can provide data support for refined production.

Key words　laser scanning；stock pile identification；inventory counting；stacker-reclaimer；volume reconstruction

0　引言

原料场是接受、贮存、加工处理和混匀钢铁冶金原、燃料的场地[1]。原料场接受来自厂外汽运、火运或海运的原、燃料，为高炉、烧结、球团和焦化车间提供原、燃料的供应和储存。随着环境压力的不断增大，原料场贮料区进行封闭化管理已成为原料场设计的基本要求之一。河钢唐钢新区旨在打造国内外技术先进、绿色环保的大型钢铁生产基地，对原料场的环境保护和整体自动化水平提出了新的要求。贮存海运焦煤采用圆型料场，直径为 120m，满仓存储量约为 13 万吨。圆型堆取料机的堆料能力为 3600t/h，取料能力为 1500t/h。其由取料部分、堆料部分和中心立柱组成[2]。堆料部分和取料部分以中心立轴为轴旋转，相对独立地进行堆、取料作业[3]。海运来煤经皮带、转运站以圆型煤仓上部进入，由悬臂完成卸料动作。刮板取料机通过角度的俯仰，配合供料皮带完成取料作业。

目前，钢铁企业圆型料场的库存盘点工采用人工测量计算的方法，操作规范性差，工作量大、工作环境恶劣，很难保证测量的精度。鉴于此，设计了一套基于三维扫描设备的圆型煤仓煤堆库存盘点系统，通过激光扫描和体积重建，计算圆型煤仓内库存量，提高盘库工作的精度和效率，为精细化生产提供数据支撑。

作者简介：韩立民（1968—），女，高级工程师，1990 年毕业于北京科技大学工业自动化专业，现在唐钢国际工程技术股份有限公司从事冶金行业控制系统设计工作，E-mail：hanlimin@tsic.com

1 三维料堆扫描方法

根据工作原理不同，目前火电厂、港口料场和冶金企业等资源生产单位所用料堆扫描方法可分为3种：

（1）摄像测量法：通过安装在不同角度的摄像头对料面进行拍摄取片，计算出料堆的表面特征点，匹配获得相应的景深图像，再根据算法形成料面形状的三维坐标，从而由体积计算料堆重量。该法投资较低，算法发展较快，但对于圆型料仓来讲，成像质量和光照易受环境的干扰，误差较大。

（2）超声波测量法：先将料堆分解为若干正方体，然后对每个料堆的高度进行超声波测量。该方法结构简单，原理易懂，但是在实际测量过程中，要通过增加测量次数来提高测量精度，难以满足时效性和自动化水平的要求。

（3）激光扫描法：通过激光对料堆表面进行测量，完成坐标转换后形成整个料堆的立体坐标系，根据微分方法计算料堆的体积，进而计算出仓储料重。该方法测量效率高，受环境干扰的影响程度较小，但是激光扫描设备成本相对较高[4]，而且这种方法是在默认料堆压实的情况下进行的，若料堆存在空洞，密度不一致，则会严重影响测量的精度。

2 扫描结果坐标转换

为了保证堆取料机正常工作，将激光扫描仪安装在卸料臂靠近卸料点的一端，随堆料机围绕轴中线旋转，完成对整个料堆平面的扫描。扫描过程中激光扫描仪360°旋转，建立了以自身为原点的极坐标值。将堆料臂的俯仰角度β、扫描仪安装点距中心轴位置L、堆料机旋转角度α和堆料机中心轴高度H考虑到公式中，设激光测得的由激光器到料堆表面的距离为d，扫描角度为θ，则得料堆以扫描仪为原点的极坐标公式为：

$$x_i = d\sin\theta \tag{1}$$

$$y_i = 0 \tag{2}$$

$$z_i = d\cos\theta \tag{3}$$

将坐标转换为以料仓左下角落（0，0，0）点，以竖直向上为z轴正方向的直角坐标系：

$$\begin{bmatrix} x_1 \\ y_1 \\ z_1 \end{bmatrix} = \begin{bmatrix} 0 & 1 & 0 \\ 1 & 0 & 0 \\ 0 & 0 & -1 \end{bmatrix} \begin{bmatrix} x_i \\ y_i \\ z_i \end{bmatrix} \tag{4}$$

激光扫描仪绕扫描周旋转γ后坐标：

$$\begin{bmatrix} x_2 \\ y_2 \\ z_2 \end{bmatrix} = \begin{bmatrix} \cos\gamma & \sin\gamma & 0 \\ -\sin\gamma & \cos\gamma & 0 \\ 0 & 0 & 1 \end{bmatrix} \begin{bmatrix} 0 & 1 & 0 \\ 1 & 0 & 0 \\ 0 & 0 & -1 \end{bmatrix} \begin{bmatrix} x_i \\ y_i \\ z_i \end{bmatrix} \tag{5}$$

考虑堆料机悬臂在z轴方向的俯仰角度β后的坐标：

$$\begin{bmatrix} x_3 \\ y_3 \\ z_3 \end{bmatrix} = \begin{bmatrix} 1 & 0 & 0 \\ 0 & \cos\beta & \sin\beta \\ 0 & -\sin\beta & \cos\beta \end{bmatrix} \begin{bmatrix} \cos\gamma & \sin\gamma & 0 \\ -\sin\gamma & \cos\gamma & 0 \\ 0 & 0 & 1 \end{bmatrix} \begin{bmatrix} 0 & 1 & 0 \\ 1 & 0 & 0 \\ 0 & 0 & -1 \end{bmatrix} \begin{bmatrix} x_i \\ y_i \\ z_i \end{bmatrix} \tag{6}$$

考虑扫描点到轴中心的距离，应坐标进行平移：

$$\begin{bmatrix} x_4 \\ y_4 \\ z_4 \end{bmatrix} = \begin{bmatrix} 1 & 0 & 0 \\ 0 & \cos\beta & \sin\beta \\ 0 & -\sin\beta & \cos\beta \end{bmatrix} \begin{bmatrix} \cos\gamma & \sin\gamma & 0 \\ -\sin\gamma & \cos\gamma & 0 \\ 0 & 0 & 1 \end{bmatrix} \begin{bmatrix} 0 & 1 & 0 \\ 1 & 0 & 0 \\ 0 & 0 & -1 \end{bmatrix} \begin{bmatrix} x_i \\ y_i \\ z_i \end{bmatrix} + \begin{bmatrix} 0 \\ L\cos\beta \\ L\sin\beta \end{bmatrix} \tag{7}$$

考虑取料机沿中心立柱的旋转角度α：

$$\begin{bmatrix} x_5 \\ y_5 \\ z_5 \end{bmatrix} = \begin{bmatrix} \cos\alpha & \sin\alpha & 0 \\ -\sin\alpha & \cos\alpha & 0 \\ 0 & 0 & 1 \end{bmatrix} \left(\begin{bmatrix} 1 & 0 & 0 \\ 0 & \cos\beta & \sin\beta \\ 0 & -\sin\beta & \cos\beta \end{bmatrix} \begin{bmatrix} \cos\gamma & \sin\gamma & 0 \\ -\sin\gamma & \cos\gamma & 0 \\ 0 & 0 & 1 \end{bmatrix} \begin{bmatrix} 0 & 1 & 0 \\ 1 & 0 & 0 \\ 0 & 0 & -1 \end{bmatrix} \begin{bmatrix} x_i \\ y_i \\ z_i \end{bmatrix} + \begin{bmatrix} 0 \\ L\cos\beta \\ L\sin\beta \end{bmatrix} \right) \tag{8}$$

考虑堆料机中心轴高度 H，对坐标系进行平移得到最终公式：

$$\begin{bmatrix} x \\ y \\ z \end{bmatrix} = \begin{bmatrix} \cos\alpha & \sin\alpha & 0 \\ -\sin\alpha & \cos\alpha & 0 \\ 0 & 0 & 1 \end{bmatrix} \left(\begin{bmatrix} 1 & 0 & 0 \\ 0 & \cos\beta & \sin\beta \\ 0 & -\sin\beta & \cos\beta \end{bmatrix} \begin{bmatrix} \cos\gamma & \sin\gamma & 0 \\ -\sin\gamma & \cos\gamma & 0 \\ 0 & 0 & 1 \end{bmatrix} \begin{bmatrix} 0 & 1 & 0 \\ 1 & 0 & 0 \\ 0 & 0 & -1 \end{bmatrix} \begin{bmatrix} x_i \\ y_i \\ z_i \end{bmatrix} + \begin{bmatrix} 0 \\ L\cos\beta \\ L\sin\beta \end{bmatrix} \right) + \begin{bmatrix} 0 \\ 0 \\ H \end{bmatrix} \tag{9}$$

3　体积模型的建立

料堆体积模型采用网格建模法，由激光扫描仪测量后得到点，相邻四个点向下作垂线与底部的交点组成一个正方形，该正方形面积为 ΔS，连接四个扫描点与底部正方形，形成以正方形为底面的不规则六面体。为简化模型结构，方便计算，将六面体上部四个点做差值计算，求出等效高度。

将不规则六面体近似转换成正方体，体积为

$$V = \Delta S \times h(i,\ j) \tag{10}$$

将切割后的不规则六面体体积相加，便可得出整个料堆的体积[5]：

$$V_T = \sum_{M}^{i=1} \sum_{N}^{j=1} V(i,\ j) = \sum_{M}^{i=1} \sum_{N}^{j=1} \Delta S h(i,\ j) \tag{11}$$

计算的精确程度与网格的尺寸在小成反比，但考虑到系统时效性和计算压力，应选取适量精度的网格进行计算。网格划分示意图如图 1 所示。

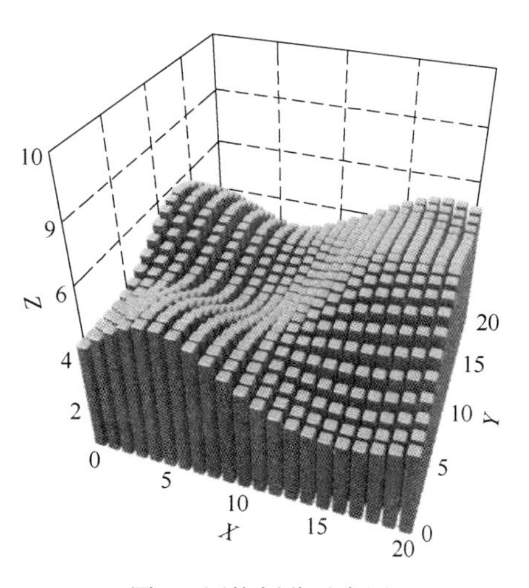

图 1　网格划分示意图

Fig. 1　Schematic diagram of meshing

4　系统设计

4.1　系统网络设计

基于三维扫描技术的圆型料仓料堆扫描识别系统由三维扫描仪、旋转云台、堆取料机控制系统、后台控制软件和相应网络设备组成[6]。三维扫描仪将测量距离和射线角度，如卸料臂俯仰角度、卸料臂旋转角度、旋转云台的旋转角度等数据，通过网络设备传递到后台控制软件，经矩阵及体积计算得出料堆体积。系统网络架构如图 2 所示。

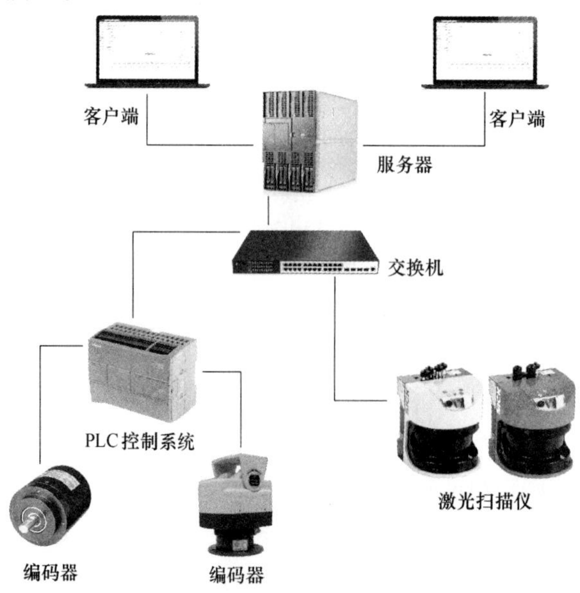

图 2　系统网络架构

Fig. 2　Network architecture of the system

4.2 系统网络设计

将三维扫描仪和云台安装在圆型堆取料机堵料臂前端，如图3所示。要求扫描仪的测量半径≥60m，测量精度在±25mm范围内。根据安装距离和高度测算，扫描仪的扫描角度至少达到120°。数据传输方面，扫描仪应具备以太网接口，以便将数据发送给后台系统。

堆取料机控制系统以西门子PLC为控制核心，在堆取料机的中间轴和俯仰轴上安装编码器，测量旋转及俯仰角度[7]，并通过以太网传递给后台控制软件进行体积计算。

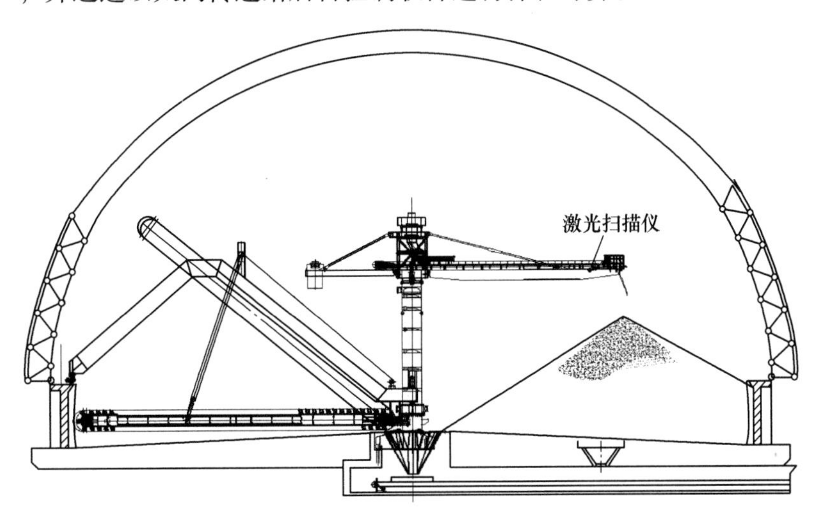

图3 扫描仪安装位置示意图

Fig. 3 Schematic diagram of the scanner installation position

4.3 系统软件设计

本系统将扫描仪和控制系统采集到的数据在上位机软件中进行计算，最终将圆型料仓的内料堆的实时料面形状、料堆的体积和重量等信息展示给用户。结合需求，将本系统软件分为三维展示、数据库管理、管理信息展示几个部分。其中管理信息包括料堆号、堆料比重、体积和重量等，软件信息应具备历史数据查询功能。系统软件架构如图4所示。

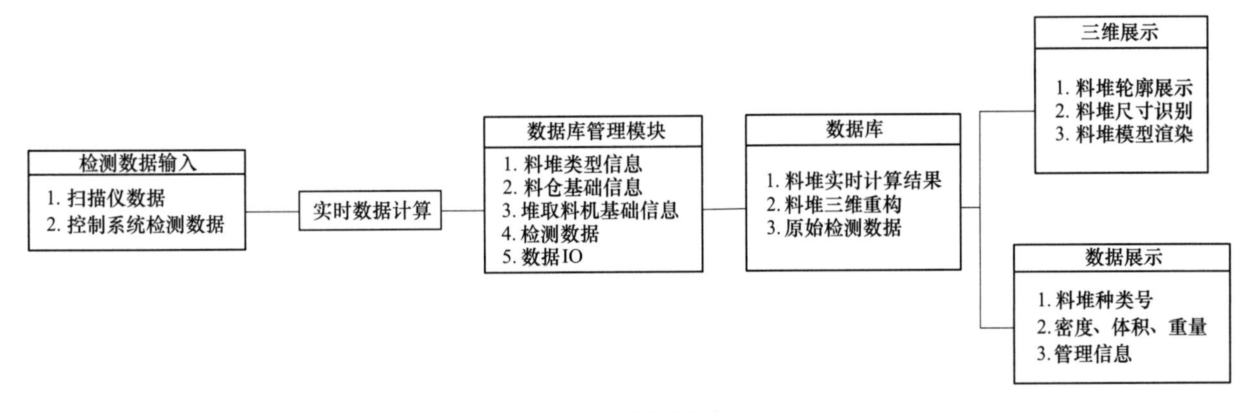

图4 系统软件架构

Fig. 4 Software architecture of the system

5 结语

随着计算机网络技术、自动化技术和模式识别技术的不断发展，对钢铁企业原料厂的管理水平提出了更高要求[8]。为解决河钢唐钢新区原料厂圆型料仓盘库的问题，提出了一套基于激光扫描的料堆识别系统。通过测距结果、云台及堆取料机的旋转角度，计算出料堆的体积和重量。该系统应用于圆型料仓盘库工作中，极大提高了料堆扫描及盘库的效率，减少了人工计算的不确定因素对料堆重量的影响，提高了测量精度，为河钢唐钢新区精细化生产提供了数据支撑。

参考文献

[1] 陈鹏 . 基于数据分析探讨原料场带式输送系统阻力及能源效率 [J]. 科学与信息化，2016，(31)：11~15.
[2] 王建波 . 圆形料场顶堆侧取堆取料机的选型及设计 [J]. 港口装卸，2015，(2)：11~14.
[3] 朱亮 . 圆形料场堆取料机安装工艺分析 [J]. 商品与质量，2019 (8)：134.
[4] 张汝婷 . 基于线激光扫描的全角度三维成像系统 [D]. 杭州：浙江大学，2015.
[5] 宋骏 . 某发射装置内流场数值模拟及结构改进设计 [D]. 南京：江苏科技大学，2015.
[6] 刘思宇 . 地面三维激光点云数据的配准研究及其应用 [D]. 南昌：东华理工大学，2014.
[7] 张耀东 . 喷煤磨煤机出力能力提升实践 [J]. 河北冶金，2019 (4)：36~39.
[8] 刘京瑞，冯帅，尹志华 . 高炉喷吹用煤合理配煤的研究与实践 [J]. 河北冶金，2019 (1)：14~17.

原料场自动化控制系统设计与应用

王 朔

（唐钢国际工程技术股份有限公司，河北唐山 063000）

摘 要 原料场是现代钢铁企业生产的重要环节。介绍了河钢唐钢新区原料自动化控制系统的硬件结构及软件功能。该系统是在 SIMATIC PCS7 平台下完成开发。通过现场总线、工厂总线和终端总线，构建起从现场设备至主控室的三级 C/S 网络架构。在 STEP 7 中采用 CFC 和 SFC 编程实现全流程物料跟踪、流程自动控制及混匀配料等智能化功能。

关键词 DCS；PCS7；流程控制；混匀配料

Design and Application of Automatic Control System for Raw Material Yard

Wang Shuo

（Tangsteel International Engineering Technology Corp.，Tangshan 063000，Hebei）

Abstract The raw material yard is an important link in the production of modern steel enterprises. In the paper，the hardware structure and software functions of the automatic control system for raw material in HBIS Tangsteel New District were presented，and the system has been developed under the SIMATIC PCS7 platform. Through field bus，factory bus and terminal bus，a three-level C/S network architecture from field devices to the main control room is constructed. Besides，CFC and SFC programming are applied in STEP 7 to realize intelligent functions such as full-process material tracking，automatic process control，and blending ingredients.

Key words DCS；PCS7；process control；blending ingredients

0 引言

原料场是接受、贮存、加工处理钢铁冶金原燃料的场地[1]。作为整个冶金工业的源头，原料场是现代钢铁企业生产的重要环节。河钢唐钢新区作为集团供给侧结构性改革和创新发展的重要实践，更是提出了建设无人化、智能化原料场的新要求。河钢唐钢新区原料自动化控制系统担负着整个原料作业区域内全部设备的控制任务，其稳定、智能、高效地运转至关重要[2]。本文重点对该系统的硬件结构及软件功能进行详细介绍。

1 系统硬件结构

唐钢新区原料自动化控制系统设计有 5 个 AS 站。其中 AS1 ~ AS4 使用西门子 410-5H 冗余 CPU，负责信号的采集，运算及输出。AS5 则采用单 CPU，负责与各个液压驱动系统 Spider 进行通信。各个 CPU 之间通过 CP443-1 建立 S7 连接。

为了保证在某个 AS 站停机离网时，不影响原料区域的正常作业，把互为备用的流程控制任务划分到不同的 AS 站。厂区内分布 13 个 PLC 远程站室，共计 102 个 ET200 分布式 IO 从站，通过 profinet 总线与中央控制器建立实时通讯，采集现场数字/模拟量信号，同时将控制信号送至现场设备[3]。

原料自动化系统上位机采用 C/S 架构，由 1 对 OS 冗余服务器承担所有的管理、维护和归档功能，5

作者简介：王朔（1992—），男，2018 年毕业于华北电力大学控制理论与控制工程专业，现在唐钢国际工程技术股份有限公司从事冶金控制系统设计工作，E-mail：jonathan260@163. com

台 OS 客户端置于中控室操作台用来控制工厂设备。OS 服务器通过工厂总线和终端总线分别与 AS 站和 OS 客户端相连，构建起从现场设备至主控室的三级自动化网络。工厂总线和终端总线通过 X308 和 X524 交换机构建起环网冗余结构。系统网络拓扑结构如图 1 所示。

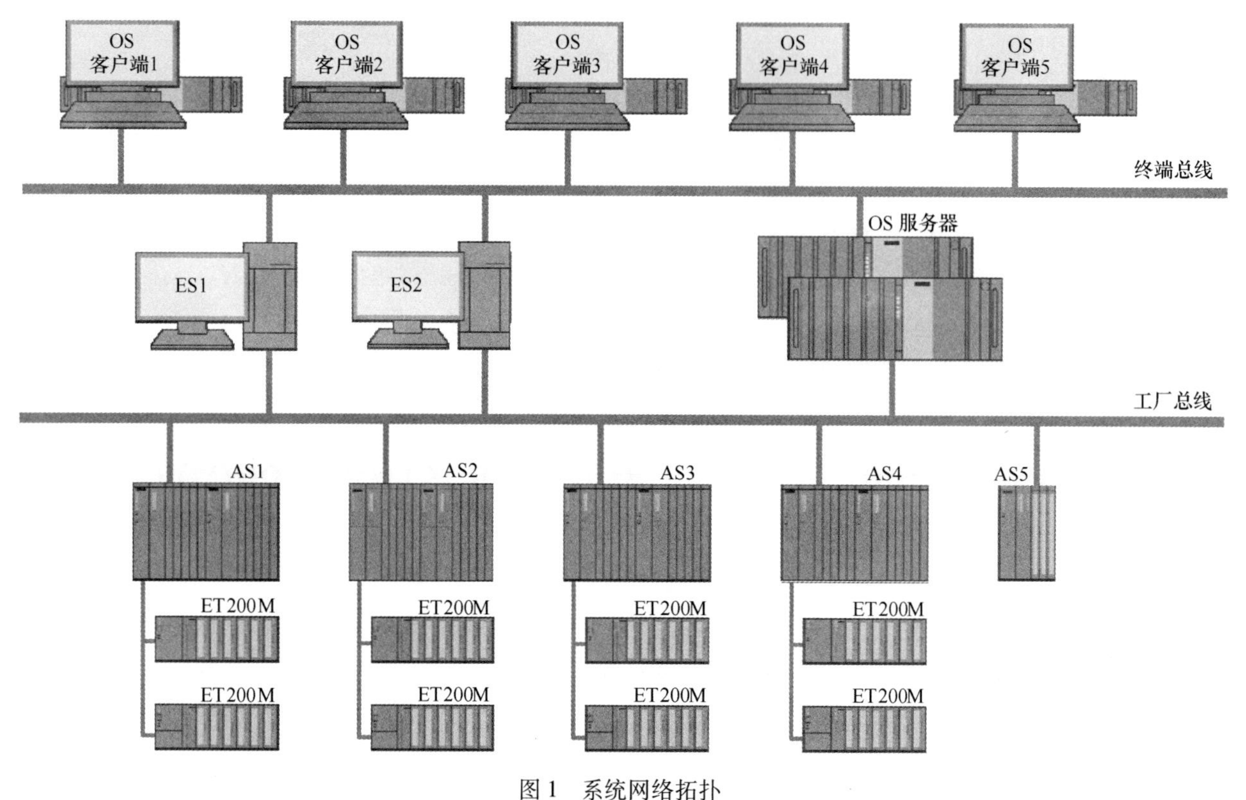

图 1　系统网络拓扑

Fig. 1　System network topology

2　软件功能开发

原料自动化控制系统采用西门子 SIMATIC PCS7 作为开发平台。其中集成了工控编程软件 STEP 7 和上位监控软件 WinCC 以及其他用于工程、组态、诊断的工具，而且支持丰富的库文件（本系统中使用了 APL 库及 CEMAT Mineral 库进行项目开发）。除单体设备的启停、连锁保护控制外，在 STEP 7 中使用 CFC 和 SFC 编程实现了以下功能。

2.1　全流程料流跟踪

每条流程中，仅在入口皮带安装称重装置，实时监测料量瞬时值，通过积分运算即可得到累积过料量[4]。由于每条皮带的长度及速度确定，且流程选定后上下游皮带对应关系唯一确定，忽略上游皮带经溜槽或分料器落料至下游皮带的时间，即可确定全流程皮带各段的瞬时料量，从而判断料头及料尾的实时位置，为流程的智能化控制提供数据支撑[5]。

2.2　流程控制

在工艺上，为了保障原料场在正常作业过程中能够检修设备、处理故障，尽可能为每条上料作业路径设计至少两条平行流程，互为备用，并且通过三通分料器，可逆皮带、梭式皮带等切向设备相互交叉[6]。

2.2.1　流程顺控

流程启动时，按原料输送方向，下游设备的运行信号作为上游设备的启动连锁条件，自下而上依次启动流程内设备；流程运行时，下游设备的故障停机会导致全部上游设备的连锁停机；流程顺停时，空料信号与上游设备的停机信号作为下游设备的停机连锁条件，自上而下依次停止流程内的空料设备；流程急停时，同时停止全部设备。

2.2.2 流程的选择与占用

河钢唐钢新区原料场担负着厂区内煤炭受卸，矿石溶剂入库作业、混匀配料及向高炉矿槽供料的生产任务。系统内共计 219 条上料流程，流程之间连锁占用关系复杂[7]。

在流程未启动之前需先进行流程选择，未选中的流程将不允许启动。当流程被选中后，所有其他与该流程有公共设备的流程处于被占用状态，不允许被选择。程序中采用流程矩阵的方式实现流程之间占用关系的连锁控制。设系统中共计 M 条流程，N 个设备。矩阵 X 表示流程与设备之间的包含关系。其若流程 i 中否包含设备 j，则矩阵中第 i 行 j 列元素 x_{ij} 为 1，否则为 0。

$$\boldsymbol{X}_{M\times N} = \begin{bmatrix} x_{11} & \cdots & x_{1N} \\ \vdots & \ddots & \vdots \\ x_{M1} & \cdots & x_{MN} \end{bmatrix} \tag{1}$$

具有公共设备的流程不能同时选择，根据矩阵 $\boldsymbol{X}$，可以得出流程间的占用关系。

$$\boldsymbol{Y}_{M\times M} = \begin{bmatrix} y_{11} & \cdots & y_{1M} \\ \vdots & \ddots & \vdots \\ y_{M1} & \cdots & y_{MM} \end{bmatrix} \qquad y_{ij} = \bigvee_{n=1}^{N} x_{in}\, x_{jn} \tag{2}$$

矩阵 $\boldsymbol{Y}$ 中，1 表示流程间互斥；0 表示流程相互独立，可以同时选择。

$$\boldsymbol{z} = [z_1 \quad \cdots \quad z_M] \tag{3}$$

向量 $\boldsymbol{z}$ 记录系统中全部流程的选中状态，当某一流程被选中后，相应的位置 1。对向量 $\boldsymbol{z}$ 与矩阵 $\boldsymbol{Y}$ 中的第 n 行（或列）元素按位进行逻辑或运算，即可判断流程 n 是否被其他流程所占用。

$$Occupied_n = \bigvee_{i=1}^{M} y_{ni}\, z_i = \begin{cases} 1, & \text{流程 } n \text{ 已被占用} \\ 0, & \text{流程 } n \text{ 未被占用} \end{cases} \tag{4}$$

每个 AS 站实时记录站内流程状态，将数据组织成 DB 块并通过工厂总线发送至其他 AS 站。流程顺停完成后，自动解除选中状态；急停时，保持选中状态，防止其他流程启动压料皮带导致混料事故。

2.2.3 流程自动切换

某些流程内设备数量众多，且多为长距离高运载量的高压变频启动式皮带。流程顺启时间甚至可达 10min。为了提供作业效率，同时减少频繁启停对设备造成损害，需要实现交叉流程间的自动切换功能。

流程之间公用下游设备，称之为“Y”字型交叉；公用上游设备，为“人”字型交叉。

对于“Y”字型交叉的流程间的切换，当流程 1 料量累计值达到设定值时，停止源头取料设备；当料尾未到达公共设备时，自上而下依次顺停流程 1 的空料设备；当料尾到达公共设备时，公共设备保持运行状态，自下而上依次顺启流程 2 的设备；流程 2 全部设备启动后，启动取料设备。至此完成从流程 1 至流程 2 的切换。

对于“人”字型交叉的流程间的切换，当流程 1 料量累计值达到设定值时，停止源头取料设备，同时自下而上依次顺启流程 2 内的下游设备；当料尾通过公共设备后，且流程 2 内的下游非公共设备全部启动时，切向设备（三通分料器、可逆皮带或梭式皮带）切换下料方向；自切向设备下游设备开始，依次顺停流程 1 内的下游非公共设备。至此完成从流程 1 至流程 2 的切换。

2.3 混匀配料

河钢唐钢新区原料场不仅承担着全厂原燃料的受卸及运输任务，还需为烧结提供成分稳定的混匀矿。原料场混匀配料槽内设有 24 个配料仓，用以储存不同的矿料，其中 15 个矿仓、5 个溶剂仓、4 个灰仓。对于矿仓和溶剂仓，对圆盘给料机变频器进行调速控制；对于灰仓，对配料秤进行调速。

变频器频率设定值可由人工给定，也可以采用 PID 计算得出。为了避免料量振荡较大，料仓开始出料后，先由人工手动设定频率值，当实际出料量偏差小于 20%后，切换至自动控制方式。控制系统流程如图 2 所示。

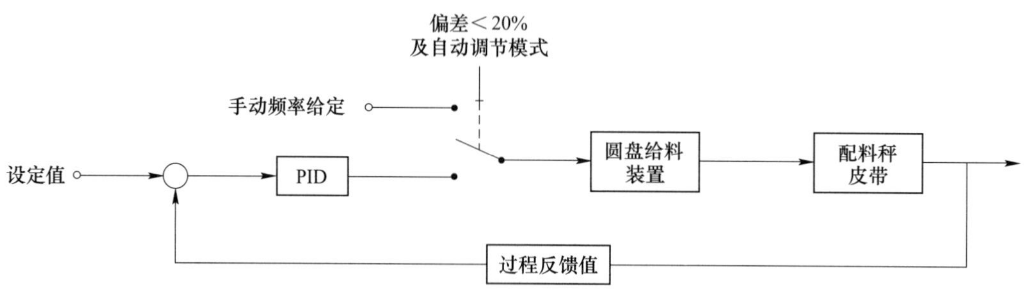

图2　出料控制流程图

Fig. 2　Flow chart of discharge control

在混匀配料槽出口皮带切换至工频运行后，根据每个仓的下料位置，间隔启动对应的圆盘给料机及配料秤皮带，完成矿料的一次混匀。出口皮带工频运行速度为2m/s（自东向西），各仓下料点间隔9m，从最东侧料仓开始，间隔4.5s开始下料。完成一次混匀后，通过皮带机将一次混匀矿运输至混匀料场进行二次混匀。混匀出料顺序控制状态转移图如图3所示。

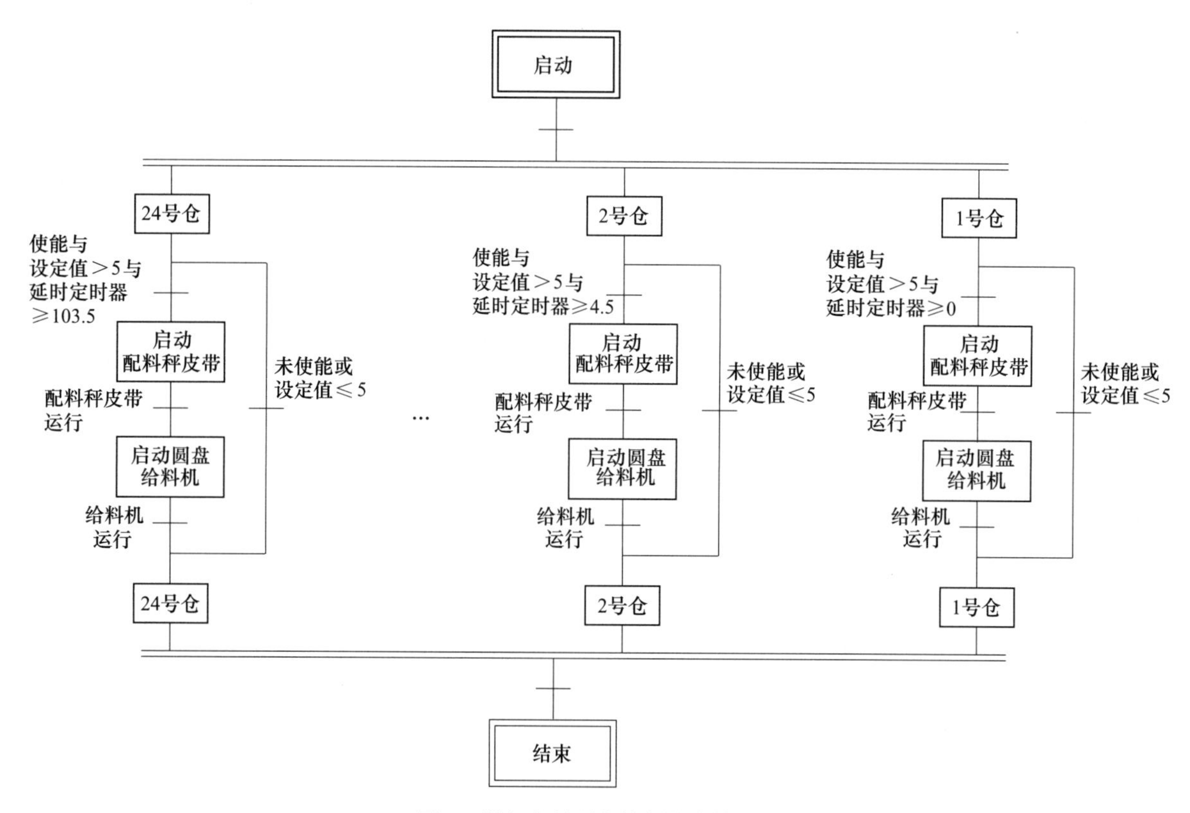

图3　混匀出料顺序控制状态转移图

Fig. 3　Sequential control state transfer of blending and discharging materials

混匀配料的物料配比可接受L2数据，也可根据不同物料的干湿比例及总出料速度设定由L1计算得出。根据物料配比，结合各配料仓贮存物料的料种及料位，选择相应的料仓进行配料。

由于某些矿料黏度较大，在下料的过程中容易产生悬料现象，导致出料量无法达到设定值，影响混匀矿的成分稳定。当料量反馈值与设定值相差达到3t/h并持续10s以上时，系统认为料仓悬料，切换贮存同种物料的其他料仓进行配料或同时停止所有料仓出料，从而保证混匀矿成分稳定[8]。

二次混匀在混匀料场内完成。混匀料场设计A、B两个料条。中间设置1台定臂回转式混匀堆料机，南北两侧各设置1台滚筒式取料机。正常作业时，一侧混堆，一侧混取。大机的基本动作，如走行及悬臂的俯仰、回转由机上PLC控制，主控系统负责接收上级生产管理系统拆解后的生产订单，完成整个混匀料场所有设备协调工作。机上 PLC 通过光纤与原料自动化系统建立通讯，并将现场云台摄像机采集到的视频图像以 Web Browser 的形式嵌入到上位机监控画面中，从而能够实现堆取料机的远程操作。

3 结语

河钢唐钢新区原料自动化控制系统通过对堆取料设备、混匀配料设备、破碎筛分设备以及整个输送系统进行控制，实现对整个原料车间生产作业流程的过程跟踪及控制。该系统经过调试后，于 2020 年 6 月正式投入运行。目前，该系统运行状况良好，各项功能均达到了设计要求，能够满足烧结、高炉系统对原料的需求。

参考文献

[1] 田鹏，李宝忠，董洪旺，等．河钢乐亭综合智能料场的设计特点［J］. 河北冶金，2020（S1）：44~47.

[2] 韩立民．混匀料场堆料机自动控制及扫描系统的开发［J］. 河北冶金，2020（S1）：107~110.

[3] 王艳龙，李玉光，阎孟虹，等．钢铁企业原料进厂调度信息系统智能化设计与研究［J］. 数字技术与应用，2020, 38（1）：135~136.

[4] 夏志明，王懿，丁腾，等．原料车间吊钩秤称重系统信息化改造［J］. 河北冶金，2019（5）：68~72.

[5] 王新东．以高质量发展理念实施河钢产业升级产能转移项目［J］. 河北冶金，2019（1）：1~9.

[6] 李旭．钢铁综合原料场的自动化控制及优化［J］. 科学技术创新，2018（10）：185~186.

[7] 邹六省．原料上料系统自动化控制的改造实施［J］. 水泥工程，2016（5）：60~63.

[8] 王东，安秀伟，李慧超，等．青特钢综合原料场智能化设计及生产实践［J］. 烧结球团，2016，41（2）：50~53.

第3章　焦　化

河钢唐钢新区焦化设计综述

王　军[1]，张宝会[2]

（1. 唐钢国际工程技术股份有限公司，河北唐山 063000；
2. 河钢集团唐钢公司，河北唐山 063000）

摘　要　为满足河钢唐钢新区焦炭的需要，在唐山佳华焦化厂区内建设了 4×60 孔 JNX3-70-1 型焦炉。介绍了主要的建设内容及焦化新技术的应用，主要包括上升管余热回收技术、煤调湿技术、HPF 脱硫制酸技术、负压脱苯技术、物料可控流体转运技术、交叉筛实现分级筛分技术和生化废水处理及电透析高浓度盐水处理技术等。设计中采用的先进的工艺技术和装备技术，遵循“先进、节能、降耗、环保、自动化水平高”的设计原则，具有品牌化、绿色化、智能化的特点，为环保全达标、能效全优化、生产全受控提供了坚实保障。

关键词　焦炉；干熄焦；煤气净化；脱硫脱硝；煤调湿；除尘

Summary of Coking Design for Tanggang New Area Project of HBIS

Wang Jun[1], Zhang Baohui[2]

(1. Tangsteel International Engineering Technology Corp., Tangshan 063000, Hebei;
2. HBIS Group Tangsteel Company, Tangshan 063000, Hebei)

Abstract　In order to meet the requirements of coke in HBIS Tangsteel New District, a 4 × 60 hole JNX3-70-1 coke oven was built in Tangshan Jiahua coking plant. This paper introduces the main construction content and the application of new coking technologies, mainly including riser waste heat recovery technology, coal moisture control technology, HPF desulfurization and acid production technology, negative pressure benzene removal technology, material controllable fluid transfer technology, cross screening to achieve grading screening technology, biochemical wastewater treatment and electro dialysis high-concentration brine treatment technology. The advanced process and equipment technology are adopted in the design, following the design principles of "advanced, energy saving, consumption reduction, environmental protection and high automation level". It has the characteristics of branding, green, and intelligent, which provide a solid guarantee for full compliance with environmental protection standards, full optimization of energy efficiency, and full control of production.

Key words　coke oven; coke dry quenching (CDQ); gas purification; desulfurization and denitrification; coal moisture control; dust removal

0　引言

为满足河钢唐钢新区焦炭的需求，对佳华焦化进行了破产重组，在厂区内新建了 4×60 孔 JNX3-70-1 型炭化室高 7.0m 复热式超大容积顶装焦炉。同时，配套建设 3×170t/h 干熄焦装置及 2×30MW 抽汽凝汽式汽轮发电机组、焦炉装煤出焦以及机侧除尘干式除尘地面站、烟道气脱硫脱硝装置、煤气净化装置、焦化污水深度处理等及配套公辅设施。

按照“品牌化、绿色化、智能化”建设目标，设计中采用国内已广泛应用的先进、成熟、可靠的工艺技术和设备；自动化控制水平遵循先进、实用、有效，有利于产品质量控制和安全生产，性价比高的原则；在工艺设备选择方面，采用先进的节能降耗技术，减少水、电、煤气、蒸汽等动力的消耗；同

作者简介：王军（1965—），男，高级工程师，1988 年毕业于河北化工学院化学工程专业，现在唐钢国际工程技术股份有限公司从事焦化设计，E-mail：wangjun@tsic.com

时，在满足焦炭及煤气质量要求的前提下，选择合适的工艺流程，力求取得较好的经济效益、社会效益和环保效益；贯彻治理三废、减少污染的原则，力求做到源头有效控制和末端高效治理相结合。

1　主要工艺及设备

1.1　备煤

备煤系统采用工艺过程简单、布置紧凑、操作方便的先配煤、预筛分后再粉碎的工艺流程，主要由解冻库、翻车机室、破碎机室、贮配煤库、筛分粉碎室、煤调湿、煤塔顶层以及相应的带式输送机通廊和转运站等组成。

（1）解冻库：长432m、宽12.24m，库内设两条铁路线，每条铁路线可容纳30节车厢，一次可容纳60节车厢同时解冻操作。采用高炉煤气在热风炉内燃烧产生的热废气为热媒。

（2）翻车机室：设2套C型翻车机作业线，可2节火车车厢同时卸煤作业，卸车后的炼焦煤通过带式输送机送至贮配煤库。

（3）破碎机室：设有4台ϕ1000mm×1000mm双齿辊破碎机，单台生产能力为400t/h，每两台为一组同时工作，单条料线破碎冻煤块的综合处理能力为700t/h。

（4）贮配煤库：设有双排各12个ϕ21m贮配一体式煤库，总贮量约为240000t。

（5）筛分粉碎室：筛分粉碎室设3台交叉式细粒滚轴筛，二开一备，筛分效率为80%，单台生产能力为400t/h。

（6）煤调湿：采用移动热风分布板式流化床煤调湿技术，设有2套生产能力为400t/h煤调湿装置，利用脱硫脱硝后焦炉烟气余热，可降低入炉煤水分2%~3%。

（7）煤塔顶层：设可逆回转布料机布料。处理后的装炉煤经带式输送机送至煤塔顶层后，经可逆回转布料机均匀布入煤塔中贮存[1]。

1.2　焦炉炉体

1.2.1　焦炉基本设计参数

采用JNX3-70-1型复热式分段加热顶装焦炉，焦炉炉体为双联火道、分段供空气加热及废气循环，焦炉煤气下喷、低热值混合煤气及空气均侧入，蓄热室分格及单侧烟道的复热式大型顶装焦炉。这是目前已投产的具有我国自主知识产权的单孔产能最大、技术最先进的超大容积顶装焦炉。焦炉基本设计参数如表1所示。

表1　焦炉基本设计参数

Tab.1　Basic design parameters of coke oven

名　称	数　量
炭化室孔数/个	4×60
单孔炭化室装煤量（干）/t	39.5
焦炉周转时间/h	26.1
焦炉检修时间	每天3次，每次1h
焦炉年工作日数/d	365
每孔炭化室操作时间/min	11.4
煤气产率/$m^3 \cdot t^{-1}$	320
装炉煤水分/%	10
全焦产率（干熄前，含焦粉）/%	76
每孔炭化室一次推焦量/t	30.02

1.2.2 炉体新技术

1.2.2.1 低氮节能燃烧技术

蓄热室分为煤气蓄热室和空气蓄热室，沿焦炉机焦侧方向分成18格，并在小烟道顶部设置可调箅子板，对各分格蓄热室的煤气和空气量进行调节，使加热混合煤气和空气在蓄热室长向分配更加合理，燃烧室长向的气流分布更加均匀，有利于焦炉长向加热的均匀性。

1.2.2.2 废气循环与分段加热相结合的组合燃烧技术

燃烧室由36个立火道，每2个火道构成双联火道，在立火道隔墙上部设有跨越孔，下部设有废气循环孔。将下降火道的部分废气吸入上升火道的可燃气体中，起到拉长火焰作用，有利于焦炉高向加热的均匀性，同时降低燃烧点的温度，减少氮氧化物的产生。

立火道空气分三段供入，在立火道底部设有煤气出口和空气出口，在立火道隔墙1/3处设置第二段空气出口，隔墙2/3处设置第三段空气出口。第三段出口断面可通过调节砖进行调节，进而改变第二段和第三段出口的空气分配比例，保证煤气燃烧充分，减低废气中氮氧化物含量和生成量。同时，利于高向加热均匀和焦饼成熟均匀。

斜道口调节砖和箅子板组合调节技术，减少调节工作量，调节焦炉长向加热均匀性更便捷，效率更高、均匀性更好；实现改变立火道高向和长向温度分布，降低炼焦耗热量。

1.2.2.3 单侧烟道技术

废气开闭器及烟道布置在焦侧，焦炉煤气和高炉煤气主管分别设在地下室的机侧和焦侧。单侧烟道技术既有利于改善焦炉地下室的操作环境、炉底横拉条弹簧的调节和炉体的气流分配，又有利于焦炉长向加热的均匀性。同时，单侧烟道废气开闭器数量减少一半，降低了日常生产维护的工作量，节省了部分土建和设备投资。

1.2.2.4 薄炉墙技术

炭化室墙面砖1、2火道和35、36火道厚度为95mm，其他炭化室墙面砖厚度为90mm，既提高了炉头火道的结构强度，又降低了焦炉加热的能耗及立火道温度，从源头上减少了氮氧化物的产生。薄炉墙导热性好，热效率高，提高了炭化室结焦速度[2,3]。

1.3 焦炉机械

1.3.1 焦炉机械配置

4×60孔JNX3-70-1型焦炉所需的焦炉机械配置如表2所示。

表2 焦炉机械配置

Tab. 2 Mechanical configuration of coke oven

名称	台数	
	操作	备用
装煤车	2	1
推焦机	2	1
拦焦机	2	2
液压交换机	4	0
电机车	2	2
炉门服务车	8	0

1.3.2 焦炉机械的主要性能及特点

全套焦炉机械按2-1推焦串序进行操作，配置的焦炉机械采用一键操作模式且可实现集中控制室远程控制。焦炉机械能实现手动操作、单元程序控制，所有操作机械均采用一次对位。推焦车、拦焦车、装煤车及电机车之间设置四车联锁，推焦车和电机车之间设有事故联锁装置，通过焦炉机械炉号识别、自动对位及作业管理系统传送来的作业计划和地址信号，各车辆能实现自动走行、自动对位。

各焦炉机械之间、焦炉机械与焦炉控制室之间、焦炉机械与除尘地面站之间，均采用无线通信，实现可靠的数据和信息传输。

配备的焦炉机械是在总结国内外焦炉机械操作经验的基础上，吸取国外各超大容积焦炉所使用的焦炉机械的先进技术，以提高操作效率、降低劳动强度和改善操作环境为出发点，以先进、安全、实用和成熟可靠为原则来进行设计和制造的，焦炉机械的高自动化水平、高可靠性和低维护量以及焦炉环保控制等方面均达到了国际先进水平。

1.4　干熄焦及发电

熄焦工序采用全干熄工艺，设有3台170t/h的干熄炉，不设湿熄焦备用。对干熄站来说，全年365天，全天24h连续工作。3套干熄焦轮流进行检修。干熄焦基本工艺参数见表3。

表3　干熄焦基本工艺参数

Tab. 3　Basic process parameters of CDQ

项　目	指　标
干熄站配置/$t\cdot h^{-1}$	3×170
允许最大装焦间隔时间/h	1.2
入干熄炉焦炭温度/℃	1000~1050
干熄后焦炭平均温度/℃	≤200
焦炭烧损率（计算值）/%	0.95
循环气体最大流量/$m^3\cdot h^{-1}$	269800
循环风机全压/kPa	11.6
进干熄炉循环气体温度/℃	130
出干熄炉循环气体温度/℃	900~980

干熄焦热力系统包括干熄焦锅炉、干熄焦锅炉给水泵站、干熄焦汽轮发电站、干熄焦区域管廊四个组成部分。干熄焦热力系统的生产能力见表4。

表4　干熄焦热力系统生产能力

Tab. 4　Production capacity of CDQ thermal system

名称	生产能力	备注
干熄焦锅炉	正常2×77.1t/h，3套运行3×51.4t/h	单台最大105t/h
锅炉给水泵站	220t/h	
汽轮发电站	2×30000kW	U=10500V

干熄焦汽轮发电站内设置2台CC30-8.83/4/1型抽汽凝汽式汽轮发电机组，相应地配置2台QFW-30-2发电机，其额定功率N=30000kW，额定电压U=10500V。

1.5　焦炉烟气脱硫脱硝

为满足唐山市钢铁、焦化超低排放环保要求，新建2套焦炉烟气脱硫脱硝装置。该装置采用SDS干法脱硫、中低温SCR脱硝工艺，脱硫脱硝后SO_2含量≤15mg/m^3（标态），NO_x含量≤100mg/m^3（标态），颗粒物≤10mg/m^3（标态）。

（1）主要设计参数：烟气量（41.14~44）×10^4/h，温度138℃，SO_2含量70mg/m^3（标态），NO_x含量500mg/m^3（标态），颗粒物30mg/m^3（标态）。

（2）脱硫脱硝的工艺特点：

1）工艺简单，成熟、可靠，运行成本低；

2）对烟气中 SO_2 和 NO_x 的波动范围适应能力强，脱除效率高；

3）脱硫脱硝产物不会产生二次污染；

4）所需原料来源稳定可靠；

5）所选催化剂适应温度范围广、NO_x 去除率高，SO_2 抵抗力强，SO_2/SO_3 转化率高，对灰分及热冲击力抵抗能力强。

1.6 焦炉装煤、出焦除尘及烟气治理

焦炉的装煤除尘、出焦除尘、机侧除尘均采用干式除尘地面站工艺。同时，对焦炉生产过程中产生的阵发性烟尘和连续性烟尘也采取了有效的治理措施。

JNX3-70-1 型 7m 焦炉是超大容积顶装焦炉，焦炉大型化使同等规模下需要的焦炉孔数大幅减少，连续性排放污染物与阵发性排放污染物大大降低。同时，焦炉机械配备了较完善的除尘设施，对环境的污染显著降低[4]。

1.7 煤气净化

煤气净化装置由煤气冷凝鼓风系统、脱硫单元、制酸单元、硫铵单元、蒸氨单元、终冷洗苯单元、粗苯蒸馏单元、油库单元组成。

煤气净化的总的工艺过程如下：荒煤气→气液分离器→初冷器→电捕焦油器→鼓风机→间冷器→HPF 脱硫塔→饱和器→终冷器→洗苯塔→净煤气→用户。

工艺特点为：

（1）初冷器采用高效横管冷却器，将煤气温度从 82℃ 冷却到 20~21℃，并配合焦油氨水乳化液洗萘工艺，可有效脱除煤气中的焦油、萘等杂质，确保后序设备无堵塞之患。

（2）初冷器顶部设有余热回收段，可有效回收荒煤气中的余热，余热水夏季送热力制冷系统；冬季采用循环氨水给供暖系统提供热源。

（3）初冷器下段补充的焦油氨水乳化液冷却至约 37℃ 后兑入冷凝液泵后喷洒管道，降低了低温水耗量，下段不易堵塞。

（4）采用新型高效的蜂窝式电捕焦油器，处理后煤气中焦油含量可控制在 $20mg/m^3$ 以下（4 台电捕焦油器全开），有利于后序设备的正常操作。

（5）采用以氨为碱源的 HPF 法脱硫工艺，三级脱硫，此法不但具有较高的脱硫脱氰效率，而且流程短，不需外加碱，催化剂用量少，操作费用低，一次性投资省，可保证湿法脱硫后煤气含 $H_2S \leq 20mg/m^3$（标态）。

（6）采用低品质硫磺和脱硫废液焚烧制酸工艺，“3+1” 两次转化，SO_2 转化率高，总转化率超过 99.9%，既提高硫的利用率又可满足越来越高的环保要求。

（7）选择喷淋饱和器法脱氨生产硫铵工艺。技术成熟可靠，脱氨效率高，可将煤气中的 NH_3 脱至 $0.03g/m^3$ 以下。

（8）蒸氨采用热泵工艺，减少了系统的蒸汽和循环水耗量，节省能源。

（9）煤气终冷采用间冷工艺（结构类似横管式初冷器），同直冷工艺相比，占地面积小，动力设备能耗低，运行费用省。

（10）粗苯蒸馏单元采用新型负压脱苯工艺。选择负压脱苯技术，在塔顶处设真空泵，以保证部分重要系统的负压要求。负压脱苯过程仅利用脱苯塔釜的高温热贫油作为热源，不使用直接蒸汽。设置过热蒸汽加热器代替常规的管式炉加热富油、电加热循环洗油再生系统，与传统工艺相比，本工艺技术充分对热量进行回收利用，并对脱苯塔供热点及供热方式进行了优化，能耗降低 20%以上[5]。

1.8 焦化污水的深度处理

焦化污水的处理采用北京今大禹环境技术股份有限公司焦化污水处理技术，设计废水处理能力为 360t/h，废水回收率≥90%。焦化废水主要由蒸氨废水、低浓度焦化废水、循环排污水组成。主要工艺

设施包括生化处理系统、深度处理系统、污泥处理系统。

（1）主要工艺过程为：

蒸氨废水→除油池→涡凹气浮机→溶气气浮机→综合给水调节池→生化池→催化氧化反应→脱泡气凝沉淀→锰砂过滤器→多介质过滤器→超滤装置→软化离子过滤器→反渗透装置→淡水

浓水→浓水反渗透装置→电渗析装置→超浓水

（2）主要核心技术及装置：

1）生化池：核心技术是序批式生物倍增。生化池由 SSND（间歇式同步硝化反硝化池）和 DBMP（反硝化协同生物倍增池）组成。

2）催化氧化反应塔：核心技术是均相催化氧化。催化氧化技术是集化学混凝、催化氧化及絮凝沉淀于一体的优良处理技术。

3）锰砂及多介质过滤：锰砂过滤器在垫层上设置穿孔曝气管道，填加除铁锰砂，通过降流过滤，主要清除悬浮物、机械杂质、有机物，降低水的浑浊度，吸附去除水中色度、余氯胶体及铁离子等。

4）超滤装置：超滤系统由自清洗过滤器、超滤装置、反洗系统、加药系统、化学清洗系统、超滤产水箱等组成。

5）离子交换器：核心技术是高效树脂软化。

6）EDR+RO 装置：核心技术是 EDRO 组合脱盐。EDRO 是一种将反渗透和电渗析有机联合使用的耦合技术，采用反渗透—浓水反渗透—电渗析连用工艺。

2　新技术及主要特点

2.1　上升管余热回收技术

由 650~850℃焦炉上升管荒煤气带出热通过上升管换热器装置内壁传热给换热器，换热器吸收热量与来自干熄焦的除氧水换热产生的汽水混合物通过汽水连接管道引至汽包，从汽包上部出来的饱和蒸汽并入用户蒸汽管网，预计吨焦生产 0.6MPa 蒸汽 100kg[5]。

2.2　煤调湿技术

煤调湿是利用废热对炼焦煤进行干燥的一项能源综合利用技术，利用现有的焦炉烟道废气的热能对煤料在流化床干燥器内进行直接换热，降低煤水分，可显著降低炼焦耗热量。采用煤调湿后，炼焦煤每降低 1%的水分，炼焦能耗就降低 62.0MJ/t 干煤。在保证焦炭质量的情况下，焦炉的生产能力可提高 10%。同时由于煤料中水分的减少可降低剩余氨水的产生量约 1/3，相应减少了蒸氨的热能消耗和废水的处理装置的生产负荷。采用煤调试工艺后还可改善焦炭质量。在不提高焦炉产能的情况下，焦炭的反应后强度 CSR 提高 1%~3%。

2.3　HPF 脱硫制酸工艺

利用脱硫废液与低品质硫磺制成浆液生产 98%浓硫酸，产品硫酸作为硫铵单元的原料，避免了脱硫废液的产生。

2.4　负压脱苯技术

采用能耗低、效率高的负压脱苯塔及再生塔，贫富油换热采用两级换热（之前为一级换热），并适当增加换热面积，尽量提高换热后富油温度，脱苯塔进料不再用管式炉加执。洗油再生采用电加热，不用管式炉加热，能耗低，费用低、运行稳定、设备投资小。

2.5　物料可控流体转运技术

通过无尘化节能转运系统的应用，提高运率的同时，降低物料破碎，减少粉尘排放，延长了皮带寿命。解决了堵料、撒料、漏料的问题，降低了除尘与驱动电力的消耗。

物料可控流转技术，是运用流体动力学将物料流与转运槽的冲击能量始终控制在最低水平，实现对物料流的方向、速度、冲击力的全程连续控制，即分别采用“物料低冲击角度”减小物料脱离送料皮带后与溜槽的冲击和“较低的相对速度及入射角度”减小物料接触受料皮带的冲击。焦炭平缓地进入转运溜槽中，而不是激烈地冲击，使得物料破碎情况得以改善，并且物料始终被溜槽内壁包裹，导致所有的细料被主物料流带走，从而降低产生的粉尘量。物料与皮带较低的相对速度和入射角，物料被平缓地送入受料皮带上，从而保证皮带免受物料或异物的冲击，有效减少导料槽、缓冲床、纠偏装置及其附件的使用，减少维护与清理。同时由于没有冲击，就避免了撒料和皮带跑偏现象，大幅降低对皮带的磨损，有效提高了皮带使用寿命。用小块陶瓷块替换铸石板黏结固定在溜槽上，延长了设备使用寿命[6]。

2.6 交叉筛实现分级筛分

“交叉筛”采用“动态筛孔”筛分炼焦配合煤，其特点是相邻筛轴上的筛片相互交叉，使组成筛孔的四面，两两相对做方向相反的“手搓式”运动，物料颗粒通过重力、摩擦力综合作用，带动其间的料层透筛。“动力筛”+刮泥板“自清理”使炼焦煤不粘、不堵。此“交叉筛”的应用避免了先配后粉工艺造成的粉碎不均匀、过粉碎的问题，减小了煤炭的粉碎量，降低了粉碎成本。

2.7 生化废水处理及电透析高浓度盐水处理技术

（1）生化废水处理采用改良 SBR 工艺。采用精细智能生物混氧反应床，此工艺由间歇式同步硝化反硝化池和反硝化协同生物倍增池两种工艺前后串联组成。

（2）为满足回水率（90%）要求，反渗透浓水进入浓水反渗透装置，经过脱盐处理后，淡水进入回用水池，浓水进入浓缩型 EDR 装置进一步浓缩，低盐水回流至 RO 浓水池回收处理。浓盐水进入超浓水池，由企业内部烧结拌料处理。

3 结语

河钢集团积极推行洁净绿色生产技术，在佳华公司焦化设计中应用的一系新工艺、新技术和新设备，为环保全达标、能效全优化、生产全受控提供了坚实保障。

选择 JNX3-70-1 新型 7m 焦炉，降低了优质炼焦煤资源消耗和污染物排放，提高了能源综合利用率，降低焦化生产成本，增强了企业竞争力；干熄焦、上升管余热回收、煤调湿等技术的应用，有效降低了吨焦能耗；烟道气脱硫脱硝、生化废水的深度处理、脱硫废液制酸等技术的应用，实现了废气、废水的全面减排，达标排放。

参 考 文 献

[1] 焦化设计参考资料［M］. 北京：冶金工业出版社，1980.

[2] 潘立慧，魏松波 . 炼焦新技术［M］. 北京：冶金工业出版社，2006.

[3] 于振东，郑文华 . 中国炼焦行业的技术进步［C］. 2008 年北京炼焦国际会议论文集，2008.

[4] 孙明，张秀珍 . 国内焦炉节能环保新技术应用评选［J］. 宁波化工，2013（1）：13~14.

[5] 张怀东，许宝先，安占来 . 焦炉上升管余热回收技术［J］. 冶金能源，2017，36（S1）：89~91.

[6] 姬福顺 . 7. 63m 焦炉生产运行及新技术应用介绍［C］. 2009 年北京炼焦国际会议论文集，2009.

7m 复热式顶装焦炉绿色环保新技术

马云鹏，郑双权

（河钢集团唐钢公司，河北唐山 063000）

摘　要　在国家钢铁产能优化、能源环保政策和河北省产业结构调整的前提下，充分考虑节能减排、绿色环保、人工智能等方面，建造了 4×60 孔 7m 复热式顶装焦炉。介绍了唐钢新区佳华焦炉的特点，在全干熄工艺的基础上，通过使用低碳节能燃烧技术、设备综合智能化技术、烟气治理技术、上升管余热利用技术及综合性节能新技术，焦炉氮氧化物排放浓度达到了国家及河北省超低限值排放标准，提高了焦化行业节能减排水平和焦炉技术水平。

关键词　焦炉；复热式；顶装；全干熄工艺；低碳；余热

New Technology and Application of 7m Green Coke Oven

Ma Yunpeng，Zheng Shuangquan

（HBIS Group Tangsteel Company，Tangshan 063000，Hebei）

Abstract　According to the national steel capacity optimization，energy and environmental protection policy and industrial structure adjustment in Hebei Province，a 4×60-hole 7m reheat top-loading coke oven has been built considering energy saving and emission reduction，green environmental protection and artificial intelligence. The characteristics of Jiahua coke oven in Tangsteel New District were introduced in the paper. Based on the full dry quenching process，the nitrogen oxide emission concentration of the coke oven has reached the national and Hebei Province ultra-low limit emission standards through the adopting the low-carbon energy-saving combustion technology，comprehensive intelligent equipment technology，flue gas treatment technology，rising tube waste heat utilization technology and integrated new energy-saving technology，which has improved the energy-saving and emission reduction level of the coking industry and the technical level of the coke oven.

Key words　coke oven；reheated；top-loading；total dry quenching process；low-carbon；waste heat

0　引言

焦炉炉龄平均在 25 年左右，焦炉一旦建成投产，其工艺和装备技术水平很难有根本性地提高。焦炉大型化是炼焦技术发展的基本趋势，与 7.63m 焦炉和 7.3m 焦炉相比，7m 焦炉技术成熟、可靠，投资成本低，建设周期短。同时，7m 焦炉最适宜中国炼焦煤资源特征，可多配入 7.5%的高挥发分煤，减低炼焦原料成本；生产的焦炭质量好，可满足超大型高炉所需的优质焦炭。

从焦炉所用的材料和砖型图设计考虑，60 孔 7m 焦炉具有炉体耐火材料易采购、制砖成品率高、炉体施工便于操作等优点。为适应炼焦技术发展趋势，满足环保节能新要求，实现企业可持续发展，园区项目在建焦炉优先选用新型 7m 焦炉。

1　7m 焦炉炉体结构特点

焦炉炉体为双联火道、分段供空气加热及废气循环，焦炉煤气下喷、低热值混合煤气及空气均侧

作者简介：马云鹏（1984—），男，工程师，2009 年毕业于内蒙古科技大学化学工程与工艺专业，现在唐钢佳华煤化工有限公司从事冶金焦化工作，E-mail：yunpeng217@163.com

入，蓄热室分格及单侧烟道的复热式大型顶装焦炉。表1为炉体主要尺寸。

表1 炉体主要尺寸

Tab. 1 Main dimensions of furnace body

参 数	尺寸（冷态）	有效尺寸（热态）
炭化室全长/mm	18640（17640）	18020
炭化室全高/mm	6980	6670
炭化室机侧宽/mm	512	500
炭化室焦侧宽/mm	572	560
炭化室平均宽/mm	542	530
炭化室有效容积/m^3		63.7
炭化室锥度/mm	60	
炭化室中心距/mm	1500	
燃烧室立火道中心距/mm	500	
每一燃烧室火道数/个	36	
装煤孔个数/个	4	

2 绿色环保新技术

2.1 低氮节能燃烧技术

2.1.1 蓄热室分格、箅子板可调技术

蓄热室分为煤气蓄热室和空气蓄热室，沿焦炉机焦侧方向分成18格，并在小烟道顶部设置可调箅子板，对各分格蓄热室的煤气和空气量进行调节。使加热混合煤气和空气在蓄热室长向分配更加合理，燃烧室长向的气流分布更加均匀，有利于焦炉长向加热的均匀性。

蓄热室小烟道气流分布数值模拟见图1。

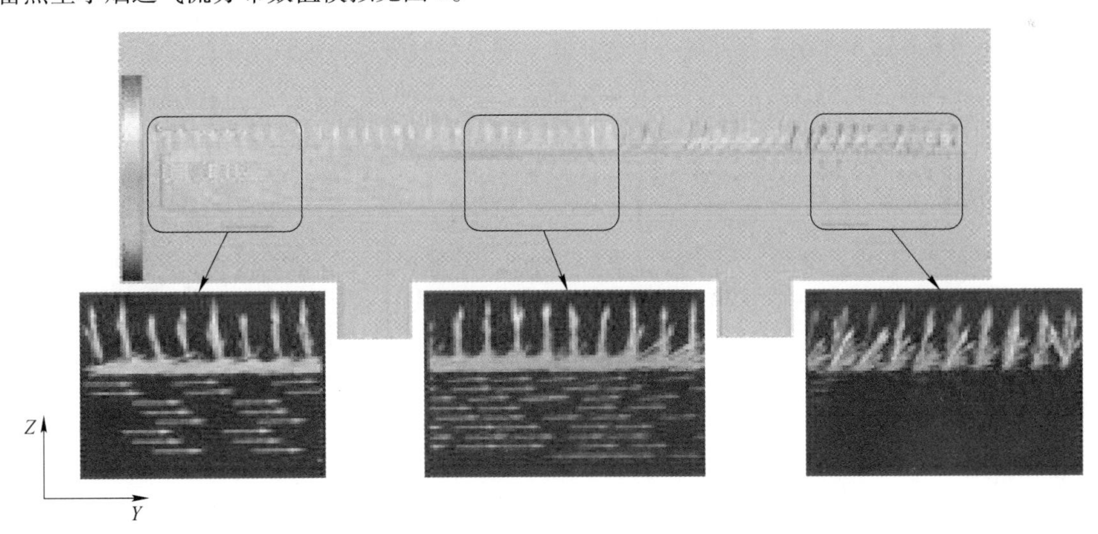

图1 蓄热室小烟道气流分布数值模拟图

Fig. 1 Numerical simulation of the airflow distribution in the small flue of the heat storage chamber

2.1.2 废气循环与分段加热相结合的组合燃烧技术

燃烧室有36个立火道，每2个火道构成双联火道，在立火道隔墙上部设有跨越孔，下部设有废气循环孔，如图2、图3所示。将下降火道的部分废气吸入上升火道的可燃气体中，起到拉长火焰作用，有利于焦炉高向加热的均匀性，同时降低燃烧点的温度，减少氮氧化物的产生。

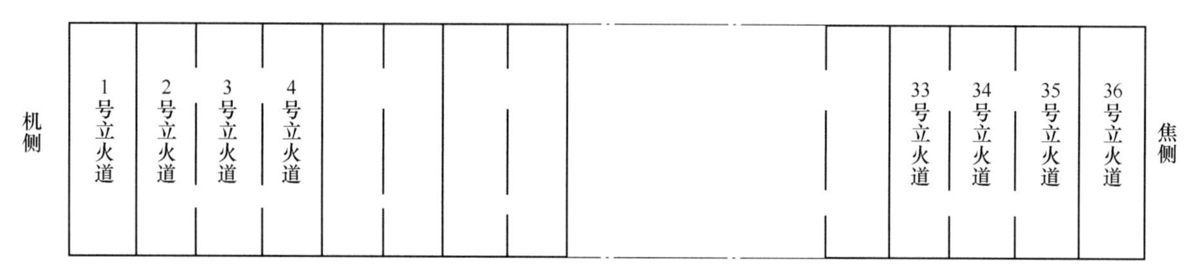

图2　立火道隔墙废气循环孔布置

Fig. 2　Layout of exhaust gas circulation holes in the partition wall of the standing fire channel

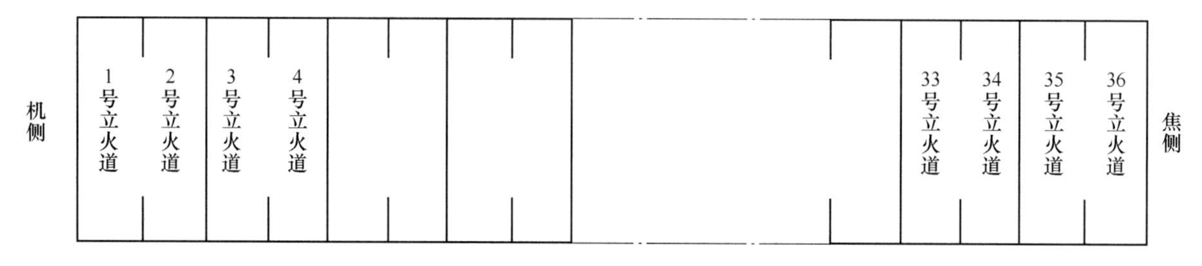

图3　立火道隔墙跨越孔布置

Fig. 3　Layout of the crossing holes in the partition wall of the standing fire channel

立火道空气分三段供入，在立火道底部设有煤气出口和空气出口，在立火道隔墙1/3处设置第二段空气出口，隔墙2/3处设置第三段空气出口。第三段出口断面可通过调节砖进行调节，进而改变第二段和第三段出口的空气分配比例，保证煤气燃烧充分，减低废气中氮氧化物含量和生成量。同时，利于高向加热均匀和焦饼成熟均匀。

斜道口调节砖和箅子板组合调节技术，减少调节工作量，调节焦炉长向加热均匀性更便捷，效率更高、均匀性更好；实现改变立火道高向和长向温度分布，降低炼焦耗热量。

2.1.3　单侧烟道技术

废气开闭器及烟道布置在焦侧，焦炉煤气和高炉煤气主管分别设在地下室的机侧和焦侧。单侧烟道技术既有利于改善焦炉地下室的操作环境、炉底横拉条弹簧的调节和炉体的气流分配，又有利于焦炉长向加热的均匀性。同时，单侧烟道废气开闭器数量减少一半，降低了日常生产维护的工作量，节省了部分土建和设备投资。

2.1.4　薄炉墙技术

炭化室墙面砖1、2火道和35、36火道厚度为95mm，其他炭化室墙面砖厚度为90mm，既提高了炉头火道的结构强度，又降低了焦炉加热的能耗及立火道温度，从源头上减少了氮氧化物的产生。薄炉墙导热性好，热效率高，提高了炭化室结焦速度。

2.2　焦炉设备综合智能化技术

2.2.1　焦炉机械

焦炉机械能实现手动操作、单元程序控制。所有操作机械均采用一次对位；推焦车、拦焦车、装煤车及电机车之间设置四车联锁；推焦车和电机车之间设有事故联锁装置。通过焦炉机械炉号识别、自动对位及作业管理系统传送来的作业计划和地址信号，各车辆能实现自动走行、自动对位。

各焦炉机械之间、焦炉机械与焦炉控制室之间、焦炉机械与除尘地面站之间，均采用无线通信，实现可靠的数据和信息传输。

2.2.2　焦炉加热控制系统

系统采用双泵、双阀系统并设有高压蓄能器，具有远程切换加热煤气种类功能。在煤气低压及烟道吸力不足时，可自动报警和切断煤气供应。设有交换传动断链监测报警安全装置，在烟道走廊两端设工业电视对交换开闭器风门、废气铊进行监视。

焦炉混合煤气加热时，机、焦侧边火道设有单独调节的炉头补充加热系统，以提高炉头温度。增设煤气管道低压事故时氮气补充系统及安全联锁设施，煤气主管末端设置泄爆装置，煤气管道上设置压力释放阀在管道超压时自动放散，保证加热系统的稳定性与生产操作的安全性。

焦炉换向集中润滑技术实现了交换传动装置中各交换旋塞自动集中润滑，降低了工人劳动强度；集气管设有自动放散点火装置以提高环保水平，上升管水封盖、水封阀的开闭和高低压氨水的切换全部采用气动执行机构，极大地改善了工人的操作环境。

2.3 烟气治理技术

设有装煤地面除尘站和出焦地面除尘站，机侧设置炉头烟除尘地面站取代传统的车载式除尘；煤塔下料口周围设有集尘管，将煤车接煤过程中逸散的煤尘收集至煤塔除尘地面站进行净化处理后排入大气；焦炉同步配套脱硫脱硝装置，采用 SDS 干法脱硫+中低温 SCR 脱硝工艺对焦炉烟气和装煤除尘烟气进行处理。

在各操作单元中采用源头减量+过程控制+末端高效治理技术，与6m焦炉相比，年产150万吨7m焦炉泄漏口数量减少了20%，密封面长度减少了13.3%，每天打开泄漏口次数减少了21%[1]，确保了污染物处理后排放浓度符合《炼焦化学工业大气污染物超低排放标准（河北省地方标准）》（DB13/2863—2018）排放限值要求（表2）。

表2 主要污染物排放浓度

Tab. 2 Main pollutant emission concentration

污染物排放环节	污染物	处理前浓度/mg · m^{-3}	处理后浓度/mg · m^{-3}	排放限值/mg · m^{-3}
装煤	颗粒物	—	≤10	10
	SO_2	—	≤50	70
推焦	颗粒物	—	≤10	10
	SO_2	—	≤30	30
焦炉烟囱	颗粒物	30	≤10	10
	SO_2	120（焦炉煤气）	≤15	30
		70（混合煤气）		
	氮氧化物	700~800（焦炉煤气）	≤100	130
		500（混合煤气）		

2.4 上升管余热回收利用技术

上升管换热器采用新型特殊材料，具有防漏水、防结石墨及防挂焦油三重功能，设有自动测温系统。上升管余热利用系统设置的 DCS 系统可与焦炉 DCS 系统建立通信，在焦炉主控室可以操作所有监视点及控制点。

荒煤气显热回收直接经济效益按年产300万吨焦炭计算，可产蒸汽30万吨/年，年产生经济效益3000万元左右。

2.5 综合性节能技术

（1）采取多种措施减少炉体散热。如蓄热室封墙由内而外分别用同部位耐火砖、不锈钢板、漂珠砖及新型保温涂料，保证砌体的高向膨胀量一致，减少封墙裂缝，确保封墙的严密性和隔热效果；炉顶采用滑动层结构，使炉顶部分的高温区和低温区各自滑动，减少炉顶冒烟窜漏，降低炉顶表面温度。

（2）蓄热室内分别码放黏土砖、硅砖和四层高铝砖，格子砖采用12孔和8孔结构，实现格子砖高效换热。

（3）采用节能型炉盖降低炉顶表面温度。

（4）采用浇注料型炉门内衬，在减少炉门散热的同时还大幅降低了炉门衬砖的维修量。

3 结语

河钢集团积极推行洁净绿色生产技术，在佳华公司化工园区项目中应用的一系新工艺、新技术和新设备，为环保全达标、能效全优化、生产全受控提供了坚实保障。新型7m焦炉降低了优质炼焦煤资源消耗和污染物排放，提高了能源综合利用率，降低焦化生产成本，增强了企业竞争力。作为全国首座7m焦炉新炉型，对促进我国焦化行业发展和技术进步及推广7m焦炉新炉型奠定了基础。

参考文献

[1] 孙明，张秀珍. 国内焦炉节能环保新技术应用评选［J］. 宁波化工，2013（1）：13~14.

[2] 王晓琴，唐福生. 炼焦工艺［M］. 北京：化学工业出版社，2009.

干熄焦排焦系统的优化

李文亮

（河钢集团唐钢公司，河北唐山 063000）

摘　要　针对唐钢新区佳华干熄焦排焦系统运行过程中可能出现的异物卡塞、石墨堵塞、设备磨损泄漏等故障，分析了新型旋转密封阀、双岔溜槽、可控流转运溜槽的特点，介绍了其在干熄焦排焦系统中的应用。通过采用非接触式迷宫密封和气密封双重密封结构、自动吹扫排灰装置、“L”型调节刀刃及“P”字型隔板，更换直板式双岔切换挡板为内凹弧形挡板，干熄焦排焦系统能够稳定运行。

关键词　干熄焦；排焦；旋转密封阀；双岔溜槽；转运溜槽

Equipment Optimization of CDQ Coke Exhaust System

Li Wenliang

（HBIS Group Tangsteel Company，Tangshan 063000，Hebei）

Abstract　According to the possible failures such as foreign matter jam，graphite blockage and equipment wear and leakage during the operation of Jiahua CDQ discharging system in HBIS Tangsteel New District，the characteristics of the new rotary sealing valve，double fork chute and controllable flow transfer chute were analyzed and their application in the CDQ discharging system was introduced in the paper. By adopting the non-contact labyrinth seal and air seal double sealing structure，automatic purge and ash discharge device，“L” type adjusting blade and “P” type partition，as well as replacing the straight-plate double-fork switching baffle with a concave arc baffle，the CDQ discharging system can operate stably.

Key words　CDQ；discharging；rotary seal valve；double fork chute；transfer chute

0　引言

干熄焦冷焦排出装置位于干熄炉的底部，由平板闸门、电磁振动给料器、旋转密封阀、除尘管道、排焦溜槽和运焦皮带等设备组成，其作用是将干熄炉下部已冷却的焦炭连续密闭地排出。

冷却后的焦炭由电磁振动给料器定量排出，送入旋转密封阀，在干熄炉内循环气体不向炉外泄漏的情况下，将焦炭连续地排出，排出的焦炭通过排焦溜槽送到带式输送机上输出[1]。

排焦装置在连续排焦的过程中，存在很多不利于连续运转的因素，比如干熄炉内掉入的异物卡塞旋转密封阀、机尾溜槽堵住多块石墨、设备磨损泄漏等，都容易导致排焦系统停止，检修处理时间较长，存在很大的安全隐患，对干熄焦的连续生产带来重大的影响[3]。

1　新型旋转密封阀的应用

旋转密封阀是干熄焦中的关键设备，安装在振动给料器下部，是一种带有密封性能的多格式旋转给料器，由带电动机的行星针摆减速机驱动旋转密封阀的转子按规定的方向旋转，连续旋转的转子将经电磁振动给料器定量排出的焦炭连续密闭地排出，需要良好的密封性及耐磨性。

现在国内大部分干熄焦使用的旋转密封阀，轴承设置在端盖与隔离腔内，因此需要确保隔离腔不得

作者简介：李文亮（1985—），男，2008 年毕业于兰州理工大学流体传动与控制专业，现在唐山佳华煤化工有限公司从事干熄焦工作，E-mail：396343698@ qq. com

有灰尘和焦炭小颗粒，如有灰尘和焦炭颗粒将严重影响轴承使用寿命，同时轴承紧挨隔离腔内，阀腔内的热气温度直接对轴承产生影响。由于对隔离腔内灰尘要求比较高，因此必须在转子与阀体之间的间隙通过铜环圆环密封装置和整体隔离腔内的气压组合成双重密封保护，以确保隔离腔内没有灰尘。自动给脂系统长期有效的要对铜环和阀体密封端面进行润滑。自动给脂系统在实际使用过程中存在着隐患，如加油脂含有空气气泡、寒冬对油路容易堵塞、压力达不到预设压力等原因，都能造成旋转密封阀润滑不好造成设备故障导致停机。密封槽上的密封环脱落，如卡在转子与壳体的间隙中，会导致旋转密封阀转子无法转动。阀体衬板、转子刀刃易磨损和脱落，影响密封效果，脱落还可能会卡到格式阀的缝隙造成停机[2]。

新型旋转密封阀具有以下特点：

（1）合理将轴承位移到阀体隔离腔外部：杜绝了阀体隔离腔内的焦粉和灰尘对轴承的使用影响，降低了阀体内腔热气对轴承的使用温度影响，同时降低了对阀体隔离腔内灰尘和焦炭颗粒的要求，因此取消铜环密封结构，设计为非接触式迷宫密封和气密封双重密封。为了防止隔离腔内进入小量灰尘，在隔离腔内设有吹灰阀和排灰阀组合成定期自动吹扫排灰装置。自动吹扫装置负责向旋转密封阀的隔离腔两侧密封腔的定时吹扫，主要由气源减压装置、控制阀、排灰阀和控制箱等组成。取消了自动给脂装置，只需要靠手动加油泵约2~7天给轴承加油一次就行。

（2）针对局部容易磨损的部件进行特殊保护，采用了“L”型调节刀刃，使转子顶端平面光滑无缝，解决了焦炭颗粒停留在转子顶端对阀体衬板与转子造成的挤压磨损。在阀体与转子“L”型调节刀刃之间设计一种阀体衬板保护装置，能有效切断焦炭块料，该保护装置与安装在阀体上缓冲器组成二次保护。采用“P”字型隔板，可以有效控制焦炭小颗粒在格子腔内推迟排出，减少了焦炭颗粒在排出时卡在转子与阀体衬板内造成第二次挤压磨损。采用“L”型调节刀刃和“P”字型隔离腔，转子叶轮衬板堆焊硬质合金耐磨复合板，大大提高了旋转密封阀的使用寿命。

2　双岔溜槽的改进

双岔溜槽安装在旋转密封阀出口下部，两条带式输送机的上方，通过电动缸推动改变双岔溜槽上挡板的角度，来控制焦炭流向对应带式输送机上，以保证干熄焦连续正常运转。双岔溜槽是由溜槽本体、切换挡板、衬板、集尘接口以及落料调整板等组成。

溜槽口安装的落料调整板，可在胶带输送机的宽度方向上移动位置。是改变通过双岔溜槽落到胶带输送机上的焦炭堆积山峰的位置，使焦炭堆积的山峰与胶带输送机的中心保持一致。分别调整两条胶带输送机上的落料调整板的位置，调整时一边移动调整板的位置，一边观察焦炭堆积山峰在胶带输送机上的位置，使它与胶带输送机的中心保持一致，调整后用螺栓固定落料调整板。

直板式的双岔切换挡板因焦炭下落的磨损，使用周期短，而此处作业空间狭小、衬板更换难度大，同时该区域为正压段，密封不严，会泄漏CO气体和粉尘，所以需在停机时完成挡板衬板更换。将切换挡板换用内凹的弧形挡板，在弧形的凹下区会存有焦炭，这样在焦炭下落的时候就形成“焦炭打焦炭”，下落焦炭不直接冲击翻板，大大减少了焦炭对切换挡板的磨损，延长了挡板的使用寿命。

3　可控流转运溜槽的应用

一般溜槽设计是中间部分是斜面、下段是直上直下的立面，溜槽挂有铸石板。由于溜槽高度差高，焦炭落差大，很容易被焦炭砸漏和磨漏，修补起来浪费人力物力，不适合连续生产的需要，并且焦炭容易在冲击点处堆积，造成挂料、堵料现象。

物料可控流转技术是运用流体动力学将物料流与转运槽的冲击能量始终控制在最低水平，实现对物料流的方向、速度、冲击力的全程连续控制，即分别采用“物料低冲击角度”减小物料脱离送料皮带后与溜槽的冲击和“较低的相对速度及入射角度”减小物料接触受料皮带的冲击。焦炭平缓地进入转运溜槽中，而不是激烈的冲击，使得物料破碎情况得以改善，并且物料始终被溜槽内壁包裹，这使得所有的细料被主物料流带走，从而降低产生的粉尘量。物料与皮带较低的相对速度和入射角，物料被平缓地送入受料皮带上，从而保证皮带免受物料或异物的冲击，有效降低导料槽、缓冲床、纠偏装置及其附件的使用，减少维护与清理，同时由于没有冲击，避免了撒料和皮带跑偏现象，大幅降低皮带的磨损，有效提高使用寿命。用小块陶瓷块替换铸石板粘结固定在溜槽上，延长了设备使用寿命。

4 结语

随着干熄焦技术的发展，国内焦化行业的技术水平逐步提高，全干熄操作模式将是新建大型钢铁联合企业干熄焦的操作模式，如何保证生产稳定成为提高熄焦效益的关键。排焦系统是干熄焦系统的重要组成部分，设备运行稳定与否直接影响着整个干熄焦工序生产的稳定和安全。因此，控制设备故障，延长设备使用寿命，在保证整个干熄焦系统稳定安全运行上具有积极作用。

参考文献

[1] 钱贵东. 干熄焦排焦系统的改进与完善［J］. 机电信息，2020（2）：48~49.
[2] 朱振环，刘元杰，亓国峰. 干熄焦排焦系统卡料分析判断与处理［J］. 莱钢科技，2018（3）：43~45.
[3] 王威. 干熄焦设备强制排焦系统的改造研究［J］. 本钢科技，2017（12）：10.

可控流-微动力一体化除尘技术在焦化的应用

王跃欣

（河钢集团唐钢公司，河北唐山 063000）

摘　要　针对唐钢新区佳华焦化转运站粉尘超标的问题，从粉尘产生和粉尘消除两个方面进行了详细分析，并对比了行业常用除尘技术的优缺点。从基本原理和技术特点进行考虑，认为可控流转运和微动力除尘一体化技术不仅可以增大原有皮带系统的运输能力，而且可减少皮带的破损，大大降低维护费用，可广泛应用于焦化厂转运站除尘。

关键词　可控流；微动力；除尘；焦化

Application of Integrated Technology of Dust Removal by Controlled Transfer in Coking Plant

Wang Yuexin

（HBIS Group Tangsteel Company，Tangshan 063000，Hebei）

Abstract　According to the problem of excessive dust at Jiahua coking transfer station in Tangsteel New District，a detailed analysis was made from two aspects of dust generation and dust elimination，and the advantages and disadvantages of dust removal technologies commonly used in the industry were compared. Considering the basic principle and technical characteristics，it is concluded that the integrated technology of controllable flow transfer and micro-dynamic dust removal can not only increase the transportation capacity of the original belt system，but also reduce the belt breakage and greatly lower the maintenance cost，which can be widely applied in dust removal at the transfer station of coking plant.

Key words　controllable flow；micro-power；dust removal；coking

0　引言

带式输送机又称胶带输送机，是一种借助物料与输送带之间的摩擦作用力以及物料内部的相互作用力，以不间断方式输送物料的连续输送机械。根据预设输送线路，物料从起始加料点不间断输送至末端卸料点。在焦化生产中主要用于煤和焦炭的运输。

传统旧式转运点多采用典型的“岩石箱”设计，或简单地将入口法兰与出口法兰连接成长方体密闭结构。这种设计普遍存在以下问题：

（1）粉尘大，工作环境恶劣，清理工作量大，耗水耗电。

（2）物料存在堆积、挂料、桥接、堵料的现象。

（3）冲击载荷大，物料降级明显，皮带磨损和损伤情况较多。

（4）皮带跑偏、洒料、带边损伤。

（5）转运设备磨损严重，寿命低。

作者简介：王跃欣（1979—），男，高级工程师，2005 年毕业于河北理工大学化学工程与工艺专业，现在河钢唐钢唐山佳华煤化工有限公司从事焦化技术管理工作，E-mail：wangyuexin@ hbisco. com

1 转运站粉尘超标原因分析

在焦化生产过程中，煤炭需要经过卸车输送、破碎、存储、配煤、筛分、粉碎等多个生产环节，并且通过带式输送机进行物料输送。按照《河北省焦化行业超低排放改造验收标准》和《河北省钢铁、焦化、电力行业深度减排攻坚方案》的最新环保要求，在传统转运站内经常出现粉尘超标，分析其原因主要为：粉尘产生量大、除尘效果差。

1.1 粉尘产生量大

1.1.1 煤料水分含量低

煤料中水分含量相对较低时，转运过程中煤流在头罩、落料管等位置经过数次碰撞，细小的粉尘颗粒从较大的煤块上剥离脱落，分离出来成为主要的粉尘来源。

1.1.2 高度落差大，输送带速度高

通常要实现物料流的多路输送，给料输送带和受料输送带之间必须存在一定高度差，才有足够空间安装分料器，并布置空间形式合理的落料管，以实现物料流输送方向的转换。当物料流与落料管、缓冲器、振动筛等设备发生碰撞时，细小颗粒就会剥离出来，长期悬浮在转运站设备中。如果转运站设备密封出现问题，这些细小粉尘颗粒就会逸出，对环境造成严重污染[2]。

1.1.3 末段落料管设计不合理

末段落料管设计不合理会造成受料输送带偏载和加速磨损。导料槽处防止粉尘外逸的关键部件是防逸裙边以及导料槽出、入口处的柔性挡帘，皮带偏载的同时，会导致裙边和挡帘的偏磨，导致粉尘逸出量增大。

1.2 除尘效果差

负压除尘系统的设计缺陷会导致除尘引风风速较低、漏风严重、除尘效果差。此外，在导料槽中经常无法形成合理流场，诱导气流夹杂粉尘颗粒不能按照设计流场运动，无法有效控制粉尘外逸。部分转运站层高不合理，通风效果更差，粉尘长期停留在转运站间内，造成环境粉尘超标[3]。

2 常用除尘技术

目前，国内外开发出很多先进除尘设备和除尘技术，主要分为湿式除尘和干式除尘。

2.1 湿式除尘

通过向尘源点喷洒液体，借助液体分子表面的湿润作用和吸附作用，捕捉细小粉尘颗粒，以达到防尘、除尘和降尘的目的。通常湿式除尘系统喷洒的液体为普通清水，但对于焦化来说，煤料中水分越大，炼焦能耗越高，同时存在投资大、运行成本高等缺点。目前，国内外湿式除尘技术主要有以下几种：

（1）冲击水浴喷雾降尘技术；

（2）雾化射流技术；

（3）蒸汽除尘技术；

（4）荷电水雾振弦栅技术；

（5）化学除尘技术，例如泡沫除尘或者是在除尘用水中加入诸如凝聚剂和粉尘黏接剂之类的添加剂；

（6）超声雾化除尘，使用超声雾化器能够形成高密度纳米级水雾，快速捕捉细小粉尘颗粒。

2.2 干式除尘

干式除尘主要是利用机械除尘设备收集粉尘颗粒，以实现除尘的目的。煤炭带式输送机转运站常用

的干式除尘器为袋式除尘器。随着行业对输送机输送量和粉尘控制的要求不断提高，新型袋式除尘器在滤袋设计、清灰方式和整体结构上不断做出改进，除尘效果不断改善[4]。

干式除尘的缺点是需要建立地面除尘站，不仅占地面积大、投资高，而且产生的除尘灰需要集中处理，否则会产生二次污染问题。

3　可控流转运与微动力除尘一体化技术

可控流转运与微动力除尘一体化技术从产生灰尘和除尘两方面入手，通过研究煤料转运过程的流体模型控制产生的灰尘量，同时从除尘方面研究除尘效果好、体积小、便于操作及安装的小型化设备，从而保证除尘效果达到环保要求。

3.1　工作原理

3.1.1　可控流转运技术

通过分析物料在送料皮带机头落至受料皮带转运全过程，根据流体力学建立物流模型，按照最小冲击原则建立新的物流转运模型，即分别采用“低物料冲击角度”减小物料脱离送料皮带后与溜槽的冲击和“物料与皮带较低的相对速度和入射角”减小物料接触受料皮带的冲击。可控转运物流模型如图1所示。

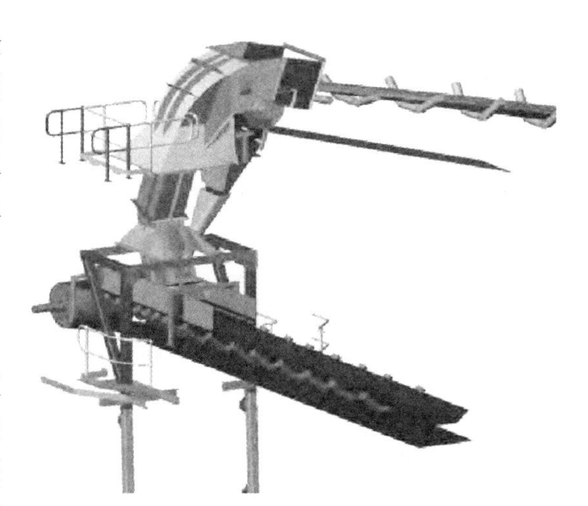

图1　可控转运物流模型

Fig. 1　Controllable transit logistics model

3.1.2　微动力除尘技术

物料转运时会产生粉尘，在给料皮带机头和受料皮带机尾安装一台微动力除尘器，粉尘从物料中散发出来，随皮带运动气流漂浮，经除尘器滤芯吸附过滤。当过滤滤芯外部吸附粉尘达一定值时，脉冲反吹式除去粉尘，吹掉粉尘会直接落入皮带物料上，如此反复循环达到除尘的目的。图2为微动力除尘模型。

图2　微动力除尘模型

Fig. 2　Micro-dynamic dust removal model

3.2　技术特点

3.2.1　可控流转运技术特点

(1) 由于可控流转运技术具有低物料冲击角度的特性，物料在整个系统运输中被平缓的输送，而不是激烈的冲击，使得物料降解最小化；并且物料始终被溜槽内壁包裹，这使得所有的细料被主物料流带走，从而降低灰尘量。

（2）由于物料与皮带较低的相对速度和入射角，物料被平缓地送入受料皮带上，从而保证了皮带免受物料或异物的冲击，无需缓冲床等易耗件，同时由于没有冲击，就避免了洒料和皮带跑偏现象，大幅降低对皮带的磨损，提高了皮带使用寿命。

（3）传统的方盒式转运溜槽的作用主要为封闭物料，在冲击点处物料容易停止移动，然后只能靠重力下落。当这种情况发生时，系统必须有足够的容积来存储移动速度很慢的物料。使用可控流转运技术时，由于物料流动速度被控制，物料在多处方向上可以保持在整个过程持续快速移动，从而可以大幅提高皮带的运力。

3.2.2 微动力除尘技术特点

（1）整个除尘装置均分布于除尘点上，无需建设地面站。

（2）净化捕集后的粉尘全部返回皮带，无二次污染。

（3）与布袋除尘工艺相比，设备运行费用大大降低，节约大量设备初期投资。

（4）操作简捷、维护方便、无占地、低能耗。

（5）依据现场工况实施设计，安装简捷，使用方便。

4 结语

可控流转运与微动力除尘一体化技术从粉尘产生根源和后处理两方面采取技术创新，解决了转运站粉尘不达标的问题，与传统工艺相比具有不可替代的优势。同时，该技术不仅可以增大原有皮带系统的运输能力，而且可减少皮带的破损，大大降低维护费用。

参 考 文 献

[1] 蒋巍．可控流转运系统的应用分析及研究［J］. 港口装卸，2015（4）：5~9.

[2] 胡晓英．宣钢焦化厂运焦除尘系统改造［J］. 宽厚板，2018（10）：29~31.

[3] 路伟．焦化厂运焦除尘系统粉尘治理［J］. 现代工业经济和信息化，2019（3）：55~56.

[4] 胡知春．7m 焦炉环保综合治理实践［J］. 河北企业，2016（8）：193~194.

上升管荒煤气余热回收利用技术在7m复热式顶装焦炉的应用

皇甫玮超

（河钢集团唐钢公司，河北唐山 063000）

摘　要　介绍了焦炉上升管荒煤气余热回收利用技术的国内外研究进展，重点分析了唐钢新区佳华煤化工有限公司4×60孔7m复热式顶装焦炉上升管余热回收利用系统的装置组成、工艺流程、控制要点等。该技术装置解决了焦炉在焦化过程中出现的漏水、挂焦油、结石墨等问题，可生产0.6MPa饱和蒸汽，年产直接经济效益2520万元，同时可节能减排，改善工作环境，增加焦油产量，社会效益显著。

关键词　上升管；荒煤气；余热回收；复热式；顶装；焦炉

Application of Waste Heat Recovery and Utilization of Rising Tube in 7m Reheating Top Coke Oven

Huangfu Weichao

（HBIS Group Tangsteel Company，Tangshan 063000，Hebei）

Abstract　This paper introduces the domestic and international research progress of waste heat recovery and utilization technology of coke oven rising pipe raw gas，and focuses on the device composition，process flow and control points of 4×60-hole 7m reheat top-loading coke oven rising pipe waste heat recovery and utilization system of Jiahua Coal Chemical Co.，Ltd. in HBIS Tangsteel New District. The technical device has solved the problems of water leakage，tar hanging and graphite formation in the coking process of the coke oven，and produced 0.6MPa saturated steam with an annual direct economic benefit of 25.2 million yuan. Meanwhile，it can also save energy and reduce emissions，improve the working environment and increase tar production with significant social benefits.

Key words　rising pipe；raw gas；waste heat recovery；reheat type；top-loading；coke oven

0　引言

炼焦煤在焦炉中被隔绝空气加热干馏，生成焦炭，同时产生大量挥发出来的荒煤气。从焦炉炭化室推出的950~1050℃红焦带出的显热占焦炉支出热的37%[1]，通过干熄焦技术回收；650~800℃焦炉荒煤气带出的显热占焦炉支出热的36%；180~230℃焦炉烟道废气带出热占焦炉支出热的17%，通过煤调湿或热管技术已回收利用；炉体表面热损失占焦炉支出热的10%。对于焦炭带出的显热，已有成熟可靠的干熄焦装置回收并发电，而目前焦化行业对荒煤气带出的显热，从20世纪70年代末期开始国内首先进行回收尝试，发展至今仍未研发出成熟、可靠、高效的装置。国内外通行的方法是喷洒大量氨水，使荒煤气冷却至85℃左右。采取合理技术措施，充分回收并利用这部分热源，既能增加企业的经济效益，节约能源，提升企业的社会效益，也符合国家相关节能减排政策。此外，还可以降低上升管外表温度，改善炉顶操作环境，降低集气管温度，减少初冷器用水量。

作者简介：皇甫玮超（1985—），男，工程师，2008年毕业于河北科技大学化学工程与工艺专业，现在河钢唐山佳华煤化工有限公司从事生产管理工作，E-mail：270050412@qq.com

1 国内外技术研发进展

（1）无回收焦炉或热电联产焦炉。

（2）日本日立公司2001年开始进行无催化氧化重整技术的研究，2004年日本煤炭能源中心开始进行COG重整技术的研发。

（3）日本用荒煤气显热对煤气进行高温热裂解或重整。

（4）济钢焦化厂用上升管做导热油夹套回收热量的试验。

（5）梅山钢铁公司用热管进行回收荒煤气带出热的试验。

（6）中冶焦耐工程公司在济钢进行显热锅炉与荒煤气换热的试验。

（7）利用上升管热量进行半导体发电试验。

（8）武钢焦化公司进行了以高效微流态传热材料做换热材质的半工业化试验。

唐山佳华煤化工有限公司建设两组4座共240孔4×60孔焦炉上升管余热回收利用系统，设计指标为0.12t/t以上，年工作制度为8760h。为充分利用焦炉荒煤气显热，上升管采用目前极为成熟的水夹套技术。

2 工艺流程

来自焦化水系统的除盐水进入除盐水箱，经除氧给水泵加压送至海绵铁除氧器，除氧后含氧量≤0.05mg/L，再由汽包给水泵加压送入2个汽包，经下降循环管进入对应强制循环水泵，加压送至焦炉区域。

由汽包送来的除盐水（≈150℃）经下降循环管进入上升管汽化冷却装置的水夹套下部入口，上升管内荒煤气带出的显热通过上升管换热器内壁传热给换热器，换热器吸收热量并与水夹套内的软水换热，水夹套内产生的汽水混合物（≈170℃，0.6MPa），沿上升循环管进入对应汽包，经过汽水分离，蒸汽进入分汽缸，送入外部热力管网；汽包内的水与给水混合后继续沿下降循环管进入上升管汽化冷却装置的水夹套内被加热，周而复始地强制循环。

汽包产生的蒸汽接至0.4~0.6MPa蒸汽管网。上升管汽化冷却装置汽包的连续排污水和定期排污水均排入定期排污膨胀器，再由定期排污膨胀器引入排污井降温后排入全厂排水管网。上升管内700~800℃的荒煤气经水夹套冷却至500℃左右，再经氨水喷洒进一步冷却之后经集气管、吸煤气管道送往煤气净化装置。图1为余热回收工艺流程。

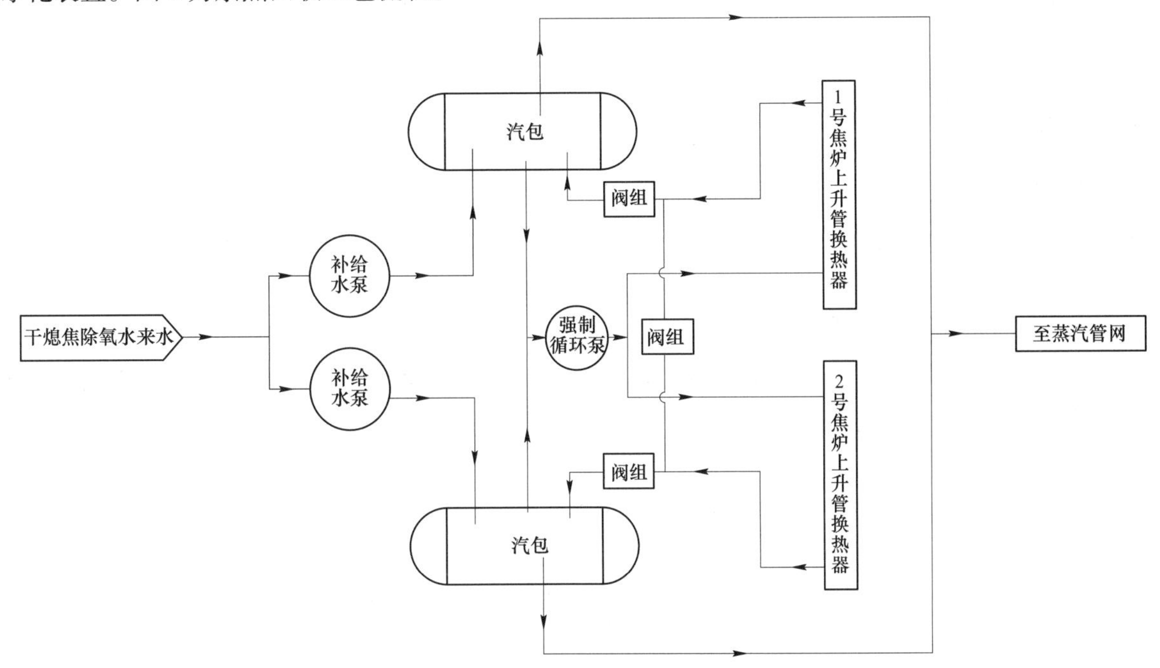

图1 上升管余热回收利用工艺流程

Fig. 1 The recovery and utilization process of rising pipe waste heat

2.1　上升管汽化冷却装置构成

对应每两座焦炉的上升管，设置上升管汽化冷却装置1套，4座焦炉共设2套（分别称为1号和2号）。每套可生产0.6MPa饱和温度蒸汽约17.94t/h，2套装置可生产0.6MPa饱和温度蒸汽约35.88t/h。水系统采用强制循环。每套装置由焦炉上升管夹套（见焦炉部分）、上升循环管、下降循环管、4台强制循环泵（2开2备）、2个汽包（1开1备）等组成。

2.2　上升管汽化冷却装置设备布置

上升管汽化冷却装置布置在焦炉焦侧的空地，汽包布置在露天平台上，强制循环水泵布置在汽包平台下方的汽包给水泵站内。

汽化冷却装置的上升循环管、下降循环管的路由为：焦炉→煤塔→拦焦机顶部→焦侧集尘干管上方→汽包，采用独立支架和沿上述设施架空敷设。

2.3　上升管汽化冷却装置主要控制要求

为实现余热回收系统的自动控制及安全操作，采用DCS自动控制系统。控制系统设在焦炉控制室，满足《锅炉安全技术监察规程》（TSGG 0001—2012）的要求，具有根据汽包水位、蒸汽流量进行双冲量调节、汽包高低液位自动报警、汽包超压保护等功能。

上升管汽化冷却装置的强制循环水泵采用变频控制，根据上升循环管的入口流量控制水泵转速。

2.4　汽包给水泵站

为满足本工程上升管汽化冷却装置用水需要，每套上升管汽化冷却装置各设置汽包给水泵站1座，共2座。每座汽包给水泵站均布置在相应上升管汽化冷却装置汽包平台下方，以节约占地量和成本。每座汽包给水泵站内包括2台汽包给水泵、2台除氧给水泵、1台反洗水泵、1台海绵铁除氧器、1个除氧水箱及1个除盐水箱等设备。

为防止汽包氧化腐蚀，需采用海绵铁除氧器对汽包给水进行除氧。为了监测水的指标（pH值、电导率、溶解氧、PO_4^{3-}等），对汽包给水、炉水进行人工取样，并送公司检化验中心检测。

汽包给水泵站采用DCS自动控制系统，控制系统设在焦炉控制室。

3　经济效益

利用焦炉上升管荒煤气余热回收利用装置可生产0.6MPa饱和蒸汽，供煤调湿、供暖、工厂等其他能源利用。同时根据业主需要，可进行一定调整获得需求蒸汽参数，以满足工厂实际需求。

（1）直接经济效益：年产生直接经济效益2520万元。

（2）工序能耗收益：吨焦降低工序能耗大于8~10kg（标煤）。

（3）后序工序能耗收益：荒煤气温度降低近35%，减少循环氨水循环量20%~30%；循环氨水泵电机将减少电耗20%~30%；进入蒸氨系统的剩余氨水也相应减少约15%~30%；减少循环水系统电耗和补充水消耗。

（4）减碳收益：焦炉年240万吨焦炭产量、可产饱和蒸汽21万~25万吨，折合标煤2.02万吨，可减排CO_2 5.04万吨、减排SO_2 0.149万吨、减排NO_2 0.074万吨。

（5）改善焦炉炉顶操作环境：焦炉炉顶上升管表面温度由260℃降低到50℃，减少了热辐射，改善了职工操作环境；更换上升管基本不需要清焦，节约人工成本50%。

（6）增加焦油产量：根据已运行项目经验，焦油产量约增加0.1%，按年300万吨焦炭产量，焦油产量约为12万吨，即每年增产焦油120t，按市场价2000元/吨计算，产生效益约24万元/年。

4 结语

利用焦炉上升管荒煤气余热回收利用解决了焦化过程漏水、挂焦油、结石墨的问题，生产操作得到了优化，上升管内壁周期内结石墨较少，节省了劳力，降低了劳动强度，同时也解决了上升管盖打开时黄烟污染环境的问题。高效回收炼焦过程中荒煤气产生的显热是焦化企业节约能源、创建绿色焦化、节能减排的方向和潜力，也是降低能耗、提高效率的主要途径之一，具有较强的示范意义。

参 考 文 献

[1] 张怀东，许宝先，安占来．焦炉上升管余热回收技术［J］. 冶金能源，2017，36（S1）：89~91.

回声状态网络在唐钢佳华焦化厂配煤炼焦中的应用

聂宇航

（唐钢国际工程技术股份有限公司，河北唐山 063000）

摘　要　为提高焦炭质量，利用数据驱动的方法，结合唐钢佳华焦化厂的实际生产数据，采用回声状态网络模型，将煤种配比对焦炭质量的影响进行建模并预测。结果表明，回声状态网络建模的命中率高，且平均相对误差小，可以更好地指导配煤炼焦生产。

关键词　炼焦；配煤；预测；回声状态网络

Research on Echo State Network in Tangsteel Jiahua Coal Blending and Coking in Coking Plant

Nie Yuhang

(Tangsteel International Engineering Technology Co., Ltd., Tangshan 063000, Hebei)

Abstract　In order to improve the quality of coke, combing with the actual production data of Tangsteel Jiahua Coking Plant, a data-driven method and an echo state network model have been used to model and predict the impact of coal type ratios on coke quality. The results show that the echo state network modeling has a high hit rate and a small average relative error, which can better guide coal blending and coking production.

Key words　coking; coal blending; prediction; echo state network

0　引言

焦炭是钢铁企业生产的重要原料，将不同类型煤种（如焦煤、肥煤、瘦煤）按一定比例配成混合煤后进行高温干馏并产生荒煤气的过程即为炼焦过程[1]。配比的准确性以及配料系统的可靠性对焦炭产品的质量至关重要。因此，优化配煤比例对提高焦炭质量意义重大[2]。

目前我国焦化厂配煤过程大多依据人工经验进行判定，工人根据料种检测结果，控制给料机料量，形成混合煤。这种配料方法对操作工人要求较高，需要多年相关工作经验的工人才能给出相对准确的配比方案。因此基于人工经验的配料方案，难以满足物料稳定性要求。为此，提出一种基于回声状态网络的配煤炼焦解决方案，通过对配煤过程自动控制，提高配煤精准度，降低焦炭成本，减少人工干预和劳动强度。

1　总体设计

针对炼焦过程强耦合、大滞后、非线性的特点，利用现场实际生产数据进行建模，首先对数据进行预处理及相关性分析，确保数据可用；然后选择与焦炭质量高度相关的 5 个变量作为网络建模的输入，抗碎强度作为网络输出，建立回声状态网络预测模型。

利用数据驱动结合回声状态网络建模的方法，基于唐钢佳华焦化厂的实际生产数据，将煤种配比对焦炭质量的影响进行建模并预测，整个炼焦过程是一个强耦合、大滞后的过程，具有非线性的特点[3]，导致很难建立精确的数学模型。因此，本研究只针对混合煤指标以及煤种配比，不考虑焦炉加热过程对焦炭质量的影响，即认为炼焦是一个相对稳定的过程[4]。

作者简介：聂宇航（1991—），女，硕士，工程师，2017 年毕业于内蒙古科技大学控制科学与工程专业，现在唐钢国际工程技术股份有限公司主要从事自动化设计、三维设计工作，E-mail：nieyuhang@ tsic. com

配煤炼焦过程及其相应的主要性能指标如图1所示。

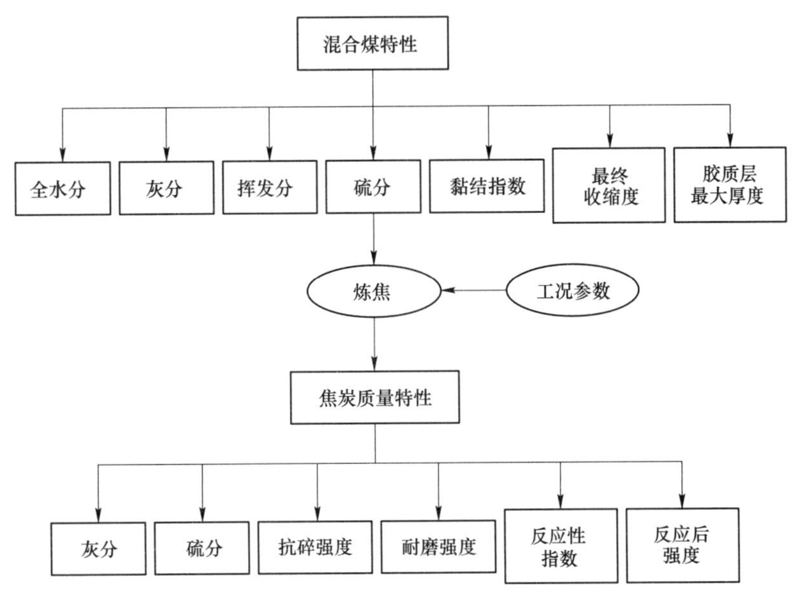

图1　配煤炼焦过程及其相应性能指标

Fig. 1　Coal blending and coking process and its corresponding performance indicators

2　回声状态网络

回声状态网络基本模型是递归神经网络的一种，最早由学者Jaeger提出，在其他领域中已经有过较好地应用[5]。实践表明，回声状态网络简单高效、训练时间较低且辨识精度高[6]，且由于其训练时储备池网络随即生成并且不会改变，所以响应速度快，操作简单，只需调整输出权值[7]。其网络结构图如图2所示。

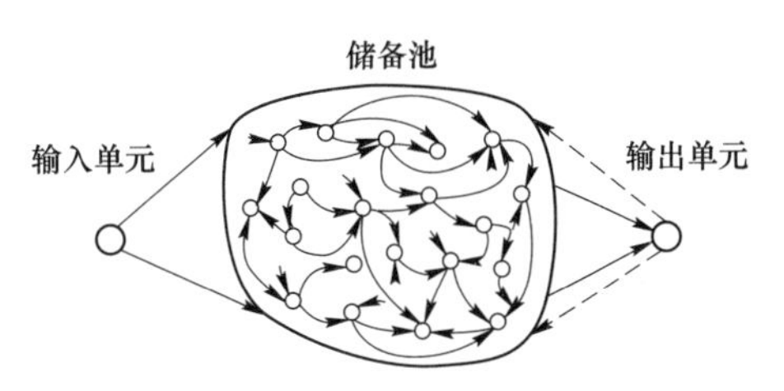

图2　回声状态网络结构

Fig. 2　Echo state network structure

3　模型验证

采集唐钢佳华焦化厂炼焦炉6个月的7个自变量数据包括混合煤的全水分、灰分、挥发分、硫分、黏结指数、最终收缩度、胶质层最大厚度，以及6个因变量数据包括焦炭的灰分、硫分、抗碎强度（M25）、耐磨强度、反应性指数、反应后强度。采用回声状态网络建立焦炉火道温度的数学模型。

模型验证过程包括数据预处理及网络建模两部分[8]。

3.1　数据预处理

现场采集的原始数据受到多种因素的影响存在不完整、有异常的数据，直接使用会影响预测结果的准确性，因此数据预处理就显得尤为重要。

数据预处理包含异常值剔除，缺失值补足，相关性分析等步骤。

3.1.1　异常值剔除

格拉布斯准则法（Grubbs）在实际应用中被证实是一种异常值剔除的有效方法[9]。

格拉布斯准则法的原理是：一组重复测试的 n 个数据中，残差 μ 的绝对值最大值为可疑值 x_b，在给定置信区间 $p=0.99$ 或 $p=0.95$，也就是显著水平 $\alpha=1-p=0.01$ 或 0.05 时，满足下式，则可以判定 x_b 为异常值：$\frac{\mu}{s} \geqslant G(\alpha,\ n)$（$s$ 为实验标准偏差，$G(\alpha,\ n)$ 查格拉布斯准则的临界值表，$n \leqslant 30$），当 x_b 剔除后，以上述方法继续计算、判断，直到 $\frac{\mu}{s} < G(\alpha,\ n)$ 为止。

3.1.2　缺失值补足

删除：若某组数据中缺失数据达到一定比例，则直接删除这组数据[10]。

补全：采用回归模型法进行数据补全，基于已有数据，将缺失数据作为目标变量进行预测。经过处理后，剩下 370 组优良数据。

3.1.3　数据的相关性分析

利用数据统计包 SPSS 来进行数据相关性分析，确定影响焦炭质量的主要变量经分析，选择与焦炭质量高度相关的 5 个变量：全水分、灰分、挥发分、黏结指数、胶质层最大厚度作为网络建模的输入，抗碎强度（M25）作为网络输出。相关性分析的结果如表 1 所示。

表 1　数据相关性分析

Tab. 1　Data correlation analysis

项目		全水分	灰分	挥发分	黏结指数	胶质层最大厚度
抗碎强度（M25）	Pearson 相关	−0.651**	−0.116**	0.343**	0.264**	0.711**
	显著性（双侧）	0.000	0.008	0.000	0.000	0.000
	样本个数	370	370	370	370	370

表 1 中，** 表示 sig<0.01，为相关性高度显著；* 表示 0.01<sig<0.05，为相关性显著。变量之间线性关系的大小是由相关系数决定的，相关系数越大它们的相关性越强反之就越弱。

3.2　网络建模

回声状态网络建模需要进行网络训练，需要大量处理过的数据，在已处理的 370 组数据中，随机选出 300 进行网络训练，其余 70 组用于模型验证。

图 3 为 ESN 预测输出，横坐标为 70 组数据的样本编号，纵坐标为抗碎强度 M25，其中实线为真值，虚线为预测值；图 4 为 ESN 误差百分比，横坐标为 70 组数据的样本编号，纵坐标为误差百分比。

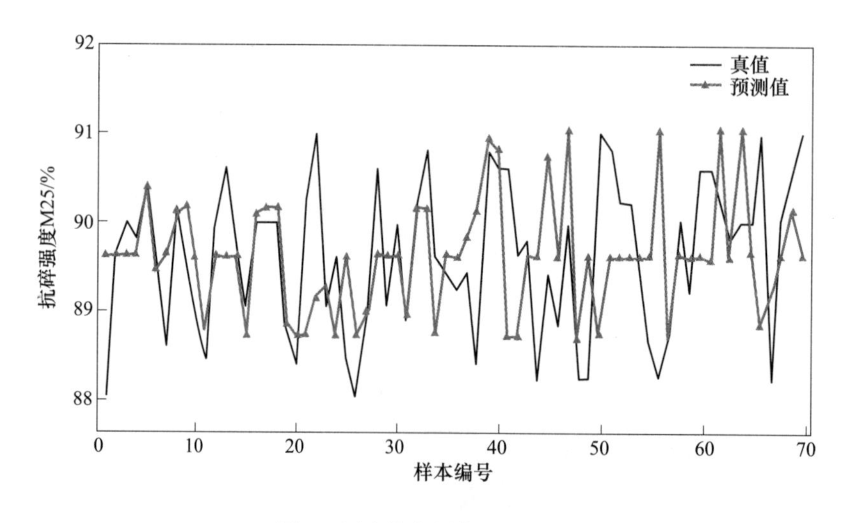

图 3　回声状态网络预测输出

Fig. 3　Echo state network prediction output

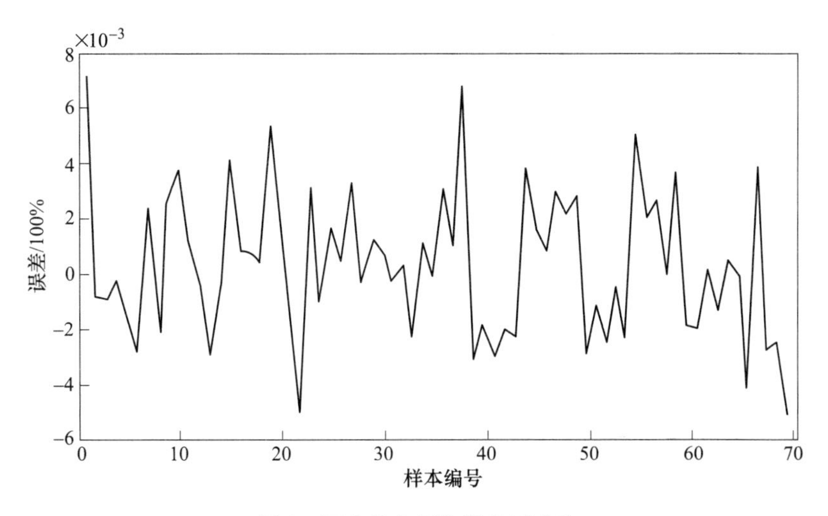

图 4　回声状态网络误差百分比

Fig. 4　Echo state network error percentage

3.3　模型评价

通常模型评价是根据模型命中率、适应能力以及泛化能力综合比较，具体表现为模型命中率高，平均相对误差 mre，如表 2 所示。

表 2　性能预测结果

Tab. 2　Performance prediction results

项目	平均相对误差/%	命中率/%
ESN	0.79	93.69

由表 2 可以看出，回声状态网络预测精度高，误差小，可以很好地为生产实践提供指导，为炼焦配煤的优化控制提供良好的基础。

4　系统应用设计

4.1　硬件设计

基于回声状态网络的配煤系统硬件主要分布在配煤操作室、化验室、备煤操作室以及数据中心。智能配煤系统软件部署在配煤操作室计算机上（见图 5）。备煤车间服务器内存储不同煤种的来料信息，包括品种、库存量价格等。化验室存储煤原料成分信息、混合煤成分信息和焦煤成分信息。配煤服务器根据原煤成分信息和焦煤含量指标自动计算配煤比例及配煤方式，并将结果显示在配煤操作终端，经用户确认后将配比下放到配煤 PLC 内，指导给料秤完成配煤作业。系统从配煤到炼焦过程整个物料成分变化进行全流程跟踪，并实施记录不同来料、配比及焦煤成分含量，不断丰富知识库，完善配料规则。

4.2　软件设计

基于回声状态网络的配煤系统是基于 .NET 平台，依托 MVC 框架采用 C#语言，采用关系型数据库 SQL Server 2008 R2 开发的智能控制系统。系统主要实现的两大功能，即配煤比计算和混合煤与焦炭质量指标预测功能。

系统通过采集原煤成分含量、混合煤含量和焦煤成品含量等数据，挖掘三者之间的数据联系，配合厂内约束条件，对用户焦煤的目标质量需求进行响应，计算出最优煤配比。

采用配合煤与单煤质量指标数据构建线性加权预测模型，实现对配合煤质量的预测；采用焦炭与配合煤质量指标数据构建回声状态网络预测模型，实现对焦炭质量的预测，并针对回声状态网络算法在寻优过程中容易陷入局部最优解和收敛速度慢等问题，采用粒子群优化算法对网络进行优化。

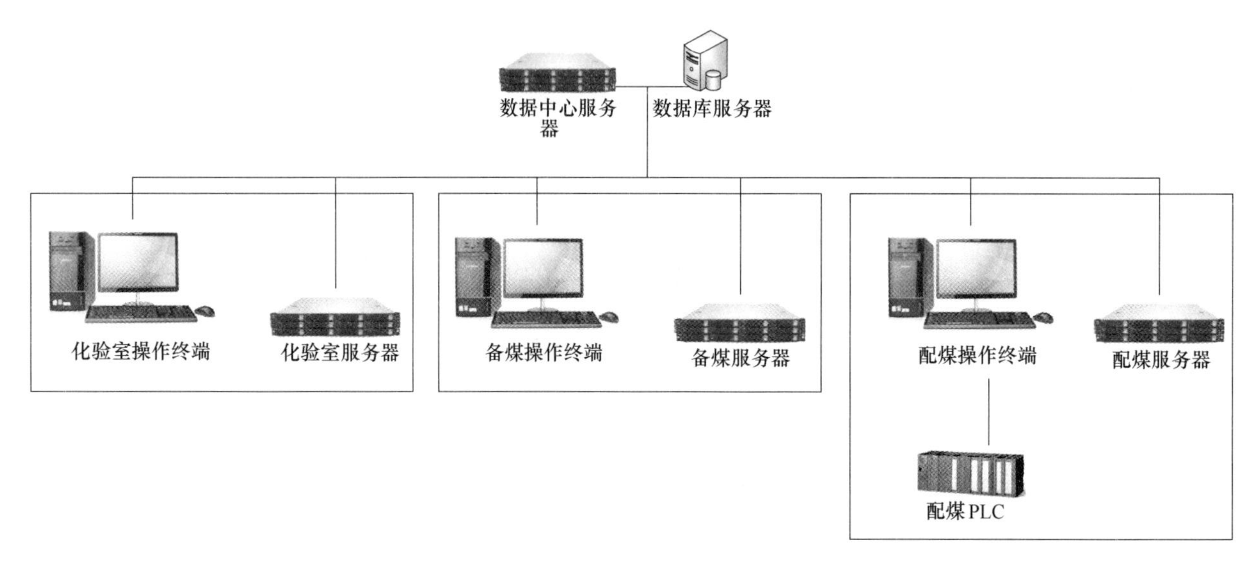

图5 系统硬件网络结构

Fig. 5 Hardware network structure of the system

5 结语

基于实际生产数据，经过一系列数据处理后，确保了数据的相关性以及有效性，并采用回声状态网络进行非线性建模并仿真。仿真结果显示，回声状态网络建模的命中率高，且平均相对误差小。因此，回声状态网络在唐钢佳华焦化厂配煤炼焦的研究成果可以更好地指导生产。

参 考 文 献

[1] 李俊堂，韩书娜．焦化厂自动配煤控制系统的设计及应用研究［J］．科技创新与应用，2017，(18)：137.

[2] 张慧锋，梁英华，王家骏，等．炼焦煤黏结性和结焦性的表征方法［J］．河北冶金，2020 (4)：7~10，38.

[3] 李超，郑文华，杨华．焦化工业现状及热点技术［J］．河北冶金，2019 (12)：1~6，23.

[4] 兰正宏．炼焦生产中配煤模式的选择［J］．河北冶金，2017 (7)：44~46，62.

[5] 林健，伦淑娴．基于改进回声状态网的时间序列预测［J］．渤海大学学报（自然科学版），2015，36 (3)：284~288.

[6] 吴宇航．大数据规律挖掘理论及在配煤炼焦中的应用［D］．唐山：华北理工大学，2017.

[7] 陈建华，马玉芳．基于回声状态网络优化的宽间隔混沌跳频码预测［J］．科学技术与工程，2018，18 (24)：255~260.

[8] 何伦茜．基于随机森林的热轧带钢产品缺陷预测方法及系统开发［D］．沈阳：东北大学，2017.

[9] 刘邱祖．基于模糊神经网络的斜轧建模研究［D］．太原：太原科技大学，2010.

[10] 刘明吉，王秀峰，黄亚楼．数据挖掘中的数据预处理［J］．计算机科学，2000，27 (4)：54~57.

第4章　烧　结

$2\times360m^2$ 烧结机设计特点

王新东[1]，刘 洋[2]，胡启晨[1]

（1. 河钢集团有限公司，河北石家庄 050023；
2. 唐钢国际工程技术股份有限公司，河北唐山 063000）

摘 要 河钢唐钢新区烧结系统配置 2 台 $360m^2$烧结机，设计年产高碱度成品烧结矿 793 万吨。整个系统总图布置合理、紧凑，选用成熟稳定、实用可靠的工艺流程和设备，技术装备水平和主要技术经济指标均达到国内先进水平，实现生产过程全流程的数字化、集成化、智能化和可视化。为充分贯彻执行国家有关环保、职业卫生、安全、消防、节约能源等有关规范与规定，系统设置强化环境保护，注重“三废”治理和综合利用，实现烧结高效清洁生产。通过烧结烟气循环、环冷机高效水密封、厚料层烧结、活性焦和循环流化床+SCR 脱硝烟气净化治理等多项技术的合理应用，较传统工艺能耗整体降低 45%，烟气排放量降低 30%。

关键词 烧结机；设计；节能；环保；清洁生产

Design Features of $2\times360m^2$ Sintering Machine

Wang Xindong[1], Liu Yang[2], Hu Qichen[1]

(1. HBIS Group Co., Ltd., Shijiazhuang 050023, Hebei; 2. Tangsteel International Engineering Technology Co., Ltd., Tangshan 063000, Hebei)

Abstract The sintering system of the Tangsteel New District of HBIS is equipped with two $360m^2$ sintering machines, designed to produce 7. 93 million tons of high-basicity finished sinters per year. The layout of the general plan is reasonable, compact and smooth. The whole system adopts mature, stable, practical and reliable process and equipment, and the technical equipment level and main technical and economic indicators have reached the domestic advanced level. Realize the digitization, integration, intelligence and visualization of the entire production process. Carry out the relevant national regulations and regulations concerning environmental protection, occupational health, safety, fire protection, energy conservation, etc. , strengthen environmental protection, pay attention to the treatment and comprehensive utilization of the “three wastes”, and realize efficient and clean production of sintering. Application of sintering flue gas circulation, high-efficiency water sealing of ring cooler, thick material layer sintering, activated coke and circulating fluidized bed + SCR denitrification flue gas purification treatment, etc. , overall energy consumption is reduced by 45% compared with traditional processes, flue gas emissions the amount is reduced by 30%.

Key words sintering machine; design; energy saving; environmental protection; clean production

0 引言

为深入贯彻落实习近平总书记关于“坚决去、主动调、加快转”重要指示精神和河北省钢铁产业结构调整的具体实践，河钢集团坚持创新发展理念，在唐山市乐亭县临港工业园区建设了重点示范项目河钢唐钢新区[1~3]。

河钢唐钢新区是一个集原料、焦化、烧结、球团、炼铁、炼钢、轧钢为一体的现代化全流程钢铁企业[1]。其中，烧结车间建设了 2 台 $360m^2$烧结机，坚持以节能环保、高效清洁生产为设计理念，

基金项目：河北省重点研发计划项目-基于源头减排的低碳炼铁技术集成与示范基金资助（19274002D）

作者简介：王新东（1962— ），男，教授级高级工程师，河钢集团有限公司首席技术执行官，主要从事冶金工程及管理工作，E-mail：wangxindong@ hbisco. com

通讯作者：胡启晨（1977—），男，高级工程师，E-mail：huqichen@ hbisco. com

从原燃料输入到成品烧结矿储存输出的整个工艺流程均采用行业前沿技术，包括自动配料技术、混合料自动加水技术、烟气循环技术等。本文重点介绍了一系列新工艺新技术在河钢唐钢新区烧结系统的应用现状，与传统工艺能耗相比整体降低45%，烟气排放量降低30%，为河钢唐钢新区致力打造环保绿色化、工艺前沿化、产线智能化、流程高效化、产品高端化的世界级现代化沿海钢铁梦工厂奠定了坚实的基础[4]。

1　工艺流程设计

河钢唐钢新区烧结系统年产成品烧结矿793万吨，配置2台360m^{2}烧结机，利用系数1.35t/(m^2·h)，年作业时间为8160h（年作业率为93.15%）。产品为温度小于120℃经过整粒的冷烧结矿，粒度5～150mm，<5mm含量小于5%。

烧结系统采用国内先进成熟的工艺流程，选用清洁节能型工艺设备，同时充分利用现有厂区条件[5]，主要生产系统包括：燃料破碎系统（煤缓冲仓、燃料破碎室及带式输送机和转运站）、配料系统（配料室及带式输送机和转运站）、混合系统（混合机、制粒机、加水泵站及带式输送机和转运站）、烧结冷却系统（烧结主厂房、环冷机及带式输送机和转运站）、烧结风机系统（主抽风机室、烟气循环系统）、成品筛分系统（成品筛分室及带式输送机和转运站）、成品输出系统（皮带机、转运站、成品仓）、能源介质接入系统及相关公辅设施。烧结车间平面布置如图1所示。

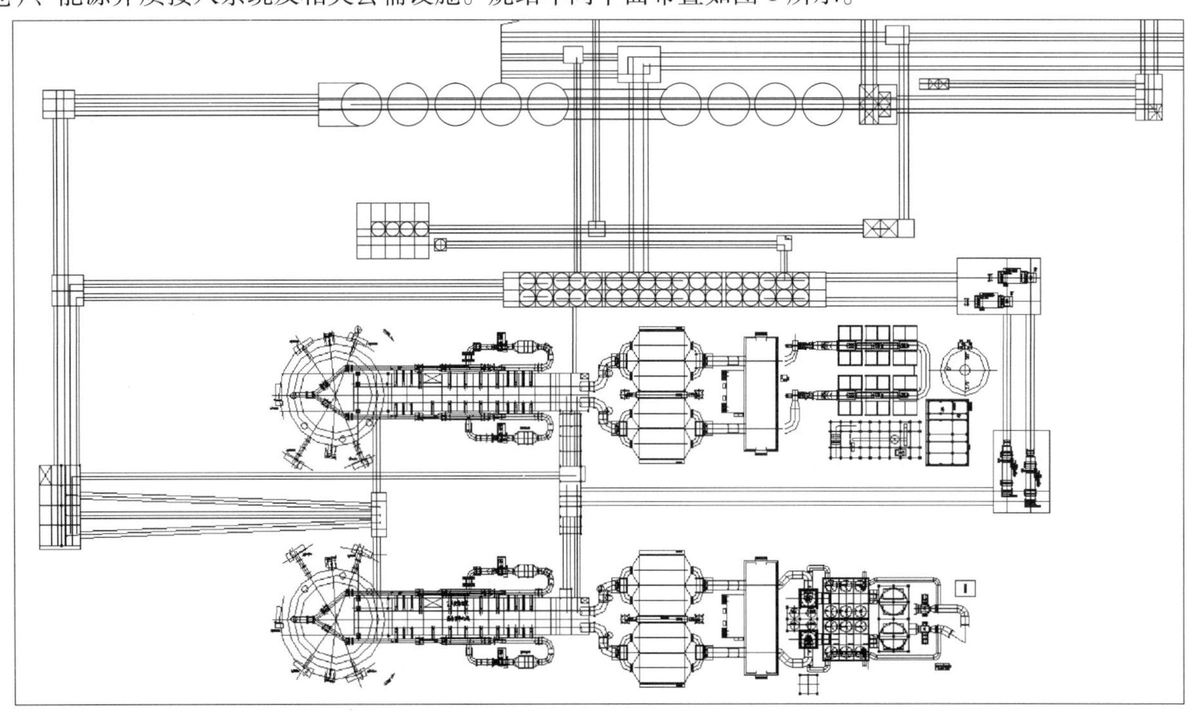

图1　烧结机车间平面布置图

Fig. 1　Layout plan of the sintering machine workshop

含铁原料在料场混匀后由料场转运站分出，运至烧结厂区配料室参与配料。石灰石、白云石在料场混匀配料室直接配入铁料中[6]。高炉返矿由高炉区域转运站分出，送至烧结厂区。熔剂中生石灰采用气动输送至配料室矿仓[7]。烧结用固体燃料为碎焦及无烟煤，由胶带机运输至烧结区域燃料破碎室，经破碎后送至配料室参与配料。气体燃料为高炉煤气，来自高炉煤气管网。成品烧结矿经整粒筛分后通过运矿皮带进入高位筒仓储存或直送高炉矿槽。

2　主要工序设计

2.1　燃料系统

（1）固体燃料：烧结用固体燃料为焦粉及无烟煤。焦粉来自高炉返焦及焦化厂粉焦，无烟煤来自圆形料场，燃料由胶带机运输至烧结区域燃料破碎室，经破碎后送至配料室参与配料[8]。燃破系统采用两段开路破碎流程，两台烧结机共设置4个破碎系列，3个系列生产，1个系列备用。每个破碎系列由1台 $\phi1200\times1000$ 对辊破碎机和1台 $\phi1200\times1000$ 四辊破碎机串联组成，燃料经两段破碎后，0~3mm部分占90%以上。

(2) 气体燃料：烧结机点火用煤气为高炉煤气，来自高炉煤气管网，发热值750kcal/m^3（标态）。单台烧结机正常用量为16560m^3/h，最大用量为20160m^3/h，车间接点压力8000Pa。

2.2 配料系统

配料室采用双列布置，配料室设34个矿槽（每列17个）：混匀矿仓12个（每列6个），燃料仓6个（每列3个），生石灰、高炉返矿、烧结返矿仓各4个（每列2个），轻烧白云石、石灰石仓各2个（每列1个）。混匀矿仓下设稳流装置，燃料仓下设振动漏斗，轻烧白云石、生石灰、除尘灰仓下设仓壁振动器，每个仓设2个，以防仓壁堵料。混匀矿采用圆盘给料机排料，配料电子秤称量；其他物料直接用拖拉秤拖出。以上几种原料按设定比例经配料秤称量后给到混合料胶带机上。

各种物料运至配料室采用的设备及方式如下：

(1) 混匀矿由料场的混匀矿皮带机运至配料室混匀矿仓内。

(2) 生石灰、轻烧白云石，气力输送到配料室熔剂仓内。

(3) 除尘灰直接气力输送到配料室除尘灰仓内。

(4) 燃料经破碎后由皮带机运至配料室燃料仓内。

(5) 烧结返矿、高炉返矿由皮带机直送配料室返矿仓内。

配料均为自动重量配料。各种原料均自行闭环定量调节，再通过总定系统与逻辑控制系统，组成自动重量配料系统。特点是设备运行平稳、可靠，使烧结矿合格率、一级品率均有较大幅度提高，同时可减少每吨烧结矿燃耗量，降低高炉焦比。为保护环境，生石灰采用气力输送方式；配料阶段不设置生石灰消化及灰尘加湿作业。

2.3 混合制粒系统

一次混合均采用 $\phi4.2m\times18m$、二次混合均采用 $\phi4.5m\times22m$ 圆筒混合机进行混匀及制粒作业，总混合时间超过6min，进料胶带机采用头部可伸缩方式，方便检修。混合机设备共4台，每台烧结机对应2台。

一混筒体转速6r/min，安装角度2.8°，混合时间3.11min，填充率10.95%（最大12.26%）。混合料加水润湿混匀后，由胶带机运至制粒机。混合机衬板采用稀土含油尼龙衬板，混合料入口处衬板厚度40mm，其他部位衬板厚度30mm，这种材质的衬板有利于混合料的混匀、制粒且不粘料。混合机出料口设有自动加水系统，采用雾化喷头，便于加水均匀和强化造球。两台混合机共用一个厂房，采用QD型吊钩桥式起重机，起重量16/3.2t，跨度25.5m，起升高度12/14m。

二混筒体转速7r/min，安装角度2°，混合时间3.82min，填充率9.35%（最大11.38%）。圆筒制粒机排料后由胶带机运往烧结机室。制粒机衬板采用稀土含油尼龙衬板，混合料入口处衬板厚度40mm，其他部位衬板厚度30mm，这种材质的衬板有利于混合料的混匀、制粒且不粘料；制粒机采用雾化喷头，便于加水均匀和强化造球；制粒机设有蒸汽导入装置，可以提高混合料温度，减少过湿层的产生。两台制料机共用一个厂房，采用QD型吊钩桥式起重机，起重量16/3.2t，跨度23m，起升高度12.5/14.5m。

2.4 烧结机本体系统

每台烧结机有效面积360m^2，台车宽4.5m，有效长度80m，台车栏板高800mm，料层厚度750mm。在混合料矿槽下部设计蒸汽预热装置，有利于提高混合料温度，减少过湿层的产生。混合料经过胶带机运往烧结室，采用梭式布料器给到烧结机的混合料矿槽内，再经过圆辊给料机及九辊布料器均匀地布到烧结机台车上，这种布料方式可预防物料偏析；在混合料布料装置的下方设松料装置，防止物料压实，提高料层的透气性；在烧结机布料装置的上方，设有物料平料装置，有利于料面平整，为减少端部偏析造成两侧透气性过好中部透气性过差的现象，在台车的两侧采用压实装置对两侧物料进行压实处理。烧结机头尾密封采用摇摆涡流式柔性密封装置，保证设备漏风率低于30%。

在烧结机尾部，烧结饼经ϕ2400mm×4800mm单辊破碎机破碎至150~0mm。烧结机降尘管的灰尘和烧结机下的小格散料采用胶带机收集并作为成品，由胶带机运到冷烧结矿胶带机上。

2.5　烧结冷却系统

配置多功能高效环冷机，总面积415m^2，中心环直径为44m，台车栏板高度1.6m，料层厚度1.5m，台车宽3.5m，有效冷却时间为60~120min。冷却后的烧结矿经环冷机下板式给矿机卸到排料胶带机上，运到成品筛分室整粒。环冷机配套选用G4-73-11 No.25D离心通风机10台（每台烧结机对应5台），每台风机全压3400Pa，流量368000m^3/h，转速730r/min，配用电机功N=560kW。

2.6　机头电除尘及主抽风机系统

机头电除尘器选用390m^{2}双室四电场高效电除尘器，共4台，每台烧结机对应2台；主抽风机风量为16500m^3/min，全压17500Pa，共4台，每台烧结机对应2台。

2.7　烧结矿筛分系统

成品筛分室由3台LHBJ185×700-Ⅲ、LHBJ185×600-Ⅲ环保型悬臂振动筛垂直串联组成，该立式组合筛装置具有高效、节能、环保等突出特点。共3个系列，两开一备。

2.8　成品贮存系统

设计一列成品矿槽，10个筒仓，总储量70000t，满足两台烧结机3天的成品烧结矿储量。成品烧结矿皮带可直接送至高炉矿槽，也可卸料至成品仓储存。仓上皮带配带移动卸矿车，两侧卸料。成品料仓头部转运站设有落地口，特殊情况下烧结矿可落地由汽车运走。在成品料仓前一个转运站设有自动取制样设施，可以检验成品烧结矿的物理性能。

2.9　余热发电设施

配套建设2台48/12t/h的360m^{2}烧结环冷机自除氧余热锅炉，配1台22MW余热汽式汽轮发电机组。全年运行时间8160h，年发电量15293万千瓦时，年供电量11470万千瓦时，厂用电率25%。

2.10　除尘设施

整个烧结系统包括16套除尘系统。其中：机头除尘2套（配套2套脱硫脱硝装置）；机尾除尘设施2套；配料除尘设施3套；成品筛分除尘设施2套；成品料除尘设施2套；燃料破碎除尘设施1套；混合、制粒除尘设施1套；矿石受料槽除尘设施1套；煤缓冲仓除尘设施1套；No.5转运站除尘设施1套。本工程废气污染物排放标准：机头除尘PM（脱硫脱硝后）≤10mg/m^3（标态），SO_2≤35mg/m^3（标态）；NO_x≤50mg/m^3（标态），烧结机尾等环境除尘PM≤10mg/m^3（标态）。所有除尘系统均采用排烟罩或封闭罩捕集烟气或含尘气体。

（1）机头除尘系统。1号、2号烧结机机头废气净化除尘各配套2台390m^{2}双室四电场高效电除尘器，2台主抽风机，风量为16500m^3/min，全压为17.5kPa，配变频异步电机功率5900kW，电压10kV，并设有消音器。

（2）机尾除尘系统。1号、2号烧结机各设置一台电袋复合除尘器，配置一台锅炉引风机，风量为850000m^3/h，全压为6000Pa，电机功率2000kW，电压10kV。

（3）配料除尘系统。各设置一台5500m^{2}脉冲布袋除尘器，滤料采用覆膜滤料，配置一台锅炉引风机，风量为292000m^3/h，全压为5800Pa。配用电机功率800kW，电压10kV。

（4）成品筛分除尘系统。设置两台3233m^{2}脉冲布袋除尘器，滤料采用覆膜滤料，各配置一台锅炉引风机，风量为150000m^3/h，全压为6000Pa。配用电动功率355kW，电压10kV。筛分室内的两个筛分系列除尘点分别对应一套除尘系统，作为备用的第三个筛分系列除尘点并入上述两套除尘系统中，可根据工艺生产需要，实现并入系统去向的切换。

（5）成品料仓除尘系统。成品料仓1~9号仓对应除尘点设置一台5943m²脉冲布袋除尘器，滤料采用覆膜滤料，配置一台锅炉引风机，风量为280000m³/h，全压为6000Pa。配用电机功率710kW，电压10kV。成品料仓10号仓对应除尘点设置一台1698m²脉冲布袋除尘器，滤料采用覆膜滤料，配置一台锅炉引风机，风量为75000m³/h，全压为6000Pa。配用电机功率185kW，电压10kV。

（6）燃料破碎除尘系统。共设置一台3233m²脉冲布袋除尘器，滤料采用防静电覆膜滤料，配置一台锅炉离心风机，风量150000m³/h，全压为6000Pa。配用防爆电机功率315kW，电压10kV。

（7）混合、制粒除尘系统。共设置一台3024m²塑烧板除尘器，配置一台锅炉引风机，风量：110000m³/h，全压：5000Pa。配用电机功率220kW，电压10kV。

（8）矿石受料槽除尘系统。共设置一台5486m²脉冲布袋除尘器，配置一台锅炉引风机，风量：260000m³/h，全压：6300Pa。配用变频电机功率710kW，电压10kV。

（9）煤缓冲仓除尘系统。共设置一台1698m²脉冲布袋除尘器，配置一台锅炉引风机，风量：80000m³/h，全压：5500Pa。配用防爆电机功率200kW，电压10kV。

（10）No.5转运站除尘系统。共设置一台1077m²脉冲布袋除尘器，配置一台锅炉引风机，风量：50000m³/h，全压：5000Pa。配用电机功率110kW，电压380V。

2.11 智能化控制系统

系统总体结构上以EIC一体化设计、PLC为控制核心，具有数据采集、顺序控制、过程控制、参数指示、超限报警、设备状态画面显示、数据存储、生产报表及打印等功能，构成一个功能分担合理、层次清晰，集生产管理、过程控制为一体，安全、高效、开放的自动化智能控制系统。主要特点如下：

（1）基础自动化控制系统。基础自动化控制包括设备顺序控制和生产工艺过程控制，涵盖配料控制系统、混合料水分控制系统、铺底料矿槽料位控制系统、混合料矿槽料位控制系统、点火炉燃烧控制系统、煤气压力控制系统。

（2）过程自动化控制系统（L2）。过程自动化控制是通过检测、判断，对原料参数、操作参数和设备参数进行自动调整，使系统在最经济、最优化的状态下稳定运行，减小中间操作对指标波动的影响，生产出高质量的产品，提高劳动生产率，降低生产成本和能耗。主要智能控制模型包括：配料优化控制模型、混合料水分控制模型、烧结终点控制模型、烧结终点偏差控制模型、物料平衡控制模型、燃烧控制模型等。

（3）工厂数据库。工厂数据库主要基于数据采集系统，实现数据的集中采集与上传，将电力、介质消耗、设备运行状况等信息进行收集并最终提供给上级系统，实现能源数据的各项统计、分析，设备运行状况的预判与维护、检修指导。采用OPC、Modbus、IE104等多种标准通讯协议。保证接口数据采集的实时性、准确性及稳定性。

3 主要技术特点

3.1 烟气循环利用系统

烟气循环采用内循环技术[9]，选取烧结机大烟道头尾部分风箱的风量和环冷机三段热风混合，混风后通过风机引入烧结机料面，循环率18%~25%，含氧量≥18%，电除尘器入口废气温度≥130℃，循环风温≥200℃。每台烧结配置2台循环风机和2台高温多管除尘器及附属设施，循环风机风量5500m³/min。

烟气循环具有节能、减排、提产、降低后续电除尘器及脱硫脱硝投资的优点。固体燃耗降低11%，烧结烟气最大减排量30%，其中SO_2减排20%、NO_x减排24%、CO减排20%，同时烧结机可提产4%~6%。烟气循环系统如图2所示。

3.2 高效节能水密封环冷机

高效节能水密封环冷机回转部分包括回转框架和台车，回转框架下部安装有环行轨，由支承辊支

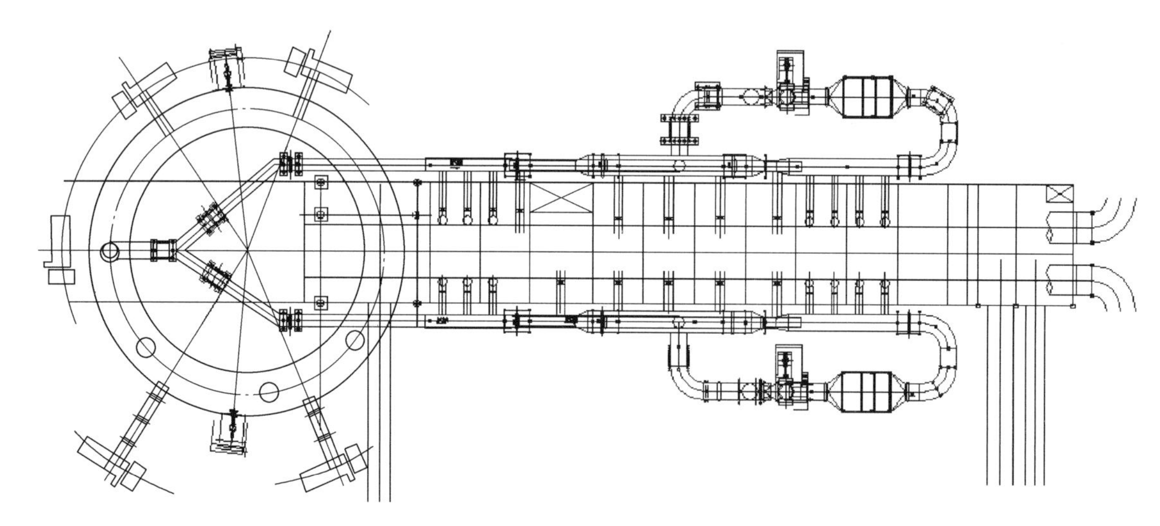

图2　烟气循环系统示意图

Fig. 2　Schematic diagram of flue gas circulation system

承，承担整个回转部分的载荷；台车采用偏心结构，通过两端的半轴与回转框架联接；回转体内侧轴端安装有台车辊臂，辊臂一端安装于回转体内侧轴端，另一端固定有辊轮辊轮在压轨的下表面按压轨的设计曲线运动，使台车在冷却段保持水平，在卸料处实现自动翻转和复位，从而完成热烧结矿的冷却。

高效节能水密封环冷机上、下部都采用水密封，漏风率≤5%，冷却风高效利用。采用传统环冷机大风箱结构的供风系统，不仅可减少风阻，同时也使风速更合理，风压更均匀，烧结矿冷却效果更好，因此可大幅降低冷却风机装机容量，节能效果十分明显，冷却风机耗电量仅为传统烧结环冷机的35%~40%。

3.3　厚料层烧结技术

由于烧结机密封的改善、主抽风机负压的提高及采用圆筒制粒机等工艺，都为厚料层烧结创造了有利条件。本次设计烧结机台车边板高800mm，料层厚度可达750mm，厚料层烧结将降低燃耗及烧结矿中FeO含量[10]。

3.4　烧结机头尾密封

烧结机头尾密封采用摇摆涡流式柔性密封装置，密封装置的上盖板采用合金材料制成，使用寿命在18个月以上，并且上表面不易被划出沟槽。摇摆跟踪系统使密封盖板保证灵活，上表面能够形成10°范围内任意方向的摆动，保证密封装置的上表面与台车底梁密切接触。摇摆涡流式密封装置与风箱之间严密接触无漏风。密封装置上盖板与烧结机底梁之间的摩擦力可调整，在保证密封的情况下降低摩擦力，从而降低烧结机运行阻力，提高生产效率。在密封盖板上设有涡流阻风系统，用以降低因台车底梁被划出沟槽或局部变形，而形成的漏风。其结构紧凑、安装方便，提高烧结机有效长度1.5~3m，从而提高烧结面积，增产增效。密封盖板还能够随着台车底梁的塌腰变形而形成相同挠度的变形，确保随时与台车底梁面接触不漏风[11]。

3.5　烧结余热发电[12,13]

烧结余热发电采用中低温烟气余热高效回收及能量梯级利用技术。该技术使用双压无补燃自然循环锅炉，适应环冷机烟气的工况变化，能够快速启停。烧结环冷余热锅炉采用双通道烟气进气系统，充分利用烟气各能级的热能，降低排烟温度，提高烟气余热的利用效率。采用的双压双通道设计，可以最大限度地降低排烟温度，提高锅炉的热效率。锅炉本体的换热热效率可以达到95%以上。锅炉采用全自然循环蒸发系统，循环风机入口设置补冷风口，根据冷却风量和冷却温度，调节补冷风调节阀的开度。

3.6 除尘灰气力输送

整个烧结系统环境除尘灰，机头、机尾、活性焦等部位工艺灰全部采用气力输送方式，直接输送到除尘灰仓中，直接参与烧结混匀配料，实现除尘灰循环利用，大幅减少汽运过程飘洒，机动车尾气二次污染等问题。

3.7 环保棒条筛

采用环保棒条筛，共设 3 个系列，每台烧结机对应 1 个系列，2 个系列工作，1 个系列备用。各烧结系统冷却后的烧结矿经车式三通分料器通过三条皮带机供至 3 个筛分系列。

一次筛分机筛上为 10~20mm 粒级和大于 20mm 粒度的成品矿，筛下粒度小于 10mm 进入二次筛；一次筛分能力 750t/h。其中 10~20mm 粒级经铺底料皮带机（双机共用）输送至烧结机铺底料矿槽作为铺底料使用，铺底料采用自溢三通出料，筛下铺底料皮带采用变频电机驱动，实现由主控远程变频调速控制铺底料流量。

经二次筛分后，分出 0~5mm 和 5~10mm 粒级成品矿，筛分能力 500t/h。其中 0~5mm 粒级作为冷返矿经各自系统的皮带机分别运至配料室返矿矿仓参加配料，5~10mm 粒级作为小成品与大于 10mm 粒级合并经各自成品皮带输送至高炉。

环保棒条筛的筛分效率≥85%，烧结矿中小于 5mm 级别含量≤5%。

3.8 筒仓技术

为了响应唐山地区冬季环保政策[14]，烧结机存在临时停机的可能，为保证高炉生产，需建设大贮量的成品料仓。成品料仓采用筒仓技术，设置 10 个筒仓，筒仓直径 21m，总贮量达 7 万吨。仓上配置 2 台移动卸矿车皮带，具备自动寻仓上料功能。仓内设置 50mm 厚铸石衬板，保证仓体不被磨损。仓下设 6 个卸料口，根据高炉槽上需求，调整各仓卸料口的作业频率。最大限度减少烧结矿存储倒运过程粉尘发生量。

3.9 烟气脱硫脱硝

烧结烟气净化装置分别使用活性焦脱硫脱硝和循环流化床脱硫+SCR 脱硝两种工艺，均能达到唐山市超低限排放要求。

其中 1 号烧结机使用全烟气活性焦吸附净化装置，对应 1 套吸附再生系统，可处理 1 台烧结机的全烟气量，即 $118\times10^4m^3/h$（标态），使用 6 个活性焦吸附塔单元，各单元并联，共同处理全部烧结机烟气，每个吸附单元处理烧结烟气能力约为 $20\times10^4m^3/h$（标态）。设置 1 台在线变频运行增压风机，烟气净化系统不设置旁路，烟气经过处理后通过净化系统后部烟囱直接排放。脱硫效率≥95%，脱硫后的副产物-高浓度 SO_2 再生气进入后续制酸工序，制取 98%硫酸。

2 号烧结机采用循环流化床脱硫+SCR 脱硝工艺，烧结机出来的原烟气从循环流化床脱硫塔底部进入，在吸收塔反应段与脱硫剂进行反应去除 SO_2，后置的布袋除尘器使烟气含尘浓度低于 $5mg/m^3$（标态），并进入烟气脱硝系统。烟气脱硝设施设置在半干法脱硫除尘工艺后，布袋除尘器出口温度为 80℃左右，SCR 催化剂反应温度为 280℃。布袋除尘器出口的烟气需经过 GGH 换热和加热炉加热，将温度提高到 280℃，再进入 SCR 反应器脱硝。SCR 技术稳定、可靠且对于氮氧化物具有较高的去除效率。两种工艺均可实现气态污染物、固体粉尘颗粒的一体化脱除要求[15]。

4 结论

河钢唐钢新区 2 台 $360m^2$烧结机在工艺设计和设备选型上都采用了行业成熟、先进的技术，自动化程度高，能够确保从原燃料输入到成品烧结矿储存输出的整个工艺流程在最经济、最优化的状态下稳定运行。整个工程总图布置紧凑，工艺流程合理，是河钢集团乃至全国钢铁行业的典型工程案例。在节能方面，集成了主流和自主研发的多项装备技术，较传统工艺整体降低能耗约 45%；在环保方面，配置了先进的烟气治理技术，烟气减排量达30%，污染物排放大大降低，远远超出了国家规定的超低排放标准，达到行业领先水平。

参 考 文 献

[1] 王新东. 以“绿色化、智能化、品牌化”为目标规划设计河钢唐钢新区 [J]. 钢铁，2021，56 (2)：12~21.

[2] 李洁，周志安，周茂军. 宝钢三烧结大修改造600m^{2}烧结机的设计特点及生产实践 [J]. 烧结球团，2017，42 (3)：21~25.

[3] 张文利. 以强化区位创新引领打造河钢乐钢 [J]. 冶金管理，2020 (12)：52~53.

[4] 王新东. 以高质量发展理念实施河钢产业升级产能转移项目 [J]. 河北冶金，2019 (1)：1~9.

[5] 中国冶金建设协会. 钢铁企业原料准备设计手册 [M]. 北京：冶金工业出版社，1997.

[6] 中国冶金建设协会. 烧结设计手册 [M]. 北京：冶金工业出版社，2005.

[7] 中华人民共和国住房和城乡建设部，中华人民共和国国家质量监督检验检疫总局. 钢铁企业原料场工艺设计规范 [M]. 北京：中国计划出版社，2010.

[8] 中华人民共和国住房和城乡建设部，中华人民共和国国家质量监督检验检疫总局. 烧结厂设计规范 [M]. 北京：中国计划出版社，2015.

[9] 李超群，徐文青，朱廷钰. 烧结烟气循环技术研究现状与发展前景 [J]. 河北冶金，2019 (S1)：1~6.

[10] 阚永海. 超厚料层烧结技术应用研究 [J]. 河南冶金，2020，28 (5)：1~3，43.

[11] 卢兴福，刘克俭，于耀涛，等. 烧结机头尾端部密封技术改进与应用 [J]. 烧结球团，2020，45 (3)：8~12.

[12] 赵军凯，侯健，姜林. 邯钢烧结机冷却系统改造与余热发电效果提升 [J]. 中国冶金，2020，30 (4)：69~73.

[13] 李忠兴. 提高烧结余热发电发电量措施探讨 [J]. 冶金动力，2019 (10)：77~78，93.

[14] 马洛文. 宝钢新2号烧结机节能环保技术集成与应用效果 [J]. 烧结球团，2019 (6)：231~235.

[15] 竹涛伊，能静，王礼锋，等. 烧结烟气脱硫脱硝技术进展 [J]. 河北冶金，2019 (S1)：7~10.

新工艺新技术在河钢唐钢新区 360m² 烧结系统的应用及设计

刘 洋[1]，李宝忠[2]，方 堃[1]，董洪旺[1]

（1. 唐钢国际工程技术股份有限公司，河北唐山 063000；
2. 河钢集团唐钢公司，河北唐山 063000）

摘　要　应国家政策和环保要求，河钢唐钢新区顺利建设完成，其烧结车间配备了 2 台 360m²烧结机。为充分考虑节能环保要求，烧结系统重点对混合制粒、机头布料、冷却机、成品筛分、烟气循环、粉尘治理等系统进行了优化设计与配置。特别是在烧结烟气治理上，采用了活性焦烟气治理工艺和循环流化床脱硫+SCR 脱硝处理工艺，烟气减排量达 25%，污染物排放大大降低，达到国际先进水平。

关键词　烧结；混合制粒；烟气循环；活性焦；循环流化床；SCR

Abstract　In response to national policies and environmental protection requirements, the construction of HBIS Tangsteel New District was successfully completed, and its sintering workshop was equipped with two 360m² sintering machines. In order to fully consider the requirements of energy saving and environmental protection, the sintering system has focused on optimizing the design and configuration of systems such as mixed granulation, head cloth, cooler, finished product screening, flue gas circulation and dust treatment. Especially in the sintering flue gas treatment, the activated coke flue gas treatment process and the circulating fluidized bed desulphurization + SCR denitrification treatment process have been adopted, resulting in the reduction of flue gas emissions to 25%, great decrease of pollutant emissions, and the achievement of international advanced level.

Key words　sintering; mixed granulating; flue gas circulation; activated coke; circulating fluidized bed; SCR

0　引言

为适应环保要求及国家发展需要，河钢集团在唐山市乐亭县临港工业园区内建设了河钢唐钢新区（以下简称“唐钢新区”）。唐钢新区是集原料、焦化、石灰、烧结、球团、炼铁、炼钢、轧钢于一体的现代化全流程钢铁企业，其中烧结车间配备了 2 台 360m²烧结机。这两条烧结机生产线除集成了以往成熟的烧结技术外，还考虑了优化配料技术、混合料自动加水、强化偏析布料、余热综合利用、水密封环冷机、环保筛、筒仓、脱硫脱硝设施、除尘灰分类处理等技术。

1　主要工艺技术

1.1　优化配料技术

配料室呈双排布置，分别用于贮存烧结返矿、高炉返矿、混匀矿、生石灰、轻烧白云石、除尘灰、燃料等。为保证下料均匀，称量精度高，混匀矿仓的圆盘均采用变频电机，考虑到有小料种的情况，配料秤采用变频和工频相结合的方式[1]。

为防止灰料下料喷溅问题，将生石灰、轻烧白云石、除尘灰仓下的叶轮给料机设为变频，在叶轮给料机下方设置缓冲料斗，并配有称重传感器[2]。灰料通过料斗下方的闸门给到拖拉皮带秤上。这样设计既保证了物料给料均匀，又解决了物料喷溅的问题[3]。

1.2　混合料自动加水、加污泥技术

为实现混合机、制粒机平稳自动加水，混合机、制粒机供水泵单独设计，实现主控集中控制。在混

作者简介：刘洋（1987—），男，高级工程师，2012 年毕业于东北大学钢铁冶金专业，现在唐钢国际工程技术股份有限公司炼铁事业部主要从事烧结工程设计工作，E-mail：liuyang@ tsic. com

合机进料口皮带机、混合机出料口皮带机、制粒机出口设置水分自动检测装置，混合机制粒机自动加水装置。混合、制粒共用一个加水泵站，包括泵房、储水池，水池与泵房连体共建。每台混料设备分别设置供水泵组，由储水池加压供水。供水干管设流量调节阀，水泵采用变频电机，与工艺水分测定仪联锁，实现自动控制加水，使供水系统更加稳定[4]。

动力水处理中心产生的污泥，经管道输送，灌入烧结区域内设计建造的污泥储存室，通过配备的变频渣浆泵抽出污泥按比例，稳定的，配入到烧结混合机中，替代部分工艺新水达到混合料混匀、润湿的目的。

1.3 强化偏析布料技术

混合料布料采用梭式布料器及九辊布料器，可以使混合料均匀分布在烧结机台车上，达到轻装入、合理偏析的效果。为防止混合料落下时被密实压紧，设置疏料及平料装置，提高混合料的透气性，从而改善烧结效果。为了使混合料在台车宽度方向布置均匀，在台车宽度方向设置6个辅助闸门。料层厚度控制由圆辊给料机、主闸门、辅助闸门来实现，台车宽度方向设置6点料层检测，反馈调整辅助闸门开度[5]。

1.4 余热综合利用集成技术

作为唐钢国际的实用新型专利（专利号ZL 2018 2 0176571.4），烧结余热综合利用集成技术在本工程主要应用在两个方面：一是取环冷机三段热风作为点火炉助燃空气使用，二是取环冷机三段热风作为烟气循环的补风，提高混合烟气含氧量和风温。

在环冷机三段取风，引至多管除尘器进行除尘，再由风机送至点火炉做助燃风。环冷三段烟气温度150~250℃，并且还具有灰尘少、风量足、氧气含量高的特点，恰恰适合用作点火炉助燃风和保温使用，又不影响高温区余热回收。

烟气循环采用内循环技术（见图1），选取烧结机大烟道头尾部分风箱的风量与环冷机三段热风混合，混风后通过风机引入烧结机料面，循环率18%~25%，含氧量≥18%，电除尘器入口废气温度≥130℃，循环风温≥200℃。每台烧结配置2台循环风机和2台高温多管除尘器及附属设施，循环风机风量5500m^3/min。

烟气循环具有节能、减排、提产，降低后续电除尘器及脱硫脱硝投资的优点。据统计，烟气循环可减少烧结工序所需能耗约3kg固体燃耗/t烧结矿；烧结烟气最大减排量25%；烟气循环系统投运后，烧结机可提产7%左右[6]。

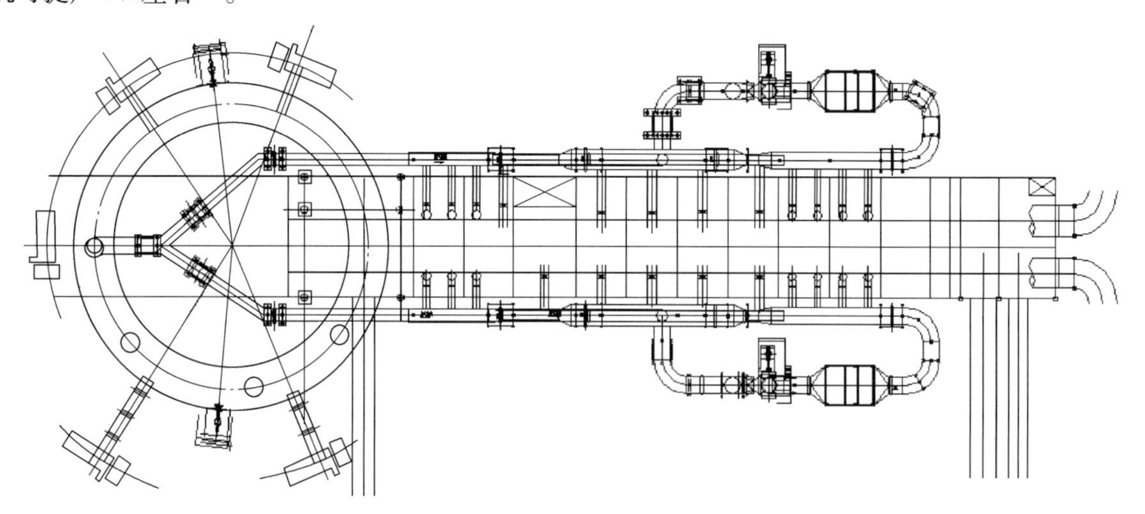

图1 烟气循环系统示意图

Fig. 1 Schematic diagram of the flue gas circulation system

1.5 高效节能水密封环冷机

采用高效节能水密封环冷机（见图2）烧结机卸下的烧结饼经单辊破碎后，进入给矿漏斗，通过给料溜槽连续均匀地布在回转台车上。回转台车由驱动装置的摩擦轮驱动，同时鼓风机将冷空气送入台车下方的风箱，冷空气进入热烧结矿，与之进行热交换，热烧结矿逐渐冷却。台车回到卸料区时，车轮开始沿曲轨下降，将已冷却的热烧结矿卸至排料漏斗，并由排料溜槽下的板式给矿机将烧结矿送至成品皮带上。台车卸料后，又沿曲轨上升至复位，进行下一个循环加料过程。

高效节能水密封环冷机回转部分包括回转框架和台车，回转框架下部安装环行轨，由支承辊支承，承担整个回转部分的载荷；台车采用偏心结构，通过两端的半轴与回转框架联接；回转体内侧轴端安装台车辊臂，辊臂一端安装于回转体内侧轴端，另一端固定有辊轮，辊轮在压轨的下表面按压轨的设计曲线运动，使台车在冷却段保持水平，在卸料处实现自动翻转和复位，从而完成热烧结矿的冷却。

高效节能水密封环冷机上、下部都采用水密封，冷却风高效利用，漏风率≤5%。采用传统环冷机大风箱结构的供风系统，不仅可减少风阻，同时也使风速更合理、风压更均匀、烧结矿冷却效果更好，因此可大幅降低冷却风机装机容量，节能效果十分明显，冷却风机耗电量仅为传统烧结环冷机的 35%~40%。

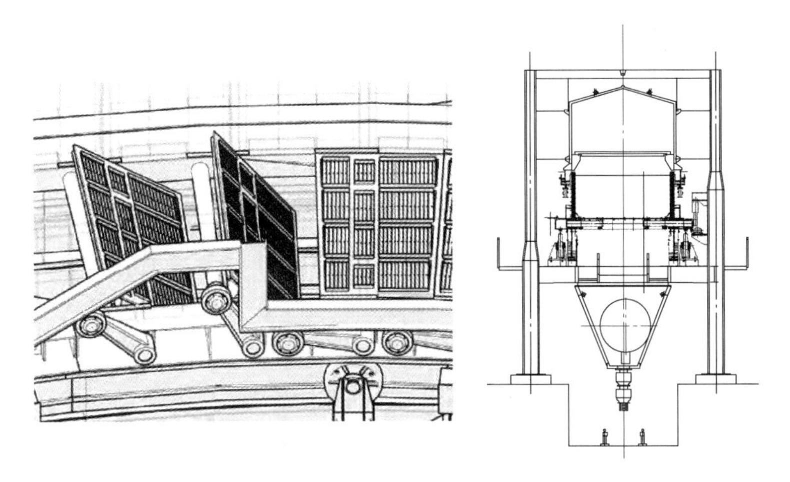

图 2 环冷机示意图

Fig. 2 Schematic diagram of the ring cooler

1.6 环保棒条筛

成品筛分室由两台环保型悬臂振动筛（见图 3）垂直串联组成，该立式组合筛装置具有高效、节能、环保等突出特点。共 3 个系列，每台烧结机对应 1 个系列。其中，2 个系列工作，1 个系列备用。各烧结系统冷却后的烧结矿经车式三通分料器通过 3 条皮带机供至 3 个筛分系列。

一次筛分机筛上为 10~20mm 和大于 20mm 的成品矿，筛下粒度小于 10mm 的矿粉进入二次筛；一次筛分能力 750t/h。其中 10~20mm 粒级的矿粉经铺底料皮带机（双机共用）输送至烧结机铺底料矿槽作为铺底料使用。铺底料采用自溢三通出料，筛下铺底料皮带采用变频电机驱动，实现由主控远程变频调速控制铺底料流量。

经二次筛分后，得到 0~5mm 和 5~10mm 的成品矿，筛分能力 500t/h。其中 0~5mm 粒级作为冷返矿经各自系统的皮带机分别运至配料室返矿矿仓参加配料；5~10mm 的小成品矿与大于 10mm 的成品矿经各自成品皮带输送至高炉。

环保棒条筛的筛分效率≥85%，烧结矿中小于 5mm 的成品矿含量≤5%。

1.7 筒仓技术

为了响应唐山地区冬季环保政策，烧结机存在临时停机的可能。为保证高炉生产，需建设大贮量的成品料仓。成品料仓采用筒仓技术，总贮量达 7 万吨。仓上配置 2 台移动卸矿车皮带，具备自动寻仓上料功能。仓内设置 50mm 厚铸石衬板，保证仓体不被磨损。根据高炉槽上需求，调整各仓卸料口的作业频率。

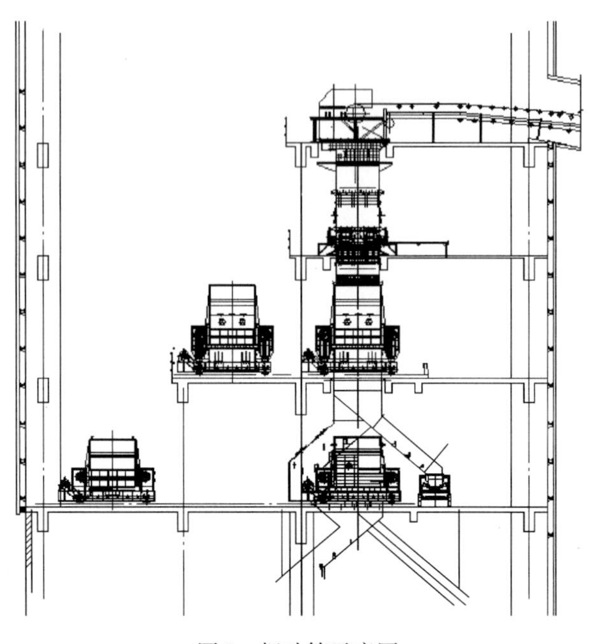

图 3　振动筛示意图

Fig. 3　Schematic diagram of vibrating screen

2　脱硫脱硝技术及粉尘治理技术

唐钢新区 2 台烧结机分别采用了不同的脱硫脱硝技术。1 号烧结机烟气净化系统采用了活性焦烟气治理工艺，而 2 号烧结机则采用了循环流化床脱硫+SCR 脱硝处理工艺。

活性炭焦可实现多污染物的协同去除，且无脱硫灰等二次污染物的产生，所吸附的二氧化硫及产生的碎焦均可进行资源化利用。但该系统较为复杂，对于系统操作要求较高，存在火灾风险，且对于颗粒物排放的控制相对较差。

循环流化床+SCR 工艺可实现二氧化硫、颗粒物、氮氧化物的高效、稳定脱除，脱除效率高，技术稳定可靠，但对于脱硫灰及废弃脱硝催化剂则需进行再处理。

2.1　活性焦烟气治理工艺

1 号烧结机利用活性焦的变温吸附性能，在低温时将气体中 SO_x（SO_2、SO_3）吸附。在烟气中氧气和水蒸气存在的条件下，吸附态的 SO_2 被氧化为 H_2SO_4，并储存在活性焦孔隙内。通过物理吸附可脱除烟气中 20~30mg/m^3（标态）的 NO_x。在活性焦的吸附、催化作用下，向烟气中喷入氨，与 NO_x（NO、NO_2）发生选择性催化还原反应，生成氮气和水。活性焦颗粒的过滤作用，使得吸附层相当于高效颗粒层过滤器，在惯性碰撞和拦截效应作用下，烟气中的大部分粉尘颗粒、酸雾在床层内部不同部位被捕集，完成烟气的除尘净化。实现 SO_2、NO_x、重金属、二噁英、粉尘的一体化脱除。

活性焦烟气治理系统主要包括：烟气系统、吸附系统、活性焦再生系统、物料循环输送系统、除尘系统、制盐系统以及其他辅助系统等[7]。

2.2　循环流化床脱硫+SCR 脱硝处理工艺

2 号烧结机出来的原烟气从循环流化床脱硫塔底部进入，通过吸收塔下部文丘里管的加速，进入循环流化床床体。同时在吸收塔反应段加入适量的脱硫剂和工艺水，大部分返料灰连同未完全反应的脱硫剂返回吸收塔。循环流化床里的气固两相由于气流的作用，产生激烈的湍动与混合，极大地强化了气固间的传质与传热，可有效去除 SO_2。后置的布袋除尘器使烟气含尘浓度低于 5mg/m^3（标态），并进入烟气脱硝系统。

烟气脱硝设施设置在半干法脱硫除尘工艺后，布袋除尘器出口温度约 80℃，SCR 催化剂反应温度为 280℃。布袋除尘器出口的烟气需经过 GGH 换热和加热炉加热，将温度提高到 280℃，再进入 SCR 反应器脱硝。SCR 技术稳定、可靠，且对于氮氧化物具有较高的去除效率，从而保证烟气的超低排放。

2.3 粉尘分类处理

唐钢新区厂区除尘灰统一规划设计，其中原料场的混匀配料槽设置 4 个除尘灰仓，2 个用于接收原料场区域气力输送的除尘灰，另外 2 个用于接收罐车输送来的高炉重力灰。炼钢的转炉污泥采用泥浆泵输送至混合机参与烧结作业。烧结区域的除尘灰进行了分类处理：

燃料破碎及煤缓冲仓、脱硫脱硝系统除尘器收集的粉尘，经气力输灰或吸排罐车至配料前焦灰仓，与破碎后燃料混合参与配料。

混合、制粒除尘器收集的粉尘就近经工艺皮带回收。

机尾、配料、成品筛分、成品料仓及矿石受料槽除尘器收集的粉尘，采用气力输灰系统输送至烧结配料室灰仓中。

机头除尘一、二电场除尘灰气力输送至烧结配料室灰仓中，三、四电场除尘灰运至公司固废协同处理中心加工处理。

3 结语

唐钢新区 2×360m²烧结机采用先进、成熟、稳定的工艺流程，工艺装备和自动控制达到国际先进水平。在节能方面，集成了自主研发的多项装备技术，较传统工艺能耗降低约 45%；在环保方面，配置了烟气循环技术、活性焦烟气治理工艺和循环流化床脱硫+SCR 脱硝处理工艺，烟气减排量达 25%，污染物排放大大降低。

参 考 文 献

[1] 中国冶金建设协会．钢铁企业原料准备设计手册［M］．北京：冶金工业出版社，1997.

[2] 中国冶金建设协会．烧结设计手册［M］．北京：冶金工业出版社，2005.

[3] 中华人民共和国住房和城乡建设部，中华人民共和国国家质量监督检验检疫总局．钢铁企业原料场工艺设计规范［M］．北京：中国计划出版社，2010.

[4] 中华人民共和国住房和城乡建设部，中华人民共和国国家质量监督检验检疫总局．烧结厂设计规范［M］．北京：中国计划出版社，2015.

[5] 马洛文．宝钢新 2 号烧结机节能环保技术集成与应用效果［J］．烧结球团，2019（6）：231~235.

[6] 李超群，徐文青，朱廷钰．烧结烟气循环技术研究现状与发展前景［J］．河北冶金，2019（S1）：1~6.

[7] 竹涛伊，能静，王礼锋，等．烧结烟气脱硫脱硝技术进展［J］．河北冶金，2019（S1）：7~10.

烧结终点温度模型的分析

刘雪飞

（唐钢国际工程技术股份有限公司自控事业部，河北唐山 063000）

摘 要 针对烧结过程大滞后、多扰动，且传统的烧结终点温度模型 BTP 不能高效准确地预报烧结终点位置，进而影响烧结质量的实际情况，提出一种新的烧结终点预报模型 BRP。介绍了 BRP 模型的工作原理，并从可靠性、滞后性和过程性 3 个方面与传统的 BTP 模型进行了对比，认为 BRP 模型在间接预报烧结终点方面优势明显。该模型在河钢唐钢新区烧结机中应用后，高效预报了烧结终点位置，有效指导烧结机实际生产，同时提高了烧结机的生产效率。

关键词 烧结；终点；模型；风箱温度；节能

Analysis of Sintering End Temperature Model

Liu Xuefei

（Tangsteel International Engineering Technology Corp.，Tangshan 063000，Hebei）

Abstract In view of the fact that the sintering process has large lag and multiple disturbances, and the traditional sintering end point temperature model BTP cannot efficiently and accurately predict the sintering end point position, which affects the sintering quality, thus, a new sintering end point prediction model BRP is proposed. By introducing the working principle of the BRP model and comparing it with the traditional BTP model from three aspects of reliability, hysteresis and process, it is concluded that the BRP model has obvious advantages in indirect prediction of the sintering end point. After the model was applied to the sintering machine in HBIS Tangsteel New District, it can efficiently predict the sintering end point, effectively guide the actual production and improve the production efficiency of the sintering machine.

Key words sintering; end point; model; sintering box temperature; energy conservation.

0 引言

烧结终点的位置严重影响烧结的质量。目前，我国烧结厂大多采用“人工看火”的方式控制烧结质量[1]。由于滞后时间较长，导致烧结终点极易偏离希望值，发生过烧或欠烧。不仅影响烧结矿的成品率，还造成烧结机台车箅条的大量消耗，增加了维修成本，降低了烧结机的作业率[2]。

烧结生产过程是个非常复杂的物理化学过程，受多种参数的影响，尤其是随机干扰很难用已有的手段获得精准的数学模型[3]，所以，无法用常规的控制手段进行控制。本文对河钢唐钢新区烧结机的自动控制进行研究，针对烧结过程大滞后、多扰动的特点，采用 BRP 预报烧结终点的原理对烧结终点位置进行控制，建立烧结终点的控制模型，并将 BRP 与 BTP 两种控制系统进行对比。

1 传统的 BTP 烧结终点的判断方法

1.1 烧结终点的定义

烧结终点（BTP）是指烧透点的位置，一般把烟气温度开始下降瞬间的位置定义为烧结终点。实际生产中，通过机尾风箱废气温度来判断烧结过程的终点。通常烧结终点控制在倒数第二个风箱，即在此风箱的烟气温度达到最高点[4]。

作者简介：刘雪飞（1988—），女，工程师，毕业于北京科技大学，现在唐钢国际工程技术股份有限公司自控事业部主要从事仪表自动化设计，E-mail：467845400@qq.com

1.2 烧结终点的计算

通常来说，烧结过程正好结束的时候，风箱废气的温度是最高的，因此可以在沿着烧结机台车行进方向上的风箱设置热电偶的方法来测量风箱的废气温度，风箱废气温度分布如图 1 所示。

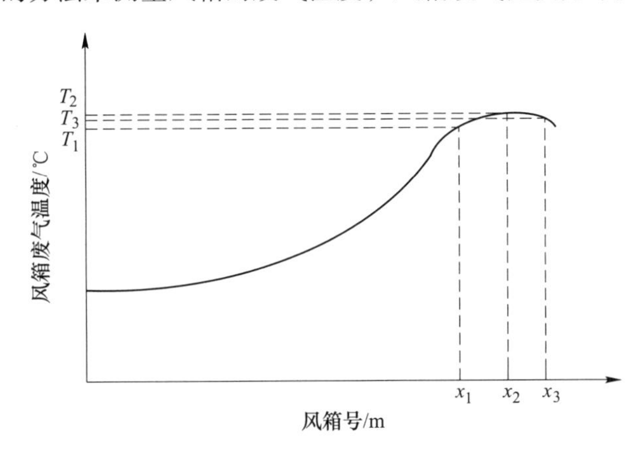

图 1　风箱废气温度曲线

Fig. 1　Temperature curve of wind box exhaust gas

由图 1 可知，风箱废气温度曲线的后段近似于二次函数曲线，由曲线最高 3 点的温度能计算出烧结终点的位置。X_{max}就是最高温度 T_{max}所对应的风箱的位置，也就是烧结终点的位置。

2 烧结终点预报模型

废气温度上升点（BRP）原理：料层点火后，表层的焦粉开始燃烧，通过料层的空气的温度得以上升。伴随烧结过程进行，燃烧带逐渐向下移动，湿料层逐渐消失，烧结料层逐渐烧透，燃烧带靠近台车算条，热矿层和燃烧带使助燃空气的温度升高，然而少了湿料层的冷却作用，在某一点，风箱废气的温度突然上升，该点的位置就是 BRP 的位置，由此来判断和在线预报烧结的终点。

从烧结机的中部开始，各个风箱都需安装多个热电偶，从而对检测点进行分析。设横坐标是检测点位置，该检测点的温度为纵坐标，应用最小二乘法来拟合废气温度曲线，BRP 风箱废气温度曲线如图 2 所示。

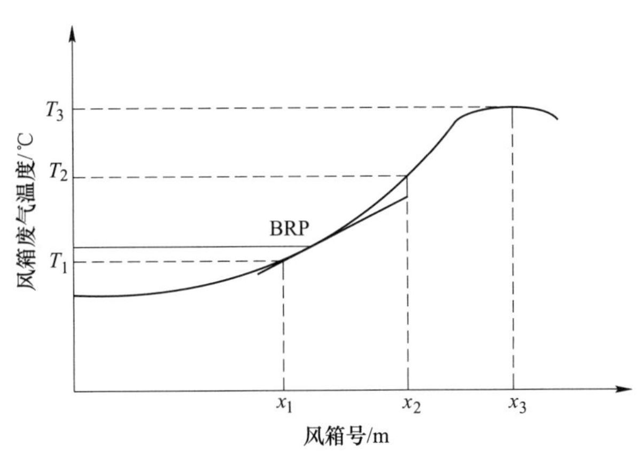

图 2　BRP 风箱废气温度曲线

Fig. 2　Temperature curve of BRP wind box exhaust gas

计算拟合曲线的拐点，BRP 的位置正对应于拐点所对应的横坐标。而拟合曲线能真实反映温度变化趋势。

准确地拟合曲线是 BRP 准确判断和烧结终点的优化控制的基础。

通过对风箱温度曲线的分析可以看出，BRP 的位置和 BTP 的位置是相互关联的。当烧结终点 BTP 的位置稳定时，BRP 则会稳固在某一位置，废气温度上升点的温度值也就在一定范围内。这就意味着，若 BRP 发生变化，烧结终点一定会发生变化。因此要实时优化地控制烧结终点，可以通过计算 BRP 位置来预测烧结终点位置，减少烧结过程控制的大滞后性。通过烧结终点预报得到准确的 BRP，并据此调整台车速度，实现稳定烧结终点的目的。该间接控制烧结终点的方式能够实现烧结终点的优化控制。BRP 通常出现在烧结机中部偏后的位置，可以定性预测烧结终点，从而实现烧结终点的优化控制。

3　BRP 预测终点模型与 BTP 终点模型的比较

与传统的 BTP 烧结终点判断方法相比，BRP 间接预测烧结终点的方法优势明显，具体表现在以下方面：

（1）目前还没有能够直接测量烧结终点的仪器，因此现在最常规的判断烧结终点的方法就是通过风箱废气温度曲线，对台车下部风箱处热电偶所采集的风箱废气温度进行分析处理，认为风箱废气温度的最高点就是烧结终点。然而实际生产中，有时会因欠烧而导致在破碎前仍旧没有出现烧结终点位置，因此传统的直接控制烧结终点的方法是无法实现的，更严重的是对烧结矿的产量、质量造成不利影响。但是采用 BRP 方法，通过计算废气温度上升点的位置来实现烧结终点的预判；并且通过曲线拟合试验，确保曲线的真实性和 BRP 位置的准确性，从而准确判断烧结终点位置。在优化烧结终点控制方面和判断烧结终点位置上，BRP 方法比传统的 BTP 方法具有更高的可靠性[5]。

（2）烧结生产过程具有较大的滞后性。从配料、混合制粒到烧结布料，原料参数、操作参数对烧结的各个过程都会有影响。即便排除烧结过程之前的干扰因素，单纯从烧结过程来讲，在时间上也是滞后的。传统的 BTP 烧结终点判断方法，只反映了当前生产状态下的烧结终点的位置，而据此对操作参数进行调整来稳定烧结终点，在时间上就是滞后的，从而导致生产调节上的滞后。但是采用 BRP 判断烧结终点的方法，能够短期预报烧结终点的位置。通过控制废气温度上升点 BRP 的位置，来稳定烧结终点，能够提前对烧结终点进行控制；BRP 的方法包含更多的烧结过程参数，比 BTP 更具有动态性和连续性，可大幅减缓生产调节的滞后性[5]。

（3）传统的 BTP 判断烧结终点方法不能较好地反映烧结的过程性，由此得到的终点位置可能存在较大的偏差。烧结过程控制是通过调节操作参数来实现对烧结状态参数的控制，为了稳定烧结终点，需要较大范围地调整烧结机机速，而操作参数的波动，势必导致状态参数、烧结矿化学成分及其他相关联参数的波动，容易造成烧结矿质量不稳定。但是 BRP 方法通过预测预报，实时连续地调整烧结机机速，尽可能减小操作波动，从而实现稳定烧结过程的目的[5]。

4　烧结终点预测模型实例

4.1　风箱废气温度的检测

为检测河钢唐钢新区烧结机风箱废气的温度，在台车下部风箱处安装了热电偶矩阵，安装位置如图 3 所示。为确保所采集数据准确，排除个别热电偶异常产生干扰，在 14~22 号各风箱中安装 6 个热电偶。图 3 中的 6 列温度测点，分别对应烧结机点火处由北向南的 6 个下料小闸门。

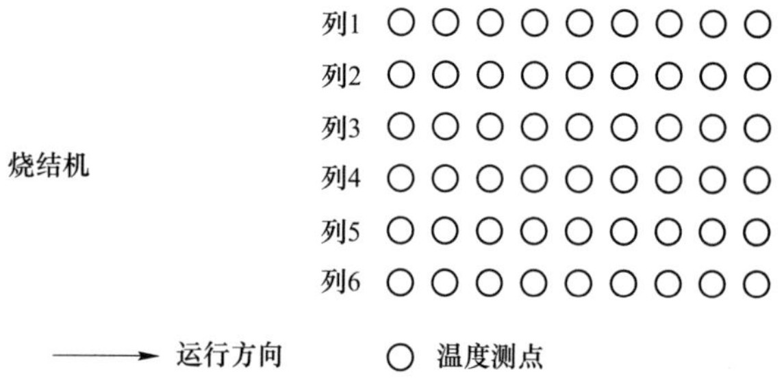

烧结机

列1 ○○○○○○○○○
列2 ○○○○○○○○○
列3 ○○○○○○○○○
列4 ○○○○○○○○○
列5 ○○○○○○○○○
列6 ○○○○○○○○○

——→ 运行方向　　○ 温度测点

图 3　热电偶分布

Fig. 3　Thermocouple distribution diagram

4.2　烧结终点预报模型的建立

依据烧结生产的实际经验，BRP 设定位置温度较高时，预报烧结终点将会提前；相反，当 BRP 设定位置温度较低时，预报烧结终点将会滞后。所以，准确计算预测值 BRP 的位置是建立逻辑模型和实现烧结机自动控制的关键。

依据所采集的 14~22 号风箱废气温度值，将实际生产中测量的多组数据集中起来，进行编程计算，实现最小二乘法的回归拟合，并建立烧结终点预报模型，得到准确的 BRP 和 BTP 的位置。

曲线拟合效果如图 4 所示。由烧结工艺理论可知：x_1 点代表燃烧带即将到达台车箅条的位置，而 x_2 点代表烧结完成的位置。

图 4 中的 x_1 即为废气温度上升点 BRP，x_2 为烧结终点 BTP。当 BTP 稳定时，BRP 固定在某一值，所以 BRP 可以实现烧结终点的定性预报。因此，当 BRP 变化时，必然导致 BTP 发生变动。

4.3 程序流程

计算 BTP 位置的算法流程如图 5 所示。

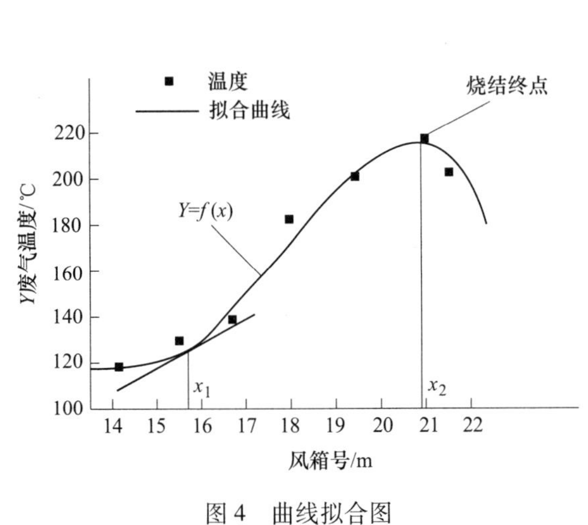

图 4 曲线拟合图

Fig. 4 Curve fitting graph

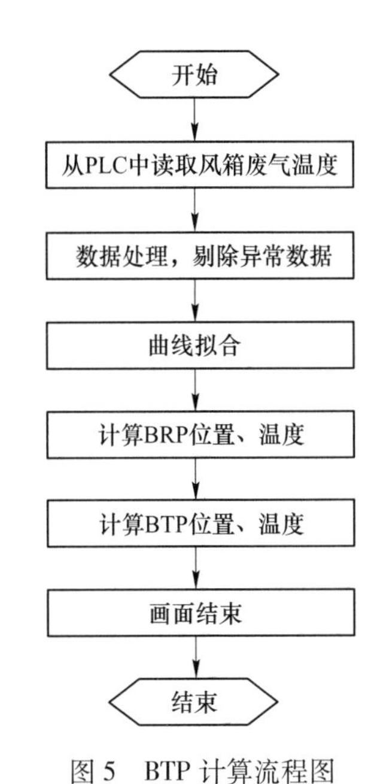

图 5 BTP 计算流程图

Fig. 5 BTP calculation flow chart

5 结语

从烧结过程上简要介绍了 BRP 模型预报烧结终点的原理，并从可靠性、滞后性和过程性 3 个方面与传统的 BTP 模型进行对比分析，可得 BRP 烧结终点模型具有很大的优势。最后对唐钢新区烧结机后 9 个风箱的温度进行测量采集，应用编程软件开发出终点预报的控制模型，采用最小二乘法对该 9 组温度数据进行曲线拟合，得到有效的 BRP 值。通过该 BRP 终点温度模型的应用，高效地预报了烧结终点位置，有效地指导烧结机实际生产，提高了河钢唐钢新区烧结机的生产效率。

参 考 文 献

[1] 程武山．基于遗传神经网络的烧结终点预测系统 [J]．烧结球团，2004，29 (5)：18~22.

[2] 夏德宏，张钢．烧结机热工过程优化探讨 [J]．冶金能源，2004 (4)：10~13.

[3] 周卫，彭宪建．首钢烧结终点智能控制系统的应用 [C]．全国冶金自动化信息网，2009 年会论文集，2009.

[4] 向齐良．基于烧结终点预测的烧结过程智能控制系统及应用研究 [D]．长沙：中南大学，2008.

[5] 李乔．首钢京唐 550m^2烧结机终点智能控制系统的研究与开发 [D]．沈阳：东北大学，2014.

烧结环冷自动卸灰系统设计与应用

程焕生

（唐钢国际工程技术股份有限公司，河北唐山 063000）

摘　要　基于编码电缆原理，采用西门子 1200 系列 PLC 控制器，通过对卸料时间和卸料量计算，控制小车的精准定位和双层卸灰阀的开关，完成自动卸灰的自学习功能。并利用以太网远程监测卸料系统各设备，实现卸灰小车工作过程的无人化操作和精准计量，达到能耗和人工成本的双降。

关键词　环冷机；卸料小车；编码电缆；PLC 控制器；全自动

Design and Application of Sintering Ring Cooling Automatic Ash Unloading System

Cheng Huansheng

（Tangsteel International Engineering Technology Co., Ltd., Tangshan 063000, Hebei）

Abstract　Based on the principle of coded cable, Siemens 1200 series PLC controller is used to control the precise positioning of the trolley and the switch of the double-deck ash unloading valve by calculating the unloading time and volume, leading to the self-learning function of automatic ash unloading. In addition, the application of Ethernet to remotely monitor the equipment of the unloading system can realize unmanned operation and accurate measurement of the ash unloading trolley's working process, achieving the reduction of energy consumption and labor costs.

Key words　circulating cooler; unloading trolley; coded cable; PLC controller; fully automatic

0　引言

在冶金行业中，烧结矿生产过程的冷却主要是由环冷机完成。热矿物从烧结台车经破碎带到有箅孔的台车上缓慢回转，被环冷下部鼓风机吹来的冷却风冷却[1]。在冷却过程中，颗粒较小的矿料会从台车的箅孔下落到环冷机下面的散料斗中，这部分漏料称作散料。河钢唐钢北区的环冷机散料的处理方式是采用工艺经验判断及烧结的生产能力定时进行卸料，人工现场操作卸料小车进行卸料，这种环冷机散料的收集方式存在卸料不及时会堵塞风道，卸空散料会造成环冷机风箱漏风等问题，卸料小车定位不准确，容易撒料，还要进行人工清料[2]。环冷机下的地面冬天易结冰，灰尘严重、视线差，作业空间狭小，工作环境极其恶劣。

河钢唐钢北区对环冷卸料系统进行了改造，但只是通过限位开关对小车的运行点进行了离散定位，收料作业还是不能实现完全自动。针对这种情况，河钢唐钢新区对烧结环冷机卸料系统提出了一种基于编码电缆的自动收灰协调，通过小车的连续定位，为每台环冷机下方配备的 22 个收灰仓。新建成的烧结要求散料自动收集，减少人工的投入和环境污染。

1　散料收集系统

散料自动收集系统主要包括 3 个方面：

（1）小车的自动定位系统，采用编码电缆对小车的运行轨道进行全程监测，实时确定小车的位置，更好、更合理地控制小车的行车路线。

作者简介：程焕生（1985—），男，工程师，2011 年毕业于河北理工大学机械设计与自动化专业，现在唐钢国际工程技术股份有限公司从事自动化仪表设计工作，E-mail：chenghuansheng@tsic.com

（2）双层卸灰阀料位检测系统，通过对卸灰阀中的料位开关判断是否要卸料。

（3）采用1200控制器控制小车的行走和双层卸灰阀的开关；完成自动卸灰的自学习功能，通过以太网远程监测卸料系统的各个设备。

2　自动卸料的关键技术

2.1　编码电缆的原理

编码电缆技术又名感应无线技术，利用的是电磁感应原理，具有优越的综合指标和使用价值[3]。编码电缆安装在移动小车的轨道旁边，在移动小车行走过程中，安装在移动小车上的天线箱跟随着小车移动，并始终与编码电缆保持5~30cm的距离。编码电缆采用格雷码编制，同一条编码电缆内，任何位置产生的信号幅度和相位都是唯一的。感应无线位置检测将接收到的信号进行相位比较，相位相同计为“0”，相位相反计为“1”。通过各对G线比较后的相位组合即可得到位置信息。

感应无线位置检测采用线圈的电磁感应原理。根据检测方式分为车上检测地址系统和地上检测地址系统。车上检测地址系统中，地址发生器给编码电缆通入交变电流时，在编码电缆的附近就会产生交变磁场，车上天线箱内的感应线圈即会产生感生电动势，从而接收到编码电缆上的信号。通过检测感应信号的相位与幅度，从而得到天线箱所在的坐标位置，以此作为移动机车的位置。地上检测地址系统中，载波发生器给天线箱加上交变电流时，编码电缆接收到天线箱的信号。通过检测感应信号的相位与幅度，从而得到天线箱所在的坐标位置，以此作为移动机车的位置。

环冷自动卸灰是采用地上检测地址系统，原理如图1所示。

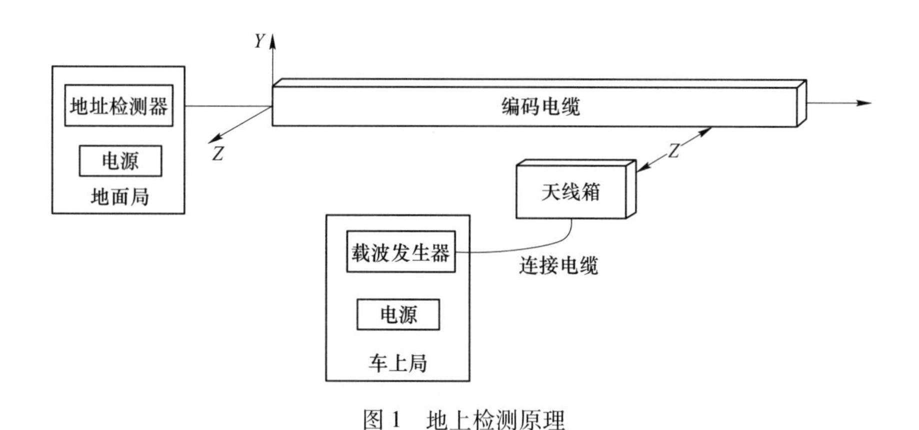

图1　地上检测原理

Fig. 1　Principle of ground detection

采用编码电缆定位技术精确定位小车，地址监测精度≤0.2cm。编码电缆设备能长期在-25~85℃环境下工作，抗工业污染、抗同频干扰、抗振动、抗冲击、耐高温、耐腐蚀，平均无故障时间大于12月。

2.2　设备选型与控制原理

采用编码电缆对移动的设备进行精确定位，在钢铁行业中主要集中在天车位置定位。现通过对编码电缆升级改造，环冷机下的卸灰轨道的半径满足编码电缆的弯曲半径，故可以使用，采用地上检测地址系统方便控制系统收集和采集数据。

在小车上安装载波发生器，实时发送电磁感应，轨道旁的编码电缆检测到信号后将数据传送到地址检测器中，通过网络传送到PLC，不间断的反馈小车的位置[4]。将双层卸灰阀编号，以1号双层卸灰阀和22号双层卸灰阀为小车的等待位，在1号双层卸灰阀和22号双层卸灰阀的轨道上安装光电开关，对编码电缆进行自动校正。

系统采用西门子1200PLC，通过PN通信协议与分站进行通信，采集和控制现场设备。采用以太网与上位机连接，在烧结中控室可以控制、监控、收集自动卸灰系统各项数据。

3　全自动卸灰系统

全自动卸料系统分为本地操作、远程手动、全自动卸料 3 个模式。本地操作是当远程通信出现故障或者检修时使用；远程手动是当全自动连锁发生故障，为保证生产可以手动远程操作；全自动卸灰是在上位机上发出卸灰命令，卸灰系统自动卸灰不需要人为干预。全自动卸灰系统完成小车自动定位、自动卸灰和数据采集分析功能[5]。系统结构图如图 2 所示。

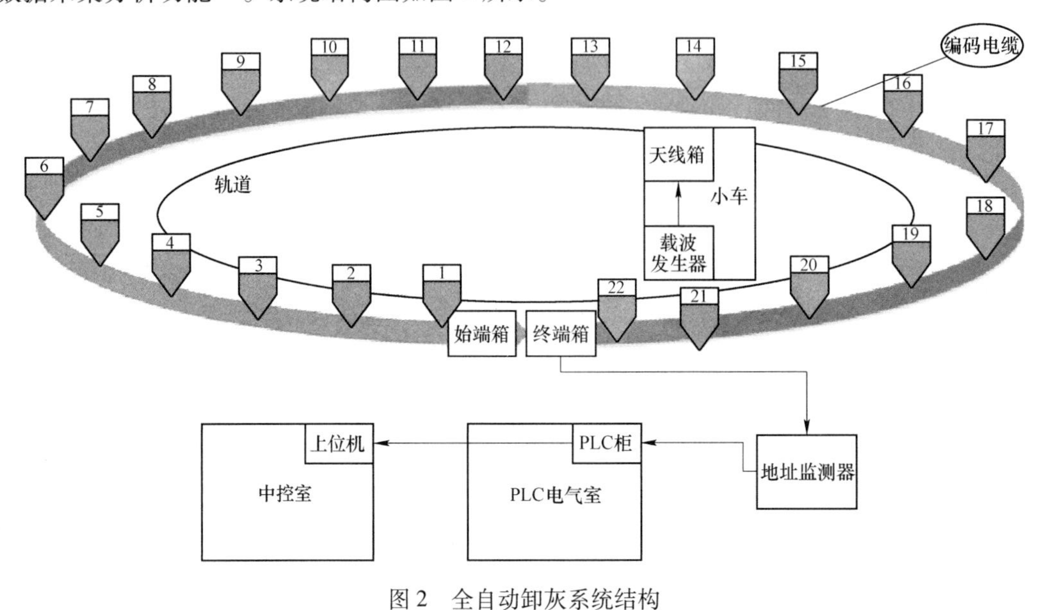

图 2　全自动卸灰系统结构

Fig. 2　Structure of fully automatic ash unloading system

3.1　小车自动定位

首先小车停止在等待位，当发出自动卸料命令时，小车进行双层卸灰阀的位置巡检，经过光电开关进行校正。所有位置正确时，小车返回等待位；如果有一个位置不准确发出报警停止自动卸料，检修人员进行处理。当系统检测到双层卸灰阀料位开关报警时，系统根据报警的双层卸灰阀命令小车运行到相应的位置，卸灰中另外双层卸灰仓发出报警，按报警顺序进行小车行车定位。当系统运行一段时间后，采集了大量的数据，可以对每个仓的卸灰次数进行统计，根据系统的自学习，将报警信号进行分级[6]；对于频繁报警的料仓可以优先处理。小车自动定位控制流程图如图 3 所示。

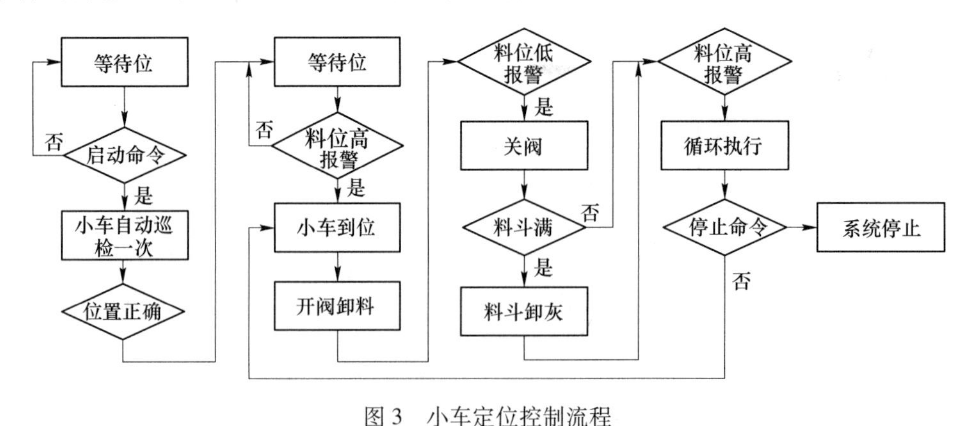

图 3　小车定位控制流程

Fig. 3　Control process of trolley positioning

3.2　自动卸灰功能

自动卸灰功能当系统检测到料仓报警信号时，系统控制小车行走到相应的料仓下，当小车的位置确定到报警料仓时，系统发出双层卸灰阀打开信号开始卸灰；当系统收到料仓低报警信号时，发出双层卸灰阀关闭信号。系统收到卸灰阀关闭的信号后，开始控制小车移动到下一个卸灰阀下。计算料仓高报警到低报警的料量[7]，根据卸料量计算每个卸灰仓一段时间内的存储的料量。

3.3 数据采集分析功能

对小车的行走进行记录，记录一个班次（8h）每个料仓的卸灰次数。通过卸灰次数计算出每个料仓在这一个班次的卸料量。模拟环冷系统在冷却时产生的烧结灰的分布，并进行重点监控[8]。还可以根据产生的料量，对比上一班次的料量结合工艺，为调节烧结矿的终点温度提供参数。

数据采集具有自学习的功能，经过一段时间后，烧结生产进入到稳定阶段，可以通过数据分析得到料仓料量的分布，设置报警等级。在全自动卸料时，如发生多个报警，优先选择容易生成灰的料仓。

4 结语

全自动卸料系统提高了烧结区域的自动化水平，做到了烧结矿散料的无人化回收。同时通过卸灰次数的分析，可以作为烧结终点温度的判定参数，提高烧结终点温度的准确性，为烧结矿提高质量提供依据。其次由于散料回收实现了无人化，减少了岗位工人，降低了人工成本；而通过数据分析有计划地进行散料收集也降低了电能的消耗，达到节能降耗、减少环境污染的目的，响应国家建设绿色工厂的号召。

参考文献

[1] 周恒超，刘树臣，李广鹏，等．交流电路在电工技术学习中的要点分析［J］．内燃机与配件，2018（2）：242.
[2] 卢秀红，纪志宏．烧结机自动卸灰控制系统的改造［J］．山东冶金，2018，40（5）：54~56.
[3] 李文龙．电气自动化控制技术在除尘器系统中的运用研究［J］．机电信息，2019（17）：20~21.
[4] 张新宁，公维娥，李前，等．烧结机卸灰系统控制完善与优化［J］．中国仪器仪表，2008（6）：61~63.
[5] 李健．带犁式卸料器的带式输送机多料仓自动卸料系统的应用［J］．矿山机械，2016，44（10）：93~95.
[6] 顾亚南．提高烧结开机成品率的创新实践［J］．河北冶金，2019（7）：33~35.
[7] 刘洋，李宝忠，方堃，等．新工艺新技术在360m^2烧结系统的应用及设计［J］．河北冶金，2020（S1）：48~51.
[8] 陈永华，胡友文，王保刚，等．415m^2烧结环冷机密封改造［J］．河北冶金，2017（7）：76~78，80.

烧结成品仓卸料车自动控制系统的应用研究

张琳悦

（唐钢国际工程技术股份有限公司，河北唐山 063000）

摘　要　料仓布料系统的工作稳定性对整个烧结系统的生产具有重要意义。本文以河钢唐钢新区项目烧结成品仓的卸料车自动控制系统为例，展示了在该项目中所应用的一种新型的卸料车自动控制方式。通过对布料系统的检测环节、控制模式和控制策略的分析，系统采用模糊控制的先进算法，结合智能化检测装置，为今后类似设计提供一种可行的新工艺。

关键词　模糊控制器；非接触式柔性电缆；连续编码感应测距技术；电气传动；拖链

Discussion on the Application of Automatic Control System of Unloading Car in Sintering Finished Product Warehouse

Zhang Linyue

（Tangsteel International Engineering Technology Co., Ltd., Tangshan 063000, Hebei）

Abstract　The working stability of the silo distribution system is significant to the production of the entire sintering system. The paper demonstrates a new type of automatic control method for the unloading car applied in the sintering finished product warehouse of HBIS Tangsteel New District project. Through analyzing the detection link, control mode and strategy of the distribution system, the system adopts the advanced algorithms of fuzzy control combined with intelligent monitoring devices to provide a feasible new process for similar designs in the future.

Key words　fuzzy controller; non-contact flexible cable; continuous coding induction ranging technology; electric drive; drag chain

0　引言

在大型钢铁生产企业，从原料到成品，往往需要经过矿石的破碎、配料、混匀等较多的生产环节。根据不同的生产工艺，生产的物料从上一环节传送到下一环节，通常需要皮带卸料车，同时需要料仓对物料进行缓冲和储备[1]。因此，卸料车输送物料的快慢以及如何使料仓不出现空仓或溢仓的现象也是关系到企业生产效益重要的一环。

本文以河钢唐钢新区项目烧结成品仓的生产运输过程为背景，设计了1套新型的卸料车布料自动控制系统，用于替代原始的继电器和接触器电气控制方式。减少了以往矿仓料位误差较大、布料不均匀、系统故障率高、生产效率低等一系列问题。

1　卸料车布料系统的工艺流程与控制原理

1.1　工艺流程

在河钢唐钢新区烧结成品仓生产过程中，上一流程皮带机运来烧结成品矿料，小车将皮带上的矿料运送到小车轨道下方的10个矿仓中，矿仓下料口通过电振给料机向下一流程皮带机上卸料，皮带机再

作者简介：张琳悦（1992—），女，工程师，2014年毕业于太原理工大学电气工程及其自动化专业，现在唐钢国际工程技术股份有限公司从事电气设计工作，E-mail：zhanglinyue@ tsic. com

将物料运送到下一环节中去。卸料车在轨道上来回移动，当移动到某料仓上方时，若该料仓的料位值在下料的范围内，则卸料车停止运行，为该料仓下料，当该矿仓料位达到控制要求时，则继续向前运行；否则停止运行，向该料仓下料。在矿仓的出料口，每个矿仓对应一对电振给料机，系统通过电振给料机的运转为下一流程皮带机进行下料。本文还通过检测矿石需求量，调节矿仓出料口比例阀的开度。这样每个矿仓的需求量就会因为比例阀开度的变化而不断变化，从而影响着小车的布料。

1.2 控制原理

1.2.1 控制算法特点及选取

采用模糊控制算法同时结合 PLC 的软件，实现小车布料系统的自动定位。采用离线的方式进行计算，减少了 CPU 的内存空间，并通过 PLC 的在线查表方式达到控制目的[2]。

1.2.2 小车精确定位

基于感应无线技术，卸料车移动采用 1 条独特的编码电缆，结合感应无线电磁原理，达到同时解决卸矿车的位置检测与数据通信两大难题。系统由地面部分、编码电缆部分、车上部分组成，系统结构如图 1 所示。

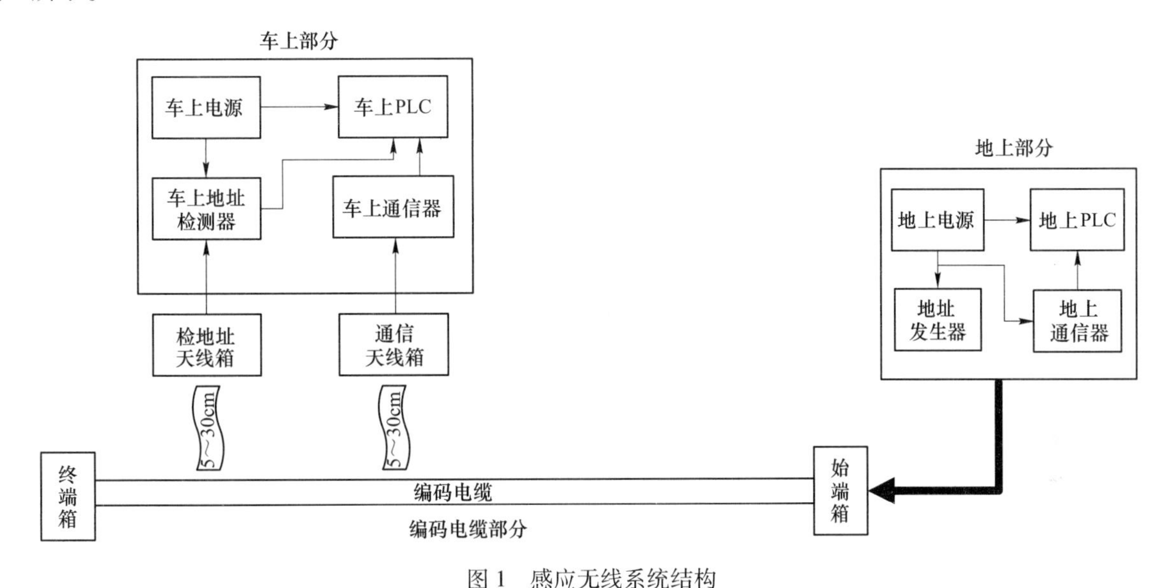

图 1 感应无线系统结构

Fig. 1 Structure diagram of induction wireless system

如图 1 所示，编码电缆安装在移动卸料车的轨道旁边，检地址天线箱安装在移动卸料车上并随着车移动，始终与编码电缆保持 5~30cm 的距离。位于地面部分的地址发生器不断向编码电缆中的传输对线轮流发送载波，通过天线中接收线圈与编码电缆中传输对线之间的电磁感应，车上位置检测器检测接收线圈感应信号的相位和幅度，经过运算得到接收线圈所在的位置坐标，以此作为移动卸料车的位置。

感应无线数据通信，则是通过安装在移动卸料车上的通信天线箱中的感应线圈，与编码电缆中的通信传输线之间 5~30cm 近距离电磁耦合传递信息，即天线箱与编码电缆之间形成了一个距离很短的无线信号通道[3]。

2 自动卸料系统控制方案

2.1 小车定位环节的控制

在智能感应无线定位环节中，采用 2 套相同、相对独立配置的设计连接组成冗余系统，分为主、从系统。当主系统发生故障时，系统自行将主系统关闭，切换到从系统并承担主系统的工作，以此减少系统的故障时间。为了使系统能够达到精确定位下料的目的，小车定位控制系统在设计时需要满足以下几点要求。

2.1.1　自动和手动

在整个小车布料系统中除了完成小车自动布料的功能外，还需要增加手动环节，方便对系统进行开始时的调试，并能对系统进行随时的停止或维修。

2.1.2　自动识别仓号

每一个料仓现场的实际位置都有唯一的地址与之一一对应，且在系统中将每个料仓设定料仓最大位置、料仓最小位置。每个下料口设定下料位置、最大下料位置以及最小下料位置，并将每一个料仓地址记录进数据库，当卸料车走行到某一位置时，系统自动查找数据库中对应的数据，最终判断出卸料车在哪个仓号，在哪个下料口。自动识别仓号示意图见图2。

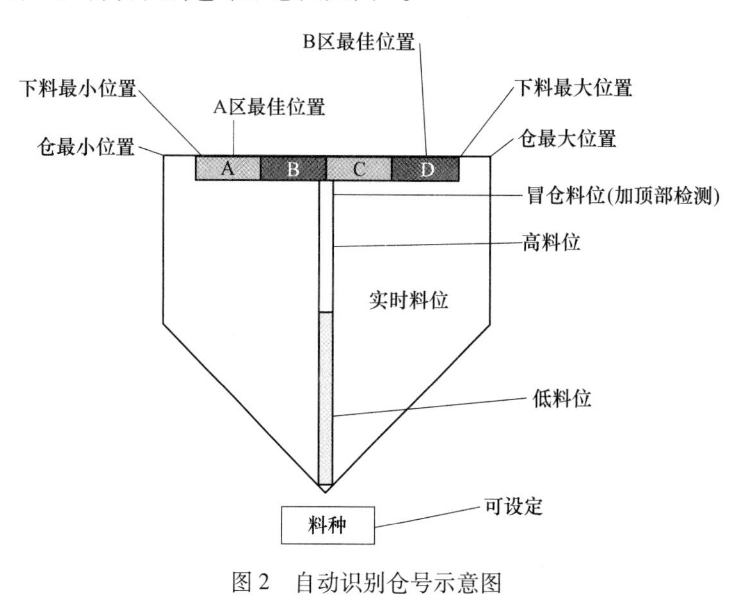

图2　自动识别仓号示意图

Fig. 2　Schematic diagram of automatic identification of warehouse number

2.1.3　安全联锁

（1）运料系统自动联锁功能：布料系统设备与运料系统设备均遵循逆料流方向启动，顺料流方向停止的原则，即只有当布料系统的卸料车对准指定的料仓，布料备妥后，方可发出运料系统允许启动的指令。

（2）卸料车与皮带机之间的走行联锁功能：当卸料车在皮带机上走行时，可允许卸料车，皮带机一同运行。当卸料车运行至轨道尽头极限位置，为防止卸料车卡住皮带或皮带拉扯卸料车，则自动停止卸料车行走。

（3）卸料车与下料口之间的联锁功能：卸料车根据计划走行至目标位置。当卸料车未对准计划目标位置，则不允许下料。或者卸料车进行走行下料时偏离下料口，则立即停止卸料车下料（与DCS联锁停皮带）。

（4）碰撞联锁功能：在小车的走行最大和最小位置加装光电限位开关，用以对编码电缆走行定位的冗余检测，防止碰撞。

2.2　小车均匀布料环节的控制

在之前的传统设计中，大多数的小车布料系统都是根据本时刻料位的优先等级达到对小车的移动定位（即料位高度低的先下料）。这种控制方法存在缺陷，仅通过此刻的料位来决定小车的下料位置，而没有考虑到料位变化的快慢对小车下料位置的影响。很可能出现当前时刻矿仓的料位值比较低，但是料位变化的速度很慢，即很长时间内料位不会有很大变化。同时，另一矿仓的当前料位值很高，但是料位的变化速度很快，可能短时间内就会变为低料位。根据料位优先的原则，小车会先为前者下料。这样的控制结果就很有可能在小车为前者下料过程中，来不及为料位值高、料位变化速度快的后者布料，从而使之出现空仓的情况[4]。因此，为了解决上述问题，本文采用模糊控制方法，对小车定位系统进行自动控制。

关于小车定位系统中模糊控制器结构的选取，在经过参考资料和多方面的研究后，本系统最终选择了对被控对象控制结果比较理想的控制器结构。

卸料车布料定位系统的设计总体思想是：以当前 10 个矿仓对矿料的需求量为优先级来实现下一时刻小车布料位置的定位。即以矿仓的需求量和这一时刻小车的所在位置决定下一时刻小车的下料位置。其中矿仓的矿料需求量通过模糊控制器来实现，求得每个矿仓的矿料需求量。而小车的最终下料位置通过 PLC 程序的编写实现。

在设计的控制器中，因为矿料的需求量是由矿仓料位的设定值与实际值之间的偏差以及该偏差的变化率决定的，因此将上述两个因素作为输入量，那么矿料的需求量就是被控对象[5]。输入的变量经过模糊化、模糊推理、反模糊化后，得到每个矿仓的矿料需求精确值，这样就为推算出之后小车的下料位置做好准备。

通过模糊控制器求得每个矿仓的矿料需求量后，以矿料需求量的优先级顺序定位小车的下料位置。系统根据优先级的顺序选定小车的下料位置，因为矿料需求量的物理论域为［0，21m］，所以设定小车下料的优先级顺序为（由低到高）：需求量较小（<9m）；需求量比较大（<15m）；需求量很大（<21m）。系统根据优先级的顺序选定小车的下料位置，根据模糊控制器得到的需求量的准确值为该矿仓下料，到达需求量值是停止下料，进入下一判断过程，如此循环下去。小车布料控制流程图如图 3 所示。

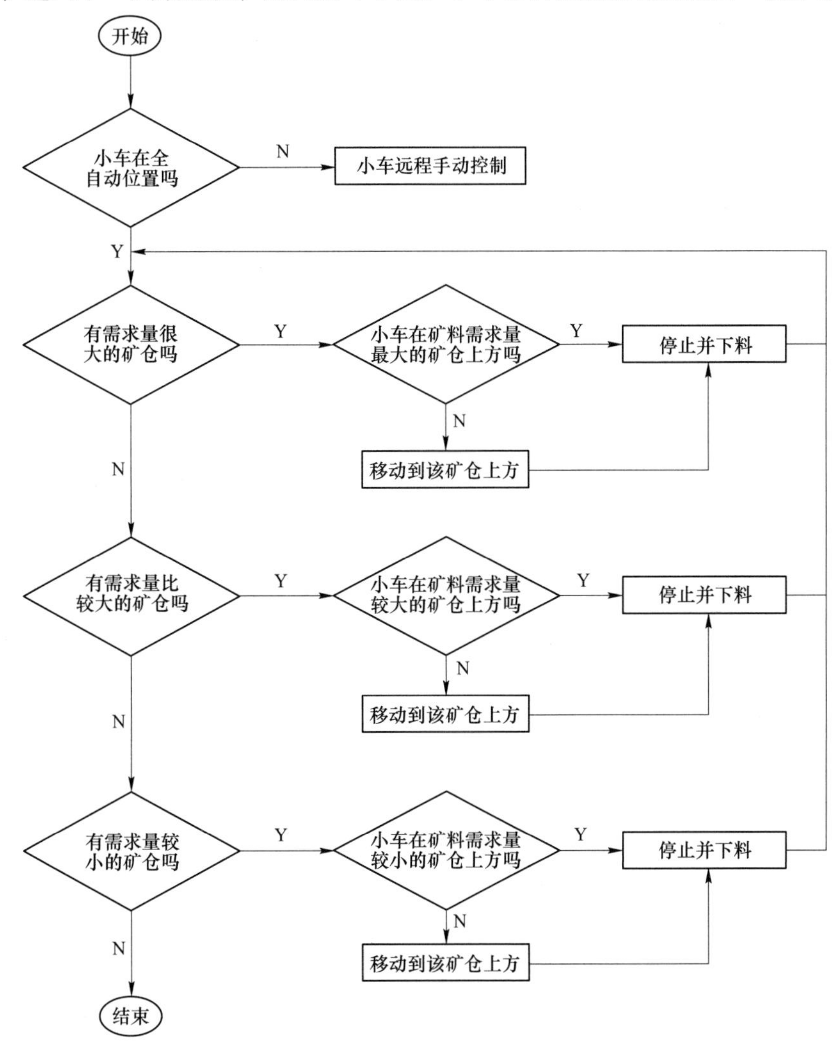

图 3　小车布料环节控制流程

Fig. 3　Flow chart of trolley distribution link control

3　自动卸料系统的实现

矿仓自动卸料系统设备主要包括上位机、PLC 设备、超声波料位计、激光测距仪等。超声波料位计实时检测所有矿仓的物料量，将采集的料位信息发送给 PLC，控制器依据料位的高低和具体数值计算需要布料矿仓的物料增补量。按照每个矿仓的物料增补需求量，控制器决定运料车向各个矿仓的移动顺序，计算输出控制量。激光测距仪检测当前运料车所处的位置，确定需要布料的矿仓号，激光测距仪检测当前运料车所处的位置，控制器计算出运料车位置和运行速度，通过逻辑运算后在模糊控制查询表中确定控制指令的输出控制量并发送给运料车电动机变频器，带动运料车向指定的方向和位置移动。同时，激光测距仪将所采集到的运料车位置发送给计算机显示界面，供现场操作人员观察和参考。在操作岗旁边为操作人员设置了机旁控制箱。

3.1　控制系统的硬件设计方案

本系统中为实现卸料车的自动控制，需在现场添加许多用于检测的传感器和控制单元，根据所完成的功能可将系统硬件分为三个部分：

（1）实时位置检测部分。通过在卸料车走行轨道旁边安装一条定位编码电缆和在车上安装感应天线箱，结合拥有专利的感应无线位置检测技术和感应无线通信技术，能实时检测到卸料车的绝对位置，精准度高（0.2mm），且稳定可靠（误码率 10^{-7}）。

（2）辅助检测部分。辅助检测包括用于现场安全提示的声光报警器、筒仓料位实时监控的雷达料位仪、冒仓检测的开关料位仪、溜槽堵料检测的堵料开关、翻板开关检测的行程开关，以及皮带带料检测的料流检测开关等。

（3）中控部分。中控部分负责现场信号采集、信号分析过滤、信号逻辑处理、算法处理与外部连锁系统接口通信，以及负责现场动画监控、远程操作、自动操作、系统设置和记录日志报表自动生成等[6]。PLC 选用西门子 S7-300PLC 模块，并采用监控组态软件 WinCC 6.0 对人机界面进行编程和管理。

3.2　电气系统搭建

3.2.1　电气传动

本卸料车控制系统电气传动部分由变频器、制动器、配电柜和机旁箱组成。变频器、配电柜等利用附近的配电室进行设置。机旁箱安装于卸料车上，随车同步移动，防护等级不低于 IP65。

变频器的应用保证了小车在移动下料过程中的速度实现平稳变化，避免急速启停造成的电机电流突变[7]。变频器内部集成了多种逻辑控制功能，极大地减少了继电器的使用，通过网线与 PLC 进行通信，实时控制和监控电机的运行，实现了自动控制功能[8]。

3.2.2　电缆移动

卸料车的动力电缆及控制电缆采取架空高强拖链的方式替代传统的移动电缆方式。既节约了空间，又保证了电缆随车移动的同步性。利用厂房钢柱设置水平梁，水平梁安装位置距所在平面 4.5m，上方保证充足的活动空间，以满足安全、生产、检修等要求为准。水平梁上安装配套桥架，桥架内安装拖链机构及特制高柔性电缆。采用国际或国内一线优质品牌，为高强度，封闭模式，其材质均为高强耐磨工程塑料。以无干扰、稳定运行为前提，根据需要配置一层拖链。拖链设计基本要求：拖链空间≥富余量 30%，并且按照相关要求留好电缆之间间距，必须避免干扰和误动。拖链长度需在满足卸料车行程的前提下保证一定的富余量。

拖链配套高强度柔性电缆及去应力配件，能保证在卸料车移动过程中电缆实时跟随供电，安全可靠。即插即用的灵活设计及可伸缩支架能灵活适应现场情况，轻松装配[9]。

3.3　网络通信

控制系统的网络通信以数据通信为依托，自动化程度高、传输速度快、可靠性高，是计算机技术结合信息处理技术并融合网络通信技术等产生的一种传输数据方式[10]。

本卸料车自动控制系统 PLC 控制器，利用 Modbus 网络与现场料位计数据和无线感应定位数据及远程 I/O 站连接，通过以太网与上级监控级设备工业计算机相连接。

4 结语

本文介绍了河钢唐钢新区项目烧结成品仓所使用的卸料车自动控制系统。在软件控制上，采用了模糊控制器与 PLC 相融合的方式对小车定位环节进行控制，结合了非接触式柔性电缆连续编码感应测距技术来对卸料车的位置进行实时检测。在硬件搭建上，运用了高强度拖链为卸料车移动跟随供电。最后采用了现场总线技术和工业以太网相结合的通信技术，将远程监控室与现场进行了网络连接，达到了卸料系统自动控制运行的目的。基本解决了现有工厂布料系统矿仓料位误差较大、布料不均匀、故障率增高、生产效率低等问题，为自动化工厂布料提供了新的解决方案，成为了河钢唐钢新区企业智能化发展的重要一环。

参考文献

[1] 李长宏. 烧结机布料系统设备改造优化 [J]. 信息记录材料，2018 (11)：208~209.

[2] 熊家慧. 基于 PLC 实现高炉炉顶控制系统的改造与研究 [J]. 电气时代，2018 (10)：93~95.

[3] 黎一兵，张羽飞，冷显智. 基于格雷母线技术的罐式炉顶部料斗自动布料解决方案 [J]. 轻金属，2018 (7)：53~57.

[4] 赵友. 关于皮带卸料车定位系统与自动给矿的研究 [J]. 世界有色金属，2018 (14)：56~57.

[5] 陈伟. 单系统搅拌船布料机二臂液压油缸外泄漏快速修理方法 [J]. 内燃机与配件，2018 (20)：77~78.

[6] Grazyna Bartkowiak, Anna Dabrowska, Anna Marszalek. Assessment of an active liquid cooling garment intended for use in a hot environment [J]. Applied Ergonomics, 2017, 58.

[7] 赵华涛，翟明，卢瑜，等. 沙钢 5800m^{3}高炉布料系统和气流监控系统的应用 [J]. 炼铁，2018，37 (4)：35~38.

[8] Loïc Buldgen, Jean-David Caprace, Philippe Rigo, et al. Investigation of the added mass method for seismic design of lock gates [J]. Engineering Structures, 2017, 131.

[9] Delphine Paludetto, Sylvie Lorente. Modeling the heat exchanges between a datacenter and neighboring buildings through an underground loop [J]. Renewable Energy, 2016, 93.

[10] Grazyna Bartkowiak, Anna Dabrowska, Anna Marszalek. Assessment of an active liquid cooling garment intended for use in a hot environment [J]. Applied Ergonomics, 2017, 58.

烧结烟气脱硫脱硝技术应用

方 堃，董文进，宋丽英，赵 彬，康华珊

（唐钢国际工程技术股份有限公司，河北唐山 063000）

摘 要 对河钢唐钢新区 1 号、2 号烧结机烟气高效脱硫脱硝系统的技术路线、工艺流程及关键设备进行了介绍。1 号烧结烟气脱硫脱硝工艺采用活性焦烟气处理方式，并使用了间接换热的控温方式、氨预饱和系统、全封闭链斗机输送活性焦等先进技术；2 号烧结烟气脱硫脱硝工艺采用循环流化床脱硫+中温选择性催化还原法脱硝方式，并使用了清洁烟气再循环技术、对冲设置的燃烧器、声波吹灰器等先进技术，两套烧结烟气脱硫脱硝工艺可对烧结烟气中 SO_2、NO_x 以及粉尘浓度实现行之有效地控制，使污染物排放浓度低于国家规定的超低排放标准。

关键词 烧结烟气；脱硫；脱硝；活性焦；循环流化床

Design and Application of Sintering Flue Gas Desulfurization and Denitrification Technology

Fang Kun，Dong Wenjin，Song Liying，Zhao Bin，Kang Huashan

（Tangsteel International Engineering Technology Corp.，Tangshan 063000，Hebei）

Abstract In this paper, the technical route, process flow and key equipment of the high-efficiency flue gas desulfurization and denitrification system of 1# and 2# sintering machines in HBIS Tangsteel New District are introduced. 1# sintering flue gas desulfurization and denitrification process adopts activated coke flue gas treatment method and advanced technologies such as indirect heat exchange temperature control, ammonia pre-saturation system, and fully enclosed chain bucket conveyor to transport activated coke; 2# sintering flue gas desulfurization and denitrification process applies circulating fluidized bed desulfurization + medium temperature selective catalytic reduction denitrification method, and several advanced technologies such as clean flue gas recirculation technology, hedged burners and sonic soot blowers. In brief, the two sets of sintering flue gas desulfurization and denitrification processes can effectively control the concentration of SO_2, NO_x and dust, so that the pollutant emission concentrations are lower than the ultra-low emission standard stipulated by the state.

Key words sintering flue gas; desulfurization; denitrification; activated coke; circulating fluidized bed

0 引言

钢铁企业排放的污染物主要来源于烧结，烧结污染物包含 SO_2、NO_x、粉尘等[1]，具有化学成分复杂、含腐蚀性、含尘浓度大及易扩散等特点[2]。根据《钢铁工业大气污染物超低排放标准（河北）》及《唐山市钢铁行业全流程达标治理工作方案》的要求，新建烧结机头烟气应进行除尘、脱硫、脱硝处理，且处理后烟尘排放浓度稳定在 $SO_2 \leqslant 20mg/m^3$（标态）、$NO_x \leqslant 30mg/m^3$（标态）、粉尘 $\leqslant 5mg/m^3$（标态）。为达到唐山市超低排放要求，针对河钢唐钢新区 2 台 $360m^2$ 烧结机，设计并建设了 2 套先进可靠、有效实用、且运行安全稳定的脱硫脱硝烟气处理设施。1 号、2 号烧结机分别采用活性焦、循环流化床脱硫+中温 SCR 脱硝进行烟气脱硫脱硝处理，以保证烟气二氧化硫、氮氧化物、颗粒物达到排放标准。

作者简介：方堃（1990—），男，硕士研究生，工程师，2015 年毕业于天津大学环境工程专业，现从事冶金行业大气污染物、固体废弃物、噪声治理等方面的环保设计工作，E-mail：fangkun@ tsic. com

1　1号360m²烧结烟气脱硫脱硝

1号360m²烧结烟气脱硫脱硝工艺采用活性焦处理技术，该技术是一种利用活性焦的吸附作用同时脱除烟气中SO_2、NO_x及粉尘的烟气干法处理技术[3]，为目前最先进的烟气脱硫脱硝一体化技术。

烧结机头烟气经电除尘器除尘后，进入脱硫脱硝系统进行烟气净化。烟气入口设计参数为：SO_2浓度1500mg/m³（标态）、NO_x浓度400mg/m³（标态）、颗粒物浓度50mg/m³（标态）；烟气出口设计参数为：SO_2浓度≤20mg/m³（标态）、NO_x浓度≤30mg/m³（标态）、颗粒物浓度≤5mg/m³（标态）。

1号360m²烧结机共设1套脱硫脱硝系统，系统包含1个吸附系列、1套氨预饱和系统、3座解析塔及配套的解析系统、3台热风炉及配套的热风系统、1套活性焦循环输送系统、1套氨水储存和供应系统、1套制盐系统。

1.1　工艺流程

“换热降温冷却器+活性焦法脱硫、多项污染物脱除及高效脱硝技术”工艺流程详见图1、图2。

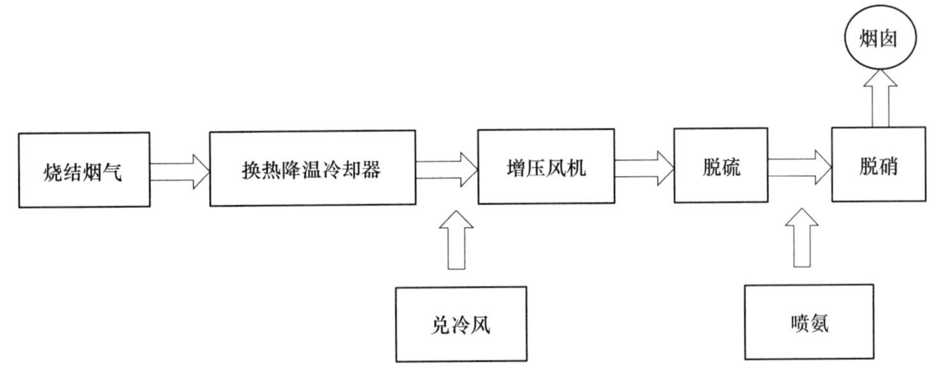

图1　烟气净化工艺流程

Fig. 1　Flue gas cleaning process

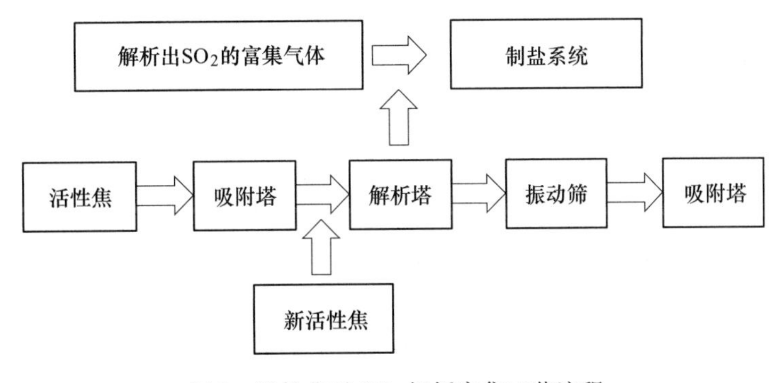

图2　活性焦及SO_2解析富集工艺流程

Fig. 2　Activated coke and SO_2 analysis and enrichment process

从烧结主抽风机出口烟气管道消声器配对法兰后引出一路脱硫烟道，在吸附塔入口烟道设置烟气换热降温系统，控制进入吸附塔的烟气温度在130℃左右，送入增压风机增压，然后进入吸附系统。在增压风机入口设置1个带电动调节装置的兑冷风阀，采用兑冷风方式对高温烧结烟气进行紧急降温，并且能实现自动联锁打开。烟气由吸附塔的进气室进入，与自上向下、依靠重力缓慢移动的活性焦接触，烟气中的烟尘、SO_2、NO_x等污染物被活性焦吸附；在吸附塔相应位置喷入NH_3，实现同时脱硫、脱硝。

吸附SO_2达到饱和的活性焦通过机械输送设备送至再生解析系统，再生解析过程中回收的高浓度SO_2混合气体送入焦亚硫酸钠制盐系统；再生解析后的活性焦经筛分设备处理后，由输送设备送入吸附塔再次进行吸附，使活性焦循环利用。同时根据损耗情况，定期补充适量的新活性焦。活性焦输送过程中产生的粉料集中收集后作为燃料或污水吸附剂，实现活性焦废料的资源化利用。

1.2　吸附系统

图 3 为吸附塔结构示意。吸附塔采用逆流结构形式以及模块化设计，每个模块分为脱硫段和脱硝段，为节省占地，模块采用上下重叠布置。模块下层为脱硫段，脱硫段出口为喷氨室；模块上部为脱硝段，模块顶部为储料仓。烧结烟气由烟道送入吸附塔的进气室，并与自上向下、依靠重力缓慢移动的活性焦接触，在接触过程中，烟气中的烟尘、SO_2、NO_x等污染物被活性焦吸附。利用活性焦的变温吸附性能，在低温时将烟气中 NO_x(SO_2、SO_3）吸附，吸附态的 SO_2 在氧气和水蒸气并存的条件下被氧化为 H_2SO_4，储存在活性焦孔隙内。

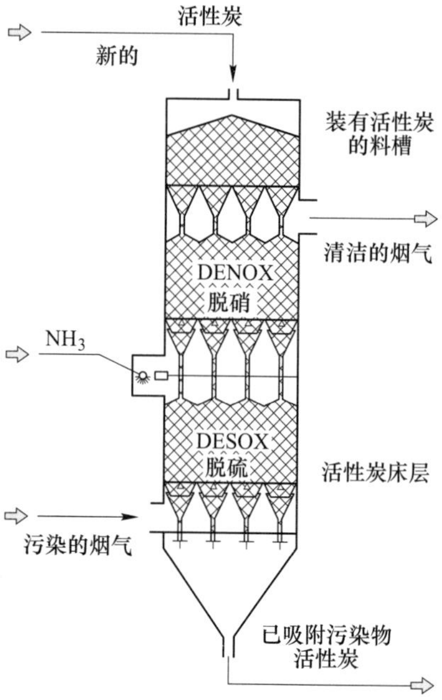

通过物理吸附，活性焦可脱除烟气中 20～30mg/m^3（标态）的 NO_x。活性焦还具有催化活性，在吸附塔相应位置喷入氨后，在活性焦的吸附、催化作用下 NH_3 与 NO_x(NO、NO_2）发生选择性催化还原反应生成 N_2 与 H_2O，可大幅度降低烟气中 NO_x 含量，实现烟气高效脱硝。为保证脱硝效率，在常规烟道中喷氨的基础上，增加了氨预饱和系统，通过将氨气喷入解析塔至吸附塔之间的活性炭输送系统，使氨气与活性炭充分混合吸收，让活性炭在参与脱硝反应前提前吸收一部分氨气，将氨气存留在活性炭中用于提高装置的脱硝率。

活性炭
新的
装有活性炭的料槽
清洁的烟气
DENOX 脱硝
NH₃
DESOX 脱硫
活性炭床层
污染的烟气
已吸附污染物活性炭

图 3　吸附塔结构示意图
Fig. 3　Schematic diagram of adsorption tower structure

该工艺涉及的主要反应方程式为：

（1）吸附反应：

$$SO_2+1/2O_2+H_2O = H_2SO_4$$
$$SO_3+H_2O = H_2SO_4$$
$$H_2SO_4+2NH_3 = (NH_4)_2SO_4$$

（2）解吸反应：

$$2H_2SO_4+C = 2SO_2+CO_2+2H_2O$$
$$3(NH_4)_2SO_4 = 4NH_3+3SO_2+N_2+6H_2O$$

（3）还原反应：

$$NO+ NH_3+1/2O^* = N_2+3/2H_2O$$
$$2NO_2+4NH_3+O_2 = 3N_2+6H_2O$$

该系统设置 1 个吸附系列，其由 12 个双层双列吸附塔模块组成。每个吸附塔单元进出口均设置烟气阀门，阀门全部采用金属硬密封蝶阀，确保关闭严密。每个吸附单元设置 13 个温度测点，其中装料段 2 个、脱硝段出口 3 个、脱硝段 2 个、脱硫段出口 3 个、脱硫段 2 个、排料斗 1 个，确保可有效监控活性焦温度。

1.3　解析系统

该项目共配套 3 座解析塔，从吸附塔排出的饱和的烟气通过输送系统送入解吸系统。活性焦被输送系统送到振动筛去除较大和较小的颗粒，然后经双旋转密封阀进入解析塔料仓，保证解析塔运行过程中不会无介质运行，同时保证活性焦均匀分布在各个加热管内。解析塔主要包含解析段、冷却段及筛分系统。在解析塔上部，吸附了污染物质的活性焦被加热到 400℃以上保持 3h，被活性焦吸附的 H_2SO_4 与活性焦反应被还原为 SO_2 而释放，生成富含 SO_2 的气体（简称 SRG 气体）。SRG 气体被输送至自主抽风机出口烟气管道消音器，制取焦亚硫酸钠。同时，$(NH_4)_2SO_4$ 受热发生分解，SO_2 回收利用，活性焦恢复吸附性能而循环使用。活性焦的加热再生反应相当于对活性焦进行再次活化，活性焦在循环使用过程中，吸附和催化活性不但不会降低，还有一定程度地提高。

1.4　关键技术选择

活性焦烟气处理工艺的关键技术为吸附塔中活性焦流向与烟气流向的相对关系，该关系目前分为错流和逆流两类。错流工艺中活性焦与烟气分别作竖向流动和水平流动，两者在流动方向上垂直接触；逆流工艺活性焦在竖直方向上由上而下流动，而烟气在竖直方向上由下而上流动，二者逆向接触。

错流工艺中活性焦与烟气流动方向相互垂直，吸附塔烟气入口侧吸附质浓度高，因而活性焦吸附后饱和程度较高。在烟气出口侧，烟气经过入口侧的活性焦处理后污染物浓度下降，因而活性焦吸附后饱和程度较低。由于塔内吸附质浓度水平分布不均，因此吸附塔排出的活性焦饱和程度不一致，活性焦的吸附能力未得到充分发挥[4]。而逆流工艺中活性焦与烟气相向流动、接触均匀，活性焦从吸附塔顶部装载加入后向下流动，饱和程度逐渐升高，在水平方向上饱和程度保持一致，当流动至吸附塔塔底即烟气入口处饱和程度达到最大并排出。相对于错流工艺，逆流工艺在吸附动力学上更具有优势。经技术比选，宜采用更加先进、合理的逆流吸附工艺。

2 2 号 360m²烧结烟气脱硫脱硝系统

2 号 360m²烧结烟气脱硫脱硝工艺采用“循环流化床脱硫+中温 SCR 脱硝”方式，以保证烟气 SO_2、NO_x、颗粒物达标排放。

烧结机头烟气经电除尘器除尘后，进入“循环流化床+中温 SCR”脱硫脱硝系统中进行烟气净化。烟气入口设计参数为：SO_2 浓度 1500mg/m³（标态），NO_x 浓度 400mg/m³（标态），颗粒物浓度 50mg/m³（标态）；烟气出口设计参数为：SO_2 浓度≤20mg/m³（标态），NO_x 浓度≤30mg/m³（标态），颗粒物浓度≤5mg/m³（标态）。

2 号 360m²烧结机共设 2 套脱硫脱硝系统，两者并联运行。每套系统包含 1 座循环流化床脱硫塔、1 台旋转喷吹布袋除尘器、1 台 GGH 换热器、1 座中温 SCR 反应器、1 台增压风机。共用系统包含 1 套石灰储存及消化系统、1 套废灰储存系统。系统正常运行时，系统阻力≤5500Pa。

2.1 工艺流程

“循环流化床脱硫+中温 SCR 脱硝”技术工艺流程为：烧结机主抽风机烟气出口→循环流化床脱硫吸收塔→布袋除尘器→GGH→加热炉→SCR 脱硝反应器→GGH→引风机→烟囱。其工艺流程图详见图 4。

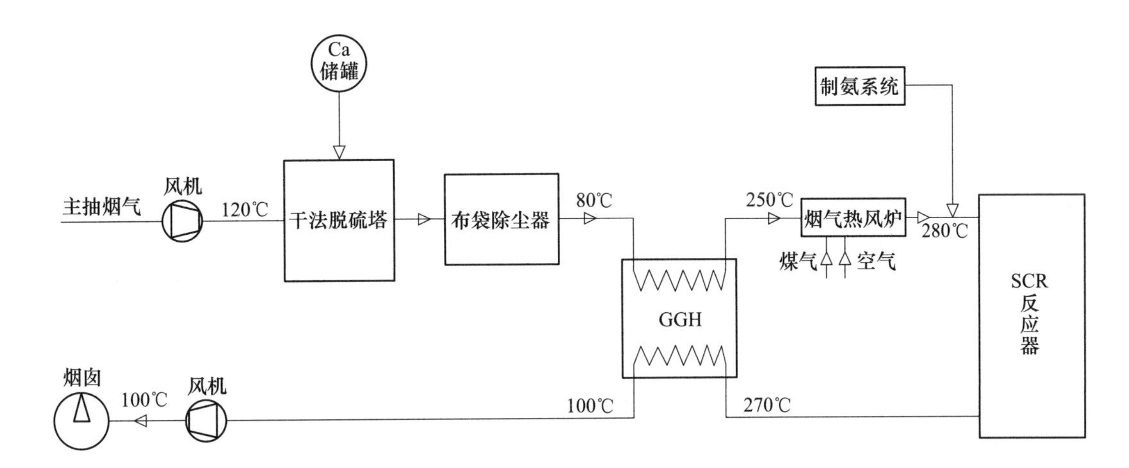

图 4 “循环流化床脱硫+中温 SCR 脱硝”烟气净化系统工艺流程

Fig. 4 “Circulating fluidized bed desulfurization + medium temperature SCR denitrification” flue gas purification system process

机头烟气经过电除尘器后，首先利用循环流化床工艺进行烟气脱硫，并通过后置配套的布袋除尘器进行除尘。除尘后的烟温无法满足中温 SCR 脱硝的温度要求，需利用脱硝后的烟气进行换热，将脱硫后的烟气温度提升至 250℃左右，再通过加热炉加热至 280℃以上，利用 SCR 脱硝装置进行脱硝。脱硝后烟气经过换热降温，通过引风机送入烟囱，并达标排放。

2.2　脱硫系统

图5为循环流化床脱硫工艺流程。烧结机出来的原烟气从循环流化床脱硫塔底部进入，通过吸收塔下部的文丘里管加速，进入循环流化床塔体。该系统脱硫塔直径7300mm，高50m，以保证反应时间不低于6s。在吸收塔反应段加入适量的脱硫剂和工艺水，大部分返料灰连同未完全反应的脱硫剂返回吸收塔，物料置于循环流化床内，气固两相由于气流的作用，产生激烈地湍动与混合而充分接触，在上升过程中不断形成絮状物向下返回，而絮状物在激烈湍动中又不断解体重新被气流提升，使得气固间的滑落速度高达单颗粒滑落速度的数十倍；吸收塔顶部结构进一步强化了絮状物的返回，提高了塔内颗粒的床层密度，使得床内 SO_2 能充分反应。循环流化床内气固两相流机制极大地强化了气固间的传质与传热，为实现高净化率提供了根本保证。

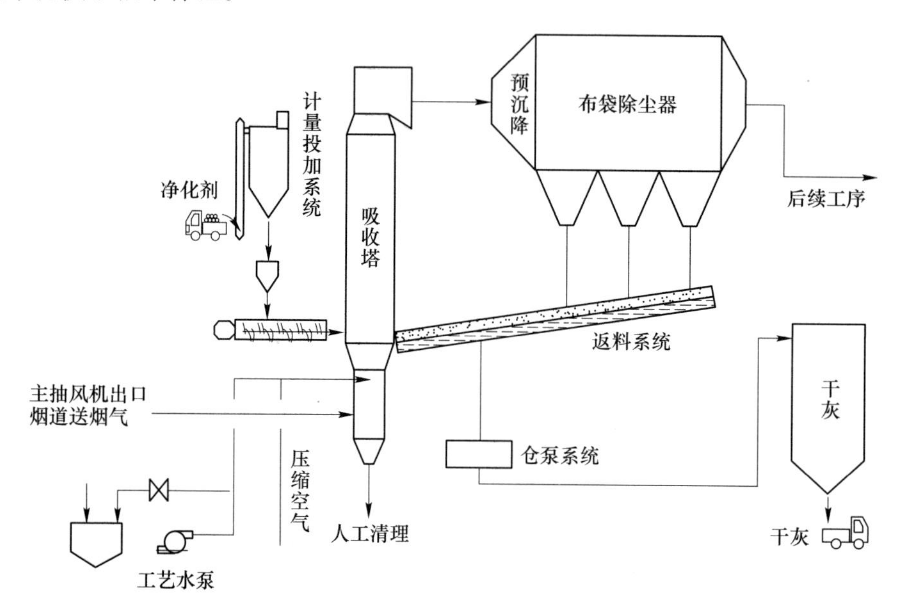

图5　循环流化床脱硫工艺流程

Fig. 5　Circulating fluidized bed desulfurization process

在吸收塔内喷入少量水分，用于促进脱硫剂和 SO_2 反应并降低烟气温度，以激烈湍动的、拥有巨大表面积的颗粒作为载体，在塔内得到充分地蒸发，保证进入后续除尘器的灰具有良好的流动状态。本系统以生石灰作为原料，经消化成消石灰作为脱硫剂使用。

由于流化床中气固间良好的传热、传质效果，SO_2 得以全部去除，加上排烟温度始终控制在高于露点温度15℃以上，因此烟气不需要再加热，同时整个系统也无须任何防腐处理。

净化后的含尘烟气从吸收塔顶部侧向排出，然后转向进入布袋除尘器进行气固分离。单台布袋除尘器过滤面积为25416m^2，有效过滤风速≤0.591m/min。经除尘器捕集下来的固体颗粒经过除尘器下方的净化飞灰再循环系统，返回吸收塔继续参加反应，如此循环。由于大量净化飞灰的循环，净化除尘器的入口烟气粉尘浓度高达800~1000g/m^3（标态），经布袋除尘后烟气含尘浓度低于5mg/m^3（标态），并进入烟气脱硝系统。

循环流化床吸收塔内发生的主要化学反应如下[5]：

$$CaO + H_2O = Ca(OH)_2$$

$$Ca(OH)_2 + SO_2 = CaSO_3 \cdot 1/2H_2O + 1/2H_2O$$

$$Ca(OH)_2 + SO_3 = CaSO_4 \cdot 1/2H_2O + 1/2H_2O$$

$$CaSO_3 \cdot 1/2H_2O + 1/2O_2 = CaSO_4 \cdot 1/2H_2O$$

$$Ca(OH)_2 + CO_2 = CaCO_3 + H_2O$$

$$2Ca(OH)_2 + 2HCl = CaCl_2 \cdot Ca(OH)_2 \cdot 2H_2O\ (>120℃)$$

$$Ca(OH)_2 + 2HF = CaF_2 + 2H_2O$$

2.3 脱硝系统

烟气脱硝设施设置在循环流化床脱硫除尘工艺之后，布袋除尘器出口温度为80℃左右，SCR催化剂反应温度为280℃。布袋除尘器出口的烟气在进入脱硝反应器之前，先经过GGH换热和加热炉加热，将温度提高到催化剂的最佳反应温度280℃，再进入SCR反应器脱硝。脱硝还原剂由1号360m^2烧结脱硫脱硝的制氨系统提供，制得的氨气进入脱硝反应器，脱硝反应生成氮气和水，不产生外排废物。反应器出口的净烟气经过GGH换热器，将热量换热给原烟气[6]。净烟气温度降到100℃左右，通过引风机进入烟囱排放。

选择性催化还原（SCR）技术是一种成熟的商业性NO_x控制处理技术。脱硝原理是将含氨的还原剂喷入烟气中，在催化剂的作用下，选择性地把烟气中的NO_x还原为无毒无污染的N_2和H_2O。还原剂可以是液氨、氨水、尿素、碳氢化合物（如甲烷、丙烯等）等。SCR脱硝工艺流程详见图6。

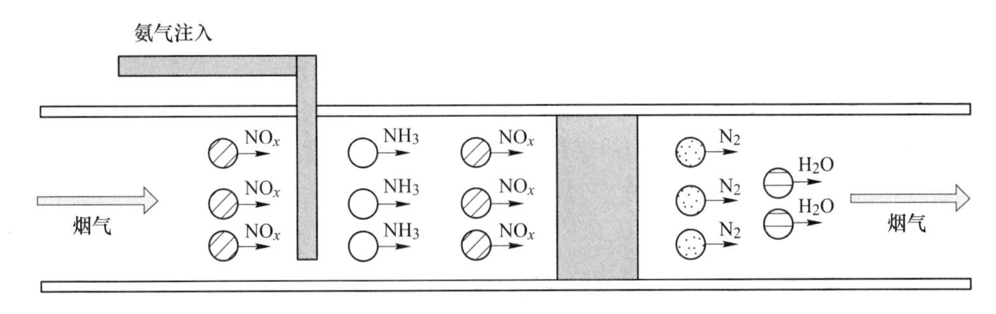

图6　SCR脱硝工艺流程

Fig. 6　SCR denitration process

以氨为还原剂的SCR反应如下：

$$4NH_3+4NO+O_2 \longrightarrow 4N_2+6H_2O$$

$$4NH_3+2NO_2+O_2 \longrightarrow 3N_2+6H_2O$$

第一个反应为SCR的主要反应，因为烟气中几乎95%的NO_x以NO的形式存在。SCR技术稳定、可靠，可高效率去除氮氧化物，因此被商业化广泛应用至今。脱硝催化剂的主要成分为TiO_2、V_2O_5、WO_3等。为增加有效接触面积，提高催化效率，本系统采用蜂窝催化剂，单台SCR反应器的催化剂用量为135m^3，并配套催化剂清灰系统，避免烟尘沉积在催化剂表面而阻塞催化剂。

2.4 关键工艺选择

在该工艺流程中，SCR脱硝环节催化剂反应温度的选择最关键。目前，烧结烟气SCR脱硝工艺中催化剂的反应温度主要分为中高温（反应温度≥250℃）和中低温（反应温度≤200℃）两类。相较中高温催化剂，中低温催化剂的反应温度更接近钢铁流程中烧结烟气的温度，但是其抗毒性较差，易受烟气中硫氧化物、水、重金属等物质的影响。且中低温催化剂由于加入了贵金属、金属氧化物等改性剂，其相较中高温催化剂的造价有了较大提升，需在改性剂的选择、生产工艺等方面进一步试验论证，以提高催化剂的抗硫、抗水性能。经技术工艺比选后，该系统采用相对更加成熟、可靠、稳定的中高温催化剂。

3 主要先进技术

3.1 1号烧结机先进技术

（1）正常生产工况时采用间接换热的控温方式，可保证在入口烟气控温环节不会增加原烟气中的含氧量，避免因直接兑冷风造成因折算为16%氧含量后对系统污染物脱除负荷的影响。

（2）烧结烟气脱硫脱硝工艺采用氨预饱和系统，该套系统使氨气与活性炭充分混合吸收，让活性炭在参与脱硝反应前使每颗活性炭提前吸收一部分氨气，将氨气存留在活性炭中用于提高装置的脱硝率。

（3）活性焦的输送采用全封闭链斗机，在活性焦的装卸及水平、垂直运转等环节避免出现漏灰现象。链斗机的外壳装有吸风口，用于将链斗机中的粉尘吸入除尘器中。输送设备的布局进行合理设计，最大限度地减少活性焦的转换，减少活性焦的磨损。

（4）烧结烟气脱硫脱硝工艺可实现烟气中多污染物的去除，尤其是硫酸盐、氯化物、重金属及二噁英等复杂污染物的脱除，实现烟气污染物的协同治理。

3.2　2 号烧结机先进技术

（1）循环流化床装置采用清洁烟气再循环技术，能满足主机负荷在 0~100%变化，当负荷调整时具有良好的、适宜的调节特性，可实现可靠、稳定地连续运行。

（2）SCR 加热炉系统采用设有 2 台对冲设置的燃烧器，燃烧器以高炉煤气为燃料，合适烟气（或空气）为助燃风，并采用等离子点火技术，可实现对烟气高效、稳定地提温。所配套的火焰检测系统采用紫外光式火焰检测器，当火焰燃烧状态不满足正常条件或熄火时，可按一定方式输出信号，作为故障报警或直燃炉安全监控系统的逻辑判断条件。

（3）SCR 催化剂采用声波吹灰器，每一层催化剂设置 3 台声波吹灰器，预留催化剂层安装位置。吹灰控制纳入脱硝控制系统。吹灰无需引入压空等介质，避免因吹灰引入氧气造成因折算为 16%氧含量后对系统污染物脱除负荷的影响。

4　结语

本着先进可靠、有效实用、安全稳定的原则，设计的两套脱硫脱硝工艺可对烧结烟气 SO_2、NO_x 以及粉尘浓度实现行之有效地控制，使烧结机烟气污染物含量符合国家、省及地区标准，污染物排放浓度远远低于国家规定的超低排放标准，达到行业领先水平。

参 考 文 献

[1] 樊响，邓志鹏．超低排放条件下的烧结烟气脱硫脱硝技术探讨［J］．山西冶金，2020，43（4）：141~142.
[2] 邢雨薇，卢振兰．钢铁行业烧结烟气脱硫脱硝技术探讨［J］．北方环境，2013，25（8）：83~85.
[3] 柳领君，张玉亭，魏全伟．烧结/球团烟气活性焦脱硫脱硝技术研究［J］．环境生态学，2020，2（9）：66~70.
[4] 韩健，阎占海，邵久刚．逆流式活性炭烟气脱硫脱硝技术特点及应用［J］．烧结球团，2018，43（6）：13~18.
[5] 雷淑琳，邢金栋，李振东．烧结烟气脱硫脱硝技术分析［J］．河北冶金，2019（S1）：52~54.
[6] 董文进．烧结烟气脱硝技术进展与应用现状［J］．中国资源综合利用，2017，35（11）：74~77.

2×760m² 带式焙烧机设计特点

王新东[1]，胡小东[2]，胡启晨[1]

（1. 河钢集团有限公司，河北石家庄 050023；

2. 唐钢国际工程技术股份有限公司，河北唐山 063000）

摘　要　河钢唐钢新区建设国内首台套最大规模带式焙烧机氧化球团生产线，有效面积达 760m²，完全采用国产化先进装备。在原料结构上以我国冀东地区研山精粉为主，搭配使用南非低硅 PMC 精粉，辅以其他进口精粉，制备出酸性球团、碱性球团，涵盖低、中、高硅范围的多元化球团。在原料制备环节充分发挥低碳排放的优势，辅以循环流化床半干法脱硫+SCR 脱硝等末端烟气治理方式，在实现超低排放基础上最大限度降低污染物排放总量。采用成熟稳定、实用可靠的工艺流程和设备，技术装备水平和主要技术经济指标达到国际先进水平。在确保工艺需求和辅助设施完善的前提下，优化工艺配置，使工艺流程短捷顺畅，总图布置紧凑合理，以降低工程投资和生产运营成本。采用完善的自动化检测控制系统，生产过程采用计算机进行集中控制和调节，实现生产过程全流程数字化、集成化、自动化、可视化。从源头减排、过程控制、末端治理多方面入手，建设成为绿色低碳洁净的球团生产线。

关键词　带式焙烧机；球团；炉料；绿色；源头减排；低碳

Design Features of 2×760m² Belt Roaster

Wang Xindong[1], Hu Xiaodong[2], Hu Qichen[1]

(1. HBIS Group Co., Ltd., Shijiazhuang 050023, Hebei;

2. Tangsteel International Engineering Technology Co., Ltd., Tangshan 063000, Hebei)

Abstract　HBIS Tangsteel New District will build the country' s first largest-scale belt roaster oxidation pellet production line, which is fully equipped with localized equipment and has an effective area of 760m². In terms of raw materials, the raw material structure of Yanshan refined powder in eastern Hebei region of my country, combined with South African low-silicon PMC refined powder, supplemented with other imported refined powder, prepares acid pellets and alkaline pellets, covering low, medium, and the diversified pellets in the high silicon range give full play to the advantages of low carbon emissions in the raw material preparation process, supplemented by circulating fluidized bed semi-dry desulfurization + SCR denitrification and other end flue gas treatment methods to maximize the realization of ultra-low emission limits. Reduce the total discharge of pollutants. Using mature, stable, practical and reliable process and equipment, technical equipment level and main technical and economic indicators have reached the international advanced level. On the premise of ensuring the complete process requirements and auxiliary facilities, the process configuration is optimized to make the process flow short and smooth, and the overall layout is compact and reasonable to reduce project investment and production and operation costs. It adopts a complete automatic detection and control system, and the production process adopts a computer for centralized control and adjustment, so as to realize the digitization, integration, intelligence and visualization of the entire production process. Starting from various aspects of source emission reduction, process control, and end treatment, we will build a green, low-carbon and clean pellet production line.

Key words　belt roaster; pellets; charge; green; source emission reduction; low-carbon

---

基金项目：河北省重点研发计划项目基于源头减排的低碳炼铁技术集成与示范（19274002D）

作者简介：王新东（1962—），男，教授级高级工程师，河钢集团有限公司首席技术执行官，主要从事冶金工程及管理工作，E-mail：wangxindong@ hbisco. com

通讯作者：胡启晨（1977—），男，高级工程师，E-mail：huqichen@ hbisco. com

0　引言

河钢唐钢新区建设国内首台套最大规模带式焙烧机氧化球团生产线，完全采用国产化装备，有效面积达760m²。该装备为完全国内自主设计和制造的最大规模带式焙烧机，以河钢集团覆盖全硅范围的酸性球团、镁质球团、熔剂性球团等多元化氧化球团矿核心制备技术为支撑，为高炉提供60%以上的球团矿炉料[1,2]。根据我国冀东铁矿精粉性质，将配置熔剂制备系统、铁精矿输入及预配料系统、精矿干燥系统、铁精矿细磨（高压辊磨系统）、铁精矿与粉料配料系统、强力混合系统、造球系统、带式焙烧机系统、工艺主抽风及热风循环系统、铺底铺边料筛分系统、成品贮存及运输系统、物料转运系统，以及配套的采暖、通风、环境除尘系统、给排水、煤气加压、供配电、仪表检测、自动化控制等相关辅助设施。从源头减排、过程控制、末端治理多方面着手，建设成为钢铁绿色流程低碳、洁净的球团生产线[3,4]。

本文主要介绍了河钢唐钢新区2×760m²带式焙烧机球团生产工艺的设计特点及适用性，并在阐述对带式焙烧机球团工艺流程设计优化的同时，重点介绍了河钢唐钢新区球团工程设计中应用的先进技术和关键装备，以期为带式焙烧机球团技术的进一步应用提供参考。

1　工艺流程设计

河钢唐钢新区建设2座760m²带式焙烧机，年产氧化铁矿球团960万吨。单台带式焙烧机年产合格氧化球团480万吨，台车宽4.0m，有效长190m，利用系数19.13t/(m²·d)，年作业率7920h。按1条线生产酸性球团矿、1条线生产碱性球团矿标准设计，特殊情况下2条生产线可以同时生产同一种球团矿。

工艺方案的制定建立在试验研究、工艺参数计算和数值模拟仿真等技术手段的基础上，各技术手段能够相互验证和优化，确保最终工艺方案科学合理并具先进性[5,6]。设计总体工艺流程如图1所示。

2　主要工序设计

为建设成为一条环保、节能、高效、低运行成本的球团生产线，河钢唐钢新区球团生产线在原料预处理、精矿粉干燥、焙烧机本体、热工制度上集成了先进的设计理念和生产装备[7]。

2.1　干燥系统设计

干燥系统将通过设置1台规格为ϕ5.0m×22m圆筒干燥机，最大处理能力800t/h（烘干料），保证铁精矿水分（≤8.5%）满足造球工序要求。采用高炉煤气作为干燥热风炉的热源，在风机的抽力下顺着料流方向对物料进行加热、水分蒸发。另外设计了旁路系统，当精矿水分低不需要干燥时，可由旁路系统运至下道工序。干燥机进出口安装自动测水仪，干燥机系统实现根据进出料水分自动控制。干燥机出料溜槽安装箅料装置，防止扬料板等杂物脱落，避免损坏皮带。同时设置收尘尾罩及除尘系统（干燥系统如图2所示）。

2.2　辊压系统

根据试验室测试结果，研山矿比表面积为1574.99cm²/g，PMC矿比表面积为656.45cm²/g，在流程设计中为达到最佳生产效果，对使用不同原料采取了不同的处理方式。

在酸性球团生产线中，使用100%研山矿，采用1台进口高压辊磨机，正常能力700t/h，最大800t/h，开路模式，不带边料循环。试验室测试辊压后比表面积达到1650cm²/g，满足造球要求。

辊压机进料设施流程为：胶带机→杂物筛→溜槽→圆盘→皮带秤→可逆皮带，可逆胶带机可分别向辊压机和旁路料仓供料，不需要辊压时铁精矿进旁路料仓。

在碱性球团生产线中，使用60%研山矿和40%PMC矿，采用1台进口高压辊磨机，处理能力1800~2000t/h，对铁精矿进行边料循环辊压处理，边料循环量大于150%，大于2次，根据试验比表面积可达到1600cm²/g以上，满足造球要求，同时经过多次辊压后，颗粒的表面活性大大增加，更利于造球和焙烧。辊压机装备见图3。

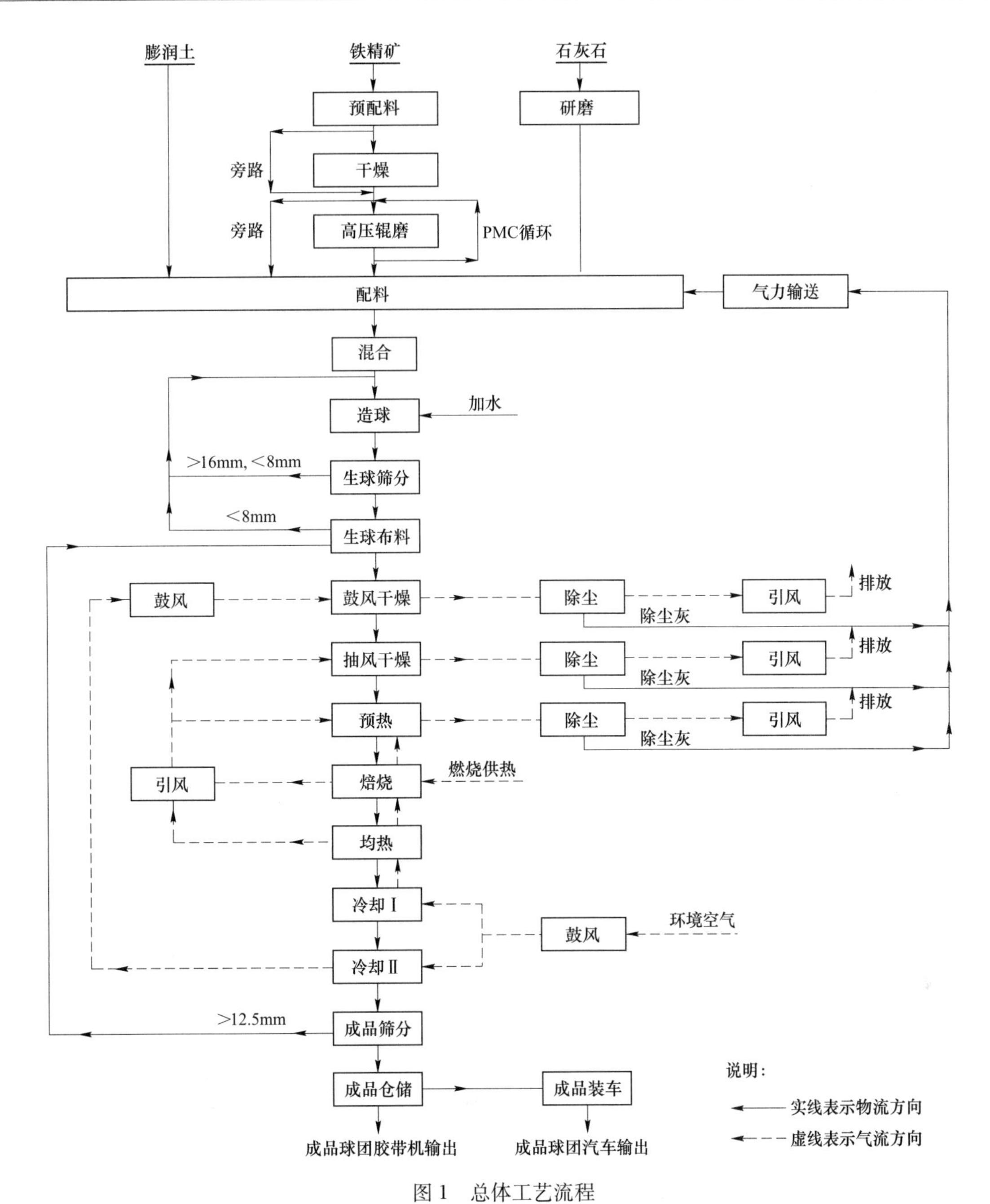

图1 总体工艺流程

Fig. 1 Overall process flow chart

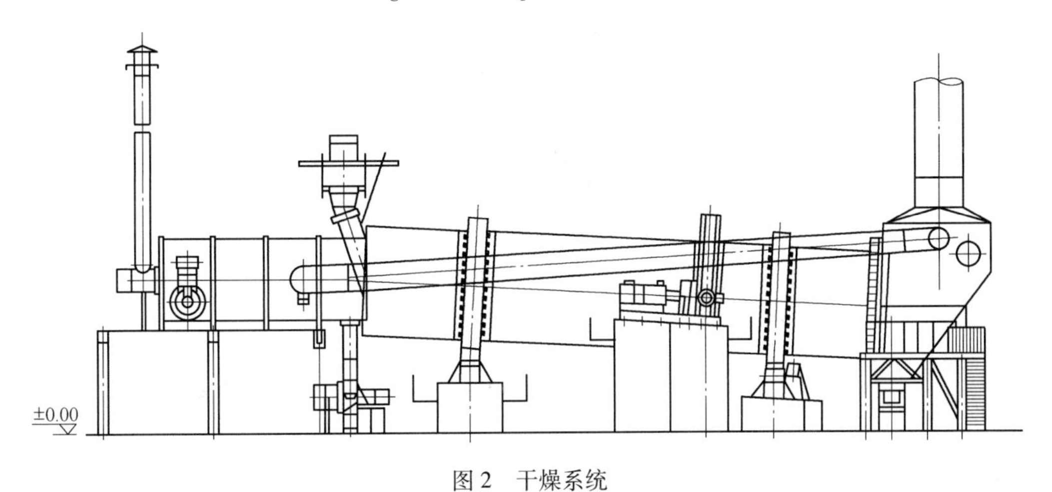

图2 干燥系统

Fig. 2 Diagram of the drying system

图3　辊压机装备图

Fig. 3　Roller press equipment diagram

2.3　熔剂制备系统

采用石灰石作为熔剂。石灰石原料粒度0~3mm，来自原料场，输入时与PMC矿共用胶带机运至预配料室石灰石缓冲仓，贮存后通过胶带机运至熔剂制备系统。胶带机运输能力150t/h，带宽650mm，带速1.25m/s。

熔剂制备室设置2个石灰石料仓，有效容积为35m³/个，全钢质料仓，采用称重式料位计检测仓内料位。仓内衬耐磨防粘料衬板，锥段下出口装配仓壁振动器。仓下采用密封定量给料机，将物料定量给入磨机中，该设备给料准确、密闭性能好。采用2台立式磨机，磨机可连续生产，成品石灰石粉粒度45μm（-325目）占90%以上，磨机的处理能力为50t/h。

在磨机出口配套变频调速的分离装置，根据工况调节转速，保证成品细度，节省电耗。石灰石在磨机中边干燥边细磨，由干燥废气带出的成品通过高浓度袋式收集器收集，进行气固分离，石灰石粉通过管道气力输送至配料室配料矿仓，经布袋过滤后的尾气排入大气，排放浓度小于10mg/m³（标态）。

设置2台排粉风机作为制粉系统的动力源，每台风机设计压力10kPa，工况流量175000m³/h，排粉风机出口设置消声器，以减小系统的噪声污染，使噪声指标小于85dB。

配置2台燃气热风炉，为熔剂制粉系统提供热风。热风炉采用高炉煤气作为燃料，煤气热值3135kJ/m³（标态），煤气总管压力8~10kPa。

2.4　生球造球室

造球室配备10台7.5m圆盘造球机，单台合格生球产量90t/h，8台运行1台备用1台检修。混合料由P1胶带机运至造球室，再通过P2胶带机上的犁式卸料器分卸至10个缓冲料仓，单个料仓贮存能力130t。采用称重式料位计检测仓内料位以指令进料操作。

混合料仓内衬耐磨防粘料衬板，锥段下出口装配振动漏斗，由仓下的定量给料胶带机输出物料至造球机内。造球机的转速和倾角以及加水量均可调，以适应最佳成球效率。

造球机产出的生球由胶带机收集后给入辊式筛分机，每台造球机对应1台辊式筛分机，筛除小于8mm及大于16mm的不合格生球。生球返料经胶带机转运重新返回参与造球。合格生球由L1胶带机运往焙烧室布料系统。L1胶带机安装计量秤，返料系统考虑破碎装置。造球室辊筛安装生球粒径检测仪，在线监测生球粒径，实现造球在线智能控制。

辊式筛分机工作宽度1600mm，辊数29辊，辊径108mm，筛辊间隙8mm的16个辊，间隙16mm的13个辊，辊筛面与水平面夹角为12°~14°，全部筛辊间隙及筛面倾角均可调。

造球室内设置一套智能润滑系统，分别对造球机、辊式筛分机等进行自动润滑。

2.5　生球布料系统

生球布料流程为：移动布料机—宽胶带机—辊式布料机—带式焙烧机。

移动布料机的移动装置采用液压驱动，胶带机传动可变频调速。采用辊式布料机，辊径 120mm，辊子数量 45 个，辊间隙为 7mm，辊筛面与水平面夹角为 20°。生球布料系统如图 4 所示。

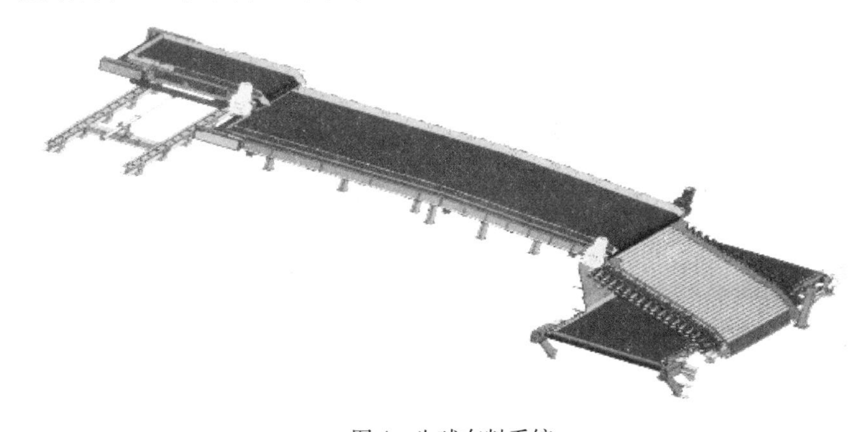

图 4 生球布料系统
Fig. 4 Raw ball distribution system

2.6 焙烧机系统

每条生产线选用 1 台年产 480 万吨带式焙烧机，焙烧机有效焙烧面积 $760m^2$，台车宽度 4m，料层厚度 400mm，长 1.5m；风箱主要采用 6m 大风箱，以减少漏风率。带式焙烧机分鼓风干燥段、抽风干燥段、预热段、焙烧段、均热段、一冷段和二冷段，共 7 个工艺段。

（1）鼓风干燥段。生球在鼓风干燥段内用 250~285℃的干燥气流进行干燥，除去生球附着水，同时可以避免下部生球过湿。鼓风干燥用热气流来自焙烧机二冷段，通过风机和管路系统送往鼓风干燥段[8]，并在回热风管路上设冷、热风调节阀，以使热风温度控制在 250~285℃。经过料层干燥后的废气，由电除尘器除尘后通过风机经主烟囱排入大气。为防止鼓风干燥段上部烟气温度低于露点温度，在抽风干燥段上罩的回热风管路上接一个支管与鼓风干燥段上部炉罩连接，并用阀门控制，当鼓风干燥段上部炉罩废气温度低于露点温度时自动兑入高温热风，使其保证在露点温度以上。

（2）抽风干燥段。抽风干燥段采用来自焙烧机焙烧后段及均热段风箱内 350~400℃回收热废气，经回热风机引入抽风干燥段上罩对料层进行干燥，使生球脱水、干燥，并可以承受预热段 600℃以上温度。

（3）预热段。预热段主要工艺作用是加热和升温，球团内化学水及碳酸盐分解及氧化反应，主要热源为来自焙烧机 I 冷段大于 600℃热废气，并在预热段前部兑入部分来自回热风机近 400℃热气流，以及预热段上罩所装配燃烧器的燃烧供热。使生球得到预热并具备一定强度，并进入焙烧段经受大于 1000℃的焙烧硬化。

（4）焙烧段。经过预热的球团进入焙烧段，经受燃烧器供热所形成的 1200~1235℃焙烧气氛并进行硬化固结。燃烧器燃烧所需助燃风由助燃风机所提供的一次环境空气和来自焙烧机 I 冷段的二次助燃热风所组成。经过焙烧后的球团达到所需强度。

（5）均热段。经过焙烧后的球团料层进入均热段后，球团料层在抽风处理下由一冷段上罩的大于 1000℃换热风对料层进行持续的温度均化，使料层不同高度的球团都保持在均衡的温度状态下，并进入冷却段。

（6）一冷段。采用冷却风机将环境风引入风箱并穿透球团料层，对经过焙烧的高温球团进行冷却换热，换热后约 1000℃热风通过上罩及管道分别被送往均热段、焙烧段、预热段。

（7）二冷段。对经过球团料层进行继续冷却，将球团冷却至不超过 100℃后经卸料被运往筛分工序。经过换热后温度约为 300℃的热风从上罩被鼓干风机引入鼓风干燥段进行生球干燥。

焙烧室内设置一套智能润滑系统，分别对生球布料设备、焙烧机传动装置、焙烧机中部滑道等进行自动润滑。

成品球团矿由胶带机运往筛分室，在成品胶带机尾部设有温度检测仪和紧急事故喷水装置，温度大于 150℃时自动喷水以防止高温球团烧损胶带。河钢唐钢新区带式焙烧机热工流程如图 5 所示。

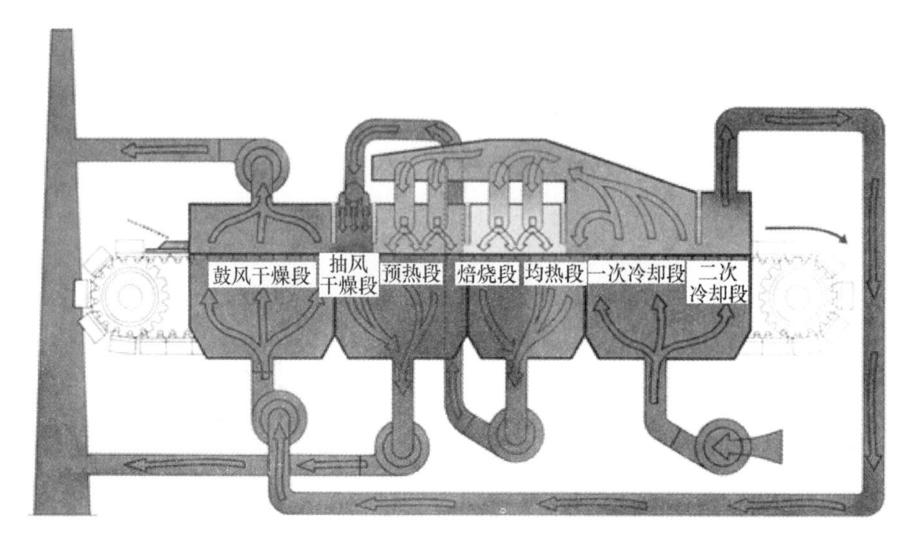

图 5　带式焙烧机热工流程

Fig. 5　Thermal process flow chart of belt roaster

2.7　燃烧系统

燃烧系统以焦炉煤气为燃料，为焙烧机预热段、焙烧段提供热源。燃烧系统包括：燃烧器、助燃风系统（包括一次风和二次风）、焦炉煤气（混合煤气）供气系统、控制系统、安全系统等。燃烧器分别布置在焙烧机预热段、焙烧段炉罩两侧的燃烧室内，每个燃烧器对应 1 个燃烧室，单个燃烧室规格为：有效内径 ϕ1360mm，燃烧室长为 3200mm。

燃烧介质：焦炉煤气（混合煤气），热值 17556kJ/m^3（标态），至燃烧器接口处压力 35kPa；

燃烧器数量：焙烧机预热段和焙烧段炉罩两侧共设置 17 对（共 34 个）燃烧器，预热段 4 对、焙烧段 13 对，每侧燃烧室均布；

助燃风：包括一次风与二次风，其中一次风由助燃风机提供，二次风为系统回热风，从回热风总管分出 32 个支管，每个支管分别与燃烧室连接。

2.8　成品铺底边料筛分系统

冷却后的球团矿，通过胶带机运至筛分室。通过振动筛筛分出一部分大于 12.5mm 且小于 16mm 粒级的成品球做铺底、铺边料，其他成品球团矿通过胶带机转运至成品中间矿仓或成品圆形料库。筛分室设有 2 套振动筛，处理能力 500t/h，正常工作状态下 1 用 1 备，确保对铺底、铺边料的筛分及供应。

成品球团矿出料皮带安装红外测温和自动打水装置、温度主控显示、音响报警。铺底、铺边料共用一个料仓，贮存能力 350t，仓容按照生产初期或长时间检修恢复生产实现熟球循环考虑，料仓采用称重料位计。铺底、铺边料上料系统皮带采用变频调速，合理控制料位，同时铺底、铺边料上料设计旁路系统，当振动筛发生故障停机后部分成品球团可临时直接作为铺底料供焙烧机生产。

成品胶带机及铺底、铺边料胶带机安装计量秤。

2.9　成品贮运系统

成品球团矿从筛分室由胶带机运至成品仓，或转运至成品圆形料库，球团矿均可通过胶带机输出，送往高炉或中厚板厂，输出胶带机的运输能力为 2100t/h，带宽 1.4m，带速 2m/s。成品仓设有 2 个落地筒仓，酸性矿与碱性矿各存入 1 个矿仓，单仓的储量不少于 5000t。成品圆形料库共 4 座，每座料库存储能力不低于 8.5 万吨，库内球团矿可通过底部卸料阀门由胶带机输出至高炉或中厚板厂，或者运往成品装车站装车外运。

成品装车站配置有 4 套装车系统可为 4 台汽车同时装料，年外运能力为 240 万吨，并设有除尘设施以确保环境卫生。成品装车站下配置定量称量斗，实现定量装车。

3 主要技术特点

3.1 自动控制系统

河钢唐钢新区带式焙烧机项目自动化分三个部分：分别为L2信息化平台、自动过程控制系统和接口平台。通过以上三部分的建立，贯穿计划层与生产层，实现数据无缝衔接，达到球团控制系统的稳定运行和智能控制，形成完整的专家控制系统[9]，如图6所示。

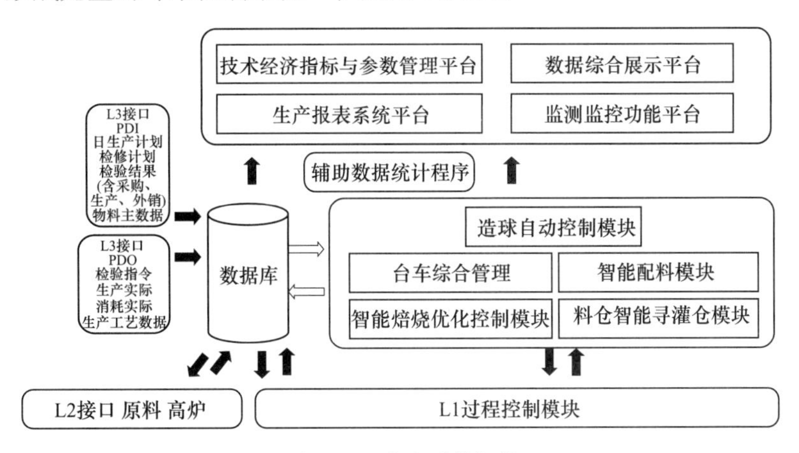

图6 L2专家系统架构

Fig. 6 Architecture diagram of L2 expert system

系统搭建是将控制思想付诸实施，指挥系统部件和设备来完成各自控制任务所依赖的软件环境，将多种应用服务分别封装部署，以增强可用性、安全性、封装复用性、可扩展性和可移置性，从而实现几大模块协调运行，达到大型系统应用。生产线自动控制系统实现以下目标：

（1）采用自动控制模块实现球团给料及配料系统的自动控制。

（2）采用自动控制模块，通过粒级检测仪检测的生球粒级分布结果和带式焙烧机入机量的数值变化，自动调整造球机加水量、转速，确保合格粒级最大化和合格生球量稳定。

（3）实现台车运行动态跟踪，用户界面动态显示台车的运行状况，即某一时刻某块台车出现在某一位置。

（4）燃烧系统自动控制：利用管理控制BMS和过程控制CMS功能，实现燃烧系统自动控制。BMS利用燃烧系统和DCS发出的信号，安全点燃和熄灭燃烧器，具备意外情况发生时的应急功能，大大降低意外情况发生时对生产的影响。燃烧过程控制CMS：将检测的温度信号送到DCS，通过程序转换，由DCS发出负荷信号到流量调节阀，实时有效的控制燃烧量。

（5）焙烧机系统热工控制，通过将热风系统管路有效连通，增加热工参数远传测点，增加调节阀和调节效果更好的变频风机等措施，对热工系统不同区域采用不同控制方案，建立压力和温度的闭环控制、自动调节。

3.2 落棒密封[10]

在焙烧机侧部采用双棒形式进行密封，通过密封腔隔断热量和粉尘外漏，具有密封效果稳定、可靠性高等优点。落棒密封装置吊挂安装在炉罩系统侧墙下部，通过落棒装置与台车两侧密封板滑动接触，实现对焙烧机工作区域的密封。落棒装置分为单落棒与双落棒两种：鼓风干燥段、抽风干燥段、预热段、焙烧段及均热段采用单落棒；第一、二冷却段采用双落棒密封，并设有气封系统，以保证罩内高温气体不外逸。

3.3 尾部移动架

尾部移动装置安装于焙烧机尾部骨架内，采用水平移动架形式，用以吸收台车在升温过程中的热胀伸长量，实现对头尾链轮中心距的自动调整。

尾部移动架由尾部链轮、链轮轴、水平移动架、移动架托轮组、移动灰箱、重锤平衡装置、导向装置及液压千斤顶等部分组成。

尾部链轮的轴承座安装在水平移动架上；移动架通过托轮组，吊挂支承在尾部骨架上。可随台车热胀冷缩而前后移动。导向装置可保证移动装置左右两侧协调一致地动作；重量可调的重锤平衡装置将移动架向头部方向拉紧，使台车相互靠紧，用以减少台车间的非正常拉缝，减少散料和漏风。

3.4　低 NO_x 燃烧

设计效果最佳的燃烧系统，实现自动点火及火焰监控，温度控制精准；并通过 CFD 仿真模拟实现燃气和高温烟气大面积宏观混合[11]及火焰峰值温度可调，使温度场分布更加均匀，降低 NO_x 排放[12]。燃烧系统采用自动控制，利用管理控制 BMS 和过程控制 CMS 功能，实现燃烧系统自动控制。BMS 利用燃烧系统和 DCS 发出的信号，安全点燃和熄灭燃烧器，具备意外情况发生时的应急功能，大大降低意外情况发生时对生产的影响。燃烧过程自动控制 CMS 系统，将检测的温度信号送到 DCS，通过程序转换，由 DCS 发出负荷信号到流量调节阀，实时有效地控制燃烧量。

3.5　边料循环辊压

根据矿粉物理性质差异，研山矿采用单独开路辊压，而研山矿与 PMC 矿混合边料循环多次辊压，既保证了生产要求的细度，同时经过多次辊压大大增加颗粒表面活性，改善造球及焙烧性能。

3.6　低工序能耗

球团生产线主要能源介质为气体燃料，包括高炉煤气、焦炉煤气或混合煤气，还需要电、水、压缩空气等。生产酸性球团矿时焦炉煤气单耗为 25.8m^3/t（标态），年消耗量为 $1.24\times10^8m^3$（标态）。生产碱性球团矿时焦炉煤气单耗为 29.4m^3/t（标态），年消耗量为 $1.41\times10^8m^3$（标态）。高炉煤气主要应用于精粉干燥和熔剂制备，消耗 41.1m^3/t（标态），年消耗量为 $3.95\times10^8m^3$（标态）。

酸性球团生产工序能耗为 19.49kgce/t，碱性球团工序能耗为 21.94kgce/t，均符合河北省球团工序单位产品能源消耗限额规定[13]。与烧结矿工序能耗 48.00kgce/t 相比，酸性球团可以降低工序能耗 28.51kgce/t，降低了 59.40%；碱性球团可以降低工序能耗 26.06kgce/t，降低了 54.29%。该项目实施后，按设计产能年产 960 万吨计算，此工艺比烧结工艺降低能耗 27 万多吨，减少二氧化碳排放 70 多万吨。

3.7　烟气脱硫脱硝

球团工序造球工艺特点决定粉尘含量要低于烧结工序，硫硝污染物更低，无二噁英产生[14]。同时建设循环流化床半干法脱硫+SCR 脱硝烟气治理设施，项目投运后将达到唐山市超净排放要求[15,16]。设计排放指标：SO_2 浓度≤ 20mg/m^3（标态）；NO_x 浓度≤30mg/m^3（标态）；烟气含尘浓度≤5mg/m^3（标态）。氨逃逸浓度≤2.5mg/m^3（标态），预计每年可实现减排二氧化硫 16500t、氮氧化物 5400t、颗粒物 3000t，将为京津冀经济区域带来可观的环境效益和社会效益，助力河钢集团唐钢新区实现绿色发展。

4　结论

河钢唐钢新区建设的国内首台套最大规模带式焙烧机氧化球团生产线，完全采用国产化装备。充分发挥临港优势，港口原料通过皮带通廊、自产矿山精粉通过管道直送，最大限度减少原料运输过程污染物排放。形成以我国冀东地区研山精粉为主，进口低硅精粉为辅的原料结构，制备出涵盖低、中、高硅范围的多元化优质冶金球团。整体结构紧凑，布局合理，符合职业健康和安全、消防设计规范。在原料运输、球团制备、工艺控制、烟气治理等全过程环节充分发挥低碳、低污染物排放的优势。更好地从源头减排、过程控制、末端治理多方面入手，建设成为绿色低碳洁净的球团生产线。

参考文献

[1] 张福明．我国高炉炼铁技术装备发展成就与展望［J］钢铁，2019，54（11）：1~8.

[2] 张福明，张卫华，青格勒．大型带式焙烧机球团技术装备设计与应用［J］烧结球团，2021，46（1）：1~10.

[3] 王新东．以“绿色化、智能化、品牌化”为目标规划设计河钢唐钢新区［J］．钢铁，2021，56（2）：12~21.

[4] 王新东．以高质量发展理念实施河钢产业升级产能转移项目［J］．河北冶金，2019（1）：1~9.

[5] 钢铁企业原料准备设计手册［M］．北京：冶金工业出版社，1997.

[6] 姜涛．烧结球团生产技术手册［M］．北京：冶金工业出版社，2014.

[7] 朱德庆，杨聪聪，潘建，等．福建三钢带式焙烧机球团工艺研究［J］．烧结球团，2020，45（4）：27~34.

[8] 余海钊，廖继勇，范晓慧．带式焙烧机球团技术的应用及研究进展［J］．烧结球团，2020，45（4）：47~54，70.

[9] 潘建，王硕，甘牧原，等．带式焙烧机制备镁质球团的工艺及机理研究［J］．烧结球团，2019，44（3）：27~33.

[10] 高万良，常国杰，韩荣庭，等．带式焙烧机落棒装置改型优化［J］．烧结球团，2019，44（2）：42~44.

[11] 陈子罗，韩基祥，任伟．带式焙烧机布料筛分系统离散元仿真研究［J］．烧结球团，2019，44（6）：45~49，78.

[12] 刘义，侯长江，王春梅，等．烧结烟气源头与过程 NO_x 减排的应用研究［J］．河北冶金，2020（5）：74~78.

[13] 季文东，贾西明，赵俊峰，等．大型带式焙烧机高产低耗技术的发展与应用［J］．矿业工程，2019，17（6）：30~33.

[14] 刘海明．带式焙烧机均匀布料的实现方法［J］．矿业工程，2019，17（4）：37~38.

[15] 王新东，李建新，胡启晨．基于高炉炉料结构优化的源头减排技术及应用［J］．钢铁，2019，54（12）：104~110，131.

[16] 陆亚男，吴胜利，霍红艳，等．适合高炉低烧比炉料结构的球团矿种类优选［J］．河北冶金，2020（10）：6~11，19.

带式焙烧机球团原料处理的试验研究

胡小东[1]，李炜玺[2]

（1. 唐钢国际工程技术股份有限公司，河北唐山 063000）

（2. 河钢集团唐钢公司，河北唐山 063000）

摘　要　介绍了带式焙烧机球团原料的化学成分及物理性能，阐述了铁精矿的处理方式，详细分析了不同原料处理方式对生球、成品球 MgO 含量和强度的影响。实验表明，B 矿全铁含量较低，粒度组成和比表面积无法达到球团生产要求，须与 A 矿混合后进行高压磨辊预处理；以石灰石调碱度，推荐碱度区间为自然碱度 0.16~1.2；MgO 含量优化宜采用轻烧菱镁石。综合考虑，获得了 4 种较为合适的球团制备方案。

关键词　带式焙烧机；球团；原料处理；MgO；强度；高压磨辊

Experimental Research of Pelletizing Raw Material Treatment Technology of Belt Roaster

Hu Xiaodong[1], Li Weixi[2]

(1. Tangsteel International Engineering Technology Corp., Tangshan 063000, Hebei;
2. HBIS Group Tangsteel Company, Tangshan 063000, Hebei)

Abstract　This paper introduces the chemical composition and physical properties of the pellet raw materials of the belt roaster, describes the treatment methods of iron ore concentrates, and analyses in detail the effects of different raw materials treatment methods on the MgO content and strength of raw and finished pellets. The experiments show that B ore has a low total iron content, and its particle size composition and specific surface area cannot meet the requirements of pellet production. Therefore, it must be mixed with A ore and pretreated by high-pressure grinding rolls. Besides, the limestone is used to adjust the alkalinity (the recommended alkalinity interval is 0.16~1.2 natural alkalinity), and lightly burnt magnesite is adopted for the optimization of MgO content. Considering comprehensively, four suitable pellet preparation schemes have been obtained.

Key words　belt roaster; pellets; raw material processing; MgO; strength; high-pressure grinding rolls

0　引言

河钢唐钢新区球团车间为 2 台 480 万吨/年带式焙烧机及配套的公辅设施，在现有的原料条件下公司进行了实验室小型试验及扩大模拟试验，旨在探索带式焙烧机生产酸性、碱性球团的合理工艺制度，使球团生产线顺利投产。

1　原料的处理

1.1　原料情况

1.1.1　含铁原料

球团矿生产使用的两种含铁原料（A、B）的化学成分情况见表 1 和表 2。

作者简介：胡小东（1982—），男，高级工程师，2006 年毕业于内蒙古科技大学冶金工程专业，现在唐钢国际工程技术股份有限公司从事冶金方面工程设计，E-mail：honger_0001@163.com

表 1 原料 A 化学成分

Tab. 1 Chemical composition of raw material A

化学成分（质量分数）/%								
TFe	FeO	SiO_2	Al_2O_3	CaO	MgO	P	S	Na_2O
66.67	26.41	5.7	0.23	0.13	0.34	0.0026	0.025	0.016
K_2O	MnO	Cu	Pb	Zn	TiO_2	Cl	As	LOI
0.06	0.067	0.066	0.0042	0.008	0.052	0.011	—	-3.29

表 2 原料 B 化学成分

Tab. 2 Chemical composition of raw material B

化学成分（质量分数）/%								
TFe	FeO	SiO_2	Al_2O_3	CaO	MgO	P	S	Na_2O
63.28	27.16	1.07	0.67	1.4	3.68	0.15	0.062	0.021
K_2O	MnO	Cu	Pb	Zn	TiO_2	Cl	As	LOI
0.052	0.19	0.067	0.0052	0.034	2.4	0.015	—	-2.34

两种含铁原料的物理性能如表 3 和表 4 所示。由表 3 可见，原料 A 的-75μm（-200 目）比例高达 90.18%，并且比表面积为 1574.99cm²/g，适宜用作造球原料。原料 B 中-45μm（-325 目）粒级比例仅占 29.72%，其比表面积仅为 656.45cm²/g，远小于球团生产对铁精粉比表面积 1500 ~1900cm²/g 的要求，因此需进一步细磨或高压辊磨处理。由表 4 可见，A 和 B 的静态成球性指数仅为 0.14 和 0.11，属于无成球性[1]。

表 3 原料 A 和 B 粒度分布

Tab. 3 Particle size distribution of raw materials A and B

种类	粒度占比/%				
	-150μm（-100 目）	-75μm（-200 目）	-45μm（-325 目）	-38μm（-400 目）	比表面积/$cm^2 \cdot g^{-1}$
A	99.62	90.18	71.73	65.28	1574.99
B	79.51	41.22	29.72	26.91	656.45

表 4 原料 A 和 B 物理性能

Tab. 4 Physical properties of raw materials A and B

种类	最大分子水/%	最大毛细水/%	毛细水迁移速率/$mm \cdot min^{-1}$	静态成球性 K	真密度/$g \cdot cm^{-3}$	堆密度/$g \cdot cm^{-3}$	静堆积角/(°)
A	1.72	14.17	0.92	0.14	4.6	2	37.5
B	1.32	13.13	2.24	0.11	4.65	2.2	48.8

1.1.2 黏结剂

实验用黏结剂主要为膨润土，另有一种富铁黏结剂。黏结剂的化学成分见表 5，膨润土粒度分布及物理性能见表 6。膨润土各项性能（除吸兰量外，Ⅰ级品指标为 30g/100g）均达到铁矿球团用膨润土Ⅰ级品指标，属于优质膨润土。

表 5 黏结剂化学成分

Tab. 5 Chemical composition of binder

化学成分（质量分数）/%									
种类	Fe_2O_3	CaO	SiO_2	MgO	Al_2O_3	Na_2O	K_2O	P	MnO	LOI
膨润土	4.86	5.27	55.71	2.13	12.25	2.72	1.1	0.049	0.074	15.25

表 6　膨润土粒度分布及物理性能

Tab. 6　Particle size distribution and physical properties of bentonite

−75μm（−200 目）占比/%	−45μm（−325 目）占比/%	胶质价 /(%/3g)	膨胀倍数 (ML/g)	吸水率（2h）/%	吸兰量 /(g/100g)	蒙脱石含量/%	pH 值
99.05	79.24	77.5	30.5	551.28	26.45	59.84	10.13

1.1.3　熔剂

试验使用石灰石调节球团碱度，用白云石和轻烧菱镁石来调节球团 MgO 含量，其化学成分和粒度组成及比表面积分别见表 7 和表 8。石灰石与轻烧菱镁石粒度很细，−75μm（−200 目）粒级占 90%以上，比表面积均高于 7800cm^2/g；白云石粒度相对较粗，比表面积为 3668.72cm^2/g，三种熔剂均可直接用于造球[2]。

表 7　熔剂化学成分

Tab. 7　Chemical composition of flux

种类	化学成分（质量分数）/%									
	CaO	SiO_2	MgO	Al_2O_3	Fe_2O_3	MnO	S	P	Na_2O	K_2O	LOI
石灰石	49.65	2.73	2.89	0.42	0.47	0.024	0.026	0.0048	0.019	0.25	42.22
白云石	28.44	2.72	19.78	0.01	0.3	0.025	0.012	0.0031	0.021	0.079	45.37
轻烧菱镁石	1.61	3.82	89.97	0.044	—	0.044	0.034	0.041	0.016	0.031	2.76

表 8　熔剂的粒度分布和物理性能

Tab. 8　Particle size distribution and physical properties of flux

种类	粒度/%		比表面积 /cm^2 · g^{-1}	真密度 /g · cm^{-3}	堆密度 /g · cm^{-3}
	−75μm（−200 目）	−45μm（−325 目）			
石灰石	95.84	77.28	7886.34	2.63	0.76
白云石	76.19	64.49	3668.72	2.56	1.1
轻烧菱镁石	90.82	78.21	7808	4.54	0.72

1.2　铁精矿处理

1.2.1　高压辊磨处理

B 矿粒度组成较粗，静态成球性指数较差，因此球团设计中采用高压辊磨对铁精矿进行预处理，以达到适宜的造球原料粒度和比表面积。辊磨次数对单矿、混合矿辊磨效果的影响如表 9 和表 10 所示。

表 9　高压辊磨次数对含铁原料粒度分布及比表面积的影响

Tab. 9　The influence of the number of high-pressure roller milling on the particle size distribution and specific surface area of iron-containing raw materials

种类	粒度/%				比表面积 /cm^2 · g^{-1}
	−150μm（−100 目）	−75μm（−200 目）	−45μm（−325 目）	−38μm（−400 目）	
A（未处理）	99.62	90.18	71.73	65.28	1574.99
A（高压辊磨 1 次）	99.68	91.36	73.1	66.74	1651.91
A（高压辊磨 3 次）	99.5	92.64	74.46	67.01	1754.9
B（未处理）	79.51	41.22	29.72	26.91	656.45
B（高压辊磨 1 次）	86.63	57.07	44.18	40.81	961.54
B（高压辊磨 2 次）	89.28	64.22	52.03	48.7	1232.98
B（高压辊磨 3 次）	92.55	68.1	55.64	51.46	1481.23
B（高压辊磨 4 次）	92.65	69.15	56.94	53.06	1534.45

表 10 辊压次数对混合配料粒度分布及比表面积的影响

Tab. 10 The influence of the number of rolling on the particle size distribution and specific surface area of the mixed ingredients

配矿方案	粒度/%				比表面积
	-150μm（-100 目）	-75μm（-200 目）	-45μm（-325 目）	-38μm（-400 目）	/cm^2 · g^{-1}
1#（50%A 未处理）	89.57	65.7	50.73	46.1	849.27
1-1#（50%研 A 高压辊磨 1 次）	91.57	72.54	57.78	53.21	1261.24
1-2#（50%A 高压辊磨 2 次）	93.31	76.7	63.79	60.01	1544.61
1-3#（50%研 A 高压辊磨 3 次）	95.71	81.14	69.87	63.23	1645.44
2#（60%A 未处理）	91.58	70.6	54.93	49.93	943.67
2-2#（60%研 A 高压辊磨 2 次）	94.07	79.74	66.72	61.52	1566.81
2-3#（60%A 高压辊磨 3 次）	96.12	84.17	72.23	66.78	1686.63
3#（70%A 未处理）	93.59	75.49	59.13	53.77	968.51
3-2#（70%A 高压辊磨 2 次）	95.6	83.13	68.31	65.34	1596
3-3#（70%A 高压辊磨 3 次）	97.73	87.31	75.41	69.16	1745.71

1.2.2 球磨预处理

由球磨时间对 B 矿球磨效果的影响可得出，球磨 15min 后，可获得比表面积高于 1200cm^2/g 的铁精矿；球磨 25min 后，可获得比表面积高于 1500cm^2/g 的铁精矿。

1.2.3 球磨-辊磨联合预处理

球磨处理 B 矿后达到一定比表面积后，再进行一次高压辊磨工艺，联合工艺对各配矿方案的粒度组成及比表面积的影响见表 11。由结果可见，将 B 矿球磨至 1200cm^2/g 以上的比表面积后，高压辊磨一次即可获得比表面积大于 1500cm^2/g 的混合料；将 B 矿球磨至 1500cm^2/g 以上比表面积后，高压辊磨一次对混匀料比表面积的提高作用不明显。

表 11 联合工艺对混合料粒度分布及比表面积的影响

Tab. 11 Effect of combined process on particle size distribution and specific surface area of mixes

B 矿球磨后比表面积 /cm^2 · g^{-1}	A 矿配矿比例/%	粒度/%				比表面积
		-150μm（-100 目）	-75μm（-200 目）	-45μm（-325 目）	-38μm（-400 目）	/cm^2 · g^{-1}
1202.18	50	99.43	81.64	62.02	56.81	1710.72
1587.81	50	99.58	88.43	68.95	63.16	1704.85
	60	99.78	91.35	72.31	68.93	1665.33
	70	99.67	90.24	71.93	66.52	1757.02
1807.19	50	99.8	92.81	72.4	67.57	1772.03
	60	99.86	92.04	73.96	66.75	1685.61
	70	99.75	92.59	75.06	68.31	1807.19

以上原料性能和处理方式总结如下：

（1） A 矿全铁含量较高（66.67%），SiO_2含量偏高；粒度组成和比表面积基本达到造球要求。

（2） B 矿全铁含量仅为 63.28%（较低），P 和 TiO_2含量偏高，杂质含量较多；粒度组成和比表面积无法达到球团生产要求，必须经过预处理。

（3） 高压辊磨工艺：推荐采用的原料预处理方式为两种原料混匀后进行高压辊磨，辊磨次数为 2 次，可使原料比表面积可达到 1500cm^2/g 以上，满足造球要求。

（4） 球磨工艺：B 矿单矿经球磨 25min 后，比表面积为 1587.81cm^2/g；B 矿单矿经球磨 15min 后，比表面积为 1202.18cm^2/g；配加 A 矿后再进行 1 次高压辊磨，可获得比表面积大于 1500cm^2/g 的混匀矿。

2　原料处理方式的影响

原料的不同处理方式对生球和成品球均有不同的影响，以下为不同原料处理方式对球团影响的分析。

2.1　原料处理方式对焙烧球强度的影响

对于配矿（50%A+50%B），原料预处理方式对焙烧球强度的影响见表 12。可见，相同热工制度下，球磨工艺需要将原料处理至更高的比表面积（1757.02cm^2/g），才能获得合格的球团[3]。

表 12　原料预处理方式对焙烧球强度的影响

Tab. 12　The influence of the raw material pretreatment method on the strength of the calcined balls

B 矿单矿处理	混合配料处理方式	比表面积/$cm^2 \cdot g^{-1}$	生球落下强度/(次/0.5m)	焙烧球强度/(N/个)
球磨 15min 辊磨 1 次	无	1446.11	2.25	2652
球磨 25min	无	1565.99	3	2409
球磨 25min	辊磨 1 次	1710.72	2.9	2551
球磨 35min	无	1650.82	2.6	2729
球磨 35min	辊磨 1 次	1757.02	2.4	2850
辊磨 1 次	辊磨 1 次	1388.34	3.65	2626
辊磨 2 次	辊磨 1 次	1469.56	4.05	2647
边料循环 150%	辊磨 1 次	1427.05	3.4	2702
边料循环 200%	辊磨 1 次	1542.33	6.15	2938
边料循环 200%	无	1328.21	2.8	2551
无	辊磨 2 次	1544.61	4.7	2816

2.2　MgO 含量对焙烧球强度的影响

以白云石调节球团 MgO 含量，不同碱度下 MgO 含量对焙烧球抗压强度的影响见表 13 和表 14。可见不同碱度下，随着 MgO 含量的提高，焙烧球团抗压强度总体呈现先增加后降低的趋势，且球团达到最高强度的温度区域逐渐提高[4]。

表 13　不同 MgO 含量对焙烧球抗压强度的影响

Tab. 13　The influence of different MgO content on the compressive strength of calcined balls

	碱度 R	MgO 含量/%	落下强度/(次/0.5m)	生球抗压强度/(N/个)	爆裂温度/℃	焙烧球抗压强度/(N/个)
自然 R	0.16	1.64	4.2	10.59	485	2998
	0.28	2	2	10.43	541	3168
	0.46	2.5	2.4	11.62	489	2856
	0.63	3	2.2	12.32	524	2606
	0.96	4	2.75	12.57	488	2649
	0.8	1.75	7.9	13.33	467	1798
		2	3.45	11.67	443	2286
		2.5	3.3	10.57	508	2968
		3	3.4	11.91	477	2839
	0.96	4	2.75	12.57	488	2649
	1	1.78	7.35	15.71	371	1749
		2	3.7	14.03	485	2256
		2.5	3.5	11.19	482	2818
		3	2.55	12.36	449	2446
		4	2.8	12.31	503	2498

（方案：60%A+40%B，混合后辊磨2次；比表面积为1566.81cm^2/g，润土用量为1.0%；预热温度为850℃，预热时间为6min；焙烧温度为1200℃）

表14　不同焙烧温度下不同MgO含量对焙烧球抗压强度的影响

Tab. 14　The influence of different MgO content on the compressive strength of calcined balls at different calcination temperatures

碱度 R		MgO 含量/%	焙烧球抗压强度/(N/个)				
			1140℃	1170℃	1200℃	1230℃	1260℃
自然碱度	0.16	1.64	2347	2601	2998	2871	2074
	0.28	2	—	2283	3168	3501	2396
	0.46	2.5	—	2574	2856	2934	1950
	0.63	3	—	2819	2606	2028	3148
	0.96	4	—	2605	2649	2364	2447
0.8		1.75	—	3212	1798	1868	1534
		2	—	2663	2286	1964	2166
		2.5	—	2983	2968	3362	2095
		3	—	2560	2839	3443	2129
0.96		4	—	2605	2649	2364	2447
1		1.78	2354	2800	1749	2031	1540
		2	2228	3116	2256	2266	2600
		2.5	—	2830	2818	2811	2634
		3	1916	2887	2446	2591	2438
		4	—	2425	2498	2613	2011

不同原料处理方式对生球和成品球的影响如下：

（1）以石灰石调碱度，推荐碱度区间为自然碱度0.16~1.2，焙烧温度为1170℃左右。

（2）MgO含量优化：推荐熔剂为轻烧菱镁石，MgO含量≤3.0%，焙烧温度1170 ~ 1230℃。

（3）配矿方案一定的条件下，采取相同热工制度时，球磨工艺需要将原料处理至更高的比表面积（1757.02cm^2/g），才能获得合格球团。

3　球团制备方案

根据试验研究，可以得到较为合适的几种球团制备方案，其中酸性球团方案2种，碱性球团方案1种，备选方案1种。

（1）推荐方案1：酸性球团

100%A矿—原料处理方案：混匀后高压辊磨1次，焙烧球抗压强度2865N/个。

（2）推荐方案2：酸性球团

60%A+40%B—原料处理方案：混匀后高压辊磨2次，焙烧球抗压强度3376N/个。

（3）推荐方案3：碱性球团

60%A+40%B（R=1.0，采用石灰石调整碱度），原料处理方案：混匀后高压辊磨2次，焙烧球抗压强度2860N/个。

（4）备用方案：碱性球团

60%A+40%B（R=1.0，MgO含量=3.0%）：—镁质球团，采用石灰石调整碱度，使用轻烧菱镁石调整MgO含量，抗压强度2804N/个。

4　结语

球团原料的选择和处理是一项复杂的工作，要选择出合适的原料和处理工艺需要进行多方面考虑，上述实验只是对一些方面进行了研究，并不全面。实际生产还应综合其他要素进行全方面地分析研究，以便更好地指导生产。尤其在带式焙烧机球团生产技术方面，我国起步较晚，需进一步进行全方面、系统化地研究，助力球团行业更快、更好地发展。

参 考 文 献

[1] 中国冶金建设协会. 钢铁企业原料准备设计手册 [M]. 北京：冶金工业出版社，1997.
[2] 中国冶金建设协会. 烧结设计手册 [M]. 北京：冶金工业出版社，2005.
[3] 钢铁企业原料场工艺设计规范（GB 50541—2009）[S]. 北京：中国计划出版社，2010.
[4] 姜涛. 烧结球团生产技术手册 [M]. 北京：冶金工业出版社，2014.

熔剂性球团在带式焙烧机的应用研究

胡小东

（唐钢国际工程技术股份有限公司，河北唐山 063000）

摘　要　河钢唐钢新区球团生产车间为2台480万吨/年带式焙烧机及配套的公辅设施。介绍了熔剂性球团的优缺点，采用链箅机—回转窑—环工艺进行了球团预生产，并进一步探索了含镁熔剂性球团的生产情况，为带式焙烧机熔剂性球团生产制度的制定提供了依据。

关键词　熔剂性球团；带式焙烧机；链箅机；回转窑；镁

Research on the Application of Flux Pellets in the Belt Roaster

Hu Xiaodong

（Tangsteel International Engineering Technology Corp., Tangshan 063000, Hebei）

Abstract　The pellet production workshop in HBIS Tangsteel New District consists of two 4.8 million t/a belt roasters and supporting public auxiliary facilities. In this paper, the advantages and disadvantages of flux pellets were introduced. Besides, the pre-production of pellets adopted the chain grate-rotary kiln- ring process, and the production of magnesium-containing flux pellets was further explored, providing a basis for the formulation of the flux pellet production system of belt roasters.

Key words　flux pellets; belt roaster; chain grate; rotary kiln; magnesium

0　引言

钢铁生产流程高效、绿色、可循环的核心技术研究已成为世界钢铁业技术的发展趋势，我国尤其需要。因环保压力、成本压力基本在铁前，中国钢铁生产的流程优化是重大的战略性课题，需要加强以节约资源、环境友好为导向的高效流程工艺的研究。《钢铁行业2015~2025年技术发展预测报告》指出未来中国5~10年钢铁工业的发展方向是以优质、高效、节能、环保、低成本为目标。而发展高效、节能、长寿的综合冶炼技术，涉及到优质的冶金原料[1]。

近年来，我国球团矿生产迅速发展。但由于历史的原因，高碱度烧结矿生产规模太大，虽然形成了高碱度烧结矿加酸性球团矿的高炉炉料结构，球团矿比例至今不足20%。过大的烧结矿产量使得球团矿碱度的提升空间有限，导致我国熔剂性球团的发展明显落后于其他国家。近年来，在炼铁生产精料方针的引导下和节能减排压力的推动下，随着球团矿入炉比例的持续增加，我国发展熔剂性球团的条件日趋成熟[2]。

河钢唐钢新区带式焙烧机球团项目建设了两条年产480万吨球团的带式焙烧机生产线，包括熔剂制备系统、预配料系统、干燥系统、高压辊磨系统、配料系统、混合机系统、造球系统、焙烧机系统、风机系统、筛分系统、成品仓系统、成品料库、成品装车站、煤气加压、汽车受料槽等相关辅助设施。

2条480万吨带式焙烧机球团生产线，按1条线生产酸性球团矿、1条线生产碱性球团矿设计，特殊情况下2条生产线可以同时生产同一种球团矿，以实现配加高比例球团矿的高炉生产。

作者简介：胡小东（1982— ），男，高级工程师，2006年毕业于内蒙古科技大学冶金工程专业，现在唐钢国际工程技术股份有限公司从事冶金方面工程设计，E-mail：honger_0001@163.com

1　熔剂性球团特点

1.1　熔剂性球团优点

（1）熔剂性球团能降低能耗。一般认为二元碱度大于 0.6 的球团是熔剂性球团，主要优点为工序能耗大大低于烧结，约为烧结矿工序能耗的一半，强度高，同时冶金性能好于酸性球团。

减少了高炉熔剂的添加量，而且球团的气孔率高（25%左右），还原性得到了改善。将部分熔剂的分解过程转移到了球团生产工艺中，降低了高炉对焦炭的消耗，减少了高炉熔剂的添加量。

（2）冶金性能好。酸性球团矿还原度一般在 55%～65%，而熔剂性球团矿还原度能达到 80%以上，甚至达到 90%，这主要是因为熔剂性球团矿的矿物成分和球团结构有利于还原反应的进行。

1.2　熔剂性球团缺点

（1）还原粉化性能差。由于熔剂性球团气孔率高，还原反应进行得快，晶型转变得也快，易产生较大的内部应力，从而导致粉化率高。

此外，熔剂性球团对焙烧温度相对敏感，焙烧温度控制不当直接影响其内部矿物形态。而且冷却速度要求也较酸性球团严格，冷却速度过快容易增加球团中的玻璃相和骸晶含量，恶化还原粉化性。

（2）易形成难还原化合物。由于球团中熔剂增加，同时球团预热后的主要成分是三氧化二铁，很容易形成低熔点化合物。熔剂性球团在焙烧时，因为产生的铁酸钙化合物熔点低，容易出现液相，随着氧化钙含量的增加，液相也增加。对于焙烧磁铁矿球团而言，液相的数量不仅与氧化钙的量有关，还与预热球的氧化程度有关。如果氧化不完全，有可能形成钙铁橄榄石系的固溶体，会使得熔化温度降低，不仅生产难以控制，而且球团矿的还原性也会下降。

1.3　含镁熔剂性球团

鉴于熔剂性球团的缺点，生产中考虑含镁熔剂性球团，因其具有还原度高、还原粉化性能好的优点。含镁球团矿之所以有较好的冶金性能，主要原因是含镁球团矿在焙烧过程中形成了高熔点化合物，软化熔融温度得到提高，缩小了软熔区间。含镁球团在焙烧过程中，可以通过晶格取代，稳定铁矿物的晶型，从而抑制了团矿在还原过程中的膨胀和粉化，改善高炉的透气性。由于含镁球团矿熔融温度高，气孔闭合晚，促进了球团矿在高炉中的间接还原反应；含镁球团还可以抑制难还原物铁橄榄石的生成，在一定程度上提高球团矿的还原性[3]。

含镁熔剂性球团兼具熔剂性球团和含镁球团的部分特性，即弥补了酸性球团的不足，又强化了熔剂性球团的优势，因此，含镁熔剂性球团必将在高炉炼铁中发挥重要作用[3]。

含镁熔剂型球团冶金性能改善的程度不仅与球团中氧化镁含量有关，而且与添加的镁矿物种类和铁精矿的特性有一定关系，这些影响关系可以通过试验来确定，以寻找出合理的氧化镁添加量和添加方式（见图 1）。

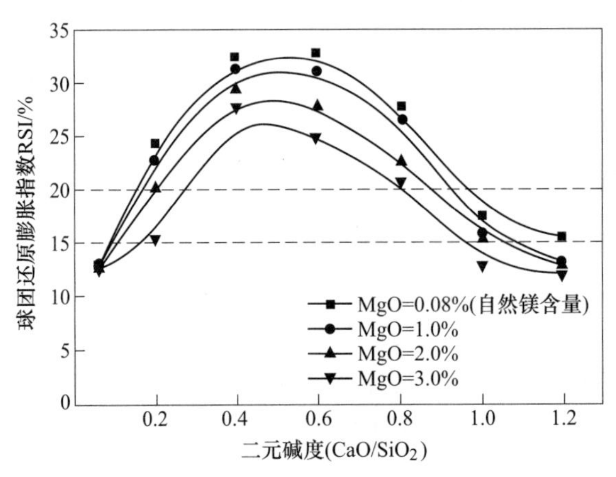

图 1　球团矿还原膨胀指数与碱度的关系

Fig. 1　The relationship between the reduction expansion index of pellets and alkalinity

1.4 熔剂性球团生产注意事项

(1) 要控制熔剂性球团的气孔率在合理范围内。

(2) 在熔剂性球团的生产中，保持氧化气氛，控制好焙烧温度区间。

(3) 尽可能地为针状铁酸钙的生产创造条件，同时还要考虑合理的碱度。

可以看出，Mg 和 SiO_2 对球团矿性能的影响较大，生产时应尽量降低原料中 SiO_2 含量，并将 MgO 控制在合理范围内。

2 生产试验

2.1 含铁原料

采用本地矿 A 及外购矿 B 的混合原料生产碱性球团。为改善球团矿冶金性能，调节球团矿碱度，采用石灰石作为熔剂。熔剂制备系统采用 2 台立式磨机，对石灰石进行细磨，能力 50t/h，加工成 -45μm(-325 目)≥90%的细粉后参加配料。原料成分见表 1。

表 1 含铁原料化学成分及物理性能

Tab. 1 Chemical composition and physical properties of iron-containing raw materials

含铁原料	成分/%						粒度 (-200 目)	水分/%	烧损/%
	TFe	FeO	SiO_2	CaO	MgO	TiO_2			
A	66.79	24.20	6.15	—	—	0.15	83.3	7.89	—
B	64.15	26.43	1.26	2.26	3.18	2.42	38.89	4.8	—
轻烧镁粉	—	—	4.46	1.06	86.93	—	98.63	5.06	8
石灰石粉	—	—	2.72	47.69	2.10	—	93.37	—	45.6

2.2 试验情况

由于带式焙烧机球团生线尚未投产，为了能够提供有效数据，利用链算机回转窑球团生产线做生产试验。

试验碱性球生产配料品种为原料 A 和 B，并配加轻烧镁粉。通过计算实际物料组成水分为 6.63%，造球需要混合料水分为 9%，需要补充水量为 2.4%，为此在原料皮带上增加了两处打水点，来保证混合料的充分润湿，同时为了便于控制打水量，还增设了集中控制阀门和流量计。试验用球团矿成分见表 2。

表 2 球团矿成分

Tab. 2 Composition of pellet ore

编号	成分/%					MgO/SiO_2	R
	Fe	FeO	SiO_2	CaO	MgO		
1	60.72	1.3	4.3	4.41	1.6	0.37	1.02
2	61.08	1.92	4.37	4.32	2.03	0.46	0.99
3	60.98	1.14	4.28	4.3	1.93	0.45	1.00
4	60.79	1.38	4.26	4.45	2.04	0.48	1.04
5	61.00	1.35	4.13	3.95	2.01	0.48	0.96

通过多次生产总结改进、调整工艺温度控制、调整配比、稳定下料、稳定水分与机速，生产中实际球团成分与预计成分偏差较小，碱度保持在 1.0 左右，氧化镁含量在 1.8%~2.0%浮动。

本次试验生产有发生结圈、长块现象，但是通过调整控制结圈速度相对缓慢，能够保证生产，但结圈现象仍是制约生产碱性球团长期稳定生产的问题，需进一步研究解决。

2.3　试验总结

由于河钢唐钢新区带式焙烧机球团生线尚未投产，采用现有链-回-环工艺试验生产球团，存在的一些不利因素为：

（1）由于设备及系统原因，石灰石粉配加不够稳定，影响球团矿生产的稳定。

（2）由于链箅机设备老化，链箅机缝隙较大，漏料较多，造成漏料区域周边生球干燥效果变差，进入窑内易破碎结圈。

（3）B 矿粉粒度粗，目前生产线没有较好的处理措施，影响造球效果。

（4）混合料水分在线检测系统不灵敏，不利于造球水量的调节。

以上问题均在新生产线设计时进行了考虑，并做了对应处理。此外，河钢唐钢新区球团的生产采用带式焙烧机球团技术，球团在焙烧过程中处于相对静止状态，生产状态远好于链-回-环工艺，相信投产后的生产过程中，一定能够摸索出适合于带式焙烧机工艺的熔剂性球团生产制度。

3　结语

熔剂性球团矿生产的关键在于降低铁精粉和成品球的 SiO_2 含量，使其值低于 4.5%，最好小于 3.0%。

调节球团矿碱度和 MgO 含量将是改善球团矿焙烧性能和冶金性能的有效手段，含镁球团矿可改善球团矿的高温冶金性能。当 MgO 含量控制在 1.5%~2.0% 时，可获得综合指标良好的球团矿。

参 考 文 献

[1] 陈汉语. 关于开发首钢秘鲁铁矿碱性球团的探讨 [J]. 首钢科技，2002 (8)：1~4.
[2] 王莉. 碱度对球团矿冶金性能的影响 [J]. 烧结球团，1996 (2)：22~24.
[3] 吴钢生. 碱性含镁球团矿的应用及合理炉料结构研究 [J]. 钢铁，2006 (12)：19~25.

球团矿带式焙烧机热风系统过程控制设计

韩佳庚

（唐钢国际工程技术股份有限公司，河北唐山 063000）

摘　要　球团厂带式焙烧炉热风系统用于维持焙烧系统各阶段的炉温。烘烤阶段进料速度、燃烧器火焰和热空气系统风量是3个主要变量，它们互相补充，紧密配合满足生产的要求。河钢唐钢新区在2×480万吨/年球团带式焙烧机生产线热风系统的风量调节环节引入自动过程控制，用于控制焙烧温度和焙烧时间，使风量实时适应带式运料机的行走速度，保证球团矿在焙烧过程中得到充分焙烧时间。过程控制的应用，既提高了球团原料的产品质量和成品率，又减少了焦炉煤气用量。同时，进一步提高了球团原料自动化生产程度，提高了产品生产效率，加快了生产节奏，在保证河钢唐钢新区高炉用量的前提下，还可以外销，提高了项目的经济效益。

关键词　球团；带式焙烧机；过程控制；焙烧温度；焙烧时间

Design Process Control of Hot Air System of Pelletizing Belt Roaster

Han Jiageng

（Tangsteel International Engineering Technology Crop., Tangshan 063000, Hebei）

Abstract　The hot air system of the belt roaster in the pellet plant is used to maintain the furnace temperature at each stage of the roasting system. The feed rate, burner flame, and the air volume of hot air system are the three main variables in the baking phase, which complement each other and work closely together to meet production requirements. HBIS Tangsteel New District introduces automatic process control in the air volume adjustment link of the hot air system of the 2×4.8 million t/a pellet belt roaster production line to control the roasting temperature and time, so that the air volume can adapt to the walking speed of the belt conveyor in real time, and ensure that the pellet ore gets sufficient roasting time in the roasting process. The application of process control not only improves the product quality and yield of pellet raw materials, but also reduces the amount of coke oven gas. Meanwhile, it further enhances the automated production of pellet raw materials and product production efficiency, and accelerates the production rhythm. Under the premise of ensuring the amount of blast furnace in HBIS Tangsteel New District, it can also be exported to improve the economic benefits of the project.

Key words　pellets; belt roaster; process control; roasting temperature; roasting time

0　引言

球团矿是一种人造原料，它将粉状材料转化为能够满足下一步加工所需的物理特性和化学组成的球状材料[1]。在制球过程中，材料不但具有物理特性（如密度、孔隙率、形状和相机械强度等），而且具有更重要的化学特性（如还原、物质、膨胀、高温还原软化、低温还原软化、熔融等），用来确保改进冶金的性能。带式烤烧工艺是在带式焙烧机的启发下开展起来的。带式焙烧机是一种非常成熟的球团制作工艺，但是为了保证矿料在焙烧机内能够充分的反应，要确保焙烧温度与焙烧时间的实时匹配，这正是本文研究的重点内容。

作者简介：韩佳庚（1988— ），男，工程师，2015年毕业于天津理工大学自动化专业，现在唐钢国际工程技术股份有限公司从事冶金行业控制系统设计工作，E-mail：hanjiageng@tsic.com

1　项目概况

河钢唐钢新区 2×480 万吨/年带式焙烧机球团工程于 2020 年 10 月 30 日顺利投产，标志着国内规模最大、拥有自主知识产权的球团带式焙烧机建设目标已达成。该项目在集先进工艺、国产高水平领先装备、自动化技术优势和绿色高效生产为一体，展现了河钢集团倡导的“绿色化”“智能化”“品牌化”和“高效化”生产理念。

球团，首先根据规定配比，将铁精粉、石灰等原料混合在一起，经运料皮带运送到造球盘，经注水喷淋、滚动造球，然后经过辊式筛分机对球团的粒径进行筛选，将粒径合格的部分通过皮带运送到带式焙烧机烘烧。球团矿的整个焙烧过程，决定着球团矿产品的各种性质标准是否符合要求[2]。而在整个焙烧过程中，决定了球团矿是否获得理想的化学、物理反应，以及炉内球团焙烧时间的长短[3]。

带式焙烧热风系统的球团制作，根据热工系统的不同，可分为鼓风干燥、抽风、预热、焙烧等 7 个阶段。鼓风干燥部分产生的湿冷空气经风机送至冷却段；抽风干燥部分将室外空气送至焙烧机对球团矿进行二次干燥处理；预热部分使用燃料燃烧产生的热量，开始进入温度爬升阶段，同时将预热段残余热风经风机运送至均热段、一冷段进行回收再利用；均热和焙烧段的热量来源于燃料，热废气经除尘排入大气。

2　热风系统过程控制

随着过程控制技术的发展，以智能控制理论为依据，计算机和网络通讯为主要方式，新的控制决策方法在球团生产中得到广泛应用。热风系统过程控制，主要以保证球团矿料在焙烧机焙烧段在理论温度和时间下进行反应，以保证成品质量。控制过程分为 2 个部分：第一，炉内温度保持，用来控制焙烧温度。使实际炉内温度曲线与理论温度曲线尽量贴合；第二，台车行走速度，用来控制焙烧时间。让原料在炉内的停留时间与焙烧温度相匹配，以保证成品质量。

2.1　炉内温度保持

炉内温度由风机和燃料来控制。风机将燃烧废气抽离，同时具有冷却效果。焙烧火焰通过焙烧烧嘴喷射进入炉内，燃料控制指的是控制焦炉煤气流量，以达到控制焙烧火焰的目的。为了获得理想的温度爬升曲线，首先根据经验资料向系统输送一个给定的值，包括焦炉煤气流量参数和助燃风机的风量参数，系统点火开始烤烧。在燃料燃烧过程中，热风机进行冷却，同时将热废气引入预热段，帮助炉内温度快速爬升。热废气走向如图 1 所示。

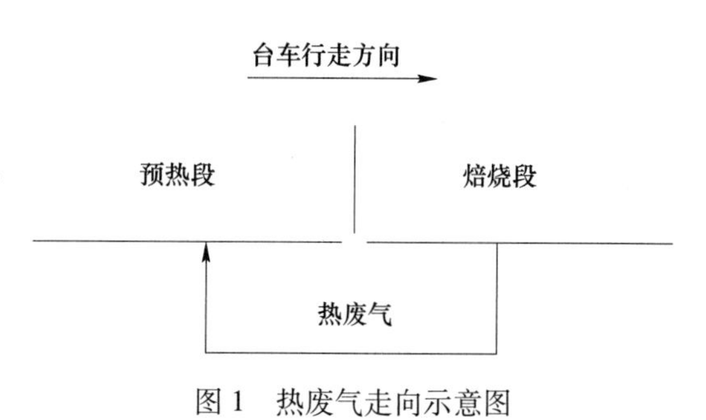

图 1　热废气走向示意图

Fig. 1　Schematic diagram of hot exhaust gas trend

该过程中，热风系统导入的热废气对于烧嘴控制来说是一个扰动量。为此，在风机与焙烧炉之间的热风送风管道上，加设压力及温度传感器，提前收集扰动参数，然后送入系统计算，如图 2 所示。系统根据收集到的信号，对焦炉燃料和助燃的空气流量进行了调整。指令完成后需要采集炉中的温度，并确认调整后的温度，如果炉中实际的温度和理想的值有偏差，则系统将继续发出调整指示[4]。

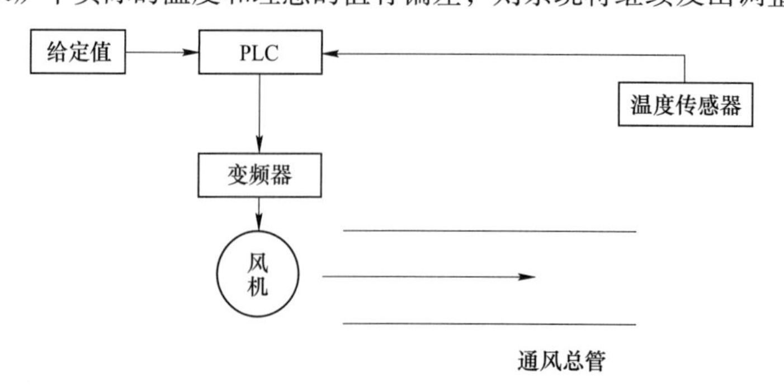

图 2　风机控制系统

Fig. 2　Fan control system

2.2 台车行走速度

台车的行进速度，直接决定球团矿炉内焙烧的时间。为了保证炉内矿料的充分物理化学反应，台车行走的速度要与炉内的温度相配合。同样，按照经验资料，向系统输送一个给定的值，同时向系统反馈炉内的温度信号，系统比较速度和温度值，并根据差量数据向执行器发送调整信号，一个周期完成，再次收集现场的实际信号，对调整结果进行校验[5]。

整个的控制环节中，基于PLC过程控制的重要性体现得淋漓尽致，通过控制程序参量，可以使产能产品在生产过程中增加，提高质量和减少能耗[6]。焙烧系统的变量控制流程如图3所示。

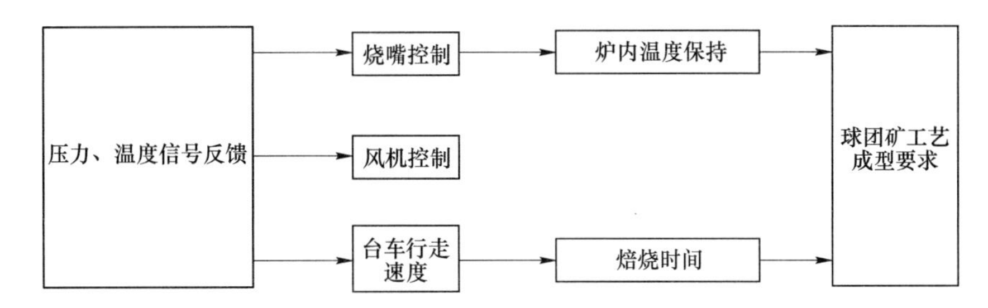

图3　焙烧系统变量控制流程

Fig. 3　Control flow of roasting system variables

为控制台车行走速度，控制程序根据炉内温度计压力，将转动切线速度转换为传动转动角速度，向台车电机变频器发出调整指令，调节变频器输出频率，进而控制台车行走电机转速。

3　结语

将过程控制系统用于控制焙烧温度和焙烧时间，使球团原料的产品质量得到了保证，提高了成品率。同时通过过程控制，在保证产品质量的前提下，有效减少了焦炉煤气的使用量，达到了节能减排的目的。过程控制的应用进一步提高了球团原料自动化生产程度，提高了产品生产效率，加快了生产节奏，在保证河钢唐钢新区高炉用量的前提下，可以实现球团原料外销，提高了经济效益。

参考文献

[1] 朱丛笑，张诗诗. 球团带式焙烧机温度控制设计［J］. 设备管理与维修，2018（4）：83~85.

[2] 邢守正，袁媛. 带式焙烧机热风系统优化利用的讨论［J］. 矿业工程，2017（6）：44~45.

[3] 赵彦军. 冶金球团工艺综述［J］. 科技风，2012（13）：113.

[4] 宁广成，张林威. 带式球团焙烧机成套设备的应用分析［J］. 中国新技术新产品，2015（12）：71.

[5] 齐枫，李玉然，朱廷钰，等. 球团及球团烟气的硫平衡对比研究［J］. 河北冶金，2019（S1）：58~61.

[6] 刘维仲，郑生武. 钒铁型回转窑酸性球团的焙烧机理与生产实践［J］. 河北冶金，1991（5）：7~14，18.

[7] 李英魁. 焙烧工艺对球团矿还原性能的影响［J］. 河北冶金，2017（1）：11~14.

第5章　炼　铁

绿色长寿化高炉设计特点

王新东[1]，柏 凌[2]，胡启晨[1]

（1. 河钢集团有限责任公司，河北石家庄 050023；
2. 唐钢国际工程技术股份有限公司，河北唐山 063000）

摘 要 河钢唐钢新区配置 3 座 2922m^{3}炼铁高炉，生铁产能 732 万吨。在国内首次应用 60%以上高比例球团炉型设计，并采用了联合矿焦槽、绿色节能长寿热风炉、高风温技术、高炉炉顶均压煤气回收、高炉本体综合长寿、平坦化出铁厂、新型环保卸料车、高效导料槽密封、干式布袋除尘、炉顶煤气余压发电、环保底滤渣处理、"一罐到底"铁水运输等多项新工艺新技术及节能环保技术。同时应用炉顶红外成像、风口在线监测、炉体热流强度监测、炉缸侵蚀安全预警等可视化监测系统。炉前配备可遥控操作的开口机、铁水自动测温、铁水罐自动称量、自动抓渣天车等智能化装备。适应炉料结构变化的特点，高炉从炉型设计、冷却结构特点、冷却系统配置、耐材布置等方面进行了全面优化，能够真正实现高炉冶炼绿色化、炉体结构长寿化、炼铁装备智能化、污染物减排源头化的目标。

关键词 高炉；高比例球团；绿色；长寿化；优化设计

Design Features of Green Long-Life Blast Furnace

Wang Xindong[1], Bo Ling[2], Hu Qichen[1]

(1. HBIS Group Co., Ltd., Shijiazhuang 050023, Hebei;
2. Tangsteel International Engineering Technology Co., Ltd., Tangshan 063000, Hebei)

Abstract HBIS Tangsteel New District is equipped with three ironmaking blast furnaces of 2922m^3, with a pig iron production capacity of 7.32 million tons. For the first time in China, the design of high-proportion pellet furnaces above 60% has been applied, and combined ore coke tank technology, green energy-saving long-life hot blast stove technology, high air temperature technology, blast furnace top pressure equalized gas recovery technology, and blast furnace body integrated long-life technology are adopted, Casting plant flattening technology, new environmentally friendly unloading vehicle technology, high-efficiency guide trough sealing technology, dry bag dust removal technology, furnace top gas residual pressure power generation technology, environmentally friendly bottom filter slag treatment technology, "one tank to the bottom" molten iron transportation a number of energy-saving and emission-reduction technologies such as technology to significantly reduce process energy consumption and pollutant emissions. At the same time, visual monitoring systems such as furnace top infrared imaging, tuyere online monitoring, furnace body heat flow intensity monitoring, and hearth corrosion safety early warning are used. The front of the furnace is equipped with intelligent equipment such as a remotely operated opening machine, automatic temperature measurement of molten iron, automatic weighing of molten iron tank, and automatic slag grabbing crane. Due to the characteristics of the change of the charge structure, the blast furnace has been fully optimized in terms of furnace design, cooling structure characteristics, cooling system configuration, refractory layout, etc., which can truly realize the green smelting of the blast furnace, the longevity of the furnace structure, and the intelligentization of ironmaking equipment , The goal of source reduction of pollutants.

Key words blast furnace; high proportion of pellets; green; longevity; optimized design

---

基金项目：河北省重点研发计划项目基于源头减排的低碳炼铁技术集成与示范基金资助（19274002D）

作者简介：王新东（1962— ），男，教授级高级工程师，河钢集团有限公司首席技术执行官，主要从事冶金工程及管理工作，E-mail：wangxindong@hbisco.com

通讯作者：胡启晨（1977—），男，高级工程师，E-mail：huqichen@hbisco.com

0　引言

河钢唐钢新区炼铁高炉设计上以低碳、绿色、长寿、智能、高效炼铁为根本出发点[1~3]，应用40余项自动化、智能化、长寿化等成熟技术。尤其是在高炉炉型设计上，在国内首次以高比例球团冶炼为主要优化设计方向，适应炉料结构[4,5]冶金性能变化规律，达到高效、长寿的目标。认真贯彻循环经济理念，以“高效率、低消耗、低排放、减量化、再利用”为原则，落实节能、节水、降耗和资源综合利用。遵循和贯彻国家、行业和地方的有关环保、劳动安全、职业卫生及消防等法律、法规、标准。以“先进、适用、可靠、经济、环保”为原则，采用最新工艺技术与装备，确保技术经济指标处于先进水平。优化总图布置，实现工艺布置紧凑合理、物流运输顺畅短捷，以利降低工程建设投资与运行成本。

1　概述

河钢唐钢新区配套炼铁年产能732万吨，配置三座高炉。每座高炉设计有效容积2922m^3，年产铁水产量244万吨，高炉利用系数2.386t/(m^3·d)，燃料比500kg/t，煤比170kg/t，最大喷煤能力200kg/t，烧结矿配比40%，球团配比60%，入炉品位大于59%，炉顶压力250kPa。配置三座旋切式顶燃热风炉，采用“两烧一送”工作方式。蓄热室设计选用19孔、ϕ25mm高效格子砖，热风炉燃料为单一高炉煤气。设有煤气和助燃空气板式双预热装置，两台助燃风机集中送风，一用一备。设计最高热风温度1250℃。高炉鼓风机选用电动轴流鼓风机（型号AV90），最大标准状态风量7867m^3/min（标态），出口风压0.59MPa。

烧结矿、球团矿、块矿、杂矿入炉前在槽下过筛，筛除小于5mm的碎矿，粒度合格的烧结矿、球团矿、块矿、杂矿分别进入矿石称量斗。筛下的碎矿由碎矿胶带机送至碎矿仓贮存，通过外部胶带机返回烧结车间，并预留汽车外运口。

焦炭在槽下分别筛分，筛除小于25mm的碎焦，粒度合格的焦炭进入焦炭称量漏斗中。筛下的碎焦由碎焦胶带机运至碎焦仓上方进行二次筛分。筛分后的碎焦（<10mm）落入碎焦仓贮存，通过外部胶带机返回烧结车间，并预留汽车外运口。

产品铁水采用“一罐到底”方式，通过铁水罐经铁路直接运输到炼钢车间。副产品炉渣采用环保底滤水冲渣工艺，利用自动抓渣设备通过皮带输送到水渣加工厂。高炉煤气经过净化除尘并入煤气管网，供下游用户使用。高炉车间平面布置如图1所示。

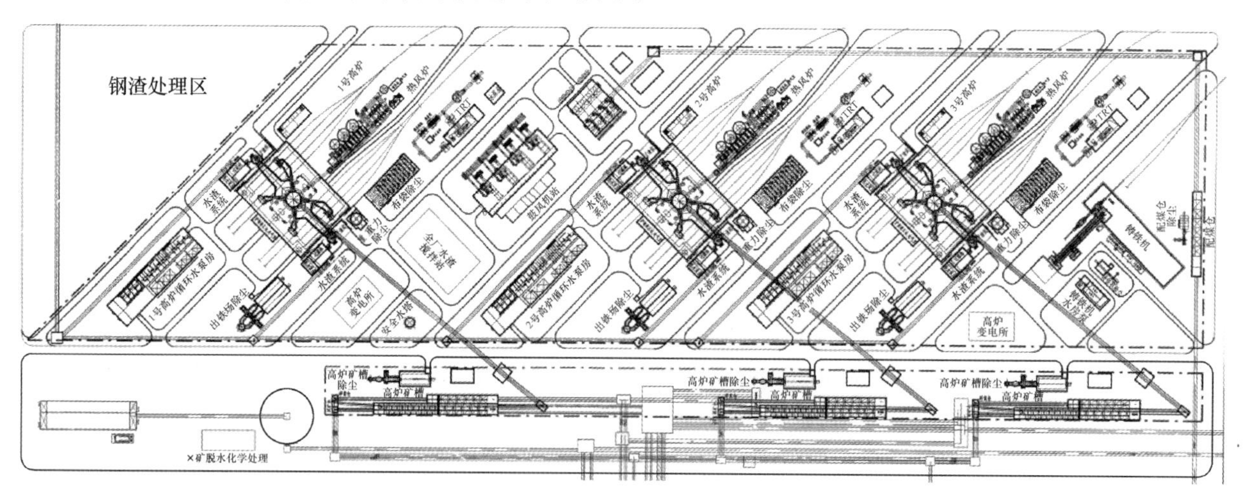

图1　高炉车间平面布置图

Fig. 1　Layout plan of the blast furnace workshop

2　主要设计特点

2.1　高炉本体设计特点

高炉本体设计力求实现高效与长寿的统一，采用综合长寿技术，使高炉一代炉役寿命达到15年。

综合长寿技术包括：针对河钢唐钢新区高比例球团冶炼炉料结构特点，参考具有良好操作指标的同类高炉[6]，确定合理的高炉内型；高炉采用软水密闭循环冷却系统；薄壁炉身结构设计，炉腹、炉腰和炉身下部等关键部位的冷却设备采用第三代板壁结合结构，建立完善的无过热的冷却体系；以高质量的炭砖与良好冷却相结合的炉缸炉底结构设计，达到延长炉缸、炉底寿命的目的。

2.1.1 高炉炉型设计特点

充分借鉴河钢唐钢高比例球团冶炼成果[7]，在高炉炉料结构上使用60%以上高比例球团的炉料结构，相比于高比例烧结矿冶炼的炉料结构而言，在矿石软化、膨胀、还原、融化过程都会出现较大的差异，对炉体上下部结构都会产生很大的影响，势必影响炉体寿命。综合考虑高比例球团的冶炼特点[8]，在炉型设计中采用了两段式炉身结构[9]，增加炉腰高度，并适当减小炉缸直径，以便活跃中心，达到适应高比例球团冶炼过程中球团冶金性能变化规律的目的。

高炉炉型整体采用瘦高型炉体结构，高径比 H_u/D 选择在 2.216，炉喉高度 2000mm，炉腰高度 2300mm，炉腹高度 3400mm，死铁层深度 2800mm，高炉设置 32 个风口，配置 4 个铁口，炉腹角 75.579°，炉身角 79.177°。高炉内型尺寸如表 1。

表 1　高炉内型尺寸

Tab. 1　Dimension table of the blast furnace inner type

序号	项目	单位	符号	数值
1	炉缸直径	mm	d	11600
2	炉腰直径	mm	D	13400
3	炉喉直径	mm	d_1	8400
4	死铁层深度	mm	h_0	2800
5	炉缸高度	mm	h_1	4700
6	炉腹高度	mm	h_2	3500
7	炉腰高度	mm	h_3	2300
8	炉身高度	mm	h_4	17200
9	炉喉高度	mm	h_5	2000
10	有效高度	mm	H_u	29700
11	炉腹角	(°)	α	75.579
12	炉身角	(°)	β	79.177
13	高径比		H_u/D	2.216
14	风口数	个		32
15	铁口数	个		4

2.1.2 高炉耐材设计特点

(1) 炉底、炉缸耐材设计：炉底水冷封板上共砌 5 层大块炭砖，分别为国产石墨大块炭砖、国产半石墨大块炭砖、国产微孔大块炭砖、国产超微孔大块炭砖、进口超微孔大块炭砖，总厚 2000mm。炭砖之上砌 2 层刚玉莫莱石陶瓷垫，每层厚 400mm，总厚 800mm。炉底炉缸部位光面灰铸铁冷却壁与大块炭砖之间留有填料缝，其间充填导热率与大块炭砖相近的进口炭素捣打料。在炉底冷却水管中心线以上至炉底密封板间，填充导热性能好、微膨胀、流动性好的自流浇注料，冷却水管中心线以下采用 CN130 浇注料。

铁口及以下易出现异常侵蚀的炉缸区域环砌进口超微孔大块炭砖，铁口以上至风口的炉缸区域环砌国产微孔大块炭砖。铁口区域的炭砖局部加厚，炉缸炭砖内侧砌微孔刚玉质陶瓷杯。

风口区采用微孔刚玉质组合砖，铁口部位外侧采用刚玉质组合砖（炉底、炉缸砌砖见图 2）。

炉底封板上找平层、风口大套与组合砖的间隙用导热性能好、微膨胀、流动性好的自流浇注料。冷却壁和炉壳之间流动性好、密封性好的自流浇注料。

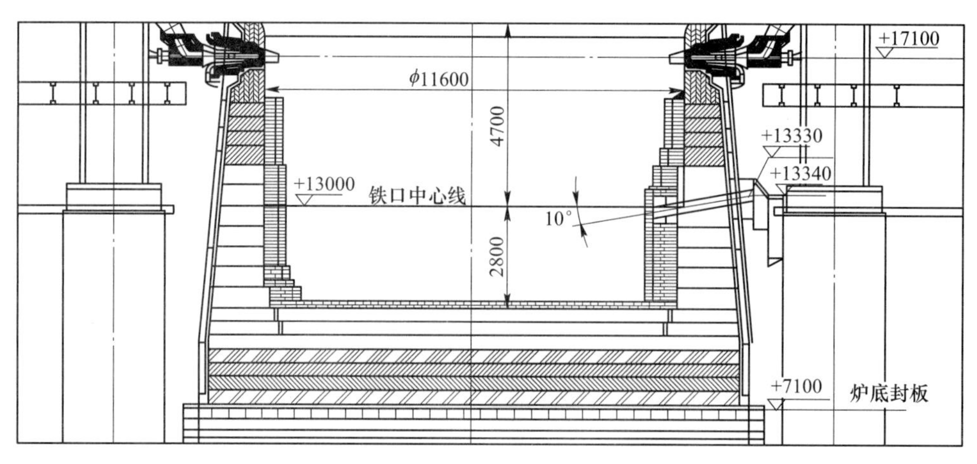

图 2　炉底、炉缸砌砖图

Fig. 2　Bricklaying diagram of the furnace bottom and hearth

（2）炉腹、炉腰与炉身中下部耐材设计：炉腹、炉腰与炉身中下部铸铁冷却壁冷镶氮化硅结合碳化硅砖。炉腹内侧砌筑氮化硅结合碳化硅砖。

（3）炉身上部耐材设计：炉身上部球墨铸铁冷却壁冷镶磷酸盐浸渍黏土砖。球墨铸铁倒扣冷却壁背部浇注黏土质浇注料。

2.1.3　高炉冷却系统设计特点

高炉炉体采用 100%冷却、全铸铁冷却壁结构。冷却设备、炉底、风口大套、中套采用软水密闭循环冷却系统，风口小套、炉顶打水采用高压工业水冷却系统。

2.1.3.1　冷却水系统

（1）软水密闭循环系统：高炉炉体采用全软水密闭循环冷却工艺。从高炉软水泵站出来的软水供高炉炉体冷却使用。供高炉炉体冷却的软水由三部分组成：炉底冷却 $720m^3/h$，从炉底出来的软水与风口大套串级使用，并设置旁通；冷却壁正常冷却能力 $4350m^3/h$，炉役后期最大达到 $4820m^3/h$，冷却水管以竖向方式自下而上串接，一直到炉喉钢砖下部的冷却壁；风口中套冷却 $640m^3/h$。这三部分的软水回水进入冷却壁回水总管，经过脱气和稳压膨胀罐，最后回到软水泵房，经过二次冷却，再循环使用。总循环水量正常情况为 $5710m^3/h$，在炉役后期可以达到 $6180m^3/h$。

（2）高压工业水系统：风口小套采用开路工业水循环冷却。即风口小套、炉喉钢砖、炉顶打水、十字测温装置、炉顶气密箱用水等采用高压工业水冷却，合计冷却水量 $1800m^3/h$。

2.1.3.2　炉体冷却器设备

（1）炉底炉缸部位采用光面灰铸铁冷却壁，HT200 材质，冷却水管采用四进四出布置形式，管径 76×6mm。

（2）炉腹、炉腰与炉身使用镶砖球墨铸铁冷却壁，QT400-20 材质，冷却水管同样采用四进四出布置形式，管径 76×6mm。

（3）炉身上部即炉喉钢砖以下设两段倒扣型光面冷却壁，不砌耐火材料，壁内表面即为高炉内型，QT400-20 材质，冷却水管采用四进四出布置形式，管径 76×6mm。

（4）炉喉部位设一段水冷式炉喉钢砖，选用铸钢材质。

2.2　高炉上料及炉顶布料系统

2.2.1　主皮带上料

矿石、焦炭等炉料经过称量后卸至槽下胶带机，再经上料主胶带机运至炉顶料罐。上料主胶带机设备规格：$B=1800mm$，$Q=3750t/h$（矿）/$Q=1000t/h$（焦），$v=2.0m/s$，倾角小于 11.5°。

每条上料主胶带机均采用 4 台电机双驱动滚筒传动装置（三用一备），传动装置设在上料主胶带机通廊下中间部位的机械室内，机械室内设有 2 台 10t 电动单梁起重机，其轨道方向垂直于皮带运行方向，以备机械室内设备检修时使用。上料主胶带机上配有防逆转装置、跑偏开关、拉绳开关、速度监测装置、纵向撕裂监测装置等保护装置。

2.2.2 炉顶布料

设计采用串罐无钟炉顶装料设备。炉顶系统由炉顶装料设备、炉顶均排压设施、炉顶探尺、齿轮箱水冷和氮气密封系统、炉顶蒸汽系统、炉顶均压煤气回收系统、炉顶液压站和润滑站以及炉顶检修设施等组成。

炉顶设计参数及装料制度按 C↓O↓在不同批重时，串罐无料钟装料装置上料批数设定为 113~138ch，最大矿批 118t，最大焦批 22t。基本装料制度为 C↓O↓。炉顶布料方式设有多环布料、单环布料、定点布料和扇形布料等多种方式。多环布料设有自动和手动两种操作方式，定点布料和扇形布料仅在特殊情况时使用，只设手动操作。

可按重量法和时间法布料，并具有自学习功能，每批料布料环数、每环上布的圈数，根据布料模型设定，并根据模型的推定来修正。

多环布料为基本布料方式，多环布料将从设定的第一个倾角位置开始，从外环布向内环角度依次递减，直到最后一个倾角位置，也可实现往复式布料功能。布料溜槽可在 2°~53°角度范围内倾动，共设 11 个可选择倾角位置。溜槽可在 0°、60°、120°、180°、240°、300°任意角度上起始旋转，每批料依次步进一个起始角度。

2.3 旋切式顶燃热风炉

每座高炉系统配置 3 座旋切式顶燃热风炉，采用“两烧一送”工作方式。蓄热室设计选用 19 孔、ϕ25mm 高效格子砖，热风炉燃料为单一高炉煤气。设有煤气和助燃空气板式双预热装置，两台助燃风机集中送风，一用一备。整体外观如图 3 所示。

图 3 热风炉整体外观

Fig. 3 Overall appearance of the hot blast furnace

2.3.1 分段式本体砌筑结构

热风炉大墙分为四段式结构，每段大墙均独立支撑在与炉壳连接的托砖板或炉底板上，能够自由上涨而不影响相邻的大墙砖，热风出口位于独立设置的燃烧室大墙侧壁上。有效地克服了现有顶燃式热风炉气流分布不均匀、热风出口组合砖易损坏等缺点，有利于热风炉寿命的延长[10]。

燃烧器、燃烧室和蓄热室在同一中心线上，具有完全的对称性，温度分布具有较高的均匀性，温度应力造成的破坏性较小。

2.3.2 热风炉耐材

各部位合理选材，根据热风炉部位差异采用不同形式，蓄热室从上到下选用硅砖、低蠕变高铝砖及黏土砖，热风管道选用红柱石砖等高级耐火材料。

2.3.3 多孔型炉箅子

采用带横梁的多种孔型炉箅子专利技术，受力均匀，结构稳定，材质能适应较高废气温度要求。

2.3.4 管道拉紧装置

采用热风炉管道吸收膨胀及拉紧装置，使得热风管道系统既能够承受很大轴向变形，又能够承受顶燃式热风炉所特有的热风管道径向变形，大幅降低管道开裂、掉砖的风险，适应高风温要求。

2.4 高炉出铁场设计

2.4.1 完全平坦化出铁场

采用完全平坦化双矩形出铁场，除炉前泥炮、开口机及主沟盖在出铁场平台之上外，整个出铁场是一个连续平整的大平台，操作区域宽敞平坦，物料堆放及运输方便。建设中的平坦化出铁场如图4所示。

图4　平坦化出铁场

Fig. 4　Picture of flattened casting yard

2.4.2 出铁场除尘设计

出铁口除尘采用顶吸加侧吸除尘的方式，在风口平台端部设置顶吸除尘罩，在出铁口两侧设置有侧吸除尘罩。为了加强拢烟效果，顶吸罩做大，在侧面设便于拆卸的挡烟钢板，底部留人员通过距离，将铁沟沟盖与顶吸罩钢板搭接，最大限度将侧吸遗漏的烟气收集。正常出铁时，铁口处产生的烟尘通过侧吸抽走，其余的烟气通过顶吸罩抽走，或由主沟盖板导至撇渣器除尘点。在铁口正前方设置防喷溅挡板等措施，使整个铁口区域除尘设计高效合理，改善炉前环境。在摆动流嘴区域的侧壁采用两个固定除尘吸风口，使产生的烟尘被强负压吸走。渣铁沟及残铁沟在沟侧壁设置吸风口，吸附渣铁流动产生的烟尘。

2.5 干法TRT余压发电

采用干式轴流、两段反动式透平机，能够实现全静叶可调，第一级静叶可全部关闭，机械和氮气双密封形式。煤气余压回收透平发电成套设备由透平主机、发电机、润滑油系统、液压系统、给排水系统、氮气密封系统、煤气进出口阀门系统、高低压发配电系统和自动控制系统几大部分组成。为避免发电机频繁停车解列和复风后的起动并网，在高炉短期休风时发电机可转换成电动机运行。与高炉调压阀组无缝对接，实现安全自动切换运行。

2.6 高炉煤气净化系统

煤气净化采用重力除尘器和干式布袋除尘相结合的工艺。

高炉煤气粗除尘采用重力除尘器。重力除尘器直径14000mm。粗煤气管道布置采用“单辫式”结构，高炉煤气经4根内径2300mm煤气导出管及上升管合并成2根内径3000mm的上升管，再合并成一根内径3400mm的下降总管，进入重力除尘器进行粗除尘。在4根煤气导出管上各设置一套2300mm自由复式波纹补偿器吸收高炉温差变形。上升管采用支座支撑在炉顶框架上，使上升管及部分下降管的重量由框架传给高炉基础。

干法除尘采用*DN*6000大口径高炉布袋，氮气双侧脉冲喷吹清灰，煤气气流采用顶进顶出方式。荒煤气从筒体顶部中间自上而下，在筒体下部进入筒体，均匀反向流动扩散，保证气流分配均匀稳定，避免侧进筒体方式产生气流局部紊流，造成布袋底部摩擦破损。

2.7 高炉喷吹系统设计

三座高炉共设置4套制粉系统，每套制粉能力为68t/h，最大喷吹能力200kg/t。制粉系统采用负压一级布袋收粉工艺，即中速磨—布袋收粉器—排烟风机。每套制粉系统原煤仓的几何容积500m^3，贮煤量约275t，卸料孔设箅子。原煤仓顶的胶带机下料口设单点除尘。原煤仓中的煤经其出口的一插板阀进入封闭式带式称重给煤机，定量加入磨煤机。封闭式带式称重给煤机能力4~120t/h。从磨煤机排出的合格煤粉与气体混合物经管道进入布袋收粉器，煤粉被收集入灰斗。最大喷煤量时布袋收粉器内过滤速度小于等于0.6m/min。被分离后的含尘浓度小于10mg/m^3（标态）的尾气通过主排风机，排入大气。主排风机位置增加粉尘检测。主排烟风机采用液力耦合器调节。灰斗中的煤粉经星型卸灰阀、煤粉振动筛落入煤粉仓，星型卸灰阀下设取样点两点。煤粉筛设两根*DN*150清灰管道。四套制粉系统设4个煤粉仓，煤粉仓的几何容积580m^3。制粉系统采用热风炉废气作为干燥介质。

废烟气分别从三座热风炉换热器后汇成一根总管引至制粉车间。干燥介质由热风炉废气和高温烟气组成，其中热风炉废气占85%~90%，高温烟气占10%~15%。烟气炉以高炉煤气作为主要燃料，混合煤气用作保温、稳定燃烧和点火作用，每座烟气炉均设有自动点火装置和火焰监测装置。在最大喷煤量情况下（4套喷煤系统工作），每套干燥惰化系统需要热风炉废烟气量约100000m^3/h（标态），烧高炉煤气量为11000m^3/h（标态），磨煤机入口温度约280℃。

2.8 铸铁机设计

配套设计1台75m双链带滚轮固定式铸铁机。铁水罐修理与铸铁机分别布置在两个车间。铸铁机系统包括铸铁机本体、循环冷却水系统、制浆喷浆系统、电气室、操作室、值班室、备品备件间、环保除尘系统。高炉生产铁水用260t铁水罐车运送到铸铁机车间，车间内设有1台320/80t铸造倾翻小车，铸造小车的主钩吊起铁水罐的两侧耳轴，付钩吊起中部的耳轴，将铁水缓慢倒入铸铁机的溜槽内，流槽使铁水均匀流入铸铁机铁模中。铁模沿轨道向前运动，经一段时间空冷，然后打水缓冷，最后喷水极冷，铁水凝固成铁块，经机后固定的铁块溜槽落入生铁块堆场，就地堆放并用铲车装汽车外运。

3 新工艺新技术应用

3.1 高比例球团冶炼技术

高炉炉料结构将采用60%以上高比例球团矿，使用配套带式焙烧机生产的镁质酸性和镁质熔剂性球团，能够大幅降低烧结矿用量。球团工序能耗仅为烧结矿的1/3~1/2，其SO_2、NO_x、二噁英等污染物的生成量大幅降低，能够减少污染物生成总量[11]，减少碳排放。再者高炉品位提高，降低渣比[12]，能够有效降低燃料消耗，降低生铁成本，减少焦炭用量，成功实现冶金企业污染物在源头上的减排，该技术具有重大的推广示范效应和意义。

3.2 原燃料高效转载技术

两座高炉矿焦槽系统采用“联合矿焦槽”整体布置工艺，并应用了槽上卸料车自动精准定位、全自动取样等先进技术和设备，减少了物料中转和运输路径。采用炼铁原燃料高效转载技术，既能降低物料碰撞破碎和对胶带机的冲击强度，又能减小转载处的扬尘，有效降低分料率和生产成本，该技术成果被中国金属学会鉴定为国际先进水平。

3.3　炉体综合长寿技术

高炉炉身采用多段式炉身设计，同时优化设计了炉腰、炉缸内型尺寸。炉体冷却结构践行了新的炉体长寿冷却结构的理念，炉底炉缸耐材结构采用新型长寿结构。并使用了炉体耐材侵蚀智能检测系统，炉体水温差智能监控系统等先进自动化检测手段[13]。

3.4　高风温热风炉技术

顶燃式热风炉系统集成了新型陶瓷燃烧器、复式拱顶结构、格子砖高辐射覆层技术、板式换热器、稳定长寿的热风管系等一系列先进新技术。解决了陶瓷燃烧器爆震损坏问题，实现了热风出口、热风管道三岔口及热风管道长寿，降低了 NO_x 排放，降低了燃气消耗，提升了热风炉热效率，实现了热风炉的绿色、节能、长寿[14]。

3.5　高炉全方位监测技术

高炉炉缸、炉体设置完善的温度、压力、流量检测点及十字测温装置、炉身静压测量装置、炉顶红外线摄像仪、风口成像等主要检测项目。在高炉冷却壁上设置全区域监测热电偶，用于检测炉衬侵蚀状况和冷却壁工作状况。炉顶采用红外摄像仪及红外热成像装置，实时观察炉顶料面煤气发展情况和布料溜槽工作情况，显示温度场分布。高炉炉底、炉缸内衬烧蚀状况自动化诊断与报警系统，预防高炉炉底、炉缸发生烧穿事故，延长高炉的寿命，指导高炉安全生产。配置高炉冷却壁水温差检测与热流强度检测系统，可以在第一时间内反映出高炉有无异常情况，起到高炉卫士的作用。采用风口成像，铁口连续测温，铁水罐自动称量等装备和技术。

3.6　密封料仓及环保型导料槽

整个高炉原燃料储运系统全部采用封闭形式，采用高炉矿槽新型环保卸料车，高效的导料槽密封技术，比传统除尘方式可以降低30%以上风量，能够大幅降低电耗[15]。高炉矿槽仓顶卸料小车下料点除尘采用料仓管道抽风、除尘气动阀门连锁启闭的方式。矿槽上部整体封闭，槽下皮带采用导料槽密封形式，采用单层导料槽+阻尼减压器+静电吸尘挡帘组合方式。

3.7　炉顶均压煤气全回收技术

以往高炉生产所必需的炉顶均压煤气在每次装料前都被放散到大气中，这些高炉荒煤气会被直接放散到大气中，携带大量的 CO、CO_2、H_2S 等气体，含有大量粉尘。河钢唐钢新区高炉炉顶均压煤气采用自动全回收方式，料罐内残余煤气经过引射器抽出，进入均压煤气回收罐，再经过罐内上部布袋过滤器除尘后进入净煤气管网。当回收罐的压力达到设定值后，关闭回收系统阀门，然后将料罐中的少量低压煤气通过传统的放散系统放散。该方式所需的操作时间较短，料罐内剩余的少量煤气压力已接近常压，再经过旋风除尘器和消声器进行放散，极大地减少了有毒气体，回收效率超过 70%，同时消除炉顶噪声，延长消声器寿命。最终处理煤气粉尘含量 $<5mg/m^3$，不对净煤气质量产生影响，实现清洁回收。

3.8　环保底滤法水渣及自动抓渣技术

环保底滤法水渣可以最大限度减少场地占用，同时采用粒化塔冲渣，采用高效过滤池，渣水物理分离彻底，实现“无水抓渣”，水渣含水量低，减少水量消耗。同时采用冷水冲渣，利用系统补充水对粒化塔内蒸汽进行喷淋冷却，减小系统蒸汽排放量，降低吨渣耗水量，剩余蒸汽后经粒化塔烟囱集中高空排放。采用全自动智能化天车实现无人干预情况下自动抓渣，利用胶带机外运水渣，减少厂区运输车辆数量、避免道路遗撒。

4 结论

河钢唐钢新区炼铁高炉设计上以低碳、绿色、长寿、智能、高效炼铁为根本出发点，集成应用40余项新工艺新技术及节能环保技术。尤其是在高炉炉型设计上，在国内首次以60%以上高比例球团冶炼为主要优化设计方向，开创3000m^3级高炉高比例球团冶炼的先河，真正实现高炉炼铁绿色低碳、长寿冶炼的目标。大量应用自动化控制和检测技术，确保高炉实现智能化、可视化、高效化冶炼操作。优化总图布置，实现工艺布置紧凑合理、物流运输顺畅短捷，以利降低工程建设投资与运行成本。以“先进、适用、可靠、经济、环保”为原则，采用最新工艺技术与装备，确保技术经济指标处于先进水平。

参考文献

[1] 项钟庸，王筱留．高炉设计—炼铁工艺设计理论与实践［M］.2版．北京：冶金工业出版社，2014.
[2] 李宝忠，董洪旺．绿色高炉炼铁技术发展方向［J］．河北冶金，2020（S1）：1~4.
[3] 王新东，郝良元，胡启晨，等．河钢集团高炉炼铁技术进步［J］．中国冶金，2020，30（1）：73~78.
[4] 金永龙．高比例球团冶炼技术述评［A］．中国金属学会炼铁分会.2019年全国高炉炼铁学术年会摘要集［C］．中国金属学会炼铁分会：中国金属学会，2019.
[5] 刘炳俊．论高炉炉料质量与结构对炼铁的影响［J］．冶金与材料．2020，40（4）：185~186.
[6] 龙防，沈峰满，郭宪臻，等．高炉合理炉料结构探析［J］．炼铁，2020，39（3）：35~38.
[7] 王新东，李建新，胡启晨．基于高炉炉料结构优化的源头减排技术及应用［J］．钢铁，2019，54（12）：104~110，131.
[8] 沙永志，马丁·戈德斯，宋阳升．我国高炉使用高比例球团矿的技术及经济性分析［J］．炼铁，2019，38（6）：1~5.
[9] 毛庆武．特大型高炉高风温新型顶燃式热风炉设计与研究［J］．炼铁，2010（8）：1~6.
[10] 王春龙，全强，祁四清，等．高比例球团高炉设计研究［A］．中国金属学会炼铁分会.2019年全国高炉炼铁学术年会摘要集［C］．中国金属学会炼铁分会：中国金属学会，2019.
[11] 张文强，肖洪，高冰，等．唐钢1号高炉高比例球团矿冶炼工业试验［J］．炼铁，2019，38（2）：13~16.
[12] 马成伟，陈建，郑凯，等．京唐1号高炉低渣比下影响燃料比因素的探讨［A］．中国金属学会炼铁分会.2019年全国高炉炼铁学术年会摘要集［C］．中国金属学会炼铁分会：中国金属学会，2019.
[13] 赵艳霞，吴志宏，全强，等．综合长寿技术在大高炉炉体设计的应用［J］．天津冶金，2020（4）：5~8.
[14] 张福明，银光宇，李欣．现代高炉高风温关键技术问题的认识与研究［J］．中国冶金，2020，30（12）：1~8.
[15] 陈妍．全密封迷宫环保导料槽在钢铁企业的应用［J］．河北冶金，2019（S1）：80~81，84.

绿色高炉炼铁技术发展方向

李宝忠[1]，董洪旺[2]

（1. 河钢集团唐钢公司，河北唐山 063000；

2. 唐钢国际工程技术股份有限公司，河北唐山 063000）

摘　要　绿色高炉炼铁对高炉炼铁工艺流程进行了优化和技术集成，对绿色化、低硫硝超低排放和炼铁技术发展方向进行了应用和探索，在当前国家政策和环保要求下，高炉精料、铁-焦-球-烧一体化、高比例球团矿、长寿命高炉、高风温、富氧大喷煤、绿色化、低硫硝超低排放技术、循环经济等技术发展和应用，对今后的绿色低碳、高效炼铁提供了重要的技术保障，未来高炉炼铁要构建铁前一体化动态精准运行体系，建立以高炉为核心的生产理念，从而实现绿色高炉炼铁“高效、优质、低耗、长寿、环保”的绿色可持续性发展目标。

关键词　绿色高炉；炼铁；高比例球团矿；富氧；低硫硝

Development Direction of Green Blast Furnace Ironmaking Technology

Li Baozhong[1], Dong Hongwang[2]

(1. HBIS Group Tangsteel Company, Tangshan 063000, Hebei;

2. Tangsteel International Engineering Technology Corp., Tangshan 063000, Hebei)

Abstract　Green blast furnace ironmaking has applied and explored the development direction of greening, low sulfur nitrate ultra-low emission and ironmaking technology through the optimization of process flow and technology integration. Under current national policies and environmental protection requirements, the development and application of technologies such as blast furnace concentrates, iron-coke-ball-burning integration, high proportion pellet ore, long-life blast furnaces, high blast temperature, oxygen-rich coal injection, greening, low sulfur nitrate ultra-low emission technology and recycling economy will provide an important technical guarantee for the future green, low-carbon and efficient ironmaking. In the future, blast furnace ironmaking should build an integrated dynamic and precise operation system before ironmaking, and establish a production concept with blast furnace as the core, so as to achieve the green sustainable development goal of "high efficiency, high quality, low consumption, long life and environmental protection" of green blast furnace ironmaking.

Key words　green blast furnace; iron making; high proportion pellet ore; oxygen-rich; low sulfur nitrate.

0　引言

“绿色钢铁”是世界钢铁工业发展的共同选择与发展方向，是钢铁工业生存和发展的共同需要[1]。“绿色钢铁”的目标是是钢铁产品的设计、制造、运输、使用、废弃物循环利用等的整个生命周期对环境的影响最小、资源利用率最高、能源消耗最小，同时钢铁企业的经济效益和环境效益、社会效益一样达到环境友好的要求[2]。高炉炼铁成本约占钢铁制造总成本的60%~70%，炼铁工序能源消耗约占钢铁综合能耗的60%~70%[3]，因此，应牢固树立“高炉是长流程钢铁企业核心”的发展理念。

1　高炉炼铁流程动态运行过程本质

钢铁企业的生产过程实质上是物质流、能量流以及相应的信息流在某种时-空范围内流动/演变的过程[4]。高炉是“铁素物质流”、“能量流”、“网络信息流”集成的流程生产单元，它不是静止的、孤立的，而且多生产单元、多界面动态-有序运行过程中的动态耦合。

2 建立铁-焦-球-烧一体化管控体系

铁-焦-球-烧一体化管控体系，建立以高炉为生产单元核心的发展理念，从总体规划发展布局上，建立铁素物质流、能量流、网络信息流的三位一体时间、空间协同发展的理念，实现运输物流路径最优，能量利用率最高，技术信息实时动态跟踪，单位时间单位空间生产率最高，环保超低排放水平，环境最优等科学合理的技术管控体系。

3 绿色高炉炼铁技术发展方向

3.1 高炉精料

（1）高炉精料工作要从源头做起，高炉精料技术工作不单纯指入炉炉料的粒度、强度、冶金性能等，而应从综合环保料场抓起。对综合环保料场的重视和管控，体现了一个钢企的采购资源配置水平和对精料理念的理解。近期国内建设的长流程钢厂都配置了合理的综合环保料场，例如：宝钢湛江、山钢日照、河钢唐钢新区。当然，每个钢铁厂所处地域的不同，受外部条件制约的因素不同，对资源配置采购利用水平不一，需要钢企的经营管理因地制宜，同时根据企业内铁前系统各生产单元配置，合理的选择适宜的原燃料。

（2）高比例球团矿炉料结构。根据整体布局规划，高炉入炉球团矿比例>50%，综合入炉品位>60%。球团矿品位一般要比烧结矿高约 8%，理论上，高炉入炉品位每提高 1%，燃料比降低约 1.5%，生铁产量提高约 2.5%，污染物排放降低约 1.5%，实现有效的节能减排。

根据调研和国内外报道，欧美国家一些高炉由于碳排放和环境保护的政策，在 20 世纪末已经实现了全球团矿冶炼（见表 1、表 2）。

表 1 部分国外全球团矿冶炼的炉料结构

Tab. 1 Charge structure of some foreign global pellet ore smelting

原料	数量/kg	比例/%
球团矿	1327	89.4
复合压块	100.2	6.8
废钢	17.3	未计
石灰石	27.2	1.8
复合-渣	29.7	2

表 2 部分国外全球团矿冶炼的技术指标

Tab. 2 Technical indexes of some foreign all-pellet ore smelting

序号	项目	指标
1	高炉利用系数/$t \cdot (m^3 \cdot d)^{-1}$	2.038
2	燃料比/$kg \cdot t^{-1}$	455
3	焦比/$kg \cdot t^{-1}$	305
4	煤比/$kg \cdot t^{-1}$	150
5	渣比/$kg \cdot t^{-1}$	165
6	烧结矿/%	0
	球团矿/%	100
	入炉矿品位/%	63~64
7	热风温度/℃	1100~1200
8	富氧率/%	3.5

建议不同钢企，根据自身发展和技术应用的区别，逐步建立多元炉料结构，并分阶段逐步降低烧结矿入炉比例，形成“烧结矿、球团矿、块矿、复合压块、废钢、直接还原铁”等多元化炉料结构，提升绿色高炉炼铁的理念。

3.2　高炉长寿

“高炉一代炉役的工作年限应达到15年以上，在高炉一代炉役期间，单位高炉容积的产铁量应达到或大于10000t”[5]。合理的炉型是高炉长寿的基础，高炉的炉型各部位参数按照回归法理论计算分析结合实践经验，同时，根据调研国内外的高比例球团矿冶炼的特点综合确定。其主要特点如下：

（1）适当加深死铁层，减少环流对炉缸侧壁象脚区的影响，$h_0=24.3\%d$。

（2）适宜的矮胖型炉型，强化高炉冶炼，高径比2.2。

（3）适当减小炉腹角 $\alpha=75.964°$ 利于料柱透气性，改善煤气流的分布。

（4）带折点的炉身结构，根据高比例球团矿冶炼的特性，设计带折点的炉身结构，利于球团矿布料分布，形成合理的操作炉型。

（5）优质大块炭砖（象脚区和炉底最上二层选用西格里优质超微孔碳砖）配微孔刚玉陶瓷杯的炉底炉缸长寿耐材结构。

（6）炉底炉缸侵蚀在线监测专家系统，设置精密热电偶对炉底炉缸耐材温度监测、炉缸部位冷却壁进出水温度差监测以及炉皮温度监测，通过炉底炉缸侵蚀模在线监测专家系统进行大数据模拟计算，为高炉技术操作和管理提供全面有效的技术数据，为今后的生产提供安全性技术数据保障，在炉役中后期阶段性调整高炉操作方针，起到延长高炉寿命的积极作用。

3.3　高风温热风炉

高风温技术是现代绿色高炉炼铁的重要技术发展方向之一，设计风温1250~1300℃。热风炉采用拱顶与大墙完全脱开、燃烧器与拱顶锥段完全脱开的复式拱顶结构，选用高效板式换热器预热煤气和助燃空气。主要技术特点如下：

（1）使用耐热铸件的炉算子和支柱，将热风炉废气温度提高到450~500℃，可将拱顶温度和送风温度差缩小40~50℃，有效提高热风炉的送风温度。

（2）高效板式换热器双预热煤气和助燃空气，预热温度200~250℃，保持热风炉拱顶温度在1380±20℃，防止热风炉拱顶钢壳发生晶间腐蚀，有效降低 NO_x 及 CO_2 的排放。在单纯燃烧高炉煤气的条件下，使送风温度大于1250℃。

（3）研究热风炉燃烧机理，优化烧炉过程，根据传热、蓄热机理，优化热烟气的均匀性分布，采用高效 $\phi25$ 孔径格子砖，增加蓄热体积，缩小拱顶温度和送风温度差。

（4）采用高辐射覆层技术，它是一项利用提高材料表面发射率，提高辐射传热效率的高效节能技术。通过在蓄热体表面涂覆一层高发射率材料，强化热风炉的高温烟气与蓄热体、蓄热体与空气之间的传热，有效提高热风炉热效率。实现节能减排，提高风温。

（5）热风管系结构优化，采用无过热-低应力设计，优化热风炉拉杆系统，合理设置热风炉补偿器，热风出口、热风支管三岔口和热风围管三岔口采用组合砖，消除热风管道的局部掉砖、过热和窜风现象。

3.4　富氧大喷煤技术

富氧喷煤技术是绿色冶金、减排降耗的重要技术，也是现代绿色高炉炼铁的重要技术发展方向之一。高炉富氧率提高1个百分点，煤比提高20~25kg/t[6]，高炉产量增加约3%。提高富氧量可以提高风口前理论燃烧温度，提高煤粉的燃烧率和喷煤量，降低焦比，节约炼铁成本。

现代炼铁高炉喷煤系统均按照200kg/t，甚至250kg/t配置磨机及喷吹系统，为高煤比创造先决条件。基于目前的原燃料条件，综合考量后确定富氧率3.5%，煤比180kg/t。

另外，近几年高炉冶炼技术的发展，国内外高炉的富氧率有提高的趋势，国内有些高炉富氧率达

8%~10%，俄罗斯耶弗拉兹钢厂高炉的富氧率甚至达到13%~16%。今后应持续跟踪发展高富氧技术，同时也要做好高富氧后对高炉冶炼影响的基础性研究，建立焦炭质量-富氧喷煤-高风温对应综合指标体系。避免炼铁厂盲目追求片面的指标。

4 其他绿色生产技术

4.1 高炉炉顶均压煤气回收技术

采用炉顶均压煤气全回收技术，理论回收效率达到99%，有效地解决放散工艺过程中的噪声、粉尘、废气等环境污染问题。今后应进一步研究开发炉顶放散煤气回收技术，尽早实现炉顶清洁煤气回收技术。

4.2 新型环保底滤渣处理技术

新型环保底滤渣处理工艺，设备配置简洁，布局紧凑合理，生产安全可靠。在过滤池采用移动式环保集气罩，同时对水渣沟等产生白色蒸汽点有效控制收集，进行乏汽消白处理。采用智能抓渣天车，实现全程无人智能抓渣。

4.3 新型重力除尘气力输灰技术

对于重力除尘器的重灰采用气力输灰技术，密闭罐车运输，实现了重力除尘系统作业环境清洁。

4.4 冲渣水余热利用

冲渣水余热利用，有效回收了冲渣水的余热，为全厂及外部供暖以及职工洗浴提供了热媒，充分体现了能源综合利用的理念。

4.5 高炉出铁"一罐到底"及全程加盖技术

"一罐到底"及全程加盖技术优化了炼铁-炼钢生产界面，保证了高炉和转炉的有效合理衔接，全程铁水罐加盖技术，有效提升了铁水罐红罐接铁，节约了能源，体现了钢铁厂的绿色技术发展。

5 其他问题思考

5.1 重视高炉小粒度烧结矿和小粒度焦丁的利用

小粒度烧结矿和小粒度焦丁的利用已经在生产中证实可以实现高炉的稳定顺行和节约焦比的作用，同时实现了矿物的充分回收利用，为绿色高炉炼铁创新了技术发展。今后应在生产中进一步摸索适合的生产操作制度。

5.2 高炉复合喷吹

高炉的复合喷吹是资源选择性利用及资源回收利用的复合技术，也是高炉炼铁工艺中喷吹工序和高炉工序优化耦合的重要代表，也代表了循环经济的理念。

欧美国家一些高炉早就尝试了复合喷吹生产，一般是在喷煤的基础上，增设喷吹重油、喷回收废塑料、喷焦炉煤气、喷天然气、喷废油、喷瓦斯灰、喷烟道灰等。同时，应进一步研究粒煤喷吹技术，实现资源及能源利用的再提升。

5.3 高炉熔渣

高炉熔渣温度约1500℃，经高炉水渣处理后温度降至约100℃，巨量的熔渣余热未经回收，在高炉渣处理工艺过程中被浪费，并且在渣处理过程中产生大量的含H_2S和SO_2的酸性污染性蒸汽，对高炉周边的生产生活设施腐蚀严重，对周围的环境产生恶性影响。表3为近年来国内生铁产量及熔渣产量情况。

表3　近年来国内生铁产量及熔渣产量情况

Tab. 3　Output of domestic pig iron and slag in recent years

项目	2013年	2014年	2015年	2016年	2017年	2018年	2019年
生铁年产量/万吨	74808	71614	69557	70073	71000	77105	80937
推算熔渣年产量/万吨（按照350kg/t计）	26182	25065	24335	24525	24850	26986	28328
年消耗水量/万吨	26182	25065	24335	24525	24850	26986	28328

冲渣水价格按照1元/吨计，可见每年的资源消耗价值巨大。

建议国内高校和科研院所及工程院所组织相关人员，合力调研国内生产现状，研究开发适合中国国情的熔渣处理技术，目标全面回收熔渣热量，研究熔渣粒化机理，回收熔渣副产物。实现余热余能副产品的综合回收利用。

5.4　智能化炼铁及可视化高炉

近几年高炉智能化、互联网大数据等技术发展迅速，欧美国家高炉生产更多地应用了大数据专家系统，智能化，甚至无人化高炉生产技术，智能化炼铁技术是未来绿色高炉炼铁的技术追求。国内越来越多的高炉开发应用高炉专家系统、炉顶料面热成像监测仪以及可视化高炉技术，互联网技术发展日新月异，构建高炉模块化专家系统，移动互联网、云计算、大数据平台等更好地为绿色高炉炼铁服务。

5.5　高炉次低温余热回收

建议重视高炉软水余热回收，开发应用次低温余热的回收技术，全面回收高炉循环水系统生产过程中的次低温余能。

热风炉换热器后排放的烟气，仍存在一定的低温余热，可研究开发该部分次低温烟气生产洗浴热水，全面回收利用次低温余热，降低炼铁工序综合能耗。

6　结语

笔者认为绿色高炉炼铁技术发展的涵义是：高炉精料，建立多元炉料结构（高比例球团矿），高炉长寿，高风温热风炉，富氧综合喷吹，重视余热余能的技术研发，发展智能化炼铁及可视化高炉技术，低碳高效炼铁、超低排放、资源能源集约化综合利用，循环经济、绿色可持续发展。

参考文献

[1] 于勇，王新东．钢铁工业绿色工艺技术［M］．北京：冶金工业出版社，2017.
[2] 张福明．面向未来的低碳绿色高炉炼铁技术发展方向［J］．炼铁，2016，35（1）：1~6.
[3] 殷瑞钰．冶金流程集成理论与方法［M］．北京：冶金工业出版社，2013.
[4] 项钟庸，王筱留．高炉设计−炼铁工艺设计理论与实践［M］．2版．北京：冶金工业出版社，2014.
[5] 杨天钧，张建良，刘征建，等．近年来炼铁生产的回顾及新时期持续发展的路径［J］．炼铁，2017，36（4）：1~9.
[6] 武靖喆．2500m^{3}高炉冷却壁破损原因及防治［J］．河北冶金，2019（9）：33~36.
[7] 王梦月，朱志军，孔祥义．高炉炼铁生产管理创新与技术进步［J］．河北冶金，2019（7）：27~32.
[8] 马晖，刘汉英．高炉冷却壁检漏措施研究［J］．新技术新工艺，2015（4）：128~129.
[9] 盛国良，朱伟君，黄世高．阿钢高炉冷却壁在线清洗应用实践［J］．黑龙江冶金，2014（1）：30~31.
[10] 马晖．马钢A高炉长周期稳定生产经验［J］．炼铁，2018（2）：33~36.

高比例球团矿炉料结构在河钢唐钢新区 2922m³ 高炉的应用

任荣霞[1]，张洪海[2]

（1. 唐钢国际工程技术股份有限公司，河北唐山 063000；
2. 河钢集团唐钢公司，河北唐山 063000）

摘　要　为进一步降低污染物排放总量，在实现污染物超低排放的同时，积极开展源头和过程污染物消减技术研发，提出在河钢唐钢新区 2922m³ 高炉应用高比例球团矿（配比≥50%）的炉料结构。本文从环境保护、炉型特点、高炉操作、经济性等方面，对高比例球团矿炉料结构进行了分析，球团工序能耗相比烧结工序降低约 30kgce/t，烟气浓度相比烧结工序降低 50%左右，实践证明应用高比例球团矿后，能在源头上有效降低污染物生成总量。

关键词　高炉；高比例；球团矿；炉料结构；烟气；能耗；污染物

Application of High Pellet Ratio Charge Burden in 2922m³ Blast Furnace of the HBIS Group Tangsteel New District

Ren Rongxia[1]，Zhang Honghai[2]

（1. Tangsteel International Engineering Technology Corp.，Ironmaking Division，Tangshan 063000，Hebei；
2. HBIS Group Tangsteel Company，Tangshan 063000，Hebei）

Abstract　In order to further reduce the total pollutant emissions, while achieving ultra-low pollutant emissions, the research and development of source and process pollutant reduction technology is actively carried out. Besides, the application of a high proportion pellet ore (ratio≥50%) charge structure is proposed in the 2922m³ blast furnace of HBIS Tangsteel New District. This paper analyzes the charge structure of high-proportion pellet ore from the aspects of environmental protection, furnace type characteristics, blast furnace operation and economy, etc. The energy consumption of the pelletizing process is relatively reduced by about 30 kgce/t, and the flue gas concentration is decreased by about 50% compared with the sintering process. It is proved that after applying high proportion pellet ore, the total amount of pollutants can be effectively mitigated at source.

Key words　blast furnace; high proportion; pellet ore; charge structure; flue gas; energy consumption; pollutant

0　引言

中国的高炉炼铁正面临着越来越严格的节能和环保压力，国家已经正式要求钢铁工业在 2020 年底达到超低排放的标准[1]（PM5mg/m³（标态），$SO_2$20mg/m³（标态），NO_x30mg/m³（标态）），这一标准已严格于国外水平。河钢集团作为国有特大型钢铁企业，始终秉持“人、钢铁、环境和谐共生”的理念[3]，积极推进“绿色”引领战略，在超低排放基础上，积极开展源头和过程污染物削减技术研究工作，在河钢唐钢不锈钢 1 号高炉采用减少高炉烧结矿入炉比例、提高球团矿入炉比例的工业试验基础上，创造性地提出在河钢唐钢新区大型高炉生产中采用高比例球团矿的炉料结构，球团矿比例达

作者简介：任荣霞（1981— ），女，硕士，工程师，2007 年毕业于河北理工大学钢铁冶金专业，现在唐钢国际工程技术股份有限公司从事炼铁设计工作，E-mail：renrongxia@ tsic. com

到60%。

1 高比例球团矿的技术现状及优越性

1.1 国外高比例球团高炉生产的现状

在环保和资源的双重驱动下，高炉使用高比例球团矿主要集中在北美和欧洲的一些钢铁企业。

北美地区25座高炉使用的球团矿在炉料结构中的占比为93%，其中有13座高炉使用100%球团矿，其余高炉的球团矿比例从51%到99%不等。高炉平均燃料比为504kg/t。

欧洲瑞典SSAB钢铁公司的高炉，长期使用100%高质量球团矿，曾实现了超低渣量（155kg/t）和低燃料比（450～470kg/t）。荷兰艾默伊登厂的两座高炉，炉料中球团矿配比为60%，高炉长期高富氧（最大20%）、高煤比（最大250kg/t）[2]。

河钢集团收购的塞尔维亚钢厂高炉，曾长期使用75%球团矿的炉料结构，在2016年1月，曾进行了短期100%球团的高炉试验，获得成功[2]。全球实践表明，高炉可以在高比例球团矿的炉料结构（90%～100%）条件下，成功高效运行。

目前国内高炉炉料结构以高比例烧结矿配加少量酸性球团矿或天然块矿为主，使用球团矿较多的钢铁公司，例如首迁、太钢等，质量分数接近30%。河钢唐钢是首家从项目开始规划、过程设计到生产组织，全程考虑采用高比例球团矿的钢铁企业，借鉴国内外生产经验，立足自身资源特点，在新区大型高炉上研发并应用了高比例球团矿冶炼的集成技术。

1.2 高比例球团矿的生产优越性

1.2.1 环保优势

钢铁流程污染物工序排放对比如图1[3]所示。在整个钢铁流程中，原燃料制备环节的粉尘排放占整个流程排放总量的60%、SO_2占93.5%、NO_x占73.4%。其中烧结工序排放质量分数最高，粉尘占35.4%，SO_2占67%，NO_x占51.1%。球团工序的污染物排放远低于烧结工序，粉尘占5.2%，是烧结工序的1/7；SO_2占20.1%，是烧结工序的1/3；NO_x占10.4%，是烧结工序的1/5。因此，优化高炉炉料结构，采用高比例球团矿替代烧结矿的冶炼技术，能够从源头上减少污染物生成总量和生成浓度，成功实现冶金企业污染物在源头上的减排。

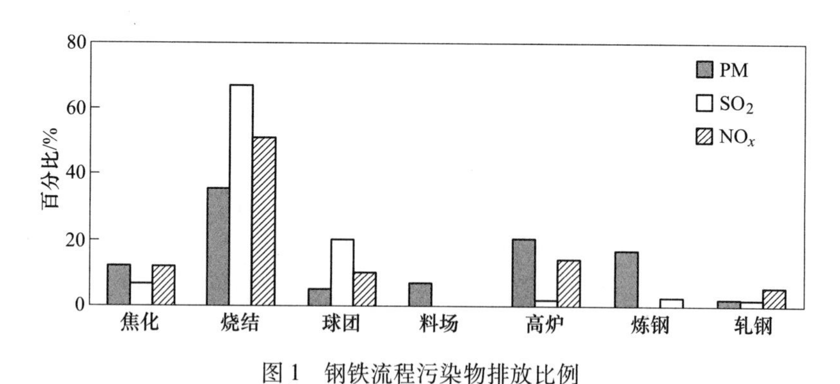

图1 钢铁流程污染物排放比例

Fig. 1 Proportion of pollutant emissions from steel processes

1.2.2 生产优势

《粗钢生产主要工序单位产品能源消耗限额》标准规定，球团工序单位产品能源消耗的先进值为15kgce/t，烧结工序单位产品能源消耗的先进值为45kgce/t，球团工序能耗比烧结工序低30kgce/t，采用高比例球团矿冶炼有利于炼铁系统节能。

球团矿采用品位较高的细磨铁精矿生产而成，其耐压强度和转鼓指数高，冶金性能好，因此采用高比例球团矿冶炼具有入炉品位高、渣量低、燃料比低等优势。

2 高比例球团矿高炉设计及冶炼特点

2.1 高炉炉型设计

河钢新区大型高炉采用高比例球团矿冶炼，设计阶段根据其炉料特性，选择合理的高炉炉型。

球团矿粒度小而均匀，自然堆角小，仅 24°~27°，其滚动性好，安息角小，高护布料时易加重高炉中心负荷，造成边缘煤气流过分发展。此外，球团矿的还原软熔温度一般较低，软化温度区间宽，在还原时易出现异常膨胀粉化现象，在一定程度上造成压差升高。

炉型设计充分考虑炉料特性，选择多段式炉身设计，炉身上部角度较小（79.56°），封闭边缘煤气流，下部炉身角度加大（82.58°），以适应炉料的膨胀。矮胖高炉炉型适当减小炉身高度，改善炉身透气性。适宜的死铁层深度，减轻炉缸环流，保护炉底，延长高炉炉底寿命。

2.2 炉料结构选择

高炉使用的球团矿种类主要有 3 种：

（1）酸性球团：以铁精矿的自然碱度为基础生产的球团，碱度（CaO/SiO_2）≤0.5。

（2）碱性（熔剂性）球团：在铁精矿中添加石灰石（生石灰）或白云石生产的球团，球团碱度提高至 0.7~1.3。

（3）镁质球团：在铁精矿中添加橄榄石或白云石生产的球团，球团 MgO 含量约 1.5%，碱度≤0.5。

当高炉用球团矿比例较低时，基本炉料结构为酸性球团矿+块矿+高碱度烧结矿。随着球团矿比例升高成为主要的炉料时，则会出现多种炉料结构供选择：碱性球团+烧结矿；碱性球团+酸性球团+烧结矿；酸性球团+超高碱度烧结矿。河钢唐钢新区采用 25%酸性球团+25%熔剂性球团+50%烧结矿的炉料结构。利用冀东矿粉资源并采用先进的带式焙烧机球团技术，建设 2 台 $760m^2$ 的带式焙烧机，生产满足高炉所需的酸性球团矿和熔剂性球团矿。

2.3 生产布料调节

装料制度的作用是多方面的，选择装料制度的目的就是要达到炉喉径向 O/C 的控制，以实现合理的煤气流分布，保持高炉稳定顺行，充分利用煤气能量，提高产能，降低能耗，延长高炉长寿。

高比例球团矿炉料结构对应相应的高炉操作，以保证炉料在炉内的合理分布，实现高炉顺行和高效低耗。

（1）加大批重。矿石批重大于临界值时，批重加大则炉料分布趋向均匀。球团矿自然堆角小，布料时易加重高炉中心负荷，大批重减少了炉料的偏析，可以稳定上部煤气流，改善煤气利用。图 2 为大批重下炉料分布情况和批重特征数变化。

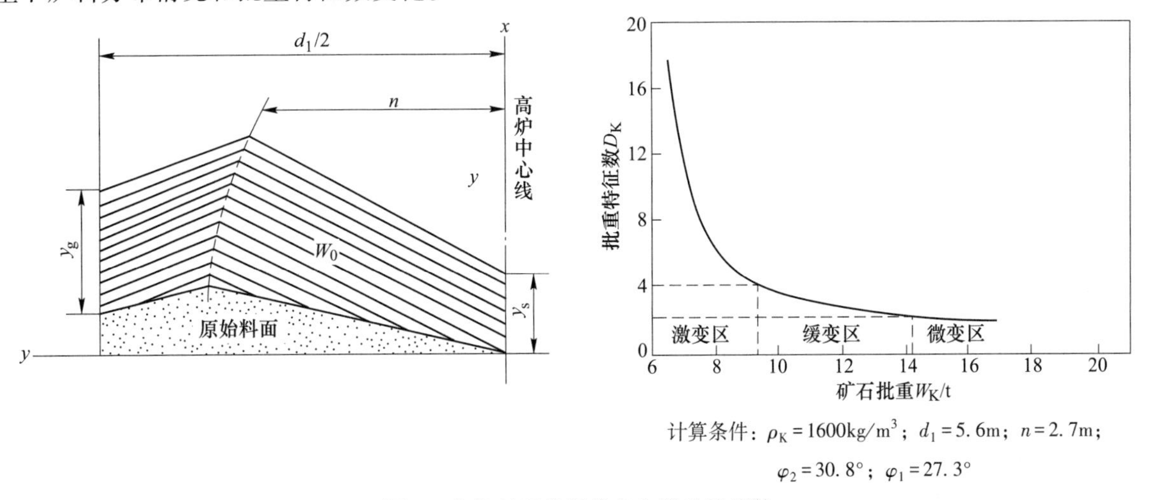

计算条件：$\rho_K = 1600kg/m^3$；$d_1 = 5.6m$；$n = 2.7m$；$\varphi_2 = 30.8°$；$\varphi_1 = 27.3°$

图 2 大批料下炉料分布和批重特征数

Fig. 2 Distribution of furnace charge and batch weight characteristicsnumber under a large batch of materials

（2）料线深度选择。料线深度对炉料分布的影响是以堆尖在半径方向上的位置为特征的。在其他条件一定时，料线降低（h 值越大），堆尖越靠近边缘，边缘分布的炉料越多。当料线达到某一深度时，炉料堆尖与炉墙重合，料线再深，炉料反弹到炉内。

（3）矿中加焦技术。国外高比例球团高炉操作实践证明，采用中心焦+水平料面的“理想料面分布”（图 3），能够获得高炉稳定顺行和良好指标。该种料面分布能有效消除不同炉料和焦炭因安息角的不同带来的分布偏析现象。同时，该方式在保持中心气流通畅的前提下，实现径向煤气流分布的一致，保证铁料的径向还原均匀性。

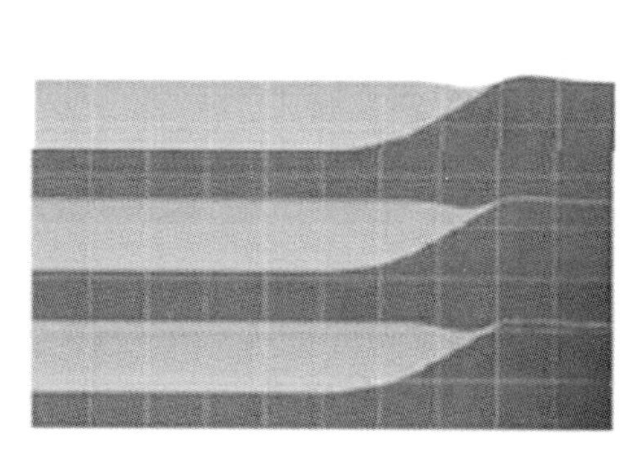

模型

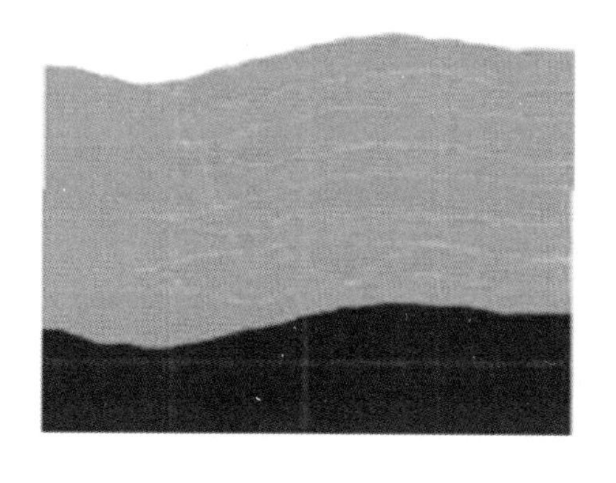

生产中

图 3　理想布料模型及实际料面形状

Fig. 3　Ideal cloth model and actual material surface shape

在该布料原则中，强调将焦丁布在边缘，以达到保护边缘大块焦的消耗、降低边缘冷却热损失以及改善边缘透气性的目的。

此外，调整装料制度和布料档位也是高比例球团矿冶炼的常用手段。

2.4　送风制度

球团矿加入高炉内部时容易滚向中心，球团矿比例越大越加重中心的倾向。为了活跃中心，不造成中心死料柱，应提高富氧率，同时采用全风操作，增大喷煤量等措施来提高鼓风动能，开放中心煤气流。

3　环保效益及经济性分析

高炉采用高比例球团矿具有节能减排效果，利于企业可持续发展。实践证明，球团工序的燃耗及能耗明显低于烧结工序，过程排放的有害物质总量（尤其是二噁英的排放）也低于烧结工序。从定量分析看，球团工序能耗相对降低约 30kgce/t。

球团工艺比烧结工艺的废气排放大幅减少，优势突出。从现场运行结果来看，在相同污染物治理工艺条件下，球团工序烟气浓度相比烧结工序降低 50%左右[3]，污染物脱硫剂成本和运行费用仅为烧结工艺的一半。另一方面，球团品位的提高弥补了售价提升的不足，高炉渣比及燃料比得到降低，吨铁综合成本降低 41 元。

经济效益产生的同时也带来了巨大的社会环境效益。高比例球团矿炉料结构的使用，在源头上有效降低污染物生成总量，吨铁 SO_2 生成量减少 1.45kg/t，NO_x 生成量减少 0.32kg/t，CO_2 生成量减少 10.67kg/t[3]。

4　结语

高炉使用高比例球团矿炉料结构在技术上是可行的。河钢唐钢新区从自身条件、铁矿资源、球团工艺、节能减排等多方面综合考虑，确定了炉料结构中球团矿的比例，提高了钢铁产品的竞争力。同时，成功实现了源头上污染物的削减，为国内钢铁工业减少污染物排放总量开辟了新的方向。

参考文献

［1］河北省环境保护厅，河北省质量技术监督局. DB13/2169—2018 钢铁工业大气污染物超低排放标准［S］. 石家庄：河北省环境保护厅，河北省质量技术监督局，2018.

［2］沙永志，马丁·戈德斯，宋阳升. 我国高炉使用高比例球团生产技术经济分析［C］. 第十二届中国钢铁年会论文集，2019.

［3］王新东，李建新，胡启晨. 基于高炉炉料结构优化的源头减排技术及应用［J］. 钢铁，2019，54（12）：104～110，131.

绿色节能长寿热风炉设计

赵良伟[1]，李宝忠[2]

（1. 唐钢国际工程技术股份有限公司，河北唐山 063000；
2. 河钢集团唐钢公司，河北唐山 063000）

摘　要　河钢唐钢新区以绿色、节能、长寿、高风温（≥1250℃）理念为定位，对热风炉的设计提出了高标准的要求。本文通过新型陶瓷燃烧器、复式拱顶结构、高辐射覆层技术、板式换热器、稳定长寿的热风管系等新技术的介绍，对河钢唐钢新区高炉热风炉技术特点进行了总结。

关键词　热风炉；绿色；节能长寿

Design of Environmental Protection Energy Saving and Long Life for Hot Blast Stove

Zhao Liangwei[1], Li Baozhong[2]

(1. Tangsteel International Engineering Technology Corp., Tangshan 063000, Hebei;
2. HBIS Group Tangsteel Company, Tangshan 063000, Hebei)

Abstract　Positing with the concept of green, energy saving, longevity and high wind temperature (≥1250℃), HBIS Tangsteel New District puts forward high standards for the design of hot blast stoves. This article summarizes the technical characteristics of blast furnace hot blast stoves in HBIS Tangsteel New District by introducing new technologies such as new type ceramic burner, compound vault structure, high-radiation cladding technology, plate heat exchanger, as well as stable and long-life hot blast piping system.

Key words　hot blast stove; green; energy saving and longevity

0　引言

“绿色钢铁”是世界钢铁工业发展的共同选择与发展方向，是钢铁工业生存和发展的共同需要[1]。热风炉的设计指导思想是提高热风炉热效率、降低燃料消耗、提高热风温度，这是高炉炼铁技术的重要组成部分，是降低工序能耗、创建资源节约型企业的重要手段[2]。现代高炉普遍采用顶燃式热风炉，在热风炉燃烧期，通过燃烧煤气产生的高温烟气，将蓄热室中的格子砖加热，储存热量；送风期，储存在格子砖中的热量将冷风加热到1250℃以上，持续向高炉提供高风温。河唐钢新区热风炉在设计过程中，对以往热风炉热风出口垮塌、燃烧器崩裂、煤气消耗量大等问题进行了深入的研究和优化，促进了热风炉技术向绿色、节能、长寿方向发展。

1　高炉热风炉配置

厂区每座高炉配置3座顶式燃热风炉，采用“两烧一送”工作方式。蓄热室选用19孔 ϕ25mm高效格子砖，热风炉燃料为单一高炉煤气。设有煤气和助燃空气板式双预热装置，两台助燃风机集中送风，一用一备。设计采用计算机自动燃烧控制、送风温度控制及换炉控制等。表1为热风炉系统主要参数。

作者简介：赵良伟（1992— ），男，助理工程师，2016年毕业于华北理工大学冶金工程专业，现在唐钢国际工程技术股份有限公司主要从事高炉炼铁设计工作，E-mail：zhaoliangwei@ tsic. com

表 1 热风炉系统主要技术参数
Tab. 1 Main technical parameters of hot blast stove system

项 目	数 值
热风炉结构形式	顶燃式
热风炉座数	3
热风温度/℃	1250
冷风温度/℃	~200
热风炉燃料	高炉煤气
助燃空气温度/℃	~200
煤气/℃	~200
热风炉工作制度	两烧一送
送风时间/min	~60

2 顶燃式热风炉现状

顶燃式热风炉自 20 世纪 70 年代末投入运行以来，目前在世界上已经得到了广泛的应用，部分热风炉使用寿命达到 20 年，运行状况良好，自动化控制水平较高且成熟、可靠。顶燃式热风炉具有占地小、寿命长、投资省、风温高，系统及设备布置合理，方便操作、检修及维护等优点。

通过国内外热风炉的生产实践可知，顶燃式热风炉还存在一些共性问题，如燃烧器的空、煤气喷嘴部位的砌筑比较薄弱，预燃室易发生局部爆燃，影响燃烧器寿命；热风出口存在应力集中问题，容易出现结构损坏、导致热风出口垮塌；格子砖容易渣化、下沉；管式换热器后期换热效率低，容易积灰堵塞；热风管道三岔口容易窜风、掉砖等问题。

3 热风炉绿色节能长寿技术

3.1 新型陶瓷燃烧器

传统烧嘴使用过程中，煤气烧嘴易发生爆震引起的损坏、剥落、断砖、移位，燃烧器存在外部炉皮温度过高的现象[3]。燃烧器采用长焰燃烧造成锥形燃烧室上下部温差大，导致结露酸根的形成，对炉壳晶间腐蚀。针对上述问题，河钢唐钢新区热风炉采用如下先进技术：

（1）煤气喷嘴采用圆台、圆槽定位装置固定，防止爆震的动力造成喷嘴砖移位，做好氮气吹扫量的计算，防止氮气吹扫放散不当和吹扫氮气不足造成的回火损坏，提高燃烧器使用寿命。

（2）采用短焰燃烧方式，减少爆震产生。煤气、空气烧嘴混合布置，空煤气充分预混，燃烧时同时具有涡流、旋流，可以提高理论燃烧温度。研究表明，拱顶温度大于 1420℃时，会产生大量氮氧化物，保持热风炉拱顶温度在（1380±20）℃，能够有效降低 NO_x 排放，防止热风炉拱顶钢壳发生晶间腐蚀。同时能够缩小拱顶温度和送风温差，实现在单纯燃烧高炉煤气的条件下，使送风温度达到 1250℃。

综合上述技术，使燃烧器空气过剩系数小、功率大、降低拱顶温度和送风温差，从而节省煤气、降低因拱顶温度过高产出较多的氮氧化物，实现热风炉的绿色节能长寿。

3.2 复式拱顶结构

传统顶燃式热风炉结构中，热风出口和拱顶共为一体，导致多方向应力集中，主要包括重力、剪切力、膨胀力、下滑力、送风压力等。应力集中导致传统顶燃式热风炉频频出现热风出口炉壳温度过高、拱顶垮塌等现象，被迫降低风温、淋水降温、氮气冷却，严重时停炉大修。

河钢唐钢新区热风炉采用复式拱顶结构，将拱顶与大墙完全脱开、燃烧器与拱顶锥段完全脱开，拱顶和燃烧器各自独立支撑在炉壳之上，将剪切力、下滑力和热风出口膨胀力分散转移到炉壳上，有效缓解热风炉出口应力集中问题，实现热风出口和锥形拱顶结构稳定长寿，提高热风炉使用寿命。

3.3 高辐射覆层技术

蓄热室上部格子砖采用高辐射覆层技术，高辐射覆层技术是在物体表面涂覆一层具有高发射率的材料，使物体表面具有很强的热辐射吸收和辐射能力，使辐射传热的效率提高。根据斯蒂芬-玻尔兹曼定律传热有三种模式：对流、辐射、传导。高温环境以辐射传热为主，热风炉送风温度可高达1250℃，辐射传热量占85%以上，因此增强辐射换热量对于提高热风炉的工作效率和热效率有重要意义。

高辐射覆层通过强化辐射换热，提高了格子砖表面温度，增加了格子砖内外温度梯度，使格子砖在燃烧期吸热速度和吸热量增加，送风期放热速度和放热量也增加，强化热风炉的高温烟气与蓄热体、蓄热体与空气之间的传热。有覆层的热风出口温度平均可以提高20℃以上，平均烟气出口温度下降10℃以上[4]。高辐射覆层技术能有效提高热风炉热效率，实现节能减排，提高风温。此外有覆盖层的格子砖理化指标也优于无覆层的格子砖，详见表2。

表2　有覆盖层和无覆盖层硅质格子砖性能对比

Tab. 2　Performance comparison of siliceous checker bricks with and without covering layer

格子砖	无覆盖层	有覆盖层
材质	硅砖	硅砖
体积密度/g·cm^{-3}	1.80	1.81
气孔率/%	19.88	19.27
耐压强度/MPa	28	31
抗折强度/MPa	12.23	12.65
线变化率/%	+0.51	+0.33
荷重软化温度（0.2MPa，0.6%）/℃	1550	1564
高温蠕变率（1430℃×50h）/%	−0.078	−0.042
送风温度/℃	1220	1250

有覆层格子砖的物理性能在耐压强度和抗折强度等方面优于无覆层格子砖，能够有效防止格子砖渣化，延长格子砖使用寿命，从而提高热风炉使用寿命。

3.4　板式换热器

热风炉所使用的预热器是回收热风炉排出的烟气余热，用来加热助燃空气和煤气的设备[5]。热风炉板式预热器采用传热板片替代传统热管或管子传热元件，板式换热器与热管换热器性能对比见表3。一般来讲空气温度每提高100℃，风温可以提高35℃；煤气温度每提高100℃，风温可以提高50℃。采用板式换热器空、煤气换热后，温度可达200℃以上，提高风温可以降低炼铁焦比、提高冶炼强度，实现热风炉绿色节能。

板式换热器烟气和空气、煤气通过波纹板片换热，冷热流体通过板片传热，传热距离短。而且由于传热板片沿流体流动方向的通道断面形状不断呈波浪形变化，显著加强了流体的扰动，从而强化流体的传热性能，能够有效回收热风炉废烟气中的热量，降低煤气消耗量。板式换热器换热片为冷轧不锈钢制作，板片表面光滑不易附着灰尘，具有更小的污垢热阻，不易积灰堵塞。另外，板片不像热管会逐渐失效，板式预热器的寿命一般可以达到10年以上。

表3　板式换热器与热管换热器性能对比

Tab. 3　Performance comparison between plate heat exchanger and heat pipe heat exchanger

性能	热管换热器	板式换热器
换热效果	良	优
耐腐蚀性	差	优
抗堵塞	差	优
耐温	良	优
设备投资	低	高
基建费用	高	低

3.5 稳定长寿的热风管系

通过分析热风管系的温度场和应力场，研究热风管系的组成，优化波纹管、拉杆配置以及耐材砌体结构。

顶燃式热风炉的热风管道不仅存在水平方向热变形，而且存在较大的垂直方向膨胀变形，是影响顶燃式热风炉正常生产的突出问题。河钢唐钢新区热风炉通过合理设置各种形式的波纹补偿器及拉紧装置，保证了热风管道系统既能够承受很大轴向变形，又能够承受顶燃式热风炉所特有的热风管道径向变形，解决了管道窜风、掉砖问题，适应高风温要求，形成了完善、配套的低应力长寿型热风管系综合技术。

热风炉耐火材料内衬在高温、高压环境下工作，条件十分恶劣[6]。热风管道工作层选采用带有锁扣的“Z”型砖砌筑，在密封气流的同时，使工作层砌筑环环相扣，相互支撑，避免管道掉转。热风主支管三岔口采用组合砖砌筑，进风弯管采用高强度陶瓷耐磨浇注料浇筑，提高薄弱部位管道耐材砌筑的整体性，有效防止三岔口掉转和窜风现象的发生。

综上所述，唐钢新区高炉热风炉采用以下先进技术，体现了热风炉设计的绿色、节能、长寿理念。

（1）热风炉采用新型陶瓷燃烧器，提高燃烧器使用寿命，缩小拱顶温度和送风温差，降低 NO_x 的排放，体现热风炉绿色、节能、长寿设计。

（2）热风炉采用复式拱顶结构，有效缓解热风出口应力集中问题，实现热风出口和锥形拱顶结构的稳定长寿。

（3）热风炉格子砖采用高辐射覆层技术，能够提高格子砖传热效率，实现节能减排，提高风温。

（4）热风炉采用板式换热器，能有效回收热风炉废烟气的热量，减少煤气消耗量，体现了热风炉系统设计节能减排的绿色理念。

（5）通过研究热风管系的组成，优化波纹管、拉杆配置以及耐材砌体结构，实现热风炉管系的长寿稳定。

4 结语

随着环保政策要求和炼铁生产需求，降低热风炉废气中有害气体排放和热风炉长寿设计成为主流趋势，河钢唐钢新区热风炉采用了新型陶瓷燃烧器、复式拱顶结构、高辐射覆层技术、板式换热器、稳定长寿的热风管系等新技术，体现了热风炉设计的绿色、节能、长寿理念。

参考文献

[1] 于勇，王新东．钢铁工业绿色工艺技术［M］. 北京：冶金工业出版社，2017.

[2] 项仲镛，王筱留．高炉设计-炼铁工艺设计理论与实践［M］. 2 版．北京：冶金工业出版社，2014：461.

[3] 朱建秋．承钢 2500m^3 高炉使用高风温技术的研究［J］. 河北冶金，2013（10）：1~4.

[4] 周慧敏．高辐射覆层对热风炉传热过程影响的数值模拟［J］. 钢铁研究学报，2013（3）：6~10.

[5] 朱家民．顶燃式热风炉预热器改造［J］. 河北冶金，2018（2）：35~38.

[6] 毛庆武．特大型高炉高风温新型顶燃式热风炉设计与研究［J］. 炼铁，2010（8）：1~6.

2922m³高炉料罐均压放散煤气净化回收系统的设计

田　玮[1]，张洪海[2]

（1. 唐钢国际工程技术股份有限公司，河北唐山063000；
2. 河钢集团唐钢公司，河北唐山063000）

摘　要　介绍了河钢唐钢新区2922m³高炉均压放散煤气回收系统的设计特点、工艺流程，分析了环境及经济效益。炉顶均压煤气回收技术具备工艺流程简单、运行可靠性强等特点，能有效减少污染物排放，满足钢铁企业对超低排放、资源能源集约化综合利用，循环经济、绿色可持续发展的要求。

关键词　高炉料罐；均压放散；煤气；回收

Design and Practice of the Pressure Relief Gas Recycling in 2922m³ Blast Furnace Top Charging Bucket

Tian Wei[1], Zhang Honghai[2]

(1. Tangsteel International Engineering Technology Corp., Tangshan 063000, Hebei;
2. HBIS Group Tangsteel Company, Tangshan 063000, Hebei)

Abstract　This paper introduces the design features and process flow of the 2922m³ blast furnace equalizing pressure discharge gas recovery system in the HBIS Tangsteel New District, and analyzes its environmental and economic benefits. The furnace top pressure equalizing gas recovery technology has the characteristics of simple process flow and high operational reliability, which can effectively reduce pollutant emissions and meet the requirements of steel enterprises for ultra-low emissions, intensive and comprehensive use of resources and energy, circular economy as well as green and sustainable development.

Key words　blast furnace charge tanks; equalizing pressure dispersion; coal gas; recycling

0　引言

高炉正常生产进行炉顶装料作业时，常规设计炉顶料罐中的均压煤气是通过放散管道直接排放到大气中的，炉顶放散煤气的主要成分是CO、N_2、CH_4和灰尘等有毒、可燃物的混合气体。与此同时，均压煤气放散过程中产生的噪声严重影响了厂区周围居民的生活。高炉炉顶均压煤气对空排放既浪费了能源，又对环境造成了污染。在大型高炉上，回收炉顶均压放散煤气是减轻炉顶消声器负荷，改善设备维护条件，回收能源，减小环境污染的有效措施[1]。因此，设计研究高炉料罐均压煤气净化回收系统，既能解决环境污染问题，又可以作为一种企业降本增效的有效手段[2]，同时也符合河钢唐钢新区发展“绿色钢铁”的定位要求。

1　料罐均压放散煤气回收过程分析及影响

1.1　料罐均压放散煤气回收过程分析

均压放散煤气回收过程分为4个阶段[3]：

（1）第一阶段：处在临界状态之前的自然回收阶段，料罐中的煤气以声速通过管道向除尘器箱体

作者简介：田玮（1986—），男，工程师，2013年毕业于河北联合大学冶金工程专业，现在唐钢国际工程技术股份有限公司炼铁事业部主要从事冶金工程设计工作，E-mail：tianwei@tsic.com

流动。

（2）第二阶段：处在亚临界状态的自然回收阶段，料罐内的煤气以近似平均速度向除尘器箱体流动，直到料罐内最终压力与煤气管网压力持平时，自然回收阶段结束。

（3）第三阶段分为两种回收工艺：

1）仅采用自然回收工艺时，料罐中剩余的煤气通过煤气放散管道对空放散的阶段，这也是自然回收工艺的最后一个阶段；

2）当采用强制回收工艺时，自然回收结束后，氮气从氮气罐到炉顶料罐填充驱赶均压煤气的过程。

（4）第四阶段：采用强制回收工艺时，料罐中剩余的氮气通过消声器对空放散的阶段。

1.2 均压放散煤气回收时间的计算

此高炉采用串罐炉顶，炉顶压力约 250kPa，料罐容积 72m³。煤气回收管道选用 ϕ530mm 的钢管。由于均压煤气回收过程分为 4 个阶段，整个过程的时间计算相应也分为 4 个阶段。

第一、二阶段，即自然回收阶段：靠炉顶料罐与净煤气管网的压差来回收煤气，等同于炉顶料罐罐压由 $P_{罐}=250\text{kPa}$ 降至煤气管网压力 $P_{管}=10\text{kPa}$ 的过程。根据式（1），可计算出炉顶料罐的泄压时间。

首先计算泄压时间常数 τ，它表示料罐以声速流量放气时，料罐压力从 p_S 到绝对真空所需的时间[2]。

$$\tau = 5.22 \times 10^{-3} \frac{V}{kS}\sqrt{\frac{273}{T_S}} \tag{1}$$

式中 V——炉顶料罐有效容积，m³；

k——绝热指数，取 $k=1.4$；

S——煤气回收管道有效截面积，m²；

T_S——放散煤气绝对温度，℃。

按式（1）计算泄压时间常数。

$$t_{泄压} = \left\{\frac{2k}{k-1}\left[\left(\frac{p_{罐}}{1.893p_{管}}\right)^{\frac{k-1}{2k}} - 1\right] + 0.945\left(\frac{p_{管}}{p_{罐}}\right)\right\} \times \tau \tag{2}$$

将数值代入式（2）得 $t_{泄压}=6.7\text{s}$。

第三阶段为强制回收过程中氮气充压阶段：利用炉顶高压氮气将炉顶料罐中的残余煤气驱赶至煤气外网的过程，最终炉顶料罐罐压略高于煤气管网压力。根据式（1），计算出炉顶料罐的氮气充压时间为 $t_{充氮}=4.3\text{s}$。

第四阶段为强制回收过程中残余氮气放散阶段：料罐中剩余的氮气通过煤气放散管道对空放散的阶段，等同于炉顶料罐罐压由 $p_{罐}=10\text{kPa}$ 降至大气压的过程。根据式（1），计算出炉顶料罐的氮气放散时间为 $t_{氮放}=2.9\text{s}$。

根据上述计算过程可以绘制出均压放散煤气回收曲线，主要描述煤气放散过程中料罐内压力随时间的变化规律，详见图 1。从图中可以看出，采用自然回收工艺时的压力变化曲线与采用强制回收工艺时的曲线是在炉顶料罐压力与煤气外网基本持平后开始分开的，此分界点放散时间正好对应在 6.7s。采用自然回收工艺时料罐内残余煤气通过煤气放散管道排向大气的过程大约需要 2s，在图中可以看出此过程呈现为平缓曲线。采用强制回收工艺时，在 6.7s 以前强制回收过程的曲线与自然回收的曲线相同，在 6.7s 后通过向料罐内注入低压氮气，将料罐中残余的煤气通过除尘器箱体驱赶至煤气外网，此过程大约需要 4.3s，通过图 1 可以看出在 7~11s 间曲线呈现抛物线形状，说明料罐内在充入高压氮气后压力有一个上升的过程，随着料罐中残余煤气不断被驱赶置换，压力也

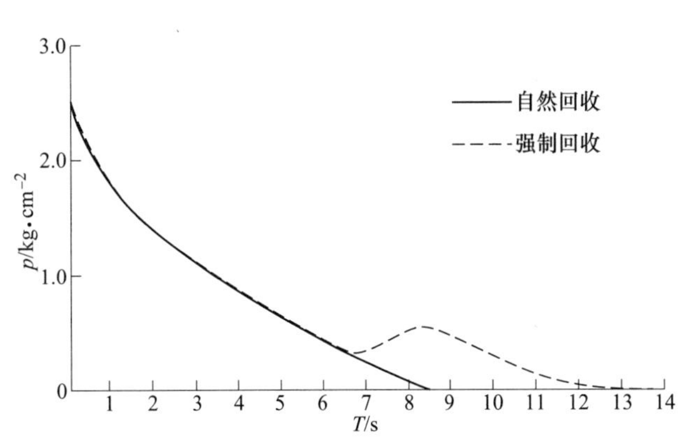

图 1 均压放散煤气回收曲线

Fig. 1 Curve of equalizing pressure dispersed gas recovery

随之降低。强制回收过程完成后切断回收系统，最终炉顶料罐中残余氮气经放散装置放散，此过程大约需要2.9s。

采用“强制回收”工艺回收总时长约14s。经炉顶时序验算，对高炉炉顶装料作业率没有影响。

1.3　回收煤气温度低且煤气中含水量高的问题

为了应对均压煤气温度低且煤气中含水量高的问题，在冬季可以在除尘器箱体前通过兑入部分高温煤气来提高回收煤气露点，防止煤气结露，避免除尘器箱体内布袋板结。也可通过在除尘器箱体外铺设蒸汽伴热管道来提高箱体内温度，减少粉尘中水分析出结露。同时，可使用憎水性能的材料来制作除尘布袋，减轻煤气结露带来的糊袋问题。

1.4　煤气回收过程中煤气压力波动对煤气管网的影响

由于均压放散煤气的初始流速及压力较大，经计算可以得出在临界状态之前煤气以声速放散，持续时间大概2s左右，在临界状态之后煤气以平均速度放散，其回收过程类似于周期性气体脉冲，对煤气管网有冲击作用。所以为了避免对煤气外网产生压力波动，一般在设计中考虑以下几点：设计缓冲区；在煤气回收管路上设立调节阀；选择在热风炉之后接入并网点。

2　均压放散煤气回收系统工艺流程

高炉料罐均压放散煤气净化回收系统工艺流程见图2。

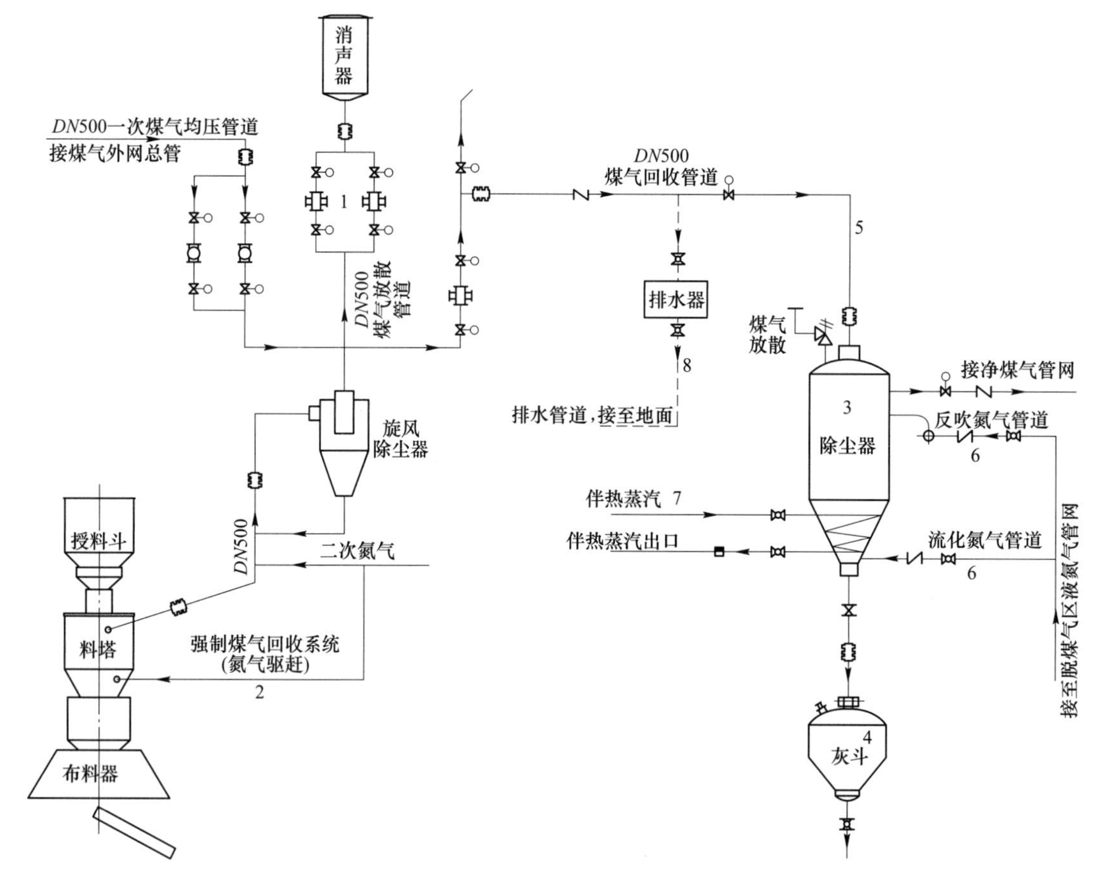

图2　炉顶均压煤气回收系统工艺流程

Fig. 2　Flow chart of furnace top equalizing pressure gas recovery system

1—均压煤气放散阀组；2—强制煤气回收系统；3—布袋除尘器；4—除尘器卸输灰系统；5—煤气管道系统；6—氮气反吹流化系统；7—蒸汽保温系统；8—煤气管道排水系统

从炉顶料罐煤气放散管道引出一支用于煤气回收的管道，煤气回收的管道上依次设置两个电动盲板阀及一个均压放散阀，利用均压放散阀来控制煤气回收过程的开始与停止，电动盲板阀正常作业时处于常开状态，在均压放散阀检修时才关闭。从炉顶料罐低位接入一根氮气管道，用于炉顶料罐煤气强制回收，均压放散煤气强制回收过程是在自然回收结束后，通过向料罐内注入高压氮气，将料罐中残余的煤气通过除尘器箱体驱赶至煤气外网。当料罐中煤气驱散完后，使用均压放散阀切断回收系统，最终将炉顶料罐中残余氮气通过均压煤气放散系统管道进行对空放散。在炉顶煤气回收的管道最高处设置检修煤气放散管道，并设置一个电动盲板阀，阀门平时处于常闭状态，在煤气回收系统检修时才打开，用于放散煤气回收管道中的残余煤气。煤气回收管路沿下降管引致地面上的布袋除尘器。最终均压放散回收煤气经过除尘器箱体净化后进入减压阀组后的高炉煤气管网。布袋除尘器箱体设置有储灰斗，除尘灰最终由吸排罐车运送至烧结车间。

3 环境及经济效益分析

煤气处理量的计算：

根据高炉炉顶料罐工作制度，炉顶料罐的容积为 72m³，每天放料约 340 次，经计算每小时产生的煤气工况量约为 1260m³/h。炉顶压力取 250kPa，放散煤气温度约为 80℃，根据公式 $\frac{p_1V_1}{T_1}=\frac{p_2V_2}{T_2}$，将每小时产生的煤气折合成标况 3788m³/h。对于采用干法布袋回收工艺的高炉，煤气回收率按 99%考虑，每天可回收的煤气量为：

$$3788\times24\times0.99=90012\ (\mathrm{m^3/d})$$

按煤气价格 0.09 元/m³计算，每年回收煤气可产生的经济效益约为：

$$90012\times0.09\times350=283.5\ (\text{万元})$$

由于均压煤气回收系统位于旋风除尘器后面，故放散煤气需先通过旋风除尘器，再进入除尘器箱体最终进入煤气管网。按旋风除尘后气体含尘量 25g/m³计算，每年少排放的灰尘量为：

$$90012\times25\times350=787.6\ (\mathrm{t})$$

按高炉重力灰 150 元/t 的价格，每年回收高炉重力灰的经济效益约为：

$$787.6\times150=11.8\ (\text{万元})$$

强制煤气回收系统氮气用量：

炉顶料罐充氮气与煤气放散次数相同，都为 340 次，经计算每小时消耗氮气工况量约为 1260m³/h，此时充氮压力与煤气外网持平，均为 10kPa，根据公式将每小时消耗的氮气折合成标况 1384m³/h。

按氮气价格 0.12 元/m³计算，每年氮气消耗费用约为：

$$1384\times24\times0.12\times350=139.5\ (\text{万元})$$

本套系统每年可产生的经济效益约为：

$$283.5+11.8-139.5=155.8\ (\text{万元})$$

4 结语

采用炉顶均压煤气回收技术，均压煤气回收效率可达 99%，有效地解决了均压煤气放散工艺过程中噪声、粉尘、废气等环境污染问题，污染物排放几乎为零。同时又能回收高炉均压煤气，为企业带来经济效益。此技术具备工艺流程简单、运行可靠性强等特点，满足了钢铁企业对超低排放、资源能源集约化综合利用，循环经济、绿色可持续发展的要求。

参 考 文 献

[1] 邹忠平．高炉炉顶均压煤气回收系统设计［J］．钢铁技术，1994，77（3）：11~15.
[2] 田玮．高炉料罐均压放散煤气净化回收技术研究［J］．河南冶金，2017，146（6）：51~53.
[3] 李永军，罗思红，吕宇来，等．高炉均压煤气回收技术的改进及应用［J］．炼铁，2019，23（1）：10~13.
[4] 刘胜涛，金永明，霍吉祥，等．5500m³高炉高产操作实践［J］．河北冶金，2020（3）：36~44.
[5] 王洪军．高炉炉顶料罐均压放散煤气回收的研究与应用［J］．冶金能源，2016（6）：40~42.
[6] 李兵，冯艳国，李建平，等．宣钢 3#高炉回收煤气停炉生产实践［J］．河北冶金，2016（7）：39~42.
[7] 李利杰．河钢宣钢 2000m³高炉技术进步［J］．河北冶金，2018，275（11）：47~51.

重力除尘器气力卸灰系统的设计与实践

刘思远[1]，何向春[2]

（1. 唐钢国际工程技术股份有限公司，河北唐山 063000；
2. 河钢集团唐钢公司，河北唐山 063000）

摘　要　基于加湿卸灰及传统气力卸灰工艺存在的问题，探讨了河钢唐钢新区重力除尘器气力卸灰系统的设计优化，解决了重力灰温度高、输灰速度不稳定、环保效果差等问题。同时对重力灰输送用能源介质、工艺参数进行了计算，并制定了重力除尘灰卸灰操作规程，使气力卸灰工艺更加成熟、可靠。

关键词　重力除尘；气力卸灰；节能环保；输灰速度

The Design and Production of Pneumatic Conveying System for Gravity Dust Collector

Liu Siyuan[1], He Xiangchun[2]

(1. Tangsteel International Engineering Technology Corp., Tangshan 063000, Heibe;
2. HBIS Group Tangsteel Company, Tangshan 063000, Hebei)

Abstract　Based on the problems of humidification ash unloading and traditional pneumatic ash unloading process, the design optimization of the pneumatic ash unloading system of gravity dust collector in HBIS Tangsteel New District was discussed in the paper, solving the problems of high temperature of gravity ash, unstable ash conveying speed and poor environmental protection effect. At the same time, the energy medium and process parameters of gravity ash conveying were calculated, and the operation procedures for gravity dust removal and ash unloading were developed to make the pneumatic ash unloading process more mature and reliable.

Key words　gravity dust removal; pneumatic ash unloading; energy saving and environmental protection; ash conveying speed

0　引言

随着生产成本的精细化管理以及国家、行业对环保降耗和节能减排的严格要求，物料的环保储运技术和节能降耗备受行业关注[1]。炼铁厂重力除尘器通常采用加湿卸灰方式，由于加湿效果不好，既造成卸灰、运输过程中的环境污染，又造成了水资源浪费。其次，卸灰方式基本为敞开式，不能避免高炉煤气的泄漏，存在一定安全隐患，加湿卸灰方式已无法满足环保需求[2,3]。同时由于高炉炉顶排出的煤气温度为150~300℃，标态粉尘浓度约10~40g/m^3，粉尘含量大，温度高，对管道磨损严重，且除尘灰具有粉尘爆炸危险[4~6]，所以，在当前以“节能减排、保护环境”为目标的冶金形势下，对重力除尘器气力卸灰系统的深入研究及设计优化尤为重要。

1　传统高炉重力除尘器卸灰工艺

典型的高炉重力除尘器按卸灰方式不同，可以分为两种：一是加湿卸灰方法，通过加湿卸灰机将重力灰加湿后进行汽车外运；二是气力卸灰法，分为正压输送及负压输送两种方式。正压输送即重力除尘器卸灰阀下设喷吹灰罐，用氮气流化管道将重力灰正压输送至相应收粉仓；负压输送采用吸排罐车负压

作者简介：刘思远（1990—），男，硕士，工程师，2014年毕业于北京科技大学冶金工程专业，现在唐钢国际工程技术股份有限公司从事炼铁设计工作，E-mail：liusiyuan@tsic.com.cn

吸灰操作，通过吸排罐车输送至相应收粉仓[7]。目前，负压操作应用较多，正压输送由于受到输送距离及安全问题限制，应用较少，本文不再详细介绍。

加湿卸灰工艺与气力卸灰工艺优缺点见表1。

表1 加湿卸灰工艺与气力卸灰工艺优缺点

Tab. 1 Advantages and disadvantages of humidification ash unloading process and pneumatic ash unloading process

序号	加湿卸灰工艺	气力卸灰工艺
1	传统加湿卸灰方式，加湿效果不好，落差较大，粉尘外溢严重，造成环境污染	系统密封性好，现场作业环境优良
2	需消耗部分水资源，造成水资源浪费	不需要水，节约资源
3	采用敞开式卡车运输，运输过程中造成污染环境	采用吸排罐车，吸灰速度稳定，系统密封性好，现场作业环境优良
4	卸灰方式基本属于敞开式，不能避免高炉煤气的泄漏，存在一定安全隐患	卸灰方式属于密闭式，卸灰管道上设三道卸灰阀，安全性能高
5	自动化程度低，需现场人工进行开阀门操作	自动化程度高，操作系统与设备连锁，不易出现误操作等风险
6	加湿卸灰机工作效率低，尤其大型高炉，随着高炉炉容的加大，需要处理的灰量越来越大，工人劳动强度增大，生产危险性也增大	工艺系统自动化水平高，维修故障率低，工人劳动强度低，生产危险性低
7	操作人员工作环境差，导致职业病的患病概率提高	操作人员工作环境良好

加湿卸灰作业主要包括清灰工指挥汽车驶入指定位置，开启卸灰阀，观察卸灰量调节阀门开启大小，关闭卸灰阀和打扫作业现场卫生[8]。放灰作业中存在粉尘、CO泄漏风险。

高炉炼铁重力除尘卸灰时，由于采用250kPa高压煤气冲刷设备，极易造成卸灰球阀涡轮损坏，重力卸灰球阀关闭不严，煤气外溢，致使操作工作业过程出现煤气中毒。为了提高生产效率，降低作业风险，需对传统重力除尘卸灰系统进行优化。

2 重力除尘卸灰系统设计

2.1 重力除尘器概况

河钢唐钢新区高炉有效容积2922m^3，炉顶煤气压力0.25MPa，炉顶煤气温度150～250℃，正常煤气发生量550000m^3/h（标态），荒煤气含尘量9g/m^3（标态），除尘灰量120t/d。高炉重力除尘灰成分如表2所示。

表2 高炉重力灰成分

Tab. 2 Gravity ash composition of blast furnace

粉尘	成分（质量分数）/%				
	TFe	Zn	CaO	SiO_2	C
高炉重力灰	34.9	4.46	2.53	5.51	32.3

2.2 气力卸灰工艺

重力除尘器卸灰采用负压吸排车方案，在重力除尘器下部设两个中间灰罐，中间灰罐下部设氮气流化装置。重力除尘器与中间灰罐之间设手动球阀、气动挡板阀（具备挡料功能）、气动圆顶阀，中间灰罐通过手动球阀、电动星形给料阀和连接管与吸排车连接。

气力卸灰系统工艺流程如图1所示。

2.3 气力卸灰系统技术特点

（1）增大重力除尘器锥段卸灰管道管径，加快了卸料速度，减小了堵料风险；卸灰管道竖直布置，

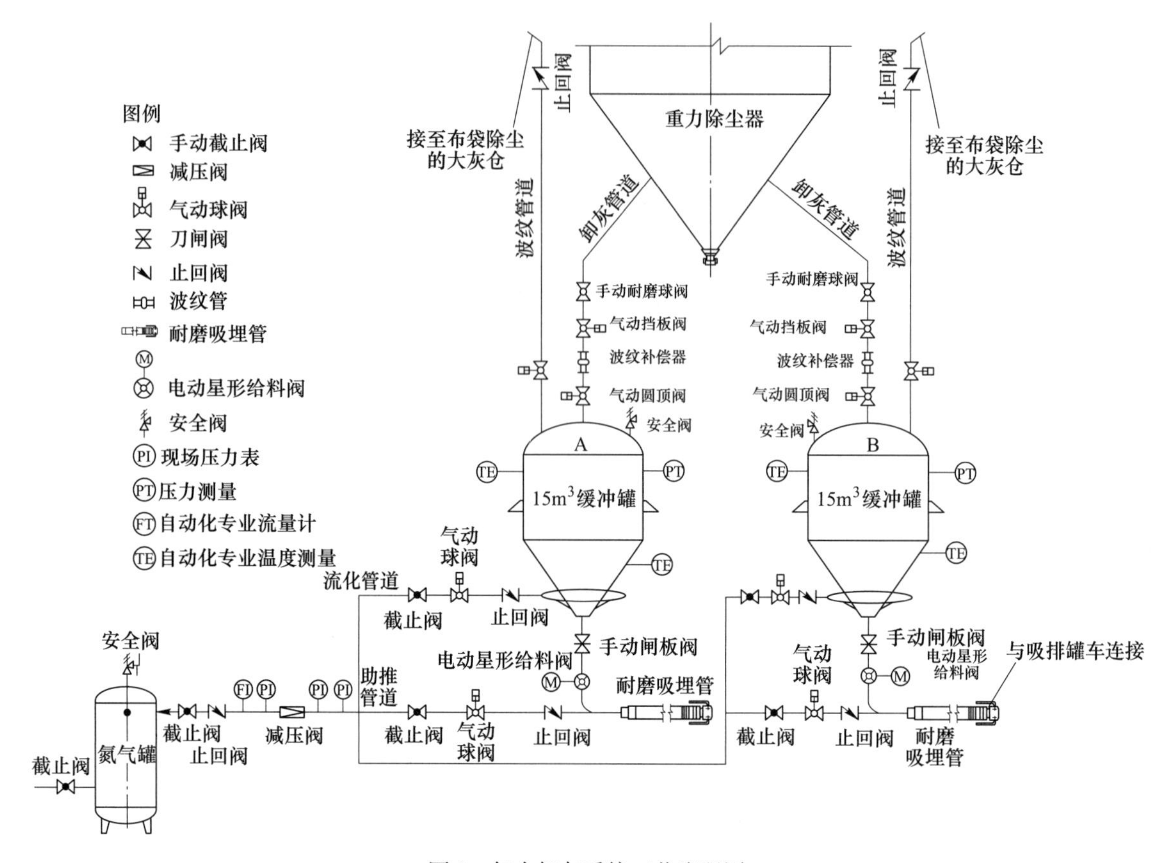

图 1　气力卸灰系统工艺流程图

Fig. 1　Process flow diagram of pneumatic ash unloading system

不设弯头，减少了管道磨损。

（2）采用氮气对重力灰进行吹扫降温，避免出现由于重力灰温度过高导致吸排罐车不能吸灰的问题。

（3）储灰罐上放散管道放散至接至炉顶煤气均压回收系统，避免出现储灰罐内煤气吹扫过程中放散气体冒黑烟的现象，减少环境污染。

（4）储灰罐上设流化装置，实现气力卸灰过程中稳定的流态化气力输送，避免吸灰过程出现喘振、冒灰问题。

（5）储灰罐上部、下部设测温装置，可实现储灰罐的料位监控。

（6）储灰罐下排灰管设电动叶轮给料机，实现稳定、可调的重力灰输送。

（7）全封闭设计，降低了环境污染。

（8）输粉管线使用金属耐磨埋吸管，承压能力高，耐磨性好，使用寿命长。

（9）较高的自动化操作水平和完善的监控手段，保证操作安全。

（10）2 个储灰罐交替工作，也可以互相备用，满足用户对系统检修的需要。

（11）中间灰罐容积与吸排车容积相匹配，每罐储存的除尘灰可以装满一辆吸排车，减少操作工人工作强度。

2.4　重力除尘卸灰系统工艺计算

储灰罐几何容积 V：$15m^3$；

缓冲罐有效容积利用系数 μ：0.85；

除尘灰堆比重 ρ_1：$1.6t/m^3$；

卸灰流量经验值 v_1：9t/min；

吸排罐车吸灰固气比 K：20kg 灰/kg 气；

吸排罐车平均吸料速度 v_2：0.4t/min；

空气密度 ρ_2：1.29kg/m^3。

储灰罐储灰量 Q_1：

$$Q_1 = \mu \times \rho_1 \times V \tag{1}$$

卸灰时间 $t_{卸}$：

$$t_{卸} = Q_1 / v_1 \tag{2}$$

吸灰时间 $t_{吸}$：

$$t_{吸} = Q_1 / v_2 \tag{3}$$

吸灰气体用量 Q_2：

$$Q_2 = 1000 \times Q_1/(\rho_2 \times k) \tag{4}$$

瞬时吸灰气体用量 Q_3：

$$Q_3 = Q_2/t_{吸} \tag{5}$$

根据计算结果可知，储灰罐储灰量 Q_1 为 20.4t，卸满 15m^3 储灰罐时间 $t_{卸}$为 2.2min，吸排罐车吸灰时间 $t_{吸}$为 51min，吸灰气体用量 Q_2 为 790m^3，瞬时吸灰气体用量 Q_3 为 1860m^3/h，综上可知，气力卸灰工艺每次卸灰时间约 55min，每天卸灰次数约 6 次。

3 气力卸灰系统操作规程

（1）选好卸灰罐号，与吸排罐车司机联系确认具备卸灰条件后开始卸灰工作。

（2）首先打开放散气动球阀，压力放净后顺序打开气动圆顶阀、气动闸板阀，当储灰罐装满后，停止卸灰操作，顺序关闭气动闸板阀、气动圆顶阀，打开储灰罐流化气动球阀进行吹扫，吹扫完成后先关闭流化气动球阀，顺序关闭放散气动球阀。

（3）为保证安全，每次重力除尘器排灰时必须保持除尘器内一定的灰位，中间灰罐排灰时除尘器与中间灰罐间必须完全隔绝。

（4）根据现场吸排罐车开始吸灰操作所需的时间，确认开始吸灰操作后打开氮气助吹阀，观察输灰管道压力正常后打开电动星形给料阀进行卸灰工作。

（5）卸灰完成后先关闭电动星形给料阀，延时关闭氮气助吹阀将金属耐磨管内除尘灰吹扫干净。

4 结语

高炉重力除尘器加湿卸灰仍是目前众多小高炉的卸灰方式，但已无法满足日益严格的环保及高炉大型化对重力卸灰系统的高效率要求。气力卸灰工艺虽现阶段能满足大型高炉的卸灰需求，但也存在较多问题，如吸灰速度不稳定、卸灰时间长、放散气体灰尘含量高、人员劳动强度高及自动化水平低等，需积极研发完善当前气力卸灰形式。

河钢唐钢新区气力卸灰工艺每次卸灰时间约 55min，每天卸灰次数约 6 次，整个工艺流程简单、运行可靠，是一种节能环保、安全可靠的新型实用技术。

参考文献

[1] 于勇，王新东．钢铁工业绿色工艺技术［M］．北京：冶金工业出版社，2017（1）：1~3.

[2] 黄标．气力输送［M］．上海：上海科技技术出版社，1984.

[3] 王华新，伍炜．基于普通气卸粉罐车承运高炉重力除尘灰的分析与应用［J］．安徽冶金科技职业学院学报，2010，20（4）：53~55.

[4] 季书民．重力除尘器放灰系统改进［J］．黑龙江冶金，2012，32（1）：68~70.

[5] 李小松．高炉重力除尘灰处理装置［J］．宝钢技术，2014，3（32）：80.

[6] 项钟庸，王筱留．高炉设计-炼铁工艺设计理论与实践［M］.2 版．北京：冶金工业出版社，2014.

[7] 王义，王庆丰，韩云平，等．高炉煤气重力除尘器局部磨损的改进措施［J］．河南冶金，2006，14（4）：26~27.

[8] 冯东海，李泽林．某炼铁厂高炉重力除尘放灰作业职业病危害因素控制与分析［J］．河北冶金，1992（3）：24~29.

高炉专家系统设计与应用

武 晨

（唐钢国际工程技术股份有限公司，河北唐山 063000）

摘 要 炼铁是钢铁企业生产的核心环节，高炉的稳定运行直接关系着整个钢铁企业的生产节奏。将计算机网络技术与生产经验结合，开发高炉专家系统已成为当下高炉生产技术创新的新方向。结合河钢唐钢新区高炉炼铁生产工艺的特点，设计了高炉专家系统，介绍了专家系统组成并分析其功能和特点。

关键词 高炉；专家系统；数学模型；数据库；人工智能

Design and Application of Blast Furnace Expert System

Wu Chen

（Tangsteel International Engineering Technology Crop., Tangshan 063000, Hebei）

Abstract Ironmaking is the core link in the production of steel enterprises, and the stable operation of blast furnaces is directly related to the production rhythm of this industry. Combining computer network technology with production experience, the development of a blast furnace expert system has become a new direction of blast furnace production technology innovation. In this paper, a blast furnace expert system was designed based on the characteristics of the blast furnace ironmaking production process in the HBIS Tangsteel New District, the composition of the expert system was introduced, and its functions and characteristics were analyzed.

Key words blast furnace; expert system; mathematical model; database; artificial intelligence

0 引言

河钢集团唐钢新区（全文简称唐钢新区）高炉冶炼专家系统引进北科亿利技术，系统中主要的数学模型和专家诊断系统由北科亿利开发，实现对炉温及布料异常情况进行预报并提出解决建议，对炉顶煤气流分布情况进行判断并提出调剂建议。

开发的高炉专家系统共有14个数学模型和诊断系统，通过数据采集、模型计算和信息技术的结合，表征高炉内部状况，阻止异常炉况发生，保证高炉操作一致性，增加产量减少燃料比消耗，保障铁水成分稳定，提高全流程经济效益，帮助高炉工长更好的决策，做出综合预判，使高炉达到优质、高效生产的目的，保证高炉运行的低耗和长寿[1,2]。

1 高炉生产概况

高炉包括槽下配料称量系统、上料布料系统、高炉本体，煤粉喷吹系统，热风炉系统，铁渣系统、除尘设施等子系统[3]。

高炉采用矿槽与焦槽共柱布置；槽下矿石、焦炭分散筛分、分散称量，不设中间称量斗，避免筛分后的原燃料二次跌落破碎；高炉选用串罐无料钟炉顶装料设备，减少炉料装入过程中出现偏析；高炉本体采用综合长寿技术，炉体为全冷却壁结构，采用软水密闭循环冷却模式，以利于高炉生产高效、稳定长寿；环保方面炉顶采用均压煤气回收工艺，回收更多煤气，改善环境；采用“一罐到底”铁水运输

作者简介：武晨（1986— ），女，硕士，工程师，2012年毕业于河北联合大学控制工程与控制理论专业，现在唐钢国际工程技术股份有限公司主要从事自动化设计工作，E-mail：wuchen@tsic.com

方式，降低铁损，减少温降；自动化方面采用电气、仪表和计算机三电一体化控制系统，配置完善的检测设施，实现高炉操作与控制的自动化。

高炉自动控制系统在功能上由两级组成[4]，第一级为基础自动化级（L1），实施高炉设备的运转和状态控制以及过程参数的检测、采集、整理、调节和报警等。根据 HMI 的操作指令和现场各检测器的信号完成各个工艺设备或者工艺过程的顺序控制和 PID 调节控制，完成各工艺过程及设备的故障报警处理及显示。第二级为过程控制级（L2），主要完成生产过程的操作指导、技术计算、数据处理、数据存储及通信。

2 高炉专家系统组成及应用

2.1 专家系统的组成

高炉专家系统由工艺自动化系统、工艺模型及专家诊断系统 3 部分组成[5]。

2.1.1 工艺自动化系统

工艺自动化系统包括高炉二级（L2）过程控制自动化系统、与一级（L1）或其他系统的通讯和人机展示界面。

高炉 L2 过程控制系统控制范围从高炉料仓下料开始，至出铁渣为止。包括料仓系统，装料系统，高炉本体，煤粉喷吹系统，热风炉系统，铁渣系统等整个主作业线。系统采用 Client/Server 体系结构，服务器选用容错服务器，客户端计算机以及打印机全部采用中高端配置。系统采用快速标准以太网，网络通信使用 TCP/IP 通讯协议。

高炉 L2 实现和高炉 L1 的通信并预留和铁前 MES 系统、检化验 L2 系统的通信。计算机系统间通信协议统一遵循 TCP/IP 协议，采用 DB-link（数据库表互相读写）的方式实现相互之间数据的读取和发送。

对于人机展示界面系统，采取按区域设置的原则。除考虑一定数量的必备画面，亦留有用户将来制作的画面，对于后者可由用户任意设计。画面的内容包括：过程监控画面；参数设定画面；设备及控制系统诊断画面；故障报警画面；趋势记录画面；报表记录画面；操作及事件记录画面。

2.1.2 工艺模型

开发的专家系统主要工艺模型有：基础数学模型（配料模型、理论燃烧温度计算模型、鼓风动能模型、炉热指数计算模型、氧过剩系数、高炉操作线模型）、高炉多环布料料面计算模型、炉形管理模型、炉体热负荷及渣皮厚度在线监测模型、热平衡和炉温预报模型、炉况诊断模型、炉顶煤气流分布模型、炉缸侵蚀模型、出铁管理模型。其中炉温预报和炉况诊断是专家系统开发的核心，而炉温预报更是专家系统开发的难点[6]。

2.1.3 专家系统

专家系统通过采集和统计工艺数据，基于模型计算、专家知识库比对等逻辑判断，检测炉况，判断主要工艺故障，找出原因并给出解决故障的指导建议[7]。

高炉专家系统的跟踪范围包括：高炉矿槽、炉顶布料、热风炉、煤粉喷吹和炉前出铁平台等系统。

管理专家系统中，工控机利用监视软件 iFix 提供的 ODBC 接口，将现场采集的数据按照要求实时传送给数据库，对其处理加工和计算，再进行逻辑认知与判断，给出具体的操作建议。专家系统的工作流程如图 1 所示。

2.2 专家系统的功能及特点

2.2.1 专家系统的软硬件配置

高炉冶炼专家系统的硬件由数据服务器、操作员站、工程师站及控制终端组成。高炉的生产数据由

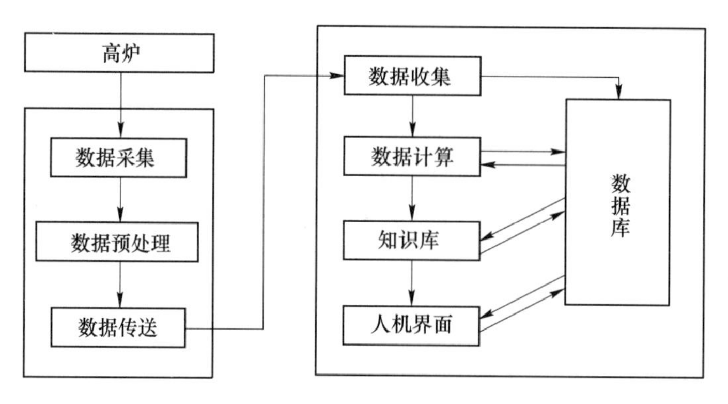

图 1　高炉专家系统工作流程

Fig. 1　Work flow of the blast furnace expert system

传感器检测，电控仪控系统均通过 PLC 控制器将生产数据经以太网传送至数据库服务器，进行数据处理及存储、各模型的调用、运行管理等工作。工程师站操作系统为 Microsoft Windows 7 64 位专业版，主要用于专家系统的调试维护及系统的二次开发功能。操作员站具有人机对话的功能。

专家系统软件模块包括以下方面[8]：

（1）数据库：采用大型 Oracle Sever 2008 数据库，对系统运行中所产生的数据信息，包括原燃料化学分析、上料数据、高炉冶炼过程检测数据、出铁数据等分类、分级管理及存储，以及各种报表及工序的存储。系统提供 OPC 通信接口，在授权的情况下其他系统可通过以太网接口读取本系统的数据库，数据存储周期为一代炉役。

（2）知识库：即知识推理，在完成运算后开始运行。通过实际案例分析总结、专家经验转化等方式获取炉况推理规则，对其进行修改，存储获得的高炉冶炼知识和高炉操作经验。

（3）推理机：用于对知识库内的知识进行搜索推理，给出答案。

（4）人机界面：人机交流的通道。负责将操作人员输入的指令转换成可供计算机识别的语言，也将各个系统发出的信号转换成操作员可以理解的指令，指导操作，稳定生产。

（5）其他子系统：包括知识获取及解释等子系统。负责知识库的编辑修改更新和对推理结果的解释。软件系统架构如图 2 所示。

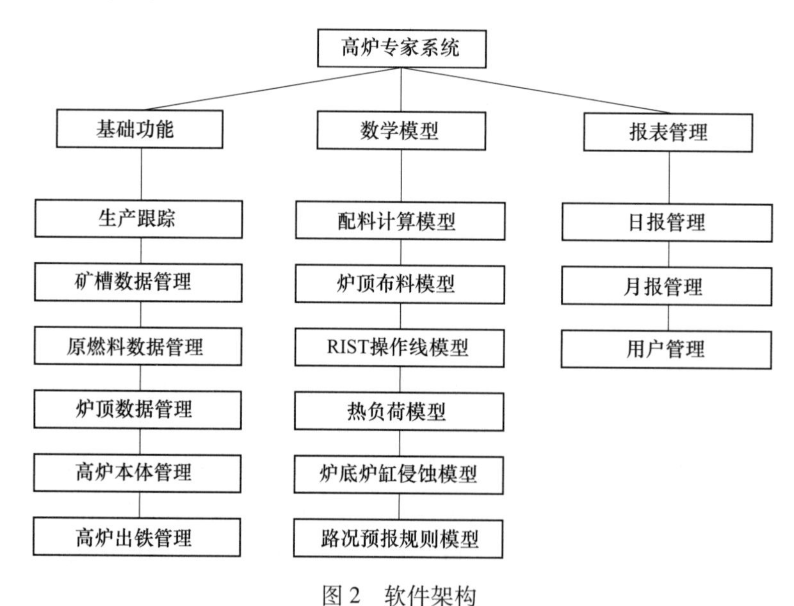

图 2　软件架构

Fig. 2　Software architecture

2.2.2　专家系统的功能特点及应用

高炉冶炼过程复杂多变，变量多、耦合性强、非线性、滞后时间长[6]。

2.2.2.1 系统的突出特点

（1）引入三维侵蚀模型，模型基于对炉底炉缸侵蚀机理的长期研究，以计算流体力学、计算传热学为基础，应用现代化专家系统理论，对炉底炉缸侵蚀机理进行知识处理，建立高炉炉底炉缸“异常诊断”知识库，依据耐材测温点的温度和冷却壁热负荷及其变化趋势，采用传热学“正反问题”结合“异常诊断”的方法，综合判断耐火材料导热系数变化、环裂、渗铁、气隙等生产中可能出现的异常对温度场分布及侵蚀的影响，对炉底炉缸三维非稳态温度场、侵蚀内型、渣铁壳变化、炉缸热状态进行在线监测，对异常情况和侵蚀加剧原因进行实时诊断，并根据侵蚀加剧原因指导采取有针对性的炉缸维护手段。

（2）可靠的一级自动化检测系统，提高炉顶煤气成分在线自动分析及炉身静压力等关键参数的精度和可靠性；

（3）利用大数据与云平台技术，深度挖掘高炉长期运行中积累的大量过程数据的内在规律，通过大数据云平台的交互功能，实现信息间的交互和重用，使数据的采集、处理、存储及展示更具综合性和高效性；

（4）人工智能及机器学习算法与模型的有机融合和成功应用，提高专家知识库的灵活性，高级自学习功能更科学准确的指导标准化作业，实现智能监测、智能优化，系统具有更强的适应性及扩展性，显著提高高炉生产的智能化水平。

（5）引进基于高炉冶炼机理的全3D数值模拟仿真分析技术，建立高炉各个部位的多尺度三维数值模拟分析，实现高炉三维可视化管理，帮助操作人员更直观的了解高炉内部状况。

2.2.2.2 系统主要功能

（1）原燃料数据管理：通过数据通信的方式，接收从炼铁MES系统传送过来的原燃料成分及物理性能分析数据，包括烧结矿、焦炭、辅原料。同时对原料的库存量进行监视。

（2）矿槽装料操作管理：装料称量管理包括上料CHARGE号、BATCH组合、焦槽的称量值、焦丁槽的称量值、烧结矿的称量值、块矿的称量值、杂矿槽的称量值等。

（3）炉顶装料数据处理：炉顶装料数据处理包括炉顶CHARGE号、料批重量、溜槽角度、溜槽布料圈数等。

（4）热风炉数据管理：各热风炉状态管理和数据处理。包括各个热风炉的燃烧状态、燃烧室和蓄热室的温度、压力、流量等数据。

（5）高炉本体数据管理：高炉本体各部分碳砖的温度数据处理；高炉冷却系统温度、冷却水流量数据处理以及各部分冷却区域的负荷计算。

（6）铁渣数据处理：出铁和出渣数据处理。本处理系统将按照TAP号对相关数据进行管理。数据包括TAP NO、出铁量、出渣量、铁水温度、铁水成分、渣成分等。

（7）煤粉喷吹管理：喷粉系统的数据管理，包括喷煤量、喷吹流量、喷吹压力、温度等。

（8）工艺技术计算：高炉主要工艺参数计算，主要包括：透气性指数计算、鼓风动能计算、储铁量计算、理论燃烧温度计算、炉腹煤气量计算、风速计算等高炉工艺参数计算。

（9）一代炉龄数据记录管理：将高炉主要生产数据保存1个炉役，用于将来的研究分析的资料。也可以随时浏览检索各个时段的生产数据。

（10）数据显示：通过各种画面可以对重要的过程数据进行短期、中期、长期的趋势显示。同时也可检索浏览各环节生产数据。

（11）配料计算模型：根据高炉给定的原燃料条件和冶炼参数通过计算确定单位生铁的原燃料消耗，冶炼产品的成分和数量，为高炉生产提供依据。该模型根据实际入炉的矿批和焦批的成分、重量等计算出理论铁量、实际碱度、渣铁比、S负荷、焦炭负荷、灰石负数、炉顶煤气量、煤气成分、矿层厚度、焦炭层厚度等重要的生产参数。

（12）高炉多环布料料面计算模型：布料计算模型根据高炉布料的特点，基于各环布料的重量分别进行堆角、中心厚度和边缘厚度以及该角度炉内的落料点的计算，然后根据各环炉料堆尖顶点坐标拟合成料面曲线，并根据模型计算的料降速度以及最新的布料信息实时更新料面。该模型通过计算的料面形状、各环布料的矿焦比，结合高炉炉喉十字测温状况从而推定高炉炉内的煤气流变化情况，指导高炉科学合理布料。

（13）煤气流分布模型：根据高炉炉顶布料模型计算结果（矿层和焦层厚度、各环炉料落点以及各落点矿焦比），结合高炉炉喉十字测温结果，煤气成分变化，炉身热负荷变化，高炉风口参数等信息，沿高炉径向推算高炉煤气流分布及煤气流变化。协助工长找到最适合高炉炉型的煤气分布曲线，更合理的控制边缘气流，达到高炉长寿顺行并且有效提高煤气利用率的目的。

（14）炉体热负荷及渣皮厚度在线监测模型：冷却壁进水温度、出水温度、水流量的自动采集、存储和历史查询；基于炉腹、炉腰、炉身中下部冷却壁的热负荷数据，对高炉冷却壁炉墙进行三维传热建模，量化其挂渣能力、裸露标准，建立不同高炉操作炉型及挂渣厚度模型，并通过对长期监测数据的分析，明确不同高炉的渣皮生成-脱落周期，找出稳定操作炉型的控制标准。

提供功能完善的历史数据查询功能，包括进水温度、出水温度、水流量、水温差、热负荷、自动预警记录、设备故障记录查询以及挂渣厚度和操作炉型的历史查询与图像重现功能，并提供统计报表功能，查询结果和统计报表可以导出或打印。

（15）炉缸侵蚀模型：根据高炉炉底炉缸碳砖各方位测温仪表的实际测温值，炉缸的内径尺寸，炉底炉缸碳砖类型，各层碳砖厚度，采用先进的有限元算法模型计算出高炉炉内侵蚀线的位置，从而确定高炉内衬的实际侵蚀情况。

（16）热平衡和炉温预报模型：模型根据高炉物料平衡计算（配料计算模型）的结果，对高炉的高温区热平衡状态进行计算，根据高炉各化学反应的消耗热、生成热以及带入炉内的热量、从炉顶以及出铁口带出的热量计算出单位时间内炉内的炉热指数TQ以及炉热变化指数DTQ，帮助高炉操作人员实时了解炉热水平变化。

（17）RIST曲线和燃料比优化模型[9]：系统根据高炉的炉料状况、送风状况、炉顶煤气成分、铁水成分等信息，模型自动计算高炉的直接还原度、间接还原度、炉身效率，通过RIST操作线的方式呈现给高炉操作人员。而且可以模拟原料、送风、富氧等输入参数的变化模拟计算高炉的最大焦比潜力。为高炉进一步降低燃料比提供合理的调节建议。

（18）报表打印：报表系统采用先进的B/S结构，管理人员以及生产技术人员可以在办公室通过IE浏览器方便的远程访问现场的生产系统，浏览和打印报表，了解现场生产信息。

3　结语

长周期稳定运行是对高炉专家系统的基本要求[10]，河钢唐钢新区高炉冶炼专家系统通过与一级、MES系统等协同，将人类专家经验与大数据、机器学习、多媒体、机器人等人工智能技术紧密结合，配备强大的计算硬件，以准确判断和预测高炉炉温与运行状况为主要目标，提高高炉炉顶煤气分析、炉身静压力等关键监测信息的可靠性和实时性，运用模糊推理及深度学习技术建立数学模型，集中管控、统一协调、信息集成共享。在改善高炉技术经济指标和节能减排方面发挥巨大作用，具有重要的实际意义。

参考文献

[1] 李鹏，毕学工．低成本高效益高炉专家系统开发的理念与实践［J］．中国冶金，2015，25（7）：11~16，32.

[2] Wikstroem P. Estimation of the transient surface temperature and heat flux of a steel slab using an inverse method［J］. Applied Thermal Engineering，2007（27）：2463.

[3] 陈建华，徐红阳．“高炉专家系统”应用现状和发展趋势［J］．现代冶金，2012，40（3）：6~10.

[4] 李宝忠，董洪旺．绿色高炉炼铁技术发展方向［J］．河北冶金，2020（S1）：1~4.

[5] 陈树文．高炉专家系统在太钢高炉的应用［J］．山西冶金，2019（6）：117~119，144.

[6] 刘莎莎，周检平．高炉专家系统的数据处理和界面实现［J］．冶金自动化，2006（S2）：581~585.

[7] 车玉满，郭天永，孙鹏，等．高炉冶炼专家系统的现状与趋势［J］．辽宁科技大学学报，2019，42（4）：241~246.

[8] 陈贺林，陶卫忠，等．宝钢高炉智能控制专家系统的研发［J］．宝钢技术，2012（4）：60~64.

[9] 毕学工，李鹏，彭伟，等．高炉专家系统开发有关问题的探讨［J］．河南冶金，2014，22（3）：1~5，24.

[10] 胡启晨．传统高炉炼铁流程面临的问题和应对策略［J］．河北冶金，2017（12）：28~32.

高炉智能喷吹系统设计

武 晨

（唐钢国际工程技术股份有限公司，河北唐山 063000）

摘 要 智能控制技术的发展为优化高炉生产提供了新的技术手段和思路。将智能控制引入高炉喷吹系统有助于提升煤粉的综合利用效率，对钢铁企业精细化生产和降本增效具有重要意义。介绍了河钢唐钢新区高炉喷吹系统的工艺流程，重点分析了控制系统的组成、功能和特点。

关键词 高炉；煤粉；喷吹；智能控制；节能

Design of Blast Furnace PCI System

Wu Chen

(Tangsteel International Engineering Technology Crop., Tangshan 063000, Hebei)

Abstract The development of intelligent control technology provides new technical means and ideas for optimizing blast furnace production. The introduction of intelligent control into the blast furnace injection system is helpful to improve the comprehensive utilization efficiency of pulverized coal, and is of great significance to the refined production, cost reduction and efficiency increase of steel enterprises. This paper illustrates the process flow of the blast furnace injection system in HBIS Tangsteel New District, focusing on the composition, function and characteristics of the control system.

Key words blast furnace; pulverized coal; injection; intelligent control; energy saving

0 引言

当前能源形势紧张，炼铁生产要扩大高炉燃料来源，需采取措施节约和替代焦炭。炼铁生产降低焦炭的方式包括：改进原燃料质量、改善高炉操作条件、提高风温、降低铁水含硅量等。但从效果上看，高炉喷吹煤粉是最有效的措施[1]。智能喷煤技术对提高高炉利用率和降低冶炼成本均有重要意义[2]。

河钢唐钢新区（以下简称唐钢新区）3 座高炉配置的制粉喷吹系统合建在一个厂房内。整个厂房为半敞开式。车间内配置 4 套制粉喷吹系统（3 用 1 备），为 3 座高炉喷吹煤粉。每套喷吹系统采用 3 罐并列、上出料、总管加分配器直接喷吹方式。采用全氮喷吹。当 1 套制粉喷吹系统出现故障时，可用备用系统替代该系统。

1 高炉喷吹工艺流程简介

1.1 工艺技术条件

1.1.1 喷吹煤种

按喷吹混合煤进行设计，成分如表 1 所示。

1.1.2 煤粉参数

煤粉参数如表 2 所示。

作者简介：武晨（1986—），女，硕士，工程师，2012 年毕业于河北联合大学控制工程与控制理论专业，现在唐钢国际工程技术股份有限公司主要从事自动化设计工作，E-mail：wuchen@ tsic. com

表1　混合煤成分

Tab. 1　Composition of mixed coal

灰分/%	硫/%	水分/%	挥发分/%	原煤粒度/mm	HGI
≤10	≤0.5	≤20	<26	≤30	≥40

表2　煤粉细度及水分

Tab. 2　Fineness and moisture of pulverized coal

煤粉细度	煤粉水分/%
粒度200mesh占70%~80%	≤3

高炉喷煤系统技术条件见表3。

表3　喷吹系统技术条件

Tab. 3　Technical conditions of injection system

指标	煤比/$kg \cdot t^{-1}$	富氧率/%	热风温度/℃
数值	170	3.5	1230
能力	200	6	1250

1.2　工艺概况

高炉喷吹工艺系统主要包括原煤储运系统、制粉系统、干燥惰化系统、喷吹系统和供气动力系统[3]。

1.2.1　原煤运输[4]

系统通过抓斗机将原煤装入受料斗，下煤前按照规定顺序启动配煤皮带，计量瞬时给煤量和累计给煤量。皮带上方有卸料器，在需要时落下相应卸料器，把原煤卸入对应的原煤仓内。原煤仓设置料位计，低料位时发出装煤信号，高料位时停止装煤。原料仓的原煤下放至带式称重给煤机，原煤就会持续不断的进入中速磨。

1.2.2　制粉系统

制粉系统采用负压一级布袋收粉工艺，即中速磨—布袋收粉器—排烟风机[5]。

3座高炉共设置4套制粉系统，每套制粉能力为68t/h。原煤仓中的煤经其出口的一插板阀进入封闭式带式称给煤机，定量加入磨煤机。启动中速磨之前，先启动密封风机，然后依次启动主风机、润滑站、液压站，在启动中速磨。从磨煤机排出的合格煤粉与气体混合物经管道进入布袋收粉器，煤粉被收集入灰斗，灰斗中的煤粉经星型卸灰阀、煤粉振动筛落入煤粉仓。

1.2.3　干燥惰化系统

制粉系统采用热风炉废气作为干燥介质。废烟气分别从3座热风炉换热器后引出汇成一根总管行至制粉车间。干燥介质由热风炉废气和高温烟气组成，其中热风炉废气占85%~90%，高温烟气占10%~15%。烟气炉以高炉煤气作为主要燃料，混合煤气用作保温、稳定燃烧和点火作用，每座烟气炉均设有自动点火装置和火焰监测装置。在最大喷煤量情况下（4套喷煤系统工作），每套干燥惰化系统需要热风炉废烟气量约100000m^3/h（标态），烧高炉煤气量为11000m^3/h（标态），磨煤机入口温度约280℃。

1.2.4　喷吹系统

高炉喷吹系统三罐并列、上出料、总管加分配器直接喷吹方式，采用全氮喷吹。三个喷吹罐罐轮流使用。喷吹罐放散气体通过放散管道进入布袋，并增加旁路通往另一个制粉系统布袋收粉器以方便检修，可PLC远程操作。

备用系统的喷吹主管分别与另外三套系统的喷吹主管相连，当一套制粉喷吹系统出现故障时，采用备用系统喷吹。

2 控制系统组成

2.1 控制系统硬件

高炉智能喷吹控制系统由 PLC 和 HMI 组成，PLC 控制器采用西门子 S7-1500 系列产品，完成现场生产数据的采集和自动控制，并配 UPS 不间断电源。

系统可以很好地适应工业生产环境，具有很好的稳定性和抗干扰性能，可靠性高，将各类数据集中管控，有效提高智能化水平。

2.2 控制系统软件

HMI 主要实现对各种工艺过程的顺序控制、监测及数据通信，完成工艺过程的控制、联锁和报警[6]。软件控制包括升温炉热风温度的自动调节，制粉系统各设备的启动顺序控制及启动条件设定，喷吹系统各设备的启动顺序控制及启动条件设定等。

操作系统采用 WIN7 64 位专业版，系统上位机组态软件采用西门子 WINCC，预留以太网接口，便于系统与其他系统的数据传输。现场设备的状态信息全部用图形显示，更加直观和友好，设备分区清晰，操作简洁明了，只显示重要过程参数，在需要时再切换至“全信息”显示界面。

3 系统主要功能及特点

3.1 主要功能

系统包含以下功能模型[7]：喷吹罐卸压控制模型、煤粉仓流化装粉模型、底部流化模型、喷吹罐充压控制模型、煤粉调节阀控制模型、喷吹速率稳定控制模型、故障处理模型、喷吹罐状态模型、自动/半自动转换模型及数据库。

高炉喷吹系统根据工艺要求，主要实现以下功能[8]：

（1）各种数据的采集；

（2）系统设备的启停及联锁保护；

（3）自动加粉、自动充压、自动换罐、自动卸压控制[9]；

（4）各个阀门的自动控制；

（5）喷枪自动开关控制；

（6）喷吹罐压力自适应调整。

3.2 系统特点

（1）采用惰化气氛的制粉工艺，即：使用热风炉废气与烟气炉产生的高温烟气混合而成的干燥剂，磨机入口、布袋收尘器出口和煤粉仓内干燥剂氧气浓度控制在小于 12%。

（2）烟气炉用少量解析气（或焦炉煤气）燃烧作常明火，并设置火焰检测装置。熄火后充氮并切断煤气和助燃空气。

（3）布袋收粉器采用防静电滤料及设置泄爆门等安全措施。在制粉管道上设置泄爆门。

（4）系统供电设二路电源，并设 UPS 电源，保证停电时阀门向安全方向动作。设检修用安全电源。系统设紧急事故开关。

（5）喷吹罐充压、补压、流化全部采用氮气。

（6）粉仓用氮气保持微负压，仓壁上设温度计监测温度并报警。

（7）对喷吹罐和喷煤管道采取接地措施，防止静电的积累。

（8）磨煤机、布袋收粉器、煤粉仓等设氧含量和一氧化碳在线监测装置，达到上限时自动报警，达到上上限时紧急充氮并停机。

（9）在喷吹管所有的支管上设自动切断阀，当阀前压力降到等于热风压力加上偏差值时，自动切断喷煤通路，打开气体通路，阻止炉内高温倒流进入喷吹总管甚至进入喷吹罐。

（10）喷吹罐的流化，充压，供气管道均设置逆止阀。制粉系统设置紧急充氮系统。

（11）喷吹主管设置过滤器。

4　结语

针对河钢唐钢新区高炉喷吹系统的工艺特点，设计了覆盖整个煤粉喷吹过程的智能控制模型。将控制模型引入喷吹过程，不仅提高了高炉生产效率，同时也实现了高炉喷吹的“一键智能操作”。精细化的煤粉喷吹控制，降低了炼铁生产成本和能耗[10]。

参考文献

[1] 左自平，徐小红．大高炉喷煤计算机控制系统研发［J］．电脑知识与技术，2017，13（19）：188~190.

[2] 何秀娟．2500m^3高炉喷煤自动控制系统的研究与应用［J］．冶金管理．2019（5）：2~3.

[3] 殷惠莉，孙小军，薛秀云，等．高炉喷煤系统设计与实现［J］．甘肃冶金，2014，36（4）：16~19.

[4] 刘京瑞，冯帅，尹志华，等．高炉喷吹用煤合理配煤的研究与实践［J］．河北冶金，2019（1）：14~17.

[5] 胡立堂．龙钢1800m^3高炉智能喷吹应用［C］．冶金智能制造暨设备智能化管理高峰论坛论文集，2019.

[6] 周春林，沙永志，等．高炉喷煤工艺优化及系统改进［J］．钢铁，2007，7（44）：20~23.

[7] 孟祥龙，张福明，王维乔，等．引进技术在迁钢3号高炉喷煤系统中的应用［J］．炼铁，2013，32（2）：34~37.

[8] 卢海宁．高炉智能喷煤控制系统设计与应用［J］．冶金自动化，2005（S1）：53~55.

[9] 佟伟德．高炉喷吹煤无约束多目标优化配煤模型［J］．河北冶金，2016（1）：15~18.

[10] 孙刘恒，刘玉猛．青岛特钢2×1800m^3高炉喷煤系统工艺设计［J］．天津冶金，2017：46~48，54.

铁水包跟踪与管理系统的设计

郭丽娟

（唐钢国际工程技术股份有限公司，河北唐山 063000）

摘　要　为实现铁水包运输过程的自动识别、定位和跟踪管理，通过研究河钢唐钢新区铁水包的周转业务流程，设计了一种铁水包跟踪与管理系统。通过实时动态的跟踪每个铁水包的位置、信息、状态，在平面图中进行展示，为调度人员提供参考和管理依据，降低生产成本。以河钢唐钢新区炼铁厂为例，介绍了铁水包跟踪管理系统的具体设计方案和功能。

关键词　铁水包；动态跟踪；周转

Design of Lable Tracking and Mangement System

Guo Lijuan

(Tangsteel International Engineering Technology Co., Ltd., Tangshan 063000, Hebei)

Abstract　In order to realize the automatic identification, positioning and tracking management of the molten iron ladle transportation process, a molten iron ladle tracking and management system has been designed by studying the turnover business process of this kind of ladle in HBIS Tangsteel New District. Through real-time and dynamic tracking of the location, information, and status of each molten iron ladle, it is displayed in the plan to provide reference and management basis for dispatchers and reduce production costs. Taking the ironmaking plant in HBIS Tangsteel New District as an example, the specific design scheme and functions of the molten iron ladle tracking management system were introduced in the paper.

Key words　molten iron ladle; dynamic tracking; turnover

0　引言

目前大多数钢铁厂采用铁水包一罐制运输铁水，既节约投资和运行成本，又降低铁水温降[1]。但在有限的铁水包数量条件下，合理调度和使用铁水包，满足生产需要成为待解决的问题。河钢唐钢新区在总结现有铁水包管理实践经验基础上，设计了铁水包跟踪与管理系统。该系统通过研究铁水包的周转业务流程，对铁水包在线使用和离线维护处理过程中的位置进行追踪，实现铁水物流高效运行、铁水包管理有序、信息收集全面、管理水平提高的目标[2]。

1　概述

1.1　系统结构

铁水包跟踪管理系统包括铁水包定位、跟踪、调度和容器管理。铁水包定位系统采集铁水包在厂区内的位置坐标信息，作为铁水包跟踪的数据基础。铁水包跟踪系统与现有的计量系统、化验系统集成，采集铁水的重要信息，并分析铁水包坐标和铁水信息来判定当前铁水包状态，作为跟踪状态的判定依据和调度的依据[3]。系统主要实现铁水包监控画面展示、信息查询、设备管理、生产计划跟踪、调度辅助。铁水包调度根据当前铁水包的数据以及炼铁厂各设备的运行状况，采用相应的调度规则实现对铁水

作者简介：郭丽娟（1985—），女，硕士，工程师，2010 年毕业于河北工业大学通信与信息系统专业，现在唐钢国际自动化公司主要从事信息化技术工作，E-mail：guolijuan@ tsic. com

包的供应调度决策。系统结构如图1所示。

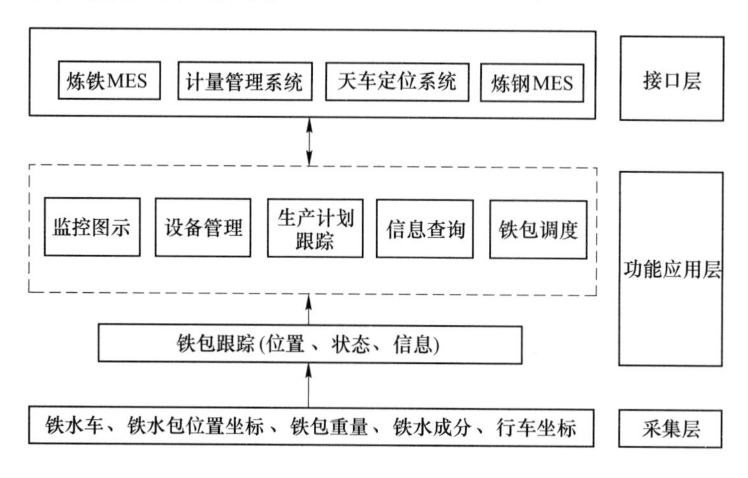

图1　系统结构

Fig. 1　System structure

1.2　接口管理

铁水包跟踪管理系统与炼铁MES、炼钢MES、计量系统、天车定位系统等进行数据交互。铁水包跟踪系统接收炼铁MES制订的出铁计划，根据出铁计划编制高炉受铁的铁水包计划，并反馈给炼铁MES；与计量系统的接口用于接收出铁重量和脱硫后的重量称重信息；与天车定位系统的接口用于接收铁水包的实时位置信息，传达行车运行指令。

2　铁水包跟踪业务分析

铁水包操作流程包括高炉接铁水，铁水运输、铁水预处理、铁水入转炉[4]。铁水包跟踪全程涉及炼铁厂出铁跟踪、铁水运输跟踪、预处理跟踪、炼钢车间铁水包跟踪、异常状况铁水包转移。铁水运输车载着空包返回铁厂时，先经过轨道衡称重，射频卡读取铁水包包号及其他信息，当铁水包装满铁水时进行成分检测，再次通过轨道衡进行称重，两次称重后取得铁水重量[5]，连同铁水包成分，一并记录在后台数据库，并依据调度指令发往对应的炼钢车间；铁水从高炉车间运向各个炼钢车间的过程中，根据成分是否满足所炼钢种要求决定是否进行预处理；随后铁水包进入炼钢车间，由行车吊送至转炉，再将空包放回铁水车并返回发货的炼铁厂，完成铁水包进厂、铁水入炉、空包离厂的操作流程。铁水包跟踪流程如图2所示。

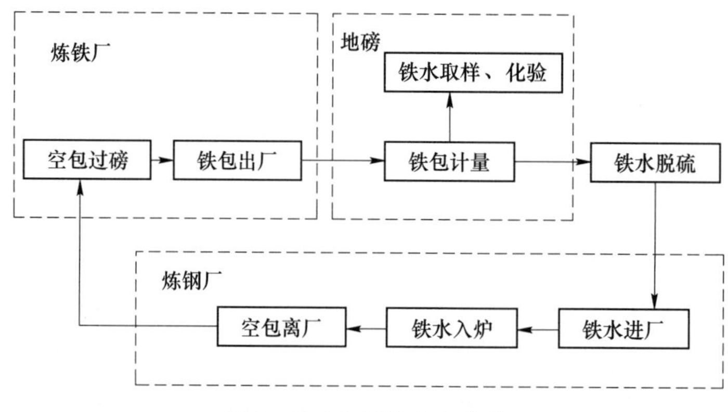

图2　铁水包跟踪业务流程

Fig. 2　Molten iron ladle tracking business process

根据接收到的炼钢MES的出钢计划和炼铁MES生产计划的要求，结合铁水包的实际情况，编制铁水包用包计划；根据每个炉次的预设生产路线和实际的生产过程及情况，在高炉出铁开始前，行车调度模块发送行车作业指令，行车操作人员根据车载计算机上显示的指令，操作行车将需要调度的铁水包吊到合适的位置，在铁水包称重后，从计量系统取得包重，并将此包号与高炉出铁的炉号绑定，一直跟踪到脱硫、转炉兑铁或出半钢结束[6]。通过跟踪行车运转过程，实现对铁水包的跟踪，从而能够及时有效的跟踪每个炉次的铁水包在关键工序的周转情况。

3 铁水包定位与信息跟踪

要跟踪铁水包的工作轨迹，必须确定铁水包所在的台车或行车位置[7]，完成铁水罐在高炉出铁口以及炼铁区域、炼钢区域的位置跟踪。

3.1 铁水包定位

通过射频识别设备及标签设备实现对铁水包、车架和火车机车的定位跟踪。在铁路一侧安装一套识别主机，用于识别铁水包、机车及车架子上的标签。铁水罐号识别主机采用 RFID 无线射频识别技术，设计了不锈钢防护外壳，保证了产品在恶劣环境下的抗干扰能力、防护能力和稳定性。每个罐车架和机车分别配两个常温电子标签，通过焊接支架的方式固定在机车及车架一侧。每个铁水罐配两个高温电子标签，通过焊接的方式安装在铁水包一侧，安装时向下稍有倾斜，并做好防撞、防溅保护。首先由识别主机识别标签数据，通过 485 接口的方式上传到数据采集终端，采集终端可连接多台识别主机，再由数据采集终端将数据处理完后通过网络交换机将识别的标签信息上传到服务器进行处理，服务器经匹配处理识别当前经过的铁水车所载铁水包包号及铁水车位置和行驶方向，实现对铁水包、车架和火车机车的定位跟踪。

通过行车定位技术以及无线网络传输技术实现对铁水包炉前操作的位置和信息跟踪，记录铁水包的操作过程。在行车上安装激光测距仪和称重传感器，通过厂房内部的 X 轴和 Y 轴方向确定行车的实际位置，通过行车的位置定位，可以自动判断行车的作业区域，操作状态，并结合行车称重模块的数据，将铁水包与行车关联，全程跟踪铁水包的炉前操作过程，实现对各转炉炉次的铁水数据统计。

3.2 铁水包跟踪

铁水包跟踪是对铁水包车的在途状态进行实时跟踪，自动采集铁水包车车号信息，将铁水包的位置、包号、运输铁水包的车号等信息采集出来，实时动态的跟踪每个铁水包的位置，在平面图中显示出来[8]。

在铁水车定位的基础上，实现铁水包的位置跟踪，并通过数据集成实现铁水包的数据、状态跟踪。在炼钢区域，自动采集进入炼钢车间的铁水包包号，根据包号获取对应的铁水信息，自动判断天车所吊铁水包的位置并记录其移动轨迹，自动获取天车称重传感器的物重信息并对应到铁水包。包括铁水包位置跟踪、铁水信息跟踪、铁水包状态跟踪，并实现全部信息的实时查询及输出。系统给二级管理人员分配相应的操作权限，以实现相应的操作，其他用户可以通过铁水包跟踪的实时监控画面了解铁水包的运行状况。

（1）铁水包位置跟踪，通过定位系统显示铁水车在厂区内所处的位置及行驶去向。

（2）铁水信息跟踪：跟踪每一个铁水包的当前信息，如铁水批次、重量、成分、温度、车辆信息等。

（3）铁水包状态跟踪：跟踪每个铁水包的当前状态，及时发现异常状态。

4 铁水包调度与管理

4.1 铁水包调度

铁水包调度管理人员通过计算机终端上显示的现场运行模拟图，直观清晰的观看当前铁水运输状况和供应状况，实时掌握相关工位最近或正在处理的包号，相关工位的处理状态以及行车的工作状况：如行车当前位置、是否在吊包、在吊哪一个包等[9]，来监控每个铁水包的相关情况。

通过对铁水运输的全程跟踪，掌握铁水包工作状况并根据实际生产现状对铁水运输环节提前做出调整，合理安排铁水去向。若目标炼钢车间铁水包数量过多导致转炉无法消耗完，会导致铁水包等待时间过久，出现冻包事故，或者转炉故障导致当前车间的铁水包无法及时处理，就需要进行调度将此时的铁水包按照当前其他分厂的生产状况安排转移。

4.2 铁水包管理

完成铁水包上下线管理，针对铁水包包龄、耐材用量、包侵蚀情况、包等级判定等进行管理，记录维修维护实绩等[10]。

（1）铁水包上下线管理：通过自动采集或人工录入相关的基础数据，实现对正在运行的包、等待上线包、进入修砌位的包的管理。可在系统中查询包的状况管理、包寿命、铁水包在线/下线使用情况等。

（2）铁水包维护与管理：统计铁水包包龄、计算包使用情况，并进行智能报警。如达到规定的使用次数进行铁水包维修预警提醒，达到空包或满包规定时长报警、超出烘罐时长报警。

（3）维修管理：通过人机交互界面实现铁水包维修管理，记录铁水包开始修理和结束修理时间，同时提供人机交互界面对铁水包等级再判定结果进行输入或更改。

5 结语

应用RFID射频识别技术，集成其他信息系统数据，实现铁水包“一包到底”运输的实时数据采集和动态跟踪。通过分析铁水包周转过程的业务流程并实时追踪，实现铁水包运输过程的自动识别、定位和跟踪管理。铁水包调度人员可通过图形化监控画面查看所有铁水包的位置、行驶方向、运载状况等信息，为调度人员提供管理依据。该系统的设计能及时掌握铁水包的实时状态，提高铁水包的周转效率。河钢唐钢新区采用该系统全程定位跟踪铁水包信息，自动处理状态、区域、业务信息，节省大量手工统计、维护人员，降低生产成本。

参考文献

[1] 尹胜．基于RFID的铁水包跟踪系统的设计［J］．电脑知识与技术，2014，10（5）：1126~1128.
[2] 陈伟超．铁水包跟踪调度技术的研究与应用［D］．杭州：杭州电子科技大学，2014.
[3] 李雪兆，韩晓威，于永川．炼钢车间采用电动铁水罐车垂直运入的设计探讨［J］．河北冶金，2015（8）：8~12.
[4] 覃开伟，王涛，张燕霞．宣钢100t铁水罐的管理运行实践［J］．河北冶金，2014（10）：35~37.
[5] 江文韬．炼钢生产铁水跟踪调度系统设计［D］．杭州：杭州电子科技大学，2016.
[6] 范波，蔡乐才，秦小玉．基于物联网的“一罐制”铁水调度系统的设计与应用［J］．制造业自动化，2015，37（3）：148~151，156.
[7] 程巍，张海峰，肖箐．铁水罐自动跟踪系统的开发及应用［J］．中国高新技术企业，2017（11）：21~23.
[8] 李铁亮．解析铁水包跟踪系统的实现方式［J］．河南科技，2013（3）：6.
[9] 王中毅．行车及铁钢包调度系统在炼钢厂的应用［J］．硅谷，2012，5（14）：109~110.
[10] 戴明新，申屠小进，高启胜．基于RFID技术的罐号跟踪系统解决方案［J］．衡器，2019，48（4）：28~32.

铁区动态调度系统的应用

郭丽娟

（唐钢国际工程技术股份有限公司，河北唐山 063000）

摘　要　为实现炼铁与炼钢工序铁水供需平衡，在河钢唐钢新区设计了基于甘特图的铁区动态调度系统。分析了铁区动态调度的影响因素、流程、功能及实现方法。通过人机交互式调度方式，实时跟踪监控铁水包运行状态，参考铁水供需曲线，调用铁水调度分铁算法，结合现场实际条件，合理安排空包调配、重包运送，将铁水分配到炉次订单，并快速、有效地调度处理生产过程中实际发生的各种扰动，确保生产过程连续、稳定。

关键词　铁水；物流平衡；动态调度；供需曲线

Application of Dynamic System in Iron Area

Guo Lijuan

（Tangsteel International Engineering Technology Co., Ltd., Tangshan 063000, Hebei）

Abstract　In order to balance the supply and demand of molten iron in the ironmaking and steelmaking processes, HBIS Tangsteel New District has designed a dynamic dispatching system of iron zone based on the Gantt chart. In the paper, the influencing factors, processes, functions and implementation methods of dynamic dispatching in iron zone were analyzed. Through the human-machine interactive scheduling mode, the operation status of the molten iron ladle can be tracked and monitored in real time. At the same time, referring to the molten iron supply and demand curve, invoking the molten iron dispatching and dividing algorithm, and combing with the actual conditions on the site, reasonable arrangements can be made for empty package allocation and heavy package delivery, and molten iron will be allocated to furnace sub orders. In addition, it can quickly and effectively dispatch and deal with various disturbances that actually occur in the production process, ensuring the continuous and stable production process.

Key words　molten iron; logistics balance; dynamic dispatch; supply-demand curve

0　引言

针对河钢唐钢新区铁区生产管理状况，铁水物流纵横，铁区使用的铁水包数量有限，如果铁水调度效果不够理想，将会影响高炉出铁的安全性，或因铁水供应不及时造成后续转炉连铸工序生产延时，而企业要求炼钢产能最大化、连铸连续生产为优化目标。因此，在铁区如何实现合理调度，保证高炉铁水供应与炼钢铁水需求之间的平衡，合理使用重包数，如何统筹实现铁钢区动态调度显得尤为重要。在充分考虑高炉与炼钢的产能平衡、多个高炉与转炉之间的物流交叉管理、铁水温度和成分控制、设备能力充分发挥等[1]情况下，设计基于甘特图的人机交互式铁区动态调度系统，以高炉及时出铁及连铸衡拉速不断浇为前提条件，考虑各环节之间的协调调度，保证高炉产出铁水能按时间、设备、质量以及工艺路径等目标顺利送达炼钢转炉，提高铁区调度效率及铁水包周转率[2]。

1　铁水物流运输概况

河钢唐钢新区建有 3 座高炉，每座高炉有 4 个出铁口，2 个炼钢厂，一炼钢配备 3 套脱硫、3 座转炉设备，二炼钢配套 2 套脱硫，3 座转炉设备。铁区动态调度管理范围覆盖从高炉出铁到炼钢接铁站，

作者简介：郭丽娟（1985—），女，硕士，工程师，2010 年毕业于河北工业大学通信与信息系统专业，现在唐钢国际自动化公司主要从事信息化技术工作，E-mail：guolijuan@tsic.com

经过高炉、脱硫、炼钢转炉工序，主要实现铁水产能估算、铁水调度及铁水包需求调度管理。整个铁水物流包括铁水的产出、运输、处理、使用各个工艺阶段[3]。铁水供应点为 3 座高炉产出，通过机车承载铁水包运输，供应给 2 个炼钢厂的转炉设备。系统根据炼钢生产计划、铁水物流实时监控和预处理设备状态等信息，以及各类现场因素，动态确定铁水工艺路径，并预估铁水在各个工位处理时间以及铁水和炼钢计划的对应关系，实现铁水优化调度，达到铁钢平衡。同时也要考虑突发事件的出现，当生产出现异常状况时，及时调整铁水包运输计划，充分利用各设备能力，把损失降到最低[4]。铁水运输流程如图 1 所示。

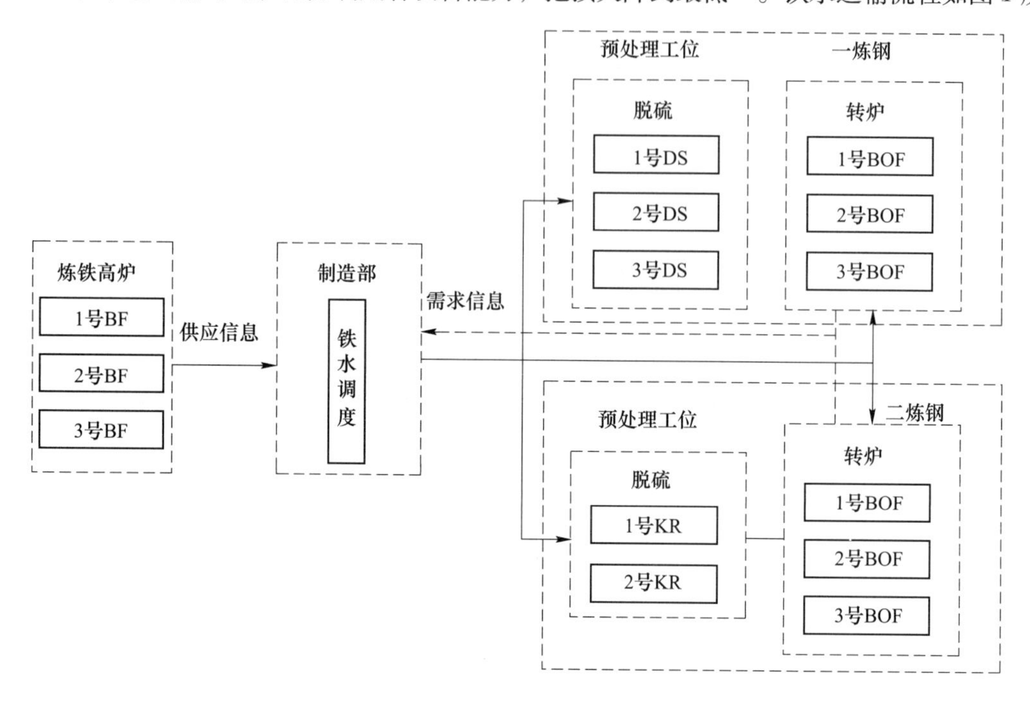

图 1　铁水运输流程示意图

Fig. 1　Schematic diagram of molten iron transportation logistics

2　铁区调度影响因素

铁钢平衡是指高炉出铁的铁水在时间、重量、成分、温度等指标上，满足炼钢生产对于铁水的需求[5]，要解决的主要问题有：高炉出铁和炼钢需求的时间对应，铁运机车承载铁水的重量与炉次计划需求铁水重量匹配，高炉出铁时间周期与炼钢生产时间匹配。另外，生产过程中还需要考虑各种扰动事件与不确定性因素，如设备故障、检修事件、工艺路径改变等，来满足铁水调度动态性、实时性等要求。

铁水分配需要综合考虑铁水包编组运输、铁水包周转情况以及炼钢对铁水质量的要求。铁水包运行状况是铁水运输效率的重要体现。对铁水包进行合理调度，优化铁水包的运行时间，提高铁水包周转率，减少运输等待时间，降低铁水在运输中的温降损耗，实现节能降耗都是调度过程需要考虑的重要因素。动态调度，其调度目标要实现炼铁、炼钢产能最大化、运输成本最小化、保障连铸连续生产，同时考虑各高炉、炼钢厂的产能约束、铁水包运输等待时间约束、运输中温降损耗约束以及各类决策变量的约束，以及铁水工艺约束规则、优先分配规则以及需求时间优先级规则[6]。

3　铁区动态调度

3.1　动态调度流程分析

河钢唐钢新区铁区动态调度实现炼铁产出铁水到炼钢厂的分配管理，把 2 个钢厂的铁水需求根据每个炉次对铁水的需求量进行分铁，并向铁运请包，铁水包接铁后，给出铁水包去向。其实现思路是根据下游各炼钢厂铁水需求计划（时间、重量、成分等）、炼铁出铁计划（高炉号、出铁口号、时间、重量等）及炼铁出铁信息（时间、重量、成分等），对高炉产出的铁水进行自动分配，指定铁水的去向，异常情况下可以人工对铁水去向进行干预。系统根据铁水供需曲线调用铁水调度分铁算法，生成空包需求计划，接收铁前 MES 系统给出的空包返回信息，将其中可用包列入可用空包列表[7]，之后由铁运系统对铁水包进行编组运输，系统实时跟踪铁运系统包运行到达咽喉口和接铁口位置信息，以及反馈的重包入炼钢厂信号和空包机车摆放信息，并实时反馈铁水包信息到铁水调度界面。系统提供人机交互式调度场景，当收到铁前 MES 的铁水等级判定结果，并参考 OD 下发的铁水等级判定与钢种组（或钢种）的对应配置规则后，自动匹配浇次序列的炉次订单，并对铁水包重包去向进行分配。接收铁水包重包运输实绩，根据实绩信息动态调整铁水调度计划。之后由天车执行铁水包吊运操作，并对炼钢区域返回的空铁水包需求进行调度，指定空包的去向（高炉、修包），同时接收铁水包放置铁水包架的位置信息。铁水动态调度流程如图 2 所示。

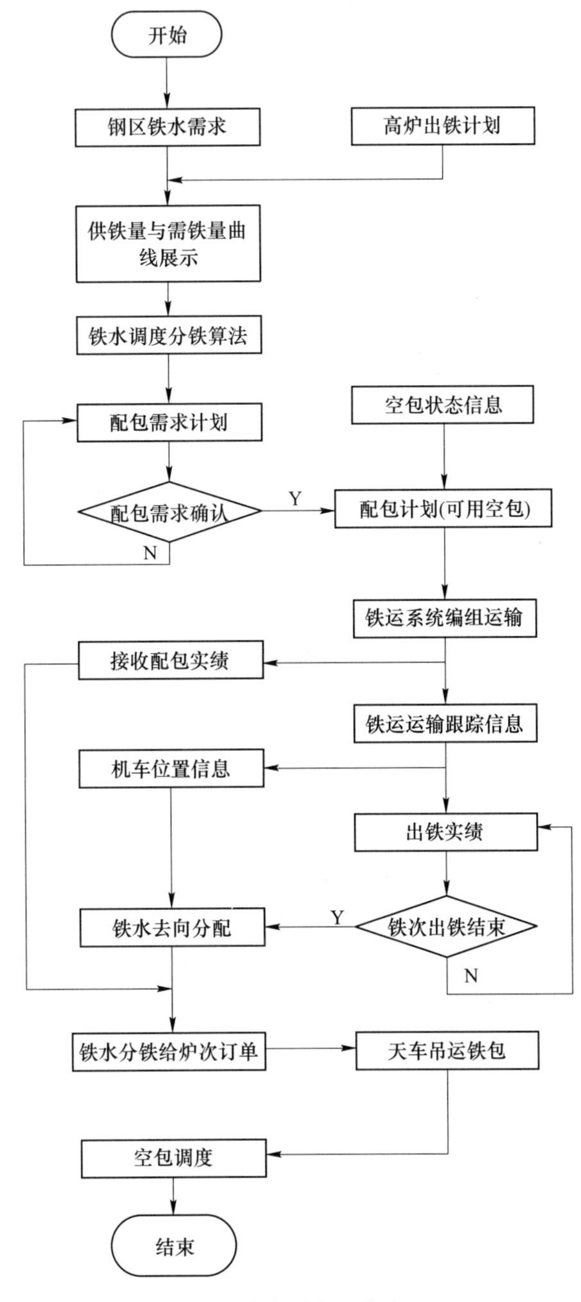

图 2　铁水动态调度流程

Fig. 2　Molten iron dynamic dispatching process

3.2　动态调度模型分析

通过建立铁钢平衡的多约束多目标数学规划模型，设定模型目标、模型约束，按照标准的规划程序对其进行求解，得到优化的铁钢平衡方案。模型硬性约束条件包括优先参考高炉出铁计划，保障高炉铁水及时出铁以及保证连铸衡拉速不断浇。系统考虑第一个缓冲为铁和钢之间的缓冲，即从高炉出铁口到KR之间的缓冲，考虑运输、时间等因素，合理安排缓冲备包计划；第二个缓冲为炼钢区的缓冲，包括BOF、精炼等出站、入站的时间等待、运输、天车等的合理缓冲安排。如果正常缓冲仍然不行的情况下，系统需要考虑走异常流程，例如改变拉速、新开铸机、增加铸铁计划等。出现异常情况下，铁水动态调度界面进行报警提示。铁区动态倒推计算出每铁次到达出铁口时间、出铁口等信息，并显示铁区铁水调度在时间方向上的所需铁水供需平衡量的曲线。

如若钢区生产在时间方向上的所需铁水需求量的曲线与高炉出铁计划在时间方向上的出铁量不平衡，铁区动态调度界面显示报警信息，并给出建议反馈[8]，比如创建铸铁计划或增加炉次等。铁钢不平衡有两种情况，一种是高炉出铁量小于炼钢对铁水的需求量，针对这种情况，调度员可以按照优先级规则，通过调整缓冲区的铁水包数、对铁水包单拉、调整铁钢比、调整铸机减速、减少浇次炉次等来解决。另一种是高炉出铁量大于炼钢对铁水的需求量，铁水动态调度甘特图上显示出铁量过剩信息，调度员同样可以按照优先级规则，调整缓冲区铁水包数（如果缓冲区的铁水包数超过上限个数，给出报警提示，由调度员决定是否调整缓冲区的铁水包数）、开铸机增加浇次、调整铁钢比和提拉速、投入使用备用铁水包、去铸铁。

4　系统功能

系统以甘特图形式和控制图图表画面为基础，展示调度过程的关键数据。主要功能如下。

4.1　基础数据配置

对调度主数据进行配置维护，主要涉及对制造工艺标准、机组设备、管理区域、设备容量、处理时间、运输时间和温度标准等关键参数进行管理。

4.2　铁水产能估算

根据钢区浇次序列生成的钢区炉次生产订单和铁次生产订单，铁区动态调度计算该浇次每炉在每个工序的开始生产和结束生产时间，得出钢区生产在时间方向上的所需铁水需求量的曲线[9]。

4.3　铁水包运行状态实时监控与交互

根据高炉出铁计划，计算该浇次每炉在KR工序的开始生产、结束生产时间、计划到达出铁口时间、出铁口等信息，向铁运系统给出空包需求计划，同时给出当前时间的可用空包列表[10]，并接收铁运系统给出的配包实绩、出铁实绩，跟踪铁水包重量状态。异常情况下可由调度员手工进行调度。对铁水包状态及位置进行集成监视，在同一个画面图形显示铁水包状态信息，分别展示高炉下的、钢区和铁路线上、修包间的铁水包信息，进行停留时长超限报警。

4.4　铁水动态调度

铁区动态调度控制界面显示实时出铁计划，铁水包，分铁等信息，以及对应运铁水包的机车的实时情况，如图3所示。自动收集运输过程数据、机车运行状态数据、作业计划数据，提供数据显示、查询、修改等功能。铁水包信息包括铁水包号、铁水包位置、包重、毛重、状态、包龄、铁次号、铁次计划号、到达加料跨时间、计划KR开始处理时间、机车号，及显示铁水成分/检修备注/温度、脱硫次数、运输时间，周转率等信息；机车信息包括机车号、机车位置、机车编组运输的铁水包等；铁水包接铁实绩包括高炉号、出铁位置、铁次号、出铁量和铁水包号等。出铁计划显示信息包括高炉炉座号、出铁口、铁次号、出铁开始时间，出铁量、铁次出铁状态等。

采用人机交互式甘特图界面，铁水调度人员实时掌控现场各工艺的作业情况、设备使用情况，运输任务情况，实现对整个调度流程的调度管理，确保实现铁钢平衡，保证设备能力最大发挥，综合考虑铁钢对应指标，编制与执行调度计划，当生产出现异常时，及时做出调整，保证铁水物流稳定运行。铁水调度甘特图界面如图4所示。

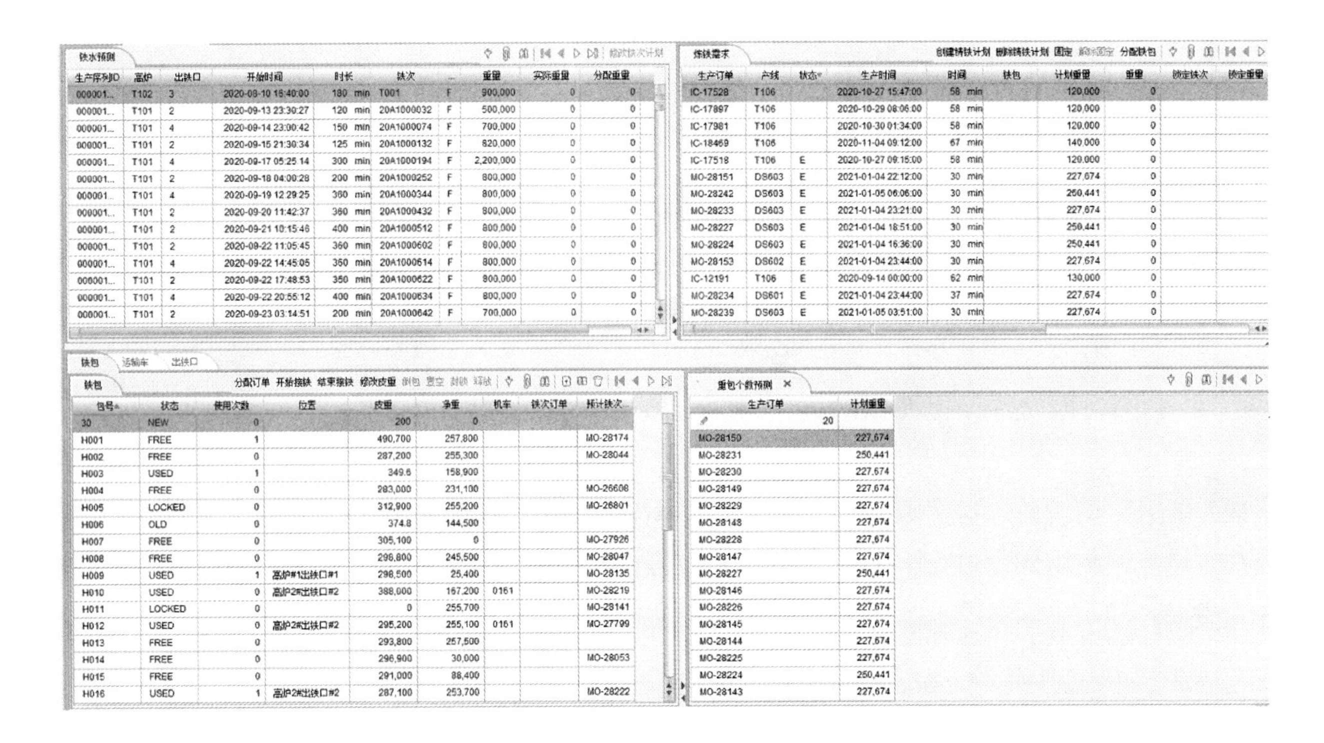

图 3　铁水动态调度控制图表

Fig. 3　Molten iron dynamic dispatching control chart

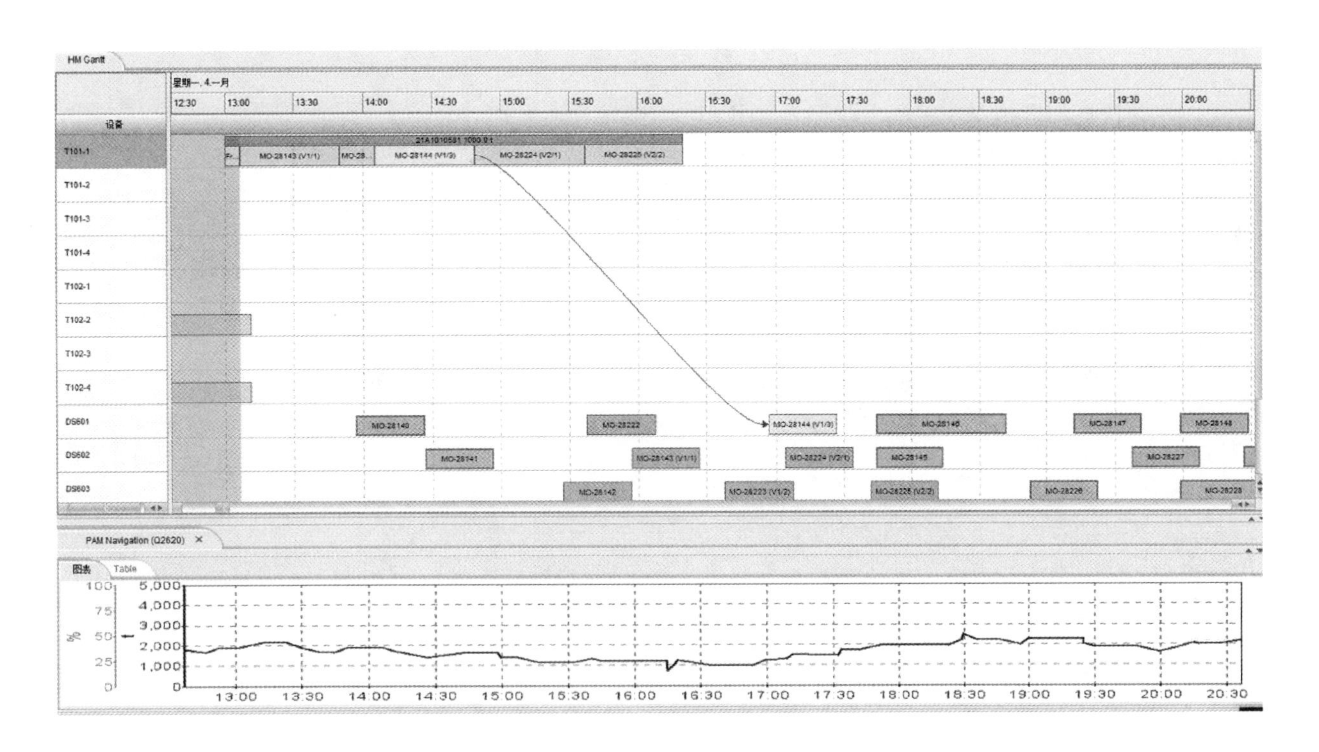

图 4　调度甘特图

Fig. 4　Scheduling Gantt chart

甘特图左侧设备列罗列出了所有设备，右侧时间轴用来展示排布未来计划，实现设备在计划时间上的利用排布。时间轴可以缩放，实现长短时间的不同显示。在时间轴上显示各个生产设备的生产计划，并通过二级系统的反馈实时更新甘特图。可对甘特图的计划进行变更和修改，实现生产计划的优化。

4.5 生产计划模拟

生产计划模拟可以复制和修改当前生产状态的快照，允许用户模拟未来的生产，用户通过创建多个离线生产场景，进行生产场景调整模拟测试，并可将离线调整优化后的场景更新到生产环境。包括创建模拟场景—修改分铁计划—优化生产调度—模拟生产上线。具体操作流程如下：

创建一个新的模拟场景，在模拟场景上修改分铁计划，例如修改铁水包去向、调整铁钢比等，使用铁水动态调度算法对模拟场景进行重计算，如果该次模拟显示出让用户满意的结果，即可将调整后的分铁计划提交到生产环境，同时分发给各接口系统。如果模拟结果并不满意，则不执行操作。通过模拟可以降低系统计算时资源消耗，提升动态调度效率。

4.6 调度事件日志记录及报表输出

系统具有监控，查询及导出功能。对调度全过程进行事件分级，重要事件突出显示，对各外围系统返回的事件进行日志记录，方便日后针对关键问题进行回溯。对各关键报表实现查询展示，如配包出铁计划量/实绩量信息对照、铁水包总体运行监控报表等。

5 结语

河钢唐钢新区采用人机交互式调度方式，实时动态监控铁水包运行状态，跟踪铁水包配包实绩及运行状态，实时显示所有铁水包使用跟踪信息，展示铁水包运输过程数据。考虑到达时间偏差、设备故障、温度成分偏差等扰动因素，根据铁水供需曲线调整生产计划，动态调度铁水包，完成铁钢之间各工序的物流平衡、铁水的合理分配、运输工具的优化路径选择，最终实现铁水物流优化调度，提高生产效率。

参 考 文 献

[1] 黄辉．炼铁—炼钢区间铁水优化调度方法及应用［D］．沈阳：东北大学，2013.
[2] 黄辉，罗小川，郑秉霖，等．炼铁—炼钢区间铁水重调度方法及其应用［J］．系统工程学报，2013，28（2）：234～247.
[3] 于凤浩，吴海燕．钢铁企业铁水调度系统的设计与应用［J］．数字通信世界，2019（1）：220.
[4] 庞新富，黄辉，姜迎春，等．面向鱼雷罐车运输模式的铁水生产罐次调度方法及应用［J］．计算机集成制造系统，2018，24（6）：1468～1482.
[5] 刘祎阳．铁水运输中鱼雷车调度建模与优化方法研究［D］．沈阳：东北大学，2016.
[6] 李雪兆，韩晓威，于永川．炼钢车间采用电动铁水罐车垂直运入的设计探讨［J］．河北冶金，2015（8）：8～12.
[7] 高华，王少宁，李哲．转炉低铁水消耗冶炼工艺实践［J］．河北冶金，2019（11）：41～44.
[8] 黄辉，柴天佑，郑秉霖，等．面向铁钢对应的铁水调度系统研究及应用［J］．东北大学学报（自然科学版），2010，31（11）：1525～1529.
[9] 张红．铁钢对应动态调度系统的重调方法研究与实现［D］．沈阳：东北大学，2010.
[10] 河钢乐亭钢铁有限公司．新一代冶金长流程生产铁钢区智能调度设计方案［J］．自动化博览，2020，37（4）：74～76.

铁水罐号识别系统的设计与应用

郭丽娟

（唐钢国际工程技术股份有限公司，河北唐山 063000）

摘　要　为了实现对铁水罐的全厂定位、跟踪和调度，采用 RFID 技术，将高温电子标签安装在铁水罐容器表面，通过电子标签读取装置对其进行扫描，实现对铁水罐号的自动识别。介绍了铁水罐号识别设备的硬件组成和软件功能，并对安装要求、安装位置和安装方式进行了说明。

关键词　铁水罐号；RFID 识别；高温标签；数据采集

Research on Identification System of Hot Metal Can Number

Guo Lijuan

(Tangsteel International Engineering Technology Co., Ltd., Tangshan 063000, Hebei)

Abstract　In order to achieve the factory-wide positioning, tracking and scheduling of the molten iron tanks, RFID technology is used to install high-temperature electronic tags on the surfaces of the molten iron tank containers, and scan them through the electronic tag reading devices to realize the automatic identification of the molten iron tank number. The article introduces the hardware composition and software functions of the molten iron tank number identification equipment, and explains its installation requirements, installation locations and installation methods.

Key words　molten iron ladle number; RFID identification; high-temperature tag; data collection

0　引言

铁水罐作为铁水运输容器，链接高炉与炼钢多个生产环节的设备，因此各个铁水罐的合理化管理及调用是提高钢厂生产效率的重要手段[1]。为了提高铁水罐的周转率，降低铁水温度损耗，实现铁水罐的智能化管理，需要对钢铁厂内部的铁水罐进行全厂定位、跟踪，使用基于 RFID 技术的高温标签进行罐号识别、跟踪，实现对铁水罐的识别、定位、跟踪和管理[2]。

1　概述

河钢唐钢新区拥有 3 座高炉，12 个出铁口，每个出铁口对应 2 条出铁线路，高炉下设置轨道衡进行铁水计量。铁水罐号识别系统需要完成铁水罐在高炉出铁口以及炼铁区域、炼钢、铸铁站等铁路线的位置跟踪。首先高温液态铁水装在铁水罐内，铁包重包经由火车机车运输到预处理区域或炼钢区域，到炼钢区域后由天车进行吊包操作，将铁水罐内的铁水倒入炼钢转炉，空包再放入车架拉回炼铁厂。由于铁水包与车架可以分离，在炼钢车间进行吊包作业放包时是随意组合，即铁水包与车架的组合不是固定的，无法通过读取车架号来实现罐号的识别，必须在罐体表面安装高温标签来实现罐号的自动采集[3]，同时在车架上也安装电子标签，实现铁水罐与车架之间的匹配。

由于整个过程多个铁水罐同时运行，为了满足运输合理重包数，提高铁水罐周转率，方便管理并准确记录分析每一个铁水罐，需要对铁水罐进行识别。由于 RFID 具有识别距离远、抗干扰能力强、识别

作者简介：郭丽娟（1985—），女，硕士，工程师，2010 年毕业于河北工业大学通信与信息系统专业，现在唐钢国际自动化公司主要从事信息化技术工作，E-mail：guolijuan@tsic.com

率高和性能稳定等多种特点，系统采用 RFID 技术，将高温电子标签安装在铁水罐容器表面，通过电子标签读取装置对其进行扫描，实现对铁水罐号的自动识别[4]，并在高炉和炼钢之间建立铁水罐位置信息和机动车运动方向信息跟踪。分别在高炉侧铁水罐受铁位置、铁轨分叉和合并位置、轨道衡位置、炼钢侧位置等重要节点位置安装识别天线，当铁水罐通过识别位置时，微波天线对其进行检测[5]，自动上传罐号数据、行车方向等过车信息到服务器，经管理软件进行处理，实现信息跟踪。

2 硬件设备

铁水罐识别区域设备包括识别主机、识别天线、电子标签、车辆检测模块、数据采集终端、交换机、服务器等。

根据现场实际环境，为了准确性跟踪，识别系统要满足高频读写速度，防止读写阅读器向上级系统传输数据时出现延迟和丢包等情况；设置防碰撞机制，防止阅读器同时读到多个标签而造成干扰；具备高可靠性，阅读器和电子标签要能在高温环境下长时间运行[6]。在铁路一侧安装一套识别主机，用于识别铁包、机车及车架子上的标签。每个罐车架和机车分别配 2 个常温电子标签，通过焊接支架的方式固定在机车及车架一侧。每个铁水罐配 2 个高温电子标签，通过焊接的方式安装在铁包一侧，安装时向下稍有倾斜，并做好防撞、防溅保护[7]。铁水罐识别主机布置如图 1 所示。

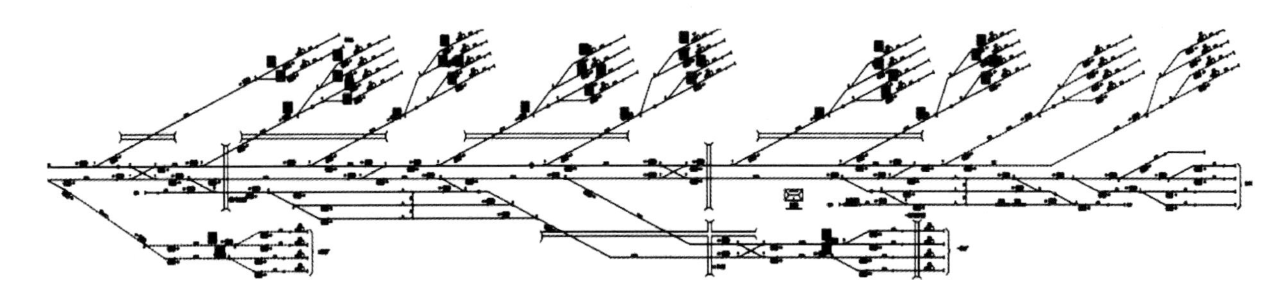

图 1 铁水罐识别主机布置

Fig. 1 Layout of main engine for molten iron tank identification

根据铁水罐的运行路线和铁路线路的情况，在相关工位布置铁水罐识别主机[8]。罐号识别主机通过串口与数据采集终端连接，数据采集终端再将采集的罐号信息上传到服务器中。

2.1 识别主机

铁水罐号识别主机采用 RFID 无线射频识别技术，设计了不锈钢防护外壳，保证产品在恶劣环境下的抗干扰能力、防护能力和稳定性[9]，可适应雨雪、大雾、粉尘、高温等恶劣环境。识别主机工作频段为超高频段（902～928MHz），射频功率可调节，工作温度-40～55℃，识别距离 0～3m，支持 RS485、TCP/IP 网络接口，设备处于常开状态，可以自动识别标签信息，并通过采集终端自动上传。

2.2 电子标签

电子标签具有耐高温、抗腐蚀、抗干扰，适合各种恶劣环境的特性[10]。标签识别距离 0～3m，常温标签工作温度为-40～70℃，焊接在机车和车架子上；高温标签工作温度为-40～350℃，焊接在铁包上并具备防撞保护装置。标签安装位置如图 2 所示。

2.3 数据采集终端

首先由识别主机识别标签数据，通过 485 接口的方式上传到数据采集终端，采集终端可连接多台识别主机，再由数据采集终端将数据处理完后，通过网络交换机将识别的标签信息上传到服务器进行处理。

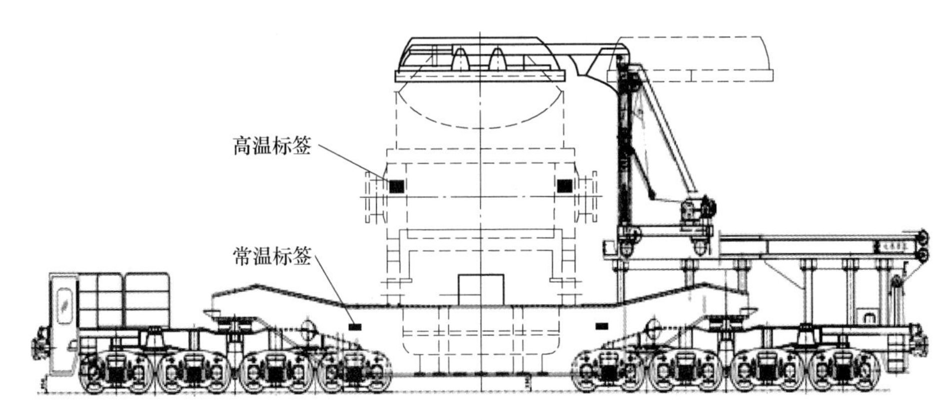

图 2　标签安装位置

Fig. 2　Schematic diagram of label installation location

3　系统功能

（1）罐号自动识别功能。对安装在铁水罐上的耐高温电子标签进行快速识别，将电子标签 ID 与罐号一一对应，存储罐号、车架号、机车号和标签信息。

（2）自动识别机车与铁水罐的编组。数据采集终端采集罐号、车架号和机车号，写入指定的数据表中，记录序号、罐号、车架号、通过方向、时间、地点，并通过序号、罐号、车架号、匹配时间、匹配地点实现车架号与罐号对应。

与铁水计量系统结合，将铁水罐号与重量数据进行准确对应，防止手工录入罐号错误导致数据不准确。

4　结语

以电子识别技术为基础，通过在每个铁水罐上贴上电子标签，实现自动识别罐号。以高效合理地调运方式使用各个铁水罐，实时掌握铁水罐工的位置和工作状况，保证生产效率。罐号识别技术为铁水罐在运输过程中的完整跟踪提供了基础，方便根据罐号关联各类数据，实时监控铁水罐运输位置、状态、重量、关键作业节点等信息，实现信息识别、跟踪和调度管理，提高自动化水平。

参 考 文 献

[1] 覃开伟，王涛，张燕霞．宣钢 100t 铁水罐的管理运行实践［J］．河北冶金，2014（10）：35~37.

[2] 戴明新，申屠小进．基于 RFID 技术的罐号跟踪系统解决方案［J］．衡器，2019，48（4）：28~32.

[3] 李雪兆，韩晓威，于永川．炼钢车间采用电动铁水罐车垂直运入的设计探讨［J］．河北冶金，2015（8）：8~12.

[4] 李铁亮．解析铁水包跟踪系统的实现方式［J］．河南科技，2013（3）：6.

[5] 白涵宇，邹渊，刘大为．铁水罐号识别系统的研究与应用［J］．工业计量，2017，27（3）：91~92.

[6] 李尚春．RFID 技术在智能化工厂中的应用［J］．控制工程，2010，17（2）：85~87.

[7] 燕少波，田振东．“一罐到底”工艺生产实践［J］．河北冶金，2013（11）：39~41.

[8] 雷学东，冯文甫，曹洪波．铁水包脱磷工艺优化［J］．河北冶金，2015（3）：45~47.

[9] 尹胜，王彧．基于 RFID 的铁包跟踪系统的设计［J］．电脑知识与技术，2014，10（5）：1126~1128.

[10] 王燕．铁水罐号自动识别系统的研究［D］．成都：电子科技大学，2005.

第6章　炼　钢

一炼钢厂200t转炉双联冶炼工艺设计

黄彩云[1]，张明海[2]，安连志[1]，张 达[1]

(1. 唐钢国际工程技术股份有限公司，河北唐山063000；
2. 河钢集团唐钢公司，河北唐山063600)

摘 要 河钢唐钢新区一炼钢200t转炉炼钢车间采用了脱磷脱碳双联生产工艺，配置了铁水脱硫、钢包精炼、RH真空脱气精炼和双流1900mm板坯连铸等工艺设施。产品定位于高端冷轧原料及热轧商品卷，是河钢唐钢高端精品板材的重要生产基地。本文介绍了一炼钢车间的设备配置、工艺布局及主要工艺的装备技术参数等情况。重点对车间工艺装备的控制水平和技术特点进行了阐述，为行业同类型企业的建设提供参考。

关键词 转炉；双联冶炼；脱磷；脱碳；工艺设计；先进性

Summary of Process Configuration for Double Smelting of 200t Converter

Huang Caiyun[1], Zhang Minghai[2], An Lianzhi[1], Zhang Da[1]

(1. Tangsteel International Engineering Technology Co., Ltd., Tangshan 063000, Hebei;
2. HBIS Group Tangsteel Company, Tangshan 063000, Hebei)

Abstract The 200t converter steelmaking workshop of No. 1 steelmaking plant in HBIS Tangsteel New District adopts the dual production process of dephosphorization and decarburization, which is equipped with process facilities such as molten iron desulfurization, ladle refining, RH vacuum degassing refining and dual-stream 1900mm slab continuous casting. The products are positioned in high-end cold-rolled raw materials and hot-rolled commodity coils, and are an important production base for high-end quality plates of HBIS Tangsteel New District. This paper introduces the equipment configuration, process layout and main process equipment technical parameters of No. 1 steelmaking workshop. It is focused on the control level and technical characteristics of workshop process equipment, which provides a reference for the construction of similar enterprises in the industry.

Key words converter; duplex smelting; dephosphorization; decarburization; process design; advancement

0 引言

本文主要介绍精品板材车间——河钢唐钢新区一炼钢车间的布局和装备及控制水平等内容。本车间产品定位为高端冷轧原料及热轧商品卷，采用转炉双联生产工艺生产，车间主要工艺配置：3套机械搅拌铁水脱硫装置、1座200t脱磷转炉、2座200t脱碳转炉 、2台双钢包车双处理工位旋转电极LF炉（预留1台）、2台两车四位RH真空精炼炉。车间产品大纲见表1。

表1 车间产品大纲

Tab. 1 Product outline of workshop

产品用途	钢种	代表钢号	年铸坯产量/万吨	比例/%
冷轧原料卷	深冲及超深冲带卷（含IF）	SPCC~SPCE、IF	115.36	28
	结构用钢	Q195~Q345	90.64	22
	340~590MPa级高强度钢	HSS-CQ、HSS-DQ、HSS-DDQ	41.20	10
	590MPa以上级高强度钢	HSS-BH、HSS-DP、HSS-TRIP	16.48	4

作者简介：黄彩云（1979—），女，高级工程师，2002年毕业于河北理工学院冶金工程专业，现任唐钢国际工程技术股份有限公司钢轧事业部高级设计师，E-mail：huangcaiyun@tsic.com

续表 1

产品用途	钢种	代表钢号	年铸坯产量/万吨	比例/%
热轧商品卷	碳素结构钢	Q195~Q275	24.72	6
	优质碳素结构钢	08、08Al、10~40	24.72	6
	汽车结构用钢	SPFH490、SPFH540、SPFH590、DP600、DP800、FB450、FB600、FB800、MP800 MP1000、MS1200	20.60	5
	高耐候结构钢及集装箱板	Q295GNHL、Q345GHN Q345GNHL、Q295GNHJ Q345GNHJ、Q245NHYJ	16.48	4
	高层建筑结构用钢	Q235GJ、Q345GJ	12.36	3
	管线钢	X42~X100	12.36	3
	锅炉及压力容器用钢	16MnG、20MnG、20G	8.24	2
	桥梁用结构钢	Q235q~Q420q	12.36	3
	船体用结构钢	A、B、D、A32~A40、D32~D40	16.48	4
	合计		412	100

1　车间工艺路线及车间布局

1.1　工艺路线

按照不同的产品需求，采用不同的生产工艺路线：

IF 系列：铁水预处理→（脱磷转炉）→脱碳转炉→LF→RH→连铸

X80 系列：铁水预处理→脱碳转炉→LF→RH→连铸

低合金超高强系列：铁水预处理→脱磷转炉→脱碳转炉→LF→RH→连铸

低合金系列：铁水预处理→脱碳转炉→吹氩、喂丝→连铸

1.2　车间布局

脱磷转炉与脱碳转炉按照 1+2 布置模式，如图 1 所示，采用双加料跨+双转炉跨分别布置，原料流

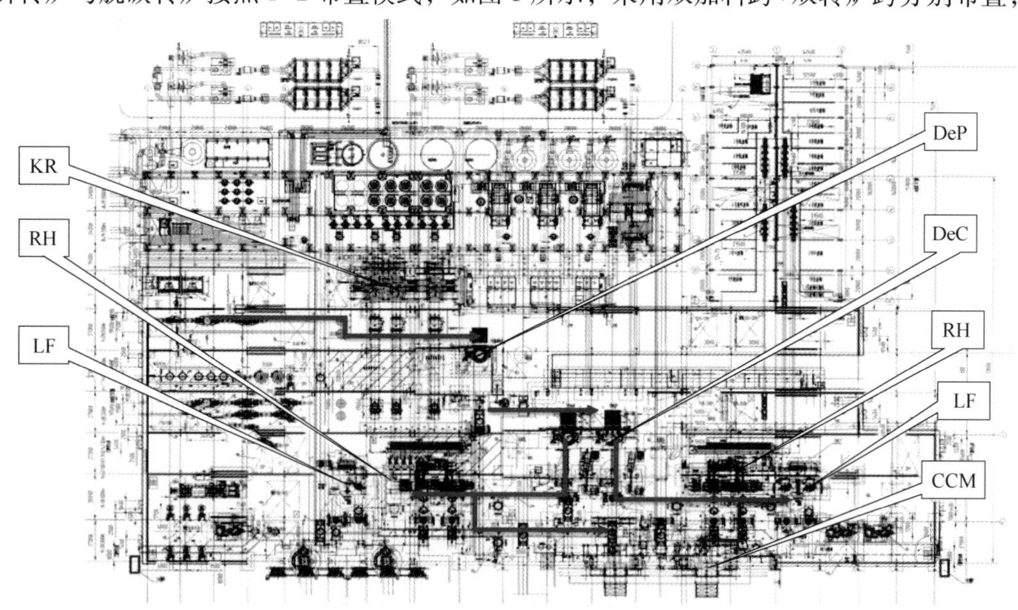

图 1　车间物流分布图

Fig. 1　Logistics distribution map of workshop

与钢水流去向清晰（箭头示意）。各工序紧紧环绕在脱碳转炉周围，左上为铁水流，火车运载 200t 铁水罐进入车间，一罐到底，经预处理后进入脱磷转炉，通过炉下车辆过跨进入脱碳转炉；右上为废钢流，两跨专用废钢间，废钢运输称量车载废钢槽进入加料跨，可分别进入脱磷/碳转炉；两座脱碳转炉的两侧分别设置 1 台 LF 精炼炉和 1 台双工位 RH 精炼炉，脱碳转炉出钢后可分别进入 LF/RH，精炼后的合格钢水送入板坯连铸机。工序间物流互不干扰，前后衔接紧密。

2 工艺布置技术参数

本着工艺装备精良，控制系统先进，物流智能管理，一键自动炼钢的冶炼原则，对独立工序的工艺冶炼参数进行了严格界定，以确保产能及工序间的协调生产。工艺布置参数见表 2。

表 2 工艺布置参数及技术指标

Tab. 2 Process layout parameters and technical indicators

序号	项 目	单位	数值	备注
1	转炉平均出钢量	t	200	
2	转炉最大出钢量	t	230	
3	转炉座数	座	2	
4	转炉操作制度	—	2 吹 2	
5	转炉冶炼周期	min	40	
6	日平均出钢炉数	炉	57.1	按配合高炉生产 350 天计
7	日平均出钢量	t	13714	
8	日最大出钢炉数	炉	70	
9	日最大出钢量	t	16800	
10	车间年作业天数	天	350	配合高炉生产
11	转炉有效作业天数	天	300	
12	铁水脱硫	套	3	
	处理周期	min	~38	
	平均处理量	t	217	
	最大处理量	t	258	
13	LF 座数	台	2	
	LF 公称容量	t	230	最大/最小：240/220
	LF 变压器容量	MVA	45	
	LF 处理周期	min	35~45	
14	双工位 RH	台	2	
	RH 公称容量	t	230	最大/最小：240/220
	RH 处理周期	min	30~45	
15	吹氩喂丝	套	2	
	年处理量	万吨	40	
16	双流 1900mm 板坯连铸机	套	2	
	浇注周期	min	38~40	
	铸坯厚度	mm	230，250	
	铸坯宽度	mm	900~1900	

3 主要工艺装备技术参数

工艺设施采用了成熟、可靠、实用、有明显经济效益的先进工艺技术与设备。结合厂区总体布置和能源介质条件，工序配置合理、顺畅，技术装备水平达到国内领先的先进水平。主要工艺装备技术参数见表 3。

表 3　主要工艺装备参数

Tab. 3　Main process equipment parameters

序号	设备名称	型式	主要参数
转炉	转炉	上部圆锥段，圆柱形炉身段，下部圆锥段、炉底锥球型	公称 200t，炉壳外径 ϕ8480mm，炉壳总高 10975mm，炉口直径 ϕ5100mm，拖圈内径 ϕ8960mm，外径 ϕ10760mm。有效容积 200m^3，炉容比 1.0
	副枪 氧枪	快换锥度氧枪	倾动电机功率：4×400kW，倾动力矩 560t · m 倾动速度：0.1～1.5r/min 测量总周期：120s 外径 ϕ355mm，长度 25m，5 孔拉瓦尔喷嘴，压力 1.2～1.6MPa，采用双小车升降横移机构运行，实现在线快速换枪
	底吹系统	8 个底吹透气砖	最大底吹强度为 0.15m^3/t . min（标态），使用 N_2/Ar 切换，每块透气砖的供气管路单独控制
	石灰粉仓	带圆锥形底部的圆柱形罐体	100m^3
	称量斗		有效容积：5m^3 称量能力：5t 系统称量精度：3‰
KR	旋转给料器下料能力		下料能力：300kg/min
	搅拌头旋转装置	变频电机驱动	搅拌器的搅拌速度为 50～150r/min 电机功率：450kW VVVF
	搅拌头升降装置	电动升降	升降速度：约 8m/min；升降行程：约 6500mm 旋转速度 5°/s，旋转角度：355°
	扒渣机	液压驱动	伸缩行程 6096mm，升降行程 1219mm
	变压器	强油循环水冷，复合管式	额定容量 45MVA，11 级有载调压
电极旋转双工位 LF 炉	电极升降旋转装置	液压驱动	电极直径 ϕ508mm，分布圆直径 ϕ950mm，电极升降形成 4m。旋转角度 120°，旋转速度 1°～2.5°/min
	水冷炉盖提升装置	液压驱动	提升高度 750mm，提升速度 40mm/s
	加料系统		料仓数量 18 个，称量斗 5 个，仓下/称量斗下设电磁振动给料机，能力为 65～130t/h，皮带机若干条
	钢包顶升系统 真空系统	柱塞式液压缸驱动	顶升能力：最大 660t，缸径 ϕ710mm，最大行程 3100mm
	浸渍管		内径 ϕ780mm，外径 ϕ1520mm，提升气体管道 12～16 根，流量最大 210Nm^3/h
	真空室 热弯管	整体式	外径 ϕ3260mm，总高 8700mm，壳体厚度 20mm 内径 ϕ1760mm，外径 ϕ2300mm，中心距 4.8m，高度 3m
RH 炉	真空室横移车	电机驱动	载重量 25t，运行速度 0.5～5m/min，轨距 4400mm
	顶枪系统	升降旋转式	直径 ϕ245mm，升降行程 7.5m，旋转行程最大 90°，升降速度 1～10m/min，吹氧量最大 3000m^3/h（标态）
	真空系统	采用第 1/2/3 级罗茨泵+第 4 级螺杆泵组合	压力：67mBAR 有效抽气能力 20℃：1100000m^3/h，采用 26+14+14+14 泵组组合。抽真空时间≤7min，预抽真空时间≤5min

续表3

序号	设备名称	型式	主要参数
双流板坯连铸机（R9.5m，直弧形）	钢包回转台	蝶形、单独升降、旋转	单臂能力450t，回转半径6m，转速0.5~1r/min，起升高度800mm，起升速度20mm/s，液压事故回转
	中间罐车	半门式	承载能力140t，电机驱动，液压升降及调整。运行速度1.2~20mm/min，升降速度30mm/s。升降形成600mm
	中间罐	双水口	流间距6.5m，标准容量72t/1200mm；溢流容量80t/1300mm
	结晶器	组合式	在线调宽结晶器宽度900~1900mm，厚度230~250mm 材质CuCrZr，镀层Ni-Co0.3/1.5mm，结晶器长度900mm 宽/窄边铜板厚度40mm
	振动装置	液压振动	正弦和非正弦振动，振幅0~12mm（±6mm）
	铸坯导向系统	组合式	弯曲段（0）+扇形段（1~6）+矫直段（7~8）+水平段（9~14）带辊缝调节控制，具备动态轻压下功能
	引锭系统	柔性链式	引锭头230mm×（900~1300）mm、1250~1650mm、1600~1900mm 引锭回收装置，采用电机驱动，从辊道旁底部送入引锭杆
	切割系统	门架式	切割宽度900~1900mm、厚度230、250mm，定尺9~11m 自动切割，切割气源——氢氧发生器-氢气
	出坯系统	独立电机驱动	输送铸坯至去毛刺机，喷号机及热送或者下线。辊道若干，速度30m/min，辊径ϕ350mm，辊身宽度2100mm
渣处理	转炉渣热闷/辊压系统		各3套
	铸余渣封闭打水线		10罐位
	脱硫渣带罐打水线		6罐位

4 车间工艺装备控制水平

4.1 预处理

除了各单体设备间基础级（L1）联锁控制外，KR设置了L2级计算机过程控制系统，可实现一键脱硫。即前渣扒完后，进行测温取样，铁水到达搅拌位。岗位操作人员只需要确认界面信息后，按下“一键脱硫”确认开始，此期间完成自动采集铁水重量、温度、成分数据，计算脱硫剂加入量，自动检测铁水液面，并完成打开除尘系统除尘阀、降搅拌头、备料、搅拌头升速旋转、分段投料、搅拌头降速停车、甩渣、搅拌头回归等待位等一系列动作。具备接受L3级各种指令及数据采集和上传的功能。

4.2 转炉

转炉本体及辅助系统（音频化渣[1]、下渣检测、滑板挡渣、合金烘烤、钢包加揭盖等）的基础级连锁控制采用国内优秀供货商成套，为实现过程自动控制提供了良好基础；二级采用普瑞特专有技术—DYNACON 2级自动化系统，可以灵活、快速应对变化地输入物料以及稳定生产工艺。指导操作者通过不同的生产步骤，以确保一致、可重复地生产。通过便捷的用户界面协助操作员开始和监控炉次的生产。2级过程计算机根据存储的每个钢钟的生产计划（吹炼计划，加料等），通过模型计算提出操作员所需的操作。

4.3 LF炉

LF炉自动化系统在功能上由两级组成，第一级为基础自动化级（L1），采用集电气、仪表、计算机（即三电）于一体的自动化系统，主要面向生产过程，完成生产过程的数据采集和初步处理，数据显示和记录，数据设定和生产操作，执行对生产过程的连续电极控制和逻辑顺序控制。

第二级为普瑞特过程控制级（L2），获取L1的生产实时数据和各类化验数据，完成生产过程的操作指导、作业管理、数学模型（温度模型和成分模型）、进程管理、技术计算、数据处理、数据存储等。其中数学模型针对生产有着重大指导意义。根据上级指令的钢种成分，对进站钢水的成分、温度进行计算，提供其生产过程中造渣剂和合金加入量、喂丝种类及长度、底吹氩气量及强度、钢水出钢温度等各种信息，并对电极进行档位调节，从而保证正常生产。

4.4 RH炉

供货商配置了完善基础级（L1）控制，且配置了普瑞特公司的L2级计算机过程控制系统。可接受上级生产指令，对钢水成分温度等各种数据进行采集，对目标成分进行分析，实现对各种合金料加入量的计算及精准控制、抽真空时间及机械泵泵组的配合关系、循环气体的流量控制、顶枪的吹氧强度控制、自动取样及定氧、精炼周期的确定。且冶炼不同高端品质钢水所依赖的专家系统工艺包是不可或缺的，是生产合格钢水成分的有力保证。

4.5 连铸机

铸机引进普瑞特公司先进的机械设备及控制理念，配置了一级和二级专家系统、产品质量检测系统，均来自普瑞特专有技术。其二级系统包括以下几个方面：

（1）接收三级下达的生产指令，通过数据库传达至二级系统，安排和制定生产计划，浇注炉次等。

（2）对物流进行跟踪，监视从钢包回转台一直到铸机出坯区的物流，即从L1接收物流信号及前后工序的物流信息，对钢水、铸机情况、出坯情况、质量情况时时追踪，并在主控室显示物流状态及位置。

（3）动态二冷配水技术，普瑞特冷却模型采用不同的计算方法（DYNACS 3D、DYNASPEED和SPEEDTAB模型）[2]。通过以上方法循环计算，确定二级冷却系统的设定值。根据不同的冷却模型配置不同的冷却制度，不同的冷却制度对应着一系列的冷却水表（根据不同的钢水成分及过热度）。并根据此模型对二冷喷嘴进行合理分布。

（4）动态辊缝控制，DYNAGAP（铸流辊缝自动控制）[2]系统是由普瑞特公司提供的一个软件包。当铸机能浇注不同厚度和成分的板坯，动态辊缝控制模型能在设备利用率和产能最大的条件下，快速、准确地远程控制改变辊缝厚度，实现动态轻压下，从而提高产品内部质量。

（5）切割定尺优化模型，主要是通过模型根据不同钢水成分及过热度，在生产过程中对生产操作进行指导（如更换中间罐、停浇等），切割合格定尺的铸坯、减少废坯数量，从而提高铸机金属收得率。

（6）铸坯切割完毕后，进入铸坯表面质量检测系统，由系统对铸坯进行质量预报，并自动将优化生产参数与实际的过程数据进行比较。给出每块板坯的质量指导意见（诸如合格、检查、清理、取样等），并对有异议的铸坯进行标识，以便下线后能更好地识别。

4.6 车间智能物流系统

转炉本体、汽化、上料、一级控制采用国内最优供货商成套供货，在保证可靠的基础上，最大限度实现过程自动控制。在投产后分步实施废钢装配、脱硫-兑铁、精炼跨及钢水接收跨钢水调运智能化。车间内采用钢包智能管理技术，减少在线周转钢包数量，降低生产成本[3]。

5 主要技术特点

炼钢车间各工序的主要技术特点有：

（1）铁水预处理系统：采用在铁水罐内机械搅拌铁水脱硫工艺对铁水全量处理。

（2）转炉系统：

1）转炉采用顶底复吹工艺；

2）转炉本体采用下吊挂结构；

3）采用氧枪在线快速更换技术，实现不中断正常生产；

4）采用副枪/烟气分析自动化炼钢技术；

5）溅渣护炉；

6）采用机械化上修炉工艺，提高工作效率，降低劳动强度；
7）采用全汽化冷却烟道和蓄热器系统，回收转炉烟气余热；
8）采用干法一次烟气净化回收系统；
9）采用钢包内衬整体浇注技术，提高钢包寿命、降低耐火材料消耗；
10）采用基础级自动化控制系统，二级过程级和三级生产管理和全厂管理级；
11）出钢采用滑板挡渣+下渣检测，减少下渣量，提高合金收得率，提高钢水质量；
12）采用钢包全程加盖和在高炉与转炉之间设置铁水罐加盖，减少温度损失，降低能源消耗；
13）采用合金烘烤，提高钢水质量，降低冶炼成本；
14）采用钢包智能管理技术，减少周转钢包数量，降低生产成本。

（3）LF钢包精炼炉：

1）采用旋转式电极臂，配备双钢包车，两个工位的加热和其他辅助操作交替同步进行，提高生产效率，缩短精炼周期；
2）双炉盖配置，使任一工位钢包钢水始终处于还原性气氛；
3）采用带炉压控制的水冷炉盖，有利于保持炉内惰性气氛；
4）采用钢包底部氩气搅拌技术，均匀钢水成分和温度；
5）自动化控制系统具备HMI显示、报警、自动记录和打印报表；
6）普瑞特二级冶金模型实现高效的生产和准确的控制。

（4）双工位RH真空处理装置：

1）采用两车四位双处理工位RH；
2）采用干式真空泵，节能降成本；
3）设置多功能顶枪系统；
4）扩大吸嘴内径，加快钢液循环速度；
5）采用高称量精度合金加料系统；
6）采用普瑞特二级冶金模型实现高效的生产和准确的控制。

（5）板坯连铸机：

1）全程无氧化保护浇注；
2）钢包下渣检测（振动式），减少下渣量，提高中间包钢水的纯净度；
3）加堰大容量中间罐；
4）中间罐连续测温；
5）中间罐液面自动控制（涡流式），减少液面波动对铸坯质量的影响；
6）结晶器专家系统（热相图、漏钢预报、结晶器液位等）；
7）结晶器在线调宽；
8）结晶器自动加渣；
9）结晶器液压振动，可实现正弦和非正弦曲线振动及在线调整振幅和频率；
10）二冷辊式电磁搅拌（预留），改善铸坯表面和皮下夹杂；
11）二冷气水雾化冷却动态模型控制和副切控制；
12）高精度扇形段，连续弯曲、连续矫直，配套动态轻压下系统，改善铸坯内部质量；
13）铸坯定尺优化切割技术，采用氢氧切割技术；
14）摄像定尺系统；
15）铸坯在线去毛刺；
16）铸坯表面质量检测系统，能够在线实时检测铸坯的宽度尺寸，尺寸检测精度高、误差小；
17）二级计算机控制、管理及质量判定。

（6）有压热闷渣处理：

1）热闷周期短，处理效率高；
2）自动化水平高；整个处理过程都由计算机控制完成，减少定员；

3）处理过程洁净化程度高；整个处理过程都在密闭体系下进行，处理过程所产蒸汽可通过管道有组织排放；

4）热闷后的钢渣粉化率高，稳定性好；热闷后的钢渣游离氧化钙含量和浸水膨胀率均满足用于建材行业标准的相关要求。

6　结语

河钢唐钢新区一炼钢厂车间布局合理，致力于打造精品企业。本着绿色、低碳环保的原则，选择成熟可靠的双联冶炼工艺，采用了先进的工艺装备、控制系统及智能物流系统。自投产后，各工序运行顺畅，各项生产指标已达国际先进水平，成为河钢集团高端精品板材的重要生产基地。

参 考 文 献

[1] 吉祥利，张达．高效智能转炉冶炼技术的研发与应用［J］．河北冶金，2020（S1）：65~67.

[2] 王春义．天铁热轧板公司板坯连铸的二级控制系统［J］．天津冶金，2018（6）：44~45.

[3] 张达．钢包智能管理系统的创新应用［J］．河北冶金，2020（S1）：61~64.

一炼钢精炼工艺设计

张元杰[1]，张　全[2]，安连志[1]，张　达[1]

（1. 唐钢国际工程技术股份有限公司，河北唐山 063000；
2. 河钢集团唐钢公司，河北唐山 063000）

摘　要　分析了河钢唐钢新区产品定位、工艺路线，重点介绍了一炼钢车间的整体布置，以及铁水预处理、LF 精炼、RH 精炼的工艺流程、设备配置及性能特点。通过合理地选择与布置精炼设备，实现了炼钢车间功能完备、布局合理、物流顺畅，保障生产有序、安全、高效地进行。

关键词　铁水预处理；KR；炉外精炼；LF；RH

Review of Refining Process Design in No. 1 Steelmaking Plant

Zhang Yuanjie[1], Zhang Quan[2], An Lianzhi[1], Zhang Da[1]

(1. Tangsteel International Engineering Technology Co., Ltd., Tangshan 063000, Hebei;
2. HBIS Group Tangsteel Company, Tangshan 063000, Hebei)

Abstract　This article analyzes the product positioning and process route of HBIS Tangsteel New District, focusing on the overall layout of No. 1 steelmaking workshop, as well as the process flow, equipment configuration and performance characteristics of molten iron pretreatment, LF refining, and RH refining. Through rationally selecting and arranging refining equipment, the steelmaking workshop has complete functions, reasonable layout and smooth logistics, ensuring orderly, safe, and efficient production.

Key words　molten iron pretreatment; KR; secondary refining; LF; RH

0　引言

河钢唐钢新区一炼钢车间的生产目标是高附加值的品牌化产品，重点发展面向汽车、工程机械、交通、制造等行业用钢，生产深冲钢，高强度结构钢、汽车用钢等产品。为保证产品质量，在炼钢车间内布置配套精炼工艺。本文介绍一炼钢车间内精炼的布置、功能及特点。

1　产品定位与工艺路线

1.1　产品定位

（1）冷轧原料卷：深冲及超深冲带卷、340~590MPa 级高强度钢、590MPa 以上级高强度钢等；

（2）热轧商品卷：碳素结构钢、优质碳素结构钢、汽车结构用钢、桥梁用结构钢等。

1.2　工艺路线

炼钢车间的精炼设施主要包括 3 套机械搅拌铁水脱硫装置、2 台双钢包车双处理工位旋转电极 LF、2 台三车五位 RH。精炼设备的选择主要与炼钢厂最终产品相关，选取精炼手段就需要从产品冶炼要求入手，根据用户对产品质量和性能不同需求定制不同的工艺路线[1]。

作者简介：张元杰（1989—），男，硕士，工程师，2017 年毕业于华北理工大学，现在唐钢国际工程技术股份有限公司从事炼钢设计工作，E-mail：zhangyuanjie@tsic.com

（1）对于普碳钢、一般低合金结构钢等，采用炉后吹氩喂丝处理，降低生产成本，其冶炼路线为：铁水罐→KR 脱硫→转炉→吹氩喂丝→连铸。

（2）中档造船板、桥梁板及建筑结构用钢，采用 LF 脱氧合金化，控制夹杂物含量，降低硫，并且利用 LF 升温功能弥补合金化引起的温度损失，可降低转炉出钢温度，经济合理[2]，其冶炼路线为：铁水罐→KR 脱硫→转炉→LF→连铸。

（3）IF 钢及其升级钢，低合金超高强度建筑、桥梁用钢等，对夹杂物含量、钢中气体含量要求更加严格，需采用 RH 真空处理[3]，其冶炼路线为：铁水罐→KR 脱硫→转炉→RH→连铸。

（4）对于 X80 以上高强度管线钢，生产此类高纯净度钢种，冶炼工艺的优化是关键，所以采用 LF+RH的处理方式，其冶炼路线为：铁水罐→KR 脱硫→转炉→RH+LF→连铸。

2　铁水预处理

2.1　铁水预处理工艺

铁水的炉外脱硫高效经济，在冶金生产领域，广泛采用铁水预处理工艺。铁水中硫的活度系数较高，而铁水中氧含量又低，因此铁水有着比钢水脱硫更优越的条件[4]。脱硫主要方法有喷吹法及机械搅拌法。机械搅拌脱硫处理脱硫率高、回硫少，效果更稳定[5]。

河钢唐钢新区一炼钢项目是精品板材生产线，终点 S 含量低的钢种较多，因此使用机械搅拌的预处理方式。本项目包含 3 套铁水预处理，布置于铁水预处理及钢包维修跨内，每套脱硫站 1 个搅拌位配 1 个扒渣位。主控室布置在扒渣机上层平台，拔渣操作时人工可观察到整个铁水罐和渣面；加料、脱硫、设备维修在脱硫位操作平台上进行；脱硫站供料系统的料仓、旋转给料器、称量斗布置在脱硫搅拌位旁，每套脱硫站设 2 套独立的上料系统；料仓采用高架式，自重下料。铁水脱硫流程如图 1 所示。

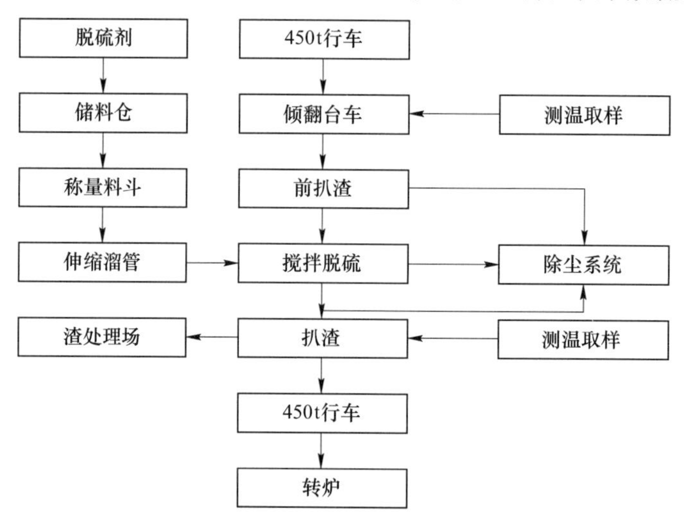

图 1　KR 脱硫工艺流程

Fig. 1　KR desulfurization process flow

2.2　铁水预处理主要设备

2.2.1　脱硫剂上料和投料系统

脱硫剂上料、投料系统的主要作用是将混合脱硫剂从槽罐车运至储料仓，然后按脱硫所需的重量投入铁水罐。其主要包括：脱硫剂储料仓、称重料斗、伸缩溜管及阀门等设备。

（1）脱硫剂储料仓。脱硫剂储料仓为带有圆锥形漏斗的圆柱形密闭容器，料仓几何容积 100m^3。储料仓上料采用气体输送方式，从槽罐车将物料通过气体输送到储料仓内。储料仓设有称重传感器及超声波料位计用于物料计量。储料仓下有流态化环流装置，用于流化脱硫剂，防止堵料。

（2）称量斗。称量斗主要用于接受储料仓的下料并对其进行称量。称量斗几何容积 5m^3。料仓设置 3 个称重传感器，系统称量精度±3‰。

（3）伸缩溜管。伸缩溜管用于将脱硫剂投至铁水罐中。伸缩溜管控制采用电机传动，具备超时报警功能，位置控制采用限位开关。溜管在下降的同时，分别设置2组托辊支撑活动溜管。

2.2.2 机械搅拌系统

机械搅拌设备主要作用是实现搅拌头的升降及旋转，主要包括搅拌头旋转装置、搅拌头升降装置、升降导轨及框架和润滑系统等。

搅拌头旋转装置与搅拌头联接，实现搅拌头的旋转。搅拌头旋转装置主要包括升降小车车架及安装在车架上的电动驱动系统、搅拌头主轴、冷却系统、防尘盖等。

搅拌头升降装置通过钢丝绳卷扬系统带动搅拌头旋转装置及搅拌头在升降导轨及框架内完成升降动作。搅拌头升降装置主要由主升降电机、事故升降气动马达装置、减速机、卷筒、钢丝绳、编码器等组成。

搅拌头用于脱硫处理，型式采用十字形（四桨叶），结构为钢结构焊接件，外部浇注耐火材料，内部采用压缩空气冷却。搅拌头还配有专用吊具、更换台车等。

2.2.3 扒渣倾翻系统

扒渣机用于清除铁水罐的脱硫渣，类型为扒渣臂可以实现前后、上下、旋转等动作，所有动作都是通过液压驱动实现，整个扒渣平台要全封闭。

铁水罐运输台车主要用于运送铁水罐往返于运送满罐铁水往返于脱硫位和起吊位，同时还可在扒渣时将铁水罐倾翻。倾翻采用液压方式，液压缸设置在地面上，双向控制，保证倾翻系统快速回位。

2.2.4 其他设备

除投料、脱硫、扒渣等主要设备外，还有部分设备用于辅助生产、检修。

自动测温取样装置，该设备用于测量铁水温度，同时进行取样，探头形式采用测温和取样复合探头；液压系统脱硫液压系统，是对脱硫倾翻车、扒渣机等液压缸提供动力源及其控制装置；通风系统，主要为搅拌脱硫系统通风除尘相关设备，内容包括除尘烟罩、单机除尘器、电动阀、空调系统等。此外还有脱硫的电气设备，脱硫供电，基础自动化，仪表电源等。

2.3 脱硫设备指标及效果

河钢唐钢新区一炼钢，全铁水预处理，KR预处理能力见表1。

KR铁水预处理的设计目标值硫≤0.005%，生产脱后目标硫<0.002%。一键脱硫进站根据高炉或进站铁样使用静态模型脱硫；过程根据进站铁样动态调整，脱后硫含量、温降、搅拌时间、脱硫剂消耗四项考核值的综合命中率≥95%，其中脱硫命中率≥98%，不合格炉次硫含量偏差不大于0.001%。

表1 KR处理能力

Tab.1 KR processing capacity

序号	项　目	单　位	数　值
1	铁水罐平均装入容量 最大装入容量	t	180 230
2	处理工位数	位	3
3	脱硫平均处理周期	min	36~40
4	年处理能力	万吨	474
5	目前最大每天处理炉数	炉	72
6	车间年有效作业天数	天	300

3 LF精炼

3.1 LF精炼工艺

LF法是一种集电弧加热、气体搅拌于一体的钢液精炼方法，通过强化冶炼条件，能在短时间内得到高度净化和均匀化的钢液。LF 精炼主要在钢包中进行，通过电极埋弧进行加热，升温效率高，能够调节炼钢-连铸的生产，白渣精炼配合底吹氩制度，可以做到深脱硫，因此对于一些低硫含量的钢种可以将 LF 作为精炼手段[6-7]。

一炼钢转炉车间内共有 2 套 LF 精炼炉。为双车、双工位电极旋转式 LF 钢包精炼炉。LF 炉采用双钢包车、双加热工位、双水冷钢包盖，旋转式电极的布置。每座 LF 炉共配备 2 台四线喂丝机，分别布置在 LF 炉的 2 个加热工位。使用双车双盖、电极旋转式的 LF 精炼，生产效率高，操作灵活，钢水罐内钢水始终处于还原性气氛，精炼效果好。

LF 精炼流程见图 2。

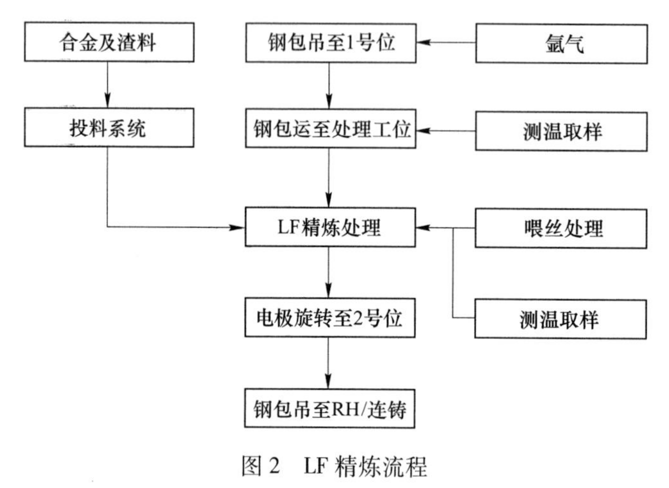

图 2 LF 精炼流程

Fig. 2 LF refining process

3.2 LF 炉主要设备

3.2.1 钢包车

钢包车的主要功能是将钢水包从吊包位运送到 LF 处理工位进行精炼处理。

钢包车的运动是由电机经减速器联轴器带动车轮传递扭矩，采用变频方式调速，可以实现大范围的速度调节。钢水搅拌采用自动氩气连接装置。

3.2.2 水冷炉盖及提升机构

水冷炉盖用于维持处理过程中的还原性气氛，收集 LF 炉冶炼过程中产生的烟尘。

炉盖具有微正压调节功能，防止外部大气进入钢包，保持钢包内部的还原气氛，而且还防止烟气逸出，保护了环境。同时炉盖能够接受合金料、造渣材料并导入钢包。

3.2.3 大电流系统

大电流系统是钢包精炼炉的主要设备，用于传输能量到钢包中，对钢水进行加热。冶炼时的电弧长度可通过电极调节器自动调节。大电流系统主要包括以下部件：3 套导电横臂、3 组水冷电缆及附件（水冷电缆带旋转接头）、1 套二次短网系统、3 组石墨电极及附件。

三相导电横臂是由水冷式表层覆铜的钢件组成，电极臂建立电极和电极导柱之间的机械连接的同时，也建立了电缆和接触块之间的电气连接。

3.2.4 加料系统

在 LF 炉加料时通过振动给料器，将需要的合金、造渣剂依次进入称量料斗，再经过振动给料器进入水平皮带输送机，最后通过炉盖合金溜管，将合金加入钢包内。如果上错料，通过水平可逆皮带输送机反转传料送入弃料斗中。

加料系统主要由高架平台储料仓、振动给料器、称量料斗皮带输送机、密封装置等组成。

3.2.5 其他设备

除投料、加热、炉盖等设备外，还有其他设备用于辅助生产。

钢包底吹氩系统，在 LF 的工艺处理过程之中，通过钢包底部的透气砖通入惰性气体对钢水进行搅拌，达到包内钢水温度及成分均匀的目的。

喂丝系统，是将铝线或含有各种粉剂的包芯线，以一定的速度喂入钢水，对钢水进行炉外处理，使其在脱氧、脱硫、微合金化以及改变钢水夹杂物形态等方面起到较明显的作用。

此外还有冷却水系统，自动、手动测温取样装置，电极接长站，液压润滑等。

3.3 LF 炉性能及处理效果

LF 精炼的处理能力见表 2。

表 2 LF 炉处理能力

Tab. 2 Treatment capacity of LF furnace

序号	项目	单位	参数
1	公称容量	t	200
2	数量	套	2
3	平均处理量	t	200
4	最大/最小精炼钢水范围	t/炉	230/200
5	处理周期	min	35~40
6	变压器额定容量	MVA	45

LF 投入生产后其精炼效果如表 3 所示。

表 3 LF 处理效果

Tab. 3 LF treatment effects

序号	项目	单位	指标
1	处理后硫含量	%	<0.004
2	脱硫率	%	≥75
3	处理后氧含量	%	≤0.00015
4	加热过程中吸氮	%	<0.0005
5	加热过程中增碳	%/min	≤0.00015

4 RH 精炼

4.1 RH 精炼主要工艺

现代化炼钢工厂的生产快速而高效，但是转炉、电炉等炼钢炉冶炼生产出的钢水只是粗钢，必须经二次精炼将钢水质量优化才能送向连铸。RH 既能脱碳、脱氧脱气，又能和前后工序在很好耦合的精炼设备[8]。因此，用 RH 设备成了最重要的炉外精炼手段之一。

RH 处理时的所有冶金反应都是在砌有耐火衬的真空室内进行的。进入真空室的钢水在负压条件下进行脱碳反应，脱氧反应，因此 RH 主要功能为脱氢、脱气以及合金化等[9,10]。

在现有车间内，考虑到设备布置及位置关系，以及为了保证物流顺畅，本项目使用“三车五位”的形式。三车五位在主作业区配置三辆真空室横移车，2 个处理工位和 3 个待机烘烤。每个处理位将配备 1 套钢包顶升装置及 1 辆钢包车、1 套真空加料系统、1 套顶枪系统等，共用 1 套真空泵系统。

三车五位型 RH 处理流程见图 3。

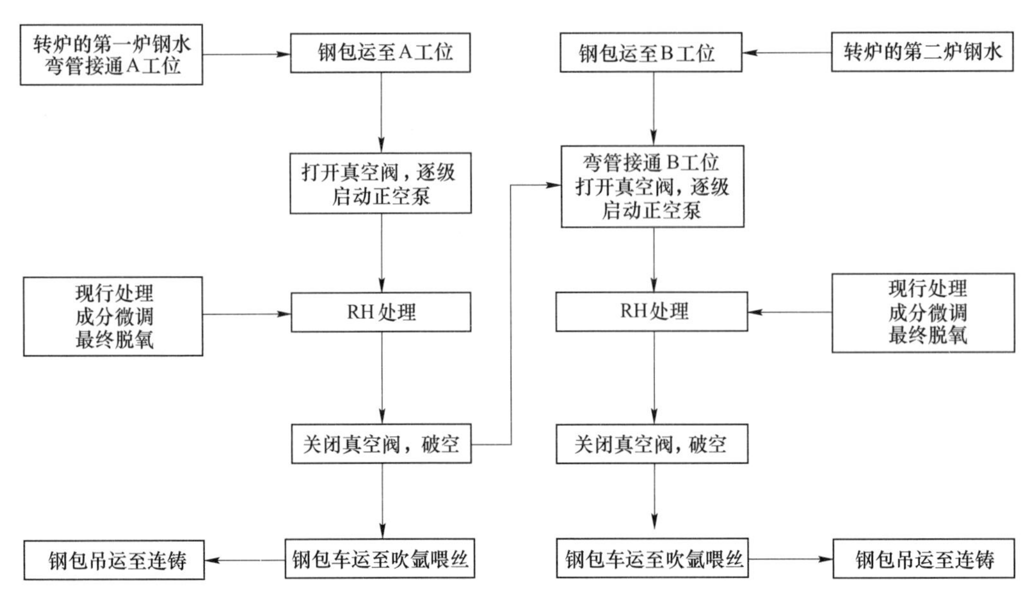

图 3　RH 精炼流程

Fig. 3　RH refining process

4.2　RH 精炼主要设备

4.2.1　钢包车及顶升

钢包台车由车体和钢包两部分组成，真空处理时，车体随钢包一起被顶升。

钢包台车采用变频电机驱动，可由机旁操作箱或主控室控制。车速可调，行走距离通过激光测距仪检测，极限位置使用机械限位开关定位。

4.2.2　真空室系统

真空室体采用整体室型式，而浸渍管与真空室底部为焊接连接。整体室型式有效避免了分体室式中间法兰密封因长时间高温而变形不能有效密封的状况。浸渍管的内径设计为 ϕ780mm，循环气体流量调节到 3.5m^3/min（标态），以达到快速而有效地进行脱碳处理目的，钢水循环速度 209t/min。此外，真空室内径设计到 ϕ2400mm 以上，以求真空环境下增大钢水反应面积。

（1）真空室。真空室由一个带有弧形底板的圆柱形壳体构成。采用钢板焊接结构，内砌耐材，在高真空状态下工作。真空室壁与耐火砖间采用隔热衬垫，以减小槽体外表面的热损失，避免由于过热引起的真空室体变形。

（2）浸渍管。浸渍管通过焊接与真空室底部相连。两根浸渍管一根为上升管，另一根为下降管。上升管包括 1 套管件及喷嘴，按 2 组分层交错布置，用于导入环流用氩气或保护用氮气。

（3）热弯管。每个热弯管本体由垂直部件和带有 90°弯度的水平部件组成。垂直部分用一个带水冷法兰的顶部盖板关闭，该法兰与密封通道相连。每个热弯管包括顶部盖板及热弯管本体。

（4）真空室移动。真空室移动系统用于更换真空室和热弯管，每套 RH 设 3 台真空室横移车。真空室横移车执行真空室和热弯管从处理位和待机位之间的运输工作。

（5）真空系统。废气从热弯管经膨胀节、连接管道、一级气冷器、抽气管、真空阀、二级气冷器和布袋除尘器到达真空泵。真空泵系统采用机械式真空泵，可以满足不同的真空处理要求。

4.2.3　顶枪系统

顶枪装置不但具备强制脱碳功能，还具有烧嘴加热的功能。同时由于顶枪吹氧烧嘴加热，在合理的操作下，真空室内的温度分布均匀，真空室内表面温度可达到1400℃左右。顶枪系统结合了吹氧脱碳功能，以及通过燃烧铝化学加热钢水和燃气烧嘴系统的标准加热功能。顶枪允许在两次真空处理中间进行加热，这样能减少冷钢的附着。在更换后也可以用枪把真空室的耐材加热至处理温度。

4.2.4 其他设备

除钢包车、真空处理、顶枪外，还有其他设备用于辅助生产。

烘烤枪，燃气烘烤系统。每套 RH 配置有烘烤枪系统。更换真空室后，可以使用烘烤枪将真空室耐火材料烘烤到生产所需温度。上料投料系统，合金料是通过从现有的转炉、LF 料仓上料系统向 RH 装置高位料仓上料。在真空处理期间通过真空料斗系统向钢水中加入合金。钢包处理站，经过 RH 处理后，钢包通过钢包车进入钢包处理站进行喂丝处理。此外还有 RH 的电气设备，供电，除尘，基础自动化，仪表电源等。

4.3 RH 精炼处理效果

RH 精炼的处理能力如表 4 所示。

表 4 RH 处理能力
Tab. 4 Treatment capacity of RH

序号	项目	单位	参数	备注
1	数量	套	2	
2	平均处理量	t	200	
3	处理周期	min	35~40	
4	RH 最大处理能力	万吨/年	460	2 套

生产中脱碳、脱气的处理能力如表 5 所示。

表 5 RH 处理效果
Tab. 5 RH treatment effects

序号	项目	起始含量/%	结束含量/%	时间要求/min	备注
1	自然脱碳	<0.035	<0.0015	<18	不进行顶枪操作
2	强制脱碳	<0.06	<0.002	<18	
3	脱氢	<0.0006	<0.00015	<18	
4	脱氮	<0.006	<0.004	≥20	

生产超低碳钢时，处理后全氧含量见表 6。

表 6 超低碳钢处理效果
Tab. 6 Treatment effects of ultra-low carbon steel

结束碳含量/%	结束氮含量/%	结束全氧含量/%
≤0.003	≤0.0025	≤0.0025

5 结语

河钢唐钢新区一炼钢的铁水预处理及钢水炉外精炼设备选择，符合产品冶炼需求，主要设备与生产工艺成熟、可靠，技术装备水平达到国内领先的先进水平。工艺布置充分考虑了精炼设备与辅原料设施、转炉、连铸机等在炼钢车间的相对位置关系，做到布局紧凑合理，车间内物流通畅。

参考文献

[1] 郭辉，郝强，王彦杰．低合金钢精炼工艺优化［J］．河北冶金，2012（7）：37.

[2] 郝鑫，白雪莹，安海玉，等. 高品质中厚板低硫冶炼工艺优化 [J]. 河北冶金，2019 (3)：39~42.
[3] 张彩东，杨晓江，王峰，等. 唐钢RH精炼碳氧平衡研究与应用 [J]. 河北冶金，2013 (2)：8~10.
[4] 杨世山，沈甦. 铁水预处理工艺、设备及操作 [J]. 炼钢，2000 (5)：13~16.
[5] 刘希山，杨吉春. 铁水预处理脱硫工艺设备的选择 [J]. 科技信息，2010 (15)：29.
[6] 耿浩然，章希胜，陈俊华. 现代铸造合金及其熔炼技术丛书铸钢 [M]. 北京：化学工业出版社，2007.
[7] 李广田，陈俊锋，李文献，等. 多功能预熔精炼渣的研制与应用 [J]. 特殊钢，2004，25 (2)：47~49.
[8] 林海燕. RH精炼炉自动控制开发与研究 [D]. 赣州：江西理工大学，2009.
[9] 刘列喜，范石伟，徐雷，等. 120t RH-LF生产低碳钢QD08的工艺实践 [J]. 特殊钢，2019 (2)：35~37.
[10] 吴全明. RH真空炉脱碳过程喷溅的控制 [J]. 河北冶金，2012 (4)：21~24.

一炼钢厂 1900mm 双流板坯连铸机设计

方云楚[1]，张 全[2]，张 达[1]，黄彩云[1]

（1. 唐钢国际工程技术股份有限公司，河北唐山 063000；
2. 河钢集团唐钢公司，河北唐山 063000）

摘 要 连铸工序承担着连接炼钢和轧钢的重要任务，其生产情况直接影响着产品质量和最终产量。本文介绍了河钢唐钢新区一炼钢 1900mm 双流板坯连铸机的工艺设备配置，对连铸系统的工艺流程、设备配置、装备及控制水平的先进性进行了分析，旨在通过对本连铸系统的说明，为同类连铸系统的设计选型提供经验与参考。

关键词 板坯连铸；双流；工艺流程；设备配置；装备；控制

Summary of 1900mm Slabtwin-Strandccm for No. 1 Steelmaking

Fang Yunchu[1], Zhang Quan[2], Zhang Da[1], Huang Caiyun[1]

(1. Tangsteel International Engineering Technology Corp., Tangshan 063000, Hebei;
2. HBIS Group Tangsteel Company, Tangshan 063000, Hebei)

Abstract The continuous casting process undertakes the important task of connecting steelmaking and rolling, and its production situation directly affects the product quality and final output. This paper introduces the process and equipment configuration of the 1900mm double-flow slab continuous caster machine (CCM) in No. 1 steelmaking workshop of HBIS Tangsteel New District. In addition, the advanced nature of the process, equipment configuration, equipment and control level of the continuous casting system were introduced as well. The description of the casting system provides experience and reference for the design and selection of similar continuous casting systems.

Key words slab continuous casting; double-flow; process flow; equipment configuration; equipment; control

0 引言

河钢唐钢新区一炼钢车间配置了 3 套机械搅拌铁水脱硫装置，2 座 200t 顶底复吹转炉，2 台双工位电极旋转 LF 炉，2 套 RH 真空精炼装置，2 台 1900mm 双流板坯连铸机[1]。该板坯连铸机采用多项先进成熟的技术，通过较高的装备及控制水平和专业化的管理，将炼钢工序与轧钢工序融合为一个有机整体，为板材高质量、低成本的生产创造有利条件。

1 产品方案

河钢唐钢新区一炼钢车间配置 2 台 1900mm 双流板坯连铸机，为 2050mm 热轧生产线提供合格铸坯，主要生产碳素结构钢、优质碳素结构钢、汽车结构用钢、高耐候结构钢及集装箱板、高层建筑结构用钢、管线钢、锅炉及压力容器用钢、桥梁用结构钢、船体用结构钢等。产品规格为：铸坯宽度 900~1900mm；铸坯厚度 230mm、250mm；切割定尺 9000~11000mm、4500~5300mm。

2 连铸机的选型

2.1 机型

板坯连铸技术发展至今，机型设计逐渐趋于成熟，目前世界上应用最多的机型为直弧型连续弯曲、

作者简介：方云楚（1990—），男，硕士，工程师，2016 年毕业于华北理工大学冶金工程专业，现在唐钢国际工程技术公司从事炼钢设计工作，E-mail：fangyunchu@ tsic. com

连续矫直连铸机。近几年我国投产的直弧型板坯连铸机，运行状况良好，为热轧厂提供各类高品质合格铸坯，铸坯的无清理率和硫印评级较高，达到铸坯直接热装的水平[2]。

直弧型板坯连铸机具有夹杂物上浮条件好，有利于消除铸坯夹杂和减少夹杂物向内弧侧富集，且结晶器铜板加工修复简便，降低维修成本费等优点[3,4]。作为现今最先进和成熟的连铸机型，直弧型连续弯曲、连续矫直连铸机成为大断面板坯连铸机的首选机型。

2.2 基本弧半径

在拉坯过程中，连铸机的基本弧半径直接影响了板坯铸坯的变形率，这也是影响铸坯质量的决定性因素。近年来采用了连续弯曲、连续矫直连铸机，适当减小了铸机基本弧半径，从而使钢水静压力降低，进而有效控制了铸坯的变形率。与传统的连铸机相比，虽然基本弧半径有所降低，但是铸坯的变形率依然控制在合理的范围。对于板坯厚度≤250mm 的板坯连铸，直弧型连铸机一般选用 9~10m 的基本弧半径[5]。

因此，结合河钢唐钢新区的具体情况，为适应连铸机高拉速、铸坯高质量的要求，最终选用基本弧半径 R=9.5m，连续弯曲、连续矫直的直弧型连铸机机型。

3 生产工艺流程

3.1 钢水准备

转炉出钢后，按照浇注要求的化学成分、气体含量、温度等，对钢水进行 LF/RH 精炼处理。精炼后装有合格钢水的钢包由炼钢车间铸造起重机吊运至连铸机钢包回转台。回转台将钢包回转至中间罐上方后，打开钢包滑动水口，为中间罐注入钢水。当中间罐内钢水深度达到浇注要求高度后，即可开始浇注。

3.2 浇注前的准备

中间罐修砌后由干燥站进行干燥，完成后再由浇铸跨 160/50t 起重机吊运至连铸平台的中间罐车上，在烘烤位进行在线烘烤，烘烤时间约 90min，烘烤温度达 1100℃。此外，中间罐水口也同时进行烘烤，水口烘烤装置的烘烤温度达 1100℃。

引锭杆由浇注平台上的引锭杆小车就位并送入结晶器，再向浇注方向运行使引锭头在结晶器内处于合适位置。用石棉绳塞紧结晶器固定引锭头，填装废钢屑，最后向结晶器铜板涂抹润滑油。

接通结晶器冷却水、二冷水、压缩空气、设备冷却水、液压、润滑等系统，使各系统处于正常工作状态。确保火焰切割机用天然气、氧气等能源介质系统处于正常状态。各操作台、控制箱显示电气系统正常[6]。

3.3 浇注操作

钢水由钢包注入中间罐，当中间罐内液面高度达工作液位的一半时，即可打开塞棒，使钢水在浸入式水口的倒流下，平稳的注入结晶器。

当结晶器内钢水液面上升到拉坯位置后，启动“浇注”，按照预定的起步拉速，扇形段驱动辊开始进行拉坯。与此同时，结晶器振动装置、二冷喷淋水、设备冷却水、二冷室排蒸汽风机、结晶器排烟风机自动开始工作[6]。

在冷却作用下，结晶器内钢水外层形成坯壳，内层带有液芯的铸坯，在引锭杆的牵引下离开结晶器下口，经过足辊、弯曲段、弧形段往下移动，同时进行气雾冷却[6]。

在矫直段对弧形的铸坯进行矫直，然后送入水平段。铸坯离开水平扇形段后脱离引锭杆，引锭杆卷扬装置将引锭杆送回浇注平台上的引锭杆小车，为下一连浇炉次做准备。

铸坯在与引锭杆分离后，在辊道的驱动下按照拉速进入火焰切割机，火切机切掉长约 400mm 的切头，切头部分经溜槽落入下部的切头切尾收集箱内。完成切头后的铸坯按照定尺进行切割，合格定尺的铸坯通过去毛刺机去掉切口处的毛刺，毛刺通过毛刺收集小车，滑入毛刺收集箱。处理后的铸坯在喷号辊道进行喷号标记。

3.4 出坯及堆存

通过铸坯横移装置，把两套连铸机各流的铸坯收集输送到热送辊道上，由热送辊道将直接热送的铸坯送往轧钢车间。

需要表面火焰清理的铸坯，通过铸坯横移装置，运送至火焰清理辊道，进行 4 面火焰清理，清理完的铸坯，即可通过手动清理装置，实现在线检测及手动清理，也可下线堆存冷却后，再进行检测及清理。

对于一些容器钢和高合金钢需要缓冷的，可通过吊车吊至缓冷坑进行缓冷。

需冷却堆存后进行精整的铸坯由车间的（42.5+42.5）t 铸坯夹钳起重机将垛板台上的铸坯吊运下线，进行处理；根据轧钢工序的需要，再由（42.5+42.5）t 铸坯夹钳起重机吊至卸垛台，铸坯由卸垛台送回热送辊道，转运到轧钢车间加热炉，也可以通过过跨车运至热轧车间。

4 主要技术参数

主要技术参数见表 1。

表 1 连铸机主要设备配置及参数

Tab. 1 Main equipment configuration and parameters of CCM

序号	项目	设备参数
1	连铸机机型	直结晶器，连续弯曲、连续矫直弧型板坯连铸机
2	连铸机台数×流数	2×2
3	连铸机基本半径/m	9.5
4	流间距/m	6.5
5	浇铸断面 厚度/mm 宽度/mm	 230、250 900~1900
6	定尺长度/mm	9000~11000 4500~5300（少量）
7	铸机冶金长度/m	35.0
8	铸机速度范围/$m \cdot min^{-1}$	0.1~2.5
9	回转台形式	蝶型
10	中间罐车形式	门式
11	结晶器振动装置	液压振动
12	二冷水控制	二冷动态控制
13	引锭杆装入方式	下装
14	切割方式	在线火焰切割
15	在线去毛刺	锤击式
16	铸坯喷号方式	在线侧面喷号
17	出坯方式	横移车+辊道热送（为主）+推钢机/垛板台

5 主要技术特点

为提高铸坯的表面和内部质量，保证生产无缺陷铸坯、提高连铸生产率和可靠性、提高热利用率，实现板坯高温热送、实现节能环保及综合利用[7]，板坯连铸机设计选型采用了多项先进技术，见表 2。

表 2　连铸采用先进技术一览表

Tab. 2　List of advanced technologies used in continuous casting

序号	项目名称	提高质量	提高生产率和可靠性	板坯热送	节能环保
1	蝶型钢包回转台、带升降、旋转、称量、吹氩等功能	√	√		
2	钢包下渣检测技术	√			
3	加堰大容量、深液面中间罐冶金技术	√			
4	中间罐称重与液位自动控制	√			
5	中间罐连续测温技术	√	√		
6	浸入式水口快换技术		√		
7	钢水全程无氧化保护浇注	√			
8	结晶器液面自动检测和塞棒自动控制技术	√	√		
9	结晶器专家系统（漏钢预警）		√		
10	结晶器液压振动技术	√			
11	结晶器自动调宽技术	√	√	√	
12	结晶器自动加保护渣技术	√	√		
13	辊式电磁搅拌（预留）	√			
14	直弧型连续弯曲连续矫直机型	√			
15	大弧形半径、小辊径密排分节辊辊列技术	√			
16	高强度和高刚度铸流导向段设计技术	√			
17	二冷气雾冷却动态控制	√		√	
18	扇形段远程自动调辊缝	√	√		√
19	动态轻压下	√	√		
20	主机设备整体快速更换技术		√		
21	铸坯去毛刺、喷号技术	√	√	√	
22	辊缝测量仪和结晶器锥度仪		√		
23	最佳长度切割计算和控制	√	√		
24	计算机质量判定	√	√	√	
25	计算机铸坯跟踪及管理技术		√		
26	连铸机热送热装技术		√	√	√

6　连铸机关键设备

6.1　钢包回转台

钢包回转台采用蝶形式结构，用于将钢包转出或转入浇注工位。采用双回转臂实现多炉连浇，电机驱动 360°无限回转，升降使用液压驱动，回转臂具备独立提升功能，回转台同时旋转。断电时，在液压事故马达的驱动下，可将钢包旋出浇注位至事故钢包上面。

6.2　中间罐

中间罐连接了钢包和结晶器，起到缓冲器的作用。为促进钢水中夹杂物具有充足的上浮时间，对中间罐进行了优化设计。进行中间罐冶金，均匀钢水成分和温度，为实现多炉连浇创造有利条件；配套中间包盖，对浇注过程中的钢水进行保温。

6.3　中间罐车

中间罐车采用电机行走，液压升降的驱动方式，用于支承、运送中间罐，并实现中间罐的准确定位。开浇前，中间罐预热装置停止工作，抬起烧嘴，提升中间罐至上部位置，启动中间罐车。到达浇注位前，罐车自动减速，到位后停止，下降中间罐准备浇注。浇注完成后，提升中间罐，开出罐车至排渣位或烘烤位置。浇注期间，连续测量钢水的重量和温度[8]。

半自动长水口操作机构设置在中间罐车上，用于安装钢包长水口。钢包滑动水口下端连接长水口，由液压缸进行压紧。长水口上设有氩气保护，防止空气氧化钢水，并配套设置电磁下渣检测装置。

6.4 中间罐塞棒机构及侵入式水口

每个中间罐配套设置 2 套中间罐塞棒机构，用于控制中间罐流入结晶器的钢水流量，采用结晶器液面控制系统自动控制或手动方式进行控制。

中间罐采用分体式水口进行浇注，并设有浸入式水口快换装置。浇注过程中，可使用浸入式水口快换装置进行水口的快速更换，或对钢流进行紧急切断。

6.5 中间罐预热站

浇注平台上设有中间罐预热站，在浇注前中间罐需完成内衬预热，达到所需的工作温度。在加热过程中火焰中断，气源自动关断。每套预热装置设有 4 个烧嘴，在 90min 内达到预热温度 1100℃。

6.6 连续生产配套在线辅助设施

连铸平台上还配套设置浸入式水口预热装置、溢流罐、事故罐、事故溜槽等，以应对生产操作中可能发生的各种情况，保障生产安全、顺利进行。

6.7 连铸机浇注平台

为方便连铸操作进行，并承载连铸机系统主机设备，设有连铸浇注平台、钢包操作平台。浇注平台下设有冷却室，对冷却铸坯过程中所产生的蒸汽进行收集，以便由蒸汽排出系统排出蒸汽。地面设置连铸系统配套的风机室、电气室、液压站等。

6.8 连铸排烟系统

连铸系统各主要烟尘产生区域设置排烟系统，主要包括结晶器排烟系统和二冷蒸汽排除系统。将浇钢时结晶器产生的少量烟尘排入二冷室，与冷却室内铸坯喷水冷却产生的蒸汽一起，通过蒸汽排出系统排放到主厂房外。

6.9 结晶器

结晶器是整个连铸系统的核心，连铸系统选用直结晶器在线自动调宽形式，实现宽 900~1900mm，厚 230mm 和 250mm 的铸坯浇注。结晶器配套设有结晶器罩，用于保护结晶器，避免结晶器溢流出钢水以及中间罐车开动期间流出钢水损坏结晶器。同时配套设有自动加保护渣装置，以机械和电气相结合的自动加渣模式替代人工加渣。

6.10 结晶器液压振动装置

振动装置直接放置在结晶器台架下方，由液压缸驱动。可实现结晶器按照正弦曲线、非正弦曲线及其他波形进行振动，在浇注过程中根据拉速、钢种等因素，自动调节振幅和振频。

6.11 弯曲段

连铸机弯曲段设置在结晶器的下方，用于引导初凝的铸坯向下运动，由垂直段经连续弯曲后进入弧形段。

6.12 辊式电磁搅拌装置（预留）

预留的辊式电磁搅拌装置，其线圈固定在弧形扇形段的辊子内，电源和水可自动接通。辊式电磁搅拌装置可在扇形段辊间形成电磁场，实现对钢水搅拌。

6.13　扇形段

整个扇形段分为：弧形段（1~6段）、矫直段（7、8段）、水平段（9~14段）。

弧形段每流6段，每段由7对辊子组成，辊子长2100mm。弧形段对弯曲段与矫直段之间的铸坯进行支撑，并引导铸坯在恒定的9.5m弧形半径上向下运动。分节辊子减小辊径，从而缩小了辊间距，同时使辊子有足够的强度，以减少辊子的变形，从而生产出内部及表面质量最好的板坯。

矫直段每流2段，每段由7对辊子组成，辊子长2100mm。矫直段对铸坯进行支撑，并将按恒定的弧形半径运动的铸坯依据续矫直曲线矫直成水平运动。矫直段结构与弧形段相似。

水平段每流6段，每段由7对辊子组成，辊子长2100mm。铸坯在水平段的引导和支承继续前进，实现铸坯完全凝固，结构与矫直段相似。

6.14　扇形段驱动及辅助装置

扇形段驱动装置的底座位于二冷室外，由万向节与驱动辊相连。拉坯力由驱动辊经上辊和铸坯鼓肚进行传递，实现引锭杆运输和铸坯拉坯，完成连续浇注。每流共20套驱动装置，其中弧形段6个，矫直段4个，水平段12个，采用交流变频马达驱动，线性矢量控制，拉坯时速范围在0.1~2.5m/min。

6.15　切割区辊道

铸坯离开水平段后，由切前辊道支撑和送入切割区，切前辊道每流4个，由电机减速机单独驱动，辊身长2100mm，辊距2000mm，辊道速度最大30m/min。切割区采用移动辊道形式，避免火焰切割辊子及切割时氧化铁落下粘到辊子上，当氧枪接近辊子时，氧气瞬间关闭，液压缸动作，辊道移动越过火焰。之后割氧接通，继续正常切割，每个辊子都同样重复动作直到切割完成位置。切割移动辊道每流6个，由电机减速机单独驱动，辊身长2100mm，辊距2000mm，辊道速度最大30m/min。

6.16　火焰切割机

火焰切割机按照定尺要求对板坯进行切割，同时具有坯头、坯尾及试样切割的能力。切割期间，靠夹持装置，火焰切割机与铸坯同步行走。切割采用自动点火方式点火，配有测量辊自动测量，切割定尺9000~11000mm（尾坯4500~5300mm），每套切割机配有4个切割嘴（2个用于切坯，2个切试样）。

在切割辊道的末端，配套设有切头切尾收集装置，切割后的铸坯残料掉到斜溜槽上，并溜到切头箱内，试样溜到切头箱盖上，用跨间吊车提起。

6.17　引锭杆

开浇前将引锭杆送入结晶器，对结晶器下口进行封堵，以保障初次浇注时结晶器内钢水形成坯壳，在引锭杆牵引下连续的进入拉矫区，直至铸坯实现自牵引，引锭杆与红坯脱离。辊道上设有引锭杆存放装置，完成引锭的引锭杆从辊道上由存放装置移至存放位，或准备浇注时使用存放装置将引锭杆从存放位送至辊道上。

6.18　去毛刺机及喷号机

切割后铸坯头部和尾部存切割产生的毛刺，采用锤击式去毛刺机可有效去除毛刺。

铸坯到达喷号位置后，喷号机把由计算机或操作工预置的数字/字母喷在板坯上，以便铸坯识别，喷号完毕后，喷号机返回至原位。

6.19　铸坯横移装置

铸坯通过横移装置从某一流横移至中间存放位置，再通过另一台横移车从中间存放位横移至热送辊道，根据铸坯的位置也可以直接横移至热送辊道。

6.20 后部辊道

后部辊道包括输送辊道、垛板台辊道、横移辊道等。用于铸坯的输送和铸坯下线。后部辊道辊间距1800mm，由电机减速机驱动。并配套设有垛板台和推钢机，垛板台用于将板坯堆垛。

6.21 火焰清理系统

2 台连铸机共用火焰清理系统。铸坯火焰清理分为在线和离线火焰清理，铸坯运至火焰清理入口辊道进行对中，再由火焰清理装置对铸坯的 2 个表面进行清理。进行火焰清理时，清理速度和设定的铸坯表面清理厚度有关系，最大清理厚度达 4.5mm/面。当铸坯完成清理后通过高压除磷装置去除铸坯表面的氧化铁皮，铸坯通过横移装置横移至翻坯机进行翻坯，然后通过输送辊道和横移装置再进行另外 2 个表面的火焰清理，清理完的铸坯可通过下料台架进行下线操作。铸坯通过火焰清理后可下线堆存或者在人工清理台架进行检测和清理。

6.22 流体系统

连铸机流体系统主要为冷却水系统、液压系统和集中干油润滑系统。

连铸机每流设有 1 套独立的冷却水系统，包括结晶器冷却水系统、二冷和设备开路水系统、设备闭路水系统。

连铸机液压系统主要用于驱动和控制各机械设备的动作，由动力站、控制阀台、中间配管组成。液压动力站系统可分为 7 个系统，包括浇注平台液压系统、主液压系统、结晶器振动液压系统、出坯区液压系统、火焰清理液压系统、设备维修区液压系统、中间罐维修区液压系统。

连铸机润滑系统对连铸各机械设备进行润滑，润滑系统包括：钢包回转台润滑系统、结晶器和弯曲段润滑系统、扇形段润滑系统、后部辊道润滑系统、火焰清理润滑系统。

6.23 自动化控制系统

铸机配置了一级和二级专家系统、产品质量检测系统。L1 为基础级控制系统，用于生产设备的运行检测，L2 为过程计算机控制系统，用于车间信息管理和设备数字模拟控制。

基础级 L1 过程控制系统面向生产过程，操作人员可以对过程参数进行修改和设定，并能够通过人机接口对设备运行状态进行控制。通过通信网络实现连铸机各系统之间的数据交换，通过 HMI 操作站完成操作监视，对连铸机各机械设备进行控制[9]。

为了在保证产品质量的前提下，降低生产成本，提高生产效率，因此连铸系统配套设置了过程控制计算机系统（L2）。过程控制模型确保产品质量和产量，实现有序生产。连铸过程控制系统处理对整个连铸系统的信息进行处理。最终达到管理有序，优化质量，指导生产的目的。

6.24 连铸机离线设备

连铸机离线设备包括：中间罐维护设施、结晶器离线维护设施、弯曲段和扇形段维护设施、辊子拆卸/存放台、吊具等。

7 结语

河钢唐钢新区一炼钢 1900mm 双流板坯连铸机系统工艺设备选型遵循“成熟、可靠、先进、高效、智能、绿色、环保”的原则，根据项目总体规划要求，按照产品方案，在技术方案、设备装配水平等各方面贯彻新一代钢厂的科学设计理念。1900mm 双流板坯连铸机系统凭借着强大的装备及控制水平，专业化的管理，更好地将炼钢和轧钢工序有机衔接起来，为公司优质板材产品的高质量、低成本生产创造有利条件，同时也为同类钢厂的设计选型提供经验。

参考文献

[1] 王新东. 以高质量发展理念实施河钢产业升级产能转移项目 [J]. 河北冶金，2019 (1)：1~9.

［2］高振江．连铸机机型及半径参数的确定［J］．机械工程，2008（2）：96.
［3］李川．板坯连铸自动控制系统设计与实现［D］．沈阳：东北大学，2013.
［4］王忠亮．包钢取向硅钢（CGO）热轧钢带的研制与开发［D］．包头：内蒙古科技大学，2019.
［5］宫已占．冶金项目风险管理的技术手段研究［D］．天津：天津大学，2007.
［6］王利民．热轧超薄带钢 ESP 无头轧制技术发展和应用［J］．冶金设备，2014（S1）：60~65.
［7］张福明，崔幸超，张德国．新一代炼钢厂功能优化与集成［C］．中国金属学会：第八届（2011）中国钢铁年会论文集，2011.
［8］路学．新型自动化浇钢车的设计与开发［D］．秦皇岛：燕山大学，2018.
［9］赵蕊．板坯连铸机自动化系统的设计［D］．唐山：华北理工大学，2017.

一炼钢车间天车二级控制系统设计

刘 岩

（唐钢国际工程技术股份有限公司，河北唐山 063000）

摘　要　天车是炼钢车间内部熔融铁倒运的重要运输载体，天车的工作效率直接影响整个车间的生产节奏。针对河钢集团唐钢新区项目一炼钢厂的工艺特点，设计了炼钢车间的天车二级控制系统。通过对物料及设备信息的采集，有效掌握了车间内部各物料消耗和倒运设备的周转情况，为精细化生产提供了数据支撑。

关键词　炼钢车间；天车；二级控制系统；物流跟踪

Design of Secondary Control System of Crown Block in First Steelmaking Workshop

Liu Yan

（Tangsteel International Engineering Technology Crop. , Tangshan 063000, Hebei）

Abstract　The crown block is an important transportation carrier for the reverse transportation of molten iron in the steelmaking workshop, and its working efficiency directly affects the production rhythm of the entire plant. According to the process characteristics of No. 1 steelmaking plant in HBIS Tangsteel New District, a secondary control system of the crown block in the steelmaking plant has been designed. Through the collection of material and equipment information, it can effectively grasp the material consumption and the turnover of the reverse transportation equipment in the workshop, which provides data support for refined production.

Key words　steelmaking workshop; crown block; secondary control system; logistics tracking

0　引言

炼钢是钢铁生产的重要环节之一，高炉铁水运输至炼钢车间后经脱硫、脱磷、脱碳、精炼、连铸等工序将熔融铁铸造为定型钢坯[1]。炼钢的本质是一系列高温条件下的物理、化学反应，其目的是为了调整铁水各元素含量，满足不同钢种的生产需求。炼钢车间内涉及到的铁水、钢水倒运是通过天车和台车实现，倒运设备的有效运行效率直接决定了整个炼钢车间的生产节奏[2]。目前，大多数的炼钢车间的天车调度方式还停留在人工调度方式，调度工人根据生产情况安排生产节奏，现场调度工人指挥天车工完成铁水、钢水的倒运工作。

随着自动化、信息化技术的发展为炼钢车间天车控制的技术革新提供了技术保障。将高精度定位手段应用于炼钢车间铸造天车的定位上，不仅能够实时跟踪天车的位置和状态，还能通过对天车工作过程中记录确定炼钢内的物质流向，为整个炼钢车间的资源调度和设备、物流管理提供了数据基础。

1　设备概况

河钢唐钢新区第一炼钢车间配备 2×200t 转炉，1×200t 脱磷炉，配套 2 台 1900mm 双流板坯连铸机，配套设置铁水预处理和精炼等工艺设施。工艺流程之间的倒运通过天车和台车实现，其中第一炼钢厂车间内天车布置情况如表 1 所示。

作者简介：刘岩（1989—），男，工程师，2015 年毕业与中国矿业大学（北京）自动化专业，现在唐钢国际工程技术股份有限公司从事冶金行业控制系统设计工作，E-mail：liuyan@ tsic. com

表1　天车布置情况

Tab. 1　Layout of the crown block

跨	长度/m	宽度/m	设备	数量/台
废钢间Ⅰ跨	190	40	35/5t 电磁吊	1
			35t 电磁吊	1
废钢间Ⅱ跨	190	40	35/5t 电磁吊	1
			35t 电磁吊	2
加料Ⅰ跨	460	27	450/80t 天车	2
			120+120t 天车	2
转炉Ⅰ跨	120	27	160/63t 天车	1台
加料Ⅱ跨	460	27	450/80t 天车	2台
			120+120t 天车	2台
精炼跨	500	30	450/80t 天车	1台
			160/63t 天车	1台
钢水接受跨	500	27	450/80t 天车	2台
			160/63t 天车	1台

2　系统功能需求

天车二级控制系统要能够自动接收计划排程系统的生产作业计划，根据现场天车、台车、生产设备、废钢池、钢铁包等的实时状态信息，自动分解计划并下发至各工段客户端、天车操作客户端、台车操作客户端，实现天车走行过程中的实时定位和动作跟踪。结合工作任务特点合理安排天车作业计划，辅助天车调度[3]。

实现铁水罐车、转炉配废钢、装铁过程、转炉出钢上精炼、上连铸、板坯下线等生产过程的天车调度，同时记录生产过程中物料消耗、产出数据及相关设备作业数据，并将各设备状态及生产实绩反馈给相应的外部系统，为生产组织管理提供真实有效的数据支持。系统需满足以下要求：

（1）天车、台车定位。要求实时定位天车在跨间中横向位置、小车的移动的纵向位置、天车主钩及副钩的垂直方向位置，还包括台车及运铁车的实时位置。

（2）物流跟踪。铁水进厂后需要经过脱磷、脱硫、脱碳、冶炼、连铸多到工序，整个过程中的物质流动需要进行跟踪和统计。铁水罐车进厂时，系统通过 MES 系统的订单信息自动拆解工艺流程，确定该批次钢种冶炼的工艺路线，然后将信息下发到本系统，系统根据订单工艺路线和设备状态自动调动设备资源进行冶炼。铁包进厂时自动识别铁包包号，在铁水包向预处理工位倒运过程中对铁水进行称重，结合系统中记录的空包重量，得到本包铁水的重量。其次，向转炉加入废钢的量需要统计和计量，根据订单拆解后的信息，系统将各型废钢的装入量和配比发送到加废钢工序，在加入废钢的过程中对不同类型废钢的加入量进行称重和记录。将预处理后的铁水通过天车倒运，倾倒至转炉内，记录此时铁水包及预处理后的铁水重量，铁水入炉后记录该号铁包的重量和位置信息，同时记录该铁包的周转次数。转炉完成冶炼后记录钢包及空包重量和温度信息[4]。从铁水预处理到连铸之间的各个工序分别记录铁水的状态、成分和重量，最终形成整个炼钢车间的物流信息跟踪。

（3）设备管理。设备管理包括铁包、钢包等容器的使用情况统计[5]。对于铁水包和钢包，在包号识别的基础上，对设备每次上下线的重量情况进行统计，将铁、钢包每周周转与炉号、订单号对应，方便进行设备统计及质量跟踪。系统统计每个钢水包及其周转次数，每次测量钢包外壁的温度数据，结合重量信息确定钢包自身状态，确定钢包生命周期区间，为钢包维修提供依据[6]。其次系统实现对设备位置的跟踪，每次钢包起吊和周转均需要系统进行位置信息和包号的对应[7]，做到钢包时间维度和空间维度的全过程数据跟踪。

（4）数据共享。炼钢车间天车二级控制系统需要与各环节 PLC 控制系统之间进行数据通讯，机上 PLC 要确保在核心 PLC 故障情况下不影响本地手动操作模式下的正常工作。同时本系统需要与炼钢车间 LIMS 系统通信，实现每次冶炼成分的跟踪与记录。

3 系统设计

炼钢车间天车二级控制系统以核心 PLC 为控制核心，核心 PLC 和子系统 PLC 之间进行数据通信，应用服务器通过对数据的整理和抽取支撑整个业务系统的运行。

3.1 硬件设计

天车二级控制系统需要对天车基础控制系统进行改造，在保持原有天车电气、控制、检测、传动系统的基础上加装天车定位、称重和安全运行防护装置。天车在跨间内的横向坐标位置通过沿跨间敷设的格雷母线系统完成精确定位，定位精度可达 2mm，小车移动距离相对较近，采用检测范围到在 30m 的激光测距仪，确定主钩及副钩的位置，在天车吊钩传动装置处加装绝对值编码器，实时检测吊钩位置，保证在天车走行过程中吊钩不会与障碍物发生碰撞。其次为了满足天车倒运过程中对铁包、钢包及熔融铁的重量记录。天车本体上增加的检测设备均通过控制电缆进入到机上 PLC 控制系统。天车控制系统与核心 PLC 之间通过无线网关进行通讯和交互，天车检测数据及运行状态通过 profinet 网络协议进入核心 PLC，完成整个系统的采集。系统数据经抽取计算后，同样通过无线网络下发到天车机载用户端。系统硬件网络结构图如图 1 所示。

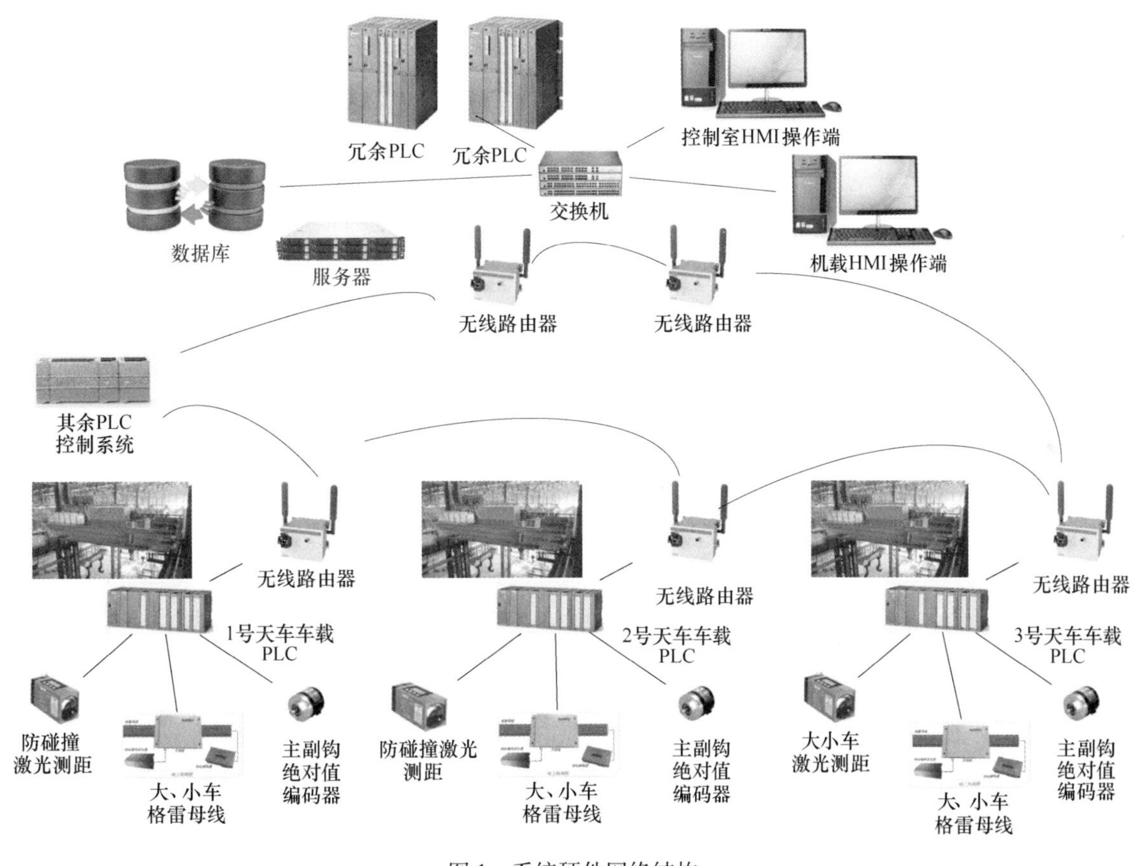

图 1 系统硬件网络结构

Fig. 1 Hardware network structure of the system

3.2 软件设计

系统软件体系结构采用 C/S 和 B/S 的混合模式，在 VS 平台上开发相应服务器端和客户端软件（见图 2）。系统主要包含客户端、服务端和硬件支撑层，其中客户端包含浏览器界面和窗体程序界面，面向主控室及天车驾驶室的操作人员。系统采集过来数据存储在实时数据库中，根据业务员的不同需求，实现以包号、订单号、炉次号等为主线的数据结构，便于工作人员查询整理。服务端主要负责数据采集、业务逻辑处理、同外部系统通讯和数据存储等核心功能的实现；硬件支撑层的 RFID 识别器、PLC

等为系统提供位置数据、重量数据、设备状态数据等底层数据，并传递给数据服务器。

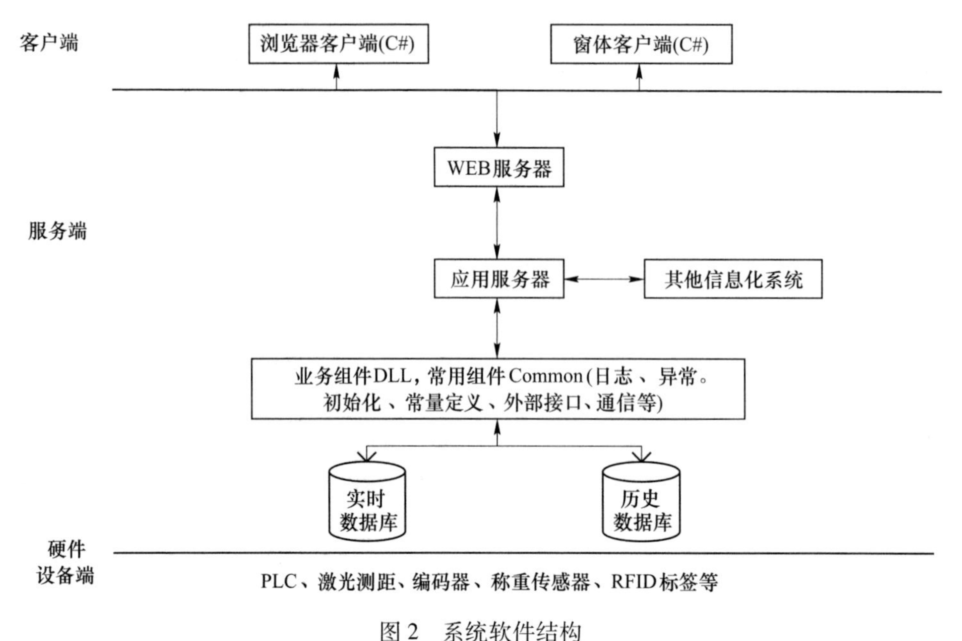

图2 系统软件结构

Fig. 2 Software structure of the system

4 结语

本系通过统计炼钢车间内天车作业状态，记录天车在倒运铁水、钢水过程中的状态数据，实现了炼钢车间内物质流和信息流的全过程跟踪。运用先进的技术手段实现天车运行精确定位，在为物质流路径跟踪提供了基础的同时，提高了天车的安全运行状态。系统对炼钢车间的各个环节的物质输入输出进行精确统计，为工艺生产数据分析提供了数据基础，同时有效推动了炼钢车间的精细化管理，提高了整个炼钢生产过程的管理水平，也为今后实现全自动炼钢、无人化炼钢厂提供了技术基础。

参 考 文 献

[1] 丁杰，王学峰，韩一杰．天车物流系统在唐钢炼钢车间的应用［J］．河北冶金，2018（4）：59~62.

[2] 韩立民，刘岩．基于高精度定位技术的炼钢车间天车安全监控系统［J］．中国新技术新产品，2019（9）：9~10.

[3] 李盼．钢厂连铸车间天车调度建模及优化方法研究［D］．重庆：重庆大学，2017.

[4] 王超．基于激光测距技术和射频读卡技术的钢包连续跟踪系统［D］．沈阳：东北大学，2012.

[5] 高福彬，李建文，关会元．薄板坯连铸中间包温度优化工艺实践［C］．第十届中国钢铁年会暨第六届宝钢学术年会论文集Ⅲ，2015.

[6] 张文耀．炼钢生产物流信息跟踪系统开发与应用［J］．河北冶金，2018（5）：49~52，82.

[7] 夏华刚．天车定位及物流跟踪管理系统在炼钢厂中的应用［J］．中国金属通报，2018（6）：286~287.

二炼钢厂 100t 转炉车间工艺设计

吉祥利[1]，张明海[2]，张 达[1]，安连志[1]

（1. 唐钢国际工程技术股份有限公司，河北唐山 063000；
2. 河钢集团唐钢公司，河北唐山 063000）

摘 要 秉承“成熟、可靠、先进、高效、智能、绿色、环保”的设计宗旨，全面落实新一代钢厂的科学设计理念，建成了河钢唐钢新区二炼钢 100t 转炉车间。详细介绍了车间的整体工艺布置、工艺路线和生产流程，并重点对炼钢车间的主要工艺（主要包括铁水预处理系统、转炉系统、精炼系统、连铸系统）的装备选型和特点，以及设备技术参数情况进行了详细阐述，为钢铁行业构架新一代钢铁工厂最优化的钢铁制造流程提供了理论实践经验。

关键词 转炉炼钢；工艺流程；车间布置；设备配置

Summary of 100t Converter Process Configuration for No. 2 Steelmaking Workshop

Ji Xiangli[1], Zhang Minghai[2], Zhang Da[1], An Lianzhi[1]

(1. Tangsteel International Engineering Technology Co., Ltd., Tangshan 063000, Hebei;
2. HBIS Group Tangsteel Company, Tangshan 063000, Hebei)

Abstract Adhering to the design tenet of “mature, reliable, advanced, efficient, intelligent, green and environmental protection” and fully implementing the scientific design concept of the new generation steel plant, the 100t converter workshop of the second steelmaking plant in HBIS Tangsteel New District has been completed. In the paper, the overall process layout, process route and production flow of the workshop were introduced in detail. Besides, it also illustrates the equipment selection and characteristics of the primary processes of the steelmaking workshop (mainly including the molten iron pretreatment system, converter system, refining system and continuous casting system), as well as the equipment technical parameters, providing theoretical and practical experience for the steel industry to construct the optimal steel manufacturing process of the new generation steel plant.

Key words converter steelmaking; process flow; workshop layout; equipment configuration

0 引言

遵循“成熟、可靠、先进、高效、智能、绿色、环保”的设计原则，河钢唐钢新区二炼钢 100t 转炉车间从工艺路线选择、技术方案制定、设备选型等方面贯彻新一代钢厂的科学设计理念，通过对物质流、能量流、信息流运行轨迹的深入研究分析，构架新一代钢铁工厂最优化的钢铁制造流程。河钢唐钢新区长材轧钢系统配置 1 条高速棒材生产线、1 条普通棒材生产线、2 条高速线材生产线和 1 条中型钢生产线，基于此产品规格配套适合的炼钢连铸车间。因此河钢唐钢新区二炼钢主要产品定位为棒线材及型材等长材产品。

1 工艺配置及主要产品

河钢唐钢新区二炼钢配置 2 座铁水预处理和 1 套扒渣系统（其中 1 座为预留）、3 座公称容量 100t

作者简介：吉祥利（1984—），男，硕士，工程师，2013 年毕业于河北联合大学冶金工程专业，现在唐钢国际工程技术股份有限公司从事炼钢设计工作，E-mail：jixiangli@ tsic. com

的转炉、2座LF炉精炼系统、预留1台VD真空精炼炉，并配置4台连铸机，为棒线材及型材生产线提供合格铸坯。主要生产普碳钢、一般牌号低合金钢、HRB600E、焊丝、预应力钢、钢绞线、低端弹簧钢、低端轴承钢和冷镦钢等钢种。

2 工艺路线和工艺流程

2.1 工艺路线

对于产品质量要求一般的钢种（如：普碳钢和一般牌号低合金钢）在炉后吹氩喂丝站进行吹 Ar/N_2 喂丝、调整成分和温度等操作，然后将温度、成分合格的钢水送往连铸机进行浇注，其生产工艺路线为：铁水扒渣/铁水预处理→转炉→炉后喂丝→连铸。

对于钢水中硫含量、夹杂物含量、钢中气体含量要求严格的钢种（如：HRB600E、焊丝、预应力钢、钢绞线、低端弹簧钢、低端轴承钢和冷镦钢等），需要经过LF精炼炉/（VD预留），对钢液进行脱氧、脱硫、微调合金及去除钢液中夹杂物/（气体）等处理，其生产工艺路线为：铁水扒渣/铁水预处理→转炉→LF精炼炉/（VD预留）→连铸。

2.2 工艺流程

合理的工艺流程设计为高效生产高品质产品和低成本运行提供了有力保证[1]。炼钢连铸车间工艺流程，见图1。

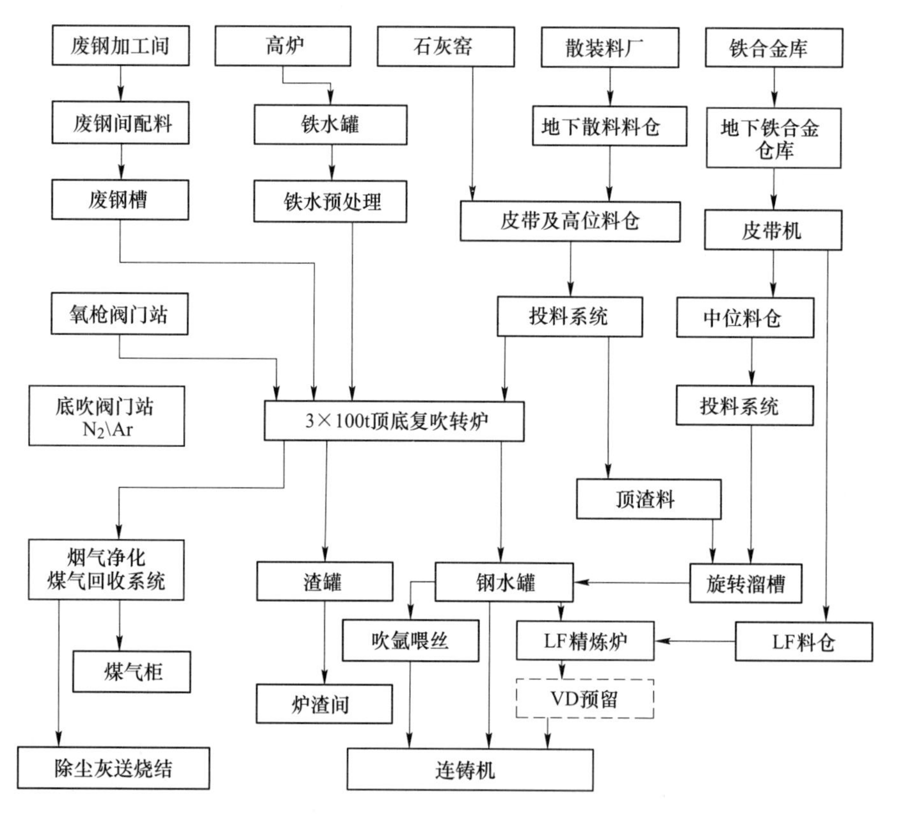

图1 炼钢连铸车间工艺流程

Fig. 1 Process flow chart of steelmaking and continuous casting workshop

3 炼钢车间工艺布置

遵循“前后工序布置紧凑和车间物流运输交叉尽可能少”的原则，炼钢连铸车间自西向东分别为脱硫跨—加料跨—转炉跨—精炼跨—钢水跨—连铸跨—出坯一跨—出坯二跨[2]。铁水运输铁路线由南向北直接进入加料跨，采用“一罐到底”工艺，同跨间完成铁水预处理座包和转炉兑铁的操作，替代传统倒罐工序，降低铁水温降、污染物排放，具有“布置紧凑、高效运输、节能环保”等特点[3,4]。

废钢供应区布置在加料跨北侧，铁水供应和废钢供应分布于转炉小跨两侧，加废钢操作和兑铁水操作互不干扰。设置专门的废钢跨，对废钢进行分级管理，并在废钢跨完成废钢装槽的称量，转炉加料跨废钢供应区仅存放称量好的废钢槽，改善转炉车间操作环境。

设置独立的脱硫跨，铁水预处理和扒渣设施布置其内，铁水预处理生产作业与转炉生产分离开，互不干扰。转炉跨与钢水跨之间设置独立的精炼跨，有利于钢水罐灵活调度。精炼设施紧邻转炉两侧布置，减少钢水罐吊运距离。连铸机采用横向布置，过跨浇注。

4 炼钢连铸车间主要工艺装备选型和特点

4.1 铁水预处理

4.1.1 铁水预处理选型[5,6]

机械搅拌脱硫具有脱硫率高、回硫少、效果更稳定、综合运营成本低等优点。考虑到后续保留开发高品质钢种的可能，因此选定铁水脱硫的工艺为机械搅拌法脱硫工艺。

4.1.2 KR 机械搅拌脱硫工艺参数

KR 机械搅拌脱硫系统主要设备配置及参数，见表 1。

表 1 KR 机械搅拌脱硫系统主要设备配置及参数

Tab. 1 Main equipment configuration and parameters of KR mechanical mixing desulfurization system

序号	名称	类型	主要参数
1	脱硫剂上料	气力输送	配管用 20 号钢无缝钢管，管壁厚度≥8mm，直径≥DN100
2	脱硫剂储料	圆筒仓	储料仓最大装入量 40t，流态化环流装置下料，下料速度约 300kg/min
3	物料称重	称量斗	最大装入量 2t，传感器三点式布置，旋转给料阀门卸料
4	搅拌头升降	电机驱动钢丝绳卷扬	升降速度约 8m/min
5	搅拌头旋转	电机+行星减速机驱动	设计转速最大 150r/min，工作转速 90~120r/min
6	扒渣	固定式与伸缩长度可调式滚轮大臂	液压驱动（带制动），旋转速度 5°/s，最大旋转角度 355°

4.1.3 KR 机械搅拌脱硫工艺特点

（1）具有良好的动力学条件，脱硫效率高，脱硫效果稳定，回硫率低。

（2）对脱硫粉剂质量要求较为宽松，所使用脱硫剂价格低廉、运输方便，脱硫运行成本较低。

4.2 转炉系统

根据生产规模和产品质量要求，确定炼钢主体设备为 3 座 100t 转炉。既满足钢水质量稳定的需求，又满足转炉与连铸及轧钢匹配产能的需求。

4.2.1 转炉系统主要设备配置及参数

转炉系统主要设备配置及参数，见表 2。

表 2 转炉系统主要设备配置及参数

Tab. 2 Main equipment configuration and parameters of converter system

序号	名称	类型	主要参数
1	转炉系统	筒球形	公称容量 100t，转炉高径比（H/D）1.4，炉容比（V/T）1m^3/t，有效工作容积约 100m^3
2	氧枪系统	“双车双枪”形式	氧枪外径 ϕ273mm，4 孔拉瓦尔，升降速度 40m/min 和 3.6m/min，横移速度 4m/min
3	底吹系统	6 路底吹枪底吹	底吹强度 0.03~0.20m^3/min（标态），流量调节精度为设定值±0.5%，切换和调节响应时间<10s

续表 2

序号	名称	类型	主要参数
4	副枪系统	旋转式	测量周期 120s，提升系统的定位精度 1cm，系统最低利用率为 98%
5	音频化渣	麦克风式	喷溅率大于 3%时，喷溅数量会减少 50%；音频化渣设备利用率≥99%
6	转炉自动出钢	—	配备转炉炉衬扫描系统、炉口溢渣监测系统和红外下渣检测系统，自动出钢成功率>95%

4.2.2 转炉系统主要特点

转炉冶炼采用顶底复吹工艺，顶吹氧气，底吹惰性气体（N_2/Ar），加强熔池搅拌，抑制喷溅，缩短吹炼时间，提高金属收得率和氧气利用率。

采用副枪技术，提高冶炼终点目标命中率，为实现转炉炼钢标准化作业创造条件。同时也减轻工人的劳动强度，缩短冶炼周期，提高转炉生产能力[7,8]。

采用音频化渣技术，将音频化渣系统与氧枪枪位控制系统无缝融合，在确保良好化渣效果的同时，实现氧枪系统的智能控制。

采用自动出钢技术，替代出钢过程的人工现场操作，将操作人员现场摇炉、现场控制钢包车和现场添加合金料等繁琐操作简化为远程监控操作，有效提高炼钢成功率，减少下渣量，缩短出钢时间，改善工人的工作环境，减轻工人的劳动强度。

实现炼钢过程的“全自动化控制”，降低劳动强度，提高劳动生产率，为实现产品质量控制、跟踪管理创造条件。

4.3 精炼系统

后续预留的品种钢要求钢水成分和温度保持稳定，因此确定新建 2 座 LF 钢包精炼炉和预留 VD 真空精炼炉，满足品种钢冶炼要求脱氧、提高钢水纯净度、控制夹杂物数量和形态、合金化以及钢水继续脱硫的要求[9,10]。

4.3.1 LF 钢包精炼炉

（1）LF 钢包精炼炉布置。LF 炉本体采用电极旋转双车双工位工艺布置形式，LF 炉主变压器室、主控室和电气室布置在转炉跨。LF 炉的加料料仓布置在转炉跨，以便于上料系统分接物料的顺畅。

（2）LF 钢包精炼炉系统主要设备配置及参数，见表 3。

表 3 LF 钢包精炼炉系统主要设备配置及参数

Tab. 3 Main equipment configuration and parameters of LF ladle refining furnace system

序号	名称	类型	主要参数
1	钢水罐车	变频调速电机驱动	行走速度 3~20mm/s，定位精度≤±10
2	水冷炉盖	管式水冷炉盖	水冷炉盖提升高度~700，水冷炉盖提升速度 0~50mm/s，紧急提升响应时间 150ms
3	电极	石墨电极	石墨电极直径 450mm，电极分布圆直径约 780mm
4	电极升降装置	液压比例阀控制	电极自动升降速度（升/降） 6/4.8m/min，电极手动升降速度（升/降） 7/5m/min，响应时间 0.2s
5	电极旋转装置	—	旋转角度约 95°，旋转速度 1~2.5°/s，旋转定位精度≤±5
6	喂丝机系统	四线喂丝	喂丝速度 0~300m/min，喂丝线径 8~16mm
7	合金料上料	皮带机	上料能力 200t/h
8	合金料储料	钢仓	数量和容积（4×16+4×10+8×8）m^3，电振给料机
9	物料称重	称量斗	数量和容积（2×1.5+2×2）m^3，电振给料机
10	变压器	—	变压器额定容量 25MVA，一次电压 35kV，二次电压 13 级有载调压

（3）LF 钢包精炼炉特点：

1）采用水冷惰性和微正压炉盖，既保证环境除尘效果又保持炉内还原性气氛；

2）采用钢水罐底部氩气搅拌技术，均匀钢水成分和温度；

3）自动化系统采用 HMI 显示、报警、自动记录和打印报表；

4）采用计算机过程控制技术；

5）采用旋转式电极臂，配备双钢水罐车，两个工位的加热和其他辅助操作交替同步进行，提高生产效率，缩短精炼周期；

6）先进的冶金模型（优化供电模型、合金模型、造渣模型、底吹模型、脱硫模型等）实现高效的生产和准确的控制；

7）采用封闭罩和第四孔复合除尘方式，既改善生产环境又可保证 LF 炉内还原性气氛。

4.3.2 VD 真空脱气精炼炉（预留）

（1）VD 真空脱气精炼炉布置：

VD 真空脱气精炼炉采用“两车两盖”、车载罐体移动布置型式。

VD 真空脱气装置的真空室及其台车等主体设备布置在精炼跨内，真空泵系统和渣料系统布置在转炉跨内。

（2）VD 真空脱气精炼炉特点：

1）大抽气能力真空泵，净化钢液、提高质量。

2）采用机械真空泵结构，提高真空效率，降低生产运行成本。

3）先进的冶金模型实现高效的生产和准确的控制。

4.4 连铸系统

根据长材轧钢系统对连铸坯的需求，确定新建 3 台方坯连铸机和 1 台方矩坯连铸机。铸坯分别送至 1 条高速棒材生产线、1 条普通棒材生产线、2 条高速线材生产线和 1 条中型生产线。

4.4.1 连铸机产品大纲

（1）1 号小方坯连铸机（供 1 号普通棒材轧机）：断面 165mm ×165mm，定尺 10~12m。供普通棒材轧机产品大纲，见表 4。

表 4 供普通棒材轧机产品大纲

Tab. 4 Product outline for general bar rolling mill

序号	钢种	代表钢号	比例/%
1	普通热轧钢筋	HRB400E、HRB500E、HRB600E	13.3
2	细晶粒热轧钢筋	HRBF400E、HRBF500E	74.2
3	余热处理钢筋	KL400	2.5
		BS500N	4.2
4	预应力混凝土钢筋（精轧螺纹）	PSB785、PSB830、PSB1080	5.8

（2）2 号方坯连铸机（供高速棒材轧机）：断面 165mm ×165mm，定尺 10~12m。供高速棒材轧机产品大纲，见表 5。

表 5 供高速棒材轧机产品大纲

Tab. 5 Product outline for high-speed bar rolling mill

序号	钢种	代表钢号	比例/%
1	普通热轧钢筋	HRB400E、HRB500E、HRB600E	10
2	细晶粒热轧钢筋	HRBF400E、HRBF500E	83.3
		KL400	2.5
3	余热处理钢筋	BS500N	4.2

（3）3号方坯连铸机（供1号、2号高速线材轧机）：断面165mm ×165mm、150mm×150mm，定尺10~12m。供1号高速线材产品大纲，见表6；供2号高速线材产品大纲，见表7。

表6 供1号高速线材产品大纲

Tab. 6 Product outline for 1# high-speed wire mill

序号	钢种	代表钢号	比例/%
1	普通热轧钢筋	HRB400E、HRB500E、HRB600E	20.0
2	细晶粒热轧钢筋	HRBF400E、HRBF500E	40.0
3	焊丝、焊线	H08A、ER70S-6、H10Mn2、H08Mn2Si、H11MnSi、H08MnMo	18.0
4	特种焊丝	H08MnSiTi、H13MnSiTi、H10MnSiNi	2.0
5	优质碳素钢	45、50、55、60、65、70、80	4.0
6	预应力钢丝、钢绞线	SWRH77B、SWRH82B	6.0
7	帘线钢	82A、92A、96A	2.0
8	胎圈钢丝、胶管钢丝	65A、72A	3.0
9	冷镦钢	6A、8A、10A、22A、35K、40K	5.0

表7 供2号高速线材产品大纲

Tab. 7 Product outline for 2# high-speed wire mill

序号	品种	代表钢种	比例/%
1	普通热轧钢筋	HRB400E、HRB500E	14.3
2	细晶粒热轧钢筋	HRBF400E、HRBF500E	85.7

（4）4号方矩坯连铸机（供中型轧机）：断面165mm ×165mm、165mm ×225mm、165mm ×280mm，定尺7~10m。（预留200mm×240mm），定尺5.7m、10~12m。预留断面主要为后续开发高线优钢品种的需要。供中棒轧机产品大纲，见表8。

表8 供中型轧机产品大纲

Tab. 8 Product outline for medium-sized rolling mill

<table>
<tr><th>序号</th><th>品种</th><th>代表钢种</th><th>比例/%</th></tr>
<tr><td>1</td><td>热轧等边角钢</td><td rowspan="2">Q235B、Q355B Q420B、Q355C、Q355D、Q420C、Q420D、CCSA、CCSB</td><td rowspan="2">12</td></tr>
<tr><td>2</td><td>热轧不等边角钢</td></tr>
<tr><td>3</td><td>热轧矿用U型钢</td><td>20MnK、Q275B、Q400</td><td>30</td></tr>
<tr><td>4</td><td>热轧矿用工字钢</td><td>20MnK、Q275B、Q275A、Q235A</td><td>24</td></tr>
<tr><td>5</td><td>热轧轻轨</td><td>55Q、50SiMnP</td><td>8</td></tr>
<tr><td>6</td><td>方钢</td><td>Q235、Q355</td><td>4</td></tr>
<tr><td>7</td><td>热轧H型钢</td><td>Q235B、Q355B</td><td>12</td></tr>
<tr><td>8</td><td>槽钢</td><td>Q235B、Q355B</td><td>4</td></tr>
<tr><td>9</td><td>热轧工字钢</td><td>Q235B、Q355B</td><td>4</td></tr>
<tr><td>10</td><td>铁道用鱼尾板</td><td>55#、56Nb</td><td>2</td></tr>
</table>

4.4.2 连铸机选型

（1）连铸机机型选择。方坯连铸机已是一项完全成熟的技术，新建的连铸机均为弧形连续矫直连铸机。

（2）连铸机弧形半径的确定。连铸机确定半径时考虑的原则，除了应保证铸坯在矫直区时的变形量应小于钢种允许的变形量外，还应考虑连铸机留有进一步提高拉速的潜力。

对于优质钢及高合金钢的方坯连铸机，弧形半径为铸坯厚度的40~50倍。本设计就目前的产品方案，确定选用1号、2号、3号、4号连铸机基本弧半径$R=10$m。

4.4.3 连铸机主要设备配置及参数

连铸机主要设备配置及参数，见表 9。

表 9 连铸机主要设备配置及参数

Tab. 9 Main equipment configuration and parameters of continuous casting machine

序号	项目	1 号连铸机	2 号连铸机	3 号连铸机	4 号连铸机
1	机型	弧形连续矫直方坯连铸机	弧形连续矫直方坯连铸机	弧形连续矫直方/矩坯连铸机	弧形连续矫直矩形坯连铸机
2	铸机台数×流数	1×6	1×6	1×7	1×6
3	基本弧半径/m	10	10	10	10
4	流间距/mm	1300	1300	1350	1620
5	铸坯规格/mm×mm	165×165	165×165	165×165 150×150	165×165、165×225、165×280、(预留 200×240)
6	钢包回转台	蝶形单独升降和称重系统	蝶形单独升降和称重系统	蝶形单独升降和称重系统	蝶形单独升降和称重系统
7	结晶器振动方式	电动缸结晶器振动	电动缸结晶器振动	电动缸结晶器振动	电动缸结晶器振动
8	结晶器液面控制	放射源	放射源	放射源	放射源
9	电磁搅拌	预留结晶器+末搅	—	结晶器+末搅+(预留压下)	结晶器+预留末搅、轻压下
10	拉矫机配置	连续矫直	连续矫直	连续矫直	连续矫直
11	引锭杆装入方式	下装式	下装式	下装式	下装式
12	引锭杆形式	刚性引锭杆	刚性引锭杆	刚性引锭杆	刚性/链式引锭杆
13	切割系统	液压剪	液压剪	火焰切割	火焰切割
14	出坯方式	直轧、翻钢机+移坯机+翻转冷床+集钢台架+过跨收集台架	直轧、翻钢机+移坯机+翻转冷床+集钢台架+过跨收集台架	直轧、翻钢机+移坯机+翻转冷床+集钢台架+过跨收集台架	热送、翻钢机+移坯机+翻转冷床+集钢台架+过跨翻转冷床
15	中包氩封	—	—	中间包包盖氩封	中间包包盖氩封

4.4.4 连铸机特点

(1) 全程无氧化保护浇注，防止钢水二次氧化。

(2) 采用振动式下渣检测系统，按照控制器的要求发出现场各种控制信号，关闭水口，防止大包下渣。

(3) 采用优化设计的 T 型中间罐并进行流场数模和水模试验，设计最佳的中包流场，设置挡渣墙、堰和碱性喷涂料，进一步促进夹杂物上浮。

(4) 结晶器加渣采用自动加渣装置，实现保护渣的自动加入，能够随拉速调整保护渣加入量，且不需要人工干预。

(5) 结晶器液面自动检测和定径及塞棒控制，通过控制拉速或塞棒开启度保持液面稳定，改善铸坯表面质量。

(6) 采用高频小振幅的振动装置，减少振痕，提高铸坯质量。

(7) 根据钢种，部分铸机采用结晶器和末端电磁搅拌 (M+F-EMS)。结晶器电磁搅拌技术的应用可以大大提高铸坯表面和潜层面的质量，减少连铸坯表面夹渣、气孔、微裂纹及偏析；末端电磁搅拌可以改善内部质量，减少中心疏松。

(8) 采用连续矫直技术，使矫直应力在多个位置上内均匀分布，避免在矫直点处变形应力集中而在表面/两相区产生因矫直产生的变形裂纹。

(9) 切割铸坯采用液压剪/火焰切割机。设备运行可靠，维修量小。

(10) 二次冷却水自动配水分区调节控制。

(11) 采用计算机二级控制，具有浇注速度控制、动态二冷配水、动态轻压下、切割长度优化、质量跟踪和判断等功能。

5　结语

（1）河钢唐钢新区二炼钢配置2座铁水预处理和1套扒渣系统系统（其中1座为预留）、3座公称容量100t的转炉、2座LF炉精炼系统、预留1台VD真空精炼炉，并配置4台连铸机，为棒线材及型材生产线提供合格铸坯。

（2）河钢唐钢新区二炼钢工艺流程设计布置紧凑、高效运输、节能环保，为高效生产高品质产品和低成本运行提供了有力保证。

（3）铁水预处理系统、转炉系统、精炼系统、连铸系统等关键工序设备选型先进、可靠，符合新一代钢铁企业战略发展的需求，为河钢唐钢新区的进一步高质量发展打下了坚实基础。

参考文献

[1] 吴家瑛．宝钢高合金钢新棒材生产线的装备与工艺技术［J］．上海金属，2008（30）：52~54.
[2] 邵剑，罗廷鉴．韶钢120t转炉炼钢车间工艺设计［J］．南方金属，2003（132）：24~27.
[3] 张茂林，常海．中冶京诚先进的转炉技术和应用［J］．冶金自动化，2014（S1）：331~335.
[4] 刘冬．国内某钢铁公司120t转炉炼钢工程设计［J］．山西冶金，2016（6）：63~67.
[5] 张步实，王云思，张召，等．机械搅拌法铁水预脱硅的动力学研究［J］．河北冶金，2014（5）：12~16.
[6] 张志红，白艳青，刘永军，等．宣钢单喷颗粒镁铁水预处理技术的应用［J］．河北冶金，2009（1）：19~21.
[7] 吉利宏．河钢宣钢模型自动炼钢应用技术［J］．河北冶金，2018（7）：48~50.
[8] 于新乐．迁钢210吨转炉自动化炼钢控制系统研究与设计［D］．沈阳：东北大学，2011.
[9] 韩小强 LF炉精炼功能对产品质量的影响［J］．河北冶金，2017（1）：44~47.
[10] 朱学谨，李建志，郭立新，等．承钢150t LF炉脱硫因素分析及工艺优化［J］．河北冶金，2018（3）：28~30.

二炼钢厂精炼工艺设计

张 壮，黄彩云，张 达

（唐钢国际工程技术股份有限公司，河北唐山 063000）

摘 要 炉外精炼作为现代钢铁生产流程中不可缺少的独立工序，对于产品优化、流程稳定运行具有不可替代的重要作用。介绍了河钢唐钢新区二炼钢 KR 铁水预处理工艺系统和炉外精炼工艺系统，主要包括工艺特点、生产流程、设备配置和应用效果等方面。通过科学合理的设计布局，最大程度地发掘了精炼系统的生产潜力，为河钢唐钢新区成为世界级现代化钢铁梦工厂打下了坚实的基础。

关键词 铁水预处理；KR；炉外精炼；LF；工艺流程；设备配置

Summary of Refining Process in No. 2 Steelmaking

Zhang Zhuang, Huang Caiyun, Zhang Da

(Tangsteel International Engineering Technology Co., Ltd., Tangshan 063000, Hebei)

Abstract Secondary refining, as an indispensable and independent process in modern steel production process, plays an irreplaceably important role in product optimization and stable process operation. The KR molten iron pre-treatment process system and secondary refining process system of the second steelmaking plant in HBIS Tangsteel New District were introduced in the paper, mainly including process characteristics, production flow, equipment configuration and application effects. Through scientific and reasonable design layout, the production potential of the refining system has been explored to the maximum extent, laying a solid foundation for HBIS Tangsteel New District to become a world-class modern steel dream factory.

Key words molten iron pre-treatment; KR; secondary refining; LF; process flow; equipment configuration

0 引言

河钢唐钢新区的建设是我国钢铁行业结构调整和转型升级的重要组成部分，是河北省推动河钢集团转型升级的关键一步。河钢唐钢新区二炼钢根据企业自身所处的区域市场、目前在河钢集团的定位以及企业目前产销情况，建设 1 条高速棒材生产线、1 条普通棒材生产线、2 条高速线材生产线和 1 条中型钢生产线，并配套建设炼钢连铸车间。炉外精炼作为现代炼钢流程中的重要生产工序，被世界绝大多数钢铁厂采用，近些年，随着高品质钢冶炼技术的进步和连铸技术的发展，炉外精炼工艺与设备迅速发展和应用[1]，鉴于此，为保证钢产品质量，河钢唐钢新区在炼钢车间内布置配套了完整精炼工艺系统。本文针对二炼钢车间内钢水精炼系统的布置、功能及特点进行了介绍。

1 主要产品与精炼工艺配置

为了巩固并拓宽现有区域市场，提高在同行业的竞争力，河钢唐钢新区二炼钢通过分析当前市场的产品需求情况以及在未来钢铁行业发展中的自身定位，制定了以 HRB600E、焊丝和预应力钢等钢种为主要冶炼产品的生产方案，具体冶炼钢种及产量如表 1 所示。

作者简介：张壮（1990—），男，硕士，初级工程师，2019 年毕业于北京科技大学冶金工程专业，现在唐钢国际工程技术股份有限公司从事炼钢设计工作，E-mail：zhangzhuang@ tsic. com

表1　主要精炼钢种及产量

Tab. 1　Main refined steel grades and output

钢种	代表钢号	产量/万吨
预应力混凝土钢筋（精轧螺纹）	PSB785、PSB830、PSB1080	7
焊丝、焊线	H08A、ER70S-6、H10M2、H08Mn2Si、H11MnSi、H08MnMo	9
特种焊丝	H08MnSiTi、H13MnSiTi、H10MnSiNi	1
优质碳素钢	45、50、55、60、65、70、80	2
预应力钢丝、钢绞线	SWRH77B、SWRH82B	3
帘线钢	82A、92A、96A	0.5
胎圈钢丝、胶管钢丝	65A、72A	1.5
冷镦钢	6A、8A、10A、22A、35K、40K	2.5
轴承钢	GCr15、SKF3	1
弹簧钢	55SiCrA	1
其他	Y20、Y45Ca	0.5
热轧角钢	Q355C、Q420C、Q355D、Q420D	6
热轧轻轨	55Q、50SiMnP	7
铁道用鱼尾板	55#、56Nb	1
热轧钢筋	HRB600E	15

为获得质量合格的钢产品，河钢唐钢新区二炼钢根据同类生产厂的实践经验和对冶炼不同钢种的质量要求，采取的精炼工艺处理方式主要有以下几类：

（1）简易精炼工艺。对于产品质量要求一般的钢种在炉后吹氩喂丝站进行吹 Ar/N_2 喂丝、调整成分和温度等操作，然后将成分、温度合格的钢水送往连铸机进行浇注。普碳钢和一般牌号低合金钢种采用此类冶炼工艺即可获得合格的钢产品。

（2）LF 精炼工艺。对于成分要求严格的低氧、低硫钢种，如弹簧钢、轴承钢、冷镦钢等，经 LF 钢包精炼炉处理后可获得成分合格的产品。

（3）VD 精炼工艺（预留）。车间内预留了 VD 真空精炼的建设区域。

2　KR 铁水预处理工艺

铁水预处理是现代化炼钢厂在降低生产成本的同时提高产品质量的重要手段。为了不断提高产品档次，河钢唐钢新区根据生产规模和产品质量要求，确定配套 2 套 KR 铁水预处理站和 1 套铁水扒渣站，同时考虑到后续产量升高和新钢种的开发工作，决定预留 1 套 KR 铁水预处理站。

2.1　KR 脱硫工艺的功能及特点

铁水预处理已经成为现代钢铁工业优化工艺流程的重要技术手段，是连接高炉炼铁和转炉炼钢之间的桥梁，是提高钢质量、丰富钢品种的主要措施。目前广泛采用的铁水预处理工艺主要有喷吹法和 KR 机械搅拌法[2]。喷吹法具有处理过程温降小，一次投资成本低的优点，但在处理大容量铁水罐时，喷吹法存在铁水脱硫动力学条件差、死区易回硫的问题，而且处理成本较高。KR 机械搅拌脱硫工艺虽然有处理过程温降大、处理周期略长和一次投资成本偏高的问题，但因其具有铁水脱硫率高、回硫少的优点，铁水脱硫效果更稳定，而且综合冶炼成本较喷吹法更低。综上，采用 KR 机械搅拌铁水脱硫工艺更符合河钢唐钢新区的生产需要。

采用 KR 机械搅拌脱硫工艺脱硫时，耐火材料搅拌器插入铁水罐液面下一定深度旋转搅，在铁水液面形成 V 型漩涡时，使加入的脱硫剂被卷入铁水内部进行充分反应，从而达到脱硫的目的[3]。

KR 机械搅拌脱硫工艺的功能及特点：

（1）实现全量铁水预处理脱硫时，释放高炉的生产能力；

（2）具有良好的动力学条件，脱硫效率高，可有效减轻吹氧转炉的脱硫负担；

（3）对脱硫粉剂质量要求较为宽松。所使用脱硫剂价格低廉，运输方便，使脱硫运行成本较低[4]；

（4）脱硫效果稳定，回硫率低。

2.2 KR 脱硫系统工艺流程

将从高炉运来的铁水罐运至脱硫跨搅拌扒渣工位，先进行第一次测温取样和扒渣，然后加脱硫剂进行脱硫处理。处理完毕后，再进行第二次测温取样和扒渣，最后将处理完毕的铁水罐车返回到加料跨吊罐位，直接兑入转炉炼钢。渣罐接满脱硫渣后，渣罐车开至吊渣罐位，把脱硫渣运到渣跨统一处理。

当铁水罐中的铁水不需要进行脱硫预处理时，可直接在脱硫站或扒渣站进行扒渣处理。脱硫和扒渣产生的烟气，通过各自的抽气管道汇集到固定烟罩，最后通过总除尘管道排到除尘系统进行处理。

脱硫流程图如图 1 所示。

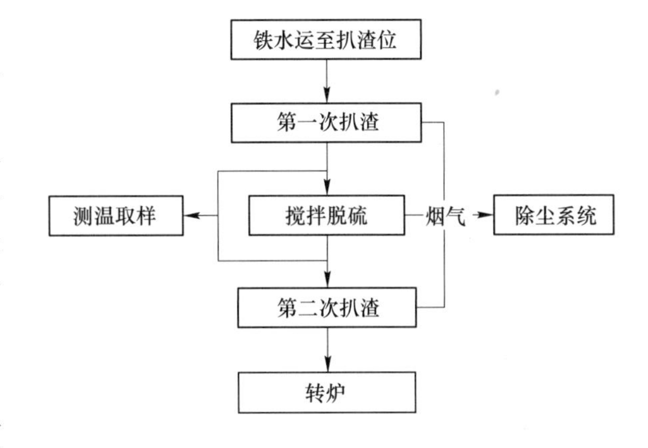

图 1 KR 脱硫工艺流程

Fig. 1 KR desulfurization process

2.3 KR 脱硫系统工艺布置

二炼钢车间脱硫跨全长 120m，宽 25m，设置 1 台 10 t 电动单梁悬挂起重机，用于铁水预处理搅拌头等设备的吊运作业及设备检修等。该工程配置 2 套铁水脱硫设施（其中 1 套预留）和 1 套扒渣站，根据工艺流程和现有车间位置，将脱硫系统垂直于车间长度方向布置。

脱硫站设有多层平台，主要包括扒渣机安装平台、搅拌器升降及旋转装置安装平台、检修平台、料仓平台等。扒渣站主要设有扒渣机安装平台。主操作主平台布置有值班室、搅拌机构、测温取样装置、电气室等设施；主平台到地面为封闭结构，地面设有铁水罐倾翻车、出渣车、卸粉站及液压室等其他设施。脱硫渣罐接满后，由渣罐车运到炉渣跨，处理后统一运走。

2.4 KR 脱硫系统设备组成

KR 机械搅拌脱硫系统主要由以下设备组成。

2.4.1 运输罐车

（1）脱硫铁水罐车。铁水罐运输台车主要用于运送满罐铁水往返于脱硫位和起吊位，同时还可在扒渣时将铁水罐倾翻。倾翻采用液压方式，倾翻角度 40°，倾翻速度 1°/s，走行驱动形式采用双电机+单减速机形式，行走速度 3~30m/min，负荷能力 240t。

（2）电动渣罐车。渣罐车作为渣罐的运载工具，负责运载渣罐由扒渣位至起吊位；渣罐车为电动自走行型，走行驱动形式采用双电机+单减速机形式，运行速度 2~30m/min，装载能力约 100t。

2.4.2 机械搅拌系统

机械搅拌设备实现搅拌头的升降及旋转，包括搅拌头旋转装置、搅拌头升降装置、升降导轨及框架和润滑系统等。

（1）搅拌头升降和搅拌装置。搅拌头旋转装置与搅拌头联接，实现搅拌头的旋转，正常作业时转数 90~120r/min，最大转数可达 150r/min；搅拌头升降装置通过钢丝绳卷扬系统带动搅拌头旋转装置及搅拌头，使其在升降导轨内完成升降动作。

（2）搅拌头更换车。搅拌头更换台车用于更换旧搅拌头以及安装新搅拌头，具有升降、旋转、行走操作功能。在搅拌头更换台车附件设置两个搅拌头存放架，每个存放架可以放置两个搅拌头。

（3）轨道翻板。轨道翻板主要由横梁、轨道、液压缸组成，主要功能是支承搅拌头更换车，便于搅拌头的更换。轨道翻板采用液压缸驱动，平时开在一边，更换搅拌头时翻到搅拌更换位。

（4）搅拌头刮渣器。搅拌头刮渣器主要由刮渣叶片、旋转横臂、旋转立柱、驱动气缸组成，主要功能是刮除搅拌头叶片上的黏渣。当搅拌头在等待位刮渣时，刮渣器靠气缸驱动到叶片上部，搅拌头旋转使叶片上部的粘渣刮落。

2.4.3　脱硫站供料系统

脱硫站设独立的供料系统。供料系统的料仓、旋转给料器、称量斗布置在脱硫搅拌位旁，料仓采用高架式，容积50m^3，可满足1.5d的用量要求。料仓顶面布置进料管；料仓料位采用称重系统，采用3个40t压头；料仓下设有气动半球阀、旋转给料器。旋转给料器布置在给料平台上，其上部连接气动半球阀，下部通过橡胶软管连接称量斗进料口。称量斗支承在12.00m平台梁上，称量支座内设有称量压头，称量范围0~4.5t，采用3个2t压头，称量斗下部与旋转给料器连接，其下部通过橡胶软管与升降溜槽连接在一起。

2.4.4　扒渣系统

扒渣机采用液压小车走行式，结构为重型钢结构，由底座、扒渣小车、驱动液压缸和控制装置等组成，主要功能是把铁水罐的初始渣和脱硫渣扒至渣罐中。扒渣小车为扒渣机的关键部件，由行走轮嵌套在底座中，靠液压缸驱动扒渣。小车运行速度约1m/s，扒渣机行程6000mm，利用摆动和升降液压缸实现扒渣杆左右和上下运动，顺利扒渣。

2.4.5　吹气赶渣装置

吹气赶渣的工作原理是当倾翻台车倾动铁水罐倾翻到扒渣位时，赶渣枪下降沿铁水包内壁倾斜伸进铁水中，运行速度4~16m/min。吹气赶渣枪材质为不锈钢，内部通氮气，外部砌耐火材料，在扒渣过程中，赶渣枪始终往铁水中吹N_2，通过铁水翻动将铁水中的残渣吹赶到前端，便于扒渣机扒除铁水中的残渣。赶渣枪进入铁水罐中的倾斜角度同每次铁水罐扒渣时的倾翻角度一致。赶渣枪更换采用人工更换。吹气赶渣装置平台开口处增设气封装置。

2.4.6　其他设备

除包括以上主要设备外，还包括以下配套设备：

（1）自动测温取样装置，测温取样枪安装在升降小车导轨立柱旁边，通过台车上的链条上下移动，其运行过程中变频调速，升降速度6~30m/min。人工装取测温取样探头，探头的位置由一个编码器和限位开关监控，信号传给PLC，并在就地和HMI显示，另外在扒渣平台各设置1套手动测温取样装置。

（2）液压系统，脱硫扒渣站和单独扒渣站使用独立的两套液压系统，两套液压系统的配置相同，每套液压系统用于驱动1个扒渣机和1个倾翻台车。

（3）除尘通风系统，主要为脱硫扒渣区域的通风除尘相关设备，主要包括除尘烟罩、单机除尘器、电动阀、膨胀节及空调系统。

2.5　KR脱硫系统应用效果

KR铁水脱硫系统利用铁水罐脱硫，处理周期为30~32min，与转炉冶炼周期相匹配。具有良好的动力学条件，脱硫效率高，经过脱硫后铁水的硫含量为0.001%~0.010%。对脱硫粉剂质量要求较为宽松，所使用的脱硫剂价格低廉，运输方便，使脱硫运行成本较低，且脱硫效果稳定，回硫率低。脱硫除尘收集系统由烟罩、除尘管道部分组成，具有良好的除尘收集效果，收尘率可达95%以上，除尘后符合国家和地方排放标准。

3 炉外精炼工艺

近几年，炉外精炼作为一种提高钢种品质的得力手段，在我国取得了长足的发展[5]。为了获得成分合格、质量优异的钢产品，河钢唐钢新区结合自身实际产能情况，拟新建 3 座 LF 精炼处理装置（其中预留 1 座）和 1 套 VD 真空精炼炉，其中，VD 真空精炼炉为预留设备，为后期工艺设备改造升级做好前期准备工作。

3.1 精炼工艺的功能及特点

LF 精炼系统采用双工位工艺型式，其先进工艺和技术特点如下：

（1）采用水冷惰性和微正压炉盖，既保证环境除尘效果又保持炉内还原性气氛。

（2）采用钢水罐底部氩气搅拌技术，均匀钢水成分和温度[6]。

（3）采用计算机过程控制技术，自动化系统采用 HMI 显示、报警、自动记录和打印报表。

（4）采用旋转式电极臂，配备双钢水罐车，两个工位的加热和其他辅助操作交替同步进行，提高生产效率，缩短精炼周期。

（5）先进的冶金模型（优化供电模型、合金模型、造渣模型、底吹模型、脱硫模型等）实现高效的生产和准确的控制。

（6）采用封闭罩和第四孔复合除尘方式，即改善环境条件又为保证 LF 的炉内还原性气氛创造条件。

3.2 LF 精炼系统工艺流程

精炼钢水罐车将钢水罐运至处理工位后，钢水罐的底部继续吹氩气搅拌钢水。首先对钢水进行测温、取样操作，操作完成后缓慢下降电极，准备精炼加热操作；然后，根据初次测温、取样的结果进行计算分析，下降电极，以适当的功率加热钢水，同时进行添加脱氧剂、脱硫剂和合金剂操作，并根据不同目标钢种需求进行相应的白渣保持时间控制，当钢水的温度、成分都满足要求后，电极立刻提升旋转至其他处理工位进行另一罐钢水的精炼加热操作。最后，对温度、成分合格的钢水进行喂丝和弱吹氩处理，处理结束后钢水罐车开抵钢水接受跨，由铸造起重机把该钢水罐吊运至连铸机大包回转台上。该工位钢水罐车准备接受下一包精炼钢水，与此同时，另一辆精炼钢水罐车在另一处理工位的精炼操作也即将完毕。两个工位的精炼作业交替进行。

LF 精炼工艺流程见图 2。

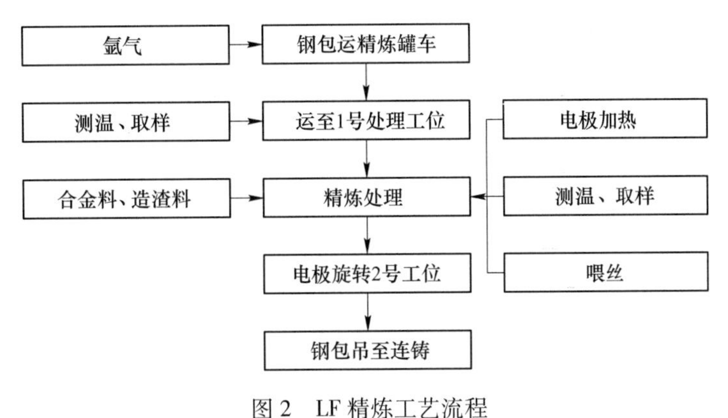

图 2 LF 精炼工艺流程

Fig. 2 LF refining process

3.3 LF 精炼系统工艺布置

河钢唐钢新区的 LF 炉本体采用电极旋转双车双工位工艺布置形式，供电采用旋转式电极臂，同时配备双钢水罐车，可以实现 2 个工位的加热和其他辅助操作交替同步进行，从而提高生产效率，缩短精炼周期。

LF炉主变压器室、主控室和电气室布置在转炉跨，每座LF炉1套高位投料系统，通过皮带机及加料管分别送往受料点，LF炉的加料料仓布置在转炉跨，以便于上料系统分接物料的顺畅。每座LF炉共配备2台四线喂丝机，分别在线布置在LF炉的2个加热工位。

钢水罐车行驶方向与精炼跨、钢水接受跨垂直，节约占地空间；双车、双盖、电极旋转式LF生产效率高，操作灵活，钢水罐内钢水始终处于还原性气氛，精炼效果好。

3.4　LF精炼系统设备组成

设备主要包括：钢包车、水冷炉盖、炉盖提升机构、大电流系统、电极升降旋转机构、液压系统、钢包底吹氩系统、气动系统、冷却水系统、自动/手动测温取样系统、电极接长站、集中润滑系统、喂丝装置、悬臂吊和加料系统、墩齐平台等[7,8]。

3.4.1　钢包车

钢包车是在LF炉加热工位及吊装工位之间输送钢水包的装置。由车架体、车轮、驱动装置、制动器及缓冲装置等组成。钢包车行走可实现由主控室电脑、炉下操作箱及操作平台操作箱三地控制。现场操作箱设置防误碰、急停装置，操作优先级为现场操作箱优先。钢水搅拌采用自动氩气连接装置，钢包底吹选用平板吹氩，同时具备手动连接钢包吹氩功能。

3.4.2　水冷炉盖及提升机构

水冷炉盖用于维持处理过程中的还原性气氛，收集LF炉冶炼过程中产生的烟尘。炉盖升降装置主要实现水冷炉盖安装及提升，主要由机架、导向轮、支撑臂、升降立柱及升降油缸组成。炉盖与支撑臂为法兰联接，支撑臂通过铰链、调节螺杆对水冷包盖的水平度做微量调整，以满足安装和使用要求。

3.4.3　电极升降、旋转装置

电极升降装置包括横臂和立柱装置两部分。横臂由铜钢复合导电横臂、电极夹紧装置、导电夹头、金属软管及绝缘件等组成。立柱装置包括电极升降液压缸、立柱及与横臂联接的全套绝缘件、紧固件、水用管件等。电极升降及夹紧由主控室电脑、主控室操作台及现场操作箱控制，控制方式可为每相可单独升降及夹紧或三相同步升降。

电极旋转机构用于将电极横臂旋转至两个平行的加热工位之一，对其中一个钢包中的钢水进行加热精炼。电极旋转机构由底座、回转支承、旋转架、电极立柱托架、旋转驱动装置、定位锁紧装置等构成。事故旋转采用气动马达形式。

3.4.4　合金加料系统

主要由高架平台、储料仓、振动给料器、称量料斗（包括称重传感器）、皮带输送机、密封装置等组成。加料系统工作时称重单元、料位计、料位开关的输出信号可在主控室显示，振动给料器有两种控制方式，一种由HMI控制，实现生产自动化，另外一种在现场机旁控制。各料仓上口及每条皮带机每个落料点处均设置吸尘罩收集粉尘，各路吸尘罩通过管道汇总到总吸尘管，总吸尘管连接至除尘系统主管道统一处理。每层平台都布置清料清灰溜管。

3.4.5　其他设备

（1）液压系统为电极升降、炉盖升降、电极旋转锁定、电极夹紧放松等动作提供动力源。

（2）冷却水系统提供LF精炼炉需要冷却设备的供、回水。冷却设备分水冷炉盖系统、炉体本体设备系统。

（3）自动测温取样装置可以满足测温、取样的独立完成，也可以满足测温、取样同时作业的要求。

（4）集烟集尘及除尘系统用于收集LF炉精炼过程中从炉盖外溢的烟尘。主要由除尘罩，移动机构等组成。除尘罩可向双侧移动，便于接长电极，更换炉盖及其他检修活动。

（5）喂丝机主要包括电动机、线卷存放架、主动喂丝轮、喂丝压轮，每个喂丝压轮均有单独的气缸压下装置，以保证每个压轮有效的压紧喂丝，从而可以有效调整钢水化学成分及进行夹杂物变性处理。

3.5 LF 精炼系统应用效果

河钢唐钢新区新建 LF 精炼系统具有一级和二级计算机自动控制功能，可对冶炼过程各个操作环节实现准确控制。电极加热系统可对钢水进行快速升温，升温速度≥5℃/min，平均电耗≤0.45kW · h/(t · ℃)，平均电极消耗≤ 0.010kg/kWh。水冷炉盖使用寿命≥10000 炉，较长的使用寿命可以有效缩减生产成本。该系统还具有可靠的测温、取样、定氧功能，测温精度 ±3℃；喂丝系统采用四线喂丝机，可进行深脱氧、深脱硫和改变夹杂物形态功能，在对钢水进行合金化和微调钢液成分时，系统称量精度可达到 5‰。

LF 炉生产周期和年生产能力见表 2。

表 2 LF 炉年生产能力

Tab. 2 Production capacity of LF

平均每炉处理钢水量/t	平均每炉处理周期/min	LF 炉座数/座	精炼炉年作业率/%	转炉、精炼、连铸配合率/%
100	36.5	2	≥90	≥93

由表 2 可知，LF 平均精炼周期为 36.5min，2 台 LF 炉年生产能力为：

$$365\times90\%\times24\times60/36.5\times100\times93\%\times2\approx241\times10^4(t/a)$$

精炼炉年作业率≥ 90%，2 台 LF 精炼炉年生产能力可达到 241 万吨。转炉、精炼、连铸配合率≥93%，可有效调节转炉和连铸机之间的生产节奏，保证连铸机能多炉连浇。

4 结语

（1）河钢唐钢新区二炼钢车间设计遵循“先进、高效”的原则，将脱硫系统独立成跨，可使铁水预处理生产作业与转炉生产分离开，互不干扰，兼顾环境友好、绿色生产原则，在脱硫站处理位与扒渣位设除尘点，可以减少铁水脱硫扒渣对主厂房的烟尘污染，以保证环境清洁，绿色生产。

（2）河钢唐钢新区二炼钢将 LF 炉精炼采用先进的生产设备和合理的科学布局，将精炼设施紧邻转炉两侧布置，大大缩短钢水罐吊运距离，在获得目标产品的同时，降低了投资成本，从而实现建设项目的最佳经济效益。

综上所述，河钢唐钢新区二炼钢精炼系统坚持技术的高起点，为满足高品质产品生产的要求，选择先进、成熟、可靠、节能的技术及装备，使产品具有超强的竞争力，为河钢唐钢新区成为产品高端的世界级现代化钢铁梦工厂打下坚实的基础。

参考文献

[1] 刘浏．炉外精炼工艺技术的发展［J］．炼钢，2001，17（4）：1~7.
[2] 黄彩云．KR 搅拌法脱硫工艺［J］．金属世界，2012（6）：56~59.
[3] 田晓凡，黄生权，王海兵，等．攀成钢 KR 法铁水预处理工艺实践［C］．低成本炼钢共性技术研讨会，2011.
[4] 张召，宁培峰，李志杰，等．KR 法脱硫转速对搅拌能及流场的影响［J］．河北冶金，2015（1）：20~24.
[5] 韩小强．LF 炉精炼功能对产品质量的影响［J］．河北冶金，2017（1）：44~46.
[6] 黄震．钢包精炼炉几种布置形式的比较［J］．炼钢，2011（3）：68~71.
[7] 王天瑶，麻晓光，赵保国．新建 VD 的技术特点及冶金效果［J］．炼钢，2010，26（3）：18~21.
[8] 郑端，翟瑞锋．钢包精炼炉的组成与应用［J］．金属加工（热加工），2009（15）：68~70.

二炼钢厂连铸工艺设计

黄彩云，张 达，安连志

（唐钢国际工程技术股份有限公司，河北唐山 063000）

摘 要 连铸机的选型和装备及控制水平是由产品定位来决定的。本文从产品定位的基础上，多方面介绍了河钢唐钢新区二炼钢车间整体工艺布局，连铸机的设备选型、技术及设备参数、产能计算、装备及控制水平以及连铸机的特点等内容。其中，1 号、2 号铸机为高拉速连铸机，与后续高棒生产线实现直轧工艺，达到节能降耗绿色生产。

关键词 高拉速连铸机；工艺布局；设备参数；技术参数；装备及控制水平；直轧

Analysis on Continuous Casting Process of No. 2 Steelmaking

Huang Caiyun, Zhang Da, An Lianzhi

(Tangsteel International Engineering Technology Co., Ltd., Tangshan 063000, Hebei)

Abstract The selection, equipment and control level of the continuous casting machine are determined by the product orientation. The overall process layout of the second steelmaking workshop in HBIS Tangsteel New District, the equipment selection, technology and equipment parameters, capacity calculation, equipment and control level, as well as the characteristics of the continuous casting machine were introduced in this paper based on the product positioning. Among them, 1# and 2# casters are high drawing speed continuous casting machines, which realize the direct rolling process with the subsequent high bar production line to achieve energy saving, consumption reduction and green production.

Key words high drawing speed continuous casting machine; process layout; equipment parameters; technical parameters; equipment and control level; direct rolling

0 引言

连铸机作为炼钢车间最后一道生产工序，其装备及控制水平直接决定着产品质量及铸机产能发挥。河钢唐钢新区二炼钢主要产品定位于普通和精品长材，产品供给后续棒材、高速线材及中型生产线。主要承接原河钢唐钢二钢轧厂的产品定位及产品升级。

河钢唐钢新区二炼钢车间内配置 3 座 100t 顶底复吹转炉，2 套 KR 铁水预处理线，2 台 LF 钢包炉（预留 1 座），1 台 VD 真空精炼炉（预留），4 台方/矩坯连铸机及其辅助配套设施。

1 产品定位

车间连铸机的产品大纲及产品比例见表 1，主要产品是碳素结构钢、优质碳素结构钢、焊丝钢、冷镦钢等。

作者简介：黄彩云（1979—），女，高级工程师，2002 年毕业于河北理工学院冶金工程专业，现任唐钢国际工程技术股份有限公司钢轧事业部高级设计师，E- mail：huangcaiyun@ tsic. com

表1　连铸机产品大纲

Tab. 1　Product outline of continuous casting machines

项目	钢种	代表钢号	小计/万吨	比例/%
1号机产品大纲	普通热轧钢筋	HRB400E、HHB500E、HRB600E	16	13.3
	细晶粒热轧钢筋	HRBF400E、HRBF500E	89	74.2
	余热处理钢筋	KL400	3	2.5
		BS500N	5	4.2
	预应力混凝土钢筋	PSB785、PSB830、PSB1080	7	5.8
2号机产品大纲	普通热轧钢筋	HRB400E、HRB500E、HRB600E	12	10
	细晶粒热轧钢筋	HRBF400E、HRBF500E	100	83.3
	余热处理钢筋	KL400	3	2.5
		BS500N	5	4.2
3号机产品大纲	普通热轧钢筋	HRB500E、HRB600E	10	20.0
	细晶粒热轧钢筋	HRBF400E、HRBF500E	20	40.0
	焊丝、焊线	H08A、ER70S-6、H10M2、H08Mn2Si、H11MnSi、H08MnMo	9	18.0
	特种焊丝	H08MnSiTi、H13MnSiTi、H10MnSiNi	1	2.0
	优质碳素钢	45、50、55、60、65、70、80	2	4.0
	预应力钢丝、钢绞线	SWRH77B、SWRH82B	3	6.0
	帘线钢	82A、92A、96A	0.5	1.0
	胎圈钢丝、胶管钢丝	65A、72A	1.5	3.0
	冷镦钢	6A、8A、10A、22A、35K、40K	2.5	5.0
	普通热轧钢筋	HRB400E、HRB500E	10	14.3
	细晶粒热轧钢筋	HRBF400E、HRBF500E	60	85.7
	热轧等边角钢	Q235B、Q345B、Q420B、Q345C、Q345D、Q420C、Q420D、CCSA、CCSB	6.36	12
4号机产品大纲	热轧不等边角钢			
	热轧矿用U型钢	20MnK、Q275B、Q400	15.9	30
	热轧矿用工字钢	20MnK、Q275B、Q275A、Q235A	12.72	24
	热轧轻轨	55Q、50SiMnP	4.24	8
	方钢	Q235、Q345	2.12	4
	热轧H型钢 槽钢	Q235B、Q345B	10.6	20
	热轧工字钢 铁道用鱼尾板	55#、56Nb	1.06	2

2　连铸机选型及参数

2.1　连铸机选型及弧半径的确定

方坯连铸机已是一项完全成熟的技术。在已建的方坯连铸机中，弧形连铸机占绝对优势。特别是近年新建的方坯连铸机中，除极少数特大方坯连铸机以外，几乎全部为弧形连铸机[1]。在弧形连铸机中，主要区别在于引锭杆的型式上，目前挠性引锭杆与刚性引锭杆并存，各有其优缺点。对于所浇注的断面，4台连铸机均采用弧形连续矫直连铸机。

铸机半径的大小取决于所生产的铸坯断面、钢种及拉速水平。在钢水凝固过程中，合金元素易聚集在晶粒的前沿，产生成分偏析，形成晶间脆性区，裂纹敏感性高，矫直过程易出现裂纹[2]，因此，铸机半径的大小必须满足铸坯矫直时的表面变形率和两相区变形率的极限要求。为降低矫直过程中的矫直应力，一般采用多点矫直（或连续矫直）的方式，使铸坯逐渐变形或连续变形，使每一点的矫直应力很低或接近零，以避免矫直裂纹的发生。考虑到铸机备件的通用性，4台连铸机均采用R10m铸机半径。

2.2　车间布置及产品定位

车间配备3座100t转炉，平均出钢量100t，冶炼周期40min；2座100t钢包精炼炉，处理周期36~40min，年有效作业天数320天。主要产品有碳素结构钢、优质碳素结构钢、焊丝钢、冷镦钢等。由于车间内4台铸机对应不同的轧线，铸坯规格有所不同。连铸机断面及定尺见表2。

表2　连铸机断面及定尺

Tab. 2　Section and cut-length of continuous casting machines

铸机	断面/mm×mm	定尺/m	备注
1	165×165	10~12	供普棒
2	165×165	10~12	供高棒
3	165×165，150×150	10~12	供高线
	165×165，165×225，165×280	7~10	供中型
4	200×240	5.7	供高线
	200×240	10~12	供普棒

3　铸机产能

3.1　铸机设计拉速

结晶器出口坯壳厚度、矫直点两相区变形率和铸机有效冶金长度等因素决定了铸机拉速。按照铸机的设备参数，经过计算，铸机的设计拉速见表3。

表3　铸机的设计拉速

Tab. 3　Designdrawing speed of casting machines

铸机号	断面/mm×mm	平均设计拉速/$m \cdot min^{-1}$	备注
1，2	165×165	2.0~3.5	最大设计拉速4.2m/min
3	165×165	2.0~2.6	最大设计拉速4.0m/min
	150×150	2.2~3.0	
4	165×165	1.7~3.2	
	165×225	1.5~2.4	
	165×280	1.5~2.2	
	200×240	1.0~1.4	

3.2　铸机浇注周期

钢包浇注时间是保证正常操作及铸坯质量的先决条件。钢包最大允许浇注时间（t_{max}）可用下述经验公式计算：

$$t_{max} = (\lg G - 0.2) \times f / 0.3 \tag{1}$$

式中　G——每炉钢水量（平均出钢量），$G=100$t；

f——质量系数，对产品方案中的钢种，$f=11\sim13$。

$$t_{max} = (\lg 100 - 0.2)/0.3 \times f = 66 \sim 78\ (\text{min})$$

钢包允许浇注时间为66~78min。为了与转炉、精炼工序的炉机情况匹配，且不同钢种及断面的浇注周期不同，铸机的浇注周期为 30~43min。

3.3 铸机流数

钢包容量为 100t，考虑到炉机配合，一包钢水浇注时间按 36min，据此按正常拉速计算需要的铸机流数。根据公式：

$$N \geqslant \frac{\text{钢包公称容量}}{\text{铸坯断面面积} \times \text{铸坯密度} \times \text{拉速} \times \text{浇注周期}} \tag{2}$$

按照铸坯不同的断面尺寸，综合考虑浇注周期、拉速等因素，最终确定铸机流数。铸机拉速与流数对应表见表 4。

表 4 铸机拉速与流数对应表

Tab. 4 Correspondence table of drawing speed and flow number of casting machines

1/2 号机 165mm×165mm 断面					
拉速/m · min^{-1}	3.5	3.0	2.5	2.0	
铸机流数 N	4	4.3	5.3	6.6	选 6 流
3 号机 165mm×165mm、150mm×150mm 断面					
150 拉速/m · min^{-1}	3.2	3.0	2.4	2.0	
150 铸机流数 N	5	5.4	6.7	8.1	
165 拉速/m · min^{-1}	3.0	2.8	2.2	2.0	
165 铸机流数 N	4.5	4.8	6.1	6.7	选 7 流
4 号机 165mm×165mm、165mm×225mm、165mm×280mm、200mm×240mm 断面					
165 拉速/m · min^{-1}	3.2	2.8	2.4	1.7	
165 铸机流数 N	4.2	4.8	5.6	7.8	
225 拉速/m · min^{-1}	2.4	2.0	1.8	1.5	
225 铸机流数 N	4.1	4.9	5.4	6.5	
280 拉速/m · min^{-1}	2.2	2.0	1.8	1.5	
280 铸机流数 N	3.6	3.9	4.4	5.24	
240 拉速/m · min^{-1}	1.4	1.2	1.1	1.0	
240 铸机流数 N	5.4	6.3	6.9	7.6	选 6 流

3.4 连铸机产能

按照连铸机不同铸坯断面，连浇炉数 40 炉，进行铸机产能计算。4 台铸机总生产能力约 492 万吨/年，车间内 3 座转炉、2 套钢包精炼炉与之匹配生产，由于产品品种多、铸机与轧线产能相互协调生产。4 台铸机总产能发挥 65%，尤其 4 号机（为中型供坯）调剂生产使用。连铸机产能表见表 5。

表 5 连铸机产能表

Tab. 5 Capacity of continuous casting machines

项目名称	1/2 号机	3 号机			4 号机		
铸坯断面/mm×mm	165×165	150×150	165×165	165×165	165×225	165×280	200×240
铸坯单重/kg · m^{-1}	208.3	172	208.3	208.3	284	353	367
钢包容量/t	100	100	100	100	100	100	100
铸机流数/流 · 台$^{-1}$	6	7	7	6	6	6	6
单炉浇注周期/min	36	36	36	36	36	36	36
平均配合拉速/m · min^{-1}	2.5	2.5	2.0	2.0	1.5	1.2	1.15
浇注准备时间/min	40	40	40	40	40	40	40
平均连浇炉数/炉 · 次$^{-1}$	40	40	40	40	40	40	40
钢水收得率/%	98.5	98.5	98.5	98.5	98.5	98.5	98.5
钢坯合格率/%	99.0	99.0	99.0	99.0	99.0	99.0	99.0
年有效作业率/%	85.0	85.0	85.0	85.0	85.0	85.0	85.0
配合年产量/万吨	124+124	124			120		

4　车间布局

4.1　1 号、2 号连铸机

方坯连铸机分三跨布置，新建 1 号方坯连铸机将布置在连铸车间厂房 17~18 柱之间，新建 2 号方坯连铸机将布置在连铸车间厂房 14~15 柱之间，回转台中心线位于 D 列线上。

连铸机成纵向布置，浇注平台、中间罐车、结晶器及振动装置、导向段、拉矫机、引锭杆存放装置等弧线段设备布置在浇注跨（C~D）内。

出坯一跨（B~C）布置切割机、输出辊道设备、出坯辊道及翻钢机、移坯车，过渡台架、翻转冷床、铸坯收集台架。需出冷坯时，通过移坯车将铸坯移送到翻转冷床入口，翻转冷床一根根将铸坯接收，并进行步进翻转冷却，冷却后的铸坯（约 600℃）集中到冷床末端的铸坯收集台架上，通过出坯跨的夹钳起重机将铸坯吊至车间堆垛继续冷却或直接装车运走。翻转冷床下线的铸坯也可以通过过跨辊道输送至出坯二跨（A~B）内，由拉钢冷床将铸坯收集成垛，再由吊车吊运堆垛。

出坯二跨（A~B）内布置热送辊道，通过高速辊道，将铸坯送入轧钢车间，满足直接轧制。

连铸机旋流井设在出坯一跨 18~20 号柱之间，2 台铸机共用。

4.2　3 号连铸机

新建 3 号方坯连铸机将布置在连铸车间厂房 8~9 号柱之间回转台中心线位于 D 列线上。

连铸机成纵向布置，浇注平台、中间罐车、结晶器及振动装置、导向段、拉矫机、引锭杆存放装置等弧线段设备布置在浇注跨（C~D）内。

出坯一跨（B~C）布置切割机、输出辊道设备、出坯辊道及翻钢机、移坯车、翻转冷床、铸坯收集台架。需出冷坯时，通过移坯车将铸坯移送到翻转冷床入口，翻转冷床一根根将铸坯接收，并进行步进翻转冷却，冷却后的铸坯集中到冷床末端的铸坯收集台架上，通过出坯跨的夹钳起重机将铸坯吊至车间堆垛继续冷却或直接装车运走。

出坯二跨（A~B）内布置热送辊道，通过高速辊道，将铸坯送入轧钢车间，满足直接轧制。翻转冷床下线的铸坯也可以通过过跨辊道，由拉钢冷床将铸坯收集成垛，再由出坯二跨吊车吊运堆垛。

连铸机旋流井设在出坯一跨 6~7 号柱之间，3 号、4 号 2 台铸机共用。

4.3　4 号连铸机

新建 4 号方矩坯连铸机将布置在连铸车间厂房 4~5 号柱之间回转台中心线位于 D 列线上。

连铸机成纵向布置；浇注平台、中间罐车、结晶器及振动装置、导向段、拉矫机、引锭杆存放装置等弧线段设备布置在浇注跨（C~D）内。

出坯一跨（B~C）布置切割机、输出辊道设备、出坯辊道及翻钢机、移坯车、翻转冷床、铸坯收集台架。需出冷坯时，通过横向移钢车将铸坯移送到翻转冷床入口，翻转冷床一根根将铸（方）坯接收，并进行步进翻转冷却，冷却后的铸坯集中到冷床末端的铸坯收集台架上，通过出坯跨的夹钳起重机将铸坯吊至车间堆垛继续冷却或直接装车运走。矩形坯通过横向移钢车将铸坯移至收集台架，夹钳起重机将其下线。

出坯二跨（A~B）内布置热送辊道，通过输送辊道，将铸坯送入轧钢车间，满足直接轧制。铸坯亦可以在本跨进行下线。翻转冷床用于收集方坯在本跨下线，出坯二跨吊车吊运堆垛。

5　主要技术和设备参数

本着工艺成熟、技术可靠、设备经济实用的原则，车间内 4 台方/矩坯铸机的主要技术参数和设备参数的选取方式见表 6。

表 6 连铸机主要技术和设备参数

Tab. 6 Main equipment configuration and parameters of continuous casting machines

项目	连铸机参数		
	1，2	3	4
铸机台数/台	2	1	1
铸机流数/流	6	7	6
铸机型式	全弧型，连续矫直	全弧型，连续矫直	全弧型，连续矫直
铸机基本半径/m	$R10$	$R10$	$R10$
流间距/mm	1300	1350	1620
铸坯断面尺寸/mm×mm	165×165	165×165，150×150	165×165、165×225、165×280；预留 200×240
定尺长度/m	10～12	10～12	165×（165、225、280）：7～10；200×240：5.7～12
钢包钢水重量/t	120	100	120
单炉浇铸时间/min	27～37	27～37（普）/35～43（品种）	35～40
拉速/$m \cdot min^{-1}$	2.0～4.2	2.0～3.2	1.2～3.2
平均连浇炉数/炉·次$^{-1}$	≈40	≈40	≈40
钢水收得率/%	98.5	98.5	98.5
铸机有效作业率/%	85	85	85
钢包回转台型式	蝶式，单臂承载 240t，液压升降，360°无限角度回转	蝶式，单臂承载 240t，液压升降，360°无限角度回转	蝶式，单臂承载 240t，液压升降，360°无限角度回转
钢包下渣检测	非接触式振动检测	非接触式振动检测	非接触式振动检测
中间包车型式	高低轨式，承载能力 90t，液压升降/横移	高低轨式，承载能力 110t，液压升降/横移	高低轨式，承载能力 110t，液压升降/横移
中间包	T 型大容量，定径水口中间包，塞棒（预留），容量 40/43t	T 型大容量，定径水口+塞棒中间包，容量 45/50t	T 型大容量，定径水口+塞棒中间包，容量 47/50t
中间包烘烤	蓄热式，烧嘴数量 6 个	蓄热式，烧嘴数量 7 个	蓄热式，烧嘴数量 6 个
中间包连续测温	—	—	黑腔体式，测量范围 500～1700℃
中间包水口快换	定径水口快速更换装置	定径水口快速更换装置	定径水口快速更换装置
全程保护浇注	大包长水口+氩气	大包长水口+氩气	大包长水口+氩气
自动加保护渣装置	气动式，最大加渣量 30kg/h	气动式，最大加渣量 30kg/h	气动式，最大加渣量 30kg/h
振动型式	全板簧电动缸，正/非正弦曲线	全板簧电动缸，正/非正弦曲线	全板簧电动缸，正/非正弦曲线
结晶器形式	管式结晶器	管式结晶器	管式结晶器
铜管长度	1000mm，水缝 4mm，Cu-Ag 镀 Cr	1000mm，水缝 4mm，Cu-Ag 镀 Cr	1000mm，水缝 4mm，Cu-Ag 镀 Cr
铸坯冷却方式	全水冷，动态二冷配水	全水+气雾冷却，动态二冷配水	气雾冷却，动态二冷配水
引锭杆形式	刚性，摩擦轮蝶簧夹紧型式	刚性，摩擦轮蝶簧夹紧型式	链式，弹簧板连接固定导向
电磁搅拌	预留 M～EMS、F～EMS	外置式 M～EMS、F～EMS	外置式 M～EMS，预留 F～EMS
液面自动控制	Cs137 检测+数字缸	Cs137 检测+数字缸	Cs137 检测+数字缸
拉矫机	六辊，整体机架	六辊，整体机架	六辊，整体机架
切前辊道	自由辊，辊子间距 1500mm，辊径 ϕ260mm	自由辊，辊子间距 1500mm，辊径 ϕ260mm	自由辊，辊子间距 1500mm，辊径 ϕ260mm
切割方式	液压剪切	氢氧火焰切割	氢氧火焰切割
定尺装置	红外摄像定尺，精度±3mm	红外摄像定尺，精度±3mm	红外摄像定尺，精度±3mm
切后辊道	分流集中链传动，变频调速	分流集中链传动，变频调速	分流集中链传动，变频调速
升降挡板	气动式	气动式	气动式
出坯方式	直轧、翻钢机+移坯机+翻转冷床+集钢台架+过跨收集台架	直轧、翻钢机+移坯机+翻转冷床+集钢台架+过跨收集台架	热送、翻钢机+移坯机+翻转冷床+集钢台架+过跨翻转冷床

续表 6

项目	连铸机参数		
	1，2	3	4
自动喷号	高温涂料，小车横移式 两排 16 字符	高温涂料，小车横移式 两排 16 字符	高温涂料，小车横移式 两排 16 字符
液压系统	回转台/中间罐车/主机/ 液压剪/出坯/离线	回转台/中间罐车/ 主机/出坯	回转台/中间罐车/主机/ 出坯/离线（同 3 号共用）
润滑系统	回转台/拉矫机/切前辊道 /切后辊道/冷床	回转台/拉矫机/切前辊道 /切后辊道/冷床	回转台/切前辊道/切后辊 道/冷床/振动
基础自动化	√	√	√
二级自动化控制	连铸生产管理/设备控制管理/工艺 质量管理/切割优化/动态配水	连铸生产管理/设备控制管理/工艺 质量管理/切割优化/动态配水	连铸生产管理/设备控制管理/工艺 质量管理/切割优化/动态配水

6 连铸机前沿技术的应用

6.1 全程保护浇注

根据产品大纲中浇注钢种的要求，从钢包-中间罐采用长水口+氩气密封；中间罐-结晶器之间采用浸入式水口+保护渣浇注方式，避免钢流的二次氧化[3]。

6.2 中间罐钢水连续测温

中间罐温度是连铸生产过程中的重要参数，也是工艺操作人员必须掌握的一个重要工艺参数，对中间罐钢水温度连续监测是生产出高质量产品的一个有效保障，同时能够使连铸机生产稳定。

6.3 大容量、深液面的中间罐冶金技术

通过数值模拟和水模实验优化中间罐设计，中间罐内钢液应有足够的深度，以保证钢水内夹杂物有充分的上浮时间，按照冶金需要中间罐内可以增加挡渣堰以避免中间罐下渣。同时，大容量中间罐保证在更换钢包时的浇注稳定。中间罐内添加保温剂，防止罐内钢水表面散热和钢水的二次氧化。

6.4 结晶器电磁搅拌

结晶器电磁搅拌技术的应用可以大大提高铸坯表面和潜层的质量[4]，减少连铸坯表面夹渣、气孔、微裂纹，提高连铸坯的质量。

6.5 结晶器全板簧电动缸振动装置

采用板簧仿弧导向结构，高频稳定性好，避免振动不平稳对铸坯质量的影响；电动缸振动技术，实现高频小振幅振动、非正弦振动、反向振动等功能，便于优化振动曲线，提高铸坯表面质量。

6.6 动态二冷水模型

动态模型控制则能够实时跟踪连铸生产的实际情况，包括不同的钢种、不同的铸坯断面、中包温度等，再综合考虑工艺目标控制温度，动态设定最优控制水量。因此，模型控制能抑制上述干扰对冷却效果的影响，最大可能地减少铸坯表面温度的波动。特别是能避免当拉速变化时水表控制产生的铸坯过冷和过热而造成的质量问题。

6.7 连续矫直技术

采用连续矫直技术，在连续矫直区内，铸坯任意横截面处的矫直应变（ε）值很小，即：铸坯在矫

直区内半径由10m到无穷大的弧是一条连续的光滑曲线，其曲率半径是连续变化的，不同于单点或多点矫直在变半径点处产生的较大矫直应变峰值。连续矫直的主要优点：

（1）减小应变力，减少裂纹产生的几率；

（2）大大降低了铸坯的应变速率，降低了裂纹的倾向[5]；

（3）降低表面应力和剪切力，设备受力小[5]。

6.8 电气自动化控制水平

连铸机的电气自动化配置采用一级基础自动化控制及二级模型。

6.8.1 一级基础自动化的主要功能

（1）连铸机生产过程的工艺参数控制、联锁和顺序控制；
（2）钢包、中间罐钢水称量及大屏幕显示；
（3）结晶器液面自动控制；
（4）二次冷却水自动配水分区调节控制；
（5）主要设备（如：结晶器振动、拉矫机、液压润滑系统）工作参数的实施监控、报警；
（6）结晶器水、二次冷却水、设备冷却水及液压站工作参数的实施监控、报警；
（7）主要工艺参数的历史数据收集和操作过程中事件记录；
（8）浇注过程中数据采集、集中显示；
（9）辅助设备（如：排蒸汽风机、液压系统、油气润滑系统等）工作参数的监控；
（10）过程监控。

6.8.2 二级模型的主要功能

（1）连铸机生产计划管理；
（2）自动物料跟踪：炉次号、铸流跟踪、铸坯跟踪；
（3）过程参数监控；
（4）产品报表；
（5）操作指导；
（6）切割优化计算模型；
（7）质量跟踪模型；
（8）动态二冷配水模型。

7 铸坯直轧

随着铸坯直轧技术的兴起，其优越性突显，在市场竞争中占有利地位。由于铸坯直轧工艺对铸坯的产品质量及温度要求严苛，对铸机装备及控制水平也是一种严峻的考验。需要连铸系统具备无缺陷铸坯生产、高温铸坯生产、连铸与连轧的合理衔接与柔性化生产及一体化生产管理系统等技术。

1号、2号铸机设备采用了中冶南方诸多专利技术：梅花型铜管结晶器、全板簧电动缸振动装置、优越的中间罐流场、二冷动态配水、铸坯内部质量控制系统等。在这些先进设备及控制手段的加持下，在铸坯产品质量得到保证的同时也实现高拉速生产。从而实现了铸坯直轧工艺，节能降耗，效益可观。

8 结语

河钢唐钢新区二炼钢连铸机在工艺设备选型时，遵循简约实用的原则，根据产品定位选择成熟先进的装备及控制水平；在工艺布局设计时，利用现有场地，充分考虑物流运输等各种生产因素，实现低碳环保绿色生产。1号、2号连铸机采用了铸坯直轧工艺，投产后实际铸机拉速已达到4.0m/min，实现技术新突破，引领行业先锋。

参考文献

[1] 王三武，田在富，凌云．高效 ROKOP 连铸机在韶钢的应用［J］. 钢铁研究，2004（2）：15~17.
[2] 崔淑清．优化炼钢工艺结构提高钢材质量［J］. 特殊钢，2002（5）：20~21.
[3] 张怀忠．八钢十机十流连铸机工艺特点［J］. 山东工业技术，2015（1）：9~11.
[4] 袁立强．电磁搅拌技术在石钢连铸中的应用［J］. 河北冶金，2003（2）：22~23.
[5] 张怀忠．八钢十机十流连铸机工艺特点［J］. 山东工业技术，2015（1）：9~11.

二炼钢 LF 精炼炉本体自动化控制系统设计

杨建军

（唐钢国际工程技术股份有限公司，河北唐山 063000）

摘　要　为保证二炼钢 LF 精炼炉水冷惰性和微正压炉盖等多项先进技术的实现，设计了 1 套基于 PLC 的 LF 精炼炉控制系统。介绍了自动控制系统的硬件组成，并分析了其软件功能和特点。系统应用后，提高了 LF 炉生产过程的自动化、智能化水平，同时减少了工人的劳动强度。

关键词　LF 精炼炉；博途 TIA；自动控制；PROFINET

Design of LF Refining Noumenon Automatic Control System for Secondary Steelmaking

Yang Jianjun

（Tangsteel International Engineering Technology Corp.，Tangshan 063000，Hebei）

Abstract　In order to ensure the realization of multiple advanced technologies such as the water-cooling inertness and micro-positive pressure furnace cover for the LF refining furnace of the second steelmaking plant，a PLC-based LF refining furnace control system was designed. This article introduces the hardware composition of the automatic control system，and analyzes its software functions and characteristics. After applying the system，the automation and intelligence level of the LF furnace production process have been improved，and the labor intensity of the workers has been reduced at the same time.

Key words　LF refining furnace；portal TIA；automatic control；PROFINET

0　引言

河钢唐钢新区二炼钢 LF 精炼炉系统公称容量为 100t，双工位工艺形式。设计采用水冷惰性和微正压炉盖、钢水罐底部氩气搅拌、自动测温取样、配备双钢水罐车加热和其他辅助操作交替同步进行、封闭罩和第四孔复合除尘等先进技术和装备[1]。为满足工艺需求，设计了 1 套基于 PLC 的 LF 精炼炉控制系统，在提高生产效率的同时减少工人劳动强度。

1　控制系统硬件

1.1　控制系统电源

为避免控制系统 PLC、HMI 等重要设备意外停电给人身安全及设备造成不可控的危害，LF 精炼本体控制系统配备了 20kVA UPS 在线式不间断电源。在进线意外断电的情况下，不间断电源由电池组逆变提供至少 30min 的供电时间[2]。在满足电源故障情况下的供电保障的同时提高了电能质量。另一方面，为提高控制系统的抗干扰性、稳定性及可靠性，在本体控制 PLC 系统直流 24V 供电系统电源、仪表电源及数字量输入/输出电源均采用各自独立的西门子冗余电源。

本体自动化控制系统的电源系统设计及选型满足了 LF 精炼炉系统生产稳定、工作可靠的基本要求，为自动化控制提供了供电保障。

作者简介：杨建军（1974—），男，1997 年毕业于河北理工学院计算机专业，现在唐钢国际工程技术股份有限公司从事冶金行业控制系统与自动化仪表设计工作，E-mail：Yangjianjun@ tsic. com

1.2　PLC 系统硬件

本体自动化控制系统设计采用了先进、成熟、可靠的三电（电气、仪表、计算机）一体化的设计思想。将所用现场控制设备节点都接入自动化系统，简化了电气设计及仪表设计。本体 PLC 采用了西门子 S7-1500 系列中的高端 CPU 产品 1517-3 PN/DP，为系统扩充留有余量。根据现场工艺设备的实际需要，远程 I/O 采用了 18 块 6ES7521-1BL00-0AB0 数字量输入模块、9 块 6ES7522-1BL01-0AB0 数字量输出模块、18 块 6ES7531-7KF00-0AB0 模拟量输入模块、2 块 6ES7532-5HF00-0AB0 模拟量输出模块及 3 块 7MH4980-2AA01 SIWAREX WP522 ST 工艺模块，CPU 通过接口模块 IM 155-5 PN 与远程 I/O 进行数据交换。

系统采用了菲尼克斯的紧凑型隔离器及专用的 PLC 端子型继电器，节省了柜体空间，全套本体自动化控制系统分装在 3 个 800（宽）mm×800（深）mm×2200（高）mm PLC 柜内。在 3 个 PLC 柜体内均配备了温湿度显示仪表，温湿度仪表 485 总线端口通过 modbus 转 DP 网关与本体 PLC 通讯，经过程序处理后在画面显示及报警，并且留有数据上传接口。带总线的温湿度显示仪表方便了现场设备点检人员的现场巡检及远程巡检，便于操作人员及设备维护人员及时发现设备异常情况并及时处理。

1.3　控制系统网络

本体控制系统中 CPU 模块 X1 端口与 4 个 IM 155-5 PN 远程接口模块、3 个型号为 FL SWITCH 2216 的 PN 交换机头尾相连，具备 PN 接口的变频器及编码器等连接在 3 个 PN 交换机各自分配好的端口，以上配置的一级控制网络就构成了 PROFINET 冗余环网。冗余机制为 MRP 系统，其中 CPU 模块为环网管理者，其他设备均为环网客户端。冗余环网典型重新组态时间为 200ms，介质冗余结构显著提高了设备的可用性，由于有备用链路，单个设备的故障对通讯没有影响。针对网络中单个节点有故障或某个节点意外丢失问题程序设计时编制了专门的诊断程序判断并锁存曾发生的故障状态[3]。在发生网络故障时，通过 WINCC 本体 PLC 网络子画面（图 1）可以进行快速的网络诊断并加快故障排除，提高了一级网络的安全可靠性，大幅度降低了对精炼炉正常生产的影响。

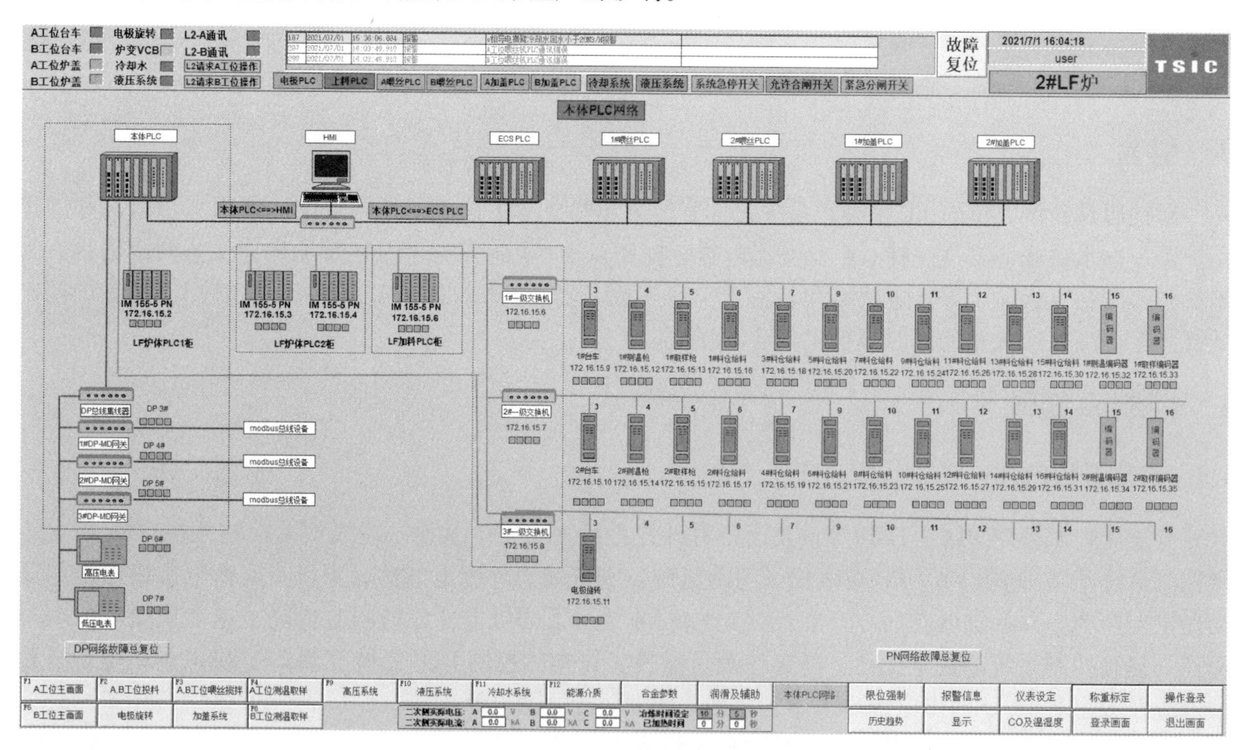

图 1　本体 PLC 网络画面

Fig. 1　Network screen of the main body PLC

本体控制系统通过 CPU 模块 X2 端口与电极 PLC、喂丝 PLC、钢包加盖 PLC、上料 PLC、二级网等进行通讯并在 HMI 主机上进行自动化集中监控，通过 CPU 模块 DP 端口对高压电度表、低压电度表、4 路 CO 报警控制仪及各处的温湿度仪表等进行了数据采集并在画面上进行显示及报警。

2 控制系统软件

河钢唐钢新区二炼钢 LF 精炼炉自动化控制系统编程软件为博途 TIA15. 1，系统上位机组态软件采用西门子 WINCC7. 4。

针对 LF 精炼炉生产中存在的多种工序交错进行，操作人员经常操作多种设备，在进行上位机组态画面常规设计的同时[4]，对画面进行了针对性的优化及调整。具体如下：

（1）画面顶部显示区为各子系统状态、各 PLC 通讯状态报警信息。画面底部显示区除各子系统画面切换按钮外增加了电极调节二次电流、电压及通电时间等重要参数显示[5]。

（2）将 A 及 B 工位投料操作整合在一个投料子画面，并且在主操作画面设置有投料系统皮带及称量仓电振的显示小画面。

（3）在主操作画面（图 2）及投料画面设置了 A 工位底吹、A 工位喂丝、A 工位测温、A 工位加盖、A 工位二级、B 工位底吹、B 工位喂丝、B 工位测温、B 工位加盖、B 工位二级等小画面切换按钮，方便操作人员操作。

（4）在操作画面中对重要设备操作均设置了二次确认界面，避免了操作人员的误操作。

（5）采用用户权限管理对操作员操作行为及操作地点进行了差别化处理。

（6）通过变量记录及报警记录对重要监控对象的参数及动作进行历史记录，使 LF 精炼炉的生产过程具有可追索性，对工艺流程的优化及改进能提供详细的历史依据，同时它也为设备故障判别提供了准确信息。

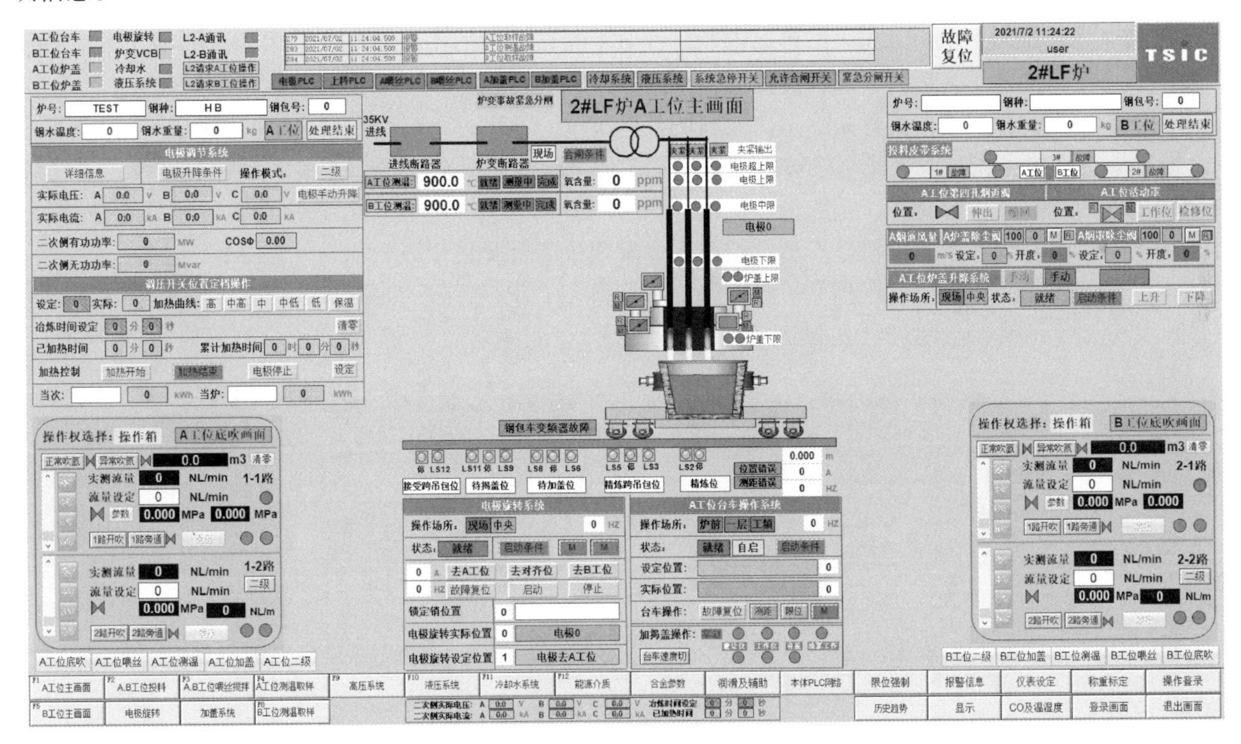

图 2 A 工位主画面

Fig. 2 Main screen of station A

3 控制系统组成

3.1 控制系统概况

二炼钢 LF 精炼炉本体自动化控制系统主要包括钢包底吹系统、合金投料系统、高压系统、电极旋转系统、钢包车行走系统、液压系统、冷却水系统、测温取样系统、炉盖系统、除尘系统及润滑辅助系统等。

3.2　钢包底吹系统

钢包底吹系统要准确及时实现氩气或氮气的流量调节以满足精炼工序的多种工艺要求，同时为精炼炉的冶炼过程提供搅拌动力。控制系统由氩气总管质量流量表、氩气总管压力表、一路二路质量流量控制器、一路二路末端压力表、总管氮气电磁阀、总管氩气电磁阀、一路二路旁吹电磁阀、一路二路泄压电磁阀等组成[6]。底吹过程控制设计为既可以在 HMI 画面或 L2 级系统控制，也可以现场机旁箱操作。由于采用了进口质量流量控制器，内置流量控制电路，在编制程序时取消常规的 PID 控制策略，直接控制，具有控制精度高，重复性好，流量调节范围大的特点。氩气总管设置了质量流量计，方便了能源管控需求及流量累计需求。在钢包底吹系统仪表异常、气源压力低、一路二路管路堵塞及泄露时画面均有报警提示。

3.3　合金投料系统

合金投料系统根据 LF 精炼炉冶炼要求，将各种合金料准确及时的投放到在处理位的钢水包内，要保证称料准确、不漏料，下料过程不存料。合金投料系统由 16 个高位料仓及变频电振，5 个称量仓及工频电振，3 条可逆皮带及附属设备组成。

控制系统由高位料仓雷达料位计、高位料仓上限料位开关、高位料仓下限料位开关、称量仓称重传感器、高位料仓变频电振（PN 通信）控制、称量仓工频电振控制、可逆皮带控制及附属除尘设备控制组成[7]。称重系统采用了 SIWAREX WP522 ST 工艺模块，将称重传感器毫伏信号引入西门子称重工艺模块，取消了传统设计的现场称重变送器，既减少了仪表故障点，还可以在画面直接进行称重系统的调校。

在合金称量控制中采用了先进的模糊控制，针对下料设定值的不同情况，采用相应的控制策略，具有惯性下料量自动修正，堵料自停，自动切强/弱振等功能，实现了合金称量系统的精准控制。针对 LF 精炼炉生产中有时存在的一次称量、多次投料的实际情况，在 L2 级系统控制模式下设置了 L2 只称不投/L2 即称即投切换按钮。设置此切换按钮能灵活根据现场实际情况，进行 L2 级系统控制，满足了生产需要。针对皮带系统中轻跑偏、重跑偏、拉绳等信号可能有闪跳的情况，在程序中设置了锁存故障位，在画面上有锁存报警显示方便操作人员及检修人员发现故障（见图 3）。

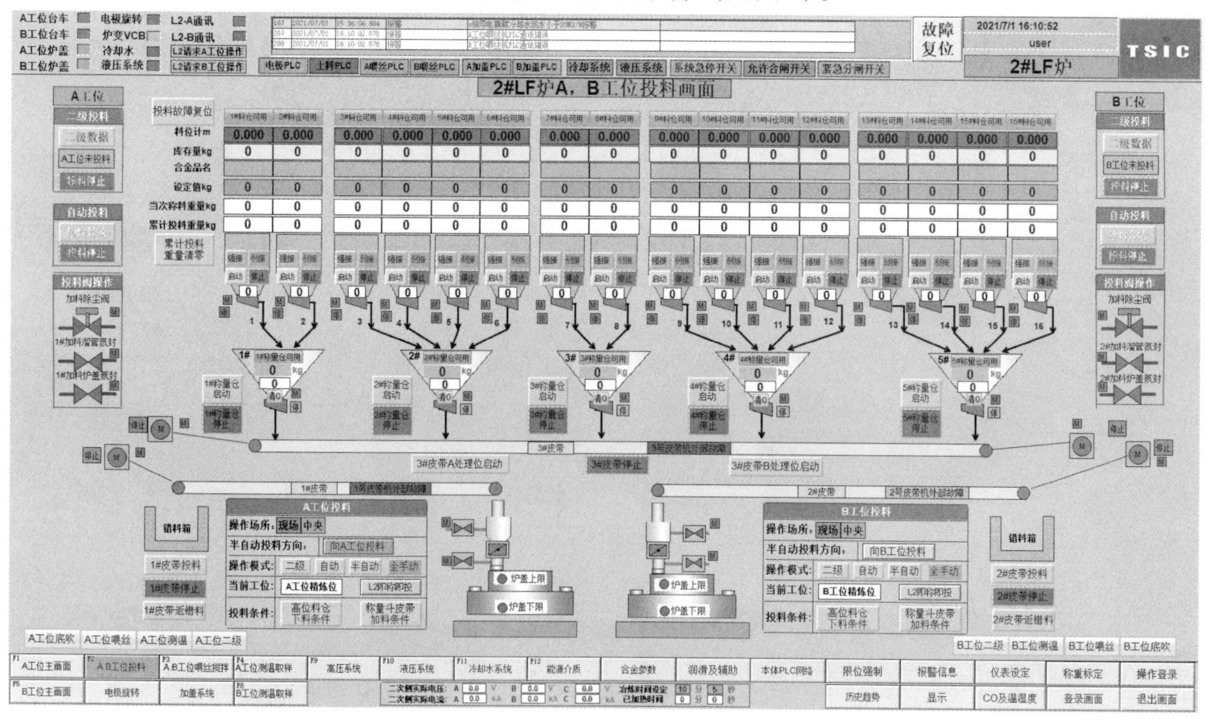

图 3　A、B 工位投料画面

Fig. 3　Feeding screen of station A and B

3.4 高压系统

LF 精炼炉高压系统电压等级为 35kV，是精炼生产中重要环节，对人身安全及设备安全有直接影响。高压系统主要控制有：（1）监控高压进线断路器的工作状态。（2）监控炉变断路器的工作状态，并可在高压柜、主操作台及 HMI 主机上合闸及分闸。（3）对变压器报警信号（变压器本体轻瓦斯、变压器油温高、主储油柜油位上限、主储油柜油位下限、变压器有载开关油位上限、变压器有载开关油位下限、冷却器油流故障）画面报警。（4）对变压器故障报警信号（变压器本体重瓦斯、变压器本体压力释放、变压器有载开关重瓦斯、变压器有载开关重瓦斯、变压器油温超高、油水冷却泄露报警信号）画面报警并事故分闸。（5）在主操作台、LF 精炼炉旁、LF 精炼炉操作台设置有急停、允许合闸、紧急分闸 3 个旋钮，起到安全保护作用。（6）2 个变压器冷却器启停，设备一用一备。（7）显示变压器一次侧电压及电流、二次侧电压及电流。（8）通过与高压电度表 modbus 通信，采集高压电度表数据进行显示。（9）通过与高压无线测温系统 modbus 通信，采集高压系统各个接触头的温度进行显示并连锁报警，有效预防高压事故的发生。（10）在发生冷却水等其他系统故障时画面报警并事故分闸、电极上升，避免了故障的扩大化。（11）对炉变断路器合闸及分闸采用了优化的停送电策略，通过降低分合闸次数，减少对设备的高压冲击。

3.5 电极旋转系统

电极旋转系统采用了矢量变频器 PN 总线网络控制，控制精度高，启动及停止时动作平滑，对电极臂及电极等设备冲击小，相对于液压旋转方式具有维护量小，控制方法简单等优点。电极旋转系统有 1 个变频旋转电机（用 7 个接近开关进行旋转位置定位）及 1 个液压双电控锁紧阀（用 2 个接近开关进行开关位置定位）组成。主要控制有：（1）监控旋转变频器工作状态。（2）监控液压双电控锁紧阀工作状态。（3）控制系统设计为即可以在 HMI 画面操作，也可以现场机旁箱操作。在 HMI 画面操作及现场机箱旁操作时有手动、自动两种操作模式。各种模式下各个控制设备均有必要的连锁条件保护。手动模式时可以手动控制各设备的启停。自动模式为位置自动定位方式，采用了位置随动定位控制策略。选择要旋转的位置（A 工位/电极对齐位/B 工位）后，按启动按钮，旋转进程将锁定销解锁，解锁后平滑启动旋转变频器至高速，至要去的位置的减速位后低速运行至目的位置后自动停止。如目的位置为 A 或 B 工位时将把锁定销锁定，结束旋转进程。

3.6 钢包车行走系统

钢包车行走系统变频正常时采用矢量变频器定位控制，变频异常时切为旁路工频。由于采用了矢量变频器位置控制，钢包车启动及停止时动作平稳，定位准确，钢水包钢水不易泼洒，降低了操作人员的劳动强度及操作危险程度。钢包车行走系统分为 A 工位钢包车行走系统和 B 工位钢包车行走系统，控制原理相同。

A 工位钢包车行走控制系统由行走变频器（PN 控制）控制、行走工频旁路控制、抱闸及声光报警器控制、电气卷筒控制、气路卷筒控制、13 个位置限位及一个激光测距仪（4~20mA 直流信号输出）等组成。主要控制有：（1）监控行走变频器工作状态。（2）监控行走工频旁路工作状态。（3）行走位置检测有限位模式或激光测距模式，两者互为备用，提高了钢包车行走控制系统的可靠性。（4）在激光测距模式下时，出于安全方面考虑，两端实际电气极限位（精炼处理位限位及连铸吊包位限位）及激光测距虚拟极限位设计为同时有效，且钢包车行走设计有陷车、行走超速及激光测距位置错误安全保护，这两项设计保证了钢包车行走系统的设备安全和人身安全。（5）钢包车行走控制系统设计为既可以在炉前机旁箱操作，也可以在一层机旁箱操作。在炉前机箱旁操作或一层机旁箱操作时有手动、自动两种操作模式。各种模式下各个控制设备均有必要的连锁条件保护。手动模式时可以手动控制行走变频器的高速启停或低速启停，进行人工定位控制。当变频器有问题时可切换至旁路工频状态启停行走电机。自动模式采用了位置随动定位控制策略。选择要旋转的位置（精炼处理位/接受跨吊包位/待加盖位/待揭盖位/连铸跨吊包位）后，按启动按钮，行走进程将打开抱闸，启动声光报警器、电气卷筒、气路卷筒。然后平滑启动行走变频器至高速，至要去的位置的减速位后低速运行至目的位置后自动停止，关闭抱闸，停止声光报警器、电气卷筒、气路卷筒。（6）钢包车在变频行走过程中，如走行至待加盖位或待揭盖位且钢包加揭盖机构有带盖信号时将自动减速运行，当到达待揭盖位或待加盖位后返回正常控制逻辑。

3.7 液压系统

液压系统为精炼系统的电极升降机构、炉盖升降机构等液压设备提供动力源，直接影响精炼生产。液压系统主要控制有：（1）监控液压系统回水流量及液压系统回水温度。（2）液压系统冷却水阀门控制。（3）监控液压系统压力。（4）监控主油箱及储备油箱的液位、油温。（5）监控主油箱及储备油箱的液位、油温等报警限位开关状态。（6）监控液压系统各个管路阀门及阻塞报警开关状态。（7）监控4个液压泵的运行电流。（8）监控及启停2个循环泵的运行，开1备1。（9）监控及启停4个液压泵的运行，开3备1。（10）监控及启停2个油箱加热器的运行。（11）监控及启停1个储油泵的运行。（12）控制系统设计为既可以在HMI画面，也可以现场机旁箱控制。各个控制设备均有必要的连锁条件保护，如启动循环泵后方能启动液压泵等。

3.8 冷却水系统

冷却水系统对水冷炉盖、变压器、液压站、短网铜管、水冷电缆及导电横臂进行冷却。冷却水系统主要控制有：（1）监控冷却水进水及回水流量、进水及回水压力及进水温度。（2）冷却水系统进水及出水阀门控制。（3）监控A工位炉盖进出水流量、进出水流量差及出水温度。（4）监控B工位炉盖进出水流量、进出水流量差及出水温度。（5）监控变压器冷却水出水流量及出水温度。（6）监控液压站冷却水出水流量及出水温度。（7）监控三相短网铜管冷却水进出水流量、进出水流量差及出水温度。（8）监控三相水冷电缆冷却水进出水流量、进出水流量差及出水温度。（9）监控三相导电横臂冷却水进出水流量、进出水流量差及出水。（10）各个控制设备均有必要的连锁条件保护，如冷却水流量低于下限、进出水流量差高于上限、冷却水温度高于上限将画面报警，如冷却水流量低于下下限、进出水流量差高于上上限、冷却水温度高于上上限将画面报警、高压系统分闸且电极上升。（11）控制系统设计为既可以在HMI画面，也可以现场机箱旁控制。各个控制设备均有必要的连锁条件保护。

3.9 测温取样系统

测温取样是LF精炼炉生产中在必不可少的步骤。通过检测温度、采集钢样，判断LF精炼炉生产的进程，进而进行调整合金投入量等工艺操作。它是精炼二级控制模型的控制依据。测温取样系统分为A工位测温取样系统和B工位测温取样系统，控制原理相同。

A工位测温取样控制系统由测温孔控制、测温取样机构旋进/旋出控制、测温取样机架摆进/摆回控制、测温枪变频上下位置控制（变频器及位置编码器均为PN通信）、取样枪变频上下位置控制（变频器及位置编码器均为PN通信）等组成。主要控制有：（1）监控各个设备工作状态。（2）控制系统设计为既可以在HMI画面操作，也可以现场机旁箱操作。在HMI画面操作有手动、自动两种操作模式。在现场机箱旁操作时只有手动模式。各个控制设备均有必要的连锁条件保护。手动模式时可以手动控制各设备的启停。自动模式时选择要进行的操作（测温取样/测温/取样）后，按启动按钮，操作进程将依次完成设备动作，然后自动结束操作进程。自动模式下测温枪及取样枪通过位置编码器与升降变频器构成闭环的位置随动控制系统，位置定位准确，提高了测温及取样的命中率，缩短了精炼的冶炼周期。

3.10 炉盖系统

炉盖系统采用液压为动力源，进行升降。炉盖系统分为A工位炉盖系统和B工位炉盖系统，控制原理相同。

A工位炉盖控制系统由炉盖控制、观察门打进/关闭控制、喂丝孔打进/关闭控制等组成。主要控制有：（1）监控各个设备工作状态。（2）控制炉盖上升/下降。（3）控制观察门打进/关闭。（4）控制喂丝孔打进/关闭。(5) 控制系统设计为既可以在HMI画面操作，也可以现场机旁箱操作。各个控制设备均有必要的连锁条件保护。

3.11 除尘系统

除尘系统为封闭罩和第四孔复合除尘方式，采用炉盖除尘调节阀及烟罩除尘调节阀进行除尘控制，由于采用了调节阀，开度可控，既保证了除尘效果，也降低了除尘热能损耗。除尘系统分为A工位除尘系统和B工位除尘系统。控制原理相同。

A工位除尘控制系统由第四孔烟道阀控制、活动罩工作/检修控制、炉盖除尘调节阀打进/关闭控制、烟罩除尘调节阀打进/关闭控制等组成。主要控制有：(1) 监控除尘系统各个设备工作状态。(2) 控制第四孔烟道阀打进/关闭。(3) 控制活动罩工作/检修位移动。(4) 控制炉盖除尘调节阀打进/关闭（开度可设定)。自动模式时随钢包车位置，自动打开及关闭炉盖除尘调节阀。(5) 控制烟罩除尘调节阀打进/关闭（开度可设定)。自动模式时随钢包车位置的变化，自动打开及关闭烟罩除尘调节阀。(6) 控制系统设计为既可以在HMI画面操作，也可以现场机旁箱操作。各个控制设备均有必要的联锁条件保护。(7) 设计有烟道风量显示，辅助除尘调节阀调节。

3.12 润滑辅助系统

润滑辅助系统主要控制有：(1) 监控1号2号加油箱的上下限报警信号状态。(2) 监控及启停1号2号加油泵及润滑泵。(3) 控制系统设计为既可以在HMI画面操作，也可以现场机旁箱操作。各个控制设备均有必要的连锁条件保护。

4 结语

二炼钢LF精炼炉本体自动化控制系统，实现了LF精炼炉的全方位的自动化控制，降低了现场操作人员的劳动强度。自动化控制系统的全集成化及网络化为LF精炼炉的精益化生产、降低生产能耗及设备的精密点检都提供了强有力的保证，是河钢唐钢新区整体自动化控制网络中重要组成部分。

参 考 文 献

[1] 毛家怡，尤文．专家模糊控制的氩氧精炼炉口喷溅抑制系统研究［J]．现代电子技术，2021，44（1)：117~121.
[2] 王岚潇，刘宇飞，王清云，等．安钢第一炼轧厂1#精炼炉控制系统升级与改造［J]．河南冶金，2020，28（4)：25~27，45.
[3] 张梁．150t精炼钢包小炉盖使用寿命提升实践［J]．河北冶金，2020（2)：61~64.
[4] 李长新，杨恒，孟庆余，等．LF精炼智能控制技术分析和展望［J]．山东冶金，2020，42（1)：54~57，59.
[5] 孙海晓．180吨精炼炉电极控制节电技术实践［J]．山东工业技术，2019（12)：157~158.
[6] 倪蕊，张晓宁，董娜．浅谈PLC控制系统在精炼系统中的节能应用［J]．科技经济导刊，2018，26（19)：92.
[7] 王学恩．LF精炼钢包底吹氩自动控制系统的开发与应用［J]．山东冶金，2018，40（2)：52~53.
[8] 尹宽，王勃超，韩亮，等．SPHC钢LF精炼过程洁净度研究［J]．河北冶金，2017（11)：19~21.

二炼钢1号、2号连铸机旋流沉淀池设计

徐玉龙

（唐钢国际工程技术股份有限公司，河北唐山 063000）

摘　要　重力旋流沉淀池是连铸直接冷却循环系统的重要组成部分。介绍了重力旋流沉淀池的分类，以及河钢唐钢新区新建连铸机水系统设计过程中，在场地有限、沉淀效率要求高等条件下，采用下旋式重力旋流沉淀池的设计特点。

关键词　旋流沉淀池；连铸；水处理；设计负荷；结构形式

Design of Cyclone Sedimentation Tank for No. 1 and No. 2 Continuous Caster of the Second Steelmaking Plant

Xu Yulong

(Tangsteel International Engineering Technoiogy Corp., Tangshan 063000, Hebei)

Abstract: The gravity cyclone sedimentation tank is an important part of the direct cooling circulation system of continuous casting. In the paper, the classification of gravity cyclone sedimentation tanks were introduced, and the design features of downward-rotating gravity cyclone sedimentation tanks were used in the design process of the newly-built continuous caster water system in HBIS Tangsteel New District under the conditions of limited site and high sedimentation efficiency requirements.

Key words: cyclone sedimentation tank; continuous casting; water treatment; design load; structural form

0　引言

连铸直接冷却循环系统分为三级和二级两种处理流程，但无论哪种流程，重力旋流池都是其重要组成部分。河钢唐钢新区新建连铸机水系统采用了重力旋流沉淀池。

1　重力旋流沉淀池的种类

重力旋流沉淀池有上旋式、下旋式、外旋式和带斜管除油等4种类型。其中，上旋式旋流沉淀池由于进水管埋设太深，容易堵塞，施工困难，检修清理不方便等原因很少采用[1]。下面主要介绍其他3种较常用的旋流沉淀池的结构及工作原理。

1.1　下旋式旋流沉淀池

下旋式旋流沉淀池由中心圆筒旋流区、泵站、外环沉淀区及吸水井三部分组成，使用时抓斗从中心圆筒进入进行抓渣。含氧化铁皮的排水由铁皮沟沿切线方向流入中心圆筒，水旋流下降，然后从中心圆筒下部流出，在外环沉淀区稳流上升，大块铁皮进入中心圆筒后因为重力及离心力立即下沉，较小颗粒主要靠外环沉淀区进行沉淀[1]。

1.2　外旋式旋流沉淀池

外旋式旋流沉淀池本体为圆形，泵站、吸水井与沉淀池可以分开或连接设置。与下旋式旋流沉淀池

作者简介：徐玉龙（1988—），男，工程师，现在唐钢国际工程技术股份有限公司主要从事给排水设计工作，E-mail：xuyulong@tsic.com

不同，铁皮沟沿切线方向进入外环，水流在外环自上向下旋流，进入中心圆筒后由下向上，过溢流堰至环形集水槽，流至泵站吸水井。油在外环与水分离浮在水面，利用除油装置撇出。沉淀在池底的氧化铁皮用抓斗从中心圆筒抓出[1]。

1.3 带斜管除油旋流沉淀池

带斜管除油旋流沉淀池进水管可以沿切线方向或不以切线方向进入中心圆筒，水流自上而下从中心圆筒底部进入下部蘑菇形沉淀区，然后沿池内壁斜管向上流动，进行油水分离，经除油挡板后水流入吸水井，用立式泵抽送至过滤器进一步处理后送冷却塔冷却回用。蘑菇形沉淀区底部沉渣用抓斗通过中心圆筒抓至地面[1]。

2 河钢唐钢新区二炼钢连铸机旋流沉淀池的设计

2.1 概述

二炼钢共建4座连铸机，1号~3号连铸机为方坯连铸机，4号连铸机为方/矩形坯连铸机。1号、2号连铸机共用1座旋流沉淀池，3号、4号连铸机共用1座旋流沉淀池，旋流沉淀池布置在车间内。

每台连铸机水系统保证各自独立运行，故每座旋流沉淀池设置4个泵组，每座连铸机对应1组提升泵及1组冲渣泵，泵组独立运行。例如1号连铸机投入使用时对应1号提升泵组及1号冲渣泵组投入使用。由于高效智能自吸泵具有效率高，且占地小等优点，此次设计水泵采用高效智能自吸泵。

2.2 连铸机旋流沉淀池的计算

以1号、2号连铸机旋流沉淀池为例。工艺提供水量参数如表1所示。

表1 供水量参数

Tab. 1 Water supply parameters (m^3/h)

项目	二次喷淋水	设备直接冷却水	冲渣水
1号连铸机	600	350	400
2号连铸机	600	350	400

工艺提供的进水水质：

(1) 连铸机生产中进入二次喷淋及设备直接冷却水的氧化铁皮量约为产坯量的0.5%，氧化铁皮粒度百分比组成如表2所示。

表2 氧化铁皮粒度组成

Tab. 2 Granularity composition of oxidized sheet iron

粒度/mm	2.0	1.0	0.5	0.2	0.1	0.06
百分比/%	3.3	25.0	33.0	30.0	7.7	1.0

(2) 连铸机生产中进入二次喷淋及设备直接冷却水的保护渣的量约为产坯量的0.05%，保护渣粒度为0.2~1mm。

确定旋流沉淀池各层标高时，首先根据连铸机渣沟起点标高-4.6m，按冲渣沟长度及坡度确定进水口底标高为-7.50m，然后逐一确定泵站标高为-6.50m，吸水井上沿标高为-8.30m，吸水井底标高为-11.80m，沉淀池底标高为-17.80m。最高水位为-8.30m，最低水位-10.550m。

根据生产实践经验，原河钢唐钢老区一钢轧板坯连铸机旋流沉淀池设计负荷为$25m^3/(m^2 \cdot h)$，正常使用出水悬浮物浓度为60mg/L；原河钢唐钢老区二钢轧方坯连铸机旋流沉淀池设计负荷为$40m^3(m^2 \cdot h)$，正常使用出水悬浮物浓度为110mg/L。结合工艺流程，下步水处理构筑物要求进水悬浮物浓度小于

100mg/L，考虑实用性及经济性等原因，此次旋流沉淀池设计单位面积负荷 q 取 $35m^3/(m^2 \cdot h)$，为保证抓渣通道，中心圆筒直径设为 4m，按下式进行计算：

外环沉淀区面积：$A=Q/q\phi=2700/35\times0.7=110m^2$

外环沉淀区半径：$\pi R_1^2-\pi r^2=110m^2$（r 为中心圆筒半径）

得出外环沉淀区半径：$R_1=6.2m$

根据工艺提供水量及下步工序所需进水压力确定水泵能力，连铸机进入旋流沉淀池水量合计 $950m^3/h$，所以提升泵组选用高效智能自吸泵流量 $Q=520\sim602\sim668m^3/h$，扬程 $H=55\sim50\sim45m$，共 3 台，开 2 备 1，由于连铸机进旋流沉淀池水量在实际运行中存在变化，为避免水泵频繁启停，其中一台提升泵设置为变频，变频泵根据液位高低进行调节。工艺要求冲渣水量为 $400m^3/h$，压力大于 0.4MPa，所以冲渣泵组选用高效智能自吸泵流量 $Q=240\sim400\sim460m^3/h$，扬程 $H=55\sim50\sim45m$，共 2 台，开 1 备 1。

吸水井容积按照 5min 处理水量计算，吸水井容积为 $602\times4\times5/60=200.67(m^3)$。

旋流沉淀池半径：$(\pi R^2-\pi R_1{}^2)\times2.25=200.67m^3$；得出旋流沉淀池半径 $R=8m$。

经计算最终确定旋流沉淀池直径为 16m，中心圆筒直径为 4m，外环沉淀区宽度为 4.2m，吸水井宽度 1.8m，沉渣区高度为 2m。

下步工序为一体化净环装置，要求旋流沉淀池出水颗粒小于 100~150mg/L。参考相关实验数据，如图 1 和图 2 所示。

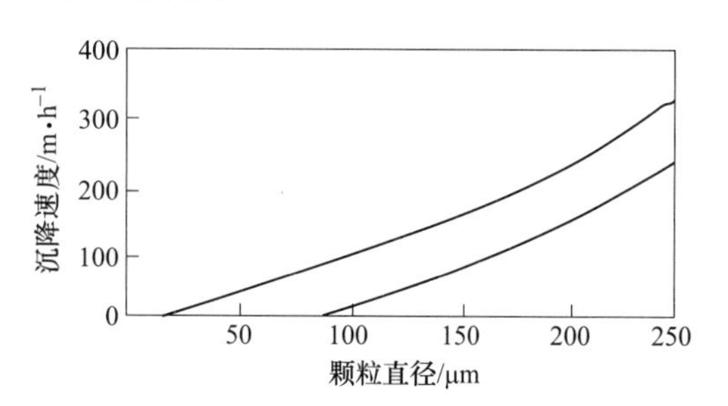

图 1　颗粒直径和沉降速度的关系

Fig. 1　The relationship between particle diameter and sedimentation velocity

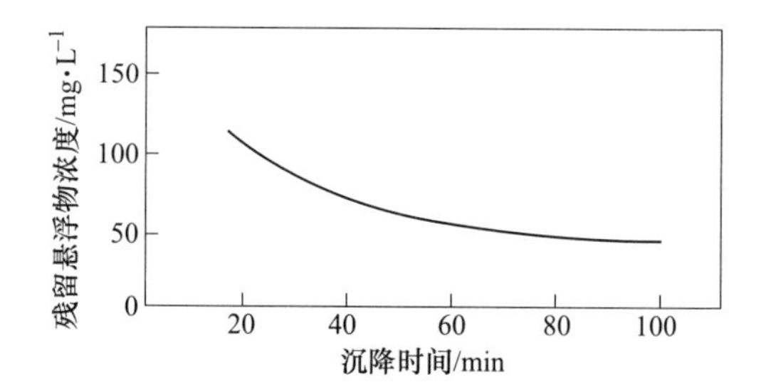

图 2　残留悬浮物浓度随沉降时间的变化规律

Fig. 2　Variation pattern of residual suspended matter concentration with settling time

各部分尺寸确定后核算旋流沉淀池沉淀时间是否满足要求。

沉淀时间：$t=\dfrac{V\times60}{Q}=798.9\times60/2700=18(\min)$

式中，V 为旋流沉淀池有效沉淀体积，需扣除中心圆筒旋流区、吸水井、泵站、池底渣层等体积，m^3。

经查手册及上图实验数据，确定有效沉淀时间满足连铸废水沉淀时间要求。

旋流沉淀池沉渣量：$W=kT\eta=0.5\%\times328\times80\%=1.312(t/h)$

湿沉渣量：$W_1=\dfrac{W}{\Gamma}\times\dfrac{100}{100-p}=\dfrac{1.312}{2.2}\times\dfrac{100}{100-0.8}=0.60(m^3/h)$

沉渣区高度按 2m 计算，满足 5 天存渣量。

该项目旋流沉淀池设置在车间内，车间内现有天车满足旋流沉淀池抓渣使用要求，故不再单独设置起重机。

最终设计的旋流沉淀池剖面图如图 3 所示。

2.3　旋流沉淀池水泵控制

旋流沉淀池设双水位计显示，并在最高、最低水位时报警，信号进入控制室。提升泵设液位控制，第二台泵为变频，正常运转时将液位控制在一定范围内，确保系统稳定运行。提升泵组出口主管设流量检测，信号进入控制室。水泵设机旁及集中手动操作开关，水泵集中操作开关设在控制室。两台连铸机对应提升泵组及冲渣泵组独立运行，当 1 号连铸机使用时对应 1 号连铸机提升泵组及冲渣泵组投入使用，当 2 号连铸机使用时对应 2 号连铸机提升泵组及冲渣泵组投入使用。

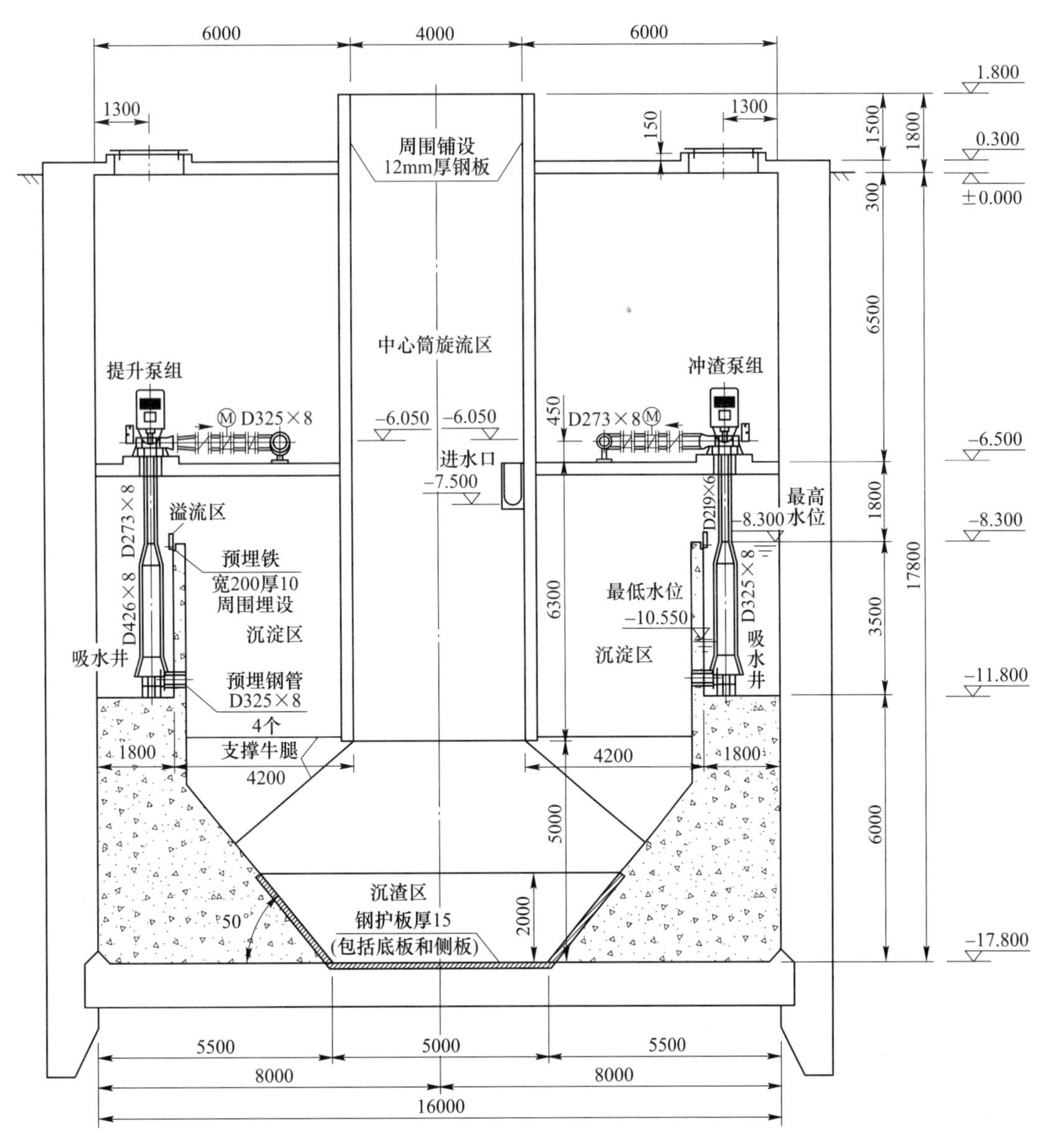

图3 旋流沉淀池剖面图

Fig. 3 Sectional view of cyclone sedimentation tank

3 旋流沉淀池设计过程中需注意问题及实际效果

在进行旋流沉淀池的设计前应进行必要的工程地质勘查工作，并和土建专业共同商定旋流沉淀池的结构形式和施工方法。在设计过程中需考虑水泵停电或其他事故而停止工作时，铁皮沟内存水以及连铸二次冷却事故水排入旋流沉淀池的容积，以防止泵房被淹，造成不必要的损失。在铁皮沟设计时应避免急转弯，防止产生湍流而带入空气。由于沉淀后水中仍含有浮渣，所以水泵设计时，过流部分应考虑耐磨。溢流堰应设计成活动可调的锯齿形溢流堰，防止局部流速过大影响沉淀效果。旋流沉淀池的中心圆筒内壁及池底渣坑内壁由于在抓渣过程中可能造成碰撞等问题，应设置钢板保护，延长旋流沉淀池的使用年限。

4 主要技术特点

重力式旋流沉淀池的设计和应用已经十分广泛。本次设计过程中每组提升泵中设置一台变频泵，起到了很好的流量调节作用，避免了水泵的频繁启停，同时较全部使用变频泵节约了投资。在旋流沉淀池吸水井内设置双水位显示，一方面可了解旋流沉淀池吸水井内水位是否均匀（如水位不均可能出现死区，影响沉淀效果），同时增加了可靠性。每台连铸机的提升泵组出水总管与提升泵组出水总管进行了连接，并设置阀门。提升泵与冲渣泵可替换使用，提高了旋流沉淀池的安全性。

5　结语

重力式旋流沉淀池凭借其清渣方便、沉淀效率较高、投资省、占地少、操作管理简单等优点，在连铸及轧钢水处理工艺流程中被广泛采用。此次河钢唐钢新区连铸水系统设计过程中，根据以往工程经验，采用并优化了重力旋流沉淀池的设计，并达到了使用目的，供今后类似工程进行参考和借鉴。

参 考 文 献

[1] 王笏曹，钱平，等．钢铁工业给水排水设计手册［M］. 北京：冶金工业出版社，2002.
[2] 舒文龙．旋流沉淀池的设计［J］. 上海环境科学，1989，8（6）：11~14.
[3] 林育材，刘喜辉．下旋型重力旋流沉淀池合理设计与计算［J］. 环境工程，1999，17（5）：25~28.

二炼钢厂房屋面雨水排水系统设计

李 佳，李 鑫，尹士海，赵志坤

（唐钢国际工程技术股份有限公司，河北唐山 063000）

摘 要 炼钢厂房为炼钢连铸系统的主体建筑，屋面雨水排水量巨大，要求具有良好的排水系统。本文摒弃传统的全部重力式排水方式，采用虹吸排水和重力排水相结合的方法。对比了重力排水系统和虹吸排水系统的特点，着重介绍了屋面雨水虹吸排水系统中雨水沟、管道、雨水井的设计。

关键词 炼钢厂房；雨水系统；重力排水；虹吸排水；溢流系统

Design of Roof Rainwater Drainage System for No. 2 Steelmaking Plant

Li Jia，Li Xin，Yin Shihai，Zhao Zhikun

（Tangsteel International Engineering Technology Co.，Ltd.，Tangshan 063000，Hebei）

Abstract：As the main building of the steelmaking continuous casting system，the roof rainwater drainage of the steel plant is huge，which requires a good drainage system . In this paper，the traditional gravity drainage method was abandoned，and the combination of siphon drainage and gravity drainage was adopted. Besides，it also compares the characteristics of gravity drainage system with siphon drainage system，and emphasizes the design of rainwater gutters，pipes and rainwater wells in the roof rainwater siphon drainage system.

Key words：steel plant；rainwater system；gravity drainage；siphon drainage；overflow system

0 引言

随着工业厂房朝着大面积、大体量的方向发展，传统重力排水系统越来越满足不了建筑功能性、结构安全性的要求。而虹吸排水系统是解决大面积屋面排水设计问题的有效途径，特别在多工种、大面积联合厂房的设计中得到越来越广泛的应用。

1 厂房雨水系统

目前可供选择的雨水排水系统为传统的重力排水系统及发展迅速的虹吸排水系统。

1.1 重力式排水系统

重力排水系统由普通雨水斗、悬吊管、立管、埋地管及出户管等组成，其工作原理是利用屋面雨水本身的重力作用，由屋面经排水管道自流排放。《建筑给水排水设计标准》（GB 50015—2019）规定雨水悬吊管充满度应取 0.8，雨水悬吊管的敷设坡度不得小于 0. 005。因重力排水系统按非满流且无压状态设计，为避免雨水悬吊管连接过多的雨水斗，造成不均匀排水而影响整个系统的排水效果，规定重力雨水排水系统采用单斗排水；采用多斗排水时，悬吊管上设置的雨水斗不多于 4 个，悬吊管管径不得大于 300mm[1]。因此重力排水系统常为单斗系统，即一个雨水斗对应一根立管。采用重力排水系统的屋面有以下特点：雨水立管数量多，雨水管直径大，雨水悬吊管须有坡度因而占据的建筑空间大，对建筑的适应性、灵活性较差。另外，连接各立管的埋地管数量多，地下工作量大，影响厂房内部工艺的使用。

作者简介：李佳（1985—）女，工程师，2008 年毕业于长春工程学院材料成形及控制工程专业，现从事建筑结构设计工作，E-mail：lijia@ tsic. com

因此，重力排水系统在大面积厂房屋面排水设计中有很大局限性。

1.2　虹吸式排水系统

虹吸式排水系统是按虹吸满管压力流原理设计、管道内雨水的流速、压力等可有效控制和平衡的屋面雨水排水系统。一般由虹吸雨水斗、管道（悬吊管、立管、排出管）、管件组成。排水管道内流态变化的过程为重力流→间歇性压力流→满管压力流[2]。在降雨初期，雨水刚刚汇集，斗前水深不大，系统工作状态与重力排水系统相同。随着降雨的持续，雨量增加，当斗前水深超过雨水斗高度时，防漩涡雨水斗控制进入雨水斗的雨水流量，并调整流态减少漩涡，极大地减少雨水进入排水系统时所夹带的空气量，使系统中排水管道呈满流状态。在势能作用下，雨水连续流经雨水悬吊管转入雨水立管，跌落时形成虹吸作用，以较高的流速排至室外。

1.3　排水系统的比较

相较重力式排水系统，虹吸式排水系统有如下不同：

（1）排雨效果：同管径排水能力较强，使屋面雨水迅速排出，不会出现雨水积存情况，且雨量越大其优势发挥越充分。重力排水是雨水靠自身重力排出，雨水只占排水管空间的1/3，速度缓慢，容易出现水堵情况，使雨水在屋面停留时间过长，从而影响建筑防水效果和结构安全。

（2）虹吸排水系统管道按满流状态设计，雨水悬吊管可做到无坡度敷设，立管较少且可随意布置[3]。

（3）地面不需要设置排水沟，室内不需要设置检查井，减少下水道连接管和埋地管。

（4）施工周期：虹吸排水系统的地下工作量少，施工周期比较短。

通过比较，虹吸式排水系统更适合布置复杂、大面积、大跨度屋面排水，因此河钢唐钢新区二炼钢厂房屋面雨水排水采用虹吸式排水系统。

2　虹吸排水系统在河钢唐钢新区二炼钢厂房屋面雨水排水中的应用

2.1　工程概况

河钢唐钢新区项目位于河北乐亭经济开发区的西部，其第二炼钢厂房与长材生产车间形成联合厂房。厂房建筑面积91800m^2，高度68.850m，南北长度399m，东西总跨度195m。厂房内建设3座转炉及连铸、2条棒材生产线、2条高线生产线、1条中型生产线，属大型工业厂房。

2.2　厂房屋面

厂房屋面由废钢跨、脱硫跨、加料跨、转炉跨、精炼跨、钢水跨、浇注跨、出坯一跨、出坯二跨及连铸原料一跨屋面组成。根据炼钢工艺布局需要，炼钢厂房屋面分成3个汇水区域，其中A—C轴、C—F轴两个汇水区域设置虹吸雨水排水系统，F—H轴设置常规的天沟重力流雨水排水系统，具体见图1。

厂房屋面采用钢结构，连续多跨，屋面汇水面积大，但雨水的汇集又极不均匀。屋面落水高差大，最高点标高为42.60m，最低点标高为21.40m。总汇水面积达110160m^2（含侧墙及原料车间汇水），5min雨水总量达11005L/s（暴雨重现期P=10a，暴雨强度q^5=6.66L/(s·100m^2)）。安全系数取值1.5倍，《建筑给排水设计标准》（GB 50015—2019）[4]。厂房屋面剖视图见图2。由于厂房内生产工艺要求不允许设置雨水悬吊管，排水能力有限，因此针对厂房屋面布置形式和工艺生产需要，选择一个技术上先进并且安全、可靠，经济上合理的屋面雨水排水系统非常必要。只有采用满管压力流排水，方可利用其管系通水能力大的特点，将具有一定重现期的屋面雨水排除。

2.3　雨水系统设计

2.3.1　排水系统

A轴天沟负责原料跨、出坯一跨、出坯二跨屋面汇集的雨水，汇水面积为49860m^2，雨水流量为

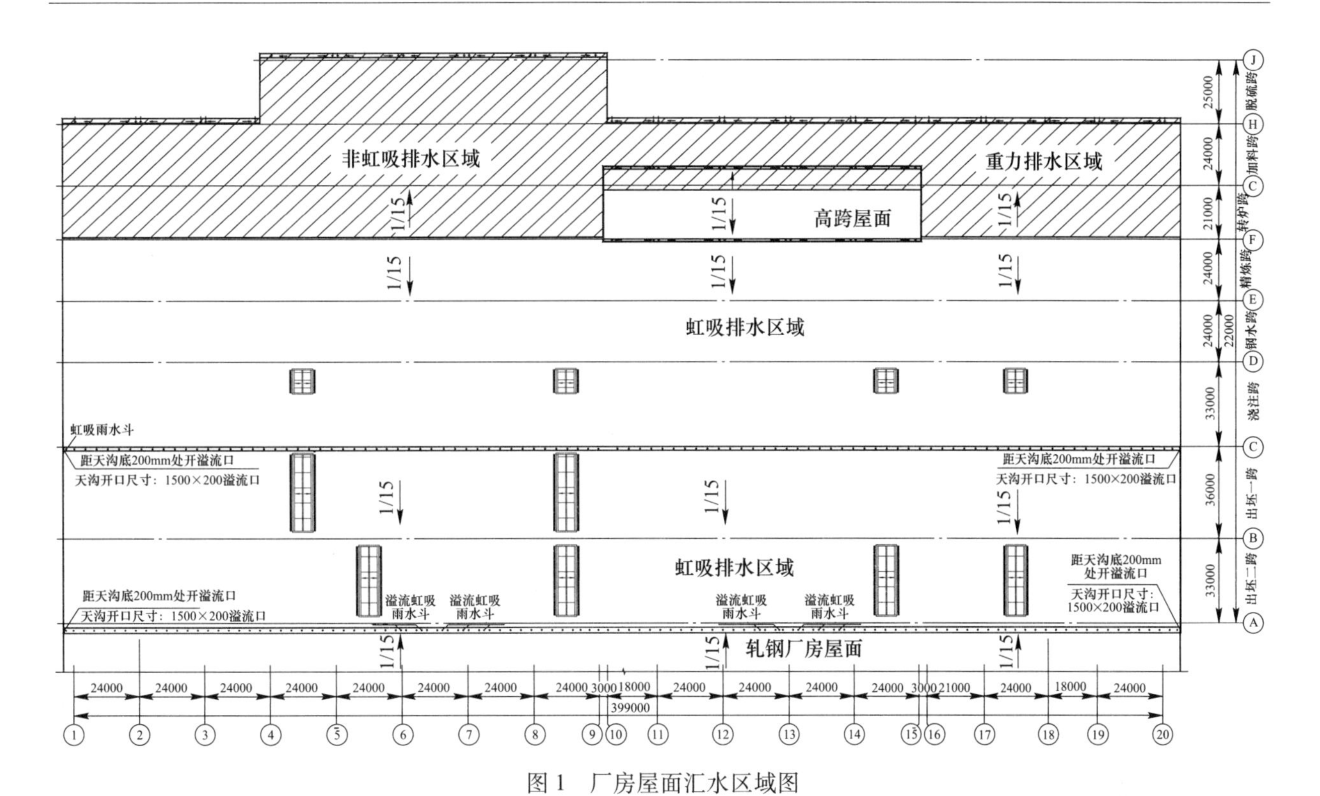

图1　厂房屋面汇水区域图

Fig. 1　Plant roof catchment area map

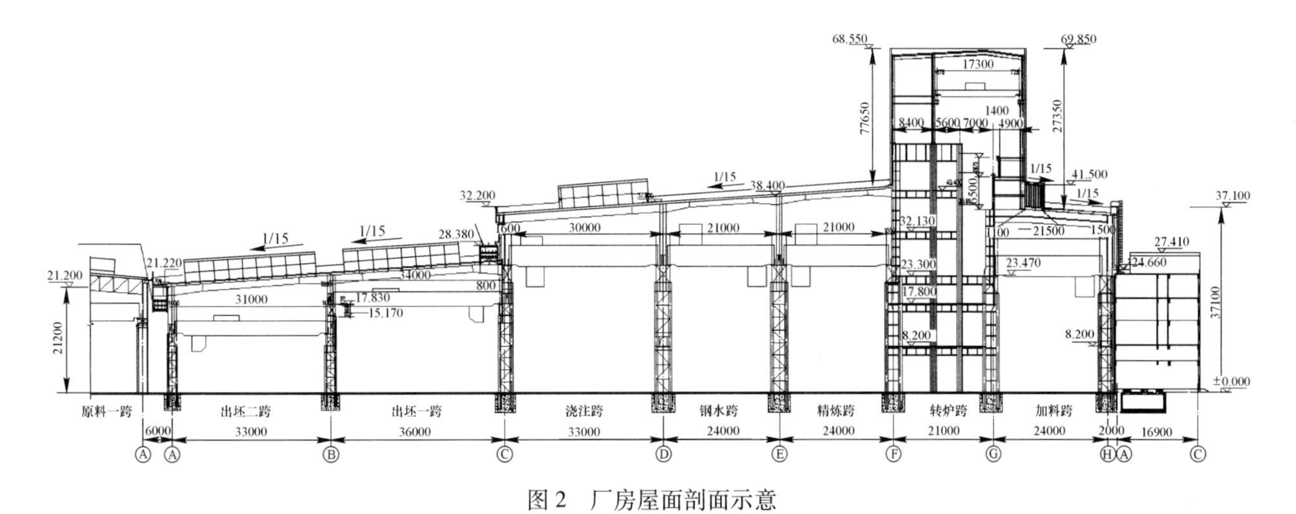

图2　厂房屋面剖面示意

Fig. 2　Plant roof section schematic

4981L/s。由于工艺设计需要，1/*A* 轴至 *A* 轴区域内不仅有热送辊道和过跨车横向通过，而且沿 *A* 轴 9.200 标高处有参观走道及工艺的水管、电缆纵向通过，排水空间受限。故所有水平管采用梁下悬吊方式直接无坡度敷设至厂房端部，避免与下方工艺管道干涉，安装方便又美观，节约空间。*A* 轴全长共设置 125 型雨水斗 111 套，单斗最大设计流量为 45.0~60.0L/s。立管在厂房两端利用支架固定，引至地下雨水埋地管。为了控制水平管、立管内雨水流态和负压值，经过严格水力计算，管道内最大负压值应小于 0.08MPa。悬吊管采用 ϕ325mm×8mm 钢管，流速大于 1.0m/s；立管采用 ϕ219mm×8mm 钢管，流速大于 2.5m/s。

C 轴天沟负责浇筑跨、钢水跨、精炼跨、高跨屋面汇集的雨水，汇水面积为 40200m^2，雨水流量为 4016L/s。此区域排水情况与 *A* 轴情况相似，水平管布置在高低跨交接位置室外，既不占用工艺管线布置空间，方便检修维护，又能避免荷载作用于上柱，减小构件尺寸。*C* 轴共设置 125 型雨水斗 100 套，满足整个区域的雨水排放要求。

H、J 列天沟负责脱硫跨、加料跨、转炉跨屋面汇集的雨水，汇水面积为 20100m^2，汇水面积较小，且位于檐墙，雨水可直接排至室外硬化地面，然后经厂区内雨水井汇集排至厂区外网，这部分的屋面排水采用传统的重力排水。

管材抗负压力不应小于0.08MPa，故管道材料采用钢管。相较PE塑料管，钢管具有强度高、抗震性好、耐高温的优点，适合悬吊跨度大、支撑间距大等情况。

严密性，系统要求雨水斗、管道整套系统必须具有高度的严密性，保证虹吸效果。

自清能力，当虹吸作用时管内水流流速很高，悬吊管的流速大于1.0m/s，立管的流速大于2.5m/s。因此系统具有较好的自清能力。

埋地管，雨水流速大、冲击力强，为减轻雨水对排水井井壁的冲刷，需降低流速，埋地管在接入排水井前，管径逐级放大，扩大流体截面[5]，见图3。

排水井，与埋地管连接的排水井承受水流的巨大冲力，当其出口水流速度大于1.8m/s时，应采取消能措施。井内设置200mm厚1700mm高消能墙，抵抗冲刷，钢筋混凝土一次浇铸完成。雨水井平面净尺寸3500mm×2500mm，高度3700mm，活动井盖开设泄压孔，见图4。本项目设置了4座排水井，能迅速地把大量的雨水排至厂区外网。

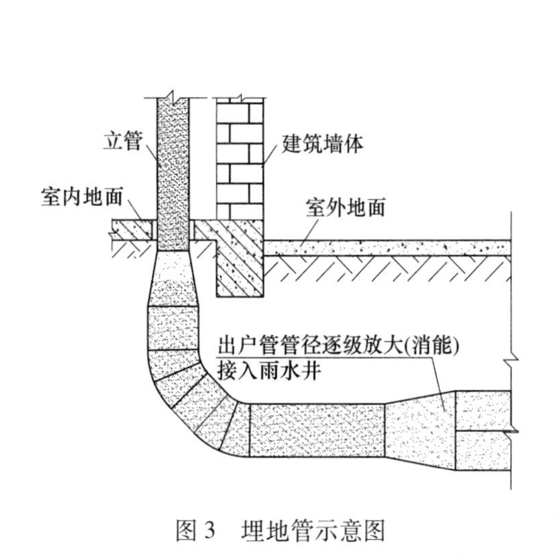

图3　埋地管示意图

Fig. 3　Schematic diagram of buried pipe

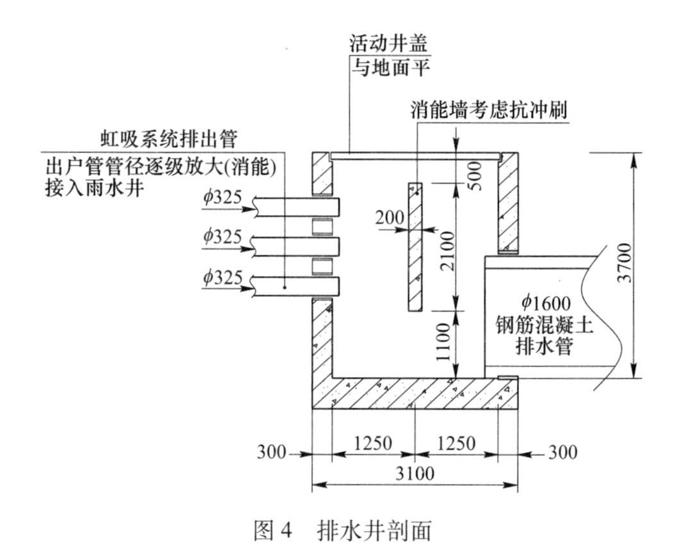

图4　排水井剖面

Fig. 4　Drainage well profile

2.3.2　溢流系统

雨水斗及其连接管系堵塞，或暴雨强度大于设计年限，雨水无法从屋面上及时排出时，会对建筑结构和生产造成巨大的危害。本项目设计了2种屋面溢流措施：一是所有天沟两端开1200mm×150mm的矩形溢流口；二是在A列天沟增加2套溢流雨水系统，采用10套125型雨水斗。雨水斗高出天沟底面100mm。

3　结语

虹吸排水技术应用于河钢唐钢新区二炼钢厂房项目，采用虹吸式屋面雨水排水设计后，既解决了厂房建筑功能性和结构安全性要求，也减少与其他管道间的相互碰撞，扩大了使用空间，安装方便，美观。为今后同类大坡度、大汇水的工业厂房屋面排水设计提供了可借鉴经验。

参考文献

[1] 朱克维. 新型虹吸式屋面雨水排水系统 [J]. 广东建材，2006 (6)：120~122.

[2] 胡世春. 西安地铁二号线渭河车辆段屋面虹吸排水系统施工技术探讨 [J]. 水利与建筑工程学报，2010，8 (4)：196~199.

[3] 梁景晖. 广州新白云国际机场航站楼雨水系统设计 [J]. 给水排水，2004 (8)：68~70.

[4] 中华人民共和国住房和城乡建设部. GB 50015—2019 建筑给排水设计标准 [S]. 北京：中国计划出版社，2019.

[5] 颜秉鹏，李道安. 青岛流亭国际机场扩建工程虹吸雨水管施工技术 [J]. 广东建材，2006 (6)：115~116，120.

钢包智能管理系统的创新应用

张 达

（唐钢国际工程技术股份有限公司，河北唐山 063000）

摘 要 钢包智能管理系统是炼钢厂二级计算机系统的重要组成部分。以河钢唐钢新区一炼钢钢包智能管理为研究对象，通过对天车定位系统、台车定位系统、钢包识别系统、钢包热模型、钢包配包模型及智能调度等关键技术的研究，实现了转炉出钢、LF 精炼、RH 精炼及钢包烘烤管理的全生产工艺过程的智能化、系统化，可优化钢包管理，降低炼钢能耗，整合炼钢厂物流数据，提高炼钢厂运行效率、生产组织及精细化管理水平。

关键词 钢包；智能管理；钢包热模型；LF；RH

Innovative Application of Ladle Intelligent Management System

Zhang Da

(Tangsteel International Engineering Technology Co., Ltd., Tangshan 063000, Hebei)

Abstract: The ladle intelligent management system is an important part of the secondary computer system of steelmaking plant. In this paper, through researching the key technologies of the steelmaking ladle intelligent management in HBIS Tangsteel New District, such as overhead crane positioning system, trolley positioning system, ladle identification system, ladle thermal model, ladle matching model and intelligent scheduling, the intellectualization and systematization of the whole production process of converter tapping, LF refining, RH refining and ladle baking management were realized. It can optimize ladle management, reduce steelmaking energy consumption, integrate the logistics data and improve the operation efficiency, production organization and refinement management level of steelmaking plant.

Key words: ladle; intelligent management; ladle thermal model; LF; RH

0 引言

钢包是炼钢-连铸生产过程钢水物流的传递者，在转炉出钢、精炼处理和连续浇注整个炼钢过程中，扮演着承上启下的角色[1]，因此，钢包的高效运转可以有效降低钢水运输过程中的热量损失，同时提高炼钢的生产效率[2]。国内大多数钢企没有钢包管理系统，只有小部分企业在 L3 系统中设置了一些简单的功能。进入 21 世纪后，钢铁企业大多实施了信息化系统，构建了基本的生产管理系统，这都为建立信息化、智能化的钢包管理系统提供了前提条件。

目前，投入运营的典型钢包管理系统主要有：（1）美国俄亥俄钢厂的钢包跟踪系统[3]，该系统需要人工记录并存入计算机，属于简单的钢包寿命预报系统，与其他管理及制造执行等系统无任何衔接；（2）宝钢的钢包跟踪和天车调度系统[4]，该系统侧重于钢包跟踪，属于简单的设备跟踪管理系统，缺少对钢包其他信息的管理，与制造执行系统无衔接；（3）鞍钢的物流跟踪系统[5]，该系统构建了炼钢厂以 L3 为基础框架的生产计量数据采集网络和物流管理、跟踪系统，侧重于采集生产计量数据，同样缺少对钢包其他信息的管理和与制造执行系统的衔接；（4）马钢钢包管理系统[6]，其与制造执行系统进行了有效融合，但是未引入钢包配包模型，钢包运转效率有待提升。

作者简介：张达（1984—），男，高级工程师，2007 年毕业于河北理工大学冶金工程专业，现任唐钢国际工程技术股份有限公司钢轧事业部部长，E-mail：zhangda@ tsic. com

本文以河钢唐钢新区一炼钢的钢包管理为主要研究对象，旨在提高钢包的智能管理水平，减少钢包循环时间，降低炼钢能耗[7]，整合炼钢厂内物流数据，提高炼钢厂的运行效率，提高生产组织和精细化管理水平。

1　炼钢厂平面布置

河钢唐钢新区一炼钢具有 3 套铁水预处理站、1 座脱磷转炉、2 座脱碳转炉、2 套 LF、2 套 RH 及 3 台板坯铸机（其中一台预留），平面布置如图 1 所示。

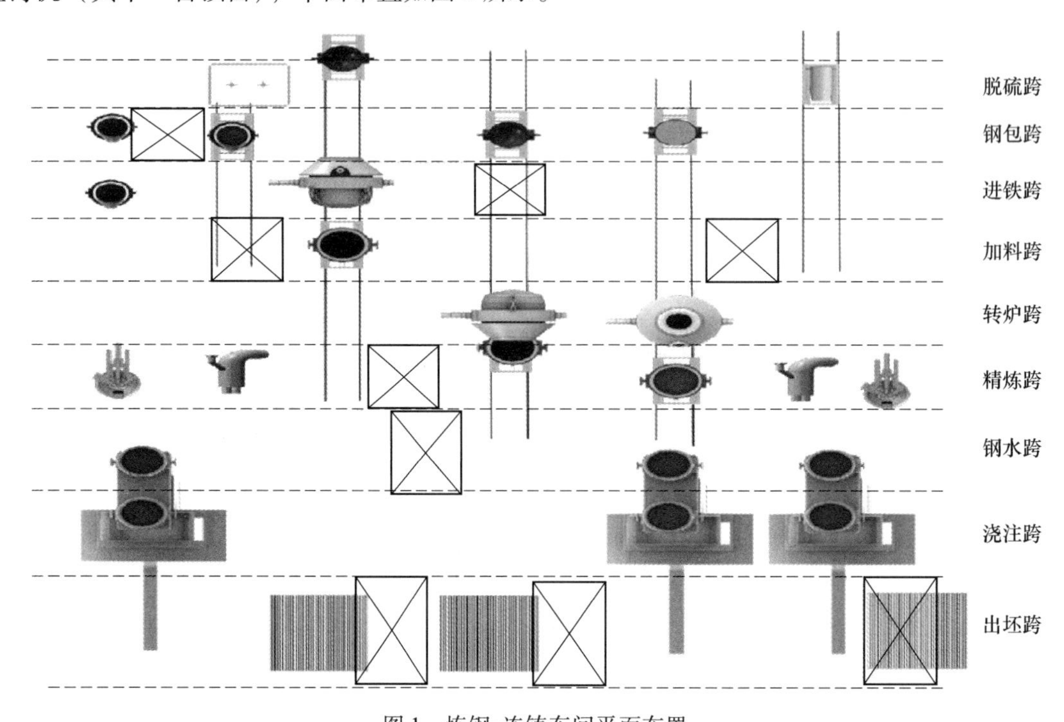

图 1　炼钢-连铸车间平面布置

Fig. 1　Layout of steelmaking-continuous casting workshop

钢包的主要有以下 3 种运转形式（同一个包号的钢包）：

（1）脱碳转炉冶炼后，钢水不经过 RH 精炼，而由 LF 精炼直接上连铸机浇钢。

（2）脱碳转炉冶炼后，钢水不经过 LF 精炼，而由 RH 精炼（氢处理）直接上连铸机浇钢。

（3）脱碳转炉冶炼后，钢水经过 LF 和 RH 精炼，再上连铸机浇钢。

2　钢包智能管理系统的目标功能

钢包智能管理系统可以实现以下目标：对钢包包号进行自动识别；对钢包进行自动跟踪，实时掌握钢包的热状态；对钢包周转过程的运转状态和位置信息进行实时监测；可按照生产计划和产品品种要求进行精确配包，确保钢水质量的稳定；通过计算机管理系统将炼钢厂各工序的主要生产工艺参数进行整合，实现生产工艺参数的监控、计算机辅助调度和作业标准化；为生产组织人员提供支持，实现炼钢厂全流程的整体优化，为全厂信息化提供基础；充分发挥流程优势，提高生产组织水平。

系统可自动获取上层计划排程系统的作业计划，并根据转炉出钢状态、精炼状态、钢水天车状态、台车状态自动生成调度指令，发送给相关的天车和台车。在完成相关作业后，系统自动记录各工序的实际情况，并对应到相应炉次，最后将本工序实绩反馈给上层计划排程系统。

3　关键技术研究

3.1　计算机及服务器

计算机及服务器是钢包智能管理的核心，承担着整个智能系统的数据汇总筛选、模型计算及算法输出，主要软硬件设施为数据库服务器、钢包信息前置处理器、操作终端、操作系统和数据库管理系统。

3.2 天车定位系统

天车定位系统需要保证定位数据的连续性。根据天车运行距离和工况，天车大车运用格雷母线进行定位，天车小车运用激光测距进行定位。车间内钢包的实时位置由天车定位系统提供，一旦天车开始移动，就能得到实时的位置反馈。

3.3 台车定位系统

激光测距技术具有高精度、连续性和稳定性等显著优势，所以采用激光测距技术进行台车定位。通过安装在钢包车的传感器，系统能识别钢包运输单元的位置。只要钢包车开始移动，就能得到实时的位置反馈。

3.4 钢包识别系统

在钢包特殊位置安装不同图案的钢板，识别系统通过红外热像仪成像，在一个确定的识别区域内连续捕捉钢板图案信号，从而识别钢包 ID 信息[8]。该系统基于分散式红外图像处理技术，操作可靠。

3.5 钢包热模型

钢水温度补偿作为系统控制钢水温度的直接手段，可根据包龄、待用时间、烘烤时间等信息判断钢包的热状态，在转炉出钢前进行钢水温度补偿，优化钢水温度控制。通过钢包跟踪，实时获取影响钢包热状态的烘烤时间、待用时间等时间参数，对钢包热状态做出准确判定[9]。结合仿真模拟得出各时间参数所对应的钢水温度补偿值，累加计算出钢包所需的总钢水补偿温度，从而制定出合理的转炉出钢温度[10]。

3.6 钢包配包模型

实际生产中存在盲目选包的情况，钢包调度人员仅凭借经验即将达到生产要求的合格钢包投入周转，却无法从中选出最合适的钢包，造成钢包周转率低，转炉出钢温度高等问题。合理的钢包配包模型可以有效改善上述问题。

钢包配包模型的建立，需要获得钢种信息、转炉冶炼时序、精炼冶炼时序、连铸冶炼时序、钢包实时状态（温度和位置）等大量数据和信息，利用钢包配包数学模型对上述数据及信息进行优化计算，获得合理的配包方案，有效提高钢包的运转效率，降低转炉出钢温度的剧烈波动。

3.7 无线网络系统

天车定位数据通过厂房内天车无线系统（非本系统配置）传输至数据前端服务器。

3.8 智能调度

系统能确定钢包物理位置，并识别钢包状态实现智能调度，通过工序匹配规则和工序服从关系实现虚拟跟踪。虚拟跟踪知道所有可能的路线和钢包运输中的逻辑依赖关系，可利用这些来验证钢包位置的跟踪情况，包括最短的运输时间、钢包数量的单一表现、钢包运输路径等等。

模块将所有与钢包相关的数据和钢包位置进行封装存储。基于所有可用信息，系统评估运输状况，得到钢包在线、离线和等待等细节，以及过程步骤之间的等待时间，使操作功能进一步优化。系统具有历史数据统计分析功能，统计结果可以图表的形式显示。

4 不同工序系统的实现

4.1 转炉出钢

系统接受脱碳转炉二级操作系统数据，分析确定炉号后，该工位的钢包车运行至钢水接受跨内指定的停车位坐标，此时系统识别钢包车钢包支座的坐标信息及是否为空载、钢包车到达停车位的时间信息，并将所有数据存储到调度系统。

调度系统处理后，将指令发送给吊运钢水罐的天车，将空钢水罐放置在钢包车支座上，识别钢包耳轴的坐标。通过系统控制，天车自动脱钩，准备接受调度系统的下一个指令。空钢水罐由转炉炉下钢包车承载运送至转炉炉下等待承接钢水。

4.2　LF 精炼炉

系统接受 LF 精炼炉二级系统数据，并以此为分析和运算依据。其他有关天车调度、钢包识别、吊座包操作、钢包车进出站等均与转炉系统流程相同。

4.3　RH 精炼炉

系统接受 RH 精炼炉二级系统数据，并以此为分析和运算依据。其他有关天车调度、钢包识别、吊座包操作、钢包车进出站等均与转炉系统流程相同。

4.4　钢包热修

系统自动获取下线钢包位置信息及待修钢包号，向天车下达指令，天车自动识别钢包号等信息后，将钢包吊起放入热修工位。然后系统自动识别钢包热修工位的使用情况，实时记录并更新工位号、槽号、放置时间、位置等信息。

钢包热修完成后，人工确认该工位的完成状态，然后系统自动调用该工位的所有有关信息，指挥天车自动吊运该钢包进入热包循环系统。

4.5　钢包烘烤管理

系统与钢包管理系统通信，自动跟踪烤包位的钢水罐号，并提供烤包信息人工录入界面，自动记录开始烘烤时间、已烘烤时间和剩余烘烤时间。当快达到计划烘烤时间时，系统自动提示并生成烘烤记录。如未达到烘烤时间违规使用，则系统会自动报警并记录。

5　结语

钢包智能管理系统的核心价值主要体现在对钢包的全面化、系统化管理，通过实时收集钢包在运转过程中的各类有效信息，并及时将这些数据反馈给转炉炼钢的相关工序，可为炼钢生产提供帮助，充分发挥钢包在节能降耗中的重要作用。

参 考 文 献

[1] 罗源奎，吕凯辉．炼钢厂三炉三机 7 个钢包周转的生产实践 [J]．河北冶金，2015 (1)：45~48.

[2] 黄帮福，田乃媛，李广双，等．钢包管理系统的设计与实现 [J]．冶金自动化，2011，35 (1)：40~41.

[3] 周有福．计算机化的钢包跟踪系统 [J]．武钢技术，1994 (12)：34~38.

[4] 钦明申．行车及铁水罐钢水罐计算机辅助调度管理系统在炼钢厂的应用 [J]．中国冶金，2005 (5)：36~39.

[5] 王琳，于忠良，王德绪，等．生产物流跟踪数据自动采集在炼钢厂的应用 [J]．鞍钢技术，2009 (2)：48~50.

[6] 王祎．钢包管理系统的关键技术研究 [D]．北京：北京科技大学，2013.

[7] 王生金，李波，白志坤，等．钢包高效周转生产实践 [J]．河北冶金，2017 (1)：41~43.

[8] 刘建，徐生林，杨成忠．基于射频技术和无线通信的钢包跟踪系统 [J]．机电工程，2010 (4)：82~84.

[9] 蔡峻，汪红兵，徐安军，等．基于钢包跟踪的钢水温度在线补偿系统 [J]．冶金自动化，2013，37 (5)：37~40.

[10] 蔡峻．迁钢二炼钢钢包一体化管控系统的研究与应用 [D]．北京：北京科技大学冶金工程，2015.

高效智能转炉冶炼技术的研发与应用

吉祥利，张 达

（唐钢国际工程技术股份有限公司，河北唐山 063000）

摘 要 转炉炼钢自动化是钢铁行业发展的必然趋势。本文介绍了副枪系统和音频化渣系统在河钢唐钢新区二炼钢的设计和应用，两个系统的联合应用，可以实现全程自动化炼钢，减少了人为因素对产品质量控制的影响；缩短了冶炼周期，降低工人劳动强度和原材料消耗，提高了冶炼效率和终点命中率。

关键词 副枪；音频化渣；自动炼钢；高效智能

Development and Application of High Efficiency and Intelligent Converter Smelting Technology

Ji Xiangli，Zhang Da

（Tangsteel International Engineering Technology Co.，Ltd.，Tangshan 063000，Hebei）

Abstract The automation of converter steelmaking is an inevitable trend in the development of the iron and steel industry. This paper introduces the design and application of sub lance system and audio slagging system in the second steelmaking plant of HBIS Tangsteel New District. The combined application of these two systems can realize automatic steelmaking in the whole process，reduce the effect of human factors on product quality control，shorten the smelting cycle，decrease the labor intensity of workers and raw material consumption，and improve the smelting efficiency and end-point hit rate.

Key words sub lance；audio slagging；automatic steelmaking；efficient and intelligent

0 引言

钢铁产业是我国国民经济的重要基础产业，在推进工业化、城镇化进程中发挥着重要作用。2016年12月28日，工业和信息化部制定印发了《钢铁工业调整升级规划（2016—2020年）》[1]，鼓励钢铁企业推广应用先进的智能控制装备和技术，全面推进智能制造。河钢唐钢新区二炼钢新建3座100t转炉，工程设计以智能和高效为原则，采用了一系列先进技术，主要包括基于副枪和音频化渣系统的自动炼钢技术，夯实智能制造基础，提高转炉冶炼自动化水平和冶炼效率。

1 转炉自动炼钢

转炉自动炼钢的应用需要借助智能化机械和现代信息技术。智能化机械主要起检测的作用，及时准确地获得和发现转炉炼钢中的关键信息，而现代信息技术主要作用是对这些关键信息和问题进行分析和处理，找到解决这些问题的最佳解决方案，提高转炉冶炼效率及钢水质量[2]。

转炉自动炼钢的工艺流程主要包括以下内容：

（1）转炉冶炼前期，需要对氧枪位置和转炉吹氧量进行自动调控，即预先设定供氧参数（吹氧量和吹氧距离等），再按照预定的参数自动控制氧枪系统运行[3]。

（2）转炉冶炼过程中，需要对原料加料系统自动控制，即预先设定加料方案（配料方案、加料量和加料时机等），按照预定加料方案自动控制原料的称量和投放[4]。

（3）转炉冶炼过程中，副枪系统可以准确测量钢液含碳量、钢水氧含量和钢液温度等关键信息，并将这些关键信息反馈给至计算机控制模型进行分析，由计算机动态控制系统全面监管转炉炼钢过程。

作者简介：吉祥利（1984—），男，硕士，工程师，2013年毕业于河北联合大学冶金工程专业，现在唐钢国际工程技术股份有限公司从事炼钢设计工作，E-mail：jixiangli@ tsic. com

（4）转炉冶炼过程中，音频化渣系统与氧枪操作形成联动，根据炉内实时渣况，氧枪控制系统智能调整枪位。

1.1　副枪系统

1.1.1　副枪系统功能

副枪系统可以在不中断转炉吹炼的情况下，从转炉中采集熔池温度、碳含量、氧含量、熔池液位等有关信息以及钢水样[5]。

（1）熔池温度、碳含量和钢水样信息可以作为调整冷却剂和吹氧量的依据，操作人员可以根据这些依据优化吹炼方案和造渣方案，提高转炉终点命中率。

（2）熔池液位信息可以作为判断转炉炉衬侵蚀状况的依据，操作人员可以根据转炉炉衬侵蚀状况调整冶炼方案，提高转炉炉龄。

（3）由于操作人员可以利用副枪系统在不中断转炉吹炼的情况下进行测温取样等操作，与人工测温取样等传统模式相比，可以缩短转炉冶炼周期，提高转炉冶炼效率。

1.1.2　副枪系统组成

转炉副枪系统主要由以下部分组成（见图1）[6]：

（1）副枪旋转和卷扬装置；

（2）副枪升降及导向装置；

（3）副枪枪体；

（4）探头自动存取装置；

（5）副枪密封口及刮渣器；

（6）副枪探头收集装置；

（7）副枪提升吊具、冷却水和阀站等附属设施。

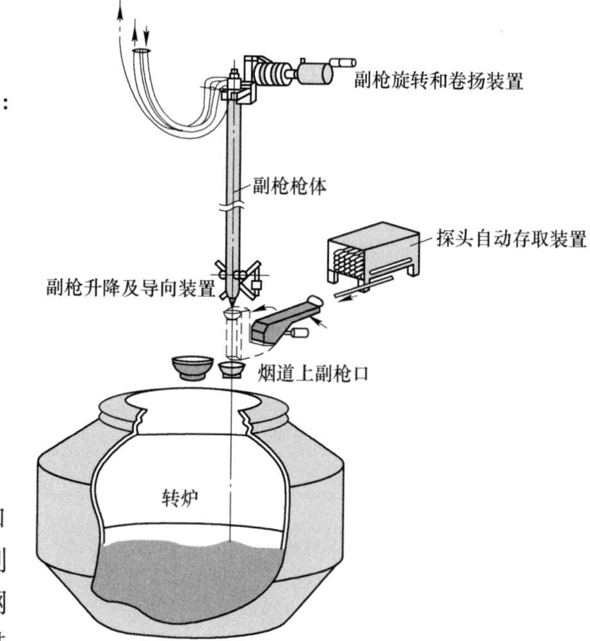

图1　转炉副枪系统

Fig. 1　Sub lance system of converter

1.1.3　副枪系统操作

在吹氧量接近85%时，副枪穿过烟罩上的入口进入转炉进行“吹炼中测量”，测量结果经处理传到过程计算机来计算吹氧量和冷却剂添加量，以满足钢水吹炼终点对碳含量和温度的要求。同时回收试样进行分析，来判断终点钢水成分[7]。

在结束吹炼时，副枪可再次进入转炉取样，并获得其他信号以确定终点碳含量、温度和氧含量。

如果需要补吹，也可进行三次或四次测量。

在回收试样时，副枪设备可取下探头放进探头收集溜槽，直接送到操作平台。试样自动与探头脱离后，干净的试样送到化验室进行分析。

副枪单个操作周期内的具体操作[8]，见图2。

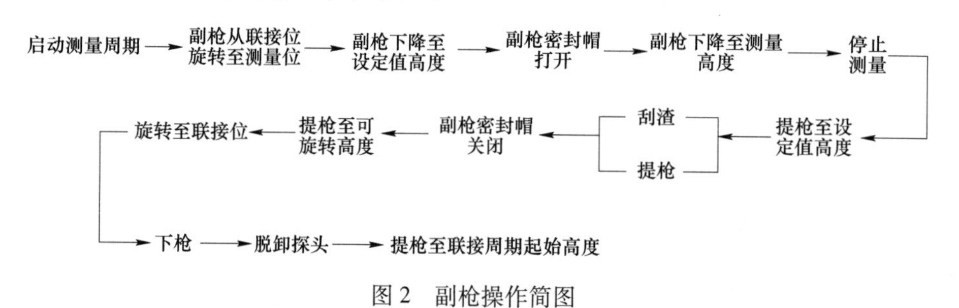

图2　副枪操作简图

Fig. 2　Diagram of sub lance operation

1.2 音频化渣系统

1.2.1 音频化渣系统的功能

转炉冶炼过程中，化渣效果直接影响钢水质量与冶炼效率。音频化渣系统可以对转炉炉内渣况进行实时监测，进而为氧枪枪位控制系统提供氧枪枪位调整依据。音频化渣系统与氧枪枪位控制系统的无缝融合，可以在确保良好化渣效果的同时，实现氧枪系统的智能控制。

1.2.2 音频化渣的基本原理

音频化渣系统包括麦克风组件、灰尘清扫系统和专业分析软件三部分。转炉冶炼时，炉渣状态是不断变化的。氧枪吹氧操作时产生的噪声与炉渣状态是息息相关的，例如液态渣时炉内噪声比固态渣（干渣）时要小。因此，炉内噪声的强度可以用来判断炉渣状态。在转炉汽化烟道中设置专用的麦克风，用于检测不同吹氧阶段的炉内噪声，再通过系统分析软件就可以通过噪声强度间接获知炉内炉渣状态，为转炉冶炼操作提供指导性信息[9]。

1.2.3 音频化渣系统的操作

典型的音频化渣系统对氧枪枪位控制可以用图 3 简单示意。其中，图中上部波浪线代表脱碳率，脱碳率波浪线处的上下折线代表脱碳率的上下界线；图中下部波浪线代表音频信号强度，音频信号强度波浪线处的上下水平线代表音频信号强度的上下界线；图中箭头代表音频化渣系统根据音频信号对枪位做出的调整。

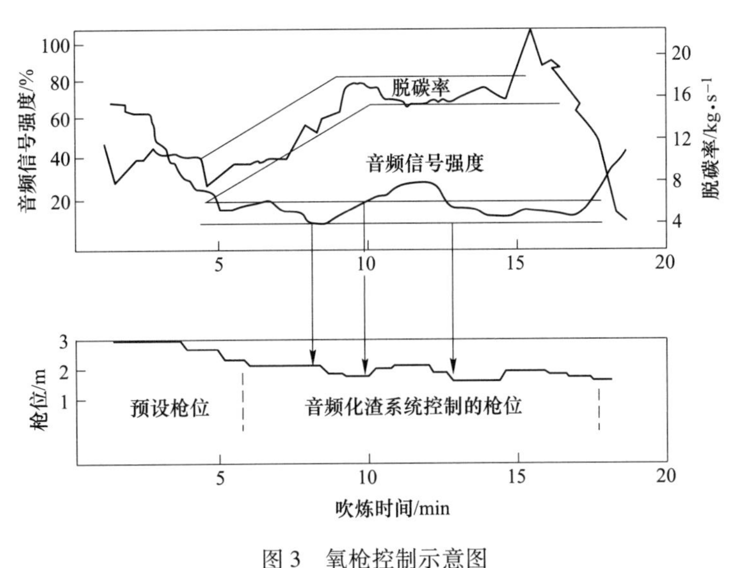

图 3　氧枪控制示意图

Fig. 3　Schematic diagram of oxygen lance control

当音频信号强度超出上下界线时，则需要音频化渣系统介入，并采取适当措施。例如，当音频信号强度越过了下界线时，预示转炉内炉渣渣位较高，此时氧枪枪位应该下降，控制转炉内渣的生成，避免喷溅。当音频信号强度越过了上界线，预示转炉内炉渣渣位较低，即渣较干，此时氧枪枪位应该上升，增加渣量[10]。

2　结语

（1）转炉炼钢自动化是钢铁行业发展的必然趋势。河钢唐钢新区二炼钢积极响应和践行《钢铁工业调整升级规划（2016—2020 年）》，应用转炉副枪系统和转炉音频化渣系统等先进的智能控制装备和技术，全面推进智能制造。

（2）转炉音频化渣系统的应用，可以实现氧枪系统的智能控制，国外已有应用，国内为首次尝试。

（3）转炉副枪系统和转炉音频化渣系统相互结合使用，可以实现全程自动炼钢，缩短冶炼周期，降低工人劳动强度和原材料消耗，提高冶炼效率和冶炼终点命中率。

（4）转炉副枪系统和转炉音频化渣系统的应用，可以减少人为因素对质量控制的影响，提高钢铁产品实物质量稳定性、可靠性和耐久性。

（5）转炉副枪系统和转炉音频化渣系统的应用，在夯实智能制造基础的同时，可以加快推进钢铁制造信息化、数字化与制造技术的融合发展。

参考文献

[1] 工业和信息化部．钢铁工业调整升级规划（2016—2020年）[S]. 2016.

[2] 吕翔．转炉炼钢技术的自动化控制探究 [J]. 技术创新，2018（21）：149~150.

[3] 安丰涛，郝建标，王文辉．副枪测量与数据分析自动炼钢技术的应用 [J]. 河北冶金，2019（5）：47~50.

[4] 宋岩松，刘永军，马瑞楠．宣钢150t转炉自动炼钢过程的控制 [J]. 河北冶金，2014（2）：38~41.

[5] 马竹梧．钢铁工业自动化 炼钢卷 [M]. 北京：冶金工业出版社，2003.

[6] 于春强，席玉军，张明海，等．副枪自动炼钢技术在宣钢的应用 [J]. 河北冶金，2011（8）：52~53.

[7] 吉利宏．河钢宣钢模型自动炼钢应用技术 [J]. 河北冶金，2018（7）：48~50.

[8] 于新乐．迁钢210吨转炉自动化炼钢控制系统研究与设计 [D]. 沈阳：东北大学，2011.

[9] 于洋．专家系统在转炉氧枪枪位控制中的应用研究 [D]. 沈阳：东北大学，2005.

[10] 薛志，郭伟达，李强笃，等．转炉高效低成本智能炼钢新技术应用 [J]. 山东冶金，2019，41（2）：4~7.

废钢库无人天车系统设计与应用

杜汉强

（唐钢国际工程技术股份有限公司，河北唐山 063000）

摘　要　为实现智能炼钢，全面升级废钢跨作业区的信息化、智能化水平，提高废钢加料效率和数据的准确性，河钢唐钢新区开发了炼钢废钢库天车无人化系统。介绍了天车无人化系统的组成和功能，并对定点式激光料区扫描系统工作过程中抓取点的选取原则进行了重点描述。系统应用后，实现了工艺流程信息化、工单配给智能化、天车运行自动化和物流现场无人化，达到了工作高效、资源节约的最终目的。

关键词　废钢库；智能化；信息化；无人化；库区管理

Design and Application of Unmanned Crane for Scrap Warehouse

Du Hanqiang

(Tangsteel International Engineering Technology Co., Ltd., Tangshan 063000, Hebei)

Abstract　In order to achieve intelligent steelmaking, comprehensively upgrade the informatization and intelligence level of scrap steel across operating areas, and improve the efficiency of scrap feeding and the accuracy of data, HBIS Tangsteel New District has developed an unmanned system for steel scrap warehouse cranes. In this article, the composition and functions of the unmanned crane system were introduced, and the principle of selecting the grab points in the working process of the fixed-point laser material area scanning system was emphasized. After applying the system, it has realized the informatization of process flow, the intelligentization of work order allocation, the automation of crane operation and the unmanned logistics site, achieving the ultimate goal of high efficiency and resource conservation.

Key words　scrap steel warehouse; intelligentization; informatization; unmanned; warehouse management

0　引言

随着科学技术的不断进步，工厂信息化、智能化水平逐年提高。近年来，天车无人化技术逐渐成熟，并在钢铁企业的板坯库、钢卷库等库区得到了广泛应用[1]。炼钢智能化对废钢加料效率和数据准确性要求日益提高。为了配合智能炼钢的实现，废钢跨作业区的信息化、智能化水平必须进行全面升级。开发适合河钢唐钢新区炼钢废钢跨的天车无人化系统迫在眉睫[2]。

河钢唐钢新区无人天车系统由天车一级 PLC 控制系统和天车二级管理控制系统组成。其中，天车一级 PLC 控制系统主要负责整体库区配置，包括现场仪表数据、库区配置、废钢池配置、天车配置、过跨车配置等，并根据库区料池状态、转炉废钢加料计划、相关作业设备等生成装料工单或自动倒料工单。之后天车二级管理系统根据天车工单指示、在充分考虑安全规避、冲突规避、库区设备协调作业的前提下让天车安全、高效、稳定地自动作业[3]。天车管理系统附带的作业宏跟踪功能依托工业以太网的数据信号，智能分析天车及相关设备的作业，能准确跟踪天车及设备在手动、遥控的作业信息，实现作业信息不落地，保证库区信息流的安全可靠[4]。

1　天车一级 PLC 控制系统

如图 1 所示，可编程序控制器（PLC）选用德国西门子 S7-1500 型产品，用于天车的基础自动化控

作者简介：杜汉强（1982—），男，高级工程师，硕士，2008 年毕业于河北理工大学控制理论与控制工程专业，现在唐钢国际工程技术股份有限公司主要从事高级语言编程和工厂二级系统研发工作，E-mail：16877054@ qq. com

制，包括天车中的逻辑控制、顺序控制、位置控制、操作和联锁控制、故障检测分类、报警控制等。以S7-1516 CPU为中心，与I/O模块和交流变频调速器之间采用Profinet双环网络，与上位监控计算机采用ETHER NET网，实现整个电控系统的网络化工作模式。具体组成如下：

电源模板PM 1507，为S7-1500机架提供电源。

CPU模板CPU 1516-3PN/DP，逻辑控制中心，实现各种控制功能。

通讯模板CP541，用于与编码电缆等设备的通讯。

以太网通信处理器CP1543-1，无线网的连接。

接口模板IM155，用于将I/O站连接到主站网络。

功能模板SM551，用于接入天车主钩检测传感器信号。

模拟量输入模板SM531，用于连接称重传感器信号。

数字量输入模板SM521，用于连接操作开关和接近开关等开关量传感器。

数字量输出模板SM522，用于继电器、接触器等负载，输出接口与负载之间设置无源接点隔离。

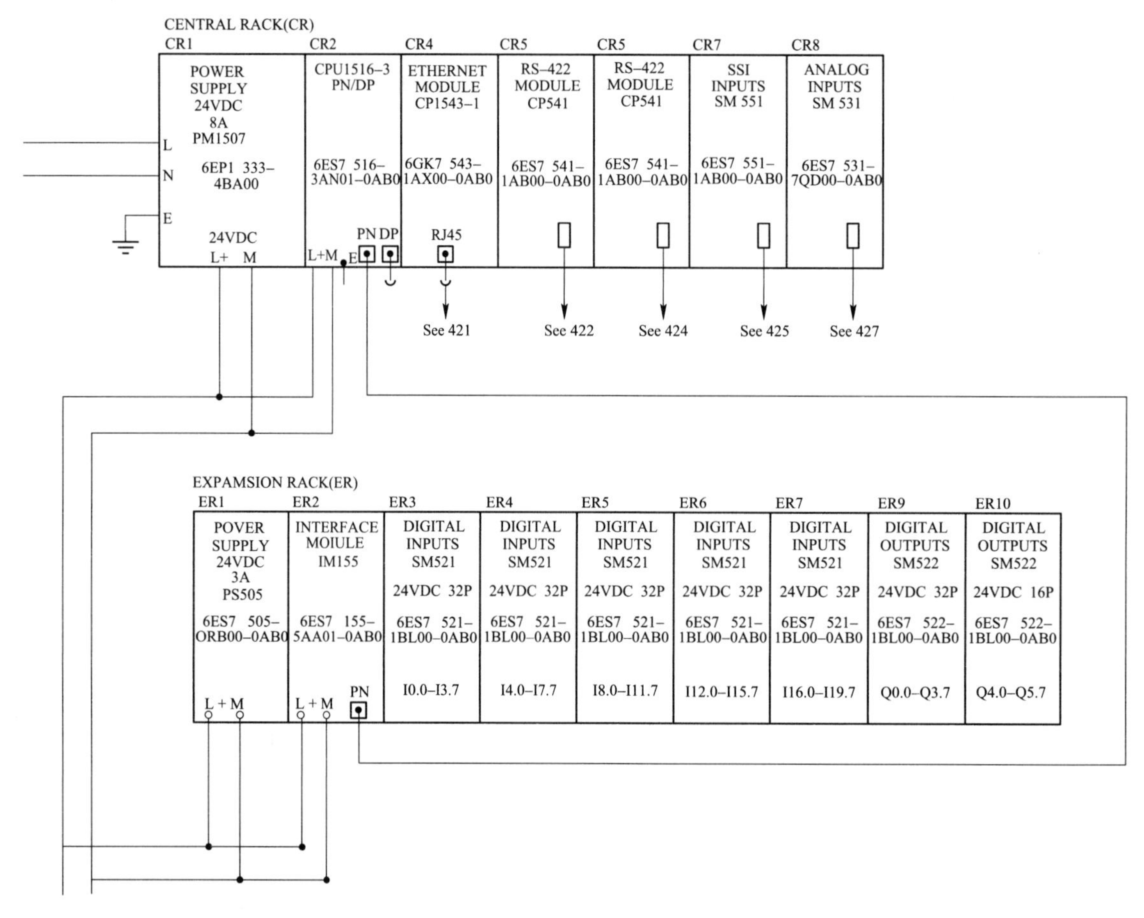

图1　PLC系统图

Fig. 1　PLC system diagram

天车无人化系统能够实现自动查找、自动起吊、自动放吊及天车自动无人驾驶等功能。要实现这些功能必须对天车及其附属设备进行精确控制。天车自动定位，然后通过天车位置控制到达目标库位后自动起放吊。为提高天车无人系统作业效率和保证作业安全，在天车运行时，还将对天车横向位置、纵向位置、垂直方向位置进行协调控制。具体功能如下：

1.1　天车横向、纵向、垂直向位置控制功能

二级系统把天车的X轴、Y轴、Z轴目标位置及障碍物位置等信息[5]，通过以太网发送至天车PLC，天车PLC接收二级系统移动指令后，根据目标位置、实际位置及障碍物位置计算出天车行走的最优路径及速度，然后控制天车驱动部分精确到达目标位置。

1.2 电磁吊摆动控制功能

天车在运行时，如果电磁吊下部摆动幅度较大，将影响天车取废钢和放废钢，降低生产效率，严重时会造成电磁吊的磕碰，出现质量问题。所以，必须控制天车在横向与纵向移动时电磁吊下部的摆动幅度，摆动控制功能在变频器中实现。分段速度设定方式，可以有效控制天车运行中电磁吊的摆动幅度，如图 2 所示。

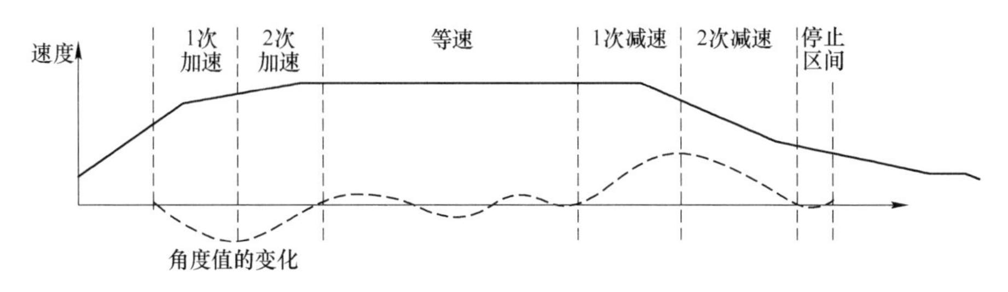

图 2 摆角控制速度设定曲线

Fig. 2 Setting curve of swing angle control speed

1.3 速度控制及计算停止距离功能

天车 PLC 接收到二级系统发送的作业指示信息后，再结合程序设定好的天车最大线速度、加减速斜坡时间、爬行速度及实际位置等参数，计算出天车运行时的移动方向（纵向、横向、垂直）、移动速度和移动距离。

1.4 横向、纵向和垂直方向联动控制功能

该功能主要是结合天车运行时的条件及状态，实时控制横向、纵向和垂直方向的联动，优化天车作业时间，提高天车的作业效率。

1.5 无停车通过控制功能

天车执行作业工单时，遇到需要避让的情况，天车 PLC 内部会启动专用功能块计算最佳通过路线，保证天车行走路线是天车不停车避让且移动距离最短的。

1.6 安全高度控制功能

当天车主钩向上提升或下降时，天车 PLC 会实时比较程序设定的上下极限值与编码器反馈高度值，当编码器反馈的主钩高度值达到上下极限值时，主钩会立即停止动作。

当天车主钩向上提升时，实际高度已达到上限值，若此时编码器损毁，编码器没有反馈值，主钩会继续向上提升，这时会直接触碰重锤紧急开关，重锤开关会立即切断主钩电源，停止主钩的上升动作，防止主钩继续提升撞到机械限位。

2 天车二级管理控制系统

2.1 天车实时控制系统

该系统主要根据天车工单的指示，控制天车的执行，以及执行过程中，危险和执行冲突的规避，与库内其他设备间的协调，保证天车可靠、安全、高效地进行作业[6]。

2.2 天车运行控制系统

负责实时接收系统下发的工单计划，并将其转化为一级可识别的具体工单任务，在天车具备执行条件的情况下，将具体天车任务下发至一级。

运行控制系统是多部天车协同调度的具体实施者，它将天车控制分解转化为一级能够执行的单部天

车控制任务，并负责单部天车的安全避让管理问题。

2.3 库设备管理

库区物流管理自动化系统控制的设备有天车和过跨车等。只有将这些设备提供的信息连通，再控制设备的运转，才能形成完整的自动化系统，设备管理是库区管理自动化系统不可或缺的一部分。

2.4 废钢宏跟踪及全流程可视化

废钢宏跟踪为全流程可视化提供可靠的实时数据，它依托工业以太网接收一级微跟踪信息，结合与物流管理有关的设备状态信息，对待入库作业、待出库作业在执行时的数据跟踪并反馈到系统中[7]。

全流程可视化人机交互界面，其功能在于通过显示器可以实时监视天车的运行状态、设备状态、通讯状态、库区分布状态、废钢池信息、过跨车信息等，同时允许操作工对工作中的天车进行手动工单下达、天车暂停、设备故障恢复等手动干预[8]。全流程可视化是操作人员与天车无人化之间的桥梁，符合人对天车工作的传统认知。

上述天车本体无人化的技术已经成熟，下面从料区扫描策略，天车作业点的选取等难点进行研究。

3 料区扫描系统

长材废钢库长 100m，宽 30m，共分为 6 个废钢池，每个废钢池放置 1 种废钢，为了能将废钢池的状态进行数据化和可视化，必须选取可靠、稳定、快捷的扫描设备对各个料区进行扫描，系统将扫描数据进行存储分析，并在天车系统界面分别进行 3D 化、色阶化显示，方便操作工对料区情况有直观的了解。

将实际料区数据化的方法有激光扫描和视觉扫描两种。但废钢跨的环境较为恶劣，采光较差、粉尘较多，不利于对环境要求较高视觉扫描，因此，废钢跨的料区采用激光扫描。

目前激光扫描料区主要分为两种扫描方式，分别为移动式扫描和定点式扫描。两种方式均利用二维激光扫描仪进行扫描，但具体实现方式有很大不同。

移动式扫描需在天车上安装 1 个固定式二维激光扫描仪，当天车移动时二维扫描仪对料区进行扫描，这种方式优点在于能在天车作业时对需要重新扫描的料区进行扫描，且扫描的范围由天车移动范围决定，扫描范围较大，但该扫描方式需要扫描设备和天车 PLC 进行高频率的实时通讯，如果出现数据丢失或中断，会导致扫描的数据出现波形丢失，由于扫描时间一般较长，会造成二维激光扫描仪的更换频率加快，从而加大维护成本[9]。

定点式激光扫描同样在天车上安装二维激光扫描仪，与移动式扫描不同，该方式另外加 1 套伺服电机，在天车静止状态下电机控制二维激光扫描仪进行 190°旋转，从而将二维扫描变为三维扫描。这种方式的优点在于不用与天车 PLC 进行实时通讯，只需采集天车静止点坐标，防止了天车方面数据丢失，提高了数据准确性，从而保证了后续作业点的选取，而且工作频率较低，提高了设备稳定性，降低后期维护成本[10]。但该方式每次扫描的料区范围大约为 25m，小于移动式扫描，该方式扫描时需天车静止，每次扫描时间约为 35s，占用部分作业时间。

由于废钢跨的长度较短，定点式扫描仪的单次扫描范围 25m，两部天车共计作业 90s 即可完成整个库区料型的扫描，完全符合现场需求，且该方式的稳定性和性价比均高于移动式扫描仪，因此本次天车无人系统的料区扫描采用更为可靠的定点式激光扫描仪。智能料区无人天车系统二级画面如图 3 所示。

料区扫描将料区数据化、可视化，但在料区中选取合适的作业点同样是保证无人天车稳定作业的重要因素。废钢跨的主要作业有卸车及废钢斗装料，其中废钢斗装料对装载的重量要求较高。不同于人工抓取，自动抓取点的选择要充分分析整个料区的料型，如果选择位置不当，极容易造成抓取重量不均，无法准确达到废钢斗配料单的计划重量，因此抓取点的选择至关重要。每次作业选取的抓取点尽量保证每次吊运重量的稳定性。

选取合适的抓取点首先要对扫描仪传输的数据进行降噪处理，排查扫描数据的非法点或非法区域，并利用非法点周围数据进行非法点数据补偿，保证料型数据的准确性，为之后抓取点的分析做准备。

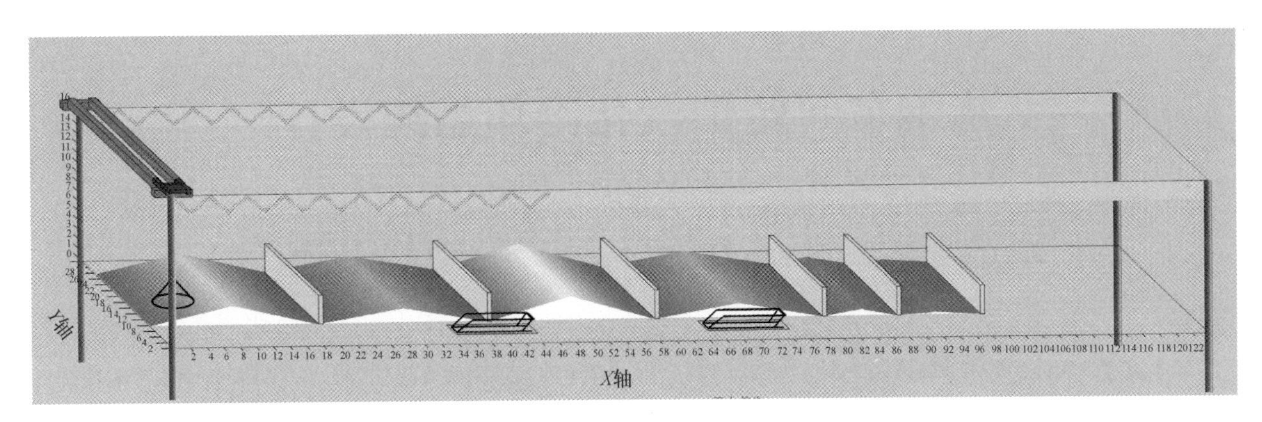

图3 二级画面

Fig. 3 Secondary screen

抓取点的总体原则为选取料区的较高点，首先确保料堆不会产生过大斜坡，保证作业环境安全，其次抓取点平整度较好，保证单次抓取重量的稳定，最后对已抓取点的抓取区域在未扫描前不可进行抓取选择[11]。综合以上要求，抓取点的选择按以下算法进行。

天车吊运点的区域选取依次选取高点，区域不重合，并判断高点区域是否满足下列参数：

（1）区域范围内最高点与最低点差值的最大值（如果小于最大值，该区域可以吊运）；

（2）区域范围内最高点与所有点平均值差值的最大值（如果小于最大值，该区域可以吊运）；

（3）区域范围内所有点方差最大值（如果小于最大值，该区域可以吊运）。

经过现场实际运行，定点式激光扫描仪能迅速准确的对废钢料区进行扫描，效果良好，完全满足无人天车运行的作业需求。上述作业点的选取方式能很好地控制抓取重量，无人天车的实际装载量与废料斗的装载计划量误差率小于5%的装载率可达98%，大大提高了智能炼钢的数据准确性。

4 结语

河钢唐钢新区废钢库无人天车的投入使用，借助于定点式激光扫描仪对库区料堆的实时扫描，克服了人工经验判断的随机性和不准确性，实现了天车的无人操作、自动运行，减少了天车操作和地面库区管理人员、提升了劳动效率、保障了人身安全，起到了为企业降本增效的作用。

参考文献

[1] 侯利．天车无人化系统分析［J］．数字技术与应用，2014（6）：208.

[2] 颜晶．天车定位及物料跟踪系统在无人天车中的研究与应用［J］．冶金自动化，2016，40（3）：11.

[3] 颜晶．无人天车的夹钳检测装置［J］．自动化应用，2016（2）：37.

[4] 王新东，李建新，刘宏强，等．河钢创新技术的研发与实践［J］．河北冶金，2020（2）：1~12.

[5] 王晓琳．天车无人值守车辆自动识别系统［J］．自动化应用，2016（2）：12.

[6] 宋延辉．炼钢工序物流管控系统的开发与应用［J］．河北冶金，2014（7）：77~81.

[7] 张洪涛．射频识别技术在天车物流跟踪系统中的应用［J］．电工技术，2009（7）：53.

[8] 王晓琳．无人天车三轴移动系统的开发与研究［J］．自动化应用，2017（1）：36.

[9] 郭晓军．钢卷库区管理系统的研发［J］．科技创业月刊，2012（12）：211.

[10] 郝胜涛，刘丰，刘千里，等．高度补偿器在宣钢天车称量系统中的应用［J］．河北冶金，2014（5）：67~71.

[11] 王新东．河北钢铁集团技术创新与发展战略［J］．河北冶金，2014（7）：1~5.

炼钢车间转炉汽化冷却系统设计

李世广

（唐钢国际工程技术股份有限公司，河北唐山 063000）

摘　要　设置转炉汽化冷却系统的目的是收集转炉冶炼过程中的高温烟气并将其冷却下来，以便满足下一步除尘及煤气回收的要求，保证转炉炼钢的安全生产，同时可生产蒸汽回收大量热能，对于降低转炉工序能耗具有重要意义。本文对河钢唐钢新区一、二炼钢车间新建 2×200t，3×100t 转炉汽化冷却系统的工艺流程、设备配备情况进行了介绍，重点阐述了汽化冷却系统先进关键技术的应用情况。汽化冷却系统的应用，在有效收集蒸汽的同时，降低了生产成本，减少了材料消耗，为河钢唐钢新区项目“绿色化、智能化、品牌化”的目标实现提供了保障。

关键词　汽化冷却系统；炼钢；除氧器；蓄热器；蒸汽

Design of Vaporization Cooling System for Converter in Steelmaking Plant

Li Shiguang

(Tangsteel International Engineering Technology Co., Ltd., Tangshan 063000, Hebei)

Abstract　The purpose of setting the converter vaporization cooling system is to collect and cool the high-temperature flue gas from the converter smelting process, so as to meet the requirements of dust removal and gas recovery in the next step and ensure the safe production of converter steelmaking, meanwhile, it can produce steam to recover a large amount of heat energy, which is significance to reduce the energy consumption of the converter process. In this paper, the process flow and equipment configuration of the new 2×200t, 3×100t converter vaporization cooling systems in the first and second steelmaking workshops of HBIS Tangsteel New District were introduced, focusing on the application of advanced key technologies of the vaporization cooling system. The utilization of the vaporization cooling system, while effectively collecting steam, reduces production costs and material consumption, and provides a guarantee for the realization of the “green, intelligent and branded” HBIS Tangsteel New District project.

Key words　vaporization cooling system; steelmaking; deaerator; heat accumulator; steam

0　引言

在炼钢过程中，汽化冷却是一个重要环节，其性能的好坏直接影响炼钢生产的安全。汽化冷却系统旨在收集转炉冶炼过程中产生的高温烟气，利用循环水将烟气冷却并充分回收其中的热量，进而满足下一步除尘和煤气回收的要求，保证转炉炼钢的安全生产，同时可产生蒸汽回收大量的热能，供生产或生活使用，降低转炉炼钢的生产成本。合理的设计能提高汽化冷却系统的安全性能，保证生产的安全顺行。汽化冷却实际上是把烟道作为余热蒸汽锅炉，它吸收烟气热量使其降温，同时产生蒸汽，蒸汽进入蓄热器后经分汽缸分配给用户使用[1]。本文对河钢唐钢新区炼钢车间转炉汽化冷却系统的设计思路及实施情况进行了详细地介绍。

1　一、二炼钢车间工艺装备

炼钢工序设有 2 个车间，一炼钢车间配备 2×200t 转炉，配套 2 套脱硫装置、2 台 LF 炉、2 套 RH 真

作者简介：李世广（1966—），男，高级工程师，1989 年毕业于河北工学院化工机械及设备专业，现任唐钢国际工程技术股份有限公司动能事业部高级设计师，E-mail：lishiguang@ tsic. com

空精炼装置；二炼钢车间配备3×100t转炉，配套3套脱硫装置、5台LF炉、3套RH真空精炼装置。每座转炉配置了一套汽化冷却系统。

2 转炉汽化冷却系统的设计

转炉炉口逸出的烟气温度约为1650℃，转炉汽化冷却装置出口即除尘器入口烟气温度约为900~1000℃。

2.1 原始数据

一、二炼钢车间工艺参数及技术指数见表1。

表1 一、二炼钢车间工艺参数及技术指标

Tab.1 Process parameters and technical indicators of the first and second steelmaking workshops

项目	一炼钢车间	二炼钢车间
转炉平均出钢量/t	200	100
转炉最大出钢量/t	230	110
转炉座数/座	2	3
转炉冶炼周期/min	40	36
转炉有效作业天数/天	300	300
车间年产钢水量/万吨	420	327

2.2 转炉汽化冷却方式的设置

转炉烟气冷却系统采用强制循环汽化冷却和自然循环汽化冷却相结合的复合循环冷却方式。复合循环冷却方式具有回收蒸汽、安全可靠、使用寿命长等优点；复合冷却方式是先进的烟气冷却方式，当前被大中型转炉广泛应用[2]。

河钢唐钢新区一、二炼钢车间转炉汽化冷却烟道分为活动烟罩、炉口固定段、可移动段、中段、末段等5部分。烟道截面为圆形，其节圆直径一炼钢车间为DN4000，烟道拐点角度50°，二炼钢车间为DN2700，烟道拐点角度55°。

转炉汽化冷却系统汽包设计压力4.3MPa，蒸汽温度为饱和温度。

2.3 转炉汽化冷却系统及主要设备

2.3.1 一炼钢车间

每座200t转炉汽化冷却系统设置1台汽包，工作压力2.0~4.1MPa，汽包尺寸DN3000×12500，容积100m^3。

每座200t转炉汽化冷却系统设置1套出力50t/h的除氧器及80m^{3}除氧水箱，除氧水箱内径ϕ3000mm，设计压力0.76MPa。

每座转炉汽化冷却装置设置2台锅炉给水泵（开1备1），流量$Q=160m^3/h$，扬程$H=492m$；设置2台热水循环泵（开1备1）用于活动烟罩低压强制循环系统，低压强制循环泵流量$Q=510m^3/h$，扬程$H=50m$；设置3台热水循环泵（开2备1）用于炉口固定段、可移动段、末段高压强制循环系统，流量$Q=1060m^3/h$，扬程$H=60m$[2]。

2.3.2 二炼钢车间

每座100t转炉汽化冷却系统设置1台汽包，工作压力2.0~4.1MPa，汽包尺寸DN2600×11000，容积60m^3。

每座100t转炉汽化冷却系统设置1套出力30t/h的除氧器及50m^{3}除氧水箱，内径ϕ2000mm，设计压力0.76MPa。

每座转炉汽化冷却装置设置2台锅炉给水泵（开1备1），流量 $Q=80\text{m}^3/\text{h}$，扬程 $H=500\text{m}$；设置2台热水循环泵（开1备1）用于活动烟罩低压强制循环系统，低压强制循环泵流量 $Q=300\text{m}^3/\text{h}$，扬程 $H=40\text{m}$；设置2台热水循环泵（开1备1）用于炉口固定段可移动段高压强制循环系统，高压强制循环泵流量 $Q=1000\text{m}^3/\text{h}$，扬程 $H=50\text{m}$。

2.4　转炉汽化冷却系统设备的布置

转炉汽化冷却系统的设备布置在转炉高跨。蓄热器、分汽缸和定期排污扩容器布置在炼钢车间厂房外。转炉汽化冷却 PLC 系统控制室设在转炉控制室内[3]。

2.5　转炉炼钢蒸汽蓄热器系统

由于转炉吹氧是间断性的，吹炼时烟气波动剧烈，因此转炉汽化冷却系统产生的蒸汽具有间断、波动的特点。为了回收利用转炉蒸汽，设计采用了变压式蓄热器，使得间断、波动的蒸汽源变为连续、稳定的蒸汽源[4]。

每个车间设置2台设计压力3.5MPa，容积 650m^3 的球形蓄热器。

每个车间设置分汽缸一台，容积 14m^3。

3　先进技术的应用

（1）活动烟罩密封部分采用机械密封，与以往氮气密封相比，节省了氮气。

（2）烟道中段为一段设置，减少了上升循环管道及下降循环管道数量简化了系统设计。

（3）炉口段烟道与可移动段烟道密封取消，与以往砂封相比，简化了设计。

（4）炉口段烟道及可移动段烟道的上升管合并为一，简化了管道系统。

（5）氧枪口及加料口均采用汽化冷却，提高了蒸汽产量。

（6）强制循环下降管管道采用节流孔板，简化了烟道本体结构。

（7）采用了球形蓄热器，同样的容积量，与传统卧式蓄热器比，节省了占地面积。

（8）采用了具有专利技术的汽包，加强了自然循环系统的可靠性。

4　结语

河钢唐钢新区一、二炼钢车间转炉汽化冷却系统应用了球形蓄热器和具有专利技术的汽包，取消了炉口段、可移动段烟道密封。采用了一系列先进高效的节能环保技术，保证了炼钢生产及转炉煤气回收。在有效收集蒸汽的同时，降低了生产成本，减少了材料消耗，积极响应了国家节能减排的号召，为河钢唐钢新区项目“绿色化、智能化、品牌化”的目标实现提供了保障。

参 考 文 献

[1] 岳雷．转炉汽化冷却烟道安全设计［J］．工业安全与环保，2020，46（6）：30~32.

[2] 张雪松，郑琳，郭世晨，等．转炉汽化冷却系统设备改造与实际应用［J］．冶金能源，2019，38（5）：48~49，52.

[3] 杨柳．冶炼厂汽化冷却烟道出现故障的原因及解决措施［J］．世界有色金属，2021（1）：16~17.

[4] 罗晓敏，周宇龙．260t 转炉汽化烟道在线修复技术［J］．冶金动力，2019（2）：44~45，49.

第7章　轧　钢

2050mm 热轧生产线工艺设计

赵金凯[1]，李毅挺[2]，张 达[1]，刘彦君[1]，于晓辉[1]

（1. 唐钢国际工程技术股份有限公司，河北唐山 063000；
2. 河钢集团唐钢公司，河北唐山 063000）

摘 要 河钢唐钢新区 2050mm 热轧带钢生产线以“使一流装备生产一流产品创造一流效益”为设计理念，全线机械设备采用德国 SMS 技术，电控系统由日本 TMEIC 进行集成，产线大量应用诸如热送热装技术、定宽压力机调宽技术、板形控制技术、工艺润滑技术、新型层流冷却技术、强力卷取技术等多项行业前沿技术，在产品质量、能源消耗、生产成本诸方面达到了国内先进水平，为河钢唐钢新区 2030mm 冷轧系统高端汽车板的生产提供了最有力的保障。本文从产品与原料、工艺设计特点、车间平面布置、工艺与装备水平等方面对河钢唐钢新区 2050mm 热轧生产线进行了介绍。

关键词 2050mm 热连轧；产品；生产技术；装备特点

Process Design for 2050mm Hot-rolling Production Line

Zhao Jinkai[1], Li Yiting[2], Zhang Da[1], Liu Yanjun[1], Yu Xiaohui[1]

(1. Tangsteel International Engineering Technology Corp., Tangshan 063000, Hebei;
2. HBIS Group Tangsteel Company, Tangshan 063000, Hebei)

Abstract The 2050mm hot-rolled strip steel production line of HBIS Tangsteel New District has been designed with the concept of “first-class equipment, first-class products and first-class benefits” . The mechanical equipment of the entire line adopts German SMS technology, and the electronic control system is integrated by Japanese TMEIC. The production line uses a large number of cutting-edge technologies such as hot delivery and charging technology, fixed width press width adjustment technology, flatness control technology, process lubrication technology, new laminar cooling technology and powerful coiling technology. It has reached the domestic advanced level in terms of product quality, energy consumption, and production cost, providing the most powerful guarantee for the production of high-end automotive sheets with 2030mm cold-rolling system in HBIS Tangsteel New District. This article introduces the 2050mm hot-rolling production line in HBIS Tangsteel New District from several aspects such as products and raw materials, process design characteristics, workshop layout, as well as process and equipment level.

Key words 2050mm hot continuous rolling; product; production technology; equipment characteristics

0 引言

河钢唐钢新区 2050mm 热轧带钢生产线是唐钢新区认真贯彻落实河钢转型升级的示范项目。在设计、施工、工艺、技术等各方面，都代表着中国钢铁工业未来的高度。产线自设计之初，一直以“使一流装备生产一流产品创造一流效益”为设计理念，全线机械设备采用德国 SMS 技术，电控系统由日本 TMEIC 进行集成，产线大量应用诸如热送热装技术、定宽压力机调宽技术、板形控制技术、工艺润滑技术、新型层流冷却技术、强力卷取技术等多项行业前沿技术，在产品质量、能源消耗、生产成本诸方面达到了国内先进水平，为河钢唐钢新区 2030mm 冷轧系统高端汽车板的生产提供了最有力的保障。

作者简介：赵金凯（1987—），男，硕士，工程师，2013 年毕业于北京科技大学材料科学与工程学院，现在唐钢国际工程技术股份有限公司主要从事轧钢设计工作，E-mail：zhaojinkai@ tsic. com

1　产品与原料

1.1　产品

河钢唐钢新区2050mm热轧带钢生产线生产成品钢卷409万吨/年，其中：热轧商品卷14万吨/年；平整分卷商品卷100万吨/年；冷轧原料卷295万吨/年。生产的钢种有碳素结构钢、优质碳素结构钢、汽车结构用钢、高耐候结构钢及集装箱板、高层建筑结构用钢、管线钢、锅炉及压力容器用钢、桥梁用结构钢、船体用结构钢等[1]。产品规格如表1所示。

表1　产品规格表

Tab. 1　Product Specifications

产品规格	热轧商品卷	平整分卷商品卷	冷轧原料卷
带钢厚度/mm	1.2~25.4	1.2~6.35（平整） 1.2~12.7（分卷）	2.0~15.0
带钢宽度/mm	900~1900	900~1900	930~1900
钢卷外径/mm	2150（最大）	2150（最大）	2150（最大）
钢卷内径/mm	762	762	762
带钢单重/$kg \cdot mm^{-1}$	24（最大）	24（最大）	23（最大）
钢卷重量/t	36.5（最大）	36.5（最大）	36.5（最大）

1.2　原料

热连轧车间所用原料全部为表面无缺陷合格的连铸板坯。由与其相邻的炼钢连铸车间通过辊道直接热送至轧钢车间。

坯料厚度230mm、250mm（以230mm为主），坯料宽度900mm~1900mm，坯料长度9000mm~11000mm（定尺坯）；4500mm~5300mm（少量短尺坯），最大坯重36.5t（以230mm×1900mm×11000mm计），年需求量4196000t，热装率60%。

2　工艺设计特点

2.1　工艺流程

热轧车间与连铸车间毗邻布置，所需合格坯料由连铸车间通过板坯输送辊道送至板坯库。

无缺陷合格板坯进入板坯库后，有冷装轧制和间接热装轧制、直接热装轧制3种装炉方式[2]。

冷装轧制：通过辊道运入板坯库的板坯，由板坯库吊车将其从辊道上卸下，存放在板坯库内规定位置进行堆垛、冷却。按生产计划安排，再由吊车将其吊放到运输辊道，经称重、核对、测长后，进入加热炉的装炉辊道，板坯在指定加热炉前定位后，由装钢机装入加热炉进行加热。

间接热装轧制：通过辊道运入板坯库的板坯，由板坯库吊车将其从辊道上卸下，进行堆垛保温。按生产计划安排，再由吊车将保温板坯调运并放在上料辊道，经称重、核对、测长后，进入加热炉的装炉辊道，板坯在指定加热炉前定位后，由装钢机装入加热炉进行加热。

直接热装轧制：当连铸和热轧的生产计划相匹配时，合格的高温热坯由连铸机后板坯运输辊道直接将其运至加热炉上料辊道，经称重、核对、测长后，进入加热炉的装炉辊道，板坯在指定加热炉前定位后，由装钢机装入加热炉进行加热[3]。

板坯在加热炉内被加热到1100~1250℃后，依据轧制节奏，由出钢机将板坯依次托出并放置在加热炉出炉辊道上。

来自加热炉的板坯，首先经过粗轧前高压水除鳞箱除去板坯表面的一次氧化铁皮，然后按着轧制程序，经定宽压力机减宽后，由辊道送入粗轧机组，压力机的最大减宽量可达到350mm。

粗轧机组由一架不带附属立辊的二辊可逆轧机 R_1 与一架带附属立辊的四辊可逆粗轧机 E_2R_2 组成。

板坯在粗轧机组上轧制成厚度 32~70mm 的中间带坯。

立辊轧机 E_2设有自动宽度控制（AWC）系统和短行程控制（SSC）系统，以提高带钢宽度精度，修正板坯头尾形状。R_1与 R_2粗轧机均设有除鳞集管，可根据工艺要求，清除轧制过程中再生氧化铁皮[4]。

从粗轧机组出来的中间坯需经粗、精轧机组间的输送辊道被送往精轧机组，不合格的中间坯将由该输送辊道上配备的废料推出装置推出轧线，由设置在轧线旁边的废料收集装置收集存放。

在四辊粗轧机 R_2和切头飞剪之间设有热卷箱，以减少中间坯在运输过程产生的温降。

中间坯经飞剪切头切尾，再经过精轧高压水除鳞装置除去二次氧化铁皮，然后进入精轧机组 F_1~F_7中轧制至 1.2~25.4mm 的成品厚度。

精轧机组配有动作灵敏、控制精度高的全液压压下装置及自动厚度控制（AGC）系统，以确保轧制带钢的厚度精度；精轧机组采用工作辊弯辊、窜辊装置控制带钢的凸度和平直度；精轧机组机架间配有液压活套，以保证轧制过程的状态稳定及轧机辊缝调平；为减少轧制功率，提高带钢表面质量，延长轧辊寿命，精轧机组各架均配有热轧工艺润滑装置；精轧机组机架间设带钢冷却装置，用于控制带钢的轧制温度；在 F_7精轧机的出口设置有厚度、宽度、平直度、凸度、温度、表面质量检测等在线检测仪表，以保证带钢产品的控制精度及生产过程的稳定。

从精轧机组轧出的带钢，通过输出辊道被送入卷取机进行卷取。在输出辊道上设有层流冷却装置，可将热轧带钢由终轧温度冷却到规定的卷取温度[5]。带钢的冷却方式，冷却水量均由计算机根据不同钢种、规格、终轧温度、卷取温度进行计算设定和控制。

经层流冷却后的带钢则直接由地下卷取机卷取成成品钢卷。

卷取完毕后，由卸卷小车把钢卷托出，运至机旁带固定鞍座的打捆处进行打捆。打捆完毕后，由运卷小车将钢卷送至钢卷运输系统，运输系统将钢卷继续向后运送，经称重、喷印后，运送到热轧钢卷库。需要检查的钢卷则送到检查线，打开钢卷进行检查后再卷上，送回运输系统，运至热轧钢卷库。

进入钢卷库的钢卷有 3 个去向：直接发货的钢卷在热轧钢卷库进行堆放冷却，然后通过火车或汽车外运；需要送到冷轧厂进行深加工的钢卷或送热轧酸洗的原料钢卷均通过钢卷运输系统直接送到冷轧厂原料库；需要通过平整分卷机组进行精整的钢卷在钢卷库冷却后再上线处理，成品通过汽车外运。钢卷在运输和堆放的过程中均采用卧卷的方式。

整条生产线从板坯进入板坯库开始至成品发货为止，计算机通过物料跟踪系统对板坯、轧件和钢卷进行全线跟踪，并确定其位置，从而对相应设备进行设定和控制。

2.2 设备组成及主要技术性能

生产线主要设施有步进梁式加热炉 4 座（其中 1 座预留）、粗轧前高压水除鳞装置 1 套、定宽压力机 1 台、不带立辊二辊可逆式粗轧机 1 架、带立辊的可逆四辊粗轧机 1 架、保温罩及废料推出装置 1 套、切头飞剪 1 架、精轧前高压水除鳞装置 1 套、四辊 7 机架精轧机组 1 套、层流冷却装置 1 套、全液压地下卷取机 3 台、钢卷运输和钢卷检查线 1 套、平整分卷机组 1 套[6]。

（1）步进梁式加热炉。加热炉的加热能力为 320t/h，加热温度在 1100~1250℃之间，选用高炉煤气作为燃料进行加热。

（2）粗轧高压水除鳞机。形式为上下集管高度可调，喷嘴前压力最大 22MPa，总水量单排 $380m^3/h$ 双排 $760m^3/h$，集管数量上下各 2 根，喷头数量每根集管 37 个，喷射宽度约 2100mm。

（3）定宽压力机。侧压能力 0~350mm，侧压力最大 22000kN，最大侧压长度 428mm/行程，侧压周期 42 次/min，锤头开口度调节最大 44mm/s，主传动电机 1×AC 4400kW，600r/min。

（4）R_1二辊粗轧机。形式为双电机直接单独传动、二辊可逆式，轧制力最大 35000kN，轧辊速度±0~1.75/3.5 m/s，轧辊尺寸 ϕ1350/1200mm×2050mm，主传动电机 2×AC 4750kW，±25/50r/min。

（5）E_2立辊轧机。立辊轧辊尺寸 ϕ1100/1000 × 650mm，轧制力最大 5000kN，减宽量最大 50mm，压下形式液压压下，液压宽度调整速度 60mm/s 每侧（开/闭），主传动 2×AC 1000kW，180/540r/min。

（6）R_2四辊粗轧机。形式为双电机直接单独传动、四辊可逆式，轧制力最大 55000kN，轧辊速度

±0~3.2/6.5m/s，开口度最大330mm（对应最大辊径），道次压下量最大55mm，工作辊尺寸 ϕ1250/1125mm×2050mm，支承辊尺寸 ϕ1600/1440mm×2050mm，主传动电机2×AC 9500kW，±50/100r/min。

（7）热卷箱[7]。钢卷内径 ϕ650±5mm，钢卷外径最大 ϕ2200mm，最大卷重36.5t，最大卷取速度6.0m/s，最大开卷速度2.5m/s。

（8）切头飞剪。形式转毂式或曲柄式，剪切力11500kN，剪切速度0.4~1.5m/s（带坯速度），剪刃长度2150mm，传动电机2×AC 1550kW，0~300/600r/min。

（9）精轧高压水除鳞装置。形式为夹送辊高压水除鳞装置，喷嘴前压力22MPa，集管上下各2排，喷射宽度约2100mm，水耗量单排290m^3/h，双排580 m^3/h。

（10）精轧机组。7机架四辊不可逆水平轧机，F_1~F_4工作辊尺寸 ϕ850/765mm×2350mm，F_5~F_7工作辊尺 ϕ700/630mm×2350mm。支承辊尺寸 ϕ1600/1440mm×2050mm。F_1~F_4轧制力最大50000kN。F_5~F_7轧制力最大40000kN，F_7出口速度最大约20m/s。F_1主传动电机11000kW，158/450r/min，AC。F_2主传动电机11000kW，158/450r/min，AC。F_3主传动电机11000kW，158/450r/min，AC。F_4主传动电机11000kW，158/450r/min，AC。F_5主传动电机11000kW，158/450r/min，AC。F_6主传动电机10000kW，200/600r/min，AC。F_7主传动电机10000kW，200/600r/min，AC。

（11）层流冷却装置。形式为加强冷却+层流，水量最大23655m^3/h，冷却宽度2100mm，冷却段长度103360mm，冷却段分为20组粗调段+2组精调段，侧喷水23个。

（12）地下卷取机。全液压三助卷辊式地下卷取机，No.3为强力卷取机，卷筒直径 ϕ762/727mm，卷取速度最大约22m/s，卷取温度100~850℃，钢卷内/外径 ϕ762/2150mm。

3　车间平面布置

车间由板坯库、加热炉跨、主轧跨、主电机跨、热轧成品库、平整分卷跨、主电室、轧辊间等组成，各跨间参数见表2。

表2　车间跨间组成

Tab. 2　Composition of workshop span

跨间名称	跨度/m	插入距/m	长度/m	厂房柱列线面积/m^2	轨面标高/m
M-N 板坯库（二）	30	0	252	8460	12
N-S 板坯库（一）	30	0	252	8460	12
A-C 上料跨	36	6	126	4752	12.5
C-E2 加热炉跨	30	6	126	3960	12.5
E2-F1 主轧跨	30	6	652	19740	12.5
F1-G 主电机跨	27	1	291	8148	11
B-D 轧辊间	33	10	345	14835	11
B-E2 成品库（一）	42	1	290.5	12491.5	11
E2-L 成品库（二）	33	0	180	5940	11
L-K 成品库（三）	33	0	180	5940	11
K-J 成品库（四）	33	0	180	5940	11
J-H 平整分卷跨	33	0	180	5940	11
合计				104606.5	

4　工艺与装备水平

4.1　热送热装工艺

连铸车间和热轧车间毗邻布置，可充分利用板坯自身余热最大限度实现节能[8]。

（1）降低燃气消耗：装炉温度每提高100℃，加热炉可节约燃料5%~6%。

（2）缩短生产周期：实行热送热装后，从冶炼到轧制成材，整个生产过程只需 5~10h 或更短，利于加速企业资金的周转[4]。

（3）提高成材率：实行热送热装后，板坯在炉时间短，板坯的氧化烧损相应减少，利于提高成材率。

（4）提高加热炉产量：一般热装温度每提高 100℃，加热炉产量提高 5%~6%。

4.2 新型节能蓄热式加热炉

加热炉的侧加热烧嘴采用脉冲燃烧控制技术，可以缩短加热时间，节约能耗；支撑梁的冷却采用汽化冷却技术，不仅可充分利用废热，降低生产成本，节约用水，还可延长其使用寿命，减少停炉时间，节约维修费用；步进梁和固定梁采用交叉布置，有效降低水印温差，加热质量好。

4.3 定宽压力机调宽技术

定宽压力机调宽可大幅减少连铸坯规格种类，提高连铸机产量及生产的稳定性，降低事故损失；改善带坯的头尾形状、减少产品带钢的切损量，提高金属收得率；提高板坯的热送热装比例，降低加热炉能耗，据了解某厂采用定宽压力机后，加热炉能耗由 1GJ/t 降至 0.71GJ/t；减少板坯库库存量，利于减少板坯库吊车的吊运量。

4.4 宽度自动控制技术

粗轧立辊轧机配备了 AWC（宽度自动控制）系统和 SSC（短行程控制）系统，可与压力定宽机配合对粗轧板坯进行宽度控制及头尾形状控制[3]，提高带钢宽度精度，改善带钢头尾部形状，提高收得率。

4.5 热卷箱对中间坯保温

采用热卷箱对中间坯进行保温，减少带坯在中间辊道上的温度损失和带坯头尾温差；热卷箱采用无芯移送装置和保温隔热板，可以减少带坯卷内圈和边部温降，提高带坯的横向和纵向温度均匀性，有利于稳定精轧机的操作，提高产品质量；由于带坯温度均匀，有利于轧制薄规格产品和高强度品种，满足多品种产品的生产。此外，设置热卷箱，还可以减少粗精轧机之间的距离，即减少轧线长度[9]。

4.6 切头飞剪采用优化剪切技术

切头飞剪采用优化剪切技术，可有效减少不必要的切头损失，提高金属收得率。据资料介绍，优化剪切可减少切损量 0.2%左右。

4.7 精轧机组采用自动厚度技术

精轧机组 F1~F7 机架全部配有液压压下系统和厚度自动控制系统，以保证成品带钢的纵向厚度控制精度。

4.8 精轧机设置完整的板型控制技术

精轧机组 F1~F7 机架均配有工作辊横移及强力弯辊装置，以保证带钢凸度和平直度的控制精度，实现自由轧制。

4.9 工艺润滑技术

精轧机组采用工艺润滑轧制技术，可减小带钢与轧辊间的摩擦力，降低轧制压力，利于提高轧机压下率、生产更薄规格的产品；利于充分发挥轧机的压下及传动能力；减少轧辊消耗，利于提高单元轧制量，降低生产成本。

4.10　新型层流冷却技术

采用加强型层流（ILC）+普通层流（LC）组合的新型冷却技术，不仅可满足常规产品的冷却需求，也可满足双相钢（DP）等新型高强产品的生产要求[10]。

4.11　全液压卷取机

全线设3台带踏步功能的全液压卷取机。为满足生产厚规格管线钢、高强度钢产品的生产要求，3号卷取机采用强力卷取机。

4.12　交直交传动技术

全线电机全部采用交流传动，设备运行稳定，故障率低，大大减少维护工作量；主传动惯量小，交流调速的动态响应好；交流调速效率高，而且损耗小，生产运行费用低，经济性好。

4.13　全线采用两级自动控制系统

全线采用基础自动化及过程控制两级自动控制系统，并留有与L3计算机进行数据交换的接口；配备有测温、测压、测厚、测宽、板形及平直度、表面质量检测等完备的测量仪表系统，可确保全线自动控制功能的实施及高质量产品的生产。

5　结语

（1）河钢唐钢新区2050mm热轧生产线产品种类覆盖范围广，定位宽幅优质热轧板材，具备外售热轧商品卷和内供2030mm冷轧汽车板原料的能力。

（2）轧机采用“1架二辊可逆式粗轧机+1架四辊可逆式粗轧机+7架四辊精轧机”的布置型式，产线工艺成熟，设备先进。

（3）产线应用诸如热送热装技术、定宽压力机调宽技术、板形控制技术、工艺润滑技术、新型层流冷却技术、强力卷取技术等多项行业前沿技术，经济技术指标好，在产品质量、能源消耗、生产成本和吨钢投资诸方面达到国内先进水平。

参考文献

[1] 孙丽荣．山钢日照2050mm热连轧产线介绍［N］．世界金属导报，2018-11-20（B05）．

[2] 史荣，左虹，戚向东，等．宝钢2050连轧机新产品开发与轧机能力评估［J］．钢铁，2007，42（12）：45~46．

[3] 王继超，张桂南．莱钢1500mm热连轧板形控制与优化［J］．莱钢科技，2007（5）：26~27．

[4] 黄传青，陈建荣，黄夏兰等．宝钢2050mm热连轧低温轧制技术应用简析［J］．钢铁研究，1999（1）：13~16．

[5] 许斌，齐章国，孙洪利，等．邯钢2250生产线柔性轧制的研究与实践［C］．河北省炼钢—连铸—轧钢生产技术与学术交流会，2010：91~97．

[6] 张杰，黄爽，唐勤．1580热轧钢带宽度控制方法研究［J］．河北冶金，2012（6）：31~33．

[7] 何晓明，杨春平等．热轧工艺润滑技术在宝钢2050热连轧的应用［J］．钢铁，1999（34）：838~840．

[8] 王鹏．热连轧精轧厚度AGC控制方法的优化［J］．钢铁研究，2017（6）：19~20．

[9] 运昌，寇鹏，包阔．热卷箱在1780热轧带钢生产线的应用［J］．河北冶金，2015（2）：38~42．

[10] 周强．2050mm热连轧机组主要设备参数及特点［J］．中国重型装备，2016（1）：21~25．

定宽压力机在热轧生产线的研发与应用

赵金凯[1]，崔海龙[2]，张 达[1]，于绍清[1]

（1. 唐钢国际工程技术股份有限公司，河北唐山 063000；
2. 河钢集团唐钢公司，河北唐山 063000）

摘　要　河钢唐钢新区 2050mm 热轧生产线在板坯调宽方式的选择上，应用了定宽压力机进行在线调宽方式，每道次的侧压量高达 350mm，有效地解决大立辊侧压时形成的头尾料形不好和成材率下降的问题。本文介绍了定宽压力机组的组成、作用和技术特征，从而论证了定宽压力机技术在控制带钢宽度精度的优势，轧机的成材率显著提高，降低了连铸机的铸坯断面规格，提高了连铸机产量，使连铸工序和轧机工序得到高效衔接，为整个钢轧系统的综合经济效益做出了贡献。

关键词　定宽压力机；热连轧；减宽量；宽度精度

Application of Slab Sizing Press in Hot-rolling Production Line

Zhao Jinkai[1], Cui Hailong[2], Zhang Da[1], Yu Shaoqing[1]

(1. Tangsteel International Engineering Technology Corp., Tangshan 063000, Hebei;
2. HBIS Group Tangsteel Company, Tangshan 063000, Hebei)

Abstract　The 2050mm hot rolling line in HBIS Tangsteel New District has applied a fixed-width press for online width adjustment in the selection of slab width adjustment method. The lateral pressure of is up to 350mm per pass, which effectively solves the problems of poor head and tail material shape and the decline of the yield formed during the side pressure of large vertical rolls. The paper describes the composition, function and technical characteristics of the fixed-width press unit, thus demonstrating the advantages of the fixed-width press technology in controlling the accuracy of strip width. It can significantly increase the yield rate of rolling mills, reduce the casting billet section specification of the continuous casting machine, improve the machine output, and realize the efficient connection between the continuous casting process and the rolling mill process, which contribute to the comprehensive economic efficiency of the entire steel rolling system.

Key words　fixed-width press; hot continuous rolling; width reduction; width accuracy

0　引言

随着连铸连轧技术的发展，铸轧之间的衔接问题成为焦点，要想很好地解决这个问题，实现钢铁生产的连续化，需要深度研究连铸坯在连铸和连轧两道工序间的状态。对于板坯连铸连轧来说，又具有板坯断面规格多的特点，通过对板坯进行调宽，可获得轧机所需原料的多种宽度规格[1]。河钢唐钢新区 2050mm 热轧生产线在板坯调宽方式的选择上，应用了定宽压力机进行在线调宽方式，每道次的侧压量高达 350mm，降低了连铸机的铸坯断面规格，提高了连铸机产量，使连铸工序和轧机工序得到高效衔接，为整个钢轧系统的综合经济效益做出了贡献。本文以河钢乐钢 2050mm 热轧生产线的定宽压力机为研究对象，对其主要功能、特点及技术参数进行了介绍。

作者简介：赵金凯（1987—），男，硕士，工程师，2013 年毕业于北京科技大学材料科学与工程学院，现在唐钢国际工程技术股份有限公司主要从事轧钢设计工作，E-mail：zhaojinkai@ tsic. com

1　2050mm 热轧生产线工艺装备

河钢唐钢新区2050mm热轧带钢生产线全线机械设备采用德国SMS技术，主要工艺设备有步进式加热炉3座、粗除鳞系统1套、定宽压力机1套、R1二辊粗轧机1套、R2四辊粗轧机1套、热卷箱1套、切头飞剪1套、精除鳞系统1套、F1-F7精轧机1套、层流冷却装置1套、地下卷取机3台，如图1所示。

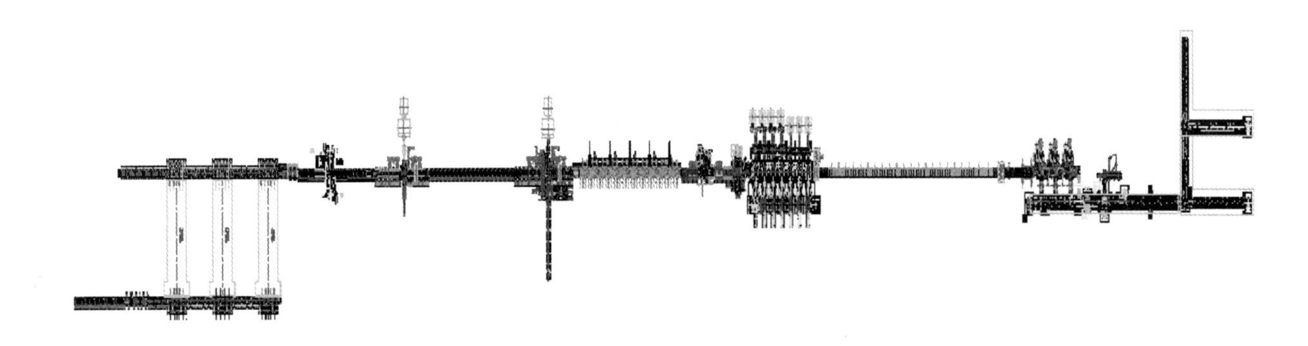

图1　2050mm 热连轧机组
Fig. 1　2050mm hot continuous rolling unit

2　板坯调宽方式的选择

板坯调宽方式可以分为两大类：第一类是在连铸机进行调宽，主要方式为采用可变宽度结晶器；另一类是在轧机进行调宽，可以采用大立辊侧压和板坯定宽压力机两种方式。

（1）采用可变宽度结晶器进行板坯调宽。可变宽度结晶器进行板坯调宽是一种在连铸工序内部调宽的方式。在生产过程中，对结晶器的宽度进行调整，使铸坯在结晶过程中就已经按照预先设定的宽度进行调整。但是，由于连铸机生产的铸坯前后宽度不一致，就会在中间形成一段梯形坯。梯形坯需要进行下线处理，不能直接进入轧机工序进行生产，从而降低了连铸工序的产能[2]。

（2）采用大立辊侧压进行板坯调宽。大立辊侧压是在轧机工序进行板坯调宽的常见方式，板坯宽度会随着大立辊设定的宽度压下量而进行相应的改变。但是，随着轧制道次的增加，板坯前后两端会形成类似于“鱼尾”状的料形，这种“鱼尾”状的料形需要用剪子切除，造成了轧机成材率的降低。

（3）采用板坯定宽压力机进行板坯调宽。板坯定宽压力机采用快速锤锻的方式将板坯宽度进行在线调整，可以有效地解决大立辊侧压时形成的头尾料形不好的问题，进而改善了成材率下降的问题。在压下量方面，板坯定宽压力机也具有一定的优势，每道次的侧压量高达350mm。对板坯的宽度调整范围大，可减少连铸机生产板坯的宽度规格，提高连铸机的产量。由于连铸坯宽度规格的减少，使板坯库的管理变得更加容易，有利于生产组织[3]。

综上所述，相比之下采用定宽压力机进行在线调宽，有利于提高连铸工序和轧机工序的综合经济效益。

3　定宽压力机的主要功能与技术参数

定宽压力机组由定宽压力机前工作辊道、定宽压力机入口侧导板、定宽压力机本体、定宽压力机后辊道组成[4]，如图2所示。

定宽压力机置于热带钢连轧机加热炉后，粗轧机R1之前，由于单次压下量大的特点，其主要用途是根据不同成品板宽要求来定制粗轧前板坯宽度。定宽压力机主要用于连铸坯大侧压量的减宽。连铸坯的运输是通过定宽机前、后辊道进行的。进入定宽压力机区域前，通过机前侧导板对板坯进行对中，定宽完成后，板坯被输送至粗轧机进行轧制。定宽压力机主要由侧压机构、同步机构和调宽机构组成[5]。定宽压力机技术参数如表 1 所示。

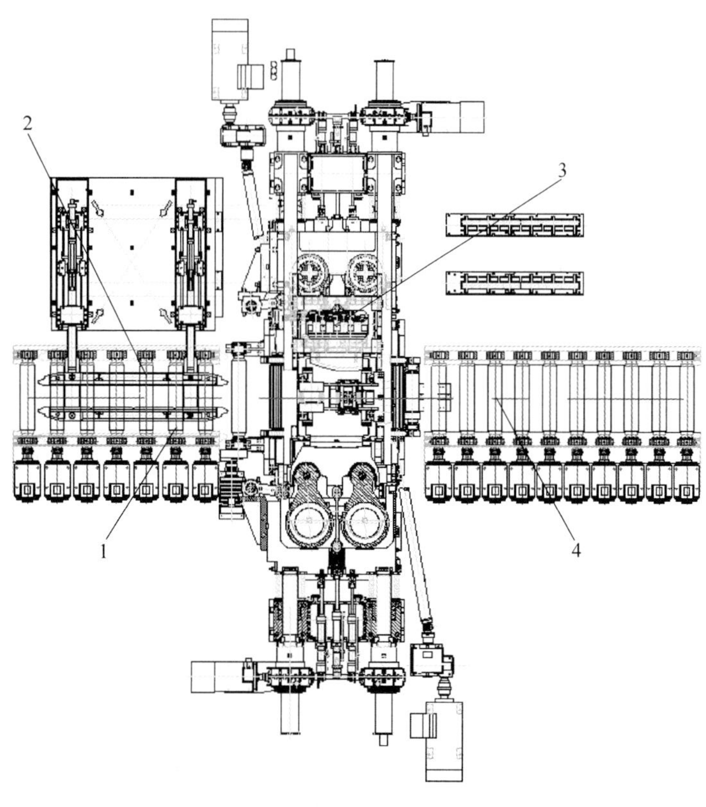

图 2　定宽压力机组成

Fig. 2　Composition offixed-width press

1—机前工作辊道；2—入口侧导板；3—定宽压力机本体；4—机后辊道

表 1　定宽压力机技术参数

Tab. 1　Technical parameters of fixed-width press

技术参数	数值	技术参数	数值
压下量/mm	0~350	板坯平均运行速度/mm·s^{-1}	300
偏心轴偏心量/mm	80	锤头开口度/mm	650~2200
轧制力/kN	最大 22000	锤头开口度调整速度/mm·s^{-1}	0~4（单侧）
板坯输送步距/mm	最大 428	夹送辊最大开口度/mm	最大 440
工作行程次数/次·min^{-1}	42	夹紧力（可调)/kN	最大 400

4　定宽压力机的特点

从国内来看，最早使用定宽压力机的是宝钢 1580mm 热轧生产线，随后鞍钢、本钢、首钢京唐等各大钢厂纷纷使用。定宽压力机的应用，有效地减少了连铸坯断面的数量，设备运行稳定，减宽量大。与大立辊轧机相比较，采用定宽压力机的优点如表 2 所示。

表 2　定宽压力机与大立辊轧机的比较

Tab. 2　Comparison between fixed-width press and large vertical roll mill

指标	定宽压力机	大立辊轧机
侧压能力/mm	350	150
提高连铸产能/%	10	5
提高成材率/%	0.5	0.2
提高板坯库利用率/%	2	1

（1）侧压能力强。350mm 的大侧压量，大大减少了板坯宽度的种类。与大立辊轧机 150mm 侧压量比较，具有明显的优势。有效地减轻了连铸机结晶器调宽的负担，连铸机产量和铸坯质量都得到了保证。经粗略计算，如果按照定宽压力机平均侧压量 150mm 来计算，连铸机产能可提高 10%左右，经济效益明显[6]。

（2）轧机成材率高。众所周知，大立辊轧机带来的缺点是坯料头尾料形差，需要切除的头尾长度长，降低轧机成材率。而定宽压力机由于工作原理的不同，能够有效改善头尾缺陷，降低头尾切除长度[7]。

（3）生产组织简单。定宽压力机具有大范围调宽的能力，使轧制工序的灵活性加大，在生产组织方面具有明显优势，也为提高板坯热送热装的效率创造了条件。

（4）释放板坯堆垛的压力[8]。定宽压力机的应用使得板坯的种类减少，提高了板坯库的利用率[8]。从而，减少了板坯倒垛量，优化物流，降低资金占用量[9]。

5 结语

河钢唐钢新区 2050mm 热轧生产线定宽压力机在线调宽方式的应用，使轧线拥有 350mm 的大侧压量的板坯调宽能力，轧机成材率高，生产组织简单，释放板坯堆垛的压力。定宽压力机大范围、高精度、高质量的特点，使得定宽压力机在板坯调宽的优势明显[10]。定宽压力机在线调宽技术成熟可靠，设备运行稳定，使连铸工序和轧机工序得到高效衔接，为整个钢轧系统的综合经济效益做出了贡献。

参 考 文 献

[1] 宁宇，周成，曹燕等. SP 大侧压变形后板坯形状的研究［J］. 塑性工程学报，2009（2）：96~100.
[2] 杨雄，李长生，刘相华等. 连铸板坯大侧压不对称变形有限元分析［J］. 钢铁研究，2002（1）：7~9.
[3] 冯宪章，刘才. 定宽机主曲柄初始位置对模块有效行程的影响［J］. 燕山大学学报，2008（6）：471~474.
[4] 史荣，左虹，戚向东等. 宝钢 2050 连轧机新产品开发与轧机能力评估［J］. 钢铁，2007（12）：45~46.
[5] 冯宪章. 板坯调宽过程机构动态特性分析［J］. 塑性工程学报. 2007（14）：54~57.
[6] 许斌，齐章国，孙洪利等. 邯钢 2250 生产线柔性轧制的研究与实践［J］. 理论研究，2010（5）：91~97.
[7] 刘统珂，赵立伟. 板坯定宽压力机的技术发展与进步［J］. 一重技术，2011（5）：60~62.
[8] 周强. 2050mm 热连轧机组主要设备参数及其特点［J］. 中国重型设备，2016（1）：21~25.
[9] 张杰，黄爽，唐勤. 1580 热轧钢带宽度控制方法研究［J］. 河北冶金，2012（6）：35~41.
[10] 赵锦泽，王海滨，高志刚. 2250mm 热连轧立辊轧机 AWC 液压控制系统的改进［J］. 河北冶金，2009（6）：34~37.

蓄热式燃烧技术在河钢唐钢新区板坯步进梁式加热炉的应用

刘凤芹，孟庆薪，于绍清

（唐钢国际工程技术股份有限公司，河北唐山 063000）

摘　要　河钢唐钢新区2050mm热轧生产线采用蓄热式加热炉，蓄热式加热炉以空气、煤气预热方式和排烟方式有效地解决了常规轧钢加热炉空气预热温度低、排烟温度高、炉子热效率低的技术难题。蓄热式加热炉空、煤气预热温度可达1000℃以上，排烟温度可降至150℃以下，并可使用低热值煤气作加热燃料，燃料燃烧充分，热效率可达60%以上，节能效果非常显著。本文在炉体结构、蓄热式燃烧系统、控制系统、生产效果和蓄热式燃烧系统的选型等方面介绍了高温空气燃烧技术在河钢唐钢新区板坯步进梁式加热炉上的应用。

关键词　蓄热式燃烧技术；加热炉；预热温度；炉体结构；高温空气

Application of Regenerative Combustion Technology in the Slab Waking Beam Furnace of HBIS Tangsteel New Area

Liu Fengqin, Meng Qingxin, Yu Shaoqing

(Tangsteel International Engineering Technology Co., Ltd., Tangshan 063000, Hebei)

Abstract　The 2050mm hot rolling production line of HBIS Tangsteel New District adopts the regenerative heating furnace, which can effectively solve the technical problems of conventional rolling steel heating furnace including low air preheating temperature, high exhaust smoke temperature and low thermal efficiency of the furnace through air and gas preheating method and smoke exhaust mode. The air and gas preheating temperature of the regenerative heating furnace can reach above 1000℃, and the exhaust smoke temperature can be declined to below 150℃. The low-calorific value gas can be used as heating fuel, and the thermal efficiency will reach more than 60% with sufficient combustion, which presents significant energy-saving effect. This paper introduces the application of high-temperature air combustion technology on the slab step-beam heating furnace of HBIS Tangsteel New District in terms of furnace structure, regenerative combustion system, control system, production effect and selection of regenerative combustion system.

Key words　regenerative combustion technology; heating furnace; preheating temperature; furnace structure; high temperature air

0　引言

河钢唐钢新区2050mm热轧生产线采用蓄热式加热炉，蓄热式加热炉以空气、煤气预热方式和排烟方式有效地解决了常规轧钢加热炉空气预热温度低、排烟温度高、炉子热效率低的技术难题。蓄热式加热炉空、煤气预热温度可达1000℃以上，排烟温度可降至150℃以下，并可使用低热值煤气作加热燃料，燃料燃烧充分，热效率可达60%以上，节能效果非常显著。

1　板坯步进梁式加热炉结构

1.1　炉型

河钢唐钢新区2050mm热轧生产线加热炉炉型为蓄热式步进梁式加热炉。加热能力330t/h（碳素

作者简介：刘凤芹（1969—），女，高级工程师，1991年毕业于鞍山钢铁学院热能工程专业，现在唐钢国际工程技术股份有限公司主要从事轧钢设计工作，E-mail：liufengqin@tsic.com

钢、标准坯），装出料辊道中心线间距63500mm，炉子有效长度57000mm，内宽11800mm，下加热炉膛高度2400mm，上加热炉膛高度1650mm。根据双蓄热加热炉对炉型无特殊要求的特点，为便于施工及降低造价，加热炉炉顶采用无下压的平直顶结构，炉内不设隔墙。加热炉沿炉长方向分为一加热段、二加热段、三加热段、均热上和均热下，全部采用分段分侧换向，烧嘴安装在炉子两侧的炉墙上，各段烧嘴可进行灵活调整，可适应各种钢种加热的要求。装出钢方式为装钢机托进，出钢机托出，采用单排布料，支撑梁采用汽化冷却方式[1]。高炉煤气和助燃空气采用双蓄热方式，双双预热到约1000℃。

1.2　技术经济指标

加热炉各项技术经济指标如表1所示。

表1　加热炉各项技术经济指标

Tab. 1　Various technical and economic indicators of the heating furnace

技术经济指标	参　　数
连铸坯规格	板坯厚度230mm、250mm（以230mm为主）
板坯宽度	900~1900mm
板坯长度	4500~5300mm（短尺坯）、9000~11000mm（长尺坯）
钢坯入炉温度	冷装：室温；
	热装：热装温度600℃，热装率60%
钢坯出炉温度	根据最终产品要求的不同，钢坯出炉温度为1150~1250℃
长度方向温差	≤30℃
断面温差	≤30℃
氧化烧损	≤0.8%
加热能力	330t/h（碳素钢、标准坯）
装出料辊道中心线间距	63500mm
加热炉有效长度	57000mm
加热炉内宽	11800mm
炉底强度	526kg/(m^2·h)
燃料类型	高炉煤气，低发热值2926kJ/m^3（标态）
单耗	1.25GJ/t（额定产量、碳素钢、标准坯）
额定燃料耗量	141000m^3/h（标态）
助燃空气耗量	90225m^3/h（标态）
煤气预热温度	≈1000℃
空气预热温度	≈1000℃
烧嘴形式	蓄热式烧嘴
排烟温度	<150℃
排烟方式	排烟机强制排烟
装出料方式	端进端出

1.3　供热制度

依据蓄热式燃烧的特点及工艺要求，加热炉的供热制度为五段供热制度，炉温自动控制，通过设定各部分加热的温度值，控制各段燃料量的输入，保证出钢温度及温度的均匀性。当炉子加热能力330t/h（冷装坯），热装温度600℃，热装率60%，煤气热值为2926kJ/m^{3}时，其煤气消耗量为141000m^3/h，热负荷分配见表2。

表 2　供热负荷分配表

Tab. 2　Heating load distribution table

名称	均热上	均热下	三加热	二加热	一加热	合计
供热比例/%	6	9	25	30	30	100
烧嘴数量/个	16	16	40	40	32	144
煤气量/$m^3 \cdot h^{-1}$	8459	12688	35244	42293	42293	141000
煤气管道	*DN*500	*DN*600	*DN*1000	*DN*1100	*DN*1100	*DN*2000
空气量/$m^3 \cdot h^{-1}$	4938	7406	20573	24688	24688	82294
空气管道	*DN*450	*DN*500	*DN*800	*DN*900	*DN*900	*DN*1500
空烟量/$m^3 \cdot h^{-1}$	4570	6856	19043	22852	22852	76174
空烟管道	*DN*450	*DN*500	*DN*800	*DN*900	*DN*900	*DN*1600
煤烟量/$m^3 \cdot h^{-1}$	7830	11744	32623	39148	39148	130493
煤烟管道	*DN*500	*DN*600	*DN*1100	*DN*1200	*DN*1200	*DN*2100

1.4　燃烧方式

采用双蓄热式燃烧方式，全部使用高炉煤气为燃料，对煤气和空气进行双蓄热预热；空气煤气换向采用分段分侧换向方式。

1.5　耐火材料的使用

为保证蓄热烧嘴的密封性及安全运行的可靠性，炉墙采用复合结构，工作面采用可塑捣打料整体捣打成型；炉顶采用复合结构，工作面采用可塑捣打料整体捣打成型；炉底采用成型砖复合砌筑；支撑梁活动梁立柱穿过炉底的孔洞采用浇注料砌筑；可塑料在均热段、三加热段为 ALAB，其余段为 FAB；加热炉不同部位耐火材料选用结构见表 3。

表 3　炉衬结构

Tab. 3　Furnace lining structure

砌筑部位	材料名称	厚度/mm
炉底	高铝砖	114
	黏土砖	136
	轻质黏土砖（γ=1.0）	136
	轻质黏土砖（γ=0.8）	68
	硅酸铝纤维机制板	100
	硅酸铝纤维毡	20
	总厚度	574
炉墙（侧墙、端墙）	可塑料	386
	轻质黏土砖（γ=1.0）	114
	硅酸铝纤维机制板（γ=0.3）	80
	硅酸铝纤维机制板（γ=0.22）	20
	总厚度	600
炉顶	可塑料	230
	硅酸铝纤维毯	60
	轻质浇注料	60
	总厚度	350
支承梁及立柱绝热	自流浇注料	60
	硅酸铝纤维毯	20
	总厚度	80

2　蓄热式燃烧系统

2.1　蓄热式烧嘴

该加热炉采用外置式烧嘴，蓄热体全部安装在炉墙以外，蓄热烧嘴在布置上考虑火焰尽量错开水梁立柱。烧嘴端板选用石墨密封垫，空气、煤气双蓄热，蓄热体采用陶瓷蜂窝体，从高温到低温分别配置1层电熔刚玉挡砖、2层高蓄能蜂窝体、刚玉质陶瓷蜂窝体，全炉蓄热体使用量约120m^3。可将空气、煤气预热到1000℃以上，烟气排放温度为150℃。全炉共设144台空气烧嘴及144台煤气烧嘴，且上、下烧嘴进口均设置调节阀，上、下炉温具备单独调节的功能[2]。

2.2　换向系统

换向设备是蓄热式加热炉的关键设备。为解决集中换向时存在的炉内熄火时间长、双蓄热方式下煤气浪费大、炉子两侧工作状态不平衡等问题，也为了规避全分散换向检修事故点多及管道布置乱的问题，该炉采用分段分侧换向控制系统对空气、煤气和烟气进行换向。换向阀为三通阀，由气缸驱动，以洁净的压缩空气作为动力源，工作压力0.5~0.7MPa，阀体内构件材质选用0Cr18Ni9。检修端板采用石墨密封垫。正常工作时换向周期50~90s，换向周期可调，以时间和排烟温度为控制参数。

换向系统采用PLC可编程控制器控制，可完成自动程序换向控制、手动强制换向控制，并有功能及工作状态的显示，使操作者对蓄热燃烧系统工作情况一目了然，操作和监视十分方便。排烟设有烟温显示，烟温变化由各系统烟管上的调节阀调节，设有烟温超温报警及换向超时报警功能，发出声光报警信号，并显示故障位置及原因。此时，其他换向单元正常工作，充分保证生产操作具有可靠的连续性。

全炉共采用20台双执行器三通换向阀。

2.3　空、煤气供给管路

空、煤气管路按上加热和下加热分别设置，由金属管道和必要的阀门、鼓风机组成。为了保证煤气的安全使用采取以下措施：

（1）应用吹扫放散系统，开炉、停炉时用氮气吹扫管道内的残存煤气。

（2）在空气分段管道上设置必要的防爆阀。

（3）煤气总管快速切断阀，防止停电、风机故障或空气和煤气低压引起的事故。

（4）设置放水点。

（5）设置煤气总管平台，方便检修操作。

（6）设置固定式CO报警仪。

2.4　排烟系统

蓄热式燃烧系统空、煤气排烟系统分别有独立的排烟系统。从各空（煤）气蓄热室排出的烟气经换向阀后汇集至各段空（煤）气排烟支管。各段排烟支管汇成空（煤）气排烟总管，经空气（煤气）侧引风机排至空气侧（煤气侧）钢烟囱内。各段排烟支管上均设有气动调节阀，以便自动、精确控制各段排烟温度。排烟系统配有1套NO_x、SO_2、颗粒物、CO在线监测系统。

2.5　控制单元

控制单元指换向自动程序控制，其功能主要有：换向时间设定（定时或定温换向）；换向阀程序控制；阀位检测及显示；阀位故障报警；排烟温度超温报警等。

2.6　蓄热式燃烧系统主要选型特点

（1）空、煤气蓄热式烧嘴布置方式。空、煤气烧嘴采用左右交叉成组的布置方式，既保证了在宽炉膛中烧嘴的火焰长度，又可以在烧嘴布置中使火焰避开水梁立柱，保证了下炉膛的加热质量。

（2）采用外置式空煤气双蓄热烧嘴（见图 1）。外置式空煤气双蓄热烧嘴专门适用于高温型（出炉钢温 1150~1250℃）、高产量大型板带钢蓄热式加热炉，其优点是：1）解决了常规大功率烧嘴的烧嘴砖占炉墙面积比过大的问题，烧嘴砖和炉墙稳定性得到提高；2）蓄热体与喷口之间有充分的扩展段，避免烧嘴内气体的偏流；3）较常规烧嘴比，蓄热体装载量加大，保证了充分的蓄热能力；4）蜂窝体全部后置，远离烧嘴喷口，减少了高温炉膛向蓄热体的高温辐射[2]。

（3）采用陶瓷蜂窝体作蓄热体。采用刚玉质陶瓷蜂窝体，在板带钢加热炉上可以实现 24 个月（最长 36 个月）的使用寿命。蓄热体留有较大的富裕能力，防止长期使用过程中因蓄热体的蓄热能力下降而导致蓄热能力的不足，保证空煤气的蓄热温度，使蓄热室排烟烟气温度小于 150℃，尽可能地回收烟气余热。

（4）采用分段分侧换向控制技术。分段分侧换向控制技术既解决集中换向存在的换向时炉内熄火时间长、双蓄热方式下煤气浪费大、炉子两侧工作状态不平衡等问题，也规避了全分散换向检修事故点多及管道布置乱的问题。

（5）选用双执行器三通换向阀（见图 2）。三通阀结构的优化，降低了燃烧系统的阻力损失，有利于提高蓄热效率，降低风机电耗。换向阀整体寿命 300~500 万次。二位三通换向阀阀板密封采用全金属硬密封+软密封结构，既能有保证有效的密封，又可以延长使用寿命，经受较高的温度。每个阀开关到位自动检测、报警和保护，动作速度快，阀板开、关到位时间<1. 5s。

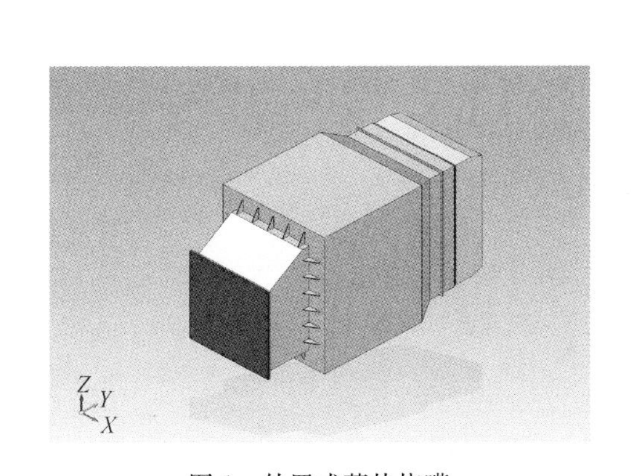

图 1 外置式蓄热烧嘴

Fig. 1 External regenerative burner

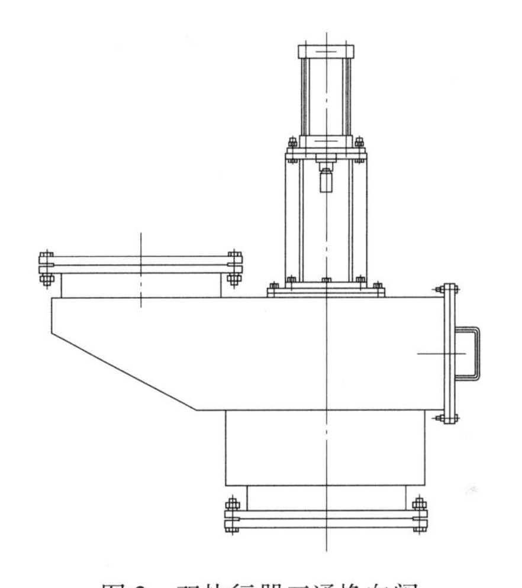

图 2 双执行器三通换向阀

Fig. 2 Dual-actuator three-way reversing valve

3 控制系统与反吹系统

3.1 控制系统

自动化控制系统分成 L1 和 L2 两级。L1 级即加热炉基础自动化系统，主要完成加热炉的顺控、装钢机和出钢机的控制、装料辊道的控制、步进梁控制、加热炉燃烧控制、介质的测量和控制等[3]；L2 级即加热炉过程自动化控制系统，主要完成加热炉区域的炉群管理、坯料跟踪，优化温度设定和数据处理、通讯等功能。

采用 L1/L2 一体化的系统结构，电控、仪控和加热炉过程控制自动化系统通过星型工业以太网实现数据交换，电控、仪控系统与传动设备及现场仪表通过（现场总线）远程 I/O 实现数据交换，采用标准的通讯协议和分层网络，充分保证整个系统的通讯畅通，并且系统的维护和扩充也非常方便。采用加热炉智能燃烧控制系统，通过动态调整炉膛温度场，达到保证出钢质量、降低能源消耗的作用。该系统具有如下特点：

（1）实时计算：采用差分计算模型，对板坯温度进行实时跟踪，为最优化炉温设定提供计算基础。

（2）动态寻优：实时优化设定板坯必要炉温，达到最小的煤气消耗保证板坯的加热质量。

（3）智能控制：基于实际燃烧效果与热负荷分配情况，运用模糊 PID 思想，智能化调整控制参数，提高燃烧过程稳定性与响应性。主要功能模块有数据处理模块、参数自整定模块、工艺优化模块、在线控制模块。

3.2　反吹系统

蓄热式燃烧系统的工作特点，决定了每个排烟换向动作到来时，煤气烧嘴和换向阀中间管路的煤气无法继续送入炉膛燃烧，而是被引风机反抽入排烟管道，直至排入大气。这部分没有参与燃烧的煤气，约占加热炉热负荷的2%~5%，即造成了燃料的浪费，又污染了环境[4]。

为了解决煤烟中CO直排对环境的污染问题，提高加热炉煤气利用率，设置烟气反吹扫系统，即将煤烟引风机后管道内的烟气，通过反吹扫引风机抽出后送至换向阀前的管道上。当排烟换向动作到来时，换向阀煤气侧、烟气侧阀板关闭，反吹管道上快切阀开启，将烟气由换向阀反吹至嘴前集管，并将管内煤气赶入炉内燃烧[5]。反吹结束（2~5s），反吹快切阀关闭，同时换向阀烟气侧阀板开启，开始排烟。

4　结论

（1）河钢唐钢新区2050mm热轧生产线双蓄热式步进梁式加热炉采用外置式空煤气双蓄热烧嘴，用陶瓷蜂窝体作蓄热体，烟气余热效率高。

（2）加热炉采用加热炉智能燃烧控制系统，通过动态调整炉膛温度场，达到保证出钢质量，降低能源消耗的作用。设置烟气反吹扫系统解决煤烟中CO直排对环境的污染问题，提高加热炉煤气利用率。

（3）投产后运行良好，各项技术经济指标均达到了设计要求，与常规炉型的步进梁式加热炉相比，达到了节能降耗、提高加热质量的目的。

参 考 文 献

[1] 朱长华．蓄热式加热炉燃烧技术 [J]．涟钢科技与管理，2000 (5)：11~13.
[2] 王建．高效节能的蓄热式加热炉及其应用 [J]．南钢科技，2001 (1)：20~23.
[3] 高全钢，徐印根．蓄热式加热炉技术特点及使用分析 [J]．鄂钢科技，2012 (2)：16~20.
[4] 贺江南．浅析棒材厂蓄热式加热炉的改进 [J]．南钢科技与管理，2005 (1)：15~17.
[5] 曹树卫．板坯步进梁式加热炉工艺设计及装备 [J]．钢铁研究，2007 (1)：21~27.

棒材生产线工艺设计

孟庆薪，刘彦君，张　达，赵金凯，王晓波

（唐钢国际工程技术股份有限公司，河北唐山 063000）

摘　要　介绍了河钢唐钢新区棒材生产线和高棒生产线，包括产品方案、生产技术、工艺及装备特点等。以“优化资源配置，理顺产业布局，调整产品结构”指导思想，积极贯彻执行国家有关经济建设的方针和政策，执行有关标准、规范和规定，按照“先进、适用、可靠、合理、经济、节能、环保”的建设思路，选用先进适用技术，提高综合成材率，注重节能降耗和环境保护，提高轧线信息化、智能化，以提升企业核心竞争力和企业经济效益。

关键词　棒材；高棒；生产技术；装备特点；节能

Process Design for the Bar Production Line

Meng Qingxin，Liu Yanjun，Zhang Da，Zhao Jinkai，Wang Xiaobo

（Tangsteel International Engineering Technology Corp.，Tangshan 063000，Hebei）

Abstract　This paper introduces the bar and high bar production lines in HBIS Tangsteel New District，including the product plan，production technology，process and equipment characteristics. With the guiding ideology of “optimizing resource allocation，rationalizing industrial layout，and adjusting product structure”，HBIS Tangsteel New District actively implements the national guidelines and policies on economic construction，and executes relevant standards，specifications and regulations. Besides，it selects advanced and applicable technologies in accordance with the construction ideas of “advanced，applicable，reliable，reasonable，economical，energy-saving and environmental protection”，which can increase the comprehensive yield rate，focus on energy saving，consumption reduction and environmental protection，as well as improve the informationization and intelligence of the rolling line. Thus，the core competitiveness and economic benefits of the enterprise can be enhanced.

Key words　bar；high bar；production technology；equipment characteristics；energy saving

0　引言

河钢唐钢新区项目配套 1 条棒材生产线和 1 条高棒生产线。在符合国家产业政策的前提下，河钢唐钢新区紧随钢铁行业产品的最新发展动态，提高技术装备水平，坚持采用先进合理的工艺流程，使新建项目具有行业竞争力。以人为本，改善生产环境监控和生产设施的条件，满足安全、消防和工业卫生要求，创造良好的安全生产和卫生环境。棒材生产线主要产品为优质碳素钢、冷镦钢、合结钢、轴承钢、弹簧钢；高棒生产线主要产品为普通热轧钢筋、细晶粒热轧钢筋、余热处理钢筋。

1　棒材生产线生产工艺

1.1　产品大纲

棒材生产线产品定位为 ϕ18~50mm 带肋钢筋、ϕ18~90mm 圆钢，产品大纲见表 1。

作者简介：孟庆薪（1997—），男，学士，初级工程师，2019 年毕业于太原科技大学材料成型及控制工程专业，现在唐钢国际工程技术股份有限公司主要从事轧钢设计工作，E-mail：mengqingxin@ tsic. com

表1　产品大纲

Tab. 1　Product outline

序号	钢种	代表钢号	规格/mm		小计/万吨	比例/%
			ϕ18～25	ϕ28～50		
1	普通热轧钢筋	HRB400（E）HRB500（E）HRB600（E）	6	10	16	13.3
2	细晶粒热轧钢筋	HRBF400（E）HRBF500（E）	85	4	89	74.2
3	余热处理钢筋	KL400	1	2	3	2.5
		BS500N	3	2	5	4.2
4	预应力混凝土钢筋（精轧螺纹）	PSB785、PSB830、PSB1080	5	2	7	5.8
比例/%		—	83.3	16.7	100.0	—

1.2　原料

轧机采用连铸方坯规格如下：

（1）坯料规格：165mm×165mm×(10000～12000)mm。

（2）短尺坯最短长度：9000mm，短尺率不大于10%。

（3）坯料外形及表面质量：执行YB/T 2011—2014标准。

1.3　工艺流程

轧线可实现免加热直接轧制、热装轧制（预留）以及冷装轧制3种模式。满足连铸-直轧技术温度要求的钢坯，通过直轧爬升辊道迅速运输至轧机入口，进入连轧机中进行轧制。轧线预留高温热送热装技术，高温连铸坯直接通过快速辊道入炉加热。采取冷装时，具备入炉条件的钢坯由16+16t电磁挂梁桥式起重机从钢坯库成排吊运至冷坯上料台架上，钢坯经步进动作逐根被送上入炉辊道，经测长、称重后进入步进式加热炉加热。加热炉按不同钢种的加热制度和加热要求，将坯料加热到1000～1100℃后，按轧制节奏由炉内出炉辊道从加热炉侧面单根出炉。

当下游轧线出现事故或不满足轧制要求时，钢坯由废坯剔除装置剔除。直轧辊道或加热炉输送来温度合格的钢坯，在粗轧机组中轧制6个道次后，轧件经1号飞剪切头，进入中轧机组轧制。随后轧件经2号飞剪切头（尾），进入精轧机组轧成最终要求的成品断面尺寸[1]。

粗轧、中轧前4架为微张力控制，中轧后4架和精轧机组间设有立活套，轧件在此进行无张力轧制。精轧螺纹钢筋ϕ18～50mm均采用单线无扭轧制，其余钢筋ϕ18～25mm采用两切分轧制，ϕ28～50mm采用单线无扭轧制。精轧机组最大出口速度为18m/s。

精轧机组前设有预水冷装置，用于控制轧件进入精轧机组的温度，精轧机组后设有水冷装置，不同类型的钢筋采用不同的冷却工艺，获得理想的组织和性能。

普通热轧带肋钢筋按热轧状态直接交货，经热轧成型后自然冷却，主要组织为铁素体和珠光体，基圆不得出现回火马氏体组织。细晶粒带肋钢筋采用控轧和控冷工艺生产，通过精轧前的预水冷控制轧件进入精轧机组的温度（780～820℃），实现控温轧制，精轧后立即进入轧后控冷装置，将轧件温度快速冷却至相变区域附近，以控制奥氏体晶粒和铁素体晶粒的长大，确保表面不进入马氏体和贝氏体转变区域，基圆不出现回火马氏体和异于基体的闭环组织，同时芯表硬度差不大于40HV，满足热轧钢筋新国标（GB/T 1499.2—2018）要求。其成品金相组织主要为铁素体和珠光体，晶粒度为9级或者更细。余热处理钢筋采用控冷工艺，热轧成型后立即穿水，进行表面淬火，然后利用芯部余热，自身完成回火处理。预应力混凝土用螺纹钢筋采用热轧、轧后余热处理工艺生产。

水冷后的轧件送入倍尺分段飞剪，由分段飞剪进行长度优化分段剪切，切成适应冷床长度的倍尺。同时通过优化倍尺剪切减少非定尺数量，提高成材率。

成品分段后由冷床输入辊道和带摩擦制动滑板的滑板辊道送入冷床，冷床为齿条步进式，入口侧设有矫直板[2]。棒材在冷床上矫直、冷却，经齐头辊道齐头后，送往计数排钢链式运输机，当运输机上积累了一定数量的棒材后，由卸钢小车将一组成排的棒材送至冷床输出辊道，再由冷床输出辊道送往冷剪剪切成要求的定尺，ϕ36mm 以上规格的棒材采用孔型剪刃，以减轻成品棒材头部的剪切弯曲和压扁。

定尺剪切后的成品棒材经过检查、移送，少量不合格钢材和短尺钢材由短尺剔除装置剔除，合格的定尺钢材在链式移钢台架上经自动计数后输送至末端的振动槽中，在振动的同时由气动挡板对棒材端部进行拍齐，然后平托装置将棒材托起并移送到打捆辊道上，经打捆成形器勒紧后由自动打捆机打捆[3]。打捆后的棒材由输出辊道输送至成品收集台架的入口，升降链将棒材托起、移送，并安放在称量装置上。称重后的棒材送至成品收集台架的固定链并停在适当的地方，在两端点焊标牌后由起重机吊运至成品库有序堆存。

1.4 主要设备组成及技术性能

1.4.1 轧机

轧机由粗轧机组（6 架）、中轧机组（8 架）、精轧机组（4 架）组成，全部采用短应力线机型，呈平立交替连续式布置，每架轧机由 1 台交流变频电机单独驱动。为满足小规格螺纹钢筋切分轧制的要求，12 号、14 号轧机采用平立组合轧机，16 号、18 号轧机采用平立可转换轧机。轧机基本参数见表 2。

表 2 轧机基本参数表

Tab. 2 Basic parameters of rolling mill

机组	轧机号	轧机规格/mm	轧机参数				主电机转速/$r \cdot min^{-1}$	型式
			最大辊径/mm	最小辊径/mm	辊身长度/mm	功率/kW		
粗轧机组	1H（无孔型）	ϕ650	ϕ620	ϕ550	750	900	700/1500	AC
	1H（有孔型）		ϕ720	ϕ630			700/1500	AC
	2V（无孔型）	ϕ650	ϕ620	ϕ550	750	900	700/1500	AC
	2V（有孔型）		ϕ720	ϕ630			700/1500	AC
	3H（无孔型）	ϕ650	ϕ620	ϕ550	750	900	700/1500	AC
	3H（有孔型）		ϕ720	ϕ630			700/1500	AC
	4V（无孔型）	ϕ550	ϕ540	ϕ470	750	900	700/1500	AC
	4V（有孔型）		ϕ610	ϕ520			700/1500	AC
	5H（无孔型）	ϕ550	ϕ540	ϕ470	750	1200	700/1500	AC
	5H（有孔型）		ϕ610	ϕ520			700/1500	AC
中轧机组	6V	ϕ550	ϕ610	ϕ520	750	1200	700/1500	AC
	7H	ϕ450	ϕ470	ϕ410	750	1200	700/1500	AC
	8V	ϕ450	ϕ470	ϕ410	750	1200	700/1500	AC
	9H（无孔型）	ϕ450	ϕ460	ϕ410	750	1200	700/1500	AC
	9H（有孔型）		ϕ470	ϕ410			700/1500	AC
	10V	ϕ450	ϕ470	ϕ410	750	1200	700/1500	AC
	11H	ϕ450	ϕ470	ϕ410	750	1200，1200+	700/1500	AC
	12H+V	ϕ450	ϕ470	ϕ410	750	1200	700/1500	AC
	13H	ϕ350	ϕ380	ϕ370	650	1500，1500+	700/1500	AC
	14H+V	ϕ350	ϕ380	ϕ320	650	1200	700/1500	AC
精轧机组	15H	ϕ350	ϕ380	ϕ320	650	2000	700/1500	AC
	16C	ϕ350	ϕ380	ϕ320	650	2500	700/1500	AC
	17H	ϕ350	ϕ380	ϕ320	650	2000	700/1500	AC
	18C	ϕ350	ϕ380	ϕ320	650	2500	700/1500	AC

1.4.2　预水冷装置

功能：布置在14架轧机与2号飞剪之间，用于控制轧件的冷却曲线，实现对轧件温度控制的要求。

形式：水冷箱采用固定式水箱，支撑梁上可安装1个单线通道或1个双线通道。

箱体结构：钢结构框架，安装带液压缸开启的封闭盖，并含高效冷却单元。支撑梁上安装冷却元件（包括高效冷却器、水剥离合、空气干燥器、空过管）、锁定的压板和螺杆。每个组水箱设有独立的流量控制阀组，可实现对每条棒材的精准温度控制。喷嘴用谁由阀台PLC控制，根据冷却工艺的温度设定为一个所需的流量。每个冷却元件带开-关阀。阀台包括1个焊接管件及支持所有必需的组件，来控制水的流量。水箱压力流量由2台动薄膜调节阀（给水回路2台）实现。支撑梁和喷嘴接触部位采用不锈钢材质，湍流管内衬套采用耐热、耐磨合金钢，箱体为碳钢材质。

1.4.3　精轧后控冷装置

组成：1套水冷冷却系统包括5个水箱与之配套的控制阀台、水箱出口输送辊道和旁通辊道。

位置：18架后至3号飞剪前。

作用：对精轧轧出的轧件实施在线分级穿水冷却，控制成品的上冷床的回火温度。

形式：直喷可调试环式喷嘴单元，实行分级冷却，由高效冷却喷嘴、中间管、清扫嘴、压缩空气吹刷嘴、紧固件、喷嘴冷却设施及回水系统组成。水冷箱采用固定式水箱，支撑梁上可安装1个单线通道或1个双线通道。

结构：水冷通道和旁通辊道根据需要安装在固定支架上，根据轧件规格调节阀门进行水量控制；支撑梁和喷嘴接触部位采用不锈钢材质，湍流管内衬套采用耐热、耐磨合金钢。箱体为碳钢材质。

1.4.4　步进齿条式冷床

功能：将棒材逐渐冷却并步进式输送到冷床输出装置。

结构：冷床宽度为120m，输入辊道中心线与输出辊道中心线的距离为12.5m。冷床与上钢系统衔接处有矫直板，用于上料和初始矫直棒料。矫直板与精齿条连接。动齿条采用2台交流变频电机通过齿轮箱驱动传动轴和偏心轮机构来实现步进动作。传动轴的轴承润滑方式为集中油气润滑。

2　高速棒材生产线生产工艺

2.1　产品大纲

高速棒材生产线产品定位为ϕ10~22mm带肋钢筋，产品大纲见表3。

表3　产品大纲

Tab. 3　Product outline

序号	钢种	代表钢号	规格/mm		小计/万吨	比例/%
			ϕ10~18	ϕ20~22		
1	普通热轧钢筋	HRB400（E），HRB500（E），HRB600	6	6	12	10
2	细晶粒热轧钢筋	HRBF400（E）HRBF500（E）	90	10	100	83.3
3	余热处理钢筋	KL400	1	2	3	2.5
		BS500N	3	2	5	4.2
比例/%		—	83.3	16.7	100	—

2.2　原料

轧机原料采用河钢唐钢新区炼钢车间2号连铸机提供的合格连铸方坯。

（1）坯料规格：165mm×165mm×(10000~12000)mm。

（2）短尺坯最短长度：9000mm，短尺率不大于10%。

（3）坯料外形及表面质量：执行YB/T 2011—2014标准。

2.3 工艺流程

轧线可实现免加热直接轧制、热装轧制（预留）以及冷装轧制 3 种模式。

满足连铸-直轧技术温度要求的钢坯，通过直轧爬升辊道迅速运输至轧机入口，进入连轧机中进行轧制。采取冷装时，具备入炉条件的钢坯由 16+16t 电磁挂梁桥式起重机从钢坯库成排吊运至冷坯上料台架上，钢坯经步进动作逐根被送上入炉辊道，经测长、称重后进入步进式加热炉加热。加热炉按不同钢种的加热制度和加热要求，将坯料加热到 1000~1100℃后，按轧制节奏由炉内出炉辊道从加热炉侧面单根出炉。

直轧爬升辊道或加热炉输送来温度合格的钢坯在粗轧机组（1H~6V）进行 6 道次经无扭微张力轧制后，由 1 号飞剪切头，然后进入 6 架中轧机组（7H~12V）进行轧制，再由 2 台 2 号飞剪分别切头/切尾后，进入 6 架预精轧机组（13H~18H）轧制。13H~18H 各机架间均设有活套器可对轧件进行无张力轧制。单根轧件在预精轧机组切分成 2 支轧件，分别进入 A/B 支线精轧机组进行轧制[4]。

精轧机前设有预水冷装置，用于控制轧件进精轧机温度；一精轧机组后设有水冷装置一，二精轧机组后设有水冷装置二，不同类型的钢筋采用不同的冷却工艺，获得理想的组织和性能。

A/B 支线轧件经水冷后分别进入圆盘式高速倍尺飞剪剪切倍尺，然后经转毂式高速上钢系统送入冷床冷却。冷床为齿条步进式，入口侧设有矫直板。棒材在冷床上矫直、冷却，经齐头辊道齐头后，送往计数排钢链式运输机，当运输机上积累了一定数量的棒材后，由卸钢小车将一组成排的棒材送至冷床输出辊道，再由冷床输出辊道送往冷剪剪切成要求的定尺。

定尺剪切后的成品棒材经过检查、移送，少量不合格钢材和短尺钢材由短尺剔除装置剔除，合格的定尺钢材在链式移钢台架上经自动计数后输送至末端的振动槽中，在振动的同时由气动挡板对棒材端部进行拍齐，然后平托装置将棒材托起并移送到打捆辊道上，经打捆成形器勒紧后由自动打捆机打捆。打捆后的棒材由输出辊道输送至成品收集台架的入口，升降链将棒材托起、移送，并安放在称量装置上。称重后的棒材送至成品收集台架的固定链并停在适当的地方，在两端点焊标牌后由起重机吊运至成品库有序堆存。

2.4 主要设备组成及技术性能

2.4.1 粗轧机列

型式：高刚度短应力线轧机，第 1、3、5 架轧机为水平轧机，第 2、4、6 架轧机为立式轧机。1~3 架为 ϕ650 机型，4~6 架为 ϕ550 机型。1H~5H 螺纹钢采用无孔型轧制。

2.4.2 中轧机列

型式：高强度短应力线轧机，第 7、9、11 号轧机为水平轧机，第 8、10、12 号轧机为立式轧机，7~12 架为 ϕ450 轧机。

2.4.3 预精轧机列

型式：高刚度短应力线轧机，第 13、15、16、17 号轧机为水平轧机，第 14 号轧机为立式轧机，13~18 架为 ϕ350 轧机。

2.4.4 双线立式活套

功能：布置在 16~18 架轧机之间，实现双切分轧制时轧件的微张力及无张力轧制。

结构：两层设计，分层安装处接口尺寸一致，安装方式一致，活套器长度一致，轧线进钢方向一致的同类型活套可以互换。

2.4.5 精轧机

精轧区分为 A/B 支线，最大保证轧制速度 45m/s。

精轧机组为顶交45°重载型悬臂式轧机，其中4架精轧机组为2+2模块化轧机，2架精轧机组为1+1单独传动轧机。悬臂式轧机均采用碳化钨辊环，轧机布置紧凑，机组稳定性好。

2.4.6　测温装置

水冷采用控轧控冷技术，在1号粗轧机前、中轧机组前、预精轧机组前、预精轧机组后、一精轧机组前后、二精轧机组前后、每组水箱前后各设置1台测温装置，冷床入口段设置测温装置，测温数据上传至系统，并形成曲线。控冷装置为封闭式，避免冷却介质溢出[5]。

2.4.7　预水冷装置

预水冷装置由3组水箱构成，布置在预精轧机与3号飞剪之间，冷却和控制进入预精轧机的轧件温度。可根据钢温实现冷却水调节阀开度的自动调节，以实现钢温的控制。采用温度、流量、压力闭环控制，具备人工调节功能。在控制系统上形成温度、流量、压力曲线，并具备闭环控制与回查功能。

穿水管在支管路上配备相应的电动调节阀、流量计、压力表，在主管路上安装水压、流量、水温计等仪表。各个冷却器入口均安装一个不锈钢球阀，便于人工开闭管路。恢复段导槽设计的长度满足控制轧制控制冷却的工艺要求。

2.4.8　一精轧后水冷装置

一精轧后水冷装置由2组水箱构成，布置于一精轧机组与二精轧机组之间，冷却和控制轧件入二精轧机组的温度，采用温度、流量、压力闭环控制，具备人工调节功能，水箱控制系统设置头部不冷段功能。冷却能力满足将轧件芯部和表面温度处于770~800℃区间，适应热机轧制对轧件温度控制的要求。

水冷装置在支管路上配备相应的电动调节阀、流量计、压力表，在主管路上安装水压、流量、水温计等仪表。各个冷却器入口均安装一个不锈钢球阀，便于人工开闭管路。恢复段导槽设计的长度满足控制轧制控制冷却的工艺要求。

2.4.9　二精轧后水冷装置

二精轧后水冷装置由3组水箱构成，布置在二精轧机组之后，成品倍尺飞剪之前。用于棒材轧后冷却，提高产品的机械性能，并保证成品质量。采用水箱冷却形式，要求每段水箱配置一段相应水箱长度的恢复段，控冷水箱和恢复段长度设计满足分级冷却要求。要求在每段水箱后与水箱前各设置1台测温装置，并在控制系统上形成温度曲线，并具备闭环控制与回查功能。

2.4.10　高速上钢系统

（1）碎断剪。碎断剪布置在精轧机水冷装置导槽之后，高速倍尺剪之前，用于紧急碎断。

（2）高速圆盘剪。高速圆盘剪布置在碎断剪之后，用于轧后的高速轧件进行倍尺上冷床。高速圆盘剪前设有夹送辊和转辙器，导引轧件交替进入剪后双路导槽。倍尺飞剪工作时连续运转，其剪刃在任意位置都可加速，当控制系统测得轧件达到设定的剪切长度时，转辙器动作将轧件从双路导槽的一路移动至另一路，轧件经过剪刃时，根据不同的轧件速度，设定不同的加速度使上下剪刃正好重合将轧件剪断，并可以根据具体设定进行优化剪切[6]。

（3）高速上冷床系统。采用高速上冷床技术可将ϕ8~22mm规格棒材以最高速45m/s的精轧速度平稳输送到冷床上，既适用于单线轧制，也适用于二线切分轧制。可通过尾部夹持装置辊环上的刻槽和夹持力的设定控制轧件表面质量[7]。

（4）双路导槽。双路导槽布置在高速圆盘剪后，用于轧件进行双通道输送，并导送轧件分别进入左右尾部制动器。

（5）夹送制动辊。夹送制动辊安装在冷床头部，当轧件到达制动位置时，对轧件尾部精确制动。通过辊环上刻槽和夹持力的设定控制轧件表面质量。

（6）双转毂上钢装置。双转毂上钢装置安装在冷床上，作用是将轧件运送到冷床上，设有两平行布置的转毂，依次接受来自双路左右导槽的轧件，每个转毂上设有4个通道，旋转90°将轧件卸至冷床，并使下一通道做好进钢准备。

3 工艺特点及装备水平

3.1 连铸热坯直接轧制技术

生产线高温连铸坯不经过加热炉加热，直接通过快速保温辊道依次送入轧机进行轧制，充分利用连铸冶金热能，节约能源消耗，降低烧损，减少废气排放，降低生产成本，提高市场竞争力。

3.2 无孔型轧制技术

采用无孔型轧制技术，降低辊耗，减少换槽时间，提高作业率。

3.3 短应力线式轧机

粗轧机组、中轧机组及预精轧机组采用二辊高刚度短应力线轧机，其刚性大，有利于确保产品的尺寸精度，可整机架更换，换辊时间短，作业率高。

3.4 模块轧机技术

高速棒材生产线精轧机组应用国际领先的模块轧机技术，顶交45°型的模块化轧机，碳化钨辊环轧机，轧件在精轧机组之间实行单线无扭转的微张力轧制，将轧件轧成高尺寸精度、高表面质量的棒线材产品。

3.5 控轧控冷技术

采用闭环控轧控冷技术，满足《钢筋混凝土用钢　第2部分：热轧带肋钢筋》（GB/T 1499.2—2018）要求。轧后冷却同时具备通过轧后余热淬火技术生产英标钢筋等出口建材。实现全轧线控温控轧控冷，提高产品的内在组织和性能。

3.6 高速圆盘剪及高速上钢技术

倍尺剪切采用高速连续运转的圆盘飞剪对轧件进行倍尺剪切，飞剪剪切的轧件最大速度45m/s，剪机响应时间快，剪切精度高[8]。采用高速上钢系统使轧件顺利进入冷床，解决了小规格带肋钢筋切分轧制后常规上冷床时轧件容易缠绕在一起的问题，减少了轧线的事故率，提高了产品质量。

3.7 螺纹钢负偏差测量技术

轧线设置测径仪连续测量螺纹钢尺寸，对提高产品尺寸精度，控制螺纹钢负偏差率具有重要意义，同时可监测在线产品的质量情况，提高产线水平，辅助人员监控尺寸精度。将为企业降本创效带来巨大贡献。

4 结语

河钢唐钢新区建设1条棒材生产线和1条高棒生产线，轧机布置紧凑，机组稳定性好，轧线可实现免加热直接轧制、热装轧制（预留）以及冷装轧制3种模式，在保证产量的同时提高了生产效率，产品质量得到了更高优化。充分利用地域资源，综合考虑能源利用、环境保护、交通运输等因素，优化工艺布置，使生产物流更加合理顺畅。以市场为导向，以原料条件为基础，合理确定生产规模和产品方案，满足市场需求。

参考文献

[1] 孙竞．酒钢高线结合高速棒材生产技术的工艺改造［J］．山西冶金，2010（4）：18~25.
[2] 张卓．高速棒材倍尺剪控制原理及优化剪切［J］．金属制品，2019（3）：15~21.

[3] 李霞．阿尔及利亚高速棒材生产线介绍［J］．冶金设备，2016 (S2)：15~22.
[4] 马建国．酒钢高速棒材自动化系统与控制功能［J］．酒钢科技，2012 (3)：5~7.
[5] 崔海伟．棒材高速上冷床技术［J］．轧钢，2014 (4)：15~22.
[6] 李永志，崔耀辉，王强．提高棒材定尺率生产实践［J］．河北冶金，2012 (12)：17~18.
[7] 邹楠．高速棒材生产线新标 HRB400E 螺纹钢的低合金成本生产技术［J］．福建冶金，2020 (4)：21~24.
[8] 李红，靳熙，连志恒．高速钢轧辊在棒材切分孔型中的应用实践［J］．河北冶金，2012. (3)：31~38.

普钢棒材生产线高速化工艺设计

孟庆薪，刘彦君，赵金凯

（唐钢国际工程技术股份有限公司，河北唐山 063000）

摘　要　本文从普通棒材高速化的角度介绍了河钢唐钢新区高速棒材生产线的工艺特点和装备技术，产线采用成熟稳定、实用可靠的工艺流程和设备，技术装备水平和主要技术经济指标达到国际先进水平。高速棒材生产线主要工艺设备包括：步进梁蓄热式加热炉、粗轧机组、中轧机组、预精轧机组、预水冷装置、精轧机组、穿水冷却装置、高速飞剪、高速上钢系统、步进齿条式冷床、冷剪等。高速上钢系统是高速棒材的关键设备，河钢唐钢新区高速棒材生产线采用双转毂上钢装置。

关键词　高速棒材；控轧控冷；高速上钢系统

An Alysisof Process Design for High Speed Bar Production Lineinhbis Tangsteel New Area

Meng Qingxin，Liu Yanjun，Zhao Jinkai

（Tangsteel International Engineering Technology Co.，Ltd.，Tangshan 063000，Hebei）

Abstract　This paper introduces the process characteristics and equipment technology of the high-speed bar production line in HBIS Tangsteel New District from the perspective of high-speed common bars. The production line adopts mature, stable, practical and reliable process flow and equipment, and the technical equipment level, as well as main technical and economic indicators have reached the international advanced level. The main process equipment of the high-speed bar production line includes walking beam regenerative heating furnace, roughing mill unit, medium mill unit, pre-finishing mill unit, pre-water cooling device, finishing mill unit, water cooling device, high-speed flying shear, high-speed steel loading system, stepping rack cooling bed, cold shear, etc. High-speed steel loading system is the key equipment for producing high-speed bars, and the double-rotating hub steel loading device has been adopted in the high-speed bar production line of HBIS Tangsteel New District.

Key words　high-speed bars；controlled rolling and cooling；high-speed steel loading system

0　引言

河钢唐钢新区在总结当今世界各国棒材生产经验和成果的基础上，选用成熟、先进可靠的生产工艺，达到国内同类行业的先进水平，增强产品在国内市场的竞争力，认真贯彻落实循环经济理念，降低能源消耗，提高经济效益。河钢唐钢新区高速棒材生产线采用双切分轧制工艺，终轧保证速度最高达到45m/s，产品最小规格为 ϕ8mm[1]，成功解决了传统棒材生产线生产小规格棒材受限制的问题。在提高产品质量方面，通过控制精轧入口温度、冷床入口温度，采用控温控轧技术，从而得到符合新国标的小规格棒材。本文对河钢唐钢新区高速棒材生产线的生产设备、工艺流程等情况进行了详细介绍，旨在为同类型钢铁企业的建设提供经验。

1　主要生产设备及工艺

1.1　生产设备

高速棒材生产线主要工艺设备包括：步进梁蓄热式加热炉、粗轧机组、中轧机组、预精轧机组、预

作者简介：孟庆薪（1997—），男，初级工程师，2019 年毕业于太原科技大学材料成型及控制工程专业，现在唐钢国际工程技术股份有限公司主要从事轧钢设计工作，E-mail：mengqingxin@ tsic. com

水冷装置、精轧机组、水冷装置、高速飞剪、高速上钢系统、步进齿条式冷床、冷剪、打捆称重装置、成品收集装置等。高速棒材核心的工艺技术装备是高速飞剪和高速上冷床系统。

1.2　生产工艺

直轧辊道或加热炉输送来温度合格的钢坯在粗轧机组（1H~6V）进行6道次无扭微张力轧制后，由1号飞剪切头，进入6架中轧机组（7H~12V）进行轧制，再由2台2号飞剪分别切头/切尾，进入6架预精轧机组（13H~18H）轧制。13H~18H各机架间均设有活套器可对轧件进行无张力轧制，小规格产品在此处进行二分切轧制，之后分A/B两条线分别进入其后的精轧机组[2]。

每条精轧机均有（4+2）架轧机组成。精轧机前设有预水冷装置，用于控制轧件进精轧机温度；一精轧机组后设有水冷装置一，二精轧机组后设有水冷装置二，不同类型的钢筋采用不同的冷却工艺，从而获得理想的组织和性能。

A/B支线轧件通过水冷装置后分别进入高速圆盘剪剪切倍尺，然后高速上钢系统将轧件送入冷床冷却。冷床为齿条步进式，入口侧设有矫直板[3]。轧件在冷床上矫直、冷却，经齐头辊道齐头后，送往运输机，运输机上存放到规定数量的棒材后，由卸钢小车将一个编组的棒材送至冷床输出辊道，再由冷床输出辊道送往冷剪剪切[4]。

2　关键设备组成

2.1　轧机

轧机由粗轧机组（6架）、中轧机组（6架）、预精轧机组（6架）、一精轧机组（4架）×2、二精轧机组（2架）×2，共30架轧机组成。最大设计速度45m/s，保证速度42m/s。粗、中、预精轧呈单线连续式布置，精轧区分为A/B支线。

粗轧机组、中轧机组及预精轧机组采用二辊高刚度短应力线轧机，每架轧机由1台交流变频电机单独传动。精轧机组为顶交45°重载型悬臂式轧机，6架精轧机分为4+2两组布置，前4架为2个模块轧机，每个模块包括2架轧机由1个电机驱动，最后1个模块包含的2架轧机采用单独传动形式，中间设置水冷装置。悬臂式轧机均采用碳化钨辊环，轧机布置紧凑，机组稳定性好。轧机基本技术参数见表1。

表1　轧机基本技术参数

Tab.1　Basic technical parameters of rolling mills

机组	轧机号	轧机规格/mm	轧机参数				主电机转速/r·min^{-1}	型式
			最大辊径/mm	最小辊径/mm	辊身长度/mm	功率/kW		
粗轧机组	1H（无孔型）	ϕ650	620	550	750	900	700/1500	AC
	1H（有孔型）		720	630			700/1500	AC
	2V（无孔型）	ϕ650	620	550	750	900	700/1500	AC
	2V（有孔型）		720	630			700/1500	AC
	3H（无孔型）	ϕ650	620	550	750	900	700/1500	AC
	3H（有孔型）		720	630			700/1500	AC
	4V（无孔型）	ϕ550	540	470	750	900	700/1500	AC
	4V（有孔型）		610	520			700/1500	AC
	5H（无孔型）	ϕ550	540	470	750	1200	700/1500	AC
	5H（有孔型）		610	520			700/1500	AC

续表 1

机组	轧机号	轧机规格/mm	轧机参数				主电机转速/$r \cdot min^{-1}$	型式
			最大辊径/mm	最小辊径/mm	辊身长度/mm	功率/kW		
中轧机组	6V	φ550	610	520	750	1200	700/1500	AC
	7H	φ450	470	410	750	900	700/1500	AC
	8V	φ450	470	410	750	900	700/1500	AC
	9H	φ450	460	410	750	900	700/1500	AC
	10V	φ450	470	410	750	900	700/1500	AC
	11H	φ450	470	410	750	900	700/1500	AC
	12V	φ450	470	410	750	900	700/1500	AC
	13H（无孔型）	φ350	360	310	650	900	700/1500	AC
	13H（有孔型）		380	320			700/1500	AC
预精轧机组	14V	φ350	380	320	650	900	700/1500	AC
	15H	φ350	380	320	650	1200	700/1500	AC
	16H	φ350	380	320	650	1200	700/1500	AC
	17H	φ350	380	320	650	1500	700/1500	AC
	18H	φ350	380	320	650	1500	700/1500	AC
精轧机组（双线）	19	φ230V 型顶交	228.3	205	72	2000	850/1700	AC
	20	φ230V 型顶交	228.3	205	72			AC
	21	φ230V 型顶交	228.3	205	72	2300	850/1700	AC
	22	φ230V 型顶交	228.3	205	72			AC
	23	φ230V 型顶交	228.3	205	72	1600	850/1700	AC
	24	φ230V 型顶交	228.3	205	72	1600	850/1700	AC

注：1H~5H、13H 采用无孔型轧制。

2.2 双线立式活套

功能：布置在 13~18 架轧机前，实现双切分轧制时轧件的微张力及无张力轧制。

结构：两层设计，分层安装处接口尺寸一致，安装方式一致，活套器长度一致，轧线进钢方向一致的同类型活套可以互换。

2.3 单线活套

功能：用于形成可控活套，实现无张力轧制。

结构：两层设计，分层安装处接口尺寸一致，安装方式一致，活套器长度一致，轧线进钢方向一致的同类型活套可以互换。

2.4 水冷装置

2.4.1 预水冷装置

预水冷装置由 3 组水箱构成，布置在预精轧机与 3 号飞剪之间，冷却和控制进入预精轧机的轧件温度。可根据钢温实现冷却水调节阀开度的自动调节，以实现钢温的控制。采用温度、流量、压力闭环控制，具备人工调节功能。在控制系统上形成温度、流量、压力曲线，并具备闭环控制与回查功能[5]。

穿水管在支管路上配备相应的电动调节阀、流量计、压力表，在主管路上安装水压、流量、水温计等仪表。各个冷却器入口均安装一个不锈钢球阀，便于人工开闭管路。恢复段导槽设计的长度满足控制轧制控制冷却的工艺要求。

2.4.2　一精轧后水冷装置

一精轧后水冷装置由 2 组水箱构成，布置于一精轧机组与二精轧机组之间，冷却和控制轧件入二精轧机组的温度，采用温度、流量、压力闭环控制，具备人工调节功能，水箱控制系统设置头部不冷段功能。冷却能力满足将轧件芯部和表面温度处于 770~800℃区间，适应热机轧制对轧件温度控制的要求。

水冷装置在支管路上配备相应的电动调节阀、流量计、压力表，在主管路上安装水压、流量、水温计等仪表。各个冷却器入口均安装一个不锈钢球阀，便于人工开闭管路。恢复段导槽设计的长度满足控制轧制控制冷却的工艺要求。

2.4.3　二精轧后水冷装置

二精轧后水冷装置由 3 组水箱构成，布置在二精轧机组之后，成品倍尺飞剪之前。用于棒材轧后冷却，提高产品的机械性能，并保证成品质量。采用水箱冷却形式，要求每段水箱配置一段相应水箱长度的恢复段，控冷水箱和恢复段长度设计满足分级冷却要求。

2.5　碎断剪及高速圆盘剪

2.5.1　碎断剪

碎断剪布置在精轧机水冷装置导槽之后，高速倍尺剪之前，用于紧急碎断。

2.5.2　高速圆盘剪

高速圆盘剪布置在碎断剪之后，用于轧后的高速轧件进行倍尺上冷床。高速圆盘剪前设有夹送辊和转辙器，导引轧件交替进入剪后双路导槽。倍尺飞剪工作时连续运转，其剪刃在任意位置都可加速，当控制系统测得轧件达到设定的剪切长度时，转辙器动作将轧件从双路导槽的一路移动至另一路，轧件经过剪刃时，根据不同的轧件速度，设定不同的加速度使上下剪刃正好重合将轧件剪断，并可以根据具体设定进行优化剪切[6]。

2.6　高速上冷床系统

采用高速上冷床技术可将棒材以最高速 45m/s 的精轧速度平稳输送到冷床上，既适用于单线轧制，也适用于二线切分轧制。可通过尾部夹持装置辊环上的刻槽和夹持力的设定控制轧件表面质量[7]。

2.6.1　双路导槽

双路导槽布置在高速圆盘剪后，用于轧件进行双通道输送，并导送轧件分别进入左右尾部制动器。

2.6.2　夹送制动辊

夹送制动辊安装在冷床头部，当轧件到达制动位置时，对轧件尾部精确制动。通过辊环上刻槽和夹持力的设定控制轧件表面质量。

2.6.3　双转毂上钢装置

双转毂上钢装置安装在冷床上，作用是将轧件运送到冷床上，设有两平行布置的转毂，依次接受来自双路左右导槽的轧件，每个转毂上设 4 个通道，旋转 90°将轧件卸至冷床，并使下一通道做好进钢准备。

2.7　冷床系统

2.7.1　步进齿条式冷床

功能：将棒材逐渐冷却并步进式输送到冷床输出装置。

结构：冷床与上钢系统衔接处有矫直板，用于上料和初始矫直棒料。矫直板与静齿条连接。动齿条采用2台交流变频电机通过齿轮箱驱动传动轴和偏心轮机构来实现步进动作。传动轴的轴承润滑方式为油气润滑。

2.7.2 齐头辊道、梳妆导槽和齐头挡板

功能：用于将钢材对齐，便于定尺剪切。

结构：齐头辊道通过单独齿轮马达链条链轮传动。辊身上的齿槽形状与静齿条相同。齐头辊道一端都设置齐头挡板，为带弹簧缓冲的焊接钢结构挡板，具备尾钢轴头功能，配有一个切头剪。

2.7.3 冷床下料装置

功能：将钢材从冷床上移动到冷床输出辊道上。

结构：排钢链采用电动机通过齿轮减速机传动同步轴驱动排钢链运行。卸料小车采用液压缸驱动曲柄机构，使C型框架结构的卸钢小车的轨道升起，通过电机驱动使小车移动到冷床输出辊道的上方，确认辊道上无钢材后，小车的轨道下降，使钢材落到输出辊道上。

2.7.4 冷床输出辊道

功能：承接冷床输送来的成排棒材，并运送至冷剪前辊道处，保证棒材在两处辊道顺畅衔接输送。

结构：辊子由齿轮马达单独传动，交流变频调速，辊道间设有过渡台板。

3 工艺特点及装备水平

3.1 短应力线式轧机

粗轧机组、中轧机组及预精轧机组采用二辊高刚度短应力线轧机，其刚性大，有利于确保产品的尺寸精度，可整机架更换，换辊时间短，作业率高。

3.2 模块化轧机应用

精轧机组为顶交45°重载型悬臂式轧机，悬臂式轧机均采用碳化钨辊环，轧机布置紧凑，机组稳定性好，轧件在精轧机组之间为单线无扭转微张力轧制。

3.3 控轧控冷技术

采用闭环控轧控冷技术，满足《钢筋混凝土用钢　第2部分：热轧带肋钢筋》（GB/T 1499.2—2018）要求。轧后冷却同时具备通过轧后余热淬火技术生产英标钢筋等出口建材。实现全轧线控温控轧控冷，提高产品的内在组织和性能。

3.4 高速圆盘剪及高速上钢技术

倍尺剪切采用高速连续运转的圆盘飞剪对轧件进行倍尺剪切，飞剪剪切的轧件最大速度45m/s，剪机响应时间快，剪切精度高[8]。采用高速上钢系统使轧件顺利进入冷床，解决了小规格带肋钢筋切分轧制后常规上冷床时轧件容易缠绕在一起的问题，减少了轧线的事故率，提高了产品质量。

4 结论

（1）河钢唐钢新区在总结当今世界各国棒材生产经验和成果的基础上，选用成熟、先进可靠的生产工艺，建设了高速棒材生产线，产线采用成熟稳定、实用可靠的工艺流程和设备，技术装备水平和主要技术经济指标达到国际先进水平。

（2）高速棒材生产线主要工艺设备包括：步进梁蓄热式加热炉、粗轧机组、中轧机组、预精轧机组、预水冷装置、精轧机组、水冷装置、高速飞剪、高速上钢系统、步进齿条式冷床、冷剪等。高速上钢系统是高速棒材的关键设备，高速棒材生产线采用双转毂上钢装置。

参考文献

[1] 孙竞. 酒钢高线结合高速棒材生产技术的工艺改造 [J]. 山西冶金, 2010 (4): 23~25.
[2] 张卓. 高速棒材倍尺剪控制原理及优化剪切 [J]. 金属制品, 2019 (3): 11~15.
[3] 李霞. 阿尔及利亚高速棒材生产线介绍 [J]. 冶金设备, 2016 (S2): 10~13.
[4] 马建国. 酒钢高速棒材自动化系统与控制功能 [J]. 酒钢科技, 2012 (3): 5~7.
[5] 崔海伟. 棒材高速上冷床技术 [J]. 轧钢, 2014 (4): 19~22.
[6] 李永志, 崔耀辉, 王强. 提高棒材定尺率生产实践 [J]. 河北冶金, 2012 (12): 15~18.
[7] 邹楠. 高速棒材生产线新标 HRB400E 螺纹钢的低合金成本生产技术 [J]. 福建冶金, 2020 (4): 23~24.
[8] 李红, 靳熙, 连志恒. 高速钢轧辊在棒材切分孔型中的应用实践 [J]. 河北冶金, 2012 (3): 31~34.

高速线材生产线工艺设计

赵金凯，王晓波，孟庆薪，刘彦君，于晓辉

（唐钢国际工程技术股份有限公司，河北唐山063000）

摘　要　河钢唐钢新区高速线材生产线总结和吸收了国内外生产线设计经验，以“降本、高效”为核心设计理念，生产装备先进、产品质量优质、环保水平达到超低排放标准。产线采用直接轧制和控温轧制等国际先进的新技术新工艺，产品具有较高的尺寸精度、良好的表面质量、优良的机械性能以及低值的消耗，产线生产成本低，是具有国内先进水平和一定规模的专业化生产线。本文将从产品和原料、工艺设计特点、车间平面布置、工艺与装备水平等方面对河钢唐钢新区高速线材生产线进行介绍。

关键词　高速线材；直接轧制；控温轧制；工艺配置

Process Design for High Spped Wire Rod Production Line

Zhao Jinkai，Wang Xiaobo，Meng Qingxin，Liu Yanjun，Yu Xiaohui

（Tangsteel International Engineering Technology Co.，Ltd.，Tangshan 063000，Hebei）

Abstract　The high-speed wire rod production line of HBIS Tangsteel New District summarizes and absorbs the experience of domestic and foreign production line design，and takes “cost reduction and high efficiency” as the core design concept，with advanced production equipment，high quality products and ultra-low emission standards for environmental protection. The production line adopts international advanced new technologies and processes such as direct rolling and temperature-controlled rolling，which is a professional production line with domestic advanced level and a certain scale，leading to high dimensional accuracy of products，good surface quality，excellent mechanical properties，low consumption and low production cost. This paper will introduce the high-speed wire rod production line of HBIS Tangsteel New District from the aspects of products and raw materials，process design characteristics，workshop layout，process and equipment level，etc.

Key words　high-speed wire rod；direct rolling；temperature-controlled rolling；process configuration

0　引言

河钢唐钢新区建设2条高速线材生产线，2条生产线布置在同一车间不同跨间内，均采用高架平台布置形式，轧线配置和产品方案完全一样。产线总结和吸收了国内外先进的生产设计经验，以“降本、高效”为核心设计理念，采用免加热直轧技术、控温轧制技术、模块轧机技术、塑烧板除尘系统技术和在线测径技术，产品具有较高的尺寸精度、良好的表面质量、优良的机械性能以及低值的消耗，生产装备先进、产品质量优质、环保水平达到超低排放标准，是具有国内先进水平和一定规模的专业化生产线。

1　产品定位与原料规格

1.1　产品定位

河钢唐钢新区高速线材生产线产品分为光圆盘条和螺纹盘条2种，其中光圆盘条规格为ϕ5.0~

作者简介：赵金凯（1987—），男，硕士，工程师，2013年毕业于北京科技大学材料科学与工程学院，现在唐钢国际工程技术股份有限公司主要从事轧钢设计工作，E-mail：zhaojinkai@ tsic. com

22mm，螺纹盘条规格为 ϕ6~16mm。产品全部以热轧盘卷状态交货，盘卷外径为 ϕ1250mm；盘卷内径为 ϕ850mm，盘重 2t。

车间生产的钢种有：碳素结构钢、优质碳素结构钢、细晶粒热轧钢筋、焊丝、焊线、特种焊丝、优质碳素钢、预应力钢丝、钢绞线、帘线钢、胎圈钢丝、胶管钢丝、冷镦钢等[1]。最终产品产量按品种、规格分配见表 1。

表 1　单条高速线材产品品种分配表

Tab. 1　Allocation table of single high-speed wire rod product variety

钢种	代表钢号	各规格产品年产量/万吨			合计/万吨	比例/%
		5.0~8	9~14	15~22		
普通热轧钢筋	HRB400（E）、HRB500（E）、HRB600（E）	16	5	3	24	40
细晶粒热轧钢筋	HRBF400（E）、HRBF500（E）	5	3	2	10	16.7
焊丝、焊线	H08A、ER70S-6、H10M2、H08Mn2Si、H11MnSi、H08MnMo	6			6	10
特种焊丝	H08MnSiTi、H13MnSiTi、H10MnSiNi	2			2	3.3
优质碳素钢	45、50、55、60、65、70、80	2	2	2	6	10.0
预应力钢丝、钢绞线	SWRH77B、SWRH82B	1	2		3	5.0
帘线钢	82A、92A、96A	2			2	3.3
胎圈钢丝、胶管钢丝	65A、72A	2			2	3.3
冷镦钢	6A、8A、10A、22A、35K、40K	1	1	2	4	6.7
其他	Y20、Y45Ca		1		1	1.7
比例/%		61.7	23.3	15	100	

1.2　原料规格

车间生产原料为合格连铸坯，由与本车间相邻的炼钢车间供应。热坯由直轧辊道或热送辊道热送至轧钢车间轧机入口或加热炉入口。冷坯由电瓶车或汽车从炼钢车间运入到本车间。

连铸坯规格为 165mm×165mm×10000mm，坯料单重≤2082kg，短尺料不小于 9000mm，总数不超过 10%。

2　工艺设计特点

2.1　工艺流程

本车间采用平台布置，轧线大部分设备布置在车间内标高为+5.0m 的平台上，轧制中心线标高为+5.80m。

2.1.1　上料

车间使用的原料全部为合格连铸坯，转炉标段测温、编号后，送入本标段辊道，满足免加热直轧技术温度要求的钢坯，通过直轧爬升辊道迅速运输至轧机入口进行轧制。不直轧而需要热送热装的坯料，钢坯通过热送辊道及提升机进入加热炉加热。不直轧和热装的钢坯，按坯料的标识和库存要求，入库存放后通过电动平车倒运到轧钢车间原料跨，钢坯由磁盘吊车成排吊运至上料台架上，经上料台架转至入炉辊道入炉，逐根进行测长、称重，不合格钢坯由废钢剔除装置进行剔除，合格坯料由入炉辊道送入加热炉中加热[2]。

当下游轧线出现事故或不满足轧制要求时，钢坯可在加热炉出钢口的对侧，设一个升降炉门，将坯料反向输送出炉后，放在剔除装置，冷却之后处理。

2.1.2　加热

加热炉为步进式，侧进侧出。液压步进机构，炉内辊道出钢。

根据不同钢种的加热制度和加热要求，将坯料加热到950~1150℃后，按照轧制节奏由炉内辊道从加热炉单根送出，由出炉辊道逐根送至轧机，设在出炉口的高压水除鳞装置对钢坯进行除鳞，在除鳞机和粗轧机组之间，设有钢坯剔除装置，剔出不合格钢坯。

2.1.3 轧制和控制冷却

直轧爬升辊道或加热炉输送来温度合格的钢坯，在6架平立交替布置的粗轧机组中连续地进行无扭转微张力轧制，由1号飞剪切去头部（事故时可将轧件碎断），而后轧件进入6架平立交替布置的中轧机组进行轧制，轧件出中轧机组后再由2号飞剪切头尾（事故时可将轧件碎断），进入预精轧机组轧制，在预精轧机组机架间设有立式及侧活套，使轧件在预精轧机组之间处于无张力状态。

预精轧机组共6架轧机，前2架是短应力线轧机，后4架为悬臂辊环式轧机，活套高度由活套扫描器控制、自动调节、保持活套稳定，以使轧件在预精轧轧制过程中处于无张力状态，从而保证进入精轧机组轧件尺寸的精度[3]。

轧件出预精轧机组后先经水箱冷却，精轧前预水冷设置2段水箱，以控制轧件进入精轧机组的温度。轧件由精轧机组前的3号飞剪切头后进入精轧机组，在精轧机组飞剪前设有一个夹送辊，在生产大规格产品和事故时帮助输送轧件。在精轧机组前布置有侧活套和卡断剪。若轧件在精轧机组内发生事故，精轧机组入口处的卡断剪立即启动，将轧件切断，防止后续轧件继续进入精轧机，同时3号剪碎断功能启动，将轧件碎断。

精轧机组为顶交45°型的无扭轧机，由6+4模块轧机构成，采用悬臂式碳化钨辊环，轧件在悬臂式碳化钨辊环中进行高速、无扭轧制，将轧件轧成高精度、高表面质量的线材产品。圆到椭的机架之间可对轧件进行冷却，以减少高速轧制下产生的温升。在椭圆进圆的入口侧配置有滚动导卫，以便在高速下正确导送轧件，根据生产不同产品的规格，轧件在精轧机组中轧制4~10道次。

2.1.4 线材精整

轧出的成品线材，进入由精轧机后水冷装置和风冷运输机组成的控制冷却作业线。水冷装置主要用于进行控制冷却，以控制合适的成圈温度、氧化铁皮的生成量和吐丝温度。

为控制产品尺寸精度和表面质量，在精轧机组前、吐丝机前分别设有测径仪，以便对轧件尺寸精度进行连续监控，快速反馈。水冷后的线材由夹送辊送入吐丝机，高速前进的线材经吐丝机后形成螺旋形线圈，均匀地铺放在散卷风冷运输辊道上。不同钢种、不同规格的线材，根据工艺要求不同的冷却程序，或盖上保温罩进行缓冷，或打开保温罩进行自然空冷，或开风机进行强制风冷，获得最终用途的金相组织和机械性能[4]。

散卷冷却后，线圈到达运输机末端后进入集卷站，由集卷筒将互相搭接的线圈收集成竖直的松卷。盘卷被直接收集到立式卷芯架上并由线圈托板支撑，待尾部线圈托板完全下降，将盘卷放到立式卷芯架上，后者随后移出集卷站，与此同时，一个空的立式卷芯架将移至集卷站位置，线圈托板将重新抬起准备接受下一个卷。立式卷芯架运输辊道将立卷运输至翻转机构，盘卷经翻转后通过盘卷运输小车将松散卧卷移出，并挂到处于等待状态的悬挂式运输机（P&F线）的钩子上。盘卷挂好后，运卷小车返回，等待下一个盘卷。

盘卷在P/F冷却线C型钩上运输至卸卷装置，在运输过程中继续进行冷却，同时进行外表质量、外形尺寸检查；取样、切头、切尾及修剪。在线材打包机处进行压紧打捆，然后运至盘卷称重站处进行称量，挂标牌，最后将盘卷运到钢卷卸卷站卸下，盘卷以4卷为1组的模式，经电磁吊转运至成品库房存放或直接装入运输车辆。

切头和碎断了的废轧件落至平台下废料筐，1号飞剪、2号飞剪、3号飞剪的废钢料框由叉车至废钢收集区，通过汽运外运。落入铁皮沟内的氧化铁皮，用水冲至沉淀池定期用抓斗吊车抓出滤干后，经汽车运走。浊水处理排出的污水，由管道送至公司污水处理区域集中处理。

2.2　轧机组成及生产能力

2.2.1　轧机组成及主要技术性能

1号、2号高线车间分别有轧机28架：粗轧机组6架、中轧机组6架、预精轧机组6架，精轧机组为10架，轧线主轧机技术性能参数见表2。

表2　主轧机技术性能参数

Tab.2　Technical performance parameters of the main rolling mill

机列	机架序号	轧机名称	轧辊尺寸/mm×mm	电机功率/kW	电机型式
粗轧机组	1H	750短应力线轧机	ϕ750/650×850	500	AC变频
	2V	750短应力线轧机	ϕ750/650×850	500	AC变频
	3H	750短应力线轧机	ϕ750/650×850	650	AC变频
	4V	750短应力线轧机	ϕ750/650×850	650	AC变频
	5H	550短应力线轧机	ϕ610/520×850	650	AC变频
	6V	550短应力线轧机	ϕ610/520×850	650	AC变频
中轧机组	7H	550短应力线轧机	ϕ610/520×850	650	AC变频
	8V	550短应力线轧机	ϕ610/520×850	650	AC变频
	9H	430短应力线轧机	ϕ430/370× 700	650	AC变频
	10V	430短应力线轧机	ϕ430/370×700	650	AC变频
	11H	430短应力线轧机	ϕ430/370×700	650	AC变频
	12V	430短应力线轧机	ϕ430/370×700	650	AC变频
预精轧机组	13H	370短应力线轧机	ϕ370/305×600	650	AC变频
	14V	370短应力线轧机	ϕ370/305×600	650	AC变频
	15H	ϕ285悬臂式水平轧机	ϕ285/255×70	650	AC变频
	16V	ϕ285悬臂式立式轧机	ϕ285/255×95	650	AC变频
	17H	ϕ285悬臂式水平轧机	ϕ285/255×70	650	AC变频
	18V	ϕ285悬臂式立式轧机	ϕ285/255×95	650	AC变频
精轧机组	19H	ϕ230模块轧机	ϕ228.3/205×72	2000	AC变频
	20V	ϕ230模块轧机	ϕ228.3/205×72	2000	AC变频
	21H	ϕ230模块轧机	ϕ228.3/205×72		
	22V	ϕ230模块轧机	ϕ228.3/205×72		
	23H	ϕ230模块轧机	ϕ228.3/205×72	2000	AC变频
	24V	ϕ230模块轧机	ϕ228.3/205×72		
	25H	ϕ230模块轧机	ϕ228.3/205×72	2500	AC变频
	26V	ϕ230模块轧机	ϕ228.3/205×72		
	27H	ϕ230模块轧机	ϕ228.3/205×72	2500	AC变频
	28V	ϕ230模块轧机	ϕ228.3/205×72		

2.2.2　轧机生产能力

坯料尺寸：165mm×165mm×10000mm，单重2083kg

加热炉冷坯最大产量：150t/h

轧制速度：轧件的最大轧制速度为105m/s

间隙时间：5s

金属收得率：97%

按上述条件计算，轧机完成60万吨年产量的总轧制时间为6515h，考虑97%的成材率后轧机的负荷率=6515/0.97/7000×100%=96%。

3 车间平面布置

1号线主轧跨、2号线主轧跨、1号线成品跨、2号线成品跨，4个平行跨与原料一跨、原料二跨、加热炉跨三个垂直跨，组成“丁”字形七跨厂房。

高线单独设立轧辊间，短应力线轧机的拆装、堆存，备用机芯、导卫的的存放在本车间内，另外在本车间机修区域设立无尘装配间，除了考虑本车间的高速区设备外，还要考虑2条高棒车间的辊箱、锥箱的拆装和维护[5]。

车间设有安全通道和应急疏散通道，平面布置应合理安排车流、人流、物流，保证安全顺行，人车、人机隔离，主要生产场所的火灾危险性分类及建构筑物防火要符合最小安全间距[6]。

本车间主要操作设备均布置在高架操作平台上，从炉前区至吐丝机处的操作平台为与设备基础一体的混凝土结构平台，平台标高为+5.00m。从精轧机前至吐丝机处平台标高提高到+5.25m。操作平台下的主要布置有润滑站、液压站、高压水泵房、切头料筐等。沿轧线在设备基础中设有铁皮沟。另外，操作平台下还敷设了各种管线和电缆桥架，使得平台上整齐干净。

在1号线主轧跨与2号线主轧跨相对一侧各配有一个主电室。

车间总长度为612m，最大宽度为114m，主厂房面积54900m²，车间组成及厂房参数见表3。

表3 车间跨间组成表

Tab. 3 Table of workshop span composition

序号	名称	跨度/m	长度/m	厂房面积/m²	吊车轨面标高/m	备注
1	1号线主轧跨	24	612	14688	15	
2	2号线主轧跨	24	612	14688	15	
3	1号线成品跨	33	216	7128	10.5	
4	2号线成品跨	33	228	7524	10.5	
5	机修间	33	120	3960	10.5	
6	轧辊间	33	144	4752	10.5	
小计				52740		
7	1号线主电室	15	72	1080	四层	
8	2号线主电室	15	72	1080	四层	
合计				54900		

4 工艺与装备水平

（1）轧钢车间与连铸车间之间采用直轧或辊道热装热送。

（2）轧机生产能力可达130t/h，可以满足产品大纲要求。

（3）加热炉采用步进梁式，侧进侧出料方式，加热质量好、操作灵活、加热效率高，为生产优质产品提供了保证。

（4）轧线设置高压水除鳞装置，提高了产品质量[7]。

（5）全线采用无扭轧制，无张力和微张力轧制技术。

（6）轧线粗轧、中轧机组采用短应力线轧机，轧机刚性好、操作方便。预精轧机组采用平立交替布置单独传动的悬臂式炭化钨辊环轧机，轧机布置紧凑，可为精轧机组提供精度较高的轧件。精轧机组为顶交45°型的模块化轧机，碳化钨辊环轧机，轧件在精轧机组之间实行单线无扭转的微张力轧制，将轧件轧成高尺寸精度、高表面质量的线材产品。

（7）在精轧机组之后预留1个模块轧机，在精轧机组水冷装置后预留4架减定径机组，更适合于合结钢、轴承钢等产品的生产。

（8）采用延迟型散卷控制冷却线对线材进行在线余热处理、高效节能轴流风机、立式卷芯架、PF线、桑德斯打包机[8]。

（9）采用在线测径技术，对成品表面和尺寸进行连续监测，及时反馈产品的尺寸公差，对轧辊更换及提高产品质量有积极指导作用。

（10）采用控温轧制技术。在设计中重点控制轧件在生产过程各阶段的温度。在加热炉中均匀加热，按钢种严格控制开轧温度。在预精轧机组后设有水冷箱，以控制轧件进入精轧机组的温度。在精轧机组间及精轧机组后设有水冷箱，实现闭环控制，以控制轧件吐丝温度。采用延迟型散卷控制冷却线对线材进行在线余热处理。如此实现全轧线控温控轧控冷，提高产品的内在组织和性能。

（11）车间采用高架式布置，加热炉和轧线大部分设备布置在车间内标高为+5.0m的混凝土平台上。采用高架布置可减小地下土建施工量和施工难度，一些较深的设备基础基本上在地坪面以上。采用高架布置可使车间液压、润滑站及复杂的管网和电缆等布置在平台下，不仅便于施工安装，也便于今后的检修和维护[9]。

（12）轧线设备由1套先进的计算机系统进行控制，其控制功能齐全，且电气产品质量高、调试周期短、达产达效快，已经达到国际先进水平。

（13）轧线上设置有红外温度检测仪，用于检测轧件在各个工序中的温度情况，以便及时调整工艺参数，为正确控制轧制温度提供条件[10]。

5　结论

河钢唐钢新区高速线材生产线产品覆盖碳素结构钢、优质碳素结构钢、细晶粒热轧钢筋、焊丝、焊线、特种焊丝、优质碳素钢、预应力钢丝、钢绞线、帘线钢、胎圈钢丝、胶管钢丝、冷镦钢等，全线轧机国产化，粗中轧机组采用短应力线轧机，预精轧机组采用悬臂辊轧机，精轧机组采用模块化轧机，轧件尺寸精度高、表面质量好。全线控温水箱实现闭环控制，能够精确地控制温度精度，从而提高产品组织性能，降低合金元素的添加，为企业增加市场竞争力。产线总结和吸收国内外生产设计的经验，以“降本、高效”为核心设计理念，生产装备先进、产品质量优质、环保水平达到超低排放标准，是具有国内先进水平和一定规模的专业化生产线。

参考文献

[1] 李子林，曹树卫，余丽萍．安钢高速线材生产线工艺设计特点［J］．河南冶金，2002（8）：32~34.
[2] 张志刚．八钢高速线材单一孔型系统轧制技术简述［J］．新疆钢铁，2005（1）：28~29.
[3] 赵恒亮，薛宏波．短应力线无牌坊轧机简介［J］．重工与起重技术，2009（2）：11~14.
[4] 刘浩林，黄胜永，常志刚，等．对高速线材生产中控轧控冷的分析［J］．河北冶金，2005（5）：23~24.
[5] 高速轧机线材生产编写组．高速轧机线材生产［M］．北京：冶金工业出版社，2003.
[6] 孙汝林．高速线材吐丝机前夹送辊工艺设计与应用［J］．河南冶金，2009（10）：43~45.
[7] 徐晓春．高线厂工艺技术的优化创新与实践［J］．南钢科技与管理，2005（4）：1~7.
[8] 陈国庆，刘莹，梁云科，等．高碳SWRH82B盘条控轧控冷工艺优化［J］．天津冶金，2011（7）：17~18.
[9] 王有铭，李曼云．钢材的控制轧制与控制冷却［M］．北京：冶金工业出版社，1995.
[10] 黄燕，刘季冬．酒钢高速线材棒材复合生产线改造后工艺特点［J］．金属世界，2006（3）：30~25.

高线车间直接轧制技术的应用

刘彦君[1]，崔耀辉[2]，赵金凯[1]，张 达[1]，王晓波[1]

（1. 唐钢国际工程技术股份有限公司，河北唐山 063000；
2. 河钢集团唐钢公司，河北唐山 063000）

摘 要 河钢唐钢新区高线车间应用了国内外先进的免加热直接轧制技术，节省大量煤气，加热炉维修费用及和备件损耗大大减少，显著降低了能耗及生产运营成本，经济效益可观。同时，减少了 SO_2、NO_x 及粉尘等污染排放，有利于可持续发展。此外，免加热直接轧制工艺氧化少、无需除鳞，钢材表面质量好、金属收得率高，进而降低生产成本、保护环境，提高企业的市场竞争力。本文从高线车间工艺布置、直接轧制的工艺优点、应用效果，以及对炼钢和轧钢生产工序的要求等方面进行了全面介绍。

关键词 直接轧制；免加热；高线；热送热装；工艺布置

Application of Direct Rolling Technology in High-speed Wire Worshop

Liu Yanjun[1], Cui Yaohui[2], Zhao Jinkai[1], Zhang Da[1], Wang Xiaobo[1]

(1. Tangsteel International Engineering Technology Co., Ltd., Tangshan 063000, Hebei;
2. HBIS Group Tangsteel Company, Tangshan 063000, Hebei)

Abstract The high-speed wire rod workshop of HBIS Tangsteel New District has applied the domestic and foreign advanced heating-free direct rolling technology, which saves a large amount of gas, reduces the heating furnace maintenance costs and spare parts loss, significantly decreases energy consumption and production operation costs, and has considerable economic benefits. At the same time, it also reduces pollutant emissions such as SO_2, NO_x and dust, resulting in sustainable development. In addition, the heating-free direct rolling process has less oxidation, no descaling, good steel surface quality and high metal yield, so as to reduce production costs, protect the environment and improve the market competitiveness of enterprises. This paper comprehensively introduces the process layout of the high-speed wire rod workshop, the process advantages and application effects of direct rolling, as well as the requirements for steelmaking and rolling production processes.

Key words direct rolling; heating-free; high-speed wire rod; hot delivery and hot charging; process layout

0 引言

连铸坯直接轧制工艺是钢铁生产发展的重要方向，能够实现直轧的稳定生产需要炼钢、连铸及轧钢多道工序的技术进步和密切配合[1]。在国内，从 2009 年东北大学与鞍钢兴华轧钢厂合作的棒材免加热直轧生产线到 2020 年 9 月改造投产的首钢长治钢铁棒线材直轧成功，虽然都是改造项目，也让我们看到了免加热直轧技术为钢铁行业可持续发展带来的社会效益、安全环保效益及经济效益。河钢唐钢新区新建双高速线材生产线，从节能减排、技术先进、兼顾多品种、低成本、高效益的角度出发，合理布置工艺、力争最大程度地保护环境、降低生产成本。本文在介绍河钢唐钢新区双高速线材生产线产品定位和工艺流程的基础上，分析了免加热直接轧制的工艺特点、应用效果，以及经济效益情况，为同行其他钢铁企业的建设提供借鉴。

作者简介：刘彦君（1967—），女，高级工程师，1988 年毕业于北京科技大学轧钢专业，现在唐钢国际工程技术股份有限公司主要从事轧钢设计工作，E-mail：liuyanjun@ tsic. com

1　双高速线材生产线热送区生产工艺

1.1　产品定位

河钢唐钢新区项目长材工程配套 2 条高线，年产能 120 万吨，采用+5.00m 高架平台布置。坯料来自于毗邻的炼钢连铸车间，连铸坯规格：165mm×165mm×10000mm。

2 条轧线配置和产品方案相同，主要生产 ϕ6~16mm 的螺纹盘条和 ϕ5.0~22mm 光圆盘条，盘重 2t。产品以螺纹钢盘条为主，占比约 60%，其余为焊丝、焊线、钢绞线、冷镦钢等盘圆产品，其中螺纹钢盘条全部采用直轧方式生产。

1.2　工艺流程

双高速线材生产线热送区工艺流程如图 1 所示。

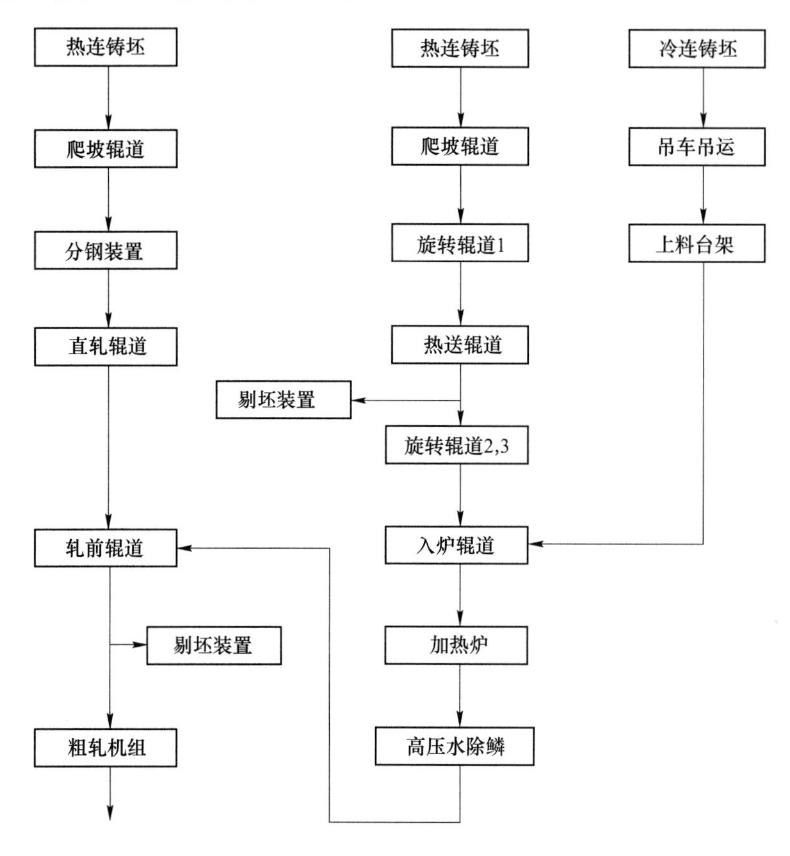

图 1　双高速线材生产线热送区工艺流程

Fig. 1　Process flow of the hot delivery area of double high-speed wire rod production line

来自连铸机的合格连铸坯，满足免加热直轧技术温度要求的钢坯，通过直轧爬升辊道迅速运输至轧机入口进行轧制；不直轧而需要热送热装的坯料，通过爬升辊道运至平台上，经旋转辊道 1 将铸坯旋转 90°，热送辊道将其分别送入旋转辊道 2 或旋转辊道 3，再转向后进入加热炉加热，加热好的坯料出炉经高压水除鳞送入轧机进行轧制；不直轧和热装的钢坯，按坯料的标识和库存要求，入库存放后通过电动平车倒运到轧钢车间原料跨，钢坯由磁盘吊车成排吊运至上料台架上，经上料台架转至入炉辊道入炉，逐根进行测长、称重，不合格钢坯由废钢剔除装置进行剔除，合格坯料由入炉辊道送入加热炉中加热，再经出炉、高压水除鳞后送入轧机进行轧制。

1.3　工艺平面布置

平面布置以直轧为中心，兼顾热送热装及冷装（见图 2）。从连铸坯拉出切断起至轧机咬入距离约 180m，在四面保温的辊道上经过爬坡、分线、转弯等过程，运行时间约为 35s。

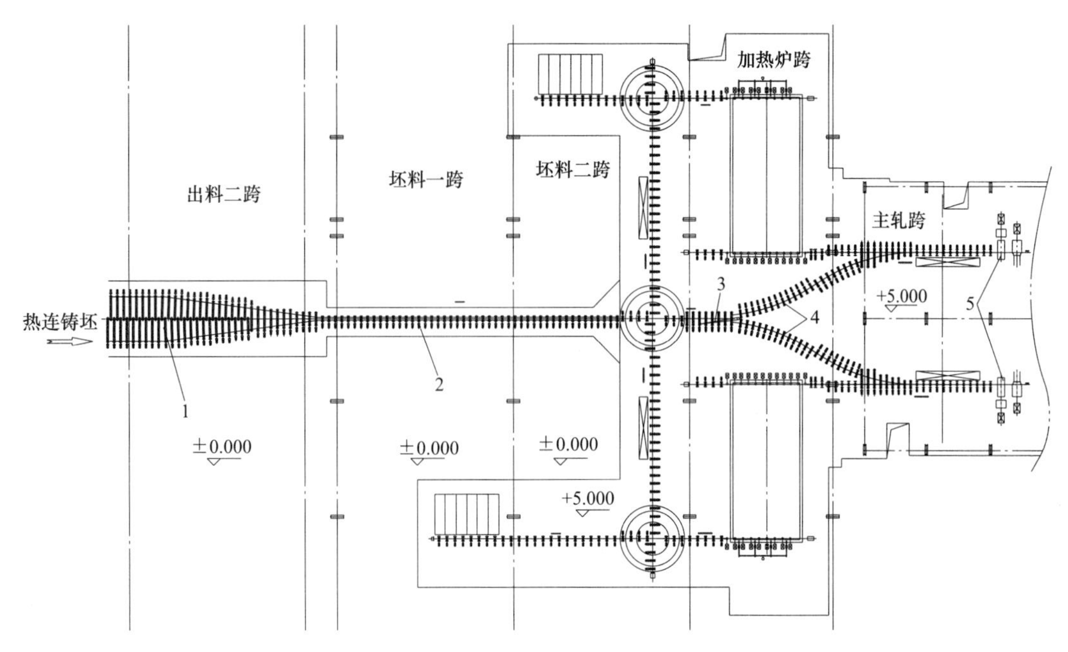

图 2 双高速线材生产线热送区工艺平面示意图

Fig. 2 Plane diagram of the hot delivery area of the double high-speed wire rod production line process

1—汇集爬坡辊道；2—输送辊道；3—分钢装置；4—直轧辊道；5—粗轧机组

2 主要设备参数及性能

（1）汇集爬坡保温辊道（双线共用）。将从连铸冷床出来的钢坯逐渐汇集到同一段辊子上，同时向上爬坡。辊子规格 ϕ300mm×（4000～3000）mm，辊道设保温罩，四面保温，辊道间距 1200mm，辊道速度约 5.5m/s，交流电机单独驱动，电机变频控制。

（2）输送保温辊道（双线共用）。输送钢坯并向上爬坡至 5m 平台。辊子规格 ϕ300mm×600mm，辊道设保温罩，四面保温，辊道间距 1200mm，辊道速度约 5.5m/s，交流电机单独驱动，电机变频控制。

（3）旋转辊道 1（双线共用）。旋转辊道 1 位于输送保温辊道一侧，用于将坯料旋转 90°，运送至 1 线或 2 线热送辊道上，辊子规格 ϕ300mm×400mm，辊道间距约 1500mm。

（4）分钢装置（双线共用）。将爬坡辊道送来的坯料拨至 1 号高线直轧辊道或 2 号高线直轧辊道，动力源为压缩空气。

（5）直轧辊道（双线各 1 套）。直轧辊道位于分钢装置至轧机前辊道之间，用于将坯料输送至轧机前辊道上。辊子规格：ϕ300mm×600mm，辊道设保温罩，四面保温，辊道间距 1200mm，辊道速度约 5.5m/s，交流电机单独驱动，电机变频控制。

（6）轧机前辊道（双线各 1 套）。将坯料输送至粗轧机组。辊子规格 ϕ300mm×600mm，辊道间距 1200mm，辊道速度 0～1.5m/s，交流电机单独驱动，电机变频控制。

（7）热送辊道（双线各 1 套）。热送辊道位于旋转辊道 1 之后，并将坯料输送至旋转辊道 2 及旋转辊道 3。辊子规格 ϕ300mm×400mm，辊道设保温罩，四面保温，辊道间距 1200mm，辊道速度 0～1.5m/s，交流电机单独驱动，电机变频控制。

（8）旋转辊道 2 及旋转辊道 3。将来自热送辊道的坯料经 90°旋转送至相应的入炉辊道，参数同旋转辊道 1。

（9）上料台架（双线各 1 套）。上料台架位于 5m 平台上，用于接收吊车运来的成排钢坯，并将钢坯移送至入炉辊道。液压缸驱动移动小车往复运动，存坯数量 30 根。

（10）入炉、出炉辊道及加热炉（双线各 1 套）。将冷装及热装炉的坯料送入、送出加热炉，在加热炉内将钢坯温度提升至轧制要求的温度。

（11）高压水除鳞装置（双线各 1 套）。除去出炉钢坯的炉生氧化铁皮，除鳞喷嘴压力（工作压力）25MPa。

3　免加热直接轧制的工艺特点及应用效果

随着连铸技术的发展进步，拉速的不断提高，使得连铸坯免加热直接轧制成为可能。河钢唐钢新区双高线对应的连铸机在生产 165mm×165mm 方坯时，稳定生产拉速可达 4m/min，坯料切断后表面温度约 950℃，芯部温度更高。在保温辊道上快速运至粗轧机前，可保证开轧温度（表面）在 920℃左右，能够满足螺纹钢盘条生产要求。

线材产品多为高碳钢或其他特殊钢，生产组织采取连铸坯热送热装方式，因炼钢、连铸及轧钢工序冲突下线的坯料，集中组织冷坯入炉加热方式生产。全年可减少一半以上的开炉时间。

3.1　优点

（1）免去加热环节，节省大量煤气，省去了加热炉维修费用及和备件损耗，显著降低能耗和生产运营成本，创造可观经济效益[2]。

（2）工艺氧化少，无需除鳞，钢材表面质量好，金属收得率高。

（3）免加热减少安全风险，管理操作流程简化，为实现本质化安全生产创造有利条件。

（4）减少 SO_2、NO_x 及粉尘等污染排放，有利于可持续发展。

（5）铸坯表面温度低、芯部温度高，轧制变形深透，内部裂纹的愈合条件好。

（6）920℃左右中温开轧可提高产品强度 10~30MPa，改善性能。

（7）有减少合金元素添加量的前景。

3.2　对炼钢、轧钢生产的要求

免加热直接轧制工艺技术的实施必然需要炼钢、连铸、轧钢的高效配合。首先要求炼钢、连铸工序提供质量好、性能稳定的无缺陷连铸坯，严格控制连铸坯在连铸机内的冷却过程，尽可能提高连铸机的出坯温度，这就使得高温连铸技术因用而生[3]。

河钢唐钢新区双高线炼钢、连铸系统采用了多项新工艺、新技术，如高效结晶器、高拉速电动缸振动、高压全水二冷等工艺。165mm×165mm 断面可以在 4.0m/min 的拉速下长期稳定生产，保证少流数浇铸时铸机和转炉、轧机的匹配，提高整条生产线的作业率。

轧钢环节首先应尽量减少换辊等计划停车时间。采用无孔型轧制技术，减少换孔型和导卫的时间；选用耐磨轧辊，提高操作人员的操作熟练程度。其次，工艺设备选型稳定可靠，全线采用控温轧制技术，多处设置有红外温度检测仪，用于检测轧件在各个工序中的温度情况，以便及时调整工艺参数，重点控制轧件在生产过程各阶段的温度；轧线设备由一套先进的计算机系统进行控制，其控制功能齐全，电气产品质量高，以尽量减少人工操作，减少生产事故、故障等非计划停车时间。

直接轧制的高效生产，还需要各工序有计划地组织及一体化管理。

3.3　经济效益

热轧生产中，坯料加热耗能高，约占系统耗能的 80%[3]。

双高速线材生产线年产能力约 120 万吨，可直接轧制的盘螺产品按 60%计，为 72 万吨，直轧率按 90%计，直轧产品产量约为 65 万吨。每吨可至少降低生产成本约 50.9（18.9+32）元，全年可期收益约 65 万吨×50.9 元/t=3308 万元。分项如下所述：

（1）燃料消耗：直接轧制、冷坯轧制及热送热装吨钢燃料消耗参见表 1。

表 1　直接轧制、冷坯轧制及热送热装吨钢燃料消耗

Tab. 1　Fuel consumption of ton steel for direct rolling, cold billet rolling and hot delivery and hot charging

项目	高炉煤气消耗量/m^3	参考计算价格/元 · m^{-3}	总计价格/元
直接轧制	0	0.07	0
冷坯轧制	420	0.07	29.4
热送热装（700℃）	270	0.07	18.9

（2）氧化烧损：直接轧制吨钢可减少氧化烧损约 0.8%，盘螺产品按 4000 元/t 计，吨钢可节省成本 32 元。

（3）提高连铸坯出坯温度还可节省铸机冷却水的使用量。

4 结语

河钢唐钢新区双高速线材生产线积极采用免加热直接轧制技术，从炼钢、连铸到轧钢，从合理的工艺布置到设备选型，都最大可能地满足了盘螺产品直接轧制的要求，同时兼顾了其他盘圆产品的生产。免加热直接轧制工艺，节省大量煤气，省去了加热炉维修费用及和备件损耗，显著降低能耗和生产运营成本，创造可观经济效益。同时减少 SO_2、NO_x及粉尘等污染排放，有利于可持续发展有利于经济社会可持续发展，提高企业的市场竞争力。

参 考 文 献

[1] 赵铭，杨永强．连铸坯直接轧制技术简介［J］．轧钢，2014（7）：125~127.
[2] 朱绪．连铸坯直轧技术在棒材生产线的应用［J］．河北冶金，2017（10）：262~265.
[3] 赵海峰，王广红．连铸坯热送热装工艺发展概论［J］．连铸，2004（4）：3.

中型生产线工艺设计

王晓波[1]，李毅挺[2]，赵金凯[1]，刘彦君[1]

（1. 唐钢国际工程技术股份有限公司，河北唐山 063000；
2. 河钢集团唐钢公司，河北唐山 063000）

摘　要　河钢唐钢新区中型生产线采用“BD1+BD2+7 架万能精轧”的型钢生产线工艺布置方案，可实现多种生产模式灵活切换，同时保留轧线脱头轧制的可能性，为部分特殊产品生产创造有利条件。产线采用了长尺冷却-长尺矫直-冷锯锯切的精整工艺，减少了矫直盲区，确保钢材表面质量及内部质量，提高平直度及成材率，将给河钢唐钢新区带来良好的社会效益和经济效益。本文将从产品和原料、工艺设计特点、车间平面布置、工艺与装备水平等方面对河钢唐钢新区中型生产线进行介绍。

关键词　中型；万能轧机；工艺；装备；特点

Process Design for Medium Section Production Lineinhbis

Wang Xiaobo[1], Li Yiting[2], Zhao Jinkai[1], Liu Yanjun[1]

(1. Tangsteel International Engineering Technology Co., Ltd., Tangshan 063000, Hebei;
2. HBIS Group Tangsteel Company, Tangshan 063000, Hebei)

Abstract　The medium-sized production line in HBIS Tangsteel New District adopts the process layout scheme of “BD1+BD2+7-shelf universal finishing rolling” section steel production line, which can realize flexible switching between multiple production modes. Meanwhile, it can retain the possibility of off-head rolling on the rolling line, creating favorable conditions for the production of some special products. The production line adopts the finishing process of long-length cooling-long-length straightening-cold sawing, which reduces straightening blind zones, ensures the surface and internal quality of the steel, as well as improves the flatness and yield rate, resulting in good social and economic benefits to HBIS Tangsteel New District. In this paper, the medium-sized production line of HBIS Tangsteel New District were introduced in terms of products and raw materials, process design characteristics, workshop layout, process and equipment level.

Key words　medium-sized; universal rolling mill; process; equipment; characteristics

0　引言

河钢唐钢新区中型生产线采用“BD1+BD2+7 架万能精轧”的型钢生产线工艺布置方案，可实现多种生产模式灵活切换，同时保留轧线脱头轧制的可能性，为部分特殊产品生产创造有利条件。在产品设计上着眼于产品尺寸精度升级、产品表面质量升级。主要产品有矿用 U 型钢、矿用工字钢、热轧轻轨/重轨、等边角钢、不等边角钢等，应用于矿山巷道支护、国内外电力行业、工程机械制造、交通运输等行业领域。

1　生产方案及工艺

1.1　产品大纲

中型生产线年生产的中型材产品种类多。热轧矿用 U 型钢，包括 18UY、25UY、25U、29U、36U、

作者简介：王晓波（1972—），女，高级工程师，1996 年毕业于河北理工学院金属压力加工专业，现在唐钢国际工程技术股份有限公司主要从事轧钢设计工作，E-mail：wangxiaobo@ tsic. com

40U；热轧矿用工字钢，包括矿 9 工、矿 11 工、矿 12 工；热轧轻轨/重轨，包括 18～30kg/m；10 号～18 号热轧等边角钢和热轧不等边角钢 10 万吨；将来根据市场的具体情况，可开发多种品种，包括热轧 H 型钢、鱼尾板、T 型钢、电梯导轨钢、叉车门架型钢、履带型钢、槽钢、热轧工字钢等品种。主要钢种有碳素结构钢、低合金结构钢等。

成品型钢按 GB/T 4697—2008、YB/T 5047—2000、GB/T 11264—2012 、GB/T 706—2016 等国家标准组织生产、进行检验和交货。轻轨定尺长度 4～12m，其他产品定尺长度 6～15.5m。产品为成捆交货，每捆重量 1000～6000kg；每捆最大尺寸 600mm×600mm，打捆道次满足《型钢验收、包装、标志及质量证明书的一般规定》要求。

1.2 原料

原料采用河钢唐钢新区二炼钢厂连铸车间提供的合格连铸方坯和矩形坯，由辊道或平板车运送至车间原料库。

坯料断面尺寸有 3 种规格：165mm×165mm、165mm×225mm、165mm×280mm；坯料长度为 7000～10000mm、3500～4500mm。

目前，生产小规格的型钢多选用小方坯，而大规格的型钢则选用矩形坯居多。本产线选择 3 种坯料，既有利于轧线的生产组织，又尽量满足了产品对坯料的不同要求。矩形坯 165mm×280mm 可以最大限度地发挥连铸机的产能；而且由于坯重增大，产品的切头尾减小，提高车间的成材率。而且，采用此坯形可以最大限度地扩展 H 型钢产品的上限，增强产品的市场适应性。

1.3 工艺流程

轧钢车间与炼钢车间毗邻，连铸出坯跨的热连铸坯由热送辊道单根运至中型车间原料跨，由入炉辊道经称重、测长后送入步进梁式加热炉内进行加热。部分冷坯由过跨平板车运到轧钢原料跨，由原料跨吊车将钢坯吊运至冷坯堆放场，由冷坯上料台架经辊道运至加热炉。

坯料的加热采用步进梁式加热炉，燃料为高炉煤气，当坯料加热至规定的温度以后出炉。

加热炉出炉辊道将钢坯送入炉后高压水除鳞装置，为钢坯清除氧化铁皮。

然后，钢坯通过辊道送往 1 号可逆式开坯轧机（BD1）进行 3～5 道往复轧制，轧出所需的断面形状。BD1 前后设有推床和翻钢机，引导钢坯进入孔型，必要时用翻钢机进行翻钢。

轧件经 BD1 开坯机轧制后，通过辊道送往 2 号可逆式开坯轧机（BD2）进行 1～3 道往复轧制，轧出精轧机组所需要的断面形状。BD2 前、后设有推床，BD2 前设有钳式翻钢机，引导钢坯进入孔型，必要时用翻钢机进行翻钢[1]。

经开坯后的轧件送往精轧机组，精轧机组前设有切头热锯和高压水除鳞装置，切头并去除氧化铁皮。之后轧件通过辊道送入精轧机组进行最终成型轧制，连轧机的轧制过程为自动进行，并实现微张力轧制。精轧机组为 7 机架连轧，其中 5 架为万能轧机（可转换为二辊水平轧机），2 架二辊水平轧机。轧机机架布置为：U/H-U/H-H-U/H-U/H-H-U/H，精轧机组的主传动电机为单独传动，精轧机组最大出口速度约为 6m/s。

另外，精轧机组预留 2 架万能轧机基础，可实现 1 架开坯机+9 架连轧机组生产模式；在精轧机组后冷床输入辊道上预留 1 架万能精轧机位置（只打桩），满足生产线具备脱头轧制的可能性。

换辊时，可逆开坯机全套辊系（包括轧辊和导卫）移出机架，通过小车送入轧辊间进行辊系更换；精轧机为整机架快速更换，新机架在换辊间完成组装，通过平板车送入主轧跨，由快速更换装置进行换辊。根据轧辊配辊情况，精轧机通过横移油缸推动机架横移进行更换轧槽。

精轧后轧件通过辊道送往冷床，冷床前设有 1 台热锯，用于对型钢轧件进行切头尾、取样。冷床采用步进梁式，入口设有预弯装置，可对轻轨、不等边角钢等非对称断面进行预弯操作。冷床出口设有气雾冷却装置，对轧件进行强制冷却。冷却后的轧件通过冷床输出辊道，送往矫直机。

轧件经 650 辊式矫直机或 900 辊式矫直机进行长尺矫直后，进入编组台架收集、排钢，以便成排锯切。

成排轧件通过辊道送往冷锯组切定尺，冷锯组包括 1 台固定锯、2 台移动锯和 1 台定尺机，将轧件切成 4~15.5m 定尺。

切成定尺的成品型钢送往检查码垛台架，轻轨/重轨产品以及经检查有缺陷的型钢，经剔除辊道送入剔除台架进行收集、人工打捆；其他合格产品由 3 台码垛机进行自动码垛，然后经输出辊道送至打捆机自动打捆[2]。

成捆钢材经人工喷号、称重、标牌后进入成品收集台架，由成品跨吊车吊运入库、发货。

热锯和冷锯切下的头、尾经溜槽落入收集筐中，其他轧制废品用火焰切割成小段装入收集筐中，用吊车或叉车将收集筐中废钢运至指定地点堆放，定期运至炼钢厂。

1.4 工艺平面布置

中型车间由原料一跨、原料二跨、加热炉跨、主轧跨、冷床跨、精整跨、成品一跨、成品二跨、轧辊间组成，其中原料一跨、原料二跨、加热炉跨与棒材、高线车间共用（通跨）。原料一跨与连铸出坯跨毗邻布置，脱开 6m，通过热送辊道相连接，实现热送热装。

主轧线采用高架式布置，高架平台标高+5.0m，轧线标高为+5.8m，主要跨间组成见表 1。

表 1 厂房主要跨间组成

Tab. 1 The main span composition of the plant

跨间名称	主厂房		轨面标高/m	备注
	跨度/m	长度/m		
原料一跨	33	121	+15	与高棒生产线共用
原料二跨	33	121	+15	与高棒生产线共用
加热炉跨	27	75	+15	与高棒生产线共用
主轧跨	30	410	+15	
冷床跨	43	149	+15	
精整跨	17	309	+15	
成品一跨	33	309	+15	
成品二跨	30	309	+15	
轧辊间	21	410	+15	

2 工艺特点及装备水平

（1）热送热装节能减排。轧钢车间与炼钢车间毗邻布置，实现热送热装，减少加热炉能源消耗和排放，减少钢坯堆存量。

（2）步进式加热炉。采用步进式加热炉，钢坯加热温度均匀，提高产品质量和精度。

（3）多级高压水除鳞。采用多级高压水除鳞，提高产品表面质量，同时降低轧辊消耗。

（4）轧机配置合理，生产模式灵活切换。采用 BD1+BD2+7 架万能精轧的轧机配置（另预留 2 架精轧机），可实现多种生产模式灵活切换，同时保留轧线脱头轧制的可能性，为部分特殊产品生产创造有利条件。

（5）二辊可逆式开坯机。采用二辊可逆式开坯机，轧机刚度大、换辊方便、可靠性高、自动化程度高。

（6）万能精轧机组。配置万能精轧机组，采用万能法轧制钢轨，轨头、轨底得到充分加工和均匀延伸，成品断面尺寸精度提高，轨底平直，内应力小，冷后弯曲度小，所有规格产品在轧制过程中均无需扭转[3]。

（7）长尺冷却、长尺矫直。采用长尺冷却、长尺矫直，减少了矫直盲区，确保钢材表面质量及内部质量，提高平直度及成材率；降本增效，增强企业竞争力。

（8）带有预弯装置的步进式冷床。采用步进梁式冷床，入口设有预弯装置，产品冷却均匀，弯曲度小，降低了钢材表面划伤，为生产轻轨等产品创造条件。

（9）自动码垛机、自动打捆机。型钢采用自动码垛和自动打捆工艺，减轻工人劳动强度，提高生产率和成品包装质量。

3 中型生产线关键设备组成

3.1 加热炉

加热炉为侧进侧出双蓄热步进梁式加热炉，炉子的有效长度为30000mm，加热炉的额定加热能力为120t/h，加热温度为1250℃。

3.2 粗轧高压水除鳞装置

粗轧高压水除鳞装置用于除掉钢坯表面的一次氧化铁皮。除鳞系统泵站布置于出炉辊道区域泵房内，除鳞箱布置于出炉辊道前段辊子之间。系统压力27MPa，除鳞点压力25MPa。

3种规格坯料共用1套除鳞环，材质为不锈钢；辊道速度0~2.0m/s；除鳞箱长度约1200mm；除鳞箱宽度约600mm。

3.3 粗轧机

粗轧机为2架开坯机，BD1和BD2，均为二辊闭口可逆式轧机，轧辊直径ϕ800/ϕ700mm，最大辊环直径为1100mm，辊身长度为2100mm，最大轧制力为6000kN，各由1台3600kW交流电机驱动，交-直-交变频调速。BD轧机具有以下特点：

（1）轧辊的轴向调整装置位于下辊轴承座的外部，由2个轴向调整油缸驱动斜楔来实现，轴向调整范围±5mm。上辊固定，上下轧辊轴向锁紧装置为4个液压缸驱动的卡板。

（2）压下装置，两侧电动压下，传动装置安装在轧机顶部平台上，由1台电动机传动，电动机（带编码器）通过联轴器、蜗轮减速机使压下螺丝上下运动，可实现自动设定。

（3）轧制线高度调整装置，下辊的位置调整是靠垫片来调节的。

（4）换辊采用短行程液压缸+电动牵引小车+液压横移的方式。换辊装置由1个由电机驱动换辊小车和横移装置组成。

（5）轧机前后设置有带翻钢机的推床，可实现任意道次的移钢或翻钢。

3.4 1号热锯

切头热锯布置在精轧机组前，用于型钢热轧时，对轧材切头，方便进入精轧机。形式是滑座式热锯，电机通过皮带传动，液压进锯。锯片预装架及铁皮斗各1个。热锯后设置1台升降挡板，辅助切头。

3.5 精轧机前高压水除鳞

精轧机高压水除鳞装置用于除掉钢坯表面的二次氧化铁皮。高压水除鳞系统泵站布置于精轧前高压水除鳞泵房内，除鳞箱布置于精轧入口辊子之间。运行速度约2.0m/s；除鳞箱长度约1200mm；除鳞箱宽度约600mm；系统压力最大25MPa。除鳞箱带移出功能，不使用时可移出轧线（除鳞箱接管处采用金属软管）。

3.6 精轧机

精轧机组共有7架轧机（5架万能/二辊轧机+2架二辊水平轧机），呈连轧布置。其中第3架和第5架为水平机架，其余机架为水平/万能轧机。

机架布置：01H/U（预留）-02 H/U（预留）-1H/U-2H/U-3H-4H/U-5H/U-6H-7H/U；连轧机组后预留1架精轧机（H/U轧机）。预留的精轧机可实现多种生产模式灵活切换，为将来新品种的开发，留有多种的生产工艺上的可能性。

精轧机组的每架轧机由1台1400kW交流变频电机单独驱动，交-直-交变频调速。轧制钢轨和H型钢时，万能轧机作为万能轧机使用，带2个水平辊和2个立辊。轧制其他普通型钢时，万能轧机转换成二辊轧机，不带立辊，只有2个水平辊。精轧机组具有以下特点：

（1）轧机为紧凑式短应力无牌坊轧机，刚性好，轧件尺寸精度高。

（2）轧辊压下装置为液压马达驱动涡轮蜗杆机构，通过丝杆使轧辊相对运动，实现辊缝自动设定。

（3）万能轧机和二辊轧机采用统一机架形式，便于实现快速更换，较少轧机备件。

（4）立辊辊系为组合式，拆卸和更换方便。

（5）机架采用整机快速更换，新机架在轧辊间完成组装，无需在线调整，缩短了停机时间，提高作业率。

（6）轧机的换辊采用整机架快速换辊的方式，当更换产品规格需要更换轧辊时，首先将所有需要更换的新轧机用行车吊到快速换辊横移台架上的准备位置。换辊时由液压缸将精轧机机架整体推出到换辊横移台架上，该小车在横移液压缸的作用下横移一定距离，将新的轧机对准传动装置中心，然后由换辊液压缸将新机架拉入轧线。

3.7　2号热锯

2号热锯位于冷床前，用于轧件的切尾、取样。型式为液压驱动滑座式，皮带传动，液压进锯。设取样台1个、锯片预装架及铁皮斗各1个。热锯后设置1台升降挡板，辅助切头。热锯配有中压水，用于防止锯屑飞溅和冷却锯片，取样的长度可通过人工调整挡板的位置来实现。

3.8　步进式冷床

冷床型式为步进梁式；冷床面积为125m×31.4m；步距为150mm。

轧件上冷床最高温度950℃；轧件下冷床温度低于80℃。

冷床的入口移钢小车在冷床入口侧，横向移送单根轧件，将轧件从辊道上托起移送到冷床步进梁上，同时如果是非对称断面轧件，通过调整横移小车行程，实现对轧件的预弯功能。步进梁出口侧附近设置水雾冷却装置，确保轧件冷却至80℃以下，同时在出口处设有出口移钢小车，将冷床上冷却后的单根轧件移到冷床输出辊道上。

3.9　矫直机

冷床出口布置2台矫直机，650矫直机、900矫直机各1台，用于矫直不同规格的轧件。矫直机的型式均为悬臂辊式等节距辊式矫直机，固定。

650矫直机有10根水平排列的矫直辊。矫直辊中心距650mm，矫直辊直径640/550mm，矫直速度最大6m/s；900矫直机有10根水平排列的矫直辊。矫直辊中心距900mm，矫直辊直径890/790mm，矫直速度2.5~6m/s。

矫直机形式相同，传动为集中传动装置，由1台主电机、联轴器、齿轮箱、传动轴等组成。横移装置由液压缸驱动，碟簧锁紧、液压打开。矫直机固定，在机架下部设计有氧化铁皮收集罩，氧化铁皮通过漏斗形的收集罩掉落至收集料斗中。

650矫直机需要实现与900矫直机切换使用，当650或900矫直机不在线时，用替换辊道输送轧件。

3.10　成排台架

成排台架用于轧件的成排编组和移送。成排台架的尺寸为125m×4.7m；轧件最大成排宽度1050mm。形式为链式运输机，入口、出口为摆动链。

3.11　冷锯

冷锯机组由2台移动锯和1台固定锯组成，3台锯的本体结构相同。

移动锯位于成排台架后；轧件成排后，运输到移动锯处进行定尺锯切（配合龙门式定尺机，定尺长度4~15.5m）。

移动锯的形式为滑座式。液压进锯，电动横移，锯片锁紧方式为机械方式，带锯屑收集装置。设压料装置4台和水平夹紧7台。

固定锯位于活动锯后，用于轧件的定尺锯切、切头切尾。技术参数和形式与移动锯相同。

固定锯后设可移动式齐头挡板1台，液压驱动升降，距离固定锯锯片0.5~1m。固定锯前设翻板机构，液压驱动，用于非常规定尺、长尺切尾翻至线外。

3.12 检查堆垛台架

3套检查堆垛台架，用于人工目视检查型钢质量、分钢、堆垛。1号和2号检查堆垛台架的尺寸为12m×19.8m，堆垛长度范围6~12m；3号检查堆垛台架的尺寸为15m×21.4m，堆垛长度范围6~15m。设备组成包括可摆动入口链式移送机、分离器升降挡板、检查链式移送机、升降辊道、堆垛链式移送机、自动翻转堆垛装置、自动平移堆垛装置、堆垛台等。

3.13 短尺收集区

短尺剔除辊道位于检查堆垛台架侧面，将短尺轧件的输送至短尺台架，用于短尺及不合格型钢的存放。短尺台架尺寸为：15m×10m。

3.14 打捆区域

3套打捆机配合8台液压侧夹紧装置，将成垛的型材打捆。最大打捆尺寸600mm×600mm。

3.15 成品收集台架

2套成品收集台架用于成品捆收集。1号成品收集台架的尺寸为15m×11.5m；2号检查堆垛台架的尺寸为12m×11.5m。由入口摆动链和成品收集链、收集钢构平台、端部固定挡板等组成。设置有翻钢机及称重装置，方便吊运，不用时可隐藏。

3.16 轻轨精整区域

1台横移台架用于过跨运输轻轨，台架尺寸12m×11.5m。台架为钢结构件，链条由电机传动，液压升降。

6台铣钻床对轻轨端面的铣削及钻孔加工；铣钻床是机电一体化设备，按照轻轨18kg/m、22kg/m、24kg/m、30kg/m通用设计。

3套轻轨铣钻台架收集轻轨，台架尺寸12m×5m，台架为钢结构件，链条由电机传动，液压升降，尾部设有料框。

3.17 改尺区域

1套改锯位于改尺区，型式为带锯，用于单根缺陷轧件或非定尺轧件的改尺。

1套改尺辊道和收集台架，收集改尺后的轧件；最大轧件长度15.5m。液压驱动摆臂将轧件移出辊道，收集台架为钢结构件，带料头框。

4 结论

河钢唐钢新区新建的中型生产线采用“BD1+BD2+7架万能精轧”的型钢生产线工艺布置方案，并且在7架万能精轧后又预留了1架轧机精轧机组型式，万能轧机和二辊轧机采用统一机架形式，便于实现快速更换，较少轧机备件。可实现多种生产模式灵活切换，即承接原有的客户及产品，后续又可开发多种新品种。有效改善了河钢唐钢新区的产品结构，提高产品核心竞争力。产线采用了长尺冷却-长尺矫直-冷锯锯切的精整工艺，减少了矫直盲区，确保钢材表面质量及内部质量，提高平直度及成材率，将给河钢唐钢新区带来良好的社会效益和经济效益。

参考文献

[1] 胡子华，黄东城．昆钢中小型H型钢生产线工艺及设备特点［J］．轧钢 2013（6）：38~40.
[2] 李杰．莱钢中型生产线轧制参数控制与优化［J］．莱钢科技．2006（1）：29~31.
[3] 赵志成，陈钢．日照中型型钢生产线轧制技术应用简析［J］．钢铁研究，2003（6）：8~10.

冷轧系统工艺设计

赵金凯，于晓辉，于绍清，刘凤芹，王晓波

（唐钢国际工程技术股份有限公司，河北唐山 063000）

摘　要　河钢唐钢新区 2030mm 冷轧系统设置推拉式酸洗机组、酸轧联合机组、连续退火机组、电镀锌机组、连续热镀锌机组、重卷拉矫机组、重卷检查机组、半自动包装机组等主要生产机组，其中包括与 POSCO 合资建设的中国单体规模最大的高端汽车面板生产基地。冷轧系列产品结构合理、定位准确，热基产品面向军工、汽车、结构等高强用钢；冷基产品以高档次汽车面板为主、兼顾高等级高强钢和家电板。产线应用国内外先进的生产技术，致力于为全球客户提供以低碳、高强、轻量化为主要特点的绿色用钢材料解决方案。本文将从产品与原料、工艺设计特点、车间平面布置、工艺与装备水平等方面对河钢唐钢新区 2030mm 冷轧系统进行介绍。

关键词　2030mm；冷轧；推拉式酸洗；连续退火；热镀锌；电镀锌

Process Design for Cold Rolling System

Zhao Jinkai, Yu Xiaohui, Yu Shaoqing, Liu Fengqin, Wang Xiaobo

(Tangsteel International Engineering Technology Co., Ltd., Tangshan 063000, Hebei)

Abstract　The 2030mm cold rolling system of HBIS Tangsteel New District is equipped with main production units such as push-pull pickling unit, pickling and rolling combined unit, continuous annealing unit, electro-galvanizing unit, continuous hot-dip galvanizing unit, re-rolling and straightening unit, re-rolling and inspection unit, and semi-automatic packaging unit. Besides, the largest single high-end automotive panel production base in China has been built in joint venture with POSCO. The cold-rolled products have reasonable structure and accurate positioning, which are mainly high-grade automotive panels, taking into account high-grade and high-strength steels and household appliance boards. The hot-based products are facing military, automotive, structural and other high-strength steels. The production line applies domestic and foreign advanced production technology, which is committed to providing global customers with green steel material solutions featuring low carbon, high strength and light weight. In the paper, the 2030mm cold rolling system of HBIS Tangsteel New District was introduced from the aspects of products and raw materials, process design characteristics, workshop layout, as well as process and equipment level.

Key words　2030mm; cold rolling; push-pull pickling; continuous annealing; hot-dip galvanizing; electro galvanizing

0　引言

河钢唐钢新区 2030mm 冷轧系统设置推拉式酸洗机组、酸轧联合机组、连续退火机组、电镀锌机组、连续热镀锌机组、重卷拉矫机组、重卷检查机组、半自动包装机组等主要生产机组，其中包括与 POSCO 合资建设的中国单体规模最大的高端汽车面板生产基地。冷轧系列产品结构合理、定位准确，热基产品面向军工、汽车、结构等高强用钢；冷基产品以高档次汽车面板为主、兼顾高等级高强钢和家电板。使河钢集团实现从结构钢、零部件用钢、冷轧到涂镀板钢种的全系列覆盖，具备了汽车整车用钢的供货能力，特别是高强度产品在中国市场拥有领先优势。产线大量应用国内外先进的生产技术，致力于为全球客户提供以低碳、高强、轻量化为主要特点的绿色用钢材料解决方案。

作者简介：赵金凯（1987—），男，硕士，工程师，2013 年毕业于北京科技大学材料科学与工程学院，现在唐钢国际工程技术股份有限公司主要从事轧钢设计工作，E-mail：zhaojinkai@ tsic. com

1　产品与原料

1.1　产品

河钢唐钢新区冷轧系列产品包括冷轧酸洗商品卷、热基热镀锌商品卷、冷轧商品卷、电镀锌商品卷、冷轧热镀锌商品卷、冷硬卷等，产品规格如表1所示。

表1　冷轧系列产品规格

Tab. 1　Specifications of cold-rolled products

产品规格	热轧酸洗商品卷	热基热镀锌商品卷	冷轧商品卷	电镀锌商品卷	冷轧热镀锌商品卷	冷硬卷
带钢厚度/mm	2.00～15.0	2.00～6.00	0.30～2.50	0.30～2.50	0.30～2.50	0.30～2.50
带钢宽度/mm	900～1680	900～1680	900～1880	900～1880	900～1880	900～1880
钢卷重量/t	最大32.3	最大32.3	最大36.2	最大20	最大36.2	最大36.2

1.2　原料

2030mm冷轧车间所用原料卷全部由新建2050mm常规热连轧厂供料。热轧原料卷规格及年需量如表2所示。

表2　热轧原料卷规格及年需量表

Tab. 2　Specifications and annual demands of hot-rolled raw material coils

规格	数值	备注
钢种	碳素结构钢、优质碳素结构钢、高强钢、IF钢	
带钢厚度/mm	2.0～15.0	
带钢宽度/mm	930～1900	
钢卷内径/mm	762	
钢卷外径/mm	最大2150	
钢卷重量/t	最大36.5	
单位卷重/kg · mm^{-1}	最大23，平均18	
年需要量/t	2949700	

2　工艺设计特点

河钢唐钢新区2030mm冷轧系统主要生产工艺设备有推拉式酸洗机组、酸轧联合机组、连续退火机组、电镀锌机组（预留）、连续热镀锌机组、重卷拉矫机组、重卷检查机组、半自动包装机组等。

2.1　推拉式酸洗机组

产品最厚规格为15.0mm，采用浅槽紊流盐酸酸洗工艺加多级逆流漂洗工艺，酸洗效率高、表面质量好。酸槽盖设有内盖，以减少酸液的蒸发，节约能量。机组为热轧酸洗商品卷生产专用机组，为保证部分产品平整交货，设置在线平整机，采用干式平整工艺。选用双塔式自动切边剪，剪切精度高，提高了成材率。为提高材质较软的IF钢的切边质量，设置去毛刺装置[1]。

机组主要由入口钢卷运输装置、钢卷准备站、开卷机、矫直机、入口剪、酸洗槽、漂洗槽、干燥器、切边剪及碎边剪、平整机、静电涂油机、出口分切剪、卷取机、出口钢卷运输装置、打捆机、称重装置、酸循环系统、液压润滑系统、烟雾排放和废料处理系统等组成。

2.2　热基热镀锌机组

从已建成热基热镀锌机组来看，改良森吉米尔法和美钢联法采用最多，两种工艺都具有在线退火功能，同时具有效率高、产品质量好、生产成本低、设备操作维护简便等特点。本机组采用改良森吉米尔法的退火工艺，具有加热速度快、炉子长度短、生产灵活等特点，且投资及运行成本较低，适于生产厚规格产品。该机组配置了激光焊机，采用无氧化直接加热的卧式退火炉，感应加热陶瓷锌锅，镀层装置，光整机，后处理设施和质量检查站等[2]。

机组主要由入口钢卷运输装置、开卷机、矫直机、切头剪及废料收集装置、激光焊机、入口活套、退火炉、锌锅、锌层控制装置、镀后处理段、光整机、钝化装置、出口活套、检查站、静电涂油机、出口剪、卷取机、出口钢卷运输装置、打捆机、称重装置、液压润滑气动系统、烟雾排放和废料处理系统等组成[3]。

退火炉部分由预热段、加热段、均热段、循环喷气冷却段、均衡段和出口锌鼻子组成。退火炉炉内气氛为 HN_x 保护气。炉壳采用气密性结构，由型钢和钢板焊接而成。耐火纤维炉衬，并覆以耐热钢衬板。

2.3 酸洗-轧机联合机组

酸洗-轧机联合机组具有成材率高、机时产量大、生产周期短、辊耗小、占地少、机组设备重量轻、产品质量好等优点。

产线的酸洗工艺采用盐酸浅槽紊流式酸洗工艺，酸槽中酸液深度浅、酸容量少，通过大流量高速喷流提高了酸洗效率，酸液循环速度快，酸液浓度和温度稳定，有利于对热轧卷取温度敏感的高强钢表面氧化铁皮的酸洗。焊接设备采用激光焊机，酸槽入口设有破鳞机，酸洗出口采用高精度转台式切边剪。

冷连轧机选用五机架六辊高精度冷连轧机方案，并且轧机配置液压压下、中间辊/工作辊弯辊、中间辊串辊、工作辊分段冷却、板形仪、直接测张、测压仪、激光测速、X 射线测厚、交流调速等各种硬件设备，能实现轧制带钢的前馈/后馈控制、秒流量自动控制、板形闭环控制，具有较强的轧制带钢厚度、板形控制能力，满足高强钢等硬质材和高档汽车面板及家电板等轧制要求。

机组主要由钢卷运输装置、开卷机、双切剪、激光焊机、入口活套、拉伸破鳞机、酸洗槽、漂洗槽、干燥器、No. 1 出口活套、切边剪、带钢表面检查台、No. 2 出口活套、轧机入口剪、五机架六辊轧机、出口飞剪、卡仑赛卷取机、出口钢卷运输装置、打捆机、称重装置、带钢检查站、工艺冷润系统、酸循环系统、液压润滑系统、烟雾排放和除尘系统等组成。

2.4 连续退火机组

选用连续退火机组以生产高表面质量要求的汽车、家电外板，产品强度级别上限 980MPa；连退机组选用具有高速气体喷射冷却功能（HGJC）的全辐射管加热的立式连续退火炉。机组配置了激光焊机、多级强化清洗装置、六辊平整机、高精度回转式双头圆盘剪、在线自动质检设备等[4]。

机组主要设备由入口钢卷运输装置、开卷机、矫直机、双切剪、激光焊机、清洗段设备、入口活套、退火炉及其配套装置、出口活套、平整机、检查活套、切边剪、检查站、静电涂油机、出口飞剪、卷取机、出口钢卷运输装置、打捆机、称重装置及配套的液压润滑系统、气动系统，清洗液和平整液系统，排烟系统等组成。

退火炉由预热段、加热段、均热段、缓冷段、快冷段、过时效段、终冷段、水淬及配套的余热回收装置等组成，炉内通 HN_x 保护气。

2.5 电镀锌机组（预留）

采用鲁斯纳重力法电镀工艺生产电镀锌钢板，产品外观色彩亮、均匀，镀层分布均匀，产品面向汽车和家电行业。

机组主要由入口钢卷运输装置、开卷机、夹送矫直机、双切剪、焊机、预清洗设备、入口活套、拉矫机、脱脂段、电镀段及电解液制备系统、后处理段及干燥设备、出口活套、切边剪、检查站、静电涂油机、出口飞剪、张力卷取机、出口钢卷运输装置、打捆机、称重装置及相应配套的液压润滑系统、气动系统、清洗液和电镀液系统、排烟系统等设备组成。

2.6 冷基热镀锌机组

冷基热镀锌机组选用美钢联法热镀锌生产工艺，机组入口段设有清洗段，采用多级强化清洗，包括碱洗、刷洗、电解清洗、热水刷洗、热水漂洗及热风干燥，清洗效果好。碱洗和电解清洗段采用立式槽，减少设备长度。立式清洗槽内设置消泡装置，减少泡沫的溢出造成的停机故障。为增加 GA 产品镀层附着力和减少碱液排放，在碱洗循环系统中设置高效磁过滤器和超滤装置。

退火炉采用全辐射管加热立式退火炉，能获得更好的板形，减少炉子维修工作量，提高机组生产技术经济指标。采用先进辊型和炉辊室设计，并辅以张力模型控制，保证带钢板形和防止跑偏；炉内设置热张辊保证快冷段带钢运行的稳定性和镀锌段的高张力需要；采用高速喷射冷却技术，能满足双相钢等高强钢的冷却速度要求；炉辊采用耐高温材料，炉鼻子浸入锌液部分采用耐锌液腐蚀的陶瓷喷涂材料，以提高设备寿命，保证带钢表面质量；采用适当的炉内纠偏系统和监视系统，保证通板稳定性；炉鼻子内设置氮气充入系统和密封挡板，抑制锌液蒸发和防止锌蒸气进入炉内，通过合理控制炉鼻子内露点值，抑制锌液的蒸发。

锌锅采用感应加热陶瓷锌锅；镀层控制设备采用空气/氮气两用气刀及三辊式（沉没辊及前后稳定辊）镀辊设备；机组配置热态、冷态锌层测厚仪，与气刀形成镀层厚度闭环自动控制；采用电磁稳定系统，获得均匀的镀层厚度；采用四辊光整机，湿光整工艺，采用二弯二矫湿拉矫系统，改善带钢板形[5]。

机组主要由入口钢卷运输装置、开卷机、矫直机、双切剪、激光焊机、入口活套、清洗段设备、退火炉及其配套装置、锌锅及锌锭喂入装置、镀层控制装置、合金化炉、镀后冷却、水淬及干燥装置、中间活套、光整机、拉矫机、钝化（耐指纹）/磷化、辊涂及干燥设备、出口活套、切边剪、检查站、静电涂油机、出口飞剪、张力卷取机、出口钢卷运输装置、打捆机、称重装置，及配套的液压润滑系统、气动系统、清洗液、光整液系统等组成。

2.7　重卷检查机组

为了满足部分高表面质量要求的汽车和家电用及高强度的冷轧商品卷和热镀锌商品卷生产，设置重卷检查机组，对带钢进行切边、检查、涂油、分卷处理。

机组主要由入口钢卷运输装置、开卷机、矫头机、入口剪及废料收集系统、窄搭接焊机、切边剪及废料处理系统、检查站、涂油机、出口剪、出口取样检查导板台、张力卷取机、出口钢卷运输装置、打捆机、钢卷称重装置，及配套的气动系统、液压润滑系统等设备组成。

2.8　重卷拉矫机组

为了满足部分高表面质量要求的汽车和家电用及高强度的冷轧板检查、板型改善及分卷要求，设置重卷拉矫机组。

机组主要由入口钢卷运输装置、开卷机、矫头机、入口剪及废料收集系统、窄搭接焊机、拉矫机、切边剪及废料处理系统、检查站、涂油机、出口剪、出口取样检查导板台、张力卷取机、出口钢卷运输装置、打捆机、钢卷称重装置，及配套的气动系统、液压润滑系统等设备组成。

2.9　半自动化包装机组

选用半自动包装机组，采用关键工序自动化，再辅以人工完成包装，既可保证包装质量，又能减轻劳动强度。

3　车间平面布置

主厂房由原料跨、热板酸洗跨、热板镀锌跨、酸轧跨、热板成品跨、磨辊间、退火前跨、退火跨、镀锌前跨、镀锌跨、成品跨及工艺冷润间、气刀维修间等组成。主体工艺设备布置合理，生产工艺物流短捷顺畅，保证各工序单元的系统性和完整性。

（1）热轧钢卷由热轧厂的钢卷运输系统直接运送至冷轧车间的原料库内，在冷轧原料库内钢卷分热卷和冷卷存放在不同的区域。

（2）酸轧联合机组连轧机换辊直接进磨辊间。

（3）冷轧退火原料卷和热镀锌原料卷实现分区存放，避免交叉。

（4）设置精整智能物流运输系统，连接CAL、CGL下料缓存并运输至重卷检查（拉矫）机组生产和包装机组包装，目的是优化精整机组生产负荷及实现无人化智能钢卷运输，其优点是取消重卷、包装中间库，避免二次吊运对钢卷的损伤[6]。

（5）原料库、轧后库、成品库采用天车无人化自动控制系统，主要目的是更好地衔接前后工序物流，依据物料信息以及物料的实际位置触发天车调度系统，从而更好分配库位，供给下道工序，理顺物流。

（6）车间设置有2个天井，可保证生产机组的良好采光需要及解决相关机组及其所需附属构筑物对车辆运输通道设置的要求，将车辆通行对主车间的影响降到最低。

（7）车间大门及通道均远离生产机组带钢裸露区域及中间未包装卷库区域。

（8）在工艺平面布置上紧邻成品跨四预留一跨，用于分步实施的电镀锌机组建设。

根据工艺设备生产需要，冷轧车间设有锌锭库/碱液间、废料间等偏跨。

4 工艺与装备水平

（1）推拉式酸洗机组。采用盐酸浅槽紊流酸洗技术，提高酸洗质量，减少酸耗。采用在线四辊平整机，保证平整后带钢板形及机械性能优良。采用先进的双塔式自动切边剪，剪切精度高，提高了成材率。并为提高较软的IF钢的切边质量，设置去毛刺装置[7]。

（2）酸洗轧机联合机组。采用盐酸浅槽紊流酸洗工艺及高张力拉伸破鳞机。缩短酸洗时间，提高酸洗效率，降低酸耗。改善板形，产品质量好。轧机采用五机架六辊串列式轧机，满足IF钢大压下量的要求，适于生产高质量的汽车板。轧机配备了自动厚度控制系统，自动板型控制系统和动态变规格等功能，是目前国际最先进的技术。卷取机采用Carrousel卷取机。具有生产效率高，设备布置紧凑，占用空间小，使用维护方便，卷取喂料操作方便等优点，是目前世界上最先进的带钢卷取设备。

（3）热基热镀锌机组。退火炉采用卧式炉，无氧化明火直接加热。退火炉采用先进辊型和炉辊室设计；炉内设置热张辊保证快冷段带钢运行的稳定性和镀锌段的高张力需要；采用循环喷射冷却技术，能满足双相钢等高强钢的冷却速度要求；炉鼻子浸入锌液部分采用耐锌液腐蚀的陶瓷喷涂材料，以提高设备寿命；采用适当的炉内纠偏系统和监视系统，保证通板稳定性。锌锅采用熔沟式感应加热陶瓷锌锅，锌锅带有锌液温度控制和锌锅液面探测系统，可根据液位信号向锌锅自动喂入锌锭[8]。锌锅内的辊子采用DCH材质，并在表面镀一层WC，能够提高辊子的使用寿命和带钢的表面质量。

（4）连续退火机组。清洗段的碱洗、电解清洗、热水漂洗采用立式槽，刷洗采用卧式槽。减少设备长度。采用立式燃煤气辐射管加热连续退火炉。在带钢入口处设预热段，利用加热段烟气余热加热带钢，可降低能耗；为了满足特殊HSS钢种需要，快冷段采用保护气强力喷吹的超快冷技术。选用单机架六辊平整机，湿平整工艺[9]。配有工作辊和中间辊弯辊、中间辊轴向窜动，保证平整后带钢板形及机械性能优良。

（5）冷基热镀锌机组。热镀锌机组采用美钢联法，这种工艺具有在线退火功能，同时具有效率高，产品质量好，生产成本低，设备操作维护比较简便等特点。该工艺采用全辐射管加热，同时配备电解清洗；适用于高档汽车板产品生产。退火炉均采用立式炉，能获得更好的板形，减少炉子维修工作量，提高机组生产技术经济指标[10]。

5 结语

河钢唐钢新区2030mm冷轧系统以生产高性能、高品质、低成本产品为建设原则，冷基产品定位于高档次汽车宽幅面板，热基产品面向汽车、结构等高强用钢，产品定位明确。选择先进、成熟、可靠、节能的技术及装备，采用国际先进的控制及自动化技术和生产管理技术。与POSCO合资建设中国单体规模最大的高端汽车面板生产基地，发挥双方在品牌、技术、管理、市场、人才、质量等多方面的协同优势，致力于打造引领世界汽车面板发展方向的技术高地、产品高地、创新高地。使河钢集团实现从结构钢、零部件用钢、冷轧到涂镀板钢种的全系列覆盖，具备了汽车整车用钢的供货能力，特别是高强度产品在中国市场拥有领先优势。产线大量应用国内外先进的生产技术，致力于为全球客户提供以低碳、高强、轻量化为主要特点的绿色用钢材料解决方案。

参考文献

[1] 张清东，白剑，文杰等．宝钢2030冷连轧机组机型研究与改善［J］. 钢铁，2010（2）：49~53.
[2] 陈永和，周铭，顾卫伟．国内外酸洗热轧板的生产及发展［J］. 上海金属，2007，29（5）：71~81.
[3] 于海．冷轧连续退火机组中辐射管加热炉设计与调试探讨［J］. 科技创新导报，2011（15）：117~119，121.
[4] 丁勇生，李佳，王文浩．汽车板连续退火机组工艺布置与设备配置探讨［J］. 冶金设备，2011（1）：36~38.
[5] 邓俊杰，李永祥．推拉式酸洗机组设备的工艺分析［J］. 包钢科技，2008（10）：36~38.
[6] 何建锋．冷轧板连续退火技术及其应用［J］. 上海金属，2004（4）：50~53.
[7] 张翼．热镀锌机组镀后冷却段冷却能力研究［J］. 梅山科技，2009（4）：32~35.
[8] 孙光中，代琳娜．冷轧厂酸洗工艺设备的优化分析［J］. 冶金管理，2019（1）：27~29.
[9] 储双杰，刘宝军．我国高等级汽车板生产现状与展望［J］. 轧钢，2005（1）：36~39.
[10] 鲍平．宝钢1800mm汽车板生产线概况［J］. 宝钢技术，2007（3）：1~5.

冷轧车间冷连轧机方案的选择

于绍清[1]，张乃强[2]，孟庆薪[1]，于晓辉[1]，赵金凯[1]

（1. 唐钢国际工程技术股份有限公司，河北唐山 063000；
2. 河钢集团唐钢公司，河北唐山 063000）

摘　要　河钢唐钢新区以遵循低碳经济、节能减排、清洁生产原则，以“低碳化、减量化、再利用、无害化”为建设理念，以生产过程低消耗、低排放、高效率为基本特征，以生产高性能、高品质、低成本产品为最终目标，建设了具有国内先进水平的现代化冷轧生产基地。河钢唐钢新区充分考虑了冷轧机的形式和冷轧机组的机架数量，保证河钢唐钢新区在产品质量、能源消耗、生产成本诸方面达到了国内先进水平。本文介绍了国内外市场冷轧机机型的种类、机架数量及选择原则，重点对河钢唐钢新区的冷连轧机的配置情况进行了分析，为其他钢铁企业冷轧车间的工艺布置提供借鉴。

关键词　冷轧；机型；UC 轧机；四辊轧机；六辊轧机；压下率；低碳经济

The Choice of Cold Mill in Cold Rolling Worshop

Yu Shaoqing[1], Zhang Naiqiang[2], Meng Qingxin[1], Yu Xiaohui[1], Zhao Jinkai[1]

(1. Tangsteel International Engineering Technology Co., Ltd., Tangshan 063000, Hebei;
2. HBIS Group Tangsteel Company, Tangshan 063000, Hebei)

Abstract　HBIS Tangsteel New District follows the principles of low-carbon economy, energy saving and emission reduction, and clean production, and takes “low carbonization, reduction, reuse and harmless” as the construction concept. It has built a modern cold rolling production base with domestic advanced level relying on the basic characteristics of low consumption, low emission and high efficiency in production process, and the ultimate goal of high performance, high quality and low-cost products. The form of cold rolling mills and the number of rocks of cold rolling units have been fully considered to ensure that HBIS Tangsteel New District can reach the domestic advanced level in terms of product quality, energy consumption and production cost. This paper introduces the types, the number of racks and the selection principles of cold rolling mills in domestic and foreign markets, and focusing on the configuration of cold rolling mills in HBIS Tangsteel New District, which provide a reference for the process layout of cold rolling plants in other steel enterprises.

Key words　cold rolling; mill type; UC rolling mill; four-roller mill; six-roller mill; press ratio; low-carbon economy

0　引言

河钢唐钢新区冷轧厂的酸连轧生产线采用成熟稳定、实用可靠的工艺流程和设备，技术装备水平和主要技术经济指标达到国内先进水平。控制水平先进、实用、稳妥可靠，保证了生产过程顺利进行，确保了产品质量达到要求，实现生产过程全流程的数字化、集成化、智能化、可视化。贯彻执行国家有关环保、职业卫生、安全、消防、节约能源等有关规范与规定，注意环境保护，强化治理和综合利用。河钢唐钢新区在冷轧机组的选择上充分考虑了各种冷轧机的形式和冷轧机组的机架数量。2030mm 酸连轧生产线稳定为后续镀锌和连退产线进行供料，产品质量可靠。

1　冷轧机的机型选择

目前比较成熟可供选择的冷轧机机型有 4 辊冷轧机、6 辊 HC、UC 冷轧机、CVC 冷轧机、PC 冷轧

作者简介：于绍清（1966—），男，高级工程师，1987 年毕业于北京钢铁学院金属压力加工专业，现在唐钢国际工程技术股份有限公司主要从事轧钢设计工作，E-mail：yushaoqing@tsic.com

机、八辊轧机、偏八辊轧机、十二辊轧机、二十辊轧机等。多辊轧机多用于生产极薄带钢和特殊钢种，普通带钢生产多采用四辊或六辊轧机，四辊轧机投资低、轧辊辊耗低；而六辊轧机带钢板形好、压下率高[1]。各种新机型的主要特点如下。

1.1　HC 轧机

HC 轧机（普瑞特技术）板型控制能力较强（略低于 UC 轧机），主要控制手段有工作辊正、负弯辊，中间辊横移或工作辊横移等。在轧薄能力方面不如 UC 轧机，在控制边部“减薄”方面与 UC 轧机相同。轧机结构较复杂，设备价格便宜，应用非常普遍。目前新建及改建的机架已超过 300 台，国内攀钢 1220mm 冷连轧机组就采用了 4 机架 6 辊 HC 轧机。

1.2　UC 轧机

UC 轧机（普瑞特技术）是在 HC 轧机的基础上开发的更新型轧机，板型控制能力强，主要控制手段有工作辊正、负弯辊，中间辊正、负弯辊，中间辊横移或工作辊横移等，轧薄及边部“减薄”控制能力强。轧机结构复杂、价格较 6 辊 HC 轧机稍高[2]。应用较为普遍，目前已投产约 40 余台，宝钢 1550mm 冷连轧机组就采用了 5 机架 6 辊 UC-MW 轧机。

1.3　CVC 轧机

CVC 轧机（SMS 技术）的板型控制能力强，主要控制手段有工作辊正、负弯辊，中间辊正、负弯辊、中间辊 CVC 辊型，中间辊横移等，轧薄能力与 UC 轧机基本相当，有一定边部“减薄”控制能力。设备价格稍低，应用普遍，目前新建及改建的机架已超过 200 台，欧洲使用最多，最近几年也被日本及我国采用，宝钢 1420mm 冷连轧机组就采用了 3 架 4 辊 CVC 与 2 架 6 辊 CVC 的冷轧机。

1.4　PC 轧机

PC 轧机（三菱技术）板型控制能力较强，但多用在热带轧机上，在冷轧方面应用并不多。

2　冷连轧的轧机配置

2.1　机架数量

冷连轧机组是车间的核心设备，联合机组轧机架数通常为 4 机架和 5 机架，轧机型式为四辊或六辊。六辊轧机是为进一步提高板形质量和高压缩比而发展起来的，但价格较贵，其与四辊轧机的比较见表 1。

表 1　六辊轧机与四辊轧机的对比

Tab. 1　Comparison of six-roller mills and four-roller mills

比较项目	六辊轧机	四辊轧机	备注
轧辊直径	比四辊轧机小 20%~30%		
压下能力	大 非成品道次：最大 45%左右 成品道次：最大 32%左右	相对小 非成品道次：最大 35%左右 成品道次：最大 10%~15%左右	如：攀钢六辊 HC 轧机 1 号 40. 0%、2 号 39. 3% 3 号 40. 9%、4 号 30. 2%
窜辊行程	中间辊窜辊 行程达 650mm（最大） 大	工作辊窜辊 行程 200mm（最大） 相对小	
板形控制能力	由于中间辊串辊行程大，弯辊力可十分有效地作用于中部，可解决 1/4，1/2 及混合浪缺陷	特别是对于 1450mm 以上宽带轧机，由于弯辊力不能深透作用于中部，板形控制效果明显不及六辊	
辊形	采用单一辊形即可实现大范围板形控制	各架需采用带原始凸度辊 配辊量大一些	
轧机造价	比四辊轧机高 15%左右		
运行成本	较高	相对低	
平直度精度	本体<9I	本体<12I	

机架架数和四辊轧机或六辊轧机的配置，将直接影响机组的总压缩比以及板形控制能力，进而决定着所能轧制的带钢厚度下限、深冲级别和产品档次[3]。

2.2 选择原则

（1）设备先进性。先进的工艺设备确保产品质量高，使产品在国内外都具有强大的市场竞争力。

（2）运行可靠性。可靠的工艺设备才能确保机组运行稳定，具有较高的作业率，保证工厂的生产能力，是工厂正常生产的前提。

（3）能耗先进。能源消耗应综合考虑，在相同的压下率下六辊轧机的电耗要低于四辊轧机。

（4）板型质量优异。板带的质量也是评价轧机的选型的重要指标，六辊 UC 轧机和六辊 CVC 轧机具有较优异的板型控制能力，特别是生产厚度小于 0.5mm 的钢板板型特别突出。

2.3 四辊轧机与六辊轧机的对比

随着市场对厚度小于 0.3mm 极薄带钢需求的增加，及超低碳钢对延伸率（80%以上）的要求，近年来所建大多为 5 机架轧机。另外，为追求一流的板型质量或进一步加大压缩比，六辊轧机亦越来越多的应用于冷轧机中。特别是对于生产宽带高档汽车板的机组而言，5 机架全六辊轧机将是最佳选择。

3 冷连轧机的配置

寻求功能价格比合理，满足产品质量的前提下，在机组中配置 1~2 架六辊轧机以尽可能节省投资，如 AK 钢厂和宝钢 1422 厂在 4 号、5 号机架配置了六辊轧机；韩国韩宝和中国台湾 NKK/TCRSS 厂、河钢唐钢一冷轧则仅在 5 号机架配置了六辊轧机。

另外，4 机架轧机通过配置六辊也拓宽了其应用，在提高产品质量的同时使其总压缩率不足的缺陷得到控制，新建 4 机架全六辊轧机或四辊、六辊混合机型亦不乏实例，如攀钢 4 机架全六辊轧机，日本福山钢厂 3 号冷轧、韩国浦项 2 号冷轧均为 3 架四辊 HC 和末架六辊 UC 混合机型。4 机架轧机投资明显低于 5 机架轧机，适用于以普通产品为主的产品大纲和资金不甚宽裕的情况[4]。

河钢唐钢热轧主导产品为 2.0mm 以下超薄板，应充分利用这一原料优势，同时亦考虑冷轧产品暂以高档汽车板和高强度板产品为主，因此应经济合理地确定轧机架数及合理的六辊轧机配置。表 2 和表 3 是对不同轧机组合方式的分析[5]。

表 2 4 机架的几种不同轧机组合方式分析

Tab. 2 Analysis of several different mill combinations of No. 4 rock

项目	全四辊	全六辊	3×四辊+1×六辊	全四辊
总压下率/%	72	86	80	82
	1 号 29	1 号 45	1 号 29	1 号 29
	2 号 36	2 号 40	2 号 36	2 号 36
	3 号 30	3 号 40	3 号 36	3 号 36
	4 号 12	4 号 31	4 号 31	4 号 31 5 号 12
0.3mm 所需原料厚度/mm	1.1	2.1	1.5	1.7
所能生产的深冲级别	CQ（DQ）	CQ，DQ，DDQ	CQ，DQ，DDQ	CQ，DQ，DDQ
板型控制	C	A	B	D
应用实例	本钢 1700mm 冷轧	攀钢 1250mm 冷轧	韩国浦项 2 号冷轧	中国台湾建安 1700mm 冷轧

表3　5机架的几种不同轧机组合方式分析

Tab. 3　Analysis of several different mill combinations of No. 5 rock

项目	全六辊	3×四辊+2×六辊	4×四辊+1×六辊
总压下率/%	91	88	87
	1号45	1号29	1号29
	2号40	2号36	2号36
	3号40	3号36	3号36
	4车40	4号40	4号36
	5号31	5号31	5号31
0.3mm所需原料厚度/mm	3.3	2.5	2.3
所能生产的深冲级别	CQ，DQ，DDQ，EDDQ	CQ，DQ，DDQ，EDDQ	CQ，DQ，DDQ，EDDQ
板型控制	A	A	C
应用实例	河钢唐钢二冷轧等	美国AK等	河钢唐钢一冷轧等

4　结论

（1）河钢唐钢新区选择先进的工艺流程和设备，确保产品质量高，使产品在国内外都具有强大的市场竞争力，同时工艺设备具有可靠性，能确保机组运行稳定，具有较高的作业率，保证工厂的生产能力。

（2）河钢唐钢新区冷轧产品以高档汽车板和高强度板用途为主，0.3mm产品和DQ级深冲钢产品的压下率，分别为80%和75%，采用了最佳经济的5机架全六辊方案。同时，考虑高档产品及0.25mm产品生产，采用了冷连轧机组方案。整体轧机配置高性能、高品质，具有很好的市场竞争力。

参考文献

[1] 石建兵．浅谈连轧机堆、拉钢对轧件尺寸的影响［J］．南钢科技，2002（5）：40~41.

[2] 夏传，杨军，王秋柱．攀钢HC冷连轧机简介［J］．轧钢，1999（1）：31~35.

[3] 张银平，杜锡林，谢贻．六辊冷连轧机换辊装置设计优化［J］．中国重型装备，2020（1）：11~15.

[4] 赵东杰．五机架六辊UCM冷连轧机不同机架中间辊磨损异常研究［J］．大型铸锻件，2020（2）：25~27.

[5] 沈新玉，胡柯，李宏洲．UCM冷连轧机边降控制工作辊辊形优化［J］．中国冶金，2019（11）：13~17.

浅槽紊流酸洗技术在河钢唐钢新区冷轧车间的应用

赵金凯，张 达，于绍清，王晓波，孟庆薪

（唐钢国际工程技术股份有限公司，河北唐山 063000）

摘　要　河钢唐钢新区在酸洗工艺的选择上对比了深槽酸洗、浅槽酸洗和浅槽紊流酸洗三种酸洗工艺优缺点，浅槽紊流酸洗技术应用，降低了系统废酸量的产生，在提高产品质量的同时，还大大缩短了酸洗时间，增加了机组产量，使机组更具有竞争力。本文在紊流酸洗的原理、工艺特点和结构特点上进行了分析，进一步论证了浅槽紊流式酸洗技术在工艺技术和环保方面的诸多优势。

关键词　浅槽；紊流；推拉式酸洗

Application of Shallow Groove Turbulent Picking Technology in Cold Rolling Worshop of HBIS Tangsteel New Area

Zhao Jinkai, Zhang Da, Yu Shaoqing, Wang Xiaobo, Meng Qingxin

(Tangsteel International Engineering Technology Corp., Tangshan 063000, Hebei)

Abstract　HBIS Tangsteel New District has compared the advantages and disadvantages of deep tank pickling, shallow tank pickling and shallow tank turbulent pickling in the selection of the pickling processes. The application of shallow tank turbulent pickling technology can reduce the amount of waste acid generated by the system and improve product quality, while greatly shortening the pickling time, increasing the unit output, and making the unit more competitive. In this paper, the principle, process characteristics and structural characteristics of turbulent pickling were analyzed to further demonstrate the many advantages of shallow tank turbulent pickling technology in terms of process technology and environmental protection.

Key words　shallow tank; turbulent; push-pull pickling

0　引言

河钢唐钢新区冷轧车间推拉式酸洗机组工艺成熟、可靠，技术经济、实用，产品表面质量高，能够满足汽车、家电等行业对热轧酸洗商品卷的要求。机组采用浅槽紊流式酸洗技术，降低了系统废酸量的产生，在提高产品质量的同时，还大大缩短了酸洗时间，增加了机组产量，使机组更具有竞争力，在产品质量、生产成本和各项消耗指标方面均达到了世界先进水平。

1　酸洗工艺的对比

酸洗工艺是酸洗机组的核心，从各钢厂正在运行的酸洗机组来看，主要有深槽酸洗、浅槽酸洗和浅槽紊流酸洗三种形式。

1.1　深槽酸洗工艺

深槽酸洗工艺的典型特性是酸在酸槽中的流动性很小，酸液易形成层流边界层，影响酸洗效果。同时，需要增加带钢提升器，以便在带钢运行时能够很好地控制带钢的垂度，来保证酸浓度的连续混

作者简介：赵金凯（1987—），男，硕士，工程师，2013 年毕业于北京科技大学材料科学与工程学院，现在唐钢国际工程技术股份有限公司主要从事轧钢设计工作，E-mail：zhaojinkai@ tsic. com

合[1]。酸液深度较深，一般为1000~1200mm，详见图1。

图1　深槽酸洗工艺
Fig. 1　Deep tank pickling process

1.2　浅槽酸洗工艺

为了有效改善酸洗质量，浅槽酸洗工艺采取了独立酸槽的概念，并且每个酸槽都设有循环罐，循环罐与循环罐之间相通，这样酸液就可以形成梯流。另一个优点是，在机组发生事故时，能够起到防止带钢过度腐蚀的作用。浅槽酸洗工艺酸液深度为400~1000mm，详见图2。

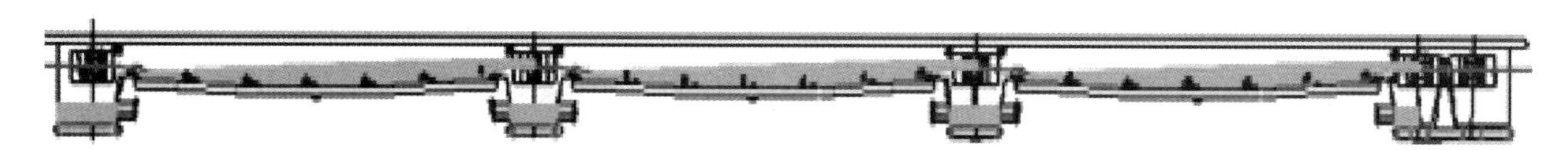

图2　浅槽酸洗工艺
Fig. 2　Shallow tank pickling process

1.3　浅槽紊流酸洗工艺

相比较前两种酸洗工艺，浅槽紊流酸洗工艺在诸多方面都有所提高。首先是减少了酸液的使用量，相应废酸量也有所减少，减轻了环境的压力。酸液深度小于400mm。其次，浅槽紊流酸洗技术在提高产品质量的同时，还大大缩短了酸洗时间，增加了机组产量，使机组更具有竞争力[2]，详见图3。

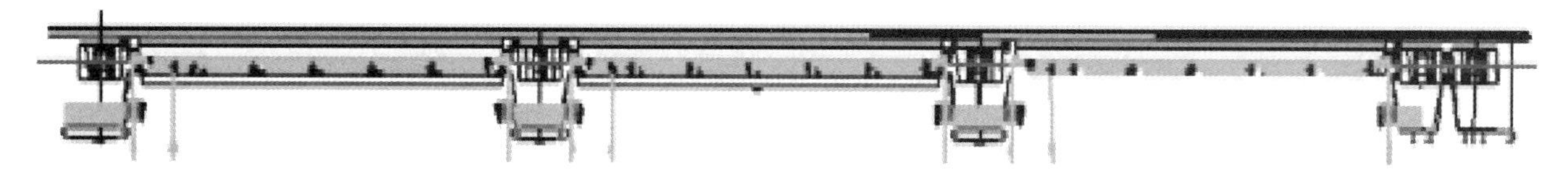

图3　浅槽紊流酸洗工艺
Fig. 3　Shallow tank turbulent pickling process

为了更清晰地对深槽、浅槽、浅槽紊流酸洗方式进行比较，我们假定酸液的浓度、温度和带钢条件均相同，对比从以下几个方面详细进行，详见表1。

表1　三种酸洗方式的对比
Tab. 1　Comparison of three pickling methods

酸洗方式	深槽酸洗	浅槽酸洗	浅槽紊流酸洗
酸洗时间比例关系	1	0.8	0.65
酸雾量比例关系	1	0.6	0.6
电耗量比例关系	1	0.7	0.7
热传递比例关系	1	2	7
槽内带钢提升器	有必要	没必要	没必要
槽内带钢位置控制	不能准确检测	可准确检测	可准确检测
槽内断带事故处理	困难，费时	容易	容易
酸洗后带钢表面残留物 /mg · m^{-2}	300~200	150	≤50

2 紊流酸洗的原理

要想提高酸洗速度，必须增加带钢表面氧化铁皮与酸液的反应速度，但是这又受到很多因素的制约，比如酸液的浓度和温度，以及带钢表面温度等[3]。另一方面，如果能够加快带钢表面的物质传递，必然会提高酸洗速度。当酸液在酸槽内形成紊流状态时，这个问题就迎刃而解了。高速紊流的酸液能够改善传导率，促进酸和化学反应物的扩散，从而使带钢的表面温度急速升高，大大缩短酸洗时间。

根据流体力学相关理论，要想使流体达到紊流状态，需将雷诺系数呈现在 2000~4000 之间[4]。雷诺系数的计算公式为：

$$Re = U \cdot d/\gamma \tag{1}$$

式中，Re 为雷诺系数；U 为流体平均流速，m/s；d 为流体流动管道直径，m；γ 为流体流动黏性系数，m^2/s。

要想找到雷诺系数与带钢酸洗速度的直接关系，我们需要将雷诺系数与热传导率建立起关系。热传导率为：

$$h = Nu \cdot \lambda/d \tag{2}$$

式中，h 为热传导率；Nu 为热传导努赛尔系数；λ 为流体热传导率系数，W/(m · K)；d 为流体流动管道直径，m。

流体在紊流状态下的热传导努赛尔系数为：

$$Nu = 0.023\ Re^{0.8} \cdot Pr^{0.4} \tag{3}$$

式中，Nu 为热传导努赛尔系数；Re 为雷诺系数；Pr 为普兰特系数。

流体在紊流状态下的普兰特系数为：

$$Pr = c_p \cdot \mu/\lambda \tag{4}$$

式中，Pr 为普兰特系数；c_p 为恒压比热容 J/(g · K)；μ 为流体黏性系数 g/(m · s)；λ 为流体热传导率系数 W/(m · K)。

根据式（1）~式(4) 可得：

$$h = 0.023\ (\lambda/d) \cdot (U \cdot d/\gamma)^{0.8}(c_p \cdot \mu/\lambda)^{0.4} \tag{5}$$

由式（5）可得，当流体流动管道直径变小时，可以增加流体的热传导率。通过改变酸液流动的通道，调节雷诺系数的呈现值，使酸液在酸槽内形成高速紊流状态，从而促进氧化铁皮与酸液之间的反应。

3 紊流酸洗的工艺特点

河钢唐钢新区推拉式酸洗机组选用了浅槽紊流酸洗技术。机组在正常生产时，酸液对带钢进行全方位的喷洗，酸槽内的酸液达到高速紊流状态，酸洗效果得到有效强化[5]。紊流酸洗工艺具有如下特点：

（1）槽盖带有浸渍式内盖，槽盖与酸洗槽形成紊流酸洗通道。

（2）机组张力状态好，带钢通过酸洗工艺段时保持高张力状态。

（3）高张力状态保证拉矫机处于最佳的张力分布，改善带钢运行状况。

（4）酸液总量少，当机组发生事故时，响应速度快，可以快速将酸洗槽内的酸液排空[6]。

（5）带钢表面清洁度高，酸液高速的紊流状态，使带钢表面温度快速上升，提高酸洗效果，彻底去除带钢表面的氧化铁皮微粒。

（6）废酸量少。废酸排放的一个重要指标是铁离子的浓度，当铁离子的浓度达到一定数值时，就需要排放到废酸罐进行酸再生。紊流酸洗技术的铁离子浓度排放指标为 125~165g/L，而深槽和浅槽酸洗技术均为 120g/L。这样，紊流酸洗技术在保证带钢酸洗质量的前提下，能够更加充分地利用酸液进行酸洗。既节约了生产成本，又减少了环境污染。

（7）在相同的酸洗速度下，紊流酸洗槽长度较传统的酸洗槽要短，而对于相同长度的酸洗槽，酸洗速度就会增加；在速度不变的情况下，可以相应地降低酸液的温度[7]。

（8）与深槽酸洗和浅槽酸洗相比，浅槽紊流酸洗的时间最短。酸液在循环系统中具有较高的动能，增大了酸液与氧化铁皮的接触速度和面积，加快了酸洗速度。

（9）带钢跑偏量少。紊流酸洗工艺中，带钢呈高张力状态，可以平直地通过酸槽，带钢跑偏量仅为 25mm 左右。而深槽酸洗工艺中，带钢张力差，在槽内还需要垂度控制装置对带钢进行提升，跑偏量大，有时可达 200mm 以上[8]。

（10）设备重量轻。由于紊流酸洗的酸槽浅，大大减少了机组的设备重量。

4　紊流酸洗槽的结构特点

为了使酸液在酸槽内达到紊流状态，可以通过改变酸液流动的通道，来调节雷诺系数的呈现值。这就需要将槽盖与酸洗槽设计为特殊形状的通道，通常会采用一种类似“扁管”的方案，将酸液充满“扁管”形通道，在通道内形成紊流状态。

浸渍式的内盖有效改善了带钢上表面与酸液的接触状态，使表面的氧化铁皮得到很好的溶解。酸槽由几个独立的槽子组成，每个槽子都配有循环系统，酸液通过循环泵的作用，加速循环，强化了酸液的紊流。同时，减少了酸液的使用量和废酸的排放量，大大节约了能源，缩短了酸洗时间，提高了酸洗速度[9]。

紊流酸洗工艺在每个槽的入口和出口处均设置了喷射梁。喷射梁具有调节喷射角度的功能，并且从不同位置对喷射方向进行了优化，入口喷射梁的喷射方向与带钢运行方向一致，而出口喷射梁的方向则恰恰相反，沿带钢运行的反方向喷射。在酸槽内还设有侧喷，从而在带钢表面形成强紊流[10]。

酸槽与酸槽之间靠挤干辊进行隔离，带钢通过挤干辊时，酸液被挤干辊留在了上一个酸槽内，保证了每个酸槽内的酸液都是独立隔开的，有效地防止了酸液间的混淆。也使酸液在不同酸洗槽中获得了浓度梯度，有效改善了酸洗的效果。

5　结语

河钢唐钢新区冷轧车间推拉式酸洗机组采用浅槽紊流式酸洗技术，浅槽紊流酸洗技术具备多项技术优势，机组张力状态好、酸液总量少、带钢表面清洁度高、废酸量少、酸洗的时间短、带钢跑偏量少、设备重量轻，在工艺技术和环保方面得到了行业的广泛认可。独有的浸渍式内盖设计有效改善了带钢上表面与酸液的接触状态，减少了酸液的使用量和废酸的排放量，大大节约了能源，缩短了酸洗时间，提高了酸洗速度，使机组更具有竞争力，在产品质量、生产成本和各项消耗指标方面均达到了世界先进水平。

参 考 文 献

[1] 戚娜．冷轧酸洗技术的发展与应用［J］．梅山科技，2011（2）：15~17.
[2] 陈永和，周铭，顾卫伟．国内外酸洗热轧板的生产及发展［J］．上海金属，2007，29（5）：71~81.
[3] 付俊薇，魏广民，赵卫国．推拉式带钢酸洗线的特点及其技术发展［J］．河北冶金，2005（5）：5~8.
[4] 姚忠卯，于杰栋，皇甫雅志．冷轧带钢酸洗机组的选择及应用［J］．河南冶金，2007（4）：11~12.
[5] 邓俊杰，李永祥．推拉式酸洗机组设备的工艺分析［J］．包钢科技，2008（10）：36~38.
[6] 安会龙，杨启，周建军．冷轧酸洗段工艺控制及优化［J］．河北冶金，2013（1）：23~27.
[7] 杨启．紊流技术在带钢酸洗处理中的应用［J］．河北冶金，2004（5）：56~60.
[8] 孙光中，代琳娜．冷轧厂酸洗工艺设备的优化分析［J］．冶金管理，2019（1）：27~29.
[9] 何波．谈涟钢 1720 紊流酸洗控制系统［J］．涟钢科技与管理，2008（9）：5~7.
[10] 孙颖刚．浅槽紊流酸洗的影响因素探讨［J］．梅山科技，2012（3）：38~41.

改良森吉米尔法和美钢联法热镀锌工艺在河钢唐钢新区冷轧车间的应用

于晓辉，孟庆新，于绍清

（唐钢国际工程技术股份有限公司，河北唐山 063000）

摘　要　河钢唐钢新区冷轧系统拥有热基热镀锌机组和冷基热镀锌机组，采用了改良森吉米尔法和美钢联法两种热镀锌工艺，其中热基热镀锌机组采用了改良森吉米尔法热镀锌工艺，冷基热镀锌机组采用了美钢联法热镀锌工艺。改良森吉米尔法与美钢联法加热带钢的方式不同，改良森吉米尔法在加热段采用无氧化的直接火焰方式加热带钢，适于生产厚规格产品。美钢联法则均采用辐射管间接加热带钢，适于生产薄规格产品。本文针对上述新工艺特点进行详细论述。

关键词　改良森吉米尔法；美钢联法；热镀锌；直接火焰加热；辐射管加热

Improne Senjimir Hot Galvanizing Technology Method and American Steel Unite Method Applied in Cold Rolling Worshop

Yu Xiaohui, Meng Qingxin, Yu Shaoqing

(Tangsteel International Engineering Technology Co., Ltd., Tangshan 063000, Hebei)

Abstract　The cold rolling system of HBIS Tangsteel New District has both hot-based and cold-based hot-dip galvanizing units, the former adopts the hot-dip galvanizing process of modified Sendzimir method and the latter applies the hot-dip galvanizing process of American steel union method. The modified Sendzimir method heats the belt steel differently from the American steel union method, which uses the direct flame without oxidation to heat, and is suitable for producing thick specifications. The American steel union method is used in indirect heating with radiation tube, suitable for the production of thin specifications. This paper discusses in detail the characteristics of the above new processes.

Key words　modified Sendzimir method; American steel union method; hot-dip galvanizing; direct flame heating; aadiant tube heating

0　引言

河钢唐钢新区冷轧系统拥有热基热镀锌机组和冷基热镀锌机组。在镀锌工艺的选择上，热基热镀锌采用了改良森吉米尔法热镀锌工艺，适于生产厚规格产品，冷基热镀锌采用了美钢联法热镀锌工艺，由于退火炉内温度较低，不易发生断带，适于生产薄规格产品，通过 2 种工艺的使用，保证了河钢唐钢新区冷轧系统产品的质量。改良森吉米尔法与美钢联法在带钢表面清洗方式、加热方式、带钢热处理范围、保护气体消耗、对煤气品质要求等方面有许多不同之处。

1　改良森吉米尔法与美钢联法的比较

1.1　带钢表面清洗方式

改良森吉米尔法在加热段采用无氧化的直接火焰加热方式加热带钢，高温火焰直接接触带钢表面，

作者简介：于晓辉（1965—），男，高级工程师，1989 年毕业于华北理工大学金属压力加工专业，现在唐钢国际工程技术股份有限公司主要从事轧钢设计工作，E-mail：yuxiaohui@ tsic. com

挥发、裂解和烧掉带钢表面的轧制油，具有清洁带钢表面的功能，退火炉前可不设清洗段或设简单的清洗段[1]。

美钢联法采用间接加热，加热段采用辐射管间接加热带钢，燃烧火焰不接触带钢表面，没有清除带钢表面轧制油的功能，因此带钢入炉前必须清洗干净，使轧制油和铁粉的含量单面小于 $10mg/m^2$，通常采用化学清洗和电解清洗。生产高质量的产品，轧制油和铁粉的含量应小于 $8mg/m^2$。

带钢表面的清洁度直接关系到带钢表面的镀锌质量，因此，美钢联法对清洗段的设计极其重视，除采用化学清洗外，还采用电解清洗[2]。美钢联在 20 世纪 70 年代发明了高电流密度清洗法，其显著特点是使用大电流密度使清洗液产生大量的氢、氧气泡，将带钢表面的油污爆破而被清洗干净，因此清洗时间短，效果好。电解清洗液采用喷射方式，不仅能冲走积聚在带钢表面的气泡，保持电解清洗液的良好导电率，而且可冲走电解液及其他杂质。高电流密度清洗法作为美钢联的专利已在全世界很多镀锌线上使用，效果显著。

1.2　加热方式

改良森吉米尔法与美钢联法加热带钢的加热方式不同，改良森吉米尔法在加热段采用无氧化的直接火焰方式加热带钢，而美钢联法则均采用辐射管间接加热带钢。

直接火焰方式加热带钢，炉内温度高达 1200～1300℃，可将带钢快速加热到 600℃以上，从而缩短了加热段的炉长。但由于炉内温度高，事故停车时易产生断带，薄带钢的生产受到限制。同时，氧化会产生铁粉，不但易使炉辊结瘤，也影响带钢表面镀锌质量。因此，难于生产高质量的产品。

间接加热方式加热带钢，炉内最高温度在 950℃以下，加热速度慢，不大于 10℃/s，因此炉子较长；但由于带钢不接触火焰，而且在保护气氛下完成间接加热与光亮退火，温度控制准确，表面质量好，不但可以退火更薄的带钢（最薄为 0.18mm），而且能生产高质量的产品（汽车面板）。

1.3　带钢热处理范围

改良森吉米尔法在加热段采用无氧化的直接火焰加热方式，炉温高达 1200～1300℃，事故时带钢停滞炉中，而炉温降低缓慢，重新启车时由于张力作用容易产生断带事故，因此处理带钢厚度应在 0.4mm 以上。

美钢联法采用间接加热，炉内温度在 950℃以下（CQ、DQ 在 800℃以下），加热速度不大于 10℃/s，温度控制准确，表面质量好，板形好，可退火更薄的带钢（最薄为 0.18mm），而且能生产高质量的产品[3]。

1.4　带钢表面质量

改良森吉米尔法带钢在入炉前未经过清洗或清洗不干净，轧制油和铁粉的含量较高，火焰烧掉轧制油后仍有铁粉存留带钢表面；另外加热段炉温高，内衬采用重质耐火材料，长期使用易剥落，颗粒散落带钢表面，易产生麻点，影响带钢表面质量。

90 年代以来，改良森吉米尔法热镀锌机组也在炉前增加清洗段，以提高基板的表面清洁度，但其无氧化加热炉炉温高达 1200℃以上，一旦机组运行过程中出现小停顿，易出现带钢局部氧化及过热，影响产品表面质量。

美钢联法采用间接加热，对原料钢卷表面清洁度及轧制油种类无严格限制，带钢在入炉前经过化学清洗和电解清洗，带钢表面铁粉存留少，清洁度高；炉温在 950 ℃以下，内衬采用耐火纤维，外加 0.5～1.0mm 不锈钢板保护，不存在耐材剥落现象，带钢表面不易产生麻点；带钢不接触火焰，在保护气氛下完成间接加热与光亮退火，温度控制准确，表面质量好，可生产高品质的热镀锌产品。

1.5　保护气体消耗

改良森吉米尔法加热段采用无氧化的直接火焰加热方式加热带钢，带钢表面产生微氧化，均热段要用氢气进行还原；同时，各炉段之间难以密封严密，多余的保护气体通过加热段及排烟系统排掉，使

H_2消耗增大，需连续补充，保护气体含H_2量为10%~25%。由于炉温高，事故停炉时吹扫N_2量也增大。

美钢联法采用间接加热，带钢在入炉前经过化学清洗和电解清洗，带钢表面无氧化反应，因此保护气体不参与氧化物的还原反应，只完成光亮退火，使H_2消耗减少；炉内保护气体H_2含量为5%；由于炉温不高，事故停炉时吹扫N_2量也较少。

1.6 对煤气品质要求

改良森吉米尔法加热段采用无氧化的直接火焰加热方式，空燃比必须严格控制，空气过剩系数必须严格控制在0.95以内，以减少带钢表面氧化；对煤气的发热值和压力要求严格，波动范围不超过5%；对煤气热值要求高，通常采用高热值煤气，最好采用天然气或焦炉煤气。由于火焰接触带钢表面，对煤气中的硫和萘需要严格控制，因此要求煤气精脱硫和脱萘，进行净化。

美钢联法采用全辐射管间接加热，煤气在辐射管内燃烧，带钢不接触火焰和废气，不会造成带钢表面污染和氧化；对煤气品质要求较宽松，可以采用热值较低的煤气，如混合煤气，也不需要对燃料进行净化处理。

1.7 安全性

改良森吉米尔法加热段采用无氧化的直接火焰加热方式，保护气体通过加热段及排烟系统排除，由于加热段空气过剩系数必须严格控制在0.95以内，因此烟气中含有残余煤气和H_2，若遇空气则有爆炸危险，因此必须设置严格的安全措施，如在热回收段设置烧嘴，烟道明火烧嘴，烟道紧急防爆阀，排烟风机防爆阀等措施[4]。

美钢联法采用辐射管间接加热，煤气在辐射管内燃烧，烟气直接由管道排到烟囱，高温烟气不接触炉内带钢和保护气体（H_2），炉内安全性较好。

由于改良森吉米尔法炉内温度高（1200~1300℃），事故停车时易产生断带事故，薄带钢的生产受到限制；美钢联法则避免了这种事故。

1.8 操作与维护

改良森吉米尔法加热速度快，对变品种、变规格的炉温调节非常灵活，但由于加热段空燃比的控制要求严格，空燃比的变化会影响炉温的稳定；炉辊和辐射管数量少，维护工作量相对减少，但由于耐火材料的剥落，氧化物的堆积，定期维护量仍然很大。

美钢联法采用全辐射管，加热速度较慢，炉温调节灵活性差，但炉温控制非常稳定；炉辊和辐射管数量较多，维护工作量相对较大。

1.9 生产成本

生产成本由吨钢消耗决定。从实际生产来看，美钢联法炉子热效率较高、燃料消耗低；保护气体中H_2含量小（5%），H_2消耗相对降低；因而生产成本较低。

1.10 投资成本

改良森吉米尔法由于含有明火直燃段，炉温较高，带钢升温快，因而炉子长度较短，燃烧设备较少，而且炉前不设清洗段，占用厂房较短，总的投资较少。

美钢联法加热速度慢，造成加热炉长度较长；燃烧设备全为辐射管，造成炉子造价高；占用厂房较长；炉前需设完善的清洗段；因此总投资较大。

2 连续热镀锌机组热处理方式的选择

改良森吉米尔法采用了直接加热方式，加热速度较快、产量大、投资较少，适合建筑、容器、轻工、渔业用板的生产；而美钢联法采用全辐射管加热，替代改进的森吉米尔法中的明火加热，更适合于生产高质量的汽车用板和家电用板，其使用日渐增多[5]。

3　连续热镀锌机组热处理炉炉型的选择

连续热镀锌机组热处理炉炉型主要有水平设置的卧式炉和竖立布置的立式炉，可以根据对产量、质量、加热速度的要求进行选择。热处理方式确定之后，不论卧式炉还是立式炉，炉段的设置就已基本确定。对于速度快、产量大的机组，卧式炉的炉长就很长，占用厂房较长。年产超过 20 万～25 万吨的机组，或要求工艺段速度大于 150m/min 的机组，通常选用立式炉。立式炉将各段炉长折叠起来，占用厂房较短，带钢在炉内上下辊之间反复折叠运行，包角较大，在较大张力作用下有改善板形的作用，在大型机组上普遍采用。卧式炉投资省，管理维护方便，在中小型机组上普遍采用。

4　结语

改良森吉米尔法采用了直接加热方式，而美钢联法采用全辐射管加热。经过上述的比较，河钢唐钢新区镀锌生产线采用了改良森吉米尔法和美钢联法两种热镀锌工艺，热基热镀锌机组采用改良森吉米尔法的退火工艺，具有加热速度快、产量大、炉子长度短、生产灵活等特点，且投资及运行成本较低，适于生产厚规格产品。冷基热镀锌机组，由于热镀锌产品面向高级汽车板，选用美钢联法连续热镀锌工艺，由于退火炉内温度较低，不易发生断带，适于生产薄规格产品。

参 考 文 献

[1] 李秀峰，张保利．热镀锌工艺及镀锌层钝化的相关问题研究［J］．世界有色金属，2019（23）：23～25.

[2] 郭太雄．美钢联法热镀锌工艺在攀钢的应用［J］．轧钢，2007（2）：21～28.

[3] 艾持平．现代化美钢联法连续热镀锌生产工艺［J］．南方钢铁，1995（5）：18～22.

[4] 高聪敏．热镀锌薄板带的生产工艺及实践分析［J］．山西冶金，2015（6）：15～17.

[5] 姚养库，张国威．极薄热镀锌板生产工艺［J］．轧钢，2014（4）：25～27.

第8章　公　辅

环境除尘系统设计

周继瑞，董文进，赵 彬

（唐钢国际工程技术股份有限公司，河北唐山 063000）

摘　要　本着环保、节能的原则，设计了河钢唐钢新区环境除尘系统，详细介绍了各区域的除尘配置和设计要点。除尘灰采用气力输灰或吸排罐车等清洁运输方式；除尘均采用 PLC 控制系统，实现“三电一体化”的控制方式；各个区域设置区域监控站，对除尘过程进行集中控制。通过采用集中控制、无人值守、在线监测、全密封环保导料槽等先进技术，各工艺过程产生的烟尘经除尘器净化后，排放浓度满足相关标准要求。

关键词　环境除尘；排放浓度；集中控制；PLC；在线监测；全密封环保导料槽

Design of Environmental Dedusting System

Zhou Jirui, Dong Wenjin, Zhao Bin

(Tangsteel International Engineering Technology Corp., Tangshan 063000, Hebei)

Abstract　Based on the principle of environmental protection and energy saving, the environmental de-dusting system of HBIS Tangsteel New District has been designed, and the de-dusting configuration and design points of each area were introduced in detail in the paper. The de-dusting adopts clean transportation methods (such as pneumatic ash conveying or suction and discharge tank trucks) and PLC control system, realizing the "three-electric integration" control method. Meanwhile, regional monitoring stations are set up in each area for centralized control of the de-dusting process. Through the application of centralized control, unattended, online monitoring, fully-sealed environmentally-friendly guide troughs and other advanced technologies, the dust generated from each process is purified by the dust collector, and then the emission concentration can meet the relevant standards.

Key words　environmental de-dusting; emission concentration; centralized control; PLC; online monitoring; fully-sealed environmentally-friendly guide troughs

0　引言

为满足国家及省市超低排放要求，结合总图及工艺布置，河钢唐钢新区各区域均配套环境除尘设施。烧结机、球团机尾除尘系统采用电袋复合除尘器，混合制粒除尘系统采用塑烧板除尘器[1]，其他系统主要采用低压脉冲布袋除尘器；烟气中含有焦炭、煤粉的除尘系统均考虑防爆措施[2]；布袋除尘器过滤风速≤0.79m/min，设备本体漏风率<2%，最终实现烟尘污染物排放浓度≤10mg/m^3（标态），岗位粉尘浓度≤8mg/m^3（标态）。

1　环境除尘系统简介

1.1　原料区环境除尘系统

根据原料场布置情况，原料区共设计 16 套集中除尘系统，其中除尘系统四服务范围为 YLF1 转运站、YLF2 转运站、YLF3 转运站、YLF4 转运站，风机配套电机电压为 380V，其他系统风机配套电机电压为 10kV。原料除尘系统均采用布袋除尘器，滤料采用覆膜涤纶针刺毡。原料混匀配料槽和熔剂贮仓移动卸矿车配套移动滤筒除尘器 2 套，原料粉料缓冲仓移动卸矿车配套移动滤筒除尘器 1 套，移动除尘

作者简介：周继瑞（1990—），男，硕士研究生，工程师，2016 年毕业于上海理工大学供热、供燃气、通风及空调专业，现在唐钢国际工程技术股份有限公司从事民用及工业建筑采暖通风空调及除尘设计工作，E-mail：zhoujirui@ tsic. com

器随着卸矿车行走，除尘灰落入仓中，与传统通风槽除尘方式相比，在保证岗位粉尘浓度的同时，减小了集中除尘系统的风量，降低了投资和运行成本。混匀配料槽除尘系统和熔剂贮仓除尘系统除尘总管设置于单体中间位置，充分发挥管路特性平衡阻力，减小对阀门的磨损。

除尘器捕集粉尘经卸灰阀、刮板输送机进入储灰仓，定期用吸排罐车拉走。

1.2　烧结区环境除尘系统

根据烧结机布置情况，烧结区共设计 14 套集中除尘系统。其中烧结机尾除尘系统 2 套，服务范围包括烧结机机头、机尾大密闭罩及卸料各点（含环冷机）、No. 2、No. 3 转运站，除尘系统风量为 850000m³/h，滤料采用高温滤料（不低于 PPS+表面超细纤维），温度≤160℃。风机电机设备 1 套，风压 5800Pa，功率 2000kW。混合、制粒除尘系统采用进口塑烧板除尘器，煤粉缓冲仓除尘系统和燃料破碎除尘系统采用防静电覆膜涤纶针刺毡布袋除尘器，其他除尘系统采用覆膜涤纶针刺毡布袋除尘器。No. 5 转运站除尘系统风机配套电机电压为 380V，其他系统风机配套电机电压为 10kV。烧结成品仓卸料车设置移动滤筒除尘器 2 套，替代了传统的通风槽除尘方式，降低了集中除尘系统的风量和运行功率[3]。筛分除尘系统根据工艺情况设置 2 台除尘器，分别对应常开的 2 台振动筛及皮带转运点除尘，3 号振动筛及相关的转运点除尘系统同时连接 2 台除尘器。设备检修时，开启备用振动筛，通过阀门切换实现振动筛与除尘器一对一的功能。

混合、制粒除尘器收集的粉尘就近上工艺皮带回收；机尾、配料、成品筛分、成品料仓及矿石受料槽除尘器收集的粉尘通过气力输灰系统输送至烧结配料室灰仓；燃料破碎、煤粉缓冲仓除尘器收集的粉尘通过气力输灰系统输送至烧结焦灰仓中；No. 5 转运站除尘灰通过气力吸排车运输。

1.3　球团区环境除尘系统

根据工艺及总图布置情况，球团区共设计 14 套集中除尘系统。其中机尾除尘系统 2 套，服务范围为对应焙烧机机尾罩、焙烧机卸料点、散料胶带机受料点、散料胶带机卸料点、筛前成品胶带机卸料点、成品筛、筛上料卸料点、筛下料卸料点、筛后铺底料胶带机卸料点、铺底料扬料胶带机受料点、铺底料转运胶带机受料点、铺底料仓除尘点、成品转运站卸料点。采用电袋复合除尘器，除尘系统风量为 550000m³/h，滤料不低于 PPS+表面超细纤维，温度<120℃；风机电机设备 1 套，风压 5800Pa，功率 1400kW，电压 10kV。其他除尘系统采用覆膜涤纶针刺毡布袋除尘器，风机配套电机电压 10kV。

干燥环境除尘系统除尘灰通过刮板机返回工艺皮带机，其他除尘系统采用密相气力管道输送技术，将除尘灰集中输送到配料室的灰仓中。该技术设备轻便，操作简单，可以有效避免灰尘在转运中的二次扬尘[4]。

1.4　高炉区环境除尘系统

根据高炉及配套设施布置情况，共设计 9 套集中除尘系统。其中矿焦槽除尘系统共 3 套，每座高炉矿焦槽除尘系统，每套系统设计风量 750000m³/h，滤料采用覆膜涤纶针刺毡；风机电机设备 1 套，风压 6000Pa，功率 1800kW，电压 10kV。高炉出铁场除尘系统共 3 套，每座高炉出铁场除尘系统设计风量 900000×2m³/h，每套除尘系统配备 2 台除尘器，除尘器风量 900000m³/h，滤料采用覆膜涤纶针刺毡；风机电机设备 1 套，风压 5500Pa，功率 2000kW，电压 10kV，2 台除尘器共用烟囱。配煤槽除尘设计风量 80000m³/h，由于总图位置临近原料场，配煤槽除尘管道接入原料区域原料除尘系统十六。因喷煤系统转运站至配煤仓距离过大，故分别设 1 套 20000m³/h 风量的除尘系统，除尘器、风机位于转运站下方地面，除尘器、风机电机防爆，滤料采用防静电覆膜涤纶针刺毡，其他除尘系统滤料采用覆膜涤纶针刺毡。

除尘器架空布置，出铁场、矿槽、铸铁机除尘器收集的粉尘经埋刮板输送机送至储灰仓，再由气力吸排车运走。

1.5　一炼钢区环境除尘系统

根据工艺及总图布置情况，一炼钢区共设计 9 套集中除尘系统，除尘系统风机配套电机电压 10kV，采用覆膜涤纶针刺毡布袋除尘器。1号、2号、3号转炉各配备1套二次除尘系统，风量1200000m^3/h，风机变频电机设备1套，风压6000Pa，功率3000kW；1号和2号转炉共用1套三次除尘系统，风量1600000m^3/h，风机变频电机设备2套，风压5500Pa，功率1800kW；3号转炉配备1套三次除尘系统，风量800000m^3/h，风机变频电机设备1套，风压5500Pa，功率1800kW。

除尘系统收集的粉尘由卸灰阀、刮板输送机直接把粉尘输送到高位储灰仓，为避免卸灰及运输过程中粉尘飞扬和撒漏等二次污染，储灰仓中的粉尘采用吸排罐车运输。

铁水预处理、转炉、精炼炉、转炉屋顶罩除尘等系统由于间断冶炼，部分设备间隔时间较长，同时工艺操作阶段不同、烟气发生量和烟尘浓度有较大差异，为了适应冶炼工艺、节约能源，主风机配备变频电机。冶炼时，根据冶炼阶段及烟气产生情况调节不同阶段主风机的转速，在保证冶炼条件和排烟效果的前提下，降低冶炼电耗和除尘系统主风机的能耗。当间断冶炼时，可将主风机转速降到低转速运行，以节约电能。

1.6 长材区环境除尘系统

长材区环境除尘系统包括炼钢环境除尘系统、连铸环境除尘系统、棒材环境除尘系统、线材环境除尘系统、型钢环境除尘系统、SH2转运站除尘系统及YLR1转运站除尘系统。其中棒材除尘系统、3号线除尘系统、一高线除尘系统、二高线除尘系统及中棒除尘系统采用塑烧板除尘器，其他除尘系统除尘器滤料采用覆膜涤纶针刺毡。1号、2号、3号转炉各配套1套转炉二次除尘系统，共用1套转炉三次除尘系统。转炉二次除尘系统负责转炉的二次除尘、合金料投料系统除尘、炉后吹氩喂丝除尘。由于转炉在兑铁水及吹炼等不同操作阶段产生的烟气量不同，为提高烟气捕集率、适应冶炼工艺要求，在烟气管路上设烟气调节阀，并与工艺设备连锁，当转炉兑铁水时打开调节阀[4]；当转炉吹炼时关小调节阀开度；当转炉不冶炼时关闭调节阀。每套转炉二次除尘系统风量1000000m^3/h，滤料采用覆膜涤纶针刺毡，风机变频电机设备1套，风压6000Pa，功率2500kW，电压10kV。转炉三次除尘系统负责加料跨顶除尘、冶炼位氧枪通道顶吸除尘，在各吸风口设烟气调节阀，并与工艺设备连锁，当相应转炉工位进入冶炼操作，打开调节阀；当冶炼停止时关小调节阀开度。转炉三次除尘系统风量1800000m^3/h，滤料采用覆膜涤纶针刺毡，风机变频电机设备1套，风压5000Pa，功率2000kW，电压10kV。三次除尘系统充分利用结构的形式，加料跨屋顶罩借助结构梁做隔断，高跨采用双侧排水，在最顶端设置屋顶罩，保证除尘效果的同时，降低了除尘系统的投资。

轧机连续工作时，其板带表面的再生氧化铁皮被轧辊碾碎，并随着高速旋转的轧辊抛出。由于冷却水的蒸发，极细的氧化铁皮粉尘随水蒸气向上扩散，形成烟尘。烟气的主要成分为Fe_2O_3、FeO、水蒸气及油雾等。如不及时排出，将污染轧机区域的工作环境。为降低轧机在轧制过程中产生出来的粉尘、油雾及水蒸气等有害物质含量，改善操作条件，降低有害物对环境的污染，根据环保要求，设置1套轧机除尘系统。在轧机机组上方设置排烟罩，含尘气体经排烟风管进入波浪式塑烧板除尘器净化后，通过除尘风机由烟囱排至大气。除尘系统满足排放粉尘浓度$\leqslant$10mg/m^3的环保要求。

布袋除尘系统收集的粉尘由卸灰阀、刮板输送机直接把粉尘输送到储灰仓，为避免卸灰及运输过程中粉尘飞扬和撒漏等二次污染，储灰仓中的粉尘由吸排罐车运出[6]。

2 设计要点

（1）除尘系统与工艺设备联动运行，气动阀门与工艺设备连锁启闭，降低系统风量，节约运行成本[8]。

（2）为了节约能源，部分除尘系统电机采用变频调速，在保证工艺条件和收尘效果的前提下，降低除尘系统主引风机的能耗，节约电能。

（3）为减少主引风机的噪声污染，在主引风机出口处设消声器，消声量$\geqslant$40dBA，系统噪声满足现行国家规范要求。

（4）除尘系统的主引风机设有风机轴承温度、轴承振动，电动机轴承温度、定子温度等上限报警，并与电动机联锁，当温度或振动达到上限时，电动机停机，以保证风机机组安全运行[7]。

3　采用的先进技术

（1）集中控制。除尘均采用 PLC 控制系统，实现“三电一体化”的控制方式。由 PLC 实现各工艺参数的采集、显示、控制、联锁、报警。每套除尘系统设 1 套 PLC 控制系统，安装在各除尘低压配电室内；设 1 套工程师站，安装在低压配电室内，用于日常点检及维护；操作站（HMI）安装在除尘集中控制室内，除尘集中控制室设在公司能源环保中心大楼，实现远程集中监控。风机、电机的检测与控制由除尘器配套的控制系统完成。

（2）无人值守。各区域环境除尘系统采用无人值守模式，在原料区域、烧结区域、球团区域、高炉区域、炼钢区域分别设置区域监控站，并在除尘集中控制室实现集中控制，降低人工成本。

（3）在线监测。对于重点污染源或除尘烟囱高度超过 45m 的除尘系统，按要求设置在线监控系统，在烟囱附近设在线监测室，安装在线监测系统有关设备。监测信号通过无线传输至市环保监测部门，同时传输至能源环保中心，集中监测。监测参数按唐钢新区发布的《大气污染物排放标准》执行。

（4）全密封环保导料槽。在满足工艺生产、环保的前提下，采用新型的全密封迷宫环保导料槽粉尘自沉降超低风量除尘技术，可实现各皮带机受料点的高效密封，同时在产尘点源头减少粉尘的产生；大幅度降低粉尘原始排放浓度，使岗位粉尘浓度能降低到 $8mg/m^3$ 以内；降低每个除尘点所需的风量，减小集中除尘系统的总风量，确保员工岗位职业健康卫生；节省建设投资，节省后续运行成本。

4　结语

本设计贯彻环保、节能原则，对生产过程中各主要污染源均采取了行之有效的控制措施。治理后，废气污染源排放均可符合国家、省标准要求，能够最大限度地减轻对周围环境的污染。同时考虑了固体废物的综合利用和安全处置，体现了节能、降耗和减污的清洁生产要求。

参考文献

[1] 李丽．烧结机除尘系统的升级改造 [J]．天津冶金，2019（S1）：84~86.
[2] 王锦．烧结烟气粉尘特性研究与除尘系统优化 [D]．唐山：华北理工大学，2018.
[3] 朱佳利，胡友文，米增，等．烧结机除尘系统优化 [J]．河北冶金，2016（6）：42~44.
[4] 谢瑜．炼钢厂二次除尘系统改造 [J]．建材与装饰，2016（53）：184~185.
[5] 莫祖杰，魏昌贵，农理敏．1 号高炉矿槽除尘总管管路优化 [J]．柳钢科技，2018（5）：60.
[6] 周冬霞．高炉矿槽移动卸料车除尘 [J]．冶金丛刊，2012（5）：43~45.
[7] 王纯，张殿印．除尘工程设计手册 [M]．北京：化学工业出版社，2015.
[8] 中华人民共和国住房和城乡建设部，中华人民共和国国家质量监督检验检疫总局．工业建筑供暖通风与空气调节设计规范 [S]．北京：中国计划出版社，2015.

铁前系统绿色化低硫硝超低排放技术的应用及创新

董洪旺[1]，单立东[2]

（1. 唐钢国际工程技术股份有限公司，河北唐山 063000；
2. 河钢集团唐钢公司，河北唐山 063000）

摘　要　铁前工序污染物的排放量占冶金工厂排放量的75%，环保压力大。河钢唐钢新区铁前系统采用了绿色化、低硫低硝超低排放技术，创新了工艺系统环保配置，包括环保型C型料库、密封环保导料槽、余热综合利用集成技术、烟气循环采用内循环技术、新型带式焙烧机球团技术、热风炉节能减排技术、高炉炉顶均压煤气全回收技术等，使铁前污染物的排放达到了国家超低排放的要求。

关键词　高炉；低硫；低硝；密封环保导料槽；余热综合利用；炉顶均压煤气回收

Application and Innovation of Green，Low-sulfur，and Ultra-low Emission Technologies for the Iron Front System of the Tangshan Iron and Steel New Area Project

Dong Hongwang[1]，Shan Lidong[2]

（1. Tangsteel International Engineering Technology Corp.，Tangshan 063000，Hebei；
2. HBIS Group Tangsteel Company，Tangshan 063000，Hebei）

Abstract　The emission of pollutants from the iron pre-process accounts for 75% of the discharge of metallurgical plants，resulting in high environmental protection pressure. The iron front system of HBIS Tangsteel New District adopts green and ultra-low emission technology of low sulfur and nitrate. In addition，it innovates environmentally friendly configuration of the process system，including environmentally-friendly C-type silos，sealed environmentally-friendly guide troughs，the integrated technology of waste heat comprehensive utilization，internal circulation technology for flue gas circulation，new belt roaster pellet technology，hot blast stove energy-saving and emission-reduction technology ，as well as blast furnace top pressure equalization gas full recovery technology，etc.，so that the emission of pre-iron pollutants meets the national ultra-low emission requirements.

Key words　blast furnaces；low sulphur；low nitrate；sealed environmentally friendly guide troughs；comprehensive utilization of waste heat；furnace top pressure equalization gas recovery

0　引言

大型综合性钢铁企业铁前工序流程长，工序复杂，具有高污染、高能耗、高排放的生产特点，对环境影响巨大，排放量占冶金工厂排放量的75%。河钢唐钢新区是一个集原料、烧结、球团、炼铁、炼钢、轧钢一体的大型现代化全流程钢铁企业，其铁前工序在设计和建设过程中应用了大量创新、先进的节能减排、绿色低碳技术，达到了国家严格超低排放的要求。

1　综合环保料场

原料场是钢铁企业的物质流、铁素流的源头，也是绿色环保、超低排放的本质体源头，开展以“精料”为中心的原料准备和加工处理作业是原料场的核心任务[1]。

作者简介：董洪旺（1981—），男，正高级工程师，2004年毕业于河北理工大学冶金工程专业，现任唐钢国际工程技术股份有限公司炼铁事业部部长，E-mail：Donghongwang@ tsic. com

（1）环保型 C 型料库：C 型料库相对于露天原料场在环保、节能、降耗方面都具有突出优势，可有效降低周边环境空气粉尘量，减少厂区及其周围路面雨雪天气带来的路面污染，有效减少物料因风力和雨水带来的风损和雨损。原料场年受料量 2000 万吨，每年可以为钢铁企业减少 9.8~11.9 万吨物料损耗，为钢铁企业和社会带来非常可观的经济价值和社会价值[2]。

（2）管带机：管带机被称为绿色环保设备，避免物料撒落，可曲线布置，同时实现上管和下管同时输送的特点，不受场地及外部环境及天气等的影响，节省场地，较少转运及扬尘点，减少环保设施投入及运行，节约电力消耗，降低运行成本，绿色节能环保。

（3）密封环保导料槽技术：优化吸尘点配置，在节约风量的同时，保证了转运点的环境，无可视性粉尘。同时，外部环境除尘器与传统除尘器风量降低约 20%~30%，无论从环保设备投入，还是后期的运行费用都大大节约了经济和能源。

2　烧结

（1）余热综合利用集成技术。应用了唐钢国际的实用新型专利“一种烧结余热综合利用集成系统”（专利号：ZL 2018 2 0176571.4），该技术在本工程上主要应用在两个方面，一是取环冷机三段热风作为点火炉助燃空气使用，二是取环冷三段热风作为烟气循环的补风，提高混合烟气含氧量和风温。

（2）烟气循环采用内循环技术。具有节能、减排、提产、降低后续电除尘器及脱硫脱硝投资的优点。据统计，烟气循环可减少烧结工序所需能耗约 3kg 固体燃耗/t 烧结矿，烧结烟气最大减排量 25%，烧结机可提产 7%左右。烟气循环使用前后指标见表 1。

表 1　烟气循环使用前后指标

Tab. 1　Indicators before and after flue gas recycling

烟气循环	吨矿固体燃耗 /kg	小时烟气排放量 /m^3	小时产量 /t
使用前	45	2640000	450
使用后	42	1980000	480

（3）高效密封烧结机+节能水密封环冷机。烧结机采用新型头尾密封装置，台车采用新型碟簧，烧结机本体漏风率小于 35%。

高效节能水密封环冷机上、下部都采用水密封，漏风率≤5%，冷却风高效利用。采用传统环冷机大风箱结构的供风系统，不仅可减少风阻，同时也使风速更合理，风压更均匀，烧结矿冷却效果更好，因此可大幅降低冷却风机装机容量，节能效果十分明显，冷却风机耗电量仅为传统烧结环冷机的 35%~40%[3]。

（4）环保棒条筛技术。一次筛分机筛上为 10~20mm 粒级和大于 20mm 粒度的成品矿，筛下粒度小于 10mm 进入二次筛。其中 10~20mm 粒级经铺底料皮带机（双机共用）输送至烧结机铺底料矿槽作为铺底料使用，皮带采用变频电机驱动，实现由主控远程变频调速控制铺底料流量。

经二次筛分后，分出 0~5mm 和 5~10mm 粒级成品矿。其中 0~5mm 粒级作为冷返矿经各自系统的皮带机分别运至配料室返矿矿仓参加配料，5~10mm 粒级作为小成品与大于 10mm 粒级合并经各自成品皮带输送至高炉[4]。

环保棒条筛处理能力大，筛分效果好，除尘风量小，能耗低。环保棒条筛的筛分效率≥85%，烧结矿中小于 5mm 级别含量≤5%。

（5）脱硫脱硝技术。两台烧结机分别采用了现在主流的脱硫脱硝技术，1 号烧结机烟气净化系统采用活性焦烟气治理工艺，2 号烧结机采用循环流化床脱硫+SCR 脱硝处理工艺。

活性炭可实现多污染物协同去除，且无脱硫灰等二次污染，所吸附的二氧化硫及产生的碎焦均可进行资源化利用。循环流化床+SCR 工艺可实现高效、稳定脱出二氧化硫、颗粒物、氮氧化物，脱除效率高，技术稳定可靠[5]。

两种工艺均能达到表 2 的排放指标。

表 2 烧结烟气排放指标

Tab. 2 Emission indicators of sintering flue gas

位置	排放指标（标态）/mg · m^{-3}		
	粉尘	二氧化硫	氮氧化物
入口	80	1500	500
出口	5	20	30

3 球团

（1）新型带式焙烧机球团技术工艺流程简洁高效，热风废气系统充分循环利用，产品质量高，废气粉尘少，环境清洁。

（2）新型带式焙烧机既可以生产酸性球团矿也可以生产熔剂性球团矿，有效提高球团矿入高炉配比。据统计，球团矿工序能耗约为 22kg 标准煤/t，约为烧结矿工序能耗的一半。

（3）采用智能低氮燃烧技术：采用结构先进的燃烧器，设计效果最佳的燃烧系统，实现自动点火及火焰监控，温度控制精准；并通过 CFD 仿真模拟实现燃气和高温烟气大面积宏观混合及火焰峰值温度可调，使温度场分布更加均匀，降低 NO_x 排放。

（4）采用新型焙烧机炉罩侧墙拖架结构，取消冷却水梁，节省冷却水，减少热量损失。

（5）采用焙烧机新型密封装置，在焙烧机侧部采用双棒形式进行密封，通过密封腔隔断热量和粉尘外漏，具有密封效果稳定、可靠性高等优点。

（6）环境除尘灰集中收集全部回收利用，充分回收利用资源，降低资源消耗。除尘灰输送全部采用气力输送新技术，保证工程环境清洁。

（7）脱硫脱硝技术：球团系统循环流化床脱硫+SCR 脱硝处理工艺可实现高效、稳定脱出二氧化硫、颗粒物，氮氧化物脱除效率高，技术稳定可靠。

4 高炉

（1）高比例球团矿配加技术（球团矿配比>50%），提高球团矿比例，可以有效降低铁前工序的能耗，实现源头的节能减排；球团矿品位一般要比烧结矿高约 8%，理论上，高炉入炉品位每提高 1%，燃料比降低约 1.5%，生铁产量提高约 2.5%，污染物排放降低约 1.5%，达到有效的节能减排。

（2）热风炉节能减排技术：蓄热室上部格子砖采用高辐射覆层技术，高辐射覆层技术是在物体表面涂覆一层具有高发射率的材料，使物体表面具有很强的热辐射吸收和辐射能力，提高辐射传热的效率。有覆层的热风出口温度平均可以提高 20℃以上，平均烟气出口温度下降 10℃以上；热风炉采用板式换热器空、煤气换热后温度可达 200℃以上，提高风温可以降低炼铁焦比、提高冶炼强度，实现热风炉绿色节能。自动寻优烧炉技术有效控制热风炉燃烧氮氧化物的产生。送风温度 1250~1300℃。

（3）高炉炉顶均压煤气全回收技术，减少环境污染，有效节能增效。

（4）环保底滤渣处理工艺，在过滤池上方采用移动式环保集气罩，同时对水渣沟等产生白色蒸汽的地点有效控制，并进行乏汽消白处理，有效地保护了工作环境。

5 结语

河钢唐钢新区铁前系统中应用了先进的绿色化超低排放技术，预计项目投产后可按照国家 A 类企业进行生产，会对当地的社会经济发展起到强力促进作用，同时对当地的环境保护、节能降耗起到积极的作用。

参 考 文 献

[1] 中国冶金建设协会．钢铁企业原料准备设计手册［M］. 北京：冶金工业出版社，1997.

[2] 中国冶金建设协会．烧结设计手册［M］．北京：冶金工业出版社，2005.
[3] 中华人民共和国住房和城乡建设部，中华人民共和国国家质量监督检验检疫总局．钢铁企业原料场工艺设计规范［S］．北京：中国计划出版社，2010.
[4] 中华人民共和国住房和城乡建设部，中华人民共和国国家质量监督检验检疫总局．烧结厂设计规范［S］．北京：中国计划出版社，2015.
[5] 马洛文．宝钢新 2 号烧结机节能环保技术集成与应用效果［J］．烧结球团，2019（6）：231~235.

全密封自降尘环保导料槽在河钢唐钢新区的应用

苏 彤，赵 彬，班宝旺

（唐钢国际工程技术股份有限公司，河北唐山 063000）

摘 要 针对传统导料槽存在撒料、扬尘的问题，已不能满足日益严格的环保要求的现状，设计研发了全密封自降尘环保导料槽，并将其应用到原料场的除尘系统。实践证明，使用环保导料槽后，系统风量除尘器过滤面积减少了 14.4%，在相同的风压下，电机功率降低了 22kW，年可节约电费 12.5 万元，经济社会效益显著。

关键词 传统导料槽；全密封自降尘环保导料槽；过滤面积；除尘风量；电机功率；半托辊

Application of Fully-sealed Self-dust-Reducing Environmental Protection Material Channel in HBIS Tangshan New District

Su Tong, Zhao Bin, Ban Baowang

(Tangsteel International Engineering Technology Corp., Tangshan 063000, Hebei)

Abstract In order to solve the problem of spreading material and dust in the traditional guide chute, which cannot meet the increasingly stringent environmental protection requirements, a fully sealed self-dustproof guide trough was designed and developed, and applied to the dust removal system of the raw material field. It is proved that the filter area of the system air volume dust collector has been reduced by 14.4%, the motor power has been decreased by 22kW under the same air pressure, and the annual electricity cost can be saved by 125, 000 yuan after applying the environmental-friendly guide trough, presenting remarkable economic and social benefits.

Key words traditional guide trough; fully sealed self-dustproof environmental protection guide chute; filtration area; air volume of dust removal; motor power; half a roller

0 引言

河钢唐钢新区铁原料场、烧结区各转运点物料运量大、落差大，所需除尘风量较大。为了降低风量，各转运点皮带机均采用全密封自降尘环保导料槽（以下简称环保导料槽）技术。环保导料槽的结构可有效抑制粉尘外扬、物料外溢，减少吸尘点个数，以及对物料进行导流归中[1]，同时通过空间扩容对粉尘进行压力和动能衰减，实现部分粉尘的自降尘；通过组合式降尘装置对粉尘进行二次压力和动能衰减，对粉尘压力较大的爆发性产尘点，通过阻尼降压过滤箱的侧上部过滤窗进行泄压、净化。

本文以原料场 YLM6、YLM7 转运站除尘系统为例，具体阐述环保倒料槽在河钢唐钢新区的应用。

1 环保导料槽结构

传统导料槽主要由上顶板、支架、侧板、压紧角钢、防溢裙板组成[2]，结构如图 1 所示。

防溢裙板是带式输送机导料槽主要的密封装置，其通过压紧角钢与侧板紧密贴合，下部与输送带接触，并沿着输送带的槽形向导料槽内部弯曲包入，从而起到密封作用[3]。但在实际使用过程中，由于导料槽内空间较小，落下的部分物料会直接砸在侧板和防溢裙板上，加速防溢裙板的磨损[4]，大大降低防

作者简介：苏彤（1990—），男，工程师，2012 年毕业于燕山大学建筑环境与设备工程专业，现在唐钢国际工程技术股份有限公司主要从事暖通、环保设计工作，E-mail：sutong@ tsic. com

溢裙板的密封效果，造成物料外溢。而且当物料的下落速度过快时，易在导料槽内产生诱导风，使粉尘物料在空中漂浮。而诱导风压力过高时，则会导致导料槽两侧产生漏风、扬尘现象。此外，随着防溢裙板的磨损加大，其与输送带之间的缝隙也随之变大，易卡住块状物料而划伤输送带。

全密封自降尘环保导料槽（图 2）下部托辊采用半托辊结构，在满足承重的情况下，其侧上部采用托板结构。运行时，输送带被夹在托板和防溢裙板之间，三者构成第二道密封结构，与原导料槽结构形成双层密封系统，确保密封良好。同时，对导料槽进行了扩容设计，空间增加约 30%，可以有效降低诱导风量，实现颗粒部分自降尘[5]。

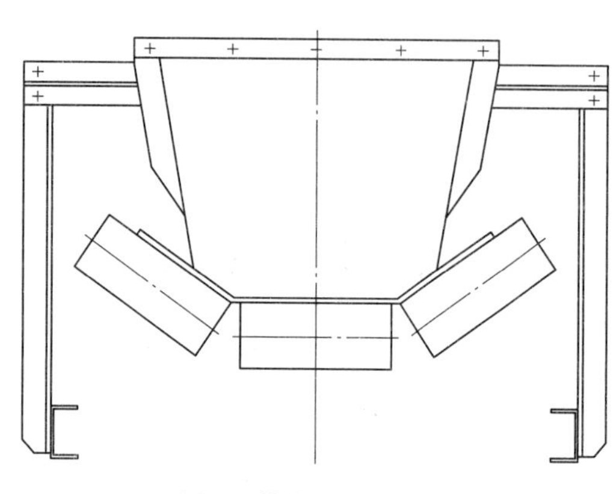

图 1　传统导料槽结构

Fig. 1　Structure of traditional guide trough

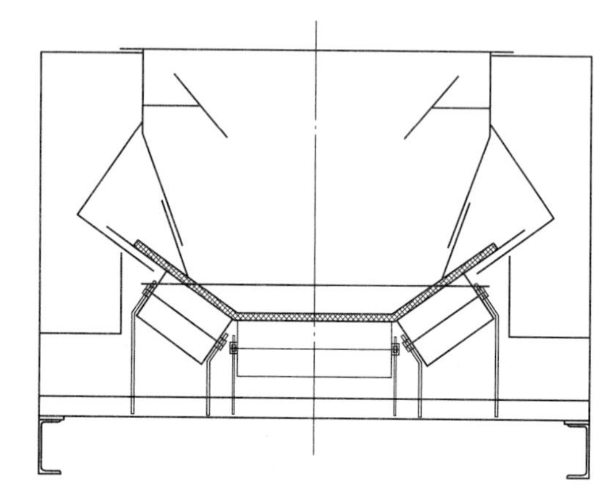

图 2　全密封环保导料槽结构

Fig. 2　Structure of fully sealed environmental protection guide chute

此外，与传统导料槽相比，环保导料槽托辊直径和导料槽都没有区别，但是料槽总面积为传统料槽的 1. 2~1. 5 倍，阻力每米增加约 0. 25kW。

2　环保导料槽的应用

2. 1　除尘系统优化前的设计方案

该除尘系统负责原料场 YLM6、YLM7 共 2 座转运站内的除尘点，具体见表 1。

表 1　原料场的除尘点

Tab. 1　Dust removal point of raw material field

名称	除尘点位		物料名称	皮带机宽度 /mm	等效落差 /m	同时工作数 /个
YLM6 转运站	14. 0m 平台	M602 皮带机卸料 1 点	喷吹煤	1400	5	1
		M702 皮带机卸料 1 点				1
	6. 0m 平台	M801 皮带机受料 2 点				1
		M603 皮带机受料 2 点				1
YLM7 转运站	13. 5m 平台	M801 皮带机卸料 1 点			5	1
	9. 0m 平台	M802 皮带机受料 1 点				1

根据《除尘工程技术手册》[6]中转运点除尘排风量推荐表中查询得出每组皮带机受卸除尘点所需风量最大为 14000m^3/h，故皮带卸料点风量取值 6000m^3/h，皮带受料点风量取值 8000m^3/h。在进行除尘系统风量计算时，先计算同时工作时各单点风量之和，再加上不同时工作的除尘点阀门漏风量（漏风量取正常工作风量的 15%）[7]，再乘以 15%安全系数，得出该除尘系统理论除尘风量。具体见表 2。

根据所计算的除尘系统总风量及客户要求的过滤风速，选择除尘器过滤面积为 1077m^2，除尘风机风量为 51060m^3/h，配用电机功率为 132kW。

表 2 未使用环保导料槽对除尘系统风量

Tab. 2 Air volume of the dust removal system without environmental protection guide trough

名称	除尘点位	除尘点数/个	同时工作数/个		单点风量/$m^3 \cdot h^{-1}$	同时工作点风量/$m^3 \cdot h^{-1}$	不工作点漏风量/$m^3 \cdot h^{-1}$	系统总风量/$m^3 \cdot h^{-1}$
YLM6转运站	14.0m 平台	M602 皮带头部卸料	1	1	6000	6000	0	51060
		M702 皮带头部卸料	1	1	6000	6000	0	
	6.0m 平台	M801 皮带受料	2	1	8000	8000	1200	
		M603 皮带受料	2	1	8000	8000	1200	
YLM7转运站	13.5m 平台	M801 皮带卸料	1	1	6000	6000	0	
	9.0m 平台	M802 皮带受料	1	1	8000	8000	0	

2.2 除尘系统优化后设计方案

应用环保导料槽后，由于其密封效果好，可相应地减少受卸点所需除尘风量。同时，同一条皮带机相邻的两个受料点可共用一条环保导料槽，仅在导料槽尾部设置一个吸尘点即可满足除尘效果。优化后的除尘系统设计风量见表 3。

表 3 使用环保导料槽后除尘系统风量

Tab. 3 Air volume of the dust removal system after applying the environmental protection guide trough

单体名称	除尘点位		除尘点数/个	同时工作数/个	单点风量/$m^3 \cdot h^{-1}$	同时工作点风量/$m^3 \cdot h^{-1}$	不工作点漏风量 $m^3 \cdot h^{-1}$	系统总风量/$m^3 \cdot h^{-1}$
YLM6转运站	14.0m 平台	M602 皮带头部卸料	1	1	5000	5000	0	43700
		M702 皮带头部卸料	1	1	5000	5000	0	
	6.0m 平台	M801 皮带受料	1	1	8000	8000	0	
		M603 皮带受料	1	1	8000	8000	0	
YLM7转运站	13.5m 平台	M801 皮带卸料	1	1	5000	5000	0	
	9.0m 平台	M802 皮带受料	1	1	7000	7000	0	

根据所计算的除尘系统总风量及业主客户的过滤风速，选择除尘器过滤面积为 922m^2，除尘风机风量为 43700m^3/h，相同风机全压下配用电机功率为 110kW。

2.3 应用效果

通过计算可知，应用环保导料槽后，系统风量及除尘器过滤面积减少了 14.4%。同时，在相同的风压下，电机功率由 132kW 降至 110kW。

河钢唐钢新区整个原料、烧结系统优化前除尘器总过滤面积约 146380m^2，优化后除尘器总过滤面积约 123170m^2，优化率 15%。按照含电气、仪表及建安费的每平方米项目投资约 1800 元折算，除尘系统优化前总投资约为 194 万元，优化后为 166 万元。环保导料槽投资约 26.5 万元，优化后电机功率降低 22kW，按年运行 340 天，0.7 元/(kWh) 核算，每年可节省电费约 12.5 万元。

3 结语

应用环保导料槽后，不仅降低了除尘系统初投资，除尘系统运行费用也相应降低，尤其对于受卸点较多的转运系统，优化效果更加明显。环保导料槽在整个原料场、烧结、球团项目的应用实践表明，除尘系统风量优化量普遍在 10%左右，投资及能耗节省效果显著，符合国家大力提倡的降能耗、少污染的节能减排要求，具有较高的社会效益和经济效益。

参考文献

[1] 王彦. 全密封导料槽在输煤系统中的应用 [J]. 矿山机械, 2010 (23): 113~115.
[2] 翟书城. 原料场皮带寿命周期管理模式的探索与创新 [J]. 河北冶金, 2019 (3): 79~82.
[3] 韩志国, 苏栋坤, 吴蕾. 皮带机导料槽密封装置改进措施 [J]. 河南建材, 2018 (2): 179.
[4] 徐永智. 烧结机新型耐磨导料槽的研发 [J]. 河北冶金, 2016 (7): 52~54.
[5] 闻邦椿. 机械设计手册 [M]. 北京: 机械工业出版社, 2010.
[6] 王纯, 张殿印. 除尘工程设计手册 [M]. 北京: 化学工业出版社, 2015.
[7] 工业建筑供暖通风与空气调节设计规范 [M]. 北京: 中国计划出版社, 2015.

供暖无补偿直埋技术在河钢唐钢新区的应用

周继瑞，宋丽英，赵 彬

（唐钢国际工程技术股份有限公司，河北唐山 063000）

摘　要　结合河钢唐钢新区项目供暖工程实例，简要介绍供热直埋管道敷设方式，综合分析不同敷设方式优缺点，说明无补偿冷安装设计及施工要点。无补偿直埋敷设投资少、管道寿命长、维护工作量少，在低温热水采暖中可得到推广应用。

关键词　供热；无补偿；直埋；管道；敷设；低温热水

Application of Directly Buried Heating Technology Without Compensation

Zhou Jirui，Song Liying，Zhao Bin

（Tangsteel International Engineering Technology Corp.，Tangshan 063000，Hebei）

Abstract　Combined with the heating engineering of the HBIS Tangsteel New District project，this paper briefly introduces the laying methods of direct buried heating pipes，comprehensively analyzes the advantages and disadvantages of different laying methods，and illustrates the design and construction points of uncompensated cold installation. Through analyzing，uncompensated direct-buried laying with less investment，long pipeline life and low maintenance workload can be promoted and applied in low-temperature hot water heating.

Key words　heating；uncompensated；direct burial；pipeline；laying；low-temperature hot water

0　引言

近年来，供暖热水管道直埋敷设以投资少、寿命长、热损失小、施工周期短等优点，在工程项目中得到了广泛使用。供热直埋管道安装方式按照管道热胀冷缩补偿形式可分为有补偿安装、无补偿一次性热补偿器安装及无补偿冷安装三种方式。有补偿直埋敷设方式，主要是通过补偿器补偿管道受热膨胀及冷却伸缩产生的变形量，无补偿敷设主要是依靠管道自身的强度解决热胀冷缩产生的形变问题。采暖管道直埋敷设进行应力计算主要取决于所采用的应力分析方法和强度理论，目前，主要有两种应力分析验算方法，分别是弹性分析法和塑性分析法[1]。

1　供暖直埋热水管道安装方式

1.1　有补偿安装

有补偿安装指直埋热水管道利用补偿器吸收管道受热膨胀伸长量及遇冷产生的收缩量，降低管道形变产生的弹性力。管道补偿的方式主要有：（1）自然补偿，此种方式造价低，加工简单，但是尺寸较大，使用上受到空间的限制；（2）套筒补偿器，其补偿量大，推力小，造价低，但是密封较为困难，容易发生漏水现象；（3）波纹管补偿器，占用空间小，使用可靠，目前在工程中使用较多，缺点主要是轴向推力较大，推力较小的内外压平衡式补偿器则造价较高。

作者简介：周继瑞（1990—），男，硕士研究生，工程师，2016 年毕业于上海理工大学供热、供燃气、通风及空调专业，现在唐钢国际工程技术股份有限公司从事民用及工业建筑采暖通风空调及除尘设计工作，E-mail：zhoujirui@ tsic. com

1.2　一次性补偿器安装

一次性补偿器安装方式是指直埋管道安装前对管道进行预热，利用一次性补偿器吸收管道受热产生的伸长量，从而减小管道高温运行时的热推力。一次性补偿器仅在管道安装前的预热阶段对管道起到补偿作用，安装完成后则与管线成为一个整体。这种敷设方式与有补偿安装形式相比维修工作量小，运行安全可靠，但是管道安装时需要对管道进行预热，需要临时加热热源，对施工的要求较高，安装费用比较高。

1.3　无补偿冷安装

无补偿冷安装指不必对管道进行预热且不需在管道中加设补偿器，利用管道与土壤之间的摩擦力，充分发挥管道自身塑性形变。管道安装时处于常温状态，管道自身无应力，而在运行过程中，虽然受热膨胀，但是管道形变及受力均处在可控范围内。无补偿冷安装无需补偿器和临时热源，安装方便，维修工作量小，管网布置简单，运行可靠，投资少，寿命长。

2　河钢唐钢新区项目中无补偿直埋敷设设计要点

无补偿冷安装直埋敷设方式在弯头、三通及变径等管件部位应力较为集中，需采取加强措施保证管路在设计工况下能够正常运行。

2.1　设计参数

河钢唐钢新区项目采用冲渣水余热进行供暖，供回水温度 60/50℃，其中黄海路以北采暖外网最大管径为 DN900，主干管长度约 1400m。供暖管道直埋敷设，钢管采用输送流体用焊接钢管，材质 Q235B。外护管采用高密度聚乙烯塑料外壳，密度大于 944kg/m^3，外护管拉伸屈服强度不小于 19MPa。保温材料采用聚氨酯泡沫，闭孔率≥88%，吸水率<10%，各处密度≥60kg/m^3，抗压强度>0.4MPa，导热系数<0.033W/(m·K)。聚氨酯保温层与钢管高密度聚乙烯之间粘结在一起形成一个牢固的整体，保温结构的性能能够承受供热钢管由于供热介质温差产生的剪切力，保证预制直埋保温管道的完整性且不被破坏，高密度聚乙烯外套内壁做电晕处理。直埋管道采用阴极保护体系，具体方式为牺牲阳极，考虑到乐亭地区项目现场的电导率和腐蚀性，采用阳极为 33kg 棒状锌阳极。

2.2　管道应力计算

2.2.1　直管段应力验算

根据文献［4］式（5.3.1）计算工作管屈服温差。

$$\Delta T_y = \frac{1}{\alpha \times E}[n \times \sigma_s - (1 - \nu)\sigma_t] \tag{1}$$

式中　ΔT_y——管道的屈服温差,℃；

α——钢材的线膨胀系数，m/(m·℃)；

E——钢材的弹性模量，MPa；

n——屈服极限增强系数，取 1.3；

σ_s——钢材的屈服极限最小值，MPa；

ν——钢材的泊松系数，取 0.3；

σ_t——管道内压引起的环向应力，MPa。

计算可得管道屈服温差 103.9℃。

2.2.2　内压、热胀应力的当量应力变化范围校验

判断是否满足关系式：

$$\sigma_j = (1 - \nu) \times \sigma_t + \alpha \times E \times (t_1 - t_2) \leqslant 3[\sigma] \quad (2)$$

式中 σ_j——内压、热胀应力的当量应力变化范围，MPa；

$[\sigma]$——钢材的许用应力，MPa；

t_1——管道工作循环最高温度,℃；

t_2——管道工作循环最低温度,℃。

供水管当量应力变化范围为74.95MPa，小于3倍的许用应力，满足锚固段的安定性条件，在热网管系中可以布置自然锚固段。

2.2.3 过渡段长度计算

保温管与土壤的单位长度摩擦力

$$F = \mu\left(\frac{1 + K_0}{2}\pi \times D_c \times \sigma_v + G - \frac{\pi}{4}D_c^2 \times \rho \times g\right) \quad (3)$$

式中 F——单位长度摩擦力，N/m；

μ——摩擦系数；

D_c——外护管外径，m；

σ_v——管道中心线处土壤应力，Pa；

G——包括介质在内的保温管单位长度自重，N/m；

ρ——土密度，kg/m^3，可取$1800kg/m^3$；

g——重力加速度，m/s^2；

K_0——土壤静压力系数。

取土壤的摩擦系数为0.2~0.4，则直埋管最小单位长度摩擦力为16.4kN/m，最大单位长度摩擦力为32.7kN/m。

过渡段长度计算

$$L = \frac{[\alpha \times E(t_1 - t_0) - \nu \times \sigma_t] \times A}{F} \quad (4)$$

式中 L——直埋管道过渡段长度，m；

A——工作管管壁的横截面积，m^2。

计算过渡段最小长度为120m，最大长度为241m。当直管段长度大于2倍过渡段长度时，管段中会形成锚固段；如果长度小于2倍过渡段长度时，管段中会形成驻点。

2.2.4 直管段局部稳定性验算

判断是否满足关系式

$$\frac{D_o}{\delta} \leqslant \frac{E}{4[\alpha \times E(t_1 - t_0) + \nu \times p_d] + 2 \times \sqrt{4[\alpha \times E(t_1 - t_0) + \nu \times p_d]^2 - \nu \times E \times p_d}} \quad (5)$$

式中 D_o——工作管外径，m；

δ——工作管公称壁厚，m；

p_d——管道计算压力，MPa。

左侧项=92，右侧项=178.9，满足局部稳定性要求。

2.2.5 直管段径向稳定性验算

工作管径向最大变形量

$$\Delta X = \frac{1.728W \times D_o}{E(\delta^3/r^3) + 2562} \quad (6)$$

式中　ΔX——工作管径向最大变形量，m；

W——管顶单位面积上总垂直荷载，kPa；

r——工作管平均半径，m。

供回水管道径向最大变形量为 0.025mm，小于 0.03 倍的管道外径，满足径向稳定性要求。

2.3　管件加强措施

在无补偿直埋敷设管系中，弯头是重要的系统补偿管件，同时，弯头也是系统中容易发生故障的部位。若弯头曲率半径较小，系统循环温差较大时，弯头位置容易在运行一定次数后发生故障。增加弯头强度主要有两种方式，一是增大弯头曲率半径，二是增加弯头壁厚。结合系统 60℃ 的采暖供水温度，最终工程设计中弯头采用 3 倍的曲率半径，弯头壁厚与直管段壁厚相同。增加弯头曲率半径在管道折弯处增加了管线的敷设空间，但是相比有补偿直埋采用的方形补偿器的自然补偿敷设方式，仍然节省了空间。同时，在弯头外侧加设泡沫垫以吸收管道位移，填砂改为填粗砂，加强弯头补偿能力。对于大口径三通采用加强焊接，同时辅助泡沫垫降低局部应力。

2.4　管道折角处理

安装时各种规格管道的最大折角为：*DN*350 ~ *DN*1200：2.6°；*DN*125 ~ *DN*300：2.8°；≤*DN*100：3.0°。设计中，折角超过限值时，将大折角拆分成几个小折角（图 1）将应力分散，避免应力过于集中局部容易发生故障。

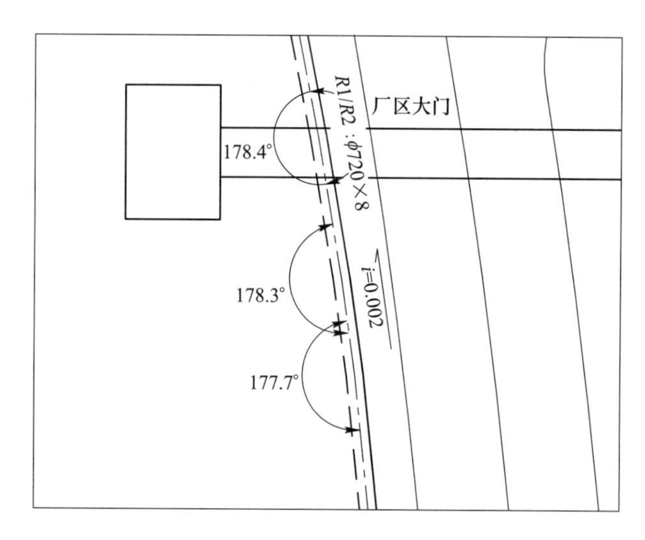

图 1　折角处理示意图

Fig. 1　Schematic diagram of folded corner treatment

2.5　投资对比

河钢唐钢新区项目黄海路以北采暖外网若采用有补偿直埋敷设方式，需设置 *DN*900 直埋补偿器 4 个，*DN*700 直埋补偿器 16 个，固定墩 12 个。而采用无补偿直埋敷设方式采用塑性形变理论经过优化设计，在本项目中无需采用波纹补偿器及固定墩，检查井数量减少，经过计算，与采用波纹补偿器的有补偿直埋敷设方式相比，无补偿冷安装的直埋敷设方式最终可节省投资约 15%。

3　结语

供暖热水管道无补偿冷安装的敷设方式投资少，施工周期短，系统故障点少，维护工作量小，适用于介质温度≤95℃，连续敷设长度≤500m 的供热管线[5]。目前钢铁行业加大节能减排力度，利用高炉冲渣水余热产生的低于 70℃ 低温热水供厂区及市政冬季采暖正被广泛采用，而无补偿直埋的管线敷设方式应得到推广应用。

参考文献

[1] 贺平，孙刚．供热工程［M］．北京：中国建筑工业出版社，2011.
[2] 何聪，赵玉军，李祥瑞．无补偿预热直埋敷设方式的探讨［J］．煤气与热力，2002，22（5）：452~454.
[3] 蔡志军．无补偿冷安装直埋敷设方式的探讨［J］．区域供热，2014（3）：64~82.
[4] CJJ/T 81—2013. 城镇供热直埋热水管道技术规程［S］．北京：中国建筑工业出版社，2013.
[5]《动力管道设计手册》编写组．动力管道设计手册［M］．北京：机械工业出版社，2006.
[6] 尹振奎，安钢，孙晨利，等．高炉炉渣余热采暖的设计与应用［J］．河北冶金，2006（2）：58~59，64.
[7] 张萍．供热循环水系统的调节［J］．河北冶金，2003（1）：59~61.
[8] 敖宁，陈伟鹏，李雨晴．关于保温管道无补偿直埋技术的探讨［J］．内蒙古科技与经济，2017（21）：102.
[9] 丁启贺．室外供热管网采用的直埋式保温管施工技术分析［J］．绿色环保建材，2020（2）：178.
[10] 徐建江．室外供热直埋保温管道施工技术要点［J］．哈尔滨铁道科技，2003（1）：18.

高炉冲渣水余热利用设计特点

苏彤，赵彬

（唐钢国际工程技术股份有限公司，河北唐山 063000）

摘 要 为充分利用高炉冲渣水的余热，通过热平衡计算，估算了余热利用区域的热负荷，重点介绍了换热工艺流程和设备配置。采用宽流道板式换热器作为高炉冲渣水换热核心部件，具有易于拆卸和清理、流通性好、传热效率高及结构紧凑等特点，可高效回收冲渣水余热，用于冬季供暖及厂区洗浴，为高炉冲渣水余热回收提供了技术思路和方向。

关键词 高炉；冲渣水；余热利用；宽流道板式换热器

Design Characteristics of Residual Heat Utilization of Blast Furnace Slag Flushing Water

Su Tong, Zhao Bin

(Tangsteel International Engineering Technology Corp., Tangshan 063000, Hebei)

Abstract In order to make full use of the waste heat of blast furnace slag-flushing water, the heat load of the waste heat utilization area was estimated by heat balance calculation, and the heat exchange process and equipment configuration were highlighted in this paper. Adopting wide flow channel plate heat exchanger as the core component of blast furnace slag-flushing water heat exchange has the characteristics of easy disassembly and cleaning, good circulation, high heat transfer efficiency and compact structure. In addition, it can also efficiently recover the waste heat of slag water for winter heating and bathing in factory area, providing technical ideas and directions for the recovery of waste heat from blast furnace slag flushing water.

Key words blast furnace; slag-flushing water; waste heat utilization; wide flow channel plate heat exchanger

0 引言

高炉炼铁工艺过程中产生的炉渣温度约1000℃，炉渣经过高速水流急冷冲成水渣并粒化，此过程可产生大量温度80~95℃的低温热水[1]。在常规工艺中，高炉冲渣水均通过上塔泵送入冷却塔降温，降温后的冲渣水回到冷水池等待下一次冲渣[2]。随着钢铁企业节能降耗、资源综合利用水平的不断提高，能源产业结构发生改变，加强能源优化利用、发展循环经济、余热余能利用已成为钢铁企业发展的趋势[3]。在良好的大环境影响下，开发利用余热、余能为大势所趋，高炉冲渣水的低温余热资源得以开发利用。河钢唐钢新区充分利用高炉冲渣水余热，既解决了各厂区办公、厂房的冬季供暖问题，又解决了厂区职工洗浴用热水的热源问题。

1 换热器的选择

河钢唐钢新区3座高炉渣水余热全部考虑回收，高炉水渣处理方式为环保底滤法，余热供全厂区采暖、洗浴，以实现余热回收的充分利用，达到节能减排的目的。高炉冲渣水水质复杂，甚至各钢铁厂高炉冲渣水水质都不尽相同，而且冲渣水中含有很多杂质，对常规换热器有较强的腐蚀作用。尤其是渣水中的絮状矿物棉极易在短时间内造成换热器和管道的堵塞，使余热回收系统无法正常工作。真空相变直

作者简介：苏彤（1990—），男，工程师，2012年毕业于燕山大学建筑环境与设备工程专业，现在唐钢国际工程技术股份有限公司主要从事暖通、环保设计工作，E-mail：sutong@ tsic. com

热机虽可避免设备堵塞及腐蚀问题，但是存在占地面积大、初始投资高的问题；管壳式换热器也可避免设备堵塞及腐蚀问题，但是存在换热效率低、占地面积大、清洗困难的问题。综合考虑初投资、总图占地，选用宽流道板式换热器，材质为双相不锈钢，有效解决了高炉冲渣水堵塞、腐蚀，以及现场位置紧张的问题。

2 热平衡计算

渣水余热主要计算公式[4]：

(1) 高炉渣温度取1400℃，火渣比热取1800kJ/kg；

(2) 日产铁量(t/d)= 炉容(m^3)×高炉利用系数；

(3) 日产高炉渣量(t/d)= 日产铁量(t/d)×渣铁比；

(4) 炉渣热量=产渣量(h)×炉渣比热；

(5) 回收热量：根据国内各钢铁厂高炉冲渣水换热实际操作经验，炉渣中的总热量通过蒸汽、自然降温散失的热量约占50%，实际留存到渣水中的热量约占炉渣总热量的50%。

通过计算可知，每座高炉冲渣水余热可回收热量为25MW。

高炉冲渣水余热利用的区域及热负荷估算如表1所示。

表1 高炉冲渣水余热利用的区域及热负荷

Tab. 1 Area and heat load of waste heat utilization of blast furnace slag flushing water

序号	区域名称	采暖负荷/kW	洗浴负荷/kW
1	生活区	一期：9200 二期：9200	一期：2000 二期：2000
2	厂前区	280	2000
3	研发中心	3900	—
4	原料区	2900	2500
5	石灰窑	350	—
6	烧结区	3800	2500
7	球团区	5700	—
8	炼铁区	3000	—
9	一炼钢	3000	—
10	二炼钢	3000	—
11	热轧区	1550	—
12	冷轧区	1200	—
13	全厂公辅	8200	5000

由以上计算可得，1号、2号高炉投产时，采暖热负荷需求约40MW，洗浴热负荷需求约14MW；3号高炉投产时，采暖热负荷需求约55MW，洗浴热负荷需求约16MW。1号、2号高炉投产时热负荷需求高于2座高炉可提供热量，在此过渡期内，需利用站内应急汽-水换热机组进行补热，补热量约4MW，蒸汽消耗量约6t。当3号高炉投产后，3座高炉提供的热量高于厂区热负荷需求，此阶段多余热量可外供。

3 工艺布置

每座高炉设置1套取热站，布置在高炉循环水泵房附近，换热器形式为宽流道板式换热器，材质为双相不锈钢，每台换热器取热能力3MW。每座高炉各布置8台换热器，其中1号高炉取热站内6台为采暖热源，2台为洗浴热源；2号高炉取热站内6台为采暖热源，1台为洗浴热源，1台为洗浴、采暖共用备用热源；3 号高炉取热站内均为采暖热源。采暖循环泵、补水定压装置、应急蒸汽补热系统统一布置在一个泵站内，便于统一控制及管理。具体工艺布置见表 2。

表 2　工艺布置及设备参数

Tab. 2　Process layout and equipment parameters

设备名称	规格型号	数量/台	备注
宽流道板式换热器	取热量 3MW	24	每座高炉各 8 台
汽-水换热器	换热量 25MW	1	应急补热
供暖循环泵	流量：2010m^3/h	4	开 3 备 1
	扬程：93m		
	配用变频电机：10kV/710kW		
补水定压泵	流量：140m^3/h	2	开 1 备 1
	扬程：50m		
	配用变频电机：380V/37kW		

3.1　冲渣水管路切换

冲渣水主管道设计旁通管路，并设置切换阀门[5]。换热期内，冲渣水主管道阀门关闭，旁通管路阀门打开，一次水由旁通管道进入换热器内换热。冲渣水取热降温后直接送入凉水池，利用不上塔的高差去克服换热器阻力，不需要消耗额外动力。非换热期，冲渣水主管道阀门打开，旁通管路阀门关闭，冲渣水经主管道上冷却塔降温后进行冲渣。

由于每座高炉设置了 2 套冲渣系统，需要在冲渣管路上增加必要的切换阀门，根据工艺实际操作情况进行切换。主要取热原则是通过测量渣水温度，决定取用 1 号或 2 号热水池热量。具体管路切换见图 1。

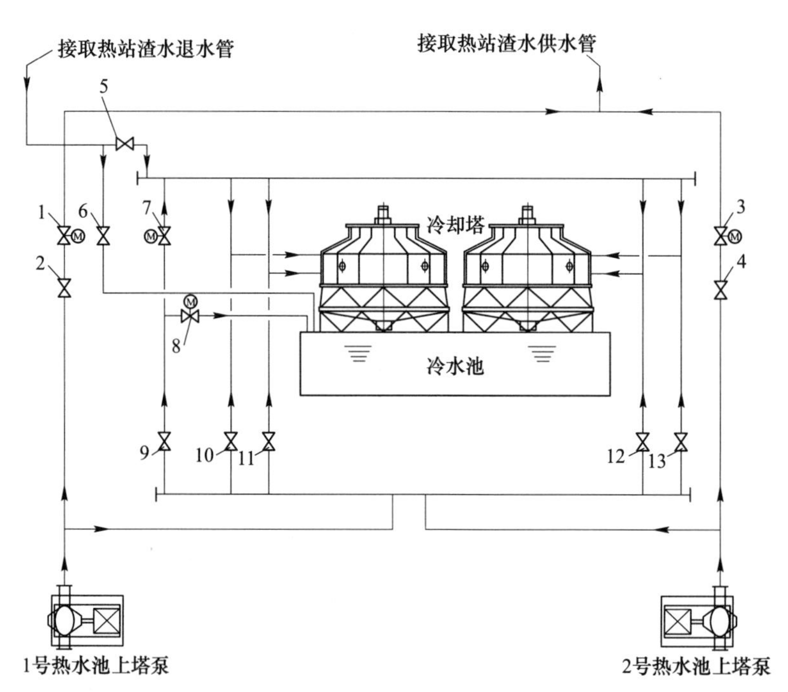

图 1　管路切换示意图

Fig. 1　Schematic diagram of pipeline switching

阀门动作顺序为：

(1) 仅 1 号热水池上塔泵运行时，开启 1 号电动阀门，关闭 3 号电动阀门、7 号电动调节阀；仅 2 号热水池上塔泵运行时，开启 3 号电动阀门，关闭 1 号电动阀门、7 号电动调节阀。

（2）1 号、2 号热水池上塔泵同时运行，开启 1 号、3 号电动阀门，同时打开 7 号电动调节阀，阀门开度根据冲渣水量进行调节。

（3）7 号电动调节阀故障无法打开时，紧急开启 8 号电动阀门。

（4）渣水退水量突然小于引水量时，立即关闭 1 号、3 号电动阀门，同时打开 7 号电动调节阀，保证高炉冲渣用水量。

3.2 换热工艺

厂区采暖系统回水经 1 号、2 号、3 号高炉相应取热站换热器升温后，由泵站内厂区供暖循环泵统一供给各用户点。

泵站内布置 1 台应急用汽-水换热机组，与渣水换热机组并联布置。当系统需要补热时，打开汽-水换热器进出口阀门，采暖系统回水经换热器升温后，由泵站内供暖循环泵统一供给各用户点。冷凝水由冷凝水泵输送至冷凝水箱内，由站内补水定压装置作为补水补充到厂区采暖管网内。采暖供回水温度 60/50℃。主要换热工艺流程见图 2。

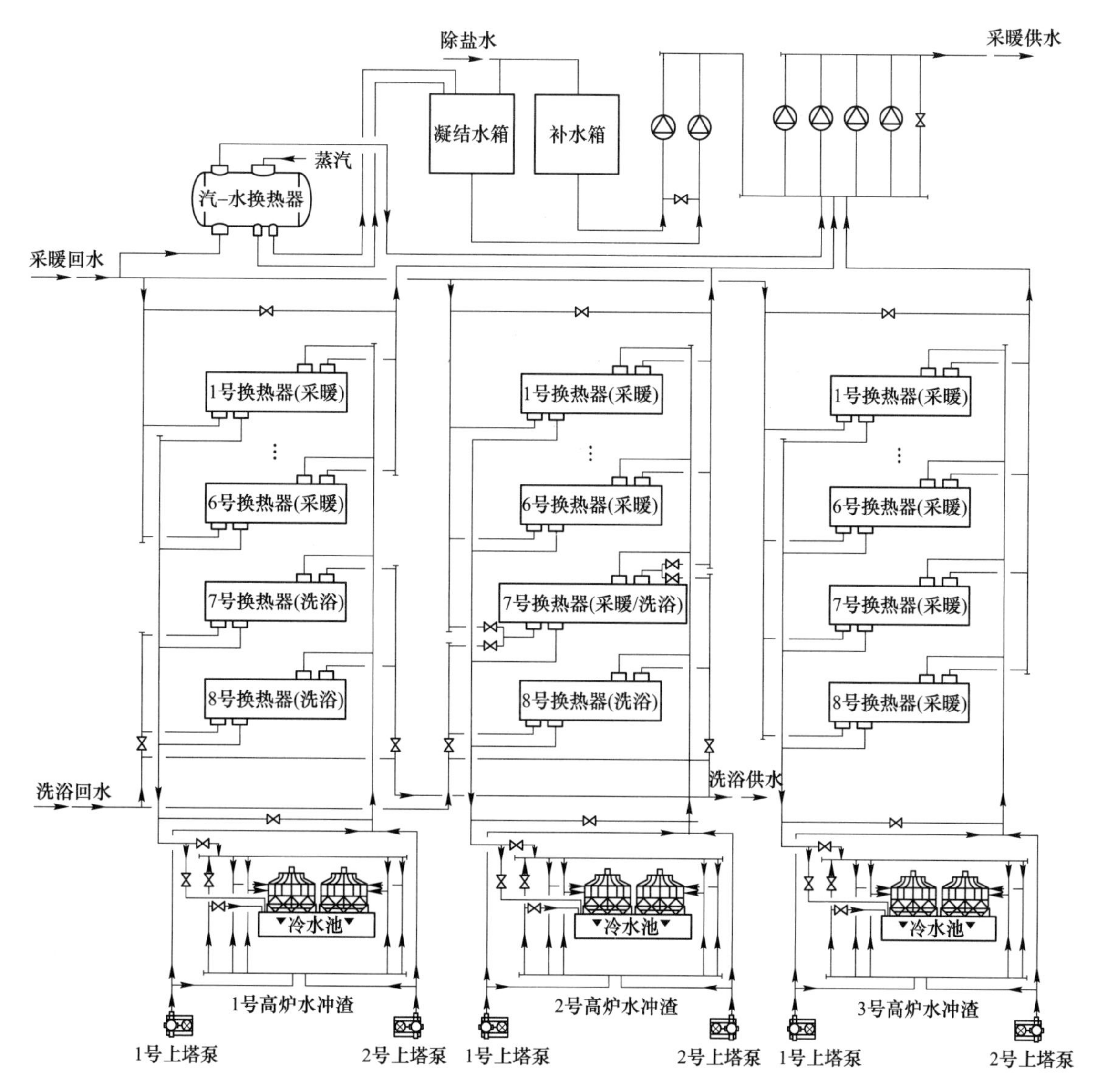

图 2 换热工艺流程

Fig. 2 Heat exchange process

3.3 外网管道

厂区采暖系外网管道采用直埋敷设，管道采用预制直埋聚氨酯保温管[6]。

4　主要先进技术

高炉冲渣水换热核心部件为换热器，取热站内换热器采用宽流道板式换热器机组，由于具有独特的波纹结构设计，介质可以无限制地流过板片的换热表面，而不发生堵塞现象。除具有传统管式换热器所不具备的高传热性能外，还具有常规换热器不具备的优点：

（1）易于拆卸和清理。拆下夹紧螺栓并移动活动压紧板，可以观察到宽流道板式换热器的每一张板片，内部残余液体少，容易就地清理。

（2）S 型流体通道，通过性好。流道没有阻碍点，能够有效防止堵塞。

（3）传热效率高。换热板的压制形式确保流体能由低流速即刻达到高湍流，传热系数远高于管壳式换热器。

（4）结构紧凑、占地面积小。1 台宽流道板式换热器可满足几台换热器的工作负荷，且面积仅为管壳式换热器的一小部分。

5　结语

高炉冲渣水余热回收系统的应用，既满足了高炉冲渣所需冲渣水温度，又可以制取低温热水。同时，高炉冲渣水不经过冷却塔冷却降温，减少了水漂现象，既符合国家节能减排的要求，又符合绿色环保的要求。

参 考 文 献

[1] 王冬宝．高炉冲渣水工业利用技术应用［J］．冶金管理，2020（1）：220~221.

[2] 王鹏．钢铁企业高炉冲渣水余热利用技术的应用［J］．资源节约与环保，2019（7）：15，17.

[3] 李创国，雷仲存，李劲松．首钢迁钢公司高炉冲渣水余热利用［J］．冶金能源，2020，39（1）：50~53.

[4] 周传典．高炉炼铁生产技术手册［M］．北京：冶金工业出版社，2002.

[5] 中华人民共和国住房和城乡建设部．工业建筑供暖通风与空气调节设计规范［S］．北京：中国计划出版社，2015.

[6] 中华人民共和国住房和城乡建设部．城镇供热管网设计规范［S］．北京：中国计划出版社，2010.

水处理中心工程设计

尹士海，李　鑫，徐玉龙

（唐钢国际工程技术股份有限公司，河北唐山 063000）

摘　要　详细介绍了在零排放设计理念的指导下，河钢唐钢水处理中心中生产-消防水存储与供水系统、新水制备一级/二级除盐水系统、废水预处理和深度处理系统、反渗透浓盐水减量处理系统的工艺流程、水质指标以及设备参数。在能源管控中心智能调度下，全厂各种废水全部实现了回收、梯级利用和废水零外排。该工程的成功实践，为冶金企业节水和废水零排放提供了新思路。

关键词　新水制备；废水处理；回收；梯级利用；零排放

The Project Design of Water Treatment Center

Yin Shihai, Li Xin, Xu Yulong

(Tangsteel International Engineering Technology Corp., Tangshan 063000, Hebei)

Abstract　Under the guidance of the zero-emission design concept, this paper induces the production-fire water storage and water supply system, the primary/secondary desalination system for fresh water preparation, the wastewater pretreatment and advanced treatment, as well as the technological process, water quality index and equipment parameters of the reverse osmosis concentrated brine reduction treatment system in the water treatment center of HBIS Tangsteel. Relying on the intelligent dispatch of the energy management and control center, all kinds of wastewater of the whole plant have been recycled, while realizing cascade utilization and zero wastewater discharge. The successful practice of this project provides new ideas of water saving and zero wastewater discharge for metallurgical enterprises.

Key words　fresh water preparation; wastewater treatment; recycling; cascade utilization; zero discharge

0　引言

河钢唐钢新区设水处理中心 1 座，负责为全厂储存和供给各类用水，回收、处理各工序排水；根据用户需求，动态精准控制各类水产品制备及梯级利用。

1　零排放设计理念

全厂设计取水量 5400m^3/h，其中，3500m^3/h 作为生产新水直接使用，1900m^3/h 用于一级、二级除盐水制备。各生产工序排水回收至水处理中心调节池，预处理采用格栅调节池及提升泵站+高密池+V 型滤池工艺；深度处理采用多介质过滤器+超滤+反渗透工艺；浓盐水减量化采用高效除硬度澄清池+曝气生物滤池+臭氧催化氧化+多介质过滤器+超滤+弱酸树脂钠床+两级反渗透工艺，最终浓水用于钢渣、水渣处理，实现废水零排放。全厂水量平衡图如图 1 所示。

2　水处理工艺设计

2.1　生产-消防水存储与供水系统

（1）工艺流程。生产-消防水存储与供水系统工艺流程如图 2 所示。

（2）生产-消防水（水源水质）水质指标。生产-消防水（水源水质）水质指标如表 1 所示。

作者简介：尹士海（1982—），男，高级工程师，注册公用设备（给排水）工程师，2006 年毕业于河北建筑工程学院给水排水工程专业，现在唐钢国际工程技术股份有限公司从事给排水和水处理理论研究、设备研发、工程设计，E-mail：yinshihai@ tsic. com. cn

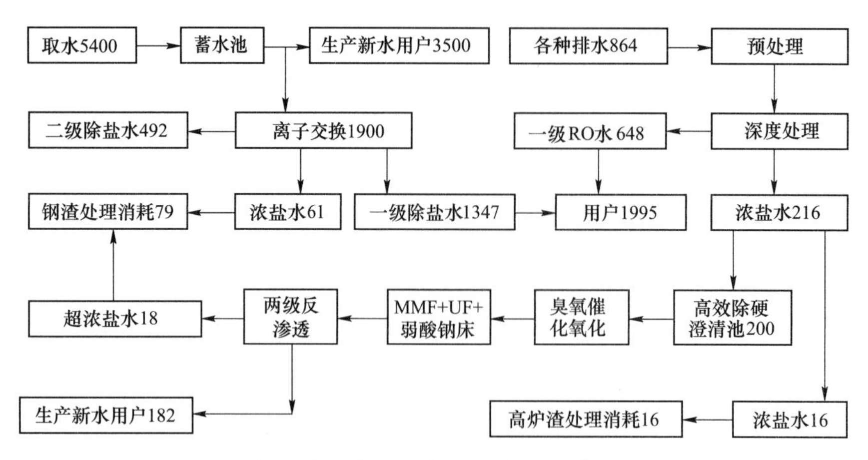

图 1　全厂水量平衡图（单位：m^3/h）

Fig. 1　Water balance diagram of the whole plan（unit：m^3/h）

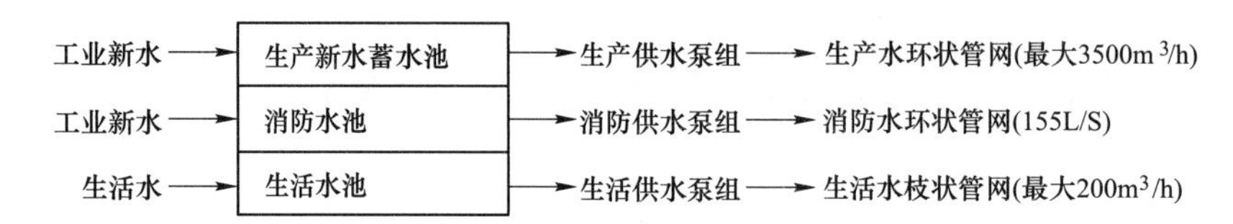

图 2　生产-消防水存储与供水系统工艺流程

Fig. 2　Production-fire water storage and water supply system process flow diagram

表 1　生产-消防水（水源水质）水质指标

Tab. 1　Water quality indexes of production-fire water（water quality）

序号	项目	数值	序号	项目	数值
1	pH 值	6~9	5	SS/$mg \cdot L^{-1}$	<5
2	总碱度（$CaCO_3$计）/$mg \cdot L^{-1}$	<150	6	总硬度（$CaCO_3$计）/$mg \cdot L^{-1}$	<250
3	Ca^{2+}（$CaCO_3$计）/$mg \cdot L^{-1}$	<150	7	Cl^-/$mg \cdot L^{-1}$	<30
4	COD_{Mn}/$mg \cdot L^{-1}$	<10	8	电导率/$\mu S \cdot cm^{-1}$	<600

（3）主要构筑物与设备：

1）生产新水池两格，有效容积：$8\times10^4m^3$，供水泵 5 台，开 3 备 2，变频恒压供水。

2）消防新水池两格，有效容积：$2\times1150m^3$，满足 3h 全厂消防用水量。消防水供泵组：主泵 3 台，开 2 备 1；柴油机消防泵 1 台；稳压系统 1 套。

3）生活水池有效容积 $400m^3$，生活供水泵组：3 台（2 用 1 备），变频恒压供水。

2.2　生产新水制备一级/二级除盐水系统

（1）工艺流程。离子交换法制备除盐水的工艺流程如图 3 所示。

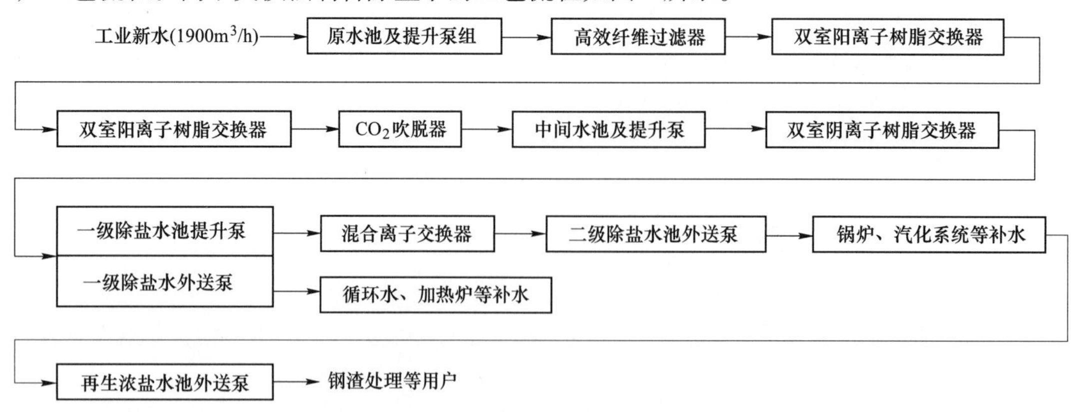

图 3　离子交换法制备除盐水的工艺流程

Fig. 3　Process flow for preparing desalinated water by ion exchange method

（2）水质指标。离子交换法制备的一级/二级除盐水/超浓水控制指标如表 2 所示。

表 2 离子交换法制备的一级/二级除盐水/超浓水控制指标

Tab. 2 Control indicators of primary/secondary demineralized water/super concentrated water prepared by ion exchange method

序号	项 目	一级除盐水	二级除盐水	再生高盐水
1	pH 值	7~9	7~9	7~9
2	浊度/NTU	—	—	—
3	总碱度（$CaCO_3$计）/mg · L^{-1}	—	—	<150
4	总硬度（$CaCO_3$计）/mg · L^{-1}	—	—	<8500
5	Cl^-/mg · L^{-1}	—	—	<2500
6	电导率/μS · cm^{-1}	≤5	≤0.2	<2500
7	二氧化硅/μg · L^{-1}	≤100	≤20	—
8	总溶解性固体/mg · L^{-1}	—	—	<45000

（3）主要构筑物与设备。高效纤维过滤器：7 用 1 备，8×300m^3/h；双室阳离子树脂交换器：10 用 2 备，10×200m^3/h；CO_2吹脱器 3×400m^3/h；双室阴离子树脂交换器：10 用 2 备，10×200m^3/h；混合离子交换器：3 用 1 备，3×200m^3/h；配套的再生系统及各种水泵。

2.3 厂区废水预处理系统

（1）工艺流程。废水预处理工艺流程如图 4 所示。

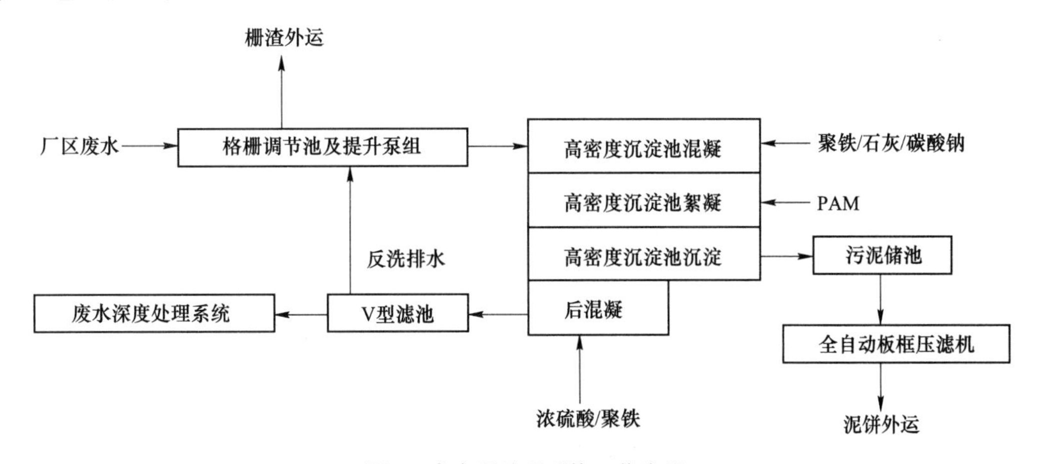

图 4 废水预处理系统工艺流程

Fig. 4 Process flow of wastewater pretreatment system

（2）废水预处理进、出水水质指标。废水预处理进、出水水质如表 3 所示。

表 3 废水预处理进水和出水水质

Tab. 3 Influent and effluent quality of wastewater pretreatment

序号	项 目	进水范围	设计进水	设计出水
1	pH 值	6~9	6~9	6~9
2	SS/mg · L^{-1}	20~300	300	<5
3	浊度/NTU	—	200	<0.5
4	水温/℃	10~30	<20	<15
5	总碱度（$CaCO_3$计）/mg · L^{-1}	100~400	400	<150
6	总硬度（$CaCO_3$计）/mg · L^{-1}	300~500	500	<150
7	Ca^{2+}（$CaCO_3$计）/mg · L^{-1}	300~500	500	<150
8	Cl^-/mg · L^{-1}	500~700	700	700

续表 3

序号	项 目	进水范围	设计进水	设计出水
9	COD_{Mn}/mg · L^{-1}	10~30	<30	<10
10	电导率/μS · cm^{-1}	1500~2500	2500	—
11	油类/mg · L^{-1}	10~20	<20	<2
12	总磷/mg · L^{-1}	10~20	<20	<2
13	总溶解性固体/mg · L^{-1}	1000~1500	1500	—

（3）主要构筑物与设备。

1）格栅调节池及提升泵站：全自动粗格栅、细格栅各 2 道，调节池分 2 格，每格设潜水搅拌器 4 台；提升泵 4 台（其中 2 台变频）。

2）高密度沉淀池分 4 格，4×625m^3/h，由混凝池、絮凝池、污泥浓缩、斜管区、后混凝池组成；V 型滤池 6 格：6×420m^3/h。

3）加药间：由混凝剂、絮凝剂、石灰、碳酸钠、硫酸、次氯酸钠贮存和投加系统组成。

4）污泥脱水间：由污泥混合池 2 座、300m^2全自动板框压滤机 2 台、进泥泵 3 台组成，脱水泥饼含水率小于 65%。

2.4 厂区废水深度处理系统

（1）工艺流程图。废水深度处理系统工艺流程如图 5 所示。

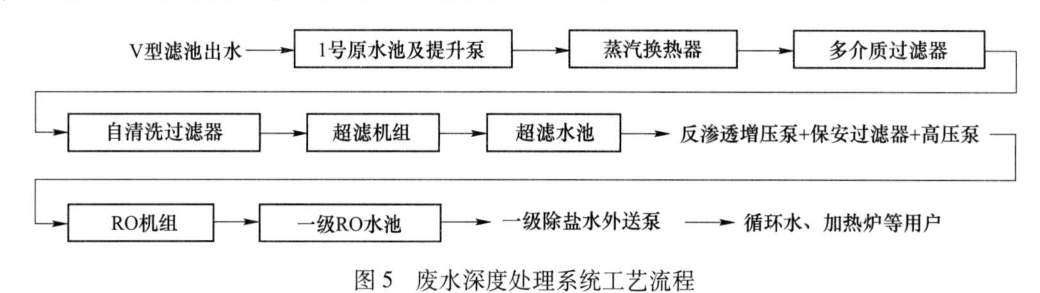

图 5 废水深度处理系统工艺流程

Fig. 5 Process flow of advanced wastewater treatment system

（2）废水深度处理出水（一级 RO）水质指标。废水深度处理出水（一级 RO）水质指标如表 4 所示。

表 4 废水深度理出水（一级 RO）水质

Tab. 4 Water quality of effluent from deep treatment of wastewater（first-levelRO）

序号	项 目	一级除盐水	序号	项 目	一级除盐水
1	pH 值	7~9	4	总硬度（$CaCO_3$计）/mg · L^{-1}	<1.5
2	浊度/NTU	—	5	Cl^-/mg · L^{-1}	<0.6
3	总碱度（$CaCO_3$计）/mg · L^{-1}	<3	6	电导率/μS · cm^{-1}	≤18

（3）主要构筑物与设备。

1）蒸汽换热器：3 台，2 用 1 备，处理水量 650m^3/(h · 台)。

2）多介质过滤器：18 台，单台处理量 65m^3/h；原水泵 3 台，开 2 备 1；反洗水泵 2 台，开 1 备 1；反洗风机 2 台，开 1 备 1。

3）自清洗过滤器 2 套；超滤机组 7 套，单套净产水量：156m^3/h；反洗水泵 2 台，开 1 备 1。

4）反渗透机组：7 套，单套净产水量：108m^3/h；反渗透增压泵 4 台，开 3 备 1；反渗透冲洗泵：2 台，开 1 备 1。

2.5 反渗透浓盐水减量处理系统

（1）工艺流程。浓盐水处理系统工艺流程如图 6 所示。

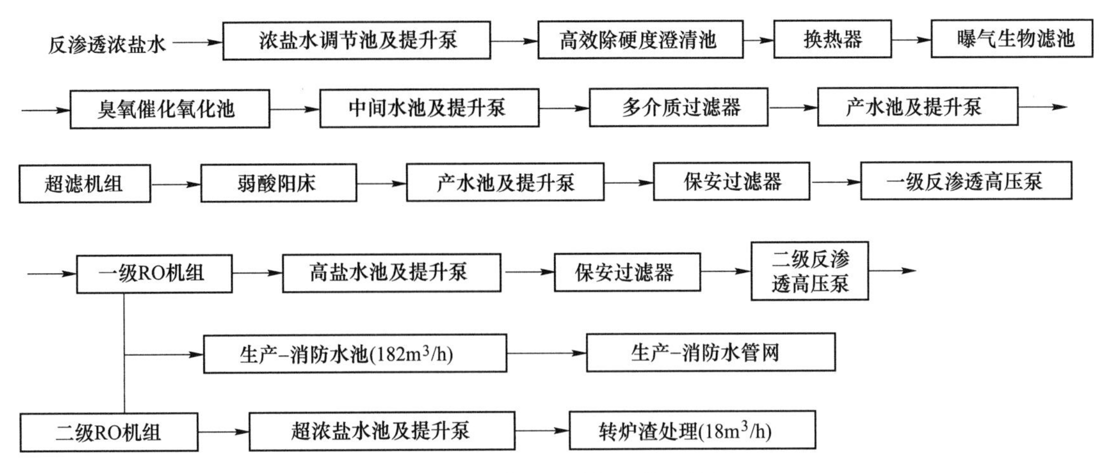

图6　浓盐水处理系统工艺流程图

Fig. 6　Process flow chart of concentrated brine treatment system

（2）设计进出水水质。浓盐水减量浓缩产生高盐水和 RO 水质如表 5 所示。

表 5　浓盐水减量浓缩产生高盐水和 RO 水质指标

Tab. 5　Water quality indicators of high brine and RO water produced by concentrated brine reduction and concentration

序号	项目	普通浓盐水	预处理出水	一级反渗透浓水	二级反渗透浓水
1	pH 值	6~9	6~9	6~9	6~9
2	SS/mg · L^{-1}	微量	<20	微量	微量
3	总碱度（$CaCO_3$计）/mg · L^{-1}	较少	—	—	—
4	总硬度（$CaCO_3$计）/mg · L^{-1}	800~1200	≤250	≤350	800~1200
5	硫酸根离子（SO_4^{2-}计）/mg · L^{-1}	2200~2300	2300~2400	7300~7800	27000~30000
6	Cl^-/mg · L^{-1}	1000~1200	1000~1200	3300~3900	10000~12000
7	COD_{cr}/mg · L^{-1}	100~120	30~40	60~100	150~200
8	电导率/μS · cm^{-1}	5600~6600	5000~6200	18000~22000	60000~70000
9	油类/mg · L^{-1}	微量	微量	—	微量
10	TDS/mg · L^{-1}	4400~4700	4400~4600	≤14000~16000	45000~50000

（3）主要构筑物与设备。

1）浓盐水调节池 1 座，内设潜水搅拌器；提升泵 3 台，开 2 备 1。

2）高效除硬度澄清池：2 座，处理水量 280m^3/h。

3）曝气生物滤池：处理水量 280m^3/h，配套曝气风机、反洗鼓风机、BAF 反洗泵；300m^3反洗水收集池 1 座，提升泵 2 台，开 1 备 1。

4）臭氧催化氧化装置：处理水量 240m^3/h。

5）ϕ3200mm 多介质过滤器：4 台，配套产水池 1 座及反洗泵、反洗风机等。

6）自清洗过滤器 1 台，超滤膜组：2×130m^3/h。

7）ϕ2500 弱酸树脂钠床：3×100m^3/h。

8）一级反渗透：3×70m^3/h；二级反渗透：2×32. 5m^3/h。

3　主要技术特点

（1）新型双室浮动床等绿色脱盐技术浓盐水产生率<3%。

（2）水处理工艺水泵、加药泵中广泛应用变频控制技术，节能节药 15%。

（3）储池类应用 PE 板专利防腐技术代替传统玻璃钢、环氧煤沥青等，防腐效果显著。

（4）在能源管控中心智能调度下，各种废水全部回收、梯级利用，实现了废水零外排。

4　结语

河钢唐钢新区水处理中心在零排放理念的指导下，能源管控中心集中采集原料、炼铁、炼钢、轧钢、公辅等各工序水系统水量、水质、水温等实时数据，根据水质实现科学循环水错峰补排水和各类水资源梯级利用，最终达到废水零排放的目的。本工程的成功实践，为冶金企业节水和废水零排放创造了一条新途径，整体处于国际领先水平。

参 考 文 献

[1] 王新东．河钢创新技术的研发与实践［J］．河北冶金，2020（2）：1～12.

[2] 苗利利，祝群力，尹士海，等．唐钢城市中水与工业废水综合利用工程［J］．中国给水排水，2011，27（10）：51～56.

[3] 尹士海，王楠楠．唐钢高强汽车板废水处理工程［J］．中国给水排水，2016，32（18）：99～103.

[4] 尹士海，王楠楠．新型高密度沉淀池在唐钢的应用［J］．河北冶金，2016（6）：71～74.

[5] 尹士海，王楠楠，等．唐钢美锦煤化工全自动循环冷却水系统设计与运行［J］．冶金动力，2016，196（6）：59～61.

消防给水系统设计

尹士海，李 鑫，张子轩

（唐钢国际工程技术股份有限公司，河北唐山 063000）

摘 要 河钢唐钢新区在吸收河钢集团各子公司消防设计经验的基础上，统筹考虑临时与永久，建设期与生产期消防用水需求，将室外低压消防给水系统与室内区域建筑群临时高压消防给水系统科学统一结合，综合运用自动水喷淋、消防水炮、水喷雾、气体灭火等技术手段，设计建设了消防给水系统。详细介绍了各消防给水子系统的设备组成及设计特点，可为各种新建、改扩建的钢铁企业消防设计、施工、运行提供完整的工程经验，具有较强的借鉴意义。

关键词 钢铁企业；消防给水；消火栓；临时高压

Design of Fire Protection Water Supply System of HBIS Group Tangsteel New District

Yin Shihai, Li Xin, Zhang Zixuan

(Tangsteel International Engineering Technology Corp., Tangshan 063000, Hebei)

Abstract HBIS Tangsteel New District, on the basis of absorbing the fire protection design experience of the subsidiaries of HBIS Group, has made overall consideration of the temporary and permanent, as well as construction and production phases of firefighting water demand. Scientifically integrating the outdoor low-pressure firefighting water supply system with the temporarily high-pressure firefighting water supply system for the indoor area buildings, the firefighting water supply system is designed and constructed by comprehensively using technical means such as automatic water sprinkler, firefighting water cannon, water spray, and gas fire extinguishing. In this paper, the equipment composition and design characteristics of each firefighting water supply subsystem were introduced in detail, which can provide complete engineering experience for the firefighting design, construction and operation of various newly-built, renovated and expanded iron and steel enterprises. It has shown the strong reference significance.

Key words iron and steel enterprise; fire water supply; fire hydrant; temporarily high-pressure

0 引言

河钢唐钢新区坐落在河北省唐山市乐亭县经济开发区内，其厂区总占地面积8000余亩，建设有机械化料场、烧结机、球团、高炉、转炉钢厂、冷轧厂及全厂附属设施，属于千万吨级规模特大型钢铁联合企业。

结合河钢集团几十年防火减灾经验，在“预防为主，防消结合”的方针指引下，唐钢新区对全厂消防给水系统进行了整体设计，统筹考虑，临时消防给水设施与永久设施相结合，建设期与生产期相结合，室外低压消防给水系统与区域建筑群临时高压消防给水系统相结合，综合运用自动水喷淋、消防水炮、水喷雾、气体灭火等技术手段，预防和减少钢铁企业火灾危害，保护职工人身和财产安全。

1 施工期临时消防给水系统

根据以往经验，施工中电气、焊接、雷击、吸烟等易引发火灾高发。为确保工程建设顺利进行、降低火灾危害，根据《建设工程施工现场消防安全技术规范》（GB 50720—2011）设计施工区域和临时生

作者简介：尹士海（1982—），男，高级工程师，注册公用设备（给排水）工程师，2006年毕业于河北建筑工程学院给水排水工程专业，现在唐钢国际工程技术股份有限公司从事给排水和水处理理论研究、设备研发、工程设计，E-mail：yinshihai@ tsic. com. cn

活区消防给水系统。

（1）临时消防站设计：在临时生活区设临时消防站 1 座，一层，占地 28m×15m，服务对象为生活区和施工区。由消防车库、通讯室、执勤备战组组成，设消防车 3 辆，消防车注水采用 DN200 消防水鹤。

（2）临时生活区消防给水系统设计：临时生活区设有建筑工人住宿用房（三层）243 栋，单层辅助用房（食堂、简易浴室、库房）100 栋、劳保商店 2 栋，最大服务人数约 40000 人。区域设计临时室外给水系统，形式为室外消火栓，设计水量 10L/s，同时火灾按 1 起设计，火灾延续时间 1h。水源为深井水，管网与生活水管道共用，水源供水能力为 $150m^3/h$，压力 0.3MPa（地面处），主管网为 *DN*200 的环状管网，区域分支管管径 *DN*100，沿区域道路铺设，覆盖整个临时生活区，消火栓间距不大于 120m，保护半径不大于 150m。

（3）施工区消防给水系统设计：沿厂区规划的道路（施工前建设临时路）设置环形消防通道，同时作为施工运输通道。一侧铺设临时消防给水-施工用水管道，另一侧铺设临时用电。水源为园区工业给水管网，因施工区域大、用水不均等特点，沿厂区周边引入临时水源 4 点，引入管径 *DN*300，设置水箱+变频水泵的形式恒压供水，水压 0.3MPa。厂区内管网通过临时道路形成环状管网，管径 *DN*250，消火栓间距不大于 120m，保护半径不大于 150m。水量设计为 20L/s，同时火灾按 1 起计，火灾延续时间按照 2h 设计。在建工程的临时室内消防给水系统由施工单位负责实施。

2　全厂消防泵站及室外消火栓给水系统

河钢集团旗下的唐钢公司、宣钢公司、承钢公司、邯钢公司等均是几十年甚至近百年的企业，厂区的消防系统是伴随着厂区改扩建逐步完善的，缺乏整体规划，建设标准不统一，局部存在一定的火灾隐患。河钢唐钢新区的消防给水系统在吸取各子分公司经验的基础上，根据《钢铁冶金企业设计防火标准》（GB 50414—2018）进行整体规划，结合河钢唐钢新区占地约 8000 余亩的厂区面积，按同一时间 2 起火灾，室内外消防水量 155L/s，火灾延续时间 3h 设计。

在全厂水处理中心区域，建设全厂消防水池及泵站 1 座（与生产新水供水泵站合建），作为室内外消防水源及泵站向各消防系统供水。具体如下：

（1）消防水池采用地下式，覆土厚度 0.5m，进行绿化和堆土造型，2 座水池，有效容积：$2\times1150m^3$。

（2）设消防泵组 1 组，其中电泵 3 台，开 2 备 1，$Q=80L/s$，$H=65m$，$N=75kW$；消防电源为二级负荷，设应急柴油机消防泵 1 台，$Q=155L/s$，$H=65m$，配套稳压系统 1 套。每台水泵设独立吸水管，从消防水池直接吸水，出水采用母管制，分两路分别与室外生产-消防管网相接。

（3）设生产新水泵组 1 组：最大用水量 $Q=3500m^3/h$，供水泵 5 台，开 3 备 2，$Q=1200m^3/h$，$H=50m$，恒压变频控制。

（4）室外消防水管网：厂区生产新水和消防给水管网合用，环状布置，干管管径 *DN*1000，分支管最小管径 *DN*200，材质为 3PE 防腐焊接钢管，采用阀门对消防管网进行分段，每段室外消火栓数量 5 个，消火栓间距不大于 120m，保护半径不大于 150m。管网设计水量为生产新水最大用水量（$Q_1=3500m^3/h$）与消防水量（$Q_2=155L/s$）之和，厂区地势平坦，地面标高 3.1m，生产新水对管网最不利点压力要求 0.3MPa，消防水要求最不利点压力 0.14MPa，火灾时，消防水泵可根据管网压力自动启动，也可采用消防控制室要求手动启动。

3　区域建筑群共用临时高压消防给水系统（室内消防）

随着工业化快速发展，钢铁行业进入装备大型化、智能化时代，为了降低火灾风险，通过统筹考虑，建筑室内消防给水采用区域建筑群共用临时高压消防给水系统，最大保护半径不宜超过 1200m，且最大分区不大于 $200hm^2$，临时高压消防泵站与区域水泵站合建，具有统一管理、节省投资的优点。

3.1　区域建筑群共用临时高压消防给水系统

（1）厂前区（办公区+生活区）临时高压给水系统：服务厂前区办公楼、指挥中心设有 1 套消火栓临时高压系统和自动水喷淋系统。

（2）原料区临时高压给水系统：服务 3 座 ϕ120m 煤仓、封闭料库、检化验及原料控制楼，设有 1 套消火栓临时高压系统和全自动消防炮系统。

（3）石灰窑区临时高压给水系统：服务石灰窑、煤气加压站、控制（办公）楼，设有 1 套消火栓临时高压系统。

（4）球团区临时高压给水系统：服务球团车间、煤气加压站、控制（办公）楼，设有 1 套消火栓临时高压系统。

（5）高炉区临时高压给水系统：服务煤粉制备与喷吹系统、变电站、主控楼等，设 1 套消火栓临时高压系统。

（6）一炼钢（含热轧）、二炼钢（含长材）、冷轧每个区域分别设区域消火栓临时高压消防给水系统和水喷雾消防系统。

（7）制氧站区域临时高压消防给水系统，服务制氧厂房、室外储罐及装置区、办公楼，设有 1 套消火栓临时高压系统和自动喷淋系统。

3.2 区域建筑群共用临时高压消防给水系统的优点

（1）全厂消防网格化分区管理：消防与生产功能分区一致，管理方便。

（2）避免消防系统重复性建设，工程投资低：区域建筑群存在建筑功能各异、高度相差悬殊的特点，以高炉区域为例，喷煤最不利点消火栓高度约 35m，栓口动压按 0.35MPa 计，消防水泵供水压力约 90m，其他大部分建筑高度小于 25m。在单体高炉工程中，通过设计多套消防给水系统的方式满足不同消防用水要求。河钢唐钢新区高炉群统筹考虑消防给水系统，共用 1 套临时高压消防给水系统，以减压稳压消火栓或减压孔板等措施对下层用户进行减压，在满足灭火要求前提下，实现消防保护范围最大化，消防供水系统数量少，降低了工程投资，具有积极的推广价值。

4 其他灭火系统的应用

随着冶金装备的大型化，配套的建筑物体量均有较大增加，单纯的设置室内消火栓和自动喷水灭火系统已经无法满足特大型钢铁企业对消防安全的要求，根据保护对象不同，设计了以下特殊消防灭火设施。

（1）七氟丙烷气体灭火系统：档案室、云计算中心等。

（2）悬挂式超细干粉灭火系统：高炉炉顶液压站、变电站建筑面积≤1000m^{2}的电缆夹层。

（3）水喷雾及细水雾灭火系统：炼钢、轧钢厂房内长度>50m 的电缆隧道（廊道）、厂外连接总降的隧道（廊道）、建筑面积>500m^{2}的电气地下室，建筑面积>1000m^{2}的地上电缆夹层；轧钢等储油容积≥2m^{3}的地下液压站、储油总容积≥10m^{3}的地下油管廊和储油间。

（4）全自动消防水炮系统：高度>10m 的大型圆形储煤仓、封闭式储煤库。

5 防排水污染控制

为了消除在灭火过程中消防排水对环境的污染，污染物较少区域消防排水通过初期雨水收集设施提升至全厂废水系统进行无害化处理回用；冷轧酸再生、涂镀层等污染区设置消防排水收集池，输送至冷轧废水站处理进行无害化处理；润滑油库等消防排水中含有少量可燃液体时，排水管道应设置水封，经局部除油后接排入全厂污水管道进行回收利用。

6 结语

河钢唐钢新区作为最新建设的国有特大型钢铁联合企业，在吸收河钢集团各子公司几十年消防设计经验的基础上，统筹考虑临时与永久，建设期与生产期消防给水系统，将室外低压消防给水系统与室内区域建筑群临时高压消防给水系统科学统一结合，综合运用自动水喷淋、消防水炮、水喷雾、气体灭火等技术手段，预防和减少钢铁企业火灾危害，保护职工人身和财产安全。河钢唐钢新区消防给水系统设计实践可为各种新建、改扩建的钢铁企业消防设计、施工、运行提供完整的工程经验，具有较强的借鉴意义。

参 考 文 献

[1] 王新东. 河钢创新技术的研发与实践 [J]. 河北冶金，2020 (2)：1~12.
[2] 许妍，尹士海，等. 钢铁厂封闭式条形贮煤场的消防设计 [J]. 冶金动力，2019 (9)：82~84.
[3] 王硕辉，韩志强. 高炉煤粉喷吹站消防水系统设计 [J]. 环境工程，2011，29 (4)：121~124.
[4] 赵刚，赵强，等. 火灾环境影响及防治对策研究 [J]. 环境工程，2008，26 (S1)：328~331.
[5] 中华人民共和国住房和城乡建设部，中华人民共和国国家质量监督检验检疫总局. GB 50974—2014 消防给水及消火栓系统技术规范 [S]. 北京：中国计划出版社，2014.
[6] 中华人民共和国住房和城乡建设部，中华人民共和国国家质量监督检验检疫总局. GB 50084—2017 自动喷水灭火系统设计规范 [S]. 北京：中国计划出版社，2018.
[7] 中华人民共和国住房和城乡建设部，中华人民共和国国家质量监督检验检疫总局. GB 50219—2014 水喷雾灭火系统技术规范 [S]. 北京：中国计划出版社，2015.
[8] 中华人民共和国住房和城乡建设部，国家市场监督管理总局. GB 50414—2018 钢铁冶金企业设计防火标准 [S]. 北京：中国计划出版社，2019.

全厂供配电系统总体设计

刘永乐

（唐钢国际工程技术股份有限公司，河北唐山 063000）

摘　要　钢铁企业全厂供配电系统规划设计是一个复杂而系统的工程。本文以河钢唐钢新区全厂供配电系统为研究对象，根据外部供电电源和各工序实际用电负荷性质、负荷大小及负荷的分布情况，合理布局变（配）电站，优化各级供配电系统主接线设计方案，最终实现供配电系统的安全、可靠、优质、经济运行。同时本文也对河钢唐钢新区全厂供配电系统规划设计的理念、原则、思路和主要问题进行了介绍。

关键词　供配电；用电负荷；变（配）电站；智能电网；继电保护

Summary of the Overall Design of Power Supply and Distribution in the Whole Plant of Tangshan Company of HEBEI Iron and Steel Group

Liu Yongle

（Tangsteel International Engineering Technology Co., Ltd., Tangshan 063000, Hebei）

Abstract　The planning and design of the plant-wide power supply and distribution system of the iron and steel enterprises is a complex and systematic project. In this paper, the plant-wide power supply and distribution system of HBIS Tangsteel New District was researched, and based on the external power supply and the actual power load nature, load size and load distribution of each process, the transformation (distribution) power station was rationally arranged, the main wiring design scheme of power supply and distribution system at all levels was optimized, thus, realizing the safe, reliable, high-quality and economic operation of power supply and distribution system ultimately. Meanwhile, the concept, principles, ideas and main issues of the planning and design of the plant-wide power supply and distribution system in HBIS Tangsteel New District were introduced as well in the paper.

Key words　power supply and distribution; power load; substation (distribution) station; intelligent grid; relay protection

0　引言

钢铁企业全厂供配电系统规划设计是一个复杂而系统的工程，涉及的问题很多，考虑不周会使企业投资增加、管理不便、扩建困难。全厂供配电系统设计是全厂电气系统建设的重要环节，做好电气系统设计工作对工程建设的工期、质量、投资费用和建成投产后的运行安全可靠性和生产的综合经济效益起着决定性作用，本文就河钢唐钢新区全厂供配电整体规划设计及注意的问题进行详细介绍。

1　供配电系统概述

河钢唐钢新区为全流程大型钢铁企业，有着各种各样形式复杂的工艺流程，包括机械化料场、烧结、球团、高炉炼铁、转炉炼钢、精炼、连铸机、热连轧、冷轧及各种线材型材轧机。不同的工艺流程、不同的生产品种会使全厂供电负荷及耗电量相差很大，从而使全厂供配电系统差异很大。因此，新

作者简介：刘永乐（1981— ），男，高级工程师，2005 年毕业于三峡大学电气工程及其自动化专业，现在唐钢国际工程技术股份有限公司从事电气设计工作，E-mail：liuyongle@ tsic. com

建钢铁联合企业全厂供配电系统规划设计决不能仅根据钢产量来套用已有钢铁企业的供电方式，还要具体问题具体分析，才能作出切合实际、安全适用、技术先进、经济效益好的设计。

全厂供配电系统是公辅设施的重要组成，其规划设计一定要有前瞻性。要充分注意工艺预留、总图预留，把这些因素都考虑到设计中，供电方案设计才是较优秀的设计。在保证全厂供配电系统可靠稳定基础上，还需体现智能化、数字化，全厂智能调度、高水准的集控系统，把这些先进技术转化为生产力。

2　全厂供电平衡

本项目主要采用需要系数法对主要工艺流程进行了详细的负荷计算，并结合综合系数法或单位产品耗电量法对附属工序和设施进行负荷估算[1]。项目完成后对照能源消耗技术指标和成熟工厂实际用电进行了对比工作，以保证负荷计算的准确性。河钢唐钢新区最大电力负荷：572MW；年耗电量 39.7×10^8kW · h。全厂电力电量平衡详见表 1~表 3。

表 1　发电机装机及年发电量

Tab. 1　Installed generators and annual power generation capacity

名称	发电机装机容量 /MW	厂用电率 /%	发电功率 /MW	年发电小时 /h	年发电量 /kW · h
烧结余热发电机组	1×25=25	25	16.50	7920	1.14×10^8
3×2922m^{3}高炉 TRT 发电机组	3×20=60	2	58.8	8000	4.70×10^8
低压饱和蒸汽发电机组	1×20=20	8	16.56	4000	0.66×10^8
煤气发电机组	2×80=160	6	150.40	7500	11.28×10^8
合计	260		242		17.8×10^8

表 2　全厂电力平衡一览表

Tab. 2　List of power balance of the whole plant

项目名称	发电用电负荷
最大用电负荷/MW	572
平均用电负荷/MW	446
发电机扣除厂用电后的发电功率/MW	242
自发电率（机组发电功率与平均负荷之比）/%	54.3
电力平衡： 用电负荷（取最大用电负荷）/MW	572
煤气发电机组按发电功率 70%参与平衡的功率/MW	105
其他余能发电机组按发电功率 60%参与平衡的功率/MW	55
正常发电时需由电力系统提供的最大电力/MW	412
当 1 台 80MW 机组检修或故障退出运行时需由系统提供的最大电力/MW	465

注：“发电机装机率”是余能发电机组的名牌功率与全厂年平均用电负荷之比。

表 3　电量平衡一览表

Tab. 3　List of power balance

项目名称	发电用电负荷/×10^8kW · h
用电负荷年耗电量	39.7
全部余能发电机组年发电量	17.8
其中，煤气发电机组年发电量	11.3
其他余能发电机组年发电量	6.5
电量平衡： 煤气发电机组按 70%参与平衡的年发电量	7.9
其他余能发电机组按 60%参与平衡的年发电量	3.9
平衡后需由电力系统提供的年电量	27.9
全部按发电量 100%参与平衡的年发电量	17.8
平衡后需由电力系统提供的年电量	21.9

3 供电电源条件

3.1 外部供电电源

河钢唐钢新区属于大投入高产出的企业，供电可靠性要求较高。根据负荷需求，新建 2 座户内式 220kV 总降压变电站，分别为 1 号 220kV 总降变电站（简称“1 号总降站”）和 2 号 220kV 总降变电站（简称“2 号总降站”）。每座 220kV 总降变电站设 2 回 220kV 受电电源，1 号总降站和 2 号总降站分别由唐山地区电网（属于京津及冀北电网）乐亭 500kV 变电站、苗庄 220kV 变电站引出 2 回 220kV 电源，220kV 线路采用钢芯铝绞线同塔双回架空专线敷设。

3.2 供配电电压等级选择

目前，国内钢铁企业高压电压等级主要有 3kV、6kV、10kV、35kV、66kV、110kV、220kV 等。其中，3kV、6kV、10kV 为最终用户电压等级，10kV、35kV、66kV、110kV、220kV 为受电及配电电压等级[2]。

为了减少供电电压等级，简化供电网络，方便运行管理，减少备品备件，在尽可能节省投资情况下，根据电网供电条件和企业设备用电需求，供电电压等级确定如下：

（1）全厂供电电压采用 220kV（受电电压）、110kV、35kV、10kV 等。

（2）车间配电电压按表 4。

表 4 车间配电电压

Tab. 4 Workshop distribution voltage

系统标称电压	用　　途
35kV	LF 炉变压器、轧机整流变
10kV、3kV	中压配电及部分吊车滑触线
380V、380V/220V、690V	低压配电

3.3 接地方式

供配电系统接地方式主要有直接接地、不接地及电阻接地。35kV、10kV 系统由于过电压等级高，接地点不容易判别等，正逐步由电阻接地系统代替。因此，河钢唐钢新区项目除受电电压等级必须服从电力系统的接地方式外，其他电压等级一般都优先采用小电阻接地系统[3]。项目电气系统接地方式如表 5 所示。

表 5 电气系统的接地方式

Tab. 5 Grounding method of electrical system

系统电压	接地方式	备注
220kV、110kV	变压器中性点直接接地	
35kV	变压器中性点经低电阻接地	
10kV	变压器中性点经低电阻接地	特殊场所如电厂除外
3kV	变压器中性点不接地	
380V	变压器中性点直接接地	TN-C-S，TN-S 系统
变频装置回路及直流系统	不接地	
控制电源（AC220V）	一般不接地	车间用电负荷较小或零散设备的交流控制电源容许采用接地系统

4 供配电系统架构

4.1 主接线形式选择

河钢唐钢新区全厂供配电系统变电所的主接线方式主要有双母线、单母线、单母线分段、单母线分段带旁路、桥型接线及其他一些接线方式。220kV 总降压变电站和 110kV 区域变电所主要采用双母线接线方式。对于其他区域变电所，一般采用单母线分段的接线方式。

高炉鼓风机、精炼炉变压器等系统采用了线路变压器组的接线方式，下级变电所变压器高压侧不设开关，变压器故障时以转送跳闸的方式跳闸上级变电所的馈线开关，改变了旧有的供电模式及管理模式（钢铁企业各二级单位要求有非常明显的管理责任分界线，并且习惯于常规供电模式），但经技术论证和实践考察（宝钢湛江钢铁等）转送跳闸方式是成熟可靠的，又能大量节约投资[4]。

4.2　主要变电站（所）配置

为保证生产、满足用电设备对供电可靠性及电能质量的要求，河钢唐钢新区新建 2 座 220kV 总降压变电站。由于各分厂的电力负荷都很大，而且相对较为分散，供电距离也比较远，故采用 110kV 高压电缆线路深入负荷中心，向负荷集中供电。同时新建 11 座 110kV 区域变电所。220kV 总降压变电站和 110kV 区域变电所主要配置如表 6 所示。

表 6　变电主要配置

Tab. 6　Main configuration of substation

名称		主变台数×容量/MVA	电压等级/kV	220kV 结线	电源回路数
220kV 总降压变电站	1 号 220kV 总降变电站	3×240	220/110/35	双母线	2
	2 号 220kV 总降变电站	3×240	220/110/35	双母线	2
110kV 区域变电所	原料球团区域 110kV 变电所	4×63	110/10	双母线	2
	烧结区域 110kV 变电所	3×63	110/10	双母线	2
	一炼铁区域 110kV 变电所	2×63+3×63	110/10	双母线+线变	2
	1 号炼钢区域 110kV 变电所	3×63+2×63	110/10 110/35	双母线+线变	2
	2050 热轧 110kV 变电所	2×150	110/35/10	线变	2
	2030 冷轧 110kV 变电所	4×63	110/35/10	双母线	2
	制氧 110kV 变电所	4×63	110/10	双母线	2
	二轧钢 110kV 变电所	2×120+2×63	110/10	双母线	2
	二炼铁区域 110kV 变电所	2×63+2×63	110/10	双母线	2
	二炼钢区域 110kV 变电所	2×63+2×63	110/10 110/35	双母线	2
	棒线材 110kV 开关站	3×63	110/10	双母线	2

注：5 台电动鼓风机的降压变压器的 110kV 电源分别由 2 座炼铁 110kV 区域变电所提供。

4.3　自备电厂接入系统方式

河钢唐钢新区的自备电厂一方面可以消耗钢厂的余热余能、保护环境；另一方面又可以作为钢铁企业的保安电源。自备电厂发电机全部采用接到企业内部配电网并网方式，这样可以减少钢铁企业与电力系统连接的主变容量，减少基本电费[5]。烧结余热发电、高炉 TRT 发电、炼钢饱和蒸汽发电采用 10kV 电压就近并网于 110kV 变电所；煤气发电采用 110kV 电压升压并网于 220kV 总降压变电站。

4.4　无功补偿方式

无功补偿一般要求在负荷端进行补偿，即高压电机负荷在高压侧补偿，变压器负荷在低压侧补偿，这样可以最大程度减少功率损耗[6]。河钢唐钢新区供配电系统有如下特点：

（1）变压器数量很大，且又相对集中接于各终端变电所的高压母线上。如果都在变压器低压侧补偿，这样投资会大大增加。采取在终端变电所的高压母线上进行集中补偿，投资会大大减少，但功率损耗会增加一些。

（2）有些车间（主要是轧钢及电炉车间），需要装设 SVC 动态无功补偿装置或谐波滤波装置，它们兼作了无功补偿装置，变压器低压侧就不可能再补偿。

（3）有大量的同步电机，容量很大，如烧结主排风机、高炉鼓风机、制氧站空压机等，加上自备电厂的发电机，它们都是无功补偿源，综合考虑其影响，需装设的无功补偿装置要大大减少。

（4）大部分终端变电所都接有高压电机，本身高压侧就需要补偿。

通过设计计算，河钢唐钢新区 1 号总降站和 2 号总降站，每台主变 35kV 侧配置 4×10MVar 并联电容器和 1×10MVar 并联电抗器，采用单母线接线，一次建成。同时，河钢唐钢新区最终采用在各终端 10kV 变电所的高压母线上设置无功补偿装置，用以提高电能质量[7]。

4.5 电能质量控制指标

河钢唐钢新区的无功冲击负荷造成系统电压波动及电压闪变，谐波造成设备损坏等故障，必须治理才能满足电力系统要求的电能质量控制指标。采用治理的方法为装设 SVC 动态无功补偿装置和谐波滤波装置[8]。地区电网要求的电能质量控制指标只有在公共连接点的总值，而钢铁厂是多个车间共同治理满足总的要求，在本项目具体设计工程中把电能质量控制分配给各工序车间，并着重注意以下几点：

（1）指标分配时充分考虑系统的发展，留有余量。

（2）指标分配时考虑有些车间不产生无功冲击及谐波，不一定按供电容量进行分配。

（3）指标分配时从整个钢厂考虑，在同等容量的情况下，尽量减少 SVC 动态无功补偿装置的套数。如 LF 炉可以多分一点指标而不装设 SVC，其他本身必须装 SVC 车间就少分一点指标，加大容量。

4.6 全厂线路敷设

根据河钢唐钢新区所处地理位置，充分考虑自然环境因素，厂区外 220kV 线路采用钢芯铝绞线同塔双回架空敷设，厂区内供电回路全部采用铜芯电缆，电缆敷设通道主要采用架空电缆通廊，电缆通廊设计形式为上人电缆通道[9]。电缆通道直接接引至各 220kV 变电站、110kV 变电所、35kV/10kV 子站。电缆通道结构形式分为单侧布置和双侧布置，电缆通道桁架采用耐候钢结构（防腐处理），通道立柱采用标准钢结构，通道标高约 6m，跨距约为 15m，立柱基础采用独立钢筋砼基础，通道每 75m 设 1 个出口，直爬梯与斜梯间隔设置。车间外部电缆桥架材质为复合环氧树脂复合钢骨架电缆桥架，耐高温耐腐蚀。同时，主干电缆通道设计也充分考虑了供电系统的发展。

5 先进技术的应用

河钢唐钢新区全厂供配电系统为提高系统稳定性、降低能源损耗，以建设 1 套智能化、数字化供配电系统，主要采用了以下先进技术。

（1）采用国际先进的电力系统分析软件——ETAP 软件对供电网数据建模进行全面的电网分析，采用电磁暂态分析软件 EMTP 完成供电网保护定值整定和匹配校验[10]。

（2）实现变电站（所）顺序控制技术，集控中心通过操作票选择、传送、验证、确认、执行、反馈等流程实现远方顺序控制，无需人工干预。

（3）智慧型变电站设计，110~220kV 变电站（所）均实现无人值守。

（4）智能一次设备的应用。智能变压器，实现智能风冷控制、绕组在线测温、局放在线监测等；智能终端、合并单元一体化装置。实现开关状态监测、无线测温、局放在线实时监测；变电站（所）大量采用铜管母线技术替代传统的矩形母线电流传输。

（5）变电站用交直流一体化电源系统，将站用交流电源、直流电源，交流不间断电源（逆变电源）和通信电源进行系统集成创新，实现所有站用电源高度集成化、网络化、智能化。

（6）变电站智能辅助控制系统，变电站（所）配置智能辅助控制系统实现视频安全监视、火灾报警、消防、通风和环境监测等系统的智能联动控制。

（7）110~220kV 变电站（所）配置故障录波及网络记录分析一体化装置。

（8）采用新型低损耗动力变压器[11]。

(9) 变电站(所)防火封堵采用新型阻火膨胀模块，采用无机膨胀材料和少量高效胶联材料模压固化而成。

(10) 电力外网电缆敷设采用复合材料电缆桥架，利用复合材料抗腐蚀的特点，解决钢制电缆支架易腐蚀问题，消除影响变电站安全运行的隐患。

6 结语

河钢唐钢新区全厂供配电系统在工厂的整体运行中占有决定性的地位。在生产的过程中能让电能得到合理的分配与供应，供配电方案的合理规划保障了工厂的生产质量和顺利运行。因此，在今后供配电方案的规划选择中一定要与经济、技术、原材料以及各种因素的产生进行对比，才可以保证供配电规划设计网架坚实、布局合理、管理科学、能够安全、优质、高效运行。

参考文献

[1] 范锡. 发电厂电气部分 [M]. 北京：中国电力出版社，2000.
[2] 陈连. 发电厂电气工程 [M]. 北京：水利水电出版社，2005.
[3] 何仰攒. 电气工程电气设计手册 [M]. 水利水电出版社，2006.
[4] 刘英，张曙光. 电力企业用电管理信息系统开发方法及技术探讨 [J]. 计算机应用，1998 (1)：2.
[5] 刘丙江. 线损管理与节约用电 [M]. 北京：中国水利出版社，2005.
[6] 虞忠平. 电力网电能损耗 [M]. 北京：中国电力出版社，2000.
[7] 齐义禄. 节能降损技术手册 [M]. 北京：中国电力出版社，2001.
[8] 刘丙江. 线损管理与节约用电 [M]. 北京：中国水利出版社，2005.
[9] 姜宁，王春宁，董其国. 线损与节电技术问答 [M]. 北京：中国电力出版社，2005.
[10] 虞忠平. 电力网电能损耗 [M]. 北京：中国电力出版社，2000.
[11] 齐义禄. 节能降损技术手册 [M]. 北京：中国电力出版社，2001.

供配电系统中性点接地方式的研究与应用

赵 恒

（唐钢国际工程技术股份有限公司，河北唐山 06300）

摘 要 本文针对河钢唐钢新区供配电系统全部采用电缆供电，电容电流大，接地电弧不能可靠熄灭的问题，通过对中性点接地方式的研究，认为合理选择中性点接地方式十分必要。河钢唐钢新区中压电网中性点采用小电阻接地方式，提高了继电保护的灵敏度，可快速切除故障，降低配电网内部的过电压，有效抑制谐振过电压，提高电力系统的安全性和可靠性，同时也降低配电网中输电设备的绝缘水平要求，降低整体电网的投资，节约建设成本。

关键词 钢铁企业；供配电系统；中性点接地；消弧线圈；小电阻接地；过电压

Research and Application of Neutral Grounding Method for Power Supply and Distribution System

Zhao Heng

（Tangsteel International Engineering Technology Co., Ltd., Tangshan 063000, Hebei）

Abstract In this paper, for the problem that the supply and distribution system of HBIS Tangsteel New District adopts cable power supply, the capacitive current is large and the grounding arc cannot be reliably extinguished, it is necessary to choose the neutral grounding method reasonably based on the relevant study. The neutral point of the medium-voltage power grid in HBIS Tangsteel New District applies a low resistance grounding method, which improves the sensitivity of relay protection, removes faults quickly, reduces overvoltage inside the distribution grid, suppresses resonant overvoltage effectively, enhances the safety and reliability of the power system, while also decreases the insulation level requirement of transmission equipment in the distribution grid and the overall power grid investment, and then saves construction cost.

Key words iron and steel enterprises; power supply and distribution system; neutral point grounding; arc extinguishing coil; low resistance grounding; overvoltage

0 引言

我国的中压电网以35kV、10kV、6kV三个电压等级应用较为普遍。电气设备设计规范中规定35kV电网如果单相接地电容电流大于10A，3kV~10kV电网如果单相接地电容电流大于30A，都需要采用中性点经消弧线圈接地方式，不立即跳闸，可带单相接地故障运行2h[1~3]。在实际运行中，在单相接地故障电流较大，如10kV系统大于30A时，却不能继续供电。即单相接地时由于接地电流较大，强大的电弧很快发展成相间短路，甚至三相短路放炮等事故，短路时的低电压将使多台设备停运，使生产停滞。不仅如此，当出现单相接地时，系统将承受工频过电压和弧光过电压，对系统上的电气设备造成威胁，加速设备劣化，严重者则产生电气火灾。因此，在河钢唐钢新区的建设中，供配电系统中性点接地方式的合理选择显得尤为重要。

1 中性点接地方式的对比与选择

供配电系统中心点接地方式主要有：中性点有效接地方式和中性点非有效接地方式。中性点有效接地方式单线接地故障电流较大，主要有中性点直接接地方式、中性点经小电阻接地方式；中性点非有效

作者简介：赵恒（1981—）男，高级工程师，2005年毕业于燕山大学测控技术与仪器专业，现在唐钢国际工程技术股份有限公司从事电气设计工作，E-maill：zhaoheng@ tsic. com

接地方式单线接地故障电流很小，主要有中性点不接地方式、中性点经消弧线圈接地方式、中性点经高阻接地方式[1~3]。

1.1　中性点接地方式的对比

1.1.1　中性点直接接地方式

中性点直接接地方式为中性点直接接地，电抗串入中性线回路，其电路图见图 1。

优点：单线接地故障时非故障相对地电压低于正常相电压的 140%，不会引起过电压，由于短路电流大，继电保护配置容易。

缺点：单线接地故障电流巨大，一般超过三相短路电流 50%，巨大的短路电流会损坏设备，干扰通信，并产生跨步电压，威胁人身安全。实际电网中瞬时单相故障概率多，影响供电可靠性。

1.1.2　中性点经小电阻接地方式

中性点经小电阻接地方式接地电阻的作用是限流，其系统等值零序电阻不小于系统等值零序感抗，中性点接地电阻的大小应使流经变压器绕组的故障电流不超过每个绕组的额定值[4,5]，其电路图见图 2。

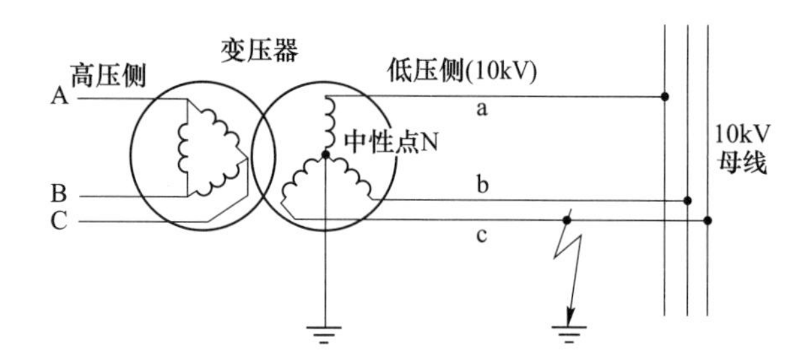

图 1　中性点直接接地方式电路图

Fig. 1　Circuit diagram of direct grounding method of neutral point

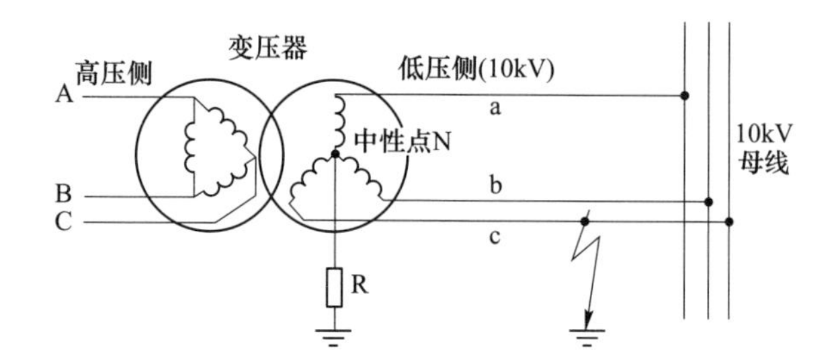

图 2　中性点经小电阻接地方式电路图

Fig. 2　Circuit diagram of neutral point via small resistance grounding method

优点：单线接地故障电流较小，过电流危害小。

缺点：单线接地故障电流仍然较大，必须立即切断故障线路，造成供电中断。

1.1.3　中性点不接地方式

中性点不接地方式系统的零序阻抗为无限大，可应用在单相接地故障电容电流不超过 10A 的电力系统，其电路图见图 3。

优点：单线接地故障电流小，单相线电压仍然对称，可带故障运行 0.5~2h，增加了供电可靠性。

缺点：单线接地故障稳态非故障相电压升高$\sqrt{3}$倍，在一定的接地故障电流下，可能出现间歇性电弧，将出现严重暂态过电压。

1.1.4　中性点经消弧线圈接地方式

中性点经消弧线圈接地方式中消弧线圈相当于一个电感，有较高的电抗值，单相接地故障时，消弧线圈产生一个感性电流，用于补偿非故障相的容性电流，减小接地故障点电弧电流，其电路图见图 4。

优点：补偿故障点电容电流，降低故障点电压上升速率，防止弧光过电压。也可以防止母线 PT 饱和引起的铁磁谐振过电压。

缺点：当电网中分布电容电流很大时，消弧线圈容量随之增大，经济性较差实现单相接地保护困难。

1.1.5　中性点经高阻接地方式

中性点经高阻接地方式，其系统等值零序电阻不大于系统单相对地分布容抗，且系统接地故障电流小于 10A。

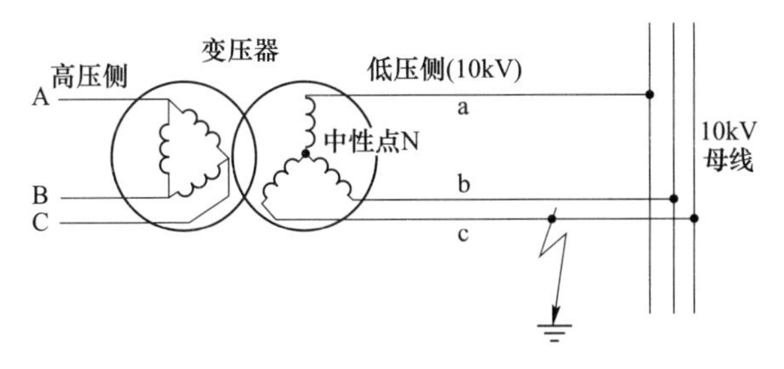

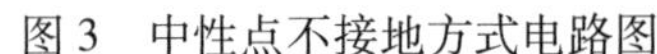
图 3　中性点不接地方式电路图

Fig. 3　Circuit diagram of ungrounded neutral point method

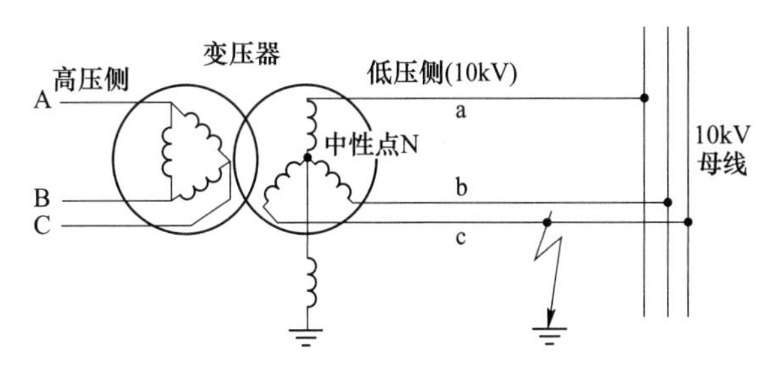

图 4　中性点经消弧线圈接地方式电路图

Fig. 4　Circuit diagram neutral point via arc extinguishing coil grounding method

优点：由于电阻是耗能元件，也是电容电荷释放元件，还是系统谐振的阻尼元件，中性点经电阻接地方式可将弧光接地过电压限制到较低的水平，可从根本上抑制系统过电压。可简化继电保护，方便地检测接地故障线路，隔离故障点。

缺点：不能减小接地故障电流。

1.2　中性点接地方式的选择

河钢唐钢新区供配电系统中性点接地方式通过技术和经济比较，综合考虑供配电系统的各种运行方式、供电可靠性要求、故障时的过电压、人身安全、继电保护的技术要求，通过论证后最终确定：

（1）110kV 及以上高压配电网中性点采用直接接地方式；

（2）10kV、35kV 中压配电网中性点采用经小电阻接地方式；

（3）高炉鼓风机 10kV 中性点采用不接地方式；

（4）0.4kV 低压系统采用 TN-S 系统或 TN-C-S 系统。

2　供配电网中性点采用经小电阻接地方式的目的

中性点经小电阻接地方式特别适用于电缆线路为主的配电网，主要优点体现在：

（1）降低工频过电压，非故障相电压升高小于$\sqrt{3}$倍；

（2）有效限制间歇性弧光接地过电压；

（3）消除谐振过电压；降低各种操作过电压；

（4）可准确判断并及时切除故障线路；

（5）系统承受过电压水平低，时间短，可适当降低设备的绝缘水平，提高系统设备的使用寿命，具有很好的经济效益。

河钢唐钢新区供配电线路全部采用电缆供电，10kV 电网采用中性点经电阻接地方式可有效限制系统过电压水平、实现单相接地故障情况下快速准确选线，中性点经小电阻接地方式特别适用于本项目电气系统的要求，具有很强的针对性。

3　小电阻接地装置设计

通过对河钢唐钢新区供配电系统的分析计算，综合考虑企业未来发展，研究小电阻接地配置方案，进一步提高电网运行的安全性和经济性十分必要。下面以某 110kV 变电站 10kV 系统为例介绍小电阻接地装置配置方案。

3.1　计算系统电容电流

计算电容电流是否安装小电阻的判据，10kV 电缆线路单相接地可按下式计算：

$$I_c = (95 + 1.44S)U_e/(2200 + 0.23S) \tag{1}$$

式中　S——电缆截面，mm^2；

U_e——额定电压，kV；

I_c——电缆线路的电容电流，A。

10~35kV 电网电缆单相接地的电容电流可近似按下式计算：

$$I_c = 0.1 \times U_e \times L \tag{2}$$

式中　L——线路长度，公里；

U_e——额定电压，kV；

I_c——架空线路的电容电流，A。

为简化计算，10~35kV 电缆不同电缆截面电缆每千米电容电流值见表 1。

表 1　10~35kV 电缆不同电缆截面电缆每千米电容电流

Tab. 1　Capacitance current per kilometer for 10~35kV cables with different cable cross sections

（A/km）

U_e/kV	电缆芯线截面/mm²										
	10	16	25	35	50	70	95	120	150	185	240
10	0.46	0.52	0.62	0.69	0.77	0.9	1.0	1.1	1.3	1.4	1.6
35	—	—	—	—	—	3.7	4.1	4.4	4.8	5.2	—

经计算该变电所 10kV 系统总的电容电流约为 100A。

3.2　接地电阻设计

中性点接地电阻的选型主要依据系统总的电容电流 $I_c = 100A$。

采用中性点经电阻接地时，电阻值的选取必须根据电网的具体情况，应综合考虑限制过电压倍数、继电保护的灵敏度、对通信的影响、人身安全等因素。

3.2.1　降低配电网过电压水平

中性点经电阻接地方式可以降低配电系统的弧光接地过电压水平，从而保证配电系统电气设备的安全运行。根据国内有关机构做的 EMTP 程序计算、过电压模拟装置的实际模拟及各地区局运行经验表明，弧光接地过电压水平随着电阻的额定通流 I_R 增加而降低，I_c 为系统电容电流。即：

当 $I_R \approx I_c$ 时，过电压水平可降到 2.5PU 以下；

当 $I_R \approx 2I_c$ 时，过电压水平可降到 2.2PU 以下；

当 $I_R \approx 4I_c$ 时，过电压水平可降到 2.0 PU 以下；

但当 $I_R > 4I_c$ 时，降低过电压的作用已不明显。

中性点经电阻接地系统中的内部过电压，主要指健全相的工频过电压。其电弧接地过电压，通常由于 R_N 的存在而被限制在较低水平。这是因为电弧燃熄过程中系统的多余电荷，在从电弧熄灭到重燃的半个工频周期内被 R_N 泄放掉。当 $R_N < (1\sim2)/3\omega C$ 时，过电压一般不大于相电压的 2.1 倍。

经推导可得健全相电压升高值与故障相电压 U_a 的比值 K_b、K_c 如下：

$$K_b = U_b/U_a = (3/2) \times \sqrt{1 + (1/\beta + 1/\sqrt{3})^2} \tag{3}$$

$$K_b = U_c/U_a = (3/2) \times \sqrt{1 + (1/\beta + 1/\sqrt{3})^2} \tag{4}$$

给出不同的 $\beta = I_R/I_C$ 值，即可算出相应的 U_b/U_a 或 U_c/U_a 的比值。针对此变电站项目，$\beta = I_R/I_C = 300A/100A = 3$，代入式（3）和式（4）可得：

$$K_b = K_c = 1.578PU$$

综述，当 $I_R = 4I_C$ 时，可以将系统的间歇性弧光接地过电压水平限制在 2.0 倍的相电压以内，同时能够将系统的工频过电压水平限制在 1.578 倍的相电压以内。同时，因 $\beta \approx 4$，能够将间歇性弧光过电压水平限制在 2.0PU 以内。因此从整体上来讲，完全能够将系统总的过电压水平限制在 2.0 倍的相电压以内，满足该项目对限制系统过电压水平的要求。

3.2.2 保护整定

当 10.5kV 配电网某一条线路发生单相接地故障时，接地故障电流按如下公式计算 $I_{jd}=\sqrt{I_R^2+(I_C-I_0)^2}$，$I_0$为故障电缆本身的电容电流，与整个系统总的电容电流相比计算时可以忽略不计。故：

$$I_{jd}=\sqrt{I_R^2+I_C^2}=\sqrt{300^2+100^2}=316.2\text{A}$$

从保证继电保护灵敏度考虑，电阻值越小即流过电阻的电流越大越好。目前的微机保护一般都有零序保护功能，且启动的电流值相当小，单相接地故障电流远大于每条线路的对地电容电流，一般都能满足零序保护的灵敏度要求。按照 4.2.1 所选的电阻值，当过渡电阻不是很大时，保护灵敏度完全能够满足要求。

3.2.3 对通信影响

从降低对通信的干扰考虑，流过电阻的电流不宜选的过大。我国四部协议规定，如通信电缆与大地间未装放电器时，危险影响电压不得大于 430V，对高可靠线路，不大于 630V。目前 10kV 系统昆明钢铁 400A、首钢 600A、天津钢铁 600A、无锡钢铁 400A、宁波钢铁 300A、重钢 300A、广西柳钢 600A 等，产品投运后均未发现对通信线路造成任何影响[6]。同时上海供电局在对 35kV 电阻接地系统做的单相接地模拟试验中，即使电阻电流达到 1000A，对通信线路的危险影响电压也在四部协议规定的范围之内。

参考以上地区的选型和应用经验，我们认为选择电阻电流 300A 是完全能够避免对通信线路的干扰。

3.2.4 人身安全

从人身安全考虑，中性点接地电阻的通流越小越好。因为中性点经低电阻接地在发生单相接地故障时，通过故障点的接地短路电流比较大，引起故障点的电位升高，有可能造成跨步电压，接触电势超过允许值。因此在选择电阻值时，应根据地网接地电阻，保护动作时间，接地短路电流核算跨步电压和接触电势是否超过规程[7]。根据北京、天津、上海、南京、无锡、广州、深圳等大中城市及钢铁行业多年运行经验，并未发现因采用电阻接地方式而造成跨步电压和接触电势过高引起人身伤亡事故[6]。

因此选择电阻额定通流 300A 是比较合适的。

变电站 10.5kV 配电网中性点接地电阻选择 20.21Ω，即发生单相接地故障时流过电阻的额定电流 $I_R=300\text{A}$，电阻器额定通流时间按 20s 考虑。

3.3 接地变压器的原理和容量选择

3.3.1 接地变压器的接线原理

河钢唐钢新区 110kV 主变压器配电电压侧为三角形接线中性点不能引出，必须用一个 Z 型接线的接地变压器人为地制造一个中性点，中性点接地电阻接入接地变地中性点，如图 5 所示。

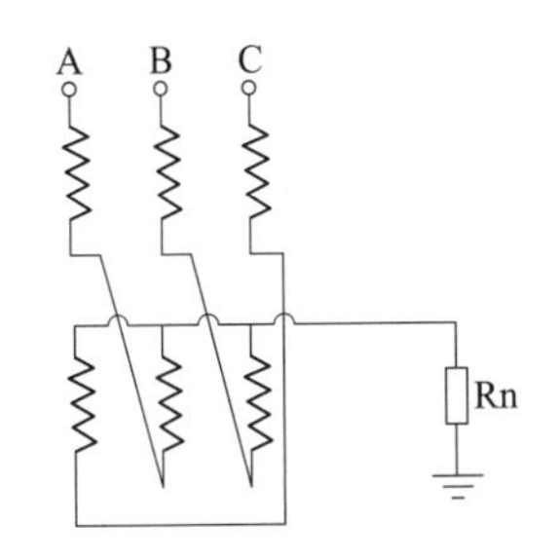

图 5　原理接线图

Fig. 5　Principle wiring diagram

Z 型接地变压器的特点如下：

将三相铁芯的每个芯柱上的绕组平均分为两段，两段绕组极性相反，三相绕组按 Z 形连接法接成星形接线。

Z 形接地变压器的电磁特性为对正序、负序电流呈现高阻抗（相当于激磁阻抗），绕组中只流过很小的激磁电流；由于每个铁芯柱上两段绕组绕向相反，同芯柱上两绕组流过相等的零序电流时，两绕组产生的磁通互相抵消，所以对零序电流呈现低阻抗（相当于漏抗），零序电流在绕组上的压降很小。

3.3.2 接地变压器的容量选择

接地变容量的选择依据 IEEE-C62.92.3 标准，该标准规定接地变压器 20s 过载系数约为额定容量的

7 倍，因此可首先计算出 20s 情况下接地变压器的容量，然后按 20s 允许过载倍数折算为连续运行的额定容量。

计算过程：

系统额定电压：$U=10.5\text{kV}$

系统额定相电压：$U_{\varphi}=6.06\text{kV}$

电阻器短时允许通流：$I_{10}=300\text{A}$

标称电阻值：$R=20.21\Omega$

短时通流时间：20s

接地变压器的 20s 短时运行容量：$S_{20}=3U_{\varphi}I_{10}/3=3\times6.06\times300/3=1818\text{kVA}$

将 10s 短时运行容量折算为连续运行时的额定容量：$S=S_{10}/7=1818/7=259.7\text{kVA}$，考虑容量裕度取 315kVA 容量。

此种方法是根据变压器的允许过载倍数进行选择的，已考虑了变压器的可靠系数，这里无需再重复考虑可靠系数，所以选择额定容量为 315kVA 的接地变压器是完全可以接地安全可靠运行的。

通过计算确定河钢唐钢新区 10kV 系统小电阻接地装置：接地电阻为 20.21Ω，通流时间 20s，接地变压器容量为 315kVA；河钢唐钢新区 35kV 系统小电阻接地装置：接地电阻为 141.45Ω，通流时间 20s，接地变压器容量为 400kVA。

3.4　零序 CT 的配置及零序保护整定的原则

采用定时限零序过电流保护或单相接地方向保护，零序保护方式可以准确判断出故障线路，实现有选择性地断开故障线路。

（1）零序电流互感器的配置：采用专用的零序电流互感器。

（2）单相接地故障零序保护的配置：每条馈线首端配置时限零序电流保护；主变低压侧进线间隔装设反映单相接地故障的零序保护，作为母线单相接地故障的主保护和馈线单相接地的后备保护。

（3）零序电流保护的一次动作电流。

1）馈电线路单相接地保护的一次动作电流均按躲过被保护线路本身的单相接地电容电流进行整定[8]：

$$I_{dz1}=K_K\times I_{c1} \tag{5}$$

式中　I_{dz1}——保护装置的依次动作电流；

K_K——可靠系数；

I_{c1}——被保护线路本身单相接地电容电流。

河钢唐钢新区 110kV 变电站 10kV 系统各条馈线的电容电流均在 10A 左右，各馈线接地保护动作电流按 $I_{dz1}=K_K\times I_{c1}=40\text{A}$。

零序电流互感器参数：150/1A，5P20，5VA。

建议采用零序过电流保护：零序一段保护（定值 100A，时限 0.2s）；零序二段保护：定值 50A，时限 0.5s。

2）母线单相接地保护装置的一次动作电流按躲过各条馈线中单相接地电容电流最大的馈线的单相接地电容电流最大值来整定[9]：

$$I_{dz1}=K_K\times I_{c1max} \tag{6}$$

式中　K_K——可靠系数；

I_{c1max}——系统中单相接地电容电流最大值的馈线的单相接地电容电流的最大值。

母线单相接地保护同时作为馈线单相接地保护的后备保护。

河钢唐钢新区 110kV 变电站 10kV 系统的所有馈线中，馈线电容电流最大 20A，因此母线单相接地保护装置的一次动作电流可按 $I_{dz1}=K_K\times I_{c1max}=50\text{A}$。

零序电流互感器选择：150/1A，5P20，5VA。

建议采用零序过电流保护：

零序一段（跳 10kV 母联开关）保护：定值 50A，时限 1.1s；

零序二段（跳主变低压侧开关）保护：定值 50A，时限 1.4s。

4 先进技术的应用

（1）中性点接地电阻监测装置的应用，可实时监测电阻柜正常工作时的电阻电流、电阻片的温度；当发生单相接地故障时，可迅速记录接地故障电流大小、接地时间、接地次数、电阻片温度变化等。

（2）预留通讯接口，可将检测、记录的信息传递至主控室或微机单元，实现远程监控。

（3）主变压器低压侧为三角形接线或为星形接线而中性点不能引出，可用一个 Z 型接线的接地变压器人为地制造一个中性点，中性点接地电阻接入接地变压器的中性点，从而实现小电阻接地。

5 结语

河钢唐钢新区 110kV 供电系统中性点直接接地，系统过电压较低，降低了设备绝缘要求，经济效益显著。10kV、35kV 供配电系统中性点经小电阻接地，可以有效限制系统过电压水平、实现单相接地故障情况下快速准确选线及时切除故障线路，防止接地事故进一步扩大，可降低设备的绝缘水平，提高系统设备的使用寿命，具有很好的经济效益。

参考文献

[1] 水力电力部西北电力设计院．电力工程电气设计手册电气一次部分［M］．北京：中国电力出版社，1989.

[2]《钢铁企业电力设计手册》编委会．钢铁企业电力设计手册［M］．北京：冶金工业出版社，1996.

[3] 中国航空规划设计研究总院有限公司．工业与民用供配电设计手册［M］．北京：中国电力出版社，2016.

[4] 李有铖，廖建平．10kV 小电阻接地系统运行分析与评价［J］．中国电力，2003（5）：77~78.

[5] 李晓明，袁勇，潘艳，等．10kV 小电阻接地系统特殊问题的研究［J］．高电压技术，2003（5）：39~41.

[6] 蓝毓俊，陈春霖，等．现代城市电网规划设计与建设改造［M］．北京：中国电力出版社，2004.

[7] 中华人民共和国电力工业部．交流电气装置的过电压保护和绝缘配合［S］．北京：中国电力出版社，1997.

[8] 能源部西北电力设计院．电力工程电气设计手册电气二次部分［M］．北京：中国电力出版社，1992.

[9] 贺家李，宋从矩，等．电力系统继电保护原理［M］．4 版．北京：中国电力出版社，2010.

变电站智能综合环境监测系统

王 帅

(唐钢国际工程技术股份有限公司，河北唐山 06300)

摘 要 变电站综合环境监测系统的搭建和应用，对保障电网的安全运行具有重要意义。本文分析了河钢集团唐钢新区变电站智能综合环境监测系统的组成，重点阐述了变电站智能综合环境监测系统的功能及特点，同时对系统在实施过程中所应用的前沿关键技术进行了介绍。系统在新区的成功运用，改进了管理运行部门传统的管理方式，实现了变电站设备及运行环境信息的集中管理，科学地对设备运行环境状态进行综合诊断，及时、准确、灵敏地反映设备及运行环境的状态，避免了人力物力等不必要的浪费，推进了变电运行集约化管理，真正实现“数据集成、业务协同、管理集中、资源共享”的智能电网建设发展管理要求。

关键词 钢铁工业；变电站；环境检测；集约化管理；智能电网

Intelligent Environmental Monitoring System for Substation

Wang Shuai

(Tangsteel International Engineering Technology Co., Ltd., Tangshan 063000, Hebei)

Abstract The construction and application of the substation integrated environmental monitoring system is significant to ensure the safe operation of the power grid. This paper analyzes the composition of the intelligent integrated environmental monitoring system of substation in HBIS Tangsteel New District, focuses on the functions and characteristics of this system, and introduces the cutting-edge key technologies applied in the system implementation. The successful application of the system in the new district has improved the traditional management mode of the Management Operation Department, realized the centralized management of substation equipment and operation environment information, scientifically made comprehensive diagnosis of equipment operation environment status, reflected the status of equipment and operation environment timely, accurately and sensitively. Therefore, it is effective to avoid unnecessary waste, such as human and material resources, promote the intensive management of substation operation, and truly realize the management requirements of intellegent grid construction and development with “data integration, business collaboration, centralized management and resource sharing”.

Key words steel industry; substation; environmental monitoring; intensive management; intelligent grid

0 引言

变电站智能综合环境监测系统是对变电站运行设备及环境的运行状态及参数进行监控报警、联动控制等操作的系统，可实现对各10kV及以上配电室和变电所（站）的安防、视频、环境温湿度、水浸等信息实时监测。该系统将现场数据组网上传至集控中心，通过智能一体化系统平台进行人机交互、掌握站内环境趋势，并根据设定实现自动预、报警，提高值班员对无人值守站室的环境把控能力，避免环境因素对电气设备运行的不利影响和引起事故[1]。

1 系统技术方案设计

1.1 技术方案的实施

为保证无人值守变电站的安全可靠运行，采用了变电站智能综合环境监测系统，配备2座220kV总

作者简介：王帅（1985—），男，中级工程师，2009年毕业于安徽理工大学电气工程及其自动化专业，现在唐钢国际工程技术股份有限公司从事电气设计工作，E-mail：wangshuai@tsic.com

降变电站，10 座 110kV 变电站，65 座 10kV 及 35kV 变电室。根据全厂供配电生产管理要求，10kV 以上变电站均采用集中远程控制的管理模式，在环保中心大楼设置有人值守的电力集控中心，所有 10kV 及以上变电站均为无人值守变电站。系统技术方案如下[2]。

1.1.1 视频监控

全厂 77 座 10kV 及以上变电站均实现无人值守全方位无死角的智能化网络视频监控，组建视频专网，配置流媒体服务器、综合监控管理服务器、报警服务器、数据服务器、应用服务器、视频解码综合平台、磁盘阵列等存储控制设备。视频图像在厂前区指挥中心大楼五层全厂调度指挥中心大屏、全厂调度指挥中心电力操作台计算机、环保中心视频监视墙、各级管理部门办公电脑等部位任意显示。

1.1.2 周界防范

在 2 座 220kV 总降变电站及 10 座 110kV 变电站设置周界防范高清智能网络摄像头，全天候对变电站外围区域进行警戒监控，防止人员擅自闯入，一旦发生翻墙等入侵事件，系统自动报警并在调度指挥中心大屏（点巡检值班室视频监视墙及操作计算机）上自动弹出入侵事件区域的相关视频画面，同时启动事故录像（重点保存的录像）。

周界防范采用 AI 智能高清网络摄像机，启用智能摄像机的人脸抓拍（默认）+道路监控+Smart 事件等功能，周界防范视频图像及存储控制纳入本设计的无人值守视频图像系统。

1.1.3 环境监测及事件联动报警系统

在全厂 77 座 10kV 以上变电站内设置温湿度探测器、点式水浸探测器、SF 6 报警器、风机故障报警等主动型探测器，各探测器就像无数双眼睛全天候的监视着各变电站的运行环境。一旦发生温湿度报警、水浸报警、SF 6 报警、风机故障报警等事件，系统自动报警并在环保中心视频监视墙（调度指挥中心大屏及各操作计算机）上自动弹出入侵事件区域的相关视频画面，同时启动事故录像（重点保存的录像）。

与全厂消防报警系统对接联网，一旦变电站内火灾报警探测器报警，火灾报警区域内的相应摄像头的视频图像报警并弹出。与综保系统对接联网，一旦变压器故障报警或配电室事故跳闸等事件，事件区域内的相应摄像头的视频图像报警并弹出。

1.1.4 智能门禁及点巡检监督

在 2 座 220kV 总降变电站及 10 座 110kV 变电站共设置 14 个人脸识别门禁控制器（刷脸出入），通过人脸门禁一体机辨识人脸信息，使得只有经过授权的人脸信息才能进入受控的区域门组。可对使用者授予不同的进出权限，进行多级控制；对公司内不同的区域及特定的门及通道进行进出管制，系统可联网实时监控。

开启变电站内智能摄像头的人脸抓拍功能，自动识别进出变电站的人员，利用专用分析软件自动勾画出点巡检人员的轨迹，一旦发生点巡检错误，值班人员可实时提醒点巡检人员，避免事故发生。

1.1.5 无线对讲系统

无线对讲系统采用公网 4G 智能对讲机实现，通过网络运营商的 4G 信号覆盖，实现高品质对讲，通话清晰，无干扰杂音。智能公网 4G 对讲机可实现语音，影像等多种媒体的传输。建立 1 套对讲管理平台，使对讲机在公网 4G 环境下实现自有域。可在自有域中实现对讲机的管理和任意通话断的划分，区别于传统的公网 4G 对讲机。

考虑到公网 4G 信号覆盖强度的情况，2 个 220kV 站和 10 个 110kV 站需放置 4G 信号放大器，保证 4G 信号变电站的无缝覆盖。信号放大器保证三网 4G 信号均可以实现增强。

1.1.6 视频传输及智能环境监测系统专网

组建智能综合环境监测系统专网，网络覆盖 2 座 220kV 总降变电站+10 座 110kV 变电站+65 座

10kV 及 35kV 变电室+厂前区指挥中心大楼五层的全厂调度指挥中心+环保中心+各级管理部门办公室等区域，本专网综合传输视频图像及综合环境监测系统数据[3]。

1.2　网络系统构架

系统网络以以太网为基础，物联网技术为辅助，通过超五类网线、光纤、光电转换、交换机等设备实现所有数据的上传及控制功能的实现。整个系统采用三级架构，分为接入层、汇聚层和核心层。

1.2.1　传输网络结构

传输网络系统主要作用是接入各类信息与设备资源，为综合管理平台的各项服务应用提供基础保障。

（1）核心层：核心层作为整个网络的大脑，配置性能最高，且需具有如下几个特性：可靠性、高效性、冗余性、容错性、可管理性、适应性、低延时性等。核心层为下层提供优化的数据输送功能，是一个高速的交换主干。同时因为核心层是网络的枢纽中心，重要性突出。核心层设备使用负载均衡功能，来改善网络性能。

（2）汇聚层：汇聚层是网络接入层和核心层的“中介”，用于定义网络边界，减轻核心层设备的负荷。汇聚层主要提供以下功能：变电站数据的接入、虚拟局域网（VLAN）之间的路由、源地址或目的地址过滤、网络实施策略和安全控制等。

（3）接入层：接入层提供了最终用户和各类前端资源设备接入整体监控网的途径。

1.2.2　网络 IP 地址规划

IP 地址的合理规划是保证网络稳定安全运行和网络资源有效利用的关键，要求充分考虑到地址空间的合理使用，保证实现最佳的网络地址分配及业务流量的均匀分布，降低网络风暴的产生，保护整个网络的安全。

IP 地址的规划考虑角度要求：空间的分配与合理使用与网络拓扑结构、网络组织及路由有非常密切的关系，将对网络的可用性、可靠性与有效性产生显著影响。因此在对网络 IP 地址进行规划建设的同时，充分考虑本地网对 IP 地址的需求，以满足未来设备扩充对 IP 地址的需求。

1.2.3　网络传输带宽

因链路的可用带宽理论值为链路带宽的 80%左右，为保障数据的高质量传输，带宽使用时采用轻载设计，轻载带宽上限控制在链路带宽的 50%以内。

（1）核心层为万兆网络。

（2）核心层交换机到接入交换机的网络采用光纤模块来传输，带宽为千兆以上。

（3）传输设备如光纤收发器到接入交换机之间的带宽达到百兆以上。

1.2.4　网络可靠性

网络的可靠性是为了保证数据在传输过程中，重要环节在出现设备损坏或失败时，还能够保证正常传输。网络可靠性主要可从传输链路可靠性、网络设备可靠性两个方面进行考虑。

（1）传输链路可靠性。传输链路的可靠性通过链路聚合技术来进行保障。链路聚合设计增加了网络的复杂性，但是提高了网络的可靠性，使关键线路上实现了冗余功能。除此之外，链路聚合还可以实现负载均衡。

（2）网络设备可靠性。网络设备的可靠性主要通过关键部件冗余备份、设备冗余备份、传输告警抑制和快速链路故障检测来进行保障。关键部件冗余备份是指网络设备提供主控、电源等关键部件的 1+1 冗余备份；另外系统各单板及电源、风扇模块均具有热插拔功能。这些设计使得设备或网络出现严重异常时，系统能够快速地恢复和作出反应，从而提高系统的平均无故障运行时间，尽可能地降低不可靠因素对正常业务的影响。设备冗余备份是指通过双机虚拟化或虚拟路由器冗余协议等方式实现网络设备的冗余备份。一旦出现设备不可用的情况，可提供动态的故障转移机制，允许网络系统继续正常工作。传输告警抑制是指对告警进行过滤和抑制，避免网络频繁振荡，因为当接口启动快速检测功能后，告警信息上报速度加快，会引起接口的物理层状态频繁在 Up 和 Down 之间切换。快速链路故障检测是一套全网统一的检测机制，用于快速检测、监控网络中链路或者 IP 路由的转发连通状况。

1.2.5 网络安全性

网络安全是指保护网络系统中的软件、硬件及数据信息资源，使之免受偶然或恶意的破坏、篡改和泄露，保证网络系统的正常运行、网络服务的不中断。

2 先进技术的应用

（1）统一的集中监控平台。将所有动力设备系统、环境及安防监控系统集成到统一的管理平台；用户可通过监控大屏幕、电脑、手机 APP，微信小程序等多种方式进行访问；设置用户权限，授权用户远程下发操作指令到动力设备；集成视频监控系统，可远程控制摄像头，监视动力设备现场，保障设备安全运行[4]。

（2）强大的系统集成能力。配置通信管理机，对已经具有管理系统的设备系统，定制开发专用通讯协议，保证设备数据稳定对接到平台；对于不具有管理系统的设备，将底层传感器集成到设备之中，使用通讯管理机进行数据采集，再稳定对接到平台。

（3）可靠的数据采集分析。完善的数据采集、加密传输、存储、计算、报警和报表展示功能；对设备的能量转换效率、运行成本和能量损失进行监测和分析；提供基于大数据的节能分析与建议[5]。

（4）无缝的多系统协同联动。设置控制策略和规则，实现设备之间的协同运行，达到综合效益最优化。

3 结语

变电站智能综合环境监测系统是变电站远程值守（现场无人值守）的最基础、最有用的技术保障，同时也为事故分析提供强有力的证据。该系统在河钢唐钢新区项目的成功运用，实现了变电站设备及运行环境信息的集中管理，科学地对设备运行环境状态进行综合诊断，更及时、准确、灵敏地反映设备及运行环境的当前状态，避免了增加人力物力不必要浪费等问题，推进了变电运行集约化管理。同时，改进了管理运行部门传统的管理方式，真正实现“数据集成、业务协同、管理集中、资源共享”的智能电网建设发展管理要求。

参 考 文 献

[1] 张俊华，李达扬，杨国庆．变电站环境监测系统态势研究［J］．中国高新科技，2018（18）：91~93.
[2] 何世龙．浅析变电站环境监测系统的构成及功能［J］．工业控制计算机，2012，25（12）：41~42.
[3] 田涛，陈昊，王志军，等．考虑舒适度的智能变电站环境监测系统研究与设计［J］．电力信息与通信技术，2016，14（7）：46~49.
[4] 陈学军．变电站运行环境监测系统［D］．长春：吉林大学，2015.
[5] 刘亚坤．数据采集及传输技术在智能变电站环境监测系统中的应用［D］．呼和浩特：内蒙古大学，2011.

超大型空分装置及多空分装置的设计

赵 屾

(唐钢国际工程技术股份有限公司，河北唐山 063000)

摘 要 超大型空分装置及多空分装置能够为钢铁企业生产提供大量的工业气体，有助于企业节能降耗，提高经济效益。河钢唐钢新区作为沿海大型钢铁企业，工业气体需求量大，纯度要求高，对制氧工艺设计提出了更高要求。为努力达到河钢集团对项目建设的高规格要求，河钢唐钢新区建设 1 套 60000m^3/h（标态）和 2 套 40000m^3/h（标态）空分装置。根据空分装置的工艺特点，本文从总平面布置、安全设计、工艺流程、管系优化等方面进行了介绍，重点对数项拥有自主知识产权空分装置设计领域的先进技术进行了分析。随着本项目顺利投产，满足了河钢唐钢新区对于工业气体的需求，各项生产指标均处于行业内的领先水平。

关键词 空分装置；工业气体；制氧；先进技术；节能降耗

Design Optimization of Super Large Air Separation Unit and Multi Air Separation Unit

Zhao Shen

(Tangsteel International Engineering Technology Co., Ltd., Tangshan 063000, Hebei)

Abstract The ultra-large and multiple air separation unit can provide a large amount of industrial gases for the production of iron and steel enterprises, which helps enterprises to save energy, reduce consumption and improve economic efficiency. As a large-scale coastal iron and steel enterprise, HBIS Tangsteel New District has a significant demand for industrial gases and high purity requirements, which put forward higher requirements for the design of oxygen production process. In order to meet the high-specification requirements of HBIS Group for the project construction, the New District built one set of 60000Nm^3/h and two sets of 40000Nm^3/h air separation units. According to the process characteristics of the air separation units, this paper introduced the general layout, safety design, process flow, pipe system optimization, etc., focusing on the analysis of several advanced technologies in the field of air separation unit design with independent intellectual property rights. With the successful operation of this project, the demand for industrial gases in HBIS Tangsteel New District has been met, and each production indicator has been at the leading level of the field.

Key words air separation unit; industrial gases; oxygen production; advanced technology; energy saving and consumption reduction

0 引言

随着国内钢铁企业规模化、集中化发展，空分装置大型化和多空分配置成为生产中的主流，60000m^3/h（标态）超大型空分装置，具有生产能耗低、产品纯度高等优势，但设备占地面积较大、辅助生产气体品种较多，尤其在多空分装置联网运行中，需要对各种介质管道进行变工况应力计算，对工程设计提出了较高要求。根据此次超大型空分装置及多空分装置的设计需要，设计人员开展了大量的工作，包括考察交流、传统设计理念革新等，摸索出了一条适用于河钢唐钢新区等大型钢铁企业空分设计技术路线，拥有了自主知识产权先进技术，填补了河钢唐钢国际在超大型空分装置及多空分装置设计领域的空白。

作者简介：赵屾（1988—），男，硕士，工程师，2016 年毕业于华北理工大学动力工程专业，现任唐钢国际工程技术股份有限公司动能事业部燃气设计师，E-mail：zhaoshen@ tsic. com

1 空分装置设计

1.1 总平面布置

项目布置在空气洁净地区，远离易产生空气污染的生产车间，并在有害气体和固体尘粒散发源的下风侧。制氧车间、液体储槽、球罐、变电站、民用建筑之间安全距离均符合国家相关规范要求。

生产区和生活区分开布置，生活区远离制氧车间、变电站等生产区建筑物，保证了工作人员的职业卫生健康。同时生产区分为制氧车间、空气分离、液体储存、公辅设施、气体缓冲等5大区域，保证了工艺流程顺畅，设备操作维护方便，总体布置整洁美观。空分装置鸟瞰图如图1所示。

图1 空分装置鸟瞰图

Fig. 1 Aerial view of air separation unit

1.2 工艺流程设计

本项目空分装置采用分子筛净化空气，带增压透平膨胀机的氧气外压缩流程，规整填料型上塔及全精馏无氢制氩工艺，出冷箱的工业气体送至制氧车间内加压，经气体缓冲区域后，送至河钢唐钢新区各用户。

（1）空气过滤器布置在空分装置全年最小频率风向的下风侧[1]；有效减少了因空气中碳氢化合物含量高，纯化系统负荷增大，电耗增加的现象。

（2）空压机入口管道采用不锈钢管，防止管道出现锈蚀。对温度较高的管道进行应力计算，避免补偿装置出现问题[2]。

（3）纯化系统中各管道内介质和流动方向交替切换工作，管路及阀门复杂。设计人员通过三维建模，清晰体现了管线布置，导入应力计算软件进行分析计算，管系布置更为合理。纯化系统管道柔性分析图见图2。

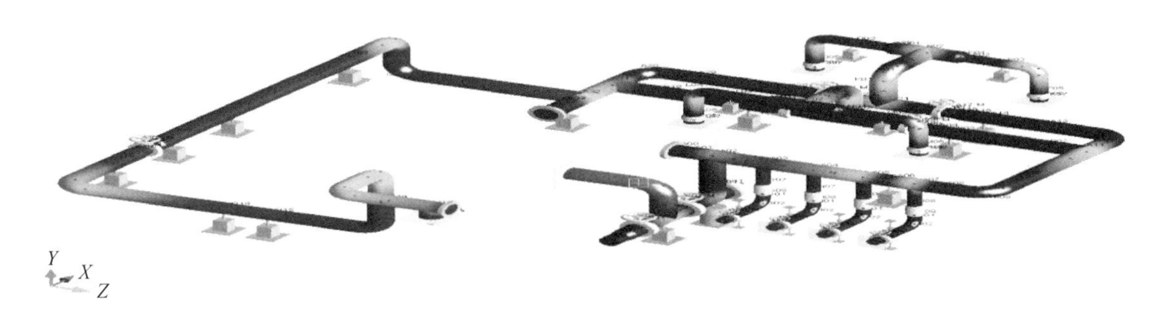

图2 纯化系统管道柔性分析图

Fig. 2 Analysis diagram of the flexibility of the purification system pipeline

1.3　安全设计

本项目在生产过程中存在部分设备发生爆炸，火灾、中毒、灼烫事故的危险，在设计中严格遵守国家、行业内法律法规及规范要求。

（1）氧气调节阀组设置在防爆墙内，手动阀门的阀杆伸出防爆墙外进行操作[3]。

（2）液体储存区设置围堰，当发生液体泄漏时，将泄漏的液体控制在围堰内逐渐蒸发，避免引发事故，且液氧贮槽有充足的消防水源，满足安全生产需要[4]。

（3）制氧车间及氮水预冷间内设置氧含量检测及相应的联锁设施，确保氧含量不低于 19.5%，不高于 23%。

1.4　设计亮点

（1）对空气、氧气、氮气、污氮气等管系布置进行优化，对比常规设计降低管道阻损约 10kPa，各压缩机、电加热器等用电设备年均可节省用电 550 万千瓦 · 时，为企业节省电费约 300 万元。

（2）在空压机压缩侧专门设置检修钢平台及检修电源，为空压机的巡检工作创造了便利的条件。

（3）在 2 套分子筛吸附器中间设置联合巡检平台，在保证检修的同时，兼顾了分子筛、活性氧化铝的装填和卸料。

2　先进技术的应用

2.1　稀有气体精制冷箱防爆墙

同步建设了产品纯度为 6N 的氪、氙精制装置，采用高温焙烧去除碳氢化合物以及氮氧化物、多塔精馏去除杂质、特种吸附剂低温吸附除氡等技术，具有回收率高的特点，但此氪、氙精制装置易发生稀有气体泄露，造成安全生产事故，因此研发了氪、氙冷箱防爆墙。

（1）稀有气体精制冷箱防爆墙厚 200mm，与稀有气体精制冷箱等高，顶部开敞的混凝土实心墙，内设检修防爆灯、事故防爆通风机，撞击传感器等设施，在与稀有气体精制连接的过桥上增设快速切断阀。稀有气体精制冷箱防爆墙示意图见图 3。

（2）当稀有气体精制冷箱管路发生爆炸时，其产生的管道碎片被防爆墙阻挡，避免管道碎片对分馏塔主塔和主换热器的破坏。防爆墙上传感器接到撞击信号后，通过 DCS 系统关闭快速切断阀，打开事故通风机，将泄漏的稀有气体排空，避免发生安全事故。

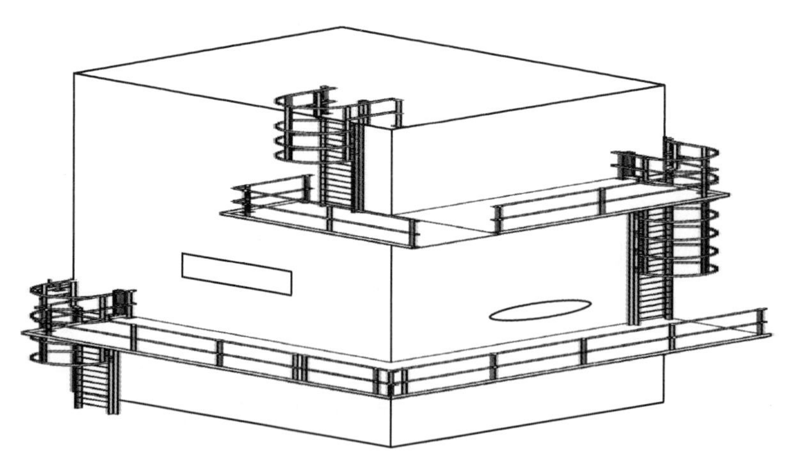

图 3　稀有气体精制冷箱防爆墙

Fig. 3　Explosion-proof wall of rare gas refining cold box

2.2　氮气调节阀组岛

本项目建设了氮气调节阀组岛，通过对不同区域的氮气进行分类输送（表 1），实现输送氮气的动态平衡，稳定管网压力，保证安全生产。

表 1 氮气管道参数

Tab. 1 Nitrogen pipeline parameters

序号	名称	符号	用户压力/MPa	纯度/%	备注
1	铁前用高压氮气	GN11	1. 6~2. 5	99. 999	
2	钢轧用高压氮气	GN12	1. 8	99. 999	
3	铁前用低压氮气	GN21	0. 8	99. 999	
4	钢轧用低压氮气	GN22	0. 8	99. 999	
5	冷轧用低压氮气	GN23	0. 8	99. 999	

3 结语

通过生产实践，超大型空分装置具有生产能耗低，产品纯度高等优势。多空分装置联合运行，保证了生产安全性，是钢铁企业空分装置设计发展的主流方向。河钢唐钢国际作为冶金行业清洁生产技术的倡导者，燃气专业设计人员以“先进、可靠”为原则，通过先进技术应用，保证整个工序能耗最低，生产最为可靠及安全，为河钢唐钢新区实现节能增效，跨越式发展贡献力量。

参 考 文 献

[1] 商玉龙 . 大型空分制氧工程设计经验 [J]. 中国科技纵横，2014 (3)：101~104.

[2] 王旭东 . 对供热管道直埋技术的分析 [J]. 城市建设理论研究（电子版），2015，5 (31)：178~179.

[3] 高云见 . 浅谈空分装置布置与配管注意事项 [J]. 中国石油和化工标准与质量，2016，36 (19)：53~54.

[4] 王连喜 . 大型空分制氧工程设计的注意事项 [J]. 中国化工贸易，2015 (11)：144.

全厂能源利用系统设计

冯玉明[1]，马晓春[2]，庞得奇[2]，方 堃[1]，黄彩云[1]，赵金凯[1]

（1. 唐钢国际工程技术股份有限公司，河北唐山 063000；
2. 河钢集团唐钢公司，河北唐山 063000）

摘 要 河钢唐钢新区作为新建设的大型钢铁联合生产企业，在冶炼压延过程中，需要消耗大量的煤、电、氧、氮、蒸汽等各种资源，同时产生大量能源副产品-煤气、高温烟气等，其综合利用代表着一个钢铁企业的现代化和智能化水准。本文从提高能源利用率和转化率等角度，对全厂的二次能源利用系统建设内容及运用的先进技术等内容进行梳理与分析，结果表明河钢唐钢新区在能源的二次利用上走在了行业内的领先地位。

关键词 钢铁企业；能源利用；二次能源；余热发电；煤气发电；余压发电

Summary of Energy Utilization Design of the Whole Plant of the HBIS Group Tangsteel New District

Feng Yuming[1], Ma Xiaochun[2], Pang Deqi[1], Fang kun[1], Huang Caiyun[1], Zhao Jinkai[1]

(1. Tangsteel International Engineering Technology Co., Ltd., Tangshan 063000, Hebei;
2. HBIS Group Tangsteel Company, Tangshan 063000, Hebei)

Abstract As a newly constructed large-scale iron and steel joint production enterprise, HBIS Tangsteel New District consumes a large amount of coal, electricity, oxygen, nitrogen, steam and other resources in the smelting and rolling process, and produces a great deal of energy by-products, such as coal gas and high-temperature flue gas. Its comprehensive utilization represents the modernization and intelligence level of an iron and steel enterprise. From the perspective of improving energy utilization and conversion rate, this paper sorts out and analyzes the secondary energy utilization system of the whole plant, and the advanced technology used, etc. The results show that HBIS Tangsteel New District is in the leading position of the field in secondary energy utilization.

Key words iron and steel enterprises; energy utilization; secondary energy; waste heat power generation; gas power generation; residual voltage power generation

0 引言

河钢坚决贯彻落实创新发展理念，依照打造“品牌化”工厂的高端定位，运用最新的钢厂动态精准设计、集成理论和流程界面技术，采用230余项前沿新工艺、130多项钢铁绿色制造技术和现代化大型化的装备，全面建设了河钢唐钢新区项目。河钢唐钢新区引入绿色化、智能化工厂的设计理念，通过采用国内外成熟可靠的节能减排新工艺、新技术和节能型新设备，构建高效节能、绿色环保的智能化工厂，以实现能耗最低化和效益最大化。

1 能源利用综述

河钢唐钢新区为提高能源利用率，采用了大量余热余能回收技术，比如高炉煤气发电、烧结余热发电、高炉炉顶均压煤气回收、饱和蒸汽发电、高炉余压TRT发电、炼钢车间钢包加揭盖节能、蓄热式

作者简介：冯玉明（1971—），男，工程师，1992年毕业于西安交通大学锅炉专业，现就职于唐钢国际工程技术股份有限公司动能事业部，E-mail：fengyuming@ tsic. com

燃烧技术节能、直接轧制技术节能、炉顶均压煤气全回收、烧结系统高效节能水密封环冷等技术，取得了很好的经济效益和社会效益。

1.1 煤气发电

河钢唐钢新区煤气发电建设2套78MW高温超高压带一次中间再热机组及1套100MW超高温亚临界中间一次再热机组。燃料采用高炉煤气、焦炉煤气，充分回收利用低热值煤气发电。

78MW高温超高压带一次中间再热机组主厂房依次为汽机房、除氧间、锅炉、煤气加热器、引风机、烟囱。主厂房固定端布置有辅助楼。汽机采用横向布置。汽机房设有1台50/10t的双梁桥式起重机。

1×100MW超高温亚临界煤气发电机组及相关配套设施[1]，同步建设SCR脱硝装置及小苏打干法脱硫系统。汽轮机采用高效率、高可靠性的超高温亚临界、一次中间再热、双缸、单排汽、凝汽式汽轮机，尽可能提高热能利用率。其主厂房布置方式采用三列式，布置顺序依次为汽机房—除氧间—锅炉房，炉后依次布置煤气加热器、SDS脱硫系统、布袋除尘器、引风机、烟囱等。冷却塔采用双曲线冷却塔。

机组均采用机炉电集中控制方式，在集中控制室内实现对锅炉、汽机、发电机、除氧给水、循环水等系统的控制、操作和监视。

1.2 饱和蒸汽发电

根据全厂饱和蒸汽供应及平衡情况，建设1套22MW凝汽式饱和蒸汽发电机组。蓄热器采用球型蓄热器，增加设备使用效率。

汽轮发电机厂房2层布置，运转层标高为8.0m，汽轮机布置在运转层，汽机间首层布置有凝汽器、凝结水泵、润滑油泵、顶轴油泵、冷油器、动力油站及射水抽汽设备。主厂房设1台32/5t电动双梁桥式起重机。

1.3 烧结余热发电

为配合2套360m^{2}烧结机，分别建设2套65t/h双压烧结余热锅炉和1套25MW余热蒸汽发电机组[2]，两套锅炉产生的中压蒸汽合并作为汽轮机的主汽，2套锅炉的低压蒸汽合并作为汽轮机的补汽。

环冷机采用高效节能水密封，环冷机上、下部都采用水密封，漏风率≤5%，可以高效回收烧结矿的余热。

本余热锅炉为双压无补燃自然循环锅炉，适用于烧结环冷机排气烟气的余热回收及除尘，并适应环冷机烟气的工况变化，快速启停。锅炉采用全自然循环蒸发系统。锅炉为室外半露天布置，设有挡雨顶棚。

余热锅炉系统设施布置在烧结环冷机附近。汽轮发电机组采用室内式布置。

汽机间跨度18m，采用封闭式框排架结构。1台25MW凝汽式汽轮发电机组采用纵向岛式布置，运转层标高8m。汽机间0m底层邻近B列布置凝结水泵，邻近A列布置射水箱、射水泵等辅助设备。底层空位设检修场地，主厂房设1台32/5t电动双梁桥式起重机。

1.4 煤气余压发电（TRT）

1.4.1 技术条件

（1）透平入口高炉煤气参数。

1）流量：最大580000m^3/h（标态）；正常550000m^3/h（标态）。

2）压力：正常0.215~0.245MPa。

3）温度：正常120~180℃；最高250℃。

4）含尘量：高压时<5mg/m^3（标态）；常压时≤8mg/m^3（标态）。

（2）透平出口高炉煤气参数。

1）压力：≈11kPa。

2）温度：70～150℃。

1.4.2　工艺流程

减压阀组前煤气管道→入口蝶阀→入口插板阀→流量计→快速切断阀→干式轴流余压透平发电机→出口插板阀→出口蝶阀→煤气总管。

1.4.3　主要设备及系统组成

煤气余压回收透平发电成套设备由透平主机、发电机、润滑油系统、液压系统、给排水系统、氮气密封系统、煤气进出口阀门系统、高低压发配电系统和自动控制系统几大部分组成。

1.5　烧结烟气循环能源梯阶利用

为实现烧结烟气的能源梯阶利用以及污染物过程控制，为 2 台 360m^{2}烧结分别设置 1 套烟气循环系统。循环烟气由烧结机风箱引出，经除尘系统、循环主抽风机、烟气混合器后，通过密封罩引入烧结料层，重新参与烧结过程。根据烧结机本体参数，确定烧结烟气循环风箱选取的 3 个基本原则：进入密封罩内烟气含氧量大于 18%；取气后大烟道烟气温度 130±10℃；烟气循环率不低于 25%。

该烧结机共有 2×22 个风箱，根据上述原则并结合测试数据及理论计算，保证取出的风箱烟气在温度、含氧量和污染物浓度方面进行合理匹配，最终选取 5、6、7、21、22 号共 5 个风箱进行循环。并额外增加 4 号、20 号 2 个风箱烟气根据烧结运行工况及检修需求进行调配使用，保证系统正常运行。由于选取循环风箱的烟气含氧量一般不能超过 18%，根据热量平衡、风氧平衡可计算确定需要兑入环冷烟气量，混合后的烟气含氧量满足烧结机生产需求。5 个风箱烟气汇聚至主烟道进入多管旋风除尘器进行降尘处理。通过循环风机后与环冷第三段热烟气进行混合，混合后的烟气经烟道引入至密封罩内，进行热风烧结。密封罩覆盖在 8～19 号风箱，覆盖风箱数量共计 12 个，大烟道烟气温度 130±10℃，循环烟气温度根据实际生产过程而定。据统计，通过烟气循环系统对于烟气余热的回收利用，可减少烧结工序所需能耗，约降低 3. 1kg 固体燃耗/t 烧结矿。

1.6　高炉冲渣水余热利用

对河钢唐钢新区 3 座高炉渣水余热全部考虑回收，高炉水渣处理方式为环保底滤法。供全厂区采暖、洗浴，以实现余热回收充分利用，达到节能减排的目的。换热器形式选用宽流道板式换热。

1.7　炼钢车间钢包加揭盖节能技术

钢包作为炼钢工序与精炼及连铸工序之间的盛钢容器，其在生产周转过程的热状态，直接影响出钢和盛钢过程中钢水温度的变化。

采用成熟的钢包全程加盖系统，使炼钢车间显著降低钢包内的热量损失，减少钢包内钢水温降，提高钢包耐材寿命及降低转炉出钢温度，产生显著的经济效益。转炉出钢温度可降低 15～25℃；减少钢包在线烘烤转炉煤气消耗 4m^3/t；转炉脱氧合金加入量减少 0. 05kg/t；钢包耐材寿命提升 5%。

1.8　蓄热式燃烧技术节能技术

热轧生产线采用蓄热式加热炉，采用蓄热式烧嘴利用烟气将空气、煤气进行预热，有效地利用加热炉燃烧产生的烟气热量，降低加热炉煤气消耗。蓄热式加热炉外置式空煤气双蓄热烧嘴，用陶瓷蜂窝体作蓄热体，烟气余热效率高，空、煤气预热温度可达 1000℃以上，排烟温度可降至 150℃以下，做到烟气余热的“极限回收”，并可使用低热值煤气作加热燃料，燃料燃烧充分，可节能 25%以上，节能效果非常显著。

1.9　直接轧制技术节能技术

棒线材生产线所需高温连铸坯不经过加热炉加热，直接通过快速保温辊道依次送入轧机进行轧制，充分利用连铸冶金热能，节约能源消耗，降低生产成本。

与冷坯轧制和热送热装相比，加热炉煤气消耗大大减少，常规冷坯轧制时高炉煤气消耗量 420m^3（标态），热送热装轧制时高炉煤气消耗量 270m^3（标态），直接轧制技术仅在节约高炉煤气上每吨可至少降低生产成本约 18.9 元，提高企业的市场竞争力。

1.10 炉顶均压煤气全回收技术

采用炉顶均压煤气全回收工艺，均压煤气回收效率可达 99%，有效地解决了均压煤气放散工艺过程中的噪音、粉尘、废气等环境污染问题，污染物排放几乎为零。同时又能回收高炉均压煤气，为企业带来经济效益，1 座高炉年均经济效益 280 万元。此技术具备工艺流程简单、运行可靠性强等特点。满足了钢铁企业对超低排放、资源能源集约化综合利用，循环经济、绿色可持续发展的要求。

1.11 烧结系统高效节能水密封环冷技术

烧结系统采用高效节能水密封环冷机工艺，环冷机上、下部都采用水密封，漏风率≤5%，冷却风高效利用。采用传统环冷机大风箱结构的供风系统，不仅可减少风阻，同时也使风速更合理，风压更均匀，烧结矿冷却效果更好，因此可大幅降低冷却风机装机容量，节能效果十分明显，冷却风机耗电量仅为传统烧结环冷机的 35%~40%[3]。

1.12 带式焙烧机热风能源利用

充分利用球团氧化放出的热量和冷却球团的回热风，以降低燃耗。工艺风机系统为：冷却风机吸入环境空气鼓入一冷段和二冷段；一冷段的热风通过鼓风干燥引风机送到鼓风干燥段使用；二冷段的热风通过直接同流换热原理进入到均热、焙烧、预热段做助燃气体；均热、焙烧段的废气通过耐热风机循环到抽风干燥段使用；充分利用热风能源，降低能耗。

2 先进技术的应用

（1）应用补汽凝汽式汽轮机，把不同参数的蒸汽平稳有效地汇集到一个热力系统中，通过详细的计算和合理的系统设置，让它们之间不会相互影响，系统能够正常运行，并且能够达到单独设置发电机组的技术水平。

（2）燃气发电汽轮机采用高效率、高可靠性的超高温亚临界、一次中间再热、双缸、单排汽、凝汽式汽轮机，尽可能提高热能利用率。

（3）炼钢蒸汽回收采用具有专利技术的球型蓄热器，减少了蓄热器占地面积，提高了饱和蒸汽外送品质，使后置饱和蒸汽发电主汽压力达到 2.0±0.2MPa，提高了发电效率。

（4）采用新型环冷机在环冷罩与环冷机台车之间采用液密封方式，环冷机台车在运动时，台车的内侧栏板和外侧栏板分别在内环形槽和外环形槽的液体中划动，因液体具有流动性，不会因摩擦而阻碍环冷罩和环冷机台车的相对运动。同样由于液体的流动性和密封性，实现环冷机烟罩与环冷机台车的密封，防止排烟道内的热烟气因外漏而损失，又能防止冷空气渗入而降低烟气温度，设备漏风率降到 10% 以下。

（5）烟气循环系统采用多点控制反馈的自动化控制系统，通过对大烟道温度波动、密封罩内氧含量波动的监测，可通过调控备用风箱循环阀门及环冷废气阀门开度，来保证回风温度及含氧量，以保证烧结生产的正常生产。

（6）高炉冲渣水换热核心部件为换热器，取热站内换热器采用了宽流道板式换热器机组，该换热器板型采用独特的波纹结构设计，介质可以无限制地流过板片的换热表面而不发生堵塞现象，且具有传统管式换热器所不具备的高传热性能。传热效率高，换热板的压制形式确保流体能在低流速即可达到高湍流，传热系数远高于管壳式换热器。

（7）钢包全程加盖系统采用叉指型设备结构形式，加揭盖成功率高且设备维护量小。

（8）板坯加热炉采用蓄热式燃烧技术，进一步回收利用烟气余热，节约能源、降低能耗。

（9）连铸热坯直接轧制技术免去了连铸坯降温再加热的环节，充分利用连铸冶金热能。

（10）高炉顶燃式热风炉系统集成了新型陶瓷燃烧器、格子砖高辐射覆层技术、板式换热器等一系列先进的节能新技术。降低了燃气消耗，提升了热风炉热效率，实现了热风炉的绿色、节能。

3　结语

（1）河钢唐钢新区为提高能源利用率，采用了大量余热余能回收技术，比如高炉煤气发电、烧结余热发电、高炉炉顶均压煤气回收、饱和蒸汽发电、高炉余压 TRT 发电，充分发挥钢铁企业能源转换功能，合理利用各个生产工序中产生的余热、余压和余能，实现能源的梯级利用、循环使用。

（2）多项余热余能回收技术的实施，使得河钢唐钢新区在能源综合利用方面取得了显著的效果。经计算，吨钢综合能耗为 532. 6gce/t，能效水平处于国内先进水平。

参 考 文 献

[1] 王毅，李斌，杜文亚，等．亚临界超高温煤气发电技术应用和研究［J］. 冶金动力，2018（4）：29~31，35.

[2] 何立波，可开智．烧结冷却机双压余热发电系统参数优化［J］. 烧结球团，2013，38（3）：41~43，55.

[3] 王新东，田京雷，宋程远．大型钢铁企业绿色制造创新实践与展望［J］. 钢铁，2018（2）：1~9.

余热发电系统设计

肖 雷

（唐钢国际工程技术股份有限公司，河北唐山 063000）

摘 要 河钢唐钢新区建设的区域性余热余能发电系统经济性消耗，简化了传输系统，减少了能量消耗和系统运行的故障率。其中，烧结区域利用烧结环冷机中的低温废气，建设 1×25MW 余热发电机组；根据全厂饱和蒸汽供应及平衡情况，炼钢区域建设 1×22MW 凝汽式饱和蒸汽发电机组。本文对河钢唐钢新区余热利用系统的设计进行了阐述，并对设计过程中采用的关键性技术进行了说明。余热发电项目投产后，创造了良好的经济效益，推动了企业的节能减排工作。

关键词 设备配置；烧结；余热发电；饱和蒸汽发电；技术创新；节能减配

Design of Waste Heat Power Generation System

Xiao Lei

（Tangsteel International Engineering Technology Co.，Ltd.，Tangshan 063000，Hebei）

Abstract The economic consumption of the regional waste heat and residual energy power generation system built in HBIS Tangsteel New District has simplified the transmission system, and reduced energy consumption and the failure rate of system operation. Among them, a 1×25MW waste heat generator set was constructed in the sintering area by applying the low-temperature exhaust gas in the sintering ring cooler; a 1×22MW condensing saturated steam generator set was built in the steelmaking area based on the saturated steam supply and balance of the whole plant. In this paper, the design of the waste heat utilization system in HBIS Tangsteel New District and the key technologies adopted in the design process were illustrated. After operating the waste heat power generation project, it has created economic benefits and promoted the energy conservation and emission reduction of the enterprise.

Key words equipment configuration; sintering; waste heat power generation; saturated steam power generation; technological innovation; energy conservation and emission reduction

0 引言

钢铁企业余热余能利用是缓解国家能源供需矛盾，保证经济发展的重大措施[1]。对钢铁生产工艺环节中的余热余能加以回收利用，可以提高企业能源的利用效率，降低生产成本，创造经济效益，提升企业的核心竞争力[2]。

为利用烧结环冷机产生的废气，河钢唐钢新区烧结区域建设 1 套废气余热发电机组；结合全厂饱和蒸汽供应及平衡情况，建设 1 套饱和蒸汽发电机组。

1 烧结余热发电系统

河钢唐钢新区建设 2×360m^{2}烧结机系统，为利用烧结环冷机中的低温废气，配套建设 2×64t/h 烧结余热锅炉+1×25MW 汽轮发电机组。

1.1 基础数据

烧结机及环冷机主要性能指标如表 1、表 2 所示。

作者简介：肖雷（1988—），男，中级工程师，2015 毕业于长安大学供热、供燃气、通风及空调工程专业，现任唐钢国际工程技术股份有限公司动能事业部设计师，E-mail：xiaolei@ tsic. com

表 1　烧结机主要性能指标

Tab. 1　Main performance indicators of sintering machine

名　　称	数值	名　　称	数值
台数/台	2	铺底料厚度/mm	30~60
烧结面积/m^2	360	作业率/%	93.15
利用系数/$t \cdot (m^2 \cdot h)^{-1}$	1.32	烧结矿年产量/万吨	780
烧结料层厚度/mm	800		

表 2　环冷机主要性能指标

Tab. 2　Main performance indicators of the ring cooler

名　　称	数值	备注
环冷机矿料处理量/$t \cdot h^{-1}$	750~865	—
受料温度/℃	700~850	—
落料温度/℃	<120	—
环冷机漏风率/%	≤10	—
环冷机一段可取余热废气/℃	平均 420	363100m^3/h（标态）
环冷机二段可取余热废气/℃	平均 300	280000m^3/h（标态）
确保余热电站年运行时间/h	>7900	—

1.2　余热回收系统设计

根据环冷机余热资源，将环冷机废气细化成一段高温、一段中温、二段中温和二段低温 4 个部分，具体废气参数见表 3。

表 3　废气参数

Tab. 3　Exhaust gas parameters

名　　称	一段高温废气	一段中温废气	二段中温废气	环境空气
余热废气风量（标态）/$m^3 \cdot h^{-1}$	200000	200000	243100	100000
余热废气温度/℃	≈440	≈380	≈300	≈200

烧结环冷余热锅炉采用双通道烟气进气系统，废气分高低温两个通道进入锅炉，按能量梯级利用原则，将一段高温废气用于对饱和蒸汽进行过热，过热后的排气与一段中温和二段中温废气混合后用来产生饱和蒸汽及锅炉给水加热。环境空气用于热风循环系统，调节回风温度。

经热平衡计算，在烧结机满负荷生产时，2 台烧结机对应环冷机的废气余热可产生 1.6MPa、360℃中压过热蒸汽 102t/h，0.3MPa、190℃低压过热蒸汽 26t/h。中压过热蒸汽做为主汽，低压过热蒸汽作为补汽推动补汽凝汽式汽轮机做功，进行发电。

2　饱和蒸汽发电系统

按照全厂饱和蒸汽供应及平衡情况，建设 1 套饱和蒸汽发电机组。非采暖季运行，采暖季停运。饱和蒸汽参数为 2.0MPa、213℃，平均流量 92t/h，最大流量 120t/h，结合同类型汽轮机的汽耗，正常发电功率约为 17MW，最大发电功率 22MW，汽轮机装机容量为 22MW，配套 25MW 发电机。

表 4　饱和蒸汽发电汽轮机计算参数

Tab. 4　Calculated parameters of turbine for saturated steam power generation

名　　称	技术参数	名　　称	技术参数
汽机额定进汽压力/MPa	2.0	汽机最大进汽量/$t \cdot h^{-1}$	120
汽机额定进汽温度/℃	213	额定发电功率/MW	22
汽机设计正常进汽量/$t \cdot h^{-1}$	92	机组年利用小时数/h	5500

3 先进技术的应用

3.1 烧结余热发电系统

（1）建立合理的能流系统，设置经济合理的装机规模，以满足烧结工艺对低压蒸汽及热烟气的需求。

（2）余热锅炉烟风系统与原环冷机烟风系统之间通过自动调节阀控制，确保环冷机正常运行[3]。

（3）使用锅炉排气再利用技术，稳定烟温和增加热回收量。

（4）采用取风梯级利用技术，提高发电蒸汽参数，提高热效率，减少汽轮机停机率。

（5）收集的粉尘送入烧结成品输送装置，防止二次污染。

（6）通过烧结-环冷机-余热电站工况优化控制软件系统，实现三位一体有机结合，实现环冷机余热最大限度利用。

3.2 炼钢饱和蒸汽发电系统

（1）采用新型蒸汽调节装置，允许热源广泛，适合过热蒸汽、饱和蒸汽、汽水混合物等；允许热源的压力、流量、温度有较大波动。

（2）配套机器自感系统，采用了各种高精度的导向、定位、进给、调整、检测、视觉系统部件，生产过程综合自动化。

（3）对汽轮机叶片进行超硬化处理，采用汽轮机级间多通道疏水等技术，提高了机组运行安全性[4]。

（4）区别于常规饱和蒸汽运行压力，将蒸汽运行参数提升至2.0MPa，降低汽耗率，提高发电效率。

4 结语

无论是从技术装备的现代化、大型化、高效化，还是从高质量、高性能的产品定位上，河钢唐钢新区的余热余能装置在钢铁企业中均处于行业领先水平，为企业清洁高效的生产保驾护航。余热发电系统投产后，2套机组的能源利用率高，取得了显著的经济效益和社会效益，推动了企业自身节能减排工作，同时也推广了余热发电技术在国内冶金行业的应用。

参 考 文 献

[1] 动力工程师手册编辑委员会．动力工程师手册［M］．北京：机械工业出版社，2001.

[2] 冯俊凯，沈幼庭，杨瑞昌．锅炉原理及计算［M］．北京：科学出版社，2003.

[3] 陈道海，裴永红．转炉汽化饱和蒸汽发电技术的研究与应用［J］．冶金动力，2010（4）：41~46.

[4] 杨国强．冶金企业烧结冷却机余热发电技术开发及应用［J］．资源信息与工程，2018，33（4）：101~103.

煤气回收与储存系统设计

张 春

（唐钢国际工程技术股份有限公司，河北唐山 063000）

摘 要 河钢唐钢新区作为国内大规模的钢铁企业，在其生产过程中产生大量的焦炉煤气、转炉煤气、高炉煤气，且波动量较大。在厂内设置配套的煤气柜及加压装置是合理利用钢铁企业副产煤气资源的重要中间环节，是煤气从生产到使用的重要过渡。本文简述了河钢唐钢新区煤气回收与储存系统的整体布局和设备配置，并对煤气回收与储存系统采用的先进技术进行阐述。系统投产后运行良好，环境及经济效益良好，为河钢唐钢新区走在行业前列及跨越式发展，提供了有效的能源支撑。

关键词 煤气回收与储存；煤气柜；加压；煤气混合；能源支撑

Gas Recovery and Storage Design of HBIS Group Tangsteel New District

Zhang Chun

(Tangsteel International Engineering Technology Co., Ltd., Tangshan 063000, Hebei)

Abstract As a large-scale iron and steel enterprise in China, HBIS Tangsteel New District produces a significant amount of coke oven gas, converter gas and blast furnace gas during its production process with high fluctuations. The installation of supporting gas cabinets and pressurization devices in the plant is an important intermediate link in the rational utilization of by-product gas resources of iron and steel enterprises, and is an essential transition from production to use of gas. This paper briefly describes the overall layout, equipment configuration, as well as the advanced technology adopted in the gas recovery and storage system of the HBIS Tangsteel New District. After operating the system, it runs well with environmental and economic benefits, providing effective energy support for HBIS Tangsteel New District to be in the forefront of the field and the leapfrog development.

Key words gas recovery and storage; gas cabinet; pressurization; gas mixing; energy support

0 引言

河钢唐钢新区项目煤气回收与储存系统包括 1 座 300000m³ 稀油密封圆形高炉煤气柜、2 座 150000m³ 橡胶膜密封转炉煤气柜、1 座 50000m³ 稀油密封圆形焦炉煤气柜、1 座煤气加压站及辅助电气室、1 座煤气混合站、1 座煤气防护站以及区域辅助配套设施（以下简称煤气综合管理站）。根据总体布局及工艺流程，结合场地的具体情况，在满足规划、安全、消防的情况下，区域自西向东、自北向南分别布置煤气防护站、煤气混合站、煤气加压站、1 号 150000m³ 转炉煤气柜、2 号 150000m³ 转炉煤气柜、300000m³ 高炉煤气柜、50000m³ 焦炉煤气柜。防护站布置在煤气柜区域围墙外。

1 煤气回收与储存系统

1.1 高炉煤气储存系统

建设 1 座 300000m³ 高炉煤气柜，储气压力约 12kPa，型式为干式圆筒形稀油密封气柜，柜体直径 64.6m，总高 121m。气柜设进出口管道 1 根，管道直径 DN3200，依次设置电动蝶阀（带阀位反馈功能，

作者简介：张春（1976—），男，高级工程师，2000 年毕业于天津城建学院燃气工程专业，现任唐钢国际工程技术股份有限公司动能事业部部长，E-mail：zhangchun@ tsic. com

与柜位联锁)、电动敞开式插板阀后进煤气柜。

当煤气柜的活塞超上限需放散多余煤气时，多余煤气经电动切断蝶阀、电动扇形盲板阀和电动调节蝶阀由 DN1200 的柜前煤气安全放散管排出。

1.2 转炉煤气储存系统

建设2座150000m³ 转炉煤气柜，储气压力约3kPa，型式为干式橡胶帘密封气柜，柜体直径68.8m，总高62.6m。一炼钢侧煤气主管用于回收2×200t 转炉对应的煤气；二炼钢侧煤气主管用于回收3×100t 转炉对应的煤气。转炉煤气柜入口管径 *DN*3400，依次设置电动金属硬密封蝶阀、电动敞开式插板阀、气动金属硬密封蝶阀（带断气自动保位）。气柜出口管径 *DN*2000，依次设置电动敞开式插板阀和电动金属硬密封蝶阀（带阀位反馈功能，与柜位联锁）。两座气柜出口管道接至煤气柜出口总管，出口总管管径 *DN*2400，通往转炉煤气加压站。

加压站内建设转炉煤气离心式加压机（D1100，配置高压防爆电机）5台（4用1备）；用于全部的转炉煤气加压。加压站转炉煤气进、出口主管管径均为 *DN*2400。单台加压机进、出口支管为 *DN*1200，进口支管上设有电动蝶阀、电动敞开式扇形盲板阀、电动调节蝶阀，出口支管上设有电动蝶阀、电动敞开式扇形盲板阀。单台加压机进、出口管道之间设有小回流管，加压站设置的大回流管上并列设两套电动调节阀（一用一备），出口总管设热值检测装置。

1.3 焦炉煤气储存系统

建设1座50000m³ 焦炉煤气柜，储气压力约12kPa，型式为干式圆筒形稀油密封气柜，柜体直径35.2m，总高73m。气柜设进、出口管道各1根，管道直径 *DN*1600，由柜区外的焦炉煤气管道红线接点处引入，依次设置电动蝶阀（带阀位反馈功能，与柜位联锁）、电动敞开式插板阀后进煤气柜。当煤气柜的活塞超上限需放散多余煤气时，多余煤气经电动切断蝶阀、电动扇形盲板阀和电动调节蝶阀由 *DN*500 的煤气安全放散管排出。

加压站内建设焦炉煤气离心式加压机（D700，配置防爆电机）3台（2用1备），用于除供 RH 及切割用户外的其他焦炉煤气加压。加压站焦炉煤气进、出口主管管径均为 *DN*1600。单台加压机进、出口支管为 *DN*1000，进口支管上设有电动蝶阀、电动敞开式扇形盲板阀、电动调节蝶阀，出口支管上设有电动蝶阀、电动敞开式扇形盲板阀。单台加压机进、出口管道之间设有小回流管，加压站设置的大回流管上并列设两套电动调节阀（一用一备），出口管道设热值检测装置。

1.4 煤气防护站

本项目建设1座煤气防护站，站房总长约36m，宽12m，为二层布置。一层设空气充填室、氧气充填室、空气呼吸器、火灾控制室、卫生间等，二层为煤气综合管理站总控制室、信息机房、仪表器具室、更衣室、会议室、救护员值班室等。防护站内设有煤气检测报警仪、空气呼吸器、氧气含量仪及空气呼吸器充填装置等防护设备。对煤气发生、供应和使用过程中的安全实施有效管理，并对煤气中毒、着火及泄漏等事故进行及时的处理和救护。

防护站布置于气柜区域西南侧围墙外，靠近煤气综合站南侧大门，便于维护管理。在防护站西侧设置露天车库1座，配套配置1辆气防车、1辆10m³ 吸排车、两辆长臂工程车。

2 先进技术的应用

考虑安全运行和节能降耗的要求，根据钢铁生产流程和总图布局的特点，结合实际生产使用状况对煤气回收及储存系统进行设计，以保障煤气运行的顺畅，提高供应的可靠性。

2.1 煤气储存系统先进技术

（1）入口蝶阀具有切断和调节阀位，以及多点阀位开度指示功能[1]，可以根据生产及检修的要求进行调节及有效切断。

（2）对不同压力和管径的煤气管道阀组进行分类设置，管道实际工作压力小于 50kPa，当直径≥1000mm 时，选用电动敞开式插板阀；直径小于 1000mm 时选用电动盲板阀，此做法既经济又能保证生产安全。

2.2 煤气加压系统先进技术

（1）在加压机进口管道上设流量调节阀，它能对单机负荷和用户小幅波动进行调节[2]，同时设置了单机进出口连接的小回流管，它能方便单机调试和开车控制，防止机组发生喘振，而且可以在进站低压煤气压力波动较大、进气压力较高时稳定出站的煤气总管压力，保证用户使用煤气压力的稳定性[3,4]。

（2）设置了串级压缩罗茨风机 2 套，将焦炉煤气加压至约 0. 19MPa 后，送给炼钢 RH 用户使用[5]，有效地避免螺杆压缩机输出气体杂质含量增加的问题。

2.3 煤气混合系统先进技术

（1）采用了双阀调节形式，煤气混合以流量比作为主调节手段，热值作为微调手段。即以混合装置的下游压力调整高炉煤气调节阀开度，同时根据高炉煤气、焦炉煤气混合比，相应调节焦炉煤气调节阀的开度，混合煤气热值检测后反馈修正焦炉煤气混合比例。

（2）在焦炉煤气远端上游侧设置回收气柜和一次加压风机，此种做法能使本工程的混合装置的焦炉煤气气源直接与压力相近的高炉煤气进行混合，混合装置的适配性好，混合煤气的压力控制性好。既节能又经济。

3 结语

通过不断地摸索，合理、精细化地设计，河钢唐钢新区煤气回收与储存系统投产后运行良好，实现了缓和企业煤气供需矛盾，稳定管网压力，安全供应煤气，煤气零放散等设计目标，也收到了较好的环境及经济效益，为河钢唐钢新区走在行业前列及跨越式发展，提供了有效的能源支撑。

参 考 文 献

[1] 高强. 转炉煤气回收影响因素对比分析 [J]. 冶金能源，2020，39（5）：40~45.
[2] 韩东，张明海. 转炉湿法除尘煤气回收量和热值的优化提升 [J]. 河北冶金，2019（S1）：166~168.
[3] 李兵，冯艳国，李建平，等. 宣钢 3#高炉回收煤气停炉生产实践 [J]. 河北冶金，2016（7）：39~42.
[4] 徐端，刘士新. 数据驱动和机理模型混合的炼钢-连铸能耗建模研究 [J]. 河北冶金，2018（10）：14~19，40.
[5] 潘秀兰，常桂华，冯士超，等. 转炉煤气回收和利用技术的最新进展 [J]. 冶金能源，2010，29（5）：37~42.

压缩空气系统节能设计分析

王东宇

（唐钢国际工程技术股份有限公司，河北唐山 063000）

摘　要　压缩空气是钢铁企业生产所必需的介质，压缩空气系统对钢铁企业的安全、稳定高效的生产至关重要。河钢唐钢新区作为沿海大型钢铁企业，压缩空气需求量大，用户分布不均匀且用气参数不同，压缩空气系统有必要做节能设计，以减少投资和降低能耗。本文以河钢唐钢新区压缩空气系统为研究对象，从用户分配、管网布置和机组选型等方面进行了阐述。项目投产后，压缩空气系统运行良好，实现了节能减排、降低成本的目标。

关键字　压缩空气系统；用户分配；管网布置；机组选型；节能减排

Energy Saving Design and Analysis of Compressed Air System in HBIS Group Tangsteel New District

Wang Dongyu

(Tangsteel International Engineering Technology Co., Ltd., Tangshan 063000, Hebei)

Abstract　Compressed air is a necessary medium for the production of iron and steel enterprises, whose system is essential for the safe, stable and efficient production. As a large-scale coastal iron and steel enterprise, HBIS Tangsteel New District has a high demand of compressed air, uneven distribution of users and different gas parameters, thus, it is necessary to design the energy-saving compressed air system to reduce investment and energy consumption. In this paper, the user distribution, pipe network arrangement, unit selection and other aspects of the compressed air system of HBIS Tangsteel New District were illustrated. After operating the project, the compressed air system has run well and achieved energy saving, emission reduction and cost decrease.

Key words　compressed air system; user distribution; pipe network arrangement; unit selection; energy saving and emission reduction

0　引言

压缩空气是钢铁企业中应用较为广泛的介质，随着钢铁工业的不断发展，对压缩空气的需求量也日益增长。河钢唐钢新区作为国内大型钢铁企业，压缩空气用量大，用户较分散，为打造新型高效的钢铁企业，压缩空气系统节能设计势在必行。设计人员从设备选型、用户分配、管网布置等方面进行节能设计[1]，项目投产后压缩空气能耗指标达到行业先进水平，体现了河钢唐钢新区压缩空气系统的先进性。

1　设备选型节能分析

设计人员在满足生产工艺的前提下，通过合理分配气源，优化空压机的升压设定，降低了空压机的升压，减少空压机的能耗。另外，高效离心机组提升了空压机的单机效率，零气耗余热再生干燥器降低了综合能耗。

铁前区空压站配置4套400m^3/min（标态）干燥压缩空气制备系统；钢轧区空压站配置4套400m^3/

作者简介：王东宇（1988—），男，工程师，2011年毕业于东北电力大学动力热能与动力工程专业，现任唐钢国际工程技术股份有限公司动能事业部热力设计师，E-mail：wangdongyu@tsic.com min（标态）干燥压缩空气制备系统，以及 6 套 200m^3/min（标态）雾化压缩空气制备系统。各空压机站配置见表 1、表 2。

表 1　铁前区空压机站设备配置

Tab. 1　Equipment configuration of air compressor station in iron front area

设备名称	设备能力	数量/台
空气过滤器	Q=800m^3/min（标态）	4
空压机	Q=400m^3/min（标态）、p=0.8MPa	4
干燥器	Q=470m^3/min（标态）、p=0.85MPa	4
储气罐	V=60m^3、p=1.0MPa	4

表 2　钢轧区空压机站设备配置

Tab. 2　Equipment configuration of air compressor station in steel rolling area

设备名称	设备能力	数量/台
空气过滤器	Q=800m^3/min（标态）	4
空压机	Q=400m^3/min（标态）、p=0.8MPa	4
干燥器	Q=470m^3/min（标态）、p=0.85MPa	4
空气过滤器	Q=400m^3/min（标态）	6
空压机	Q=200m^3/min（标态）、p=0.5MPa	6
储气罐	V=60m^3、p=1.0MPa	7

为使供气更稳定、运行维护更便捷，根据使用情况，采用统一规格型号的空压机。空压机选择高效节能型高压电机，整体呈撬装型。同时采取先进可行的降噪措施，使距设备外壳和地面 1m 处的噪声 ≤80dB[2]。

为了节能降耗，充分利用空压机排出的高温无油气体的热能，采用零气耗余热再生干燥器，利用此部分热能来再生干燥剂。余热利用系统 95% 的再生能量来自空压机余热[3]。

为提高干燥度和应对较低的排气温度，增设辅助电加热系统（电耗仅为空压机输入功率的 1.0%~1.5%），有效降低压缩空气露点温度。

2　系统设计节能分析

2.1　用户分配节能分析

河钢唐钢新区项目占地面积较大，压缩空气母管的长距离敷设容易造成能源的浪费。空压机站靠近主要消耗单元可以减少阻力损失、节省投资。根据总图布置及工艺功能分布，压缩空气系统以主要工艺消耗单元为主，设置 2 座空压机站，分别是铁前区空压站和钢轧区空压站，均布置在用气量较大的用户附近[4]。

对空压机的用户进行合理分配，同时对空压机的升压设定进行优化；通过调整供气管网，实现分压供气和智能串气调节。炼钢连铸二冷系统使用的压缩空气压力低、品质差，单独在钢轧区空压站设置了雾化压缩空气制备系统，并采用低压湿空气直供，实现分压供气。

2.2　管网布置节能分析

根据压缩空气品质要求的不同，分别设计相应的供应系统。合理的管网布置既能满足各用户点的用气需要，又可以避免能源的浪费。河钢唐钢新区压缩空气分为洁净压缩空气和雾化用压缩空气 2 个系统，主管网采用环状管网[5]。两座空压站洁净压缩空气管路设连通管道，起到互为备用、气量补偿平衡的作用[6]。河钢唐钢新区压空管网系统见图 1。

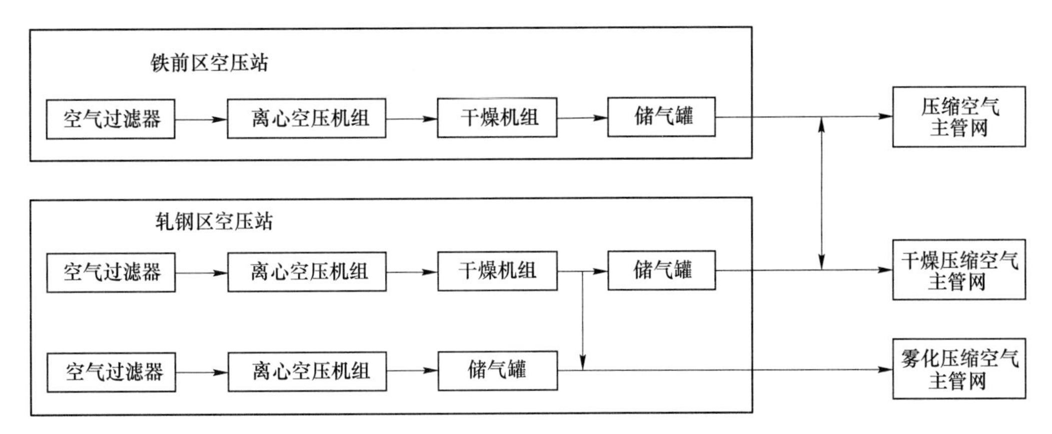

图1　压缩空气管网系统

Fig. 1　Diagram of compressed air pipe network system

3　结语

（1）通过对河钢唐钢新区压缩空气系统的节能设计分析可知，合理的机组选型、空压站布置、管网分配能够减少企业的一次投资和运行成本，对企业的节能减排起到关键性的作用。

（2）空压机站设计要做好对各个用户压缩空气用量、压力及使用形式的调研工作；在进行空压机及配套干燥器等设备的选型时，要考虑设备节能；对于空压机站的布置，要以主要工艺消耗单元为主，兼顾需求量较小、总图位置临近的单元，达到节能减排，降低成本的目的。

参考文献

[1] 苗广宙．常用的压缩空气站设计［J］．广东化工，2007，34（9）：119~121.
[2] 孙海，蒋大风．油气处理站场压缩空气站设计［J］．石油工程建设，2011，37（1）：26~30.
[3] 邓航．压缩空气站系统的节能设计［J］．安徽冶金，2009（1）：28~29.
[4] 张莲莺．华能巢湖电厂全厂压缩空气系统优化［J］．电力建设，2010，31（4）：55~58.
[5] 魏东．零损耗余热再生干燥器的应用实践［J］．河北冶金，2019（19）：78~82.
[6] 侯长波，郝洪滨．余热干燥器的冷凝水回收利用实践［J］．河北冶金，2015（22）：81~82.

第9章　总　图

绿色物流的优化设计

马 悦[1]，单立东[2]，胡秋昌[1]

（1. 唐钢国际工程技术股份有限公司，河北唐山 063000；
2. 河钢集团唐钢公司，河北唐山 063000）

摘 要 绿色物流是将环境可持续发展与厂区运输有效结合起来的新型物流模式。通过优化运输、生产、储存等物流环节达到减少资源消耗、降低环境污染的目的。介绍了河钢唐钢新区依托区位优势，通过优化物流路径、提升和完善物流设施装备水平、绿色仓储、固体废弃物再利用等手段，实现节能减排、可持续绿色发展理念，谋求环境与经济共同发展的重要举措。

关键词 钢铁企业；沿海地区；绿色物流

Abstract Green logistics is a new type of logistics model that effectively combines environmental sustainability with plant transportation. The goal of reducing resource consumption and environmental pollution is achieved by optimizing logistics links such as transportation，production，and storage. It is introduced that HBIS Tangsteel New District relies on its location advantages，through optimizing logistics routes，upgrading and improving the level of logistics facilities and equipment，green storage，solid waste recycling and other means to achieve energy saving，emission reduction and sustainable green development concepts. It is an important measure to seek common development of the environment and economy.

Key words steel enterprises；coastal areas；green logistics

0 引言

根据河北省钢铁产业结构调整方案以及河钢集团“十三五”规划，河钢集团通过唐钢退城搬迁及宣钢产能转移，产能减量置换的方式，在唐山市乐亭经济开发区内建设乐亭钢铁基地项目。项目以“绿色物流、绿色制造、绿色产品”为发展理念，将先进技术与绿色生产有效结合，打造国际一流钢铁基地。

1 概念

1.1 绿色物流

绿色物流是指在生产及运输过程中通过采取措施减少对环境造成的不利影响，在实现环保提升的同时使物流资源得到充分利用。从物流作业环节来看，包括绿色运输、绿色包装、绿色流通加工等。从正向物流方面可采用先进技术及管理手段实现节能减排，使得环境保护与经济发展共存；从逆向物流方面可采取材料副产品再循环利用，余热余能二次利用，生产废料的再资源化等措施，建立合理的回收处理机制[1]。

1.2 钢铁企业的绿色物流

钢铁企业的绿色物流是指在原料采购至产品外售的整个生产流程中采用多种技术手段降低能源消耗，减少排放，将资源效用最大化，实现各个环节清洁生产。同时将企业绿色物流活动与外界有效结合，形成以绿色采购、绿色生产、绿色销售、废弃物再利用为内容的绿色物流体系。此体系建立在维护企业可持续发展的基础上，有效减少钢铁企业物流对环境的危害，减少资源消耗，形成一种经济效益、生态效益和社会效益有机结合的绿色物流系统[2]。

作者简介：马悦（1987—），男，工程师，2010 年毕业于昆明理工大学土木工程专业，现在唐钢国际工程技术股份有限公司从事总图运输设计工作，E-mail：mayue@ tsic. com

2　钢铁企业实施绿色物流的必要性

十八届五中全会明确“十三五”发展理念为创新、协调、绿色、开放、共享。指出未来五年的重点工作包括坚持创新发展，着力提高发展质量和效益；坚持绿色发展，着力改善生态环境；坚持开放发展，着力实现合作共赢等。“十三五”期间我国钢铁产业不再以单纯的布局调整为主，而是将产业升级作为主旋律。“依托国内能源和矿产资源的重大项目优先在中西部资源地布局，主要利用进口资源的重大项目优先在沿海沿边地区布局，有序推进城市钢铁、有色、化工企业环保搬迁”。在钢铁企业激烈价格战过程中，沿海钢铁企业的优势非常明显，钢铁厂向沿海布局，节省了大量的物流运输成本的同时显著降低了物流运输导致的环境污染。所以物流绿色化必然是我国钢铁企业的发展趋势之一。

3　河钢唐钢新区绿色物流的具体举措

3.1　依托区位优势与外界形成高效物流连接

在全球化生产及销售的背景下，钢铁厂向沿海布局，节省了大量的物流运输成本，这对生产成本已经降到极低水平的钢铁工业而言是至关重要的。同时，运距的缩短除了可以有效减少运输设备产生的污染物排放外，还可以降低物料在运输过程中对环境造成的二次污染。统计显示，欧盟地区沿海钢铁产能1.62亿吨，占总产能的60%；而韩国、日本的钢铁企业100%建设在港口。目前我国临港钢铁产能约3亿吨，在薄利的市场条件下，钢铁企业向沿海地区发展已成为趋势。

河钢唐钢新区地处河北乐亭经济开发区南侧，距京唐港四号港池及矿石码头仅为2km，大宗矿石和原煤可方便地通过皮带机运至料场。同时项目临近唐港铁路运输动脉——东港铁路，距离乐亭京唐港站仅6km。项目所需的焦炭及部分原煤可通过厂外配套的接卸设施由皮带机运输至料场。结合项目区位优势，形成了“门对门”的运输模式，大大降低汽车运输物流量。未来东港铁路向东延伸，向北接入项目预留铁路站场，向南接入京唐港六号港池，大宗成品可通过铁路发往全国各地也可送至港口行销全球。这区位优势对企业降低物流成本、提高竞争力、遏制环境污染、打赢蓝天保卫战提供了有力的支持。

3.2　优化物流路径，降低能耗

依据现有的外部条件，对项目布局进行合理规划，使得生产流程顺畅，运距短捷，功能分区明晰。考虑项目尽量集中布置，尽可能减少占地面积，节约运行成本，尽量使远期发展用地集中预留，且各生产系统能够更好地衔接，总体物流顺畅。

将厂区的整体规划与物流有效结合，优化运输线路，具体包括对整体运输线路的优化和针对某次运输任务的线路优化。路线优化后，河钢唐钢新区项目汽车在厂内倒运不超过1.3km；铁水运输距离1.5~2km。

合理规划各生产设施，集中预留，项目二期料场依托一期，将二期3号烧结布置在一期烧结北侧，二期4号高炉布置在一期高炉北侧，使得厂区功能分区明确，物料运输距离短且便捷无往复。通过集约型设备布置极大地缩短了铁水运距，提高了运输效率，降低了铁水运输过程中的热量损失。同时结合业主生产组织需要，优化运输路径方案，减少迂回运输，缩短运输距离，达到降低运输成本，节能减排的目的。

3.3　物流设施提升和完善

采用先进运输设备，提升物流设施装备水平，降低能耗，减少排放。河钢唐钢新区厂内物料倒运主要采用皮带机+铁路运输模式，零星物料采用汽车运输。特别是在长距离的煤和焦炭运输上，大胆采用管状皮带机。管状皮带机较常规皮带机具有占地面积小、结构简单、功耗较低、检修方便等特点，特别是在运输过程中因为采用全封闭式结构可完全抑制粉尘排放[3]。在优化铁路运输系统时以提高运输效率、降低铁水温降、减少运输扬尘为主要目的，采用了微机联锁技术、铁包加盖、无线调车等先进技术手段。道路运输在汽车接卸料过程中容易发生扬尘，运输过程中容易发生散落，造成环境污染，为此，粉状物料采用吸排罐车运输，并对卸料点进行棚化改造，增加洗车设施最大限度地降低汽车运输对环境造成的不利影响。针对厂区周边短距离运输的成品客户，采用汽车运输方式，发挥其在短距离运输时的成本优势[3]。大力发展新能源汽车的运营，厂区内建设充电桩三处，满足150辆电动汽车的运营；氢能重卡在河钢唐钢新区的批量投入运营，表明了河钢在氢能战略方面的前瞻性，将河钢的能源革命推到了高端、走向了前沿，也为“数字唐钢，绿色唐钢”建设再添佳绩。

3.4 绿色化仓储

绿色仓储是指通过采用先进技术及提升物流管理水平等措施降低运输及储存成本、减少环境污染的仓储模式。钢铁企业要实现绿色仓储，需要从优化仓储结构和布局、建立完善的库存管控系统两方面入手。仓储布局的好坏将直接影响到运输的成本和效率。合理地选择仓库的位置和有效地安排仓库的使用空间，提高仓库空间的利用效率在一定程度上能提高运输的效率，有效降低运输的费用，从而提高企业的竞争力。河钢唐钢新区在原料储运方面采用自动化程度高的大型机械化封闭料场，依据生产流程及外部运输条件进行合理布局、科学分区，减少原料运输里程及倒运次数，实现原料集中管理，分类堆存，提高了空间利用效率。同时建立完善的库存管控系统，搭建物流管控平台。通过物流管控平台定期对各种仓储物料进行统计，及时掌握库存状况，同时通过数据整理分析，有序地进行物料调配、调产减库以及废料的清理回收等工作，使物流量降至最低，从而减少物流活动对环境造成的不利影响。

3.5 固体废弃物再利用

钢铁企业在生产过程中产生大量的固体废弃物，如水渣、钢渣、除尘灰等。固体废弃物如不能妥善处理极易造成二次环境污染，在厂内堆存也将占用大量土地，且固体废弃物中仍含量大量的有用成分，故将固体废弃物资源高附加值利用在如今严峻的市场环境下是钢铁企业挖潜增效的有效手段。通过对生产工序中产生的各类固体废物的种类及数量进行综合分析，并结合市场形势选择成熟的固废综合利用工艺加以回收利用，在河钢唐钢新区厂区内新建了水渣超细粉生产线及钢渣微粉生产线、除尘灰造球车间、固废处理中心、危废间等，将固体废弃物分门别类进行妥善处理后或返回生产工序或外售创收，实现环境治理和资源综合利用相结合，打造零排放的钢铁厂。

4 结论

为响应“十三五”中绿色发展理念，河钢集团率先提出绿色物流、绿色制造等一系列钢铁企业绿色发展理念。作为河钢集团第一个实施城市钢铁转移到沿海的项目，河钢唐钢新区把能源综合利用及环保视为企业生存发展的命脉，坚持走绿色低碳、循环发展之路。企业吨钢综合能耗533.02kgce，比国内先进钢铁企业低8~10kgce/t。在提升企业核心竞争力的同时，形成了“节能减排、可持续发展的”的新特色，通过对绿色物流的不断探索与实施，终将使企业成为环境友好型生态工业中重要的组成部分[4]。

参 考 文 献

[1] 景华. 浅析钢铁企业物流绿色化发展趋势 [J]. 中国经贸，2015 (11)：20~23.
[2] 后云海. 以钢铁企业绿色物流提高企业节能减排工作水平 [C]. 冶金循环经济发展论坛论文集，2008.
[3] 王新东. 以高质量发展理念实施河钢产业升级产能转移项目 [J]. 河北冶金，2019 (1)：1~7.
[4] 王新东. 河北钢铁集团技术创新与发展战略 [J]. 河北冶金，2014 (7)：1~5.

铁水运输组织与铁路站场设计

韩毓

（唐钢国际工程技术股份有限公司，河北唐山 063000）

摘　要　铁水运输线是连接高炉与炼钢车间的生命线，是钢铁企业安全生产的重要保证，合理的铁路站场设计和高效的铁水运输组织是保证铁水运输安全高效的必要条件。以河钢唐钢新区为例，介绍了铁水运输方式的选择、铁路站场的设计、铁路区间通行能力计算的参数取值方法，引入吨铁运输距离和吨铁运输时间 2 个概念，对比了铁水运输系统的先进性，为同类型企业处理相关问题提供了借鉴。

关键词　铁路；站场；铁水运输；运输组织；通行能力；距离；时间

Abstract　The molten iron transportation line is the lifeline connecting the blast furnace and the steelmaking workshop, which is an important guarantee for the safe production of steel enterprises. Reasonable railway station design and efficient molten iron transportation organization are necessary conditions to ensure the safe and high-efficiency transportation of molten iron. Taking HBIS Tangsteel New District as an example, this article introduces the selection of molten iron transportation modes, the design of railway yards, and the parameter value method for calculating the capacity of railway sections. Besides, the two concepts of ton iron transportation distance and ton iron transportation time are introduced and advanced nature of the molten iron transportation system is compared, which provide a reference for similar enterprises to deal with related problems.

Key words　railway; station yard; molten iron transportation; transportation organization; capacity; distance; time

0　引言

为落实中央关于深化供给侧结构性改革的战略部署[1,2]，河钢把绿色、智能、引领作为技术发展的主攻方向[3]，《河北省钢铁产业结构调整方案》提出：产业布局有选择地向沿海临港和有资源优势地区适度转移产能，沿海临港和资源优势地区钢铁产能比重提高到 70%[4]，河钢唐钢新区（钢铁）项目就是在这样的理念下建设的，它位于唐山市乐亭经济开发区内，一期规划 3 座高炉，2 个炼钢车间；3 座高炉呈半岛式由北向南依次布置，每座高炉采用皮带上料，高炉东侧布置两座炼钢车间，其中一炼钢车间布置在北侧，二炼钢车间布置在南侧。

1　铁水运输方式的选择

目前，国内外钢厂的铁水运输主要有 3 种方式[5]：铁路、起重机+过跨车、专用道路（汽车）。其中，铁路方式运输铁水是目前国内外绝大多数钢铁厂所采用的方式，该种铁水运输方式具有历史长、技术成熟、安全可靠、应用普遍的特点，适用于多座高炉且较长距离铁水的运输。

根据河钢唐钢新区总图布置形式中高炉、炼钢和轧钢之间的相对关系，在综合考虑每种铁水运输方式的优缺点后，最终选择用铁路方式运输铁水。

2　铁路站场设计

河钢唐钢新区 3 座高炉生产的铁水通过铁路运送到炼钢车间，在炼铁和炼钢车间之间设置铁路站场，以方便铁水运输作业，并通过站场将机车修理、铁水车辆修理、机车整备、铸铁机等联系在一起。

一炼钢采用 200t 级铁水罐运输车，每组 3 辆车；二炼钢采用 100t 级铁水罐运输车，每组 6 辆车，均用 DF10D 机车牵引。

铁路站场主要有两大功能：一方面要满足铁水罐车走行、集结的要求；另一方面要满足铁水罐车调

作者简介：韩毓（1986—），男，工程师，2011 年毕业于长安大学城市规划专业，现在唐钢国际工程技术股份有限公司从事总图运输设计工作，E-mail：hanyu@tsic.com

车作业的要求。铁路站场具体规划为：在铁路站场规划 2 条走行线，用于满足铁水罐车走行、集结要求；规划 3 条调车作业线，用于满足铁水罐车、机车调车作业要求，送往一炼钢的铁水每次一个机车挂 3 罐铁水罐车，一列总长约 95m，站场区域铁路线有效长度都大于 95m。在铁路调倒区域规划一条调倒迁出线，防止铁水罐车用于调倒作业时干扰铁水走行集结区域。铁路站场规划如图 1 所示。

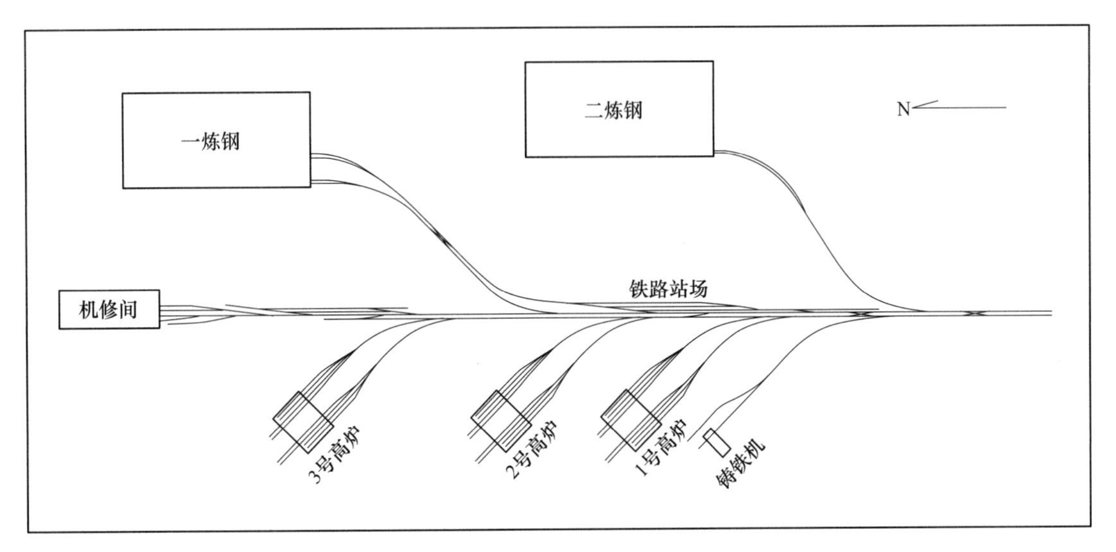

图 1 铁路站场规划

Fig. 1 Railway station planning

3 铁路区间通行能力计算

铁路线路及铁路站场的区间通过能力是站场规划时必须要考虑的重要因素，是验证铁路站场及铁路线规划是否合理的重要指标。

3.1 区间通过能力计算前提

铁路线路区域区间通过能力是在综合考虑相关规范要求和业主操作习惯的基础上计算得出的，计算前提如下：

（1）满足自动化炼钢的要求，每次出铁的满罐编成一列运输。

（2）机车由高炉出铁场将铁水牵出，推送至炼钢车间，运行期间不考虑机车掉头作业情况。

（3）每次机车作业为连续作业，即由出铁场牵出铁水，直至推送至炼钢车间，记为 1 次运输。

（4）每座高炉出铁后给特定炼钢车间运输铁水的路线所分配的道岔尽量独立，避免相互干扰。

（5）该计算考虑了右侧高炉向左侧炼钢送铁、左侧高炉向右侧炼钢送铁，但每天不应超过 3 次。

（6）除图中明确的铁水运输占用线路外，其他线路可用于铁水罐的临时停放、机车走行等临时作业，但要尽量减少，避免因敌对进路增大区段的通过能力。

（7）每次通过咽喉的等待总时间按照 1min 考虑，固定作业总时间按 120min 考虑。

本次铁路区间通过能力采用“利用率计算法”即[6]：

$$N_{\text{区}} = \frac{T - \sum T_{\text{固}}}{1440K_{\text{咽}} - \sum T_{\text{固}}} \tag{1}$$

式中 $K_{\text{咽}}$——喉道岔利用率，取 0.75；

T——咽喉道岔的总占用时间，min。

3.2 计算实例中参数的选取

以区间 1 计算为例，经计算区间 1 通行能力为 57.5%，如图 2 所示。

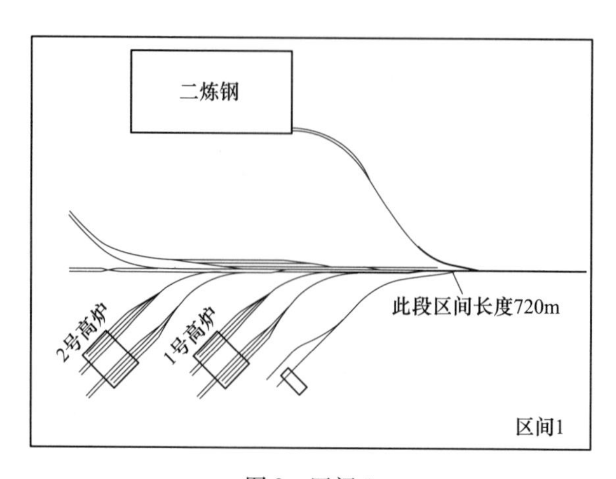

图2　区间1

Fig. 2　Interval 1

参数取值如下：

（1）每列按3个大铁水罐考虑（单个长25m），机车长度按15m计，列车总长度90m。

（2）牵出线主要负责空、重罐的牵出作业（不考虑站线空罐配罐时的牵出作业）。

（3）根据转炉车间实际规模，考虑每天送炼钢铁水22次（假设每座高炉每天出铁15次，实际每天出12次铁的情况居多）。

（4）铁水罐车（包括空车）运输速度按5km/h考虑。

（5）咽喉长度按720m考虑。

按照上述同样方法经计算后，区间2区间通过能力为51.3%。其他区间的区间通过能力经计算都小于60%，如图3所示。

经计算，区间通过能力小于60%标明该站场的规划设计是满足铁水运输要求的。

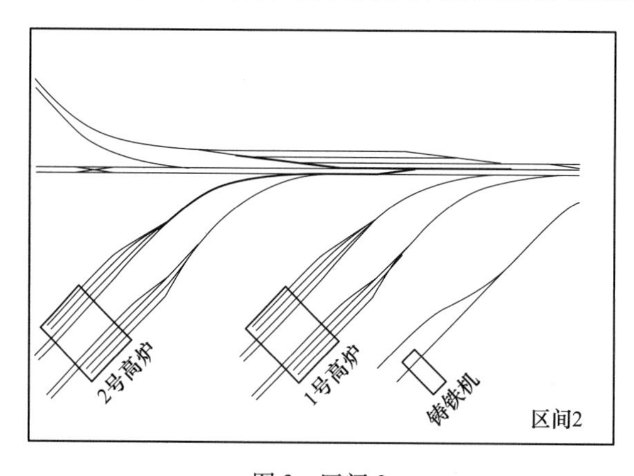

图3　区间2

Fig. 3　Interval 2

4　铁水运输组织

合理的铁路站场是实现铁水高效运输的前提。河钢唐钢新区铁路站场按满足3座高炉生产考虑，每座高炉炉下设8条出铁线。作业时，进炼铁和炼钢均为顶进、牵出。两套钢轧系统的铁水运输各自通过自己的咽喉道岔，互不干扰。

每座高炉铁水车按3组考虑，高炉侧两组，炼钢侧1组。每次机车进出炼钢均为送重取空；进出高炉为送空取重。高炉至转炉的铁水运输距离约2km，重车运行时间约12min，空车运行时间约8min。在站场西侧铁路延长线部分，布置了机车、车辆检修、整备和铸铁机，做到与正常的铁水运输作业干扰最少。

5 铁水运输系统先进性分析

河钢唐钢新区铁水运输系统功能分区合理、经济、高效，站场设置能满足铁水调度和调车作业要求，与同等规模钢铁厂铁水运输系统相比优势明显。为了更加客观地反映河钢唐钢新区铁水运输系统的先进性，创造性地引入“吨铁运输距离”和“吨铁运输时间”2个概念，从空间和时间上定量地研究钢铁厂铁水运输系统的先进性。与同样在退城搬迁背景下搬迁到唐山沿海并已投产的另一家钢铁厂相比，河钢唐钢新区在铁水运输系统总长度、吨铁运输距离、吨铁运输时间等方面的优势如表1所示。

表1 铁水运输系统指标

Tab. 1 Indicators of molten iron transportation system

企业	铁路线总长度/km	吨铁平均运输距离/m	吨铁平均运输时间/s
河钢唐钢新区	12.1	15.1×10^4	1.89
唐山沿海某钢铁厂	14.2	15.7×10^4	2.67

6 铁路信号及通信设计

根据炼铁区域的铁路运输规划，为保障行车安全，实现企业铁路运输自动化和运输管理现代化，铁水运输系统采用微机联锁设计，在铁路站场西侧规划铁水站综合信号楼，作为铁路信号控制中心放置整个铁路信号系统微机联锁控制设备。

铁路与道路平交道口采用远程值守模式，现场无人看守，每个道口现场配置无人值守控制箱、电动栏木机、道口信号机、声光警报装置、高清道口监视摄像头等设备，所有铁路道口集中在综合信号楼内控制管理，综合信号楼内配置集中道口操作台及视频显示器，综合应用计算机技术、通信技术、控制技术及视频监控技术对各个铁路道口进行远程集控管理。

7 结语

河钢唐钢新区一期规划两座炼钢车间，两种不同级别铁水罐车，其中一炼钢是双加料跨，尽可能实现铁水直送直取。站场设计中考虑微机联锁轨道线路要求的夹直线长度。根据自动化炼钢的要求，高炉下布置静态轨道衡，铁路区间不另设计量。

循环经济是实现可持续发展的一种全新的经济运行模式，是追求更大经济效益、更少资源消耗、更低环境污染和更多劳动就业的先进经济模式[7]，而合理高效的铁水运输组织方式是钢铁厂循环经济的必要条件，从铁水系统规划来看，大型钢铁厂铁水运输组织与铁路站场设计要充分考虑铁水运输物流量巨大，运输作业连续，与生产联系非常紧密的特点；尽量做到铁路站场各种功能避免相互干扰，尤其是辅助功能例如机车整备、车辆检修等不能干扰正常的铁水运输调度作业；铁路站场设计必须要进行铁路区间通行能力计算，在满足相关规划的前提下，还要充分考虑业主的操作习惯；同时在铁水运输系统先进性方面，引入吨铁运输距离和吨铁运输时间来做定量化分析，可以与同类型的钢铁厂进行比较和查找不足。

参考文献

[1] 井升瑞. 总图设计 [M]. 北京：冶金工业出版社，1989.
[2] 赵智圆. 新常态下河北省钢铁产业转型升级对策研究 [D]. 石家庄：石家庄铁道大学，2017.
[3] 王新东. 河钢创新技术的研发与实践 [J]. 河北冶金，2020 (2)：1~12.
[4] 王新东，田京雷，宋程远. 大型钢铁企业绿色制造创新实践与展望 [J]. 钢铁，2018 (2)：1~9.
[5] 范新库. 工程建筑与设计 [J]. 工程建筑与设计，2010 (10)：29~30.
[6] 傅永新. 钢铁厂总图运输设计手册 [M]. 北京：冶金工业出版社，1996.
[7] 程君. 浅析钢铁企业发展循环经济的措施 [J]. 河北冶金，2011 (2)：49~51.

高炉铁水运输方式探析

胡秋昌，刘远生

（唐钢国际工程技术股份有限公司，河北唐山 063000）

摘　要　对国内高温铁水常用的专用铁路运输、专用道路运输和综合机械运输三种方式，从使用范围、投资金额、运营成本、安全性等方面进行了对比分析。并根据河钢唐钢新区炼铁和炼钢区域场地条件、总平面布置、高炉座数、生产组织、运输距离、预留发展情况、投资等条件，确定采用专用铁路运输方式运送高温铁水。

关键词　一罐到底；铁水；运输；投资；安全性

Abstract　In terms of application scope, investment amount, operating cost, and safety, this article compares and analyzes three common methods of domestic high-temperature molten iron transportation by special railway transportation, special road transportation and comprehensive mechanical transportation. It is determined to use special railway transportation to transport high-temperature molten iron, relying on the iron and steelmaking area site conditions, general layout, number of blast furnaces, production organization, transportation distance, reserved development, investment and other conditions in the iron and steel making area of HBIS Tangsteel New District.

Key words　one tank to the end; molten iron; transportation; investment; safety

0　引言

在钢铁企业生产中，铁水运输及供应是连接炼铁、炼钢两个工序的重要环节。随着钢铁企业冶炼新技术、新工艺的快速发展及广泛应用，铁-钢界面技术也在不断优化与进步，传统的铁水运输及供应方式已不能满足现代大型钢铁厂中炼钢生产对铁水供应的要求[1]。

高炉铁水运输受总体布局、场地利用、物料运输方式等因素的限制，采用合理的运输方式运输高炉热铁水的可行性，成为钢铁生产工艺和运输设计专业面临的一个重要的研究课题。

铁水运输系统一般由高炉、铸铁机、炼钢厂、运输设备、运输线路等构成，是钢铁企业物流系统的重要组成部分，其运输效率对钢铁企业全厂的生产起着至关重要的作用。

河钢唐钢新区作为在转型升级、产品结构调整的大背景下建立起来的大型现代化钢铁企业，尤其关注如何最大程度节能降耗、减少占地面积、降低投资及运行成本、减少烟尘排放及保护环境。铁水“一罐到底”技术应运而生。

1　高炉出铁规律及配罐规则

高炉生产具有不间断连续出铁的特点，因此运输车辆的配备、出铁场线路的布置形式以及生产部门制定的出铁计划均应满足高炉出铁的均衡性和连续性。

2　铁水运输的要求

铁水运输是钢铁企业最关键的运输任务之一，它对确保高炉及转炉正常生产起着决定性的作用。铁水运输具有液态、高温、危险性较大、有节奏等特点。

为降低铁水运输过程中的温降，除添加保温剂、铁水罐加盖等保温措施外，优化运输线路布置及运输组织可有效缩短运输过程中的运行及等待时间，减少铁水热量损失。

铁水运输应有节奏性。铁水运输不仅是高炉炼铁的成品外运系统，同时还是转炉炼钢的原料供应系统，因此铁水的运输要同时满足高炉及转炉生产的要求。高炉生产的本质是连续不间断的全风作业，高

作者简介：胡秋昌（1973—），男，高级工程师，现在唐钢国际工程技术股份有限公司从事总图运输设计工作，E-mail：huqiuchang@tsic.com

炉炉缸的容积是有限的，必须及时出铁，这就要求空罐车须及时配到，顺利将铁水运出出铁场。转炉炼钢的本质是周期性间歇生产，为保证炼钢连铸工艺流程不中断，铁水的供应应与转炉冶炼周期相协调。由此可见，铁水的运输应在高炉炼铁与转炉炼钢中找到一个合适的运输节奏，保证“高炉—转炉”这一生产过程的高效、连续。

保证运输安全。由于铁水运输全过程中温度较高，一旦发生车辆倾翻等事故，将会导致铁水外溢、喷溅，同时对车辆、轨道路面造成极其严重的后果。所以，铁水的运输应根据具体生产情况，选择合适的运输设备和较顺畅的运输线路，尽量减小运输过程中与其他车辆的冲突；选择合适的运行速度，在交叉口、曲线段等处，应适当减缓速度。

高炉热铁水罐车运输，属特种货物运输范畴，具有较高的危险性。在钢铁企业内部货物运输作业中，通常把热铁水罐车运输设置独立的运输管理机构。一是能加强组织和管理铁水罐车运输操作工艺过程；二是从运输安全、可靠的特殊要求，制订和建立有别于普通货物运输的各项特种货物运输管理和运行操作的规章制度；建立专用的铁（道）路运输建构筑物，固定其运行路由；三是运输工艺（过程）必须与炼铁、炼钢冶炼工艺过程紧密结合，满足热铁水罐车运输及时、正点和运行安全的运输特点。

3 铁水运输方式

在钢铁企业生产中，高炉冶炼生产的高温液态铁水运输，属高危险性货物运输，要求具有运输安全、可靠和专用（运输工具）等特点。国内钢铁企业已有的高温液态铁水运输方式，可归纳为以下 3 种：

（1）专用铁路车辆运输热铁水的铁路运输方式；

（2）专用汽车运输热铁水的道路运输方式；

（3）综合机械运输热铁水的机械运输方式。

3.1 铁路运输方式

铁路运输是国内外钢铁企业广泛采用的运输方式。

铁路运输方式优点：牵引力大，一次能牵引（或推送）高炉出铁量所配置的多台专用铁路车辆；运输作业安全、可靠、及时、正点；能适应各级炉容的高炉生产的热铁水运输，并能紧密配合钢铁生产工艺要求的物流环节；铁路轨道结构，专用铁路车辆（包括装载铁水容器设备）等运输设施、设备配套齐全，成熟可靠。

铁路运输方式虽然优点多，但由于其运输作业的固有特点，存在着铁路线路使用功能及其运输作业过程固定；需铺设铁路线路多；专用铁路车辆在轨道上取重送空运输调度作业过程繁杂，灵活性较差；用地多；运输操作过程中累计运行里程长等缺点。

3.2 道路运输方式

目前国内只有少数钢铁企业的热铁水采用道路运输方式。专用汽车运输热铁水的运行和调度操作现况分析，具有如下特点：

（1）一辆牵引车一次只牵引一辆热铁水罐挂车。

（2）铁水罐容量与炼钢厂转炉冶炼所需的热铁水量大致匹配，基本实现“一罐到底”的铁水供需模式。

（3）专用汽车运输方式具有运输调度和运行操作灵活；不受轨道和场地宽窄的制约；运行过程中折返和迂回运输作业少，运距相对短捷。只要设置专用道路，并装备完善的道路交通信号和严格的交通管理，热铁水罐车运输是安全可靠的。

（4）由于受牵引车和挂车总成一体的限制，存在着运输作业次数多；专用牵引汽车设备多、价格高，一次性投资大；设备维修量大；驾乘人员多等缺点。

只要解决牵引车与铁水罐挂车连接自动挂、脱设备的专利技术，上述缺点就能改善和克服。专用道路运输方式才能更有市场竞争力和发展空间。

3.3 机械运输方式

机械运输方式就是采用多种机械设备（吊车、过跨车等），通过运行和转换，实现铁水从高炉至炼钢车间两地间的运输。它具有以下特点：

（1）将车间之间的外部特种货物运输改变为车间内部运输；

（2）机械运输设备动力能源由汽柴油改变为电力，自动化操作程度高；

（3）有条件把炼铁、炼钢冶炼工艺有机组合，形成相互制约，又互为条件的工艺（物流）生产关系；

（4）高炉与炼钢车间适宜2座高炉对应一座炼钢厂并形成“品”字形布置的典型模式。

机械运输方式，具有布置紧凑、占地面积小；铁水运距短捷；运营成本低的优点。但存在着运输过程中转环节多，各环节间有机配合的相互制约多。炼铁、炼钢冶炼中偶尔出现生产不均衡性，有可能发生不能及时取重（空）配空（重）的运输作业，互相影响生产。由于受综合机械运输设施连接布置的制约，限制了总平面布置模式的多样性，生产规模进一步发展时，该方式存在适应性较差，布置难度大的缺点。与专用铁路和道路运输方式比，安全性和可靠性差。

4　河钢唐钢新区铁水运输

河钢唐钢新区的总图布置在考虑项目的总体布局与城市总体规划相协调的同时，充分利用厂区外部条件，发挥临海靠港的优势，力求整体布局合理、紧凑，节省用地，工艺流程短捷顺畅，物流顺畅，并兼顾将来的发展。在总图布置时重视节能和环境保护，在满足物质流、能源流等最顺畅的前提下实现物料在钢铁厂内的加工全过程中，减少折返和迂回，避免重复搬运，使其耗用时间最少、动力消耗最小，产生的无组织排放最少。

项目用地十分紧张，在总图布置中运用新一代联合钢铁企业总体设计理念，实现总图布局的紧凑、生产流程的顺畅、功能分区的明确，设计需要同时满足原辅料、产品的运输，各工序的生产组织，以及工序界面间的衔接功能要求，通过各工序的不断优化，在满足工艺流程合理、物流顺畅的同时，总图用地指标达到了0.53t/m^2，该指标处于同级别钢铁企业的领先水平。

项目总图设计中融入了先进的企业管理运行理念，做到人流与货流分开，特种物流与普通物流分开，有污染的生产区与清洁生产区分开，为企业管理和运行打下良好的基础。

河钢唐钢新区建设2922m^{3}高炉3座，一炼钢车间设置200t转炉3座（1座脱磷转炉，2座脱碳转炉）、铁水预处理站3座；二炼钢车间设置100t转炉3座、铁水预处理站2座、铁水扒渣处理站1座。高炉及炼钢车间分别呈一线型相向而布，总图布置紧凑，工艺流程简化，为实施“一罐到底”铁路运输创造了便利条件。河钢唐钢新区铁水运输总图布置如图1所示。

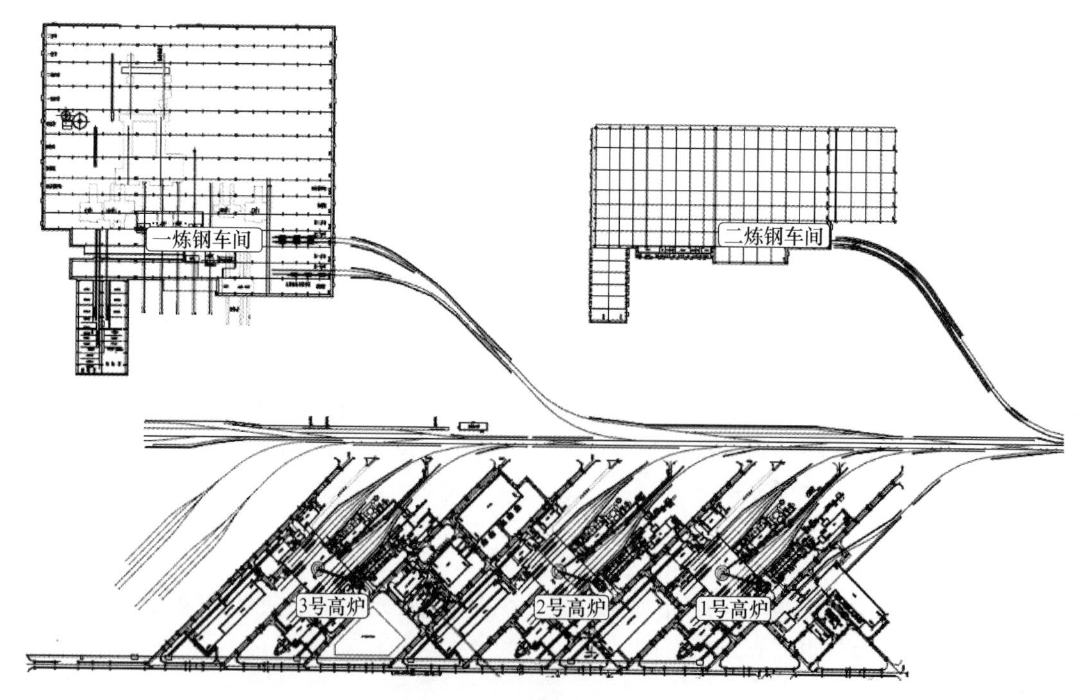

图1　河钢唐钢新区“一罐到底”铁水运输总图布置

Fig. 1　Layout of the “one tank to the end” molten iron transportation general layout in HBIS Tangsteel New District

从总图布置的角度，不适合采用机械铁水运输形式，为了3种运输方式比较，假定1号高炉铁水供应二炼钢车间，从投资、运行、占地、维修费用及安全因素方面对3种铁水运输方式进行分析比较。

4.1 投资比较

（1）铁路运输。选用铁路运输铁水罐车24台，投资约为1392万元；铁路投资532万元；机车2台，投资约为1560万元；总计为3484万元。

（2）道路运输。选用汽车运输铁水罐车，需要24台，投资为9600万元；专用道路投资484万元；总计为10084万元。

（3）机械运输。选用电瓶车32台，投资约为3840万元，轨道投资924万元，总计4764万元。

铁路运输方式铁水罐车、铁路线路、铁路机车等投资约为3484万元；道路运输方式铁水罐车、专用道路等投资约为10084万元；机械运输方式电瓶车、轨道等投资约为4764万元。

4.2 运行成本

与同类型国内钢铁企业对标，运营成本方面对比，机械运输优势明显。机械运输成本1.2元/吨；铁路运输成本3.3元/吨；道路运输成本7.2元/吨。

4.3 安全因素

由于汽车运输铁水罐车采用橡胶轮胎，为易燃品，而且高炉出铁时火花四溅，有时发生跑铁事故，给人员带来不安全因素。

电瓶车的滑线供电有三种方式，架空方式阻断汽车运输通道，拖地方式易发生着火，轨道供电方式易受干扰。

相比较而言，铁路运输最为安全。

4.4 铁水运行距离

三种运输方式中，铁路运输中一组车运行时间为12min，道路运输中每一辆车运行时间为10min，机械运输中每一辆电瓶车运行时间为8min。机械运输铁水运输距离最短，运行时间最少，铁水温降损失最小。根据国内铁水罐温降实测，在不加盖时，静止状态下铁水罐内铁水温降速率为0.3~0.6℃/min，运行状态下罐内铁水温降速率为0.6~1.2℃/min[2]。

4.5 占地面积

三种运输方式中，铁路运输占地面积约为$14\times10^4m^3$，道路运输占地面积约为$10.9\times10^4m^3$，机械运输占地面积约为$9.5\times10^4m^3$。机械运输占地面积最小。

4.6 维修费用

三种运输方式中，铁路运输维修费用约为24万元/年，道路运输维修费用约为51万元/年，机械运输维修费用约为38万元/年。铁路运输维修费用最小。

5 结语

铁水运输方式应根据场地条件、总平面布置、高炉座数、生产组织、运输距离、预留发展情况、投资等综合比较后确定[3]。

河钢唐钢新区钢铁项目一期工程2个炼钢厂，向南预留二期的第三炼钢厂的铁水接口，而且2个炼钢厂的转炉公称容量也不一样，所以采用铁路运输铁水的方式。铁路运输方式牵引力大，一次能牵引（或推送）高炉出铁量所需配置的多台专用铁路车辆，能够紧密配合钢铁生产工艺要求的物流环节[4]。河钢唐钢已建立一整套有效、严密、完整的铁路运输调度、通信以及运输管理规范和规章制度，铁路维护和运输操作规范化、制度化。

参 考 文 献

[1] 王海涛，谢迪．当代钢铁企业新型铁水运输模式——“一罐到底”运输方式的研究 [J]．冶金经济与管理，2018 (5)：27~29.

[2] 殷瑞钰．冶金流程集成理论与方法 [M]．北京：冶金工业出版社，2013.

[3] 刘远生．高炉铁水运输方式探析 [J]．科技风，2018 (4)：23~25.

[4] 牟英亮，袁承嘉．钢铁厂新型铁水运输方式探析 [J]．钢铁技术，2016 (3)：18~20.

河钢唐钢新区道路设计

马 悦，胡秋昌

（唐钢国际工程技术股份有限公司，河北唐山 063000）

摘 要 汽车运输是钢铁企业物流运输体系的重要组成部分，以河钢唐钢新区企业道路设计为研究对象，总结归纳了钢铁企业内汽车运输的特点，分析了影响钢铁企业道路设计的因素，并以河钢唐钢新区 5 号原料进厂门道路为例，介绍了道路路幅宽度和道路面层结构计算流程，为精细化厂内道路设置，降低建设成本和物流成本提供技术支撑。

关键词 物流运输；道路设计；路幅；面层结构

Abstract Automobile transportation is an important part of the logistics transportation system of steel enterprises. Taking the enterprise road design in HBIS Tangsteel New District as the research object, the characteristics of automobile transportation in steel enterprises were summarized, and the factors affecting the road design of steel enterprises were analyzed in this paper. In addition, the calculation process of road width and road surface structure of the 5# raw material entrance road in HBIS and Tang Steel New District was introduced to provide technical support for refined road setting in the factory, as well as construction and logistics costs reduction.

Key words logistics transportation; road design; road width; surface structure

0 引言

汽车运输凭借其灵活机动，适应性强，中短途可实现“门对门”运输等优势，在钢铁企业物流运输体系中一直扮演着重要角色，是钢铁企业物流运输中不可或缺的组成部分。道路是汽车运输的载体，通过设计优化可直接降低企业物流成本及建设成本。因此优化道路设计成为企业挖潜增效的重要手段。

1 钢铁企业道路设计现状

我国的公路设计理论体系已经相当完备，有着非常成熟的计算方法，但针对企业内部道路设计的相应标准则较为模糊，规范取值较为宽泛，无法做到精确设计。特别是对钢铁企业道路宽度设计而言，《钢铁企业总图运输设计规范》仅提供了按产能划分的道路宽度取值范围，而道路结构层设计则一般按经验估算。以往在钢铁企业设计阶段，道路投资因占比较小，往往得不到重视。随着我国钢铁企业逐渐向“集约型、大型化”发展，企业规模逐渐增大，道路投资也将随之增加，业主对道路投资成本的控制也将越发的严格，原有的道路设计理念已无法满足业主愈发严苛的设计要求，如何对钢铁企业内部道路进行精准设计成为不可回避的事实。

2 影响钢铁企业道路设计的因素分析

影响钢铁企业厂区道路设计的因素有很多，结合钢铁企业汽车运输特点，将众多因素归纳为以下 4 类。

2.1 企业生产规模

在国家产业政策推动以及环保要求逐步提升的前提下，钢铁行业正在不断淘汰落后产能，整合优势资源，建成了多个千万吨级钢铁基地。虽国家大力推行“公转铁”，但企业在积极响应的同时由于生产原料的多样性以及外部市场的瞬息万变，汽车运输在原燃料运输中仍然占较大比重，原料及成品的主要运输通道需要重点分析计算[1]。

作者简介：马悦（1987—），男，工程师，2010 年毕业于昆明理工大学土木工程专业，现在唐钢国际工程技术股份有限公司从事总图运输设计工作，E-mail：mayue@ tsic. com

2.2 物流布局

新建钢铁厂区在设计期间就应对厂区物流做整体规划，优化物流路径，减少迂回运输及重复运输，力求将大运输量的运距降至最低。以河钢唐钢新区为例，企业产能约 700 万吨/a，厂内道路总里程近百公里，通过对厂区汽运物流路径的优化，含铁原料及熔剂汽运厂内总里程仅为 1.3km，成品汽运厂内总里程仅为 3.5km，钢渣超细粉及水渣微粉汽运厂内总里程仅为 1km。通过汽运对物流路径的优化可减小厂内道路规模，降低道路建设成本及物流成本。

2.3 外部道路交通条件

随着新建钢铁企业规模逐渐增大，厂区选址外部道路路运交通条件是否能够满足，也决定着厂内物流走向及道路设计方案。所以在设计阶段为避免外部道路局部路段因交通量骤然增加而造成拥堵，需要将厂内运输交通量数据与厂外道路交通现状进行统筹考虑，合理规划。

2.4 运输车辆型号

考虑汽车运输成本及路政部门的管控要求，钢铁企业运输车型主要分为运输原料的重载自卸车，运输成品及粉状物料的半挂车；从车辆轴型考虑重载自卸车多为 4 轴或 5 轴，车长为 8~12m，半挂车多为 5 轴或 6 轴，车长 15~18m。依据《公路沥青路面设计规范》（JTG D50—2017）（后文简称《路面设计规范》）重载自卸车交通荷载车型可归类为第 5 类，半挂车交通荷载车型可归类为第 9 类和第 10 类[2]。

3 道路设计流程

钢铁企业道路运输具有物流量大、物流方向明确、运输车辆型号单一、运营期间交通量增幅小等特点。在进行前期方案设计时就需对厂内物流进行初步规划，结合厂区地形地势、外部交通条件、物流走向等初步确定大宗原料及成品的运输行进线路，进而确定某路段的功能。再根据企业产能、物料种类、产品配置等确定某路段的物流量，初步选取车型、载重质量折算获取交通量，然后进行道路初步设计。在项目实施阶段，通过对厂内物流及人流的进一步明确，可依据物料种类及数量有针对性地选取适宜的运输车型，从而获得较为精确的交通量，进行路幅宽度及路面结构层的精准设计。

3.1 厂内道路路幅宽度计算流程

依据企业产能（金属平衡表）确定原料及成品运输量→选取运输车型→计算相应交通量→规划物流走向→确定某路段实际交通量→确定厂内行车速度→依据车型计算单车道通行能力→拟定行车道数量及宽度→计算拟定行车道通行能力→计算道路服务水平（既饱和度）→确定道路路幅宽度。

首先依据基础数据获得单车道基本通行能力[3~5]，计算公式如式（1）：

$$N_{\max} = \frac{3600}{t_0} = \frac{3600}{l_0/(v/3.6)} = \frac{1000v}{l_0} \tag{1}$$

$$l_0 = l_f + l_z + l_a + l_c = \frac{v}{3.6}t + \frac{v^2}{254\varphi} + l_a + l_c \tag{2}$$

式中　v——行车速度，km/h；

t_0——车头最小时距，s；

l_0——车头最小间隔，m；

l_c——车辆平均长度，m；

l_a——车辆间的安全间距，m；

l_z——车辆的制动距离，m；

l_f——司机在反应时间内车辆行驶的距离，m；

t——司机反映时间，s；

φ——纵向附着系数；

N_{max}——单车道基本通行能力，veh/(h · ln)。

某路段的设计通行能力计算公式：

$$C_d = N_{max} \times x \times f_{HV} \times f_p \times f_f \times f_w \tag{3}$$

式中 C_d——设计通行能力，veh/h；

N_{max}——单车道基本通行能力，veh/(h · ln)；

x——车道数量，个；

f_f——路侧干扰修正系数；

f_p——驾驶人总体特征修正系数；

f_{HV}——交通组成修正系数，计算公式：

$$f_{HV} = \frac{1}{1 + \sum P_i(E_i - 1)} \tag{4}$$

P_i——车型 i 的交通量占总交通量的百分比；

E_i——车型 i 的车辆折算系数；

f_w——车道宽度修正系数。

以河钢唐钢新区 5 号门原料进厂路段为例，该路段采用沥青混凝土路面，规划道路宽度为 15m，单车道宽度为 3.75m，为双向四车道，设计平均时速为 15km/h。该路段主要负责铁矿石、溶剂、合金料及散装料进厂，按全年生产运输时间为 300 天计，且每天按 8h 计，总运量约为 874.1×10^4t/a。依运输需求选用重载自卸车为主要计算车型，车长按 12m 计，载重质量按 30t 计，计算结果如下：

取 $\varphi=0.7$、$t=3$s、$l_c=12$m、$l_a=30$m、$x=4$、$f_{HV}=1$、$f_f=0.95$、$f_p=0.95$、$f_w=1$，则

$$l_0=\frac{15}{3.6}\times3+\frac{15^2}{254\times0.7}+12+30=55.8\text{m}$$

$$N_{max} = \frac{1000 \times 15}{55.8} = 268.8\text{veh/(h · ln)}$$

$$C_d = 268.8 \times 4 \times 1 \times 0.95 \times 0.95 \times 1 = 970\text{veh/h}$$

此路段实际通行能力为：

$$C_x = \frac{874.1 \times 10000}{30 \times 3000 \times 8} = 122\text{veh/h}$$

道路负荷为 0.13，依据相关标准规范属一级服务水平，道路运输十分通畅。

3.2 厂内道路路面结构计算流程

依据企业产能（金属平衡表）确定原料及成品运输量→选取运输车型→计算相应交通量→依据总体布置规划物流走向→确定某路段交通量→粗拟路面结构→验算道路使用年限内结构强度→修改路面结构→复算→确定道路面层结构。

以河钢唐钢新区 5 号门原料进厂路段为例，该路段规划采用沥青混凝土路面，公路荷载标准为公路一级，设计使用年限为 15 年，设计轴载为 100kN。规道路宽度为 15m，单车道宽度为 3.75m，为双向四车道，设计平均时速为 15km/h。该路段主要负责铁矿石、熔剂、合金料及散装料进厂，总运量约为 874.1×10^4t/a，依运输需求选用重载自卸车为计算车型，载重质量按 30t 计。则依据总运量计算得出该路段实际日交通量为 976veh/d。

当量设计轴载累计作用次数换算公式如下：

初始年设计车道日平均当量轴次 N_1

$$N_1 = AADTT \times DDF \times LDF \times \sum_{m=2}^{11}(VCDF_m \times EALF_m) \tag{5}$$

式中 $AADTT$——2 轴 6 轮机以上车辆的双向年平均日交通量，veh/d；

DDF——方向系数；

LDF——车道系数；

m——车辆类型编号；

$VCDF_m$——m 类车辆类型分布系数；

$EALF_m$——m 类车辆的当量设计轴载换算系数。

设计车道上的当量设计轴载累计作用次数 N_e：

$$N_e = \frac{(1+\gamma)^t \times 365}{\gamma} N_1 \tag{6}$$

式中　γ——设计使用年限内交通量的年平均增长率；

t——设计使用年限，年；

N_1——初始年设计车道日平均当量轴次，轴次/d。

依据《路面设计规范》中表 A. 1. 2，重载自卸车交通荷载车型可归类为第 5 类。考虑到该路段在生产阶段会实施管控，仅为单向物流则 *DDF* 取值为 1，*LDF* 取值为 0. 5。厂区建成后交通量基本无变化，则 $N_e = 365N_1$。

经计算得出初始年设计车道年平均日交通量为 488 辆，设计使用年限内设计车道累计大型货车交通量为 2671800 辆，路面设计交通荷载等级为轻交通荷载等级。

根据此路段交通量，结合钢铁企业道路运输特点，拟定道路面层为沥青混合料面层，基层为无机结合料稳定类，底基层采用粒料类。则依据《路面设计规范》，道路设计指标为无机结合料稳定层层底拉应力及沥青混合料层永久形变量。

当验算无机结合料稳定层疲劳开裂时：设计使用年限内设计车道上的当量设计轴载累计作用次数为 1.46×10^9 轴次。

当验算沥青混合料层永久变形量及疲劳开裂时：通车至首次针对车辙维修的期限内设计车道上的当量设计轴载累计作用次数为 1.35×10^7 轴次。

当验算路基顶面竖向压应变时：设计使用年限内设计车道上的当量设计轴载累计作用次数为 2.44×10^7 轴次。

初步拟定路面结构层及材料强度取值如表 1 所示。

表 1　路面结构层及材料强度取值

Tab. 1　Pavement structure layer and material strength value

层位	结构层材料名称	厚度/cm	模量/MPa	泊松比	无机结合料稳定类材料弯拉强度/MPa	沥青混合料车辙试验永久变形量/mm
1	细粒式沥青混凝土	5	11000	0. 25	—	1. 5
2	中粒式沥青混凝土	7	10000	0. 25	—	2. 5
3	水泥稳定碎石	16	10000	0. 25	1. 6	—
4	水泥稳定碎石	16	10000	0. 25	1. 6	—
5	水泥稳定碎石	16	10000	0. 25	1. 6	—
6	级配碎石	15	300	0. 35	—	—
7	新建路基		50	0. 4	—	—

则第 5 层无机结合料稳定层疲劳开裂验算结果为：第 5 层无机结合料稳定层疲劳开裂寿命为 3.65×10^9 轴次。设计使用年限内设计车道上的当量设计轴载累计作用次数为 1.46×10^9 轴次。第 5 层无机结合料稳定层疲劳开裂验算已满足设计要求。

沥青混合料层永久变形量验算结果为：该钢铁厂地处河北唐山，年平均气温为 10. 2℃，冬季最冷平均气温为-6. 9℃，夏季最热平均气温为 24℃，自然区域划分为Ⅱ4 区，沥青混合料层永久变形等效温度为 19. 9℃，经计算沥青混合料层永久变形量为 4. 36mm，沥青混合料层容许永久变形量为 15mm，沥青混合料层永久变形量满足设计要求。

4 结语

钢铁企业道路设计的合理性对企业建设投资及运营成本都有较大影响，粗放式的道路设计理念已不能够适应企业现代化的发展需要。为道路设置提供更有力的数据支撑，实现道路精准设计是未来总图运输专业的主要研究方向。以河钢乐原料进厂路段为例，计算分析、细化了道路设计的流程，为钢铁企业内部道路精准设计提供了思路。

参 考 文 献

[1] 张炜，张玉明，邵峰，等．大型钢铁企业运输方式的探讨［J］. 河北冶金，2001（2）：26~28.

[2] 中华人民共和国交通运输部．JTG D50—2017 公路沥青路面设计规范［S］. 北京：中交路桥技术有限公司，2017.

[3] 北京市市政工程设计研究总院有限公司，等．CJJ 37—2012（2016 版）城市道路工程设计规范［S］. 北京：中华人民共和国住房和城乡建设部，2012.

[4] 中华人民共和国住房和城乡建设部，中华人民共和国国家质量监督检验检疫总局．GB 51286—2018 城市道路工程技术规范［S］. 北京：中国建筑工业出版社，2018.

[5] 中华人民共和国交通运输部．JTG D20—2017 公路路线设计规范［S］. 北京：人民交通出版社，2017.

河钢唐钢新区铁水运输线地基处理

韩 毓

（唐钢国际工程技术股份有限公司，河北唐山 063000）

摘 要 分析了河钢唐钢新区铁水运输系统的线路情况、铁路区域的地质条件特点，根据荷载确定了持力层，并采用“强夯+换填”方式处理铁水线路地基。经验证，对表土清理直接强夯 0.8m 深，粉砂层作为下卧层，回填山皮石至铁路道砟底部后，可满足 140kPa 的强度要求。该项目的成功实践，对钢铁厂退城搬迁至沿海地区的类似地质状况的铁路路基处理具有很好的参考价值。

关键词 铁水运输线；地基处理；强夯；换填

Foundation Treatment of Hot Metal Transportation Line of HBIS Tangsteel New Plants

Han Yu

（Tangsteel International Engineering Technology Corp.，Tangshan 063000，Hebei）

Abstract This paper analyzed the line situation of the molten iron transportation system in HBIS Tangsteel New District and the geological condition of the railway area. The bearing layer was determined according to the load，and the foundation of the molten iron line was treated by adopting the method of “dynamic compaction + replacement” . It has been verified that the strength requirement of 140kPa can be met through cleaning the topsoil directly to a depth of 0. 8m by dynamic compaction，using the silt layer as the underlying layer，and backfilling the mountain bark to the bottom of the railway ballast. The successful practice of this project has a good reference value for the treatment of railway roadbeds with similar geological conditions in the relocation of steel plants to coastal areas.

Key words hot metal transportation line；foundation treatment；dynamic compaction；replacement

0 引言

河钢把绿色、智能、引领作为技术发展的主攻方向[1]，《河北省钢铁产业结构调整方案》提出：产业布局有选择地向沿海临港和有资源优势地区适度转移产能，沿海临港和资源优势地区钢铁产能比重提高到 70%[2]。河钢唐钢新区项目位于河北省唐山市乐亭经济开发区内，建设 3 座高炉，2 个炼钢车间，高炉至炼钢车间铁水采用铁路运输，铁水运输线总长 12.1km，铁水运输线属于“重型冶车线ⅠA”级别。

1 地质条件

根据地勘报告，在河钢唐钢新区项目中铁水运输线深约 40.00m 深度范围内，按成因年代可分为以下 6 层，按力学性质可进一步划分为 16 个亚层（见图 1）。现自上而下对前两层进行描述：

（1）人工填土层 Q4ml（地层编号①）。厚度 0.60~3.40m，顶板标高为 2.66~1.87m，该层从上而下可分为 2 个亚层。

第一亚层，素填土（地层编号$①_1$）厚度一般为 0.60~3.90m，呈灰黄色，以粉砂、粉土为主，含黏粒，局部含植物根系，填垫时间小于 10 年，属高压缩性土。

作者简介：韩毓（1986—），男，工程师，2011 年毕业于长安大学城市规划专业，现在唐钢国际工程技术股份有限公司从事总图运输设计工作，E-mail：hanyu@ tsic. com

第二亚层，杂填土（地层编号①$_2$）厚度一般为 1.77~3.84m，呈杂色，以山皮土为主，局部含大块碎石，地层不均匀。仅在场地南侧分布。

（2）全新统海相沉积层 Q42m（地层编号②）。厚度 4.70~8.50m，顶板标高为 1.54~-0.79m，该层从上而下可分为 4 个亚层。

第一亚层，粉质黏土（地层编号②$_1$）厚度一般为 0.40~2.80m，呈褐灰色，软塑-可塑状态，干强度中等，韧性中等，切面稍有光泽，含贝壳，土质不均，局部见软弱黏性土夹层，局部夹粉土团块，属中-高压缩性土。该地层局部分布。

第二亚层，粉砂（地层编号②$_2$）厚度一般为 0.80~4.10m，呈灰色，以石英长石为主，含云母，含贝壳，土质不均匀，局部夹黏性土、粉土薄层，局部与粉土互层，属中压缩性土。

第三亚层，粉质黏土（地层编号②$_3$）厚度一般为 1.10~3.70m，呈褐灰色，软塑状态，干强度中等，韧性中等，切面稍有光泽，含贝壳，土质不均，见软弱黏性土夹层，局部夹粉土团块，属高压缩性土。其中在拟建场地中部以西大部分缺失该层。

第四亚层，粉砂（地层编号②$_4$）厚度一般为 0.80~5.10m，呈灰色，以石英长石为主，含云母，含贝壳，土质不均匀，局部夹黏性土、粉土薄层，局部与粉土互层，属中压缩性土。场地局部缺失该层。

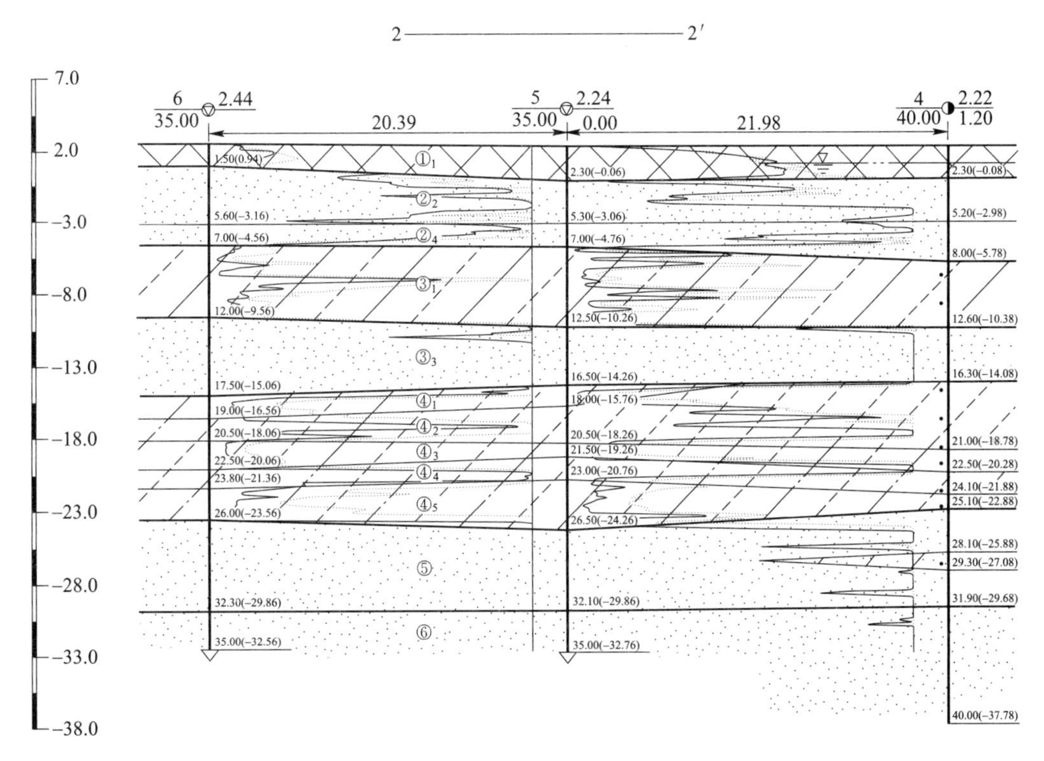

图 1 铁水运输线地质条件

Fig. 1 Geological conditions of molten iron transportation line

2 荷载及持力层选择

河钢唐钢新区项目铁水运输线为重型铁水运输线，最大轴重 45t，铁路设计规范要求，铁路基底压力需满足 140kPa 的要求。根据地勘报告建议，基底压力 140kPa 可考虑以粉砂（地层编号②$_2$）作为天然地基持力层，但该层承载力特征值为 120kPa，不满足设计要求，所以该层仅可作为下卧层，对该层及上部的土层需要进行处理。

3 地基处理方式

地基处理方式总的来说分 3 大类：

（1）浅层处理，如：换填法、抛石挤淤法、砂垫层法、土工合成材料垫层法、花管注浆法、强夯法等。

（2）排水固结法，如：装袋砂井、砂井、塑料排水板、堆载预压、真空预压等。

（3）复合或者单桩承载地基，如：水泥预拌桩、粉喷桩、旋喷桩、砂桩、碎石桩、CFG桩、预应力管桩等。

上述地基处理方法适用情况不同，例如：

换填垫层适用于浅层软弱土层或不均匀土层的地基处理。换填垫层的厚度应根据置换软弱土的深度以及下卧土层的承载力确定，厚度宜为0.5~3.0m。垫层材料可采用中砂、粗砂、砾砂、角（圆）砾、碎（卵）石、矿渣、灰土、黏性土以及其他性能稳定、无腐蚀性的材料。

“强夯法”是反复将夯锤（质量一般为10~60t）提到一定高度使其自由落下（落距一般为10~40m），给地基以冲击和振动能量，从而提高地基的承载力并降低其压缩性，改善地基性能。强夯处理地基适用于碎石土、砂土、低饱和度的粉土与黏性土、湿陷性黄土、素填土和杂填土等地基。

复合地基是指由地基土和竖向增强体（桩）组成、共同承担荷载的人工地基。复合地基按增强体材料分为刚性桩复合地基、黏结材料桩复合地基和无黏结材料桩复合地基。该方法因强度高、沉降小、稳定快、地基承载力的可补性等特点被逐渐应用于重型铁路地基加固中，特别是刚-柔性桩复合地基，该方法适用于具有较深厚压缩性土层的地基，通过较长的刚性桩将上部荷载传递给较深土层，但投资较高。

具体到工程中，选择何种地基处理方式应该从地基条件、处理要求、工程费基材料等各方面进行综合考虑，因地制宜地选择合理的地基处理方式。

4　河钢唐钢新区铁水线路地基处理

河钢唐钢新区铁水线路地基采用“强夯+换填”的方式，通常状况下在清除表土后采用强夯方式对其进行压实，得到满足设计要求的承载力。该方法需要将表土清除后对粉砂层进行强夯处理然后分层回填。

现场试验得出，对表土进行清理直接强夯平均强夯深度约0.8m，粉砂层作为下卧层，在此基础上回填山皮石至铁路道砟底部后即可满足140kPa的强度要求，该方法施工简单，投资低。具体做法如图2所示：在铁路中心线7.5m范围内进行强夯，强夯完成后再在铁路中心线4.65m范围内回填山皮石，回填山皮石应分层压实，每层200~300mm为宜，控制标准为：压实沉降差平均值不大于5mm，标准差不大于3mm；压实度≥96%。路基填料最小承载比（*CBR*）应满足下列要求：0~30cm *CBR*≥6%；30~80cm *CBR*≥4%；80~120cm *CBR*≥4%。

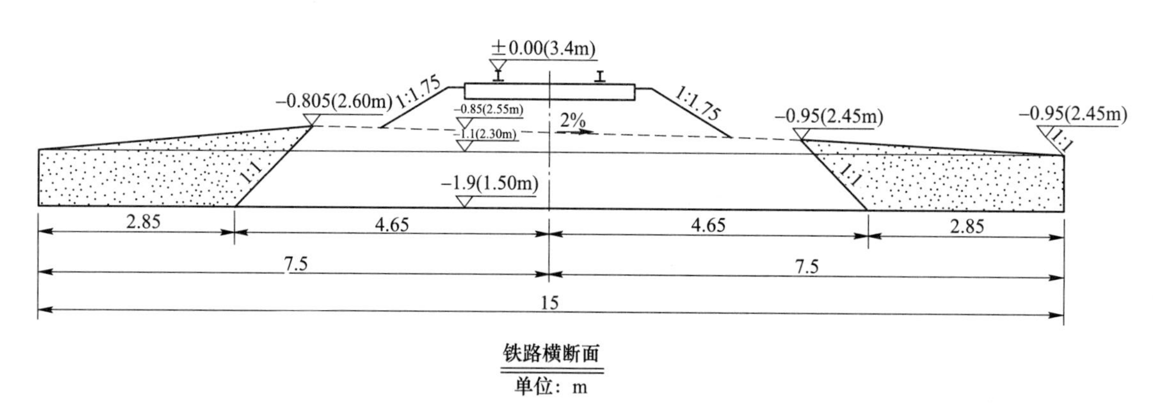

图2　铁水线路地基“强夯+换填”处理方式

Fig. 2　“Dynamic compaction+replacement” treatment method for the foundation of molten iron line

山皮石两端回填普通土，普通土优先选用粉土或沙土，土的颗粒不大于50mm。含水量在10%~12%之间。不得回填含有植物根茎等腐殖性土；不得回填淤泥质土；不得回填含生活垃圾的有机质土；不得回填建筑垃圾，压实度0.90。

5 结语

在目前钢铁企业退城搬迁至沿海地区的背景下，铁水运输线区域地基处理会是普遍现象，根据具体的地质条件，选择经济安全的地基处理方式非常重要。河钢唐钢新区项目铁水运输线的地基处理设计是根据地勘报告中分析的现状地质状况，综合比较优化得出了经济且安全的地基处理方式，对以后同类问题有一定的参考价值。

参 考 文 献

[1] 王新东. 河钢创新技术的研发与实践 [J]. 河北冶金，2020 (2)：1~12.
[2] 王新东，田京雷，宋程远. 大型钢铁企业绿色制造创新实践与展望 [J]. 钢铁，2018 (2)：1~9.

铁水包“一罐到底”技术设计应用

张路莎[1]，薛军安[2]，黄彩云[1]，张 达[1]
（1. 唐钢国际工程技术股份有限公司，河北唐山 063000；
2. 河钢集团唐钢公司，河北唐山 063000）

摘 要 河钢唐钢新区采用“一罐到底”先进技术，通过采取一系列技术措施保证其稳定顺行。“一罐到底”技术优化了生产工艺，使得炼铁-炼钢两个工序无缝衔接，该技术取消了传统的混铁炉或鱼雷罐车，取消了铁水二次倒罐环节，在减少铁水温降，节能降耗，减轻环境污染，降低一次投资成本及运行成本方面效果显著，在经济效益和社会效益方面体现了优越性。

关键词 一罐到底；铁水运输；二次倒罐；节能降耗

Design and Application of “one Tank to the End” Technology

Zhang Lusha[1], Xue Jun'an[2], Huang Caiyun[1], Zhang Da[1]
(1. Tangsteel International Engineering Technology Co., Ltd., Tangshan 063000, Hebei;
2. HBIS Group Tangsteel Company, Tangshan 063000, Hebei)

Abstract HBIS Tangsteel New District adopts the advanced technology of “one tank to the end” and takes a series of technical measures to ensure its stable and smooth operation. The “one tank to the end” technology optimizes the production process, making the two processes of ironmaking and steelmaking seamlessly connected. This technology eliminates the traditional iron mixer or torpedo tanker and the secondary refilling of molten iron, which has remarkable effects in reducing the temperature drop of molten iron, saving energy and decreasing consumption, mitigating environmental pollution, lowering primary investment and operating costs, and the superiority in terms of economic and social benefits are reflected as well.

Key words one tank to the end; molten iron transportation; secondary refilling; energy saving and consumption reduction

0 引言

在钢铁企业生产中，铁水运输及供应是连接炼铁、炼钢两个工序的重要环节。随着钢铁企业冶炼新技术、新工艺地快速发展及广泛应用，铁-钢界面技术也在不断优化与进步，传统的铁水运输及供应方式已不能满足现代大型钢铁厂中炼钢生产对铁水供应的需求[1]。作为钢铁企业生产大动脉的铁水运输系统，其发展历程主要经历以下几个典型阶段[2,3]：（1）高炉—受铁包—混铁炉—兑铁包—转炉的模式；（2）高炉—受铁包—兑铁包—转炉的模式；（3）高炉—鱼雷罐车—兑铁包—转炉的模式；（4）高炉—兑铁包—转炉的模式。

第四种高炉—兑铁包—转炉模式是现代各大钢铁厂积极探索并逐渐被广泛应用的一种新工艺技术，即“一罐到底”技术。该工艺取消了传统的混铁炉或者鱼雷罐车，避免了铁水的二次倒罐，在优化生产组织、缩短工艺流程、节能降耗、节约运行成本及保护环境等方面具有明显的优越性，是“铁钢”界面节能模式发展的方向[4,5]。

河钢唐钢新区作为在转型升级、产品结构调整的大背景下建立起来的大型现代化钢铁企业，尤其关

作者简介：张路莎（1987—），女，硕士，工程师，2013 年毕业于北京科技大学冶金工程专业，现在唐钢国际工程技术股份有限公司从事炼钢设计工作，E-mail：zhanglusha@ tsic. com

注如何最大程度地节能降耗、减少占地面积、降低投资及运行成本、减少烟尘排放及保护环境。本文详细介绍了铁水"一罐到底"技术在河钢唐钢新区的设计与应用，为其他同类型钢铁企业的建设提供可靠经验。

1 传统铁水供应工艺

1.1 混铁炉

混铁炉主要用来平衡高炉与转炉车间铁水的成分、温度与节奏变化，缓冲高炉铁水供应与转炉铁水需求短时间内的铁水量波动，一般应用于中小型高炉和中小型转炉匹配的界面模式[6]。

混铁炉工艺虽然有一定的优点，但缺点也很明显。首先，混铁炉工序带来铁水的额外温降；其次，不仅增加炼钢车间占地面积，而且混铁炉在兑铁及出铁时产生大量的石墨碳微细片状灰尘，弥漫在整个车间，二次除尘设施不仅增加投资，而且很难达到良好的效果；最后，混铁炉工序运行成本较高，包括电、煤气、氮气、设备维护、人工等成本。

1.2 鱼雷罐车

鱼雷罐车铁水运输是在普通敞口罐铁水运输方式的基础上发展起来的一种铁水运输方式。由于该方式具有机动性能好、操作连贯、灵活、保温性能好、稳定性好等优点，而且还具有铁水预处理、调整铁水温度、成分、重量以及缓冲等功能，同时取消了混铁炉及其配套设施。适用于铁水长距离运输模式。尽管该运输方式有很多优点，但与现代冶金工艺所追求的高效益、低能耗目标比仍然存在差距。

一方面，鱼雷罐车运输方式虽具有三脱（脱硫、脱磷、脱硅）的功能，但不能实现全量三脱，三脱效果较差、效率低。另一方面，炼钢车间需建设倒罐站，增加二次倒罐环节，增加占地面积及建设投资，生产效率低、铁水温降大。再者，环境条件没有得到根本改善，能耗仍然较高。

2 "一罐到底"技术及应用

2.1 "一罐到底"技术的概述

"一罐到底"铁水运输是指高炉铁水罐和炼钢转炉铁水罐为同一个罐，铁水罐直接从高炉出铁场接受铁水运到炼钢车间，脱硫后直接兑入转炉，整个过程均使用同一个铁水罐，中途不倒罐，实现铁水罐功能的综合化[7]。

"一罐到底"铁水运输模式具有更好的"铁钢"界面连续性。在这种模式中，取消传统的鱼雷罐车、炼钢车间的混铁炉及铁水倒罐站，铁水罐将承担铁水承接、运输、缓冲储存、预处理以及转炉兑铁等多项功能。目前，"一罐到底"铁水运输方式主要有以下三种方式[8]：专用铁路车辆运输热铁水的铁路运输方式、专用汽车运输热铁水的道路运输方式、综合机械运输热铁水的机械运输方式。

2.2 "一罐到底"技术的应用

近几年，"一罐到底"铁水运输技术越来越受到钢铁企业的重视，尤其是新建钢铁厂，普遍采用该技术并取得了显著成效。河钢唐钢新区建设 2922m^3高炉 3 座，一炼钢车间设置 200t 转炉 3 座（1 座脱磷转炉，2 座脱碳转炉）、铁水预处理站 3 座；二炼钢车间设置 100t 转炉 3 座、铁水预处理站 2 座、铁水扒渣处理站 1 座。高炉及炼钢车间分别呈一线型相向而布，总图布置紧凑，工艺流程简化，为实施"一罐到底"铁路运输创造了便利条件。河钢唐钢新区铁水运输总图布置，见图 1。

河钢唐钢新区采用"一罐到底"工艺技术及成熟可靠的铁路运输，分别为一炼钢和二炼钢转炉车间供应铁水，实现高炉铁水直接进入炼钢车间，其铁水运输工艺流程图，见图 2。

2.3 "一罐到底"技术优势

目前，国内新建大型钢铁企业已普遍应用"一罐到底"技术来给炼钢车间供应铁水，经实践证明，采用"一罐到底"工艺技术具有以下优势：

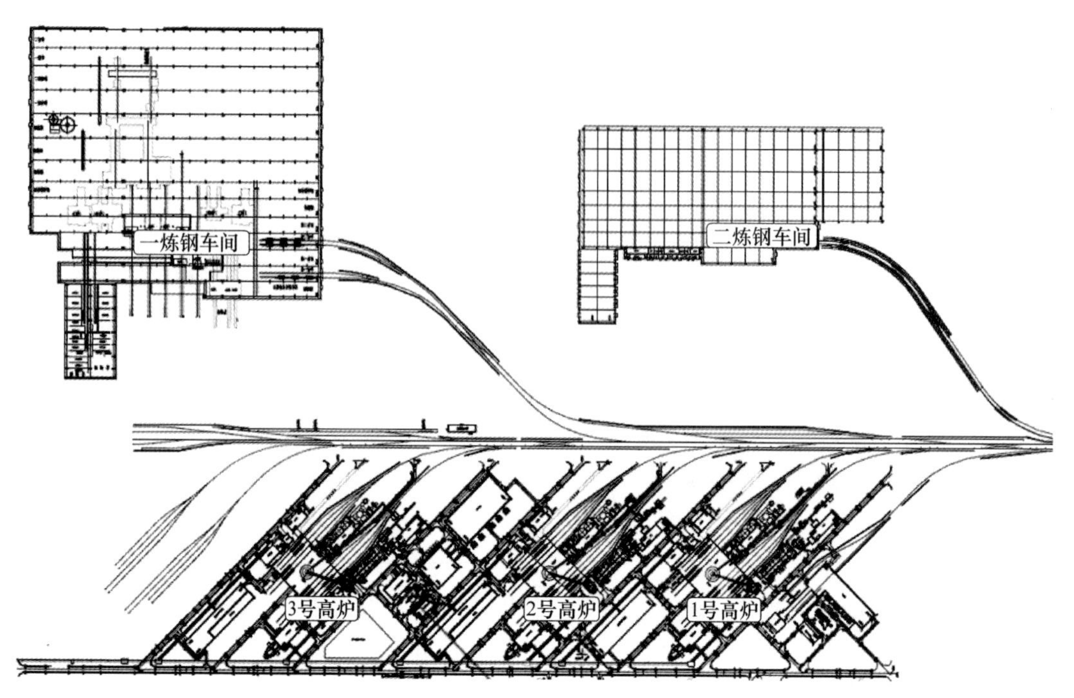

图1　河钢唐钢新区“一罐到底”铁水运输总图布置

Fig. 1　The layout of the “one tank to the end” molten iron transportation in HBIS Tangsteel New District

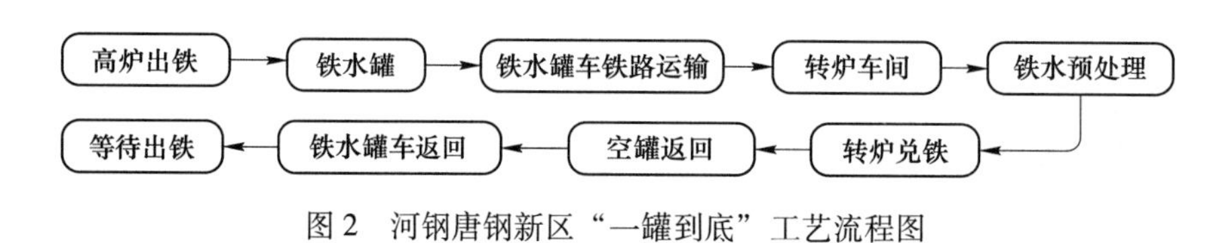

图2　河钢唐钢新区“一罐到底”工艺流程图

Fig. 2　Process flow chart of “one tank to the end” in HBIS Tangsteel New District

（1）“一罐到底”工艺流程在铁水转运过程中不需要额外增加能耗，有利于钢铁企业节能降耗。

（2）从运行时间和温度方面分析，“一罐到底”工艺技术使得铁水从高炉出铁到兑入转炉的过程总时间最短，温降最少。

（3）与鱼雷罐车倒罐及混铁炉相比，减少炼钢厂房占地面积，炼钢车间布置更加紧凑合理，缩短大型天车吊运距离，加快生产节奏。

（4）减少兑铁、组罐等工序环节，降低起重机作业率，可节省劳动力和降低人员劳动强度，节省人工费用。

（5）取消炼钢车间二次倒罐烟尘排放点，有利于环境保护及清洁生产。

（6）节省了混铁炉或鱼类罐车倒罐站的一次投资建设成本和运行成本，不仅显著提高经济效益，同时大大提高了炼铁-炼钢工序的连接效率。

（7）铁水温降减少，物理热充足，有利于铁水预处理工艺的有效发挥，增加产品附加效益。

（8）潜在增加转炉废钢比，有利于提高炼钢产能，提升经济效益。

3　实现“一罐到底”采取的技术措施

“一罐到底”工艺是一项系统工程，需要多个部门配合、多项技术措施支撑才能顺利实施。河钢唐钢新区在设计及建设时采取以下技术措施来为“一罐到底”工艺的实施保驾护航。

3.1　高炉出铁操作

高炉炉况稳定顺行是实现“一罐到底”工艺的前提及基础，避免因高炉炉况波动而引起铁水温度和成分的波动。铁水成分特别是铁水硅含量的大幅波动将增加转炉冶炼难度，若铁水硅低易造成转炉操作时返干、粘氧枪、粘烟道；若铁水硅高易造成铁水粘罐、冶炼喷溅等。

铁水供应必须满足转炉生产的连续性以及进入炼钢的及时性，以免结壳严重。河钢唐钢新区高炉出铁场采用平坦化双矩形出铁场，满足高炉连续出铁并及时处理大量渣铁的生产要求。

3.2 铁水装入量精确控制

采用摆动流槽+轨道衡+罐内液位检测的工艺技术，将铁水吨位控制到目标吨位的±2t 之内，高炉出铁场下方安装轨道衡，对铁水罐车在受铁过程中进行称量，同时配置铁水液面自动监测，实时监测铁水罐液面，解决目前铁水罐内铁水装入量波动较大的问题，使“一罐到底”操作模式更准确、更安全，减少铁水热量损失，降低运行成本，准确实现铁水装入量控制，满足了转炉炼钢对每罐铁水重量控制精度的要求。

3.3 铁包加盖

多功能铁水罐是“一罐到底”技术的关键，若铁水在运输过程中温降过大，不仅铁水罐容易结壳结瘤，使得铁水罐周转率和寿命降低，还会造成钢铁料消耗高，波动大及钢水质量无法保障等后果[9]。

采用铁包加盖技术，在空包运行阶段加盖，能有效降低空包包壁与外界的对流换热及辐射换热损耗，改善空包温度场分布，提高接铁时包壁整体温度。在重包运行阶段加盖，减少铁水温降，根据经验值，每小时减少铁水温降约 10℃。

3.4 铁路运输及铁水调度

铁路运输、道路运输及综合机械运输均可满足“一罐到底”铁水运输要求。河钢唐钢新区采用成熟可靠的铁路运输方式，将铁水罐车从高炉出铁场运至转炉炼钢车间，相对于汽运道路运输方式及过跨车运输方式，铁路运输具有安全可靠、及时高效、运行成本低等优点。

炼铁-炼钢区间的铁水调度是协调炼铁厂和炼钢厂生产组织的核心内容，合理高效进行铁水调度是钢铁生产得以顺利进行的有力保证[10]。河钢唐钢新区三座高炉同时为一炼钢和二炼钢供应铁水。其中，一炼钢采用 200t 铁水罐，二炼钢采用 100t 铁水罐，这需要物流公司根据两个炼钢车间对铁水的需求量合理调度组织大小罐，使每个铁水罐全天周转次数尽量达到 3 次/天，减少坐底罐的形成。

河钢唐钢新区项目 3 座高炉生产的铁水通过铁路运送到炼钢车间，在炼铁和炼钢车间之间设置铁路站场，以方便铁水运输作业，并通过站场将机车修理、铁水车辆修理、机车整备、铸铁机等联系在一起。

在铁路站场规划 2 条走行线，用于满足铁水罐车走行、集结要求；规划 3 条铁路线用于满足铁水罐车调车、倒车要求。每个将铁水送往一炼钢的机车挂 3 罐铁水罐车，一列总长约 95m，站场区域铁路线有效长度均大于 95m。在铁路调倒区域规划一条调倒迁出线，防止铁水罐车用于调倒作业时干扰铁水走行集结区域。

合理的铁路站场是实现铁水高效运输的前提。河钢唐钢新区项目铁路站场按满足 3 座高炉生产考虑，每座高炉炉下设 8 条出铁线。作业时，进炼铁和炼钢均为顶进、牵出。两套钢轧系统的铁水运输各自通过自己的咽喉道岔，互不干扰。

每座高炉铁水车按 3 组考虑，高炉侧 2 组，炼钢侧 1 组。每次机车进出炼钢均为送重取空；进出高炉为送空取重。高炉至转炉的铁水运输距离约 2km，重车运行时间约 12min，空车运行时间约 8min。在站场西侧铁路延长线部分，布置了机车、车辆检修、整备和铸铁机，做到与正常的铁水运输作业干扰最少。

3.5 炼钢工艺操作

高炉铁水经铁水罐车由铁路运至炼钢车间加料跨，由加料跨铸造起重机及时将重罐吊下车，并将空罐吊上车，保证重罐和空罐能在最短的时间内到达指定位置，这是“一罐到底”工艺生产组织的重要环节之一。

在转炉生产实践中，采用副枪自动化炼钢技术，动态调整转炉冶炼模式，优化炉料结构，合理控制氧枪枪位及供氧强度，避免铁水温度、铁水成分、铁水装入量的波动对转炉冶炼带来的不利影响，使得“一罐到底”工艺稳定顺行。

4　效益分析

河钢唐钢新区采用“一罐到底”工艺技术及铁路运输的生产组织模式，该方式相对于其他铁水供应方式具有显著的优越性，在经济、能耗、产能、环境及社会效益方面效益显著。

4.1　投资效益

采用“一罐到底”工艺技术，取消了鱼类罐车或混铁炉设施的购置，以及铁水倒罐站或混铁炉、铁水车、除尘、供电等设施的建设，减少主厂房占地面积，节约一次性建设投资。

4.2　能耗效益

采用“一罐到底”技术，缩短工艺流程，加快生产节奏，减少二次倒罐，减少铁水温降，按照国内钢铁厂生产实践，混铁炉工序吨铁水成本2.73元（包括混铁炉本体电耗、除尘电耗、煤气消耗、氮气消耗、设备维护、人工费等），按照河钢唐钢新区铁水产量732万吨/年，相对于设置混铁炉工序，采用“一罐到底”技术每年可节约成本约2000万元。

4.3　产能效益

采用“一罐到底”技术，减少二次倒罐，兑入转炉的铁水温度平均可提高50℃。经理论计算，针对普通钢、低硫磷钢以及超低硫磷钢，铁水温度每升高1℃，废钢比相应增加2.06%、2.13%及1.92%，全年钢水产量增加15.8万吨。吨钢效益按200元计算，增产创效3150万元。另外，当废钢成本低于铁水成本时，也会带来额外的效益。

4.4　环境及社会效益

铁水倒罐时产生的烟尘主要是超细石墨析出物和铁屑颗粒物，不易捕集及去除，采用“一罐到底”技术，有效地减少炼钢车间的扬尘环节，改善操作人员岗位环境，有利于清洁生产及环境保护。

取消倒罐站或混铁炉，就是取消了炼钢车间的一个高温作业点，相应取消了该作业点的人员配置，减少了车间安全事故点。

5　结语

通过以上分析可知，“一罐到底”技术是目前较为经济、安全、环保、高效的铁水供应组织模式，河钢唐钢新区采用“一罐到底”技术及铁路运输铁水，在经济、能耗、产能、环境及社会效益方面具有明显的优越性，有利于钢铁企业节能降耗、降低运行成本，从而提高企业核心竞争力。

参考文献

[1] 王海涛，谢迪．当代钢铁企业新型铁水运输模式——“一罐到底”运输方式的研究［J］．冶金经济与管理，2018（5）：27~29.
[2] 燕少波，田振东．“一罐到底”工艺生产实践［J］．河北冶金，2013（11）：39~41.
[3] 张龙强，田乃媛，徐安军．新一代大型钢厂高炉-转炉界面模式研究［J］．中国冶金，2007，17（11）：29~34.
[4] 殷树春．日照精品基地“一罐到底”铁水运输的优化配置［J］．生产技术，2018，40（6）：11~13.
[5] 杨彦君，高卫刚，黄文杰．邯钢三炼钢“一罐到底”工艺生产实践［C］．第八届中国钢铁年会论文集，2011.
[6] 吕冬瑞，田乃媛，徐安军，等．宣钢取消混铁炉可行性分析［J］．钢铁研究，2006，34（5）：33~35.
[7] 殷树春．铁水运输“一罐到底”生产实践研究［J］．山西冶金，2018，176（6）：117~119.
[8] 刘远生．高炉铁水运输方式探析［J］．科技风，2018（4）：133.
[9] 杨光，徐安军，贺东风，等．多功能铁水包加盖保温效果分析［J］．钢铁，2017，52（7）：96~103.
[10] 黄辉．炼铁-炼钢区间铁水优化调度方法及应用［D］．沈阳：东北大学，2013.

三维激光扫描技术在河钢唐钢新区建设与设备维护中的应用

季　军，杨　晨，田　鑫

（唐钢国际工程技术股份有限公司，河北唐山063000）

摘　要　三维激光扫描测量技术可大范围、高精度、高分辨率的以非接触的方式快速获取目标体表面每个采样点的三维坐标数据[1]，目前该技术已经作为一种新型的测量方法出现在了人们的视野中。介绍了三维激光扫描技术的观测原理以及点云数据的处理方法，阐述了三维激光扫描技术在厂房改造设计、检测厂房及管道设备变形、器械零部件预拼接等方面的应用。结合现状，提出了三维激光扫描技术的改进与优化方向。

关键词　三维激光扫描；改造设计；平整度；变形检测；预拼接

Abstract　Three-dimensional laser scanning measurement technology can quickly obtain the three-dimensional coordinate data of each sampling point on the target surface in a large-scale, high-precision, and high-resolution non-contacting manner, which has become a new type of measurement method at present. This article introduces the observation principle of 3D laser scanning technology and the processing method of point cloud data, and expounds the application of this kind of scanning technology in plant renovation design, detection of plant and pipeline equipment deformation, and equipment parts pre-splicing. Based on the current situation, the improvement and optimization directions of 3D laser scanning technology is proposed.

Key words　three-dimensional laser scanning; renovation design; flatness; deformation detection; pre-splicing

0　引言

钢铁厂的车间内部在生产过程中具有震动强烈、温度灼热、挤压强度大等特点，会对其内部的管道设备和厂房基础造成一定的破坏，进而影响正常的生产活动，导致安全事故发生。这就需要结合厂区内部的运作情况进行合理的设施改造与设备升级，根据管道设备的形变状况进行平整度检测；根据厂房基础的载重与建筑物整体高度进行变形监测。

随着“一带一路”倡议的提出，在国外出现了众多钢铁基建项目，对中国钢铁产能“走出去”起到了拉动性的作用。由于设备钢构体积大、数量多，需要以零件的形式运往目的地。为保障出口的钢构设备运达后可以顺利地完成安装，避免返厂运输所造成的经济损失，可结合产品的实际尺寸建立具体的三维数字模型，从而对零件的拼接过程进行数字化模拟。

1　三维激光扫描获取点云数据

1.1　三维激光扫描仪的工作原理

按所搭载平台的不同，三维激光扫描仪分为地面型、机载（或星载）和便携式3种[2]。与全站仪工作原理相同，三维激光扫描仪无需接触被测物体，通过发射激光获取仪器中心到被测物体表面的距离、水平角、竖直角以及反射强度。

三维激光扫描仪采用内部坐标系统，激光测距光束以内部的2个相互垂直的轴为旋转轴进行旋转测量。2个旋转轴的交点即为内部坐标系的原点，以地面三维激光扫描仪的水平旋转轴为内部坐标系的Y轴，X轴在水平面内与Y轴垂直，Z轴与横向扫描面垂直构成右手直角坐标系[3]。通过图1来说明扫描仪在工作中如何获取点云的三维坐标：扫描

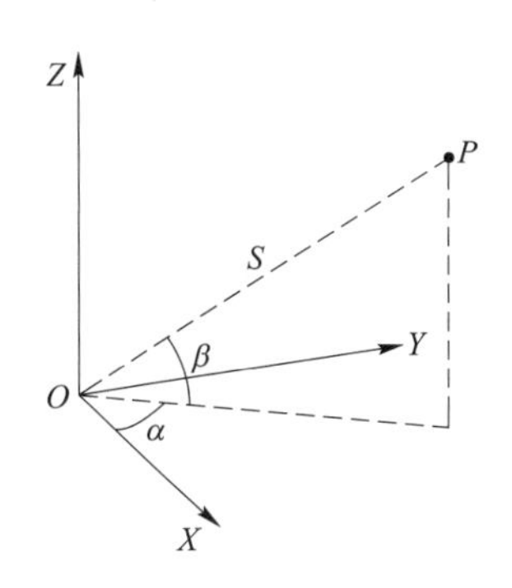

图1　获取点云坐标的原理

Fig. 1　The principle of obtaining point cloud coordinates

作者简介：季军（1988—），男，工程师，硕士，2010年毕业于华北理工大学测绘专业，现在唐钢国际工程技术股份有限公司总图规划部工作，E-mail：617646966@qq.com

仪采集到的点云数据以扫描坐标系为基准，激光发射处即为坐标系的原点 O，扫描仪处于水平状态下的天顶方向为 Z 轴，扫描仪水平转动的起始方向为 X 轴，Y 轴处于与 XZ 平面相垂直的方向，三者共同构成右手坐标系，主要参数有距离 S、水平角 α 和竖直角 β，依据图中的信息可推算出 P 点三维坐标计算公式即：

$$\begin{cases} Y = S\cos\beta\sin\alpha \\ X = S\cos\beta\cos\alpha \\ Z = S\sin\beta \end{cases}$$

1.2　点云数据的后期处理

在扫描仪使用过程中，为获取完整的现场数据，需要改变扫描位置，该过程会改变不同测站点云数据之间的位置关系，所获取的点云数据的位置信息无法直接被利用，需要进行后期处理。现阶段已经有很多比较成熟的点云后期处理软件，使用者可根据需要选取不同软件，也可自己编程进行点云数据的后期处理。处理过程主要包括：点云的注册与配准，对大量点云进行过滤，通过点云的着色处理将图片的色彩赋给与之对应的点云数据，对点云进行抽稀处理，剔除过量点云，完成对数据的二次筛减；保存导出处理好的点云数据。

2　基于三维激光点云数据的施工设计

在钢铁厂投产过程中会进行新旧管道对接、设备升级改造等相关工作，设计人员需要充分了解被改造区域的现场情况。当现场管道分布复杂可利用空间有限时，则需要花费大量时间用于测绘工作，以获取详细的现场数据。此时若利用三维扫描技术对现场进行测量，则可节省人力资源，且数据真实准确、现场还原度高、信息全面[4]。

与传统的工程测量方法相比，三维激光扫描技术能够在任何复杂的施工环境中对被测对象进行准确测量，并在最短时间内得到被测对象表面的三维坐标数据[5]。可为设计人员提供全面精准的现场数据资料，保证设计工作的顺利进行。如图 2（a）所示：对某一操作室进行二次修改扩建时，可首先使用三维激光扫描技术获取充足的现场点云数据，并在设计阶段充分利用。从点云中可以清晰地了解到需要改造区域的空间布局，保障设计的精准性。

如图 2（b）所示：将点云数据参考到三维软件中作为设计参照，并根据实际需求开展设计工作，提高新旧建筑物衔接处的设计精度和布局的合理性。设计完成后开始施工作业，在施工过程中可使用三维激光扫描仪对已施工部分进行实时扫描，便于相关人员对工程现状进行记录分析，保障相关设备的顺利安装与成功对接，如图 2（c）所示。

(a) 现场改造前

(b) 设计阶段

(c) 安装阶段

图 2　不同阶段的现场照片

Fig. 2　On-site photos at different stages

3　基于三维激光扫描技术的管道平整度检测

仪器设备的管道设施在制造、运输、安装和使用的过程中会受到不同程度的挤压并产生形变。在日常工作中对易变形区域进行定期的平整度检测有助于规避安全事故的发生。由于传统测绘方法选取检测点时具有随机性，造成检测精度不高，检测速度慢、效率低，且在检测高层建筑时还需要搭建脚手架，给工作人员的人身安全带来隐患[6]。

如图 3 所示，灰色部分是一段管道的点云数据，将其设置为测试对象。为借助点云数据的分布来体现管道表面的凹陷状况，需要借助相关检测软件对均匀排布的点云数据进行选取，采用最佳拟合的方法生成一段与实际点云数据相贴合的规则管道模型，并将其设置为参考对象与实际点云数据进行比较，结果如图 4 所示。点云与模型之间的偏差以灰度渐变的形式进行体现，灰度的明亮与阴暗程度分别代表测试部分与标准管道模型的偏差位置与凹凸状态，进而反映设备的形变状况。根据设置的参数可以看出，点云与圆柱模型表面偏差在±2mm 之间视为平坦，不再对其进行分析。点云与圆柱模型表面偏差在±1cm 范围之外数据被忽视，该部分为管道周围的加强筋，不具有参考价值。通过 3D 比较可以看出，实际的管道普遍向内发生凹陷，显示的红点代表管道在此处出现了一个向外凸起的鼓包，使用三维激光扫描仪对发生形变的物体表面进行扫描，通过与规则模型对比可以获取肉眼无法察觉的形变信息，为管道设备的安全维护提供重要保障。

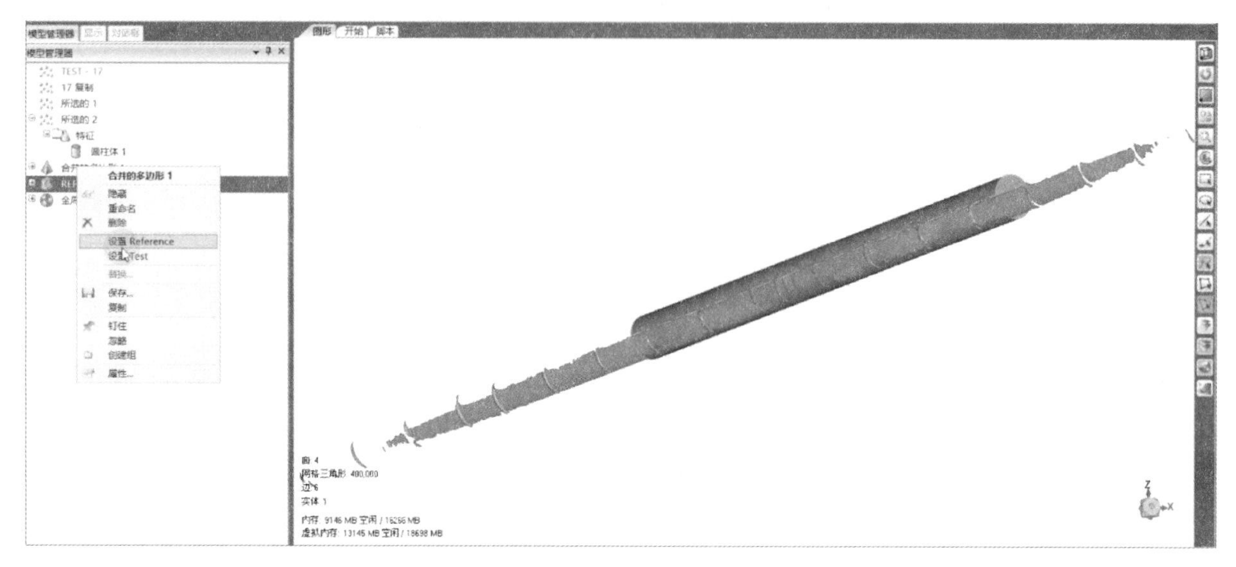

图 3 管道点云与拟合模型

Fig. 3 Pipeline point cloud and fitting model

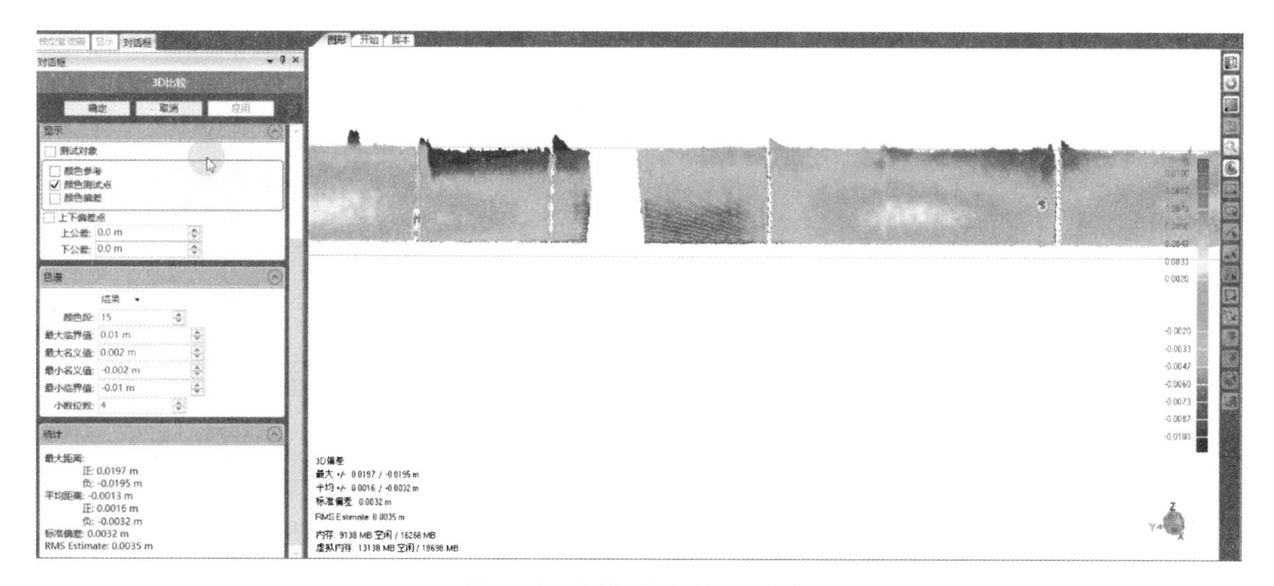

图 4 点云与模型之间的误差分布

Fig. 4 Error distribution between point cloud and model

4 三维形式下的变形监测

将三维激光扫描技术应用于工程监测，其优点在于：能更加准确地观测工程的形变、位移等，有利于工程管理者及时发现隐患，并随时排查和修复，避免或降低工程运行过程中的潜在危害[7,8]。

钢铁厂料场区域的厂房内堆有大量的炉料，对地面及周围的厂房支柱会造成不同程度的挤压。使用三维激光扫描技术进行变形监测可以有效提高作业效率，通过对比监测点的三维坐标一次性获取沉降与水平位移的变化量，主体思路如下。

4.1 监测点的设计

三维激光扫描仪的扫描速率高达每秒钟 100 万余个的点坐标，散落的点云具有丰富性与随机性，无法在所得的点云数据中准确选取某一具体位置的点云坐标。需要借助外表光滑的标靶球，点云均匀地排列在球体表面，借助专业软件通过选取球面点云数据以最佳拟合的方式获取球体模型，并提取球心坐标。根据以上需求，需要在厂房竣工后将靶球焊接在厂房立柱的侧面，以便于随时获取靶球的扫描数据。

4.2　三维坐标的传递

三维激光扫描仪获取的点云坐标依托于与之配合使用的全站仪。要合理避开易沉降区域，在厂房外部地面坚实稳固的地带建立高精度的控制网。依靠全站仪将三维坐标赋予到各个扫描站中，借助控制网的精密性与关联性保证所拼接点云数据三维坐标的准确性。

4.3　扫描仪测站的拼接

考虑到钢铁厂内部的车间厂房跨度大的特点，相邻扫描站互相拼接的方式可将每次拼站引起的点位误差向后传递并随着距离的增加被逐渐放大，应采用全站仪赋予扫描仪与定向靶球绝对坐标的方法进行测站拼接，保证测站之间的点云数据都具有极高的精度，相互独立、互不干扰。

4.4　获取监测点点位坐标

扫描所得的点云原始数据拼接完后，每个点云都有了准确的三维坐标。经过多个测站的扫描，点云的数据量巨大，需要借助专门的处理软件对变形监测用的靶球点云数据进行提取，删除周围无用的点云数据，均匀选取靶球表面的点云数据。采用最佳拟合的方式获取球体模型，通过查看球心坐标的方式获取监测点的三维数据坐标。

4.5　数据对比

以首次扫描获取的监测点位的坐标作为基准数据，将在此之后扫描获得的球心坐标与基准数据对比，得出厂房在各个监测点所在位置下的沉降与水平位移。

5　钢结构的尺寸检测与设备的预拼装

5.1　钢结构的尺寸检测

Geomagic Qualify 具有强大的三维检测功能，对重构出的三维 CAD 模型和原始点云数据进行比较，迅速检测出它们之间的差异[9]。图 5 为通过扫描获取的某一钢结构的点云数据，从中可以测量钢结构任

图 5　钢结构的点云现状

Fig. 5　Point cloud status of steel structure

意两点之间的距离。为了更好的检测钢结构的实际尺寸与设计尺寸之间的差异，可将根据设计尺寸制作好的钢结构模型导入检测软件。根据数模上所选取的特征位置在构件相对应的位置自动创建基准特征，再进行定位基准的拟合，即可完成点云数据和模型数据的对齐。通过 3D 比较点云数据与设计模型之间的偏差分布情况。

图 6 为实际点云与设计模型之间存在的尺寸偏差，将偏差在±1.73mm 之间的视为实际制造过程中允许出现的最大误差。其中包括测量误差，因外界环境改变而引起的形变误差，而非制造工艺引起的偏差。上限临界值±53.09mm 是根据实际钢结构的点云数据与设计模型之间的最大偏差确定的。将最大偏差值设为上限临界值可将实际点云与设计模型之间误差的变化趋势更好地体现出来。

参考模型	
测试模型	
	modell txport.prc
数据点的数量	2525997
#体外孤点	526462

公差类型	3D偏差
单位	mm
最大临界值	53.09
最大名义值	1.73
最小名义值	-1.73
最小临界值	-53.09

偏差	
Max.Upper Deviation	103.09
Max.Lower Deviation	-34.84
平均偏差	9.761-2.28
标准偏差	9.75

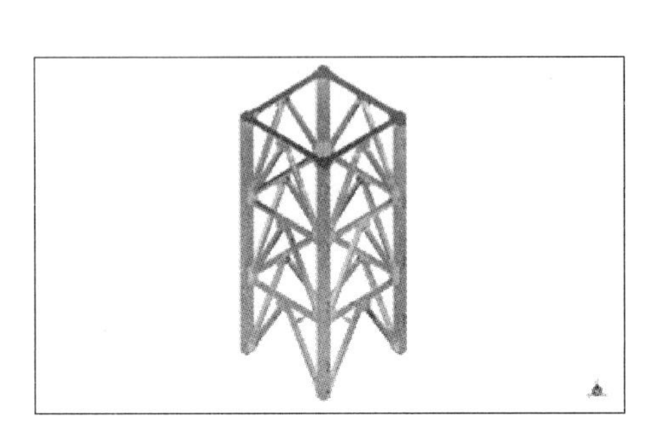

图 6　点云与模型的 3D 比较结果

Fig. 6　3D comparison result of point cloud and model

5.2　设备的预拼装

碰撞检测是 BIM 技术应用初期最易实现、最直观、最易产生价值的功能之一[10]。

模拟预拼接的设备为河钢唐钢新区（钢铁）项目区域内的圆盘给料机。设备零部件之间的预拼装完全以真实设备的实际点云数据为根据。首先需要对现场的设备零器件进行合理地扫描与点云拼接。在专业的三维建模软件中以所获取的点云数据为依据进行逆向建模，得到与实际钢构零件尺寸一致的模型。结合模型之间的对接位置进行模拟拼接，寻找发生冲突的部位。图 7 为该圆盘给料机在组装完成后的三维模型。借助相关三维软件中的碰撞检测来体现拼接完成后模型内部所发生冲突的具体位置，结果如图 8 所示。图 8 中设备模型顶部的圆柱体零件与下方长方体台面发生了重叠，说明在实际安装中会出现问题。对模型中存在冲突的位置实施改进，可为零散设备的安装提供保障。

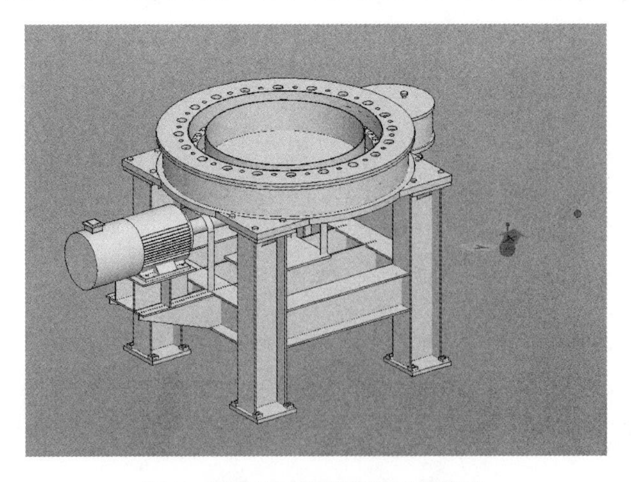

图 7　圆盘给料机预安装后的模型

Fig. 7　Model of the disc feeder after pre-installation

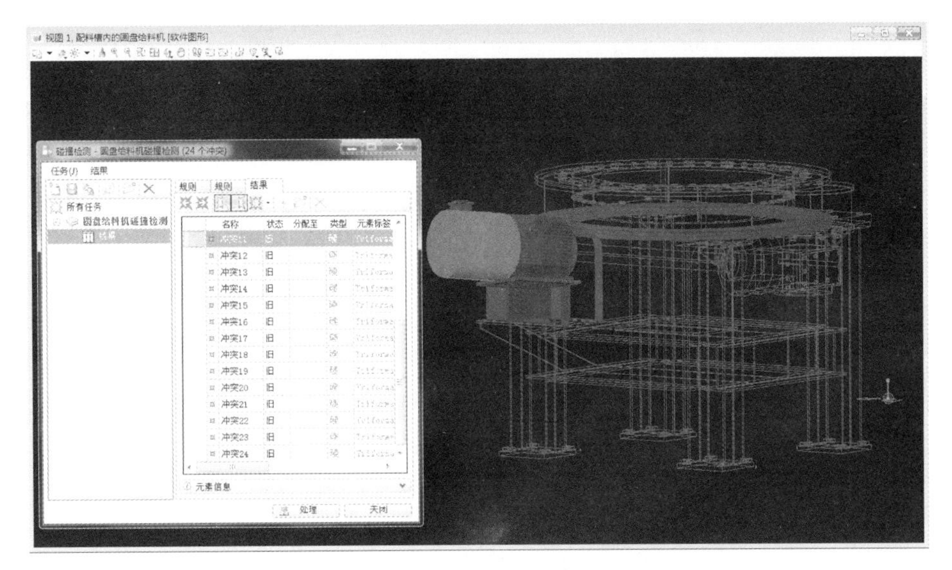

图 8 碰撞检测结果与发生碰撞的具体位置

Fig. 8 Collision detection results and the specific location

6 结语

三维激光扫描技术的应用，可使钢铁厂的前期建设与后期设备维护工作变得更加直观有效。将三维激光扫描技术用于厂房改造设计中，可为设计与施工人员提供全面且精准的厂区内部环境，为设计与优化工作提供便利；三维激光扫描技术运用到内部设备管道平整度检测中，可根据检测结果对发生形变的位置进行精准地查找与维护，有助于保障厂区内部设备的安全运行；将三维激光扫描技术应用于料场区域变形监测中，可以一次性地获取监测点位的三维坐标，提高工作效率；在设备零件实地组装前使用三维激光扫描仪对其进行扫描、建模与预拼接，将拼接好的模型放入三维软件中进行碰撞检测，有助于设备安装的顺利进行。

在已有三维激光扫描成果的基础上，开辟新渠道和新空间，推进互联网、大数据、人工智能[11,12]，与三维激光扫描技术的融合与运用。针对现有三维激光扫描技术应用过程中，存在着数据量大，扫描站拼接过程复杂，内业数据处理过程慢等问题，在今后的改进中应努力实现将扫描测站之间的点云数据自动拼接，并结合点云的分布质量进行合理取舍的目标。

参考文献

[1] 马立广. 地面三维激光扫描测量技术研究 [D]. 武汉：武汉大学，2005.

[2] 李子坡，李晓静. 三维激光扫描仪在地形测量中的应用 [J]. 科技与企业，2013 (22)：249~250.

[3] 杨希，袁希平，甘淑. 地面三维激光扫描点云数据处理及建模 [J]. 软件，2020，41 (2)：230~233，237.

[4] 吴迪，杨飞，李向伟，等. 三维激光扫描在油气站场改扩建中的应用 [J]. 化工设计通讯，2018，44 (8)：29，52.

[5] 任士峰. 基于三维激光的工程测量技术研究 [J]. 世界有色金属，2019 (23)：183~184.

[6] 丁克良，罗麒杰，鲍东东，等. 三维激光扫描技术在墙面平整度检测中的应用研究 [J]. 工程勘察，2020，48 (2)：51~55.

[7] 李永超，吴桥. 地面三维激光扫描测量技术及其应用与发展趋势分析 [J]. 冶金与材料，2019，39 (1)：96~97.

[8] 骆义，赵文举，张建. 基于三维激光扫描技术的桥梁检测应用研究 [J]. 智能建筑与智慧城市，2020 (3)：14~18.

[9] 刘松，崔海华，王华君，等. 基于 Geomagic 的玻璃瓶模型重构与误差分析 [J]. 模具制造，2018，18 (12)：80~82.

[10] 张骋. BIM 中的碰撞检测技术在管线综合中的应用及分析 [J]. 中华建设科技，2014 (6).

[11] 王新东. 创新驱动发展科技引领未来——河北钢铁集团科技创新发展战略 [J]. 河北冶金，2015 (6)：1~4.

[12] 王新东，李建新，刘宏强，等. 河钢创新技术的研发与实践 [J]. 河北冶金，2020 (2)：1~12.

三维逆向建模方法的研究

季 军，杨 晨

（唐钢国际工程技术股份有限公司，河北唐山 063000）

摘 要 为解决河钢唐钢新区项目建设过程中部分设备出厂时未携带三维图纸，缺少设备外形尺寸，无法生成三维模型的实际情况，从获取设备的三维点云数据出发，围绕数据处理与三维逆向建模的方法开展论述。并对比了剖切点云生成格栅图像、借助 Geomagic 软件和基于 AECOsim Building Designer 实时三维逆向建模这 3 种建模方式的优缺点，指出要结合设备特点选择适合的建模方式，保证模型的精度。

关键词 三维激光扫描；点云数据；获取；处理；三维建模

Abstract In order to solve the problems that some equipment did not carry 3D drawings when leaving the factory during the construction of the HBIS Tangsteel New District project, equipment dimensions were missed, and 3D models could not be generated, this article starts from obtaining the 3D point cloud data of the equipment, and discusses the data processing and 3D reverse modeling. In addition, it also compares the advantages and disadvantages of the three modeling methods of generating grid images from the cut point cloud, using Geomagic software and relying on AECOsim Building Designer for real-time 3D reverse modeling, and points out that the appropriate modeling method should be selected according to the characteristics of the equipment to ensure the model accuracy.

Key words three-dimensional laser scanning; point cloud data; acquisition; processing; three-dimensional modelling

0 引言

随着三维扫描与建模技术的不断推广，对测量工作的要求也在不断提高。在对零器件进行三维建模时，仅仅依靠全站仪和 GPS 技术无论是数据的获取效率还是数量都无法满足要求。三维激光技术可在复杂的环境场地下，对一些不规则、结构面较多以及具有多个不规则面的三维实体进行测量，可对空间内点、线、面、体进行高精度的测量，进而快速且较高精度地构建出空间实体[1]，为三维建模工作提供有力的技术支持。本文从三维激光扫描技术在钢铁企业的实际应用出发，对点云数据的获取和处理进行说明，并结合获取的点云数据探讨三维逆向建模的思路与方法。

1 点云数据的获取

1.1 三维激光扫描仪的工作原理

与全站仪一样，三维激光扫描仪无需接触被测物体，通过发射激光获取仪器中心到被测物体表面的距离、水平角、竖直角以及反射强度。按照所搭载平台的不同，三维激光扫描仪分为地面型、机载（或星载）型和便携式 3 种[2]。

在河钢唐钢新区项目扫描工作中使用的是德国 Z+F 地面型三维激光扫描仪，其获取三维点云数据坐标的基本原理如图 1 所示。三维激光扫描仪采用的是内部坐标系统，在三维激光扫描仪内部，一般都有 2 个相互垂直的轴，而激光测距光束就是以这 2 个轴系为旋转轴进行旋转测量的，2 个旋转轴的交点为内部坐标系的原点[3]，扫描仪处于水平状态时的天顶方向为 Z 轴，扫描仪水平转动的起始方向为 X 轴，Y 轴处于与 XZ 平面相垂直的方向，共同构成一个右手坐标系。依据图 1 中的信息可推算出 P 点坐标的计算公式：

$$\begin{cases} Y = S\cos\beta\sin\alpha \\ X = S\cos\beta\cos\alpha \\ Z = S\sin\beta \end{cases}$$

作者简介：季军（1988—），男，工程师，硕士，2010 年毕业于华北理工大学测绘专业，现在唐钢国际工程技术股份有限公司总图规划部工作，E-mail：617646966@ qq. com

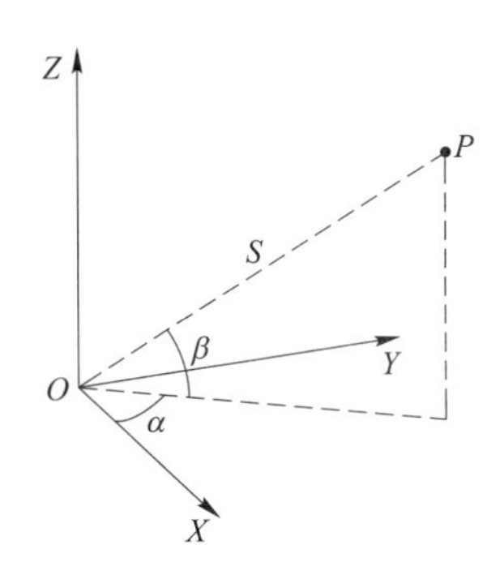

图 1 获取点云坐标的原理
Fig. 1 Principle of obtaining point cloud coordinates

1.2 扫描方案的确立

在对设备扫描前，需要了解现场情况。经过实地踏勘发现需要扫描的设备体积较大，内部结构较复杂。由于扫描仪所能扫过的范围有限，一天内无法完成扫描任务。为了保障多天的扫描数据能够精准地拼接，选用了全站仪与扫描仪互相配合的方法完成各个扫描测站之间的拼接，即依靠全站仪与高精度控制网来获取扫描仪所在空间的准确位置。

在该方法中，所选用的控制点保护良好，稳固性较强不易发生位移，可以满足长时间的扫描作业；经过严格的导线与水准测量后得到相邻点位之间的距离、夹角和高差，并将其录入平差易软件中进行整体平差，获取高精度的控制网成果，保证拼接点云数据的准确性。

1.3 设备的外业扫描

为了全面采集所需测量设备的三维点云数据，获取更宽的扫描视野，需要改变每一站的扫描位置。三维激光扫描仪每站获取的点云数据都是互相独立的，即各个扫描站之间没有相应的位置联系，需要借助全站仪为扫描仪和与其一同使用的定向靶球赋予准确的三维坐标，确定每一测站内点云所在的空间位置。在扫描前要充分考察现场情况，选择合适的地点架设扫描仪，针对设备所需扫描部位的精细程度来调整所获点云数据质量的高低，在不影响数据精度前提下进一步提高扫描仪的工作效率。

2 点云数据的内业处理

2.1 基于 Z+FLaserControl V8.6.0 的点云预处理

（1）拼接点云：也可称为点云的配准、注册。将扫描仪内部已经打包好的点云数据传入软件中。所有数据会出现在同一位置，需要对数据进行拼接：每次扫描获得的点云数据都有 3 个用于定位的空间坐标与之对应。打开每一个独立的测站，将全站仪获取的 3 个点位坐标通过注册赋予到与之对应的点云数据中，完成全部测站的点位注册后可查看拼接报告，结合报告中各个测站在 Z 轴方向上的偏差数值可做进一步微调，保证整体的点云数据与实际位置更加吻合。该操作完成了对所有测站数据的拼接。

（2）过滤点云：每一次扫描都会伴有杂点与飞点的出现，可通过过滤将无用的点云剔除，减轻数据量，提高软件的运转效率。

（3）点云上色：扫描较为复杂的精密设备时，为了便于细节部位的识别与区分，在提高点云质量的同时，还需要对四周进行拍照，通过点云的着色处理将图片的色彩赋予与之对应的点云数据。

（4）点云抽稀：即将处理好的点云数据再一次筛减，均匀的减少点云数量，根据点云数据在 X、Y 轴方向上的重要性进行合理取舍。该操作需伴随导出操作一同进行，最终得到筛减后 .asc 格式下的点云数据。

2.2 设备提取

为进行后续处理，借助转换点云格式的软件将 .asc 格式的点云数据转换成 .pod 格式。在可修改点云数据的软件中对设备周围的杂点进行剔除，提高设备点云的清晰性与整体数据的简洁性。处理后的混匀堆料机机轮的点云数据如图2所示。

图2　混匀堆料机机轮的点云数据

Fig. 2　Point cloud data of the mixing stacker wheel

3　多种方式下的三维逆向建模

逆向建模是通过对工程中扫描得到的点云数据，结合专业建模软件，得到三维空间模型的一种方法[3]。随着三维模型在各行各业中需求的日益增大，三维建模软件的种类已经非常丰富。在工业设计中的主流建模软件有 Solidworks、Pro/E、UG、CATIA 以及 Bently 旗下的多款针对不同领域的专业建模软件。为充分配合河钢唐钢新区钢铁料场区域的 BIM 需求与公司整体的协同操作，选择 AECOsim Building Designer 作为主要建模软件。该软件是 Bently 公司为全球分布式设计企业所提供的开放式软件；具有全新的工厂解决方案；以 ISO 19526 作为数据的原始存储格式，可为整个工厂设计生命周期提供完整、一致和正确的数据。结合软件的功能和特点，围绕对点云数据参考利用方式的不同，拟定了3种建模方式。

3.1　点云数据剖切及其矢量化

建模过程的重点在于如何让点云数据更加精准快捷地配合建模工作的开展。可依靠处理点云数据的软件对其进行不同方位不同厚度的剖切，得到像素清晰的点云正射影像图。将点云的切片影像参考到三维建模软件中进行定位与矢量化处理，为模型尺寸的度量与轮廓的绘制提供准确的参照，栅格图像矢量化操作如图3所示。但是该建模方法对点云的剖切影像需求量较大，操作过于繁琐，工作效率较低。剖面图的定位与矢量化处理的精度直接影响模型的精准度。在工作量较少的情况下可以采用该方法进行三维逆向建模。

3.2　基于 Geomagic 的模型生成与处理

借助 Geomagic 软件中可根据选取的点云数据自动拟合生成基本模型的功能，可以实现对设备平面、立柱等部位的逆向建模。数据预处理是逆向建模的关键环节，它的结果可以直接影响后续重建模型的精度，主要内容有散乱点排序、拼合、误差剔除、数据光顺、数据简化、特征提取、数据分块等[4]。三维激光扫描仪在扫过物体边缘区域时，扫描角度会不断减小，导致物体边缘存在飞点。因此在选取拟合所需点云数据时应避免边缘点云的使用。

该方法具有点云采集速度快、精度高、软件操作简单等优点，逆向建模误差小，为复杂零件的逆向建模提供了新的思路和方法，具有较好的应用价值[4]。如图4所示，平面1为拟合生成的平面模型，该模型与点云契合度极高，并与实际位置一致。但是平面模型的边界与柱体模型的长度无法准确控制，需

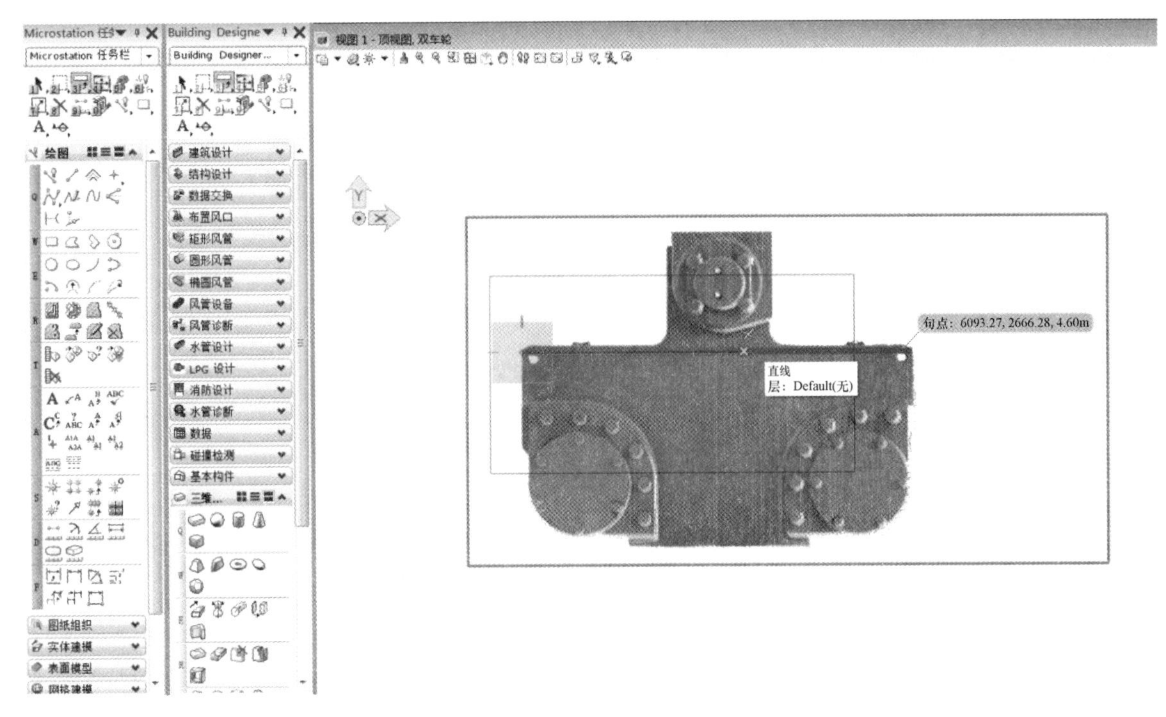

图 3　栅格图像的矢量化操作界面

Fig. 3　Vectorized operation interface of raster image

要将其导出放入修模软件中进行二次修改，过程相对复杂，可结合建模时间与精度要求合理使用该方法。

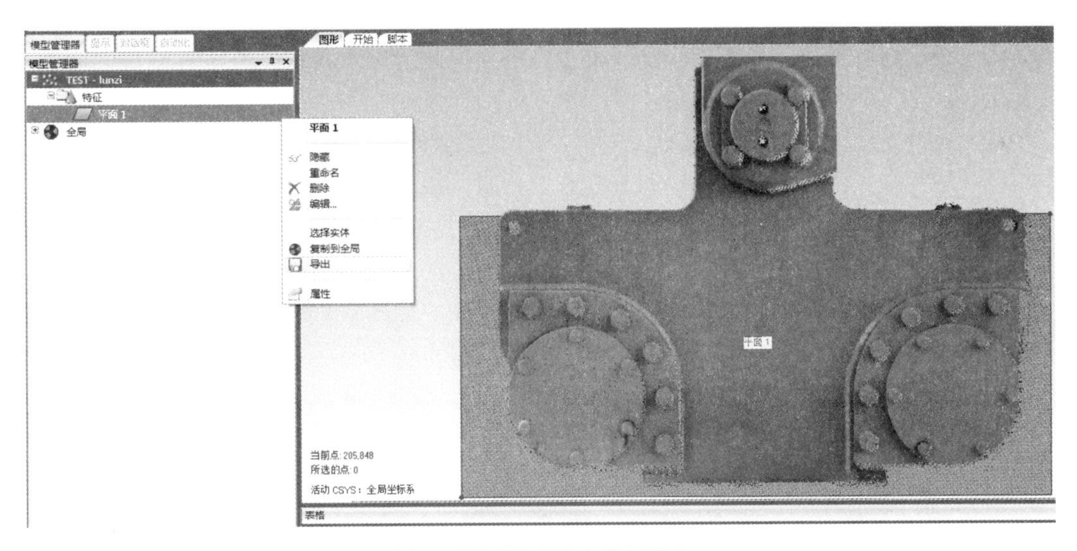

图 4　平面模型的生成与导出

Fig. 4　Generation and export of plane models

3.3　基于 AECOsim Building Designer 的实时三维逆向建模

三维逆向建模主要依托于可视化的建模软件，选用了 Bently 公司旗下的一款建模软件：AECOsim Building Designer。该软件可与点云数据很好地兼容，因其强大的作图功能、良好的开放性、高性价比，在我国的应用范围越来越广[5]。先将点云数据导入至软件内的全局坐标系下，若存在歪斜的状况，需要结合设备点云轮廓的具体走向定义与之一致的坐标系统，以便于参照点云数据进行逆向建模。为了更加方便快捷地参照不同视角不同深度下的设备轮廓，需要借助软件内剪切立方体的功能对所需点云进行剖切处理，即根据建模需要从6个方位分别对点云数据进行挤压，当点云排布清晰时即可完成建模，料库内部的刮板机底部机轮挤压剖切与逆向建模如图5所示。该建模方法与点云数据正射影像的矢量化相比，精度更高，可以有效避免人为放置点云剖面图时所引起的误差；该方法与在Geomagic中拟合生成模型的方法相比，操作过程更简洁，无需对所建模型进行二次修改。因此，该建模方式可有效提高三维逆向建模的工作效率。

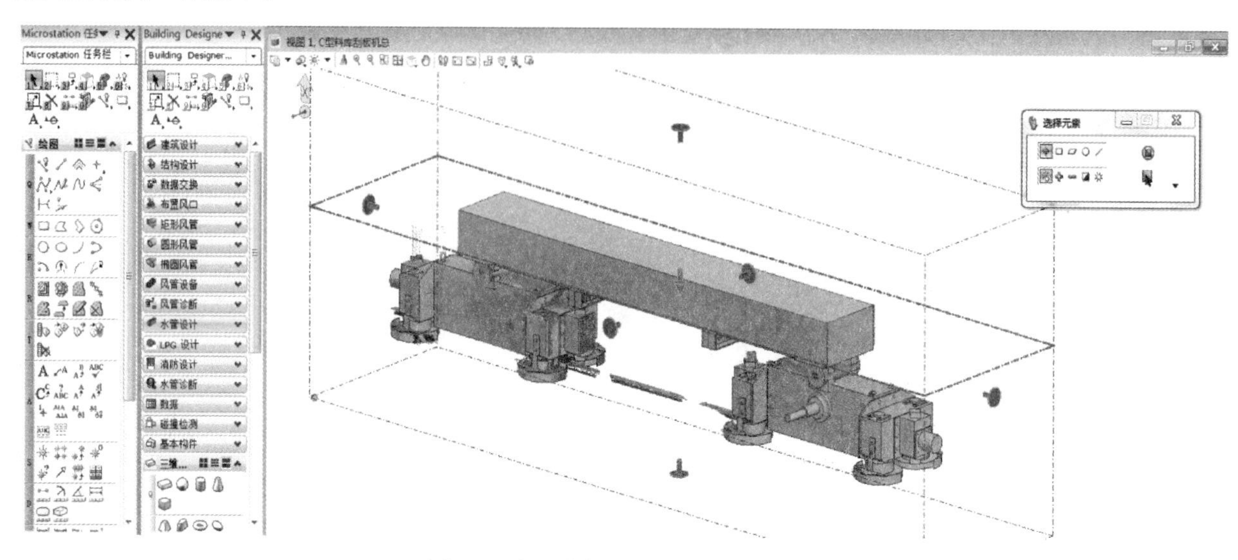

图5　刮板机底部机轮的实时逆向建模

Fig. 5　Real-time reverse modeling of the scraper bottom wheel

4　建模方法的分析与思考

在本次对河钢唐钢新区（钢铁）项目区域现有设备逆向建模的过程中对3种建模方式都进行了探究，在满足建模精度的前提下，从流程与操作上对3种建模方法做了综合分析，对各自的适用场合做了进一步的总结。

（1）剖切点云生成栅格图像的方法在三维空间下的逆向建模存在局限性，该方法可在形体简单、立面较少的设备建模中应用。面对多层次的不规则设备时，该方法具有建模效率低，精度低的缺点。

（2）借助Geomagic软件生成的模型具有与实际点云数据吻合度高，位置与实际一致的优点，但生成的平面模型还需进行二次修改，导致建模效率下降。该方法适用于设备管道、罐体等圆柱形设备的逆向建模，既可以保留原有的精度，又减轻了后期的修改工作。如图6、图7所示，先在Geomagic中拟合生成圆柱模型，再将模型导入至三维建模软件AECOsim Building Designer中，参照实际点云对圆柱模型的长度进行任意调整。

图6　Geomagic拟合生成的圆柱体

Fig. 6　Cylinder generated by Geomagic fitting

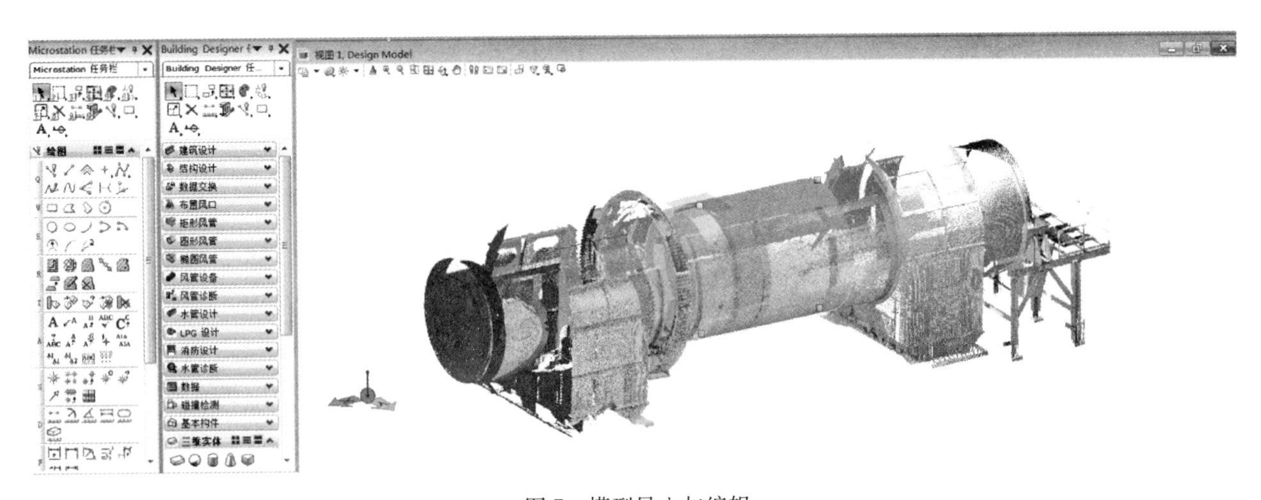

图 7　模型导入与编辑

Fig. 7　Model import and edit

（3）基于 AECOsim Building Designer 的实时三维逆向模型以其高精度、高效率、建模局限性小的特点在河钢唐钢新区（钢铁）项目区域的建模工作中得到了广泛应用。该方法主要依托于清晰的点云数据，因此，在点云处理的过程中需要做好对点云数据的提取与筛减工作，既要保证设备点云数据的全面性，又要避免整体数据的冗杂性。

5　结语

三维激光扫描技术被称为测绘领域的一场变革，广泛应用于地形测绘[6]，可以快速地建立高精度、高分辩率的三维实体模型及数字地形模型，是继 GPS 技术之后的又一次技术革命。随着三维激光扫描技术的广泛应用，市场对逆向三维模型的需求也在不断增大，相较于传统的二维平面图纸，依靠三维激光点云数据制作三维建模的方式更能反映事物的真实状况。只有不断地探索创新才能开拓更为灵活、高效的建模方法。从国家的层面来看，党的十八大明确提出，科技创新是提高社会生产力和综合国力的战略支撑[7]。在已有三维成果的基础上，开辟新渠道和新空间，推进互联网、大数据、人工智能[8]与三维模型的深度融合，可为三维成果在各个领域发展与应用带来更为广阔思路与空间。

参 考 文 献

[1] 李永超，吴桥．地面三维激光扫描测量技术及其应用与发展趋势分析［J］．冶金与材料，2019，39（1）：96~97.

[2] 李子坡，李晓静．三维激光扫描仪在地形测量中的应用［J］．科技与企业，2013（22）：249~250.

[3] 姚习红，周业梅，加松，等．基于三维激光扫描的建筑物逆向建模实现方法及应用［J］．工业建筑，2020，50（3）：178~181，189.

[4] 谢源，侯恩光．基于 Geomagic Design X 的洗车水枪逆向建模［J］．辽宁科技学院学报，2019，21（2）：3~5.

[5] 朱蕊，肖强，赵国成，等．基于 MicroStation 的空间数据提取方法研究［J］．测绘科学，2010，35（3）：66~68.

[6] 胡启亚，巩维龙，胡永兴，等．基于三维激光扫描点云的逆向建模［J］．北京测绘，2020，34（3）：352~355.

[7] 王新东．创新驱动发展　科技引领未来——河北钢铁集团科技创新发展战略［J］．河北冶金，2015（6）：1~4.

[8] 王新东，李建新，刘宏强，等．河钢创新技术的研发与实践［J］．河北冶金，2020（2）：1~12.

第10章　其　他

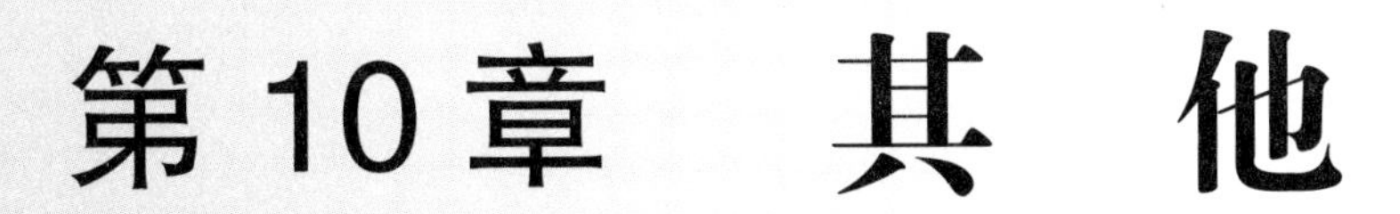

智能制造关键技术在河钢唐钢新区的应用

刘 岩，杜汉强，于 涛

（唐钢国际工程技术股份有限公司，河北唐山 063000）

摘 要 智能制造是国家提出的建设新型工业强国的重要手段，也是未来钢铁企业加快转型发展的必由之路。河钢唐钢新区项目是河钢集团贯彻落实国家产业结构调整的具体实践，项目以“绿色化、智能化、品牌化”为目标，致力于打造钢铁企业智能制造标杆。河钢唐钢新区智能制造体系依托国家智能制造体系标准，以CPS构建思想为基础，利用综合网络技术和数据应用技术加强信息管理服务，合理计划排程，提高生产过程可控性、减少生产线人工干预，集智能手段和智能系统等新兴技术于一体，构建自感知、自决策、自执行与自适应的现代化钢铁企业。

关键词 数字化；智能制造；智能系统；智能化工厂

Application of Key Technologies of Intelligent Manufacturing

Liu Yan，Du Hanqiang，Yu Tao

（Tangsteel International Engineering Technology Co.，Ltd.，Tangshan 063000，Hebei）

Abstract Intelligent manufacturing is an important means proposed by the state to build a new industrial power，and it is also essential for steel enterprises to accelerate their transformation and development in the future. HBIS Tangsteel New District project is a specific practice of the HBIS Group to implement the national industrial structure adjustment. The project aims at “greening，intelligent，and branding”，and is committed to building a benchmark for intelligent manufacturing of steel enterprises. Relying on the national intelligent manufacturing system standards and the CPS construction ideas，HBIS Tangsteel New District applies comprehensive network technology and data application technology to strengthen information management services，rationalize planning and scheduling，improve the controllability of production process，and reduce manual intervention in production lines. Besides，emerging technologies such as intelligent means and systems are integrated to build a modern steel enterprise that is self-aware，self-decision-making，self-execution and self-adaptation.

Key words digitalization；intelligent manufacturing；intelligent system；intelligent factory

0 引言

钢铁制造业是典型的高耗能、高污染的传统制造业[1]。“十三五”期间，钢铁行业在优化升级方面取得很大进展，在降低能耗、实现绿色化的同时提升了产品质量。河钢集团结合新时代“创新、协调、绿色、开放、共享”发展理念、河钢新时期发展战略以及钢铁行业工艺流程长、产品种类多、质量控制难、能源消耗大等特性，通过深入剖析数字化、智能化发展趋势，构建出了企业数字化蓝图，涵盖数字化平台架构、数据智能授权、业务自动化、敏捷生产、智慧管理与服务、用户洞察、数字化战略等七方面能力，制定了智慧河钢发展规划，围绕智慧管理、智能生产两条路径全面推进智能制造建设。

1 智能制造概念及意义

智能制造是基于新一代信息通信技术与先进制造技术深度融合，贯穿于设计、生产、管理、服务等

作者简介：刘岩（1989—），男，工程师，硕士，2015年毕业于中国矿业大学（北京）自动化专业，现在唐钢国际工程技术股份有限公司从事冶金行业控制系统与自动化仪表设计工作，E-mail：liuyan@ tsic. com

制造活动的各个环节，具有自感知、自学习、自决策、自执行、自适应等功能的新型生产方式[2]。为规范智能制造标准，建立统一智能制造规范，国家提出了《国家智能制造体系标准建设智能（2018版）》，在生命周期、系统层级和智能特征3个维度上对智能制造标准及智能工厂要素进行了描述[3]。

智能制造被看作是促进国民经济发展和制造业高质量转型发展的重要手段。钢铁行业作为流程制造业的典型代表，生产环节工艺流程复杂，涉及能源消耗巨大。针对钢铁工业生产过程特点，参照国家智能制造体系为钢铁行业设计一套基于数据驱动的钢铁行业智能制造系统体系，为钢铁产业高质量发展赋能，是打造节能减排、降本增效的新一代钢铁企业的重要环节。

2　钢铁行业智能制造理论基础及关键技术

钢铁的生产制造是利用机械设备，遵循生产理论进行的一系列复杂的物理、化学反应，最终形成合格产品的过程。生产者、生产要素、系统支撑作为生产过程中的三个要素通过生产过程的进行建立联系，如何遵循智能制造原理解决好三者之间的关系，对促进制造业智能化变革具有重要意义。工业生产的智能制造实际上是以固化在生产者的经验和知识为基础，针对不同的工况条件进行准确、及时的反馈响应，同时随着生产活动的进行，不断更新知识库，丰富知识经验模型形成智能化系统的过程。

智能制造的本质特征是知识模型与物料设备的高度融合统一，而物理信息系统（Cyber-Physical Systems，CPS）强调的就是物理世界与虚拟世界的协同一致。CPS作为构建智能制造体系的关键技术，在钢铁企业智能化转型过程中充当重要角色。CPS系统包括了对物理世界的状态采集与反馈执行、网络层的数据传输与数据汇聚，以及信息层数据挖掘与模型计算[4]，CPS系统网络结构如图1所示。

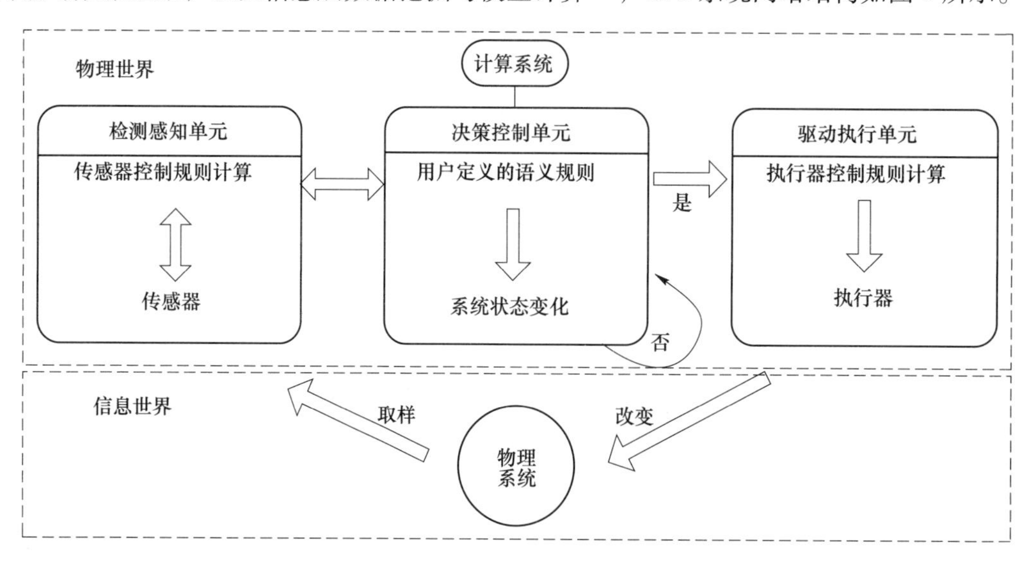

图1　CPS网络结构

Fig. 1　CPS network structure

殷瑞钰院士在钢铁企业智能工厂建设中提出了基于CPS理论打造物质流、能量流、信息流融合的信息物理系统的重要思想，这就要求智能化钢铁厂架构设计一定要着力解决信息感知、网络传输和数据挖掘等关键技术。

（1）智能传感，精准感知。智能系统对物理世界的感知是一切顶层决策的基础，是物理状态描述的数据来源。通过智能传感器采集现场设备及物料的实时状态，搭建整体传感器网络系统，形成海量数据精准描绘钢铁企业生产情况。

（2）高速传输，万物互联。打造高速、可靠的网络系统是构建智能工厂的必要条件。物理世界的数据采样、状态描述和数字环境的控制信号均需通过网络实现互联互通。互联网技术、物联网技术为网络规划和搭建过程提供了技术支撑，随着5G等先进无线传输技术的不断成熟，有线和无线传输方式的融合已成为网络构建的基本要求。

（3）数据挖掘，云端计算。智能制造的大脑是生产过程系统优化的集合[5]。在钢铁生产的海量数据进行深度挖掘，建立起物质、能源、信息之间联系，通过大数据计算技术不断优化数据模型，及时准确的响应物理环境变化，实现自决策生产。依据 CPS 理论设计的智能工厂架构需要统筹项目建设全生命周期、生产制造系统层级和价值链增益三个维度的过程数据，各维度的关键点集中与中央数据处理中心，只有将海量的 CPS 数据集中处理，深度挖掘数据价值，形成涵盖所有工序产线的数据处理池，最终达到物理世界与虚拟数字世界的联动。CPS 智能工厂架构如图 2 所示。

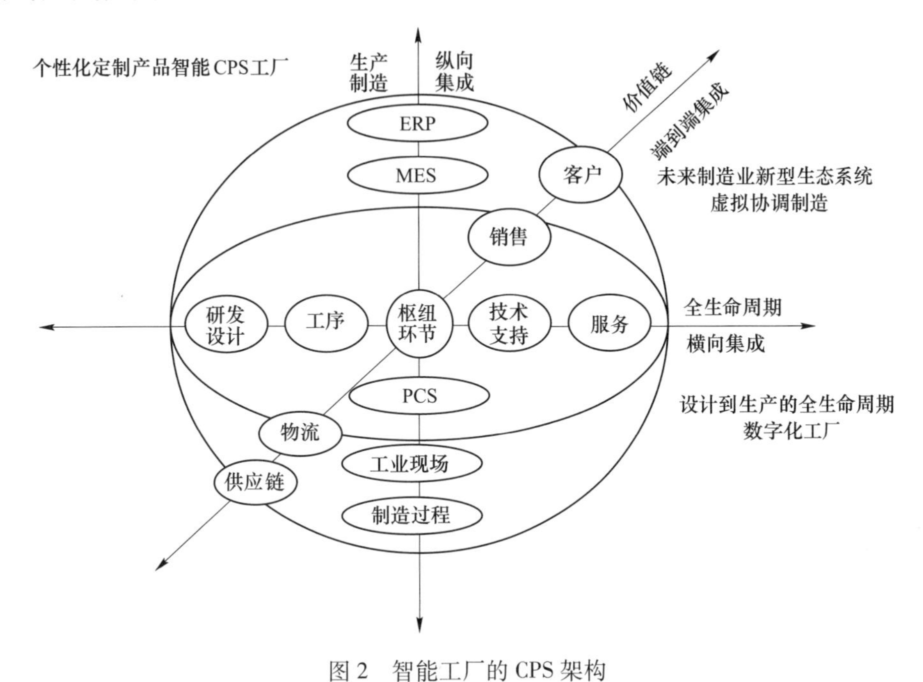

图 2　智能工厂的 CPS 架构

Fig. 2　CPS architecture of intelligent factory

3　河钢唐钢新区智能制造体系建设基础

河钢唐钢新区项目创立之初便提出打造钢铁领域智能制造典范的目标，在产线配套和基础设施规划设计中，对设备集成化程度和数据传输模式做了具体要求。

3.1　数字化设计与数字化移交

在钢铁企业全生命周期中，最原始的数据来自于设计环节，这些参数在未来智能制造体系建设中非常重要。传统钢铁企业在设计过程中产生的大量数据往往以图纸或设备材料表形式存储，数据之间不存在关联关系。随着工程改造的不断进行，施工图及资料存储得不到及时更新已经是所有钢铁企业的通病。河钢唐钢新区在工程设计时采用 BIM 设计模式，对过程中的数据进行统一整理与集成，形成数据仓库，实现图纸、模型、表格和计算书等设计参数的自动关联。建立实现虚拟工厂与实际工厂之间的联系[6]。这样交付给业主的不再是海量纸质版资料，而是一套集成原始设计数据的系统。

3.2　基础网络建设

网络作为钢铁企信息流传递的介质，是钢铁企业智能制造体系的大动脉。河钢唐钢新区建设贯穿产线的主干通信网络。业务网、控制网和视频网分别独立传输，安全可靠。此外，无线网络和 IOT 技术在产线中广泛应用，强调基础网络之间的互联互通，建立边缘运算服务机制，加快网络响应速度。随着 5G 技术应用的不断丰富，将为网络建设提供更多可能[7]。

3.3　基础数据贯通

目前钢铁企业在信息化建设过程中存在业务系统相对独立，数据来源多，复用程度低等问题，很多基础数据需要通过单独定接口程序。唐钢新区建设统一接口平台，对数据的采集、处理以及存储过程进行规范，形成统一的数据流，方便平台之间交互，消除数据孤岛。

3.4　业务系统的全覆盖

信息化业务系统中心均部署在数据中心内，打造智能制造体系大脑，业务服务覆盖从供应商到运输链、从生产组织到生产执行、从产品到客户的全流程智能化管理，完成产业链组织、供销链协调、价值链延伸。建立围绕生产订单的钢铁信息化生态融合，实现用户个性化定制、钢企智能化生产、供销网络化协同，最终打造优化资源调配，革新生产模式的智能化新型钢铁企业。

以“统一标准、统一数据、统一建设、统一管理、高度共享”的原则管理数据，建立公司整体数据管理平台。“横向到边”，打通全价值链，“纵向到底”，打通管理与执行层，实现过程控制层、生产执行层、产销（经营）管理层、公司经营决策层等各层数据上传下达、有机共享。BI、OA、ERP、SCM、CRM、MES、SCADA 各个系统及模块协调工作。

4　河钢唐钢新区智能制造体系设计

河钢唐钢新区智能制造支撑架构采用国际先进的信息化规划编制方法，围绕河钢唐钢新区各项业务，在充分借鉴同行业相关应用情况基础上，分析业务和信息化需求，结合信息化建设重点工作领域，综合分析各业务信息化建设的需求，提出河钢唐钢新区整体智能化支撑规划方案。配合业务流程设计细化河钢唐钢新区组织架构及部门职责，设计符合河钢唐钢新区产线及工艺特点的业务架构、应用架构及技术架构，并在此基础上展开河钢唐钢新区信息化数据标准设计。河钢唐钢智能制造一体化系统应用功能架构如图 3 所示。

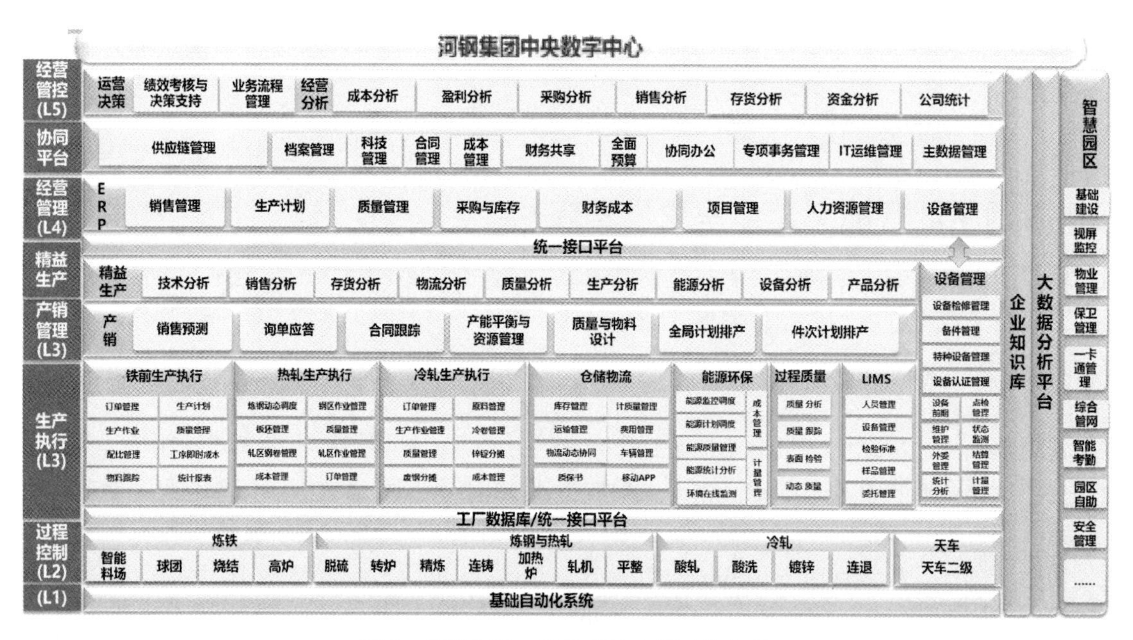

图 3　智能制造一体化系统应用功能架构

Fig. 3　Application function architecture of the intelligent manufacturing integrated system

河钢唐钢新区智能制造包括智能化的工厂设计，智能化的工厂生产运行，依托信息化五级网络架构，实现智能化综合管理，智能化供应链，智能化服务体系等高层次、全局性智能化问题，对智能工厂及智能制造进行顶层设计[8]。同时着重解决底层先进传感器件、仪器仪表，各类产线自动化控制技术、制造平台技术及其可视化等具体关键共性技术问题。从真正解决智能设计、智能感知、智能操作、智能生产、智能管理、智能考核等问题出发，铁前以冶炼实际需求为主导，对料场、烧结、球团、焦化、高炉每个工序建立完备的工业传感器及物联网基础检测系统，在此基础上开发二级及专家系统和大数据子平台，将大数据、冶炼数学模型、模糊数学、人工智能、专家系统、冶金数据库等多学科技术应用于实际生产操作过程中，人机一体化互动，并与钢后各产线紧密衔接，实现自感知、自决策、自执行、自适应的智能制造。

产销一体化平台是河钢唐钢新区智能制造系统建设的基本出发点。通过“互联网+”技术，先形成统一的大数据平台，为实现智慧化运营管理奠定基础，然后在系统中，融合厂区全部生产运营数据，通过对企业内部各部门（采购供应部、销售部、集团财务控制中心、管理部等）和各个管理环节（合同下达与执行、生产计划的实施和控制等）进行全面智能化管理，给企业管理者提决策支持，同时将经销商、供应商融入到系统，实现企业上下游管理的规范化、系统化、智能化。生产的依据是订单，通过产销一体化平台分析订单构成，协调原料需求与生产资源使用效率，生产过程中产生的数据随订单编号贯穿整个流程。真正做到生产资料的物质流、管理系统的信息流与资源调配的能量流的统一，为钢铁企业定制化生产提供了理论基础与技术支撑。产销系统信息流与生产组织的物质流结构如图 4 所示。

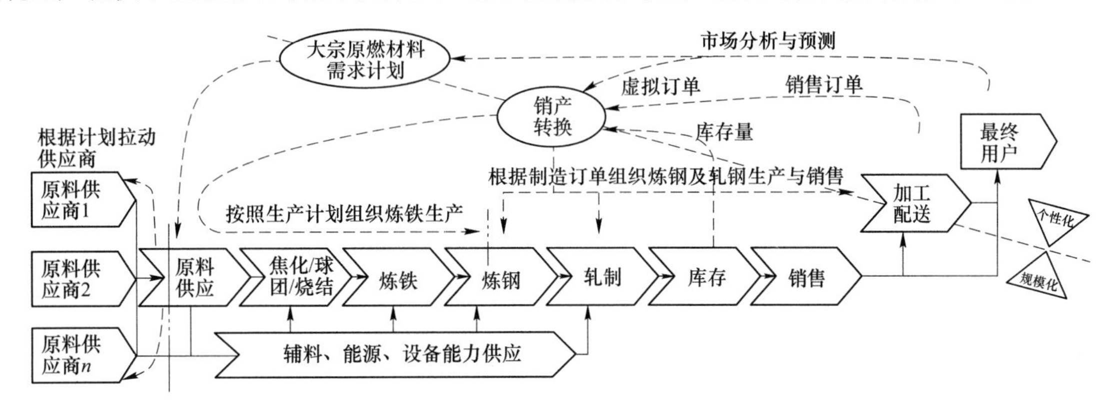

图 4　产销系统信息流与生产组织的物质流

Fig. 4　Information flow of the production and marketing system and material flow of the production organization

5　河钢唐钢新区钢铁制造流程工序智能设计

5.1　焦化工序智能设计

利用炼焦煤具有的黏结性，通过高压使煤粒重新排布排水排气致密化，能使一定尺寸的煤块达到高强度，采用智能机器人操作炼焦。智能码垛纯氧炼焦新工艺利用纯氧不完全燃烧放热并在还原气氛中使焦炭成熟并产生高热值煤气及宝贵的化学品。现代计算机互联网人工智能技术与现代炼焦技术的融合与发展，实现数据化、智能化、网络化、机电仪控工艺设备的一体化，从而提高效率，节约能源，减少排放，增加效益达到最佳集成。

5.2　原料工序智能设计

通过激光扫描仪扫描料堆轮廓，进行三维数据采集，由图像服务器进行三维成像和体积计算，与原料系统的计量系统进行交换，统一在数字化料场系统中管理，所生成数据保存在数据库中，分析处理数据，实现实时盘库，根据料场信息建立料场动态分布图。数字化料场系统可根据料场、堆取料机、皮带机以及转运站等结构图进行三维建模，构架三维仿真系统，实现原料场中控直观的视觉监视效果。

5.3　烧结工序智能设计

解析烧结、球团工艺的燃烧、传热、传质和动量传输，控制合理的冶金反应过程，实现高效、低耗、低排放，降低粉尘、SO_x、NO_x、二噁英等污染物的排放，解决烧结漏风率高、返矿高和烟气治理，提高烧结球团的生产效率，降低能耗。减少被污染空气的总量（空气也是资源）、抑制部分污染物的形成；减少污染物总量、采用全生命周期性价比好；采用脱硫、脱硝工艺，多污染物脱除效率高，副产物资源化的烟气净化技术，同时采用余热发电技术充分利用资源。

5.4　炼铁工序智能设计

从高炉本体、喷煤工艺、热风炉等核心工艺方面着手，依托 60 年来的工程实践积累，围绕高效、长寿、低耗炼铁，针对高炉本体，开发高炉炉顶布料智能仿真系统、高炉炉底炉缸安全运营管理系统、高炉炉身热负荷监控系统等，实现了高炉关键区域可视化、数字化监控，并通过自动分析生产数据，对高炉冶炼状态变化趋势及异常炉况进行早期预测，提供辅助决策信息，有效指导高炉操作，实现稳定、高效生产。

5.5　炼钢工序智能设计

围绕核心的“一键炼钢”和“自动出钢”理论，基于自主开发的副枪作为检测手段和控制，在配料、辅材用量计算、熔清成分、吹氧、钢水量、终点预报进行了研发和应用推广，缩短了冶炼时间，降低了氧和原材料消耗，提高了铁和合金收得率，钢水质量，转炉煤气、蒸汽的有效回收率，达到更高效负能炼钢。

5.6　轧钢生产工序智能设计

针对热轧棒型材，根据工艺流程、装备和控制特点，就加热炉进行了基于“智能化、绿色化”的开发，实现了燃烧智能控制。通过采用专家模型系统，可根据坯料钢种、规格和轧制节奏自动选择加热制度，提供加热炉动态操作的优化控制策略，实现全自动燃烧控制功能，提高钢坯加热质量和温度均匀性，减少烧损，提高加热效率，减少 NO_x 的生成，减少大气污染，达到节能、降耗、环保的目标。

6　结论

河钢唐钢新区项目依照国家智能制造标准，实现钢铁生产全过程的物质流、能量流和信息流的统一跟踪。河钢唐钢新区项目智能制造体系架构以智能装备与智能生产制造平台为基础、以数字化产销和质量一体化管控平台为依托、以财务一体化智慧运营平台为核心，借助物联网、5G与人工智能等先进技术，实现生产全过程的协同与自感知、自决策、自执行与自适应，建设面向未来的智能钢铁企业标杆。

参考文献

[1] 杨艳琳，许淑嫦．中国中部地区资源环境约束与产业转型研究［J］．学习与探索，2010（3）：154~157.
[2] 于建雅．新能源装备制造企业智能制造发展影响因素研究［D］．哈尔滨：哈尔滨工程大学，2017.
[3] 姜枞聪．基于机器学习的智能制造系统评价模型与算法［D］．杭州：浙江工业大学，2019.
[4] 蔡汉斌．基于CPS的制曲智能制造系统设计及方法研究［D］．成都：电子科技大学，2018.
[5] 王柏村，臧冀原，屈贤明，等．基于人-信息-物理系统（HCPS）的新一代智能制造研究［J］．中国工程科学，2018，20（4）：29~34.
[6] 罗凤．智能工厂MES关键技术研究［D］．绵阳：西南科技大学，2017.
[7] 林志坤．5G传输网浅析及技术策略研究［J］．数字通信世界，2019（3）：41~42.
[8] 殷瑞钰．关于智能化钢厂的讨论——从物理系统一侧出发讨论钢厂智能化［J］．钢铁，2017，52（6）：1~12.

河钢唐钢新区信息化系统设计

刘 岩[1]，张 弛[2]

（1. 唐钢国际工程技术股份有限公司，河北唐山 063000；
2. 河钢集团唐钢公司，河北唐山 063000）

摘 要 针对河钢唐钢新区项目产线设置情况，设计了以产销一体化与质量一贯制为核心的五级信息化架构，对软件系统功能和信息化 IT 基础平台进行了详细设计。为河钢唐钢新区项目构建纵向贯通、横向集成、协同联动的支撑体系，真正实现自感知、自决策、自执行、自适应，打造最具竞争力的智能化钢铁企业提供保障。

关键词 信息化系统；智能制造；网络架构；产销一体化；质量一贯制

Design of Information System for Tangsteel New District of HBIS

Liu Yan[1]，Zhang Chi[2]

（1. Tangsteel International Engineering Technology Co.，Ltd.，Tangshan 063000，Hebei；
2. HBIS Group Co.，Ltd.，Tangshan 063000，Hebei）

Abstract Aiming at the production line setting of HBIS Tangsteel New District project，a five-level information architecture centered on the integration of production and marketing and the consistent quality system，as well as the software system functions and the information IT basic platform were designed. A supporting system of vertical connection，horizontal integration，and collaborative linkage for HBIS Tangsteel New District project were established，which truly realize self-sensing，self-decision-making，self-execution and self-adaptation，providing a guarantee for building the most competitive intelligent steel enterprise.

Key words information system；intelligent manufacturing；network architecture；integration of production and marketing；consistent quality system

0 引言

国家推进钢铁行业供给侧结构性改革力度的不断加大，钢铁生产环境成本的不断增加[1]，另一方面，钢铁市场需求增速回落，供需矛盾不断扩大，钢铁企业的生存和发展面临严峻挑战。如何转变发展理念，利用先进信息化、自动化技术实现钢铁企业生存过程中的精细化管理，最终达到降本增效目的已经成为钢铁企业必须面临的问题。

目前大型钢铁行业已经基本完成了信息化系统基本架构的建设，根据不同企业生产组织的特点，建设了涉及从生产到销售、从财务到管理的信息化系统。但系统之间数据相对封闭，管理精细化程度不高问题同样也制约着信息化系统建设的进一步提高。

1 项目背景

河钢唐钢新区项目信息化建设围绕公司的生产经营目标，在保证信息数据准确安全的前提下以实现“物流、信息流、资金流三流合一”为目标，为公司生产、经营和管理决策提供所需的数据信息，实现信息资源共享[2]。

河钢唐钢新区信息化系统设计建立在唐钢公司多年信息化建设宝贵经验之上，从体系构建出发，建

作者简介：刘岩（1989—），男，工程师，2015 年毕业于中国矿业大学（北京）自动化专业，现在唐钢国际工程技术股份有限公司从事冶金行业控制系统设计工作，E-mail：liuyan@ tsic. com

设覆盖 ERP、APS、ODS、MES 等系统及生产调度、仓储物流管理等全流程的信息化综合智能管理体系，实现订单、计划、生产、仓储物流、服务等全过程的实时跟踪、动态闭环和智慧管理；实现唐钢新区过程控制、产品质量、生产效率及安全生产大幅度提升的目标。

2　信息化架构设计

信息化架构设计是利用成熟的信息化规划方法论对钢铁企业的愿景、战略、流程进行梳理、制定满足生产与管理要求的业务规划和信息流向，形成企业信息化的顶层设计[3]。业务规划是从业务角度对企业运营生产内容和机制进行规划设计，明确所包含的业务内容及其静态逻辑结构，管理关键节点及其特点，以及所采用的管理模式和机制。通过业务规划对企业管理体系进行了梳理和明确，其结果为信息系统规划提供了范围、约束、业务处理基准和需求。

总体业务架构描述了企业所包含的业务内容，以及业务板块的划分[4]。依据价值链原理从业务的层次性和同层次业务环节的衔接关系两个维度对的总体业务进行了分析和设计，形成了以产销一体化与质量一贯制为核心的企业总体静态分解逻辑模型。其中河钢唐钢新区项目总体业务架构如图 1 所示。

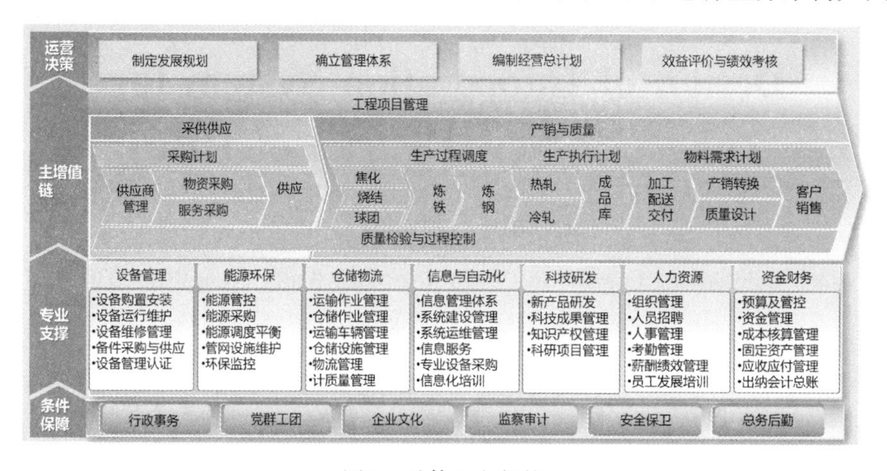

图 1　总体业务架构

Fig. 1　Overall business structure

目前，钢铁企业五级信息化架构体系思路已成为实现各大钢厂信息化系统建设的基本框架。结合目前信息化架构存在的数据相对闭塞，数据对接种类众多的现状，为河钢唐钢新区项目提出了贯穿五级系统的大数据分析和数据可视化平台。为满足数据交互的稳定性和规范性，在二级三级、三级四级之间设计了统一接口平台，各层数据满足统一的格式标准，方便数据流通。配合业务流程设计细化组织架构及部门职责，设计符合产线及工艺特点的业务架构、应用架构及技术架构，并在此基础上进行项目信息化数据标准设计。系统总体应用架构如图 2 所示。

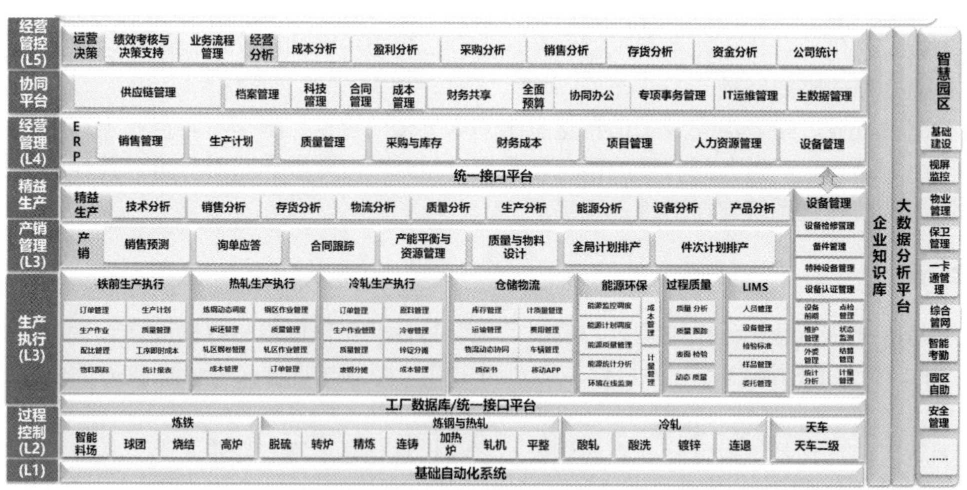

图 2　系统总体应用架构

Fig. 2　Overall application architecture of the system

3 信息化系统设计

钢铁企业信息化系统建设以自动控制技术为基础，以先进的控制、检测手段构建智能制造生产平台；以订单为驱动，综合组织工序间生产资料的调配，实现生产过程的数字化管控，对生产过程中的物质流动、质量保障进行全过程跟踪，打造数字化生产管控平台；以财务分析为基础，支持企业运行决策，形成财务一体化运营平台；以智慧园区基础 IT 平台和企业大数据分析为支撑，打造河钢集团唐钢新区项目“三横两纵”总体信息化架构。

3.1 数字化管控平台

企业资源管理（Enterprise Resources Plan，ERP）通过对钢铁企业生产所需要的不同资源进行统一管理，实现钢铁企业生产资源调配，物流资源调度和信息资源整合。ERP 系统根据用户的采购订单和物料仓储情况编排生产计划，配合物料的采购和库存管理，生产过程中对采购、成本进行管理，满足企业精细化管理需求，实现流程与信息在企业内外的共享与协同，内部供应链向外部拓展，提升供应链运营效率与效益。ERP 系统覆盖企业整体价值链。能够实现物流、资金流、商流、信息流四流集成[5]。引入行业最佳实践，固化企业先进管理经验，体现出钢铁行业特点，将业务流程，业务规则，管理制度用信息化手段融入到企业经营与管理过程中来。ERP 系统内行八大模块，即财务管理、采购管理、生产管理、销售管理、设备管理、项目管理、质量管理和人力资源管理[6]。ERP 系统功能架构如图 3 所示。

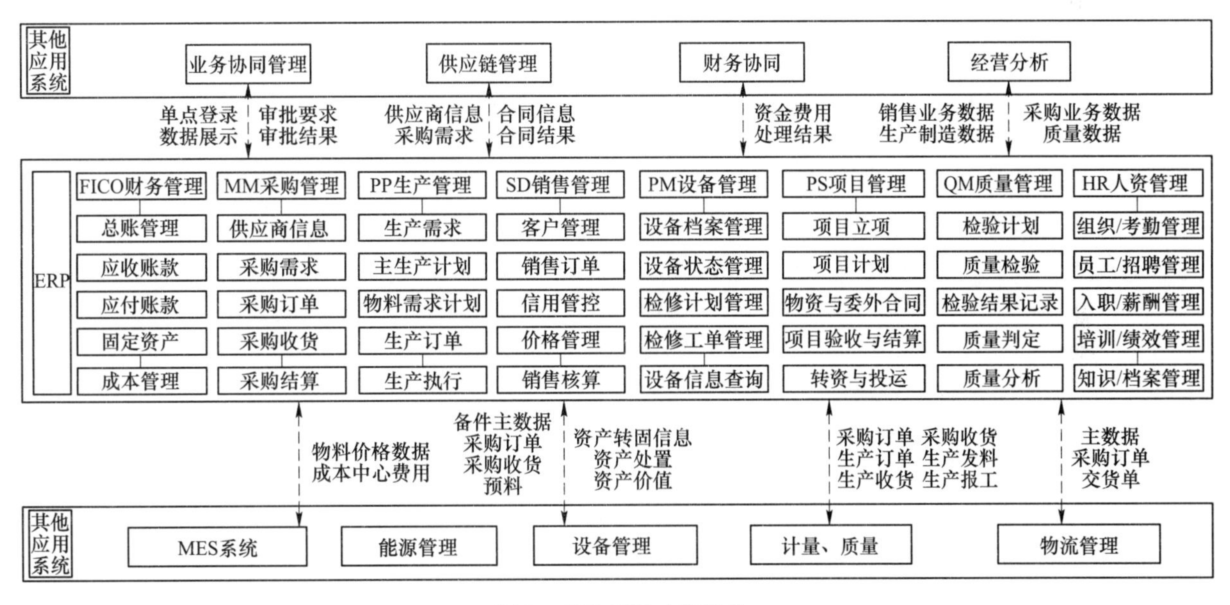

图 3 ERP 系统功能架构

Fig. 3 ERP system functional architecture

3.2 生产管理及制造执行相关信息化系统

3.2.1 产销系统

以产销一体化与质量一贯制为核心的流程设计横向覆盖订单、供应、技术、生产、检验销售和财务部门，纵向衔接了 ERP，以及设备、能源、仓储物流等其他系统，是为生产提供可靠的质量设计和高效的计划的核心系统。围绕客户定制化需求，技术部分根据订单情况形成产品生产规范和制造规范，制造部分由根据处理后的订单设计质量计划，统筹库存、生产资源进行工序安排，生产过程各个工序的质量检测和判定需要满足技术部分要求。产销系统提供高效合理的质量设计与材料设计，确保生产计划的合理性与生产质量的稳定性，为降低生产成本和提高生产效率提供有力的系统支持。

3.2.2 生产执行系统

针对河钢集团唐钢新区项目工艺产线特点，MES（生产执行系统）系统分为三大部分，即铁前MES、热轧MES和冷轧MES。以铁前MES为例，收到销售系统下发的订单后，结合目前一次料库和煤仓库存量，系统形成堆料计划，结合火运、汽运受料槽处的原料检化验信息，组织转运站和堆料机运行。同时，能够根据ERP系统下发的生产订单，协同编制烧结、球团、高炉工序的生产作业计划，并能够根据配料比，推算出原料需求，再结合料场的原料库存，计算出原料采购需求，发送给物流系统，触发物流系统进行物料倒运。

3.3 智能制造平台

智能制造基础平台覆盖钢铁生产的全部流程。在PLC控制及检测系统作为基础自动化平台的基础上，引入智能算法，提高生产参数变化的相应速度和调节准确性。将工业机器人、无人天车等先进技术引入产线，提高生产稳定性和生产效率。针对关键设备的使用情况，增加相应的高性能检测分析手段，提高数据分析效率，及时发现设备运转过程中的潜在故障。打通各个控制系统的通信接口协议，保证生产数据的反馈和指令下达的时效性。

4 基础IT平台设计

4.1 园区网络架构

全厂主干网络是公司信息化建设中的重要组成部分，是河钢唐钢新区的信息大动脉，供全厂OA、ERP系统、MES、视频监控系统、能源管理系统等使用并考虑备份和预留。按网络应用方向分类，主干网网络类型可以分成4类，分别为：用于OA办公和ERP、MES等信息化系统访问的园区网；用于与现场数据采集和控制平台通信的工业网；用于视频监控的统一接入的视频网；用于信息化服务器集群、私有云平台和集中数据存储等接入数据中心网。

主干网在网络架构建设上采用标准可靠的3层组网架构，即核心层、汇聚层和接入层，其中核心层交换机部署在数据中心机房内，为保证数据通信稳定性采用双机冗余结构。汇聚层交换机部署在各区域汇聚层机房，同样采用双机冗余结构，完成本功能区VLAN间的路由、IP地址或路由区域的汇聚功能。作为节点交换机的汇聚节点，接口性能根据数据交换量选择并具有扩展性。接入层交换机部署在关键产线及办公区域的节点位置，传输光纤进行备份。

4.2 园区无线网络覆盖

为支持移动办公需求，河钢唐钢新区项目园区办公网络采用无线网络形式，并覆盖整个园区。在无线信道的划分上，办公网对信号强度要求大，流量传输速率高，带宽高，故采用5GHz与2.4GHz兼容的方式覆盖，全厂采用统一的网络准入方式接入网络在无线的组网上，AP根据所需要覆盖的范围分别进行设计。

4.3 网络安全

在保障整体建设满足河钢唐钢新区项目基础需要的同时，符合国家对于信息化建设的基本安全要求，该系统的安全架构参照国家等级保护制度相关标准进行建设，网络安全按照区域化进行设计。整体方案主要包括互联网出口区、数据中心区域、运维管理区、DMZ区、专网接入区、信息化园区网区域、工业网络区域[7]。网络安全系统分别从网络、主机、网络应用、防病毒、安全管理等层面进行防护，同时要进行网络安全的集中管理，加之专业的网络安全服务的支持，从而构建全面的网络安全体系，抵御来自各方面的攻击。

4.4 私有云建设

根据业务应用驱动原则结合不同的数据库特性与操作安全特性，设置数据库云、HANA云、应用云和大数据云。云平台构成数据运算、业务支撑、数据存储、终端交互与操作的核心基础服务平台。数据库云一体机作为 ORACLE 数据库平台，ORACLE 数据库采用统一的版本，基于云的模式为全公司的 ORACLE数据库系统提供统一的数据库云服务。

5 结语

通过对河钢唐钢新区信息化结构进行完整规划，形成了以产销一体化与质量一贯制为主线、以智能设备为基础、以管理精细化和降本增效为核心[8]的信息化建设体系。对数字化管控平台进行总体设计，突出了管理采购与生产执行过程中的协调一致，实现了多品种、小批量定制化生产模式的落地。同时对生产执行系统与智能生产平台进行了详细设计，并对基础 IT 设施中的网络系统和私有云平台建设进行了规划。河钢唐钢新区信息化体系建设是实现“绿色化、智能化、品牌化”发展理念，打造智能制造标杆的主要举措。

参考文献

[1] 袁明 . WK 公司钢材业务的营销策略研究 [D]. 北京：北京邮电大学，2019.

[2] 李志福 . 融“信息流、商流、资金流、物流”为一体的物流教学 [J]. 课程教育研究，2014 (13)：14.

[3] 向峰，徐靖钧，台伟，等 . 长江委信息化顶层设计中信息新技术的运用 [J]. 人民长江，2015，46 (5)：61~64，77.

[4] 燕飞，范军，吴礼云，等 . 基于物质流、能量流与信息流的钢铁厂智能调控系统架构研究 [J]. 冶金自动化，2018，42 (3)：24~31.

[5] 李志福 . 融“信息流、商流、资金流、物流”为一体的物流教学 [J]. 课程教育研究，2014 (13)：14.

[6] 赵雷 . 基于 SOA 的财务管理系统的设计与实现 [D]. 沈阳：东北大学，2016.

[7] 郭睿，陈涛 . 安全域划分在企业中的实际应用研究 [C]. 信息网络安全，2016 (S1)：163~168.

[8] 袁久柱，陈兆阳，周磊 . 钢铁行业信息化建设现状及前景展望 [J]. 河北冶金，2017 (7)：81~86.

[9] 刘景钧，封一丁 . 智能制造在钢铁工业的实践与展望 [J]. 河北冶金，2018 (4)：74~80.

BIM技术在河钢唐钢新区的应用

聂宇航，李晗

（唐钢国际工程技术股份有限公司，河北唐山 063000）

摘　要　分析了BIM技术在钢铁行业设计中的优势以及设计难点。从工艺设备、软件选择、协同工作和技术交底等方面，全面介绍了BIM技术在河钢唐钢新区项目设计中的应用。采用Bentley软件，利用“串行+并行”的协同设计方式进行设计；技术交底过程采用三维甚至四维模型方式；定制开发了大量非标设备，并建立相应元件库，实现BIM应用标准化；实际设计中，利用三维模型进行合理性检查及碰撞检测；BIM拓展应用方面，制作了关键帧动画及工艺流程动画，提升了企业形象。同时，BIM设计成果的积累为钢铁行业在数字化交付中打下了基础。

关键词　BIM技术；三维建模；数字化；钢铁设计

Application of BIM Technology in HBIS Tangsteel New District

Nie Yuhang，Li Han

（Tangsteel International Engineering Technology Co.，Ltd.，Tangshan 063000，Hebei）

Abstract　This article analyzes the advantages and design difficulties of BIM technology in the design of the steel industry. Besides，the application of BIM technology in the project design of HBIS Tangsteel New District were comprehensively introduced from the aspects of process equipment，software selection，collaborative work and technical clarification. The project adopts Bentley software and uses the “serial + parallel” collaborative design method for design，and the technical clarification process applies three-dimensional or even four-dimensional models. In addition，a large number of non-standard equipment has been customized and developed，and the corresponding component library has been established，realizing the standardization of BIM application. In the actual design，the three-dimensional model is used for rationality inspection and collision detection. In terms of BIM expansion and application，key frame animations and process animations were produced to enhance the corporate image. Meanwhile，the accumulation of BIM design results has laid the foundation for the steel industry in digital delivery.

Key words　BIM technology；three-dimensional modeling；digitalization；steel design

0　引言

建筑信息模型（Building Information Modeling）是以三维数字技术为基础，集成了建筑工程项目各种相关信息的工程数据模型，是对该工程项目相关信息的详尽表达，使设计人员和工程技术人员能够对各种建筑信息做出正确的应对，并为协同工作提供坚实的基础[1]。因此，BIM绝不是单纯的三维建模，而是在可视化的基础上，将从概念开始的全生命周期的所有决策提供可靠依据的工作过程[2]。本文依据河钢唐钢新区实际建设中的BIM设计及应用情况进行具体分析。

1　BIM技术在钢铁行业设计中的优势

BIM技术在许多其他工业领域中已发挥了其重要性和优势，而钢铁行业在摆脱以往落后粗放型生产方式，向精细化转变的过程中，应用BIM技术无疑是一个重要手段，也必然会是未来钢铁行业发展的大趋势[3]。河钢唐钢新区作为一个代表中国钢铁工业乃至世界钢铁工业先进水平的技术高地、创新高地、

作者简介：聂宇航（1991—），女，硕士，工程师，2017年毕业于内蒙古科技大学控制科学与工程专业，现在唐钢国际工程技术股份有限公司主要从事自动化设计、三维设计工作，E-mail：nieyuhang@ tsic. com

产品高地、智能制造高地和绿色发展高地，将 BIM 技术与现有优势紧密结合，并摸索出一条适合钢铁行业的 BIM 道路势在必行。

BIM 模型既是对整个建筑、结构、全专业设备的全面展示[4]，也是对图纸进行全面审核的过程。具体优势体现在以下方面：

（1）BIM 模型可将河钢唐钢新区设计中涉及到的所有专业放在同一模型中，以 1∶1 方式及真实尺寸进行建模，在施工前将更改所有有碰撞及不合理的设计，并将传统设计中只用文字表达的部分真实展现，如电缆桥架宽度等，进而做到精细化设计[5]。

（2）全方位的三维模型可在任意位置剖切平面图及立面图，观察并调整该处管线的标高关系。

（3）除传统平面图立面图以外，BIM 模型还可以浏览底视图、轴侧视图等。

（4）BIM 模型集成了各种建筑结构、设备管线、电缆通廊等的信息数据，可以进行精确的列表统计，部分替代设备算量的工作。

2 采用 BIM 设计难点

BIM 技术在钢铁行业如此大规模应用在国内尚属首次，因此在河钢唐钢新区建设过程中 BIM 设计应用中遇到了很多难点。首先，设计中涉及专业多，且各专业密不可分，设计组织难度大；其次，由于涉及非标设备多，因此需要大量元件库的储备；最后，普通的三维建模软件不能满足在工业领域特殊表达要求，成熟度低[6]。

3 BIM 技术在河钢唐钢新区设计中的应用

3.1 工艺设备

BIM 技术在河钢唐钢新区项目中应用广泛，分别以铁前系统及钢后系统为例进行介绍。

河钢唐钢新区项目集成了大型装备和先进工艺。铁前系统：原料场贮料场全部为智能环保型料场，贮矿料场采用封闭式 C 型料场；贮煤料场采用封闭式直径 120m 圆形料场；2 台 $360m^2$烧结机同步配套脱硫脱硝及烧结烟气循环；2 台 $760m^2$国内最大的球团带式焙烧机为高炉大比例球团矿冶炼创造条件；3 座 $2922m^3$高炉按照适合资源禀赋和经济效益的需求量身定做。钢后系统：2 座 200t 大型转炉及配套的精炼、连铸设施为低成本、高效化、专业化生产洁净钢创造条件；100t 转炉配套高速连铸，长型材轧线采用直轧或热装热送技术；2050mm 热轧生产线及冷轧生产线装备技术达到国际先进水平。

3.2 软件选择

河钢唐钢新区项目涉及专业众多，对工艺、环保要求较高，需要各参与专业协同设计。为此，采用了 Bentley 公司的 Aecosim building designer、OpenPlant modeler、BRCM、Prostructure、OpenRoad designer 等专业软件，通过以上应用程序，各专业快速协同设计，建立模型，同时对设计中的碰撞进行了检测，大大提高了设计质量及设计进度。

3.3 协同工作

在传统二维设计过程中，专业间的协同设计工作总是以串行方式进行，并且需要反复向各专业提资，无论在时效性还是工作效率上都有所欠缺。而在河钢唐钢新区项目的三维正向设计中，如果单纯采用并行方式，则不能很好地进行协同设计。因此，“串行+并行”的协同设计方式更适合三维正向设计[7]。

“串行+并行”的协同设计方式具体为：

（1）由建筑专业将单体模型轴网建好，并在轴网基础上进行建筑及结构专业的建模。

（2）工艺、动能、环保、电气、水资源、自动化专业的设计人员可以参考建筑专业模型，在其基础上进行“预占位”，表示其专业预想摆放该专业设备及管道等的位置，进行一次设计，一次设计完成后，专业间进行调整，再在一次设计基础上进行详细二次设计。

（3）二次设计完成之后，由总图专业将各个单体模型总装到总装文件中。

（4）涉及到外网、管道、桥架等模型的专业，如电气外网、水外网、动力外网等的模型，则需要在全场总装之后进行设计建模。

如此进行“串行+并行”三维协同设计方式（图 1），在河钢唐钢新区实际设计过程中经过了验证，效率远远高于传统二维设计。

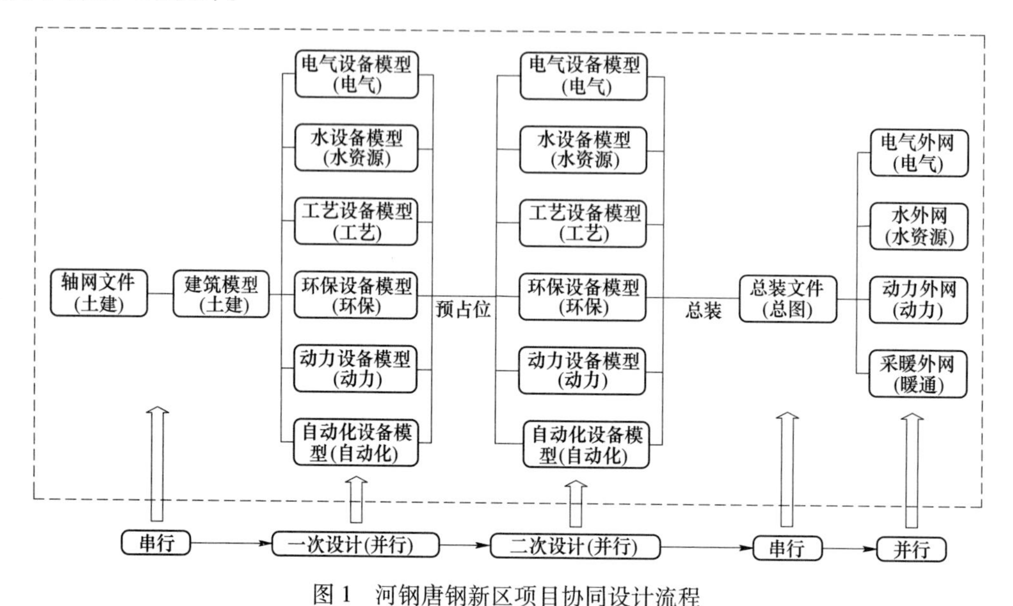

图 1　河钢唐钢新区项目协同设计流程

Fig. 1　Collaborative design process of HBIS Tangsteel New District project

3.4　技术交底

在河钢唐钢新区的设计交底和施工交底过程中，三维模型与传统交底相结合的方式较传统交底方式而言，克服了因认知水平的差异所带来的隔阂，有利于施工单位完全理解施工要点，保证了施工质量和效率。

在以往日常工作中，施工人员需对照图纸在现场进行检查指导，而利用 BIM 技术，可将图纸做到移动端三维可视，同样，技术交底可视为一段较长的构建信息参数，嵌入到模型中[8]。

在某些重难点部位，仅用一个文字的技术交底难以实现。因此，在河钢唐钢新区项目中，采用三维甚至四维的技术交底，全方位展示重点和难点部位的困难性和局限性，以及如何进行施工，标注重点注意事项，指导工人正确合理施工。

4　设计难点及设计突破

（1）BIM 应用标准化：软件自带的设备模型无法满足河钢唐钢新区项目需要，为此，需开发定制大量非标设备模型，制作成元件库（图 2），共享使用，将 BIM 应用进一步标准化。

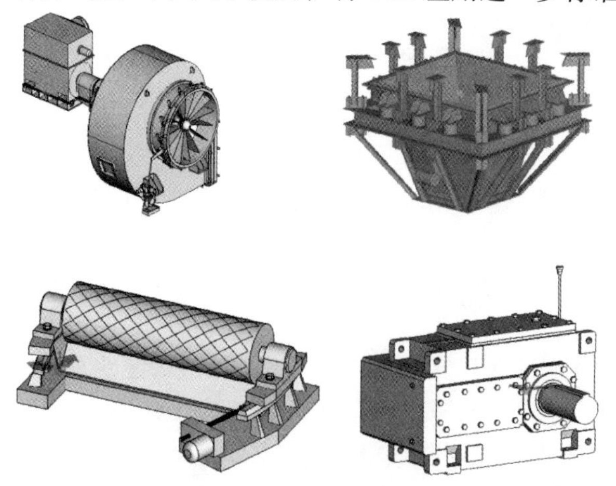

图 2　部分元件库模型

Fig. 2　Part of the component library model

（2）其他难点：整个厂区单体众多，且各单体之间的连接也并非简单连接。如原料场皮带通廊上下存在高差，极易出现碰撞。若利用传统二维设计，设计者难以全方位观察，容易顾此失彼。利用三维设计可以直观感受整体结构的合理性，并且自动检查碰撞，从而优化设计方案。某转运站的碰撞情况如图 3 所示。

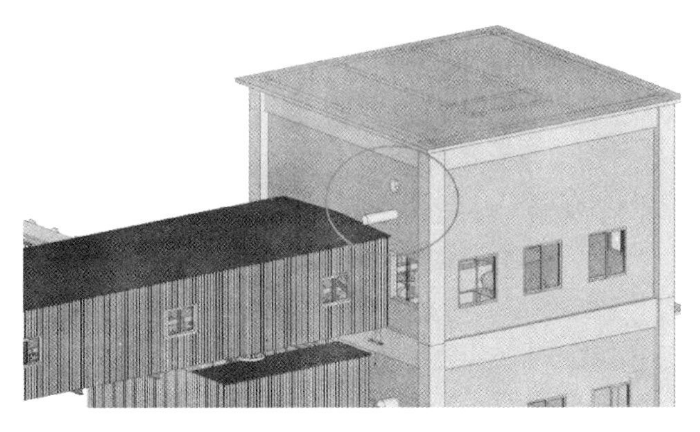

图 3　某转运站的碰撞情况

Fig. 3　Collision situation at a certain transfer station

5　可视化成果

BIM 设计覆盖了河钢唐钢新区建设的全产线和全专业。原料区域 C 型料库单体模型包括了建筑、结构、工艺、机械、给排水、自动化和电气等多个专业，将各专业设计成果进行总装，形成总装模型，如图 4 所示。原料区域重型卸矿车机械模型、钢轧区域空压站内部各专业总装模型、烧结主厂房及环冷机总装模型、高炉区域本体及热风炉模型、二炼钢 3 个转炉及上料系统模型以及连铸模型，分别如图 5~图 10 所示。

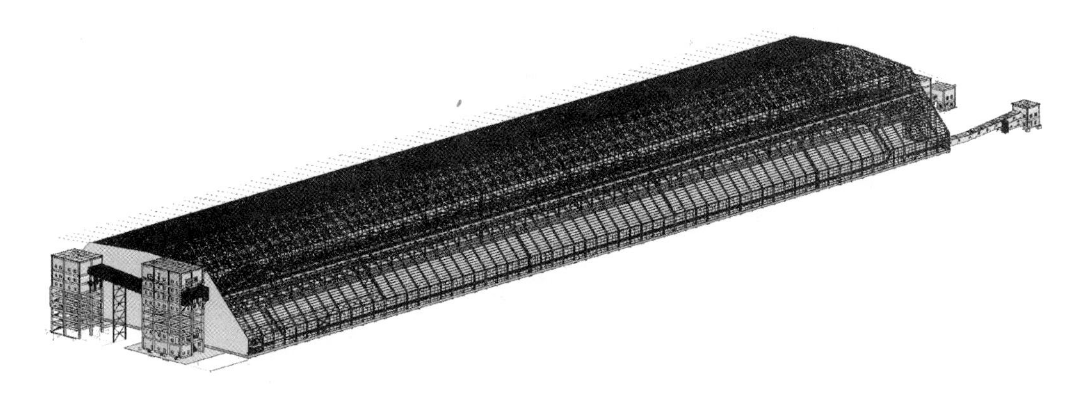

图 4　C 型料场模型

Fig. 4　C-type stockyard model

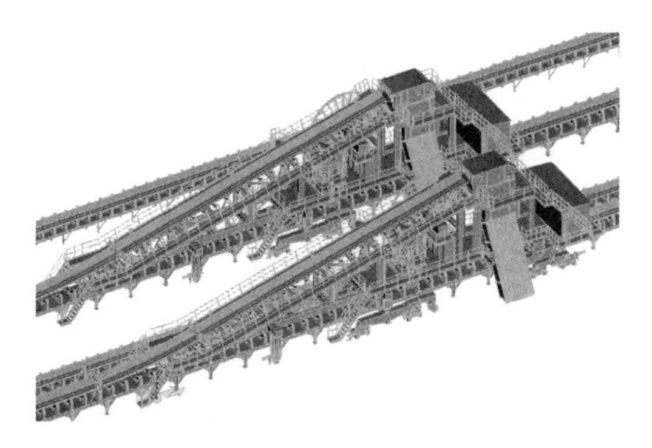

图 5　原料场内重型移动卸矿车模型

Fig. 5　Heavy-duty mobile unloading truck model in the raw material yard

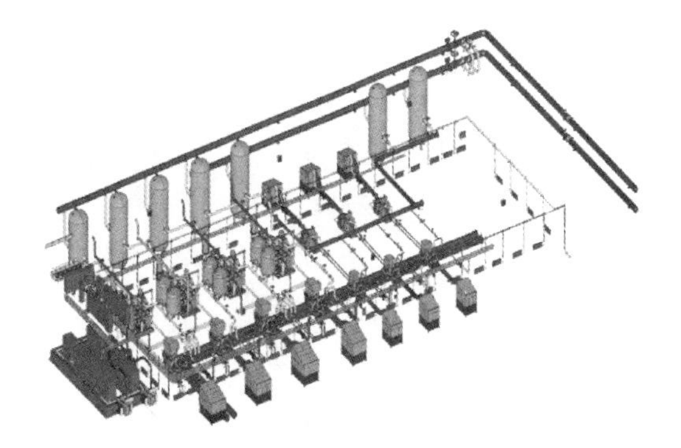

图 6　钢轧区空压站主厂房内部设备管线模型

Fig. 6　Pipeline model of the internal equipment of the main factory workshop of the air compressor station in the steel rolling zone

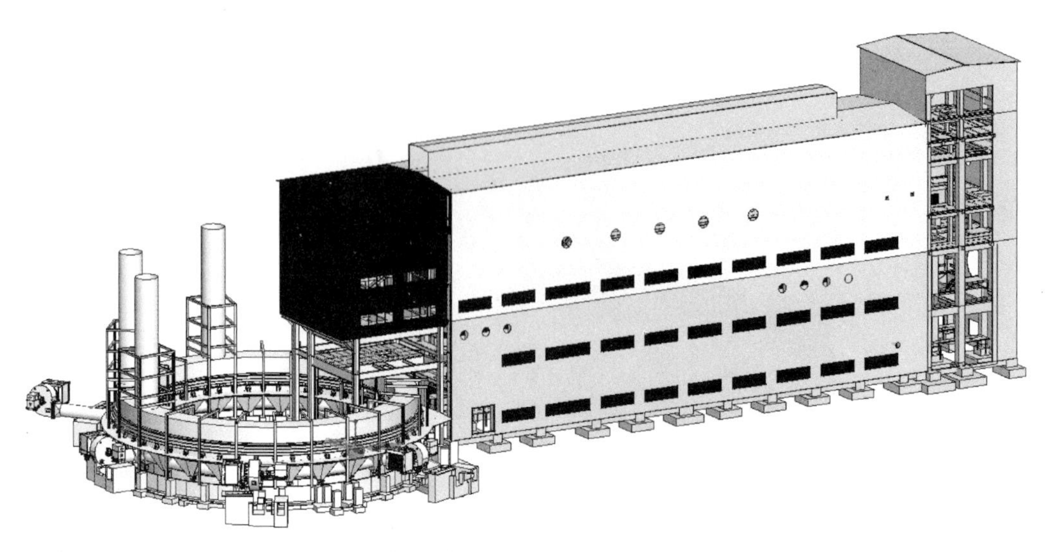

图7　烧结主厂房及环冷机模型
Fig. 7　Sintering main plant and circulating cooler model

图8　高炉模型
Fig. 8　Blast furnace model

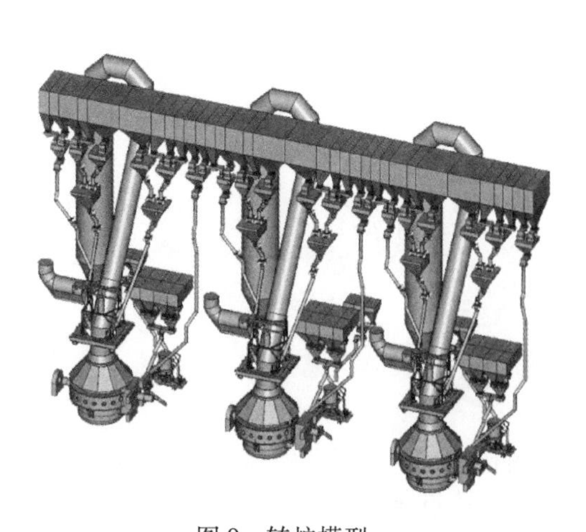

图9　转炉模型
Fig. 9　Converter model

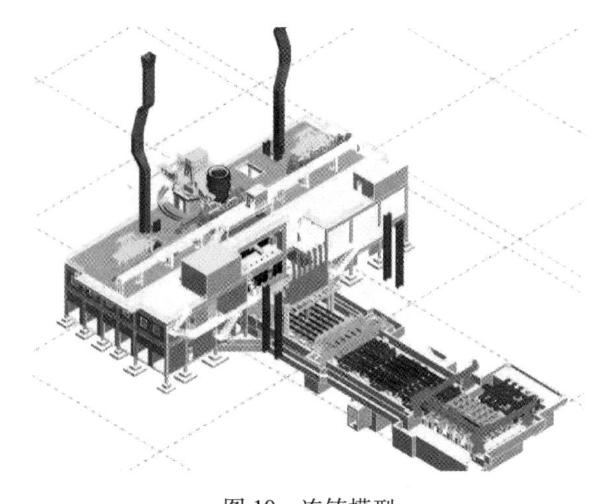

图10　连铸模型
Fig. 10　Continuous casting model

6 BIM 成果应用拓展

6.1 工艺流程仿真

将 BIM 模型导入动画软件平台后，进行模型渲染，并添加周边环境及人物模型，进行关键帧动画制作以及工艺流程制作，对各个产线的生产过程进行工艺仿真，使新入职员工和外部参观人员在不进入产线的情况下便可以直观地了解到产线布置和工艺生产方式。此外，BIM 成果在产品宣传，提升企业形象方面发挥了极大价值。

6.2 VR 应用

将 BIM 模型通过 VR 软件平台转换后，进行河钢唐钢新区 VR 场景制作，体验者带上 VR 眼镜，可以体验沉浸式的三维工厂漫游，足不出户便可直观感受唐钢新区工厂中的任何细节[9]。

通过 BIM 还可以实现更多应用的拓展，将已有的三维协同设计成果充分应用，不仅能提高设计效率，更能在项目的施工和工程运维中发挥巨大作用[10]。

7 结语

通过以上理论分析及实例验证，可以证明，BIM 技术在河钢唐钢新区项目的设计中，采用 Bentley 软件，利用“串行+并行”的协同设计方式进行设计，效率远高于传统二维设计；在技术交底过程中，采用三维甚至四维的方式，极大地提高了沟通效率；在 BIM 应用标准化方面，定制开发了大量非标设备，并建立相应元件库；在实际设计过程中，利用三维模型进行合理性检查及碰撞检测，使设计更加合理且准确；在 BIM 拓展应用方面，制作了关键帧动画及工艺流程动画，提升了企业形象。由此可见，BIM 设计在河钢唐钢新区项目的设计中优势显而易见，具有良好的推广前景。此外，BIM 设计成果的积累也为钢铁行业在数字化交付中打下了基础。

参考文献

[1] 冯志方 . BIM 技术在水利工程设计咨询项目中的应用 [J]. 工程技术（引文版），2016 (5)：00199.
[2] 沈亮峰 . 基于 BIM 技术的三维管线综合设计在地铁车站中的应用 [J]. 工业建筑，2013，43 (6)：163~166.
[3] 胡本润 . BIM 技术在烧结项目设计中的深入应用 [J]. 工程建设，2018，50 (4)：45~48.
[4] 范娜，张威 . 探讨 BIM 在装饰装修施工管理中的应用 [J]. 装饰装修天地，2017 (18)：6.
[5] 傅国新 . BIM 在接触网工程建设管理中的应用探讨 [J]. 城市建设理论研究：电子版，2015 (11)：2133~2134.
[6] 张颂 . 基于 BIM 技术的绿色建筑设计应用研究 [J]. 工程技术（引文版）：00306.
[7] 于瑞海 . 大型建设项目的设计管理研究 [D]. 广州：华南理工大学，2012.
[8] 陈丽萍 . BIM 技术在钢铁企业空压站的应用 [J]. 河北冶金，2020 (8)：80~82.
[9] 刘岩，苗冉，韩立民 . 基于三维可视化技术的空压站数字化管理系统的开发 [J]. 河北冶金，2020 (9)：71~74.
[10] 季军，杨晨，田鑫 . 三维激光扫描技术在钢铁企业建设与设备维护中的探索 [J]. 河北冶金，2020 (S1)：32~37.

钢卷信息识别系统设计与应用

郭丽娟

（唐钢国际工程技术股份有限公司，河北唐山 063000）

摘　要　为提高热轧来料至冷轧原料库区的物流转运效率，减少人为干预入库，河钢唐钢新区设计了一套智能化的钢卷自动识别系统。介绍了系统架构、软硬件实现过程以及采用的关键技术。系统应用后，实现可不停车状态下自动识别钢卷号、钢卷顺序、自动测温，并进行钢卷信息智能校验，校验异常后自动报警，完成多种载体的信息集成识别和智能入库。

关键词　钢卷；信息；自动识别；异常处理；智能校验；入库

Design and Application of Coil Information Recognition System

Guo Lijuan

（Tangsteel International Engineering Technology Co.，Ltd.，Tangshan 063000，Hebei）

Abstract　In order to improve the logistics transfer efficiency of incoming hot-rolled materials to the cold-rolled raw material storage area and reduce human intervention，HBIS Tangshan Steel New District has designed an intelligent automatic identification system for steel coils. This article introduces the system architecture，software and hardware implementation process and key technologies adopted. After applying the system，it can recognize the steel coil number and sequence，and measure the temperature automatically without stopping the machine. This system is also able to intelligently verify steel coil information，automatically alarm after checking the abnormality，and achieve the information integration identification and intelligent storage of multiple carriers.

Key words　steel coil；information；automatic identification；exception handling；intelligent verification；storage

0　引言

目前大多数钢厂在冷轧原料库入库时，需要停车由人工手持喷码、标签、测温设备进行人工核检，停时核算工作量大[1]，信息验证计算错误多，工作效率低下[2]。为了提高在冷轧原料库入库过程中钢卷物流转运效率并方便管理，唐钢新区综合考虑应用工业视觉、RFID 射频识别、温度探测等新技术[3]，将电子标签封装在条形码标签内，贴在钢卷上，在标签中写入钢卷号、规格、型号、存放位置等物料信息，采用钢卷自动识别系统，将钢卷喷码、标签信息连同温度数据等多种载体进行集成识别和展示[4]，整个识别过程无须人工干预，整体提升钢卷识别自动化、信息化水平[5]，提高物流信息传递效率。

1　系统概述

系统首先进行钢卷喷码、标签、温度、边部图像信息采集，根据采集信息进行数据集成，将数据按要求整合处理后进行存储及展示。最终实现库区钢卷多载体信息识别集成、异常处理、信息展示功能。

系统总体结构（见图 1）如下：

（1）数据采集：通过 OCR 工业视觉、RFID 设备、热成像设备等硬件设备进行数据采集，实现喷码识别、标签识别、温度检测、板卷边部图像数据采集。

作者简介：郭丽娟（1985—），女，硕士，工程师，2010 年毕业于河北工业大学通信与信息系统专业，现在唐钢国际自动化公司主要从事信息化技术工作，E-mail：guolijuan@ tsic. com

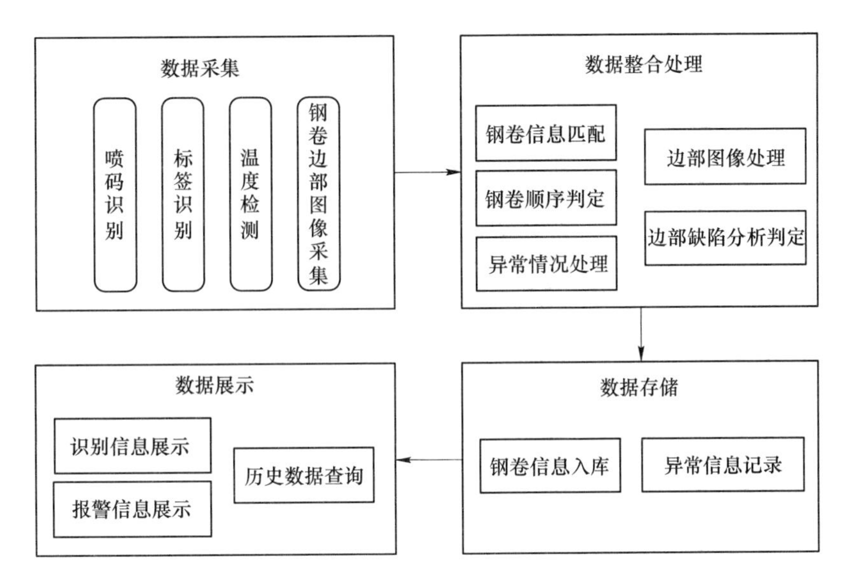

图 1　系统总体结构

Fig. 1　Overall structure of the system

（2）数据整合处理：通过对钢卷的抓拍、多维度数字图像处理分析、温度检测，进行图像识别数据采集、温度数据采集接口开发，实现钢卷喷码、标签信息自动识别，温度检测，完成对钢卷号和温度的自动识别。

通过识别结果实时监控、识别数据核对、识别异常数据按数据位模糊匹配、非计划钢卷报警、识别钢卷顺序判定、异常情况处理、边部缺陷分析判定等功能，进行钢卷数据整合处理。钢卷信息识别运算逻辑以图像识别为主，依据图像识别钢卷形状给出的各级触发信号，完成多载体钢卷数据采集、处理、存储、顺序判定与数据发送。针对异常数据或非计划钢卷提供前台修正功能。

（3）数据存储：将整合处理结果按照钢卷信息、异常信息分类存储入 sqlserver 数据库。包括钢卷识别信息表、异常情况数据表。钢卷识别信息表包括钢卷号、钢卷类型、图片名称、温度、顺序；异常情况数据表包括车牌号、钢卷号、钢卷类别、识别时间、顺序、温度等。

（4）信息显示：进行钢卷识别数据实时推送、报警信息实时展示、历史数据查询。在值班室用户终端实现对钢卷信息（钢卷号、钢卷图像、钢卷顺序、钢卷温度等）的实时查看，出现钢卷信息或顺序等识别信息校验异常时，提供声光报警服务，并提供按照时间段进行钢卷识别历史纪录的查询。

2　钢卷智能识别系统

系统主要实现信息识别集成、异常处理、信息展示功能。信息识别功能集成模块包括将 OCR 工业视觉、RFID、热成像设备调试、钢卷喷码图像信息识别与数据存储、RFID 电子标签数据读取与存储、热成像温度数据读取与存储、钢卷号识别功能集成。

2.1　系统硬件及接口实现

系统硬件包括 OCR 工业视觉相机[6]、RFID 标签读写器、喷码识别相机、热成像温度探测器，以及用于数据存储的数据库服务器。采用专用的 OCR 工业视觉相机，通过多维度数字图像处理技术，实现对钢卷号高适应、宽视角、高稳定性的识别。贴有 RFID 标签的钢卷通过工业级 RFID 读写器实现钢卷信息的采集识读[7]。钢卷温度通过金属表面温度测量专用的高分辨率红外热像仪，实现热图截图确保运动中钢卷温度的实时检测。

通过开发喷码图像识别数据采集接口、RFID 电子标签数据采集接口、热成像数据采集接口，进行钢卷信息识别功能集成。

系统接口部分包括与仓储系统、天车系统、MES 系统接口，与 MES 进行生产上料计划的数据传输，与仓储系统进行库存接口交互，与天车系统进行转运车辆信息及管控数据的传输[9]。

2.2　系统软件实现

系统使用 Visual Studio2010 开发工具，采用 .net 技术开发，C/S 架构的开发模式，界面和操作丰富，响应速度快，安装方便，安全性高，适用于用户需求，大大提升用户体验度。其主要实现功能如下：

（1）物料信息识别。物料信息识别实现钢卷喷码、RFID 电子标签、温度数据实时监控与识别处理以及钢卷顺序判定，进行识别数据实时推送。钢卷信息识别运算逻辑以图像识别为主[8]，依据图像识别钢卷形状给出的各级触发信号，完成多载体钢卷数据采集、处理、存储、顺序判定与数据发送。

（2）钢卷信息智能校验。实现车载钢卷识别数据核对、钢卷顺序的识别和判定、钢卷号与钢卷顺序的自动匹配、钢卷号与在途钢卷信息的自动校验，最终生成准确顺序、准确钢卷号，为下一步仓储工序提供准确信息。通过信息识别技术，将识别数据进行智能规划与调度、智能匹配与校验，最终实现智能钢卷入库[9]。智能识别模块将业务数据迅速传输到客户终端进行展示，同时将数据与库内数据进行智能匹配、数据校验和识别纠正，最终把业务数据快速准确的转换为入库信息。

（3）报警及异常处理。将识别钢卷与轧制计划进行核对，完成数据匹配，若是非计划钢卷进行报警，并提供报警消音功能。

具体报警条件及处理如下：

1）钢卷信息校验错误、钢卷温度超过阈值等异常情况时进行声光报警；

2）钢卷号自动识读失败：操作界面弹出钢卷全景照片、在途钢卷信息列表，报警人工识读、匹配；

3）RFID 标签自动识读失败：配备手持条码扫码设备，现场人工校验钢卷信息；

4）高温卷：超出规定温度范围系统自动管控钢卷上线时间，超过规定温度上限系统报警，做退库操作；

5）错卷：入库信息与在途钢卷信息不符时系统报警，人工进行退库确认操作。

2.3　钢卷识别历史信息查询

实现钢卷识别历史记录查询及导出。查询选定起止时间内板卷识别历史记录，记录识别时间、识别钢卷号、计划钢卷、匹配结果、识别类型、温度、照片等信息，用于为历史追溯作参考，统计钢卷识别异常率、错误率。

3　关键技术

3.1　信息识别集成

信息识别中集成喷码图像识别、RFID 电子标签读取、热成像数据读取等子系统功能难度大，钢卷信息识别运算逻辑以图像识别为主，依据图像识别钢卷形状给出的各级触发信号，完成多载体钢卷数据采集、处理、存储、顺序判定与数据发送，可以大大提高数据识别的精准性。

系统平台中引入钢卷号生成规则配置功能，依据每个周期的钢卷倒运批次，生成钢卷每个字符模糊匹配数据区间，在卷号识别环节加入单个字符模糊匹配功能，从平台上弥补硬件设备制约，有效提高识别数据准确性与完整性。

采用 webservice 服务端与客户端开发模式进行接口开发，与交互方进行数据传递，完成接口开发，实现各类载体识别设备、触发设备与系统数据采集模块之间高效、稳定的协同工作模式，实现异构平台的互通性，以及更广泛的软件复用。

3.2　智能识别与数据校验

通过信息识别技术，将识别数据进行智能规划与调度、智能匹配与校验，最终实现钢卷智能入库。智能识别模块将业务数据迅速传输到客户终端进行展示，同时将数据与库内数据进行智能匹配、数据校验和识别纠正[10]，最终把业务数据快速准确的转换为入库信息，提升了物流转运效率。

4 结语

通过将现有业务流程与工业视觉、RFID 射频识别、温度探测等前沿科技软件平台进行柔性集成，硬件设备科学部署，打通了钢卷转运流程的整体信息流，并将信息流按照逻辑关系集成在一个系统平台上，实现钢卷信息自动识别传递，杜绝出错，减少操作人员进入作业区的安全风险。此外，多载体信息识别技术的自动识别及应用，实现了信息自动入库，节约了钢卷入库时间，提高了钢卷入库效率，降低了人为失误率和仓储物流成本。

参考文献

[1] 朱丽霞，张素贞 . RFID 技术在仓储管理系统中的应用 [J]. 科技广场，2009 (3)：52~53.
[2] 韩东晖 . 红外成像仪在 IT 信息机房中的应用 [J]. 电脑开发与应用，2011 (5)：20~22.
[3] 胡伟涛，韩建波，杜卫红 . 红外线成像技术在电气设备状态检测中的应用 [J]. 电子世界，2014 (2)：10~12.
[4] 艾新荇，陶红刚，周鹏 . 钢卷信息自动识别系统设计 [J]. 通讯世界，2017，(2)：215~216.
[5] 郑均辉，甘泉 . 基于 RFID 的智能仓储管理系统的设计与实现 [J]. 电子设计工程，2014，22 (13)：8~10.
[6] 李小娟 . 自动识别技术在成品库存作业上的应用 [J]. 河北冶金，2017 (1)：75~79.
[7] 蔡晓洁，陈秀良 . 成品库计算机控制和管理 [J]. 河北冶金，2010 (5)：49~51.
[8] 刘琳 . 钢卷库天车定位及智能导航软件系统设计 [J]. 河北冶金，2016 (6)：65~67.
[9] 刘鸿 . 热轧钢卷库区物流吊运的数据化 [J]. 起重运输机械，2019 (19)：122~124.
[10] 袁野，罗全，苑辉 . 基于机器视觉的钢卷喷码与识别系统设计 [C]. 冶金装备信息化、智能化、在役再制造及维修大数据分析交流会论文集，2019.

基于点云数据的河钢唐钢新区炼钢厂废钢间三维建模方法

杜汉强

（唐钢国际工程技术股份有限公司，河北唐山 063000）

摘　要　钢铁企业对炼钢废钢间废钢吊运的控制，大多停留在较为简单的自动化作业阶段，整个过程费时费力，同时对操作人员也有较高的要求。河钢唐钢新区通过伺服电机的旋转，配合二维激光扫描仪快速、高效、非接触式地获取废钢表面高精度点云数据，并对点云数据邻域划分、去噪简化、三维重建，所建模型与实际物体进行还原对应让二维轮廓变成三维立体，实现废钢的精准定位，解决了废钢车间天车无人化中物料形状识别难题。

关键词　激光扫描仪；点云数据；邻域关系；去噪简化；三维建模

3D Modeeling Method of Scrap Room in Steelmaking Plant of HBIS Tangsteel New District Based on Point Cloud Data

Du Hanqiang

（Tangsteel International Engineering Technology Co., Ltd., Tangshan 063000, Hebei）

Abstract　Most of the steel enterprises' control of scrap lifting and transportation in the steel-making scrap room stays in the relatively simple automated operation stage, the whole process is time-consuming and laborious, and also has higher requirements for the operators. HBIS Tangsteel New District uses the rotation of the servo motor and a two-dimensional laser scanner to quickly, efficiently and non-contact obtain high-precision point cloud data on the surface of scrap steel, and divides the point cloud data neighborhood, simplifies de-noising, and reconstructs three-dimension. The built model is restored to the actual object to make the two-dimensional outline become three-dimensional, realizing the precise positioning of the scrap steel, and solving the problem of material shape recognition in the unmanned crane of the scrap steel workshop.

Key words　laser scanner; point cloud data; neighborhood relationship; simplify de-noising; three-dimensional modeling

0　引言

炼钢废钢间是炼钢生产的主要原料供给之一，目前废钢吊运及库区废钢管理业务采用人工作业的方式，需要大量的人员，属于劳动密集型区域。受到安全、质量、成本等多方面冲击，对库区废钢物流管理无人化提出了更高的要求[1]。随着三维轮廓新兴测量方式的出现，通过三维建模方法能够实现对目标区域的识别[2]。河钢唐钢新区的三维轮廓测量是通过伺服系统配合二维激光扫描仪，将废钢池区域整个轮廓进行快速扫描，形成三维数据。在扫描过程中可以快速区分扫描区域，实现对物料的精准定位，通过三维建模方法实现对点云数据的邻域划分、精简、去噪，实现物料的精准定位，通过废钢物流智能化、无人化助力企业发展[3]。

1　点云数据采集

1.1　硬件设计

本系统的测量设备采用二维激光扫描仪，激光扫描仪是漫反射方式，利用激光测距原理测量出被测

作者简介：杜汉强（1982—），男，高级工程师，硕士研究生，2008 年毕业于河北理工大学控制理论与控制工程专业，现在唐钢国际工程技术股份有限公司主要从事高级语言编程和工厂二级系统研发工作，E-mail：16877054@ qq. com

物体外形轮廓，其单帧获取的测量点数据成线型分布，一般需要运动机构牵引作有规律的运动，从而实现对目标物体表面的完整的测量，其运动方式可以是平动和旋转方式[4]。考虑现场情况，本设计采用旋转方式，利用伺服系统和二维扫描仪集成扫描装置，采用起重机梁安装方式，安装一台二维激光扫描仪，扫描器 LMS511 主体安装在旋转扫描装置上，用来测量废钢的位置信息。

1.2 测量过程

天车吊装作业前，行走到作业废钢池中心位置附近，启动扫描系统，扫描系统读取大车行走位置后，启动旋转扫描装置，旋转扫描装置运转过程中，Y 轴向旋转扫描装置控制扫描器主体从左至右匀速运动，匀速转动装置编码器可以实时反馈角度[5]。扫描仪在从左至右匀速转动过程中，同时从前至后方向以 190°、35Hz 频率进行扫描。Y 轴向旋转扫描装置扫描结束，Y 轴向控制旋转扫描装置返回原点。

2 测量点的三维坐标计算

激光扫描仪用于对废钢进行扫描，获取废钢表面上各点位置信息，数据传送到工控机的三维数据采集和处理软件中，首先计算测量点的激光传感器坐标系三维坐标，如图 1 所示。

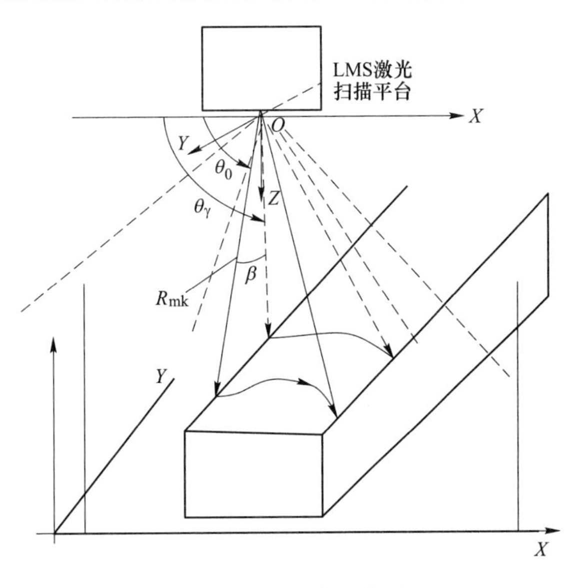

图 1 坐标计算示意图

Fig. 1 Schematic diagram of coordinate calculation

假定已知定位系统探测终端的三维坐标，求目标位置的三维坐标分量，应具备的已知条件为：(1) 探测终端与目标之间的直线距离 R_{mk}；(2) 目标相对于系统探测终端的云台摆动角度 β、激光扫描起始角度 θ_0，扫描点序号 k，角分辨率 θ_r，设 O 点坐标为（0，0，0），则目标点云台坐标系坐标计算公式为：

$$X_{mk} = R_{mk}\cos\beta\cos(\theta_0 + k\theta_r) \tag{1}$$

$$Y_{mk} = R_{mk}\sin\beta \tag{2}$$

$$Z_{mk} = R_{mk}\cos\beta\sin(\theta_0 + k\theta_r) \tag{3}$$

式（1）、式（2）和式（3）为目标三维坐标的数学表达式，也就是建立起来的被探测目标三维坐标分量的数学模型。

为建立废钢的三维模型，需要将其转化成废钢跨坐标系的坐标值。这需要获取无人天车大车的当前走行位置。由于激光扫描的刷新频率和获取编码器数据的刷新频率不一致，编码器数据的刷新频率（一般为 1024 帧/秒），要大于激光扫描的刷新频率，需要进行数据的时间匹配。匹配的原则是以激光扫描数据的时间为准，用最接近该时间的编码器数据去匹配激光扫描数据[6]。

在完成预处理后，根据匹配的数据信息以及天车和扫描装置支架的尺寸参数，将测量点坐标从激光传感器坐标下（局部坐标系）转换成废钢跨坐标系下（世界坐标系）。

3　废钢三维建模

3.1　废钢三维建模软件流程

本系统通过通信进程获取的来自天车主体 PLC 的大车走行位置数据以及天车本身的尺寸数据、激光扫描仪的安装位置数据，利用坐标变换和三维重建算法构建废钢料堆的三维立体模型数据，滤除由于抖动和遮挡产生的干扰数据，三维建模流程如图 2 所示。

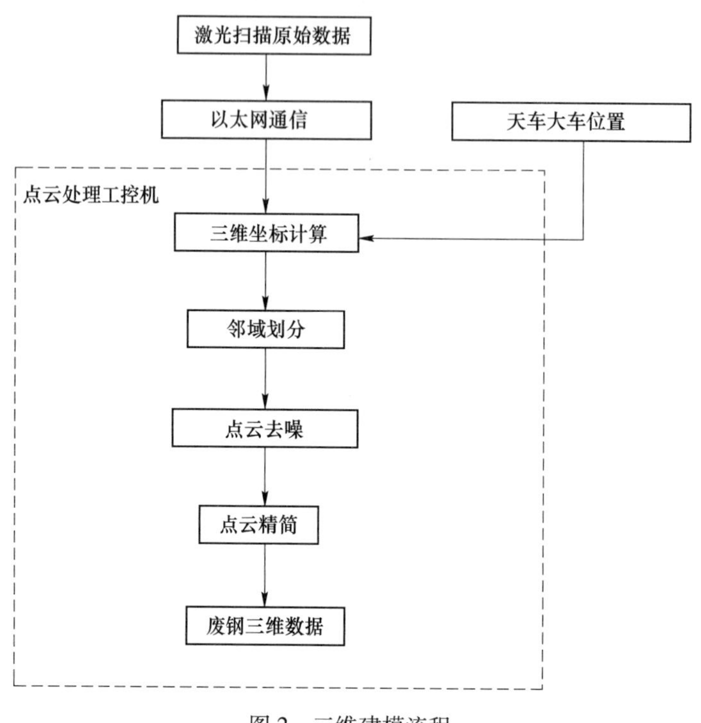

图 2　三维建模流程

Fig. 2　3D modeling process

3.2　点云邻域关系的建立

扫描装置获取的原始点云数据是散乱点的集合，点云数据间的相互关系不能确定，因此在对点云数据处理之前需建立点与点的邻域关系。

设点云数据中的一个集合 $P=\{P_1,P_2,\cdots,P_n\},P_i\in R^3$，那么该集合中任一点 P_i 与其他点的空间距离最近的 K 个数据点的值称为 K 邻近距离。根据 K 邻近距离的定义，直接计算出点云数据中所有点的 K 邻近距离，然后根据 K 邻近距离的大小排序，选出距离最小的 K 个数据点，即为点云数据的 K 邻近距离点。该办法适合点云数据较少时使用，当点云数据庞大时，计算耗费时间会很长。为了优化计算时间，研究人员提出了单元格法、八叉树（Octree）法、KD 树（K-dimensiontree）法等算法来减少计算时间。

单元格法也是一种基于包围盒法的空间划分算法，本项目采用的就是这个算法。其邻域 t 划分原理是对点云数据每个方向上都采用一个特定步长 d 来均匀划分，得到的都是边长为 d 的正方体的小空间，主要步骤如下：

（1）建立点云数据的最小包围盒。搜索整个点云数据，找到坐标最小的点 $P_{\min}$（$x_{\min}$、$y_{\min}$、$z_{\min}$）和最大的点 $P_{\max}$（$x_{\max}$、$y_{\max}$、$z_{\max}$），根据这两个点确定一个包含所有点云数据的正方体，该正方体就是最小包围盒。

（2）计算划分空间的步长。设步长为 d，根据此步长将最小包围盒划分为 n 个小单元格，如式（4）所示：

$$n=\lceil(x_{\max}-x_{\min})/d\rceil\lceil(y_{\max}-y_{\min})/d\rceil\lceil(z_{\max}-z_{\min})/d\rceil \tag{4}$$

式中，$\lceil\ \rceil$表示向上取整。

若每个单元格内有 k 个点，那么点云的总数量 N 可表示为

$$N = akn \tag{5}$$

由式（4）、式（5）可得步长 d

$$d = \sqrt[3]{\frac{ak(x_{\max} - x_{\min})(y_{\max} - y_{\min})(z_{\max} - z_{\min})}{N}} \tag{6}$$

式中，根据经验 k 一般取 6 或 26，表示单元格的邻域：a 为一个可调参数，通过调整 a 确定合适的步长。

（3）三维空间的划分，在得到最小包围盒与步长 d 后，就可以据此在 X、Y、Z 上确定单元格的个数

$$\begin{aligned} L_x &= \lceil (x_{\max} - x_{\min})/d \rceil \\ L_y &= \lceil (y_{\max} - y_{\min})/d \rceil \\ L_z &= \lceil (z_{\max} - z_{\min})/d \rceil \end{aligned} \tag{7}$$

由式（7）可计算得到单元格的数量为 $L_xL_yL_z$。

（4）点云数据的映射计算点云数据中任意点云 $P_i(P_{ix},P_{iy},P_{iz})$ 对应的单元格的序号为

$$\begin{aligned} PN_x &= \lceil (P_{ix} - x_{\min})/d \rceil \\ PN_y &= \lceil (P_{iy} - y_{\min})/d \rceil \\ PN_z &= \lceil (P_{iz} - z_{\min})/d \rceil \end{aligned} \tag{8}$$

（5）K 近邻域搜索。借助建立的单元格结构可以计算出 K 个最近邻域，步骤如下：

第一步，对任意点 P_i，计算其所在的单元格。

第二步，从该点所在单元格及 26 个邻域单元格中找到该点的 K 个最近的点，计算与该点的距离并排序，选取与该点距离最近的 K 个点标志为最邻近点。

第三步，若当前邻域没有找到 K 个点，则扩大邻域，直到找到 K 个点。

通过单元格算法处理数据后，可知点云数据中每个点的距离最近 K 个点，用该数据来表示点云的邻接信息。

3.3 点云数据的噪声滤除与精简

3.3.1 噪声点云数据的来源

由于遮挡、抖动和粉尘的影响，在获取的数据中包含了部分干扰点（错误点和无用点），对于抖动造成的计算误差不大的点，采用增加被测物的反射率或者缩短扫描仪测量距离，调整扫描仪的参数或者使用一些平滑滤波等不同的方法来消除噪声[7]。但误差较大的点，则在图形中表现为明显的毛刺，同时由于粉尘的反射，也在图形中形成了明显的突起和毛刺，这些干扰数据会严重影响建模精度，必须进行一定的处理。

3.3.2 点云数据去噪

去除噪声点数据就是删除或调整获得的一些包含粗大误差或者非被测物表面的点数据。点云数据去除噪声点后，可更快速、准确的实现被测物的三维重构。

本系统采用下列方法去除噪声点云：

（1）限定数据处理范围由于废钢料堆只占扫描范围内的一部分区域，可以用一个保守的经验值估算废钢料堆模型的区域大小，同时在进行去除干扰区域处理时，仅对区域内的数据进行处理，这样大大提高了效率，进一步降低计算量[8]。

（2）去除干扰数据分析发现干扰数据的特点是在局部和小的区域出现不正常的高程值。为此，本系统采用了模版比对的算法。算法思想如下：

在作业前，抖动较小时，提取废钢数据，作为初始模版。

作业中，当前数据与初始模版比对，如果某处的高程值比模版点值高于一定的阈值，则认为是干扰点，则赋予模版值；如果低于模版值，则更新模版值。

3.3.3　点云数据精简

三维扫描装置获取的点云数据是庞大的，这样庞大的数据若不进行精简处理，会影响后续的建模。庞大的点云数据会延长建模时间，且点云数据越多，越不容易找到特征部分而产生误判，降低后续建模的精度。所以，在保持被测物几何特征的前提下，尽可能的减少测量的点云数据[9]。

本方法的数据精简算法中采用单元格法，首先对滤波后的点云数据依据单元格法进行空间划分，接着把点云数据映射到已划分的子空间内，对单元格内的点云进行统计，选择单元格中距离其形心最近的一个点，单元格内其余的点均删除：若单元格内只有一个或没有点云数据，则不作处理。最终，有数据的单元格只剩一个点云数据，这样可以大大简化点云数据，且简化后的点云数据比较均匀[10]。该算法中，可以通过调整单元格的步长大小来控制精简效果，当单元格的步长增大时，每个单元格也就随之扩大，这样就精简掉更多的点云数据，采用单元格算法，对每个单元格中只保留靠近形心的实心点，删除其余的空心点，达到精简数据的目的。

4　结语

以河钢唐钢新区炼钢废钢为研究对象，开展了废钢三维建模方法研究，激光扫描方法具有高效、高精度、非接触式获取废钢海量点云数据的优点。探讨了唐钢新区废钢点云数据的采集方法，并进行了点云数据的三维坐标计算及废钢三维模型重建相关核心技术的研究，实现了废钢三维模型的重构。研究成果已成功应用于河钢唐钢新区长材项目炼钢废钢天车扫描系统，克服了人工经验判断的随机性和不准确性，实现了天车的无人操作、自动运行，减少了天车操作和地面库区管理人员、提高了劳动效率、保障了人身安全，起到了为企业降本增效的作用。

参考文献

[1] 张子才．矿石堆取料机的自动堆取作业研究和应用［D］．上海：上海交通大学，2008.

[2] 雷斌．斗轮堆取料机单机全自动化系统研究与设计［D］．长沙：湖南大学，2013.

[3] 张子才．散货料堆的实时三维成像方法［J］．机电设备，2009，26（2）：25~29.

[4] 何原荣，郑渊茂，潘火平，等．基于点云数据的复杂建筑体真三维建模与应用［J］．遥感技术与应用，2016，31（6）：1091~1099.

[5] 樊琦．基于点云数据的三维模型重建［D］．西安：西安科技大学，2015.

[6] 张会霞，朱文博．三维激光扫描数据处理理论及应用［M］．北京：电子工业出版社，2012.

[7] 吕琼琼．激光雷达点云数据的三维建模技术［D］．北京：北京交通大学，2009.

[8] 王新东．创新驱动发展科技引领未来——河北钢铁集团科技创新发展战略［J］．河北冶金，2015（6）：14.

[9] 王新东，李建新，刘宏强，等．河钢创新技术的研发与实践［J］．河北冶金，2020（2）：1~12.

[10] 郝胜涛，刘丰，刘千里，等．高度补偿器在宣钢天车称量系统中的应用［J］．河北冶金，2014（5）：67~71.

3dsMax 建模及轻量化在河钢唐钢新区三维工厂的应用

李孟达

（唐钢国际工程技术股份有限公司，河北唐山 063000）

摘　要　针对河钢唐钢新区依托 BIM 设计成果，打造三维数字化工厂平台过程中，遇到的模型体量大、不同平台兼容性差、易卡顿的问题，提出了基于 3dsMax 的 BIM 模型轻量化处理及重构的方法。介绍了建模方法、技术目标及轻量化优化方法。优化后的模型能有效减轻模型体量，优化平台运行效果。

关键词　数字化工厂；3dsMax；建模；模型轻量化

Application of 3dsMax Modeling and Lightweight in 3D Plant of HBIS Tangsteel New District

Li Mengda

（Tangsteel International Engineering Technology Co.，Ltd.，Tangshan 063000，Hebei）

Abstract　In the process of building a three-dimensional digital factory platform based on the BIM design results in the HBIS Tangsteel New District，it encountered the problems of large model volume，poor compatibility of different platforms，and easy freezing. In response to these problems，this article proposes the method of 3dsMax-based BIM model lightweight processing and reconfiguration，and introduces modeling methods，technical goals，and lightweight optimization methods. The optimized model can effectively reduce the model volume and improve the platform operation effect.

Key words　digital factory；3dsMax；modeling；lightweight model

0　引言

随着新一代智能工厂标准出台，要求钢铁行业向智能制造、绿色制造进一步完善，而建设数字化钢厂是实现钢铁企业智能制造的必经之路[1]。加快发展智能制造，对于推动我国制造业供给侧结构性改革，打造我国钢铁行业整体竞争优势，完成从钢铁大国向钢铁强国的转变具有重要战略意义。河钢唐钢新区旨在打造基于 unity 引擎的数字化管理平台，以三维可视化模型为载体，实现整个生产工艺流程的数字化，而其中最关键的一步就是 BIM 模型的转换与处理，通过 3dsMax 进行大量的重新建模、点面优化处理，从而为实现智能化生产奠定基础。

1　项目概况

1.1　项目介绍

河钢唐钢新区建设地点位于唐山市乐亭经济开发区，是河钢集团面向未来打造智能工厂的重要实践。新区三维数字化工厂平台实施范围覆盖一期建设范围内的建筑、道路及主体工艺设备等。因设计、总包单位不同，不同区域的模型创建工具存在较大差异，比如原料、烧结、高炉、炼钢和轧钢区域的厂房建筑采用 Bentley 系列设计软件，各区域的机械设备采用 SolidWorks 或 Inventor 等设计工具，此外存在

作者简介：李孟达（1992—），男，硕士，助理工程师，毕业于燕山大学控制工程专业，现在唐钢国际工程技术股份有限公司主要从事自动化与三维设计工作，E-mail：limengda@ tsic. com

SketchUp 软件创建的房屋建筑模型。不同设计工具的模型内部数据组织方式不同，模型的精细程度与组织格式同样存在较大差异，因此有必要提出一种基于同一平台的模型轻量化及重构方法，统一不同来源模型的格式与精细化程度，为数字化工厂平台提供统一标准的模型基础。

1.2　目标及意义

河钢唐钢新区数字化工厂是指以数字化方式再现真实的实体或系统，其关键技术就是对物理对象的数字化处理。充分利用物理模型、传感器更新、运行历史等数据，集成多学科、多物理量、多尺度、多概率的仿真过程，在虚拟空间中完成映射，从而反映相对应的实体装备的全生命周期过程[2]。

数字化工厂也用来指代将一个工厂的厂房及产线数字化，在没有建造之前，就完成数字化模型，从而在虚拟的空间中对工厂进行仿真和模拟，并将真实参数传给实际的工厂建设。而工厂和产线建成之后，实现对工厂的能源、设备、仪表、管线的动态管理和监控，将运维数据与三维模型融合，形成可视化的资产运维管理和数据互联平台，用户可以借助系统在日常的运维中进行信息交互，全线贯通前期的工程设计，施工建设和后期的运维管理[3]，协助工厂的运维管理人员全面了解产线的每一个细节。

1.3　三维建模技术分析

BIM 是以建筑工程项目的各项相关信息数据作为基础，建立起三维的建筑模型，通过数字信息仿真模拟建筑物所具有的真实信息。它具有信息完备性、信息关联性、信息一致性、可视化、协调性、模拟性、优化性和可出图等八大特点[4]。当前主要建模技术主要有以下几种：

（1）Revit 和 bentely 软件均基于 BIM 模型，目的是建筑信息管理，定位为完成整个建筑项目的设计，包括方案设计、成果输出等等，由于其数据精准，导致其在平台加载中有卡顿现象，可视化只是其附带的作用。

（2）MAYA 被视为 CG 的行业标准，是世界上最强大的整合 3D 建模、动画、效果和渲染的解决方案。由于其模型过于精细细腻，多数都应用在角色绘制及动画、运动化模拟，虽然能实现需求，但性价比不高，操作难度较大。

（3）3dsMax 工作方向主要面向建筑模型动画和室内设计，其定位是进行建筑可视化表现，易学易用，性价比高，与引擎软件结合是当前三维工厂平台的一种最常见的应用形式。

针对河钢唐钢新区模型详细而复杂的现状，提出了一种基于 3dsMax 平台的模型轻量化与重构的方法，先将不同格式的 BIM 模型转成相同中间格式，再通过在 3dsMax 对于模型多余的点、线、面等元素进行修改和重置，从而达到模型轻量化处理的目的，实现数字化工厂平台上模型的流程便捷展示。

2　3dsMax 建模

2.1　3dsMax 介绍

3dsMax 是由全球第四大 PC 软件公司研制开发的一款基于 PC 系统的 3D 动画渲染及制作软件。该软件的前身是 3DStudio 系列软件，目前的最新版本为 3dsMax 2020，该软件的特点：一是软件基于 PC 系统，对配置的要求相对较低；二是具有丰富的插件功能，能够提供 3dsMax 本身不具备的一些功能，如毛发功能，并且还能对原有的功能进行强化；三是软件具有可靠的动画制作能力[5]，能对建模步骤进行叠加，从而更便捷的制作各种模型。目前，3dsMax 软件已被广泛应用于各个领域，如室内装修、影视制作、广告设计、建筑设计以及三维动画和多媒体制作等等，其之所以能在如此多的领域中被广泛应用，与其自身所具有的特点密不可分。其优势体现：

（1）性价比高：公司对软件的选择，除了性能要求之外，其次就是价格。3dsMax 有良好的性价比，不但能提供强大的功能，价格还比较低廉，大部分建模公司对该软件的价格基本都可以接受，因此进一步降低了产品的运作成本。同时，3dsMax 对硬件系统的配置要求也相对较低[6]，不需要对硬件进行额外的升级，普通的配置即可满足需要。

（2）使用便捷：软件的好坏更多依赖于使用者的评价，使用者最为关心的问题是软件的操作性能，如果很难操作，那么即使软件性价比再高，也很难得到使用者的认可[7]。而 3dsMax 在使用流程中表现了较为简洁和高效，容易上手的特点，后续的高级版本操作性体验更佳。

2.2 技术要求

为确保进入引擎的模型能流畅运行并与真实设备材质保持一致，需要在 3dsMax 中完成三维数字模型的编辑处理，完成带有材质纹理的三维数字模型。对建模提出以下要求：

（1）所有优化的三维数字模型为 Editable Poly 模式，模型单位设置为 mm，不允许有破面、漏面和点线穿插。

（2）所有面的法线方向要朝向人能看到的方向。

（3）模型坐标如无特殊要求放在物体底部中心，具备交互动作的部件其坐标轴须调整在旋转轴上。

（4）模型材质和纹理要清晰符合设计要求，以实物真实纹理材质为制作依据，符合实际，尽量在小的贴图范围内表现更多细节。

（5）贴图文件格式必须为 32 位 TGA 无压缩文件，透明纹理必须带 ALPHA 通道。

3 模型轻量化

河钢唐钢新区 BIM 模型涉及到多家设计院及总包单位，其 BIM 模型往往侧重在大而全的重量级概念，即做一个一次性解决所有问题的大平台，最终往往效果适得其反[8]。本项目提出的“模型轻量化”，需要在保留关键数据的同时做到轻量化处理，将不同平台、不同设计院的 BIM 模型融合到统一的三维管理平台，在保证流畅度的同时，也大大减小了模型体量。通过河钢唐钢新区一些细小的器件，阐述轻量化处理的几种常见手段。

（1）针对一些角钢、槽钢等钢结构，可通过新建几何体对象时，减少面的分段数、边数，达到减少物体的面数，如图 1 所示，在减少边数的同时尽量要保证对象圆滑不失真[9]。

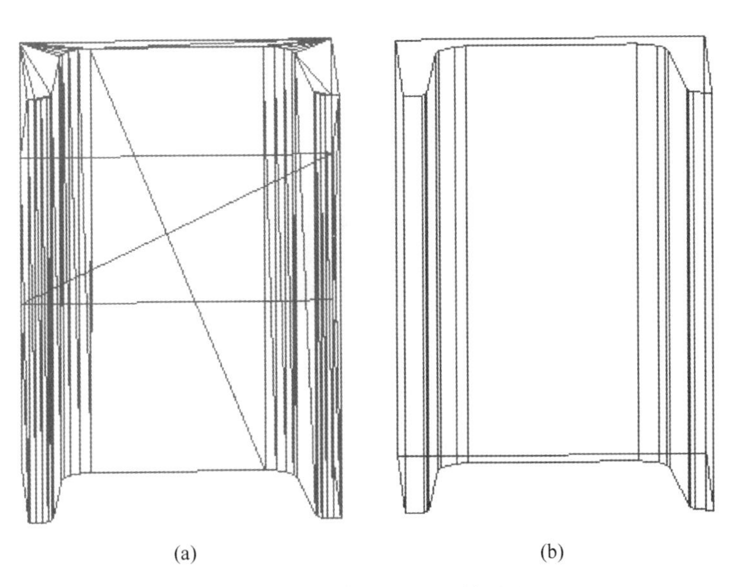

(a) (b)

图 1 槽钢模型轻量化处理效果对比

Fig. 1 Comparison of lightweight treatment effects of channel steel model

（a）优化前；（b）优化后

（2）针对规则的管道、楼梯台阶扶手等物体，可通过 LOFT 放样物体，通过调节图形和路径的步数值，可以达到减少物体的块面数，如图 2 所示。

（3）对于不规则的物体，可添加优化命令，调整阈值及偏移等数值，达到减少物体的块面[10]。

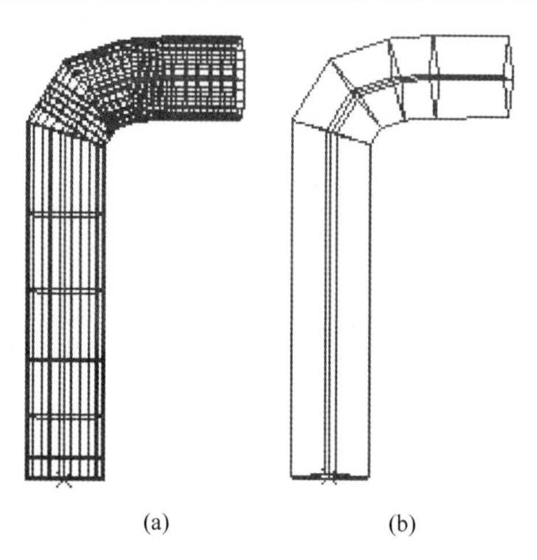

(a)　(b)

图2　管道模型轻量化处理效果对比

Fig. 2　Comparison of lightweight treatment effects of pipeline model

（a）优化前；（b）优化后

4　建模及优化成果展示

虽然建模及优化是一项繁琐且考验耐心的工作，但是能让模型看起来更简单，处理起来更高效，可能在平时的使用中一个小物体的优化不能起到立竿见影的效果，但是在钢铁工厂中，当把所有模型组合在一起，展示一个整体的三维工厂时，就能带来质的飞跃，无论是在后台运行上还是作为产品展示时，都能让电脑运行起来游刃有余，给使用方带来更好的体验，从而为整个生产环节全方位监控、保驾护航。图3为原煤仓堆取料机处理模型，面数减少了83%，图4为封闭料库刮板取料机处理模型，面数减少了92%。

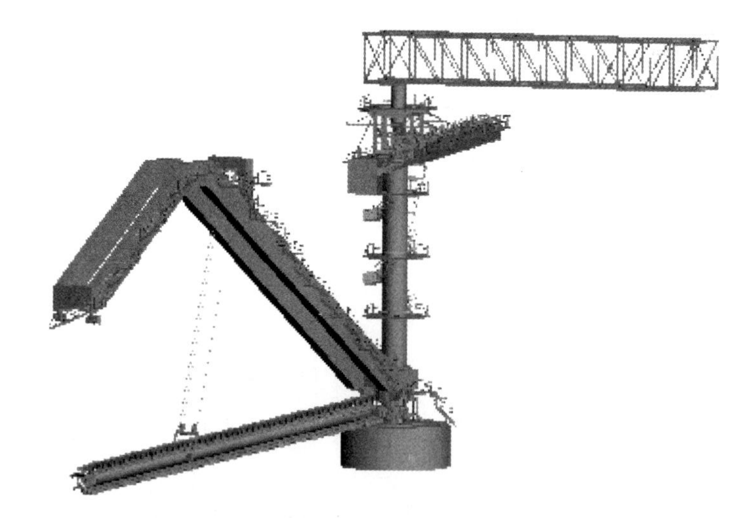

图3　优化后的原煤仓堆取料机

Fig. 3　The optimized raw coal bunker stacker and reclaimer

5　结语

建设数字化工厂是钢铁行业未来发展方向。针对河钢唐钢新区数字化工厂建设要求和应用情况，提出了一种基于3dsMax的BIM模型轻量化处理方法，该方法可同时满足不同BIM设计平台的文件格式要求，有效解决了BIM模型体量大、不同平台兼容性差等问题。将轻量化处理后的模型导入数字化工厂平台，可满足数据展示、线上培训、模拟检修、设备拆解等各种功能需求，从而为实现河钢唐钢新区数字化工厂奠定基础。

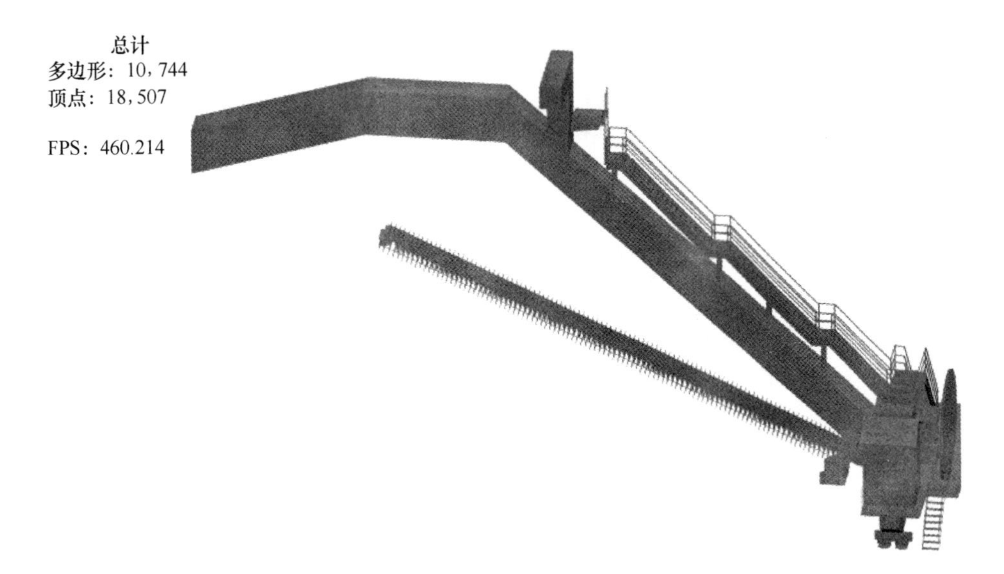

图 4　优化后的封闭料库取料机

Fig. 4　Optimized closed silo reclaimer

参 考 文 献

[1] 魏章俊，袁梦．基于 BIM 的地下管线三维自动建模研究与应用［J］．广东土木与建筑，2020，27（8）：84~86，90.

[2] 金晓晖，乔建基．基于三维模型的连铸数字化运营平台分析［J］．冶金自动化，2020，44（5）：34~38.

[3] 刘岩，苗冉，韩立民．基于三维可视化技术的空压站数字化管理系统的开发［J］．河北冶金，2020（9）：71~74.

[4] 秦志新．3DSMAX 在虚拟场景建模中的应用探讨［J］．江西电力职业技术学院学报，2020，33（5）：15~16.

[5] 陈丽萍．BIM 技术在钢铁企业空压站的应用［J］．河北冶金，2020（8）：80~82.

[6] 张峰峰．BIM 技术在大型冶金工程中的实际应用［J］．科技经济导刊，2018，26（26）：50.

[7] 汪艳勇．BIM 技术在冶金高炉安装中的应用［J］．安装，2016（1）：60~61.

[8] 仇传辉．关于 3dsMAX 软件中的灯光使用技巧分析［J］．电脑知识与技术，2020，16（11）：89~90，99.

[9] 袁冠男．3DsMax 三维建模及应用研究［J］．山东工业技术，2015（9）：235.

[10] 胡秋昌，马悦，韩毓．河钢乐亭的高质量发展布局［J］．河北冶金，2020（S1）：20~22，37.

物流管理流程设计及应用

李 庚

（唐钢国际工程技术股份有限公司，河北唐山 063000）

摘 要 针对河钢唐钢新区的物流管理和货物运输的需求，设计了一套便捷高效的运输管理流程。通过采用信息技术、通信技术、车辆定位技术、自动识别技术等现代化科技手段，加强了对采购入厂、厂内生产，成品出厂的流程管理，有效提升了企业的业务管理水平，降低了物流和人力成本。

关键词 钢铁企业；物流管理；流程设计

Design and Application of Logistics Management Process

Li Geng

（Tangsteel International Engineering Technology Co.，Ltd.，Tangshan 063000，Hebei）

Abstract In response to the logistics management and cargo transportation requirements of HBIS Tangsteel New District，a set of convenient and efficient transportation management procedures has been designed. Through adopting modern technological means such as information technology，communication technology，vehicle positioning technology，and automatic identification technology，the process management of purchasing into the factory，in-plant production，and finished products leaving the plant has been strengthened. It can effectively improve the business management level of the enterprise，and reduce logistics and labor costs.

Key words steel enterprises；logistics management；process design

0 引言

物流管理作为企业管理的重要部分，面临着一系列的发展变化与信息化要求。信息技术、通信技术和互联网的飞速发展，为钢铁制造企业构建全流程、全物料、全仓库、全方位的先进物流管理系统提供了坚实基础[1]。

物流信息化是指企业在物流业务管理中，通过计算机信息技术、计算机网络把过程中重要的业务信息搜集、处理、使用的过程，通过信息化系统技术来实现对企业物流业务管理的优化控制[2]。物流管理信息化是企业经营管理的重要手段，同时也是企业经营发展的自然要求[3]。周刚、刘景均等提出了根据内部物流一体化的模式来设计钢铁企业物流管理系统，同时进行了部门之间协调和企业物流资源整合的研究[4]。黄铭洁、王军霞等通过分析钢铁企业供应链与企业物流发展的关系，提出了企业本身的仓库、物流中心、以及货物运输路线的物流网络战略规划方法[5]。邱荣祖、钟聪儿、修晓虎基于 GPS、GIS、RFID 等系统先进的电子信息技术，提出要改进企业的物流管理方式[6]。宋振兴提出了一种基于 GPS 技术的物流系统，并在宣钢得到了成功应用[7]。寇义冉、张瑞雪将银行排队机原理应用到物流车辆管理中，有效降低了企业成本[8]。

本文以河钢唐钢新区物流管理需求为核心，采用现代化的信息技术手段，设计了一套包括原料采购，厂内生产，成品发货流程管理在内的物流管控系统，实现了企业物流受控、高效、安全、经济的目标。

作者简介：李庚（1986—），男，硕士研究生，工程师，2013 年毕业于燕山大学仪器仪表工程专业，现在唐钢国际工程技术股份有限公司主要从自动化设计工作，E-mail：ligeng0315@ 126. com

1 总体方案

1.1 功能架构设计

物流管控系统采3层式的B/S（Browser/Server）架构（图1），数据存取层支持JDBC标准接口，能够有效屏蔽应用程序不同数据库之间的差异，支持各种关系型数据库（如Oracle、DB2、SQL Server等），而数据库为独立于中间件的另一台Server，有利中间件依需求用量进行扩展[9]。

业务服务层为业务逻辑的核心服务，同时提供展示层或外部系统的接口。此层采用企业界普及率最高的Java EE（Enterprise Edition）平台。Java跨操作系统平台的特性，让其可运行在Unix、Linux、Windows等不同平台，给予企业更多的平台选择弹性[10]。

表示层支持网页应用与移动应用，承接业务服务层的接口，提供用户友善的操作接口。此分层设计可降低相互的依赖性，同时也可视需要发展桌面应用或原生移动应用，只要使用业务服务层的接口即可。网页应用支持市面主流之浏览器（如IE、Chrome、Firefox、Safari等），免插件易于安装与维护。

物流管控系统按照功能模块设计，主要模块为：承运商管理、运输调度管理、车辆进厂管理、车辆出厂管理等。系统上层通过对接ERP/产销平台来获得采购，生产和销售等计划，再针对各种计划来实施对物流的管理，最后再将物流实际反馈给ERP/产销平台。系统下层对接各原料库区和生产厂的仓储管理系统，根据采购部门签订的采购合同对到货后登记、外形判定、分流、请检、请斤、装卸、质量判定、入库、加工、库房管理、盘存、配送、出库的采购物料全过程跟踪管理。

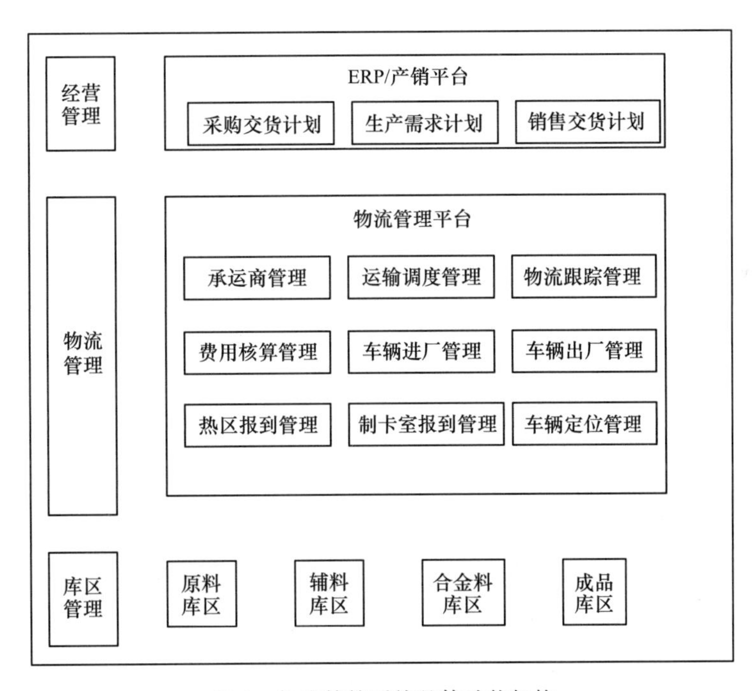

图1 物流管控系统整体功能架构

Fig. 1 Overall functional architecture of the logistics management and control system

1.2 功能模块设计

1.2.1 承运商管理

根据物流执行计划、车辆定位平台跟踪轨迹、行车安全与纪律、违规装载、运量、车辆验车信息、环保项目考核等数据，通过车辆考评规则计算出车辆考评数据，系统再针对各个实绩设定加权值，进而得出车辆考评信息，作为任务分派、结算的依据，同时也可对承运商、司机、车辆进行黑名单管理，优化承运商整体管理水平。

1.2.2　运输调度管理

物流管控系统接收到运输计划后，根据运输的路线、时间、货物种类，优先推荐考评得分高的承运商。管理人员可以按照系统推荐选择承运商，也可根据实际情况指定承运商。承运商具备相关资质和备案后才能够被认为指定。

1.2.3　热区报到

当长协车辆行驶至热区（唐钢新区指定区域）时，司机可通过手机的物流移动端进行热区报到，通过验证后系统会给管理人员发送信息，物流管理人员可在车辆进厂前提前获取车辆及其任务信息，根据实际情况进行物流调度确认，同时物流平台会根据该任务内容发送厂内运输路线给运输司机，指引司机完成运输任务。

1.2.4　制卡室报到

当非长协车辆行驶至唐钢新区指定报到地点时，司机需下车前往制卡室进行身份和物流任务的验证，物流管理人员检核相关必要单据（如发货通知单、到货单等）无误后，将车辆信息录入到系统中并派发临时车辆定位设备和临时 RFID 卡，同时物流平台会根据该任务内容发送厂内运输路线给运输司机，指引司机完成运输任务。

1.2.5　车辆进厂管理

所有的车辆行驶至唐钢新区厂区大门前时，都必须具备车辆定位设备和 RFID 卡。物流平台取得门岗 RFID 信息后进行匹配，信息验证通过后，系统开始对车辆进行跟踪监控，并将车辆信息发送至门岗大屏，同时通知门禁系统抬竿放行。

1.2.6　车辆出厂管理

车辆装载完成后离开库区大门时，仓库管理人员通过手持机进行车载货物扫描，物流平台检核与产销平台信息一致后通知放行，车辆驶至离厂门岗时，物流平台接收 RFID 信息进行物流任务验证，根据物流起始点、运输货物与运输方式取得运输单价并结合该次装载实绩结算物流费用，通过验证后通知门禁系统抬竿放行。

2　采购物流管理流程设计

物流系统管理内容主要涉及采购物流、生产物流和销售物流。不同的物流业务涉及不同的物料，不同的部门，不同的规则。针对每个业务特点，物流系统设计了独立的管理模块，确保企业物流的顺利运行。

采购物流管理包括采购需求管理、送货计划与凭证管理、进厂车辆编组排队管理、流转业务委托管理、卸车确认管理、票据管理、流程完结判断管理等，并支持财务业务相关系统的支持需求。实现除出门核验、卸货确认外，全过程现场无人值守。

采购物流的主要流程（图 2）先由采购部门建立采购订单和进料委托，由供应商维护运输车辆和司机信息。承运车辆到达规定的报到地点后进行厂前报到。如果是临时车辆，需要领取便携式车辆定位设备和临时 RFID 卡。报到成功后物流系统将车辆信息发送给门禁系统，当车辆抵达厂门时，门禁系统自动放行。运输任务如果有计量委托，需要在取样质检后进行重车过磅，过磅完成后按照仓储系统提供的卸料位置进行卸料操作，由管理人员进行卸料确认。卸料确认后运输车辆进行空车过磅，过磅完成后，物流系统发送给门禁出门许可，门禁实施放行。

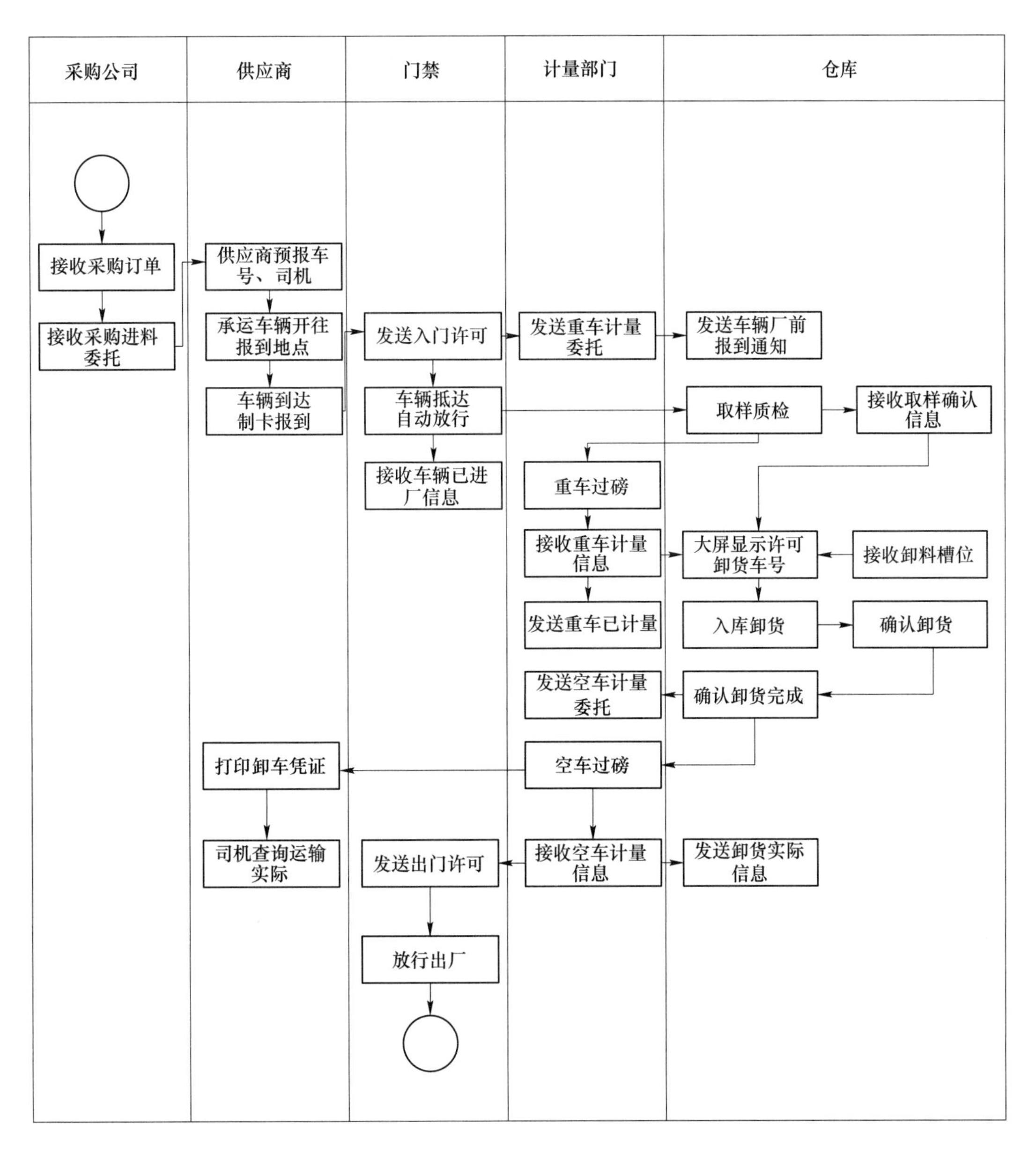

图2 采购物流流程

Fig. 2 Purchasing logistics process

3 生产物流管理流程设计

生产物流管理包括铁前、炼钢、轧钢、后部工序的进料、消耗、产出等数据管理，辅料、合金、废钢等运输过程产品的物资移动计划接收、制定汽车配送计划、委托管理、卸车确认管理等。包括回收物资（切头、铁皮、除尘灰、废弃物等）的物资移动计划编制、汽车配送计划、委托管理、装车管理、卸车确认管理等。

生产物流管理主要流程（图3）首先由制造部接收到倒运委托后建立运输计划，选择承运商，在确定运输计划后，由承运商提供运输车辆和司机，车辆到达热区并报道完成后由物流系统通知门禁系统车辆可以进入和驶出厂区。车辆进入厂区后首先进行空车计量，计量后等待倒运任务，在得到任务后进行货物装载，装载完成后要重车过磅，重车计量后完成到库卸货和卸货确认。如果本任务没有完成，继续空车计量，开始装车，如果任务结束则可以驶出厂区。

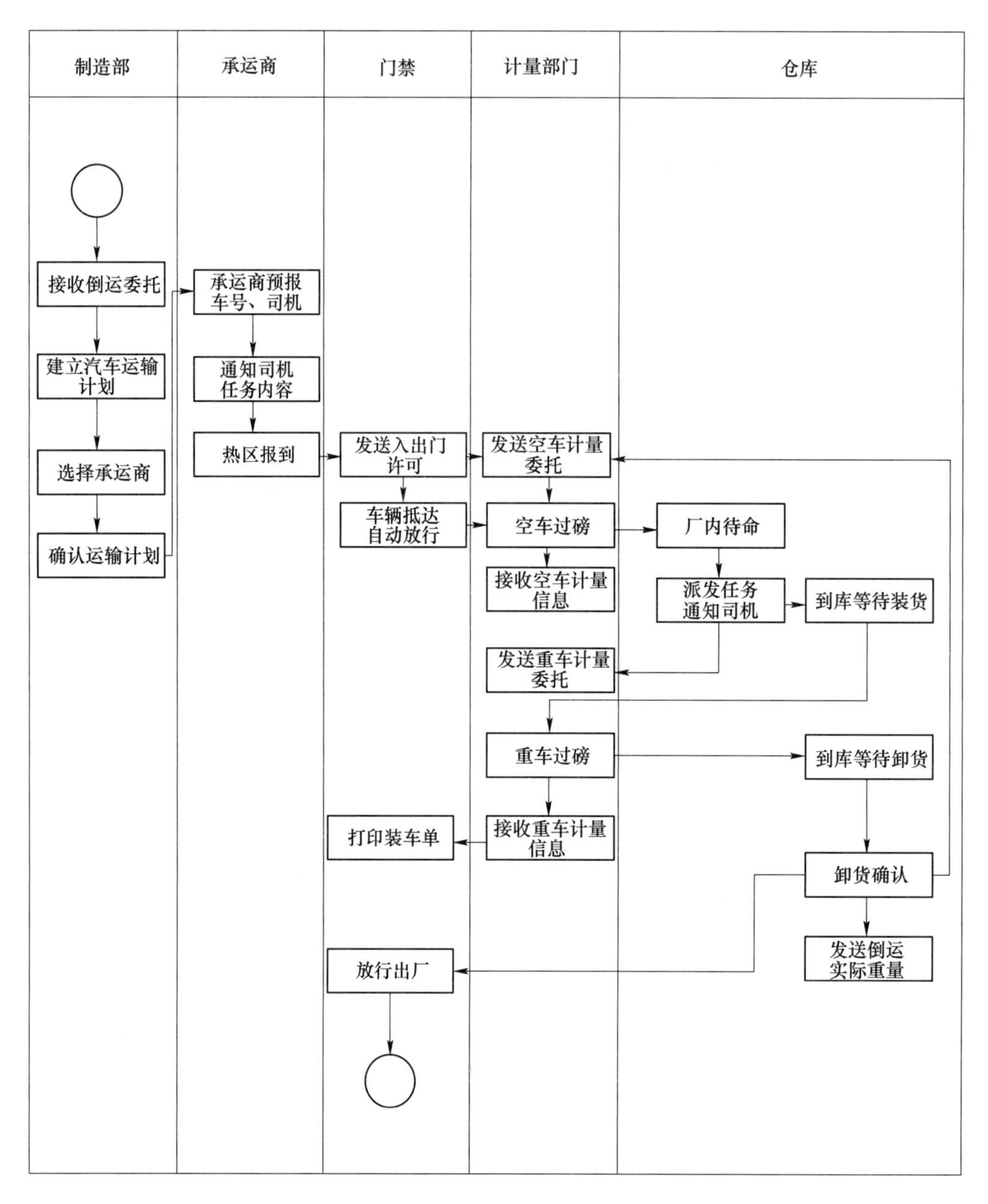

图3　生产物流流程

Fig. 3　Production logistics process

4　销售物流管理流程设计

销售物流管理与SAP、MES交货单信息实时同步，功能包括给承运车队下达运输任务，客户或车队能够修改送达方信息。接收MES系统配货单信息，匹配承运车辆。发货通知管理、实验钢等非正常销售产品的提货申请、成品、半成品的运输方式选择、客户退货计划管理、上站计划管理；成品计量委托管理、票据打印管理、客户收货确认管理等；火运管理包括火运请车计划、装车管理、发车信息及跟踪等。

销售物流管理的主要流程（图4）是现有制造部根据销售订单和委托建立运输计划并选择承运商，再由承运商预报运输车辆和司机信息。如果是客户自提需要客户提前申报车辆信息和司机信息。车辆到厂后长协车进行热区报到，临时车辆进行制卡报到。报到完成后物流系统通知门禁系统放行车辆。车辆进厂后首先进行空车称重，然后进入库区装载货物，装载完成后可进行自动核验或人工PDA核验，核验后车辆进行重车称重，称重信息确认无误后则由物流系统通知门禁系统放行出厂。

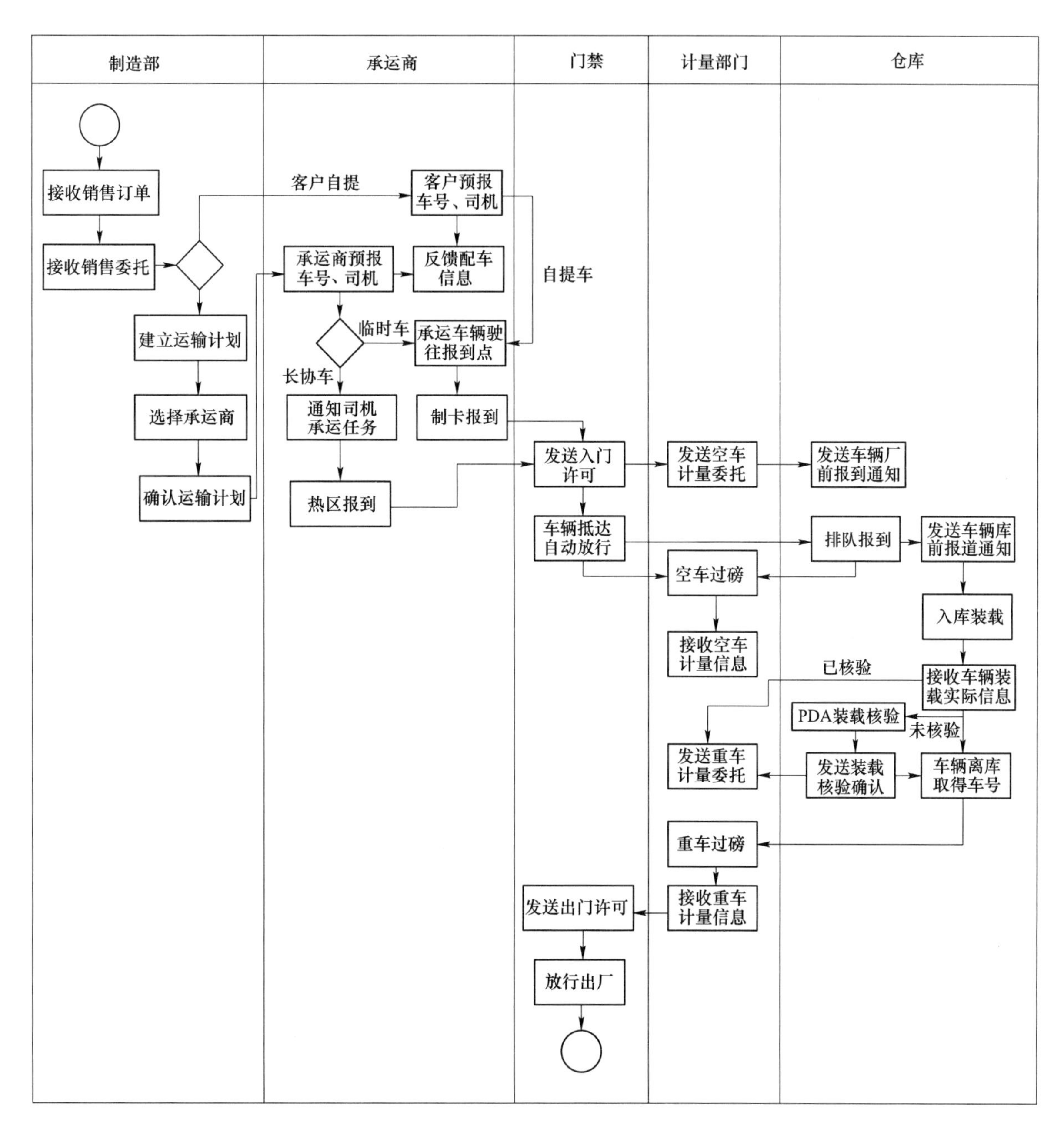

图 4 销售物流流程

Fig. 4 Sales logistics process

5 结语

根据钢铁企业提升信息化水平的需求，结合唐钢新区物流管理要求，设计了一套物流管控系统，针对采购物流、生产物流、销售物流三个重点流程，明确了管理内容，确定了管理逻辑，实现了全流程管理，达到了高效、稳定、安全的物流管理目标，提高了企业信息化管理水平，增强了企业核心竞争力。

参考文献

[1] 覃天强．面向钢铁行业的销售物流管理系统设计与实现［D］．哈尔滨：哈尔滨工业大学，2017.

[2] 黄中鼎．现代物流管理学［M］．上海：上海财经大学出版社，2010.

[3] 杜春燕，陈刚．物流企业信息化现状与建设［J］．发展，2012（1）：110.

[4] 周刚，刘景钧．钢铁企业生产、物流一体化管理的研究与实践［J］．中国电子商务，2013（4）：112.

[5] 黄铭洁，王军霞．基于供应链管理的钢铁企业采购策略研究［J］．商业经济，2011（1）：71~73.

[6] 邱荣祖，钟聪儿，修晓虎．基于 GIS 和禁忌搜索集成技术的农产品物流配送路径优化［J］．数学的实践与认识，

2011, 41 (10): 145~152.

[7] 宋振兴. 宣钢GPS物流监控系统的应用 [J]. 河北冶金, 2014 (4): 80~82.

[8] 寇义冉, 张瑞雪. 基于银行排队机的物流车辆排队系统的开发与应用 [J]. 河北冶金, 2014 (2): 59~62.

[9] 张志浩, 张丽. 基于B/S和MVC模式的物流仓储管理系统研究 [J]. 中国储运, 2019 (11): 124~126.

[10] 耿心. 基于java企业物流管理系统的设计与实现 [J]. 计算机产品与流通, 2018 (7): 103.

物流管控平台功能设计

李文峰

（唐钢国际工程技术股份有限公司，河北唐山 063000）

摘　要　物流管控作为智能制造架构体系中专业支撑层的重要组成部分，承担采购物流、生产物流和销售物流的仓储和运输功能。结合河钢唐钢新区物流管控平台项目建设，从功能架构设计、功能实现方面进行详细阐述。物流管控平台的建设，实现了全流程跟踪和销储运的闭环管理，有效控制物流成本，同时为决策部门提供实时、准确的数据支撑。

关键词　钢铁企业；信息化；物流管控；功能实现

Function Design of Logistics Management and Control Platform

Li Wenfeng

(Tangsteel International Engineering Technology Co., Ltd., Tangshan 063000, Hebei)

Abstract　As an important part of the professional support layer in the intelligent manufacturing architecture system, logistics management and control is responsible for the warehousing and transportation functions of procurement logistics, production logistics and sales logistics. In this paper, combing with the construction of the logistics management and control platform project in the HBIS Tangsteel New District, a detailed explanation is given from the functional architecture design and functional realization. The construction of this platform has realized the whole-process tracking and closed-loop management of sales, storage and transportation, effectively controls logistics costs, and provides real-time and accurate data support for decision-making departments.

Key words　steel enterprises; informatization; logistics management and control; functional realization

0　引言

根据河钢集团对唐钢新区“建设智慧工厂，引领行业智能制造和数字化发展”的目标要求，河钢唐钢新区确定了构建纵向贯通、横向集成、协同联动的智能制造体系，建设标准化、自动化、信息化智能工厂的实施思路[1]。物流管控作为河钢唐钢新区智能制造架构体系中专业支撑层的重要组成部分，承担着采购物流、生产物流和销售物流的仓储和运输功能[2]。本文结合河钢唐钢新区物流管控平台项目建设，从功能架构设计、系统实现方面，对河钢唐钢新区物流管控平台建设实践进行了阐述。

1　功能架构

河钢唐钢新区从物流的整体性、相关性、目的性综合考虑，打造物流体系[3]。通过系统化的运作构建物流系统，构造纵向包含物流需求控制层、业务层和作业层，横向覆盖采购物流、生产物流、销售物流等各项物流业务的物流管理信息系统，实现物流的精准管理[4]。系统架构如图 1 所示。

承运商与运输管理：完整掌控承运商与运输即时状态，提供物流调度人员进行有序的物流调度。

运输排程与调度管理：物流计划依物流方案的路线设定，自动拆分为每个物流承运可执行的作业计划单元，依计划时间完成物流计划[5]。每一作业计划单元可依照相同运输特性归类，合理调度铁路、汽

作者简介：李文峰（1977—），男，工程师，2004 年毕业于北京理工大学计算机科学与技术专业，现在唐钢国际工程技术股份有限公司主要从事冶金自动控制系统设计工作，E-mail：liwenfeng@tsic.com

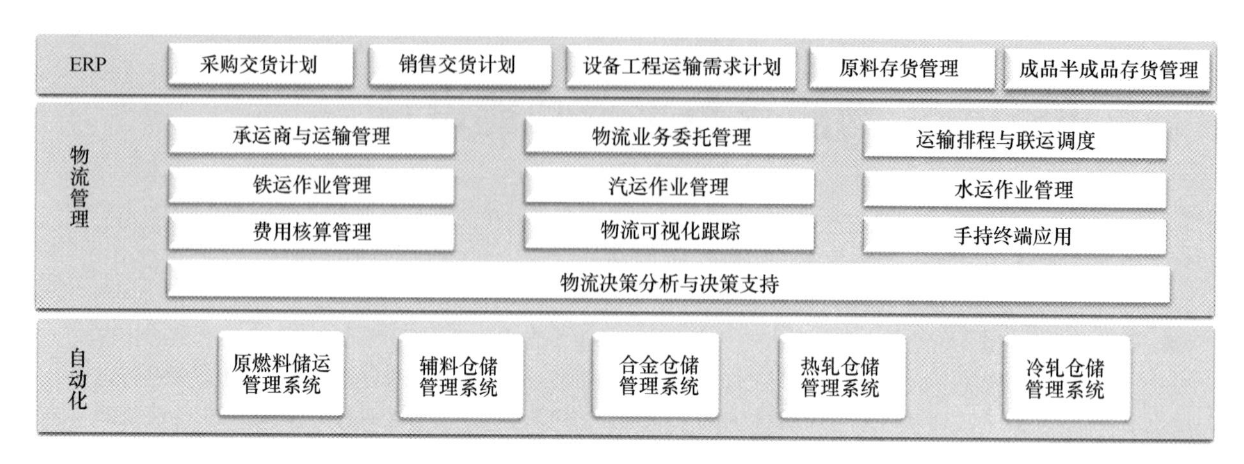

图1　物流系统功能架构图

Fig. 1　Functional architecture of logistics system

车或船舶的物流资源。

铁运作业管控：铁运进厂、出厂，与计量系统整合管控，请批车功能。

汽运作业管控：汽运进厂、出厂、厂内倒运整合门禁系统、计量系统达到物流整合管控[6]。

水运作业管控：采购、销售水运物流管控，并跟踪外港库存。

物流跟踪管理：从准发、转库、出厂、离港（站）、到港（站）、渠道在库、渠道在途到交付的物流全生命周期信息跟踪[7]。

移动手持终端应用管理：在各个物流管控环节，利用手机或手持终端的应用，提高物流信息即时化管理，强化物流各环节的管控[8]。

物流费用管理：可弹性制定各项物流费率模板，设定各种费率单价，自动计算运费并归集报账。

物流绩效管理与决策支持：针对各项物流任务、各个承运商进行成本、亏吨率、运输时间、运输路径、交通违规等绩效考核，并反馈至承运商评价管理，支持选商决策分析。

2　系统功能

河钢唐钢新区物流管控实施内容包含物流主数据管理、委托管理、运输排程调度管理、汽车运输执行管理、船舶运输执行管理、铁路运输执行管理、计量委托管理、费用核算管理、物流可视化跟踪、效益分析、定位监控、行动应用 APP 等模块。

2.1　物流主数据管理

物流运输的过程中包含3个要素：运输地点、运输工具与货品[9]。将此3要素建立跨平台的统一公用代码信息作为物流平台运作的基础。通过统一运营业务所需与运输相关的货品装载或卸抵地点，再依据不同的地点特性定义其装卸货点（门岗、股道、泊位）。每个地点必须至少有1种运输方式（公路、铁路、水路）可抵达且具有明确公开地理位置信息，包含国别、行政区域、登记地址、地理坐标、专用识别代码（机场、港口、车站）及权责单位；统一货品代码，包含原燃料、半成品、产成品、废料各类可承载运输物品，各类货品需定义其基本信息（支援由主数据平台汇入），如料号、品名、规格（长度、高度、宽度、单重）等，可额外再定义运输限制属性，统一运输工具类型代码，定义运输方式、长度、高度、宽度、最大承载体积重量等。而各种运输工具的识别信息（车号/船号）则定义于承运商载具资质模组。

2.2　承运商与载具管理

承运商是运输过程中的承担者，依照唐钢新区运输要求完成物流活动。作为最主要的参与者，必须完整掌控承运商与运具的即时状态，提供物流人员进行有序的物流调度运输[10]。承运商可由外部平台申请，经由物流单位审批后成为合格承运商，针对个别承运商建立运输范围与运输工具，由物流活动的执行成果对严重违规的承运商或运输工具进行黑名单管理。

2.3 车辆招标与合同管理

建立承运商招标系统，对招标、投标、选商、决标等过程进行管控，并对合同文档分类管理。从招标准备，招标项目管理，招标公告发标，开标管理，评标管理，决标/流标管理等招投标全流程进行管控对招投标流程相关讯息，如过程中所涉及的文档，对外发送通知的公告进行分类管理。

2.4 物流需求计划管理

物流需求来源为统直接创建或接收其他系统的委托（ERP/产销平台），如采购进厂、销售发运或厂内调拨，物流主管为每个原始需求分派承办人执行后续物流计划，可依照物流类别设定自动分派承办人规则。

依照唐钢新区物流管理需求，根据运输权责人的不同进行分类设定，如计划部门负责采购进厂物流、供应商负责采购进厂物流、计划部门负责销售出货物流、客户自提物流。外部物流计划来自 ERP/产销平台系统，物流需求的内容必须包含发货地点、到货地点、发货日期、货品数量重量及运输限制，当需求为多段联合运输时，系统依照需求限制路由自动拆解为各段物流任务，最后依照物流类别设定自动指派承办人或通知物流主管进行分派。

内部物流计划来自物流系统中建立，经由申请人的单位主管进行审批后，依照物流类别设定自动指派承办人或通知物流主管进行分派。物流计划承办调度由物流主管审批原始物流需求计划内容，最后指派业务承办人或退回原申请人。当需求计划中，当查无符合的运输合同时，系统会自动警示提醒相关负责人处理。

物流需求委托人可根据物流计划查询，完整掌控从准发、出库、出厂、离港（站）、到港（站）、渠道在库、渠道在途到交付的物流生命周期内的信息跟踪。

2.5 采购物流管理

根据采购物流委托中指定运输条件或承办人需求自动分解为 1 个或多个运输任务，各个运输任务彼此独立计划与作业。透过电子派车，整合门禁系统、计量系统达到车船派遣规范、门禁管制严谨，与 RFID、GPS 等技术结合实现货品自动检核、车辆即时监控。

根据生产物资需求物流委托编制运输调度计划单，此单包含 1 至多个运输任务（合并运输）、运输日期时段、装卸货点的门岗舶位等运输限制，门岗负荷管制图协助承办人进行全局运输调度计划，最后再以 E-mail 或 APP 通知承运商协同作业。

2.6 内倒物流管理

根据回收或调拨需求物流委托编制运输调度计划单，此单包含运输任务、运输日期时段、装卸货点，以 APP 通知承运人协同作业。

2.7 销售物流管理

根据销售物流委托中指定运输条件自动分解为 1 个或多个运输任务，各个运输任务彼此独立计划与作业。透过电子派车，整合门禁系统、计量系统达到车船派遣规范、门禁管制严谨，与 RFID、GPS 等技术结合达成货品自动检核、车辆即时监控。

2.8 车辆管理

根据使用单位与车辆需求申请所需类别、数量与使用时间，确认送出后系统通知物流中心。物流中心决定是否指派自有车辆，自有车辆由物流中心打印派车单（APP），若选择厂外运输单位则以通知运输单位分派车号（临时车辆需办理临时卡）与进入门岗，待派车确认后以短信（微信或 APP）通知使用单位并将资料下抛门禁系统。使用单位完工后，输入使用工时，更新后通知物流单位进行工时确认。

2.9　物流跟踪管理

原材料、产成品从准发、转库、出厂、离港（站）、到港（站）、渠道在库、渠道在途到交付的物流生命周期内主要信息跟踪。

2.10　物流费用管理

物流运输的过程中依据费率模板制定，固化各种费率单价，自动生成运费。实现每一次运输任务自动核算费用，人工入录无法自动核算的杂费，此外可对有疑义的费用进行调整。运输费用可按规则分摊到每一订单的货品上，包括一次运输业务产生的多张费用发票，准确反映每一笔订单货品的实际物流成本。

承运商于平台依请款周期进行费用申请，黑名单用户可进行额外请款限制，审批后通知开立发票，最后通知财务系统进行付款。

2.11　物流绩效考核管理

运输的过程中针对物流任务、承运商进行成本、亏吨率、运输时间、运输路径、交通违规等进行考核，并反馈至承运评价管理中。

2.12　物流 APP

物流运输的过程中应用移动通信技术，结合最多人口使用的微信平台，提供承运商、司机、客户、供应商、仓库人员等物流运输中参与者一个便捷操作的途径。包括接收调运单任务、调度承运车辆、自提到厂预报、供应商直送到厂预报、司机接收派车单、厂外热区预先报到、厂内路线地图导引、库前排队、上传电子回单、到货确认、历史派车单查询、全程 GPS 跟踪等。

3　结语

信息技术的发展推动了全球工业化的变革。运用现代信息技术向智能制造转型，已成为企业研究的重要课题[11]。河钢唐钢新区通过物流管控平台的建设，实现了采销储运的闭环管理；实现对整个物流管控作业流程的可视化（图像+数据）；满足了物流生产流程中的监督管理需求，为决策部门提供实时、准确的数据支撑；实现了客户网络实时查询、反馈信息的需要。同时提高了对物流管控各环节突发事件的反应速度，及时优化物流各环节作业，达到最优物流成本控制。

参 考 文 献

[1] 彭瑜．智能工厂、数字化工厂及中国制造［J］．自动化博览，2017（1）：28~31.
[2] 姜红德．智能工厂：智能物流路径探索［J］．中国信息化，2016（2）：42~44.
[3] 黎作鹏，张天驰，张菁．信息物理融合系统（CPS）研究综述［J］．计算机科学，2015（9）：25~31.
[4] 崔晓文．境外智能工厂发展研究［J］．竞争情报，2014（3）：38~49.
[5] 杨青峰．云计算时代关键技术预测与战略选择［J］．中国科学院院刊，2015（2）：161~169.
[6] 杨青峰．智能的维度：工业4.0时代的智能制造［M］．北京：电子工业出版社，2015.
[7] 王新东．河北钢铁集团技术创新与发展战略［J］．河北冶金，2014（7）：1~5.
[8] 宋振兴．宣钢 GPS 物流监控系统的应用［J］．河北冶金，2014（4）：80~82.
[9] 覃天强．面向钢铁行业的销售物流管理系统设计与实现［D］．哈尔滨：哈尔滨工业大学，2017.
[10] 段光中，王倩倩．RFID 在自动车辆定位系统中的应用［J］．产业与科技论坛，2013（12）：91~93.

基于 RFID 技术的河钢唐钢新区车辆定位系统设计

李 庚

（唐钢国际工程技术股份有限公司，河北唐山 063000）

摘　要　根据河钢唐钢新区对厂区内部车辆管理的需求，设计了基于 RFID 自动识别技术的车辆定位管理系统。介绍了 RFID 的技术原理、分类、系统架构和模块功能。利用 RFID 系统定位准、扫描快、适应环境强的优点，实现了系统对车辆关键位置和时间的精准把控，能够确定车辆即将到库、进入库区和驶出库区的不同状态。为车辆管理提供了重要信息，增强了对车辆的管控能力，提高了运输效率，有效节约了物流成本。

关键词　钢铁企业；车辆；定位；管理；RFID；识别技术

Design of Vehicle Positioning System in Tangsteel New District Based on RFID Technology

Li Geng

（Tangsteel International Engineering Technology Co.，Ltd.，Tangshan 063000，Hebei）

Abstract　According to the requirements of HBIS Tangsteel New District for vehicle management in the plant，a vehicle positioning management system based on RFID automatic identification technology has been designed. In this paper，the technical principles，classification，system architecture and module functions of RFID were introduced. Utilizing the advantages of accurate positioning，fast scanning and strong adaptability to the environment of the RFID system，the system can accurately control the key position and time of the vehicle，and determine the different states of the vehicle arriving，entering and leaving the reservoir area. It provides important information for vehicle management，thereby enhancing vehicle management and control capabilities，improving transportation efficiency，and effectively saving labor costs.

Key words　steel enterprises；vehicles；positioning；management；RFID；identification technology

0　引言

无线射频识别（Radio Frequency Identification，RFID）技术作为一种非接触式自动识别技术最早用于军事作战[1]。随着技术的发展和成熟，凭借读写速度快、环境适应强、识别距离远等特点，RFID 技术应用于越来越多的领域中，比如物流、航空、金融、医疗卫生、生产制造等[2]。

对厂区内部运输车辆的管理是钢铁企业内部管理的重要手段[3]。针对 RFID 技术在车辆定位管理中的应用，中外学者进行了广泛研究。Fawzi M. Alnaima 等[4]提出一套由 RFID 阅读器，车载 RFID 电子标签、传输网络和应用软件组成的车辆定位系统，该系统能对车辆进行准确的定位监控，同时也可以实时提供十字路口上不同方向车辆数量和信息，能够有效缓解交通道路拥挤的情况。Edmund Arpin 等[5]针对 GPS 信号不稳定和特定区域失效的问题，提出一种基于 RFID 技术和路边激光雷达测距法相融合的车辆定位方法，可为快速公交系统提供高度精确的车辆位置信息。郑坤[6]提出了一种基于 RFID 的两基站车辆定位方法和基于 RFID 的多基站车辆定位方法，该方法针对车辆之间信号干扰以及高层建筑物遮挡导致的 GPS 定位不准确的问题，能够有效提高复杂环境下车辆定位精度。曹立波等[7]提出了基于 RFID 技术和视觉的车道判别算法和基于 UWB 的单锚点 V2I 定位算法，实现了针对车辆的车道级定位。李小娟[8]将自动识别技术应用到成品库存作业上，有效提高了工作效率，降低企业成本。

作者简介：李庚（1986—），男，硕士研究生，工程师，2013 年毕业于燕山大学仪器仪表工程专业，现在唐钢国际工程技术股份有限公司主要从事自动化设计工作，E-mail：ligeng0315@126. com

本文以车辆定位管理需求为核心，分析 RFID 定位精度高、识别速度快、适应环境强的优点，设计了基于 RFID 自动识别技术的车辆定位管理系统，该系统能够定位车辆的关键位置和相关时间，可以有效监控车辆的运输状态，加强了对车辆的管理能力，保证了厂内物流高效平稳运行，降低了企业成本，提升了企业管理的信息化水平。

1　RFID 技术概述

1.1　RFID 技术原理

RFID 是一种非接触式的自动识别技术，通过无线电讯号识别特定目标并读写相关数据，无需识别系统与特定目标之间建立机械或者光学接触。通常一套功能完整的 RFID 系统包括电子标签（Tag）、阅读器（Reader）、天线（Antenna）、数据管理系统以及系统应用软件[9]。

RFID 系统主要利用电磁波在空中耦合实现阅读器与电子标签进行数据通信，当系统应用软件启动后，编制控制指令，经中间件传递给阅读器；阅读器在识别范围内发射查询信号，当电子标签进入阅读器可识别区域内时，电子标签被激活，接收并分析查询信号，将自身携带的数据信息调制后发送给阅读器；阅读器将解调和解码处理后数据经中间件传递给应用软件；应用软件接收到数据后，系统软件执行相应的操作并保存相关数据，从而实现用户需要的功能。

1.2　RFID 系统分类

对 RFID 系统进行分类的方式有很多，如频率、供电方式、耦合方式等[10]。

（1）根据工作频率划分：可划分为低频、高频、超频与微波 RFID 系统。

（2）根据供电方式划分：有源 RFID 系统、无源 RFID 系统、半无源 RFID 系统。

（3）按照耦合方式划分：电感融合 RFID 系统和电磁反向散射 RFID 系统。

1.3　RFID 车辆定位系统架构

基于 RFID 的车辆定位系统（图 1）主要由传感网络和数据网络组成。传感网络由阅读器、扫描天线和电子标签构成，安装 RFID 标签的物流车辆行驶到扫描天线覆盖范围内时，扫描天线将读取标签信息，并把信息通过馈线传递给阅读器，阅读器对信息进行解析处理，得到标签信息，如车辆类型，车号等，并将这些信息和车辆位置信息，时间信息通过企业网络传递给车辆定位系统。信息从阅读器到网络通信层再到车辆定位系统的部分为数据网络。

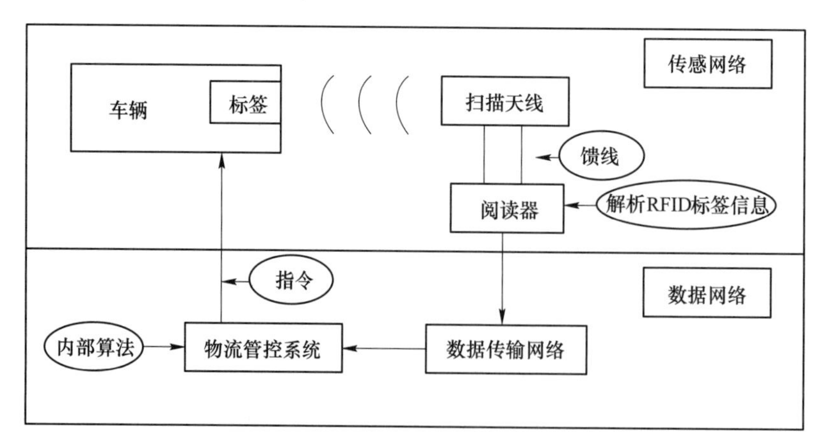

图 1　RFID 车辆定位系统架构

Fig. 1　RFID vehicle positioning system architecture

2　RFID 系统设计

RFID 具有非接触、穿透性强、成本低以及高定位精度等优点，能够很好地适用于物流车辆的管理系统。河钢唐钢新区车辆定位系统采用了RFID技术，在重点库区，道路布设了RFID天线和阅读器，能够准确的掌握物流车辆的位置，保证物流的高效运转。

2.1 阅读器

阅读器在RFID系统中，阅读器扮演着至关重要的角色。RFID系统的识别距离和工作频段均由阅读器的功率和工作频段决定。阅读器分为两种，一种是桌面式读写器，具有对RFID标签进行信息写入和去读的功能；另一种是固定式阅读器，只能够对标签进行信息的读取。阅读器最主要的功能是将读取到的标签信息进行解析处理，并传递给上级系统，实现车辆定位系统对车辆的定位管理。

2.1.1 桌面式读写器

桌面式读写器（图2）配置在门口或联运点办公室，有管理人员使用，给来厂进行运输任务的车辆发放RFID标签。河钢唐钢新区桌面式读写器采用内置2dBi陶瓷天线，通信接口为USB，读卡距离大于1m，写入信息距离为0.5m。外形尺寸为132.7mm(长)×99.6mm(宽)×31.2mm(高)。

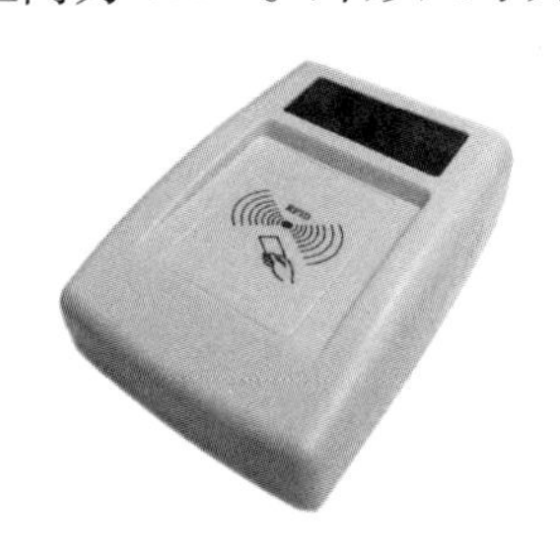
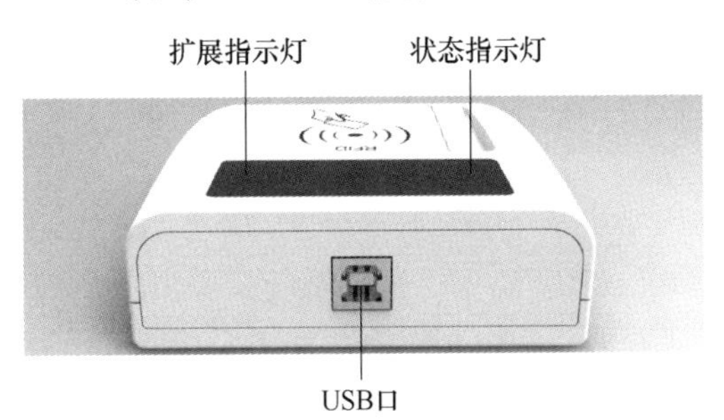

图2　RFID桌面式读写器

Fig. 2　RFID desktop reader

2.1.2 固定式读写器

固定式阅读器（图3）主要安装在重点道路和库区门口，其功能是通过扫描天线将车辆上RFID标签的数据进行解析，并通过办公网络传递给车辆定位系统，以确保系统可以获得车辆位置信息和时间信息。固定式阅读器最多可以配置4个外接天线，具备10/100 Base-T以太网接口和RS232接口，直流12V供电，内置专用芯片和处理器，识读距离大于10m，工作温度-20~60℃，能适应恶劣的仓库或者生产环境。

图3　RFID固定式读写器

Fig. 3　RFID fixed reader

2.2 RFID标签

RFID标签又称应答器、射频标签、智能标签等，是由射频芯片、射频接口以及射频天线组成。系统工作时，阅读器发出查询信号，此时标签被激活并确认查询信号，电子标签将内部保存的数据信息进行编码调制等处理后，经由天线发送给阅读器。每个RFID标签具有唯一的电子编码，常附着在被识别（待测）物体上，来实现对物体的检测与定位等。河钢唐钢新区采用两种RFID标签，一种为陶瓷标签，用于相对固定的长协车上面，另一种为临时标签，用于临时车辆。

2.2.1 陶瓷标签

RFID陶瓷标签，采用陶瓷材质及特殊加工工艺制作而成，可以广泛应用于车辆管理系统。标签安装在汽车前挡风玻璃上，采用暗纹防拆方式，背胶防有机溶解无毒，无异味，满足十年内不脱落。陶瓷标签还具有数据保存时间长、抗盐雾，抗干扰能力强、使用寿命长等特点。

2.2.2 临时标签

临时标签用于进行临时车辆的定位管理，车辆联运点报到时，工作人员将车辆信息写入 RFID 临时标签中并派发给司机，司机将标签贴在挡风玻璃位置后车辆定位系统就可以通过 RFID 信息对车辆进行管理。临时标签小尺寸、被识别远距离、防水、防撕，并且成本低，可以满足车辆定位系统对临时车辆的管理需求。

2.3 扫描天线

在 RFID 系统中，天线（图 4）是不可或缺的一部分，其设计至关重要，将直接影响到整个 RFID 系统工作性能，阅读器天线和电子标签天线主要实现两者之间通信数据的发送和接收。

扫描天线与固定式阅读器配套使用，最大读取距离不小于 10m，读取的频率范围在 902～928MHz，防护等级为 IP54，外形尺寸 580mm(长)×290mm(宽)×120mm(高)。

图 4　RFID 天线
Fig. 4　RFID antenna

2.4 应用软件

在常用 RFID 系统（图 5）中，管理系统主要由中间件和应用软件组成。中间件在标签或者阅读器与应用程序之间扮演着重要的中介作用，其主要功能如下：

（1）阅读器协调控制：应用软件可利用中间件直接对阅读器进行配置、监控以及发送相关指令等。

（2）数据过滤与处理：当标签或者阅读器传输数据存在错误或者冗余时，中间件可运用相应算法对该数据进行矫正。中间件可以很好解决单个标签同时被多个阅读器识别时的信号碰撞问题。

（3）数据路由与集成：中间件可以用于保存数据，同时能决定将阅读器的数据传送到哪个应用，中间件可以集成到相关应用软件内。

（4）进程管理：在进程中，RFID 中间件通过用户任务来监控指定数据和触发相应任务事件。

应用软件是 RFID 系统中针对不同用户需求而开发的，能够有效地控制阅读器对标签数据信息进行读取，并且对采集到的数据进行统计、处理以及保存操作，从而实现用户所需功能。应用软件的灵活性、扩展性、稳定性、安全性以及功能完整性等是用户评价整个 RFID 系统好坏的标准，也将直接影响到整个 RFID 系统的工作效率。

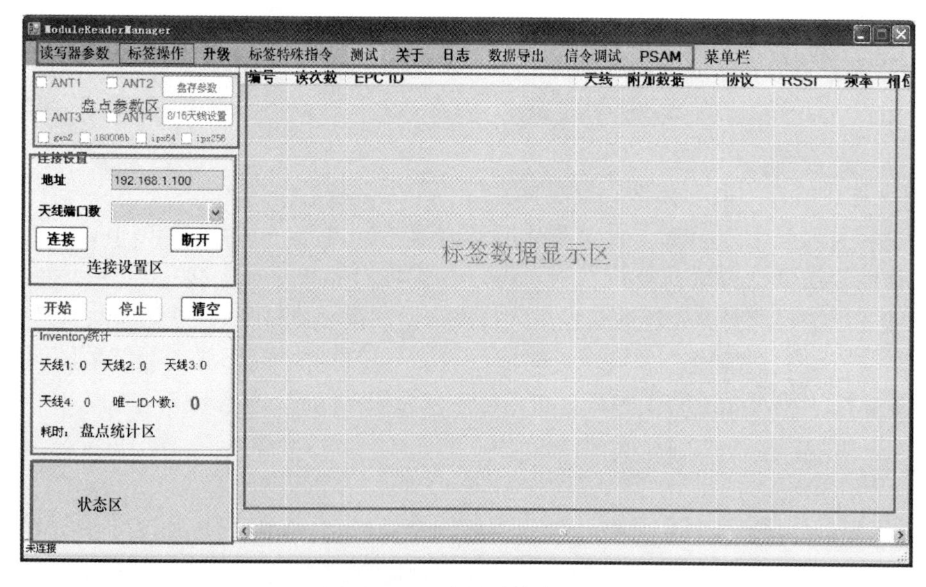

图 5　RFID 应用系统主界面
Fig. 5　Main interface of RFID application system

车辆定位系统对接RFID系统的应用软件，将车辆信息直接采集到车辆定位系统中，实现系统对车辆的有效监管。

图5中操作界面上方是菜单栏，其包含如下功能：读写器参数、标签操作、升级、标签特殊指令、测试、关于、日志、数据导出、信令调试、PSAM。在菜单栏左下方是盘点设置区：天线（ANT1，ANT2等），盘点参数以及8/16天线设置，协议选择操作；再下方是连接设置区，在连接设置下方则是开始、停止、清空按钮；界面左下方是Inventory统计区；在界面的右边是标签数据显示区，在显示数据中包含：编号、读次数、EPC ID、天线、附加数据、协议、RSSI、频率、相位。

3 结语

根据河钢唐钢新区对车辆管理的需求，结合RFID定位技术，设计了一套基于RFID技术的车辆定位系统。该系统利用RFID系统定位准、扫描快、适应环境强的优点，在厂区主要道路和库区门口布置了FRID读取设备，将车辆信息传递给车辆定位系统，实现系统对车辆的合理调度，加强了对车辆的监督管理，保障了企业物流高效平稳运行，降低了物流成本，增强了企业核心竞争力。

参考文献

[1] Chang J M, Huang Y P, Liu S. Real-Time Location Systems and RFID [J]. It Professional, 2011, 13 (2): 12~13.

[2] Du M, Jing C, Du M. Tag location method integrating GNSS and RFID technology [J]. Journal of Global Positioning Systems, 2016, 4 (1): 2.

[3] 王新东. 河北钢铁集团技术创新与发展战略 [J]. 河北冶金，2014 (7): 1~5.

[4] Alnaima F M, Alany H. Vehicle Location System Based on RFID [J]. 2011 Developments in E-systems Engineering, 2011: 473~478.

[5] Arpin E, Shankwitz C, Donath M. A High Accuracy Vehicle Positioning System Implemented in a Lane Assistance System when GPS is Unavailable [J]. Lateral Placement, 2011, 163 (Suppl): S7.

[6] 郑坤. 基于RFID的车辆定位系统设计及定位方法研究 [D]. 长春：吉林大学，2016.

[7] 曹立波，陈峥，颜凌波，等. 基于RFID、视觉和UWB的车辆定位系统 [J]. 汽车工程，2017，39 (2): 225~231.

[8] 李小娟. 自动识别技术在成品库存作业上的应用 [J]. 河北冶金，2017 (1): 75~79.

[9] 许毅、陈建军. RFID原理与应用 [M]. 清华：清华大学出版社，2013.

[10] 李婷. RFID关键技术及其应用研究 [D]. 南京：南京邮电大学，2017.

基于北斗定位和GIS技术的物流车辆定位监控系统

李公田

（唐钢国际工程技术股份有限公司，河北唐山 063000）

摘　要　随着绿色冶金、智能制造等要求的不断深入，钢铁企业对信息化建设的要求越来越高。介绍了基于北斗定位和GIS地图技术的物流车辆定位监控系统，其作为企业信息化管理平台，负责对供应物流、生产物流、销售物流等车辆进行监控管理。通过车载终端接收机采集定位信息，GIS地图表达定位信息，北斗通信卫星传递信息，可实现企业对车辆的可视化管理，并以此为基础构建全流程、全物料、全仓库、全方位的先进物流模式，实现河钢唐钢新区整个钢铁园区物流的高效、有序、低成本运行，并以先进的信息化技术提升了企业的核心竞争力。

关键词　北斗定位；GIS地图；车辆定位；物流；信息化

Logistics Vehicle Positioning Monitoring System Based on Beidou Positioning and GIS Technology

Li Gongtian

（Tangsteel International Engineering Technology Co.，Ltd.，Tangshan 063000，Hebei）

Abstract　With the continuous deepening of requirements for green metallurgy and intelligent manufacturing，steel enterprises have increasingly higher demands for informatization construction. This article introduces a logistics vehicle positioning monitoring system based on Beidou positioning and GIS map technology. As an enterprise information management platform，it is responsible for monitoring and managing vehicles of supply logistics，production logistics，and sales logistics. Collecting positioning information through on-board terminal receivers，expressing positioning information with GIS maps，and transmitting information with Beidou communication satellites can realize visual management of vehicles by enterprises. Based on these，an advanced logistics model with full processes，full materials，full warehouses，and all-round has been constructed，realizing the efficient，orderly，and low-cost logistics operations of the entire steel park in HBIS Tangsteel New District. At the same time，such advanced information technology has enhanced the core competitiveness of enterprises.

Key words　Beidou positioning；GIS map；vehicle positioning；logistics；informatization

0　引言

钢铁产业经过十几年的快速发展，不断加强市场化资源配置，通过国有和民营钢企、综合品种和专业品种钢企、沿海和内陆区域钢企协同发展，并根据不同的市场需求优化产品结构、提升技术装备，为国民经济的平稳发展做出了重大贡献，取得了举世瞩目的成绩[1]。

近年来，钢铁产能过剩问题突显，环保和转型压力日益增大，工厂智能化、信息化要求逐步提高，钢铁企业进行产业升级迫在眉睫。物流作为“第三利润源”，实现高效、低成本的物流体系成为当前钢铁企业探索的主要方向之一[2]。雷兆明利用萤火虫优化算法提出了一种高效省时的物流车辆调度方案[3]；段光中将RFID射频技术和GPS定位技术相结合，提高了物流车辆的定位精度[4]；冯希将GPS定位技术与现代数字通信技术的优点相结合，构建了新型物流车辆调度系统，实现了生产企业、物流公司、车辆三方之间的信息共享[5]。

作者简介：李公田（1964—），男，高级工程师，1999年毕业于北京大学计算机及应用专业，现在唐钢国际自动化公司主要从事信息化技术工作，E-mail：ligongtian@ tsic. com

本文通过对现有定位技术和信息通信进行分析总结，根据北斗定位技术和GIS技术的原理特点，结合钢铁企业对物流系统的要求，设计了物流车辆定位监控系统，通过对车辆的实时定位跟踪，加强了车辆在厂区内的管理，为企业高效、平稳生产提供了重要信息保障。

1 北斗定位技术

1.1 概述

我国自主研发设计的北斗卫星导航系统（BDS）是基于双星定位原理的区域性有源三维卫星定位与通信系统[6]。目前，北斗系统已经组网调试成功，并正式投入使用，从海、陆、空全方位为用户提供精准、全球化的卫星导航定位服务。与国外现有卫星定位系统相比，我国北斗定位系统主要具有三大优势：

（1）系统为我国独立自主的研发成果，从设计到组网，从调试到使用都是我国科研人员独立完成的。

（2）针对我国多高山的地理地形，北斗系统能够高仰角向下覆盖，更适合复杂的地形。

（3）北斗系统不仅能够接受地面设备信息，还可以向地面设备发送40或60个汉字的短报文信息。

1.2 系统架构

基于北斗定位的车辆管理系统涉及车载终端、云端处理模块、管理端三部分（图1），其中车载终端的服务对象是司机，管理端的服务对象是管理员，云端处理模块是自动响应的软件程序，不需要人为操控，只需要进行程序维护和升级即可。

车载终端工作时，能够自动接收卫星数据和车载传感器的信息，并且根据软件内部设置功能，将信息自动转发至云端处理模块[7]。同时，云端处理模块将接收到的信息进行分析形成指令，反馈给车载终端，起到提示司机的功能，为车辆的安全行驶提供保障[8]。

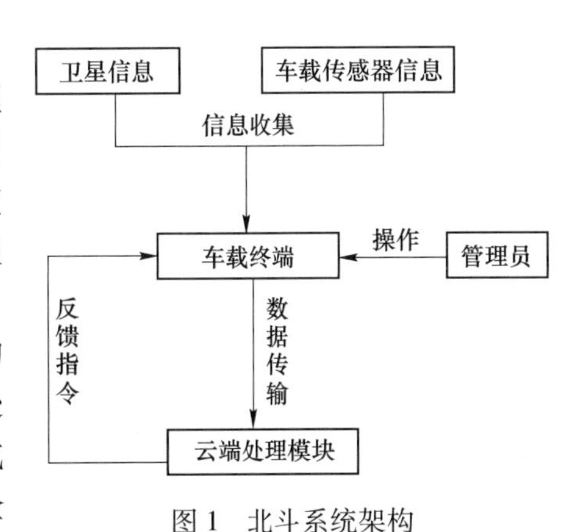

图1 北斗系统架构

Fig. 1 The architecture of Beidou system

1.3 定位原理

北斗卫星定位系统采用双星定位的原理（见图2），具体为：先确定三个球心点，其中一个是地心，另外两个为两个卫星所在的位置。再以北斗终端分别到3个球心之间的距离（R_0、R_1、R_2）为半径绘制三个球形，3个球相交产生两个交点（P_1、P_2），系统软件根据交点自动识别北斗终端在南半球还是北半球。根据3个球心的位置和R_0、R_1、R_2的距离可以计算出北斗终端P_1点的唯一三维位置信息。

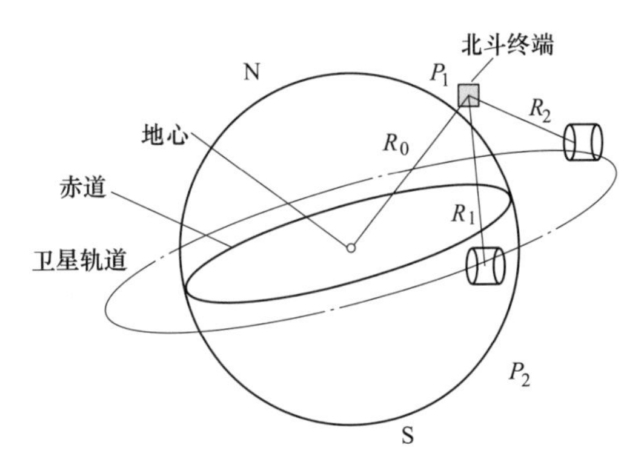

图2 北斗定位原理

Fig. 2 The positioning principle of Beidou

2　GIS 技术

2.1　技术概述

GIS（Geographic Information System）即地理信息系统，它利用现代计算机图形和数据库技术来处理地理空间，同时吸取了测量学、地理学、计算机科学等学科的相关原理，形成了一套先进的计算机系统，可实现地表空间事物的地理位置及其特征数据化，并利用计算机处理模块对数据化的信息进行处理后，通过图形显示系统将这些信息直观表现出。

2.2　电子地图

电子地图利用计算机图形学和数据库技术，把空间地理信息转换成数字信息，并与相关属性关联起来，在计算机显示设备中表示出来。针对矢量图形而言，电子地图的格式并不统一，但是普遍使用的是 MapInfo 格式。

在 MapInfo 地图中，每个 MapInfo 表都由图形和属性组成。图形就是所谓的空间对象，主要有区域对象、点对象、线对象、文本对象。一种或多种对象嵌入在一个独立图层中。基于“图形对象”及“属性数据”的关联性，从而实现图形数据和属性数据的双向查询。MapInfo 以表（Tab）的形式存储信息，每个表由一组 MapInfo 文件组成，MapInfo 文件主要有以下几种类型：

（1）表结构文件，后缀为 . TAB，为描述关键信息来区别地图属性而生成的文件。

（2）属性数据文件，后缀为 . DAT，主要用于存放地图的属性数据。

（3）空间数据文件，后缀为 . MAP，用于存放几何类型、坐标位置，对象颜色等数据。

（4）交叉索引文件，后缀为 . ID，主要用于连接属性数据和图形数据，将空间数据文件（. MAP）与属性数据文件（. DAT）进行一一对应，并按照顺序进行排列。

（5）索引文件，后缀为 . IND，主要用于对某些字段建立索引，方便搜索和查看，若无需要可以不生成此类文件。

3　车辆定位监控系统

结合北斗定位技术和 GIS 电子技术的特点，河钢唐钢新区建立了一个车辆定位监控系统，能够准确定位车辆在厂区内的具体位置，并根据运输任务将规定路线提示给司机，同时监控车辆超速、不按路线行驶等违规行为。

车辆定位监控系统作为企业物流管理的重要组成部分，通过对物流车辆的监督和指引，提升了物流系统的管理维度和管理精度，使企业的生产经营更加有序高效，实现了物流运输路径的最短化，进出场周期的最小化，减少了等待和中间倒运时间，提升了对原材料采购的管控能力，并做到以用户为中心的快速交付。

3.1　系统需求

河钢唐钢新区物流管控要求采用现代物流管理技术、装备技术和信息化技术，实现整个钢铁园区物流高效、有序、低成本运行。

物流管控系统中最重要的一环是对物流车辆的管控。钢铁企业主要物流为供应物流、生产物流、销售物流，所对应的车辆为采购进厂车辆、厂内倒运车辆、成品出厂车辆。通过对车辆实时定位、路线指引、违规报警、行为记录等功能的管理，可以保障企业物流的高效有序。钢铁企业物流流程如图 3 所示。

3.2　系统功能

车辆定位监控系统为基于北斗定位数据和 GIS 电子地图技术开发，并用于物流管理平台，可以实现

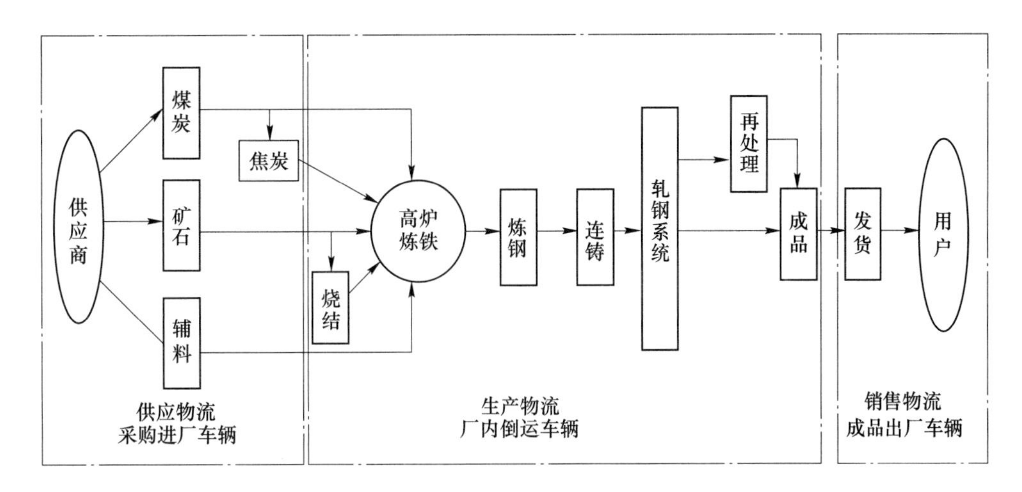

图3 钢铁企业物流流程

Fig. 3 Logistics process of steel enterprises

物流车辆的定位和轨迹监控等功能。

车辆定位监控系统包括电脑端和手机端两种形式。

3.2.1 电脑端平台功能

（1）路线规划功能：根据车辆任务的不同，在平台地图上显示预先规划好的路线，为司机提供路线指引功能。当厂区道路因施工或事故等其他原因而断交或拥堵时，地图上对应地点能够显示原因等信息。

（2）偏移报警功能：当车辆的实际路线与规划路线不一致时，系统产生报警信息。

（3）禁入禁出功能：当车辆驶入禁区或驶出工作区时，系统产生报警信息。

（4）超时停留功能：当车辆在某一地点停留时间过长时，系统产生报警信息。

（5）超速报警：当车辆超速时，系统产生报警信息。

（6）查询功能：可以单笔或批量查询车辆位置信息、任务信息及违规信息等。

3.2.2 手机端平台功能

（1）规划路线显示功能：可显示厂区地图，并根据物流系统的车辆任务信息显示该车辆预先规划好的路线和车辆实时位置，用于指引司机。

（2）查询功能：可以单笔或批量查询车辆位置信息、任务信息及违规信息等。

（3）报警推送功能：车辆出现线路偏移、异常停车情况时，报警提醒司机，并将报警信息推送至平台。

3.3 车载终端

车辆终端支持北斗定位系统，主要用于车辆位置查询及车辆行驶管理。车载终端采用部标一体机，对车辆行驶速度、位置、轨迹和车辆行驶的其他信息进行记录、存储。

3.4 路线规划功能

车辆定位监控系统具有车辆定位、路线规划、偏移报警等许多功能，其中路线规划功能打破了传统系统只是被动监视，不能主动管理的传统模式，根据车辆执行的任务，将规划好的路线通过系统移动端推送给司机，为司机明确行车路线，保障任务顺利，安全地完成。

如图4所示，管理人员能够根据车辆的运送任务，事先规划出一条运输路线（箭头所指），当司机到达报到位置并将要进入厂区时，系统会将规划好的路线推送到司机装有系统移动端的手机上，引导司机根据路线提示到达指定地点。

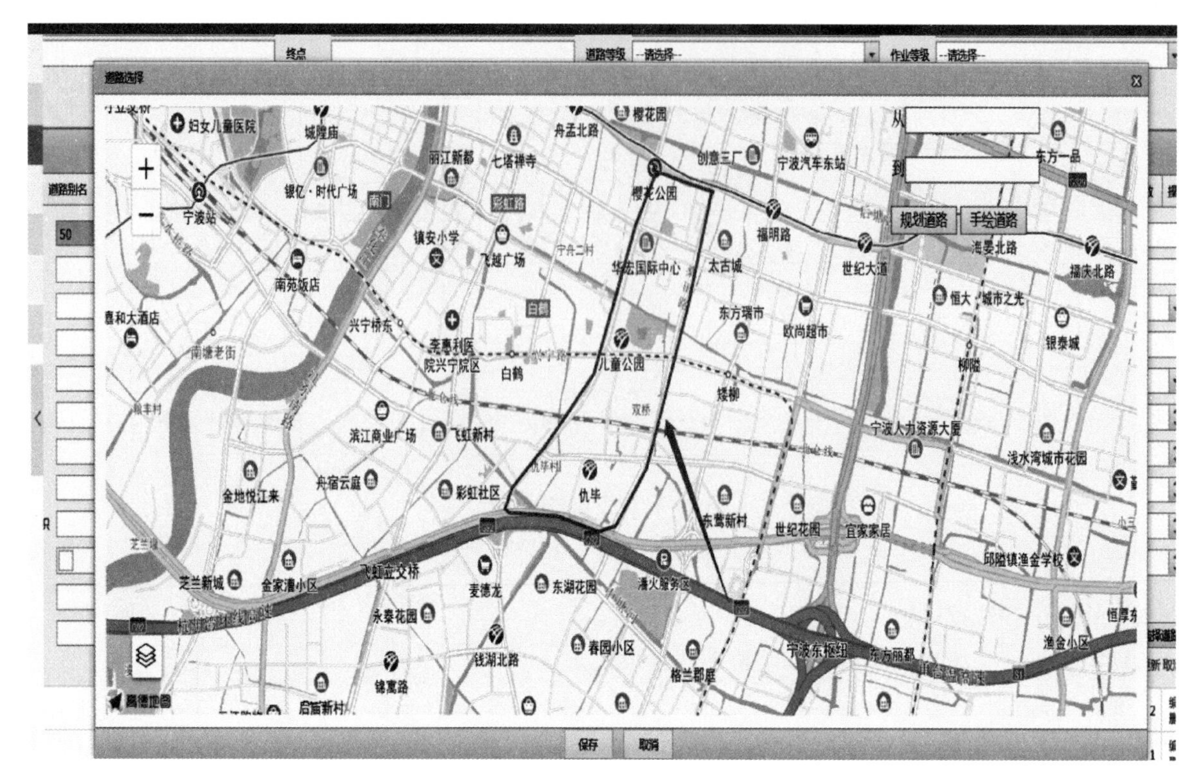

图 4　路线规划操作界面

Fig. 4　Operation interface of route planning

4　结论

车辆定位监控系统以北斗定位信息为基础，利用 GIS 电子地图技术的特点，为钢铁企业物流管理提供了一个智能化、信息化、可视化的管理平台，将原料进厂、厂内倒运和成品出厂的车辆全部纳入到系统管理，能够实时监视车辆在厂区内的具体位置，并可以为司机提供路线指引，提高钢铁企业的物流管理水平和协作能力，增强企业竞争力，为钢铁企业实现产业升级提供支持。

参 考 文 献

[1] 覃天强．面向钢铁行业的销售物流管理系统设计与实现［D］．哈尔滨：哈尔滨工业大学，2017.

[2] 杨迪．武钢物流某成品库仓库布局和储位优化研究［D］．武汉：武汉科技大学，2015.

[3] 雷兆明，赵凡，廖文喆，等．钢铁企业物流库存的车辆调度优化［J］．计算机仿真，2019（1）：366～372.

[4] 段光中，王倩倩．RFID 在自动车辆定位系统中的应用［J］．产业与科技论坛，2013（12）：91～93.

[5] 冯希．基于 GPS 物流车辆调度平台的设计与实现［J］．物流技术，2015（1）：110～112.

[6] 张凡．基于北斗定位的车辆定位监控系统的设计［D］．武汉：武汉理工大学，2014.

[7] 寇义冉．GPS 定位系统在冶金企业物流运输的应用［J］．河北冶金，2014（4）：76～79.

[8] 宋振兴．宣钢 GPS 物流监控系统的应用［J］．河北冶金，2014（4）：80～82.

三维数字化工厂的设计与实践

刘　岩[1]，张　弛[2]

（1. 唐钢国际工程技术股份有限公司，河北唐山 063000；
2. 河钢集团唐钢公司，河北唐山 063000）

摘　要　近年来，随着信息化和工业化融合的不断深入，国家对钢铁企业数字化转型提出了更高的要求。针对钢铁企业缺乏整体数字化平台、基础数据不能互联互通的现状，某钢铁企业打造基于不同维度数据的三维数字化工厂平台。通过对厂区建筑、设备和管线进行三维数字化建模，形成以数字化模型为载体，以统一编码为主线，以设计、采购、施工数据为基础，以信息化系统数据为依托的钢铁企业全生命周期数据管理平台。通过对生产要素的数字化，为该钢铁企业智能制造奠定基础。

关键词　智能工厂；三维可视化；系统集成；资产管理

Design and Practice of 3D Digital Chemical Plant

Liu Yan[1], Zhang Chi[2]

(1. Tangsteel International Engineering Technology Co., Ltd., Tangshan 063000, Hebei;
2. HBIS Croup Co., Ltd., Tangshan 063000, Hebei)

Abstract　In recent years, with the continuous deepening of the integration of informatization and industrialization, the country has put forward higher requirements for the digital transformation of steel enterprises. According to the lack of an overall digital platform for steel companies and the inability to interconnect basic data, a steel enterprise has created a three-dimensional digital factory platform based on data from different dimensions. Through the three-dimensional digital modeling of plant buildings, equipment and pipelines, the whole life cycle data management platform of the steel enterprise with digital models as the carrier, unified coding as the main line, design, procurement, and construction data as the basis, and informatization system data as the support has been formed. Besides, the digitization of production factors has laid the foundation for the intelligent manufacturing of steel companies.

Key words　intelligent factory; three-dimensional visualization; system integration; asset management

0　引言

为推进制造业供给侧结构性改革，不断提高企业核心竞争力和产品质量，国家在《中国制造 2025》中明确提出“以加快新一代信息技术与制造业深度融合为主线，以推进智能制造为主攻方向”的方针[1]。2018 年国家公布《国家智能制造体系标准》，也在关键技术中对智能工厂的建设作了详细的描述，指出智能工厂包含设计、建造、交付、生产和集成等环节[2]。经过多年信息化建设，钢铁行业已基本建立了五级信息化架构平台，但随着新一代智能工厂标准的出台，打造数字化工厂已成为钢铁行业践行智能制造的必由之路[3]。

1　三维数字化工厂概念及意义

所谓数字化工厂是通过信息化手段对物理工厂的实体和流程进行重构。而以三维可视化技术为载体，在建设物理工厂的同时打造一比一的数字工厂，完成从数字化设计到数字化建设、从数字化交付到数字化运维的数据集成，实现整个工厂全生命周期的数据管理[4]，则是三维数字化工厂建设的基本要

作者简介：刘岩（1989—），男，工程师，2015 年毕业与中国矿业大学（北京）自动化专业，现在唐钢国际工程技术股份有限公司从事冶金行业控制系统设计工作，E-mail：liuyan@ tsic. com

求。唐钢新区是河钢集团打造核心竞争力、引领行业发展方向的沿海钢铁基地。参照智能工厂建设标准，结合生产工艺特点打造三维数字化工厂，实现生产全流程的数字化管控，为唐钢新区智能工厂建设奠定基础，同时也是实现建设世界一流钢铁生产基地的重要举措。

2　建设三维数字化工厂的关键技术

2.1　数字化建模技术

数字化建模技术是将物理实物用数字信息表征的过程，是创建可视化运维平台的展示基础。针对数字化工厂应用场景，三维模型的创建方式通常分为3种：（1）基于BIM（Building Information Modeling）技术的模型创建。在工程设计期，设计院通过专业设计平台创建包含建筑、管道、仪表、电气和设备等全专业的三维模型。通过统一协同平台完成模型的校验和总装[5]。区别于图形视觉化模型，BIM模型在表征物体空间尺寸的同时还包括物体的属性信息[6]。目前根据工程的差异，BIM建模分为基于三维全流程的正向设计和依据施工图建模的逆向设计两种方式。（2）基于激光扫描仪的现场建模。当工程建设完成时，测绘人员可根据目标建筑的实际坐标位置进行实景扫描建模，扫描的模型为除了外形尺寸外还包括实际模型的物理坐标位置[7]。生成的点云模型精度高，但需要后续软件处理，才能形成数字三维模型。（3）无人机扫描建模。通过无人机进行倾斜摄影，将无人机在目标区域进行绕飞，通过机载摄像头形成测绘模型，倾斜摄像适用于场景较大，精度要求不高的建模。

2.2　三维数字化工厂平台搭建

三维数字化工厂平台是将可视化模型与各维度数据统一集成、统一梳理的系统。目前，三维数字化工厂平台在钢铁企业运维中的应用相对较少，仅在部分相对独立的产线中有三维可视化控制系统的应用案例。基于三维模型创建的数字化钢铁企业数字化运维平台需要静态文档数据、动态监控数据、结构化生产数据等作为信息支撑。通常三维数字化工厂建设思路包括以下两种。

2.2.1　基于数字化交付技术

以设计院为主体的数字化交付模式将设计数据与BIM模型相结合，通过统一的交付平台和唯一编码规则，将设计参数、施工记录、采购信息等进行无缝关联[8]。完成交付后，该平台与企业内部实时数据库对接，与信息化管理系统实现钢铁企业全生命周期的数据管理。技术路线如图1所示。

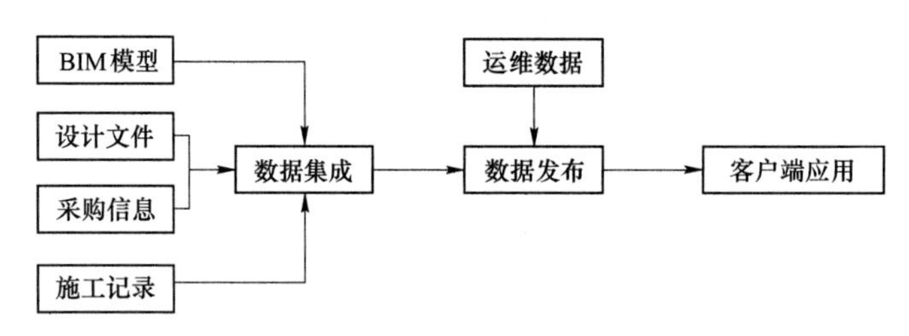

图1　数字化交付实现三维工厂技术路线

Fig. 1　Digital delivery to achieve three-dimensional plant technology route

2.2.2　基于三维可视化技术

模型的来源方式包括BIM模型和非工程类三维模型。其中BIM模型在导出格式后需要进行轻量化处理，再将模型导入到Unity3D平台，并进行应用功能的定制化开发。技术路线如图2所示。

3　三维数字化工厂功能设计

河钢唐钢新区立足“智能、绿色、品牌”理念，依托先进技术建立完善的钢铁企业信息化五级架构。三维数字化工厂依托各总包单位BIM设计成果，集成建设期和运维期数据，将工厂全生命周期管理数据在三维场景上进行不同维度的展示，实现唐钢新区生产工艺、设备运营管理、智慧园区建设的全方位数字化和可视化。

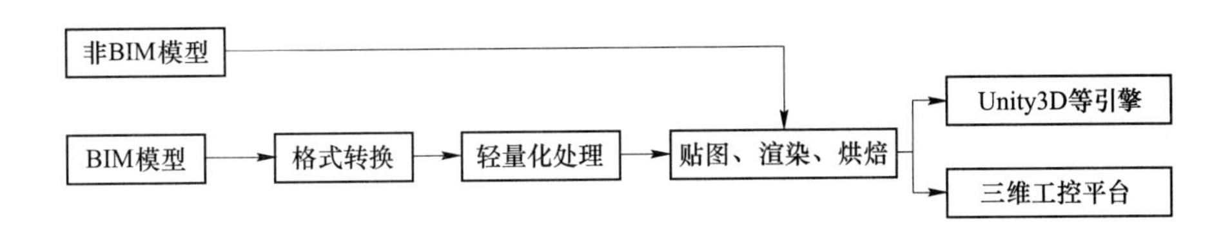

图2 三维可视化技术实现数字工厂技术路线

Fig. 2 Three-dimensional visualization technology to realize the digital factory technical route

3.1 功能层级划分

（1）设备级功能侧重于设备应用功能的演示、设备安装拆解的示教和设备运行状态的监控。此类应用对模型的精细度要求高，模型的外观形状零部件尺寸都要尽量贴合现场实际情况。将设备设计资料、随机指导手册、运维数据和资产信息关联在三维模型上，形成全过程可视化的设备资产管理。通过三维可视化技术将大型设备使用经验固化到信息系统，辅助培训设备维护人员，达到高仿真的沉浸式培训效果。

（2）车间级建模范围除主要大型设备管理外，还包括车间内厂房的建筑、地上地下能源介质管线和电气仪表等各型设备。数据集成方面，首先车间级三维场景需要与现场控制系统实时数据库连接，将监测数据展示在模拟环境中；其次车间的实时生产信息、上下游生产数据、实时的外部能源管线信息、产品检化验信息以及生产计划的更新同样是车间管理者所关注的；最后车间级的设备管理制度、生产维护计划等管理制度同样需要与三维场景结合。

（3）公司级三维工厂关注是整个项目建设过程中所产生的数据的有效整理、工厂外观全貌的综合展示和厂区总体的生产信息。厂区内设备种类众多，以往以纸质版图纸和电子档案相结合的方式存在更新不及时、关联程度小的弊端。建立数字化工厂基础信息管理平台，将工厂所有工程信息和运维信息集成。将设计数据、二维图纸、BIM 模型及建设过程数据进行统一整合，形成结构型数据、非结构化数据、动态数据和静态数据组成的不同维度数据管理平台[9]。

3.2 功能概述

结合 BIM、GIS（Geographic Information System）技术建立唐钢新区钢铁有限公司三维数字化工厂管理平台，作为公司生产运营管控信息的载体，实现公司的生产、能源、安防和设备的一体化运维管控。

（1）总貌展示。在平台中设定漫游路线，模拟第一视角在全厂三维模型中自动漫游，进行虚拟工厂、车间、产线、生产设备的查看，在不进入生产现场的前提下，协助来访者或新入职员工快速了解整个厂区的工艺布局、主要生产线和生产设备等基本情况。并以图层的形式管理不同类型的数据和三维模型的显示状态[10]。

（2）资产管理。三维数字化工厂将钢铁企业全生命周期管理数据集合，作为企业的资产仓库，以统一编码规则为主线，以三维模型为载体，实现对前期设计图纸和相关文档的标准化、数字化管理。通过钢铁企业资产树，用户可快速了解不同区域的设备资产情况，资产树分为公司级、车间级和工序级。利用资产树和三维场景使用者可快速定位设备在产线上的安装位置，查看相关的运行参数，厂家信息，备件更换情况等信息。

（3）辅助设备管理。三维数字化工厂与唐钢新区设备管理系统进行数据对接，丰富设备管理系统的可视化功能，为设备运维管理提供全方位的数据整合。基于可视化技术的 BOM（Bill of Materia）清单为用户提供智能装配指导，提供基于三维场景的设备的智能化巡检、设备智能监控和快速故障处理。

（4）能源管线管理。三维数字化工厂将钢铁企业管线隐蔽工程可视化，将厂区的地上地下管线进行建模，通过阀门仪表数据的采集和分析，形成管线运行情况的监控。通过三维数字化工厂可以快速查看管网的埋深、架空高度、管线材质、口径、介质以及上下游关系等信息，同时精确的地上地下管线数据管理也为钢铁企业后期改扩建提供了位置参考。

（5）物流信息展示。钢铁企业物流车辆通常分为三种，即发送货车量、行政车辆和生产倒运车辆，三维数字化工厂将通过 GPS 和 GIS 平台将车辆信息位置、司机信息、车辆信息、称重信息以及行驶区域等信息进行集中展示，便于可视化车辆管理。

（6）应急指挥。基于钢铁企业三维数字化工厂管理平台，可对厂区的危险源及应急储配设备进行定位，根据不同车间的运行特点设置不同的危险级别，划定不同危险情况下的安全区域。一旦厂区发生重特大危险情况，应急指挥中心可以通过三维场景了解危险地区的房屋类别与结构，远程立体指挥应急抢险，将应急储备物质与危险源关联，辅助指挥人员进行危险处置与物质调配。

4　结语

三维数字化工厂在生产运维期对唐钢新区意义重大。首先它提供了一套可持续的整体规划和展示平台；其次它为唐钢新区提供了一套从设备级到公司级、从设计阶段到运行期、从检测数据到运维管理的多维度数据管理平台，打通了数据壁垒；然后它为企业提供了一套结构化资产管理体系，避免后续改造过程中形成资料混乱、短缺的情况；最后它提供了一套基于物理工厂的交互平台，将运维经验固化到交互系统，减少人员流动造成的损失。

在智能工厂概念和智能制造技术不断完善的今天，三维数字化工厂在企业管理创新与数据集成方面还有巨大的潜力，未来依托 5G、VR、AR 等技术的融合，创建浸入式全程操作平台；基于三维场景实现生产物料的可视化跟踪；结合模拟仿真数据实现真正意义上的可视化工艺仿真。这些应用都将助力唐钢新区技术转型，为流程制造行业提供智能制造的标杆。

参 考 文 献

[1] 周恒超，刘树臣，李广鹏，等．交流电路在电工技术学习中的要点分析［J］．内燃机与配件，2018（2）：242.
[2] 国家智能制造标准体系建设指南（2018 年版）［J］．机械工业标准化与质量，2019（1）：7.
[3] 唐堂，滕琳，吴杰，等．全面实现数字化是通向智能制造的必由之路——解读《智能制造之路：数字化工厂》［J］．中国机械工程，2018，29（3）：366.
[4] 梁坚史，富生施，英鹏．三维数字化技术在石化智能工厂中的价值及典型应用探讨［J］．中国石油和化工经济分析，2018（4）：51.
[5] 曹江．大型预制装配式混凝土风洞施工关键技术研究［D］．南京：东南大学，2017.
[6] 江林．基于 BIM 的智能楼宇集成管理系统设计与研究［D］．重庆：重庆大学，2017.
[7] 朱广民．数字化工厂与数字化交付分析［J］．中国管理信息化，2019，22（20）：87.
[8] 王蒙，王翠艳，杜慧慧．基于激光三维扫描建筑空间结构虚拟重建系统［J］．激光杂志，2019，40（11）：170.
[9] 许敏，玄文凯，于翔．工厂数字化交付平台应具备的基本功能探究［J］．软件，2019，40（11）：195~198.
[10] 郑蕾．三维数字化工厂可视化系统的研究与开发［D］．上海：上海交通大学，2018.

火灾报警系统在河钢唐钢新区的应用

来 昂，孙 涛

（唐钢国际工程技术股份有限公司，河北唐山 063000）

摘 要 针对钢铁企业可燃物、易燃物多，易发生火灾的特点，通过分析钢铁企业火灾易发生类型和发生部位，结合河钢唐钢新区自身特点，确定采用控制中心报警消防系统。介绍了控制中心报警系统的组成及 12 个重点部位采取的消防措施及特点，为今后钢铁企业的火灾报警系统设计及规划提供了参考。

关键词 中国钢铁企业；火灾报警；消防联动

Application of Fire Alarm System in HBIS and Tangsteel New District

Lai Ang，Sun Tao

（Tangsteel International Engineering Technology Corp.，Tangshan 063000，Hebei）

Abstract Due to the large amount of combustibles and combustibles in iron and steel enterprises，fires are prone to occur. This article analyzes the types and locations of fire that are likely to occur in iron and steel enterprises，and combines the characteristics of HBIS Tangsteel New District to determine the control center alarm and fire protection system. In addition，the composition of the control center alarm system，and the fire-fighting measures and characteristics adopted at 12 key locations were introduced in the paper，which provides a reference for the future design and planning of the fire alarm system for steel enterprises.

Key words chinese steel enterprises；fire alarm；fire protection linkage

0 引言

由于钢铁企业内可燃物、易燃物众多，一旦发生火灾，后果十分严重。如果仅从防火入手，难以完全保障钢铁企业的安全。尽早发现火灾并迅速有效地灭火成了问题的关键。火灾报警及消防联动控制系统很好地解决了这个问题。火灾自动报警可以迅速发现火情并通知消防值守人员；消防联动控制系统将相关设备联动，防止火灾蔓延。

市面上更多的研究多是针对火灾探测设备本身的。而在工业项目建设初期，火灾自动报警系统的设计往往受限于客观条件而无法全面展开工作。目前尚无资料可以直观地体现钢铁企业环境下火灾自动报警系统设计规划。

1 火灾自动报警系统

当消防区发生重大火灾时，设置在安全保护区内的自动火灾报警探测器，可以及时探测到消防区火灾早期的特征，发出重大火灾的报警信号。为及时组织和防止火灾的蔓延、人员疏散和及时启动自动灭火系统等设备工作，提供了指令和实现远程控制的自动化消防系统。

2 河钢唐钢新区消防报警系统

河钢唐钢新区项目是一个涵盖原料厂、烧结、球团、高炉、炼钢连铸、热轧、冷轧和其他公辅生产配套设施的大型现代化钢铁生产项目。工艺生产流程复杂、厂区占地面积大，需要设置火灾报警系统的

作者简介：来昂（1986—），男 工程师，毕业于南京信息工程大学，现在唐钢国际工程技术股份有限公司主要从事电信设计，E-mail：naduoo@ foxmail. com

场所很多，需要与自动消防设备联动的保护对象有数十个，所以消防系统采用控制中心报警系统[1]。

控制中心报警系统包含集中报警系统及区域报警系统，即消防主控室、消防分控室及其他火灾报警或联动控制保护区域。

2.1　控制中心报警系统

在河钢唐钢新区厂区内设置消防控制中心作为消防主控室，接入其他消防分控室（包括集中消防联动报警控制系统）的报警控制和联动图形控制器可显示报警信号，显示所有消防分控室的报警控制信号和所有消防联动设备的控制联动状态报警信号，控制重要的消防设备[2]，如图 1 所示。

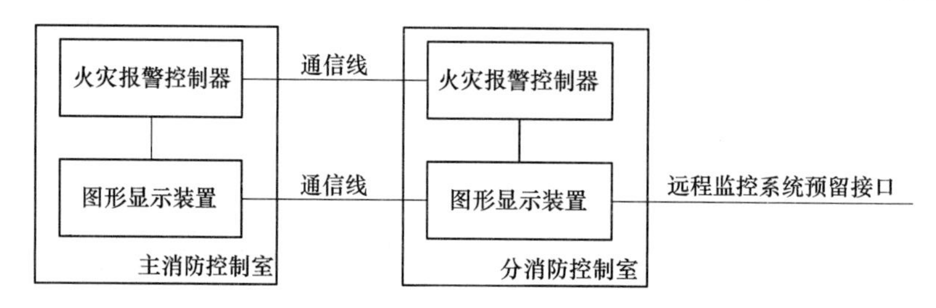

图 1　控制中心报警系统

Fig. 1　Control center alarm system

2.2　集中报警系统

在需要设置消防联动自动报警和消防设备的区域，设置消防报警控制室（集中消防报警控制系统），并将附近区域的消防报警信号控制系统引入集中消防报警自动控制系统，如图 2 所示。

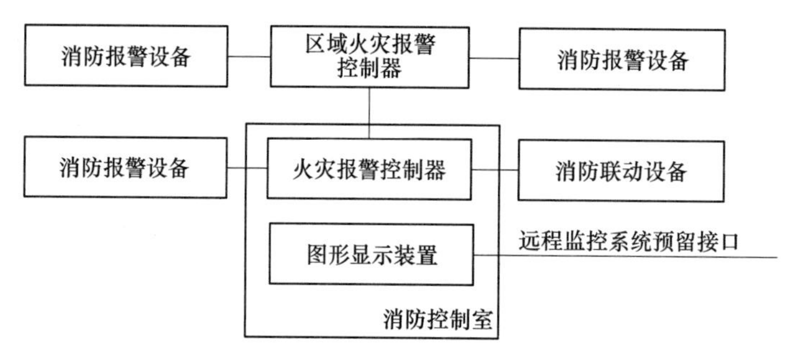

图 2　集中报警系统及区域报警系统

Fig. 2　Centralized alarm system and regional alarm system

河钢唐钢新区的消防控制室一般设置在各区域的主控楼或大型变电所的一层。

2.3　区域报警系统

区域报警系统设置在只探测火灾和报警的区域，火灾监测报警系统的控制器设置在有人的操作室或者控制室。

3　河钢唐钢新区火灾自动报警系统构成

河钢唐钢新区火灾自动报警系统结构如图 3 所示。

3.1　火灾探测设备

主要包括点式感烟探测器、缆式感温探测器、红外火焰探测器等。

3.2　消防报警设备

主要包括消防声光报警器、手报按钮、消防专用广播、消防专用的电话等。

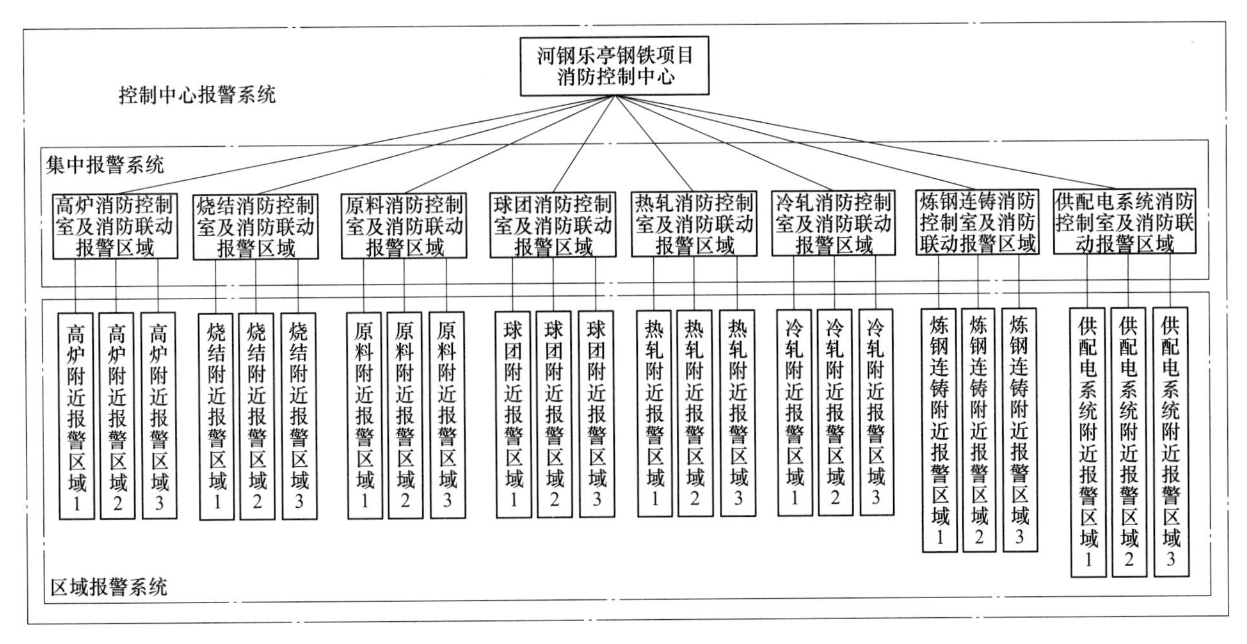

图3 火灾自动报警系统

Fig. 3 Automatic fire alarm system

3.3 消防联动设备

主要包括细水雾灭火、悬挂式超细干粉、气体灭火等系统的联动模块及控制线缆，如图4所示。

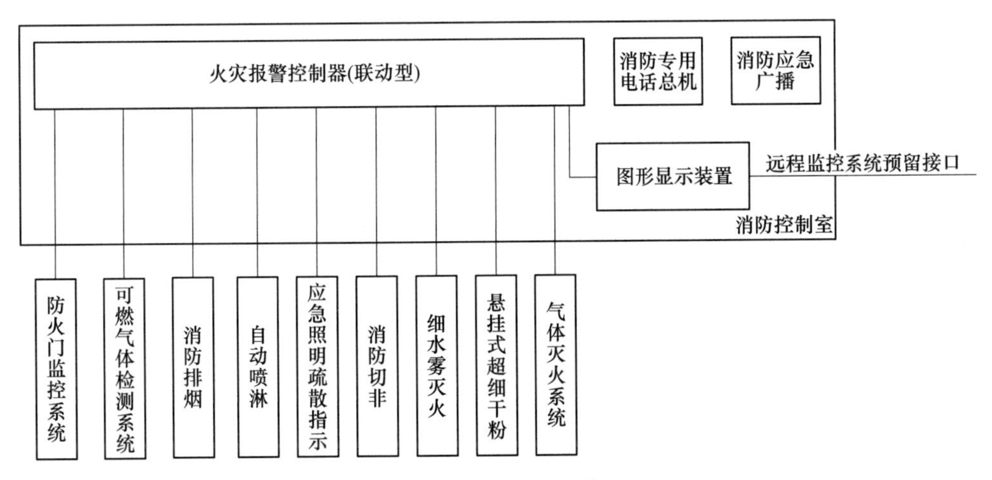

图4 消防联动系统

Fig. 4 Fire protection linkage system

4 河钢唐钢新区重点部位消防保护措施

4.1 钢铁冶金企业火灾隐患重点部位

对某年钢铁冶金企业发生的火灾案件进行统计筛选，结果如表1所示。

表1 某年钢铁企业火灾统计结果

Tab. 1 Statistical results of fires in iron and steel enterprises in a certain year

火灾类型	起火部位	次数	百分比/%
电缆	电缆隧道、电缆夹层、电气地下室、电缆竖井等	27	35.1
可燃物和液体以及挥发性物质	润滑油站（库）、液压站、储油间、油管廊以排放中高温低闪点温室气体和非石油类化工产品	11	14.9

续表 1

火灾类型	起火部位	次数	百分比/%
电气	变压器、电气室、控制室等	12	16.2
爆炸	可燃气体或粉尘爆炸	11	14.9
运输皮带	煤等原料运输皮带火灾	6	8.1
生产设施	不锈钢冷轧机、修磨机及热轧机等	4	5.4
低闪点易燃液体	苯、涂料等低闪点易燃液体火灾	2	2.7
大型公共场所	办公楼、化验设备楼等大型公共场所	2	2.7
合 计		74	100

由表 1 可以看出，电缆起火、可燃液体和气体以及粉尘起火、配电室控制室的电气火灾是钢铁企业易发生的火灾类型[3]。

4.2　河钢唐钢新区消防重点部位及保护措施

根据相关规范要求及河钢唐钢新区项目现状，明确火灾报警重点保护区域（1~12）。具体如下：

（1）单台容量≥40MVA 油浸变压器，单台容量≥125MVA 总降变电所油浸变压器；

（2）总装机容量>400kVA 的柴发机房；

（3）电气地下室；

（4）厂房内电缆隧道、厂房外连接总降或其他变电所的电缆隧道；

（5）建筑面积>500m^3 的电缆夹层；

（6）电缆井与电缆夹层、电缆井与地下室、电缆井与隧道之间必须连接或需要穿越 3 个以上的电缆防火设施分区；

（7）储油容积≥2m^3 的地下液压站、储油总容积≥10m^3 的地下油管廊和储油间；距地坪高度大于 24m 以上且储油总容积≥2m^3 的闭式平台液压站；距地坪标高 24m 以下且储油总容积≥10m^3 的地上闭式液体站和润滑油站；

（8）炉顶液压站；

（9）其他地下液压站、润滑油站；

（10）配电室、可燃介质电容器室、油浸式电抗器室，单台设备油量 100kg 及以上或开关柜台数 15 台以上；

（11）主控楼、实验室、调度室、通信中心等；

（12）数据中心、各区域信息化节点机房。

电缆火灾具有发展迅速、扑救困难的特点，其起火前会大量发热，则优先使用缆式感温探测器随电缆走向正弦式布放。

对于机房、电气室类的建筑，多发生电气火灾，起火伴随烟雾，则优先使用点式感烟探测器。

液压站、润滑油站优先使用红外火焰探测器、缆式感温探测器[4]。

重点部位消防保护措施如表 2 所示，表中，保护区域编号 1~12 代表消防重点区域并与上文相对应。

表 2　重点部位消防保护措施

Tab. 2　Fire protection measures for key parts

保护措施	重点保护区域											
	1	2	3	4	5	6	7	8	9	10	11	12
点式感烟探测器										▲	▲	▲
缆式感温探测器	▲	▲	▲	▲	▲	▲	▲					
红外火焰探测器							▲	▲	▲			
消防专用电话			▲	▲	▲		▲	▲	▲	▲	▲	▲
消防广播			▲	▲	▲		▲	▲	▲	▲	▲	▲

续表 2

保护措施	重点保护区域											
	1	2	3	4	5	6	7	8	9	10	11	12
手动报警	▲	▲	▲	▲	▲		▲	▲	▲	▲	▲	▲
应急疏散			▲	▲	▲		▲	▲	▲	▲	▲	▲
细水雾灭火		▲	▲	▲	▲		▲					
悬挂式超细干粉					▲			▲				
气体灭火	▲											▲

5 结语

火灾自动报警系统的具体设置形式不仅要参照规范条文，也要结合项目的配置及消防联动的设置情况。河钢唐钢新区本着火灾早期预警、及时控制灭火的原则，对重点部位采取了科学合理的消防措施进行保护，建设了 1 套完善合规的火灾自动报警系统。既满足了消防设计的合理性、规范性、统一性要求，又为消防验收、取得生产许可证和正常生产提供了必要的消防安全保障。

参 考 文 献

[1] 中华人民共和国公安部 . GB 50116—2013 火灾自动报警系统设计规范［S］. 北京：中国计划出版社，2013.

[2] 杨连武 . 火灾报警及联动控制系统施工［M］. 北京：电子工业出版社，2006.

[3] 于海涛，刘敏，余斌 . 钢铁冶金企业自动消防系统新技术及标准发展［J］. 冶金设备，2009（S1）：170~173.

[4] 中冶京诚工程技术有限公司，首安工业消防有限公司 . GB 50414—2018 钢铁冶金企业设计防火标准［S］. 北京：中国计划出版社，2018.

河钢唐钢新区仪表选型原则及特点

刘雪飞

（唐钢国际工程技术股份有限公司，河北唐山 063000）

摘　要　对于钢铁企业来说，检测技术及装置是生产中极为重要的部分，在能源、环保、工艺流程自动化上都有大量的仪表担负着数据检测任务，仪表的测量精度和准确性对智能化钢厂建设至关重要。结合河钢唐钢新区项目建设中所涉及的仪表，从选型原则、仪表种类、选型注意事项和自动控制仪表的特点等方面进行了详细介绍。指出，仪表选型过程中，在采用先进技术确保安全可靠以及数据准确的同时，还应注意对成本的考虑，保障仪表选择与使用要同时具有先进性和经济性。

关键词　钢铁企业；仪表；选型；种类；注意事项

Principles and Characteristics of Meters Selection in Tanggang New District

Liu Xuefei

（Tangsteel International Engineering Technology Corp.，Tangshan 063000，Hebei）

Abstract　For steel enterprises，the detection technology and equipment are extremely important for production. There are a large amount of meters that are responsible for data detection tasks in energy，environmental protection，and process automation. Therefore，the measurement precision and accuracy of the meters are essential to the construction of intelligent steel plants. In this paper，combining with the meters involved in the construction of HBIS Tangsteel New Area project，the detailed introduction was given in terms of selection principles，instrument types，selection precautions and features of automatic control instruments. It is concluded that in the process of meters selection，while adopting advanced technology to ensure safety，reliability and data accuracy，cost considerations is necessary to ensure that the selection and use of meters are definitely advanced and economical.

Key words　iron and steel enterprises；meters；selection；type；precautions

0　引言

随着钢铁行业的不断发展，钢厂自动化、智能化工作的不断推进，检验检测仪表越来越重要，对仪表精度和准确性的要求也更加严苛。传统的人工控制仪表的方式不仅浪费大量的人力、物力和财力，工作效率低，还容易出现人为操作失误。河钢唐钢新区项目建设中，仪表的设计选型直接关系着“智能化”钢厂的建设，甚至会影响到现场生产的安全与稳定。为此，在项目设计过程中，对仪表选型的要求及特点做了更详细的规定。

1　自控仪表选型原则

河钢唐钢新区项目对“智能化”提出了极高的要求，仪表是实现“智能化”的“鼻子”和“耳朵”。自动化控制设计秉持的原则是降低原料、能源消耗，缓解劳动强度，提高产品质量，保证生产顺利进行，仪表能够实时对产品生产过程进行监视和控制，满足新区项目“智能化”要求。根据项目实际的生产过程，对仪表检测提出了“方案合理、运行可靠、技术先进、操作方便”的原则。首先，仪表的设计核心要求就是其可靠性；根据实际生产需要，选择合适的仪表，要求控制性能稳定、精度高、

作者简介：刘雪飞（1988—），女，工程师，毕业于北京科技大学，现在唐钢国际工程技术股份有限公司自控事业部主要从事仪表自动化设计，E-mail：467845400@ qq. com

能实现控制的多功能化；其次，选择仪表先进性的同时，也要注意其价格的合理性，避免出现过度追求新产品、新技术，而造成的高成本；最后，生产过程中如果存在高温、高压、易燃易爆的危险，就要充分考虑到选择仪表的安全性，对可能引起事故的关键变量调节系统进行自动连锁或者报警措施。

2 常用仪表的种类

2.1 温度仪表

温度仪表较为常用的有就地温度仪表和远传信号温度仪表。

在河钢唐钢新区项目中优先被选用的就地温度仪表是双金属温度计，常用的规格型号和技术性能为万向式，表壳直径 100mm，测量精度 1.5 级或 1.0 级，最高测量值不大于仪表测量范围上限值 90%，正常测量值在仪表测量范围上限值的 1/2 左右。

远传信号温度测量仪表采用较多的是热电阻和热电偶，其输出的温度信号直接传送至 PLC 控制系统。根据温度测量范围，选用相应分度号的热电偶、热电阻。一般情况下，低于 600℃时，采用热电阻；高于 600℃时，采用热电偶。其中热电偶又分为不同的型号，不同型号具体的适用温度范围详见表 1。

表 1 热电偶适用的温度范围

Tab. 1 The applicable temperature range of thermocouple

热电偶	分度号	温度/℃
镍铬-镍硅（镍铝）	K	-40~1200
铂铑 10-铂	S	0~1600
铂铑 13-铂	R	0~1600
铂铑 30-铂铑 6	B	600~1700

2.2 压力仪表

压力仪表分为就地压力表、压力变送器和差压变送器 3 大类。

河钢唐钢新区项目中常用的就地压力表为弹簧管压力表，在较小压力下采用的是膜盒压力表。常用的规格型号和技术性能为表盘直径 100mm 或 150mm，测量精度 1.5 级或 2.5 级，正常操作压力值应在仪表测量范围上限值的 1/3~2/3。

压力变送器与差压变送器主要使用硅谐振传感器，测量设备或者管道差压时，应选用差压变送器，当测量微小压力（小于 500Pa）时，可选用微差压变送器。

压力仪表的一般安装方式分为引压管安装和螺纹安装，测量腐蚀性介质也可使用隔膜安装。

2.3 流量仪表

流量与管道、流体之间都有着十分密切的联系。根据测量介质的不同，可将流量仪表分为液体、气体以及蒸汽流量测量仪表 3 种类型。

2.3.1 液体流量测量仪表

河钢唐钢新区项目中常用的液体流量测量仪表为电磁流量计和超声波流量计。

电磁流量计适用于导电的液体或均匀的固液两相介质流量测量，可测量各种强酸、强碱、盐、氨水、泥浆、矿浆、纸浆等介质。可以垂直、水平或倾斜安装，垂直安装时，液体必须自下而上，对于液固两相介质，最好的安装方式是垂直安装；当安装在水平管道上时，应使液体充满管段，直管段长度应满足上游不少于 $5D$，下游不小于 $3D$ 的要求。

超声波流量的精度略低，但对介质的要求也较低，凡能导声的流体均可选用超声波流量计，除一般介质外，对强腐蚀性、非导电、易燃易爆、放射性等恶劣条件下工作的介质也可以选用。如除盐水的导电率较低，使用电磁流量计存在较大误差，除盐水流量的测量应选用超声波流量计。

2.3.2　气体流量测量仪表

河钢唐钢新区项目中常用的气体流量测量仪表有环形孔板、均速管流量计和V锥流量计。

环形孔板在高炉煤气、转炉煤气、焦炉煤气、冷风和热风炉等介质流量的测量中具有明显的优势。例如，当流体通过标准的孔板结构之时，流体的流通面积会突然减小，进而产生加速的现象。当流体绕过孔板结构经过边缘所产生的附面层结构为圆柱形。工作人员在进行安装时，可通过在管壁上增设多个取压口，构成均压环，将最终得出的平均数值传送到变送器当中，可有效地补偿畸变所产生的误差[1]。

均速管流量计在测量压缩空气、高炉煤气和蒸汽等介质的流量时，具有较好的效果。应根据检测杆形状的不同，采用不同规格的均速管，如强力巴、托巴管、阿牛巴和威力巴等。但该气体流量计对脏污流体流量的测量，达不到理想的应用效果。

V锥流量计是近年来钢铁行业大口径管道气体流量检测中较为理想的仪表设备。它将从中心孔节流，变为环状节流的状态，进而改善了流体的流场结构。可逐渐形成相对稳定的“滞留区”，能输出稳定的差压信号。通过对压力进行判断，可将压力的损失量降到最低。

2.3.3　蒸汽流量测量仪表

河钢唐钢新区项目中常用的蒸汽流量测量仪表有差压式流量计和涡街式流量计。

差压式流量计是一种应用广泛，用量最多的传统流量计。其通过测量孔板两侧的差压，计算得到蒸汽的流量，这种孔板差压式流量计易于复制，简单，牢固，性能稳定可靠，使用期限长，价格低廉。标准孔板为全世界通用，无需个别校准即可投入使用，并得到国际标准化组织和国际计量组织的认可。测量范围度窄，一般范围度为3∶1~4∶1，现场安装条件要求较高，需要较长的直管段长度，且孔板的压损较大[2]。

涡街式流量计是一种发展迅速并获得广泛应用的新型流量计。其结构简单牢固，安装维护方便，价格适中。测量范围度宽，可达10∶1~20∶1或更大，可用于测量大幅波动的工艺过程的流量。输出与流量成正比的脉冲信号，无零点漂移。压损较小，约为孔板流量计的1/2~1/4，但不适用于低雷诺数（$R<2\times10^4$）场合。上游侧需要较长的直管段长度才能保证测量准确度，仪表系数较低，信号分辨率随口径增大而降低，影响测量精度，故口径不宜过大的，一般应用于中小口径（*DN*25~*DN*300）。

由于蒸汽的密度与压力、温度有关，为了得到更精准的蒸汽流量，以上两种流量计均需对压力和温度进行补偿，当所测蒸汽为饱和蒸汽时，压力和温度有一一对应关系，只需测量其中一个信号即可进行补偿，对于过热蒸汽，压力和温度没有对应关系，应同时对温度和压力进行补偿。

3　仪表选型的注意事项

从以上分析可以看出，仪表的测量原理非常多样，不同的工况应选择不同的仪表，如果使用不当，可能造成严重的后果。为此，河钢唐钢新区项目在仪表选型方面，提出了如下的注意事项。

3.1　工艺目标

由于钢铁企业被测变量物料性质不同，要综合考量使用仪表的原理、材质和测量方式。选型时应着重考虑物料的工艺性质，包括并不仅限于状态、密度、操作温度、操作压力、正常工况数据、最大值以及最小值、物料组成、电导率、黏度、酸碱性以及腐蚀性等数据。通过分析以上数据，首先要确定测量形式，再进行材质选型，最后根据其他要求确定附件规格。另外，还要分析工艺介质的变动性。由于批次不同，介质物理特性与化学特性也会有所变化，要综合分析选择。在高温、高压或重度危险源处所使用的仪表，也要特殊考虑[3]。

3.2　经济性

仪表选型应考虑其经济性，仪表材质的选择并不是越高越好，常规仪表接液部分的材质一般选择比管道材质高一个等级的材质，若材质价格较高也可与管道同等级配置。在工艺允许的情况下，可通过膜片镀金、衬聚四氟乙烯等工艺替代铂、哈氏合金等贵金属。此外，对价格影响较大的是仪表的精度，精度越高，价格越贵，建议选择合理的精度，没有必要盲目追求高精度[4]。

3.3 智能化

仪表的智能化一般指两个方面：一是，仪表本身测量的多样性和数据处理能力；二是，仪表自我诊断能力和通信能力。当代仪表智能程度已经很高，一台电磁流量计，内部可能集成了温度传感器、压力传感器、密度传感器以及电导率传感器等多个传感器。经过内部运算，这些数据通过总线可全部上传到上位机，可实现一表多用，准确性也较高。

3.4 安装方式

安装方式对仪表测量的影响非常大，即使同一种测量原理的仪表，不同厂家的安装要求也会不同，所以在安装过程中，要综合考虑安装方式，如：水平、竖直安装。此外，要满足直管段要求、满管要求、法兰要求以及振动要求。安装位置要便于检修、维护、更换。

4 自控仪表选型特点

为保证仪表的测量精度，确保“智能化”钢厂安全高效地运行，河钢唐钢新区项目在仪表选型方面具备如下特点。

采用的电磁流量计配备累计模块，实现流量数据的累计，以便进行历史追溯。同时提高液体测量精准度，为流量计量交接的双方提供更准确的数据，以保证双方进行验证。在经济性方面，此功能虽增加了成本，但是能为流量计量交接的双方提高更准确的数据，从而节省成本，提高智能化水平，是流量计选型上一个很大的进步。

由于气体流量检测的复杂性，气体流量检测仪表在测量精度和可靠性等方面都明显劣于液体流量检测仪表，尤其是蒸汽流量的检测，河钢唐钢新区项目中采用涡街流量计对蒸汽流量进行测量，确保蒸汽流量的测量精度。涡街流量计是目前发展迅速且应用广泛的新型流量计，更适用于蒸汽流量的测量，能提供更准确的蒸汽流量数据。产品在不断更新换代，河钢唐钢新区项目在仪表选型方面，在考虑经济性前提下，采用先进技术，保证高效智能化生产的需要。

5 结论

仪表的合理、精确选型对项目运行的安全、稳定至关重要。河钢唐钢新区项目仪表选型中做到了合理、精准，确保了仪表的智能化程度更高，安装要求更低，材质的选择更具有经验传承性，安装方式也更具指导性，为项目的“智能化”提供了有力保证，确保了生产稳定、安全和高效。

参 考 文 献

[1] 杨志．流量检测仪表在大口径管道气体检测中的应用［M］．维护与修理，2018（10）：43~44.
[2] 陆德民．石油化工自动控制设计手册［M］．3 版．北京：化学工业出版社，2011.
[3] 杨振寰，武青．浅析自动化仪表的前景［J］．科技与创新，2018（3）：114~115.
[4] 韩剑．对化工装置常用液位测量仪表选型问题的探讨［J］．山东工业技术，2018（5）：214.

建（构）筑物结构设计特点

李朝阳，赵志坤，张永鹏

（唐钢国际工程技术股份有限公司，河北唐山 063000）

摘　要　钢铁企业里的建（构）筑物结构设计，要根据工艺特点和相关地质条件，选择合理的结构形式和设计方法。本文以河钢唐钢新区项目为例，对钢铁企业中建（构）筑物的结构特点和设计方法进行了阐述。通过有限元分析，并合理选择 PKPM、YJK、3D3S、MTS、SAP2000 等多种结构计算软件，应用 BIM 技术，保证了结构设计计算的准确性，各专业可在同一平台对设计内容实时共享，有效减少了问题碰撞，最大程度优化了设计方案，节约了投资成本。

关键词　建（构）筑物；结构设计；3D3S；BIM

Summary of Building Structural Design

Li Zhaoyang, Zhao Zhikun, Zhang Yongpeng

(Tangsteel International Engineering Technology Co., Ltd., Tangshan 063000, Hebei)

Abstract　In the structural design of buildings (structures) in iron and steel enterprises, reasonable structural forms and design methods should be selected according to the process characteristics and relevant geological conditions. This paper illustrates the structural characteristics and design methods of buildings (structures) in iron and steel enterprises, taking HBIS Tangsteel New District as an example. Through finite element analysis and reasonable selection of various structural calculation software such as PKPM, YJK, 3D3S, MTS and SAP2000, BIM technology is applied to ensure the accuracy of structural design calculation. In addition, each profession can share the design content in real time on the same platform, which effectively reduces problem collisions, optimizes the design scheme to the maximum extent and saves the investment cost.

Key words　buildings (structures); structural design; 3D3S; BIM

0　引言

随着钢铁企业建设规模的日益庞大，建筑结构向着大型化、复杂化发展。作为工艺及设备的承载体，钢铁企业的建（构）筑物要求具有安全性、经济性、适用性、耐久性等性能。合理的结构设计是安全生产的基础，是优化项目投资的保证，对企业平稳运转具有重要意义。

1　建（构）筑物结构总览

河钢唐钢新区项目建设规模大，建筑种类多，美轮美奂的厂前区办公楼、高大宏伟的封闭料库、规模庞大的炼钢连铸车间、工业风的高炉框架等，结构形式丰富，堪称是建筑结构的“博览会”，为结构工程师们提供了丰富的设计机会和宝贵的设计经验。

厂前区办公楼：全厂行政办公中心，是集智能化、高效化、品牌化于一体的大型现代综合办公建筑，结构形式为装配式钢结构。

原料场系统：代表性建筑有煤料场和混匀料场，顶部封闭采用球壳和柱面网壳结构，外形高大宏伟，具有较好的环保效益。

焦化、烧结、球团、石灰窑系统：包含大量的厂房、转运站、通廊，主要结构形式为门式刚架轻型

作者简介：李朝阳（1988— ），男，工程师，2012 年毕业于华北理工大学土木工程专业，现在唐钢国际工程技术股份有限公司从事建筑结构设计工作，E-mail：lizhaoyang@ tsic. com

钢结构厂房、钢筋混凝土框架结构、排架结构、混凝土筒仓结构、钢结构通廊等。

高炉炼铁系统：建设了3座大型高炉。平坦式出铁场平台，采用钢筋混凝土框架结构；出铁场厂房采用钢排架结构；高炉本体由自立式高炉外壳、炉体下部框架、炉身支架及各层平台组成，均为钢结构。

炼钢连铸系统、热轧系统、长材系统，车间厂房均为重型钢结构厂房，厂房内设有大吨位的桥式起重机，厂房柱采用钢斜腹杆双肢柱，吊车梁及屋架采用钢结构，车间内的设备基础采用大块钢筋砼基础。

全厂的公辅设施：包括热力系统、水处理系统、燃气系统、供配电系统等，还有像双曲线冷却塔、圆形密封煤气柜、高架振动设备基础等特种结构形式。不同的结构“各司其职”，服务于企业生产。

2 建（构）筑物结构设计综述

选取厂区主要系统中最具代表性的建（构）筑物，介绍其结构特点和设计方法。

2.1 装配式钢结构——厂前区办公楼

厂前区办公楼即全厂行政办公中心，是集智能化、高效化、品牌化于一体的大型现代综合办公建筑，占地面积5801.21m^2，总建筑面积37636.15m^2，是河钢唐钢新区首项投用的“形象示范工程”。办公楼的结构形式采用装配式钢结构，三栋建筑单体分别为行政中心、指挥中心、公共服务及数据中心。相较于传统钢筋混凝土结构，装配式钢结构的自重更轻，基础造价更低[1]。钢构件在工厂制作，尺寸精确，减少了现场工作量，使其结构安装速度更快，施工质量也更容易得到保证。由于钢结构是延性材料，具备了更好的抗震性能。装配式钢结构虽然具有以上优点，但这种结构形式又在防火、保温、通风、防渗以及耐久性等方面提出了更高的要求，结构设计时都予以针对性考虑。

2.2 封闭料场的结构设计

随着环境保护的日益受重和物料存储输送技术的不断发展，越来越多的封闭式新型料场开始出现，并投入工程应用。新型封闭料场都具有诸多优势，如封闭空间利用率、物料品种适应性、生产操作灵活性、占地面积、综合投资等。常见的料场封闭结构形式包括：门式刚架结构、网架结构、双层三心圆网壳结构、张拉式整体结构等。

本项目共建设原煤仓、精粉仓等5座封闭料场，采用的封闭结构形式各不相同。原煤料场、精粉料场采用底部钢筋砼挡墙、顶部球面网壳结构封闭，钢筋混凝土挡墙圆形布置，高20m，直径120m，球面网壳顶标高80m。封闭料库两列并排对称布置，每列宽76m，长590m，高35m；下部为钢筋混凝土挡墙和设备平台，上部为门式钢架结构。混匀料场，采用柱面网壳结构，长590m，宽115m，高40m。

封闭料场的网壳结构是一种空间杆系结构，重量轻、强度高、刚度好、立柱少、跨度大。杆件通过铰接节点按一定规律相连接，与支撑系统有机结合，主要承受轴力作用，截面尺寸相对较小，用料经济。由于结构组合有规律，大量的杆和节点的形状、尺寸相同，便于工厂化生产及拼装，避免了大量的现场焊接工作，极大地加快了施工进度[2]。项目还特别进行了风洞试验，以确定封闭料场这种特殊结构形式的风荷载体型系数，以及多座封闭料场间风力相互干扰的群体效应，为封闭料场的结构计算提供了准确的设计参数。

料场全封闭可最大限度地减少粉尘排放，从源头上实现污染物的削减，创造较大的社会效益、环境效益和经济效益，是钢铁原料系统发展的必经之路。

2.3 焦化系统结构设计

焦化系统主要包括备煤作业区、炼焦作业区、煤气净化作业区、生产辅助设施等。一般建（构）筑物如破碎机室、配煤室、筛分粉碎机室等，多采用钢筋砼框架结构；煤气鼓风机室、汽轮发电站采用钢筋混凝土框、排架结构；翻车机室、火车受煤坑、硫铵仓库、制冷站、压缩空气站、煤气净化综合水泵房采用钢筋混凝土排架结构。特殊构筑物，例如焦炉基础，采用现浇钢筋混凝土构架式基础，抵抗墙采用现浇钢筋混凝土结构，墙板采用钢筋混凝土平板；煤塔采用现浇钢筋混凝土筏板基础、剪力墙结构，其漏斗采用钢结构；干熄焦构架，下部采用现浇钢筋混凝土框剪结构，上部采用钢框架结构。

在焦化系统的结构设计中，除了满足工艺生产要求外，还应根据焦化工业的特点，在防火、防爆、防腐蚀等方面做针对性的设计。对于有爆炸危险的甲、乙类厂房，均满足防爆和泄压要求；有爆炸危险区域内的楼梯间、室外楼梯或有爆炸危险的区域与相邻区域连通处，均设置门斗等防护措施；钢结构厂房根据不同位置防火时限要求，均刷防火涂料；在通廊与建筑物连接处设置防火分隔水幕等。

2.4　烧结系统结构设计

烧结车间作为烧结系统的主要建筑物，厂房总长度120m，跨度18.5m，檐口高度45.7m。为满足工艺布置，车间采用下部混凝土框架、上部门式刚架的混合结构形式。环冷部分为钢框架-支撑结构。烧结车间建筑体量大，荷载工况复杂，层高不均匀，结构立面规则性差，设计难度较大。设计师进行了大量繁复精细的设计与计算，最终使厂房结构各项指标均较好地达到规范要求，并且在投产后取得了较好的使用效果。

烧结成品仓作为烧结系统的另一个标志性构筑物，由10座直径为21m，高度22m的钢筋混凝土筒仓单行排列而成，仓上配置2台移动卸矿车皮带，仓内设置50mm厚铸石衬板，保证仓体不被磨损。这种筒仓结构具有容量大、占地小、卸料方便等优点。筒仓的设计不仅需要满足受力要求，同时还有相关的构造要求，如洞口加强、最小配筋率、裂缝要求等，以保证筒仓的正常使用。本次设计成品仓采用筒壁与内柱共同支承的结构形式，荷载传递明确，结构受力合理，同时具有造型简单、施工方便的优点。

2.5　高炉系统结构设计

高炉系统的设计核心是高炉本体部分，炉体、炉顶框架合理设计是保证高炉生产的关键。高炉框架不仅承受炉顶料仓、受料斗、热风尾管等设备的重量，同时还要承受上料通廊、粗煤气系统、炉顶检修吊车、各层平台等施加的荷载，是一个复杂的高耸结构体系。因此，它不同于一般框架结构可采用简单的平面分析计算，空间作用不可忽视。

以往的高炉框架设计主要以经验为主。随着有限元软件的发展，能够对高炉空间结构进行整体性、更真实、更精确地计算与研究。本次新区项目建设3座2922m^{3}高炉，炉体框架总高度85.3m。采用一阶弹性分析法，对高炉框架在各种荷载及其组合工况作用下的内力及变形进行分析，以确定构件截面大小、控制各层结构变形。通过有限元分析计算，最终确定高炉下部采用钢框架结构，炉身及炉顶平台为钢框架-支撑体系，合理的支撑布置增加了高耸结构的立面刚度，更有效地兼顾生产检修等要求。

2.6　炼钢连铸系统结构设计

第一炼钢厂建设2座200t转炉炼钢连铸车间，为2050mm热轧带钢生产线提供原料坯；第二炼钢厂建设3座100t转炉炼钢连铸车间，为长材生产线提供原料坯。

炼钢连铸车间的结构形式为重型钢结构工业厂房，是最常见的结构形式之一。这类厂房工艺要求复杂，结构特殊，特点是厂房跨度大、高度大，吊车吨位大、工作级别高。厂房内部有较大的面积和空间，采用大型钢结构骨架，结构、构造复杂。

炼钢连铸厂房设计的关键是柱网的布置，一般由工艺确定。柱的位置应与生产流程及设备布置（包括设备基础、地下管沟、工业炉基础等）相协调。厂房结构主要由横向和纵向结构系统组成。横向结构系统一般为排架结构，主要承受屋面荷载、风荷载、吊车水平刹车力及地震作用；纵向结构由厂房柱、柱间支撑、托架、吊车梁系统、墙梁系统等组成，主要作用是保证厂房结构纵向的几何不变性和构件稳定性，以及承受山墙风荷载、吊车纵向刹车力、温度作用以及地震作用等。

本次设计炼钢车间采用屋面梁，与柱刚接；连铸车间采用上承式屋架，与柱铰接。屋面采用实腹檩条，檩条与屋面梁间设隅撑，屋面梁上弦设纵横向水平支撑。柱间支撑位置与屋面横向支撑对应。屋面梁、屋架为单坡形式，根据建筑要求做成横向天窗。厂房柱均为双肢柱，下柱采用斜腹杆双肢柱，上柱采用焊接工字型截面。高跨厂房采用多层框架结构，框架柱与基础间为固接，采用整体式柱脚以锚栓连接。各温度区段内设置一道或两道柱间支撑，另外在两端各设置一道上柱支撑；厂房的横向温度缝则利用屋面高差做摇摆柱的形式来实现。

吊车梁采用等截面焊接工字型吊车梁，端部采用突缘支座。制动系统为辅助桁架、制动板及水平支撑，制动板与柱的连接采用高强度螺栓连接。吊车梁均为简支，支座为突缘式，端部为平板式支座，减小下部钢柱的偏心。制动结构采用制动板形式，制动板与吊车梁上翼缘采用摩擦型扭剪型高强螺栓连接，制动板与辅助桁架，一般采用现场焊接连接，制动板兼做安全走道板。

转炉小跨为多层钢架，最高一层平台下吊挂有高位料仓，荷载很大。料仓平台以上为二跨厂房，其跨度比小跨大得多，故一排柱子座在加料跨的屋盖结构上。二跨厂房中的一跨局部有二层平台，支承热力汽包。另一跨有桥式吊车，加料跨屋盖上还有阀门站和转炉的氧枪梁设备平台。高位料仓平台下还有多层平台，各层平台上支撑有转炉一次烟气的烟道。最低层为转炉炉前、炉后操作平台，从小跨一直伸展到加料跨。平台荷载大并行驶有轮式车或履带式车。转炉跨多层平台的梁与转炉跨柱或刚架横梁简支平接，平台梁的布置主要取决于设备的支撑点和平台铺板的承载力。在平台的计算中，适当考虑检修材料荷载的折减，以减少工程投资。

LF 炉、RH 平台、连铸平台等为主厂房内独立的平台，与厂房柱不连接，有独立的梁、板、柱和支撑系统，平台活载较大。平台结构有温度影响，相应位置设置了隔热防护。平台梁柱体系统用支撑来保持稳定，没有条件设置支撑的位置，则采用刚架结构。

2.7 轧钢系统结构设计

轧钢系统建设 1 条 2050mm 热轧带钢生产线，长材系统包括 2 条高速线材生产线、2 条棒材生产线和 1 条中型材生产线。

2050mm 热轧车间贴建在一炼钢连铸车间外侧，形成联合厂房，实现连铸坯热送。长材系统同样集中布置，与二炼钢车间贴建，形成联合厂房，轧钢所需坯料由炼钢连铸车间通过辊道运送至轧钢的原料跨，实现热送。

轧钢车间主厂房的结构形式为刚架结构厂房，格构式柱，与炼钢连铸车间相比，轧钢车间的厂房长度较长，吊车吨位较小。同时轧钢车间内布置整套轧线设备，设备基础均采用钢筋砼大块式基础。车间内液压站、主控楼、电气室等辅助建筑，则采用钢筋混凝土框架结构，加气混凝土砌块墙维护。轧钢系统的基础及地基处理，依据工程性质、荷载性质、地质情况、工程进度、造价、施工条件等因素综合考虑，采用不同的处理方法，最终达到良好的投资水平和使用效果。

2.8 地基处理

作为临海而建的大型钢铁项目，在滨海浅滩上施工，地基处理是工程的重点与难点。根据不同结构特点，依据岩土勘察报告，采用多种地基处理方法。一般情况下采用高强混凝土预制桩（PHC 管桩、T-PHC竹节桩），这种基桩施工速度快，对地质条件适应性强，并且单桩承载力的造价性价比高，具有较好的经济效益。封闭料库、炼钢厂房这种对基础水平和竖向承载力要求较高的结构，则采用直径更大的钢筋混凝土钻孔灌注桩。而对于料库内大范围地面堆载的场地，采用 CFG 桩复合地基，这种地基处理方法施工简便，能使地基的抗变形能力得到有效改善。厂区内的其他次要结构，酌情采用天然地基，以得到更好的经济效益。

2.9 其他

唐钢新区项目地处沿海，空气、地下水及土壤对混凝土及钢结构具有一定的腐蚀性，设计师针对此条件对基础混凝土及钢结构均采取了相应的抗腐蚀性设计。在项目开展阶段，又有多项重要设计规范标准和法律条文颁布实施，比如分项系数、防火要求、危大工程等，设计及时进行了调整。在设计过程中，设计师合理选择结构计算软件，PKPM、YJK、3D3S、MTS、SAP2000 等多种软件广泛运用于结构计算中，以保证结构设计计算的准确性。

本次项目还首次应用了 BIM 技术，从工作环境搭建、全专业协调设计工作开展、模型审核、装配、成果精细化管理到交付等一系列工作中，BIM 技术的应用贯穿全过程，有效解决了厂区面积大、单体多、设备多的实施难题。通过将业主、设计、施工、监理等项目参与方汇集在同一平台上，实现了信息集成、数据共享和协同工作，大幅度提高了工程质量及建设效率。依托于 BIM 技术的数字化精准设计、精准算量，各专业在同一平台对设计内容的实时共享，有效减少了碰撞问题，最大程度优化了设计方案，节约了投资成本，保证了设计和施工能够正常、有序、高效的进行。

3　结语

河钢唐钢新区项目目前已顺利建成并投产使用，各种建（构）筑物的安全可靠性已得到了实践检验，取得了较好的使用效果。合理的结构设计将为企业带来更高的经济效益，为生产的平稳运行保驾护航。

参 考 文 献

[1] 崔璐．预制装配式钢结构建筑经济性研究［D］．济南：山东建筑大学，2015.
[2] 于征，王立军，成维根．关于大跨度封闭料场设计中若干问题的探讨［J］．施工技术，2018，47（6）：123~127.

钢结构防腐涂装设计

张永鹏，刘占俭，李朝阳

（唐钢国际工程技术股份有限公司，河北唐山 063000）

摘　要　海岸大气环境对钢结构的腐蚀极其严重，不同的防腐涂装方法对钢结构的保护效果也有很大区别。本文以河钢唐钢新区为例，介绍了不同环境腐蚀性等级、使用年限，选择了不同组合的底漆、中间漆、面漆防腐涂装设计，并对涂装施工提出了详细要求。

关键词　环境腐蚀；等级；防腐；涂装；年限

Anti-Corrosion Coating Design for Steel Structure

Zhang Yongpeng，Liu Zhanjian，Li Zhaoyang

（Tangsteel International Engineering Technology Co.，Ltd.，Tangshan 063000，Hebei）

Abstract　The coastal atmospheric environment is extremely corrosive to steel structures，and different anticorrosive coating methods have quite diverse protection effects on steel structures. In this paper，different environmental corrosion grades and service life were introduced，different combinations of primer，intermediate，and topcoat anti-corrosion coating designs were chosen，and detailed requirements for coating construction were arisen.

Key words　environmental corrosion；grade；anticorrosive；coating；life

0　引言

河钢唐钢新区位于我国河北省乐亭县，在该地区建设钢结构重工业工厂面临着非常严重的环境腐蚀，需加强防腐措施。由于大量金属、涂层等材料广泛长期暴露于不同的复杂大气环境中，广泛长期埋藏于不同的复杂土壤环境中，因此导致大量腐蚀发生，引起材料失效等问题的频发，造成巨大的经济损失和很多安全事故。近年来，越来越多的工业厂房采用钢结构设计施工，而湿热的大气环境对钢结构的腐蚀极其严重[1~3]，采用钢结构防腐涂层，是延长钢结构的使用寿命的有效方法[4]。北京科技大学腐蚀与防护中心利用大气腐蚀等级快速评估技术与土壤腐蚀等级快速评价技术，对基地的大气环境和土壤环境进行了测试，依据测试报告，设计了钢结构防腐涂装方案。

1　环境腐蚀性分区

河钢唐钢新区主要包括 3 个环境腐蚀性分区，各个分区的腐蚀性等级见表 1。

表 1　环境腐蚀性分区表

Tab. 1　Environmental corrosive partition table

分区	工艺系统	腐蚀性等级
1	研发中心、厂前区等	C3
2	烧结区域、球团区域、料场区域、高炉区域、石灰窑区域等	外 C5/内 C4
3	2030mm 热轧区、一炼钢连铸、冷轧系统、煤气柜系统等	C4

分区 1：厂前区办公楼，结构形式为装配式钢结构；

分区 2：原料场、烧结、球团、石灰窑系统，包含钢结构厂房、转运站、通廊等；高炉炼铁系统，

作者简介：张永鹏（1989—），男，工程师，2012 年毕业于河北科技大学理工学院土木工程专业，现在唐钢国际工程技术股份有限公司主要从事建筑结构设计工作，E-mail：zhangyongpeng@ tsic. com

主要是3座大型高炉，包含出铁场厂房以及各种构筑物；

分区3：炼钢连铸系统、热轧系统、冷轧系统、长材系统，均为重型钢结构厂房。

各个分区的平面分布见图1。

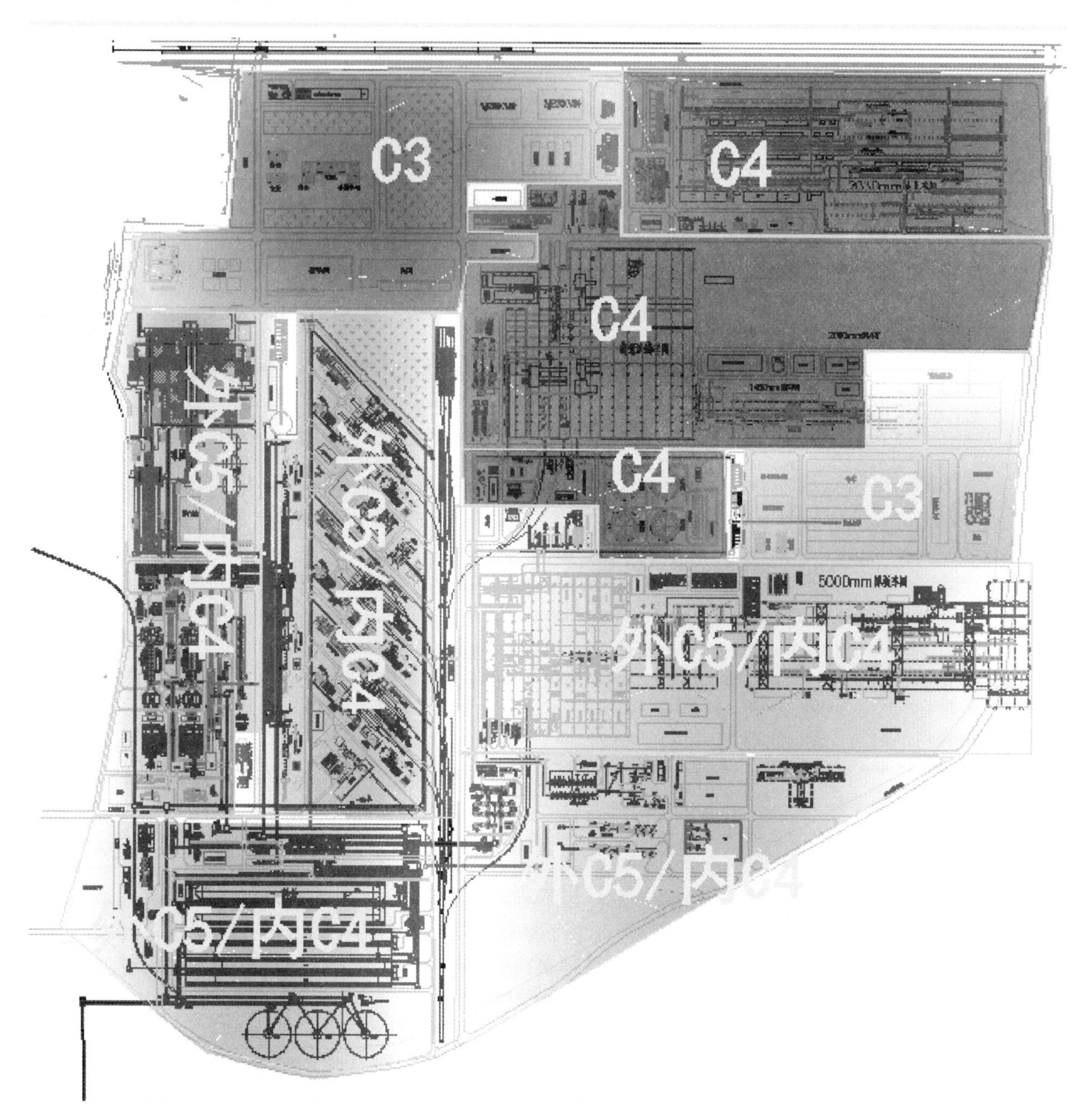

图1　环境腐蚀性分区布置

Fig. 1　Environmental corrosive zoning arrangement

2　防腐涂装方案

为了保证受腐蚀性介质作用的工业建筑物在设计使用年限内使用正常，工业建筑防腐设计应遵循预防为主和防护结合的原则，根据生产过程中产生介质的腐蚀性、环境条件、生产操作管理水平和施工维修条件等，因地制宜综合选择防腐蚀措施。本工程主体钢结构的设计防腐年限为8~10年，次要建筑物按照5年防腐设计，不能长时间停产检修，且检修时难以保证人员安全；高空等难以维护的部位设计防腐年限为10~15年。根据厂区防腐蚀分区图和设计防腐蚀年限，采用表2所列涂装体系进行钢结构的防腐蚀施工设计。

关键部位、重要受力构件等位置较难达到要求的漆膜厚度，在常规部位防腐涂装厚度的基础上可以适当增加 40~60μm。有防火要求的区域采用环氧磷酸锌底漆 1 道，厚度 50 μm，环氧连接漆一道，厚度 50 μm，在连接漆上施工与之相兼容的防火涂料，并在防火涂料外涂刷与之兼容的面漆。

表 2 防腐涂装方案

Tab. 2 Anti-corrosion coating scheme

环境腐蚀性等级	使用年限/年	室内涂料体系	室外涂料体系
C5	高 15	环氧富锌底漆 1 道，60μm 环氧云铁中间漆 1 道，120μm 丙烯酸聚氨酯面漆 1 道，60μm	环氧富锌底漆 1 道，60μm 环氧云铁中间漆 1 道，160μm 丙烯酸聚氨酯面漆 1 道，60μm
	中 8~10	环氧富锌底漆 1 道，50μm 环氧云铁中间漆 1 道，100μm 丙烯酸聚氨酯面漆 1 道，50μm	环氧富锌底漆 1 道，60μm 环氧云铁中间漆 1 道，120μm 丙烯酸聚氨酯面漆 1 道，60μm
C4	高 15	环氧富锌底漆 1 道，50μm 环氧云铁中间漆 1 道，100μm 丙烯酸聚氨酯面漆 1 道，50μm	环氧富锌底漆 1 道，60μm 环氧云铁中间漆 1 道，120μm 丙烯酸聚氨酯面漆 1 道，60μm
	中 8~10	环氧富锌底漆 1 道，50μm 环氧云铁中间漆 1 道，100μm 丙烯酸聚氨酯面漆 1 道，50μm	环氧富锌底漆 1 道，50μm 环氧云铁中间漆 1 道，100μm 丙烯酸聚氨酯面漆 1 道，50μm
	低 5	醇酸底漆 2 道，80μm 醇酸面漆 2 道，80μm	环氧富锌底漆 1 道，80μm 丙烯酸聚氨酯面漆 1 道，80μm
C3	高 15	醇酸底漆 2 道，80μm 醇酸面漆 2 道，120μm	环氧富锌底漆 1 道，50μm 环氧云铁中间漆 1 道，60μm 丙烯酸聚氨酯面漆 1 道，50μm
	中 8~10	醇酸底漆 1 道，40μm 醇酸面漆 1 道，40μm	环氧磷酸锌防锈漆 1 道，80μm 丙烯酸聚氨酯面漆 1 道，80μm
	低 5	醇酸底漆 1 道，60μm 醇酸面漆 1 道，70μm	醇酸底漆 1 道，50μm 醇酸面漆 1 道，50μm

3 涂装施工

涂装施工过程中须保证通风良好，每 2h 检测一次通风情况，达到材料通风要求的前提下才可以进行涂装施工。涂装施工应在钢结构加工厂进行，施工顺序为：底漆涂装→中间漆涂装→面漆涂装→现场安装→补涂。

3.1 表面处理前处理

3.1.1 钢结构缺陷处理

由于油漆附着情况受钢结构缺陷的影响较大，钢结构存在缺陷将会使油漆难以发挥其最佳防腐性能，故缺陷区域容易出现早期腐蚀。因此，对钢结构缺陷进行处理后才能够进行表面处理，以减少或消除其对涂料施工质量的影响。具体处理方法如下：

锐边：使用砂轮机磨圆至直径≥2mm，且不出现飞溅和锐角残留。

咬口：深度>0. 2mm、宽度稍大于深度的咬口需补焊并打磨。

焊缝：表面不规则或过分尖锐的手工焊缝须打磨光顺。

气割边：过分不规则的手工气割边表面须打磨。

焊接飞溅：用砂轮机或铲锤去除，尖锐的焊豆要打磨光顺，钝的焊豆不需要处理。

钢板缺陷：起皮须打磨，凹坑补焊后打磨。

3.1.2　污染物的去除

对底材表面处理前，采用洒水法、黑光灯法、擦拭法、粉笔划线法检测构件表面是否存在油、脂污染，并根据规范 SSPC-SP1 进行处理。

3.1.3　钢板表面可溶性盐去除

为防止涂层早期渗透压起泡，底漆涂层覆涂前，需对喷砂后的基层表面进行可溶性盐分含量检测。钢板喷砂处理结束后，采用 Bresle 贴片法进行可溶性盐分的取样和测试，若钢板表面可溶性盐含量超过 $50mg/m^2$，需采用高压水清洗。

3.1.4　磨料的选择

喷射用磨料需干燥、无油污、清洁无杂物，不能对涂料的性能产生影响。磨料的大小以能够产生规定涂料系统要求的粗糙度、硬度大于莫氏六级为准。选用钢丸和钢砂进行表面处理，颗粒直径为 0.8~1.0mm；选用非金属磨料时，颗粒直径为 0.8~1.2mm。磨料所含可溶性盐污染物应小于 250μs/cm。

3.2　表面处理

表面处理采用喷砂方法，在干燥的气候条件下进行，喷砂施工时注意防止油或水对喷砂后钢材表面造成二次污染。空压机须安装油水分离器，防止压缩空气混入油、水而对被喷砂表面造成污染。砂表面干燥并化学洁净，底材温度大于空气露点温度 3℃以上，相对湿度小于 85%。重点部位和难以顺利喷射的部位着重进行喷砂，尽量减少、消除缺陷的出现。喷砂表面应呈现均匀的灰白色金属颜色，痕迹为点状或条纹状。喷砂后准备涂漆的钢材表面要清洁、干燥，无油脂，保持粗糙度和清洁度直到第一度漆喷涂；灰尘要清理彻底，灰尘量小于 3 级。当磨料喷射完成后，需清除表面残余腐蚀物质和磨料，并检查微粒污染物。

3.3　涂装施工

喷砂后钢材须在 4~6h 内喷涂底漆，超时后需要再评估，确认表面清洁度并未退化；如果钢材表面有可见返锈、变湿或者污染物，应重新清理直至符合要求。在进行涂装前，对局部喷涂难以严密遮盖部位进行预涂，即对焊缝、边缘、各种孔以及结构复杂、较难喷涂到的部位用漆刷涂，不留气孔或漏涂；对凹陷处涂满油漆，即漆膜下不留有任何空气或其他杂质的空穴。涂料施工时除部分难以处理区域外，均采用无气喷涂方式进行。

3.4　涂层修补

清除所有损坏涂层直至达到具有良好附着性且整洁坚硬涂层边缘，采用动力工具清理表面的锈、氧化皮、旧漆层等污染物，保持 25μm 以上的粗糙度。将破损部位周围 15~25cm 范围内完好漆层拉出坡口，以保证修补涂层与原涂层平滑过渡。底漆和面漆涂层的修补采用刷涂或有气喷涂的方法进行施工，其涂层厚度应满足设计和规范要求。

3.5　涂装质量控制

涂料施工过程中须保持前道涂层表面清洁干燥，环境相对湿度不超过 85%，施工时底材温度符合限制并始终保持良好的通风。为防止底材的凝露影响涂料的附着力，基材温度高于露点温度 3℃以上。喷涂后用湿膜测厚仪垂直按入湿膜直至接触到底材，然后取出测厚仪读取数值，膜厚的控制应遵守以下原则：90%测量点的干膜厚度达到规定的干膜厚度；剩余 10%测量点的干膜厚度达到规定干膜厚度的 90%以上；没有达到干膜厚度的部位应及时补涂油漆至规定干膜厚度。

涂层附着力检测按照 GB 5210 要求，采用便携式拉力仪进行检测。每 $1000m^2$ 的涂装面积需要检测至少 3 个点，各检查点分布均匀。

4 结语

河钢唐钢新区钢结构防腐设计前，充分评估了构件所处的腐蚀环境，合理确定了预期防腐年限，并规划了现代化的高性能的涂装方案，这必将有效提高结构使用寿命，降低维护费用。

参考文献

[1] 马承志，杨宏仓，余启育，等．沿海地区输电铁塔防腐蚀方法对比分析［J］. 机电工程技术，2014，43（12）：141~144，218.

[2] 杨宏欢，孔全兴，贾斌斌，等．核电站鼓形滤网主轴腐蚀的原因分析与建议［J］. 电镀与涂饰，2018，37（12）：542~545.

[3] 马长李，马瑞萍，白云辉．我国沿海地区大气环境特征及典型沿海地区大气腐蚀性研究［J］. 装备环境工程，2017，14（8）：65~69.

[4] 张勇．浅析钢结构防腐涂装施工质量控制［J］. 项目管理与质量控制，2019（12）：177~180.

BIM 技术在装配式钢结构设计及施工中的应用

李海潮，刘　琦，刘建新，李云鹏

（唐钢国际工程技术股份有限公司，河北唐山 063000）

摘　要　BIM 技术对于提升工程设计质量和施工过程管理水平意义重大。介绍了 BIM 技术在河钢唐钢新区装配式钢结构行政办公中心工程设计及施工过程中的具体应用，分析了 BIM 技术在设计和施工管理过程中的优势及应用方向，可供相关技术人员参考借鉴。

关键词　BIM 技术；装配式结构；工程设计；施工管理

Abstract　BIM technology is extremely significant for improving the quality of engineering design and construction process management. This paper introduces the specific application of BIM technology in the engineering design and construction process of the prefabricated steel structure administrative office centre in HBIS Tangsteel Steel New District, whose advantages and application directions have been analysed as well. It can be used as a reference for relevant technical personnel.

Key words　BIM technology; prefabricated structure; engineering design; construction management

0　引言

近年来，BIM 技术在工程设计与施工领域得到广泛认知，BIM 技术的三维模型改变了传统的工作模式，对于提升设计水平和施工过程管理意义重大。传统设计均为二维设计，资料对接过程中，各个专业的设备、管道均以平面图纸形式表示，不能对各专业设备、管线等进行直观地布置和协调，经常出现设备、管线碰撞或设备、管线与结构相碰的情况，不但影响施工质量和工期，还会造成经济损失。传统的项目施工管理基本还是模块式管理，把一个大型复杂的项目分成若干功能块，通过内部协调进行连接，往往出现信息更新不及时，管理不对等，工作效率低。BIM 技术可很好地解决传统设计及施工管理过程中存在的弊端，提高工作效率，实现项目精准化设计和施工管理。

装配式建筑是结构体系、外围护系统、设备与管线系统、内装系统的主要部分采用预制部分部件集成的建筑，装配式钢结构建筑是以钢结构构件作为主要承重体系的装配式建筑[1]，具有自重轻、强度高、节能、绿色环保等优势，符合当前国家大力发展装配式建筑的需求，其可循环利用特性符合国家绿色建筑的发展趋势。同时，装配式钢结构具有设计标准化、生产工厂化、施工装配化、管理信息化、应用智能化等特点，而这些特点与 BIM 技术的设计理念非常契合。本文重点介绍了 BIM 技术在河钢唐钢新区装配式钢结构行政办公中心工程设计及施工过程中的应用实例。

1　应用实例

河钢唐钢新区行政办公中心工程是集办公、会议、调度指挥、安保监控、数据机房、企业展厅等多功能于一体的综合型智能化办公场所，是唐钢新区全厂区的指挥中枢。项目地上 9 层及 5 层为装配式钢结构建筑，采用钢框架—中心支撑结构及钢框架结构，压型钢板组合楼板，ALC 条板墙体，玻璃及金属板幕墙，装配率达 60%以上。采用二维、三维协同设计。

1.1　建筑设计

建筑设计既要满足建筑的适用性、安全性、讲究经济性、耐久性，还要兼顾考虑美观要求，环境要求。在建筑设计方面，三维模型（BIM）以楼层为单位，可从任意视角展现整个楼层的功能分区、工位摆放、管线走向等等。与传统的二维平面展示方案相比，BIM 三维空间给人的感觉更加直接，更加具

作者简介：李海潮（1988—），男，工程师，2012 年毕业于重庆大学建筑工程专业，现在唐钢国际工程技术股份有限公司从事工程结构设计，E-mail：850338271@ qq. com

象，可以帮助业主更好地理解设计者的意图，更全面地提出修改意见，同时方便其他各专业设计人员理解建筑条件的要求。

1.2 结构设计

1.2.1 结构体系设计

根据高度要求办公中心选择了钢框架[2]及钢框架—中心支撑结构体[4]。

1.2.2 节点连接设计

在结构设计方面，三维模型可将各个节点构造清晰呈现，方便施工或装修。在 BIM 三维协同设计中，完成所有节点的连接和细部构造的装配后，利用软件的碰撞检查功能，预先设置相邻构件之间、螺栓之间的碰撞间距，检查建模或设计过程中构件之间的碰撞或者误差是否符合要求，根据碰撞检查的结果，对存在碰撞的位置进行修改，减少施工中返工率和图纸变更方面的结构性问题，节省工程成本。

（1）梁-柱节点：在厂前区综合办公项目中，柱采用焊接箱型截面柱，主梁采用焊接工字钢梁，梁与柱节点采用 10.9 级高强螺栓刚性连接。

（2）梁-梁节点：梁的截面一般设计为“工”字形或“H”形，梁-梁节点采用为铰接连接，梁腹板间用 10.9 级高强螺栓连接。

（3）柱-柱节点：柱截面为箱形截面，采用内隔板式工厂拼接，焊缝采用全熔透坡口式工地拼接[5]。箱形截面的钢柱的拼接位置设置于楼层梁的顶面标高 1.3m 附近。

（4）支撑节点：支撑截面为箱形截面，与梁柱节点的连接采用全熔透坡口对接焊缝[6]。

1.2.3 楼板设计

装配式钢结构建筑可选用压型钢板组合楼板、钢筋桁架楼承板组合楼板、预制混凝土叠合楼板等工业化程度高的楼板[4]。行政办公中心采用压型钢板组合楼板，压型钢板作为模板使用，楼板与主体结构的连接件以抗剪栓钉为主[7,8]。

1.2.4 围护结构连接设计

墙体采用 ALC 板（蒸压加气混凝土板），预制墙板与主体结构通过连接件连接。外墙采用玻璃幕墙、石材幕墙，采用连接件与主体结构连接。

1.3 水暖电及消防设计

给排水专业管道设计主要是在卫生间等用水房间进行的，通风空调、强弱电、喷淋等设计主要是在装修吊顶空间内进行的。水暖电及消防设计采用预埋预留方式，预留管道的绝对位置在三维 BIM 设计中表达出来，在三维空间里充分考虑管道正常安装与调试及以后的检修空间。

1.4 管线综合设计

在设计过程中，利用三维协同设计 BIM 技术进行管网综合设计，把各专业管道管线设备转化成三维实体，综合各个专业设计后，进行碰撞检测，生成碰撞检测报告，设计者根据报告做相应修改，减少设计变更，提高设计质量。

2 优势与应用方向

2.1 创建元件库

根据项目需求，在软件自带的多种样板内选取最适合的样板布局，有助于绘制构件几何图形的参照平面，添加尺寸标注以指定参数化构件几何图形，全部标注尺寸以创建类型或实例参数。调整新模型以验证构件行为是否正确。用子类别和实体可见性设置指定二维和三维几何图形的显示特征。通过指定不同的参数定义族类型的变化。保存新定义的族，然后将其载入新项目然后观察它如何运行。同时针对项目设计情况，结构专业对复杂节点的可视化设计，利用 tekla 软件三维设计软件对设计图进行了深化设计，这对标准化设计以及工厂化生产是很有帮助的。

2.2　管线综合碰撞检测

使用 Architecture、Structural 等专业三维设计软件，创建成 BIM 全信息模型，在真实模拟的 3D 空间中，利用 Navigator 的碰撞检查模块进行最接近物理实际的碰撞检查，并产生相应的检查结果报表，尽可能早地反馈给设计人员或者施工人员，为实际解决方案的决策提供信息参考。

在以往的二维资料对接过程中，建筑结构及各个专业的设备、管道均以平面图纸形式表示，各专业图纸均没有体现空间综合的概念，现场经常出现设备、管线与结构相碰，设备与管线、管线之间打架甚至出现设备悬空的情况，设计人员要去现场核实并出设计变更，这样一来不但影响工期，还影响施工质量，造成经济损失。利用 BIM 技术在设计过程中进行车间管网综合，把二维平面设计转变成三维空间设计，把二维的建筑结构、设备、管道线体转化成三维的空间实体，形成三维空间综合模型，把各个专业之间的设备管线等进行碰撞检测，将检测结果生成碰撞检测报告，设计人根据报告做相应修改，从而提升设计的精准性，减少设计变更，提高设计质量[9]。

2.3　效果图及动画展示

BIM 技术可以在项目前期提供建筑方案的三维模型，基于三维模型可利用相关软件制作效果图或动画。在建筑设计方面，三维模型以楼层为单位，可从任意视角展现整个楼层的功能分区、工位摆放、管线走向等等。相比于传统的二维平面方案展示，三维空间给人的感觉更加直接，更加具象，可以帮助业主更好的理解设计人的意图，也能更全面的提出修改意见。在结构设计方面，三维模型可将各个节点构造清晰呈现，用以辅助施工或装修。

2.4　工程量统计

在创建 BIM 模型的过程中，对各个专业的相应构件输入需要的工程属性，这些属性在需要的时候能够被计算机自动抽取，分门别类地进行相应统计和报表归类。

利用 Bentley 软件的数据组浏览器功能，可以生成模型内所有使用元素的数据报表。例如家具、门窗这类成品元素，我们可在数据报表中查看元素名称、元素尺寸、生成厂家等相关参数，也可根据需求添加额外参数，如防火等级、采购日期等等。对于内隔墙、外墙、轻质隔断这类非成品元素，软件会以每片墙体为单位统计体量。数据组浏览器生成的数据报表可以 Excel 表格的形式导出，但导出格式单一，需要人工整理。针对这一点，Bentley 公司会提供一种有偿的报表定制服务，可根据客户需求，定制 Excel 表格的输出形式，然后将 Excel 表格直接对接概算软件，便能得到工程概算数据。

2.5　协同设计流程推广

三维协同设计主要有三大优势：直接利用别人的设计成果；同步更新，修改及时提醒，当某专业资料有改动时，软件会自动提示；所有人参考同一个文件，保证参考数据的唯一、及时性，避免资料在传阅或转化过程中导致的偏差问题[3]。

协同设计流程如下：建筑专业二维提资给结构、水道、暖通、电气、自控、燃气各专业，水道、暖通、电气、自控、燃气专业经消化后，二维提资给结构专业，结构专业根据荷载试算并建模，建筑专业进行三维管线综合并将走线划分区域。在各专业设计资料的交接流程中，最重要且关键的一环就是各专业设备、管线的布置，因为前期主体建筑方案阶段仅有主体工艺和建筑专业介入，考虑结构布置及尺寸与各专业设备、管线的空间协调关系，提出“占位设计”概念。将下游专业的设备及管线布置范围限定在有限的空间范围内[10,11]，定义为该专业的“占用范围”，如果该专业所需空间超出“占用范围”，则需与主体专业进行协商解决。建筑专业三维返资给其他各专业，各专业进行碰撞检测，各专业间协商，并据协商结果完善施工图。

2.6 模拟指导施工

虚拟施工是实际施工过程在计算机上的虚拟实现。它采用虚拟现实和结构仿真等技术，在高性能计算机等设备的支持下开展群组协同工作。通过 BIM 技术建立建筑物的几何模型和施工过程模型，可以实现对施工方案进行实时、交互和逼真的模拟，进而对已有的施工方案进行验证、优化和完善，逐步替代传统的施工方案编制方式和方案操作流程。

通过虚拟施工，可以优化项目设计、施工过程控制和管理，提前发现设计和施工的问题，通过模拟找到解决方法，进而确定最佳设计和施工方案，用于指导真实的施工，最终大大降低返工成本和管理成本。如果虚拟施工有效协同三维可视化功能再加上时间维度，可以进行进度模拟施工。4D 模型虚拟施工随时随地直观快速地将施工计划与实际进展进行对比，同时进行有效协同，施工方、监理方、甚至非工程行业出身的业主、领导都能对工程项目的各种问题和情况了如指掌；5D 模型对项目工程量进行准确测量，有效控制费用成本支出；6D 模型实现对安全环境的模拟，时时观察环境变化，做好改善与预防措施。这样通过 BIM 技术结合施工方案、施工模拟和现场视频监测，减少建筑质量问题、安全问题，减少返工和整改。

3 结语

BIM 技术可应用于项目全寿命建设周期，方案阶段通过三维模型、效果图、动画等准确直观地向业主展现设计意图；设计阶段各专业协同联动，管线合理排布；施工阶段利用模型准确统计工程量，合理制定施工方案。河钢唐钢新区行政办公中心工程设计施工实践表明，将 BIM 技术应用到装配式钢结构建筑设计中，可极大提高工程信息集成化程度和工作效率，有效为业主节约资源、降低成本。

参 考 文 献

[1] 中华人民共和国住房和城乡建设部 . GB/T 51232—2016 装配式钢结构建筑技术标准 [S]. 北京：中国标准设计研究院有限公司，2016.
[2] 中华人民共和国住房和城乡建设部，中华人民共和国国家质量监督检验检疫总局 . GB 50017—2017 钢结构设计标准 [S]. 北京：中国建筑工业出版社，2017.
[3] 张斌 . 论述装配式建筑设计中的 BIM 方法 [J]. 建筑工程技术与设计，2017 (13)：1130.
[4] 曹杨，陈沸镔，龙也 . 装配式钢结构建筑的深化设计探讨 [J]. 钢结构，2016 (2)：72~76.
[5] 黄嘉骏 . BIM 技术在钢结构装配式建筑中的运用技术分析 [J]. 居舍，2019 (2)：49.
[6] 周文波，蒋剑 . BIM 技术在预制装配式住宅中的应用研究 [J]. 施工技术，2012 (22)：72~74.
[7] 张启志 . 基于 BIM 软件下的装配式建筑结构设计 [J]. 钢结构，2018，33 (2)：114~117.
[8] 倪真，马靖，刘学春，等 . 模块化装配式钢框架抗震性能研究 [J]. 工业建筑，2014，44 (8)：19~22.
[9] 张德海，陈娜，韩进宇 . 基于 BIM 的模块化设计方法在装配式建筑中的应用 [J]. 土木建筑工程信息技术，2014，6 (6)：81~85.
[10] 闫忠峰 . 抗震钢筋的性能优化 [J]. 河北冶金，2017 (4)：52~54.
[11] 郝树文 . 钢结构裂纹对疲劳及断裂的影响 [J]. 河北冶金，2014 (9)：59~61.

重型堆载作用下的地基处理方法

李纪元，张永鹏，吴佳雨

（唐钢国际工程技术股份有限公司，河北唐山 063000）

摘　要　河钢唐钢新区项目地处沿海地区，地基包含两层深层软土和表层较厚的回填土，承载力低，含水率高，无法满足料场重型堆载要求。通过对比各种地基处理方法的优缺点，确定采用回填土强夯后与 CFG 桩组合形成复合地基的设计方案。本文给出了项目中混匀料场地基处理设计实例。

关键词　重型堆载；地基处理；强夯；CFG 桩；地基承载力

Foundation Treatment Method under Heavy Load

Li Jiyuan，Zhang Yongpeng，Wu Jiayu

（Tangsteel International Engineering Technology Corp.，Tangshan 063000，Hebei）

Abstract　HBIS Tangsteel New Area Project is located in the coastal area，the foundation contains two layers of deep soft soil and thicker surface backfill with low bearing capacity and high moisture content，which cannot meet the heavy-duty stacking requirements of the stockyard. By comparing the advantages and disadvantages of various foundation treatment methods，the design scheme of a composite foundation was determined through combining dynamic-compaction backfill soil with CFG piles. In this paper，an example of foundation treatment design for mixed material yard were given.

Key words　heavy-duty stacking；foundation treatment；dynamic compaction；CFG piles；foundation capability

0　引言

传统露天散堆料场存在占地多、物料流失、对环保影响大等缺点，自动化程度更高的封闭型环保料场迅速发展并逐渐替代露天散堆料场。河钢唐钢新区项目原料系统，包含 C 型料库、混匀料场、3 座圆形煤仓、2 座铁精粉仓，均属大型自动化封闭料场，堆载集中，堆料高，对地基条件要求非常严苛。

该项目位于沿海地区，地基受力深度范围内包含两层深层软土和表层较厚的回填土，承载力低，含水率高，无法满足料场堆载的要求。若不进行地基处理直接堆料，将使土体产生剪切破坏、竖向沉降和横向变形，导致堆料区周围土体移位和隆起，地面开裂，封闭结构基础和堆取料设备基础变形等一系列严重的后果。

1　方案比选

针对地基承载力要求较高的地面堆载，地基处理方法主要有：换填法、水泥土搅拌桩、强夯法、CFG 桩复合地基[5]、挤扩碎石桩、高强度预应力混凝土管桩、堆载预压法等[6]。

其中，换填法、水泥土搅拌桩[7]、强夯法主要用于处理表层的地基土，不能改善深层软土层。

CFG 桩复合地基需要表层土具有一定承载能力，本项目场地表层为回填土，无法形成复合地基。

挤扩碎石桩，由于软土很深，施工难度较大，质量无法控制和检测。

高强度预应力混凝土管桩造价太高，经济指标差。堆载预压法则需要很长的时间，工期太长，预压堆料取料困难。

通过各种方法的分析，CFG 桩复合地基最为符合实际。表层填土可以采取强夯方法提前加固，为使

作者简介：李纪元（1986—），男，工程师，2010 年毕业于同济大学土木工程专业，现在唐钢国际工程技术股份有限公司主要从事建筑结构设计工作，E-mail：lijiyuan@ tsic. com

桩间土体与CFG桩共同工作，桩顶设置600mm厚钢渣混合料褥垫层，内设两层土工格栅。

2 工程实例

混匀料场场地呈长方形，轴线距离107m×697m，占地面积82184.86m^2，堆放混匀矿，物料容重2.1t/m^3，最大堆料荷载为290kPa。采用柱面网壳封闭结构，内部设备主要有2台滚筒取料机、1台堆料机和3条皮带机。

2.1 地质条件

场地勘察报告显示，土层分布如下：

（1）杂填土。

（2）粉砂：饱和，稍密~中密，压缩性中等，强度中等，物理力学性质较差，经过地基处理后方可以作为拟建建（构）筑物的持力层。

（3）粉质黏土：呈软塑，压缩性中~高等，强度中~低等，物理力学性质较差，不宜直接作为拟建建（构）筑物的持力层。

（3）$_1$ 粉砂：饱和，中密，压缩性中等，强度中等，物理力学性质较差，分布不均匀。

（4）粉质黏土：可塑，压缩性中~高等，强度中~低等，物理力学性质一般。

（5）细砂：饱和，密实，压缩性中~低等，强度中~高等，物理力学性质良好，根据现场标准贯入试验结果判定该层为不液化层，可以作为桩端持力层。

各土层承载力特征值及变形指标见表1，各土层桩基设计参数见表2，土层剖面见图1。

表1 土层承载力特征值及变形指标

Tab. 1 Characteristic values and deformation indexes of soil bearing capacity

地层编号	地层名称	重度 γ/kN·m^{-3}	黏聚力标准值 c_k/kPa	内摩擦角标准值 φ_k/(°)	承载力特征值 f_{ak}/kPa	压缩模量平均值 E_s/MPa
(1)	杂填土	17.5*	—	—	—	2.0*
(2)	粉砂	18.5*	—	28.0*	130	12.0*
(3)	粉质黏土	18.5	20.7	7.2	80	3.53
(3)$_1$	粉砂	19.0*	—	28.0*	160	15.0*
(4)	粉质黏土	18.8	26.8	8.2	110	4.15
(5)	细砂	20.0*	—	38.0*	220	25.0*

注：*为计算模量或经验值。

表2 各层土桩基设计参数

Tab. 2 Design parameters of pile foundation for each layer of soil

岩性名称	桩极限侧阻力标准值 Q_{sk}/kPa	桩极限端阻力标准值 Q_{pk}/kPa
(2) 粉砂	32	—
(3) 粉质黏土	32	—
(3)$_1$ 粉砂	38	—
(4) 粉质黏土	53	—
(5) 细砂	68	1000（10≤桩长<15） 1300（15≤桩长<30）

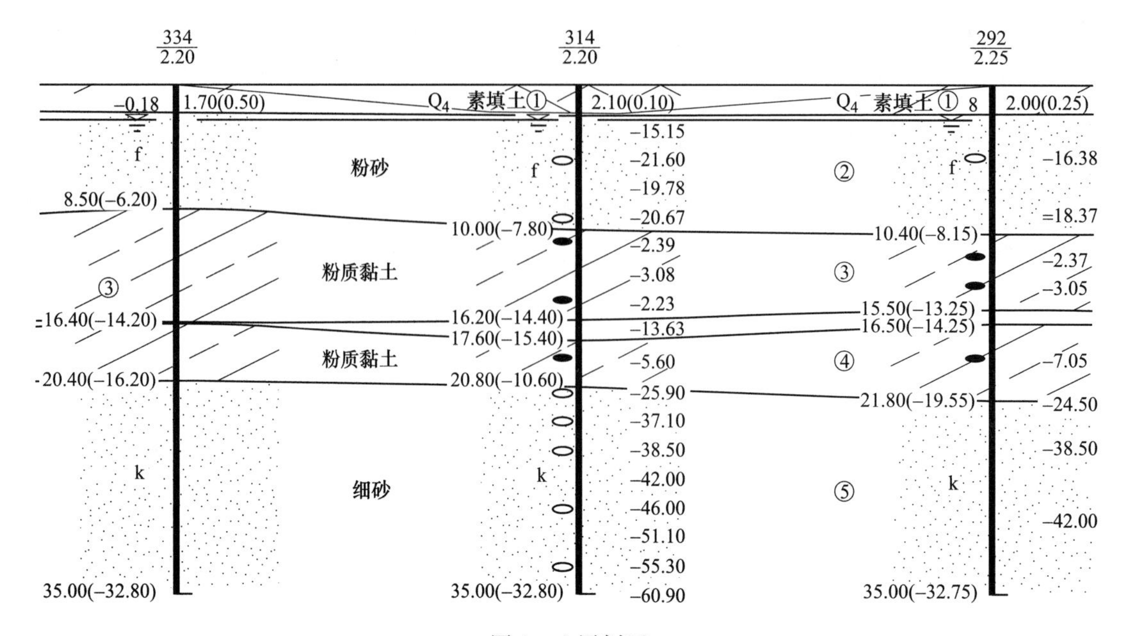

图 1　土层剖面

Fig. 1　Section of soil layer

2.2　设计方案

2.2.1　强夯[3]

由于初始场地标高低于设计标高，先对混匀料场区域进行大面积压实填土，填土完成后，开始对整个区域进行强夯，夯击能 2000kN/m^2。夯点的夯击次数约 6 击，点夯 2 遍，满夯 1 遍。夯点间距 5.5m×6m，处理深度约 6m[3]，第二遍夯点位于第一遍夯点中间，夯点布置见图 2。

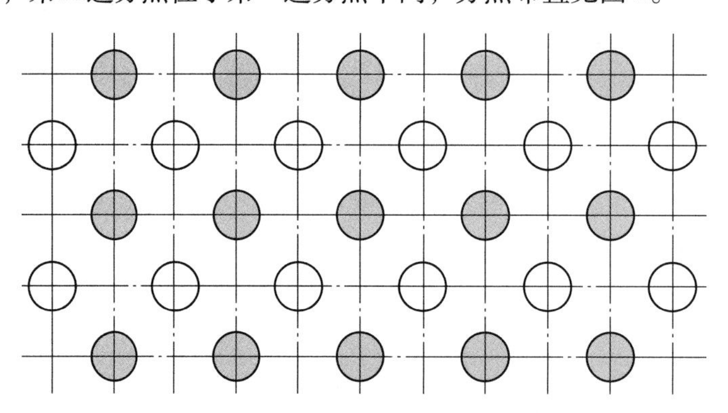

图 2　夯点布置图

Fig. 2　Layout of ramming point

经检测，强夯处理后填土 $E_s \geqslant 4$MPa，地基承载力特征值 ≥120kPa。可以作为复合地基桩间土使用[2]。

2.2.2　CFG 桩[4]

CFG 桩：桩径 ϕ400mm，有效桩长 ≥25m，C25 素混凝土。桩间距 1.4m×1.7m。桩端持力层为第⑤层细砂层。

单桩承载力特征值计算公式

$$Q_{uk} = u_p \sum_{i=1}^{n} q_{sik} l_i + q_{pk} A_{pl} \tag{1}$$

$$R_{a1}=\frac{Q_{uk}}{2} \tag{2}$$

式中 Q_{uk}——单桩竖向极限承载力标准值，kN；

u_p——桩的横截面的周长，m；

q_{sik}——桩侧第 i 层土的极限侧阻力标准值，kPa；

l_i——第 i 层土的厚度，m；

q_{pk}——极限端阻力标准值，kPa；

A_{p1}——刚性桩桩端横截面积，m^2；

R_{a1}——刚性桩的单桩竖向承载力特征值，kN。

以 292 勘点为例，CFG 桩单桩竖向承载力特征值为 677.4kN。

桩身承载力计算公式：

$$N \leqslant \psi_c f_c A_{p2} \tag{3}$$

式中 N——荷载效应基本组合下的桩顶轴向压力设计值，kN；

ψ_c——刚性桩成桩工艺系数；

f_c——混凝土桩轴心抗压强度设计值，kPa；

A_{p2}——刚性桩桩身横截面积，m^2。

经验算，桩身承载力满足要求。

2.2.3 复合地基承载力计算[1]

复合地基承载力计算公式

$$f_{spk}=\eta_1 m_1 R_{a1}/A_{p1}+\eta_2(1-m_1)f_{sk} \tag{4}$$

式中 f_{spk}——复合地基承载力特征值，kPa；

η_1——刚性桩的承载力发挥系数；

η_2——桩间土的承载力发挥系数；

m_1——刚性桩面积置换率；

f_{sk}——处理后桩间土的承载力特征值，kPa。

计算后，复合地基承载力特征值为 325kPa，满足设计要求。

2.2.4 沉降计算

刚性桩复合地基沉降值

$$s=s_1+s_2$$

式中 s_1——刚性桩与土构成的复合土层压缩量，mm；

s_2——刚性桩桩端以下压缩量，mm。

经计算得到 $s=52$mm。

经过分析可知，增加刚性 CFG 桩后，复合土层 E_s 和地基承载力显著提高，承载力已经满足堆料荷载要求，因此不会产生土体横向剪切破坏。主要沉降量为刚性桩桩端以下压缩量 s_2，桩长范围内土体竖向变形很小，桩长范围内土体基本不会产生横向变形，对周围设备基础等不会产生影响。

3 结语

从专家论证、理论计算以及现场静载试验来看，强夯与 CFG 相结合的地基处理方法施工简便，施工周期短，经济效益高，承载力能够满足堆料荷载要求，能够为上部结构施工提供足够的时间，为整个工程的顺利施工奠定了坚实的基石。

参 考 文 献

[1] 中华人民共和国住房和城乡建设部. JGJ/T 210—2010 刚-柔性桩复合地基技术规程［S］. 北京：中国建筑工业出版

社，2010.
[2] 中华人民共和国住房和城乡建设部，中华人民共和国国家质量监督检验检疫总局 . GB 50007—2011 建筑地基基础设计规范 [S]. 北京：中国建筑科学研究院，2012.
[3] 中华人民共和国住房和城乡建设部 . JGJ 79—2012 建筑地基处理技术规程 [S]. 北京：中国建筑科学研究院，2012.
[4] 中华人民共和国住房和城乡建设部 . JGJ 94—2008 建筑桩基技术规范 [S]. 北京：中国建筑工业出版社，2008.
[5] 刘雁亮 . 喷粉搅拌水泥土桩加固非饱和松散砂层工程实践 [J]. 河北冶金，2011 (11)：64~67.
[6] 袁琦 . 钢渣桩在复合地基中的应用 [J]. 河北冶金，2005 (5)：85~87.
[7] 郑建伟 . 水泥深层搅拌地基加固原理及实例 [J]. 河北冶金，2003 (3)：53~56.

氧压机基础动力有限元分析

赵志强，赵志坤

（唐钢国际工程技术股份有限公司，河北唐山 063000）

摘　要　以框架式氧压机基础为例，采用通用有限元软件 SAP2000 求取基础固有频率，对其在扰力荷载作用下的动力响应进行了分析，并使用稳态函数和时程函数对基础从启动到额定运行功率进行了频域响应分析，对设备基础设计提出了合理化建议。

关键词　框架式氧压机基础；稳态函数；时程函数；频域响应；SAP2000

Dynamic Analysis of Oxygen-compressor Frame Foundation by Finite Element Calculation

Zhao Zhiqiang，Zhao Zhikun

（Tangsteel International Engineer Technology Co.，Ltd.，Tangshan 063000，Hebei）

Abstract　Taking the foundation of the frame type oxygen compressor as an example，the general finite element software SAP2000 has been used to obtain the inherent frequency of the foundation，and its dynamic response under the disturbance load was analyzed. In addition，this paper also analyzed the frequency domain response of the foundation from start-up to rated operating power by applying the steady state function and the time range function，making rationalization suggestions for the design of the equipment foundation.

Key words　frame type oxygen compressor；steady state function；time range function；frequency domain response；SAP2000

0　引言

随着技术的不断发展，高功率、高转速氧压机组被广泛应用于冶金生产，作为承载氧压机的框架式基础，其动力响应特性的好坏对机组运行有着极其重要的影响。在满足设备正常运行要求的前提下，合理的基础构件尺寸既能减小混凝土用量，又能为工艺布置提供更大的使用空间。本文采用 SAP2000 软件，建立了氧压机基础实体有限元模型，求取基础固有频率及在扰力荷载作用下受迫振动的速度、线位移，分析基础的适用性。

1　基础设计及控制参数

1.1　基础设计

氧压机基础采用框架式基础，电机额定转速 3000r/min，低压缸及高压缸压缩机额定转速 10500r/min，增速机额定转速 3000r/min。基础顶板长 15.4m，宽 8.0m，厚度 1.5m；顶面标高 7.000m；底板长 16.235m，宽 8.67m，厚 1.7m；顶底标高-1.500m，柱截面尺寸 1.2 m×1.0m。基础计算采用实体有限元，如图 1 所示。

1.2　控制参数

引起基础振动的主要是设备正常运转时的扰力荷载。扰力荷载的大小、作用位置及基础振动限值要求等参数均由设备方提供，具体见表 1。

作者简介：赵志强（1989—），男，硕士，工程师，2015 年毕业于河北工业大学交通运输工程专业，现在唐钢国际从事结构设计工作，E-mail：zhaozhiqiang@tsic.com

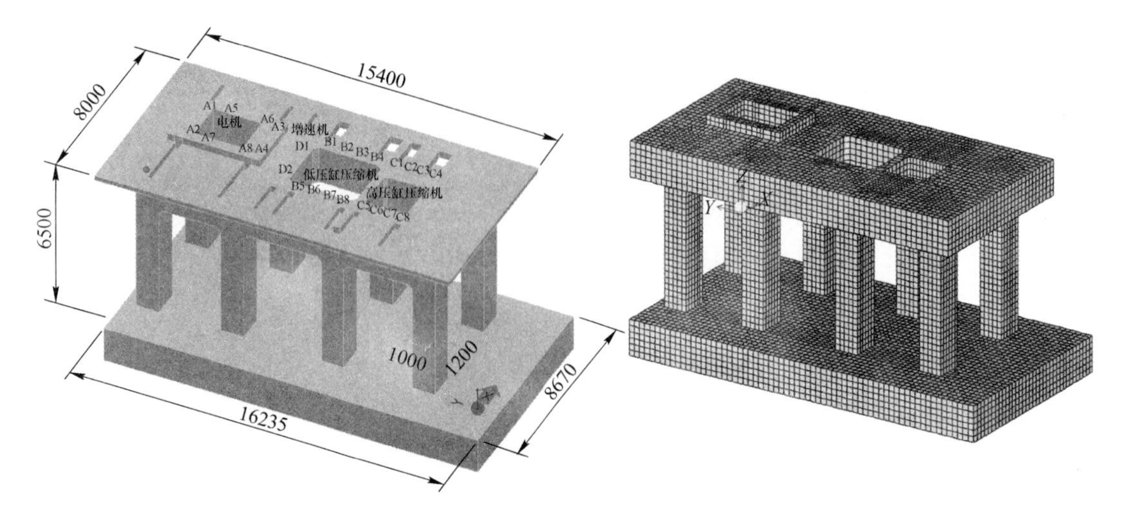

图 1　基础布置及计算模型

Fig. 1　Foundation layout and calculation model

表 1　基础荷载及控制参数

Tab. 1　Foundation loads and control paramters

机组	荷载作用点	恒载/kN	活载/kN	扰力荷载/kN	允许振动速度/mm · s^{-1}	允许振动线位移/mm
电机	A1	21	—	$P_Z=P_X=4.2$ $P_Y=2.1$	<5	0.02
	A2	21	—			
	A3	21	—			
	A4	21	—			
	A5	33	26			
	A6	33	26			
	A7	33	26			
	A8	33	26			
低压缸压缩机	B1	18.75	5.3	$P_Z=P_X=4.65$ $P_Y=1.55$		
	B2	18.75	5.3			
	B3	18.75	5.3			
	B4	18.75	5.3			
	B5	18.75	5.3			
	B6	18.75	5.3			
	B7	18.75	5.3			
	B8	18.75	5.3			
高压缸压缩机	C1	9.5	2.3	$P_Z=P_X=2.3$ $P_Y=1.2$		
	C2	9.5	2.3			
	C3	9.5	2.3			
	C4	9.5	2.3			
	C5	9.5	2.3			
	C6	9.5	2.3			
	C7	9.5	2.3			
	C8	9.5	2.3			
增速机	D1	23	4.1			
	D2	23	4.1			

2 基础动力分析

2.1 模态分析

模态分析是为了得到结构的固有频率。结构的固有频率是一种固有特性，与结构和设备的质量、结构刚度有关，与阻尼比无关，忽略地基条件影响。根据规范[2]，结构的阵型数量应涵盖±25%额定工作频率。表2为电机、低压缸及高压缸在额定工作频率±25%的频率和周期，依次为模态1～74。图2为个别典型模态的振型。

表2 周期和频率（SAP2000）

Tab. 2 Period and frequency (SPA2000)

模态	周期/s	频率/rad · s^{-1}	模态	周期/s	频率/rad · s^{-1}
1	0.12158	8.22474	52	0.00649	154.09707
2	0.11012	9.08112	53	0.00641	155.95336
3	0.10140	9.86217	54	0.00631	158.38485
4	0.02112	47.34167	55	0.00627	159.40923
5	0.02042	48.96682	56	0.00618	161.89784
6	0.01986	50.35834	57	0.00608	164.35564
7	0.01909	52.39010	58	0.00593	168.66977
8	0.01792	55.80977	59	0.00580	172.38156
9	0.01733	57.70239	60	0.00571	175.03684
10	0.01557	64.23080	61	0.00567	176.35562
11	0.01528	65.43438	62	0.00565	176.86293
12	0.01511	66.17403	63	0.00565	177.06154
13	0.01498	66.75545	64	0.00564	177.28770
14	0.01313	76.14786	65	0.00564	177.29701
43	0.00726	137.78452	66	0.00563	177.64821
44	0.00721	138.62754	67	0.00563	177.71703
45	0.00713	140.31978	68	0.00561	178.11825
46	0.00698	143.25531	69	0.00555	180.19718
47	0.00694	144.10200	70	0.00551	181.65904
48	0.00693	144.36744	71	0.00539	185.66259
49	0.00676	147.95739	72	0.00533	187.80631
50	0.00673	148.58099	73	0.00529	188.95639
51	0.00666	150.06790	74	0.00515	194.00944

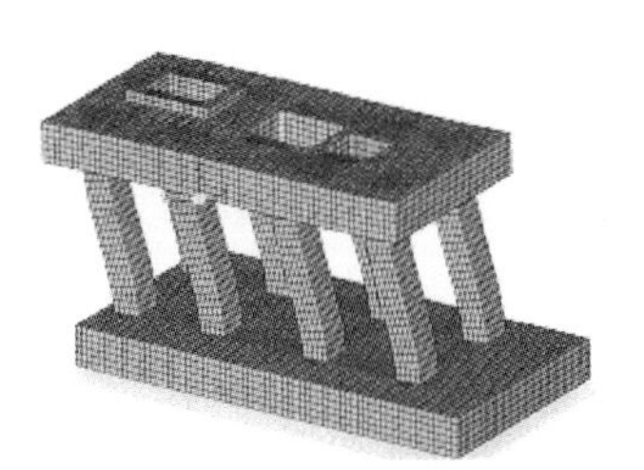

一阶模态，f=8.22474Hz

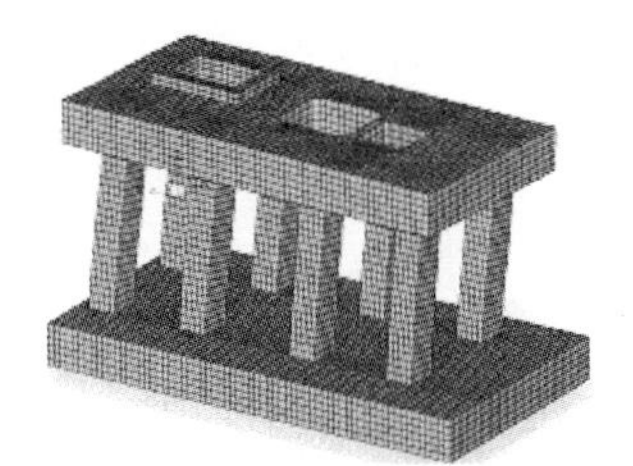

二阶模态，f=9.08112Hz

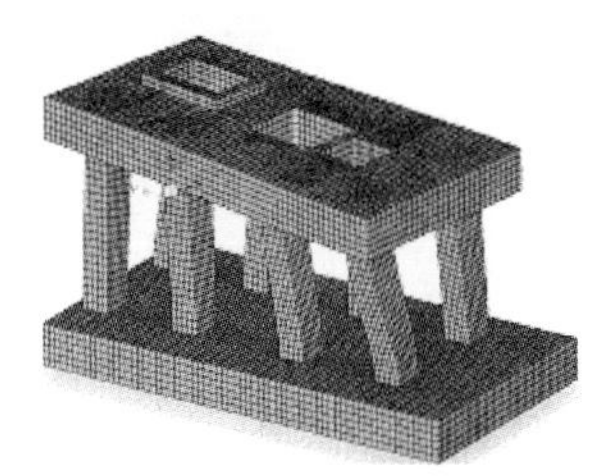

三阶模态，f=9.86217Hz

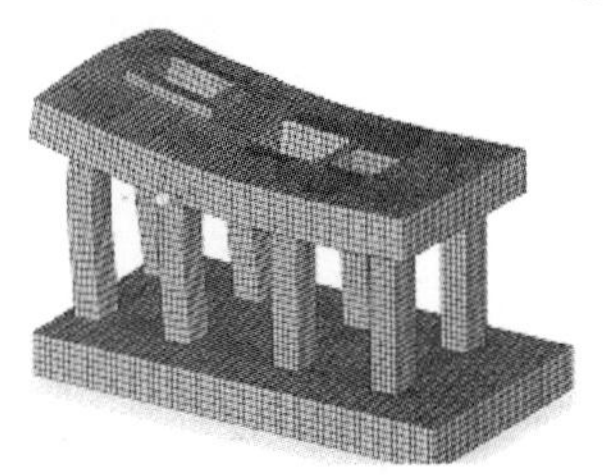

六阶模态，f=50.35834Hz

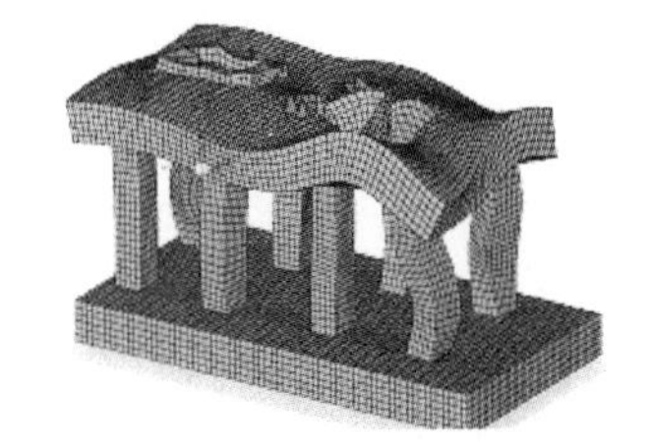

六十阶模态，f=175.03684Hz

图2 基础振型模态

Fig. 2 Base vibration mode

由图2可以看出，基础一阶模态以纵向平动为主（纵向质量参与系数0.490），二阶模态以横向平动为主（横向质量参与系数0.479），三阶模态以扭转为主（扭转质量参与系数0.427），六阶和六十阶模态则以竖向振动为主。

2.2　位移及速度分析

一般情况下，只需计算扰力作用点的竖向振动线位移[2]。因此，在额定频率下基础各点振动位移和速度见图3～图5。可以看出，电机、低压缸及高压缸的振动速度及线位移均满足规范限值要求，说明该设备基础具有良好的动力特性。

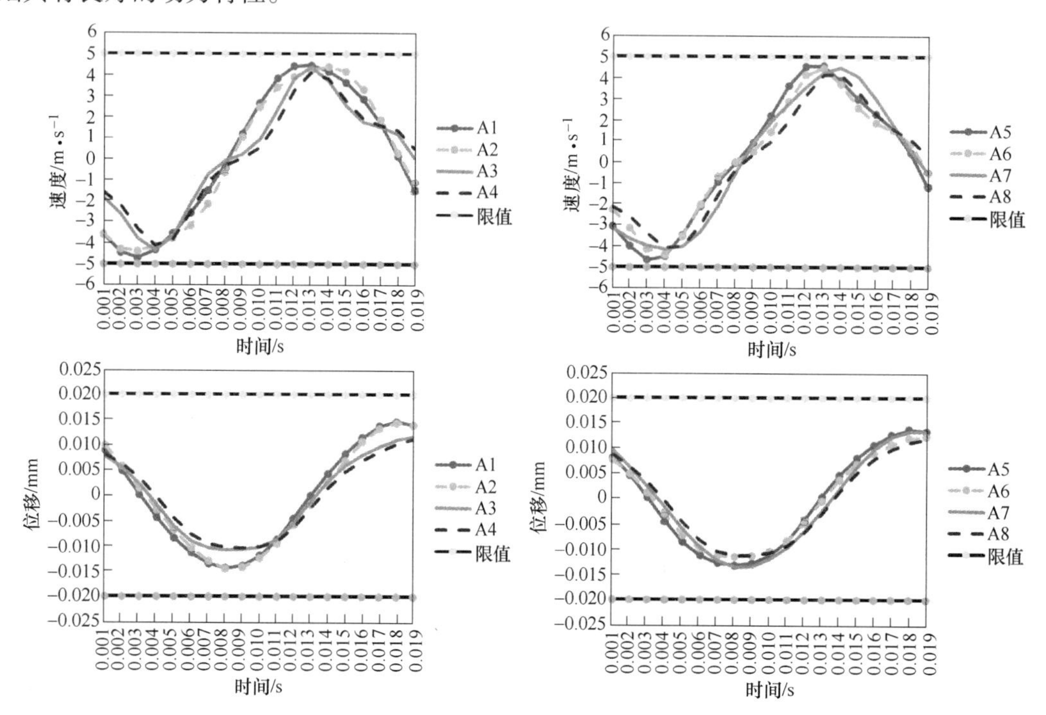

图3　电机振动速度及线位移

Fig. 3　Motor vibration speed and displacement

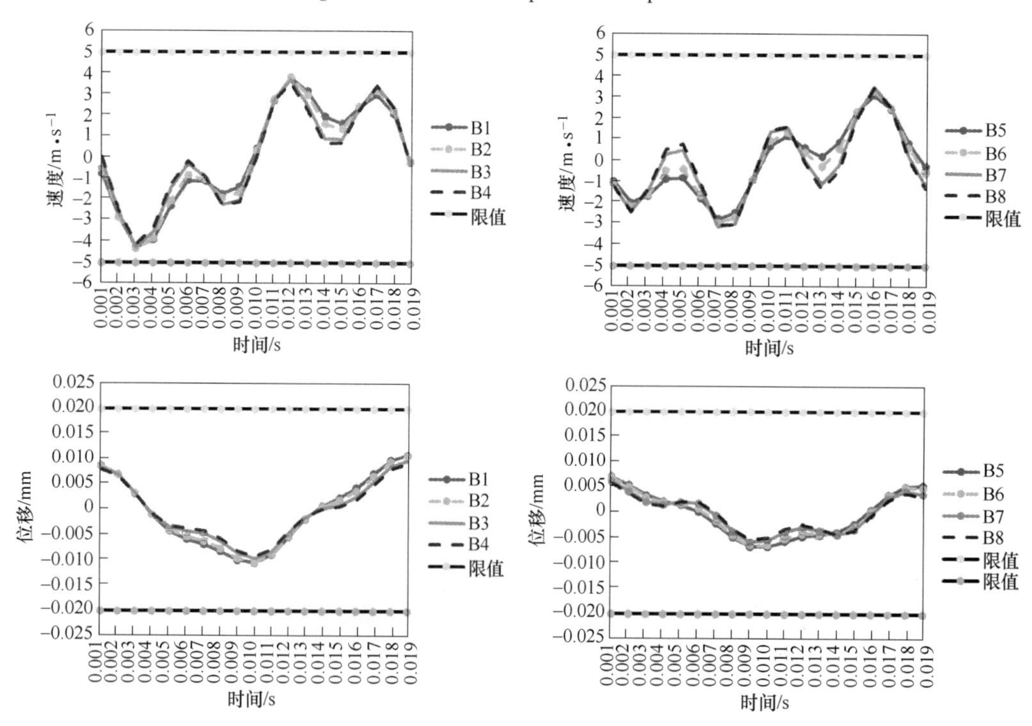

图4　低压缸振动速度及线位移

Fig. 4　Vibration speed and linear displacement of low pressure cylinder

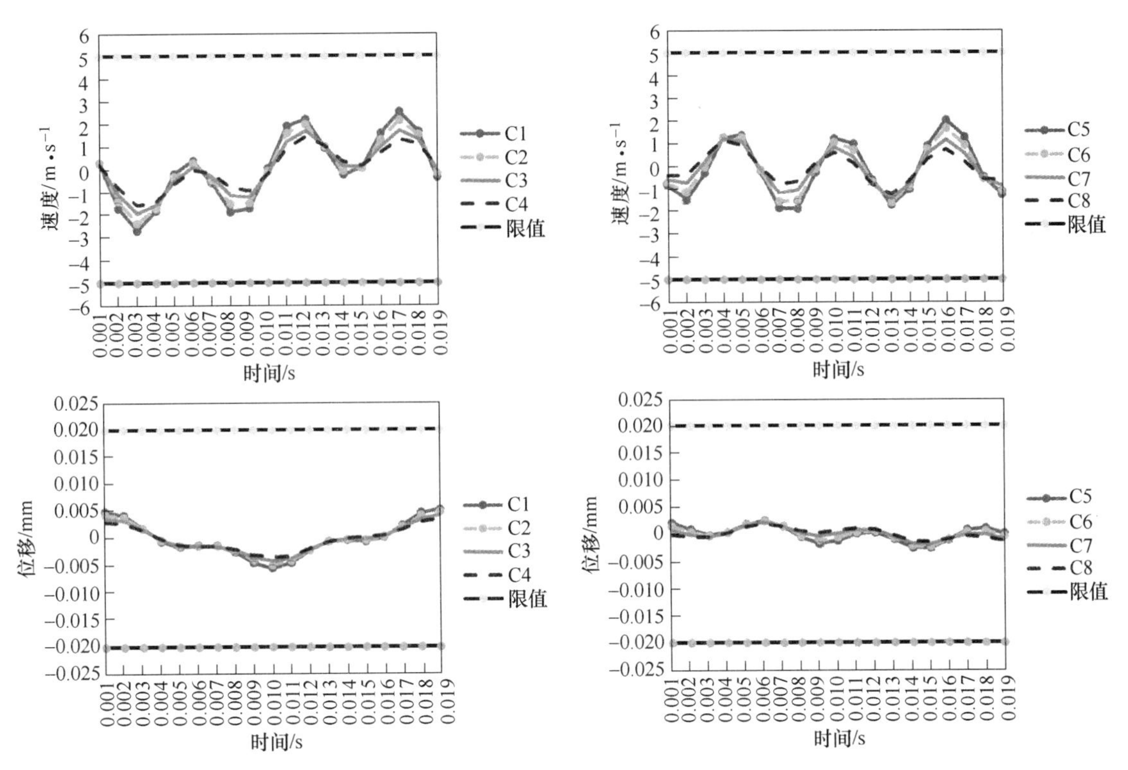

图5 高压缸振动速度及线位移

Fig. 5 Vibration speed and linear displacement of high pressure cylinder

2.3 稳态分析

稳态分析属于频域分析，用于求解结构在随频率变化的扰力幅值下的稳态响应。基础在扰力作用下属于受迫振动，其阻尼比取为0.0625[2]。对于低频振动，主要考虑由于位移超限造成的破坏。通过对电机节点频率-位移曲线进行分析（图6），节点的最大振动线位移发生在53~57Hz，而在启动过程中，基础并未产生过大的线位移。因此，基础自振频率应尽量避开主要设备的额定工作频率，避免共振导致线位移超限。

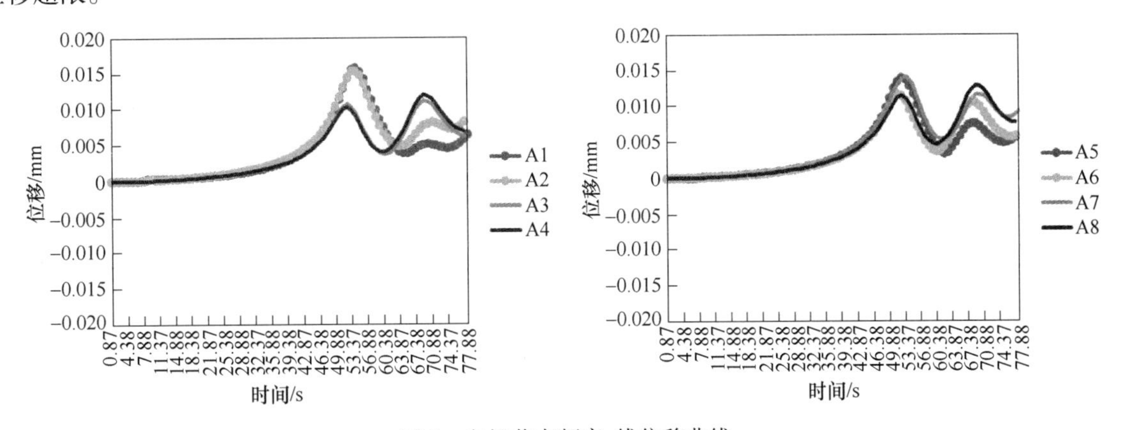

图6 电机节点频率-线位移曲线

Fig. 6 Motor node frequencies-liner displacement curve

3 结论及建议

通过对框架式氧压机基础进行动力有限元分析，基础上各节点速度、线位移均满足规范限值要求（速度限值±5m/s，位移限值±0.02mm）[2]。基于以上数据结果，对设备基础动力分析提出以下建议：

（1）采用规范推荐的杆系模型进行动力计算已能满足设计精度要求。但是，实体模型更能准确地反应质量分布对结构固有频率的影响。

（2）对于基础设计，应通过调整结构布置尽量避开振动设备的额定频率。例如，增大顶板厚度、柱截面尺寸及增加柱子数量等。

（3）基础结构的刚度中心尽量与设备振动荷载的中心重合，避免偏心振动引起的扭转效应，导致基础的速度及线位移超限。

参考文献

[1] 中华人民共和国建筑部．离心式压缩机基础设计规定［S］．北京：化学工业部，2004.

[2] 中华人民共和国建筑部．动力机器基础设计规范［S］．北京：建设部标准定额研究所，1996.

[3] 中国工程建设标准化协会建筑振动专业委员会．建筑振动工程手册［M］．北京：中国建筑工业出版社，1983.

风动送样技术的开发与应用

李小林

（河钢集团唐钢公司，河北唐山 063000）

摘　要　原料、燃料的进场质量和检测速度是钢铁企业控制生产成本、提高生产效率的重要手段。河钢唐钢新区在原料、燃料的汽车运输和港口运输进场等处设置全自动采样、制样设备，利用风动送样系统将分析试样自动输送至化验室，整个过程实现了全自动化、程序化，大幅度提高了检测速度，避免了人工干预。风动送样系统以压缩空气为动力源，运行平稳、输送速度快、噪声小、系统安全系数高、节能省气、运行成本低，取制样系统无人化确保了检测结果的公正性，为生产提供了可靠保障。

关键词　全自动；风动送样；无人化；程序化

Development and Application of Pneumatic Sampling Technology in Tangsteel Company New Area

Li Xiaolin

（HBIS Group Tangsteel Company New Area，Tangshan 063000，Hebei）

Abstract　The quality and testing speed of raw materials and fuels are important for steel enterprises to control production costs and improve production efficiency. HBIS Tangsteel New District has set up fully automatic sampling and sample-making equipment at the places where raw materials and fuels are transported by car and port，and applied the wind-driven sample delivery system to transport the analysis samples to the laboratory automatically. The whole process is fully automated and programmed，which greatly improves the detection speed and avoids manual intervention. With compressed air as the power source，the smooth operation，fast delivery speed，low noise，high safety factor，energy saving，low operating cost，and the unmanned sampling system of the wind-driven sample delivery system ensure the impartiality of the test results and provide a reliable guarantee for production.

Key words　fully automatic；wind-driven sample delivery；unmanned；programmed

0　引言

风动送样系统是一种远距离输送试样的自动化设备，广泛用于冶金、能源、矿山等领域的原料、燃料及矿石的试样在采制样点至化验室之间的传输[1,2]。现阶段冶金、电力、能源、化工等领域对采购原料管理的要求越来越高，原料的试样采集、制备、输送、存储及分析等环节要求全过程无人化，有效的避免了因人为因素出现假样、错样、无效试样的出现[3~9]。该系统采用单管正压双向（一对一）方式传输，以压缩空气为动力源、试样盒为输送载体，利用压缩空气的压力推动样盒在输送管道中运行，从而将现场试样输送到试验室[4]。

1　风动送样系统工艺流程

系统采取“一样一瓶、一瓶一码”输送方式，试样为粉末状的原料样，重量500g（最大发送量），比重0.6~0.8g/cm^3；输送总距离3500m；输送主管管径ϕ140mm×4mm；管道材质为20号钢。将试样装入如下样瓶内，电子标签粘贴与样瓶底部，样瓶外形如图1所示。

将试样装入专用样瓶内，再置于收发装置内，系统借助动力站房产生的大流量、低气压气流，利用抽真空（吹动）样瓶沿管道输送至接收端收发装置内，从而实现输送试样的目的。本系统自称系统无

作者简介：李小林（1988—），男，硕士研究生，工程师，2016年毕业于华北理工大学材料工程专业，现在河钢集团唐钢新区主要从事产品出厂检验和试验室管理工作，E-mail：lixiaolin19881204@163.com

图1　输送试样样瓶示意图

Fig. 1　Diagram of deliver test bottles

需接入厂区压缩空气。系统利用道岔、样瓶暂存器结合设计，实现一对多发送功能；并实现每套系统彼此相对独立、互不影响的目的[5,10]。风动送样系统工艺流程图如图2所示。

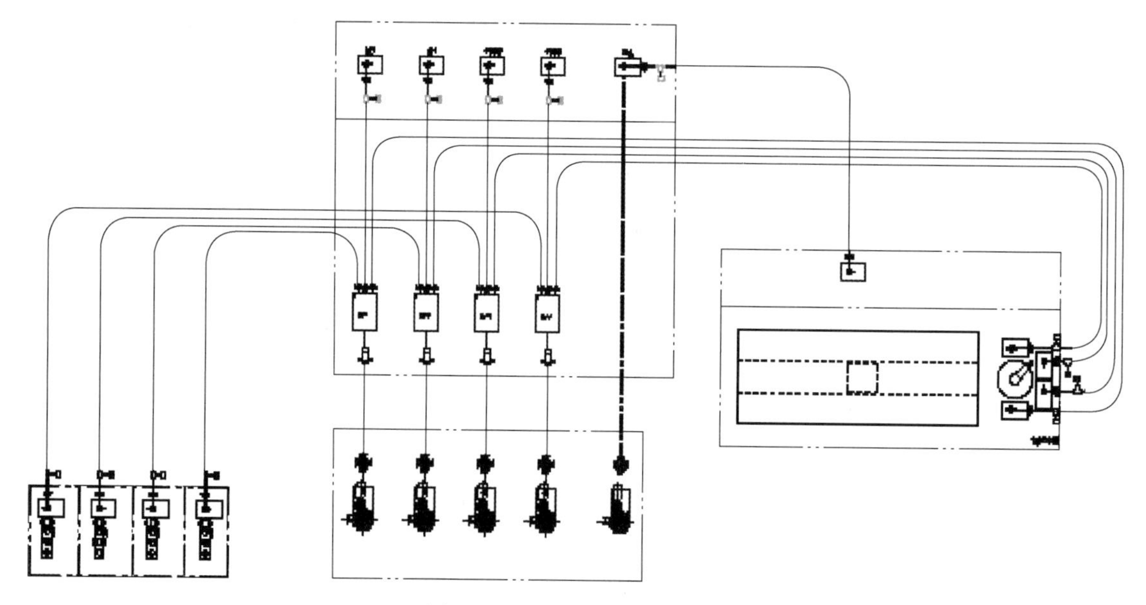

图2　风动送样系统工艺流程

Fig. 2　Diagram of process flow of the wind-driven sample delivery system

（左下角4个方格分别代表2个汽车、2个港口采制样点；中间大方格代表化验室收发室及管道间；正下方方格代表动力站；右侧方格代表存查样柜及多功能制样间）

（1）分析样走向：采制样室收发装置→管道输送→道岔→样瓶暂存器→道岔→化验室收发装置；

（2）存查样走向：采制样室收发装置→管道输送→道岔→样瓶暂存器→道岔→存查样间收发装置；

（3）提取存查样走向：存查样间收发装置→管道输送→道岔→样瓶暂存器→道岔→化验室收发装置；

（4）多功能分析样走向：多功能制样收发装置→管道输送→化验室收发装置；存查样人工存入存查样柜；

（5）化验室空样瓶返回走向：化验室收发装置→管道输送→道岔→样瓶暂存器→道岔→制样点收发装置；

（6）存查样柜逾期试样走向：存查样柜收发装置→道岔→样瓶暂存器→道岔→制样端收发装置。

2　单管正负压风动送样输送原理

正负压单管钢样管道输送系统是利用罗茨风机产生的0.02~0.04MPa的空气气流，通过空气分配阀转换气流方向[6]，在输送管道内形成负压气流，将装有分析样或存查样的样瓶分别由从采制样点输送至化验室或自动存查样柜的输送过程。单管正负压风动送样系统工作原理图如图 3 所示。

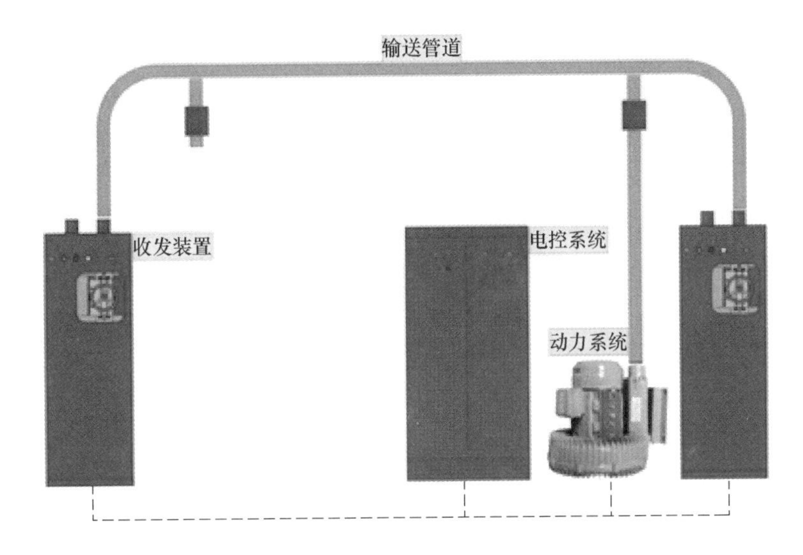

图 3　单管正负压风动送样系统工作原理图

Fig. 3　Working principle diagram of single tube positive and negative wind-driven sample delivery system

3　风动送样系统构成及功能

风动送样系统主要设备包含：自动收发装置、光电装置、三位置方向转换器、化验室自动收发装置、高压风机、空气分配阀、泄压装置、放气装置、电源控制柜、系统控制柜、工控系统及输送主管、弯管、套管、法兰、控制线缆等。设备参数见表 1。

表 1　风动送样系统设备参数

Tab. 1　Equipment parameters of the wind-driven sample delivery system

参　数		指　标
工作压力/MPa		0.02~0.04
样盒运行速度/m·s^{-1}		5~7
样盒有效容积/mm×mm		106×200
样盒下落速度/m·s^{-1}		0~3
试样条件（常温、粉末）/g		≤1000
样盒垂直落差/m		≤30
最小转弯半径/mm		1000
输送钢管规格/mm×mm		140×4（无缝钢管）
控制方式		可编程序控制器自动控制
电源	动力站	380V±10%，50Hz/180kW
	存查样柜间	380V±10%，50Hz/20kW
	制样端	380V±10%，50Hz/3kW
	管道间	380V±10%，50Hz/5kW
	化验室	380V±10%，50Hz/3kW
气源	动力站	0.4~0.6MPa，耗气量 0.2m^3
	存查样柜间	0.4~0.6MPa，耗气量 0.2m^3
	制样端	0.4~0.6MPa，耗气量 0.1m^3
	化验室	0.4~0.6MPa，耗气量 0.1m^3

A 型发送装置 1 台：该设备布置在多功能制样间，用于接收来自输送皮带的试样瓶。该设备既可满足全自动无人值守试样制样机无缝隙对接，自动接收已封装试样瓶，安装在自动无人值守试样制样机末端，自动发送样瓶，整个过程无需人为干预（系统可自动通过样号识别样品种类）；亦可安装在人工采样点，手动放入样瓶，通过化验样发送按钮或存查样发送按钮将试样发送至目的地。

D 型收发装置 8 台：该设备布置在采制样点制样圈查样柜室内。用于发送制样机器人（或转运机器人）送来盛有试样的样瓶，设备接收到样瓶柜内光电检测到样瓶后，风动送样系统自动启动；同时，用于接收化验室/存查样柜返回的空样瓶/逾期试样样瓶，收发装置自动打开后制样机器人/转运机器人将柜内样瓶提取出来后交于后续设备进行样瓶清洗。

E 型收发装置 5 台：该设备布置在原料化验楼内收发室内，用于接收采制样端发送来的分析试样样瓶，亦可接收存查样柜发送来的存有异议的试样；该收发装置具有不少于 10 个样瓶暂存功能；该设备具备空样瓶人工放入将空样瓶返回至来样采制样点的功能[7]。

电子标签读写装置 6 套：设备分别布置在采制样点/化验楼接收室内，用于写入/读取试样信息；采制样点利用 PLC 程序自动将物料信息编号写入电子标签内；化验室端需要人工将样瓶放置电子标签读写装置前进行数据读取。化验室端设备安装在用户指定位置，可落地安装，亦可放置工作平台上；电子标签具有可擦写功能，具备多次、反复使用的要求。

外光电装置 22 台：该设备用于检测样瓶的通过与否，并对风动送样系统停止提供信号；该设备安装在收发装置上端，负责给风动送样系统提供停机信号；安装在道岔前后端用于检测样瓶是否通过该设备，并在 PLC 上有信号显示，用于判断样瓶卡堵故障点。

三位置方向转换器/道岔 4 套：该设备布置在管道间内，用于化验室、存查样柜间及采制样点之间的管道切换功能[8]，即：采制样点——存查样柜/化验室，存查样柜——化验室/采制样点等；由于考虑管道间下方收发装置之间的管道连接，故设备的安装高度较高。

样瓶暂存器 4 套：用于对输送样瓶的暂存，待道岔管口切换后风动送样系统再次启动最终将样瓶输送至目的地；该设备设计有光电检测，用于控制风动送样系统停止信号。

高压风机 5 台：设备布置在动力站房内，用于风动送样系统输送样瓶提供动力；风机启动后为管道内提供压力值不大于 0.02MPa 的“小压力，大流量”气体，从而推动样沿管道进行传输。

空气分配阀 5 套：设备安装在动力站房，用于切换管道内气流等方向，从而在管道内形成或正/或负的压力差，利用高压风机形成的“小压力、大流量”压缩空气将样瓶或吹/或吸的形式进行输送。

电源柜 1 套：设备布置在动力站房，用于确保动力站房和系统正常运行的能源保证；接入电源功率为 180kW/50Hz/380V。

系统控制柜 3 套：设备布置在动力站房内，设备采用进口西门子 PLC 程序化控制风动送样系统各个控制元器件，确保风动送样系统运行可靠、稳定；设备运行故障在 PLC 上可查询、追踪，故障信息一目了然。

输送主管 3500m：试样输送的载体，无缝钢管，管径为 ϕ140mm×4mm。

样瓶 1500 个：试样传输的载体，将试样装入该样瓶，借助风动送样系统输送管道将试样输送至化验室/存查样柜自动收发装置，从而实现输送试样的目的，该样品筒体采用 HDPE 材质加工而成，筒体外加载耐磨钢环，保证样瓶的使用寿命。

弯管 234 个、套管、法兰等管道安装附件：用于管道安装过程中管口与管口的衔接、管道转向等需求，管道安装采用焊接完成。

控制线缆及穿线管、穿线套管等附件：用于 PLC 同各个控制元件信号传输的载体，穿线管用于保护控制线缆；穿线管规格型号为 ϕ48mm×4mm 和 ϕ76mm×4mm。

线路支架、管卡等安装辅材：用于管线过程中的固定，主管管卡、穿线管管卡与线路支架配合使用，线路支架安装间距为 6~8m/个。

4　结语

风动送样系统自投入运行以来，及时、高效、安全地满足了长距离送样的要求，管道内实现快速自动开盖，减轻了劳动强度，实现全自动、无人化、程序化工艺流程。系统操作简便，运行稳定、输送速度快、噪声小、不卡样、不堵塞，自动化程度高，故障率低，在原料检验送样上具有推广应用价值。

参 考 文 献

[1] 万桔瑞．风动送样技术及其在鞍钢冶炼系统的应用［J］．鞍钢技术，1992（12）：47~50.
[2] 陆彬，缪亮．风动送样在炼钢企业中的应用［J］．科技创新导报，2016（8）：53~54.
[3] 李波，谢怀岩，李玲春．安钢风动送样控制系统改造［J］．河南冶金，1995（4）：43~44.
[4] 董会．风动送样在钢铁企业中的成功运用［J］．冶金标准化与质量，2004（6）：40~42.
[5] 汪正保．一种新型风动送样装置的开发与研究［J］．机电产品开发与创新，2017（3）：48~49.
[6] 王志明．负压风动送样技术的试验研究［J］．炼铁，1985（2）：9~13.
[7] 贾思放．正负压风动送样改造［J］．酒钢科技，2012（3）：268~270.
[8] 周亮亮，周丽娜．风动送样系统在铜冶炼行业中的应用［J］．中国有色冶金，2013（4）：55~57.
[9] 赵金凯，张达，刘彦君，等．河钢乐亭 2050mm 热轧生产线的设计［J］．河北冶金，2020（S1）：74~77.
[10] 田鹏，李宝忠，董洪旺，等．河钢乐亭综合智能料场的设计特点［J］．河北冶金，2020（S1）：44~47.

检化验全自动系统设计

花竞争

（河钢集团唐钢公司，河北唐山 063000）

摘　要　以实现智慧制造为目标，河钢唐钢新区检化验系统采用诸多智能化设备。介绍了检化验系统的智能设计要点，详细阐述了原料试验中心、铁钢分析中心、成品试验中心的工艺流程、设备组成，通过采用机械手、激光加工、样品自动存储等新技术以及新物料管理手段，大大优化了设备布局，降低了设备占用空间，提高了分析反馈速度及作业效率，在一定程度上降低了劳动强度，能够更好地配合主工艺生产的顺行。在本项目的多条自动线中更是实现了全流程自动化、信息化和智能化，具有消除人为错误，实现无人操作，高效管理等优势。

关键词　检化验；自动系统；智能制样；激光加工；机械手

Summary of the Design of Inspection and Laboratory Facilities in New District of Tangsteel Company

Hua Jingzheng

（New District of HBIS Group Tangsteel Company，Tangshan 063000，Hebei）

Abstract　The inspection and testing system of HBIS Tangsteel New District has adopted an amount of intelligent equipment to achieve the goal of smart manufacturing. In this paper，the intelligent design points of the inspection and testing system were introduced，and the process flow and equipment composition of the raw material testing center，iron and steel analysis center and finished product testing center were elaborated as well. By applying new technologies and material management methods such as manipulators，laser processing，automatic sample storage，the equipment layout is greatly optimized，the equipment occupation space is reduced，the analysis feedback speed and operational efficiency are improved，the labor intensity is decreased to a certain extent，and the smooth operation of the main production process can be better coordinated. In this project，multiple automatic lines have achieved the whole process of automation，informationization and intelligence，which has the advantages of eliminating human errors，realizing unmanned operation and efficient management，etc.

Key words　inspection and testing；automatic system；intelligent sampling；laser processing；manipulator

0　引言

河钢唐钢新区项目，建成投产后将形成年产铁水 732 万吨、钢水 747 万吨。唐钢新区检化验项目分为原料试验中心（含矿码头取制样、烧结成品取制样、焦炭取制样、球团取样、厂内工艺过程控制取制样以及汽车输入取制样，火车输入取制样，包括了烧结杯、SCO 炉试验室、球团矿中试以及制样分析、检测所需的设施，以上设施在后面的描述中均简称原料试验中心）、铁钢分析中心（连铸低倍硫印试验室）、成品试验中心（含油品和水质分析）。本文从检化验设施的设计及工艺流程方面，对三个试验中心在智能化、自动化等方面的应用进行阐述[3]。

1　智能设计要点

1.1　新工艺

原料试验中心二次采样后传统工艺借助胶带机或重力传送试验物料，设备庞大、容易堵料。新工艺

作者简介：花竞争（1993—），男，2018 年毕业于北京科技大学物理学专业，现在河钢唐钢新区制造部主要从事生产检验工作，E-mail：15102551274@163.com

采用机械手平面操作实现破碎、缩分、粒度筛分、水分检测和试样收集，降低设备占用空间、提高操作方便性、布局紧凑。

1.2 新流程

铁钢分析中心加工设备与光谱仪之间传统工艺采用线性皮带传输方式，试样交叉传送时间较长（最长约 40s）；而本项目中采用机械手环形布局流程，可以减少试样从加工设备到光谱仪的传送时间 20~25s，提高分析反馈速度，能够更好地配合主工艺生产顺行。

1.3 新布置

成品试验中心采用 U 形布置，体现功能集中、优化布局的原则，提高了加工物流的周转速度，一定程度降低了劳动强度。

1.4 新技术

成品加工采用了先进的全自动激光加工系统，实现样品上样、落料、出料一体化的自动作业，突破了传统的剪板、冲板、人工堆料的高强度的工作流程，极大降低了工作强度、提升了作业效率。

1.5 新物料管理

原料试验中心采用了自动样品存样系统，实现自动存查和输送。需实现读取样瓶信息、写样瓶信息、接瓶、发瓶、存瓶、出瓶等全流程自动化、信息化和智能化，消除人为错误，实现无人操作，高效管理。

其中原料试验中心主要负责各类原辅料的化学成分分析、各类原辅料的水分及粒度检验、各类原辅料的物理性能分析；铁钢分析中心主要负责高炉及脱硫站铁水样的成分分析、转炉、精炼炉、连铸钢水样的成分分析、钢水气体样的成分分析、炉渣的成分分析、板坯的低倍及硫印检验[4]；成品试验中心主要负责冷热轧产品的拉伸、冷弯、硬度等力学性能和化学分析、热轧产品的低倍、非金属夹杂、脱碳层深度等金相检验、各类水质、油品及煤气化验分析。是涵盖了从主副原料、燃料、材料进厂验收检查、煤焦、烧结、球团、铁水、钢水、炉渣、煤气、冷轧工艺介质等生产工艺过程试样检验、快速分析以及坯材、板材的成品检验的检化验系统。

2 工艺流程设计

2.1 原料试验中心工艺流程

本项目副原料等以汽车输入的形式，主要有石灰石块、白云石块、石灰石粉、白云石粉、锰矿、萤石、硅石、铁料，喷吹煤烧结煤等原料试验中心对输入的样品进行在线取样、在线制样（在线粒度检测、在线水分检测、在线研磨至 150μm（100 目），煤炭 6mm 以下），封装喷码的分析样品自动送入带有密码锁的箱柜内，需通过识别后取出并由汽车送至原料试验中心进行化学分析。

港口皮带入厂料以船运输入的形式，主要有块矿、粉矿等，原料试验中心对输入的样品进行在线取样、在线制样（在线粒度检测（黏性矿除外）、在线水分检测、块矿和粉矿在线研磨至 150μm（100 目）），块矿和粉矿的分析样由风送系统自动送至分析楼二楼进行化学分析和检测。

成品烧结矿以皮带转运的形式，原料试验中心对成品烧结矿进行在线取样、在线制样（在线粒度检测、在线转鼓强度检测（转鼓指数）、在线研磨至 150μm（100 目）），冶金性能检测样品和融滴性能测试样品制备。样品人工送至原料试验中心。

成品焦炭以皮带转运的形式，原料试验中心对成品焦炭进行在线取样、在线制样（在线粒度检测、在线转鼓强度检测（DI 转鼓（汽车输入除外）、米库姆转鼓）、在线水分检测、在线研磨至 180μm（80 目）），反应性检测样品制备、假比重样品制备。样品人工送至原料试验中心。

成品球团以皮带转运的形式，原料试验中心对酸性、碱性成品球团矿进行在线取样、缩分、余料返回，所收集的样品送原料试验中心进行后续检测试验。

厂内过程控制取样由各生产单元对所需的物料进行取样，由原料试验中心拿样并对来样负责，原料试验中心获取样品后，部分样品由多功能智能制样系统进行后续制样及检测，对难以由多功能智能制样系统处理的样品由人工进行制样和检测。

主要设备组成：主要集成化汽车进厂取样系统3套，矿石专用取制样系统2套，成品烧结矿取制样系1套，成品焦炭取制样系统2套，成品球团矿取制样系统（简易）1套，多功能全自动智能制样系统1套，厂内过程控制取样系统若干，火车取样系统2套，烧结杯试验装置（ϕ300mm锅型）1套，SCO炉试验装置（60kg型电气炉）1套，球团中试装置1套。

2.2　铁钢分析中心工艺流程

2.2.1　高炉单元

铁钢分析中心主要任务承担高炉铁水成分和渣样分析。分析结果传送到检化验L2系统，由检化验L2系统分别发送至相应的生产单元。铁水预处理设有3个工位，每套工位设置1个风动送样点[5]。每个工位每罐取样两次，分别为处理前和处理后。铁水样分析结果传送到检化验L2系统，由检化验L2系统分别发送至相应的生产单元。

铁水样分析流程：风动送样→自动接收/制样→自动荧光分析→自动数据传送。

渣样分析流程：风动送样→自动接收/制样→自动荧光分析→自动数据传送。

2.2.2　转炉单元

转炉单元设置设3座200t转炉。每座转炉炉后设置1个风动送样点。每炉钢水样一般取样分析三次，分别为吹炼过程中动态测定一次和吹炼终点两次。出钢后钢包取样分析一次。分析结果传送到检化验L2系统，由检化验L2系统分别发送至相应的生产单元。

钢样分析流程：风动送样→自动接收/制样→样品自动检查→自动光谱分析→自动数据传送。

分析结果传送到检化验L2系统，由检化验L2系统分别发送至相应的生产单元。

渣样分析流程：风动送样→自动接收/制样→自动荧光分析→自动数据传送。

2.2.3　精炼单元

精炼单元共设2套RH、2套LF精炼装置。分析项目包括钢样、渣样、气体样。所有精炼装置最多可能有4个点同时送样[6,7]。分析结果传送到检化验L2系统，由检化验L2系统分别发送至相应的生产单元。

气体样分析流程：

（1）风动送样→自动制样（碳硫氮）→碳硫分析仪、氧氮分析仪手动分析→数据传送。

（2）风动送样→手动制样→碳硫分析仪、氧氮分析仪、定氢分析仪手动分析→数据传送。

按钢种要求，渣样分析取样频度为3个/天。分析结果传送到检化验L2系统，由检化验L2系统分别发送至相应的生产单元。

2.2.4　连铸单元

连铸单元设3台连铸机。每台连铸机设有1套风动送样装置。分析项目包括钢样、渣样和气体样分析。浇铸过程中平均每炉钢取4个钢样。日平均浇铸约80炉，取样320个/天。对氧氮有要求的钢种每炉钢取3个氧样、氮样。对氢有要求的钢种每炉钢取3个氢样。3台连铸存在同时送样的可能[8]。分析结果传送到检化验L2系统，由检化验L2系统分别发送至相应的生产单元。

2.2.5　主要设备组成

铁钢分析系统主要由风动送样装置、机械手系统、输送系统、自动化制样、自动分析、自动化控制系统及其他设备组成。具体如下：

（1）风动送样系统。风动送样系统共16套，其中钢样10套、铁样6套；另外预留8套位置（其中铁3套、钢5套），风动送样系统主要由发送站、接收站、送样直管、弯管、法兰、焊接套管、样盒、电控系统及样票系统等组成。

（2）输入输出系统。风动送样区域：棒样出口和手动放样台，共3套。

加工区域：每台铣磨床进样端都有一个手动进样位。

分析区域：具备在分析仪器前直接插入试样分析功能；此功能硬件由分析系统实现，试样分配由试样传输及制样系统实现。

（3）自动传输装置。由机械手、渣样输送带、铁样输送带、钢样输送归档装置、铁样输送归档装置组成。其中渣样输送带1套；铁样输送带1套；钢样输送归档装置1套；铁样输送归档装置1套；机械手采用ABB或KUKA KR16，风动区域机械手3套。

（4）试样加工系统。钢样加工设备采用铣床4套，具备倒角，屑样自动收集功能。铁样加工设备采用铣磨床2套，配置双动力头，采取砂轮初磨和铣刀精加工方式。渣样加工设备2套。采用破碎、研磨、压片工艺。

（5）控制系统。试验室控制系统，数量2套（1用1备）。用于控制全系统试样分配，负责接收上位机生产指令，下发给各分析仪器，双机互为备份。风动送样控制系统，数量2套（1用1备），用于协调控制风动送样区域动作[9]。屑样代码传输系统，数量1套。仪器通信接口系统，生产指令下达、分析实绩上传和数据管理统计功能由上位机（集群发送软件）负责。

分析结束指令由上位机（集合发送软件）传输给SPS。分析仪器工作状态由SPS和分析仪器直接通讯，并由SPS分配试样。

（6）电气控制系统。全自动传输制样系统的电气控制系统主要包括：主电源控制柜、主PLC控制柜、离线设备电源控制柜、单体设备控制柜、网络机柜等组成。

2.3 连铸低倍硫印试验室工艺流程

2.3.1 硫印试验

生产厂取来的样坯（全断面）→火焰切割（试验样尺寸为样坯长度的1/2+100mm）→冷却→铣削、研磨→贴相纸（经硫酸溶液处理后的相纸）→相纸定影、冲洗、干燥→观察评级→报结果。

2.3.2 热酸浸试验

生产厂取来的样坯（全断面）→火焰切割（试验样尺寸为样坯长度的1/2+100mm）→冷却→铣削、研磨→酸浸→冲洗→吹干→观察评级（有需求时，送照相、图像分析室照相）→报结果。

2.3.3 主要设备

连铸低倍硫印试验室主要由运输设备、切割设备、吊运设备、铣削加工设备、硫印设备、酸洗设备、图像录入与保存设备及其他设施组成。根据747万吨的产能，连铸低倍硫印试验室设备配置包括氧-煤气火焰切割机及配套的切割架、风冷设备1套。端面切削研磨机2台。硫印设备包括硫酸池、定影池、冲洗池、干燥箱1套。酸洗设备包括热酸槽、热酸液加热及供给装置、酸液储存设施、热酸循环设施、废酸收集设施、废气处理设施等一套。

连铸试验室在设备配置方面，在满足今后试验室的工作要求的前提下，尽量选用成熟的产品，也考虑了今后设备维护、维修、设备备件等的方便。在关键和瓶颈工序，均配置2套，在一套发生故障时不会影响生产的正常进行，提高整个连铸试验室运行的稳定和可靠。

2.4 成品试验中心工艺流程

2.4.1 工艺流程

热轧、冷轧车间所取的板材试样坯料，由汽车送至成品试验中心。试样坯料接收编码后，根据不同的厚度、不同的加工要求，样坯被分别送往切割机、冲床、锯床切割成小试样坯后，由操作人员用小车送往各种加工机床，按照标准将试样加工成拉伸试样、冲击试样、弯曲试样、硬度试样等，然后将这些试样送往各个试验机进行相关试验[10]。试验完成后，各种试验结果自动或人工输入全厂检化验计算机传输及管理系统，并送到相应生产厂及相关部门。

成品试验中心承担的其他冷轧工艺介质、油脂、原料等的试验分析，试样送至成品试验中心后，根据标准规定的不同试验方法，用仪器或化学方法进行试验分析，试验结果自动或人工输入全厂检化验计算机传输及管理系统，并送到相应生产厂及相关部门。

2.4.2　主要设备

根据承担分析任务和试验方法的要求，成品试验中心主要配备：

（1）热轧板材试验设备：1 套，包括拉力试验机、冲击试验机、弯曲试验机、落锤试验机、扩孔试验机、硬度计、金相试验设备等；

（2）冷轧板材试验设备：1 套，包括拉力试验机、弯曲试验机、杯突试验机、粗糙度仪、V 弯试验机、硬度计及金相试验设备等；

（3）热轧板材加工设备：1 套，包括锯床、剪板机、铣床、磨床、拉床、双头铣床、立式钻床、砂带机、除尘砂轮机等；

（4）冷轧板材加工设备：1 套，包括剪板机、仪表车床、铣床、双头铣床、立式加工中心、拉伸试样冲床、圆片冲床、台式钻床等；

（5）成分分析设备：1 套，包括 X 荧光光谱仪、等离子光谱仪、原子吸收分光光度计、离子色谱仪、定碳仪、定硫仪、湿法分析设备等；

（6）油脂试验设备：1 套，包括开口闪点试验器、闭口闪点试验器、运动黏度测定器、比重试验器等；

（7）其他设备：1 套，包括电动单梁悬挂起重机、纯水制造设备、超声波清洗机、玻璃珠熔融装置、压片机、V 型混合器等；

（8）水质分析设备：1 套，包括等离子光谱仪、气相色谱仪、全自动水质分析流动注射仪、PH/电导率仪、浊度计等。

成品试验中心新建激光切割自动线包含全自动激光切割设备、全自动拉力机、荧光分析仪等设备，实现了从样品接收到数据上传全流程无人检测，不仅实现了高精度检测，而且提高了检测效率。

3　结语

河钢唐钢新区检化验设施涵盖了从主副原料、燃料、材料进厂验收检查、中间生产控制、到成品出厂质量管理试验分析的检化验系统，为各相应生产厂或车间提供生产检化验、过程检化验、成品出厂检验[11,12]。作为国内钢铁行业自动化程度最高的实验室，唐钢新区顺应智能智造潮流，将自动化和智能化融入实验室设施的建设中，智能化的设计极大程度降低了工作强度，同时可以提高加工、检测效率及精度[13]，为高效指导生产起到了保驾护航的作用。

参考文献

[1] 柏才媛．铁钢分析自动化系统及其在我国的应用［J］．分析仪器，2010（4）：59~61.
[2] 畅雪苹，王丹丹，王谦．浅析激光切割技术的应用［J］．汽车实用技术，2020，45（17）：127~129.
[3] 张宏岭，向前，熊立波，等．加工方式对高牌号无取向电工钢力学性能的影响［J］．电工钢，2020，2（3）：34~38.
[4] 雷佩，高琼琼．激光在磨削加工中的应用研究［J］．南方农机，2020，51（16）：160~161.
[5] 刘欣．冶金企业钢铁分析检测的仪器化研究［J］．中国金属通报，2019（6）：112，114.
[6] 罗晔．日本钢铁生产工序检测技术进展［J］．冶金管理，2019（2）：44~49.
[7] 高宏适．JFE 钢铁公司检测技术的进步［N］．世界金属导报，2018-02-20（B07）．
[8] 马王君．在线智能检测技术在钢铁行业的应用［J］．设备管理与维修，2018（1）：119~120.
[9] 河北钢铁技术研究总院理化检测中心［J］．河北冶金，2015（6）：2.
[10] 河北钢铁技术研究总院简介［J］．河北冶金，2013（4）：2.
[11] 武旭，左文朝，张佳敏．基于激光超声的带钢晶粒尺寸在线检测系统［J］．河北冶金，2020（S1）：96~98.
[12] 赵金凯，张达，刘彦君，等．河钢乐亭 2050 mm 热轧生产线的设计［J］．河北冶金，2020（S1）：74~77.
[13] 田鹏，宝忠，董洪旺，等．河钢乐亭综合智能料场的设计特点［J］．河北冶金，2020（S1）：44~47.

实验室信息化系统与认可体系的一体化管理

赵炳建，张永顺，董春雨，史 琦，尧建莉，徐 龙

（河钢集团唐钢公司，河北唐山 063000）

摘 要 LIMS 是实验室对数据进行采集、上传、管理的系统，认可是通过审核实验室管理体系来评定其技术能力的方法。河钢唐钢新区在 LIMS 设计过程中，将认可要求的 29 个要素融入到系统中，通过体系管理，提高了检测工作的规范性，保证了检测精度，获得了对人员、设备、标准规程、统计报表等信息的全面掌控。信息化系统和认可体系一体化管理避免了体系重复建设，保障了实验室技术能力和管理的标准化。

关键词 LIMS；实验室；信息化；认可体系；标准

Integrtaed Management of Laboratory Information Management System and Accreditation System in New District of Tangsteel

Zhao Bingjian，Zhang Yongshun，Dong Chunyu，
Shi Qi，Yao Jianli，Xu Long

（HBIS Group Tangsteel Company，Tangshan 063000，Hebei）

Abstract LIMS is a system for data collection，uploading and management in laboratories，and accreditation is a method to assess its technical capability by reviewing the laboratory management system. In the LIMS design process，HBIS Tangsteel New District has integrated 29 elements of accreditation requirements into the system. Through system management，the standardization of inspection work is improved，the testing accuracy is ensured，and the comprehensive control of information such as personnel，equipment，standard procedures，and statistical reports is obtained. Besides，the integrated management of the information and accreditation system avoids the repeated system construction and guarantees the standardization of laboratory technical capabilities and management.

Key words LIMS；laboratory；informationization；accreditation system；standard

0 引言

实验室信息管理系统（简称 LIMS 系统）是钢铁企业信息化建设的重要内容，可以提供基础数据、实现实验室高效管理[1~3]。目前国内较大较先进的钢铁企业都完成了对 LIMS 系统的研究和应用，在实验室管理上发挥着重要作用。

唐钢新区建设目标即是要成为国内甚至世界领先的钢铁企业，实验室信息化管理必须高起点，必须建设一套先进、实用、高效的信息管理系统。针对唐钢新区在线检化验项目，设计中借鉴了其他公司积累的 LIMS 生产和管理经验[4,5]，为唐钢新区定制开发 LIMS 系统，更好地提高了生产效率、提升了实验室管理水平。

CNAS 体系是企业质量管理体系的重要组成部分，是按《ISO 17025 检测和校准实验室能力的通用要求》运行、获中国合格评定国家认可委员会（CNAS）认可的全面、规范的管理体系。唐钢新区在 LIMS 系统设计过程中，创造性地将 CNAS 体系的 29 个要素有机地融合到信息系统中，利用 LIMS 系统实现对体系要素的高效管理，获得了显著的社会效益和经济效益。

基金项目：唐钢新区创新课题（C2011120009）

作者简介：赵炳建（1974—），男，博士，高级工程师，主要从事冶金分析工作，E-mail：zhao_bingjian@163.com

1　LIMS 系统构架

原料试验中心、铁钢分析中心、成品试验中心计算机系统由原料试验中心计算机系统 L2、铁钢分析计算机系统 L2、成品试验中心系统 L2 组成。试验中心计算机服务器通过试验室内部局域网手工或自动采集各类设备检测数据，并通过全厂主干网与周边系统进行连接，从而实现与其他计算机系统进行数据通信。

系统主要技术架构：系统基于多层架构，使各模块组件化，提高业务逻辑的灵活性，以适应未来可能的变化；系统分为数据源层、数据层、引擎层、服务层、访问层等五个层次[6]。

2　LIMS 系统功能

试验中心计算机系统对原料试验中心的分析数据进行集中管理。

2.1　数据接收

系统根据 L3 系统检验信息，自动生成取样指令。试样送达试验室后，操作人员人工进行试样登记。系统也可以根据检化验信息系统下发的委托信息，进行临时、外委、零星等试样的检验[7,8]。

2.2　实绩管理

检验实绩录入：对自动采集的检验实绩及手工录入的检验实绩，根据业务要求对检测实绩自动进行修约、单位转换、公式计算。系统保存原始值和报出值；

检验实绩审核：检验实绩可进行一级/二级/三级（可自定义）审核管理，检验实绩采集修约后进行分级审核，如果某级审核不通过，则返回到上个级别重新审核；

检验实绩查询：对检验数据进行管理信息、原始值、报出值的查询。

2.3　精度管理

通过 A/B/C 精度管理，动态掌握各试验设备的分析精度、分析人员检测方法的准确性，确保试样检验的正确性。精度管理数据最终发送检化验信息系统做统计分析。

2.4　授权管理

用户管理：对可登录原料试验中心 L2 系统的操作人员的基础信息进行维护，主要包括用户登录名、登录密码、工号、班组、班次等信息的设置；

角色管理：可创建不同的角色信息，并对用户进行角色分配，以实现角色和用户之间的关联；

授权管理：对不同的角色进行各个系统画面操作权限的分配；对不同的角色进行检测计划操作的授权。

2.5　报表台账

（1）报表管理：包含班报、日报、试样交接单等；

（2）检验台账：基于试样或检验批的检验台账。

2.6　设备数据采集管理

在检验设备能力允许的前提下，接收试验中心检验设备上传的原始数据，并能下发委托试样号至检验设备。

2.7　统计分析

检测工作量统计根据接收的各试验室系统的各种检验实绩，查询统计一定时间段各作业区、试验站的试样数、项目数和数据量，定期生成作业区、试验站月和年固定报表；检测周期统计根据接收的各试验室系统的各种检验实绩，根据特定的统计方式查询统计一定时间段各作业区、试验站试验项目的检测周期，计算出协议周期项目数、超协议周期项目数、协议周期达标率等，定期生成作业区、试验站月和年固定报表[9]。

3 LIMS 系统实施方案

3.1 技术特点和关键技术

3.1.1 技术特点

系统实时接收分析结果后，自动根据试样代码编号和分析仪器自动将数据存放相应的库表中，便于后续做查询统计和精度管理；系统将自动根据数据和不同处理方法计算出结果，并将处理结果保存和图表显示；报表模版均可由用户自己定制，用户可以自由选取报告显示的内容，完全能够满足不同用户的需求；系统的可扩展性和灵活性；设备管理，提高资源利用；资材管理，做到合理库存，降低运维成本。

3.1.2 关键技术

本系统建有大量参数维护表，保障系统的灵活配置、成熟的精度管理和 SPC 算法、采用开放、主流的开发平台。功能框架如图 1 所示。

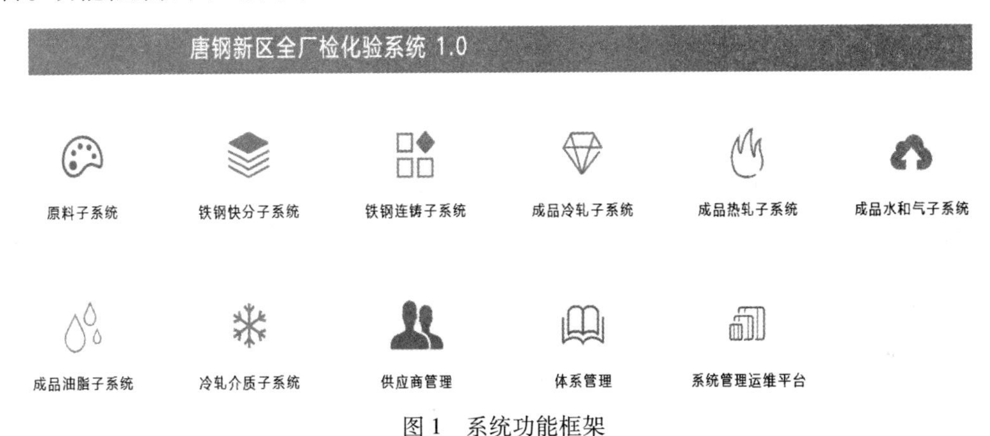

图 1 系统功能框架

Fig. 1 Framework of system function

3.2 各子系统基础应用功能

3.2.1 与各分析仪器计算机通信

试验室所有分析仪器通过各自计算机与检化验系统相连，仪器计算机将分析结果通过电文方式发送到服务器，服务器接收后自动将各类电文解析，将分析数据保存在数据库中。

3.2.2 与上位计算机通信

系统自动接收上位计算机检验分析指令，自动分解检验任务。

3.2.3 外委样来样登记

手工录入外委样来样登记，保存数据到数据库中。同时生成外委样号码，外委样号码按日期加流水号为外委样号。

3.2.4 外委样完成情况查询

根据外委样编号及时间可以查询外委样的完成情况。

3.2.5　外委样数据报表

按照时间及编号查询外委样数据分析情况，并打印报表。

3.2.6　分析数据的自动合并

从仪器计算机接收的是每个分析仪器的数据，只是某个试样的部分分析项目，系统必须将该试样的所有分析项目数据整合到一个数据库表中，便于查询统计。

3.2.7　数据查询

可以根据分析日期、试样代码、班次、试样类别等组合条件对各分析仪分析数据进行查询；对各仪器B管理数据能够查询、打印；可以分别对生产样、试验样、外委样、A管理样、B管理样、C管理样进行查询和打印；具有多功能查询和打印功能，并能够转换成Excel保存；可以查询外委试样完成情况，并能将试样结果转化成Excel电子文档保存。

3.2.8　数据统计

可以统计一段时间内各分析室工作量、班组、检验者工作量、外委样工作量；试样不良上传后，弹出窗口，写入不良种类，便于统计分析；可以按不同类别（如：班组、班次、工序点等）统计一段时间内试样不良率、分析室平均分析速度和达标率；可统计查询打印分析速度异常数据；可以统计一段时间内数据分析量。

3.2.9　数据分析

可以分析一段时间内，某出钢记号或某些钢种或所有钢种成品样某元素波动趋势情况；一段时间内指定出钢记号的炉数或所有出钢记号对应的炉数以及总炉数；统计A管理超限试样；统计B管理超限试样；系统自动分析各钢种某元素的趋势图，并用统计方法分析影响检测结果的主要因素，挖掘分析最佳的生产工艺条件；根据每个试样的标准值，当实际分析值接近标准值时系统自动预警；当实际分析值超过标准值时系统自动报警。

3.2.10　精度管理

对各分析仪器进行相应的精度管理：

可实现A精度管理统计、并能够以图形打印；可实现B精度管理统计，并能够以图形打印；可实现C精度管理统计、并能够以图形打印；系统可自动实现D精度管理统计、并能够以图形打印；可实现SPC精度管理统计、并能够以图形打印：根据时间、元素、设定标样及ABC管理限进行查询统计。统计出元素值所在ABC数据范畴。

3.2.11　班报统计

系统在换班时，能统计当班的工作量和不良试样。

3.2.12　参数表维护

可以对A、B、C参数维护值、各类分析仪标准值；B管理标样值参数的维护，可以自由进行手工维护操作；平均分析速度目标参数进行人工设定和维护；A管理超标元素进行维护。

3.2.13　系统权限和操作日志管理

对系统登录、数据库修改、删除操作需进行密码授权，并能够记录操作执行时间、操作类型等信息。对于数据库修改或删除操作应留下痕迹（包括试样代码、制造命令号、试样类别、出钢记号）。

3.2.14 系统人员组织结构管理

将快分试验组织结构和人员基本信息输入到系统中，组织结构用户可以灵活设置，以适应体制的变化。此模块与权限管理配套。

3.2.15 数据备份

系统每天自动定时将数据库备份。

4 CNAS 体系功能融合

4.1 系统体系功能架构

检化验系统体系功能架构组成详见图 2。

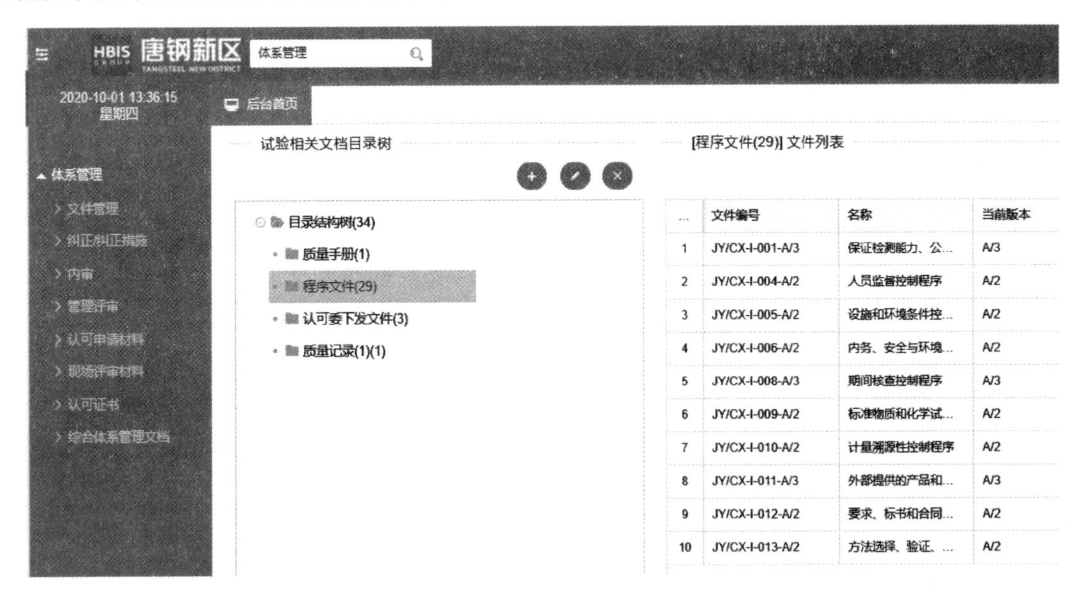

图 2　系统体系功能架构

Fig. 2　Architecture of system function

4.2 CNAS 体系功能

4.2.1 人员信息管理

系统涵盖的人员信息包括了所有可能影响实验室活动的人员，无论是内部人员还是外部人员。功能包括：组织架构、岗位设置、人员权限、人员档案、人员培训、外包商工作记录等。其中岗位设置充分考虑了检测能力保证和 17025 体系建设及运行要求[10]。按照检测独立性和公正性要求，实验室在组织架构上，实现了独立于公司管理部门。建立了对实验室全权负责的管理层，规定对实验室活动结果有影响的所有管理、操作或验证人员的职责、权力和相互关系。

4.2.2 实验设备管理

定保管理：仪器设备需要定期保养，在设备基础信息中维护定保周期，按周期执行定期保养。

维修管理：现设备故障后维修流程管理。

设备基础信息管理：根据采购资料维护基础信息，以及设备保养周期。

设备合同管理及采购计划：记录设备采购信息以及备品备件的采购计划。

量具借用管理：对量具借用流程进行管理，量具用需要执行校正。

校正任务管理：实现对校验流程的管理，设备故障、定期保养、量具借用必须执行校正。

4.2.3　资材、标样管理

库存管理：实现对物料库存存量的管理，包括出库、入库、转库、库存量预警等功能。

采购计划：对于低于存量基准的物料可以制定采购计划。

校正周期预警：针对标样记录标样校正周期，并按照校正周期进行预警，提示用户需要对该标样进行校正。

标样状态登记：记录标样库存内部标样状态，对于过期标样不能继续作为标样使用。

4.2.4　试验标准与规程管理

针对每个文件（包括检测标准与规程），设置基本属性，如是否进行版本控制，文件的操作权限，是否需要进行PDF、FLASH格式转换，变更后通知群组，是否需要长期保存等。

文件管理可以针对历史版本进行追溯，接收文件变更的实时提醒，对于需签收的文件可以在线签收及预览，对于预期未签收或过期文件进行报警。

4.2.5　耗材、备件库存管理

库存量过低时系统报警，记录异常信息，人工确认后列入采购清单。

采购清单按月统计，汇总为月度采购计划。

通过定期盘库，并于系统库存量进行对比，进行差异分析，详见图3。

图3　耗材、备件管理功能

Fig. 3　Management function of consumables and spare parts

4.2.6　工作管理及试样追踪

系统支持5重加密，以满足廉政建设的要求；系统支持移动端扫码接样或者PC端接样两种方式，同时支持移动审批；工作管理按照工作流引擎的配置模型执行工作流转，并以可视化流程图展示工作状态；工作超时报警可纳入异常管理。

5　结语

河钢唐钢新区LIMS系统和CNAS体系管理功能融合开发，同时实现了信息传输和体系管理功能，达到了以下效果：规范了管理流程、固化了企业的核心技术，提高了管理水平；帮助试验人员严格遵守操作规程，明确职责，提高工作效率；降低办公费用和生产成本；随时统计工作量，为绩效考核提供依据；随时查询和统计试验结果；提高对分析设备和分析数据的精度管理水平；避免了后期的CNAS体系重复建设，提高了管理规范性。

参考文献

[1] 洪瑶．信息时代环境监测档案规范化管理思考［J］．四川环境，2014（2）：114~116.
[2] 易敏．环境监测实验室信息系统建设探索与思考［J］．环境科学与技术，2016（S2）：388~393.
[3] 张珊娜．环境监测档案管理存在问题分析及对策［J］．中国资源综合利用，2017（8）：94~95.
[4] 杨玉悠．锦西石化 LIMS（实验室信息管理系统）的实施［J］．中小企业管理与科技，2018（12）：192~193.
[5] 李朝静，丁晖，尹建军．食品检验实验室信息管理系统的实施及应用探讨［J］．食品安全导刊，2019（Z1）：64~68.
[6] 田岩松，李俊吉，张晓婷．药品检测实验室管理系统 LIMS 的设计［J］．科技创新与应用，2019（28）：98~99.
[7] 张聪．测长仪数据自动采集模块在 LIMS 中的集成与应用［J］．计量与测试技术，2019（9）：29~31.
[8] 李楠．数据采集平台在 LIMS 中的研究及应用［J］．自动化应用，2018（7）：75~76.
[9] 张倩，刘天武，蔡啸，等．实验室信息管理系统实验委托流程的设计与实现［J］．河北冶金，2016（10）：78~82．
[10] 文远，于爱华．钢铁企业质量管理体系中“过程”的识别和确认［J］．河北冶金，2008（4）：95~98．

基于价值工程的石灰窑项目成本控制

吴 鹏[1]，齐玉磊[2]

（1. 唐钢国际工程技术股份有限公司，河北唐山 063000；
2. 河钢集团唐钢公司，河北唐山 063000）

摘 要 基于价值工程原理，结合河钢唐钢新区石灰窑项目的建设特征，分析了可研阶段目标成本和概算成本之间的偏差。应用 ABC 分析法和专家评分法，计算得出项目功能性系数、成本系数和价值系数，并加以分析；再通过计算基点系数修正概算成本，使其接近目标成本，从而实现项目成本的优化及控制。

关键词 价值工程；石灰窑；成本控制；ABC 分析法；专家评分法

Cost Control of Lime Kiln Project of Tangsteel New District Based on Value Engineering

Wu Peng[1]，Qi Yulei[2]

（1. Tangsteel International Engineering Technology Corp.，Tangshan 063000，Hebei；
2. HBIS Group Tangsteel Company，Tangshan 063000，Hebei）

Abstract Based on the principle of value engineering，the deviation between the target cost and the estimated cost in the feasibility study stage has been analyzed by combining the construction characteristics of the lime kiln project in HBIS Tangsteel New District. The project functionality coefficient，cost coefficient and value coefficient are calculated and analyzed through applying ABC analysis method and expert scoring method. Meanwhile，the estimated cost is revised by calculating the base point coefficient to make it close to the target cost，thereby achieving the optimization and control of the project cost.

Key words value engineering；lime kiln project；cost control；ABC analysis；expert scoring method

0 引言

价值工程又称价值分析，作为一门新兴的管理技术，是一种降低成本、提高经济效益的有效方法。其以产品或作业的功能分析为核心，以提高产品或作业的价值为目的，力求以最合理的寿命周期成本实现产品或作业所要求的一项有组织的创造性活动[1]。价值工程涉及价值、功能和寿命周期成本等三个基本要素，其基本思想是以最合理的费用换取所需要的功能[2]。

本文以河钢唐钢新区石灰窑项目为例，结合价值工程理论对其各个系统分项进行了功能性分析，应用 ABC 分析法和专家评分法，计算出项目功能性系数、成本系数和价值系数并加以分析；再通过计算基点系数修正概算成本，使其接近目标成本，从而实现项目成本的优化及控制。

1 石灰窑项目成本分析

1.1 目标成本

石灰窑项目拟建设 4×600t/d 双膛石灰竖窑生产线，年产石灰 108.8 万吨，1×500t/d 双膛轻烧白云石竖窑生产线，年产轻烧白云石 27.2 万吨。在项目的可研阶段，结合以往石灰窑项目的经验和河钢唐钢新区石灰窑项目的功能特点，以及各部门的询价、相关厂家的报价，确立了项目目标成本。如表 1 所示。

作者简介：吴鹏（1989—），男，硕士，工程师，2019 年毕业于华北理工大学工程管理专业，现在唐钢国际工程技术股份有限公司主要从事工程概算、经济评价工作，E-mail：wupeng@tsic.com

表1 分项工程目标成本

Tab. 1 Target cost of itemized project

名称	目标成本/万元	占比/%
窑体钢结构及耐材	6500	21.19
窑体及风机房设施	6300	20.53
除尘系统	3500	11.41
窑后出灰系统	3600	11.73
引进设备	3000	9.78
煤压站	2500	8.15
窑前上料系统	1300	4.24
区域外网	1000	3.2
高压配电室及中控室	1000	3.26
道路	500	1.63
桩基处理工程	1100	3.59
电信及消防	200	0.65
循环水泵站	100	0.33
采暖通风空调	80	0.26
合计	30680	100

1.2 概算成本

相关专业部门根据石灰窑设计要求，向技术经济部提供设备、材料、混凝土等工程量。技术经济部根据所提资料结合相关定额及规范，计算出项目概算成本，如表2所示。

表2 分项工程概算成本

Tab. 2 Estimate cost of itemized project

名称	概算成本费用/万元	所占比例/%
窑体钢结构及耐材	6600	20.50
窑体及风机房设施	6465	20.08
除尘系统	3721	11.56
窑后出灰系统	3768	11.70
引进设备	3200	9.94
煤压站	2298	7.14
窑前上料系统	1353	4.20
区域外网	1276	3.96
高压配电室及中控室	1015	3.15
道路	620	1.93
桩基处理工程	1395	4.33
电信及消防	258	0.80
循环水泵站	133	0.41
采暖通风空调	93	0.29
合计	32195	100

1.3　成本控制的环节

通过比较概算成本与目标成本（表 3），可以得出概算成本比目标成本多出 1515 万元，高出目标成本 4.94%。从表 3 中可分析出：

（1）窑体钢结构及耐材、窑体及风机房设施、窑后出灰系统、引进设备、窑前上料系统、除尘系统、区域外网、高压配电室及中控室的概算成本均不同程度地高于目标成本，概算成本之和占总概算成本的 85.10%。

（2）煤压站的概算成本低于目标成本，此分项工程的概算成本占总概算成本的 7.14%。

（3）道路、桩基处理工程、电信及消防、循环水泵站、采暖通风空调的概算成本与目标成本相对持平，概算成本之和占总概算成本的 7.76%。

因此，有必要运用价值工程的相关理论对概算成本进一步优化，使其更接近目标成本。

表 3　分项工程目标成本与概算成本对比

Tab. 3　Comparison between target cost and estimate cost of itemized project

名称	目标成本/万元	概算成本/万元	概算-目标/万元
窑体钢结构及耐材	6500	6600	100
窑体及风机房设施	6300	6465	165
除尘系统	3500	3721	221
窑后出灰系统	3600	3768	168
引进设备	3000	3200	200
煤压站	2500	2298	-202
窑前上料系统	1300	1353	53
区域外网	1000	1276	276
高压配电室及中控室	1000	1015	15
道路	500	620	120
桩基处理工程	1100	1395	295
电信及消防	200	258	58
循环水泵站	100	133	33
采暖通风空调	80	93	13
合计	30680	32195	1515

2　选择审查对象

选择审查对象是实施石灰窑工程项目成本控制中最重要的一个步骤。审查对象的选择，影响着整个工程的建设[3]。价值工程小组人员对各个子项目的成本概算分析后，选择一个最合适的分部分项工程作为审查对象。经过分析，决定采用 ABC 分析法和因素分析法相结合的方法，进行成本优化中审查对象的选择。首先将项目建设中的各功能指标进行分类，占总成本 70%～80%而占功能比重的 10%～20%的功能指标划分为 A 类功能；将占总成本 5%～10%而占功能比重 60%～80%的功能指标可归为 C 类功能；其余归为 B 类功能[4]，最终采用因素分析法，根据相关分析人员的经验做出判断，以此来调整从而用定量分析方法得到相应的结论，如下所示：

A 类功能主要包括：窑体钢结构及耐材、窑体及风机房设施、除尘系统、窑后出灰系统、引进设备；

B 类功能主要包括：煤压站、窑前上料系统、区域外网、高压配电室及中控室；

C 类功能主要包括：道路、桩基处理工程、电信及消防、循环水泵站、采暖通风空调。

其中，A 类和 B 类功能将作为价值工程中的重点研究对象，而 C 类成本由于功能和成本占比都相对较少，可以忽略其在成本控制中的作用。因此接下来的分析主要是针对 A 类和 B 类功能。

3 对象的功能分析

3.1 功能整理

将项目各个系统功能之间的相互关系进行系统化整理，并根据某种逻辑关系将各个功能安排到同一系统中[5]。目的是明确真正有需求的功能，避免不合理的功能。根据各功能之间的联系，将上述的 A 类和 B 类功能划分到石灰窑主体系统和配套公辅系统中，调整并排列出石灰窑项目系统功能图，如图 1 所示。

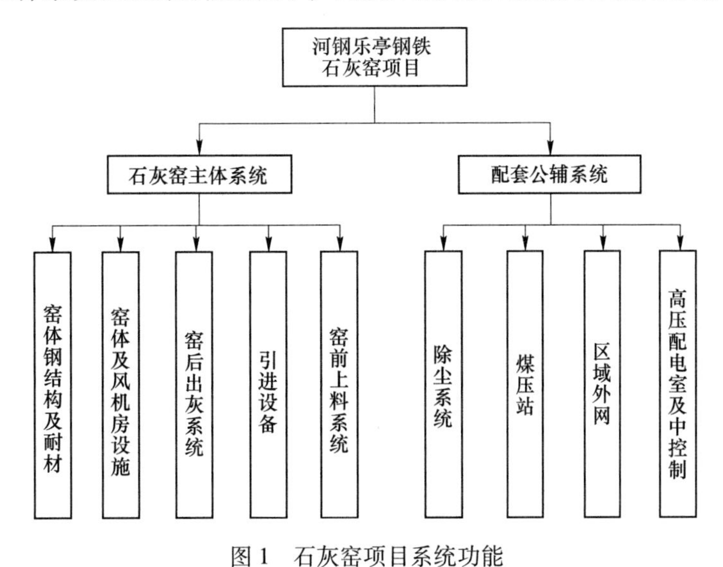

图 1 石灰窑项目系统功能

Fig. 1 System functions of lime kiln project

3.2 确定各审查对象的重要性

确定各审查对象重要性的方法，主要是根据定量的评分方法给每个审查对象进行打分，打分标准是项目各系统的重要性对比[6]。价值工程小组邀请甲、乙、丙三位专家对各个子项采用 0~4 评分法，根据各个子项目工程对总工程的重要性进行评分。表 4 是各分项工程的得分情况。

表 4 甲专家分项工程重要性打分表

Tab. 4 Scoring table of itemized project importance

序号	1	2	3	4	5	6	7	8	9	合计
1	0	4	4	4	4	4	4	4	4	32
2	0	0	4	4	4	4	4	4	4	28
3	0	0	0	3	3	4	3	4	4	21
4	0	0	1	0	2	3	4	3	4	17
5	0	0	1	2	0	2	3	3	4	15
6	0	0	0	1	2	0	3	3	4	13
7	0	0	1	0	1	1	0	2	3	8
8	0	0	0	1	1	1	2	0	1	6
9	0	0	0	0	0	0	1	3	0	4

将三位专家的打分进行相加，求得平均数，最终得到各项功能的平均分值，如表 5 所示。

表 5　甲乙丙专家综合分项工程重要性打分表

Tab. 5　Expert comprehensive sub-project importance rating evaluation form

名称	专家评分			分数平均值
窑体钢结构及耐材	32	31	32	31.67
窑体及风机房设施	28	30	31	29.67
除尘系统	21	19	17	19.00
窑后出灰系统	17	20	18	18.33
引进设备	15	13	16	14.67
煤压站	13	12	12	12.33
窑前上料系统	8	8	7	7.67
区域外网	6	5	6	5.67
高压配电室及中控室	4	5	6	5.00

3.3　计算功能性系数、成本系数和价值系数

依据以下三个公式确定各个系数。

（1）FI_i 代表计算功能系数。根据式（1），计算功能系数：

$$FI_i = F_i / \sum F_i \tag{1}$$

式中　FI_i——评价对象 i 的功能系数；

F_i——评价对象 i 的功能得分。

（2）CI_i 代表计算成本系数。根据式（2），计算成本系数：

$$CI_i = C_i / \sum C_i \tag{2}$$

式中　CI_i——评价对象 i 的成本系数；

C_i——评价对象 i 的实际成本。

（3）V_i 代表计算价值系数。根据式（3），计算价值系数：

$$V_i = FI_i / CI_i \tag{3}$$

式中　V_i——评价对象 i 的价值系数。

石灰窑项目的价值工程小组根据表 3、表 4 和表 5 的内容，运用各个对应的公式，分别计算其分项工程的功能、成本和价值系数，如表 6 所示。

表 6　相关系数求解

Tab. 6　Correlation coefficient solution

名称	评分值	功能系数	成本/万元	成本系数	价值系数
窑体钢结构及耐材	31.67	0.220	6600	0.222	0.989
窑体及风机房设施	29.67	0.206	6465	0.218	0.946
除尘系统	19.00	0.132	3721	0.125	1.053
窑后出灰系统	18.33	0.127	3768	0.127	1.003
引进设备	14.67	0.102	3200	0.108	0.945
煤压站	12.33	0.086	2298	0.077	1.107
窑前上料系统	7.67	0.053	1353	0.046	1.169
区域外网	5.67	0.039	1276	0.043	0.916
高压配电室及中控室	5.00	0.035	1015	0.034	1.016
合计	144	1.000	29696	1.000	

根据价值系数的数据结果分析，价值系数大于 1，说明该评价对象的成本相对就低，说明成本限额

分配过程中存在一些功能缺陷。价值系数若大于1，也说明概算成本可能出现了功能过剩的情况[7]。从表6的数据结果可以看出，该项目中有一半的价值系数超过1，各个价值系数都不等于1，说明该工程的概算成本存在问题。

4 成本优化方法

4.1 计算基点系数

根据各个对象的价值系数，找出其中匹配程度最高的评价对象I（V_i与1的偏离程度越低，说明此方案可实行（功能和成本相匹配）。若结果偏离1程度过远，则证实求解的过程并不准确[8]）。随之基于这个评价对象的功能与成本完成该对象基点系数的具体求解计算。下式即为详细的计算方法。

$$a = C_0/F_0 \tag{4}$$

式中 a——基点系数；

F_0——对象I的功能分值；

C_0——对象I的实际成本。

4.2 计算优化概算成本

使用式（4）计算方法，得到优化概算成本，再进行最终调整。具体算法如式（5）。

$$C_i' = a \times F_i \tag{5}$$

式中 a——基点系数；

F_i——其他评价对象的功能得分；

C_i'——其他各评价对象调整后的概算成本。

石灰窑项目的价值工程小组，根据表6的数据进行分析，最终得出的结论：最接近1的第四个分项工程是窑后出灰系统的功能和成本价格匹配程度最高的项目。其他分项分部工程的价值系数是呈不同程度偏离1，说明功能和价格匹配程度较低。最终，价值工程小组将窑后出灰系统作为基准分析对象。在经过一系列的调查和研究成果之后，对窑后出灰系统的概算成本费定为3610万元。

由式（5）推算出基点系数a。

$$a = 3610/18.33 = 196.91$$

根据基点推算法来推算出其他的子项目优化概算成本费用，结果如表7所示。

表7 优化概算成本

Tab.7 Optimization of the estimate cost

项目名称	评分值	基点系数	优化概算成本/万元
窑体钢结构及耐材	31.67	196.91	6235
窑体及风机房设施	29.67	196.91	5842
除尘系统	19.00	196.91	3741
窑后出灰系统	18.33	196.91	3610
引进设备	14.67	196.91	2888
煤压站	12.33	196.91	2429
窑前上料系统	7.67	196.91	1510
区域外网	5.67	196.91	1116
高压配电室及中控室	5.00	196.91	985
合计	144		28355

5 成本优化结果对比

项目前九项的目标成本与优化前后概算成本的对比情况如表8所示。

表 8　目标成本与优化前后概算成本对比

Tab. 8　Comparison of target cost and estimated cost before and after optimization

项目名称	目标成本 /万元	概算成本 /万元	优化后概算成本/万元	概算节省额/万元
窑体钢结构及耐材	6500	6600	6235	365
窑体及风机房设施	6300	6465	5842	623
除尘系统	3500	3721	3741	-20
窑后出灰系统	3600	3768	3610	158
引进设备	3000	3200	2888	312
煤压站	2500	2298	2429	-131
窑前上料系统	1300	1353	1510	-157
区域外网	1000	1276	1116	160
高压配电室及中控室	1000	1015	985	30
合计	28700	29696	28355	1341

通过分析表 8 数据，证明了价值工程计算的优势，优化后的概算成本更准确合理。控制成本概算并不是刻意的降低概算投资，而是在不影响工程质量和功能的条件下，所进行的的成本调整[9]。通过概算成本的优化前后对比，可知河钢唐钢新区石灰窑项目的 9 项工程造价共降低了 1341 万元，总成本节约了 4. 52%，优化后的概算成本比目标成本少 345 万元，偏差仅为 1. 20%。

6　结语

（1）通过研究可以发现价值工程对本项目成本控制主要采用的是通过优化施工图概算成本，使之更加接近目标成本，以达到优化成本投资的目的。采用 ABC 分析法和因素分析法选择审查对象，让原本定性的指标定量化，比原本的依靠经验，更加具有科学性和严谨性。引入了价值工程基点系数的方法，通过选出功能和价格匹配程度最高的分项工程作为基准分析对象，先核准基准对象的成本，在求出基点系数，进而通过功能评分值求出各个分项工程的优化成本，这样让成本控制更加的直观而且便于操作。

（2）通过计算方式降低工程的造价成本和直接削减工程概算有很大的不同，这是本质上的区别。依据价值工程审查和优化工程的概算成本，可以在满足用户功能需求下，同时合理的调整其概算成本。所以，这种运算方式是科学合理、简易精准的方法，理应受到推广运用。

参 考 文 献

[1] 张志礼．价值工程强制确定法应用的研究 [J]. 河北冶金，1992 (5)：54~58.
[2] 刘丽君．价值工程在优化炉料配比中的应用 [J]. 河北冶金，2000 (2)：56~58.
[3] 陈寿衡．浅谈价值工程在冶金物资工作中的应用 [J]. 河北冶金，1987 (1)：60~63.
[4] 苗辛．唐钢新建燃煤麦尔兹石灰窑工艺的优化 [J]. 河北冶金，2008 (2)：9~10.
[5] 吉立鹏，张丙龙，曾卫民．基于石灰窑回收 CO_2 用于炼钢的关键技术分析 [J]. 中国冶金，2019，29 (3)：49~52.
[6] 杨倩文．价值工程在建筑设计方案筛选中的应用研究 [J]. 价值工程，2018 (13)：225~227.
[7] 许玮锋．价值工程在建设工程项目设计阶段成本控制的应用研究 [J]. 纳税，2018 (15)：221.
[8] 袁媛，黄越．装备制造业产品设计阶段成本控制研究 [J]. 价值工程，2013 (33)：150~151.
[9] 孟丽娜．基于价值工程的北京南站污水提升泵站项目成本控制研究 [D]. 北京：北京工业大学，2014.

工厂数据库平台在河钢唐钢新区的设计与应用

赵瑞国，万志利

（渤海国信（北京）信息技术有限公司，北京 100080）

摘　要　河钢唐钢新区工厂数据库平台采用现代先进的数采网关、Netshare 共享文件采集软件、IOT-DataBus 高性能中间件等实时收集产线 PLC、ibaPDA 及其他设备系统数据，把各产线设备控制系统的生产数据统一集成到工厂数据库平台，覆盖了炼铁厂、炼钢厂、热轧厂等各分厂各产线的生产工艺数据。通过实时数据、实时曲线及二次计算结果等数据信息实时监控分析生产状况，为生产制造部、信息自动化部、设备部等部门提供数据支撑。同时为保障生产工艺数据的准确及稳定传输，工厂数据库核心 IDE 平台内的全部组件采用了分布式部署，支持动态路由及负载均衡。通过工厂数据平台的应用，生产工艺数据的价值在河钢唐钢新区得到了深度挖掘，工厂数据库平台获得了客户的一致好评。

关键词　工厂数据库平台；生产数据；实时数据；产品数据；工业数据引擎

The Desigin and Application of Factory Data Base System in Tangsteel New District

Zhao Ruiguo, Wan Zhili

(Bohai International Information Technology (Beijing) Co., Ltd., Beijing 100080)

Abstract　The database platform of HBIS Tangsteel New District plant adopts modern advanced data collection gateway, Netshare shared file collection software, IOT-DataBus high-performance middleware, etc. to collect production line PLC, ibaPDA and other equipment system data in real time, and integrate the production data of equipment control system of each production line into the plant database platform, covering the production process data of each production line of various branches such as ironworks, steelworks, and hot rolling plants. Through real-time data, real-time curves and secondary calculation results and other data information to monitor and analyze production conditions in real time, providing data support for the Production and Manufacturing Department, the Information and Automation Department, the Equipment Department and other departments. At the same time, in order to ensure the accurate and stable transmission of production process data, all components in the core IDE platform of the plant database are deployed in a distributed manner, supporting dynamic routing and load balancing. Through the application of the plant data platform, the value of production process data has been deeply explored in HBIS Tangsteel New District, and this platform has been well received by the customers.

Key words　plant database platform; production data; real-time data; product data; industrial data engine

0　引言

在自动化与信息化的两化融合[1]背景下，随着工厂智能化及数据大量化的发展，工厂数据库系统 IDE（Industry Data Engine）大数据[2]平台应运而生，包括数据采集[3]及 IDE 大数据平台两部分，实现企业各产线控制系统生产数据的统一集成管理，在线存储生产控制系统测点历史数据，并实现数据高效检索、多维分析与钻取。

首先，数据是企业的隐形财富，它将为企业效益的提升提供数据支撑。数据准确的前提是数据采集链路的稳定。河钢唐钢新区工厂数据库平台首次采用 IOT-DataBus 高性能消息中间件。IOT-DataBus 通过分布

作者简介：赵瑞国（1985—），男，工程师，2010 年毕业于河北理工大学电子信息科学与技术专业，现任渤海国信（北京）信息技术有限公司项目经理，E-mail：zhaoruiguo@bhgi.com.cn

式技术，提供了比以往更强的数采链路稳定性，并可实现对实时数据的高速接收、缓冲、分流和转发，保障了大量高速时序数据稳定准确的存储到数据库中的同时，还可分流出来进行冗余存储或实时在线分析。其次，数据的采集只是企业数字化的第一步，真正的目的是对于数据的高效利用与深入挖掘。采集到的海量生产过程数据被存储在实时数据库中，时序型的数据具备很强的时间和空间特征，不论是通过人力或一般分析软件，都很难在海量时序数据中提取出有效信息。河钢唐钢新区工厂数据平台通过工厂模型和产品模型，在数据维度实现工厂设备级和产品级的数字孪生，将海量数据转化成为技术人员或业务人员更容易认知和分析的形式，极大扩展了数据可利用的边界，为数据价值的充分挖掘创造有利条件。

1　数据采集方案设计

河钢唐钢新区工厂数据库平台数据采集采用现代先进的数采网关[4]、IOT-DataBus 等新技术实现将不同数据源中的数据准确稳定的汇聚到工厂数据库系统 IDE 大数据平台，使用目前自动智能数据采集方式实现 PLC、ibaPDA 等设备数据的收集工作。河钢唐钢新区工业数据采集的无人化智能化水平在行业内遥遥领先。

1.1　PLC 数据采集设计

采用智能数采网关、IOT-DataBus 等新技术实现 PLC 数据稳定准确上传到工厂数据库系统。智能数采网关接入工业采集网；在工业采集网络和工控网络之间增加安全隔离防火墙；通过智能数采网关可视化配置相关采集通道，实现通信链接，获取 PLC 源数据；智能数采网关对接上游工业采集网中的 IOT-DataBus 服务器，经由 IOT-DataBus 服务器中数据高效转发组件将数据汇入 Kafka，最后通过 Kafka 快速转发通道实现数据高效流入工厂数据库系统。图 1 为采集 PLC 网络拓扑。

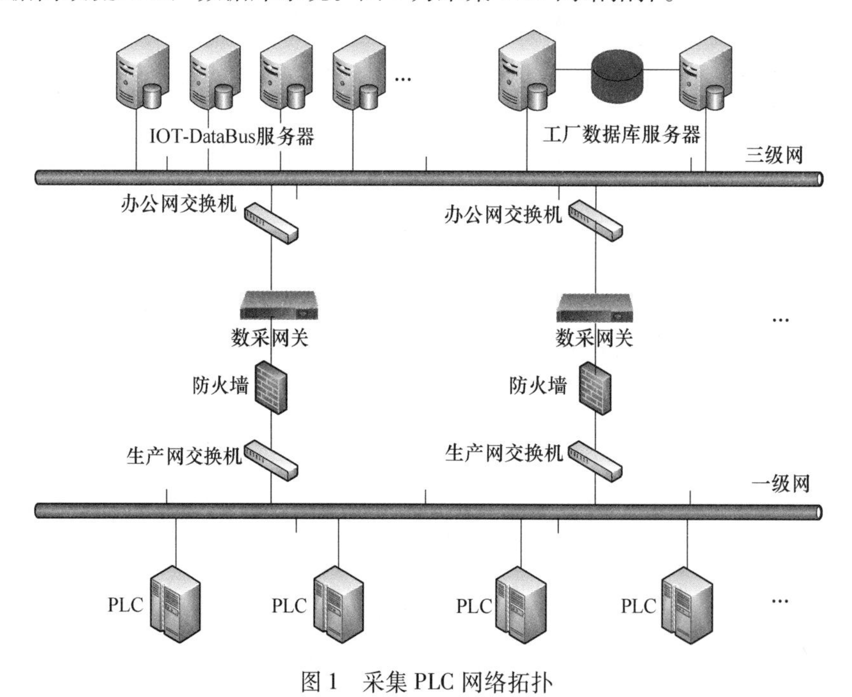

图 1　采集 PLC 网络拓扑

Fig. 1　Acquisition of PLC network topology

1.2　ibaPDA 数据采集设计

采用 Netshare 共享采集软件等新技术实现 ibaPDA 数据稳定准确传输到工厂数据库系统。IBA-PDA 系统会在钢卷下线后一段时间生成完整的离线文件数据包；离线文件生成后，Netshare 共享采集软件会按照时间规则排序检测最新生成的文件；Netshare 共享采集软件通过指定端口把 IBA-PDA 服务器传输数据包文件输送到指定的解析服务器，接收文件名为“源数据文件名 . tmp”，当接收完成后，整个文件名改为源数据文件名；针对文件大小不同，每个文件接收时间的长度不同，一般 30M 的文件传输时间为

1min；Netshare 共享采集软件实现了网络中断续传功能；文件解析会根据文件指定格式，将需要的工艺测点的数据提取出来并高速传输到工厂数据库系统。提取过程简易灵活，可根据 IBA-PDA 原始数据存储频率提取，也可根据原始频率的频率倍数提取。例如：原始频率为 10ms，则可以设置为 20ms，30ms，40ms，50ms，…，100ms 的频率提取数据。图 2 为采集 IBA 网络拓扑。

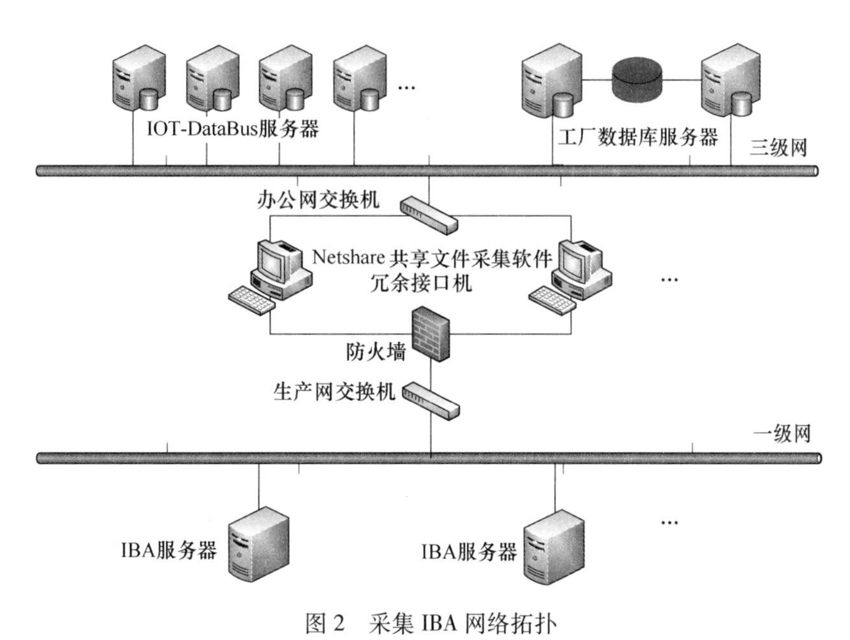

图 2　采集 IBA 网络拓扑

Fig. 2　Acquisition of IBA network topology

2　IDE 大数据平台建设方案

2.1　系统架构设计

IDE（Industry Data Engine）工业数据引擎，该平台基于微服务[5]思想设计、遵循柔性化理念开发，前端实现嵌入式加载，后端实现统一认证、嵌入式集成。IDE 架构体系充分考虑应用落地原则，通过 IDE-Gateway 实现 API 网关，配合 IDE-Registry-Server 注册中心，将传统单体服务架构升级改造，具有并发处理可扩展、前端请求均衡负载、以及服务调用链路可追溯的服务发布平台与服务运管平台，从而使得整个 IDE 架构体系为企业实现 IT 技术赋能。如图 3 所示，为各模块所部署的具体实例，包含日志监控、IDE-Gateway、IDE-MQ-Server、IDE-Cloud-Server、IDE-Registry-Server 以及 IDE-Cloud 容器中嵌入的诸多前端实例等。

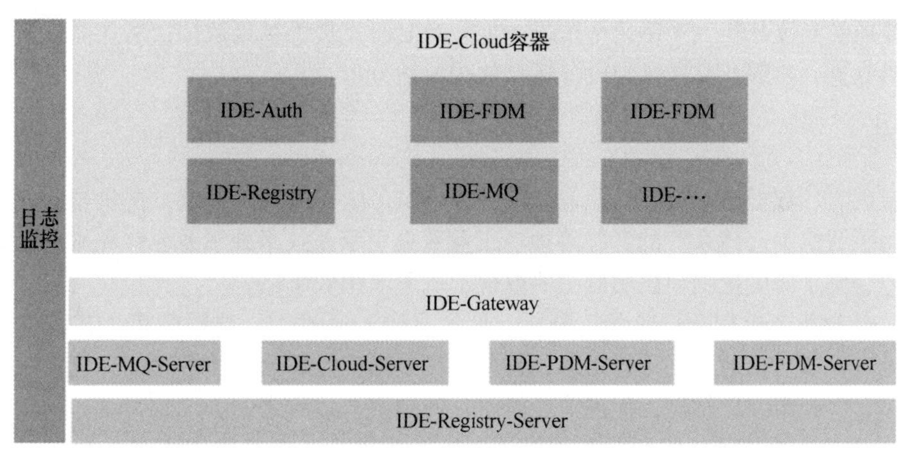

图 3　IDE 总体架构图

Fig. 3　IDE general architecture diagram

2.2 重点系统功能设计

2.2.1 注册中心

服务注册和发现是整个 IDE 架构体系的服务运行基础，注册中心（IDE-Registry-Server）旨在支持服务弹性扩容，通过引入服务提供者注册与发现机制，将服务提供者地址信息、服务发布相关属性信息集中存储，基于订阅思想，将服务提供者和服务消费者实现解耦。IDE-Registry-Server 作为企业自研注册中心，具备扩展性、低开销、稳定性和时效性等特点，其核心组件包括：健康检测、服务注册与反注册、服务订阅以及 Broker 管理。

2.2.2 应用网关

应用网关（IDE-Gateway）是服务群发布入口，是前端功能页面与业务服务的连接点。IDE-Gateway 作为企业自研应用网关，具备高并发处理能力，通过均衡负载算法与内部路由模型相结合，实现前端请求的路由计算与转发、身份验证与监控，以及负载均衡与缓存功能。

2.2.3 平台主服务

平台主服务（IDE-Cloud-Server）作为基础平台核心服务，既是整个平台的云服务基础设施，又是整个平台服务的运维管理平台和监控平台，主要包括用户管理、登录授权、数据授权、功能授权、网关管理、服务日志、消息管理、代码生成等功能。

2.2.4 工厂数据模型

工厂模型（IDE-FDM-Server）基于模型映射现实的思想设计而成，旨在将实际的组织、产线、机组、生产过程实时数据、关系型数据等实际生产元素映射成数据模型，核心模块有：

（1）工厂数据模型管理模块，包括组织管理、工序管理、机组管理、工艺段管理、标签管理以及模板参数管理等。

（2）实时数据库管理模块，包括实时数据管理、测点属性管理以及测点维护管理。

（3）关系型数据库管理模块，包括数据库管理、数据库关系管理以及关系映射查看。

通过上述模块的组合，实现描述工厂靠数据、映射工厂靠模型、透视工厂靠分析的工厂数据模型。

2.2.5 产品数据模型

产品数据模型（IDE-PDM-Server）报表如图 4 所示。产品模型将数据从产品维度实现数据整合，例如从工序维度组织数据，包括基本信息、物理性能信息、化学检验信息、生产过程关键工艺参数等；从产品全过程追溯维度组织数据，包括产品订单、设计、原料、生产、检验、物流等全环节数据，为企业内部质量异常或质量异议分析、产品质量改进、创新产品研发提供基础数据；从产品质量与设备运行状态维度组织分析数据，实现产品质量与设备运行的相关性分析。

3 应用效果

河钢唐钢新区工厂数据库平台为其他信息化平台构筑了统一的数据基础，提供全面、一致的数据支撑，极大地推动了智能制造体系[6]的实施落地。工业数据引擎新技术处于业界领先水平，数据传输准确稳定，数据价值得到了深度挖掘，投用后主要取得了以下应用效果：

（1）提供一体化生产过程数据收集、分析、展示平台，通过工厂数据库将工艺过程数据采集并精确匹配到生产批次，成为打通自动化与信息化的公司级数据支撑平台，使管理信息化系统直接获取生产过程数据的支撑，实现精细化管理，促进管理能力延伸到生产过程之中。

（2）将质量技术人员从低价值的数据收集活动中解放出来，可直接利用工厂数据库分析功能或利用工厂数据库导出的工艺数据进行数据分析，从而将精力更多地投入到高价值的技术水平提高中。

（3）积累海量高精度生产过程数据，实现生产历史过程追溯，通过不断分析历史数据，发现问题、

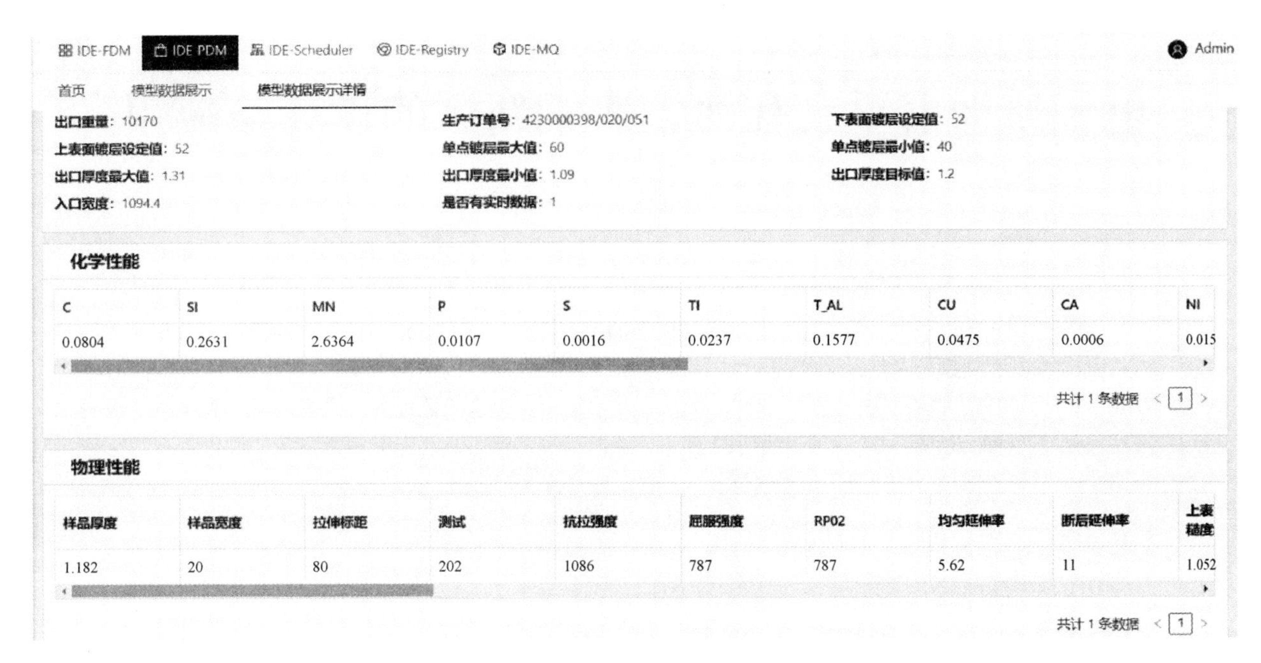

图 4　产品数据模型报表

Fig. 4　Product data model report

解决问题、优化生产，形成 PDCA 循环[7]，长效提升生产技术水平和产品质量稳定性。

（4）海量历史数据的积累，实际是生产经验的积累，对于新产品研发、质量异议的分析可以起到强力的数据支撑作用，提高河钢唐钢新区产品竞争力，提升客户满意度。

（5）通过资产监控功能，可以让管理人员获得第一手的生产设备运行工艺数据，实时掌握设备生产运行情况并及时采取调度措施，使设备生产尽可能保持平稳状态，并降低事故发生的概率和损失。

4　结语

（1）河钢唐钢新区工厂数据平台通过工厂模型和产品模型，在数据维度实现工厂设备级和产品级的数字孪生，将海量数据转化成为更容易认知和分析的形式，极大扩展了数据可利用的边界，为数据价值的充分挖掘创造有利条件。

（2）工业数据的采集应用现代先进的数采网关、IOT-DataBus 等新技术实现将不同数据源中的数据准确稳定的汇聚到工厂数据库系统 IDE 大数据平台，使用自动智能数据采集方式实现 PLC、ibaPDA 等设备数据的收集工作。

（3）河钢唐钢新区工厂数据库平台为其他信息化平台构筑了统一的数据基础，提供全面、一致的数据支撑，极大地推动了智能制造体系的实施落地。

参 考 文 献

[1] 江炼．两化融合背景下制造企业 IT 治理对 IT 能力的影响机制研究［D］．广州：华南理工大学，2014.

[2] 牛海宾，孙茂锋，杨进．大数据在高炉炼铁生产中的应用与愿景［J］．河北冶金，2018（1）：51~55，59.

[3] 刘怡生，刘涛．宣钢炼钢能源数据采集系统的开发［J］．河北冶金，2018（4）：29~34，80.

[4] 贾春晖．基于底层多种控制系统采用工业隔离网关进行数据采集的应用实例［J］．自动化与仪器仪表，2020（12）：177~180，185.

[5] 刘益腾．面向服务思想和私有云平台的电力大数据架构设计与实现［J］．电子科技大学，2018（74）：30~66.

[6] 徐钢，刘澜冰，徐金梧．钢铁行业智能制造标准体系建设的必要性及建议［N］．世界金属导报，2021-01-12（B06）.

[7] 王秋波．W 钢铁公司品质管理中 PDCA 循环的应用研究［D］．苏州：苏州大学，2015.

电子质保书平台在河钢唐钢新区的设计与应用

王凌瑀，王 超

（渤海国信（北京）信息技术有限公司，北京 100080）

摘 要 河钢唐钢新区电子质保书平台实现质保书模板的动态配置管理、灵活的模板和配置模板管理、各种类型的质保书的数据项目的灵活展示。用户可以按照业务需求实现不同产品钢种（牌号、钢类）、终判等级（H08、B01、B02）、执行标准（协议、PSR码）、工厂、用户、用途的配置等条件灵活选用质保书（说明书）模板并自行查看、检验、打印、下载所需质保书，处理问题质保书。还能够通过防伪二维码进行防伪验证。系统投运后，利用自动化网络化信息化技术，实现质保书传递无纸化，提高与客户之间的沟通效率。

关键词 质保书；灵活；设计；应用

The Desigin and Application of Electronic Quality Certificate Platform in Tangsteel New District

Wang Lingyu, Wang Chao

(Bohai International Information Technology (Beijing) Co., Ltd., Beijing 100080)

Abstract The electronic warranty platform of HBIS Tangsteel New District realizes the dynamic configuration management of warranty templates, flexible template and configuration template management, and flexible display of data items for various types of warranty. Users can flexibly select the warranty (manual) templates, and view, inspect, print and download the required warranty and deal with problematic warranty on their own according to business requirements such as different product steel grades (grades, steel types), final judgment levels (H08, B01, B02), executive standards (protocols, PSR codes), factories, users and application configurations and other conditions. It is also possible to be verified by anti-counterfeiting QR codes. After operating the system, the automatic information technology will be applied to achieve the paperless delivery of warranties and improve communication efficiency with customers.

Key words warranty; flexible; design; application

0 引言

钢材产品质保书内容涵盖了产品的钢种、规格、标准以及其批次特性与订单特性，是用户在采购、使用、销售时的重要质量凭证，一份快捷方便的质保书是企业扩大销售，彰显品牌的手段，也是企业对公司产品质量做出的承诺，甚至直接影响到了生产与销售。

随着市场变化与企业不断发展，客户对质保书的需求也越来越多，传统的纸质质保书存在着传递慢、成本高、生成时间长、不灵活、对业务人员要求较高等缺陷。基于满足企业与客户双方对于质保书灵活性、快捷性、方便性的需求，河钢唐钢新区开发的唐钢新区质保书管理系统（以下简称为“质保书系统”），实现了企业对于质保书归集与整理的灵活需求，对质保书生成与发布的灵活需求，终端用户对于质保书常规管理的灵活需求，质保书业务管理员对质保书业务管理的需求，系统管理员对质保书系统维护的管理的需求。

1 系统需求

（1）实现质保书模板的动态配置管理，并实现灵活的模板和配置模板管理，实现各种类型的质保

作者简介：王凌瑀（1981—），男，工程师，2002年毕业于河北广播电视大学计算机及应用专业，现任渤海国信（北京）信息技术有限公司项目经理；E-mail：wanglingyu@bhgi.com.cn

书的数据项目的灵活展示，一般性变化无需修改程序，可以灵活配置实现。

（2）用户可以按照业务需求实现不同产品钢种（牌号、钢类）、终判等级（H08、B01、B02）、执行标准（协议、PSR 码）、工厂、用户、用途的配置等条件灵活选用质保书（说明书）模板。

（3）需要支持对非 ODS 设计的其他配置项（如用途、表面结构、表面处理等基本属性）的系统打印项的识别与处理。

（4）需要支持对特殊定义项的识别和处理，以触发模板选择、特殊计算等功能。

2 系统设计

2.1 系统架构

质保书系统主要分为用户层、业务应用层、系统服务层、数据持久层四个层级，系统架构设计-系统架构如图 1 所示。

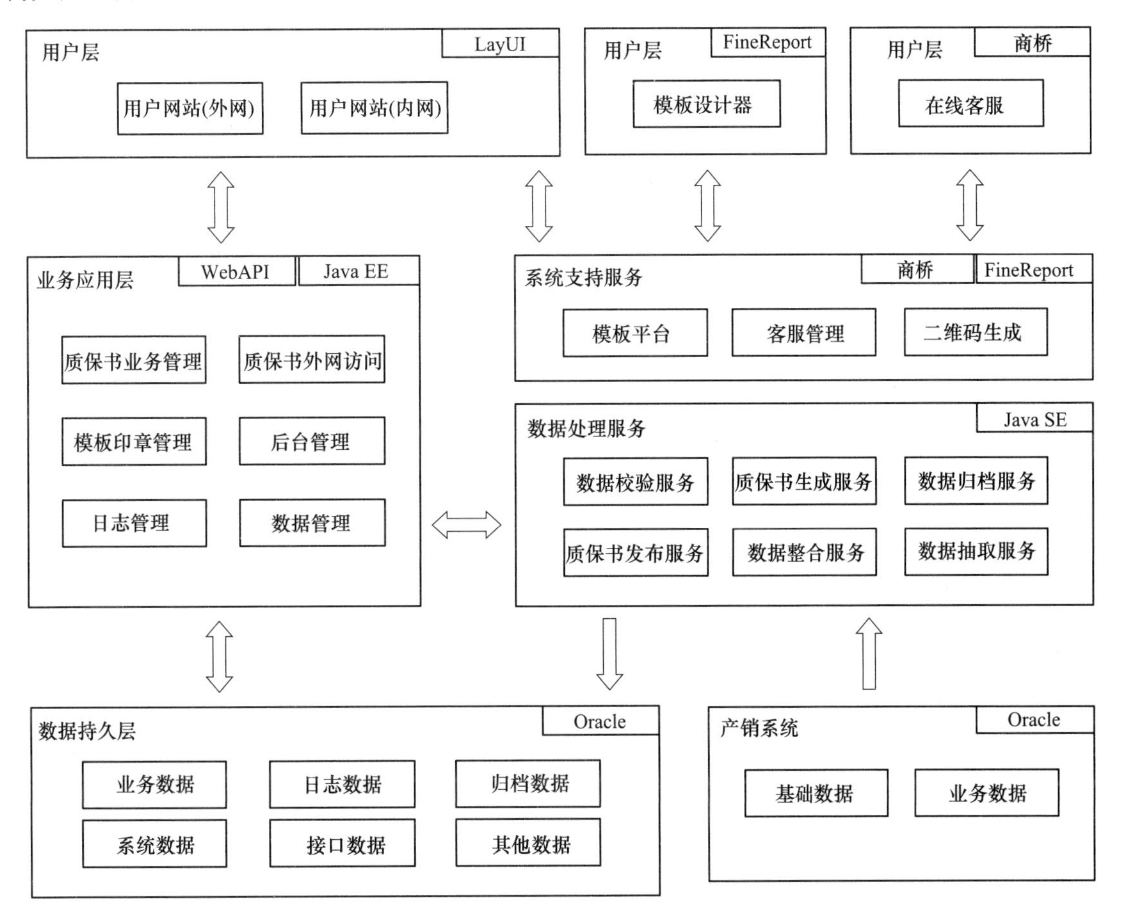

图 1 系统架构设计-系统架构

Fig. 1 System architecture design-system architecture

（1）用户层是质保书系统与用户进行交互的层级，分为用户网站、模板设计[1]器、在线客服管理端 3 部分，其中用户网站分为外部、内部两个独立站点。

用户网站（外网）：为外网终端用户提供访问支持，授权客户可以通过指定网址访问质保书管控平台，完成质保书查询、预览、远程打印[2]等业务需求。

用户网站（内网）：为内网终端用户提供访问支持，用户可以通过内部网址访问质保书管控平台，实现质保书日常管理、业务管理、系统管理的业务需求。

模板设计器：业务管理员可以使用模板设计器设计质保书模板。

在线客服管理端：业务管理员可以使用在线客户管理端来与发起在线客服申请的客户做线上实时沟通，解答客户问题。

（2）业务服务层是对用户网站提供功能支持的层级，并与用户层和系统服务层进行交互。

（3）系统服务层实现质保书系统的后台支持服务功能，接收来自数据持久层的数据，通过接口向用户层和业务服务层返回经该层处理过的数据，主要功能为对数据持久层进行数据收取与校验，之后进行质保书的整合、生成、发布服务，在需要时进行数据归档服务。

（4）持久层是存储质保书的数据与其相关的原始数据的层级，实现质保书管控平台的数据持久化存储。

2.2　系统功能结构

质保书项目功能结构图，如图 2 所示。

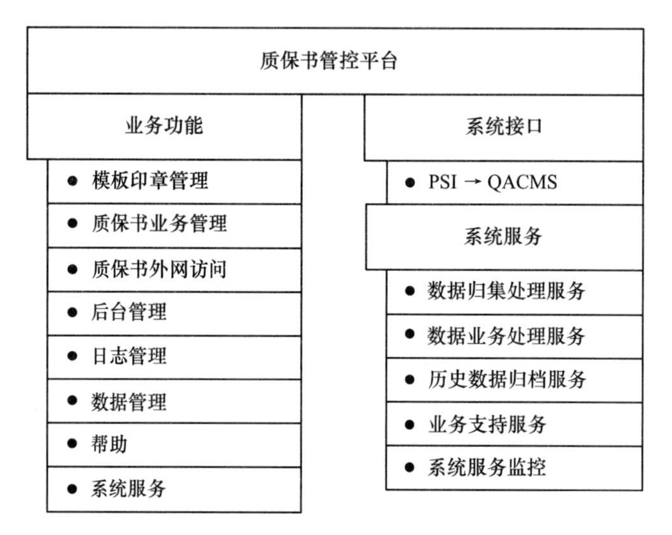

图 2　质保书管控平台功能结构

Fig. 2　Functional structure of the warranty management and control platform

（1）业务功能，实现质保书系统的主体业务功能。

（2）系统服务，实现质保书系统各种数据的处理。

（3）系统接口，实现质保书数据从产销系统到质保书系统的过程。

2.3　功能模块

（1）质保书外网访问，提供质保书系统访问的入口，实现自助打印[3]功能。

（2）业务管理模块，包括日常管理、重印管理、发布管理、下线管理、删除管理、归档查询与系统设置功能。

（3）模板印章管理模块，包括模板规则管理、模板编号管理、质保书模板管理、电子签章管理功能。

（4）数据管理模块，包括接口数据查询、接口字典管理、业务数据管理、数据归档管理、问题质保书管理功能。

（5）日志管理模块，包括打印日志管理、操作日志管理、系统处理日志管理、系统日志管理功能、实现了全周期日志记录[4]。

（6）后台管理模块，包括账户管理、客户管理、业务管理、系统维护功能。

（7）帮助模块，帮助用户手册等功能。

3　硬件架构设计

质保书系统采用负载均衡方式，利用内外网各使用 2 台前端服务器，后端环境为 2 台服务器，APP 服务器两台，数据库采用 Oracle。采用负载均衡方式，可以在某 1 台服务器出现问题时，及时进行服务器之间的切换，尽可能不影响用户地使用。

DMZ 区是为了解决安装防火墙之后，外部网络的访问用户不能访问内部网络服务器的问题，而设立的一个非安全系统与安全系统之间的缓冲区。因为 DMZ 区的存在，保证了网络环境的安全性[5]。质保书系统硬件架构设计图如图 3 所示。

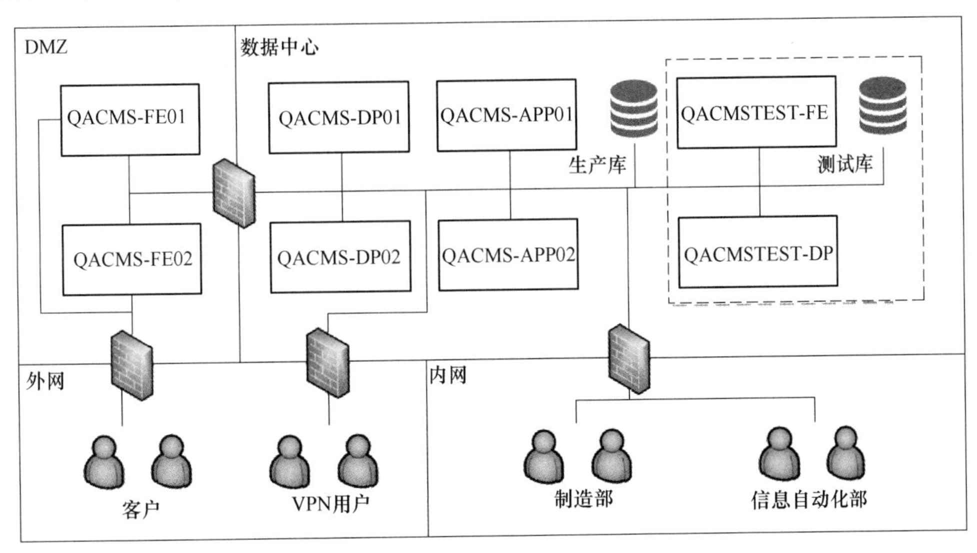

图 3　系统架构设计-硬件架构

Fig. 3　System architecture design-hardware architecture

4　系统功能实现

4.1　质保书系统主页

用户登录进入质保书系统首页，根据登录用户的权限不同，展示不同的界面，为网站安全与管理提供了保证。由管理员账户登录之后，左侧导航栏清晰地展示了该账户所能访问的功能模块，点击之后可以查看该模块下二级菜单，可以看到其所具备的功能，根据用户的需要进行相应的操作。

4.2　质保书管理功能

使用业务管理的质保书管理功能，可以清晰地展示已经生成的质保书。用户可以根据工作需要，输入条件进行质保书的查找，对所需要操作的质保书进行预览、打印、重印、下载等操作。

点击预览后可以预览质保书样本，如果所查询项是多页质保书，可以通过上一页、下一页进行质保书的翻页查看。

为帮助客户快速识别真伪，每张质保书均内置有防伪二维码，用户使用手机扫码后即可在线查看电子质保书，与纸质质保书对比以检验真伪。同时质保书信息也会同步上传到河钢集团云商平台，用户通过微信扫码产品标签，也可以核对相应的质保书信息。通过多重防伪手段来保证客户的权益。

4.3　质保书印章、模板发布功能

用户可以根据工作需求，通过印章发布功能，将印章发布到系统中。之后可以通过模板发布功能，将已编写好的模板 CPT 文件，发布到系统中去，这样质保书生成时可以根据 PSR 码或相应规则，智能适配质保书模板，按照客户、钢种、规格乃至定制编码等各种特定需求生成各型质保书。

系统通过大量的后台处理模型，使用数据预处理、内置规则库、表头自适应等多种方式，来实现对模板灵活匹配的支持，使单张模板具备了更广泛的通用性，尽量减少针对特殊情况的单独定制。系统投运后，仅发布了十余张模板，就满足了以前一百多张模板才能覆盖的业务场景。

4.4　任务调度管理功能

任务调度管理功能界面展示了当前正在运行的任务，有相关权限的账户可以通过该界面，对系统正

在进行的功能进行管理，任务默认为 10s 运行一次，可以点击修改，输入 CRON 表达式修改运行时间间隔。

5　数据流

质保书系统通过数据抽取任务，从产销系统中进行数据抽取服务，数据整合服务监测到有未被整合的已抽取数据时，进行数据整合，将批次数据以及特性数据按照规则存储，之后质保书生成服务监测到有未生成质保书的已整合数据时，进行数据检测后，将合格的数据按照规则进行质保书生成，如图 4 所示。用户可以在质保书管理界面看到已生成的质保书，在问题质保书管理界面可以看到无模板质保书和校验不合格质保书，在数据校验日志查询中可以查看质保书数据检验结果，包括合格项、不合格项和异常项。在日志管理中可以查看各项操作的操作日志，发现问题可以及时通过日志去追寻问题出现的位置以及原因。通过数据流的分层处理，实现了质保书生成流程的多阶段并行运行，极大地提升了质保书的生成效率，从产品完成发货到质保书生成的时间缩短到了 1min 之内。

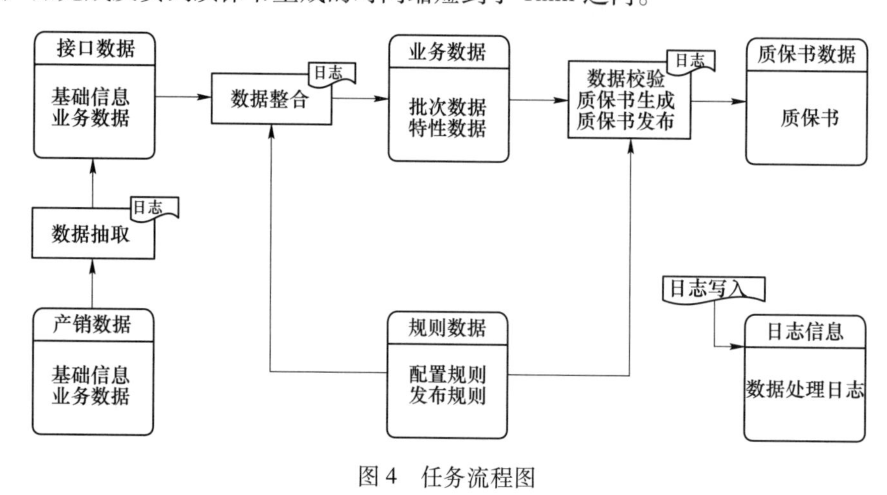

图 4　任务流程图

Fig. 4　Task flow diagram

考虑到质保书对于数据准确性 100%无误的严格要求，在数据流的处理过程中，系统引入实现了三重容错校验、OD 标准自适应、动态项智能识别等多种技术方案，确保对问题质保书地全面拦截。

6　结语

质保书系统在河钢唐钢新区应用后，节省了打印的耗材费用，优化了质保书开具流程，客户可以在第一时间得到质保书，并且可以验证质保书的真伪，提高了客户的满意度。系统投用帮助企业节省了人力成本，精简了岗位，提高了销售服务水平。

参 考 文 献

[1] 李雪，刘利智，王晓丽，等 . 质保书打印系统的开发与应用 [A]. 中国计量协会冶金分会、《冶金自动化》杂志社 . 中国计量协会冶金分会 2011 年会论文集 [C]. 中国计量协会冶金分会,《冶金自动化》杂志社，2011.

[2] 王雷国，田维政，武伟 . 钢材质保书远程打印系统的开发 [J]. 河北冶金，2015 (5)：71~75.

[3] 檀长松，周晓虹 . 产品质保书自助打印系统的开发与应用 [J]. 冶金动力，2013 (12)：71~72.

[4] 焦宏伟 . 质保书管理身份识别系统的开发与应用 [J]. 科技资讯，2014，12 (25)：5~6.

[5] 武伟，张建，杜杰，等 . 邯钢电子质保书管理平台研发与应用 [A]. 中国金属学会 (The Chinese Society for Metals)、中国金属学会青年工作委员会 . 第九届中国金属学会青年学术年会论文集 [C]. 中国金属学会 (The Chinese Society for Metals)、中国金属学会青年工作委员会，2018.

产销报表平台在河钢唐钢新区的设计及应用

王凌瑀，祝晓峰

（渤海国信（北京）信息技术有限公司，北京 100080）

摘　要　河钢唐钢新区产销报表平台以三级产销数据为基础，搭建了一套报表平台系统，可用于展示生产数据，方便管理者随时随地了解生产情况，快速做出决策。文中以河钢唐钢新区的三级生产数据为例，进行了生产日报、工艺与质量报表、能源与消耗报表、故障与作业率报表的分析与设计，给出了可视化展示实例，达到界面友好、画面美观、用户体验感良好的理想效果。

关键词　报表；产销；设计；应用

The Desigin and Application of Production and Sales Report Platform in Tangsteel New District

Wang Lingyu，Zhu Xiaofeng

（Bohai International Information Technology（Beijing）Co.，Ltd.，Beijing 100080）

Abstract　The production and sales reporting platform of HBIS Tangsteel New District is based on the three-level production and sales data，and a reporting platform system was built to display the production data so that managers can understand the production situation anytime and anywhere and make quick decisions. Taking the three-level production data of HBIS Tangsteel New District as an example，the analysis and design of daily production reports，process and quality reports，energy and consumption reports，as well as fault and operating rate reports were presented in this paper，and instances of visual displays were given to achieve the desired effect of a friendly interface，beautiful graphics，and a good sense of user experience.

Key words　report；production and marketing；design；application

0　引言

钢铁企业的产销报表涵盖了制造部、财务经营部、营销管理部、技术创新部、生产厂的各专业科室，在专业上横跨合同、计划、生产、工艺、质量、库存、工器具、成本以及其他等多个生产专业，流程上横跨原料进厂到生产过程再到产成品库存发运等整个生产流程，一张报表能将生产过程中不同专业、不同流程的生产数据串联综合起来，帮助用户及时、准确地掌握生产情况，做到对生产过程的有效跟踪。

随着生产管理的精细化要求越来越高，客户对报表使用的需求也越来越多，传统的电子报表存在着业务杂、数据散、生成时间长等缺点，在使用上存在着不灵活、对业务人员要求较高等缺陷。基于满足企业客户对于生产报表统计汇总、精细化管理[1]、智能管理[2]的需求，河钢唐钢新区产销报表平台管理系统，实现了企业对于产销报表指标体系[3]的统一管理，对生产报表的提出、设计、制作到发布的做到了灵活掌控。产销报表平台系统帮助管理员实现快速灵活的用户权限定制，满足企业对生产报表数据管控的需求。

1　系统需求

（1）业务管理需求。实现可按照使用层级、按照时间维度、按照展示模式细化业务需求。

作者简介：王凌瑀（1981—），男，工程师，2002 年毕业于河北广播电视大学计算机及应用专业，现任渤海国信（北京）信息技术有限公司项目经理，E-mail：wanglingyu@ bhgi. com. cn

（2）按照模板设计标准需求。可按照业务项标准设计、指标项标准设计、数据项标准设计、数据源标准设计细化业务需求。

（3）按照数据字典整理需求。可按照模板数据字典整理、业务项数据字典整理、指标项数据字典整理、数据源数据字典整理细化业务需求。

（4）报表平台技术需求。能满足常规功能、二次数据管理功能需求、报表自动定时发送功能需求、报表使用统计功能需求等。

2 系统设计

2.1 系统架构

产销报表平台主要分为三个层级，用户层、系统服务层、数据持久层，如图1所示。

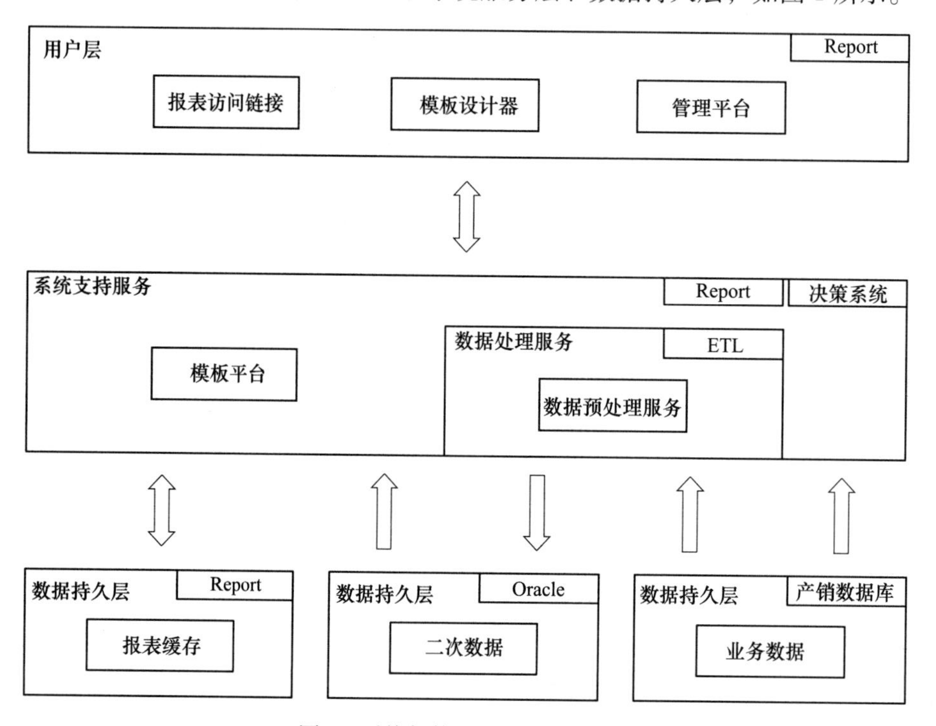

图1 系统架构设计-系统架构图

Fig. 1 System architecture design-system architecture diagram

（1）用户层是产销报表系统与用户进行交互的层级，用户层分为用户网站、模板设计器、管理平台三部分。

用户网站：此网站为报表用户提供访问支持，用户可以通过网址访问产销报表平台，实现业务报表的日常查询、打印导出的业务需求。

模板设计器：报表设计人员可以使用模板设计器来设计和制作各类业务报表。通过使用普通报表模式和聚合报表模式，能够满足各种复杂应用场景。

管理平台：系统管理员可以使用报表平台后台管理功能来实现多种业务功能。通过定时调度，可以根据条件自动触发任务；通过系统管控，可以实现登录配置、邮件配置、缓存配置等；通过智能运维，可以实时管控系统内存、进行集群配置、设置备份还原、分析平台日志等。

（2）系统服务层实现产销报表平台的系统后台支持服务功能，接收来自数据持久层的数据，通过ETL实现二次数据的预处理。该层主要功能为对数据持久层进行数据收取与校验，之后进行二次数据的抽取、转换和存储服务，在需要时进行数据归档，从而实现数据逻辑[4]的展现与扩展，最终满足多数据源管理[5]的要求。

（3）持久层是产销报表系统的数据与其相关的原始数据的层级，实现产销报表平台的数据持久化存储。

2.2 系统设计规范

产销报表平台系统的设计目的，是为了支持生产管理部门各科室以及9大专业为基准划分的各类报表，按照生产流程和数据专业，清晰划分报表功能。

通过设计规范，来对报表设计过程中各方面进行控制，满足数据管理及报表开发一致性需求

(1) 系统编码设计规范。通过制定模板编码规则和指标编码规则，为系统统一编码提供参考依据。

(2) 报表功能开发说明书规范。从报表描述、原型界面、模板文件、查询条件、数据源提供数据、报表内置运算数据、表和视图关联性等多方面规范报表的设计与开发。

(3) 指标设计规范。从报表描述、计算方式、KPI考核标准等方面规范指标的设计与开发。

(4) 界面设计规范。通过界面描述标准，来统一报表设计视觉元素，提升报表的美观性与功能性。

3 硬件架构设计

产销报表平台采用负载均衡方式，生产环境下前端使用一组Windows故障转移集群作为Nginx代理，映射至两台报表服务器，数据库采用Oracle一体机。采用负载均衡方式，可以在某一台服务器出现问题时，及时进行服务器之间的切换，尽可能不影响用户的使用。

产销报表平台系统硬件架构设计图如图2所示。

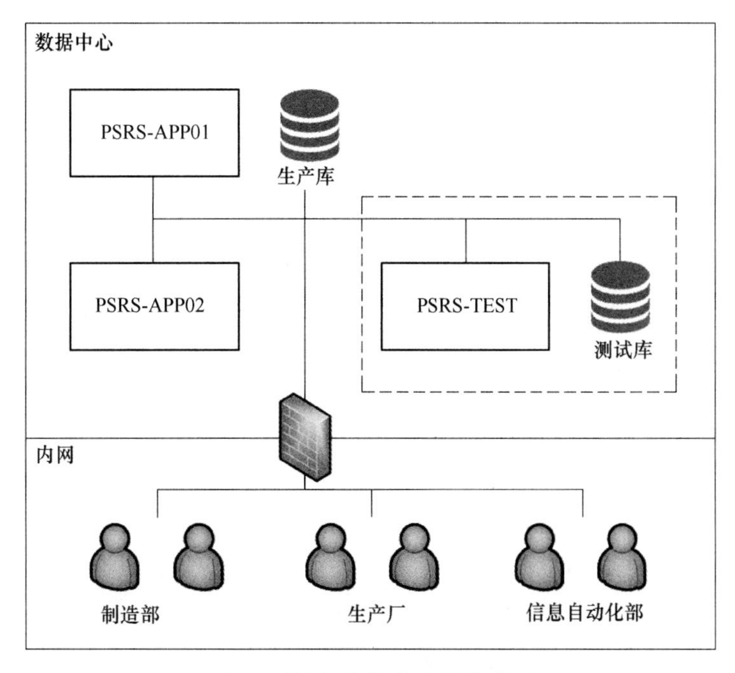

图2 系统架构设计-硬件架构图

Fig. 2 System architecture design-hardware architecture diagram

4 系统功能实现

4.1 模板设计器

报表设计用户可以使用设计器来设计和制作报表。在使用时无需编码，拖拽操作，跟Excel一样简单。多用户可以多工作目录切换，远程设计，协同制表。设计器支持一键更新与备份还原，支持插件扩展，通过智能助手，能够连接一切资源实现智能搜索、智能检测。同时还支持模板文件版本管理，可以查看模板的历史版本。

4.2 数据字典功能

在报表项目的实施过程中，会产生数据一致性问题，影响报表结果的准确性。通过分析非一致性的

产生原因，研究问题应对思路，最终给出了项目的解决方案，那就是建立数据字典和指标管理体系。用户可以通过导航菜单查看所能访问的数据字典模块，点击之后可以查看相应的该数据字典，在其中查看、维护相应的数据字典项目。

4.3　数据预处理功能

对于基础数据来说，产销系统中有保存。而预处理数据是将基础数据通过预处理标准规则，计算汇总为二次预处理数据。KPI 指标类数据其实就是二次预处理数据的再加工，在建立指标库时，为报表模块单独开一个指标数据基础表，存储涉及到 KPI 的目标值、上限值、下限值、Miss rate 的参考值等。在涉及到指标运算时，程序能从基础表读取指标对应的考核标准，将计算后的指标数据存储。保证了所有数据都可以追溯与分析[6]。具体流程如图 3 所示。

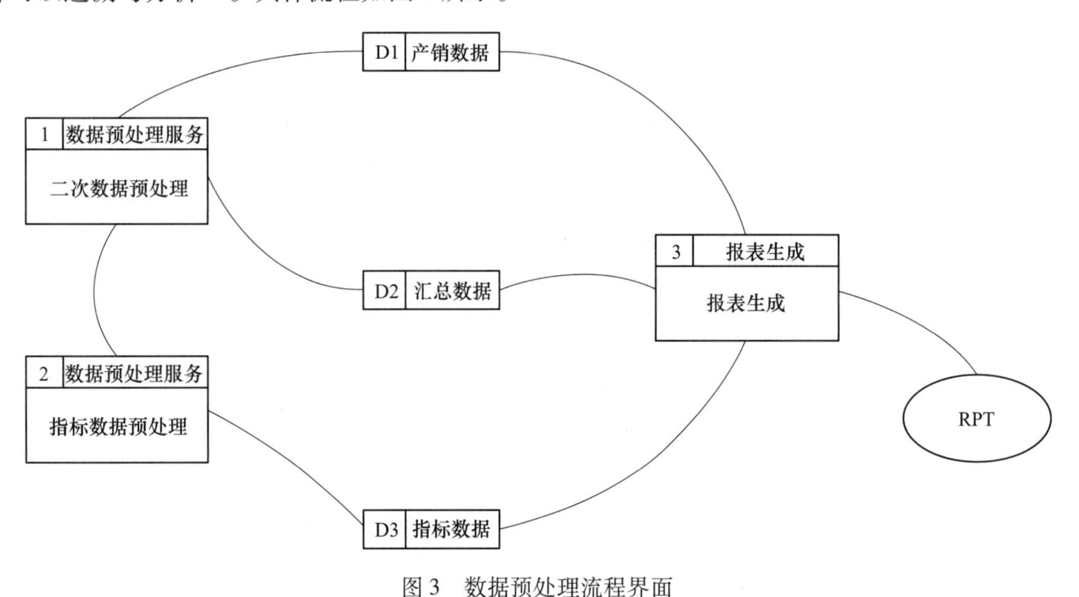

图 3　数据预处理流程界面

Fig. 3　Interface of data pre-processing process

4.4　报表自动生成与发布功能

报表的自动生成与发布，是报表平台的必备功能需求。在本项目中，用户可以配置系统按设定的周期频率/条件执行特定的任务，高效实现日报、月报、季报、年报等传统需要手工处理的任务。定时任务生成的结果文件可以保存在指定的目录、FTP 或者以附件形式进行邮件提醒，也可以进行短信通知、平台消息通知，还可以推送到移动终端。对设定的定时任务支持进行集中管理，包括任务运行状态查看、暂停、编辑、复制等。支持按定时任务权限控制，为不同用户/角色/部门职位生成不同的结果。

4.5　用户访问统计功能

在报表平台的运维过程中，了解用户对报表的访问情况，进而掌控用户的使用习惯、业务兴趣，以此为基础对报表系统进行优化，是运维工作的重点。本系统通过日志功能，可以对系统运行的各项情况进行监控分析，通过此功能可以查看到系统运行状态的各种指标，包括访问统计、用户行为、模板热度、性能监控、管理日志、出错日志。

5　结语

报表是企业日常管理的必须工具，产销报表平台在河钢唐钢新区的应用，通过对产销系统数据的整合和优化[5]，对指标进行量化管理。有效地反映了生产经营状况。节省了大量统计分析人力成本，提升了生产管理效率；促进了企业精益化管理，对生产决策分析提供了有力的支持。

参 考 文 献

[1] 宋延辉，刘曙光. 炼钢工序物流管控系统的开发与应用［J］. 河北冶金，2014（7）：77~81.

[2] 黄显杭，马阔源，陈红刚. 企业生产经营报表信息管理系统研究［J］. 中国管理信息化，2020，23（17）：102~103.

[3] 苗改玲. 煤炭工业企业统计指标体系及报表系统的分析［J］. 内蒙古煤炭经济，2018（23）：79~141.

[4] 刘景均，封一丁. 智能制造在钢铁工业的实践与展望［J］. 河北冶金，2018（4）：74~79，80.

[5] 林云轩，张娜，朱淼，等. 浅析多数据源自动化报表的研究与开发［J］. 数字技术与应用，2020，38（1）：154~157.

[6] 刘冠华，史晓强，史文礼. QMS系统在冷轧产品质量管理中的应用［J］. 河北冶金，2019（7）：77~81.

设备全生命周期管理在河钢唐钢新区的规划设计

葛峰山[1]，薛军安[2]

（1. 渤海国信（北京）信息技术有限公司，北京 100080；
2. 河钢集团唐钢公司，河北唐山 063000）

摘　要　设备管理作为企业管理重要的组成部分，关系到企业的发展和竞争力的提高。本文介绍了河钢唐钢新区设备全生命周期管理的建设背景和实施方案，通过设备点巡检管理、检修管理、备件管理及其他设备专业管理方案的规划设计，以及对其实施过程的跟踪，全面推进河钢唐钢新区完善设备管理基础工作，加速设备管理制度落地进程，帮助企业建立一套规范、实用、可靠、高效、可扩展的设备全生命周期综合管理体系。

关键词　设备管理；全生命周期；点检；检修；备件；仓储

Planning and Design of Equipment Life Cycle Management in HBIS Group Tangsteel New District

Ge Fengshan，Xue Jun'an

（1. Bohai International Information Technology（Beijing）Co.，Ltd.，Beijing 100080；
2. HBIS Group Tangsteel Company，Tangshan 063000，Hebei）

Abstract　As an important part of enterprise management，equipment management is related to the development of the enterprise and the improvement of competitiveness. In this paper，the construction background and implementation plans of equipment lifecycle management in HBIS Tangsteel New District were introduced. Through the planning and design of the equipment spot inspection management，maintenance management，spare parts management and other equipment professional management programs，as well as the tracking of its implementation process，it comprehensively promotes the improvement of basic equipment management work in HBIS Tangsteel New District，accelerates the implementation process of equipment management system，and helps the enterprise to establish a standardized，practical，reliable，efficient and scalable equipment lifecycle integrated management system.

Key words　equipment management；lifecycle；spot inspection；maintenance；spare parts；warehousing

0　引言

设备全生命周期管理是指从设备的规划直到设备淘汰或报废的整个过程中对设备实施必要、全面、合理的管理。设备全生命周期管理的目的不再局限于降低成本、节约能源，更多的是为了提高设备利用率、延长设备使用寿命，从而最终为企业增加效益，提高河钢唐钢新区竞争力。

1　规划背景

国家逐步对钢铁企业进行了供给侧改革、压缩产能、提高环保标准，钢铁企业的竞争压力逐渐增大。设备管理作为企业管理的重要组成部分，在提高钢铁企业竞争力、提高经营效益方面起着重要的作用。如何帮助企业建立一套规范、实用、可靠、高效、可扩展的设备全生命周期综合管理体系，是河钢唐钢新区项目急需解决的问题。

设备管理业务规划设计是以“设备全生命周期管理”[1]为规划设计原则，以过程控制和智能化设备

作者简介：葛峰山（1981—），男，工程师，2013年毕业于河北联合大学信息管理与信息系统专业，现任渤海国信（北京）信息技术有限公司项目经理，E-mail：gefengshan@bhgi.com.cn

为基础，依托数据分析及智能技术，超前管理，预知状态。将设备全生命周期的各个阶段纳入统一信息化平台，为企业智能制造提供坚实的保障。河钢唐钢新区设备管理规划的主要业务模式有：

（1）以设备、备件全生命周期管理[2]为目标，对设备规划、设计、选型、购置、安装、验收、使用、点检、维护、润滑、维修、改造、更新直至报废等过程进行全面管控和追溯。

（2）特种设备、测量设备、工业建筑、高压电气设备等建卡建账，单独管理并与设备数据关联，将其专业特点与设备全生命管控融为一体。

（3）以多种工单为载体，规划现场管理和费用管控管理。检修作业、安全管理、质量管理、能源隔离、检修费用、检修工时、检修人员等按单策划，提高了现场的安全性和人员、费用的计划性。

（4）移动终端在点巡检、派工、仓储验收、入库、出库等关键业务中的普遍应用，使移动办公服务现场，极大提升了工作效率和工作质量。

（5）维修费用管控平台搭建，将费用预算、计划管理、成本消耗的刚性化管控与柔性化调整有机结合。

（6）搭建设备状态管理体系。通过对重点设备状态管控，及时掌握设备运行状态，正确评价设备实际运行状况，使设备的运行状况及时展现在设备管理人员面前，更好地实现对设备的管理和维护，满足设备管理人员对设备管理、维护、监控和分析的需求并逐步改进设备管理策略以达到优化设备利用效率和提高生产力、减少维护成本、提高设备安全性和可靠性的目标。

2 规划方案

在河钢唐钢新区项目中，设备全生命周期管理规划设计及业务方案包括设备基础管理方案、点巡检管理业方案、检修管理业务方案、备件管理业务方案、工业建筑管理方案、计量设备管理方案、特种设备管理方案、隐患及事故管理方案、仓储管理方案、固定资产管理方案、设备状态管理方案、产线启停管理方案、设备 KPI 绩效管理及评价体系方案、文档图纸管理方案等方案。

2.1 设备基础管理方案

设备全生命周期管理的重点在于对设备管理方法及其管理过程的规范化、标准化和流程化。有了规范的数据，企业信息的查询、统计、分析、管理、优化及持续改进等工作才有可能实现；有了标准化的工作过程，企业才能通过系统所提供的信息加强统一领导和行业对标管理。设备基础数据管理是设备管理规范化、标准化和流程化的重要一环。

设备基础管理是以设备安装位置结构为主干，将设备位置编码、设备编码、设备物料编码构建成独特的设备主数据三码体系，为实现设备全生命周期管理奠定了基础。位置树示意图见图 1。设备基础管理方案主要设计如下：

（1）多维度的设备分类，满足了专业管理、统计分析、系统集成等需要。

（2）四大标准[3]模板规划，将设备点巡检、设备检修维护职责管理落实到生产、点检、检修。

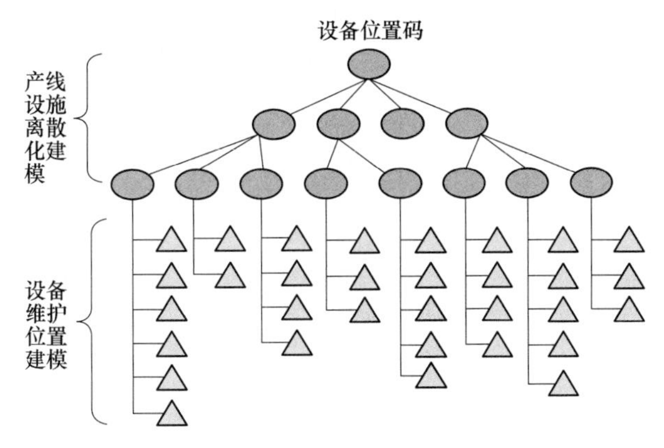

图 1　位置树示意图

Fig. 1　Schematic diagram of position tree

（3）维修作业标准的安全规划[4]、质量规划、作业规划，使检修更安全、更系统。

（4）油检项目标准纳入体系管理，为润滑管理人员判断油品康复、换油提供依据。

2.2　点巡检管理业方案

点巡检是一种及时掌握设备运行状态，指导设备状态维修的一种科学的管理方法。在河钢唐钢新区项目中，点巡检[5]作为设备全生命周期管理中重要的一环，充分利用移动化、信息化手段，及时掌握设备运行状态，指导设备状态维修，发现设备缺陷或隐患，并纳入检修计划[6]。在计划的时间内消除问题，以保证设备安全、稳定运行。点巡检示意图见图 2。

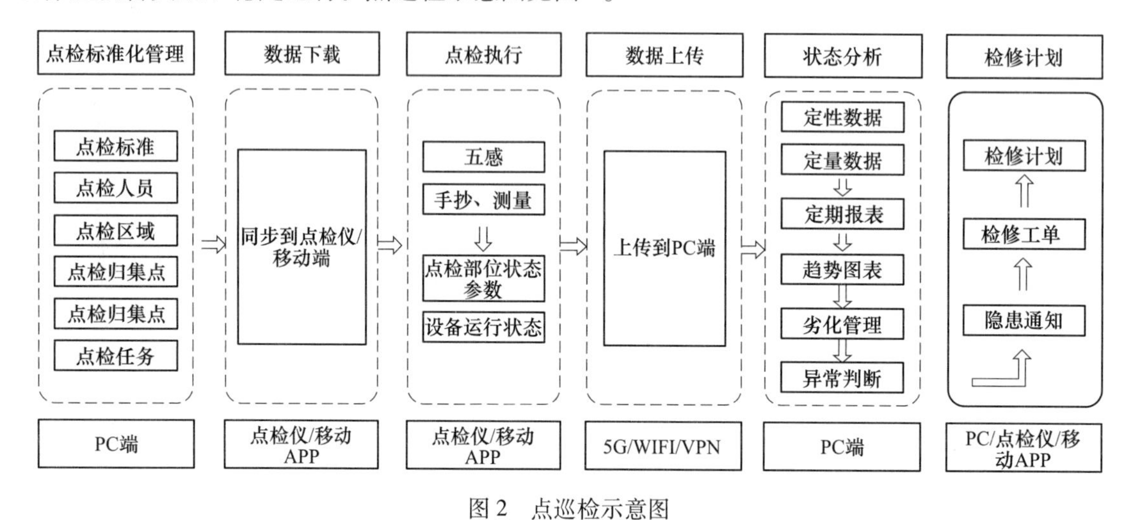

图 2　点巡检示意图

Fig. 2　Schematic diagram of spot inspection

点巡检管理业方案主要设计如下：

（1）重视岗位点检和设备在线监测，使岗位点检和设备在线监测成为捕捉设备异常的核心力量，而专业点检则作为分析设备异常、处理设备异常、设备综合管理专职管家。

（2）设置设备调度岗位，使得异常情况的处理更加快捷。

（3）移动终端技术应用，为点检员提供智能提醒及统计分析工具。

（4）构建点巡检标准体系化，点巡检工作标准化。

2.3　检修管理业务方案

设备检修是指为了保持或恢复设备规定的性能而采取的技术措施。设备检修的目标是以经济合理的费用，减少设备故障，消除设备缺陷，保持设备良好性能，确保生产装置安全、稳定、长周期运行。

检修管理是设备全生命周期管理的核心业务，检修管理业务规划了定修标准、年度检修计划排程、月检修计划、日常检修、大修项目计划、定修项目计划、设备小革小改立项申请、工单管理（含备件上下机）、合同及结算管理等内容，为企业提高检修精准度，提升设备精细化管理水平，确保设备安全、稳定、长周期运行打下了基础。

主要规划业务如下：

（1）将定修模型[7]纳入设备管理体系。将定修模型作为检修标准之一，推进检修的标准化管理进程。

（2）规划年度检修计划排程，月份动态调整，全程与企业负责生产计划的信息化系统集成。

（3）以工单为载体，实现检修成本日清日结，并通过对工单的费用统计可以真实反映当期检修成本。

（4）工单策划实现标准化管理。将安全计划、质量要求、作业要求、能源隔离、检修作业等通过工单统一策划，实施标准化管理。

（5）检修工程验收标准化。通过工单验收、产线区域调试验收、产线热负荷调试验收、竣工验收，使检修规程验收实现标准化管理。

（6）检修工程后评价规范化。按照体现认证要求，规范检修规程后评价，真实反映检修过程。

2.4 设备备件管理方案

备件管理方案的管理目标是以设备维修为中心，用最少的备件资金，合理的库存储备，保证设备维修的需要。方案的主要内容包括备件主数据管理、备件需求计划管理、备件领料管理、备件消耗及采购控制等。主要规划业务如下：

（1）关键备件实施全生命周期跟踪管理。通过关键备件全生命周期跟踪，为点检人员对关键备件的上机寿命、剩余寿命、备件质量、性价比等重要指标提供信息化数据支持及决策依据。

（2）构筑计划、采购、验收三方分立的风险防控组织保障体系。

（3）规划通用备件信息化系统自动提报计划，专用备件自动计算使用寿命并提示采购计划。

（4）需求计划实现申请者终身负责制。从备件需求计划提报开始，创建采购申请、招投标、合同签订、验收、入库、出库、上机、报废等物料运动全程管控。

（5）依据计划、调整、管控的原则，借助信息化手段实现刚性管控与柔性调整相结合的方式，达到年度预算、月度调整、按月控制的目的。

（6）规划计划、采购、存储等关键管控点实时监控。

2.5 仓储管理方案

库存管理是指为了生产经营管理的需要，而对计划存储、流通的有关物料进行相应的管理，仓储管理示意图见图3，其主要规划业务如下：

（1）全程采用条码进行管理，与手持终端结合，极大地提高了物流作业的效率和准确性，规范了物流作业。

（2）通过对批次信息的自动采集，实现了对物料全过程的可追溯性。

（3）库位精确定位管理、状态全面监控，充分利用有限仓库空间。提高库存管理过程中的现场工作效率。

（4）移动技术全面应用，实时掌控库存情况。

（5）电子签字，实现了无纸化管理。

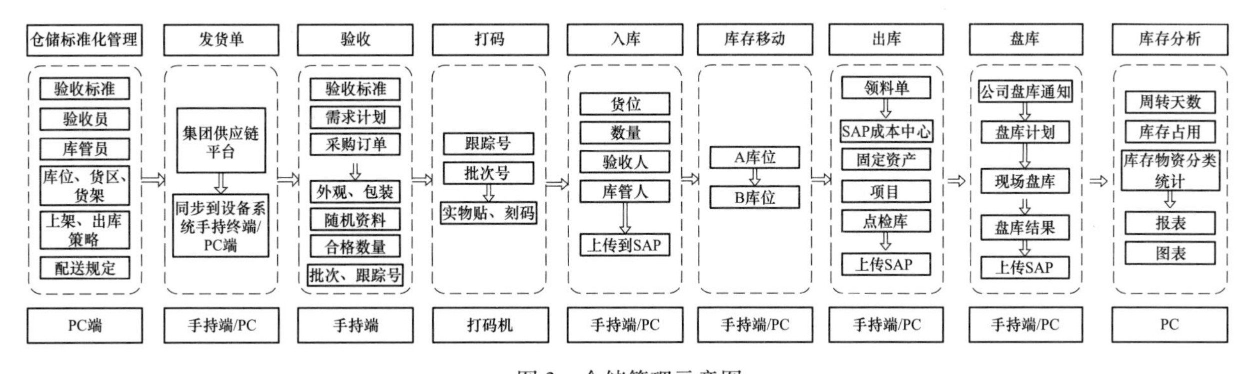

图3　仓储管理示意图

Fig. 3　Schematic diagram of warehousing management

2.6 设备状态管理方案

设备状态监测能够有效地把握设备运行状态，形成以量化的监测数据为基础的设备状态管理体系；同时建立以设备状态为基础的预测状态维修体系，最终形成状态检测、分析预测、维护维修、信息反馈、持续提高的良性循环。方案内容包括：设备监测点管理、设备监测点信息报警管理、监测点信息实时查看及处理、监测点信息历史查看及处理、设备状态趋势分析及处理等业务内容。设备状态管理示意图见图4。

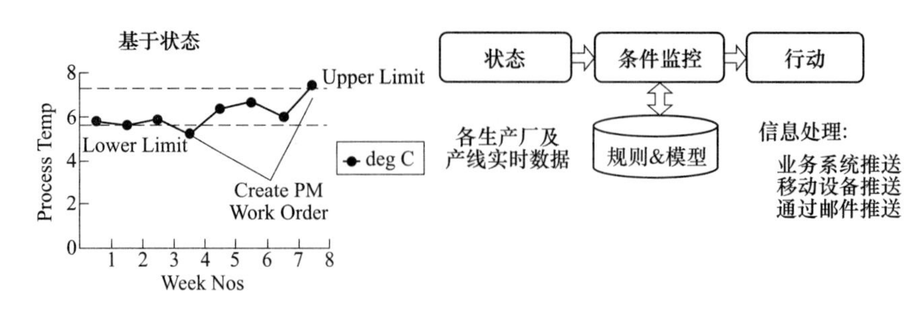

图4　设备状态管理示意图

Fig. 4　Schematic diagram of equipment status management

随着河钢唐钢新区正式投产，设备管理规划的各项管理业务逐步落地。以设备全生命周期管理作为规划的指导思想，以信息化技术作为手段，结合项目组多年来在设备管理领域的业务实践和实施经验，完成如下工作：现状分析报告、设备管理模式设计、管理业务方案（包含设备基础、点巡检、润滑、检修、备件、工业建筑、计量设备、特种设备、隐患处理及事故、仓储、固定资产、设备状态、产线启停、设备KPI绩效、文档图纸、维修费用等16个管理方案）、标准模板（包含设备四大标准、特殊设备、检修计划等19个标准模板）、业务蓝图（包含设备基础管理、点检管理、润滑管理、设备状态监测管理等18个业务蓝图）、业务流程图（包含设备基础、点检管理、事故管理等159个流程）等，基本覆盖设备从规划直至淘汰或报废的整个过程进行必要、全面合理的管理规划。

3　结语

本项目设备全生命周期管理在规划设计的先进性与适应性、业务实践的理解和应用上，获得了河钢唐钢新区的高度认可，对其他钢铁企业具有重要的借鉴意义，满足企业对设备管理的理念创新和需求深化。项目中规划的方案、标准模板、业务蓝图、业务流程全部应用于设备相关信息化系统中，最终实现设备全生命周期理论与设备管理信息化系统充分融合，提升设备管理水平，为企业发展和产能提升提供良好支撑。

参考文献

[1] 李公田．设备全生命周期管理系统设计［J］. 河北冶金，2020（S1）：99~102.

[2] 郝俊斌．浅谈设备的全生命周期管理［J］. 煤炭工程，2008（12）：109~110.

[3] 王东东．唐钢设备管理信息平台系统的开发与应用［J］. 河北冶金，2015（8）：77~82.

[4] 大唐国际发电股份有限公司．点检定修理论与实践［M］. 北京：中国电力出版社，2009.

[5] 倪瑞龙．点检定修管理工作手册［M］. 北京：中国电力出版社，2006.

[6] 卜铁生．设备点检管理（二）［J］. 设备管理与维修，2008（8）：59~60.

[7] 黄坤．李彦启．胡煜．设备全生命周期管理方案刍议［J］. 实验室研究与探索，2011，30（4）：173~175.

铁前制造执行系统在河钢唐钢新区的设计与应用

贾永朋

（渤海国信（北京）信息技术有限公司，北京 100080）

摘　要　河钢唐钢新区铁前 MES 系统是整体管理信息系统的一个重要组成部分，本文根据炼铁厂整体生产组织安排，在介绍炼铁厂业务流程的主要需求，即采购进厂业务流程、生产实绩业务流程和销售出厂业务流程的基础上，全面阐述了 MES 系统在河钢唐钢新区铁前全面覆盖的建设情况，系统强化原料场、计划、作业、质量、库存、物流各过程的管控衔接，实现以最大化产能为中心的生产管控机制，对产品相关的生产、投入、产出、过程信息进行采集、记录以及分析，实现产线生产标准化、自动化、智能化。

关键词　铁前制造执行系统；MES；炼铁厂；物料管理；质量管理；信息化

Application of Mes System in Ironmaking Plant

Jia Yongpeng

（Bohai International Information Technology（Beijing）Co.，Ltd.，Beijing 100080）

Abstract　The MES system of HBIS Tangsteel New District is an important part of the overall management information system. According to the entire production organization arrangement of the ironmaking plant，this paper illustrates the main requirements of the ironmaking plant' s business processes，including procurement，production performance and sales. Based on these，the construction status of the entire coverage of MES system in HBIS Tangsteel New District before ironmaking was comprehensively described. The system strengthens the control and connection of raw material yard，planning，operation，quality，inventory and logistics processes，realizing the production control mechanism centered on maximizing production capacity. In addition，through collecting，recording and analyzing the production，input，output and process information related to the products，the standardization，automation and intelligence of the production line is achieved.

Key words　manufacturing execution system before ironmaking；MES；ironmaking plant；material management；quality management；informationization

0　引言

制造执行系统（MES）是钢铁企业信息集成的纽带，是钢铁企业实现精细化生产的基本技术手段之一。MES 系统能够完成对制造车间生产过程相关信息的集成管理，实现了系统信息资源的共享，同时可以对生产线实绩进行管理，对产品质量进行控制等。

目前，MES 系统在国内外很多钢铁企业的应用已经成为普遍现象，但是其应用主要在炼铁工序之后，包括炼钢、热轧、冷轧等产线，而在铁前的应用则较少。由于铁前生产成本占整体成本的比重较大，铁前生产的系统化管理也非常重要。因此，铁前 MES 的整体应用具有很重要的实际意义。

1　业务需求

钢铁行业制造产品绿色化是发展必然，制造产品节省化是发展原则，制造产品高效化是发展追求，制造方法数字化是发展条件，制造方法集成化是发展方法，制造方法智能化是发展前景。要实现以上目标，高效的自动控制系统可以做到自动化生产，与管理分析系统及底层控制系统的集成可以做到一体化应用；

作者简介：贾永朋（1984—），男，工程师，2008 年毕业于河北大学电子信息科学与技术专业，现任渤海国信（北京）信息技术有限公司项目经理，E-mail：jiayongpeng@ bhgi. com. cn

原料投入、能源消耗、产品产出、生产工艺、设备运行、质量检验的全面管理可以实现精细化管理。

一般冶金企业中铁前区是指从炼铁（含炼铁）向前的所有工序的总和，主要工序有原料场、烧结机、球团、焦化、高炉、高炉辅助工序、铸铁等。根据炼铁厂整体生产组织安排，炼铁厂业务流程需求主要分为采购进厂业务流程、生产实绩业务流程和销售出厂业务流程。

1.1　采购进厂业务流程

采购进厂业务流程包括汽运采购流程、铁运采购流程、皮带采购流程、船运采购流程以及采购退货流程。

（1）汽运采购流程。汽运采购流程从采购订单发起，业务部门下发相应物料的采购订单，炼铁厂根据采购订单进行进料计划的编制，然后物流根据相应的计划组织货物运输，进料过程中分别对物料进行计量和进厂检验，炼铁厂根据计量结果和检验结果对物料进行入库操作。

（2）铁运采购流程。铁运采购流程从采购订单发起，业务部门下发相应物料的采购订单，炼铁厂根据采购订单进行进料计划的编制，然后铁运系统根据铁运组织结合进料计划进行货物运输，进料过程中分别对物料进行计量和进厂检验，炼铁厂根据计量结果和检验结果对物料进行入库操作。

（3）皮带采购流程。皮带采购流程从采购订单发起，业务部门下发相应物料的采购订单，炼铁厂根据采购订单进行进料计划的编制，然后皮带控制系统根据计划进行物料运输，进料过程中皮带秤对进料重量进行计量，取样机进行自动取样组批，进行物料的质检，炼铁厂根据计量结果和检验结果对物料进行入库操作。

（4）船运采购流程。船运采购流程从采购订单发起，根据船运信息接收进行货物信息获取，一般为水检尺重量，然后根据商检信息获取质检信息，根据重量信息及质检信息进行采购货物入库操作。

（5）采购退货流程。采购退货流程分为两部分，一是货物未卸车入储，那么可以由物流直接发起进料终止流程，进行退货。卸车入储的货物从炼铁厂发起退货申请，然后申请批准后发起物流运输，根据计量进行货物库存冲减。

1.2　生产实绩业务流程

生产实绩业务流程包括生产订单业务流程、作业计划业务流程、原料作业流程、烧结作业流程、球团作业流程、高炉作业流程。

（1）生产订单业务流程。炼铁厂接收上级生产管理部门下发的生产订单，然后根据实际情况进行生产实绩的收集，将实绩归属到相应的生产订单，并对生产订单执行情况进行跟踪。

（2）作业计划流程。炼铁厂接收上级生产管理部门下发的月生产计划，并根据实际生产情况和检修情况进行月生产计划的拆分，并且针对日生产实绩进行收集。

（3）原料作业流程。炼铁厂根据生产需求进行配比计划的生成、下发以及执行，并且根据实际生产情况进行混匀矿投入产出的归集。

（4）烧结作业流程。炼铁厂根据生产需求进行配比计划的生成、下发以及执行，并且根据实际生产情况进行烧结矿投入产出的归集。

（5）球团作业流程。炼铁厂根据生产需求进行配比计划的生成、下发以及执行，并且根据实际生产情况进行球团矿投入产出的归集。

（6）高炉作业流程。炼铁厂根据生产需求进行配比计划的生成、下发以及执行，并且根据实际生产情况进行铁水、铸铁以及煤粉投入产出的归集。

1.3　销售出厂业务流程

销售出厂业务流程包括销售出厂业务流程以及销售退货业务流程。

（1）销售出厂业务流程。从销售订单发起，炼铁厂根据销售订单发起销售计划，并根据销售计划进行运力组织，根据销售计量数据进行库存冲减。

（2）销售退货业务流程。从营销部发起，根据实际情况从营销部发起销售退货单，炼铁厂根据销售退货单生成物流计划并进行货物装配，根据退货计量情况进行销售退货过账。

2 系统管理

根据炼铁厂业务需求，铁前 MES 系统主要实现对炼铁厂涉及相关业务流程的管理，包括采购进厂业务流程，生产实绩业务流程以及销售出厂业务流程。

河钢唐钢新区铁前 MES 系统建立覆盖炼铁厂全局的生产管控系统，强化原料场、计划、作业、质量、库存、物流各过程的管控衔接，实现以最大化产能为中心的生产管控机制，贯通铁前 MES 与 ERP、成本分析平台、产销平台、热轧 MES、物流、能源、计量、LIMS、设备、产线一二级自动化过程控制系统，对产品相关的生产、投入、产出、过程信息进行采集、分析和控制。其管理功能主要包括物料管理、生产计划管理、配料管理、质量管理、生产实绩管理、铁水管理以及生产统计管理[1]。

2.1 物料管理

铁区产品高质、高产依靠的是原料的稳定供应，因此只有把好原料关才能保证铁区的稳定顺行。重点对原料进行精细化管理，将原料、工艺料（回收料）的物流和信息流进行有效集成，着重于对原料的进厂、供应、回收、外发的流程的数据进行及时完整地收集。

实现原料库、产线库、料仓等原燃辅料的进、销、存、退、调拨管理，可展示进、销、存信息；接收料场、料仓二级系统上传的入库、出库实绩信息，实现库存统计管理；完成进厂物料的检验及质量评审；与料仓及料场二级系统联动，实现料仓加料过程的实绩收集；支持混匀矿配比的导入及混匀矿管理；物资要做到流转和账目清晰，按照业务要求实现结算；所有物资均设立上下限预警、库龄预警，预警信息及时发布并自动触发。满足上级系统对于库存管理和账务管理的需求。

2.2 生产计划管理

生产计划可包括产品产量、消耗、生产、质量、技术、能耗等指标计划与各工序的定检修计划[2]。考虑到随着生产管理水平的不断提高，对计划指标项目有所需调整，系统中各类生产计划项目是可进行配置的，从而能更好地满足管理的需要。

2.3 配料管理

制定炼铁区域内烧结、喷煤、高炉各工序的配料计划，指导日常配料，保障产品质量，在保证产品质量达标情况下，达到用料成本最低。在原料使用前，掌握原料的质量，进行配料计算，制定配比计划，指导生产。

各工序的智能配料管理在二级智能配料专家系统完成，铁前 MES 系统需要接收二级智能配料专家系统上传的配料结果，能够对配料结果进行统计和分析。

2.4 质量管理

质量管理以“按批次组织检验”“集中一贯管理”的理念，实现了从原料进厂到产品产出的全程原料质量分析及判定结果的收集[3]，为企业及时调整计划、降低生产成本提供管理平台和决策支持。

质量管理包含检验计划接收、原料组批信息、质量信息接收、质量数据上传、质量信息查询、质量综合判定。收集质量信息，方便相关人员了解从原燃料进厂到出铁出渣的质量信息，为生产提供方便，为后期统计提供数据基础[4]。

2.5 生产实绩管理

生产实绩管理要包含生产过程全流程跟踪及计划执行管理，系统要记录烧结、球团、高炉各产线的生产事件、物料、工序计划执行情况、趋势分析等。

2.6 铁水管理

铁水管理是生产、使用铁水的管理中枢，为调度人员提供了进行铁水调度需要的信息平台，帮助调度人员制定铁水分配计划等相关的生产情况。

详细记录铁水过磅信息，包括磅单号、铁次、罐号、净重、去向、数据来源、操作时间、操作人员等信息。

对出铁记录进行详细管理，包括铁次，铁次出铁开始时间、铁次出铁结束时间、出铁时长、理论产量、实际产量、铁量差等信息。

2.7　生产统计管理

生产统计信息是用户使用频率最高的系统功能，是用户掌握一线数据最可靠、最方便的手段，但是受限于对系统的认知以及业务的发展，用户对生产统计的需求不可能在系统实施阶段完成，往往是系统上线以后，通过对系统的深度应用，才能提出最符合业务要求的需求。

铁前 MES 可以根据客户需求进行不同维度的生产统计，产生相应的报表信息。

3　实施效果

通过铁前 MES 的建设实现信息化与自动化融合，打通二、三级接口，实现计划信息自动下达各产线二级，自动接收各产线二级上传的产品投入、产出及生产过程信息。提高生产过程中信息的时效性、及时性、准确性，缩短产品生产、物流周期。规范和细化业务流程管理，提高生产效率，增强铁前质量控制和追溯能力。与其他信息化系统一起构建河钢唐钢新区工业 4.0 智能工厂，优化生产管控过程，实现产线生产标准化、自动化、智能化。

河钢唐钢新区铁前 MES 系统实施后，实施效果有以下几方面：

（1）可以有效地收集炼铁厂的投入、产出、质量等数据，对生产过程进行详细管理[5]。将产品标准、生产工艺参数上下限、库存上下限等生产技术要求融入到生产作业中，贯穿生产全过程，质量业务功能深入化，管理生产结果的同时全面管理生产过程。

（2）实现与周边相关系统的贯通，实现数据流的连通性、时效性、及时性、准确性[6]。相比其他类似系统，真正做到了所有数据不落地，建立连接炼铁厂内部各管理部门、作业单元以及与外部业务部门的信息交换与共享。

（3）对于生产管理有很大的提升[7]。构建指向每个主要生产工位的执行信息系统，给出每个工位的生产操作规程和作业标准、质检标准，实现计算机配料，从而优化生产计划，降低生产成本，提高生产节奏和效率。自动跟踪混匀矿、球团矿、烧结矿、铁水生产的作业状态，从计划、投料、收料各方面生产进程，为管理者提供及时有效生产数据信息。

4　结语

铁前 MES 系统为河钢唐钢新区铁前区域专业、完善且先进的成套化管理系统。对于铁前区域，目前行业内这种成套的系统应用还较少或者说是空白，此次应用实现了所有相关业务场景的管理，使铁前区域的生产精细化管理实现了质的飞跃，达到了目前行业内领先。

参 考 文 献

[1] 首钢自动化信息化公司信息事业部．首钢京唐 MES 领先行业应用［J］．中国制造业信息化，2011（16）：32~33.

[2] 李杰，刘海洋，李海鹏，等．MES 在承钢 120 吨提钒炼钢厂的应用［J］．北方钒钛，2013（4）：6~9，34.

[3] 王丽丽，陈秀良，蔡晓洁，等．MES 质量管理子系统在唐钢不锈钢公司的应用［J］．河北冶金，2013（6）：45，74~78.

[4] 张才杰．浅谈钢铁生产中基于 MES 的质量控制［J］．冶金管理，2019（19）：25，67.

[5] 陈伟，秦忠，何雨洁．MES 系统在钢结构公司的应用研究与实现［J］．科技与创新，2021（16）：179~181.

[6] 钱芳，李小虎．马钢轨道公司 MES 系统的设计与实施［J］．冶金动力，2019（6）：76~78.

[7] 贾乐堂．河北省冶金工业可持续发展中几个关键问题的探讨［J］．河北冶金，2002（2）：3~6，27.

浅析河钢唐钢新区数字化转型建设之路

安邦庆

（渤海国信（北京）信息技术有限公司，北京 100080）

摘　要　深入探讨了数字化转型的框架，指出数字化环境对于生产方式、交往方式、思维方式，甚至是行为方式都已经发生了翻天覆地的变化。河钢唐钢新区是河钢集团全面实施转型升级和结构调整战略的重要部署。随着基础工程建设的展开，企业信息化规划和建设也提上了工程建设指挥部的工作日程，数字信息技术是新区实现转型升级的重要途径。本文对数字化发展的现状进行了分析，指出了数字信息技术的优势及目前存在的问题。在此基础上，全面介绍了河钢唐钢新区信息化建设的总体构架、创新点以及应用效果。河钢唐钢新区的数字化转型建设，增强了企业的核心竞争力，服务用户的能力不断提升，最终在市场上占据有利地位。

关键词　数字化转型；转型升级；信息化；企业发展

Brief Analysis of the Road of Digital Transformation Construction in Tanggang New District of Hegang

An Bangqing

（Bohai International Information Technology（Beijing） Co.， Ltd.， Beijing 100080）

Abstract　This paper discusses the framework of digital transformation in depth， pointing out that the digital environment has changed radically for the way of production， interaction， thinking， and even behavior. HBIS Tangsteel New District is an important deployment of HBIS Group' s comprehensive strategy of transformation， upgrading and restructuring. With the development of basic engineering construction， the enterprise information planning and construction is also on the work agenda of the engineering construction headquarters， and digital information technology is an important way to achieve transformation and upgrading in the new district. This paper analyzes the current situation of digital development， and points out the advantages and existing problems of digital information technology. On this basis， the general framework， innovations and application effects of the information technology construction of HBIS Tangsteel New District are comprehensively introduced. The digital transformation construction of HBIS Tangsteel New District has enhanced the core competitiveness of the enterprise， continuously improved the ability to serve users， and finally occupied a favorable position in the market.

Key words　digital transformation； transformation and upgrading； information technology； enterprise development

0　引言

最近两年，“数字化”已经悄悄替代了“信息化”，那么企业为什么要进行数字化转型，数字化转型与企业的发展又有什么关系？随着信息技术环境日新月异，企业数字化转型已成为当下发展的必由之路。本文在已有研究的基础上，深入探讨了数字化转型的框架，指出重塑思维模式、IT架构和业务架构将成为企业数字化转型的重点内容，作为现代化社会当中以信息技术为基础的新的生存方式。数字化环境对于生产方式、交往方式、思维方式，甚至是行为方式都已经发生了翻天覆地的变化。个人的生存方式尚且如此，对于企业来说，要想在激烈的市场竞争环境当中站稳脚跟，数字化转型是必须要经历的一个重要阶段。

对企业来说转型都是从电子化进化为信息化，再发展成为数字化，从而实现智能化的实践愿景，这四个步骤之间是层层递进的关系，不仅关乎到企业的整体业务流程，而且对企业在市场、营销、战略规划方面也都起着非常重要的作用。

作者简介：安邦庆（1969—），男，高级工程师，1992年毕业于大连理工大学计算机与科学工程软件专业，现在渤海国信（北京）信息技术有限公司从事项目管理工作，E-mail：anbangqing@ bhgi. com. cn

1　河钢唐钢新区数字化现状分析

河钢集团立足未来，打造现代化钢铁企业[1]，河钢唐钢新区是河钢集团全面实施转型升级和结构调整战略的重要部署。随着基础工程建设的展开，河钢唐钢新区企业信息化规划和建设也提上了工程建设指挥部的工作日程。指挥部领导综合国际国内的行业分析，认为数字信息技术是新区实现转型升级的重要途径。

1.1　数字信息技术的优势

（1）数字信息技术为各种专业技术生产要素赋能。形成各种全新的数字化专业技术，极大地提高了专业技术生产要素的使用效率，扩展了专业技术能力。包括：

1）利用数字信息技术改造技术装备，形成各种智能或数字控制的技术装备。

2）利用数字信息技术改善设计手段，形成诸如计算机辅助设计（CAD）、计算机辅助制造（CAM）、计算机辅助工艺规程（CAPP）等基于数字信息技术的设计技术手段。

3）利用数字信息技术提升管理手段，形成诸如财务电算化、电子办公、数据统计分析工具、电子文档管理等各种数字化管理手段。

（2）数字信息技术为企业经营管理要素赋能。构造数字化的企业经营管理执行环境，基于供应链原理的 ERP 系统、面向订单的产供销一体化生产管理系统，不但有效地提升了管理的效率和精准性，还杜绝了各种人为管理的随意性和管理漏洞。

（3）数字信息技术为企业客户关系和供应商关系要素赋能。构造企业生存和发展的数字化生态环境，形成企业、客户和供应商共存共荣、共享共赢的新经济模式。以五级架构为蓝图的信息化建设是河钢唐钢 2008 年信息化建设的主要模式。河钢唐钢也采用了五级架构模式[2]，在经营管理层级，河钢唐钢先后建设实施了 ERP 系统、商务智能系统、电子商务平台系统、客户关系管理系统。在生产执行层级建设了钢后 DSS、一钢/冷轧/不锈钢 MES 系统、铁路运输系统、计质量系统、物流管控平台、能源管控系统、设备点检系统等。钢铁企业传统的信息化架构如图 1 所示。

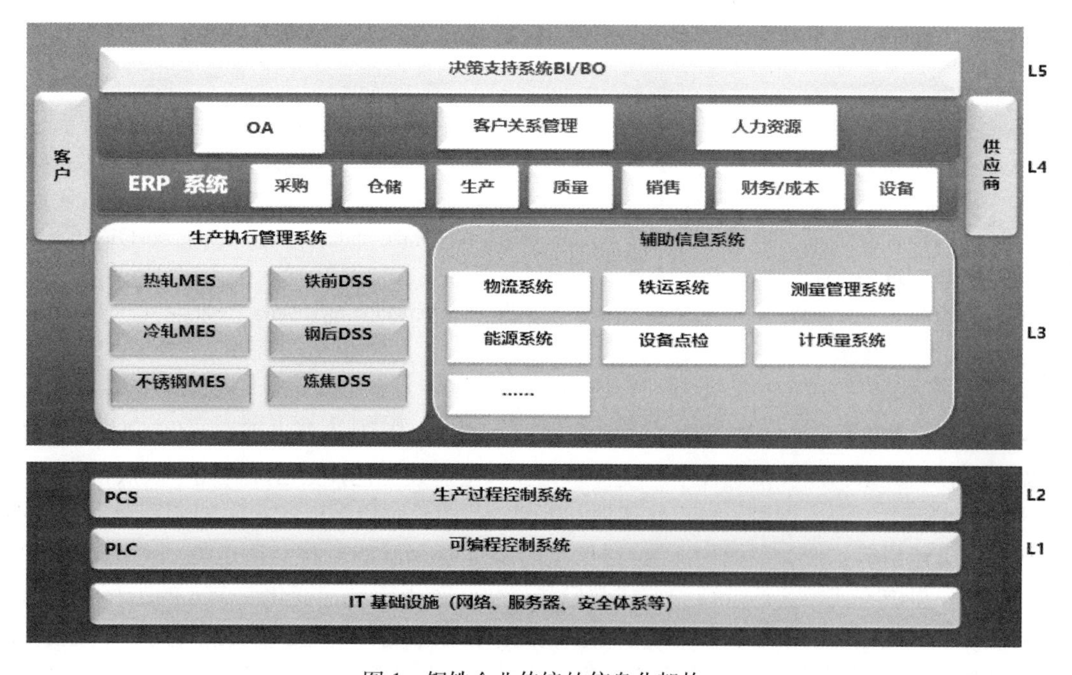

图 1　钢铁企业传统的信息化架构

Fig. 1　Information structure of iron & steel normally

1.2　传统的信息化架构的缺点

（1）传统架构以 ERP 财务为核心，与产线结合不够紧密，对产品制造过程的执行与跟踪未形成有效闭环。

（2）难以适应小批量、多品种、定制化订单的生产组织。企业的生存发展需要处理各种特性订单，传统的架构不能适应这个需求。

（3）质量管控缺乏全流程的系统支撑。尤其是对于高附加值产品的质量管理要求是全流程的监控，传统的系统管理是按照区块各自管理，没有形成完整的链条。

（4）信息化与自动化之间存在断层。局限于当时的认识，传统架构下的信息系统一般都是将执行指令展示给现场操作工，不能下传到二级模型系统，二级模型系统的数据不能有效支撑 MES 系统的有效执行，导致信息化的指令不能传到自动化系统。

2014 年随着企业产品升级，河钢唐钢对原有信息化系统进行了补充完善，在原有系统基础上新增了公司级计划排程系统（APS）、公司级订单设计系统（ODS）、公司级质量管控系统（QMS）、热轧/不锈钢炼钢动态调度系统（MSCC）、热轧/不锈钢 MES 系统改造、工厂数据库（MDS）、设备全生命周期及状态在线诊断系统等。通过实践完善了钢铁企业信息化架构。

2 河钢唐钢新区信息化建设

2.1 总体应用构架

结合河钢唐钢信息化建设经验，在对河钢唐钢新区运营管理体系进行梳理和明确的基础上，将现代数字信息技术、现代管理技术与企业的经营管理和生产制造技术相结合，采用国际先进的信息化规划编制方法，分析业务和信息化需求，做好信息技术能力建设需求的评估，配合业务流程设计细化河钢唐钢新区组织架构及部门职责，设计符合河钢唐钢新区产线及工艺特点的业务架构、应用架构及技术架构，并在此基础上进行河钢唐钢新区信息化数据标准设计。河钢唐钢新区提出了智能制造一体化系统的总体架构规划，这个规划也是河钢唐钢新区运营发展整体设计的重要内容。

借助系统架构技术、统一数据平台等新一代信息技术所提供的数据共享和过程协同能力，极大地精简了管控层次、强化了上下游业务环节的协同机制，真正实现面向需求的流程化管理[3]。

依托移动交互和大数据技术发展和计算存储能力的提高，将企业精细化、规范化管理的范围极大地扩展，真正做到“横向到边、纵向到底”。河钢唐钢新区信息化架构[4]如图 2 所示。

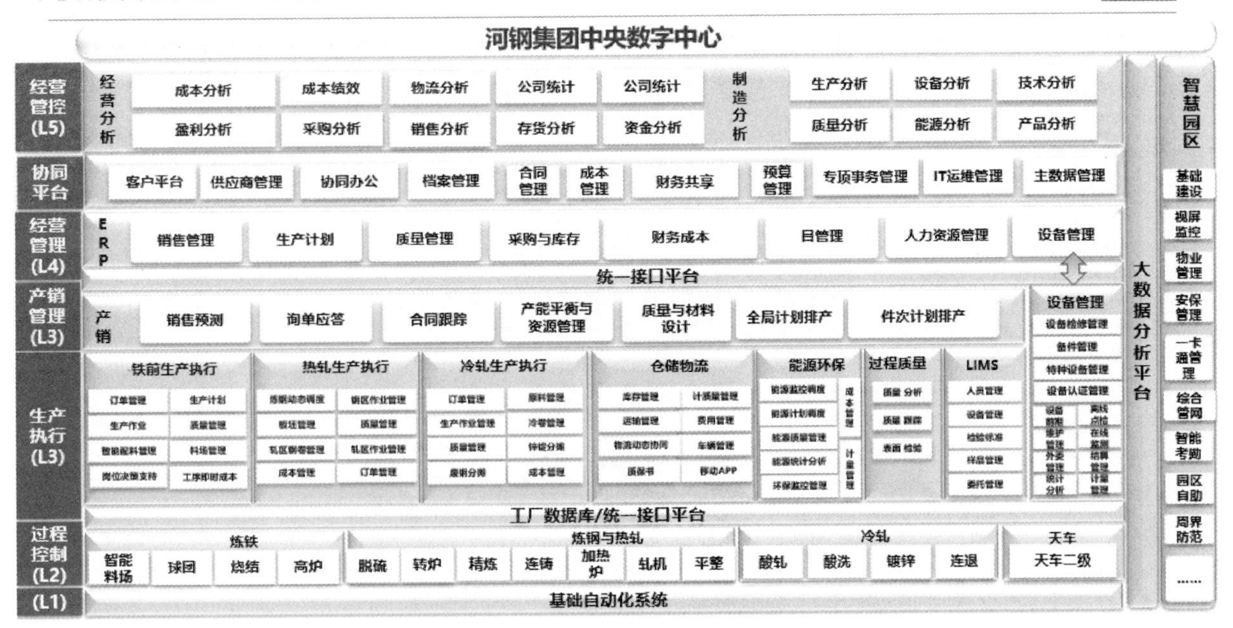

图 2 河钢唐钢新区信息化架构

Fig. 2 Information structure of Hegang Tanggang new district

2.2 系统创新

从应用功能角度上看，河钢唐钢新区信息系统总体上吸收了经行业信息化实践所验证了的钢铁企业信息系统5级架构，并在以下几个方面进行了拓展：

（1）二级系统中规划了智能料场、无人天车等二级智能应用模块，强调了二级生产作业单元的智能化应用。

（2）增加了工厂数据库和统一接口平台，以增强数据采集、数据统一管理和数据共享的能力。

（3）在L3层扩展了跨生产车间的产销管理内容，以便更好地实现产销一体化和全局物料平衡和生产计划。

（4）在L4与L5之间增加了协同平台层次的应用。一方面是为了加强主增值链和专业支撑各个业务板块之间的业务协同性；另一方面也为运营决策和条件保障中的各项业务与运营生产业务的配合提供了环境。

（5）在生产执行和经营管理层面，也根据应用需求的扩展增加了诸如智能配料、移动APP、制造分析等功能。

（6）增加了大数据分析平台，从而丰富了数据分析处理能力。

从而在运营层面通过流程优化实现销售、技术、质量、生产的深度整合，形成产、销、研、质一体的规模化定制运营模式，以便对市场做出敏捷的响应。

在制造层面通过“三化融合”实现生产制造单元的自适应和智能化[5-7]。在业务管理层面，充分借助管理信息化和大数据技术，形成PDCA全过程优化迭代回路，从而实现对业务操作的精准管控。从架构上比较，传统的信息化架构是以流程线性自动化为核心，而数字化企业是数据和业务能力服务化形成网络聚合为核心。

2.3 应用效果

河钢唐钢新区从数字化转型中获益，无人天车项目操作人员减少90%，效率和安全指标在高标准基础上再度提升。智能料场的建设达到国家超低排放要求，有利于彻底解决料场扬尘问题，规避环保风险，降低物料损耗。实现现场无人化操作，该控制系统可以实时扫描料堆的三维轮廓数据，科学指导取料机自动取料，确保了取料流量平稳。

河钢唐钢新区信息系统实施规划，包括项目群规划、软硬件标准、信息系统项目分步骤实施计划，通过全面分析，充分交流设计了河钢唐钢新区信息化架构。数字化转型之路必定不是一条平凡之路，没有可以“按图索骥”的秘籍，河钢唐钢新区数字化转型已初窥门径，在企业生产经营过程中及时调整、优化企业信息化板块，为企业发展提供助力。

3 结语

数字转型的目的和核心都是实现业务的转型、创新和增长。而基石就是数字化技术，其本质是用数字化技术对业务、流程和组织的重构。数字化承载了改造生产方式、提升生产效率、提高产品质量等非常重要的任务，河钢唐钢新区践行数字化转型的进取之路，确保信息技术对业务发展的持续及全面支撑。

参 考 文 献

［1］王新东．以高质量发展理念实施河钢产业升级产能转移项目［J］．河北冶金，2019（1）：1~9.
［2］赵振锐，孙雪娇．钢铁企业智能制造架构的探索、实践及展望［J］．冶金自动化，2019，43（1）：24~30.
［3］王新东，李铁，张弛，等．河钢唐钢新区数字化绿色智能工厂的设计与实施［J］．河北冶金，2021（7）：1~6.
［4］渤海国信项目组．河钢乐亭信息化整体规划设计总体规划报告［R］．唐山，2018.
［5］渤海国信项目组．山钢莱芜分公司信息化规划报告［R］．山东，2019.
［6］渤海国信项目组．安阳钢铁集团信息化研究与应用规划设计总体规划报告［R］．安阳，2020.
［7］渤海国信项目组．安阳钢铁集团信息化研究与应用规划设计总体规划报告［R］．安阳，2020.

工程建设管理平台在河钢唐钢新区建设中的应用

范春颖[1]，曹　原[2]

（1. 渤海国信（北京）信息技术有限公司，北京 100080；
2. 唐钢国际工程技术股份有限公司，河北唐山，063000）

摘　要　河钢唐钢新区的正式投产运营，标志着河钢集团拥有了世界级现代化沿海钢铁基地，其工程建设管理是一个复杂的系统工程，需要通过信息化手段辅助规范业务管理。遵循安全性、可靠性、可扩充性、经济性的原则，建设了高效的工程建设管理平台，提高管理效率、加强管控力度。本文结合河钢唐钢新区的管理模式和系统中固化的实施特点，对新区工程建设管理平台的特点、实施过程以及应用效果进行了详细论述。平台采用独有的管控组织与作业区域及配套、作业区域及配套与费用类型相结合的两结合 WBS 层级结构，利于大型工程项目中集中管控；项目立项"前置"应用，更利于项目级的全过程管控以及项目资料的全面、完整；PC 端和移动端相结合的工程项目进度管理平台，为现场工程进度管理及时有效地进行进度的提报、监控、查询打下了坚实的基础。

关键词　工程建设管理平台；WBS；两结合；信息化；全生命周期；前置；移动端

Application Characteristics of Project Construction Management Platform in Tangsteel New Area Construction

Fan Chunying，Cao Yuan

（1. Bohai International Information Technology（Beijing）Co.，Ltd.，Beijing 100080；
2. Tangsteel International Engineering Technology Co.，Ltd.，Tangshan 063000，Hebei）

Abstract　The official commissioning of HBIS Tangsteel New District indicates that HBIS Group has a world-class modern coastal iron and steel base，whose engineering construction management is a complex system project that requires information technology to assist in standardizing business management. Following the principles of security，reliability，expandability and economy，an efficient engineering construction management platform has been built to improve management efficiency and strengthen control. This paper discusses in detail the characteristics，implementation process and application effects of the engineering construction management platform in the new district，taking into account the management mode of HBIS Tangsteel New District and the implementation features cured in the system. The platform adopts the unique two-combination WBS hierarchical structure combining control organization with operation area and support，and operation area and support with cost type，which is conducive to centralized control in large-scale engineering projects；the "front-end" application of project creation facilitates the whole process control at project level and the comprehensive and complete project information；The project progress management platform combining PC terminal and mobile terminal has laid a solid foundation for the timely and effective progress reporting，monitoring and querying for on-site project progress management.

Key words　engineering construction management platform；WBS；two-combination；informatization；whole life cycle；front；mobile terminal

0　引言

河钢唐钢新区建设涉及多产线、多作业区、多部门、多供应商间的协作，包含 EMC、BOO、BOT、

作者简介：范春颖（1986—），女，工程师，2009 年毕业于中原工学院信息商务学院计算机科学与技术专业，现任渤海国信项目经理，E-mail：593089864@ qq. com

BOOT多种建设模式，管理内容覆盖投资、采购、合同、进度、成本费用、文档等，具有业务条线多、协同配合工作量大、建设周期长等特点。对于如此大型工程，工程建设管理是一个复杂的系统工程，需要通过信息化手段辅助规范业务管理，遵循安全性、可靠性、可扩充性、经济性[1]等原则，建设高效的工程建设管理平台，提高管理效率、加强管控力度。本文针对河钢唐钢新区项目管理模式和系统中固化的实施特点进行详细的说明。

1 工程建设管理平台概述

工程建设管理平台打造贴合河钢唐钢新区业务需求的应用方案和系统功能，梳理业务管理需求，确定并实现了包含投资计划管理、立项前期管理、项目可研及初设、项目立项审批及下达、工程进度管理、开工前准备、项目物资及服务采购计划管理、项目物资及服务合同管理、项目物资及服务合同收货及确认管理、变更管理、质量及安保管理、项目竣工验收及投运管理、工程决算及转资，以及归档等项目全过程管理内容，同时根据业务职责梳理确定了工程、设备、财务三大职能条线。工程建设管理平台的建设及运行有效支撑工程建设项目全过程管理的规范化、流程化、精细化的管理目标，同时为设备全生命周期管理打下坚实基础。河钢唐钢新区建设中工程建设管理平台具有如下几个特点：

（1）两结合WBS（Work Breakdown Structure）层级结构设计。WBS的结构设计以管理组织与作业区域及配套相结合，作业区域及配套与费用类型相结合的设计思路，改变了传统编制WBS只按照作业区域及配套与费用类型相结合，或按照图纸合同与费用类型相结合的单一结合模式。将管理组织加入到WBS中，满足了业务归口责任部门项目整体一级管控，生产单位管理对口作业区的二级管理的两级管理需求，有效地支撑大型、复杂的项目统一管控，分步实施的实际需求，为业务间的协同、共享提供更加高效、便捷的系统功能。

（2）投资控制点前移，结合WBS的划分，将项目管理的系统应用从传统的项目正式立项，前置到立项前期，为项目全过程管理提供更加完整、全面的系统支持，也为项目后评价提供更加多维数据分析的可能。

（3）将工程进度管理APP的移动应用功能与PC端功能相结合，移动技术的应用满足了业务人员移动办公的需求，提高了业务数据更新的及时性。同时提供到期预警、超期警告等功能，辅助业务人员提高工作效率。

2 平台应用实现过程

2.1 明确业务组织职责

项目管理涉及部门众多，基本涵盖了所有业务部门。明确工程项目管理平台项目的组织机构，成立项目部明确部门职责，明确联系人。首先确定了工程整体建设归口管理部门作为业务主责任部门，牵头确定业务管理的流程和系统实现方案。由各个专业部门协调确认本部门内各专业口业务实现方案确认。信息化部门负责项目的推进和部门间的协调工作。

2.2 平台建设部署

明确业务管理范围，从前期立项到决算转资的全过程管理。制定满足工期要求、可行的实施计划，按照项目计划进行本项目应用部署。项目部署过程中各个方案的确定都经过实施方与业务部门反复讨论、论证，受到专业部门和归口管理部门一致认可。

3 应用特点

3.1 两结合的WBS架构设计

WBS是项目精细化管理应用的基础。河钢唐钢新区工程建设管理平台采用独有的管控组织与作业区域及配套相结合，作业区域及配套与费用类型相结合，两结合的WBS层级结构作为项目管理的基础。首层WBS为项目整体管控层，1个项目只有1个首层WBS，子层设各个项目部层级，可根据项目范围进行设计，各项目部下再根据实际所含区域、分项工程再进行细分，其下最底层是费用层 WBS，用于关联采购计划、采购合同和归集实际成本。WBS 结构示意图详见图 1。

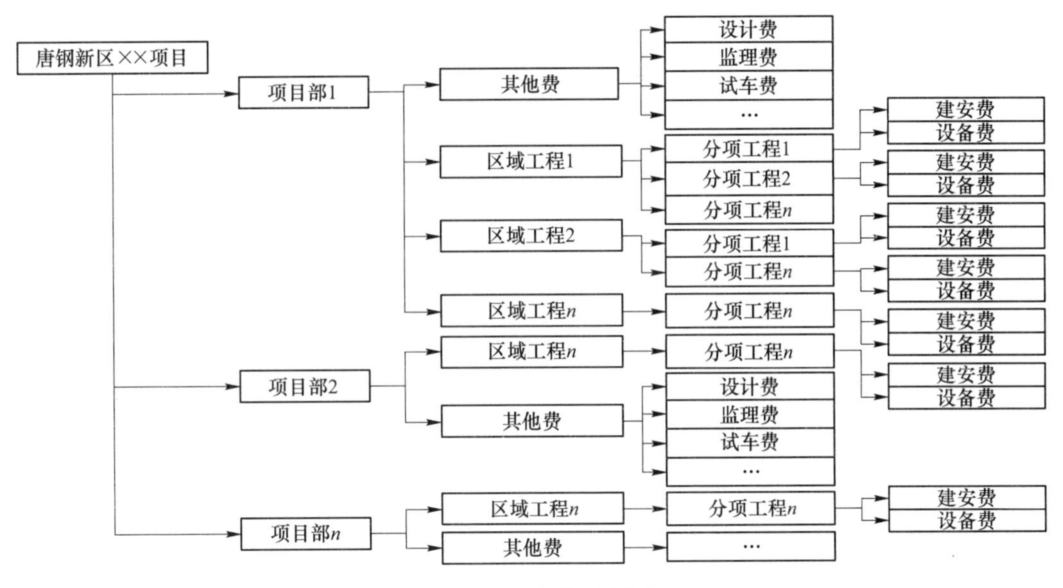

图 1 WBS 架构示意图

Fig. 1 Diagram of WBS architecture

WBS 编码规则，在项目编码基础上进行编制，具体规则详见表 1 项目 WBS 编码规则说明表[2]。

表 1 项目 WBS 编码规则

Tab. 1 Project WBS coding rules description table

WBS 层级	WBS 编码位数	说 明
首层 WBS	12	与项目定义一致
WBS	12 项目编码+项目部 1 位+项目部区域工程流水码 1 位+分部分项工程层级 * 2 位+费用代码 1 位	单位工程：01~99 范围内的两位数字

两结合的项目层级结构，能够直接区分不同业务部门，区分不同区域、分项工程，区分不同费用类型，在继承传统编制 WBS 的基础上，增加了管理组织层级。前端业务驱动后端财务的应用过程中，有利于业财一体化管理的同时，更有利于大型工程项目中集中管控，分权管理，在河钢唐钢新区体现为业务归口责任部门负责项目整体一级管控，生产单位负责对口作业区的二级管理的两级管理模式，保证投资目标的实现，避免“三超”（即概算超估算、预算超概算、决算超预算）[7]。

如炼铁项目部的分项工程 1 下 a 设备采购合同，在平台中关联到 WBS“炼铁项目部-分项目工程 1-设备费”，既可以根据 WBS“炼铁项目部-分项目工程 1-设备费”查询 a 设备采购合同，也可以根据采购合同 a 查询对应炼铁项目部以及分部分项工程 1，平台可以根据父层 WBS 查询到其本身及所有子层的采购、成本数据，更利于项目费用管控即投资管控的直观管理，为项目统计及分析、项目转资等提供有力依据，为设备全流程的管理打下良好基础。设备的全流程管理，充分挖掘设备的成本优势，提升设备的管控能力，打造企业核心竞争力，实现高质量发展[5]。

3.2 项目立项“前置”

在河钢唐钢新区的工程建设管理平台应用建设中结合企业管理过程的特点，工程项目管理在平台中的应用节点由传统的“正式立项”（一般为项目正式立项文件下发）前置到项目前期，并明确项目编码。将项目分为项目前期、项目立项、项目开工、项目完工、项目关闭 5 大阶段，从项目前期筹备直到项目关闭的全过程的管理工作、发生的费用、如报批及采购文件等文档，都可以直接归集到项目中。

平台中项目立项“前置”应用，改变了传统的项目管理系统应用中，正式立项批准后才明确项目编码，进而执行后续的项目管理工作，更利于项目级的全过程管控以及项目资料全面、完整地收集。

3.3　工程进度管理 APP 的应用

工程项目建设人员管理进度，本质上是动态运行中实现多目标的优化，根据现场及施工情况，不断地优化调整项目进度，实现多目标的优化[6]。深入到各个环境复杂的现场去监督、管理、确认，受到现场办公环境的影响，可能无法及时进行进度查询、确认，再加上目前移动办公已经成为信息化应用的主流趋势，工程进度管理的移动办公的需求就显得更为迫切。

河钢唐钢新区工程建设管理平台，打造了一套统一的、PC 端和移动端相结合的工程项目进度管理平台，实现工程项目进度的信息化管理，更有利于现场工程进度管理及时有效地进行进度的提报、监控、查询，具有以下特点：

（1）全面掌控工程项目详细的进度，提前预警工程项目进度的风险，方便及时处理。

（2）提供灵活可配的操作权限、数据权限以及进度报警规则，降低工程项目进度的管理风险。

（3）提供 PC 端和简洁高效的移动端 APP，方便用户随时随地了解工程项目进展和工程进度的实际确认。工程进度管理 APP 总览界面图详见图 2。

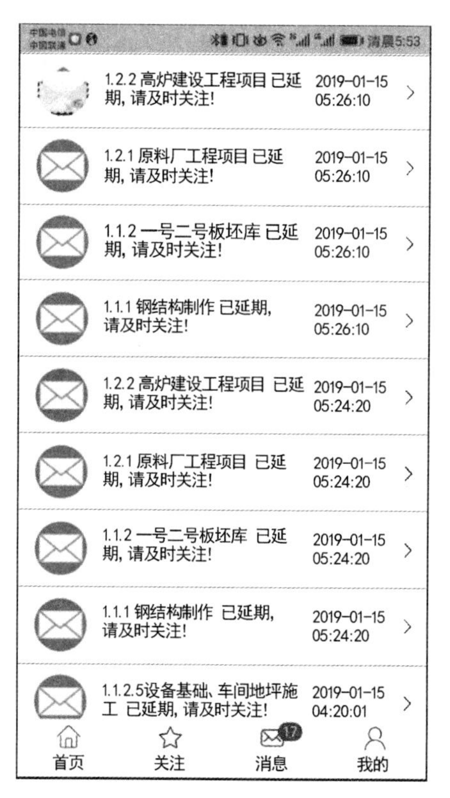

图 2　工程进度管理 APP 总览界面图[2]

Fig. 2　Diagram of overview interface of project schedule management APP[2]

（4）可根据实际需求设计相关报表，提供对工程项目进度管理方面的数据支撑。

工程进度管理功能包含工程项目进度的查询、创建、导入、导出、关注、实际进度确认以及甘特图展示等，平台提供区域工程设置管理，将区域工程和公司部门建立起联系，以便细化权限和数据分类，可依据职责维护不同进度级别，有效支撑差异化管理需求。

4　应用效果

河钢唐钢新区工程建设管理平台，以 WBS 为基础，通过业务驱动财务，实现真正的业务财务一体化的工程项目管理模式。同时项目立项管理利用工程建设管理平台将业务管理前置到项目立项前期，方便财务进行成本归集。另外对于项目文档的管理可以延伸到前期报批手续的相关批文，便于后续资料的查询、整理。同时做到项目从前期筹备到立项正式建设过程的平滑过渡，方便管理。

项目结构多模式结合的实现方式，对于项目整体控制更易查易管，但是 WBS 架构的创建具有一定的工作量。项目实施通过固化编码、固化模板的模型化[4]解决方案，很好地解决了此问题。由于项目的管理是一项灵活、复杂，而且多变的过程，需要有整体协调部门进行管理跟踪，平台也将此类问题考虑在内，建立一些跨区域的 WBS，便于业务人员使用，极大减少了业务人员的工作量。

工程进度管理 APP，所有的网络结构目前只要求到形象进度，所以未来可以考虑与成本归集的 WBS 相结合，甚至到图纸层面，需要管理手段与设计工作相结合，系统实施、功能的开发，需要靠业务驱动[3]，不断优化实现。

5 结语

（1）两结合的 WBS 层级结构设计，相较传统只按照作业区域及配套与费用类型相结合，或按照图纸合同与费用类型相结合的单一模式，利于集中管控、分权管理，又能应对灵活多变的项目内容，能够有效支撑项目规范化、流程化、精细化的管理要求。

（2）工程建设管理平台支持项目立项管理前置到立项前期阶段，促进项目资料的完整性，支持项目从前期到立项的完美过渡，与正式立项后进行系统管理的传统应用方式相比，项目信息更加全面完整，也为项目后评价提供更加多维的数据分析的可能。

（3）移动 APP 能够极大地方便项目进度查询及确认，提高工作效率，提高进度管理的实时性，更利于工程整体进度把控。

参 考 文 献

[1] 刘连珍，魏涛，余晓玲，等．信息化整体规划设计分专业规划报告-产销一体化与质量一贯制专业［C］．规划项目评审文档，2017.

[2] 范春颖．SAP 项目管理解决方案［C］．建设期项目实施方案，2018.

[3] 袁久柱，陈兆阳，周磊．钢铁行业信息化建设现状及前景展望［J］．河北冶金，2017（7）：81~86.

[4] 赵振锐，刘景钧，孙雪娇，等．面向智能制造的唐钢信息系统优化与重构［J］．冶金自动化，2017，41（3）：1~5，31.

[5] 李公田．设备全生命周期管理系统设计［J］．河北冶金，2020（S1）：99~102.

[6] 殷瑞钰．“流”、流程网络与耗散结构——关于流程制造型制造流程物理系统的认识［J］．中国科学：技术科学，2018，48（2）：136~142.

[7] 张林．谈钢铁企业工程造价的全过程控制［J］．河北冶金，2012（6）：17，74~77.

成本管理平台精细化管理设计与应用

李 傲[1]，李 晗[2]

（1. 渤海国信（北京）信息技术有限公司，北京 100080；
2. 唐钢国际工程技术股份有限公司，河北唐山 063000）

摘 要 钢铁智能制造模式需要精细化的成本核算体系提供详尽的成本数据，定制化、个性化制造模式则需要企业能够准确核算单件、单批次产品成本以进行订单盈利分析和决策。这些都为精益成本管理的创新应用提供了广阔的空间，打造具备钢铁行业特色的精细化成本管理分析平台是河钢唐钢新区信息化建设中重要的组成部分。本文阐述了河钢唐钢新区在成本管理分析平台解决方案深挖价值链、减少非增值成本，实现精细化的全成本管控和分析。通过目标成本管理、标准成本管理、工序成本管理、成本预算预测等多角度管理测算实现管理的评价闭环。依托多维盈利分析模型，将产品的成本压力传递给企业各个支持部门，帮助企业实现产品盈利的持续提升。

关键词 成本管理；信息化；精细化；日清日结；降本增效；成本数据

HBIS Tangsteel New District Cost Management Platform Fine Management Design and Application

Li Ao[1], Li Han[2]

(1. Bohai International Information Technology (Beijing) Co., Ltd., Beijing 100080;
2. Tangsteel International Engineering Technology Co., Ltd., Tangshan 063000, Hebei)

Abstract The intelligent manufacturing mode of iron and steel requires a refined cost accounting system to provide detailed cost data, while the customised and personalized manufacturing mode needs enterprises to accurately account for the cost of individual pieces and batches of products for order profitability analysis and decision-making. All these provide a broad scope for the innovative application of lean cost management, and the creation of a refined cost management analysis platform with the characteristics of the iron and steel industry is an important part of the information construction of HBIS Tangsteel New District. In this paper, it illustrates how HBIS Tangsteel New District has been able to dig more deeply into the value chain, reduce non-value-added costs and achieve refined total cost control and analysis through the solution of the cost management analysis platform. The closed-loop evaluation of management is realized through multi-faceted management measurement such as target cost management, standard cost management, process cost management and cost budget forecasting. Relying on the multi-dimensional profitability analysis model, the cost pressure of the product is transmitted to the various support departments of the enterprise, helping it to achieve the continuous improvement of product profitability.

Key words cost management; informatization; refinement; daily clearing and settlement; cost reduction and efficiency increase; cost data

0 引言

如何通过管理创新来提高企业运营效率，增强市场预测及盈利能力，一直是河钢唐钢新区亟待解决的首要问题和核心任务。面对新形势下的挑战，河钢唐钢新区一方面响应国家两化融合管理体系要求，逐步构建了集智能装备、智能工厂、智能互联于一体的智能制造体系，并致力于品种升级，打造能够经

作者简介：李傲（1990—），男，2011 年毕业于湖北轻工学院会计电算化专业，现任渤海国信（北京）信息技术有限公司财务成本业务顾问，E-mail：liao@bhgi.com.cn

受得住市场考验的品种竞争力[1]；另一方面推动成本精细化管理，应用先进信息技术手段，构建成本日清日结体系，持续提升工艺操控、生产管理、经营管理等方面的自动化、智能化水平，整合优化资源，加强整体系统管控，在有限的资源条件下实现效益最大化。成本管理分析平台是实现研发端到生产采购端、再到销售端的全链条的成本管理系统，为企业提供满足管理战略需求的精细化的成本数据，帮助企业发现内部存在的问题，形成有力的管理抓手。精细化成本管理带来财务管理者的职能转变，从报表的提供者、数据的监管者，转变为战略决策的领路人，引导业务发展方向、持续输出财务的价值。

1 成本管理现状分析

随着制造业转型升级的不断深化，河钢集团立足未来，打造现代化钢铁企业[2]。河钢唐钢新区主要产线包括烧结、球团、炼铁、炼钢、热轧、冷轧、棒材、线材、型材等，钢铁企业生产特点就是产品生产的过程复杂、生产流程长，但各工序的生产时间较短，并且存在很多副产品，物流关系复杂。要做好成本管理，就要获取每道工序的实际成本数据，成本管理需要及时和精确的成本数据。

河钢唐钢新区非常重视生产过程及各环节的实际成本，不仅需要对每道工序进行成本核算，而且核算需要精细到烧结、球团、高炉、铁水预处理、转炉、精炼、连铸、轧钢、平整等各个工序。河钢唐钢新区还需要对各工序产出品的实际成本与标准成本的差异及原因进行分析，并且需要精细到单件、单批次产品的成本核算与分析，最终形成日清日结的精细化成本管理体系。传统的成本管理主要依托于 ERP 做事后核算，虽然符合财务报告准则要求，但不能很好地满足企业内部成本的过程控制和决策支持等需求[3]。伴随着河钢唐钢新区现代化工厂的建设，信息化建设作为一项重要的关键性工程也随之启动。为了适应现代市场经济发展以及不断加剧的市场竞争，以合理的经济资源取得最大的经济效益。河钢唐钢新区基于企业发展战略，实现企业成本的现代化管理，适时提出了建设成本管理分析平台的规划。成本管理平台的提出不仅仅是适应市场发展变化的需求，也是对河钢唐钢成本管理历史经验的总结。

2 成本管理分析平台的设计与应用

2.1 成本管理分析平台的设计

河钢唐钢新区以信息系统提供的大数据为支撑，以优化核算流程为抓手，用系统化、科学化的先进管理理念和方法，进行管理机制上的变革和成本控制流程上的创新。通过绘制数据源地图、明确数据规范、规范数据录入、创新核算方法、分析成本动因、维护模拟数据、比较还原成本、加强业务沟通、开展系统培训、持续深化应用，建立了以成本精细化管控为主线，以降本增效为目标，以过程监控为手段，基于完全日成本核算的日清日结管理体系，实现了料工费信息同步、成本信息自动处理、提升成本管控能力的目标。成本平台提供的价格管理功能，通过设置铁水转移价，能够快速进行事业部的成本利润测算及分析。通过工序成本核算模型，实现了炼钢环节铁水预处理、转炉、精炼、连铸各个工序的成本核算。成本管理分析平台强大的核算引擎，能准确对单批次板坯、热轧卷进行成本核算，实现产品成本的全流程追溯，为订单盈利分析和决策提供了有力的数据支撑。通过成本管理分析平台的实施，能够准确了解生产厂的各项数据，实时掌握生产节奏，为降本增益做到预先提醒作用，有效支持了实现铁水成本的降低、合金使用量的降低及效益的准确预测，同时有效地降低了管理成本，提升决策效率和准确率，提升品牌形象。

河钢唐钢新区信息化架构如图 1 所示。

2.2 成本管理分析平台的应用

河钢唐钢新区成本管理分析平台的投入产出等业务数据根据产品不同分别来源于 MES 系统和能源系统，成本管理分析平台需要对在整个生产过程中各环节形成的价差、量差、能源消耗等进行合理分摊，实现对生产成本的及时控制[4,5]。分析成本管理分析平台的累积数据，合理制定各成本中心的标准成本，解决产品明细品种、规格间合理分摊问题，满足优化资源、调整结构、降本增效、绩效测量改进等需求，为快速应对市场提供准确及时的动态成本信息，提升企业盈利能力。成本管理分析平台通过全面整合前端各种业务系统数据，并且支持多维度复杂核算体系的即时成本核算，提供了更精细化更准确

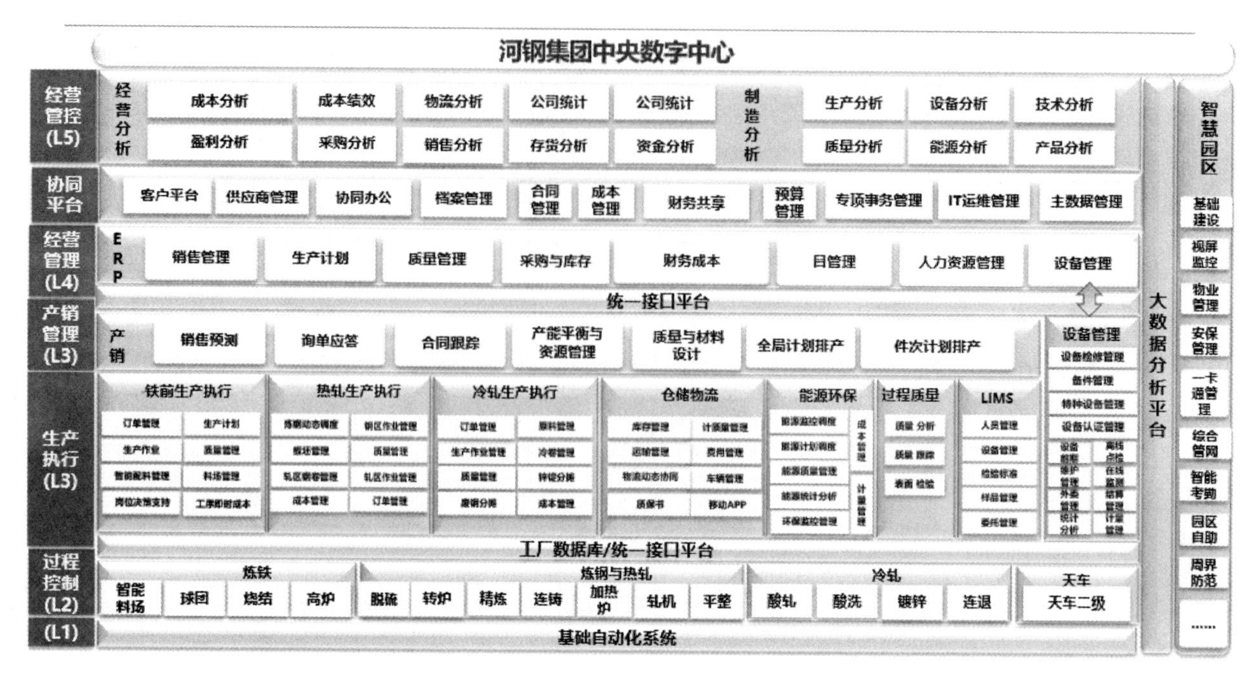

图 1　河钢唐钢新区信息化架构

Fig. 1　Information architecture of HBIS Tangsteel New District

的成本核算结果，有效支持了企业成本战略的落地。

日常发生的成本数据信息是成本管理分析平台的基础，成本管理平台进行计算分析的数据主要来自各级业务系统。主要包括三级系统和四级 ERP 系统，其中三级系统涉及炼铁 MES、热轧 MES、冷轧 MES 以及能源系统，四级系统涉及到 SAP 系统。炼铁 MES、热轧 MES、冷轧 MES 提供工单、产出、主材及能源消耗、报工、改判等信息。能源系统提供能源产品的工单、产出、消耗、报工等信息。成本平台实时接收三级系统的生产数据。ERP 系统提供有关组织架构、成本中心、成本要素、费用记账等相关的成本信息，成本平台上线时，ERP 将成本相关主数据通过接口传输给成本平台，新增的成本主数据通过增量传输给成本平台。通过与成本管理平台及其他应用系统的接口功能，实现成本自动归集和成本数据在成本管理平台自动集成。成本管理平台同时支持手工录入功能，不仅实现了多版本的成本核算功能及特殊事项的业务调整，而且在没有 ERP 系统和 MES 系统场景下也能有效为企业提供精细化的成本管理。目前，中国企业进行精细化成本管理，可以采用的信息化手段主要有 ERP 中的成本模块、作业成本管理解决方案、费用管控系统、战略成本管理模型以及 BI 的成本分析等五大类[6]。成本管理分析平台的上线，为企业在精细化成本管理系统选型时提供了另外一种可能。

精细化成本管理系统的建立和运行，是需要企业全体部门全体员工参与的[7]。因此，企业除了建立起成本控制和考核的制度，还需要培育精益成本管理的文化，让精细化成本管理的理念深入人心，成为企业全体员工的共识。随着成本管理平台上线运行，河钢唐钢新区同时成立了成本日清日结成本管理领导小组，并明确了各部门职责及日清日结成本管理考核制度。河钢唐钢新区依托日清日结管理体系及成本管理分析平台，实现按单件物料的成本核算。在此基础上，依托强大核算引擎，聚焦成本动因的业务选择及管理测算，实现多维产品、客户组合等复杂管理逻辑下的多维成本费用盈利分析。河钢唐钢新区成本管理分析平台有力地推动了两化深度融合向纵深发展，达到了通过信息化应用提升钢铁企业盈利能力和竞争力的目的。

3　结语

河钢唐钢新区生产过程中产生大量的数据。借助于信息化系统建立成本管理分析平台，全面整合企业 ERP 及生产执行系统成本相关的生产经营数据，依托强大的结算、分摊规则引擎与动态建模能力，通过整合业务财务数据，能够很好地满足管理所需最小颗粒度的精细化核算需求；实时、多维、准确地反映经营状况，提升报告的准确性、时效性、可追溯性，真正帮助企业内部市场化、多利润中心等管理模式落地，提升企业精细化管理水平。

成本管理分析平台实现了日清日结、按班核算，满足了对班组的考核管理需要；实现了事业部的利润分析，满足了利润中心考核管理的需求；提供成本数据分析报表，有效支持多维度、多颗粒度的数据分析需求；支持订单损益预测，有效支撑销售接单的财务评审工作；实现订单损益分析，有效支撑了企业进行经营分析。为生产经营管理决策提供有力成本数据支撑。

参 考 文 献

[1] 渤海国信项目组．河钢乐亭信息化整体规划设计总体规划报告［R］．唐山，2018.

[2] 渤海国信项目组．唐钢新区成本管理分析平台详细设计说明书［R］．唐山，2020.

[3] 王新东．以高质量发展理念实施河钢产业升级产能转移项目［J］．河北冶金，2019（1）：1~9.

[4] 王新东，李铁，张弛，等．河钢唐钢新区数字化绿色智能工厂的设计与实施［J］．河北冶金，2021（7）：1~6.

[5] 胡尔纲，姜楠．邮政企业闲置产能占用成本管理：时间驱动的作业成本法［J］．管理会计研究，2019，2（2）：35~43，86~87.

[6] 元年科技．驾驭精益成本管理，有效节省成本［R］．北京，2019.

[7] 张德勇，潘锡睿．长江电工的标准化成本体系构建［J］．财务与会计，2015（3）：24~27.

合同管理平台的应用

曹 鑫[1]，李 晗[2]

（1. 渤海国信（北京）信息技术有限公司，北京 100080；
2. 唐钢国际工程技术股份有限公司，河北唐山 063000）

摘 要 基于全公司级别的合同全生命周期管理系统，依据现有整体信息化规划[1]和工程基建期的管理需求，以及在生产过程中涉及到的采购、销售、工程管理、财务计划等方面的实际业务需求，河钢唐钢新区搭建了其合同管理平台，是企业对全公司所有合同进行统一管理、统一追踪、统一把控的管理平台，是河钢唐钢新区信息化建设中重要的组成部分。本文详细阐述了合同管理平台在企业信息化建设和财务管理方面起到的重要作用，并结合企业建设和生产过程中出现的实际问题，提出了相应的解决方案，使企业能够建立起完善高效的合同管理体系。

关键词 合同管理平台；信息化；财务管理

Application of Contract Management Platform in Tangsteel New Area of Hesteel

Cao Xin[1], Li Han[2]

(1. Bohai International Information Technology (Beijing) Co., Ltd., Beijing 100080;
2. Tangsteel International Engineering Technology Co., Ltd., Tangshan 063000, Hebei)

Abstract Based on the company-wide contract lifecycle management system, the existing overall information planning[1] and the management requirements during the engineering infrastructure period, as well as the actual business needs in procurement, sales, engineering management, financial planning and other aspects involved in the production process, HBIS Tangsteel New District has built its contract management platform, which is a unified management, tracking and control of all contracts in the enterprise. It is an important part of the information construction of HBIS Tangsteel New District. In this paper, it describes the significant role of the contract management platform in the enterprise's information construction and financial management, and proposes corresponding solutions to the practical problems that arise during the process of enterprise construction and production, so that the enterprise can establish a perfect and efficient contract management system.

Key words contract management platform; information technology; financial management

0 引言

随着河钢唐钢新区信息化建设的发展，企业通过 ERP 系统、产销 MES 系统、物流系统、计量系统等应用平台的搭建，实现了从原燃辅料采购、生产销售、物流运输、财务管控、工程管理等业务流程的信息化管理。在此信息化建设的基础上，河钢唐钢新区搭建了一个跨系统、跨部门的合同管理平台，将企业采购计划、工程进度监控、付款、销售跟踪、合同评价等业务流程进行整合，将业务范围涵盖到企业采购、工程建设、销售等多种合同类别，实现了合同从签订前、签订中、签订后的全生命周期管理，功能覆盖到合同起草、审批、签订以及履行过程中发生的合同付款计划、付款审批、质保金管理、合同评价等业务，同时可以与企业内部各个系统进行无缝对接，打通以合同为核心的信息链条[2]。

作者简介：曹鑫（1986—），男，专科，工程师，2008 年毕业于河北师范大学计算机应用专业，现任渤海国信（北京）信息技术有限公司项目经理，E-mail：cx1986520@163.com

1 合同管理平台应用建设的必要性

河钢唐钢新区工程建设阶段涉及大量的采购和工程建设类合同。建立一个稳定的合同管理框架和高效的合同管理制度，是保障项目工程进度、制定资金计划的基础。当新区正式投入生产后，也会出现大量的原材料、备品备件的采购以及各种类型的销售合同的签订，所以做好这些重要合同的管理是保障企业稳定生产，提高客户实际体验的重要手段，合同管理平台将公司经营所有的对外合同进行统一管理，帮助公司解决以下实际问题：

（1）传统的纸质合同管理方法无论从合同起草、审批、签订都会付出大量的人力成本。当管理人员需要快速查阅相关合同文本以及附件时，需要花费较多的时间成本。而合同管理平台将采用多种合同管理模式，支持各种形式的合同模板管理，通过模板复用和组合的方式避免了纸质合同起草[3]、审批过程中出现的大量重复性工作。所有合同具都有完整的台账、索引以及便捷的文本查阅方式，大大减少相关管理人员的时间成本。在搭建合同管理平台之前不同业务场景中，所发生的合同数据大部分都会分散在不同的信息化系统中进行存储和展示。而合同管理平台可以通过与各个系统平台之间的接口，集成将河钢唐钢新区自身所有的合同进行统一收集、统一管理、统一追踪，这样在降低合同管理人的工作量和风险的同时保证企业管理层能及时方便地了解每个合同的执行进度和收付款情况。

（2）大型企业建设期进度控制难度较高，尤其是像大型钢铁企业涉及的工程建设、采购合同繁多，且每个工程项目和重点物料的采购进度对整体投产日期的影响都十分巨大。容易出现合同执行情况和数据统计分析方面的难题，发生未知的管理风险。以合同管理平台为载体，各项目负责人可以根据现场或者合同实际执行情况进行数据收集，提交相关电子附件、财务凭证、图片等资料上报真实的工程进度，通过工程管理部门的审核，形成以合同为载体的工程进度统计报表，为后续合同付款条件是否满足的判断提供了有力的数据支持，便于管理层对项目工程进行统筹安排，减少项目管理的风险。

经过上述合同进度管理以及采购部门收集上来的数据作支撑，项目部、合同主管部门、财务经营部门可以通过合同为载体，以合同付款节点验收条款为依据，发起付款计划申请的业务流程，从而实现合同收付款计划管理、月度资金计划管理、合同付款审批、合同日付款计划等合同资金相关的管理功能。每个合同的管理人员可以根据当前付款情况，调整当前合同未来的付款计划，各类合同汇总后就会形成企业长、中、短期的付款计划，进而对财务资金方面的管理提供有力的数据支持，使其更好地掌握资金流向。同时建立起以合同为主线的资金平衡的管理体系，通过一系列的审批、表单、报表、制度文件等将合同付款计划，付款计划审批等公司制度进行固化，使用平台来规范公司管理制度，从而搭建起以合同为维度的资金平衡体系。

（3）最后通过建立合同管理部门、企业法务部门、供应商、客户之间的制度规则，及时记录合同纠纷和发生的相关事件，实现在合同历史数据的基础上，建立起相关的知识库，帮助后续法务部门进行培训和知识传递，为建立相应的供应商、客户评价体系提供数据支撑。通过建立黑名单制度加强对有污点或者纠纷的供应商进行筛选考核，预防可能存在的风险发生[4]，从而做好事前预防事后分析的工作。

2 合同管理平台应用的架构设计与创新

根据河钢唐钢新区合同管理平台的建设目标和内容，要建设公司级统一的合同管理平台，业务需要涵盖整个公司的采购、销售、服务、工程建设等不同类型的合同对象。因此，在满足合同自身全生命周期管理的同时，更需要与周边的财务、ERP、OA、供应链、档案管理等系统紧密结合协同工作[5]。在设计合同管理自身业务架构的同时，充分考虑了合同管理与周边系统的集成关系，在合同签订前与供应链服务平台、ERP 系统之间进行信息同步。保证了合同数据来源的统一性和准确性，而在合同签订和履行中设计与 OA 系统相结合，使用分层审批。通过统一代办等手段保障审批过程的流畅性和合理性，同时将合同付款计划与财务管理平台集成，实现合同资金管理最后一环的闭环，保证了合同付款等数据的准确性和实效性。

在合同签订后或履行后，及时与档案管理系统等进行归档[6]，保证了合同的安全性和保密性。通过分模块、分层次、分阶段的业务和集成设计，避免出现合同管理的信息孤岛，更好地实现合同全生命周期的管理，进而改变合同手工管理、手工统计现状，降低各部门之间的沟通成本，提高工作人员的工作效率，保障了河钢唐钢新区合同管理的高效性、稳定性、安全性。

河钢唐钢新区合同管理平台是采用一体化的工作平台。通过多种数据展示手段将用户需要的内容通过工作台集中展示，自定义展示内容的种类和位置，实现便签化管理。同时采用方便可靠的工作流框架，支持图形化流程配置，支持付款计划的图形化展示，方便财务人员进行资金计划和审批，且平台采用了多重安全技术和容灾机制，保证合同信息不泄露、不丢失。

与传统的合同管理功能架构不同，河钢唐钢新区合同管理平台在实现合同全生命周期管理的同时，更侧重于财务、工程管理紧密结合。突出资金和工程进度两个核心脉络的细节管理和统计分析，在数据收集和审批的过程中，设计了多重的权限和数据校验，保证数据的准确性和完整性，让管理层随时获取最新最准确的实时数据。在此基础上，可以引入大数据分析等技术方案对合同数据进行建模，预测合同管理周期当中可能出现的供应商资质、资金预算、合同进度等方面的风险，减少不必要的损失。

3　结语

随着河钢唐钢新区合同管理平台应用的建设，实现了对全公司合同的统一管理、资金的统一平衡、合同执行进度的统一把控。做到了对合同全生命周期的集中管理、信息收集、信息展示，大大降低了相关人员工作成本，提高合同管理的效率。从而促进人、物、财等要素的充分利用与合理组织，从而降低了河钢唐钢新区合同管理的风险，保证合同管理制度的有序运行，提高企业自身的风险防范能力[7]。

参 考 文 献

[1] 王新东．以高质量发展理念实施河钢产业升级产能转移项目［J］. 河北冶金，2019（1）：1~9.
[2] 杨毅．运用信息化手段加强企业合同管理［J］. 科技资讯，2016（35）：164~166.
[3] 王新东，李铁，张弛，等．河钢唐钢新区数字化绿色智能工厂的设计与实施［J］. 河北冶金，2021（7）：1~6.
[4] 朱江伟．企业合同管理中的风险防范问题探讨［J］. 中国外资（上半月），2014（1）：132.
[5] 李加宏．科研院所合同信息化协同管理平台的构建［J］. 实验室研究与探索，2018（4）：292~295.
[6] 刘爱和．如何用信息化实现合同的结构化管理［J］. 法务信息化，2015（6）：72~74.
[7] 王秀卓．企业合同管理中的法律风险和控制策略探讨［J］. 时代金融，2012（11）：61.

产销一体化系统架构设计

魏 涛

（渤海国信（北京）信息技术有限公司，北京 100080）

摘 要 产销一体化是将产品销售、产品研发、产品质量设计和铁前、热轧、冷轧的生产过程进行业务流程重组，经过统一规划形成由市场需求拉动的、面向大规模定制的一体化业务流程，是河钢唐钢新区数字化工厂建设的核心组成部分。本文阐述了河钢集团唐钢新区在智能制造转型发展过程中对产销一体化架构设计进行的探索与实践，并结合业内新技术发展应用，对未来钢铁企业产销一体化架构模式进行展望。

关键词 钢铁企业；智能制造；产销一体化；信息系统；架构

Architecture Design of Production and Marketing Integration System in Tangshan Iron and Steel Co., Ltd.

Wei Tao

(Bohai International Information Technology (Beijing) Co., Ltd., Beijing 100080)

Abstract The integration of production and marketing is a business process reorganization of product sales, product development, product quality design and production processes of pre-iron, hot and cold rolling, which is planned to form an integrated business process driven by market demand and oriented to mass customization, and is the core component of the digital factory construction of HBIS Tangsteel New District. In this paper, it explains the exploration and practice of the integrated production and sales architecture design in the process of transformation and development of intelligent manufacturing in HBIS Tangsteel New District. In addition, combined with the development and application of new technologies in the industry, the future framework mode of integrated production and sales of iron and steel enterprises is prospected.

Key words iron and steel enterprise; intelligent manufacturing; integration of production and sales; information system; architecture

0 引言

智能产销一体化制造架构发展的总体目标是实现制造企业实现智能化、绿色化、产品质量品牌化。通过构建纵向贯通、横向集成、协同联动的支撑体系，与物理系统相融合，覆盖产品设计、生产、物流、销售、服务等一系列的价值创造活动，将原料、焦化、炼铁、炼钢、热轧到冷轧等全部作业链的生产活动串联起来，真正实现自感知、自决策、自执行、自适应[1]。

1 钢铁行业智能制造产销一体化概述

1.1 中国制造 2025 之智能工厂建设核心内容

2015 年 5 月，国务院印发《中国制造 2025》，部署全面推进实施制造强国战略，智能制造被定位为中国制造的主攻方向。2017 年 3 月，国务院总理李克强作政府工作报告，重点提出要大力改造提升传统

作者简介：魏涛（1975—），男，大学本科，国际商务师，1999 年毕业于内蒙古工业大学工业外贸专业，现任渤海国信（北京）信息技术有限公司项目总监，E-mail：weitao@ bhgi. com. cn

产业，并强调把发展智能制造作为主攻方向，大力发展先进制造业，推动中国制造向中高端迈进。《中国制造2025》中智能工厂的核心内容，主要包括：1个目标工厂卓越运营；2个支撑体系（技术支持体系和标准化体系）；3条推进主线，生产管控一体化、全产业供应链系统一体化、工厂设备资产全生命周期一体化；4项能力提升，全面感知、优化协同、预测预警、科学决策；5化特征，数字化、集成化、模型化、可视化、自动化；6大核心业务域，生产管控、供应链管理、设备管理、能源管理、HSE（健康、安全、环境）管理、战略管理[2]。

1.2　河钢唐钢新区产销一体化建设目标

根据河钢集团对唐钢新区“绿色化、智能化、品牌化的国际一流钢铁企业”的定位[3]，确定了新区的建设目标为“三化融合”的智能工厂。标准化、自动化、信息化三化融合实现生产业务单元的自感知、自决策、自执行、自适应，形成纵向贯通、横向集成、协同联动的智能制造体系，并以规模化定制的运营方式向市场提供最契合客户需求的产品与服务。

2　河钢唐钢新区产销一体化架构体系建设与发展方向

2.1　传统信息系统架构的问题

传统的五级信息系统架构对于传统大批量、标准化订单需求的生产组织运营起到了良好的支撑作用。而随着外部环境的变化，以及企业自身发展对管理提升提出的更高要求，该架构的不适应性逐渐体现：

（1）传统的五级信息系统架构存在信息孤岛现象，全流程生产信息无法贯通，影响生产作业、产品质量、设备监控等管理一体化落实。

（2）二级系统优化模型功能缺失或不够完善，无法满足产线精准控制要求，在支撑产品升级上差距表现突出。

（3）原材料、产成品感知系统不完善，如原料称重、检测、运输等系统没有完全实现信息自动化，物流系统跟踪信息链不完整，物流管控流程存在盲点，直接影响全流程物料跟踪与管控的完整性。

（4）生产过程大量数据缺乏深入分析挖掘，造成产品设计、质量控制、设备维护等知识积累不足，不能对产品制造过程进行全流程闭环控制以持续改善。

传统信息化缺乏产销一体与质量一贯制平台支撑与集成，制造执行系统缺乏数据支撑与集成和统一，造成信息化孤岛。缺乏信息化总体流程设计，造成流程不闭环，业务衔接断层。供应链产销协同不畅，信息不透明；工艺技术管理不完善。为此，需要建设产销一体化平台来解决这个问题。

2.2　产销一体化架构的创新

河钢唐钢新区产销一体化整体架构是通过对运营管理体系进行梳理和明确，将现代数字信息技术、现代管理技术与企业的经营管理和生产制造技术相结合[4]而得到。在对国内外钢铁行业典型信息系统架构分析的基础上，结合新区运营发展对信息系统的具体需求，并且充分考虑目前信息技术、智能技术和大数据技术的发展，确定整体产销一体化系统架构设计。主要创新特点包括：（1）应用需求极大提升；（2）系统一体化整合极大加强；（3）智能化极大重视；（4）数据展现多样性；（5）系统可用性大大加强。

2.3　产销一体化系统设计与发展方向

2.3.1　产销一体化与MES系统（APS+ODS+MES）

在新的钢铁行业信息系统五级架构下，为满足智能制造的要求，产销一体化系统与MES系统功能逐渐分离；产销一体化系统侧重于以销售、生产、技术（研发）、品质、采购与存货、财务6大领域核心业务关注点为主线的优化设计。通过搭建产销一体化计划平台（APS）、产销一体化质量设计平台（ODS）、产销一体化质量过程管理平台（QMS），来确保从市场、客户到计划、技术、生产、采购、质量、销售各业务环节信息畅通。通过全局一体化管理、敏捷制造、产品质量控制，提升客户满意度、生产组织水平和质量管控水平，实现从客户需求到产品制造全流程的智能管理，全供应链产销协同和信息透明。产销业务主要关注的技术要求即是否透明、是否集成敏捷化、是否能够有效形成了管理上的闭环，从而确保了公司总体经营目标与方针的贯彻，形成了企业信息化迫切解决的问题[5]。

MES 系统由原来的涵盖产供销大而全的系统，但又无法形成有效全局性管理历史原因，逐渐向核心数据总线交互系统转化[6]。MES 系统陆续地将计划、质量、库存管理等模块剥离，由覆盖全公司的计划排程（APS）、质量管控（QMS）、质量设计（ODS）等全局化、专业化、集成管理化平台所替代，MES 系统作为主要服务生产厂的信息化系统，将主要精力放在生产执行上，同时作为核心交换层，负责接口各个系统（ERP、ODS、APS、QMS、WMS、产线二级系统以及其他专业化系统），使整体信息化系统高效的运转。并且作为与现场生产结合最紧密的信息化系统，为上层系统提供容错性方案，为现场生产保驾护航。

2.3.2 铁钢区动态调度系统（MSCC）

钢区动态调度能够将优秀调度人员丰富的经验固化进系统，实时地采集现场生产数据，为调度人员快速掌握现场生产情况，给出最优的处理方案提供强有力的支撑。使一般的调度人员能够在炉机不匹配情况下，面对多变、复杂的炼钢生产，在最短的时间内，综合钢包、天车、温度、设备故障、钢种降判等约束条件，给出最优的解决方案。

铁区动态调度系统作为一个新生事物，可以借鉴的案例不多，但是铁区调度人员在日常生产中已有明确的调度目标和相应的调度方案，将这些知识与经验进行系统化的梳理，固化到系统中，能够极大地降低铁区调度人员的工作压力，并辅助铁区调度人员，将更多的精力放到优化合理重包数和铁包周转率上，为实现铁钢平衡提供强有力的技术支持。

2.3.3 质量全过程管控系统（SPC）

现有质量管理除成分外主要以事后检验为主，具有一定滞后性，往往当发现问题时已经成品，只能以检验结果做改判和改挂单处理，错失了中间工序及时弥补的时机。如性能检测往往是按组批规则切取样卷头部或尾部指定位置的样本进行检验，以抽样的局部性能代表整个检验批次的整体性能，对于品种钢等高端钢种容易产生质量异议。因此，现代化质量管理手段应将质量管理前移至生产过程中，以生产过程的稳定性和合规性快速发现可能的质量隐患，从而达到及时发现、及时弥补、减少质量异议的目标。此外，当发生质量异常甚至质量异议，也需要一个平台提供完整的过程工艺数据，供专业工程师分析异常原因，制定工艺优化改进方案[7]。

全过程质量管控系统的设计与建设理念正是基于优秀的产品必须具备合格且稳定的生产过程这一理念，通过对不同产品建立针对过程工艺参数的判定和预警规则，识别生产过程中的异常工艺波动，并及时提示，以便后道工序及时弥补或下线修复，避免质量异常的传递或发生大的质量事故甚至造成生产设备损坏。同时借助统计过程控制工具，对生产过程进行分析评价，根据反馈信息及时发现系统性因素出现的征兆，并采取措施消除其影响，使过程维持在仅受随机性因素影响的受控状态，以达到控制质量的目的。基于 SPC 统计过程控制理论，通过 SPC 分析用控制图对过程进行分析评价，掌握当前生产系统稳定性状态，并通过控制用控制图，建立生产过程稳定性持续监控体系，及时发现生产过程稳定性变差趋势，从而实现对生产过程稳定性风险的及时修正。

3 结语

在制造企业迈向智能制造与数字化转型的过程中，产销一体化系统扮演了重要的角色，其架构设计已达到国际先进水平。在销售层面通过建立有效的销售预测和细致的客户管理系统来提高市场预测的准确程度和服务增值；在计划方面需要搭建全公司级别的供应链计划、全局订单计划、件次计划系统来为提高生产效率和合理分配资源夯实基础；在质量方面需要建立以提高质量和降低成本为目标的质量和材料设计系统，以及全过程质量管控、检化验系统。最后要建立以稳定生产为核心的生产执行系统，从而建立起完整合理的产销与质量体系，为公司进军高端市场提供了可靠有力的支撑。并最终实现整个系统的自感知、自决策、自执行、自适应。

参 考 文 献

[1] 殷瑞钰．关于智能化钢厂的讨论——从物理系统一侧出发讨论钢厂智能化［J］．钢铁，2017，52（6）：1~12.
[2] 赵振锐，刘景钧，孙雪娇，等．面向智能制造的唐钢信息系统优化与重构［J］．冶金自动化，2017，41（3）：1~5，31.
[3] 王新东，李铁，张弛，等．河钢唐钢新区数字化绿色智能工厂的设计与实施［J］．河北冶金，2021（7）：1~6.
[4] 王新东．科技创新助力河钢打造最具竞争力钢铁企业——河钢“十三五”科技创新回顾［J］．河北冶金，2021（3）：1~11.
[5] 夏青．钢铁行业ODS设计与实现［J］．冶金自动化，2017，41（3）：12~16.
[6] 张丽，张路．MES系统在钢铁企业中的应用及发展［J］．天津冶金，2021（3）：51~53，56.
[7] 王颖，董磊，张旭．唐钢全流程质量管理系统的应用［J］．冶金自动化，2017，41（3）：20~22.